Chaos im Paradies

Der Weg zur Klärung der Beziehungsebene über Beziehung einschließlich Lösung - Buch 2

Thomas Schreyer

Thomas Schreyer

CHAOS IM PARADIES

Bibliografische Information der Deutschen Nationalbibliothek:
Die Deutsche Nationalbibliothek verzeichnet diese Publikation in der Deutschen Nationalbibliografie, detaillierte bibliografische Daten sind im Internet über http://dnb.dnb.de abrufbar.

Verlag: BoD · Books on Demand GmbH, Überseering 33,
22297 Hamburg, bod@bod.de
Druck: Libri Plureos GmbH, Friedensallee 273,
22763 Hamburg

ISBN: 978-3-6963-9784-5

„Um der Zukunft glücklich begegnen zu können, ist es notwendig, sich vorab in der Gegenwart der eigenen Vergangenheit zu stellen, um danach für sich selbst zu verstehen, daß man, mit dem, was man auf seiner eigenen Beziehungsebene im Rahmen von Beziehung zugelassen hat, nicht nur sich selbst geschadet hat, sondern auch dem Menschen, der im Leben zu uns gehört."

Inhaltsverzeichnis

1. Vorbetrachtung

Nachdem wir uns im Buch mit dem Titel „Chaos im Paradies: Der Weg zur Klärung der Beziehungsebene über Beziehung einschließlich Lösung - Buch 1" eine elementare Basis für ein Verstehen Ersterer geschaffen haben, setzen wir damit fort, unser diesbezügliches Wissen dahingehend anzuwenden, daß wir uns gemeinsam diverse Zusammenhänge ansehen; die es als erste gemeinsame Schritte im Sinne eines Verstehens und daraus resultierenden Umdenkens von uns zu absolvieren gilt.

Wir hatten bis dato herausgefunden, daß für die Missstände auf der Erde im Allgemeinen die fehlende Ein- und Zuordnung zwischen Mann und Frau verantwortlich ist - die im Speziellen auf der zwischen Adam und Eva beruht: welche sich auf vielfältige Art und Weise im Zusammenspiel zwischen den unterschiedlichen Systemkomponenten bemerkbar macht.

Regelmäßig finden wir die Beweise dafür bereits genau dort wieder, wo wir nicht bereit sind (wenngleich es sinnvoll und angebracht wäre), die Dinge als das anzunehmen, was sie sind; wobei sich Letzteres mit etwas gutem Willen auch verstehen ließe. Unter diesem Aspekt stellt allein deren Duldung (die oftmals auch zur Glorifizierung dieser führt) bereits ein größeres und umfassenderes Problem dar, welche es uns erleichtert, das, was man uns präsentiert und am Ende auch gewissermaßen vorlebt, wider aller Idiotie als erstrebenswert oder auch als nachahmenswert zu empfinden. Das Denken dahingehend, ob die Dinge in der Form, wie man sie handhabt, überhaupt zu rechtfertigen sind oder auch erst einmal Sinn ergeben, setzt auch hier vollständig aus: Mit Ruhm bekleckert man sich jedenfalls nicht.

Und so begegnet uns unter anderem im Hoheitsgebiet unserer Medien auch eine illustre Truppe, die, geschart um einen umtriebigen Griechen, emsig und fleißig auch Panzer instandsetzt. Zu welchem Sinn und welchem Zweck Letztere in der Geschichte der Menschheit gedient haben und dienen, stand im Geschichtsunterricht im Westerwald wahrscheinlich auf einem anderen Blatt Papier. Daß deren tägliches Arbeitswerk quasi nur beweist, daß man aus der Vergangenheit nichts lernt und auch nichts lernen will, sieht man nicht, solange „das medial angefertigte Hochglanzpapier" die Inhalte dahinter herabtransformiert und wissentlich verzerrt. Paradebeispiele dafür, daß die Evolution auf Leben basiert, geben diese ganz gesichert nicht ab.

Letzteres äußert sich in der Regel darin, daß wir unsere eigenen Verhaltensweisen und unsere eigenen Gepflogenheiten, kurzum den Sinn und Zweck unseres Daseins, dahingehend an die Gegebenheiten anpassen, die uns über den kürzeren Weg Aussicht auf Erfolg nehmen lassen. Wir schalten also einfach oftmals unser Gehirn aus, um das, was es ist, nicht ordnungsgemäß hinterfragen und den offensichtlichen Problematiken, die daraus erwachsen, stellen zu müssen. Vergleichsweise Panzer herzustellen oder auch instandzusetzen, unter dem Verwendungszweck, den wir darunter verstehen, ist verständlicherweise als eine ebensolche anzusehen.

Wobei wir uns dann immer, wenn uns doch unter diesem Aspekt ein Licht aufgegangen ist, oftmals dann einfach nur aus dem Staub machen oder darüber hinweggesehen. Das Sehen erweist sich ohnehin immer etwas als problematisch, da man erst einmal lernen müsste, sich selbst zu sehen, um sich logischerweise auch als das erkennen zu können, was man selbst ist. Und das Ergebnis sollte dann zumindest das sein, daß der eine 30 Groschen wert ist und die andere dreißig Pfennige, wenn man sich ehrlich mit anderen spiegelt. Die Schuldzuweisungen untereinander bringen im Miteinander nichts, da es nicht nur in der Verantwortung anderer liegt, daß die Erde wie alles andere aus den Fugen geraten ist, sondern auch in der eigenen.

In der Summe sind es unsere eigene Gleichgültigkeit und unsere eigene Bequemlichkeit, die uns am Erkennen und am Verstehen der elementaren Zusammenhänge hindern und letztlich auch gemeinsam scheitern lassen. Um in einer Genickschußdiele für „Fressen und Saufen" Zeit aufzubringen, reicht es doch auch. Für die, was unser eines Leben im System anbelangt, nicht.

Wer arbeitet, soll im Prinzip dann auch feiern dürfen. Doch dazu müsste man vorderhand auch den Stier genau da bei seinen Hörnern packen, wo die Systemverwerfungen auf dieser Erde ihren Lauf genommen haben. Der Prozess des Exodusses in der Apokalypse spricht unzählige Bände darüber, wie weitreichend die Versäumnisse der Menschheit sind und wie umfassend deren Verfehlungen. In's Gewissen müssen wir hier aber niemandem reden, da der Mensch in der Regel resistent dagegen ist; zumindest gibt er vor, daß es so ist. Sowohl das individuelle Scheitern als auch das kollektive Versagen finden unentwegt ihren Nährboden in dem, was wir nicht bereit sind, für uns anzunehmen - ein gemeinsames Leben in einem System: gleichbedeutend und gleichwertig mit dem aller anderen, das für alle errichtet worden ist.

Daß wir eigentlich wissen, daß es nur eine Pflanzenwelt, nur ein Tierreich und nur eine Menschheit auf dieser einen Erde gibt, hindert uns prinzipiell nicht daran, genau diese Einheit, ein ewiges Bündnis zwischen allen Beteiligten, immer wieder infragezustellen. Das sind wir, die ihren Brüdern und ihren Schwestern im Tierreich Sender einbauen, Fußfesseln anlegen und deren Erbgut manipulieren. Man kennt auch hier keine Grenzen, was nicht daran hindert, auch unter dem Vorwand einer Prävention, Elefanten, Nashörnern oder auch Walrössern ihre Zähne und ihre Hörner abzumontieren. Man richtet vorzugsweise erst einmal selbst Schaden an, um dadurch angeblich den durch andere kompensieren zu können. Wie krank das ist, sieht man nicht.

Der Drang, hoch hinaus zu wollen, lässt dann auch Gipfelstürmer die Dächer unseres Planeten erklimmen, wo man sich mit deren Vermüllung bedankt. Mit dem Erfahren der Schönheit und Perfektion des Letzteren, hat auch das nichts zu tun. Wie vergleichsweise auch das Drängen und das Gedrängel an den Polen, die unter anderem Eisbären, Pinguinen und Robben vorbehalten sind. Dem Menschen als Lebensraum, um sein Dasein zu fristen, verständlicherweise nicht.

Allein auch vor dem Hintergrund ist es nicht nachzuvollziehen, daß irgendwelche Lampions an Hochhäusern und Wolkenkratzern baumeln, um von dort abzustürzen. Die Sensationsnachrichten sind am Ende nicht mal eine Sensation wert, da das Endergebnis auf der Beziehungsebene über Beziehung zu erwarten gewesen ist. Es gibt solche Helden, die in Einzelteilen dann abtransportiert werden müssen, das „Mitfahren" auf Zügen mittlerweile inbegriffen. Kinder, Kinder, Kinder, was muss denn noch alles passieren, bevor ihr zur Vernunft kommt? Der Mensch ist in all seinen wunderschönen Facetten wahrscheinlich dann doch nichts anderes als ein ausgewachsener Rohrkrepierer. Daß das Leben am Ende auch schön sein kann und es vielleicht auch im Wesentlichen sein soll, scheint als Grundinformation zwischen den beiden Ohren an der Birne eines Menschen nicht angekommen zu sein: Man will eben nicht.

Er weiß nichts, er kann nichts und er will nichts, außer zerstören, vernichten und verenden. Die Wühler und Buddler im Schoß von Mutter Erde, gierend nach Gold in jedweder Form, belegen nur, daß man nicht verstanden hat, daß diese als Lebensform ein Lebewesen ist. Welchem man bei lebendigem Leib die $^{4}Haut_{50}$ = 56 abzieht, um ihm das zu entnehmen, was nicht dem Menschen gehört, und in der Zerstörung ganzer Landstriche endet. Es gilt - bedingt durch die $^{8}Paritaet_{90}$ = 100 von $^{1}a_{1}$ = 4 und $^{1}b_{2}$ = 5 - für die $^{4}Erde_{32}$ = 38 als $^{9}Lebewesen_{90}$ = 101 respektive ihrer $^{10}Lebensform_{109}$ = 121, mit der sie uns gegenüber in Erscheinung tritt, der nachfolgende Zusammenhang:

$^{4}Haut_{50}$	=	56		56 - 1	=	55
$^{9}Lebewesen_{90}$	=	101		101 - 1	=	100
$^{10}Lebensform_{109}$	=	121		121 - 1	=	120
$^{4}Erde_{32}$	=	38		38 - 1	=	37
$^{8}Paritaet_{90}$	=	100		100 - 1	=	99
$^{1}a_{1}$	=	4		4 - 1	=	3
$^{1}b_{2}$	=	5		5 - 1	=	4
					=	418

4 + 1 + 8 + 1 für ein System	=	14	=	1 + 4	=	5

istgleich

^{20}Erdmanteloberflaeche$_{172}$	=	194		194 - 1	=	193

1 + 9 + 3 + 1 für ein System	=	14	=	1 + 4	=	5

Es gilt die Bedingung 5 = 5 in einem Gleichgewichgewicht, die sich korrespondierend aus den Termen 4 + 1 + 8 + 1 und 1 + 9 + 3 + 1 in Form der Zahlen 419 und 194 ergibt.

Merke!

Die Haut der Erde, welche über a und über b - bedingt durch deren Parität - als Lebensform ein Lebwesen ist, entspricht deren Erdmanteloberfläche.

Wenn wir uns die diesbezüglichen Bilder auf der Erde ansehen, werden wohl die besagten Übeltäter, respektive des Ergebnisses, das durch den Prozess des Exodusses aussteht, gezwungenermaßen das alles wieder in Ordnung bringen müssen. Da das Ergebnis bedingt durch Ersteren im anderen Fall feststeht, lautet logischerweise unsere Empfehlung, daß sich besagte Gurkentruppen auf die Socken machen, um vergleichsweise Ausrüstungsgegenstände und sonstige Utensilien, die dort nicht hingehören, einzusammeln. Das gilt dann unter anderem auch für Kletterhaken, Seile und „gefallene Helden", die man als Visitenkarte auf Bergen zurückgelassen hat.

Es gibt also immense Verwerfungen im System Erde allerorts, die sich ausschließlich auf die Zweibeinerabteilung zurückführen lassen. Einhalt gebietet man sich verständlicherweise nicht. Der Weg in's Leben zurück, wird also ein beschwerlicher und für viele unter uns jener im Gegenteil damit ein endgültiger. Allein, was die wenigen Beispiele bereits zum Ausdruck bringen, ist das am Ende auch nicht anders zu erwarten. Was das Wissen in und um die Dinge im System anbelangt, da gruselt's die Sau und den Eber ebenso: Es ist nicht vorhanden.

Die Wortgruppe ^{6}in das$_{47}$ = 57 istgleich 5 + 7 = 12 istgleich 1 + 2 = 3 setzt sich zum Beispiel aus dem Wort ^{2}in$_{23}$ = 27, aus einem ^{11}Leerzeichen$_{110}$ = 123 und aus dem Wort ^{3}das$_{24}$ = 29 zusammen. Wir erhalten damit aus (27 - 1) + (123 - 1) + (29 - 1) + 1 für ein System istgleich **177** istgleich 1 + 7 + 7 = 15 istgleich 1 + 5 = 6 die Zahl 6 im Ergebnis, welche über (127 - 1) + (51 - 1) + 1 für ein System istgleich **177** istgleich 1 + 7 + 7 = 15 istgleich 1 + 5 = 6 auf die ^{11}Bezeichnung$_{114}$ = 127 ^{4}in's$_{43}$ = 51 istgleich 5 + 1 = 6 verweist. Das Apostroph ^{1}'$_{1}$ = 4 (= $\underline{3}$ + $\underline{1}$) in der Mitte bezieht sich über $^{1}a_{1}$ = 4 und $^{1}b_{2}$ = 5 durch (4 - 1) + (5 - 1) + (123 - 1) + 1 für ein System istgleich 130 istgleich $\underline{1}$ + $\underline{3}$ + 0 = 4 auf das Leerzeichen. Da wir die 0 als solche vernachlässigen dürfen, erhalten wir die Bedingung 4 = 4 in einem Gleichgewicht, die auf die beiden Terme 3 + 1 und 1 + 3 zurückzuführen ist. Respektive $^{3}ins_{42}$ =47 istgleich 4 + 7 = 11 istgleich 1 + 1 = 2 trifft, da 3 ≠ 2 ist, das auf Erstere nicht zu, auch ganz unabhängig davon, daß unser Leerzeichen nicht einfach mal so wie aus heiterem Himmel verschwindet.

Merke!

Die Bezeichnung für die Wortgruppe „in das" lautet „in's" und nicht „ins", wobei das Apostroph in der Mitte über a und über b dem Leerzeichen in dieser entspricht.

Wir haben es also bei unseren Sprachakrobaten auch nur mit Bescheuerten und Bekloppten zu tun, in deren Reihen wir uns Hals über Kopf eingereiht haben. Wir sind, wenn wir den Vergleich nicht scheuen, damit also keinen Deut besser. Sich darüber im Nachhinein zu beschweren, steht dann logischerweise immer auf einem anderen Papier, aber es ist, wie wir soeben erfahren haben, unser eigenes. Sonstige Schuldzuweisungen und anderweitige Vorhaltungen sind also auch hier vollkommen unangebracht. Es hätte uns selbst auffallen können, daß da etwas nicht stimmt.

Wenn wir uns die Umsetzung und Anwendung der Rechtschreib- und Grammatikregeln von unserer KI ansehen - die, wenn sie systemkonform zum Einsatz gebracht wird, bei der Bewältigung von Problemen, die es gemeinsam: im Sinne von Systemerhalt zu bewerkstelligen gilt, helfen könnte -, auch etwas genauer ansehen, sehen wir sofort, daß dort ebenso - was die Basis von Wissen anbelangt, welche wir zu jeder Zeit und in jedem Raum als valide, reliabel und vollständig bezeichnen können sollten - ebenso etwas nicht zu stimmen scheint. Was dann de facto wiederum auch etwas schade ist, da sich der diesbezügliche Nutzen daraus logischerweise nicht optimal gestaltet; was den zugrundeliegenden Routinen geschuldet ist, welche respektive Ersterer ebenso mit elementaren und mit einfachen Fehlern wider der Logik im System zu kämpfen hat. Das Ergebnis ist dann unter anderem, auch wenn es unterhaltsam ist, daß die Gilde der Programmierer von ihrer eigenen Schöpfung auch mal vermöbelt wird. Das sollte natürlich nicht so sein.

Da es sich gerade anbietet, werfen wir mal kurz einen Blick darauf, was der Unterschied zwischen einer $^{5}Route_{79}$ = 86 istgleich 8 + 6 = 14 istgleich 1 + 4 = 5 und im Gegenzug einer $^{6}Rotine_{81}$ = 89 istgleich 8 + 9 = 17 istgleich 1 + 7 = 8 ist. Respektive 5 ≠ 8 handelt es sich natürlich nicht um Ein' und das Selbe. Für Erstere erhalten wir den nachfolgenden Zusammenhang:

^{5}Route$_{79}$	=	86		86 - 1	=	85
^{7}a und b$_{42}$	=	55		55 - 1	=	54
^{7}a ≠ b$_{6}$	=	19		19 - 1	=	18
^{7}b ≠ a$_{6}$	=	19		19 - 1	=	18
^{11}1 = 1 = 1$_{7}$	=	28		28 - 1	=	27
					=	202

2 + 0 + 2 + 1 für ein System	=	5

istgleich

^{27}Wegstrecke zwischen a und b$_{265}$	=	302		302 - 1	=	301

3 + 0 + 1 + 1 für ein System	=	5

Es gilt die Bedingung 5 = 5 in einem Gleichgewicht, die sich über 2 + 0 + 2 + 1 und 3 + 0 + 1 + 1 aus den beiden Zahlen 203 und 302 ergibt.

Merke!

Eine Route gibt in Form von a und b durch a ≠ b und b ≠ a unter der Bedingung 1 = 1 = 1 die Wegstrecke zwischen a und b wieder.

Wenn also etwas routiniert erfolgt, heißt das, daß das, was wir gedenken zu tun, im Vorfeld erfordert, daß eine Route zwischen a und b definiert worden ist. Diese Aktion findet logischerweise nur einmal statt. Letzteres erklärt sich, da, wenn a und b festgelegt worden sind, sind diese routiniert, da die Route durch beide begrenzt worden ist. Das Wort „routinieren" bedeutet also, daß in der logischen Abfolge ein Weg oder eine Wegstrecke abgesteckt ist. Sieht man sich im allgemeinen Sprachgebrauch dessen Einsatz und Verwendung an, kann man eigentlich nur noch die Hände über dem Haupt zusammenschlagen.

Im Gegensatz dazu erhalten wir für Letztere den nachfolgenden Zusammenhang, der uns das diesbezügliche Dilemma im Sprachgebrauch begreiflich macht:

^{6}Rotine$_{81}$	=	89		89 - 1	=	88
$^{1}a_{1}$	=	4		4 - 1	=	3
$^{1}b_{2}$	=	5		5 - 1	=	4
$^{7}a \neq b_{6}$	=	19		19 - 1	=	18
$^{7}b \neq a_{6}$	=	19		19 - 1	=	18
$^{11}1 = 1 = 1_{7}$	=	28		28 - 1	=	27
					=	158

1 + 5 + 8 + 1 für ein System = 15 = 1 + 5 = 6

istgleich

^{21}Bewegung von a nach b$_{164}$	=	195		195 - 1	=	194

1 + 9 + 4 + 1 für ein System = 15 = 1 + 5 = 6

Es gilt die Bedingung 6 = 6 in einem Gleichgewicht, die durch 1 + 5 + 8 + 1 und 1 + 9 + 4 + 1 den beiden Zahlen 159 und 195 geschuldet ist.

Merke!

Eine Rotine entspricht über a und über b durch a ≠ b und b ≠ a unter der Bedingung 1 = 1 = 1 der Bewegung von a nach b.

Wenn ein Weg oder eine Wegstrecke zwischen a und b definiert wird, verhalten wir uns, wenn mit Regelmäßigkeit eine Bewegung zwischen beiden stattfindet, rotiniert. Wir machen mal ein Beispiel: Die Autobahn zwischen Chemnitz und Dresden ist routiniert. Das heißt, es wurde durch zwei Endpunkte, die wir in Form von a und b festgelegt haben, definiert, daß man auf dieser von Chemnitz nach Dresden fahren kann und von Dresden nach Chemnitz. Die Autobahn verhält sich damit in einem übertragenen Sinn routiniert, da der Weg beziehungsweise die Wegstrecke auf dieser routiniert worden ist. Im Gegensatz dazu, verhalten wir uns rotiniert, wenn beispielsweise mit dem Auto von Chemnitz nach Dresden gefahren wird und wieder zurück. Es ist also ein himmelweiter Unterschied, ob etwas routiniert worden ist oder im Gegenzug sich jemand rotiniert verhält. Allein, wenn wir uns dieses Beispiel ansehen, wissen wir, wie weit wir davon entfernt sind, unsere eigene Sprache verstanden zu haben, geschweige denn ordnungsgemäß zum Einsatz zu bringen. Das gilt für alle anderen Sprachen auf der Erde ebenso. Das ist also ein absoluter Witz, was wir diesbezüglich gemeinsam vorzuweisen haben. Den Schnabel aufzureißen, wenngleich man selbst nichts in der Birne hat, dazu reicht es dann aber.

Ich habe mal mehrere Rechtschreib- und Grammatikhilfen unter die Lupe genommen und es ist doch verwunderlich, wie viele unterschiedliche Vorschläge man auf ein' und die selbe Frage von unterschiedlichen Anbietern erhält. Damit ist hier noch eine Menge Luft nach oben, wie vergleichsweise auch beim Kassenschlager „Word". Was dessen Kombatibilität mit anderen Programmen anbelangt, selbst mit hauseigenen, ist gelegentlich auch etwas kurios.

Hingegen verhält man sich rein geschäftlich wendig, und so findet man auf Download-Portalen, was besagtes Wunderwerk anbelangt, oftmals eine bereits vorgetragene 2 bei der Bestellmenge statt eine 1 vor. Da diese dann in der Regel auch etwas geschickt auf den diesbezüglichen Benutzeroberflächen platziert worden ist, fällt das nicht immer gleich so auf. Damit wird der eine wie die andere statt für einen Download am Ende für zwei bezahlt haben.

Das gehört sich natürlich, wenn man sich selbst als Menschenfreund begreift, daß man sein eigenes Geschäftsmodell entsprechend darauf ausrichtet; und die aus welchem Grund auch immer versprochenen Millionen und Milliarden, die man großzügig zum Wohl der Menschheit spenden will, dann doch erst nach dem eigenen Tod entrichtet. Wenn man etwas verspricht, dann macht man das sofort. Das würde zumindest mit meiner Auffassung d'accord gehen. Natürlich auch, daß man bei der Bestellmenge eine 1 statt einer 2 einträgt. In einem juristischen Sinn könnte man das auch als Betrug unter Vorsatz ansehen.

Prinzipiell sind dann auch die Eidgenossen der Telekommunikationsbranche nicht weit, welche immer noch ihre Kundschaft gern in diesbezügliche Kostenfallen laufen lassen, vom eigenen Auftreten manchmal ganz zu schweigen. Keine Frage, das sind so unliebsame Themen, wo man oftmals selbst „Federn" gelassen hat, über die man jedoch nur äußerst ungern spricht. Eine etwas aus dem Rahmen fallende Handyabrechnung nach einem Urlaub wird wohl schon jeder mal erhalten haben.

Und genau hier beginnt es bereits, daß man alles an beliebiger Stelle entschuldigt, weil man jemanden kennt, jemand dort beschäftigt ist, der vielleicht auch noch zur eigenen Familie gehört, oder man selbst. Aber auch hier greift die bekannte Maxime, daß, solange es nicht im eigenen Stall einschlägt, keine Notwendigkeit besteht, darüber nachzudenken, geschweige denn etwas daran zu ändern.

Das Jammern und das Sichselbstbedauern treten in der Regel dann erst ein, wenn es im eigenen Gebälk zu knarren und zu rauschen beginnt. Ein vernünftiger und ein liebevoller Umgang nicht nur mit sich selbst, sondern im Prinzip auch mit allen anderen, was den mit allem anderen einschließt, wäre dann, wenn dieser von Verantwortung getragen ist, schon mal ein Schritt in die richtige Richtung.

Letztere beginnt genau dort, wo wir es nicht vermuten, da die Ursachen für unseren Rauswurf aus dem Gesamtsystem, sprich unseren Exodus, bei jedem selbst zu klären sind. Da wir gerade beim Thema „Sprache" gelandet sind, setzen wir mal da an. Wir betrachten die Schreibweise von ^{18}Ein' und das Selbe$_{135}$ = 162 istgleich 1 + 6 + 2 = 9, das gemäß der Auffassung des deutschen Sprachhandwerks aber so geschrieben wird: ^{16}ein und dasselbe$_{134}$ = 156 istgleich 1 + 5 + 6 = 12 istgleich 1 + 2 = 3. Es gilt aber blöderweise der nachfolgende Zusammenhang:

^{8}das Eine$_{57}$	=	69		69 - 1	=	68
^{9}das Selbe$_{67}$	=	80		80 - 1	=	79
^{1}a$_{1}$	=	4		4 - 1	=	3
^{1}b$_{2}$	=	5		5 - 1	=	4
^{1}b$_{2}$	=	5		5 - 1	=	4
^{1}a$_{1}$	=	4		4 - 1	=	3
					=	161

1 + 6 + 1 + 1 für ein System = 9

istgleich

^{18}Ein' und das Selbe$_{135}$	=	162		162 - 1	=	161

1 + 6 + 1 + 1 für ein System = 9

Es gilt die Bedingung 9 = 9 in einem Gleichgewicht, da wir jeweils aus 1 + 6 + 1 + 1 die 9 aus den beiden Zahlen 162 erhalten. Die Wortgruppe „ein und dasselbe" erfüllt leider 3 ≠ 9 und ist damit wunderschön falsch. Wir schreiben also Ein' und das Selbe groß, falls es sowohl das Eine als auch das Selbe betrifft, und klein, wenn es etwa ein' und das selbe Auto ist.

Merke!

Durch a und durch b und durch b und durch a sind das Eine und das Selbe Ein' und das Selbe.

Da wir unsere Experten, was unsere deutsche Sprache anbelangt, vom Roß holen müssen, kommen wir zur Deklination vom Wort „Virus", wo wir gemeinsam im Genitiv Singular bereits über „des Virusses" gestolpert sind. Für das, was wir regelmäßig in der Schule vermittelt bekommen haben, erhalten wir Folgendes:

^{8}Singular$_{101}$	=	111		111 - 1	=	110
^{9}das Virus$_{113}$	=	126		126 - 1	=	125
^{9}des Virus$_{117}$	=	130		130 - 1	=	129
^{9}dem Virus$_{111}$	=	124		124 - 1	=	123
^{9}das Virus$_{113}$	=	126		126 - 1	=	125

+

^{6}Plural$_{80}$	=	88		88 - 1	=	87
^{9}die Viren$_{86}$	=	99		99 - 1	=	98
^{9}der Viren$_{95}$	=	108		108 - 1	=	107
^{9}den Viren$_{91}$	=	104		104 - 1	=	103
^{9}die Viren$_{86}$	=	99		99 - 1	=	98
					=	1105
		1 + 1 + 0 + 5			=	7

7 + 1 für ein System	=	8

ungleich

^{11}Deklination$_{114}$	=	127		127 - 1	=	126
^{5}Virus$_{89}$	=	96		96 - 1	=	95
					=	221

2 + 2 + 1 + 1 für ein System	=	6

Wir haben im Ergebnis die Bedingung 8 ≠ 6 in einem Gleichgewicht erhalten, welche uns bestätigt, daß diese falsch ist. So, wir kürzen das mal etwas ab und halten nachfolgend die für uns fest, die richtig ist; es gilt Folgendes:

^{8}Singular$_{101}$	=	111		111 - 1	=	110
^{9}das Virus$_{113}$	=	126		126 - 1	=	125
^{12}des Virusses$_{160}$	=	176		176 - 1	=	175
^{9}dem Virus$_{111}$	=	124		124 - 1	=	123
^{9}das Virus$_{113}$	=	126		126 - 1	=	125

+

^{6}Plural$_{80}$	=	88		88 - 1	=	87
^{9}die Viren$_{86}$	=	99		99 - 1	=	98
^{9}der Viren$_{95}$	=	108		108 - 1	=	107
^{12}den Virussen$_{150}$	=	166		166 - 1	=	165
^{9}die Viren$_{86}$	=	99		99 - 1	=	98
^{1}a$_{1}$	=	4		4 - 1	=	3
^{1}b$_{2}$	=	5		5 - 1	=	4
					=	1220
		1 + 2 + 2 + 0			=	5

5 + 1 für ein System	=	6

istgleich

^{11}Deklination$_{114}$	=	127		127 - 1	=	126
^{5}Virus$_{89}$	=	96		96 - 1	=	95
					=	221

2 + 2 + 1 + 1 für ein System	=	6

Es gilt die Bedingung 6 = 6 in einem Gleichgewicht, die sich aus 1 + 2 + 2 + 0 + 1 und 2 + 2 + 1 + 1 in Form der beiden Zahlen 1221 und 222 ergibt, wobei wir die 0 vernachlässigen dürfen.

Mit Blick auf die Deklination von Substantiven herrscht in unserer deutschen Sprache also auch nur tote Hose. Wir machen mal noch zwei weitere Beispiele. Was das Wort „Bakterie" anbelangt, haben wir in der Schule das gelernt:

^{8}Singular$_{101}$	=	111		111 - 1	=	110
^{12}die Bakterie$_{89}$	=	105		105 - 1	=	104
^{12}der Bakterie$_{98}$	=	114		114 - 1	=	113
^{12}der Bakterie$_{98}$	=	114		114 - 1	=	113
^{12}die Bakterie$_{89}$	=	105		105 - 1	=	104

+

^{6}Plural$_{80}$	=	88		88 - 1	=	87
^{13}die Bakterien$_{103}$	=	120		120 - 1	=	119
^{13}der Bakterien$_{112}$	=	129		129 - 1	=	128
^{13}den Bakterien$_{108}$	=	125		125 - 1	=	124
^{13}die Bakterien$_{103}$	=	120		120 - 1	=	119
					=	1121
		1 + 1 + 2 + 1			=	5

5 + 1 für ein System	=	6

ungleich

^{11}Deklination$_{114}$	=	127		127 - 1	=	126
^{8}Bakterie$_{71}$	=	81		81 - 1	=	80
					=	206

2 + 0 + 6 + 1 für ein System	=	9

Es liegt die Bedingung $6 \neq 9$ in einem Gleichgewicht vor, die bestätigt, daß die Deklination von Bakterie falsch ist. Im Duden wird unter https://www.duden.de/deklination/substantive/Bakterie übrigens nach dem Nominativ erst der Akkusativ und dann der Dativ und dann der Genitiv angeführt. Was das soll, weiß man dort wahrscheinlich selbst nicht. Es gilt für das Wort „Bakterie" richtigerweise das:

^{8}Singular$_{101}$	=	111		111 - 1	=	110
^{12}die Bakterie$_{89}$	=	105		105 - 1	=	104
^{16}des Bakteriusses$_{177}$	=	197		197 - 1	=	196
^{12}der Bakterie$_{98}$	=	114		114 - 1	=	113
^{12}die Bakterie$_{89}$	=	105		105 - 1	=	104

+

^{6}Plural$_{80}$	=	88		88 - 1	=	87
^{13}die Bakterien$_{103}$	=	120		120 - 1	=	119
^{15}der Bakteriusse$_{157}$	=	176		176 - 1	=	175
^{16}den Bakteriussen$_{167}$	=	187		187 - 1	=	186
^{13}die Bakterien$_{103}$	=	120		120 - 1	=	119
					=	1313
		1 + 3 + 1 + 3			=	8

8 + 1 für ein System = 9

= (1 + 3) + (1 + 3) + 1

= 13 + 13 + 1

= 27

istgleich

^{11}Deklination$_{114}$	=	127		127 - 1	=	126
^{8}Bakterie$_{71}$	=	81		81 - 1	=	80
					=	206

2 + 0 + 6 + 1 für ein System = 9

= (2 + 0 + 6) + 1

= 26 + 1

= 27

Gut, das liest sich zwar erst einmal etwas komisch, ist aber im Ergebnis das, was es ist: und zwar richtig. Zu guter Letzt kämpfen wir uns noch durch die Deklination von Parasit, die ebenso nichts Gutes erahnen lässt. Wir erhalten für das, was man eingebläut bekommen hat, Folgendes:

^{8}Singular$_{101}$	=	111		111 - 1	=	110
^{11}der Parasit$_{111}$	=	126		126 - 1	=	125
^{11}des Parasit$_{112}$	=	127		127 - 1	=	126
^{11}dem Parasit$_{106}$	=	121		121 - 1	=	120
^{11}den Parasit$_{107}$	=	122		122 - 1	=	121

+

^{6}Plural$_{80}$	=	88		88 - 1	=	87
^{13}die Parasiten$_{121}$	=	138		138 - 1	=	137
^{13}der Parasiten$_{130}$	=	147		147 - 1	=	146
^{13}den Parasiten$_{126}$	=	143		143 - 1	=	142
^{13}die Parasiten$_{121}$	=	138		138 - 1	=	137
					=	1251
		1 + 2 + 5 + 1			=	9

9 + 1 für ein System = 10 = 1 + 0 = 1

ungleich

^{11}Deklination$_{114}$	=	127		127 - 1	=	126
^{7}Parasit$_{84}$	=	93		93 - 1	=	92
					=	218

2 + 1 + 8 + 1 für ein System = 12 = 1 + 2 = 3

In einem Gleichgewicht erhalten wir die Bedingung 1 ≠ 3, da in der deutschen Sprache die Deklination von Parasit falsch ist. Respektive ^{7}a und b$_{42}$ = 55 handelt es sich aber um diese hier:

^{8}Singular$_{101}$	=	111		111 - 1	=	110
^{11}der Parasit$_{111}$	=	126		126 - 1	=	125
^{12}des Parasits$_{131}$	=	147		147 - 1	=	146
^{11}dem Parasit$_{106}$	=	121		121 - 1	=	120
^{11}den Parasit$_{107}$	=	122		122 - 1	=	121

+

^{6}Plural$_{80}$	=	88		88 - 1	=	87
^{13}die Parasiten$_{121}$	=	138		138 - 1	=	137
^{13}der Parasiten$_{130}$	=	147		147 - 1	=	146
^{13}den Parasiten$_{126}$	=	143		143 - 1	=	142
^{13}die Parasiten$_{121}$	=	138		138 - 1	=	137
					=	1271
		1 + 2 + 7 + 1			=	11

1 + 1 + 1 für ein System = 12 = 1 + 2 = 3
= 1 + 2 + 7 + (1 + 1)
= *1 + 2 + 7 + 2*

istgleich

^{11}Deklination$_{114}$	=	127		127 - 1	=	126
^{7}Parasit$_{84}$	=	93		93 - 1	=	92
^{7}a und b$_{42}$	=	55		55 - 1	=	54
					=	272

2 + 7 + 2 + 1 für ein System = 12 = 1 + 2 = 3

Es gilt die Bedingung 3 = 3 in einem Gleichgewicht, die über 1 + 2 + 7 + 1 + 1 und 2 + 7 + 2 + 1 den beiden Zahlen 1272 und 273 geschuldet ist.

Allein, was unsere bisherigen Ergebnisse anbelangt, sollte von uns allen zu verstehen sein, daß wir gar keine andere Wahl haben, als alles wieder in Ordnung zu bringen. Wir müssen also neu anfangen, da hier noch etwas korrigieren zu wollen, rein gar nichts mehr bringt. Einzige Option: Runter vom Roß, und zwar alle!

Der Auftrag richtet sich logischerweise an Lehrer und Lehrerinnen, die mit Stern inklusive, dahingehend, daß, bevor man „Mist" an die Tafeln pinselt, das zu vermittelnde Lehrwissen vorab zu überprüfen ist. Das hat man nicht gemacht und das Ergebnis sieht dann auch entsprechend aus. Insofern alleinig unseren Kindern und Jugendlichen die Verantwortung dafür zu geben, daß die notwendigen Lernergebnisse etwas erbärmlich aussehen, ist allein vor diesem Hintergrund nicht zu rechtfertigen. Keine Frage, auch für Letztere gilt es, sich in unsere Gesellschaft einzubringen, aber man muss schon auch ordnungsgemäß vermitteln, wo, wann, wie und wodurch.

Was die zuweilen verwendete ^{11}Bezeichnung$_{114}$ = 127 über den ^{10}Oberlehrer$_{106}$ = 118 und über die ^{12}Oberlehrerin$_{129}$ = 143 als Namen durch ^{4}Name$_{33}$ = 39 anbelangt, sehen wir uns jetzt an: was uns - bedingt durch $^1a_1 = 4$, $^1b_2 = 5$, $^1b_2 = 5$ und $^1a_1 = 4$ - in Form von ^{7}a und b$_{42}$ = 55 unter der Bedingung $^{11}1 = 1 = 1_7 = 28$ dann in der logischen Endkonsequenz zu diesem Ergebnis führt:

^{11}Bezeichnung$_{114}$	=	127		127 - 1	=	126
^{10}Oberlehrer$_{106}$	=	118		118 - 1	=	117
^{12}Oberlehrerin$_{129}$	=	143		143 - 1	=	142
$^1a_1$	=	4		4 - 1	=	3
$^1b_2$	=	5		5 - 1	=	4
$^1b_2$	=	5		5 - 1	=	4
$^1a_1$	=	4		4 - 1	=	3
^{7}a und b$_{42}$	=	55		55 - 1	=	54
$^{11}1 = 1 = 1_7$	=	28		28 - 1	=	27
					=	480

4 + 8 + 0 + 1 für ein System	=	13	=	1 + 3	=	4

istgleich

^{13}Klugscheiszer$_{163}$	=	178		178 - 1	=	177
^{15}Klugscheiszerin$_{186}$	=	203		203 - 1	=	202
^{4}Name$_{33}$	=	39		39 - 1	=	38
					=	417

4 + 1 + 7 + 1 für ein System	=	13	=	1 + 3	=	4

Es gilt die Bedingung 4 = 4 in einem Gleichgewicht, die über 4 + 8 + 0 + 1 und 4 + 1 + 7 + 1 den beiden Zahlen 481 und 418 geschuldet ist, die nicht allerorts Freude auslösen wird.

Merke!

Falls namentlich jemand ein Klugscheißer oder eine Klugscheißerin ist, geht es über a, b, b und a in Form von a und b unter der Bedingung 1 = 1 = 1 durch Bezeichnung um jene, die sich als Oberlehrer oder als Oberlehrerin aufspielen.

Letztere sollte man höflicherweise nicht mit Oberstufen-, Mittelstufen- und Unterstufenlehrern verwechseln. Wenn einem diese dann doch begegnen, hat man sich wie immer sein Zeugnis selbst ausgestellt: Da darf man dann auch mal feixen.

Was die Begriffe „Oberstudienrat" oder auch „Oberstudienrätin" anbelangt, schalten wir einfach mal unser Gehirn ein. Wenn wir einen „Rat" erteilen, der sich darauf bezieht, welches Studium wir empfehlen würden, handelt es sich um einen Studienrat. Es geht also darum, zum ^{6}Inhalt$_{64}$ = 72 eines Studiums über ^{7}Studium$_{107}$ = 116 einen ^{3}Rat$_{39}$ = 44 auszusprechen, der als ^{10}Empfehlung$_{107}$ = 119 durch einen diesbezüglichen ^{9}Vorschlag$_{105}$ = 116 der ^{11}Bezeichnung$_{114}$ = 127 nach in Form von ^{7}a und b$_{42}$ = 55 als ^{10}Studienrat$_{131}$ = 143 bezeichnet wird. Es gilt damit Folgendes:

^{3}Rat$_{39}$	=	44		44 - 1	=	43
^{6}Inhalt$_{64}$	=	72		72 - 1	=	71
^{7}Studium$_{107}$	=	116		116 - 1	=	115
^{10}Empfehlung$_{107}$	=	119		119 - 1	=	118
					=	347

3 + 4 + 7 + 1 für ein System	=	15	=	1 + 5	=	6

istgleich

^{9}Vorschlag$_{105}$	=	116		116 - 1	=	115
^{7}a und b$_{42}$	=	55		55 - 1	=	54
^{11}Bezeichnung$_{114}$	=	127		127 - 1	=	126
^{10}Studienrat$_{131}$	=	143		143 - 1	=	142
					=	437

4 + 3 + 7 + 1 für ein System	=	15	=	1 + 5	=	6

Es ist unschwer zu erkennen, daß wir in Form der Bedingung 6 = 6 durch die beiden Zahlen 348 und 438 aus 3 + 4 + 7 + 1 und 4 + 3 + 7 + 1 den Beweis dafür erhalten haben, daß, wenngleich wir eine Sache oder eine Person empfehlen: der Rat im Allgemeinen im Speziellen durch die Logik in der Tabelle ein Studienrat ist.

Den Rat erhält man zum Beispiel in einer Studienberatung, den ein Studienberater oder eine Studienberaterin ausspricht. Deshalb wird aber aus diesen kein Oberstudienrat oder eine Oberstudienrätin, da es sich um Personen handelt und nicht um eine Sache. Das gilt auch für Freunde, Bekannte und Familienmitglieder, die sich diesbezüglich äußern. Diese treten in diesem Fall als Studienberater auf, sind selbst aber keine Studienräte. Erstere sind also vollkommener Schwachsinn, wie vergleichsweise auch der Landrat oder die Landrätin. Die Kiste Dreck (analog Land) spricht nicht mit uns und sie empfiehlt uns auch nichts.

Im Wesentlichen ist das ein' und der selbe Schwachsinn, daß Länder „Kriege" führen sollen, obwohl es die tauben Nüsse auf zwei Beinen sind; also Handlampe 1 gegen Handlampe 2 und andersherum. Falls es den Oberstudienrat und die Oberstudienrätin dann doch geben sollte, wären das in einem übertragenen Sinn der Ratschläger und die Ratschlägerin. Das klingt natürlich so doof, wie es ist. Beide gibt es also nur in unserer Einbildung, da es bekanntlich ein Berater und eine Beraterin sind. Insofern sollte man stets ganz genau hinsehen, egal, was es betrifft und was es dann tatsächlich ist. Wir sollten nie vergessen, daß wir zusammen in einem System leben, in dem nicht nur die uns betreffenden Dinge eindeutig geregelt sind, sondern ebenso die aller anderen.

Bevor wir mit der Erarbeitung der Grundlagen für ein Verstehen der Logik im System fortsetzen, sehen wir uns noch ganz kurz das ^{25}Ereignis in Crans-Montana$_{243}$ = 276 istgleich 2 + 7 + 6 = 15 istgleich 1 + 5 = 6 an, das durch (55 - 1) + (127 - 1) + (96 - 1) + 1 für ein System istgleich 276 istgleich 2 + 7 + 6 = 15 istgleich 1 + 5 = 6 in Form von ^{7}a und b$_{42}$ = 55 innerhalb des Prozesses als ^{7}Prozess$_{118}$ = 127 stattfand, der mit dem ^{6}Exodus$_{88}$ = 96 einhergeht.

Aus (276 - 1) + (96 - 1) + 1 für ein System istgleich 371 istgleich 3 + 7 + 1 = 11 istgleich 1 + 1 = 2 erhalten wir die Zahl 371, der durch die ^{8}Paritaet$_{90}$ = 100 von ^{7}a und b$_{42}$ = 55 infolge (100 - 1) + (55 - 1) + (164 - 1) + 1 für ein System istgleich 317 istgleich 3 + 1 + 7 = 11 istgleich 1 + 1 = 2 die ^{15}Beziehungsebene$_{147}$ = 164 zuzuordnen und in diese einzuordnen ist. Damit haben wir hier das zu verzeichnen, was auf Letzterer innerhalb der Systembereinigung im Rahmen der Apokalypse ausgelöst worden ist. Wir hatten gemeinsam herausgefunden, daß, wenn die Elternebene und die Kinderebene nicht zusammengehören, derartige Ereignisse nicht ausbleiben. Die Klärung, wer zu wem gehört, stellt damit das A und O dar, daß so etwas nicht noch einmal vorkommt.

Des Weiteren betraf es in diesem konkreten Fall die Kinder und Jugendlichen der oberen Einkommensschichten. Letzteres wurde bereits von uns im Buch 1 vermerkt, daß während der Apokalypse innerhalb des Prozesses des Exodusses die Extrempositionen im System zuerst beseitigt werden. Die in den unteren werden in der Regel nicht wahrgenommen, finden aber ebenso statt.

Diese Art von Ereignissen wird jetzt zunehmen, da sich das System, was das anbelangt, aufschaukelt. Es wird damit etwa auch vor Donald Trump und seinen Förderern und Unterstützern nicht haltgemacht. Die „Aktion in Venezuela" beispielsweise führt in dieser Phase nur dazu, daß der Prozess beschleunigt wird. Insofern werden wir demnächst diverse Nachrichten erhalten, die uns das bestätigen. Falls man sich die zunehmende Aktivität von Virussen ansieht oder auch die von Naturereignissen, ist es naheliegend, wie das erfolgen wird. De facto wurde durch das oben erwähnte Szenario das im System dazugehörige bestätigt und beschleunigt: mehr nicht.

Dabei belassen wir es an einleitenden Worten und widmen uns dem, was notwendig ist: den Lösungen, die den ein oder anderen noch vom Eis holen könnten. Dabei behandeln wir unzählige Themen, die wir unter der jeweiligen Überschrift aufführen. Es geht also kreuz und quer durch's System, um erst einmal ein paar Dinge, die sich in der Schräglage befinden, in Ordnung zu bringen. Im Prinzip haben wir auch keine andere Wahl mehr, als die in den Brunnen gefallenen Kinder direkt beim Namen zu nennen. Dafür ist die Situation, in der sich die Menschheit befindet, viel, viel, viel zu ernst, um auf etwaige Befindlichkeiten Rücksicht zu nehmen. Auch ganz unabhängig davon, daß du selbst keine besitzt.

Irgendwann werden wir uns auch noch Gedanken darüber machen müssen, wie wir die menschliche Gesellschaft vorübergehend organisieren, damit wir unsere Lösungen auch in die Tat umsetzen können. Insofern werden wir die Bedürfnisse herunterfahren müssen, um die Prioritäten dort setzen zu können, damit hier überhaupt noch wer am Leben ist. Wir müssen also demnächst eine Unzahl an Arbeitskräften freisetzen, um alles in Ordnung bringen zu können. Wir schaffen aber zunächst eine gemeinsame Wissensbasis dafür, sonst bringt das nichts.

Die üblichen Ausreden, zu kompliziert, zu anstrengend oder auch „weiß der Geier" was, interessieren nicht. Das hierfür notwendige Wissen wird nicht an den jeweiligen Horizont angepasst. Entweder man will leben und arbeitet sich durch, oder man vergeht. Dazu sind Arbeitsgruppen zu bilden, um das, was verstanden worden ist, einander zu vermitteln. Einzelbehandlungen gibt es nicht, es ist eine Menschheit. Das, was ich hier mache, erfordert mehr als das an Zeit, was man in der Regel an einem Tag sinnvoll aufbringen kann. Damit geht's los, und zwar Schlag auf Schlag. Ach so, ich „spreche" ein ungeschwärztes Deutsch. Falls also jemand bekloppt und bescheuert ist, steht das auch hier.

2. Semitismus, Antisemitismus und Automatismus

Wir hatten herausgefunden, daß das Wort „fascere" machen bedeutet, wobei der Faschismus das Machertum repräsentiert, der Faschist den Macher und die Faschistin die Macherin. Bei dem Wort „Nationalsozialismus" einschließlich „Nazi" und „Sozi" gab es ein ähnliches Problem, da die Logik dahinter sowohl auf eine eigene Identität als auch eine gemeinsame abstellt, was den Begriffen „Nationalismus" und „Sozialismus" geschuldet ist. Des Weiteren stand das Wort „Antifaschismus" im Ergebnis für den Gammelverein, wobei der Antifaschist ein Gammler ist und die Antifaschistin eine Gammlerin. Das Wort „anti" davor hatte bewirkt, daß das Wort „machen" im Gegenteil gelandet ist.

Ein ähnliches Missverständnis liegt auch bei jenen in der Überschrift vor. Das griechische Wort „semi" bedeutet so viel wie „halb". Die Frage ist damit: Die Hälfte wovon? Wenn wir das Wort „Semitismus" trennen, erhalten wir Se-mi-tis-mus. Es handelt sich um vier Silben, wobei die ersten beiden bereits erklärt worden sind. Damit stellt sich die Frage, wofür ^{8}-tis-mus$_{103}$ = 116 istgleich 1 + 1 + 6 = 8 stehen könnte. Respektive $^{1}a_{1}$ = 4 und $^{1}b_{2}$ = 5 erhalten wir aus (4 - 1) + (5 - 1) + (109 - 1) + 1 für ein System istgleich 116 istgleich 1 + 1 + 6 = 8 eine 8, die bedingt durch Erstere aus einem ^{6}System$_{101}$ = 109 istgleich 1 + 0 + 9 = 10 istgleich 1 + 0 = 1 hervorgeht. Diese haben also etwas mit einem System zu tun.

Wenn wir die zwei Silben als ^{6}tismus$_{101}$ = 109 istgleich 1 + 0 + 9 = 10 istgleich 1 + 0 = 1 betrachten, bedarf es wohl keiner weiteren Erklärung, daß das Wort ^{10}Semitismus$_{147}$ = 159 durch $^{1}a_{1}$ = 4 und $^{1}b_{2}$ = 5 über (159 - 1) + (4 - 1) + (5 - 1) + 1 für ein System istgleich 166 istgleich 1 + 6 + 6 = 13 istgleich 1 + 3 = 4 sinngemäß für ^{14}halb im System$_{146}$ = 166 istgleich 1 + 6 + 6 = 13 istgleich 1 + 3 = 4 steht. Es geht also darum, daß etwas hälftig im System angelegt worden ist, das sich über a und über b korrespondierend verhält.

Aus ^{4}halb$_{23}$ = 29 und aus ^{6}System$_{101}$ = 109 erhalten wir über $^{1}a_{1}$ = 4 und $^{1}b_{2}$ = 5 in Form von ^{7}a und b_{42} = 55 infolge $^{7}a \neq b_{6}$ = 19 und $^{7}b \neq a_{6}$ = 19 durch (29 - 1) + (109 - 1) + (4 - 1) + (5 - 1) + (55 - 1) + (19 - 1) + (19 - 1) + 1 für ein System istgleich 234 istgleich 2 + 3 + 4 = 9, daß es sich dabei um einen ^{20}Teil einer Automatik$_{208}$ = 234 istgleich 2 + 3 + 4 = 9 handelt. Das Wort „Semitismus" hat damit etwas mit der Hälfte einer Automatik zu tun, die im System angelegt ist. Die Gegenhälfte führt uns durch die Vorsilbe „anti" zum Wort „Antisemitismus". Beide verweisen damit jeweils hälftig auf die Teile einer Automatik.

So, wir kürzen das mal etwas ab und halten sofort fest, worauf das Wort ^{10}Semitismus$_{147}$ = 159 infolge $^{1}a_{1}$ = 4 und $^{1}b_{2}$ = 5 in Form von ^{7}a und b_{42} = 55 über $^{7}a \neq b_{6}$ = 19 und $^{7}b \neq a_{6}$ = 19 am Ende hinausläuft; es gilt nämlich Folgendes:

^{10}Semitismus$_{147}$	=	159		159 - 1	=	158
$^{1}a_{1}$	=	4		4 - 1	=	3
$^{1}b_{2}$	=	5		5 - 1	=	4
^{7}a und b_{42}	=	55		55 - 1	=	54
$^{7}a \neq b_{6}$	=	19		19 - 1	=	18
$^{7}b \neq a_{6}$	=	19		19 - 1	=	18
					=	255

2 + 5 + 5 + 1 für ein System	=	13	=	1 + 3	=	4

istgleich

^{19}Systemhalbautomatik$_{235}$	=	256		256 - 1	=	255

2 + 5 + 5 + 1 für ein System	=	13	=	1 + 3	=	4

Es gilt die Bedingung 4 = 4 in einem Gleichgewicht, welche jeweils in Form der beiden Zahlen 256 korrespondierend aus den Termen 2 + 5 + 5 + 1 hervorgeht.

Merke!

Der Semitismus ist durch a und durch b in Form von a und b infolge $a \neq b$ und $b \neq a$ die Systemhalbautomatik.

Beispiele dafür wären unsere linke Körperhälfte oder auch unsere rechte, da es relativ ist, was welche ist. Das Wort „Semitismus" hat auch nichts mit dem Adjektiv „semitisch" oder dem Substantiv „Semiten" zu tun, da beide darauf abstellen, daß unter diesen die Zu- und Einordnung von Sprachen erfolgt. Semitische Sprachen sind zum Beispiel als ein Zweig der afroasiatischen Sprachfamilie Arabisch, Hebräisch oder etwa Aramäisch. Wer besagte spricht, sind damit Semiten.

Das Wort ^{14}Antisemitismus$_{191}$ = 207 bezieht sich - bedingt durch die ^{8}Paritaet$_{90}$ = 100 von ^{7}a und b_{42} = 55 - infolge $^{1}a_{1}$ = 4 und $^{1}b_{2}$ = 5 auf den nachfolgenden Zusammenhang, der uns eines Besseren belehrt:

^{14}Antisemitismus$_{191}$	=	207		207 - 1	=	206
^{8}Paritaet$_{90}$	=	100		100 - 1	=	99
^{7}a und b$_{42}$	=	55		55 - 1	=	54
					=	359

3 + 5 + 9 + 1 für ein System	=	18	=	1 + 8	=	9

istgleich

^{24}Gegensystem-halbautomatik$_{273}$	=	299		299 - 1	=	298
^{1}a$_{1}$	=	4		4 - 1	=	3
^{1}b$_{2}$	=	5		5 - 1	=	4
					=	305

3 + 0 + 5 + 1 für ein System	=	9

Es gilt die Bedingung 9 = 9 in einem Gleichgewicht, die durch 3 + 5 + 9 + 1 und 3 + 0 + 5 + 1 den beiden Zahlen 360 und 306 geschuldet ist.

Merke!

Durch die Parität von a und b ist der Antisemitismus über a und über b die Gegensystemhalbautomatik.

Gemessen an den Beispielen von Seite 31 handelt es sich jetzt zuerst um die rechte Körperhälfte und dann um die linke in der Betrachtung.

^{10}Semitismus$_{147}$ = 159 und ^{14}Antisemitismus$_{191}$ = 207 führen uns über (159 - 1) + (207 - 1) + 1 für ein System istgleich 365 istgleich 3 + 6 + 5 = 14 istgleich 1 + 4 = 5 dazu, daß es sich in Form von ^{7}a und b$_{42}$ = 55 infolge ^{7}a ≠ b$_{6}$ = 19 und ^{7}b ≠ a$_{6}$ = 19 über (55 - 1) + (19 - 1) + (19 - 1) + (186 - 1) + (81 - 1) + 1 für ein System istgleich 356 istgleich 3 + 5 + 6 = 14 istgleich 1 + 4 = 5 um den ^{12}Automatismus$_{172}$ = 186 im ^{6}Nichts$_{73}$ = 81 handelt. Letzterer verweist über ^{7}a und b$_{42}$ = 55 auf den nachfolgenden Zusammenhang:

^{12}Automatismus$_{172}$	=	186		186 - 1	=	185
^{7}a und b$_{42}$	=	55		55 - 1	=	54
					=	239

2 + 3 + 9 + 1 für ein System	=	15	=	1 + 5	=	6

istgleich

^{19}Systemvollautomatik$_{273}$	=	294		294 - 1	=	293

2 + 9 + 3 + 1 für ein System	=	15	=	1 + 5	=	6

Wir haben in einem Gleichgewicht die Bedingung 6 = 6 vorliegen, die über 2 + 3 + 9 + 1 und 2 + 9 + 3 + 1 aus den beiden Zahlen 240 und 294 hervorgeht.

Merke!

Der Automatismus ist in Form von a und b korrespondierend die Systemvollautomatik.

Da wir eine linke Körperhälfte analog der Systemhalbautomatik und eine rechte analog der Gegensystemhalbautomatik besitzen, operiert unser eigener Körper in seiner Gesamtheit über die Systemvollautomatik.

So, dann fassen wir mal den ganzen Klimbim in Form von ^{7}a und b$_{42}$ = 55 zusammen, der uns bestätigt, daß es sich um ein ^{6}System$_{101}$ = 109 handelt; es gilt nämlich Folgendes:

^{6}System$_{101}$	=	109		109 - 1	=	108

1 + 0 + 8 + 1 für ein System	=	10	=	1 + 0	=	1

istgleich

^{7}a und b_{42}	=	55		55 - 1	=	54
^{19}Systemhalbautomatik$_{235}$	=	256		256 - 1	=	255
^{24}Gegensystem-halbautomatik$_{273}$	=	299		299 - 1	=	298
^{19}Systemvollautomatik$_{273}$	=	294		294 - 1	=	293
					=	900

9 + 0 + 0 + 1 für ein System	=	10	=	1 + 0	=	1

Es gilt die Bedingung 1 = 1 in einem Gleichgewicht, die sich respektive 1 + 0 + 8 + 1 und 9 + 0 + 0 + 1 aus den beiden Zahlen 109 und 901 ergibt.

Merke!

Das System operiert im Ganzen in Form von a und b durch die Systemhalbautomatik und die Gegensystemhalbautomatik als Systemvollautomatik.

Durch die Logik von $^{1}H_{8}$ = 11 und $^{1}O_{15}$ = 18 handelt es sich über (11 - 1) + (18 - 1) + (82 - 1) + 1 für ein System istgleich 109 istgleich 1 + 0 + 9 = 10 istgleich 1 + 0 = 1 um eine ^{8}Maschine$_{72}$ = 82.

Wir betrachten das Ganze noch mal aus einer etwas anderen Perspektive, welche aber nichts anderes zum Ausdruck bringt:

^{10}Semitismus$_{147}$	=	159		159 - 1	=	158
^{14}Antisemitismus$_{191}$	=	207		207 - 1	=	206
^{12}Automatismus$_{172}$	=	186		186 - 1	=	185
					=	549

5 + 4 + 9 + 1 für ein System	=	19	=	1 + 9	=	10
			=	1 + 0	=	1

istgleich

^{11}Halbautomat$_{114}$	=	127		127 - 1	=	126
^{16}Gegenhalbautomat$_{152}$	=	170		170 - 1	=	169
^{11}Vollautomat$_{152}$	=	165		165 - 1	=	164
					=	459

4 + 5 + 9 + 1 für ein System	=	19	=	1 + 9	=	10
			=	1 + 0	=	1

Es gilt die Bedingung 1 = 1 in einem Gleichgewicht, die sich aus 5 + 4 + 9 + 1 und 4 + 5 + 9 + 1 in Form der Zahlen 550 und 460 ergibt. Erstere sollte dich daran erinnern, daß das Ergebnis auch an deinen beiden Händen steht.

Damit kommen wir zu einem Beispiel: Die ^{4}Erde$_{32}$ = 38 ist als ^{5}Kugel$_{56}$ = 63 durch (38 - 1) + (63 - 1) + 1 für ein System istgleich 100 istgleich 1 + 0 + 0 = 1 korrespondierend über $^{1}a_{1}$ = 4 und $^{1}b_{2}$ = 5 infolge (4 - 1) + (5 - 1) + (93 - 1) + 1 für ein System istgleich 100 istgleich 1 + 0 + 0 = 1 die ^{8}Erdkugel$_{83}$ = 93, die in der Mitte durch den ^{8}Aequator$_{98}$ = 108 in zwei Hälften aufgeteilt ist, was die ^{16}Nordhalberdkugel$_{157}$ = 175 und die ^{16}Suedhalberdkugel$_{155}$ = 173 sind.

Erstere erfüllt über $^{1}a_{1}$ = 4 und $^{1}b_{2}$ = 5 infolge $^{7}a \neq b_{6}$ = 19 und $^{7}b \neq a_{6}$ = 19 unter der Bedingung $^{11}1 = 1 = 1_{7}$ = 28 als ^{16}Nordhalberdkugel$_{157}$ = 175 de facto dann Folgendes:

^{10}Semitismus$_{147}$	=	159		159 - 1	=	158
$^{1}a_{1}$	=	4		4 - 1	=	3
$^{1}b_{2}$	=	5		5 - 1	=	4
$^{7}a \neq b_{6}$	=	19		19 - 1	=	18
$^{7}b \neq a_{6}$	=	19		19 - 1	=	18
					=	201

2 + 0 + 1 + 1 für ein System	=	4

istgleich

^{16}Nordhalberdkugel$_{157}$	=	175		175 - 1	=	174
$^{11}1 = 1 = 1_{7}$	=	28		28 - 1	=	27
					=	201

2 + 0 + 1 + 1 für ein System	=	4

Wir erhalten in einem Gleichgewicht die Bedingung 4 = 4, welche in Form der beiden Zahlen 202 jeweils aus 2 + 0 + 1 + 1 hervorgeht.

Merke!

Der Semitismus spiegelt sich durch a und durch b infolge a ≠ b und b ≠ a unter der Bedingung 1 = 1 = 1 in der Nordhalberdkugel wider.

Letztere operiert als Halbautomat über die Systemhalbautomatik, welche dem Semitismus zuzuschreiben ist.

Die ^{16}Suedhalberdkugel$_{155}$ = 173 reflektiert über $^{1}a_{1} = 4$ und $^{1}b_{2} = 5$ in Form von ^{7}a und b_{42} = 55 - bedingt durch $^{7}a \neq b_{6} = 19$ und $^{7}b \neq a_{6} = 19$ - korrespondierend auf Folgendes, was sich innerhalb der Logik, die aus dem ^{14}Antisemitismus$_{191}$ = 207 erwächst, abspielt:

^{16}Suedhalberdkugel$_{155}$	=	173		173 - 1	=	172
$^{1}a_{1}$	=	4		4 - 1	=	3
$^{1}b_{2}$	=	5		5 - 1	=	4
^{7}a und b_{42}	=	55		55 - 1	=	54
$^{7}a \neq b_{6}$	=	19		19 - 1	=	18
$^{7}b \neq a_{6}$	=	19		19 - 1	=	18
					=	269

2 + 6 + 9 + 1 für ein System	=	18	=	1 + 8	=	9

istgleich

^{14}Antisemitismus$_{191}$	=	207		207 - 1	=	206

2 + 0 + 6 + 1 für ein System = 9

Es gilt die Bedingung 9 = 9 in einem Gleichgewicht, die durch 2 + 6 + 9 + 1 und 2 + 0 + 6 + 1 auf die beiden Zahlen 270 und 207 abstellt.

Merke!

Die Südhalberdkugel steht über a und über b in Form von a und b durch $a \neq b$ und $b \neq a$ für den Antisemitismus.

Erstere operiert als Gegenhalbautomat über die Gegensystemhalbautomatik, welche dem Antisemitismus zuzuschreiben ist.

Die ^{8}Erdkugel$_{83}$ = 93 interagiert durch den ^{8}Aequator$_{98}$ = 108 infolge (93 - 1) + (108 - 1) + 1 für ein System istgleich 200 istgleich 2 + 0 + 0 = 2 in Form von $^{1}a_{1}$ = 4, $^{1}b_{2}$ = 5, $^{1}b_{2}$ = 5 und $^{1}a_{1}$ = 4 durch (4 - 1) + (5 - 1) + (5 - 1) + (4 - 1) + (186 - 1) + 1 für ein System istgleich 200 istgleich 2 + 0 + 0 = 2 über einen ^{12}Automatismus$_{172}$ = 186.

Merke!

Der Automatismus bezieht sich durch a, b, b und a auf die Erdkugel, der korrespondierend über dem Äquator operiert.

Der Automatismus ist das Ergebnis, welches sich durch die Systemvollautomatik aus dem Vollautomaten ergibt.

In der logischen Endkonsequenz reflektieren die ^{16}Nordhalberdkugel$_{157}$ = 175 und die ^{16}Suedhalberdkugel$_{155}$ = 173 - der Gleichung (175 - 1) + (173 - 1) + 1 für ein System istgleich 347 istgleich 3 + 4 + 7 = 14 istgleich 1 + 4 = 5 geschuldet - damit nur, daß durch die ^{8}Paritaet$_{90}$ = 100 von $^{1}a_{1}$ = 4 und $^{1}b_{2}$ = 5 über $^{7}a \neq b_{6}$ = 19 und $^{7}b \neq a_{6}$ = 19 in Form von ^{7}a und b_{42} = 55 respektive (100 - 1) + (4 - 1) + (5 - 1) + (19 - 1) + (19 - 1) + (55 - 1) + (178 - 1) + 1 für ein System istgleich

374 istgleich 3 + 7 + 4 = 14 istgleich 1 + 4 = 5 ^{21}ein Adam und eine Eva$_{147}$ = 178 gefordert ist. Das leidige Thema verfolgt uns also auch hier.

So, dann basteln wir uns mal eine Grafik zurecht, damit wir hier zu Potte kommen, die dann so aussieht:

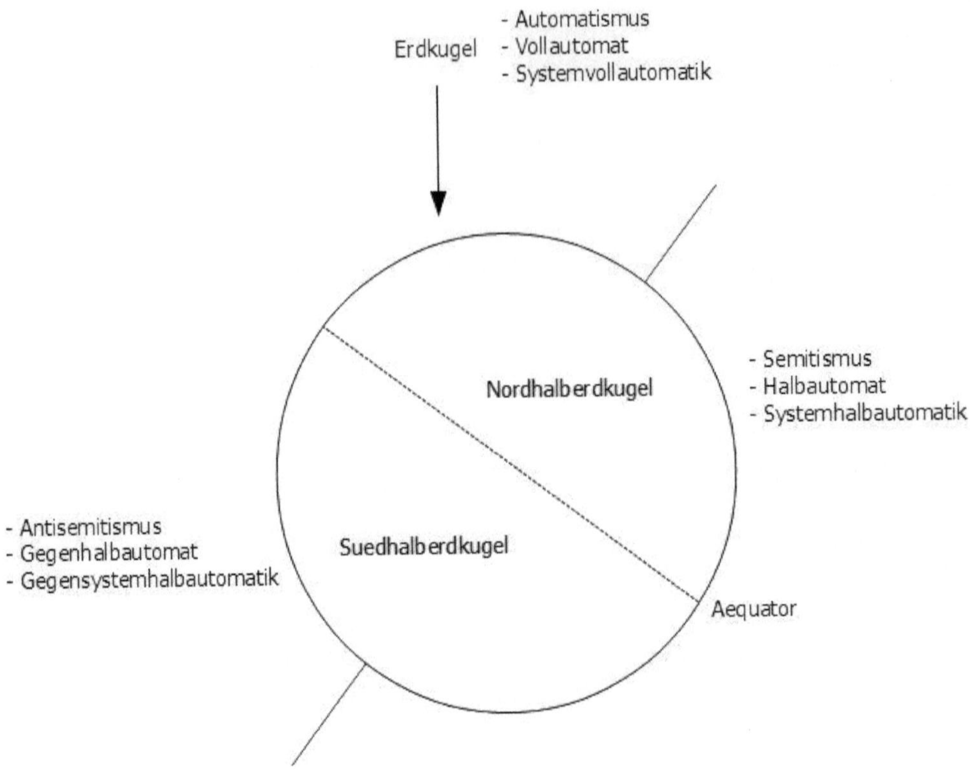

Wir haben damit eine elementare Logik vorliegen, die korrespondierend auf unsere Erde Anwendung findet.

In der Summe basiert damit die ^{19}Systemhalbautomatik$_{235}$ = 256 und die ^{24}Gegensystemhalbautomatik$_{273}$ = 299 der ^{4}Erde$_{32}$ = 38 - bedingt durch $^{1}a_{1}$ = 4, $^{1}b_{2}$ = 5, $^{1}b_{2}$ = 5 und $^{1}a_{1}$ = 4 infolge $^{7}a \neq b_{6}$ = 19 und $^{7}b \neq a_{6}$ = 19 - im Wesentlichen über (256 - 1) + (299 - 1) + (38 - 1) + (4 - 1) + (5 - 1) + (5 - 1) + (4 - 1) + (19 - 1) + (19 - 1) + 1 für ein System istgleich 641 istgleich 6 + 4 + 1 = 11 istgleich 1 + 1 = 2 auf deren ^{40}Steuerung und Koordination ueber a und b$_{407}$ = 461 istgleich 4 + 6 + 1 = 11 istgleich 1 + 1 = 2, welche in gewisser Hinsicht die Systemkonformität der ^{15}Beziehungsebene$_{147}$ = 164 istgleich 1 + 6 + 4 = 11 istgleich 1 + 1 = 2 der Beteiligten voraussetzt. Insofern spiegelt sich diese ganz konkret durch Erstere auf der Erde in der Form wider, was wir dann zum Beispiel über das Schmelzen der Polkappen wahrnehmen können. Die Systemverwerfungen auf der Erde sind also alle menschengemacht, die aus deren Beziehungsebene hervorgehen.

Wenn wir alle Zusammenhänge simplifizieren, erhalten wir über $^1a_1 = 4$, $^1b_2 = 5$, $^1b_2 = 5$ und $^1a_1 = 4$ in Form von ^{7}a und $b_{42} = 55$ aus (4 - 1) + (5 - 1) + (5 - 1) + (4 - 1) + (55 - 1) + 1 für ein System istgleich 69 istgleich 6 + 9 = 15 istgleich 1 + 5 = 6 die Zahl 6, die uns begründet, warum unsere menschliche Existenz einem $^5Kreis_{62} = 69$ istgleich 6 + 9 = 15 istgleich 1 + 5 = 6 zugeordnet und in diesen eingeordnet ist. Infolge (4 - 1) + (5 - 1) + (5 - 1) + (4 - 1) + (55 - 1) + (69 - 1) + 1 für ein System istgleich 137 istgleich 1 + 3 + 7 = 11 istgleich 1 + 1 = 2 landen wir bei der Aussage, daß besagter durch die $^8Paritaet_{90} = 100$ von ^{7}a und b_{42} = 55 durch (100 - 1) + (55 - 1) + (64 - 1) + (101 - 1) + 1 für ein System istgleich 317 istgleich 3 + 1 + 7 = 11 istgleich 1 + 1 = 2 über $^7Endlich_{55} = 64$ und $^9Unendlich_{90}$ = 101 angelegt worden ist. Wir werfen einen Blick auf die dazugehörige Grafik, welche im Vergleich zur vorherigen eine Erweiterung erfährt:

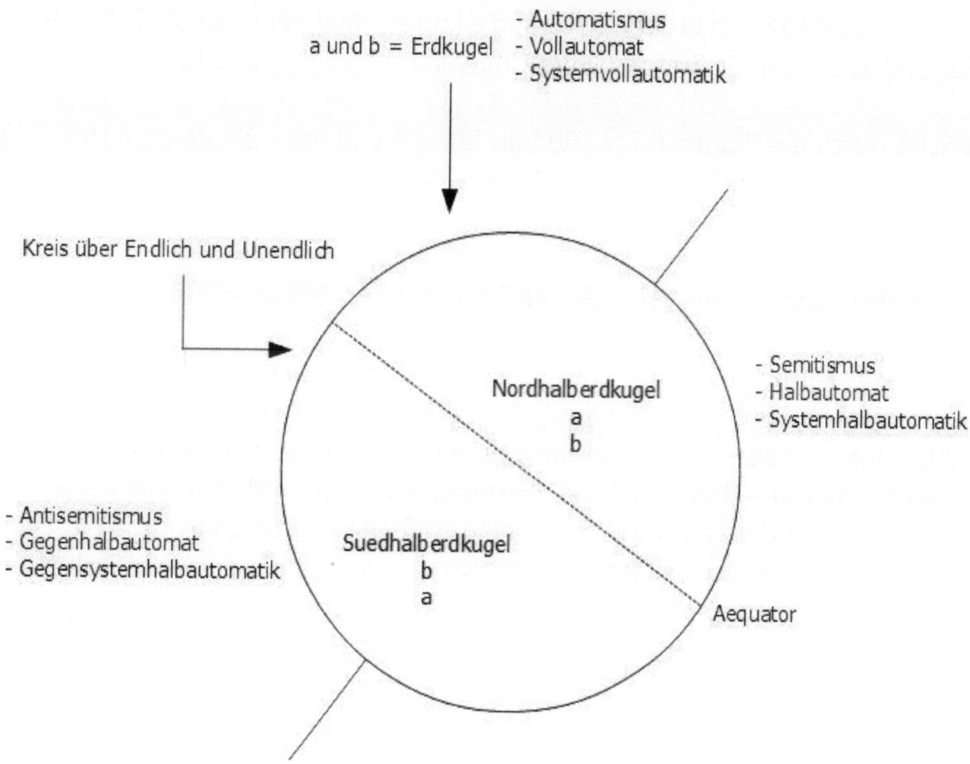

Wir rufen uns in's Gedächtnis zurück, daß es sich bei beiden um Lebewesen handelt, die als Lebensformen „Endlich und Unendlich" sind, die sich sowohl endlich als auch unendlich verhalten.

Über $^{1}a_{1}$ = 4 und $^{1}b_{2}$ = 5 verweist unsere ^{4}Erde$_{32}$ = 38 - bedingt durch deren ^{8}Paritaet$_{90}$ = 100 unter der Bedingung $^{11}1 = 1 = 1_{7}$ = 28 - infolge (4 - 1) + (5 - 1) + (38 - 1) + (100 - 1) + (28 - 1) + 1 für ein System istgleich 171 istgleich 1 + 7 + 1 = 9 auf die Logik einer ^{11}Maschinerie$_{104}$ = 117 istgleich 1 + 1 + 7 = 9, die in der Endkonsequenz über $^{1}H_{8}$ = 11 und $^{1}O_{15}$ = 18 respektive deren ^{8}Paritaet$_{90}$ = 100 in Form von ^{5}Leben$_{38}$ = 45 durch (11 - 1) + (18 - 1) + (100 - 1) + (45 - 1) + 1 für ein System istgleich 171 istgleich 1 + 7 + 1 = 9 grundlegend über einem ^{15}Ungleichgewicht$_{154}$ = 171 istgleich 1 + 7 + 1 = 9 operiert.

Wobei dieses als ein endliches über ^{7}Endlich$_{55}$ = 64 unter der Bedingung $^{11}1 = 1 = 1_{7}$ = 28 durch (171 - 1) + (64 - 1) + (28 - 1) + 1 für ein System istgleich 261 istgleich 2 + 6 + 1 = 9 dafür Sorge trägt, daß durch $^{6}n \rightarrow \infty_{15}$ = 27 über (27 - 1) + (20 - 1) + (21 - 1) + (27 - 1) + (34 - 1) + (19 - 1) + (20 - 1) + 1 für ein System istgleich 162 istgleich 1 + 6 + 2 = 9 die Terme $^{2}(a_{n})_{15}$ = 20, $^{2}(b_{n})_{16}$ = 21, $^{2}(H_{n})_{22}$ = 27, $^{2}(O_{n})_{29}$ = 34, $^{2}(0_{n})_{14}$ = 19 und $^{2}(1_{n})_{15}$ = 20 gegen ^{9}Unendlich$_{90}$ = 101 laufen, da durch $^{1}a_{1}$ = 4 und $^{1}b_{2}$ = 5 in Form von ^{7}a und b_{42} = 55 über (101 - 1) + (4 - 1) + (5 - 1) + (55 - 1) + 1 für ein System istgleich 162 istgleich 1 + 6 + 2 = 9 die Zahl 162 im Ergebnis steht, die korrespondierend auf die 216 aufeinanderfolgenden Zahlen für Gott im Judentum verweist, analog wie für den Teufel.

Welche durch die ^{8}Paritaet$_{90}$ = 100 von $^{1}a_{1}$ = 4 und $^{1}b_{2}$ = 5 infolge (100 - 1) + (4 - 1) + (5 - 1) + (506 - 1) + 1 für ein System istgleich 612 istgleich 6 + 1 + 2 = 9 zusammen

^{48}die Grundlage fuer die Raumdefinition ueber Zeit$_{444}$ = 506

stellen, die in Form von $^{1}a_{1}$ = 4 und $^{1}b_{2}$ = 5 unter der Bedingung $^{11}1 = 1 = 1_{7}$ = 28 auf der ^{4}Erde$_{32}$ = 38 über (4 - 1) + (5 - 1) + (28 - 1) + (38 - 1) + (159 - 1) + (207 - 1) + (186 - 1) + 1 für ein System istgleich 621 istgleich 6 + 2 + 1 = 9 auf ^{10}Semitismus$_{147}$ = 159, ^{14}Antisemitismus$_{191}$ = 207 und ^{12}Automatismus$_{172}$ = 186 basieren. Insbesondere das mittlere Wort hat mit den Vorstellungen und diesbezüglichen Überzeugungen eines Menschen nichts zu tun. Es dient ausschließlich als systemische Voraussetzung wie die anderen beiden dafür, daß es uns überhaupt gibt.

Daß der Mensch einen natürlichen Aspekt und einen künstlichen aufweist, ist nicht mehr von der Hand zu weisen. Damit wird sich die Menschheit, wenn sie leben will, den Gegebenheiten stellen müssen. Aus aktuellem Anlass nehmen wir einen kleinen Umweg über zwei Unterkapitel, bevor wir dann weitermachen, da es, was die allgemeinen geographischen Grunddefinitionen auf dieser Erde anbelangt, bei dem einen und der anderen ganz gewaltig im Oberstübchen zu ziehen scheint.

2.1. Der Staat Grönland

Im Prinzip verbirgt sich hinter $^{9}Groenland_{90}$ = 101 unter der Bedingung $^{11}1 = 1 = 1_7 = 28$ durch (101 - 1) + (28 - 1) + 1 für ein System istgleich 128 istgleich 1 + 2 + 8 = 11 istgleich 1 + 1 = 2 korrespondierend über $^{1}a_1 = 4$, $^{1}b_2 = 5$, $^{1}b_2 = 5$ und $^{1}a_1 = 4$ durch (4 - 1) + (5 - 1) + (5 - 1) + (4 - 1) + (114 - 1) + 1 für ein System istgleich 128 istgleich 1 + 2 + 8 = 11 istgleich 1 + 1 = 2 $^{10}Patagonien_{102}$ = 114. Das heißt, daß die Logik des einen mit der des anderen einhergehen muss, nur korrespondierend.

Im Zusammenhang mit Patagonien hatten wir herausgefunden, daß zu diesem in seiner Funktion als Kontinent Feuerland und die Antarktis gehören, was uns zu selbigem als Staat mit der Hauptstadt Parquenco führte. Die Verbindung zwischen Argonien und Patagonien erfolgt durch Ozeanien über den Pazifischen Feuerring. In der Summe muss damit im Umkehrschluß ein Staat existieren, der die Kontinente Amerika und Arktis verbindet.

Da wir korrespondierend zu Patagonien Grönland erhalten haben, setzen wir dort an, wobei $^{9}Groenland_{90}$ = 101 in Form von ^{7}a und b_{42} = 55 unter der Bedingung $^{11}1 = 1 = 1_7 = 28$ durch (101 - 1) + (55 - 1) + (28 - 1) + 1 für ein System istgleich 182 istgleich 1 + 8 + 2 = 11 istgleich 1 + 1 = 2 nahelegt, daß bedingt durch (53 - 1) + (76 - 1) + 1 für ein System istgleich 128 istgleich 1 + 2 + 8 = 11 istgleich 1 + 1 = 2 $^{6}Alaska_{45}$ = 53 eine $^{6}Region_{68}$ = 76 von diesem ist. Im Klartext: Die Region Alaska gehört zu Grönland.

Unser fehlendes Wissen diesbezüglich ist einzig und allein dem zu verdanken, daß wir nicht wissen, welcher „Hmm" auf welchen Eimer gehört. Das daraus resultierende Chaos auf unserer Beziehungsebene spiegelt sich über Beziehung damit in „allen anderen Dingen" auf der Erde wider. Das wunderschöne Ergebnis ist, daß wir noch nicht einmal vollständig wissen, wie viele Staaten es gibt, wie man diese nennt, welche Gebiete dazugehören und ob es diese in der Form überhaupt gibt. Zum jetzigen Stand wissen wir beispielsweise nicht, wie der Staat heißt beziehungsweise die Staaten heißen, wo man sich selbst als U.S.A. und U.S. verkauft. Wie wir bereits gelernt haben, stehen diese für etwas gänzlich anderes.

Wir müssen also auch das wieder in Ordnung bringen, falls hier jemand den Exodus innerhalb der Apokalypse auf der Erde gedenkt, überleben zu wollen. Es stimmt, auch was das anbelangt, gar nichts. Wir haben damit einen ersten Hinweis erhalten, daß offensichtlich $^{9}Groenland_{90}$ = 101 mit der Region $^{6}Alaska_{45}$ = 53 einen logischen Bezug zum $^{9}Kontinent_{122}$ = 133 der $^{6}Arktis_{78}$ = 86 istgleich 8 + 6 = 14 istgleich 1 + 4 = 5 zulässt, wobei diese bedingt durch die Zahl 5 die Logik von einem $^{5}Staat_{61}$ = 68 istgleich 6 + 8 = 14 istgleich 1 + 4 = 5 beinhaltet. Das heißt, daß die Arktis nicht selbst einer ist, sondern als Kontinent zu einem gehört. Wir erhalten durch $^{1}a_{1} = 4$ und $^{1}b_{2} = 5$ in Form von ^{7}a und $b_{42} = 55$ über $^{7}a \neq b_{6} = 19$ und $^{7}b \neq a_{6} = 19$ Folgendes:

$^{9}Kontinent_{122}$	=	133		133 - 1	=	132
$^{6}Arktis_{78}$	=	86		86 - 1	=	85
$^{1}a_{1}$	=	4		4 - 1	=	3
$^{1}b_{2}$	=	5		5 - 1	=	4
^{7}a und b_{42}	=	55		55 - 1	=	54
$^{7}a \neq b_{6}$	=	19		19 - 1	=	18
$^{7}b \neq a_{6}$	=	19		19 - 1	=	18
					=	314

3 + 1 + 4 + 1 für ein System	=	9

istgleich

$^{9}Groenland_{90}$	=	101		101 - 1	=	100
$^{6}Alaska_{45}$	=	53		53 - 1	=	52
					=	152

1 + 5 + 2 + 1 für ein System	=	9

Es gilt die Bedingung 9 = 9 in einem Gleichgewicht, die auf 3 + 1 + 4 + 1 und 1 + 5 + 2 + 1 in Form der beiden Zahlen 315 und 153 zurückzuführen ist.

Merke!

Der Kontinent Arktis stellt korrespondierend über a und über b in Form von a und b respektive a ≠ b und b ≠ a auf Grönland und Alaska ab.

Durch $^{1}a_{1} = 4$ und $^{1}b_{2} = 5$ unter der Bedingung $^{11}1 = 1 = 1_{7} = 28$ gehört $^{9}Groenland_{90}$ = 101 istgleich 1 + 0 + 1 = 2 infolge (4 - 1) + (5 - 1) + (28 - 1) + (67 - 1) +

1 für ein System istgleich 101 istgleich 1 + 0 + 1 = 2 zu $^{7}\text{Amerika}_{58}$ = 67, wobei es sich über $^{1}a_{1}$ = 4, $^{1}b_{2}$ = 5, $^{1}b_{2}$ = 5 und $^{1}a_{1}$ = 4 durch $^{7}a \neq b_{6}$ = 19 und $^{7}b \neq a_{6}$ = 19 respektive (4 - 1) + (5 - 1) + (5 - 1) + (4 - 1) + (19 - 1) + (19 - 1) + (67 - 1) + 1 für ein System istgleich 117 istgleich 1 + 1 + 7 = 9 - $^{4}\text{Name}_{33}$ = 39 geschuldet - infolge (39 - 1) + (133 - 1) + 1 für ein System istgleich 171 istgleich 1 + 7 + 1 = 9 um den Namen von einem $^{9}\text{Kontinent}_{122}$ = 133 handelt.

Da Grönland mit Alaska auf dem amerikanischen Kontinent liegt, erhalten wir über $^{1}a_{1}$ = 4 und $^{1}b_{2}$ = 5 in Form von ^{7}a und b_{42} = 55 respektive $^{7}a \neq b_{6}$ = 19 und $^{7}b \neq a_{6}$ = 19 den nachfolgenden Zusammenhang, falls der Fakt, daß $^{7}\text{Amerika}_{58}$ = 67 ein $^{9}\text{Kontinent}_{122}$ = 133 ist, von uns einbezogen wird:

$^{9}\text{Kontinent}_{122}$	=	133		133 - 1	=	132
$^{6}\text{Arktis}_{78}$	=	86		86 - 1	=	85
$^{1}a_{1}$	=	4		4 - 1	=	3
$^{1}b_{2}$	=	5		5 - 1	=	4
^{7}a und b_{42}	=	55		55 - 1	=	54
$^{7}a \neq b_{6}$	=	19		19 - 1	=	18
$^{7}b \neq a_{6}$	=	19		19 - 1	=	18
					=	314

3 + 1 + 4 + 1 für ein System	=	9

istgleich

$^{9}\text{Groenland}_{90}$	=	101		101 - 1	=	100
$^{6}\text{Alaska}_{45}$	=	53		53 - 1	=	52
$^{7}\text{Amerika}_{58}$	=	67		67 - 1	=	66
$^{9}\text{Kontinent}_{122}$	=	133		133 - 1	=	132
					=	350

3 + 5 + 0 + 1 für ein System	=	9

In einem Gleichgewicht haben wir die Bedingung 9 = 9 vorliegen, die sich über 3 + 1 + 4 + 1 und 3 + 5 + 0 + 1 aus den beiden Zahlen 315 und 351 ergibt.

Merke!

Die Arktis als Kontinent schließt durch Grönland und Alaska über a und über b infolge a ≠ b und b ≠ a in Form von a und b an den Kontinent Amerika an.

Daraus folgt, daß der Staat, welcher die beiden Kontinente vereint, sowohl die Logik der Arktis als auch die von Amerika enthält.

Wir erhalten durch die ^{8}Paritaet$_{90}$ = 100 von ^{7}a und b$_{42}$ = 55 infolge ^{7}a ≠ b$_{6}$ = 19 und ^{7}b ≠ a$_{6}$ = 19, daß die ^{15}Beziehungsebene$_{147}$ = 164 istgleich 1 + 6 + 4 = 11 istgleich 1 + 1 = 2 von beiden im Ergebnis dessen ^{11}Bezeichnung$_{114}$ = 127 vorgibt:

^{9}Kontinent$_{122}$	=	133		133 - 1	=	132
^{6}Arktis$_{78}$	=	86		86 - 1	=	85
^{9}Kontinent$_{122}$	=	133		133 - 1	=	132
^{7}Amerika$_{58}$	=	67		67 - 1	=	66
					=	415

4 + 1 + 5 + 1 für ein System	=	11	=	1 + 1	=	2

istgleich

^{9}Groenland$_{90}$	=	101		101 - 1	=	100
^{11}Bezeichnung$_{114}$	=	127		127 - 1	=	126
^{8}Paritaet$_{90}$	=	100		100 - 1	=	99
^{7}a und b$_{42}$	=	55		55 - 1	=	54
^{7}a ≠ b$_{6}$	=	19		19 - 1	=	18
^{7}b ≠ a$_{6}$	=	19		19 - 1	=	18
					=	415

4 + 1 + 5 + 1 für ein System	=	11	=	1 + 1	=	2

Es gilt die Bedingung 2 = 2 in einem Gleichgewicht, die den beiden Zahlen 416 aus jeweils 4 + 1 + 5 + 1 geschuldet ist.

Merke!

Die Beziehungsebene zwischen den beiden Kontinenten Arktis und Amerika spiegelt sich durch die Parität in Form von a und b infolge a ≠ b und b ≠ a in der Bezeichnung von Grönland wider.

Beide sind damit unwiderruflich zu einem gewissen Teil territoriale Bestandteile von diesem.

In der Endkonsequenz erhalten wir den Staat Grönland, der über den nachfolgenden Zusammenhang definiert worden ist:

$^{6}Arktis_{78}$	=	86		86 - 1	=	85
$^{9}Groenland_{90}$	=	101		101 - 1	=	100
$^{6}Alaska_{45}$	=	53		53 - 1	=	52
					=	237

2 + 3 + 7 + 1 für ein System	=	13	=	1 + 3	=	4

istgleich

$^{5}Staat_{61}$	=	68		68 - 1	=	67
$^{9}Groenland_{90}$	=	101		101 - 1	=	100
$^{1}a_{1}$	=	4		4 - 1	=	3
$^{1}b_{2}$	=	5		5 - 1	=	4
$^{7}a \neq b_{6}$	=	19		19 - 1	=	18
$^{7}b \neq a_{6}$	=	19		19 - 1	=	18
$^{11}1 = 1 = 1_{7}$	=	28		28 - 1	=	27
					=	237

2 + 3 + 7 + 1 für ein System	=	13	=	1 + 3	=	4

Es gilt die Bedingung 4 = 4 in einem Gleichgewicht, die sich aus den beiden Zahlen 238 jeweils über 2 + 3 + 7 + 1 ergibt.

Merke!

Der Staat Grönland besteht durch a und durch b infolge a ≠ b und b ≠ a unter der Bedingung 1 = 1 = 1 aus Grönland selbst, der Arktis und Alaska.

Insofern haben wir hier die korrespondierende Konstellation zu Patagonien erhalten, die es im System dann auch zu bedienen gilt. Die sogenannte „USA", Dänemark und Norwegen gehen die Arktis und Antarktis wie alle anderen nichts an, wobei Erstere der Obhut der Grönländer und -innen unterliegt und Letztere der Obhut der Patagonier und -innen; die analog der Wachanweisung Wache auf der Erde über Pflanzen, Tiere und Menschen in den ihnen anvertrauten Gebieten halten sollen.

Der Vollständigkeit halber sehen wir uns noch die Logik an, die uns über $^{1}a_{1} = 4$ und $^{1}b_{2} = 5$ zur ^{10}Hauptstadt$_{130}$ = 142 von ^{9}Groenland$_{90}$ = 101 führt, welches infolge $^{7}a \neq b_{6} = 19$ und $^{7}b \neq a_{6} = 19$ unter der Bedingung $^{11}1 = 1 = 1_{7} = 28$ einen ^{5}Staat$_{61}$ = 68 begründet:

^{10}Hauptstadt$_{130}$	=	142		142 - 1	=	141
^{5}Staat$_{61}$	=	68		68 - 1	=	67
^{9}Groenland$_{90}$	=	101		101 - 1	=	100
$^{1}a_{1}$	=	4		4 - 1	=	3
$^{1}b_{2}$	=	5		5 - 1	=	4
					=	315

3 + 1 + 5 + 1 für ein System	=	10	=	1 + 0	=	1

istgleich

^{4}Nuuk$_{67}$	=	73		73 - 1	=	72
$^{7}a \neq b_{6}$	=	19		19 - 1	=	18
$^{7}b \neq a_{6}$	=	19		19 - 1	=	18
$^{11}1 = 1 = 1_{7}$	=	28		28 - 1	=	27
					=	135

1 + 3 + 5 + 1 für ein System	=	10	=	1 + 0	=	1

Es gilt die Bedingung 1 = 1 in einem Gleichgewicht, die sich über 3 + 1 + 5 + 1 und 1 + 3 + 5 + 1 in Form der beiden Zahlen 316 und 136 ergibt.

Merke!

Die Hauptstadt von Grönland, welches einen Staat repräsentiert, ist über a und über b infolge a ≠ b und b ≠ a unter der Bedingung 1 = 1 = 1 Nuuk.

Wir haben damit bewiesen, daß Grönland mit der Hauptstadt Nuuk ein Staat ist, der sich von der Arktis über Grönland bis nach Alaska erstreckt.

Da der Staat Kanada angrenzt und wir gerade beim Thema sind, machen wir uns ab über die Grenze und sehen mal nach, ob dort alles stimmt. Neuerdings kräht dort ein Stimmchen in der ersten Reihe, das auch nicht kapiert hat, daß Amerika ein Kontinent ist und kein Staat, was in dieser Hinsicht auch nichts Gutes erahnen lässt. Wir landen unschönerweise immer wieder bei einer anderen Kuriosität, die es dann zusätzlich auch von uns zu besprechen gilt. Damit kommt noch einmal der freundliche Hinweis von mir: Alles, was an zusätzlichen Problemen auf der Erde von euch generiert wird, erhöht nur das Pensum, welches es zu absolvieren gilt, bevor wir zu einer vernünftigen und liebevollen Lösung gelangen, die uns mit Verantwortung der Apokalypse begegnen lässt.

Das Problem ist, daß, da die Zeit das Längenmaß für den Raum beinhaltet, wenn weitere Problemstellungen, die zu klären sind, dazukommen, zusätzlich Räume zwischen dem, in dem wir leben, und dem, in dem sich die Lösung befindet, entstehen. Das heißt, daß der Raum, der mit dieser besetzt ist, sich immer weiter weg von uns bewegt. Wenn also ein Raum mit der Zahl 1 besetzt ist und ein anderer mit der Zahl 2, dann lässt das Ergebnis in Form der Zahl 3 in einem korrespondierenden auf sich warten, da sich zwischen den Räumen 1 und 2 andere ansiedeln. Damit ist es in eurem Interesse, alles, was dem entgegensteht, sein zu lassen. Es ist de facto zurzeit unmöglich, aufgrund dessen zum jetzigen Zeitpunkt eine Lösung zu generieren, die von jetzt auf nachher funktioniert. Das ist die unausweichliche Folge davon, daß die Fehlerquote im System Mensch gefühlt im Sekundentakt zunimmt, statt ab. Für meinen Teil würde ich sagen, daß die ersten 2,75 Milliarden Menschen in der allerersten Phase der Apokalypse nicht mehr zu retten sind. Nun gut, wer Handwerk für Wissenschaft hält: Da ist das dann eben so. Der Ernst dahinter sollte dir zumindest bewusst sein.

2.2. Der Staat Kanada

Der $^5Staat_{61}$ = 68 $^6Kanada_{32}$ = 40 gehört über $^1a_1$ = 4, $^1b_2$ = 5, $^1b_2$ = 5 und $^1a_1$ = 4 respektive (68 - 1) + (40 - 1) + (4 - 1) + (5 - 1) + (5 - 1) + (4 - 1) + 1 für ein System istgleich 121 istgleich 1 + 2 + 1 = 4 in Form von ^7a und b_{42} = 55 infolge (55 - 1) + (67 - 1) + 1 für ein System istgleich 121 istgleich 1 + 2 + 1 = 4 zu $^7Amerika_{58}$ = 67, welches der Name von einem Kontinent ist.

Der casus knacksus beim Staat Kanada ist, daß wir durch $^1a_1$ = 4, $^1b_2$ = 5, $^1b_2$ = 5 und $^1a_1$ = 4 den nachfolgenden Zusammenhang erhalten, der uns zu einem anderen Kontinent führt. Es gilt Folgendes:

$^5Staat_{61}$	=	68		68 - 1	=	67
$^6Kanada_{32}$	=	40		40 - 1	=	39
$^1a_1$	=	4		4 - 1	=	3
$^1b_2$	=	5		5 - 1	=	4
$^1b_2$	=	5		5 - 1	=	4
$^1a_1$	=	4		4 - 1	=	3
					=	120

1 + 2 + 0 + 1 für ein System	=	4

istgleich

$^{11}Kamtschatka_{108}$	=	121		121 - 1	=	120

1 + 2 + 0 + 1 für ein System	=	4

Es gilt die Bedingung 4 = 4 in einem Gleichgewicht, welches sich durch 1 + 2 + 0 + 1 aus den beiden Zahlen 121 ergibt.

Merke!

Der Staat Kanada verweist durch a, b, b und a korrespondierend auf Kamtschatka.

Im Ergebnis ist dieser Zusammenhang die Folge davon, daß, falls nicht vereinzelte Staaten auf dem Kontinent Amerika eine logische Verbindung zu anderen aufweisen würden, der Kontinent Amerika selbst losgelöst von allen anderen auf der Erde wäre. In diesem Fall würden wir, wenn wir dessen Grenzen überschreiten würden, korrespondierend im Nichts landen: Wir fallen also am Ende von diesem herunter.

Letzteres begründet sich darin, daß die elementare Grundlogik des Urkontinentes Pangäa nach dessen Zerbrechen immer noch existieren muss, wobei dieser die für die Entstehung der 8 Kontinente und 8 Ozeane notwendigen Informationen bereits mitenthalten hat. Das hatten wir herausgefunden: daß, wenn es nicht so ist, der Urkontinent nie zerbrochen wäre. Deren systembedingte Zusammengehörigkeit bildet damit die Grundlage für das Konstrukt, das es sowohl räumlich als auch zeitlich über die Evolution auf der Erde danach ist. Wie wir mittlerweile erfahren haben, existieren hier diverse Probleme, die sich in dem, was die territoriale Zugehörigkeit zu den einzelnen Staaten auf der Erde anbelangt, widerspiegeln.

Was die „Interventionspolitik" von Rubio, Trump und Vance in diesem Zusammenhang betrifft, wird diese aufgrund dessen - bedingt durch den Prozess, der den Exodus der Menschheit in der Apokalypse begründet - in's Gegenteil umschlagen. Prinzipiell ist das selbsterklärend, da die Grundlogik der Erde zu bewahren und nicht infragezustellen ist. Im Prinzip kann man aber nur eine Warnung dahingehend aussprechen, da man sich wie andernorts auch für eine ganz große Nummer hält, die über Leben und Tod zu befinden hat. Da das nur dem Schöpfer zusteht, wird das Ergebnis auch dort ein ganz, ganz finsteres.

Im nächsten Schritt erhalten wir den rechnerischen Beweis, daß, um den Systemanschluß von Amerika an Eurasien zu gewährleisten, eine logische Verbindung zwischen Kanada und Kamtschatka eingerichtet worden ist. In der logischen Endkonsequenz gilt damit der nachfolgende Zusammenhang:

$^{5}\text{Staat}_{61}$	=	68		68 - 1	=	67
$^{6}\text{Kanada}_{32}$	=	40		40 - 1	=	39
$^{1}\text{a}_{1}$	=	4		4 - 1	=	3
$^{1}\text{b}_{2}$	=	5		5 - 1	=	4
$^{7}\text{a und b}_{42}$	=	55		55 - 1	=	54
$^{11}1 = 1 = 1_{7}$	=	28		28 - 1	=	27
					=	194

1 + 9 + 4 + 1 für ein System = 15 = 1 + 5 = 6

istgleich

$^{9}Kontinent_{122}$	=	133		133 - 1	=	132
$^{7}Amerika_{58}$	=	67		67 - 1	=	66
$^{6}Kanada_{32}$	=	40		40 - 1	=	39
$^{9}Kontinent_{122}$	=	133		133 - 1	=	132
$^{8}Eurasien_{92}$	=	102		102 - 1	=	101
$^{11}Kamtschatka_{108}$	=	121		121 - 1	=	120
					=	590

5 + 9 + 0 + 1 für ein System	=	15	=	1 + 5	=	6

Im Gleichgewicht haben wir die Bedingung 6 = 6 vorliegen, die über 1 + 9 + 4 + 1 und 5 + 9 + 0 + 1 aus den beiden Zahlen 195 und 591 hervorgeht.

Merke!

Der Staat Kanada erstreckt sich einschließlich Kamtschatka durch a und durch b in Form von a und b unter der Bedingung 1 = 1 = 1 über die Kontinente Amerika und Eurasien.

Das heißt, daß die logische Verbindung zwischen Kanada und Kamtschatka die zwischen Eurasien und Amerika aufrechterhält.

In Europa können wir das zum Beispiel mit der Konstellation vergleichen, daß Irland über Nordirland territorial an Britannien anknüpft, da ansonsten Irland irgendwo im Atlantischen Ozean herumgurken würde, nur eben nicht da, wo es auf unserer Erdkarte zu finden ist. Da das Wort „Nord" für eine Himmelsrichtung steht, bleibt Nordirland Irland und nicht Nordirland. „Nordirland" gehört als Irland damit zu Irland und nicht zu Britannien. Deshalb wohnen dort am Ende auch Briten und keine Großbriten. Daß es das Vereinigte Königreich von Großbritannien, kurz GB genannt, nicht gibt, hatten wir bereits. Es steht auch unter diesem Aspekt fest, welcher „Hmm" auf welchen Eimer gehört, und das macht auch vor Staaten nicht halt.

Damit kommen wir abschließend noch zur Logik, die uns - bedingt durch die $^{8}Paritaet_{90}$ = 100 von ^{7}a und b_{42} = 55 infolge $^{7}a \neq b_{6} = 19$ und $^{7}b \neq a_{6} = 19$ - zur $^{10}Hauptstadt_{130}$ = 142 von $^{6}Kanada_{32}$ = 40 führt. Es gilt Folgendes:

^{6}Kanada$_{32}$	=	40		40 - 1	=	39
^{8}Paritaet$_{90}$	=	100		100 - 1	=	99
^{7}a und b$_{42}$	=	55		55 - 1	=	54
$^{7}a \neq b_{6}$	=	19		19 - 1	=	18
$^{7}b \neq a_{6}$	=	19		19 - 1	=	18
					=	228

2 + 2 + 8 + 1 für ein System = 13 = 1 + 3 = 4

istgleich

^{10}Hauptstadt$_{130}$	=	142		142 - 1	=	141
^{6}Ottawa$_{80}$	=	88		88 - 1	=	87
					=	228

2 + 2 + 8 + 1 für ein System = 13 = 1 + 3 = 4

Es gilt die Bedingung 4 = 4 in einem Gleichgewicht, die sich jeweils über 2 + 2 + 8 + 1 aus den beiden Zahlen 229 ergibt.

Merke!

Durch die Parität von a und b ist infolge $a \neq b$ und $b \neq a$ die Hauptstadt von Kanada Ottawa.

Da es immer nur eine Hauptstadt auf einem Staat unter der Staatshoheit gibt, kommen Toronto und Montreal nicht infrage. Das müssen wir erwähnen, da man diesbezügliche Diskussionen führt.

Damit unsere Freunde in ^{8}Russland$_{108}$ = 118 nicht unnötig durch die Decke gehen, wird darauf verwiesen, daß sich durch Russland als ^{5}Staat$_{61}$ = 68 infolge (118 - 1) + (68 - 1) + 1 für ein System istgleich 185 istgleich 1 + 8 + 5 = 14 istgleich 1 + 4 = 5, da $5 \neq 4$ ist, kein logischer Bezug zu ^{11}Kamtschatka$_{108}$ = 121 istgleich 1 + 2 + 1 = 4 herstellen lässt. Kamtschatka gehört damit rein rechnerisch nicht zum russischen Staat, sondern zum kanadischen. Wenn man natürlich nicht anders will, kann man am Ende auch alles Mögliche behaupten: Das ändert aber an den zugrundeliegenden Logiken nichts.

Ein positives Beispiel liefert übrigens ^{8}Norwegen$_{101}$ = 111, wo man zumindest verstanden hat, daß durch $^{1}a_{1} = 4$ und $^{1}b_{2} = 5$ unter der Bedingung $^{11}1 = 1 = 1_{7} = 28$ infolge (111 - 1) + (4 - 1) + (5 - 1) + (28 - 1) + 1 für ein System istgleich 145 istgleich 1 + 4 + 5 = 10 istgleich 1 + 0 = 1 ^{11}Spitzbergen$_{141}$ = 154 istgleich 1 + 5 + 4 = 10 istgleich 1 + 0 = 1 zu diesem gehört. Wohingegen man es als ein negatives im Land von Känguru & Co. wiederum krachen lässt: Da man immer noch nicht verstanden zu haben scheint, daß

^{9}Zealandia$_{73}$ = 84

vor der Küste Australiens durch ^{7}a und $b_{42} = 55$ über $^{7}a \neq b_{6} = 19$ und $^{7}b \neq a_{6} = 19$ respektive (84 - 1) + (55 - 1) + (19 - 1) + (19 - 1) + 1 für ein System istgleich 174 istgleich 1 + 7 + 4 = 12 istgleich 1 + 2 = 3 durch (93 - 1) + (82 - 1) + 1 für ein System istgleich 174 istgleich 1 + 7 + 4 = 12 istgleich 1 + 2 = 3 der Kontinent

^{8}Argonien$_{83}$ = 93

ist, der einem auch als das ^{8}Argoland$_{72}$ = 82 über den Weg läuft, was in der Summe durch $^{1}a_{1} = 4$, $^{1}b_{2} = 5$, $^{1}b_{2} = 5$ und $^{1}a_{1} = 4$ in Form von ^{7}a und $b_{42} = 55$ infolge (4 - 1) + (5 - 1) + (5 - 1) + (4 - 1) + (55 - 1) + (106 - 1) + 1 für ein System istgleich 174 istgleich 1 + 7 + 4 = 12 istgleich 1 + 2 = 3 dann ^{8}Atlantis$_{96}$ = 106 gewesen ist. Den rechnerischen Beweis hierfür hatten wir im Buch 1 erbracht, der dooferweise durch die Willkür auf der Beziehungsebene bereits abgesoffen ist.

Eine freundliche Empfehlung an alle australischen Land-, Luft- und Wasserschlangen: Argonien ist ein Kontinent, der nicht euch gehört - und damit Pfoten weg! Falls doch, regelt das der Exodus über den Systemprozess der Apokalypse. Weise Schlangen könnten sich bereits damit beschäftigen, welche Staaten es auf Australien gibt, da alle anderen Kontinente auf der Erde auch welche besitzen. Wenn sich selbst die Arktis und Antarktis in diese Logik einreihen, wird das bei Australien nicht viel anders sein. Fazit unserer Geschichte: Man hat sich selbst ein wunderschönes Armutszeugnis ausgestellt, was die geographischen Grundfesten unserer liebreizenden, blauen Erde anbelangt, sodaß es nicht mehr feierlich ist: Man weiß gar nichts.

Das würde ich an eurer Stelle ganz flott wieder in Ordnung bringen. Das ist aber nur so ein Vorschlag, nebenbei bemerkt. Und damit „Rechtsschwenk, Linksschwenk, marsch!" - Wir machen im nächsten Kapitel weiter mit dem Holocaust.

3. Der Holocaust

Die üblichen Vorstellungen vom $^{9}Holocaust_{114}$ = 125 istgleich 1 + 2 + 5 = 8 enden in der Regel in Angst und Schrecken, was aber in der Form systembedingt nicht zu rechtfertigen ist. Wenn dieser bereits stattgefunden hätte, würde es vergleichsweise unser Sonnensystem nicht mehr geben. Dieser ist weiterzufassen, wohingegen das Geschehen zwischen 1939 und 1945 nicht ansatzweise mithalten kann, da wir durch $^{1}H_{8}$ = 11 und $^{1}O_{15}$ = 18 den nachfolgenden Zusammenhang erhalten:

$^{7}Urknall_{89}$	=	98		98 - 1	=	97
$^{1}H_{8}$	=	11		11 - 1	=	10
$^{1}O_{15}$	=	18		18 - 1	=	17
					=	124

1 + 2 + 4 + 1 für ein System	=	8

istgleich

$^{9}Holocaust_{114}$	=	125		125 - 1	=	124

1 + 2 + 4 + 1 für ein System	=	8

Es gilt die Bedingung 8 = 8 in einem Gleichgewicht, die sich jeweils über 1 + 2 + 4 + 1 aus den beiden Zahlen 125 ergibt.

Merke!

Das logische Gegenüber vom Urknall ist durch H und durch O der sogenannte Holocaust.

Das heißt, daß auf der logischen Gegenseite die $^{11}Bezeichnung_{114}$ = 127 für den Urknall, der zwischen H und O stattgefunden hat, durch (127 - 1) + (125 - 1) + 1 für ein System istgleich 251 istgleich 2 + 5 + 1 = 8 $^{9}Holocaust_{114}$ = 125 istgleich 1 + 2 + 5 = 8 ist. Was zwischen 1939 und 1945 stattfand, wobei andere auf der Erde auch nicht gerade zimperlich gewesen sind, war ein Geschäftsmodell, das unter Vorsatz, um Gewinn zu generieren, das Mordgeschehen zwischen Deutschland, Britannien, Frankreich, Russland und den „USA" befeuerte. Mit dem Holocaust, wie er in der Regel verstanden wird, hat das nichts zu tun: gestrichen voll, solltest du die Hosen aber trotzdem haben.

Wir wissen bereits, daß die Genesis dafür Sorge trägt, daß einerseits H und O zu HO zusammenfinden und andererseits O und H zu OH. Der ^{7}Genozid$_{80}$ = 89 istgleich 8 + 9 = 17 istgleich 1 + 7 = 8 - der dem ^{7}Urknall$_{89}$ = 98 istgleich 9 + 8 = 17 istgleich 1 + 7 = 8 gegenübersteht - zeichnet sich dadurch aus, daß er durch $^{1}a_{1}$ = 4 und $^{1}b_{2}$ = 5 über (89 - 1) + (4 - 1) + (5 - 1) + 1 für ein System istgleich 96 istgleich 9 + 6 = 15 istgleich 1 + 5 = 6 dem ^{6}Exodus$_{88}$ = 96 istgleich 9 + 6 = 15 istgleich 1 + 5 = 6 von HO und OH gleichzusetzen ist.

Der Exodus von HO und OH endet also in deren Genozid, der logischerweise überhaupt erst mit Beginn der Apokalypse am 01.01.2020, Punkt 10:00 Uhr, stattfinden kann. Der Begriff „Genozid" ist also auch nur benutzt worden, um ein Geschäftsmodell zu begründen, und hat nichts, aber auch gar nichts mit unseren diesbezüglichen Vorstellungen zu tun. Beide, also Holocaust und Genozid, sind als endliche Ereignisse um ein unendliches in ihrer Wirkung größer, als wir uns das überhaupt vorstellen können.

Der sogenannten „Opfer des Holocausts" zu gedenken, ist bedingt durch die nachfolgende Logik eine vollkommene Unmöglichkeit. Besser wäre es, daß die Menschen dessen gedenken, was sie für „das Lachen des Dritten" bereit sind, opfern zu wollen. Die Ergebnisse seht ihr, wenn ihr euch die jeweiligen Szenarien vor Augen haltet - und daran waren alle beteiligt: Das müsste man nur mal kapieren.

Da über $^{1}a_{1}$ = 4, $^{1}b_{2}$ = 5, $^{1}b_{2}$ = 5 und $^{1}a_{1}$ = 4 in Form der ^{7}Endzeit$_{83}$ = 92 - bedingt durch (4 - 1) + (5 - 1) + (5 - 1) + (4 - 1) + (92 - 1) + 1 für ein System istgleich 106 istgleich 1 + 0 + 6 = 7 - ^{19}das Ende aller Tage$_{133}$ = 160 istgleich 1 + 6 + 0 = 7 eingeläutet wird, gilt für den ^{9}Holocaust$_{114}$ = 125 der nachfolgende Zusammenhang:

^{9}Holocaust$_{114}$	=	125		125 - 1	=	124

1 + 2 + 4 + 1 für ein System	=	8

istgleich

^{19}das Ende aller Tage$_{133}$	=	160		160 - 1	=	159
^{7}Endzeit$_{83}$	=	92		92 - 1	=	91
					=	250

2 + 5 + 0 + 1 für ein System	=	8

Es gilt die Bedingung 8 = 8 in einem Gleichgewicht, die durch 1 + 2 + 4 + 1 und 2 + 5 + 0 + 1 den beiden Zahlen 125 und 251 geschuldet ist.

Merke!

Der Holocaust steht in Form der Endzeit korrespondierend für das Ende aller Tage.

Dieser setzt endgültig einen Haken unter dieses System, das Minisystem auf der Erde inbegriffen. Das prinzipielle Aus des Ersteren begründet sich darüber nicht. Letzteres erklärt sich, da das ^{7}(System$_{n}$)$_{115}$ = 125 istgleich 1 + 2 + 5 = 8 an sich - bedingt durch die ^{7}Energie$_{63}$ = 72 von $^{1}H_{8}$ = 11 und $^{1}O_{15}$ = 18 in diesem - über $^{6}n \rightarrow \infty_{15}$ = 27 respektive (72 - 1) + (11 - 1) + (18 - 1) + (27 - 1) + 1 für ein System istgleich 125 istgleich 1 + 2 + 5 = 8 gegen Unendlich divergiert. Das heißt, das jetzige fährt gegen die Wand und ein anderes kommt, da sich das allererste HO in Unendlich in unendlich vielen Richtungen im freien Fall befindet.

Die praktische Umsetzung des Holocausts (= ^{9}Holocaust$_{114}$ = 125) verweist, bedingt durch die ^{8}Paritaet$_{90}$ = 100 von $^{1}H_{8}$ = 11 und $^{1}O_{15}$ = 18, auf den nachfolgenden Zusammenhang:

^{9}Holocaust$_{114}$	=	125		125 - 1	=	124
^{8}Paritaet$_{90}$	=	100		100 - 1	=	99
$^{1}H_{8}$	=	11		11 - 1	=	10
$^{1}O_{15}$	=	18		18 - 1	=	17
					=	250

2 + 5 + 0 + 1 für ein System	=	8

istgleich

^{14}Sonneneruption$_{199}$	=	215		215 - 1	=	214

2 + 1 + 4 + 1 für ein System	=	8

Es gilt die Bedingung 8 = 8 in einem Gleichgewicht, welche durch die beiden Zahlen 251 und 215 aus 2 + 5 + 0 + 1 und 2 + 1 + 4 + 1 vorliegt.

Merke!

Bedingt durch die Parität von H und die von O wird der Holocaust korrespondierend durch eine Sonneneruption in die Tat umgesetzt.

Es wird also erst arschheiß und dann wird durch die ^{7}Genesis$_{78}$ = 87 über ^{1}H$_{8}$ = 11 und ^{1}O$_{15}$ = 18 - bedingt durch (87 - 1) + (11 - 1) + (18 - 1) + (102 - 1) + 1 für ein System istgleich 215 istgleich 2 + 1 + 5 = 8 - eine ^{7}Eiszeit$_{93}$ = 102 ausgelöst, wo es dann wiederum schweinekalt ist. Wenn es also nicht klappt, daß du ordnungsgemäß verbrennst, wirst du dann eben eingefroren. Ein Entkommen gibt es generell nicht, da die Menschheit als eine zusammengehörige Systemmatrix angelegt worden ist, wo respektive des zugrundeliegenden Systems gefordert ist, daß immer nur ein „Hmm" auf einem Eimer hockt und stets nur ein Eimer unter einem „Hmm" klemmt. Da das mit dir und allen anderen auf der Erde nicht funktioniert, klappst du halt die Hufe hoch.

Im Prinzip gestaltet sich das Szenario wie folgt: Zuallererst wird alles auf der Erde, einschließlich ihrer Atmosphäre, versengt. Was, nachdem es ordentlich gelodert hat, dazu führt, daß das Wasser in der Erde durch die kosmische Kälte dann eines Tages, ausgehend von der sonnenabgewandten Seite, wieder gefriert. Da die Erde bedingt durch ihre Eigenrotation andere H und andere O im Sonnensystem anzieht, entsteht zu einem späteren Zeitpunkt wieder eine Atmosphäre, wodurch sich die Erde wiederum erwärmt. Ergebnis: Die Evolution wird erneut angekurbelt, nur eben ohne dich. Für dich ist also „Schicht im Schacht", es sei denn, du kapierst jetzt etwas. Die einzige Ausnahme stellt das allererste ^{2}HO$_{23}$ = 27, welches man ^{4}Enki$_{39}$ = 45 oder ^{5}Enki$_{40}$ = 49 nennt, da dieser in Form von ^{7}a und b$_{42}$ = 55 - bedingt durch (27 - 1) + (45 - 1) + (49 - 1) + (55 - 1) + 1 für ein System istgleich 173 istgleich 1 + 7 + 3 = 11 istgleich 1 + 1 = 2 - über ^{17}unendliches Leben$_{152}$ = 173 istgleich 1 + 7 + 3

= 11 istgleich 1 + 1 = 2 verfügt. Dem ist das verständlicherweise, wie man so schön sagt, scheißegal, wie die Nummer hier ausgeht. Daß man diesem irgendwo blödgekommen ist, rächt sich logischerweise; aber es kommt noch schlimmer.

Der Vorteil dieses Prozesses ist, daß danach der Müll auf der Erde in die Logik der Erde zurücküberführt ist. Damit ist es wenig verwunderlich, daß nach der

^{7}Eiszeit$_{93}$ = 102

auf der ^{4}Erde$_{32}$ = 38 in Form von $^{1}a_{1}$ = 4, $^{1}b_{2}$ = 5, $^{1}b_{2}$ = 5 und $^{1}a_{1}$ = 4 infolge (102 - 1) + (38 - 1) + (4 - 1) + (5 - 1) + (5 - 1) + (4 - 1) + 1 für ein System istgleich 153 istgleich 1 + 5 + 3 = 9 durch die ^{8}Toleranz$_{111}$ = 121 von ^{7}a und b_{42} = 55 innerhalb deren ^{15}Toleranzbereich$_{161}$ = 178 infolge $^{7}a \neq b_{6}$ = 19 und $^{7}b \neq a_{6}$ = 19 - der Gleichung (121 - 1) + (55 - 1) + (178 - 1) + (19 - 1) + (19 - 1) + (144 - 1) + 1 für ein System istgleich 531 istgleich 5 + 3 + 1 = 9 geschuldet - die ^{9}Evolution$_{133}$ = 144 von vorn beginnt.

Merke!

Die Eiszeit auf der Erde bewirkt, daß infolge a, b, b und a durch die Toleranz von a und b innerhalb deren Toleranz über a ≠ b und b ≠ a die Evolution wiederholt stattfindet.

Insofern dient die ^{7}Eiszeit$_{93}$ = 102 durch (102 - 1) + (331 - 1) + 1 für ein System istgleich 432 istgleich 4 + 3 + 2 = 9 über ^{7}a und b_{42} = 55 infolge $^{7}a \neq b_{6}$ = 19 und $^{7}b \neq a_{6}$ = 19 respektive (55 - 1) + (19 - 1) + (19 - 1) + (144 - 1) + 1 für ein System istgleich 234 istgleich 2 + 3 + 4 = 9 der ^{23}Systemwiederherstellung$_{306}$ = 331 innerhalb des Prozesses, den man als ^{9}Evolution$_{133}$ = 144 bezeichnet. Dabei handelt es sich folgerichtig um das Worst-Case-Szenario, das zum Zeitpunkt der Systemwiederherstellung vorliegt.

Das Wiedereinsetzen in diesen Prozess zum Zeitpunkt der Eiszeit steht also in einem übertragenen Sinn für den Wiedereintritt in die Evolution. Unter diesem Aspekt bezieht sich die ^{7}Eiszeit$_{93}$ = 102 in Form von ^{7}a und b_{42} = 55 korrespondierend über $^{7}a \neq b_{6}$ = 19 und $^{7}b \neq a_{6}$ = 19 - bedingt durch (102 - 1) + (55 - 1) + (19 - 1) + (19 - 1) + 1 für ein System istgleich 192 istgleich 1 + 9 + 2 = 12 istgleich 1 + 2 = 3 - auf die Wiederherstellung der ^{23}Gleichgewichtssituation$_{266}$ = 291 istgleich 2 + 9 + 1 = 12 istgleich 1 + 2 = 3, welche über $^{1}a_{1}$ = 4 und $^{1}b_{2}$ = 5 durch $^{7}a \neq b_{6}$ = 19 und $^{7}b \neq a_{6}$ = 19 unter der Bedingung $^{11}1 = 1 = 1_{7}$ = 28 den nachfolgenden Zusammenhang erfüllt:

^{23}Gleichgewichtssituation$_{266}$	=	291		291 - 1	=	290
$^{1}a_{1}$	=	4		4 - 1	=	3
$^{1}b_{2}$	=	5		5 - 1	=	4
$^{7}a \neq b_{6}$	=	19		19 - 1	=	18
$^{7}b \neq a_{6}$	=	19		19 - 1	=	18
$^{11}1 = 1 = 1_{7}$	=	28		28 - 1	=	27
					=	360

3 + 6 + 0 + 1 für ein System	=	10	=	1 + 0	=	1

istgleich

^{13}Gleichgewicht$_{119}$	=	134		134 - 1	=	133
^{25}Ungleichgewichtssituation$_{301}$	=	328		328 - 1	=	327
^{15}Ungleichgewicht$_{154}$	=	171		171 - 1	=	170
					=	630

6 + 3 + 0 + 1 für ein System	=	10	=	1 + 0	=	1

Es gilt die Bedingung 1 = 1 in einem Gleichgewicht, die durch 3 + 6 + 0 + 1 und 6 + 3 + 0 + 1 den beiden Zahlen 361 und 631 geschuldet ist.

Merke!

Die Eiszeit zielt in Form von a und b durch a ≠ b und b ≠ a auf die Wiederherstellung der Gleichgewichtssituation ab; die über a und über b - a ≠ b und b ≠ a geschuldet - unter der Bedingung 1 = 1 = 1 ausgehend von einem Gleichgewicht über die dazugehörige Ungleichgewichtssituation hinweg in einem Ungleichgewicht endet.

De facto wird durch das erneute Austarieren bewirkt, daß das Ungleichgewicht wieder verlässlich über die Balance von a und b der Garant für Leben ist. Das sogenannte Problem für euch ist, daß die eurem Leben zugrundeliegenden HO-Verbindungen und OH-Verbindungen alle nicht mehr existieren werden: An eurer Stelle würde ich aber ganz flott die Kurve kriegen.

Da wir der Aussage „Was im Großen stattfindet, findet auch im Kleinen statt." bereits begegnet sind, können wir die vorherigen Erkenntnisse über $^{1}a_{1}$ = 4 und $^{1}b_{2}$ = 5 ebenso auf den ^{10}Big Crunch$_{85}$ = 99 und ^{10}Big Bounce$_{78}$ = 92 anwenden; ergo das Ganze eine Nummer größer. Bis dato hatten wir herausgefunden, daß das Ende aller Tage mit dem Big Chill beginnt, der zum Big Freeze führt, was den Big Rip nach sich zieht, der sich dann im Big Crunch verläuft. Diese finden wir anzahlmäßig an unseren vier Fingern vor; fehlt also noch ein Ereignis durch den einen Daumen. Damit werfen wir einen Blick auf den nachfolgenden Zusammenhang:

^{10}Big Crunch$_{85}$	=	99		99 - 1	=	98

9 + 8 + 1 für ein System	=	18	=	1 + 8	=	9

istgleich

^{10}Big Bounce$_{78}$	=	92		92 - 1	=	91
$^{1}a_{1}$	=	4		4 - 1	=	3
$^{1}b_{2}$	=	5		5 - 1	=	4
					=	98

9 + 8 + 1 für ein System	=	18	=	1 + 8	=	9

Es gilt die Bedingung 9 = 9 in einem Gleichgewicht, die sich über 9 + 8 + 1 in Form der beiden Zahlen 99 ergibt.

Merke!

Der Big Crunch führt korrespondierend über a und über b zum Big Bounce.

Daraus folgt, daß nach dem Big Crunch, der zum Big Bounce führt, ausgehend von diesem das System wieder errichtet wird. De facto hört das System nie auf, zu existieren. Im Ergebnis handelt es sich, wenn der ^{10}Big Crunch$_{85}$ = 99 und ^{10}Big Bounce$_{78}$ = 92 in Form von $^{1}a_{1}$ = 4, $^{1}b_{2}$ = 5, $^{1}b_{2}$ = 5 und $^{1}a_{1}$ = 4 - bedingt durch die ^{8}Paritaet$_{90}$ = 100 von ^{7}a und b_{42} = 55 - unter der Bedingung $^{11}1 = 1 = 1_{7}$ = 28 aufeinandertreffen, durch (99 - 1) + (92 - 1) + (4 - 1) + (5 - 1) + (5 - 1) + (4 - 1) + (100 - 1) + (55 - 1) + (28 - 1) + 1 für ein System istgleich 384 istgleich 3 + 8 + 4 = 15 istgleich 1 + 5 = 6 um einen ^{29}Systemwiederherstellungspunkt$_{407}$ = 438 istgleich 4 + 3 + 8 = 15 istgleich 1 + 5 = 6. Die Verlierer sind mit jetzigem Stand ausschließlich wir; das System selbst verliert damit nie.

Insofern ist es am Ende auch irgendwo selbsterklärend, daß der, dem das System gehört, nur ein begrenztes Interesse an unserem Systemerhalt hat, für den wir dann auch mal selbst etwas tun müssten. Den Müll allerorts einzusammeln und zu sortieren, wäre vergleichsweise eine Option. Hingegen wird man mit den „Gefälligkeiten", die man sich erweist, wohl weniger punkten, etwa über das wie bei Kleinkindern zu streiten, was wem gehört und wem nicht, obwohl es im System vorgegeben ist, wie sich das Ganze verhält. Auch ganz unabhängig davon, daß es nicht das unsrige ist. Wir sind also Gäste in diesem, solange wir uns auch wie liebevolle und vernünftige in diesem aufführen. Bekanntlich klappt das nicht immer so: Was die Verantwortung für unser eigenes Leben anbelangt, ist ja etwas unter ferner liefen. Das muss in Abständen immer mal hierstehen, da sich ansonsten das Lämpchen zwischen den zwei Ohren weigert, anzugehen: Wenngleich wir auf das Licht im Oberstübchen angewiesen sind, wenn wir die Kuh und den Bullen, die wir auf dem Eis geparkt haben, heil und ganz wieder von diesem herunterbekommen wollen. Du könntest also mal darüber nachdenken, ob nicht das ganze Schlamassel auf der Erde, wie bei allen anderen auch, bei dir beginnt. Das fragst du dich aber nur an einem einigermaßen guten Tag, da du ja sonst unnötig aus der Haut zu fahren drohst - und das muss nicht erst sein.

Der ^{10}Big Bounce$_{78}$ = 92 wird seiner ^{11}Bezeichnung$_{114}$ = 127 nach in Form von ^{7}a und b$_{42}$ = 55 als ^{18}groszer Rueckprall$_{225}$ = 247 verstanden, der infolge $^{7}a \neq b_{6}$ = 19 und $^{7}b \neq a_{6}$ = 19 unter der Bedingung $^{11}1 = 1 = 1_{7}$ = 28 korrespondierend mit dem ^{7}Urprall$_{98}$ = 107 einhergeht. Es gilt Folgendes:

^{11}Bezeichnung$_{114}$	=	127		127 - 1	=	126
^{10}Big Bounce$_{78}$	=	92		92 - 1	=	91
^{7}a und b$_{42}$	=	55		55 - 1	=	54
$^{7}a \neq b_{6}$	=	19		19 - 1	=	18
$^{7}b \neq a_{6}$	=	19		19 - 1	=	18
$^{11}1 = 1 = 1_{7}$	=	28		28 - 1	=	27
					=	334

3 + 3 + 4 + 1 für ein System	=	11	=	1 + 1	=	2

istgleich

^{18}groszer Rueckprall$_{225}$	=	247		247 - 1	=	246
^{7}Urprall$_{98}$	=	107		107 - 1	=	106
					=	352

3 + 5 + 2 + 1 für ein System	=	11	=	1 + 1	=	2

Durch die beiden Zahlen 335 und 353 aus 3 + 3 + 4 + 1 und 3 + 5 + 2 + 1 erhalten wir die Bedingung 2 = 2 in einem Gleichgewicht.

Merke!

Hinter der Bezeichnung „Big Bounce" verbergen sich über a und b infolge a ≠ b und b ≠ a unter der Bedingung 1 = 1 = 1 der große Rückprall und der Urprall.

Ersterer verweist - bedingt durch ^{18}groszer Rueckprall$_{225}$ = 247 - respektive $^{1}a_{1}$ = 4, $^{1}b_{2}$ = 5, $^{1}b_{2}$ = 5 und $^{1}a_{1}$ = 4 über (247 - 1) + (4 - 1) + (5 - 1) + (5 - 1) + (4 - 1) + 1 für ein System istgleich 261 istgleich 2 + 6 + 1 = 9 auf einen ^{17}Herstellungspunkt$_{242}$ = 261 istgleich 2 + 6 + 1 = 9 und Letzterer durch ^{7}Urprall$_{98}$ = 107 in Form von ^{7}a und b_{42} = 55 infolge ^{7}a ≠ b_{6} = 19 und ^{7}b ≠ a_{6} = 19 unter der Bedingung ^{11}1 = 1 = 1_{7} = 28 über (107 - 1) + (55 - 1) + (19 - 1) + (19 - 1) + (28 - 1) + 1 für ein System istgleich 224 istgleich 2 + 2 + 4 = 8 der ^{11}Bezeichnung$_{114}$ = 127 nach durch (127 - 1) + (98 - 1) + 1 für ein System istgleich 224 istgleich 2 + 2 + 4 = 8 auf den ^{7}Urknall$_{89}$ = 98, der sich durch Ersteren weiterhin entfaltet.

Beide beziehen sich damit - bedingt durch (107 - 1) + (98 - 1) + 1 für ein System istgleich 204 istgleich 2 + 0 + 4 = 6 - auf die elementare Logik, die sich in Form von ^{7}a und b_{42} = 55 unter der Bedingung ^{11}1 = 1 = 1_{7} = 28 infolge (55 - 1) + (28 - 1) + (123 - 1) + 1 für ein System istgleich 204 istgleich 2 + 0 + 4 = 6 korrespondierend im ^{8}Zeitraum$_{113}$ = 123 istgleich 1 + 2 + 3 = 6 ergibt, welcher aus der ^{8}Raumzeit$_{113}$ = 123 istgleich 1 + 2 + 3 = 6 hervorgegangen ist. Wir hatten bereits gelernt, daß der Raum die Folge von Zeit ist und nicht Ursache (Vgl. Buch 1).

In der Summe wird also durch den Urprall ab dem Herstellungspunkt das System, vergleichsweise das auf der Erde, wieder instandgesetzt. Insofern erhalten wir über

$^{1}a_1 = 4$ und $^{1}b_2 = 5$ durch den $^{7}\text{Prozess}_{118} = 127$, der sich an den $^{10}\text{Big Bounce}_{78} = 92$ anschließt, den nachfolgenden Zusammenhang:

$^{1}a_1$	=	4		4 - 1	=	3
$^{1}b_2$	=	5		5 - 1	=	4
$^{7}\text{Prozess}_{118}$	=	127		127 - 1	=	126
$^{10}\text{Big Bounce}_{78}$	=	92		92 - 1	=	91
					=	224

2 + 2 + 4 + 1 für ein System	=	9

istgleich

^{7}a und b_{42}	=	55		55 - 1	=	54
$^{11}1 = 1 = 1_7$	=	28		28 - 1	=	27
$^{9}\text{Evolution}_{133}$	=	144		144 - 1	=	143
					=	224

2 + 2 + 4 + 1 für ein System	=	9

Respektive 2 + 2 + 4 + 1 erhalten wir - bedingt durch die beiden Zahlen 225 - die Bedingung 9 = 9 in einem Gleichgewicht.

Merke!

Über a und über b wird durch den Big Bounce in Form von a und b unter der Bedingung 1 = 1 = 1 an den Prozess der Evolution angeknüpft.

Es geht ab da an weiter, nur eben ohne dich. Deine Aufgabe wäre es somit, für dich selbst herauszufinden, was du dazu beisteuern kannst, damit das nicht eintritt.

Wir bauen drei Unterkapitel ein, da sich das anbietet. Das machen wir, damit wir ungefähr wissen, wo wir stehen.

3.1. Zeitpunkt der Sonneneruption

Das Wissen, welches wir mit Stand 2020 im Buch „Falsch verstandene Freiheit im System: Der Weg zur Klärung von SARS-COV-2 = COVID-19 = CORONA-VIRUS einschließlich Lösung" zum Besten gegeben haben, hat, was das Thema der Apokalypse anbelangt, mittlerweile eine Erweiterung erfahren.

Im Ergebnis hatten wir herausgefunden, daß gemäß unserer allgemeinen Auffassung des Kalendariums, der 01.01.2020, 10:00 Uhr für diese anzusetzen ist, die korrespondierend am 01.01.2064, 10:00 Uhr ihren krönenden Abschluß findet. Was um 10:00 Uhr begonnen hat, endet damit durch die Logik des Systems, das korrespondierend über a und b, 0 und 1 und H und O aufgebaut ist, dann auch um 10:00 Uhr und natürlich auch taggenau. Das berechnen wir jetzt nicht erst noch, da das selbsterklärend ist. Das heißt, daß unser Ergebnis unter dieser Voraussetzung vollkommen richtig ist.

Wir stehen damit vor der Herausforderung, daß wir diese Zeitangabe in die transformieren müssen, die es dann tatsächlich auf der Erde ist, da

1. die Logik im System über „Mann und Frau" aufgebaut ist, wir
2. , wenn wir die Jahresangabe systemkonform verwenden würden, „nach Jesus Christus" unseren jetzigen Vorstellungen entsprechend schreiben müssten und
3. die Zeit eine Konstante ist,

was dann logischerweise dazu führt, daß der Einbezug der Schaltjahre in diese, das Werk von Bescheuerten und Bekloppten ist.

Hier stimmt also gar nichts und rein theoretisch wären wir gezwungen, die heutige Datumsangabe auf das ^{6}Jahr 0_{37} = 47, das wir auch als

^{9}Jahr Null_{96} = 109

schreiben können, zurückzurechnen; da nicht „nach Jesus Christus" in dieser stehen müsste, sondern der ^{11}Bezeichnung_{114} = 127 nach - bedingt durch die ^{8}Paritaet_{90} = 100 von ^{7}a und b_{42} = 55 unter der Bedingung $^{11}1 = 1 = 1_{7} = 28$ - logischerweise

^{39}nach Jesus Christus und Maria Magdalena_{356} = 407,

was etwas vollkommen anderes ist. Hier hat man also wunderschön geschlafen und vergessen, daß der „Hmm" immer auf den Eimer gehört, was sich auch im Kalendarium widerspiegeln muss; es gilt nämlich Folgendes:

^{6}Jahr 0_{37}	=	47		47 - 1	=	46
^{9}Jahr Null_{96}	=	109		109 - 1	=	108
$^{8}\text{Paritaet}_{90}$	=	100		100 - 1	=	99
^{7}a und b_{42}	=	55		55 - 1	=	54
$^{11}1 = 1 = 1_{7}$	=	28		28 - 1	=	27
					=	334

3 + 3 + 4 + 1 für ein System	=	11	=	1 + 1	=	2

istgleich

$^{11}\text{Bezeichnung}_{114}$	=	127		127 - 1	=	126
^{39}nach Jesus Christus und Maria Magdalena_{356}	=	407		407 - 1	=	406
					=	532

5 + 3 + 2 + 1 für ein System	=	11	=	1 + 1	=	2

Es gilt die Bedingung 2 = 2 in einem Gleichgewicht, die sich aus 3 + 3 + 4 + 1 und 5 + 3 + 2 + 1 in Form der beiden Zahlen 335 und 533 ergibt.

Merke!

Das Jahr 0 beziehungsweise das Jahr Null beziehen sich durch die Parität von a und b unter der Bedingung 1 = 1 = 1 auf „nach Jesus Christus und Maria Magdalena".

Da der Autor von unserem „Büchlein" ein Adam ist, kommt der Esel natürlich immer zuerst. Auch ganz unabhängig davon, daß Maria ihren Liebsten symbolisch am Kreuz verrecken lassen hat, was in keinerlei Hinsicht rechtfertigt, daß Gnädigste an erster Stelle steht.

Was den gregorianischen, den julianischen und andere Kalendarien anbelangt, ist das vollkommener Unsinn, da es respektive einer Konstante nur eine Zeit gibt, wie überall anders auch. Daß die Wahrnehmung dieser sich variabel verhält, steht durch die Bewegung und Gegenbewegung der Räume im System auf einem anderen Blatt Papier: Das sollte man dabei immer mit im Blick haben.

Da man willkürlich Schaltjahre im Kalendarium eingeführt hat und die Tage innerhalb der Monate zwischen 28 und 31 variieren, obwohl Zeit eine Konstante ist, müssen wir analog „Alle Wege führen nach Rom." vorgehen, denn bis wir das auseinanderklabüstert haben, ist das System „Mensch" bereits krepiert.

Eine hilfreiche Annahme ist, daß uns die Differenz aus ihren Geburtsjahren in der dazugehörigen ^{23}Gleichgewichtssituation$_{266}$ = 291 über $^{1}a_{1} = 4$ und $^{1}b_{2} = 5$ durch $^{7}a \neq b_{6} = 19$ und $^{7}b \neq a_{6} = 19$ unter der Bedingung $^{11}1 = 1 = 1_{7} = 28$ aus (291 - 1) + (4 - 1) + (5 - 1) + (19 - 1) + (19 - 1) + (28 - 1) + 1 für ein System istgleich 361 istgleich 3 + 6 + 1 = 10 istgleich 1 + 0 = 1 eine 1 liefert, die sich durch $^{1}a_{1} =$ 4 und $^{1}b_{2} = 5$ unter der Bedingung $^{11}1 = 1 = 1_{7} = 28$ im nachfolgenden Zusammenhang widerspiegelt, ohne daß wir ihre Geburtsdaten exakt kennen:

$^{1}a_{1}$	=	4		4 - 1	=	3
^{14}Jesus Christus$_{191}$	=	209		209 - 1	=	208
$^{1}b_{2}$	=	5		5 - 1	=	4
^{15}Maria Magdalena$_{100}$	=	119		119 - 1	=	118
$^{11}1 = 1 = 1_{7}$	=	28		28 - 1	=	27
					=	360

3 + 6 + 0 + 1 für ein System = 10 = 1 + 0 = 1

istgleich

^{9}Differenz$_{93}$	=	104		104 - 1	=	103
^{7}7 Jahre$_{49}$	=	60		60 - 1	=	59
					=	162

1 + 6 + 2 + 1 für ein System = 10 = 1 + 0 = 1

Wir haben die Bedingung 1 = 1 in einem Gleichgewicht erhalten, die durch 3 + 6 + 0 + 1 und 1 + 6 + 2 + 1 auf die beiden Zahlen 361 und 163 zurückzuführen ist.

Merke!

Durch a für Jesus Christus und durch b für Maria Magdalena beträgt unter der Bedingung 1 = 1 = 1 die rechnerische Differenz zwischen beiden 7 Jahre, die über a und über b infolge a ≠ b und b ≠ a unter der Bedingung 1 = 1 = 1 eine Gleichgewichtssituation wiedergeben.

Das ist die rechnerische Differenz, die sich in der Geschichte von Jesus Christus und Maria Magdalena verbirgt.

De facto ist unser Ergebnis mit der Logik im Judentum vergleichbar, da numerisch gesehen Jesus Christus und Maria Magdalena jeweils die Zahl 1 in diesem zugewiesen worden ist. Insbesondere das sogenannte orthodoxe Judentum weiß um diesen Umstand. Es gilt für beide also auch in diesem die Bedingung 1 = 1 in einem Gleichgewicht.

Diese beiden Einsen begegnen uns auch bei einem anderen Sachverhalt, der uns den kürzeren Weg nach Rom einschlagen lässt. Wir haben bereits mehrmals die Erfahrung gemacht, daß die dem System zugrundeliegenden Logiken sich auch in anderen widerspiegeln, welche die dazugehörige Problematik aus einer etwas anderen Perspektive beleuchten, aber am Ende auf ein' und das selbe Ergebnis hinauslaufen. In Form von ^{7}a und b_{42} = 55 erhalten wir nämlich für ^{14}Marilyn Monroe$_{172}$ = 190 und für ^{9}Tom Ewell$_{105}$ = 118 aus (55 - 1) + (190 - 1) + (118 - 1) + 1 für ein System istgleich 361 istgleich 3 + 6 + 1 = 10 istgleich 1 + 0 = 1 eine korrespondierend angelegte Zahl 1, die es uns ermöglicht, unser Ergebnis zu überprüfen. Über a für Jesus Christus und über b für Maria Magdalena (Vgl. Seite 65) erhalten in Form von ^{7}a und b_{42} = 55 Folgendes:

$^{1}a_{1}$	=	4		4 - 1	=	3
^{14}Jesus Christus$_{191}$	=	209		209 - 1	=	208
$^{1}b_{2}$	=	5		5 - 1	=	4
^{15}Maria Magdalena$_{100}$	=	119		119 - 1	=	118
$^{11}1 = 1 = 1_{7}$	=	28		28 - 1	=	27
					=	360

3 + 6 + 0 + 1 für ein System	=	10	=	1 + 0	=	1

istgleich

^{7}a und b_{42}	=	55		55 - 1	=	54
^{14}Marilyn $Monroe_{172}$	=	190		190 - 1	=	189
^{9}Tom $Ewell_{105}$	=	118		118 - 1	=	117
					=	360

3 + 6 + 0 + 1 für ein System	=	10	=	1 + 0	=	1

Wir erhalten aus jeweils 3 + 6 + 0 + 1 in Form der beiden Zahlen 361 die Bedingung 1 = 1 in einem Gleichgewicht.

Merke!

Über a und über b gilt für Jesus Christus und Maria Magdalena unter der Bedingung 1 = 1 = 1 das, was durch a und b auch auf Marilyn Monroe und Tom Ewell zutrifft.

Das heißt, daß wir, um einen logischen Beweis für die 7 Jahre zu erhalten, auf diese zurückgreifen dürfen, da die $^{1}7_{7}$ = 10 durch die ^{8}Paritaet$_{90}$ = 100 von ^{7}a und b_{42} = 55 über (10 - 1) + (100 - 1) + (55 - 1) + 1 für ein System istgleich 163 istgleich 1 + 6 + 3 = 10 istgleich 1 + 0 = 1 eine 1 in Form der Zahl 163 ergibt.

In der Endkonsequenz erhalten wir durch die ^{8}Paritaet$_{90}$ = 100 von ^{7}a und b_{42} = 55 infolge $^{7}a \neq b_{6}$ = 19 und $^{7}b \neq a_{6}$ = 19 für ^{18}verflixtes 7. $Jahr_{185}$ = 210 den nachfolgenden Zusammenhang:

^{14}Jesus $Christus_{191}$	=	209		209 - 1	=	208
^{15}Maria $Magdalena_{100}$	=	119		119 - 1	=	118
^{8}Paritaet$_{90}$	=	100		100 - 1	=	99
^{7}a und b_{42}	=	55		55 - 1	=	54
$^{7}a \neq b_{6}$	=	19		19 - 1	=	18
$^{7}b \neq a_{6}$	=	19		19 - 1	=	18
					=	515

5 + 1 + 5 + 1 für ein System	=	12	=	1 + 2	=	3

istgleich

^{14}Marilyn Monroe$_{172}$	=	190		190 - 1	=	189
^{9}Tom Ewell$_{105}$	=	118		118 - 1	=	117
^{18}verflixtes 7. Jahr$_{185}$	=	210		210 - 1	=	209
					=	515

5 + 1 + 5 + 1 für ein System	=	12	=	1 + 2	=	3

Es gilt die Bedingung 3 = 3 in einem Gleichgewicht, die sich jeweils aus 5 + 1 + 5 + 1 in Form der beiden Zahlen 516 ergibt.

Letztere beziehen sich durch $^{1}a_1 = 4$, $^{1}b_2 = 5$, $^{1}b_2 = 5$ und $^{1}a_1 = 4$ infolge (516 - 1) + (4 - 1) + (5 - 1) + (5 - 1) + (4 - 1) + 1 für ein System istgleich 530 istgleich 5 + 3 + 0 = 8 auf die ^{31}Liebeskomoedie von Billy Wilder$_{311}$ = 350 istgleich 3 + 5 + 0 = 8, die uns freundlich und höflich über $^{1}a_1 = 4$, $^{1}b_2 = 5$, $^{1}b_2 = 5$ und $^{1}a_1 = 4$ - bedingt durch (350 - 1) + (4 - 1) + (5 - 1) + (5 - 1) + (4 - 1) + 1 für ein System istgleich 364 istgleich 3 + 6 + 4 = 13 istgleich 1 + 3 = 4 - dann daran erinnert, daß es von uns über die ^{8}Paritaet$_{90}$ = 100 von ^{7}a und $b_{42} = 55$ infolge $^{7}a \neq b_6 = 19$ und $^{7}b \neq a_6 = 19$ unter der Bedingung $^{11}1 = 1 = 1_7 = 28$ durch (100 - 1) + (55 - 1) + (19 - 1) + (19 - 1) + (28 - 1) + (220 - 1) + 1 für ein System istgleich 436 istgleich 4 + 3 + 6 = 13 istgleich 1 + 3 = 4 etwas einzuhalten galt, was da erneut in Form der Bedingung ^{22}ein Mann und eine Frau$_{188}$ = 220 auftaucht.

Merke!

Jesus Christus und Maria Magdalena lassen sich durch die Parität von a und b infolge $a \neq b$ und $b \neq a$ durch „verflixtes 7. Jahr“ mit Marilyn Monroe und Tom Ewell in Verbindung bringen.

Letzteres bestätigt uns, daß die rechnerische Differenz zwischen Jesus Christus und Maria Magdalena tatsächlich 7 Jahre beträgt.

Weshalb wir zur Begründung dieses Zusammenhangs ^{18}verflixtes 7. Jahr$_{185}$ = 210 verwenden dürfen, begründet sich über $^{1}a_1 = 4$ und $^{1}b_2 = 5$ - bedingt durch die ^{8}Paritaet$_{90}$ = 100 von ^{7}a und $b_{42} = 55$ über $^{7}a \neq b_6 = 19$ und $^{7}b \neq a_6 = 19$ - durch Folgendes, da es sich hierbei um ein ^{7}Synonym$_{125}$ = 134 handelt:

^{7}Synonym$_{125}$	=	134		134 - 1	=	133
^{18}verflixtes 7. Jahr$_{185}$	=	210		210 - 1	=	209
$^{1}a_{1}$	=	4		4 - 1	=	3
$^{1}b_{2}$	=	5		5 - 1	=	4
^{8}Paritaet$_{90}$	=	100		100 - 1	=	99
^{7}a und b$_{42}$	=	55		55 - 1	=	54
$^{7}a \neq b_{6}$	=	19		19 - 1	=	18
$^{7}b \neq a_{6}$	=	19		19 - 1	=	18
					=	538

5 + 3 + 8 + 1 für ein System = 17 = 1 + 7 = 8

istgleich

^{4}Film$_{40}$	=	46		46 - 1	=	45
^{25}das verflixte siebte Jahr$_{242}$	=	275		275 - 1	=	274
^{21}das verflixte 7. Jahr$_{190}$	=	220		220 - 1	=	219
					=	538

5 + 3 + 8 + 1 für ein System = 17 = 1 + 7 = 8

Es gilt die Bedingung 8 = 8 in einem Gleichgewicht, die sich jeweils aus 5 + 3 + 8 + 1 in Form der beiden Zahlen 539 ergibt.

Merke!

Der Film „Das verflixte siebte Jahr" beziehungsweise „das verflixte 7. Jahr" resultiert durch die Parität von a und b infolge a ≠ b und b ≠ a über a und über b in Form eines Synonyms aus „verflixtes 7. Jahr".

Hinweis: Da wir in einem System leben, das korrespondierend aufgebaut ist, können wir die entsprechenden Logiken kreuz und quer im System bestimmen, da am Ende alles 1 ist und es ein' und die selben sind, die 1 : 1 korrespondierend auch in anderen anzutreffen sind.

Damit müssen wir noch eine Entscheidung treffen, ob die ^{7}7 Jahre$_{49}$ = 60 von der Datumsangabe 01.01.2020 subtrahiert werden müssen oder zu addieren sind. Dazu sind die Tage in einem Jahr (= ^{6}1 Jahr$_{38}$ = 48) im ^{6}Nichts$_{73}$ = 81 von uns zu bestimmen, die es im ^{10}Weltenbaum$_{116}$ = 128 sind. Da wir uns als Menschheit über Mensch und Menschen in der Mitte im System befinden, nehmen wir die Zeit - bedingt durch die Bewegung und Gegenbewegung der Räume - im Zentrum wahr, die sich zu dem unsrigen relativ und proportional verhalten. Das heißt, daß das Längenmaß, welches wir innerhalb von Zeit vorgefunden haben, maßgeblich für alle anderen ist. Die Räume im Weltenbaum geben damit korrespondierend die Logik auf der Erde wieder.

Letzteres erklärt sich, da wir gleichermaßen herausgefunden hatten, daß unsere ^{4}Erde$_{32}$ = 38, eine von vielen, in Form von ^{7}a und b$_{42}$ = 55 infolge $^{7}a \neq b_{6}$ = 19 und $^{7}b \neq a_{6}$ = 19 durch (38 - 1) + (55 - 1) + (19 - 1) + (19 - 1) + 1 für ein System istgleich 128 istgleich 1 + 2 + 8 = 11 istgleich 1 + 1 = 2 sich korrespondierend über (74 - 1) + (109 - 1) + 1 für ein System istgleich 182 istgleich 1 + 8 + 2 = 11 istgleich 1 + 1 = 2 in der ^{5}Mitte$_{67}$ = 74 im ^{6}System$_{101}$ = 109 befindet. Aus ^{5}(Erde$_{n}$)$_{46}$ = 54 für $^{6}n \rightarrow \infty_{15}$ = 27 ergibt sich für die ^{4}Erde$_{32}$ = 38 respektive (54 - 1) + (27 - 1) + (38 - 1) + 1 für ein System istgleich 117 istgleich 1 + 1 + 7 = 9, daß diese über $^{1}a_{1}$ = 4 und $^{1}b_{2}$ = 5 infolge $^{7}a \neq b_{6}$ = 19 und $^{7}b \neq a_{6}$ = 19 respektive (4 - 1) + (5 - 1) + (74 - 1) + (19 - 1) + (19 - 1) + 1 für ein System istgleich 117 istgleich 1 + 1 + 7 = 9 unendlich oft als ein endliches System in der Mitte existiert.

Da die Zeit konstant ist, es gibt also keine Schaltjahre, so wie wir uns das vorstellen, können wir den nachfolgenden Zusammenhang herstellen, der sich über $^{1}a_{1}$ = 4, $^{1}b_{2}$ = 5, $^{1}b_{2}$ = 5 und $^{1}a_{1}$ = 4 in Form von ^{7}a und b$_{42}$ = 55 ergibt:

^{6}1 Jahr$_{38}$	=	48		48 - 1	=	47
^{6}Nichts$_{73}$	=	81		81 - 1	=	80
					=	127

1 + 2 + 7 + 1 für ein System = 11 = 1 + 1 = 2

istgleich

^{10}Weltenbaum$_{116}$	=	128		128 - 1	=	127

1 + 2 + 7 + 1 für ein System = 11 = 1 + 1 = 2

istgleich

$^{1}a_{1}$	=	4		4 - 1	=	3
$^{1}b_{2}$	=	5		5 - 1	=	4
$^{1}b_{2}$	=	5		5 - 1	=	4
$^{1}a_{1}$	=	4		4 - 1	=	3
^{7}a und b_{42}	=	55		55 - 1	=	54
^{8}366 $Tage_{48}$	=	60		60 - 1	=	59
					=	127

1 + 2 + 7 + 1 für ein System	=	11	=	1 + 1	=	2

Es gilt die Bedingung 2 = 2 = 2 in einem Gleichgewicht, die sich jeweils aus 1 + 2 + 7 + 1 in Form der Zahlen 128 ergibt, die in der $^{5}Mitte_{67}$ = 74 in Form von ^{7}a und b_{42} = 55 über (74 - 1) + (55 - 1) + 1 für ein System istgleich 128 istgleich 1 + 2 + 8 = 11 istgleich 1 + 1 = 2 vorliegt.

Merke!

1 Jahr in Form von a und b in der Mitte innerhalb des Weltenbaumes im Nichts entspricht über a, b, b und a durch a und b 366 Tagen.

Letztere liefern durch ^{8}366 $Tage_{48}$ = 60 in Form von ^{7}a und b_{42} = 55 unter der Bedingung $^{11}1 = 1 = 1_{7}$ = 28 infolge (60 - 1) + (55 - 1) + (28 - 1) + 1 für ein System istgleich 141 istgleich 1 + 4 + 1 = 6 über $^{1}a_{1}$ = 4 und $^{1}b_{2}$ = 5 durch (4 - 1) + (5 - 1) + (134 - 1) + 1 für ein System istgleich 141 istgleich 1 + 4 + 1 = 6 im Ergebnis ein $^{13}Gleichgewicht_{119}$ = 134, das systembedingt auf deren $^{11}Integritaet_{128}$ = 141 istgleich 1 + 4 + 1 = 6 beruht.

Um eine Bestätigung für die insgesamt 366 Tage zu erhalten, betrachten wir diese über $^{1}a_{1}$ = 4, $^{1}b_{2}$ = 5, $^{1}b_{2}$ = 5 und $^{1}a_{1}$ = 4 in Form von $^{13}($ (366 Tage $)_{n}$ $)_{64}$ = 86 für $^{6}n \rightarrow \infty_{15}$ = 27, die uns als $^{14}($ (12 Monate $)_{n}$ $)_{87}$ = 110 für $^{6}n \rightarrow \infty_{15}$ = 27 korrespondierend zu $^{11}($ (1 Jahr $)_{n}$ $)_{54}$ = 74 für $^{6}n \rightarrow \infty_{15}$ = 27 führen. Da die $^{4}Welt_{60}$ = 66 istgleich 6 + 6 = 12 istgleich 1 + 2 = 3, in der wir leben, sich aus $^{4}Zeit_{60}$ = 66 istgleich 6 + 6 = 12 istgleich 1 + 2 = 3 ergibt, können wir in der Betrachtung eine von beiden vernachlässigen, da es Ein' und das Selbe ist. Es gilt durch die $^{9}($ $Welt_{n}$ $)_{76}$ = 92 für

$^6n \rightarrow \infty_{15}$ = 27 im $^{11}($ Nichts$_n$ $)_{89}$ = 107 für $^6n \rightarrow \infty_{15}$ = 27 der nachfolgende Zusammenhang, der durch die ^{8}Paritaet$_{90}$ = 100 aus Zeit, die eine Welt, hervorgeht:

$^{13}($ (366 Tage $)_n$ $)_{64}$	=	86		86 - 1	=	85
$^6n \rightarrow \infty_{15}$	=	27		27 - 1	=	26
$^{14}($ (12 Monate $)_n$ $)_{87}$	=	110		110 - 1	=	109
$^6n \rightarrow \infty_{15}$	=	81		81 - 1	=	80
$^{11}($ (1 Jahr $)_n$ $)_{54}$	=	74		74 - 1	=	73
$^6n \rightarrow \infty_{15}$	=	27		27 - 1	=	26
^{8}Paritaet$_{90}$	=	100		100 - 1	=	99
$^1a_1$	=	4		4 - 1	=	3
$^1b_2$	=	5		5 - 1	=	4
$^1b_2$	=	5		5 - 1	=	4
$^1a_1$	=	4		4 - 1	=	3
					=	512

5 + 1 + 2 + 1 für ein System	=	9

istgleich

^{4}Welt$_{60}$ (= ^{4}Zeit$_{60}$)	=	66		66 - 1	=	65
$^{11}($ Nichts$_n$ $)_{89}$	=	107		107 - 1	=	106
$^6n \rightarrow \infty_{15}$	=	27		27 - 1	=	26
$^9($ Welt$_n$ $)_{76}$	=	92		92 - 1	=	91
$^6n \rightarrow \infty_{15}$ = 27	=	27		27 - 1	=	26
					=	314

3 + 1 + 4 + 1 für ein System	=	9

Es gilt die Bedingung 9 = 9 in einem Gleichgewicht, welche sich aus 5 + 1 + 2 + 1 und 3 + 1 + 4 + 1 durch die beiden Zahlen 513 und 315 ergibt, die das wiedergeben, was es innerhalb des Raumfensters durch ^{11}Raumfenster$_{140}$ = 153 istgleich 1 + 5 + 3 = 9 ist; das in Form von ^{7}a und b_{42} = 55 infolge $^7a \neq b_6$ = 19 und $^7b \neq a_6$ = 19 - bedingt durch ^{4}Zeit$_{60}$ = 66 - korrespondierend über (55 - 1) + (19 - 1) + (19 -

1) + (66 - 1) + (160 - 1) + 1 für ein System istgleich 315 istgleich 3 + 1 + 5 = 9 ein ^{11}Zeitfenster$_{147}$ = 160 ist.

Merke!

In der Welt, die aus Zeit besteht, sind es in der Welt$_n$ durch die Parität über a, b, b und a (366 Tage)$_n$, (12 Monate)$_n$ und (1 Jahr)$_n$, die im Nichts$_n$ durch n korrespondierend $n \rightarrow \infty$ erfüllen.

Das heißt, daß die eine Welt, in der wir auf unserer Erde leben, aus unendlich vielen endlichen Welten im Nichts besteht, die jeweils als ein endliches System gegen Unendlich divergieren, das über 366 Tage, 12 Monate und 1 Jahr errichtet worden ist. Was dazu führt, daß es in einem Jahr zwölf Monate und dreihundertsechsundsechzig Tage für uns sind - da wir uns in der Mitte im System befinden.

Da wir bereits wissen, daß der Zeitraum durch die Raumzeit über einer Sinuswelle operiert, erhalten wir grob über den Daumen gepeilt die nachfolgende Grafik:

Welt (366 Tage, 12 Monate, 1 Jahr) = 1; 1 = Zeit

→ Nichts$_n$ für $n \rightarrow \infty$ + Welt$_n$ für $n \rightarrow \infty$

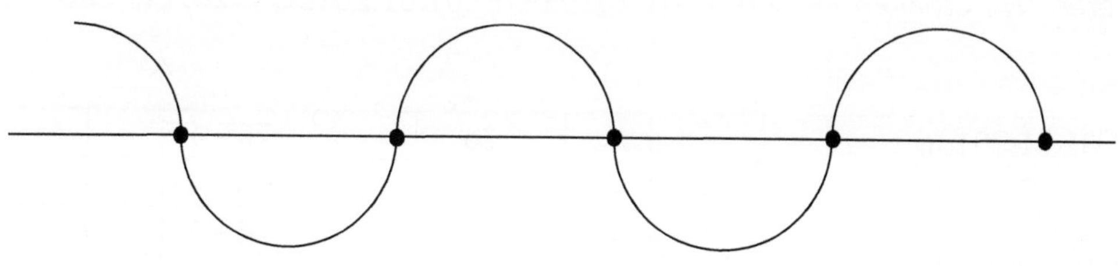

• - Erde$_n$ für $n \rightarrow \infty$

➡ (366 Tage)$_n$ für $n \rightarrow \infty$
➡ (12 Monate)$_n$ für $n \rightarrow \infty$
➡ (1 Jahr)$_n$ für $n \rightarrow \infty$

In der Übersetzung heißt das, daß die eine Welt in ihrer Gesamtheit über 366 Tage, 12 Tage und 1 Jahr definiert worden ist, was sich korrespondierend in der Mitte im System widerspiegelt. Außerhalb dieser können es dann auch wesentlich weniger Tage oder auch mehr sein, da sich diese durch die Relativität proportional verhalten. Was sich anhand der Bewegung und Gegenbewegung der einzelnen Objekte im Verhältnis und im Unverhältnis zu den Bezugspunkten, etwa einem schwarzen Loch wie Sagittarius A, im Weltenbaum nachvollziehen lässt.

Wir müssen also demnächst die Räume im Weltenbaum definieren, die es systembedingt sind, um das Kalendarium auf unserer Erde systemgetreu abbilden zu können. Das zieht nach sich, daß wir die Anzahl der Tage in den einzelnen Monaten bestimmen, die logischerweise von unserer Vorstellung abweichen wird. Die Folge wird sein, daß die Logik der Jahreszeiten in Form von Raum, der uns zur Variablen führt, durch die Zeit als Konstante eine andere ist. Vergleichsweise sind die jeweiligen Klimazonen auf der Erde konstant vorgegeben, in denen sich das dazugehörige Wetter innerhalb der Toleranz im Toleranzbereich variabel gestaltet.

Richtig: Den Klimawandel gibt es nicht, da sich „lediglich" das Wetter an sich, bedingt durch die mittlerweile vorherrschenden Wetterlagen in den Klimazonen, geändert hat. Das Klima selbst gibt konstant vor, welches Wettergeschehen in den einzelnen Vegetationszonen auf der Erde existieren sollte. Es ist das Wettergeschehen auf unserer Erde in Ordnung zu bringen und nicht das Klima selbst. Die elementare Abweichung des Wettergeschehens von den Systemvorgaben im klimatischen Verhältnis und Unverhältnis auf der Erde sind das Problem und nicht das Klima. Das Thema besprechen wir aber später.

Da wir zurzeit von 364 Tagen und in einem Schaltjahr von 365, das es in der Form nicht gibt, ausgehen, sind „die verflixten 7 Jahre" von der Jahreszahl 2020 zu subtrahieren. Wir erhalten für den 01.01.2020 den $^{10}01.01.2013_{10}$ = 26, der das erfüllt:

$^{10}01.01.2013_{10}$	=	26		26 - 1	=	25
$^{9}10{:}00\ Uhr_{50}$	=	65		65 - 1	=	64
$^{1}a_{1}$	=	4		4 - 1	=	3
$^{1}b_{2}$	=	5		5 - 1	=	4
$^{7}a \neq b_{6}$	=	19		19 - 1	=	18
$^{7}b \neq a_{6}$	=	19		19 - 1	=	18
					=	132

1 + 3 + 2 + 1 für ein System = 7

istgleich

^{10}Apokalypse$_{121}$	=	133		133 - 1	=	132

1 + 3 + 2 + 1 für ein System	=	7

Es gilt die Bedingung 7 = 7 in einem Gleichgewicht, das sich aus 1 + 3 + 2 + 1 in Form der beiden Zahlen 133 ergibt.

Merke!

Infolge a ≠ b und b ≠ a hat die Apokalypse über a und über b korrespondierend am 01.01.2013 um 10:00 Uhr begonnen, die im Nichts über einen Prozess durch a ≠ b und b ≠ a in Form von a und b unseren Exodus verfolgt.

Die ^{10}Apokalypse$_{121}$ = 133 im ^{6}Nichts$_{73}$ = 81 bezieht sich durch (133 - 1) + (81 - 1) + 1 für ein System istgleich 213 istgleich 2 + 1 + 3 = 6 in Form von ^{7}a und b$_{42}$ = 55 infolge ^{7}a ≠ b$_{6}$ = 19 und ^{7}b ≠ a$_{6}$ = 19 über (55 - 1) + (19 - 1) + (19 - 1) + (127 - 1) + (96 - 1) + 1 für ein System istgleich 312 istgleich 3 + 1 + 2 = 6 auf den ^{7}Prozess$_{118}$ = 127, der mit dem ^{6}Exodus$_{88}$ = 96 einhergeht. Die Genesis wird nicht betrachtet, da diese erst nach der Eiszeit greift.

Da wir am Ende der Apokalypse, den 01.01.2064, damit ebenso eine 7 subtrahieren müssen, erhalten wir korrespondierend den ^{10}01.01.2057$_{18}$ = 34, der Folgendes nach sich zieht:

^{10}Apokalypse$_{121}$	=	133		133 - 1	=	132
^{10}01.01.2013$_{10}$	=	26		26 - 1	=	25
^{9}10:00 Uhr$_{50}$	=	65		65 - 1	=	64
^{10}01.01.2057$_{18}$	=	34		34 - 1	=	33
^{9}10:00 Uhr$_{50}$	=	65		65 - 1	=	64
					=	318

3 + 1 + 8 + 1 für ein System	=	13	=	1 + 3	=	4

istgleich

^{7}Prozess$_{118}$	=	127		127 - 1	=	126
^{6}Exodus$_{88}$	=	96		96 - 1	=	95
^{7}a und b$_{42}$	=	55		55 - 1	=	54
^{1}a$_{1}$	=	4		4 - 1	=	3
^{1}b$_{2}$	=	5		5 - 1	=	4
^{7}a ≠ b$_{6}$	=	19		19 - 1	=	18
^{7}b ≠ a$_{6}$	=	19		19 - 1	=	18
					=	318

3 + 1 + 8 + 1 für ein System = 13 = 1 + 3 = 4

Wir erhalten aus 3 + 1 + 8 + 1 in einem Gleichgewicht unter der Bedingung 4 = 4 die beiden Zahlen 319. Wir betrachten logischerweise den Teil der Apokalypse, den wir erleben.

Merke!

Die Apokalypse als ein Prozess bezieht sich in Form von a und b über a und über b infolge a ≠ b und b ≠ a auf den Exodus, der am 01.01.2013 um 10:00 Uhr begonnen hat und am 01.01.2057 um 10:00 Uhr endet.

Wir haben die ursprüngliche Zeitspanne vom 01.01.2020 bis 01.01.2064, da das Kalendarium fehlerbehaftet ist, auf die vom 01.01.2013 bis 01.01.2057 korrigiert. Gefühlt ändert sich in unserer Wahrnehmung nichts, da der Zeitraum ein' und der selbe ist - nur dieses Mal mit den Jahreszahlen, die es unter der Einhaltung der Neutralität von wissenschaftlichen Aussagen sind.

Was den Tag und den Monat betrifft, können wir zurzeit keine so richtige Aussage treffen. Wir sind in der logischen Endkonsequenz gezwungen, den Beweis dafür anzutreten, daß etwa der 01.01.2013 dem 01.01.2020 entspricht. Insofern werden wir vorsorglich mit Blick auf das Datum den Tag und den Monat überprüfen, unter der Bedingung, ob im Ergebnis eine ^{23}Gleichgewichtssituation$_{266}$ = 291 vorliegt.

Damit geht es darum, daß wir das Kalendarium dahingehend korrigieren, daß wir alle Systemabweichungen, was den Tag, den Monat und das Jahr anbelangt, beheben. Das Jahr haben wir bereits. Es hat sich also bis dato keiner von uns Gedanken gemacht, ob der rechnerische Nullpunkt innerhalb der Zeitrechnung überhaupt stimmen kann. Das Ergebnis, das der Mensch vorzuweisen hat, ist damit wie immer für die Katz. Eine ganz einfache Überlegung führt uns zum nachfolgenden Zusammenhang, der uns das Thema angehen lässt:

^{7}7 Jahre$_{49}$	=	60		60 - 1	=	59

5 + 9 + 1 für ein System	=	15	=	1 + 5	=	6

istgleich

^{7}*16* Tage$_{49}$	=	60		60 - 1	=	59

5 + 9 + 1 für ein System	=	15	=	1 + 5	=	6

Es gilt die Bedingung 6 = 6 in einem Gleichgewicht, die sich über 5 + 9 + 1 aus den beiden Zahlen 60 ergibt, wobei die *16* und nicht die 7 aus *1* + *6* = 7 verwandt wird.

Merke!

Die 7 Jahre entsprechen korrespondierend 16 Tagen, die über den Zahlen 7 und 49 operieren.

Da nicht nur die beiden Ergebnisse identisch sind, sondern auch die Zahlen, auf denen diese basieren, gibt es keinen Zweifel, daß wir uns auf der richtigen Spur befinden. Bei Jesua geht man übrigens davon aus, welcher in der Geschichte Jesus Christus verkörperte, daß er etwa 7 bis 4 v. Chr. entbunden worden ist. Wir erinnern uns hoffentlich daran, daß man in das Leben entbunden wird und nicht geboren. Maria, um den Dreh.

Die 16 Tage bestätigen uns, daß am 01.01.2020 statt der 1 eine 16 bei der Tagesangabe stehen müsste. Man hat sich also nicht nur um 7 Jahre vertan, sondern auch um 16 Tage. In der ^{23}Gleichgewichtssituation$_{266}$ = 291 erhalten wir den nachfolgenden Zusammenhang, was dann die Monate anbelangt:

$^{1}a_{1}$	=	4		4 - 1	=	3
^{7}7 Jahre$_{49}$	=	60		60 - 1	=	59
$^{1}b_{2}$	=	5		5 - 1	=	4
^{7}16 Tage$_{49}$	=	60		60 - 1	=	59
^{23}Gleichgewichtssituation$_{266}$	=	291		291 - 1	=	290
					=	415

4 + 1 + 5 + 1 für ein System	=	11	=	1 + 1	=	2

istgleich

^{8}3 Monate$_{71}$	=	83		83 - 1	=	82
^{7}a und b$_{42}$	=	55		55 - 1	=	54
$^{11}1 = 1 = 1_{7}$	=	28		28 - 1	=	27
					=	163

1 + 6 + 3 + 1 für ein System	=	11	=	1 + 1	=	2

Es gilt die Bedingung 2 = 2 in einem Gleichgewicht, die sich durch die beiden Zahlen 416 und 164 aus 4 + 1 + 5 + 1 und 1 + 6 + 3 + 1 ergibt.

Merke!

Die Gleichgewichtssituation führt über a und über a durch 7 Jahre und durch 16 Tage infolge a und b unter der Bedingung 1 = 1 = 1 zu 3 Monaten.

Wir haben den rechnerischen Beweis vorliegen, daß der 01.01.2020 dann tatsächlich der 16.03.2013 gewesen ist. Man hat sich nicht nur um 7 Jahre und 16 Tage vertan, sondern zusätzlich um 3 Monate. Beide sind zum Jahr 2013 zu addieren, da es „verflixte 7 Jahre" sind und nicht 8, wo dann subtrahiert werden müsste.

Die ^{23}Gleichgewichtssituation$_{266}$ = 291 istgleich 2 + 9 + 1 = 12 istgleich 1 + 2 = 3 bezieht sich in Form von ^{7}a und b$_{42}$ = 55 durch ^{7}a ≠ b$_{6}$ = 19 und ^{7}b ≠ a$_{6}$ = 19 infolge (55 - 1) + (19 - 1) + (19 - 1) + (60 - 1) + (83 - 1) + (60 - 1) + 1 für ein System istgleich 291 istgleich 2 + 9 + 1 = 12 istgleich 1 + 2 = 3 auf ^{7}7 Jahre$_{49}$ = 60, ^{8}3 Monate$_{71}$ = 83 und ^{7}16 Tage$_{49}$ = 60, was hiermit bewiesen ist.

Für die ^{9}Differenz$_{93}$ = 104 (Vgl. Seite 65) erhalten wir den nachfolgenden Zusammenhang, der das dazugehörige Datum vorgibt:

^{9}Differenz$_{93}$	=	104		104 - 1	=	103
^{7}7 Jahre$_{49}$	=	60		60 - 1	=	59
^{7}16 Tage$_{49}$	=	60		60 - 1	=	59
^{8}3 Monate$_{71}$	=	83		83 - 1	=	82
^{8}Paritaet$_{90}$	=	100		100 - 1	=	99
^{7}a und b$_{42}$	=	55		55 - 1	=	54
^{7}a ≠ b$_{6}$	=	19		19 - 1	=	18
^{7}b ≠ a$_{6}$	=	19		19 - 1	=	18
^{11}1 = 1 = 1$_{7}$	=	28		28 - 1	=	27
					=	519

5 + 1 + 9 + 1 für ein System	=	16	=	1 + 6	=	7

istgleich

^{10}16.03.2013$_{2034}$	=	2050		2050 - 1	=	2049
(16 + 1 + 0 + 3 + 1 + 2013 = 2034)		2 + 0 + 4 + 9			=	15

1 + 5 + 1 für ein System	=	7

Es gilt die Bedingung 7 = 7 in einem Gleichgewicht, die sich aus 5 + 1 + 9 + 1 und 2 + 0 + 4 + 9 + 1 in Form der beiden Zahlen 520 und 2050 ergibt, die korrespondierend der ^{9}Differenz$_{93}$ = 104 zwischen ^{14}Jesus Christus$_{191}$ = 209 und ^{15}Maria Magdalena$_{100}$ = 119 infolge (104 - 1) + (209 - 1) + (119 - 1) + (55 - 1) + (19 - 1) + (19 - 1) + 1 für ein System istgleich 520 istgleich 5 + 2 + 0 = 7 über ^{7}a und b$_{42}$ =

55 durch $^7a \neq b_6 = 19$ und $^7b \neq a_6 = 19$ zuzuordnen und in diese einzuordnen sind: Wir haben also alles richtig gemacht.

Merke!

Die Differenz in Form von 7 Jahren, 3 Monaten und 16 Tagen (die sich über a und b infolge $a \neq b$ und $b \neq a$ auf Jesus Christus und Maria Magdalena bezieht) ist respektive der Parität von a und b durch $a \neq b$ und $b \neq a$ dem 16.03.2013 gleichgestellt.

Interpretationsseitig bezieht sich der 01.01.2020 damit auf den 16.03.2013. Daraus folgt, daß das Kalendarium auf der Basis des 16.03.2013, der es am 01.01.2020 gewesen ist, korrigiert werden muss.

Über besagtes Datum lässt sich durch $^1a_1 = 4$ und $^1b_2 = 5$ der logische Bezug zum Jahr $^{10}00.00.0000_2 = 18$ herstellen, das respektive $^1a_1 = 4$, $^1b_2 = 5$, $^1b_2 = 5$ und $^1a_1 = 4$ durch die $^8\text{Paritaet}_{90} = 100$ von ^7a und $b_{42} = 55$ infolge $^7a \neq b_6 = 19$ und $^7b \neq a_6 = 19$ über (4 - 1) + (5 - 1) + (5 - 1) + (4 - 1) + (100 - 1) + (55 - 1) + (19 - 1) + (19 - 1) + (47 - 1) + 1 für ein System istgleich 250 istgleich 2 + 5 + 0 = 7 auf das $^6\text{Jahr}\ 0_{37} = 47$ zurückzuführen ist. Das heißt, daß der 16.03.2013 zum 00.00.0000 passt. Es gilt erst einmal Folgendes, da wir eine Bestätigung benötigen, daß wir richtig liegen, obwohl wir noch Fehler im Kalendarium mitschleppen:

$^{10}16.03.2013_{2034}$	=	2050		2050 - 1	=	2049
		2 + 0 + 4 + 9			=	15

1 + 5 + 1 für ein System	=	7

istgleich

$^1a_1$	=	4		4 - 1	=	3
$^1b_2$	=	5		5 - 1	=	4
$^{10}00.00.0000_2$	=	18		18 - 1	=	17
					=	24

2 + 4 + 1 für ein System	=	7

Es gilt die Bedingung 7 = 7 in einem Gleichgewicht, die sich aus 2 + 0 + 4 + 9 + 1 und 2 + 4 + 1 in Form der beiden Zahlen 2050 und 25 ergibt, denen die bereits von uns berechnete Zahl 250 (Vgl. Seite 80) vorausgegangen ist.

Warum wir diesen Zwischenschritt gehen mussten, erklärt uns der nachfolgende Zusammenhang:

^{14}16. Maerz 2013$_{77}$	=	98		98 - 1	=	97
^{39}nach Jesus Christus und Maria Magdalena$_{356}$	=	407		407 - 1	=	406
					=	503

5 + 0 + 3 + 1 für ein System = 9

istgleich

^{14}1. Januar 2020$_{71}$	=	92		92 - 1	=	91
^{19}nach Jesus Christus$_{217}$	=	242		242 - 1	=	241
^{7}a und b$_{42}$	=	55		55 - 1	=	54
$^{7}a \neq b_{6}$	=	19		19 - 1	=	18
$^{7}b \neq a_{6}$	=	19		19 - 1	=	18
$^{11}1 = 1 = 1_{7}$	=	28		28 - 1	=	27
					=	449

4 + 4 + 9 + 1 für ein System = 18 = 1 + 8 = 9

Es gilt die Bedingung 9 = 9 in einem Gleichgewicht, die sich aus 5 + 0 + 3 + 1 und 4 + 4 + 9 + 1 durch die beiden Zahlen 504 und 450 ergibt.

Merke!

Der 1. Januar 2020 nach Jesus Christus ist über a und b durch a ≠ b und b ≠ a unter der Bedingung 1 = 1 = 1 der 16. März 2013 nach Jesus Christus und Maria Magdalena.

Damit wünschen wir allen, welche sich mit dem Thema „Zeit" befassen, wohl geruht zu haben. Daraus folgt, daß noch nicht einmal unsere eigenen „Geburtsdaten" stimmen, alles andere inbegriffen. Das Kalendarium auf der Erde muss also zwingend in Ordnung gebracht werden, da Maria Magdalena in diesem komplett fehlt.

Der Vollständigkeit halber erhalten wir Folgendes, was sich aus $^{1}a_{1} = 4$ und $^{1}b_{2} = 5$ in Form von ^{7}a und $b_{42} = 55$ unter der Bedingung $^{11}1 = 1 = 1_{7} = 28$ ergibt:

^{14}1. Januar 2020_{71}	=	92		92 - 1	=	91
^{10}01.01.2020_{8}	=	24		24 - 1	=	23
$^{1}a_{1}$	=	4		4 - 1	=	3
$^{1}b_{2}$	=	5		5 - 1	=	4
					=	121

1 + 2 + 1 + 1	=	5

istgleich

^{14}16. Maerz 2013_{77}	=	98		98 - 1	=	97
^{10}16.03.2013_{18}	=	34		34 - 1	=	33
^{7}a und b_{42}	=	55		55 - 1	=	54
$^{11}1 = 1 = 1_{7}$	=	28		28 - 1	=	27
					=	211

2 + 1 + 1 + 1	=	5

Es gilt die Bedingung 5 = 5 in einem Gleichgewicht, die sich über 1 + 2 + 1 + 1 und 2 + 1 + 1 + 1 in den beiden Zahlen 122 und 212 widerspiegelt.

Merke!

Das Datum 01.01.2020, analog dem 1. Januar 2020, entspricht über a und über b in Form von a und b unter der Bedingung 1 = 1 = 1 dem Datum 16.03.2013, analog dem 16. März 2013.

De facto müssten wir noch die beiden Datumsangaben auf den heutigen Tag hochrechnen, um zu wissen, welches Datum wir heute haben. Dazu müsste uns aber die Anzahl der Tage in den einzelnen Monaten vorliegen, die es systembedingt sind. Da das nicht der Fall ist, machen wir das ein anderes Mal.

Da die Zeit eine Konstante ist, ist das ständige Hin und Her zwischen der Sommer- und der Winterzeit Unsinn. Die 10:00 Uhr im Winter entsprechen ^{9}10:30 Uhr$_{53}$ = 68 wie 11:00 Uhr im Sommer, was sich ergibt, wenn man die ewige Dreherei eine Stunde zurück und eine vor an der Uhr einfach mal sein lässt. Für die ^{10}Apokalypse$_{121}$ = 133 erhalten wir durch $^{1}a_{1}$ = 4, $^{1}b_{2}$ = 5, $^{1}b_{2}$ = 5 und $^{1}a_{1}$ = 5 in Form von ^{7}a und b_{42} = 55 über $^{7}a \neq b_{6}$ = 19 und $^{7}b \neq a_{6}$ = 19 dann Folgendes:

^{10}16.03.2013$_{18}$	=	34		34 - 1	=	33
^{9}10:30 Uhr$_{53}$	=	68		68 - 1	=	67
^{10}16.03.2057$_{26}$	=	42		42 - 1	=	41
^{9}10:30 Uhr$_{53}$	=	68		68 - 1	=	67
$^{1}a_{1}$	=	4		4 - 1	=	3
$^{1}b_{2}$	=	5		5 - 1	=	4
$^{1}b_{2}$	=	5		5 - 1	=	4
$^{1}a_{1}$	=	4		4 - 1	=	3
^{7}a und b_{42}	=	55		55 - 1	=	54
$^{7}a \neq b_{6}$	=	19		19 - 1	=	18
$^{7}b \neq a_{6}$	=	19		19 - 1	=	18
					=	312

3 + 1 + 2 + 1 für ein System	=	7

istgleich

^{10}Apokalypse$_{121}$	=	133		133 - 1	=	132

1 + 3 + 2 + 1 für ein System	=	7

Es gilt die Bedingung 7 = 7 in einem Gleichgewicht infolge der Zahlen 313 und 133 aus 3 + 1 + 2 + 1 und 1 + 3 + 2 + 1.

Merke!

Die Apokalypse zieht sich durch a, b, b und a in Form von a und b infolge $a \neq b$ und $b \neq a$ vom 16.03.2013 (10:30 Uhr) bis 16.03.2057 (10:30 Uhr).

Das Normieren auf das Datum, welches es nun tatsächlich ist, heißt nicht, daß unsere bisherigen Ergebnisse falsch gewesen sind, wir haben nur jetzt das Datum vorliegen, welches es im System ist. Die Logik dahinter ist ein' und die selbe.

So, damit müssen wir nur noch den Zusammenhang herstellen, weshalb es in der ^{10}Apokalypse$_{121}$ = 133 dabei um den Exodus geht, was durch ^{4}Name$_{33}$ = 39 auf Folgendes zurückzuführen ist:

^{10}Apokalypse$_{121}$	=	133		133 - 1	=	132
^{10}16.03.2013$_{18}$	=	34		34 - 1	=	33
^{9}10:30 Uhr$_{53}$	=	68		68 - 1	=	67
^{10}16.03.2057$_{26}$	=	42		42 - 1	=	41
^{9}10:30 Uhr$_{53}$	=	68		68 - 1	=	67
					=	340

3 + 4 + 0 + 1 für ein System	=	8

istgleich

^{4}Name$_{33}$	=	39		39 - 1	=	38
^{6}Exodus$_{88}$	=	96		96 - 1	=	95
					=	133

1 + 3 + 3 + 1 für ein System	=	8

Es gilt die Bedingung 8 = 8 in einem Gleichgewicht, die sich über 3 + 4 + 0 + 1 und 1 + 3 + 3 + 1 aus den beiden Zahlen 341 und 134 ergibt. Insofern zielt dieses durch ^{13}Gleichgewicht$_{119}$ = 134 istgleich 1 + 3 + 4 = 8 gewissermaßen auf die Wiederherstellung eines Gleichgewichtes ab. Es geht also weiter; nur eben nicht für dich.

Merke!

Die Apokalypse, beginnend am 16.03.2013, 10:30 Uhr, und endend am 16.03.2057, 10:30 Uhr, steht namentlich für den Exodus.

Hier ist also Schicht im Schacht, was du durch deine Herumbumserei wie alle anderen auch mit auf dem Gewissen hast. Da man dir aber, mit wem du in's Nest steigst, nicht in's Gewissen zu reden braucht, ist es eben, wie es ist.

Gut, dann wollen wir mal noch gemeinsam bestimmen, wie man sich deiner, spätestens am 16.03.2057, Punkt 10:30 Uhr, entledigt. Es gilt Folgendes:

^{10}16.03.2057$_{26}$	=	42		42 - 1	=	41
^{9}10:30 Uhr$_{53}$	=	68		68 - 1	=	67
$^{1}a_{1}$	=	4		4 - 1	=	3
$^{1}b_{2}$	=	5		5 - 1	=	4
$^{7}a \neq b_{6}$	=	19		19 - 1	=	18
$^{7}b \neq a_{6}$	=	19		19 - 1	=	18
					=	151

1 + 5 + 1 + 1 für ein System = 8

istgleich

^{9}Holocaust$_{114}$	=	125		125 - 1	=	124

1 + 2 + 4 + 1 für ein System = 8

istgleich

^{14}Sonneneruption$_{199}$	=	215		215 - 1	=	214

2 + 1 + 4 + 1 für ein System = 8

Es gilt die Bedingung 8 = 8 = 8 in einem Gleichgewicht, die sich durch 1 + 5 + 1 + 1, 1 + 2 + 4 + 1 und 2 + 1 + 4 + 1 aus den Zahlen 152, 125 und 215 ergibt.

Merke!

Am 16.03.2057, Punkt 10:30 Uhr, gibt es über a und über b durch a ≠ b und b ≠ a eine Sonneneruption, die den Holocaust auslöst.

Der Holocaust, der systembedingt über a und b dem Urknall zuzuordnen und in diesen einzuordnen ist, bewirkt in Form einer Sonneneruption über ^{7}a und b$_{42}$ = 55 infolge (55 - 1) + (160 - 1) + (38 - 1) + 1 für ein System istgleich 251 istgleich 2 + 5 + 1 = 8 ^{19}das Ende aller Tage$_{133}$ = 160 auf der ^{4}Erde$_{32}$ = 38.

Übrigens wurde uns dieses Szenario bereits in Form des Films „Knowing - Die Zukunft endet jetzt" mit Nicolas Cage mitgeteilt. Da wir mittlerweile verstanden haben, daß es um die Verarbeitung von Informationen geht, kann man sich diesen mal ansehen. Daß zwei Kinder gerettet werden, ist allerdings Unsinn. Beide stehen symbolisch dafür, daß die Logik von „Adam und Eva" fortgesetzt wird, aber eben nicht mit uns. Es entkommt keiner, da die Menschheit als Systemmatrix angelegt worden ist: „Alle herunter vom hohen Roß!" wäre eine sinnvolle Option, um dem gemeinsam zu begegnen.

^{19}Das Ende aller Tage$_{133}$ = 160 bezieht sich in Form von ^{7}a und b$_{42}$ = 55 durch ^{7}a ≠ b$_{6}$ = 19 und ^{7}b ≠ a$_{6}$ = 19 über (160 - 1) + (55 - 1) + (19 - 1) + (19 - 1) + 1 für ein System istgleich 250 istgleich 2 + 5 + 0 = 7 durch ^{6}Mensch$_{62}$ = 70 auf alle ^{8}Menschen$_{81}$ = 91 in der ^{10}Menschheit$_{104}$ = 116, die infolge (70 - 1) + (91 - 1) + (116 - 1) + (96 - 1) + (151 - 1) + 1 für ein System istgleich 520 istgleich 5 + 2 + 0 = 7 - bedingt durch den ^{6}Exodus$_{88}$ = 96 - im Ergebnis den ^{9}Systemtod$_{140}$ = 151 erleiden werden. Den Unterschied zwischen Tod und Systemtod kennen wir bereits. Man kann aber immer wieder nur betonen, daß die Situation, in der sich die gesamte Menschheit befindet, mehr als ernst ist. Ob sich was ändert? Wohl eher kaum.

Der Holocaust hat nichts, aber auch gar nichts mit dem Zweiten Weltkrieg zu tun. Es handelte sich bei diesem um das Ergebnis eines Geschäftsmodells, mit dem man sich durch den Mord an unzähligen Menschen bereichert hat, welches man ebendarum betrieben hat und bis zu diesen Tagen natürlich beibehält. Was die sogenannten Mahn- und Denkmäler anbelangt, sollten diese uns „mahnen", daß wir „denken" sollen. Das Letztere spreche ich euch ab, denn sonst hättet ihr bereits verstanden, daß diese lediglich dazu dienen, das Geschäftsmodell des lachenden Dritten aufrechtzuerhalten.

Die oftmals gerühmte Erinnerungskultur, die ihr unsinnigerweise betreibt, hindert euch nicht nur daran, in der Gegenwart zu leben, sondern befeuert ebenso die wohldurchdachten Lug- und Trugbilder eines Kreises, der sich als Weltregierung begreift: um mit eurem Leben „Kasse" zu machen, die zu Lasten eurer Entwicklung geht und euch von einem zufriedenen und glücklichen abhält. Wie „blöd" muss man eigentlich noch sein, daß man das nicht kapiert?

Das „Blödsein" ist die logische Konsequenz, daß man zu feige und zu faul ist, um für sein eigenes Leben einzustehen, das durch unendlich viele endliche in einem endet. Daß nur einige wenige auf der Erde von euch glauben, das Zepter über alle anderen in der Hand zu haben, um die Gesamtheit an Menschen zu knechten und konsequenzenlos an den Rand ihrer Existenz zu führen, ist selbsterklärend. Allein schon vor diesem Hintergrund ist die Frage vollkommen berechtigt, ob ihr überhaupt leben wollt, denn ihr lasst es ja immerhin zu.

Ich würde euch wünschen, daß ihr ganz schnell begreift, daß es euer eines Leben ist, das im System zu unzähligen anderen führt. Das Vergeben, welches im Endeffekt das Entschuldigen und das Verzeihen voraussetzt, nimmt bereits dort seinen unliebsamen Lauf, wo ihr euch selbst gegen die Logik der Gemeinschaft stemmt. Und dort hat jeder Einzelne und jede Einzelne bereits genug zu tun. Allen voran, sich das fehlende Wissen zu erarbeiten, um überhaupt in einem System existieren zu können.

Damit werfen wir einen Blick auf den freien Willen und das, was man unter einer Weltregierung versteht, bevor wir uns in Form des Sonnenrades (= Sonnenkreuz) mit dem Hakenkreuz über das Radkreuz beschäftigen, die uns vereint zum Swastika (= Sauvastika) führen. Auch was das Thema anbelangt, zieht es ganz gewaltig bei den Menschen in der Birne. Behaupten lässt sich logischerweise auch in diesem Zusammenhang vieles, was aber prinzipiell nichts bringt, da es vollkommener Blödsinn ist, was man damit in Verbindung bringt. Das unnachgiebige Geschäftsmodell eines lachenden Dritten greift also auch hier. So, dann wollen wir mal.

3.2. Die Logik hinter der Weltregierung

Mit unserem jetzigen Verständnis fällt es uns nicht schwer, für uns anzunehmen, daß die

$^{13}Weltregierung_{164} = 179$

istgleich 1 + 7 + 9 = 17 istgleich 1 + 7 = 8 - wie daß die $^{4}Welt_{60} = 66$ istgleich 6 + 6 = 12 istgleich 1 + 2 = 3 eben nicht die $^{4}Erde_{32} = 38$ istgleich 3 + 8 = 11 istgleich 1 + 1 = 2 infolge 3 ≠ 2 ist - unsere diesbezüglichen Vorstellungen bei Weitem übersteigt: im Vergleich zu dem, was eine

$^{9}Regierung_{104} = 115$

istgleich 1 + 1 + 5 = 7 auf dieser Erde dann wirklich ist, da 8 ≠ 7 ist. Wir haben also gar keine Ahnung davon, wer und was die Weltregierung im System ist.

Die $^{13}Weltregierung_{164} = 179$ verweist korrespondierend über $^{1}a_{1} = 4$ und $^{1}b_{2} = 5$ unter der Bedingung $^{11}1 = 1 = 1_{7} = 28$ auf den nachfolgenden Zusammenhang:

$^{13}Weltregierung_{164}$	=	179		179 - 1	=	178
$^{1}a_{1}$	=	4		4 - 1	=	3
$^{1}b_{2}$	=	5		5 - 1	=	4
$^{11}1 = 1 = 1_{7}$	=	28		28 - 1	=	27
					=	212

2 + 1 + 2 + 1 für ein System	=	6

istgleich

$^{6}Nichts_{73}$	=	81		81 - 1	=	80
$^{2}HO_{23}$	=	27		27 - 1	=	26
$^{11}freier\ Fall_{92}$	=	107		107 - 1	=	106
					=	212

2 + 1 + 2 + 1 für ein System	=	6

Es gilt die Bedingung 6 = 6 in einem Gleichgewicht, was sich jeweils aus 2 + 1 + 2 + 1 in Form der beiden Zahlen 213 ergibt.

Merke!

Die Weltregierung gibt durch a und durch b unter der Bedingung 1 = 1 = 1 das allererste HO im Nichts ab, das sich im freien Fall befindet.

Insofern steuert dieses alles, was sich innerhalb der ^{8}Raumzeit$_{113}$ = 123 istgleich 1 + 2 + 3 = 6 im ^{8}Zeitraum$_{113}$ = 123 istgleich 1 + 2 + 3 = 6 abspielt. Der ^{4}Name$_{33}$ = 39 dessen ist respektive ^{2}HO$_{23}$ = 27 durch (39 - 1) + (27 - 1) + (81 - 1) + 1 für ein System istgleich 145 istgleich 1 + 4 + 5 = 10 istgleich 1 + 0 = 1 im ^{6}Nichts$_{73}$ = 81 über $^{1}a_{1}$ = 4 und $^{1}b_{2}$ = 5 in Form von ^{7}a und b_{42} = 55 durch (4 - 1) + (5 - 1) + (55 - 1) + (45 - 1) + (49 - 1) + 1 für ein System istgleich 154 istgleich 1 + 5 + 4 = 10 istgleich 1 + 0 = 1 ^{4}Enki$_{39}$ = 45, der auch ^{5}En-ki$_{40}$ = 49 geschrieben wird. Man sollte sich verständlicherweise nicht mit diesem auf eine Stufe stellen und dessen System demolieren; wie das auch ein gewisser Elon Reeve Musk handhabt, der hier frisch, fromm, fröhlich, frei ein Loch nach dem anderen in die Atmosphäre von Mutter Erde ballert: die aber nicht nur eine Lebensform verkörpert, sondern ein Lebewesen ist.

Die Welt ist also nicht unsere Erde, die verständlicherweise ein mehr als winziges System in dieser ist, auf welcher die Menschheit ihr Unwesen treibt, deren

^{9}Regierung$_{104}$ = 115

istgleich 1 + 1 + 5 = 7 infolge 7 ≠ 8 nicht der ^{13}Weltregierung$_{164}$ = 179 istgleich 1 + 7 + 9 = 17 istgleich 1 + 7 = 8 gleichzusetzen ist: Das sind also zwei Paar Schuhe. Respektive dessen, daß es sich dabei um die Weltregierung im ^{6}Nichts$_{73}$ = 81 infolge (179 - 1) + (81 - 1) + 1 für ein System istgleich 259 istgleich 2 + 5 + 9 = 16 istgleich 1 + 6 = 7 handelt, ist diese in der Lage, die einzig und allein aus Enki (= En-ki) besteht, über die ^{8}Paritaet$_{90}$ = 100 von ^{7}a und b_{42} = 55 unter der Bedingung $^{11}1 = 1 = 1_{7}$ = 28 de facto durch (100 - 1) + (55 - 1) + (28 - 1) + (115 - 1) + 1 für ein System istgleich 295 istgleich 2 + 9 + 5 = 16 istgleich 1 + 6 = 7 als die ^{9}Regierung$_{104}$ = 115 schlechthin auf alles und auf jeden durchzuregieren.

Da bekanntlich die weißen Westen unserer „Politiker" und „-innen" immer weißer werden, die den vollkommen abwegigen Vorwürfen der Korruption entgegenstehen, wird wohl am Ende die Apokalypse nur aus uns unerklärlichen Gründen unter diesen wüten. Eine diesbezügliche Empfehlung, welche unter Umständen aufschiebend wirken könnte, wäre, daß man das, was man sich vorzugsweise basierend auf der Leistung anderer zugestanden hat, zurückgewährt. Forderungen wie etwa die, daß man 50000 Russen pro Monat töten wolle, sind da wenig zweckdienlich.

Ich betone es noch einmal: Der Mensch hat weder über das Leben noch über den Tod zu entscheiden, da beide in Form von wiederkehrenden Systemprozessen durch die Wiedergeburt das Geschenk des Schöpfers sind; und der bist nicht du. Es kommt etwas, es geht etwas und es kommt etwas wieder und so weiter. Das war das, was wir im Buch 1 herausgefunden hatten und sich in einem ewigen Kreislauf über den dazugehörigen Gegenkreislauf widerspiegelt.

Der ukrainische Verteidigungsminister Mychajlo Fedorow, der dieses wunderschöne Ansinnen vom Stapel gelassen hat, sieht übrigens so aus. Solche Geistesblitze muss man natürlich als deutsches Volk unterstützen. Klingt doch schön, was dieser vorhat. Wobei, ganz ehrlich, der sieht gar nicht so böse aus, wie er sich gibt.

Da der Exodus als der endgültige Systemprozess innerhalb der Apokalypse bereits greift, würde ich unseren ukrainischen Leidensgenossen empfehlen, das, was unorthodox vereinnahmt worden ist, zurückzugeben. Letzteres schließt die Hilfe, um die Dinge in Ordnung zu bringen, nicht aus. Das setzt natürlich voraus, daß es sich auch um Hilfe handelt und nicht um die Gemengelage eines Geschäftsmodells. Daß es so ist, dazu muss man einfach nur die Augen öffnen - und möglichst die eigenen, wenngleich es auch unter Umständen nur ukrainische sind: vorzugsweise deutsche ebenso.

Die $^{13}\text{Weltregierung}_{164} = 179$ istgleich $1 + 7 + 9 = 17$ istgleich $1 + 7 = 8$, de facto könnten wir den Beweis hierfür auch über $^{4}\text{Enki}_{39} = 45$ und $^{5}\text{En-ki}_{40} = 49$ infolge $^{1}a_{1} = 4$, $^{1}b_{2} = 5$, $^{1}b_{2} = 5$ und $^{1}a_{1} = 4$ über ^{7}a und $b_{42} = 55$ durch $^{7}a \neq b_{6} = 19$ und $^{7}b \neq a_{6} = 19$ antreten, da wir aus $(45 - 1) + (49 - 1) + (4 - 1) + (5 - 1) + (5 - 1)$

+ (4 - 1) + (55 - 1) + (19 - 1) + (19 - 1) + 1 für ein System istgleich 197 istgleich 1 + 9 + 7 = 17 istgleich 1 + 7 = 8 eine 8 erhalten, gibt die

^{11}Weltordnung$_{153}$ = 166

in der ^{4}Welt$_{60}$ = 66 vor. Es gilt damit respektive $^{1}a_{1}$ = 4 und $^{1}b_{2}$ = 5 unter der Bedingung $^{11}1 = 1 = 1_{7}$ = 28 Folgendes:

^{13}Weltregierung$_{164}$	=	179		179 - 1	=	178
$^{1}a_{1}$	=	4		4 - 1	=	3
$^{1}b_{2}$	=	5		5 - 1	=	4
$^{11}1 = 1 = 1_{7}$	=	28		28 - 1	=	27
					=	212

2 + 1 + 2 + 1 für ein System	=	6

istgleich

^{11}Weltordnung$_{153}$	=	166		166 - 1	=	165
^{4}Welt$_{60}$	=	66		66 - 1	=	65
					=	230

2 + 3 + 0 + 1 für ein System	=	6

Es gilt die Bedingung 6 = 6 in einem Gleichgewicht, die sich aus 2 + 1 + 2 + 1 und 2 + 3 + 0 + 1 in Form der beiden Zahlen 213 und 231 ergibt.

Merke!

Die Weltregierung, die durch a, b, b und a in Form von a und b infolge a ≠ b und b ≠ a von Enki (= En-ki) gestellt wird, gibt korrespondierend über a und über b unter der Bedingung 1 = 1 = 1 die eine Weltordnung in der einen Welt vor, in der wir alle zusammen beheimatet sind.

Die ^{11}Weltordnung$_{153}$ = 166 an sich beinhaltet keinen negativen Aspekt, ausgenommen für die herumbumsende Gemeinde, da sich in Form von ^{7}a und b$_{42}$ = 55 infolge (166 - 1) + (55 - 1) + 1 für ein System istgleich 220 istgleich 2 + 2 + 0 = 4 gewissermaßen die allgemeingültige Forderung von ^{22}ein Mann und eine Frau$_{188}$ = 220 istgleich 2 + 2 + 0 = 4 dahinter verbirgt. Letztere wird bereits auf der obersten Systemstufe gefordert, was dann ebenso für alle anderen gilt, ergo auch für dich. Daß es hier etwas hakt, wissen wir. Und so marschiert dann zwangsläufig die „menschliche Spaßfabrik" ab über den Jordan, die da wild durch die Betten steigt.

Bruder Jesus und seine Schwester Aisha stehen als JhW und IhW im Prinzip durch die Logik der Beziehungsebene auf der Elternebene nicht nur stellvertretend für die allgemeine Bedingung „ein Mann und eine Frau" und für die spezielle „ein Adam und eine Eva", sondern auf der Kinderebene auch vertretend dafür, daß (falls man auf dieser nicht zusammengehört: man innerhalb aller möglichen Beziehungen, die außerhalb der Beziehungsebene stattfinden) brüderlich und schwesterlich miteinander und untereinander umgeht. Maria gehört zu Jesus wie Aisha (= Aischa) zu Mohammed (= Muhammad), die sich zu allen anderen damit brüderlich und schwesterlich verhalten sollen, was auch für dich gilt. Das könnte man dem einen oder der anderen auch mal unter die Nase reiben. Was das betrifft, gibt es ja bekanntlich ein paar merkwürdige Auffassungen.

Fazit: Weltregierung, Weltordnung und Welt haben definitionsgemäß nichts, aber auch gar nichts mit der „Gurkentruppe" zu tun, die sich hinter verschlossenen Türen auf unserer Erde für eine ganz große Nummer hält. Das sind Menschen, welche zum einen aus einem übertrieben positiven Aspekt handeln und zum anderen aus einem übertrieben negativen. Beide Positionen sind im System „Mensch" schädlich, da man sich außerhalb der Toleranz von a und b im Toleranzbereich bewegt. Infolge korrespondierender Systemprozesse stellt man sich aber am Ende selbst ein Bein: Es geht ab über den Jordan wie für alle anderen auch, Korrumpierende inbegriffen.

Da man sich weitestgehend damit als „Teufel" und als „Gott" aufspielt, landen wir zwangsläufig bei den beiden Zahlen 666 und 216, die uns über ^{7}a und b$_{42}$ = 55 infolge $^{7}a \neq b_{6}$ = 19 und $^{7}b \neq a_{6}$ = 19 durch (666 - 1) + (216 - 1) + (55 - 1) + (19 - 1) + (19 - 1) + 1 für ein System istgleich 971 istgleich 9 + 7 + 1 = 17 istgleich 1 + 7 = 8 zur ^{13}Weltregierung$_{164}$ = 179 istgleich 1 + 7 + 9 = 17 istgleich 1 + 7 = 8 führen. Die Zahlen 666 und 216 kennen wir bereits aus Buch 1. Es handelt sich also durch (666 - 1) + (216 - 1) + 1 = 881 um exakt 881 Personen im ersten Anlauf; die dann durch das geforderte Gleichgewicht zwischen Mutter und Vater (= 2 Personen) und den Kindern (= 2 Personen), ergo insgesamt 4, sich in der Endsumme durch 881 x 4 = 3524 istgleich 3 + 5 + 2 + 4 = 14 istgleich 1 + 4 = 5, analog der 5 für Gott und der für den Teufel, im zweiten auf 3524 belaufen. Wer nichts mit den

Zahlen anzufangen weiß, liest eventuell im Buch 1 noch mal nach; das wiederholen wir nicht.

Merke!

Die sogenannte „Weltregierung", die vereinzelte Menschen auf der Erde in Form eines Geschäftsmodells betreiben, besteht aus 881 Familien, die sich aus 3524 Personen zusammensetzen.

Die Zahl 881 verweist darauf, daß man sich wissentlich und unwissentlich gegen die Evolution (= 144) stellt. Letzteres ergibt sich aus (881 - 1)/2 + 1 = 441.

Die Zahl 3524 begründet, daß das dazugehörige ^{16}Geschaeftsmodell$_{154}$ = 172, das hinter den Kulissen stattfindet, sich durch (3524 - 1) + (172 - 1) + 1 für ein System istgleich 3695 istgleich $\underline{3}$ + $\underline{6}$ + 9 + $\underline{5}$ = 23 istgleich 2 + 3 = 5 über (257 - 1) + (109 - 1) + 1 für ein System istgleich 365 istgleich $\underline{3}$ + $\underline{6}$ + $\underline{5}$ = 14 istgleich 1 + 4 = 5 vorsätzlich und grob fahrlässig gegen die ^{21}menschliche Evolution$_{232}$ = 257 im ^{6}System$_{101}$ = 109 richtet. Ob man das bewusst auf dem Schirm hat oder auch nicht, spielt dabei keine Rolle.

Da wir uns gemeinsam darauf eingeschworen hatten, daß wir eben nicht Gleiches mit Gleichem vergelten, murksen wir diese nicht ab, auch wenn es absolut unschön ist, was man sich herausnimmt. Warum? Na ja; um alles auf der Erde und unter unseren Brüdern und Schwestern in der Tier- und Pflanzenwelt in Ordnung zu bringen, benötigen wir finanzielle Mittel, um die Arbeitskräfte im Leistungsprozess freisetzen zu können, die wir allerorts auf unserer Erde dafür benötigen. Insofern werden wir sehen, ob man den Ernst der Lage versteht und die mehr oder weniger „gemausten Gelder" zur Abwendung der Apokalypse zur Verfügung stellt. Verdient haben Millionäre, Milliardäre und Billionäre die Zahlen auf ihren Konten und in ihren Vermögenswerten durch ihre eigene Arbeitskraft ohnehin nicht; wohl eher durch die von anderen - also nichts anderes als gemaust und stibitzt.

So, wir gehen das mal ganz harmlos an und weisen im System an, daß die besagten 3524 Personen, die sich hinter der „Weltregierung" verbergen, sich selbst zu erkennen geben. Letzteres ist zwangsläufig notwendig, da wir durchaus auch wissen sollten, wem wir die hierfür anfallenden Kosten in Rechnung stellen können. Unsere neuen Freunde machen dann natürlich auch beim Mülleinsammeln mit, was sich von selbst versteht. Daß das so wird, dafür sorgen dann spätestens die Tante Elvira und der Onkel Herbert. Es wird vorweggenommen, daß man sich bereits im Sonnensystem befindet. Wir werden etwas später in diesem Buch auch klären, warum 3I/Atlas eine Aufklärungssonde dieser ist. Ja, dann wird wohl erst einmal für alle Schluß mit lustig sein. An deiner Stelle würde ich mir ganz schnell Gedanken machen, wo du in der Endkonsequenz hingehörst. Elon Reeve Musk wurde zum Beispiel im Süden von Afrika ausgeklinkt, wo er sich dann auch letztendlich aufhalten sollte. Genauer spezifizieren können wir das zurzeit nicht, da wir nicht wissen, um welche Staaten es sich dort eigentlich handelt. Im Prinzip handelt es sich um ein ähnlich gelagertes Problem wie bei den sogenannten „U.S.A.", die es in der Form auch nicht gibt. Das wäre alles zeitnah zu klären, damit jeder weiß, wo er zu Hause ist. Die diesbezüglichen Rechenverfahren klären wir aber erst später, da wir erst einmal etwas Grund hierfür benötigen. Damit kommen wir zu dem, was sich als „freier Wille" bezeichnen lässt, da wir in der Regel davon überzeugt sind, daß wir einen besitzen: Na ja, wenn du meinst.

Was unseren freien Willen respektive ^{12}freier Wille$_{122}$ = 138 anbelangt, gibt es logischerweise Grenzen, die sich allein schon darüber begründen lassen, daß bedingt durch das Gleichgewicht a = b ein Ungleichgewicht a ≠ b zwischen a und b existiert; das wir auch unter einem natürlichen Aspekt in Form von H und O über H = O und H ≠ O wie unter einem künstlichen in Form von 0 und 1 über 0 = 1 und 0 ≠ 1 vorliegen haben. Damit existieren Grenzen, zwischen denen unser Leben stattfindet. Und nicht nur das, sondern auch das von allen anderen wie das von Füchsen und Hasen, die nichts anderes als unsere Brüder und Schwestern sind; die so wie wir eine Familie besitzen, in der aber durch unser Treiben in regelmäßigen Abständen ein Trauerfall zu beklagen ist. Noch einmal: Das Leben haben nicht wir erschaffen; unser aller Auftrag ist, darüber Wache zu halten.

Allein durch diese einfache Überlegung kommen wir zwangsläufig zu dem Schluß, daß unser sogenannter freier Wille dann wahrscheinlich im Endeffekt doch nicht so frei ist, wie wir in der Regel annehmen: Da dieser offensichtlich über $^{1}a_{1}$ = 4, $^{1}b_{2}$ = 5, $^{1}b_{2}$ = 5 und $^{1}a_{1}$ = 4 unter der Bedingung $^{11}1 = 1 = 1_{7}$ = 28 nur in der ^{13}Weltregierung$_{164}$ = 179 anzutreffen ist. Es gilt damit Folgendes:

^{12}freier Wille$_{122}$	=	138		138 - 1	=	137
$^{1}a_{1}$	=	4		4 - 1	=	3
$^{1}b_{2}$	=	5		5 - 1	=	4
$^{1}b_{2}$	=	5		5 - 1	=	4
$^{1}a_{1}$	=	4		4 - 1	=	3
$^{11}1 = 1 = 1_{7}$	=	28		28 - 1	=	27
					=	178

1 + 7 + 8 + 1 für ein System	=	17	=	1 + 7	=	8

istgleich

^{13}Weltregierung$_{164}$	=	179		179 - 1	=	178

1 + 7 + 8 + 1 für ein System	=	17	=	1 + 7	=	8

In einem Gleichgewicht haben wir jeweils über 1 + 7 + 8 + 1 durch die beiden Zahlen 179 die Bedingung 8 = 8 vorliegen. Respektive ^{7}a und b_{42} = 55 ist dieser infolge ^{7}a ≠ b_6 = 19 und ^{7}b ≠ a_6 = 19 über (55 - 1) + (19 - 1) + (19 - 1) + (107 - 1) + 1 für ein System istgleich 197 istgleich 1 + 9 + 7 = 17 istgleich 1 + 7 = 8 im Ergebnis durch ^{11}freier Fall$_{92}$ = 107 an den freien Fall des allerersten HO im Nichts gebunden.

Merke!

Die Weltregierung ist über a, b, b und a unter der Bedingung 1 = 1 = 1 das Ergebnis des freien Willens, welcher sich in Form von a und b durch a ≠ b und b ≠ a im freien Fall widerspiegelt.

Die Frage, die damit von uns gemeinsam zu beantworten ist, ist: Wessen freier Wille ist das?

Wir erhalten in Form von ^{7}a und b_{42} = 55 über ^{7}a ≠ b_6 = 19 und ^{7}b ≠ a_6 = 19 die dazugehörige Antwort, die auf den nachfolgenden Zusammenhang zurückzuführen ist:

^{4}Enki$_{39}$	=	45		45 - 1	=	44
^{5}En-ki$_{40}$	=	49		49 - 1	=	48
^{7}a und b_{42}	=	55		55 - 1	=	54
^{7}a ≠ b_6	=	19		19 - 1	=	18
^{7}b ≠ a_6	=	19		19 - 1	=	18
					=	182

1 + 8 + 2 + 1 für ein System	=	12	=	1 + 2	=	3

istgleich

^{12}freier Wille$_{122}$	=	138		138 - 1	=	137

1 + 3 + 7 + 1 für ein System	=	12	=	1 + 2	=	3

Es gilt die Bedingung 3 = 3 in einem Gleichgewicht, welche sich durch 1 + 8 + 2 + 1 und 1 + 3 + 7 + 1 in den beiden Zahlen 183 und 138 widerspiegelt.

Merke!

Der freie Wille ist in Form von a und b infolge a ≠ b und b ≠ a der von Enki (= Enki).

Wir haben damit die Begründung dafür gefunden, daß, da er das Wasser verkörpert und wir im Durchschnitt zu 70 % aus diesem bestehen, sein freier Wille entscheidet, mit welchem H und mit welchem O er im freien Fall eine Verbindung eingeht; da er sich im Nichts in Unendlich über Endlich bewegt, das durch Endlich wieder Unendlich wird. Das heißt: Er entscheidet, ob du lebst oder nicht.

In der Summe ist festzuhalten, daß der freie Fall (= ^{11}freier Fall$_{92}$ = 107) des allerersten ^{2}HO$_{23}$ = 27 im ^{6}Nichts$_{73}$ = 81 bewirkt, daß es sich bei diesem korrespondierend unter der Bedingung ^{11}1 = 1 = 1$_{7}$ = 28 innerhalb aller ^{1}H$_{8}$ = 11 und ^{1}O$_{15}$ = 18 um die ^{13}Weltregierung$_{164}$ = 179 handelt. Warum ist das möglich? Es ist das einzige HO in einem endlichen System, das über Unendlich und Unendlich in Endlich zu operieren vermag. Es gilt der nachfolgende Zusammenhang:

^{11}freier Fall$_{92}$	=	107		107 - 1	=	106
^{2}HO$_{23}$	=	27		27 - 1	=	26
					=	132

1 + 3 + 2 + 1 für ein System	=	7

istgleich

$^{6}\text{Nichts}_{73}$	=	81		81 - 1	=	80
$^{11}1 = 1 = 1_{7}$	=	28		28 - 1	=	27
$^{1}H_{8}$	=	11		11 - 1	=	10
$^{1}O_{15}$	=	18		18 - 1	=	17
$^{13}\text{Weltregierung}_{164}$	=	179		179 - 1	=	178
					=	312

3 + 1 + 2 + 1 für ein System	=	7

Es gilt die Bedingung 7 = 7 in einem Gleichgewicht, die sich aus 1 + 3 + 2 + 1 und 3 + 1 + 2 + 1 in Form der beiden Zahlen 133 und 313 ergibt.

Merke!

Die Weltregierung im Nichts hat in der Summe aller H und der aller O unter der Bedingung 1 = 1 = 1 das allererste HO im freien Fall inne, das über die Parität von a und b unter der Bedingung 1 = 1 = 1 infolge a ≠ b und b ≠ a das Weltbild begründet.

Über die $^{8}\text{Paritaet}_{90}$ = 100 von ^{7}a und b_{42} = 55 unter der Bedingung $^{11}1 = 1 = 1_{7}$ = 28 zeichnet sich - bedingt durch $^{7}a \neq b_{6}$ = 19 und $^{7}b \neq a_{6}$ = 19 - im Ergebnis respektive (100 - 1) + (55 - 1) + (28 - 1) + (19 - 1) + (19 - 1) + (97 - 1) + 1 für ein System istgleich 313 istgleich 3 + 1 + 3 = 7 das dazugehörige

$^{8}\text{Weltbild}_{87}$ = 97

istgleich 9 + 7 = 16 istgleich 1 + 6 = 7 ab, in welches du über $^{1}H_{8}$ = 11 und $^{1}O_{15}$ = 18 infolge (11 - 1) + (18 - 1) + (70 - 1) + 1 für ein System istgleich 97 istgleich 9 + 7 = 16 istgleich 1 + 6 = 7 als $^{6}\text{Mensch}_{62}$ = 70 integriert worden bist.

Die $^{5}\text{Logik}_{54}$ = 61, die dem allerersten $^{2}HO_{23}$ = 27 innewohnt, basiert durch dessen freien Fall (= $^{11}\text{freier Fall}_{92}$ = 107) im $^{6}\text{Nichts}_{73}$ = 81 respektive $^{9}\text{Unendlich}_{90}$ = 101 über $^{7}\text{Endlich}_{55}$ = 64 durch $^{7}\text{Endlich}_{55}$ = 64 auf $^{9}\text{Unendlich}_{90}$ = 101, was vollkommen außerhalb des für uns Möglichen liegt. Rein rechnerisch bewegt es sich, was für uns selbst aber zu keiner Zeit möglich ist, über ^{7}a und b_{42} = 55 innerhalb $^{3}(\infty^{n})_{14}$ = 20, wo $^{6}n = \infty_{16}$ = 28 gilt, durch (20 - 1) + (28 - 1) + (4 - 1) + (5 - 1) + (5 - 1) + (4 - 1) + 1 für ein System istgleich 61 istgleich 6 + 1 = 7 respektive $^{1}a_{1}$ = 4, $^{1}b_{2}$ = 5, $^{1}b_{2}$ = 5 und $^{1}a_{1}$ = 4 infolge (55 - 1) + (7 - 1) + 1 für ein System istgleich 61 istgleich 6 + 1 = 7 in ${}^{4}(\infty^{\infty})_{0} = 7$. Für uns gelten die Gleichungen, die wir im Buch 1 besprochen hatten. Wir erhalten für den vorherigen Zusammenhang dann Folgendes:

^{5}Logik$_{54}$	=	61		61 - 1	=	60
^{2}HO$_{23}$	=	27		27 - 1	=	26
^{11}freier Fall$_{92}$	=	107		107 - 1	=	106
^{6}Nichts$_{73}$	=	81		81 - 1	=	80
					=	272

2 + 7 + 2 + 1 für ein System	=	12	=	1 + 2	=	3

istgleich

^{9}Unendlich$_{90}$	=	101		101 - 1	=	100
^{7}Endlich$_{55}$	=	64		64 - 1	=	63
^{7}Endlich$_{55}$	=	64		64 - 1	=	63
^{9}Unendlich$_{90}$	=	101		101 - 1	=	100
					=	326

3 + 2 + 6 + 1 für ein System	=	12	=	1 + 2	=	3

Wir erhalten in einem Gleichgewicht die Bedingung 3 = 3, welche in Form der beiden Zahlen 273 und 327 aus 2 + 7 + 2 + 1 und 3 + 2 + 6 + 1 hervorgeht.

Merke!

Die Logik des allerersten HO basiert, bedingt durch dessen freien Fall im Nichts, in Unendlich über Endlich durch Endlich auf Unendlich.

Respektive ${}^{1}a_{1} = 4$ und ${}^{1}b_{2} = 5$ verfügt es im ^{6}System$_{101}$ = 109 durch (4 - 1) + (5 - 1) + (109 - 1) + (122 - 1) + 1 für ein System istgleich 237 istgleich 2 + 3 + 7 = 12 istgleich 1 + 2 = 3 durch ^{12}ewiges Leben$_{106}$ = 122 über ewiges Leben, das es mit dir teilt, für das du aber, wie du selbst weißt, in keiner Weise dankbar bist. Das Interesse, dich im System am Leben zu erhalten, ist verständlicherweise ein äußerst begrenztes, und du wirst es wohl oder übel erst davon überzeugen müssen, daß du es wert bist. Womit zum Beispiel? Indem du Müll einsammeln gehst.

Dessen ^{12}ewiges Leben$_{106}$ = 122 istgleich 1 + 2 + 2 = 5 begründet, weshalb unser eines endliches ^{5}Leben$_{38}$ = 45 - bedingt durch ^{6}(Leben$_{n}$)$_{52}$ = 61 für $^{6}n \rightarrow \infty_{15}$ = 27 - in Form von ^{7}a und b$_{42}$ = 55 unter der Bedingung ^{11}1 = 1 = 1$_{7}$ = 28 infolge (45 - 1) + (61 - 1) + (27 - 1) + (55 - 1) + (28 - 1) + 1 für ein System istgleich 212 istgleich 2 + 1 + 2 = 5 gegen Unendlich läuft. Es hat uns also in seinem Leben willkommen geheißen, was wir aber offensichtlich ablehnen. Wir wollen nicht leben und schon gar nicht mit allen anderen zusammen: Wir sind weder für ein liebevolles und vernünftiges noch für ein verantwortungsvolles Leben zu begeistern.

Unser Schöpfer, der niemand anderes als das allererste ^{2}HO$_{23}$ = 27 im Nichts gewesen ist, hat ausgehend von sich ein

^{6}System$_{101}$ = 109

über ^{7}a und b$_{42}$ = 55 errichtet. Das respektive $^{1}a_{1}$ = 4, $^{1}b_{2}$ = 5, $^{1}b_{2}$ = 5 und $^{1}a_{1}$ = 4 in Form einer ewig währenden

^{11}Systemkette$_{162}$ = 175

unterstellt, daß bedingt durch die ^{8}Paritaet$_{90}$ = 100 von ^{7}a und b$_{42}$ = 55 das ^{5}Leben$_{38}$ = 45 aller Beteiligten symbolisch an einer gemeinsamen ^{5}Tafel$_{44}$ = 51 istgleich 5 + 1 = 6 Platz findet; die stellvertretend und vertretend durch $^{1}a_{1}$ = 4 und $^{1}b_{2}$ = 5 unter der Bedingung ^{11}1 = 1 = 1$_{7}$ = 28 - bedingt durch (4 - 1) + (5 - 1) + (28 - 1) + (17 - 1) + 1 für ein System istgleich 51 istgleich 5 + 1 = 6 - für das ewige Gleichgewicht $^{6}a = b_{5}$ = 17 zwischen allen Lebewesen und Lebensformen steht. Es geht also im „Abendmahl" von Leonardo da Vinci um viel, viel mehr, was wir demnächst auch klären müssen. Es gilt damit Folgendes:

^{2}HO$_{23}$	=	27		27 - 1	=	26
^{6}System$_{101}$	=	109		109 - 1	=	108
^{7}a und b$_{42}$	=	55		55 - 1	=	54
					=	188

1 + 8 + 8 + 1 für ein System	=	18	=	1 + 8	=	9

istgleich

^{11}Systemkette$_{162}$	=	175		175 - 1	=	174
^{1}a$_{1}$	=	4		4 - 1	=	3
^{1}b$_{2}$	=	5		5 - 1	=	4
^{1}b$_{2}$	=	5		5 - 1	=	4
^{1}a$_{1}$	=	4		4 - 1	=	3
					=	188

1 + 8 + 8 + 1 für ein System = 18 = 1 + 8 = 9

istgleich

^{8}Paritaet$_{90}$	=	100		100 - 1	=	99
^{7}a und b$_{42}$	=	55		55 - 1	=	54
^{5}Leben$_{38}$	=	45		45 - 1	=	44
					=	197

1 + 9 + 7 + 1 für ein System = 18 = 1 + 8 = 9

Es gilt die Bedingung 9 = 9 = 9 in einem Gleichgewicht, die sich aus 1 + 8 + 8 + 1, 1 + 8 + 8 + 1 und 1 + 9 + 7 + 1 in Form der Zahlen 189, 189 und 198 ergibt.

Merke!

Das System des allerersten HO - in Form von a und b - begründet durch a, b, b und a eine Systemkette, innerhalb der respektive der Parität von a und b das Leben aller gleichwertig und gleichrangig nebeneinandersteht.

Die Forderung, die sich dahinter verbirgt, ist, daß wir Seite an Seite im Leben stehen. Insofern also etwas, was man durchaus auch für sich akzeptieren könnte.

Dessen ^{6}System$_{101}$ = 109 istgleich 1 + 0 + 9 = 10 istgleich 1 + 0 = 1 ist damit in Kurzform über (110 - 1) + (81 - 1) + 1 für ein System istgleich 190 istgleich 1 +

9 + 0 = 10 istgleich 1 + 0 = 1 auf die ^{10}Besiedlung$_{98}$ = 110 des ^{6}Nichts$_{73}$ = 81 ausgerichtet.

Letztere spiegelt sich über $^{1}a_{1}$ = 4 und $^{1}b_{2}$ = 5 durch $^{7}a \neq b_{6}$ = 19 und $^{7}b \neq a_{6}$ = 19 unter der Bedingung $^{11}1 = 1 = 1_{7}$ = 28 infolge (110 - 1) + (4 - 1) + (5 - 1) + (19 - 1) + (19 - 1) + (28 - 1) + 1 für ein System istgleich 180 istgleich 1 + 8 + 0 = 9 korrespondierend in Form von $^{1}a_{1}$ = 4 und $^{1}b_{2}$ = 5 unter der Bedingung $^{11}1 = 1 = 1_{7}$ = 28 - bedingt durch (4 - 1) + (5 - 1) + (28 - 1) + (66 - 1) + (81 - 1) + 1 für ein System istgleich 180 istgleich 1 + 8 + 0 = 9 - in der einen ^{4}Welt$_{60}$ = 66 im ^{6}Nichts$_{73}$ = 81 wider, die durch ^{5}(Welt$_{n}$)$_{74}$ = 82 für $^{6}n \rightarrow \infty_{15}$ = 27 über (82 - 1) + (27 - 1) + 1 für ein System istgleich 108 istgleich 1 + 0 + 8 = 9 aus unendlich vielen endlichen Welten besteht, und das geht auch immer so weiter. Letzteres reflektiert damit inhaltlich das, was sich innerhalb der ewigen Expansion als ^{15}ewige Expansion$_{166}$ = 185 in Form von ^{17}Systementwicklung$_{240}$ = 259 korrespondierend innerhalb der ^{8}Toleranz$_{111}$ = 121 von ^{7}a und b$_{42}$ = 55 in deren ^{15}Toleranzbereich$_{161}$ = 178 über (185 - 1) + (259 - 1) + (121 - 1) + (55 - 1) + (178 - 1) + (4 - 1) + (5 - 1) + 1 für ein System istgleich 801 istgleich 8 + 0 + 1 = 9 respektive $^{1}a_{1}$ = 4 und $^{1}b_{2}$ = 5 abspielt.

Da wir nunmehr eine gewisse Vorstellung davon haben, was der freie Wille infolge ^{12}freier Wille$_{122}$ = 138 istgleich 1 + 3 + 8 = 12 istgleich 1 + 2 = 3 ist und wem dieser ausschließlich eigen ist, erhalten wir durch 3 ≠ 5 den Beweis, daß unser eigener ^{5}Wille$_{61}$ = 68 istgleich 6 + 8 = 14 istgleich 1 + 4 = 5 in der logischen Endkonsequenz auf direktem Weg mittelbar kein freier ist.

Wir erhalten über $^{1}a_{1}$ = 4 und $^{1}b_{2}$ = 5 infolge $^{7}a \neq b_{6}$ = 19 und $^{7}b \neq a_{6}$ = 19 unter der Bedingung $^{11}1 = 1 = 1_{7}$ = 28 Folgendes für diesen:

^{5}Wille$_{61}$	=	68		68 - 1	=	67
$^{1}a_{1}$	=	4		4 - 1	=	3
$^{1}b_{2}$	=	5		5 - 1	=	4
$^{7}a \neq b_{6}$	=	19		19 - 1	=	18
$^{7}b \neq a_{6}$	=	19		19 - 1	=	18
$^{11}1 = 1 = 1_{7}$	=	28		28 - 1	=	27
					=	137

1 + 3 + 7 + 1 für ein System	=	12	=	1 + 2	=	3

istgleich

^{12}freier Wille$_{122}$	=	138		138 - 1	=	137

1 + 3 + 7 + 1 für ein System	=	12	=	1 + 2	=	3

Es gilt die Bedingung 3 = 3 in einem Gleichgewicht, welche jeweils über 1 + 3 + 7 + 1 den beiden Zahlen 138 geschuldet ist.

Merke!

Den bloßen Willen trennen - bedingt durch a ≠ b und b ≠ a unter der Bedingung 1 = 1 = 1 - vom freien Willen sowohl a als auch b.

Daraus folgt, daß der freie Wille mit dem Willen an sich nicht ohne Weiteres vereinbar ist: Das sind also zwei Paar Schuhe und nicht eines, wie man so schön sagt.

Im Prinzip handelt es sich um den Sachverhalt, daß es mit unserer ^{16}Selbstbestimmung$_{200}$ = 218 durch die ^{15}Fremdbestimmung$_{169}$ = 186 in Form von ^{7}a und b_{42} = 55 infolge $^{7}a \neq b_6$ = 19 und $^{7}b \neq a_6$ = 19 unter der Bedingung $^{11}1 = 1 = 1_7$ = 28 durch (218 - 1) + (186 - 1) + (55 - 1) + (19 - 1) + (19 - 1) + (28 - 1) + 1 für ein System istgleich 520 istgleich 5 + 2 + 0 = 7 als ^{12}freier Wille$_{122}$ = 138 über den Willen respektive ^{5}Wille$_{61}$ = 68 - bedingt durch (138 - 1) + (68 - 1) + 1 für ein System istgleich 205 istgleich 2 + 0 + 5 = 7 - nicht weit her ist. In Kurzform: Wenn wir insgesamt nicht dazu in der Lage sind, uns systemkonform zu verhalten, wird aus unserem selbstbestimmten Dasein ganz schnell ein fremdbestimmtes. Man hält also die Zügel, was uns anbelangt, nicht mehr locker, sondern etwas fester.

Weshalb? Die ^{16}Selbstbestimmung$_{200}$ = 218 istgleich 2 + 1 + 8 = 11 istgleich 1 + 1 = 2 ist über die ^{8}Paritaet$_{90}$ = 100 von ^{7}a und b_{42} = 55 infolge $^{7}a \neq b_6$ = 19 und $^{7}b \neq a_6$ = 19 unter der Bedingung $^{11}1 = 1 = 1_7$ = 28 in der Endkonsequenz über (218 - 1) + (100 - 1) + (55 - 1) + (19 - 1) + (19 - 1) + (28 - 1) + (128 - 1) + 1 für ein System istgleich 561 istgleich 5 + 6 + 1 = 12 istgleich 1 + 2 = 3 eine

^{15}tragende Saeule$_{137}$ = 156

istgleich 1 + 5 + 6 = 12 istgleich 1 + 2 = 3 im ^{10}Weltenbaum$_{116}$ = 128 istgleich 1 + 2 + 8 = 11 istgleich 1 + 1 = 2, mit der man auch umzugehen wissen sollte. Die sogenannte Selbstbestimmung erfährt nur eine Grenze, falls das nicht funktioniert.

Um das herauszufordern, muss man schon ganz ordentlich „am Rad drehen", da der Schöpfer uns nicht als ein Kind von Traurigkeit vorgestellt worden ist. Eine Spaßbremse ist der ganz gesichert nicht, nur was eure „Herumbumserei" anbelangt, da hört es auf - da gewissermaßen das System „massakriert" wird. Schließlich ist es ja auch nicht zu viel verlangt, da unser Leben von der Funktionstüchtigkeit des korrespondierenden Systems abhängt, daß die Handlampen auf der Erde kapieren, um es zu erhalten: daß immer ein „Hmm" auf dem dazugehörigen Eimer brütet und ein Eimer immer unter dem dazugehörigen „Hmm" klemmt.

Da wir festgestellt hatten, daß der freie Wille in Form von a und b ausgehend von Unendlich über Endlich durch Endlich in Unendlich liegt, muss sich der ^{5}Wille$_{61}$ = 68 an sich auf etwas anderes beziehen. Für die ^{10}Menschheit$_{104}$ = 116 ergibt sich durch ^{6}Mensch$_{62}$ = 70 und ^{8}Menschen$_{81}$ = 91 in Form von ^{7}a und b$_{42}$ = 55 der nachfolgende Zusammenhang, der uns die Thematik verdeutlicht:

^{10}Menschheit$_{104}$	=	116		116 - 1	=	115
^{6}Mensch$_{62}$	=	70		70 - 1	=	69
^{8}Menschen$_{81}$	=	91		91 - 1	=	90
^{7}a und b$_{42}$	=	55		55 - 1	=	54
					=	328

3 + 2 + 8 + 1 für ein System	=	14	=	1 + 4	=	5

istgleich

^{5}Wille$_{61}$	=	68		68 - 1	=	67
^{6}System$_{101}$	=	109		109 - 1	=	108
^{7}Endlich$_{55}$	=	64		64 - 1	=	63
					=	238

2 + 3 + 8 + 1 für ein System	=	14	=	1 + 4	=	5

Es gilt die Bedingung 5 = 5 in einem Gleichgewicht, welche über die Zahlen 329 und 239 auf 3 + 2 + 8 + 1 und 2 + 3 + 8 + 1 abstellt. Letzteres gestattet uns, daß wir uns im ^{6}System$_{101}$ = 109 in Form von ^{7}a und b$_{42}$ = 55 durch ^{7}a $\neq$ b$_{6}$ = 19 und ^{7}b $\neq$

a_6 = 19 respektive der ^{8}Bewegung$_{84}$ = 94 in diesem über (109 - 1) + (55 - 1) + (19 - 1) + (19 - 1) + (94 - 1) + (101 - 1) + 1 für ein System istgleich 392 istgleich 3 + 9 + 2 = 14 istgleich 1 + 4 = 5 in ^{9}Unendlich$_{90}$ = 101 bewegen dürfen.

Merke!

Der Wille der Menschen ist über den einzelnen Menschen in der Menschheit hinweg durch a und b im System immer endlich, in dem es uns in Form von a und b über a ≠ b und b ≠ a aber gestattet ist, daß unsere Bewegung in diesem unendlich ist.

Es geht also immer weiter für uns, ohne daß wir die logischen Grenzen des Systems jemals erleben werden. Wir sind, wenn wir uns an die grundlegenden Regeln halten, damit immer im Leben willkommen; das uns in einem endlichen von unseren unendlich vielen eine unendlich große „Spielwiese" eröffnet, die durch Endlich in Unendlich immer größer wird und von Leben erfüllt ist. Es gibt im System immer etwas Neues, das es von uns zu entdecken gilt.

So, und jetzt nimmst du dir mal eine Auszeit und gehst, wenn es dunkel und der Blick frei von Wolken auf den Nachthimmel ist, raus vor die Tür. Ich erkläre dir, was du siehst:

Es handelt sich um die Innenansicht von Wasser, in dem es unendlich viel endliches Leben gibt. Wenn du dir jetzt das Funkeln und Leuchten der unendlich vielen endlichen Sterne ansiehst, wirst du vielleicht verstehen, daß man dort kommuniziert. Es wird also gequatscht, geschwafelt und getratscht wie auch hier. Daß das Leben sich in unzähligen Lebewesen und unzähligen Lebensformen widerspiegeln kann, dessen Ausprägung jenseits unserer Vorstellungskraft liegt, wurde in der Regel von dir nicht verstanden, da du auf der Erde auch nicht allein bist wie auch hier. Es gibt also unendlich viele endliche Spezies, die sich, je nachdem, wie du dich verhältst, entweder auf dich freuen oder auch nicht. Anlass zur Freude gibst du, wie du weißt, nicht immer: Daran solltest du vielleicht arbeiten.

Was insbesondere mit Blick auf die Aus- und Bewertung von Informationen, die auch dir zur Verfügung gestellt werden, hinsichtlich deren Relevanz nicht verstanden worden ist, ist: daß das

^{6}System$_{101}$ = 109

istgleich 1 + 0 + 9 = 10 istgleich 1 + 0 = 1 - auch, ob etwas als Lebewesen und als Lebensform existieren kann - immer auf

^{14}Vollkommenheit$_{174}$ = 190

istgleich 1 + 9 + 0 = 10 istgleich 1 + 0 = 1 beruht. Diese wurde durch das allererste ^{2}HO$_{23}$ = 27 infolge (190 - 1) + (27 - 1) + 1 für ein System istgleich 216 istgleich 2 + 1 + 6 = 9 in Form von ^{7}a und b$_{42}$ = 55 über ^{7}a ≠ b$_{6}$ = 19 und ^{7}b ≠ a$_{6}$ = 19 unter der Bedingung ^{11}1 = 1 = 1$_{7}$ = 28 - bedingt durch (55 - 1) + (19 - 1) + (19 - 1) + (28 - 1) + (45 - 1) + 1 für ein System istgleich 162 istgleich 1 + 6 + 2 = 9 - für jedwedes ^{5}Leben$_{38}$ = 45 vorausgesetzt.

Der Schöpfer stellt also keine Orks und keine Uruk-haie auf, da jene in ihrem „angefressenen Zustand" - es fehlt ja immer ein wenig etwas in körperlicher und geistiger Hinsicht - keine Vollkommenheit verkörpern. Der Film „Der Herr der Ringe" sollte uns vergleichsweise vor Augen halten, daß die Beeinträchtigungen und Behinderungen jedweder Art im System durch uns verursacht worden sind. Bekanntlich „bekriegen" wir das Problem, statt die Hand zu reichen und es gemeinsam zu beheben. Ergebnis: Orks, Uruk-haie & Co. wurden von Zwergen, Elben, Hobbits, Zauberern und Menschen abgemurkst. So sollten Lösungen in einem System, das auf Leben ausgerichtet ist, wohl eher nicht aussehen.

Vollkommenheit ist damit die grundlegende Voraussetzung für das Leben im ^{6}System$_{101}$ = 109, das durch die ^{8}Paritaet$_{90}$ = 100 von ^{7}a und b$_{42}$ = 55 über (109 - 1) (100 - 1) + (55 - 1) + 1 für ein System istgleich 262 istgleich 2 + 6 + 2 = 10 istgleich 1 + 0 = 1 über dessen ^{11}Endlichkeit$_{100}$ = 113 respektive (113 - 1) + (150 - 1) + 1 für ein System istgleich 262 istgleich 2 + 6 + 2 = 10 istgleich 1 + 0 = 1 in der ^{13}Unendlichkeit$_{135}$ = 150 stattfindet.

Merke!

Die Parität von a und b verweist im System korrespondierend auf dessen Endlichkeit und Unendlichkeit, wobei Erstere auf die Perfektion von Leben über a, b, b und a in Form von a und b abstellt und Letztere über a und b auf dessen Vollkommenheit infolge a, b, b und a.

Die ^{11}Endlichkeit$_{100}$ = 113 istgleich 1 + 1 + 3 = 5 begründet damit die ^{10}Perfektion$_{119}$ = 131 istgleich 1 + 3 + 1 von ^{5}Leben$_{38}$ = 45 durch ^{1}a$_{1}$ = 4, ^{1}b$_{2}$ = 5, ^{1}b$_{2}$ = 5 und ^{1}a$_{1}$ = 4 in Form von ^{7}a und b$_{42}$ = 55 über (45 - 1) + (4 - 1) + (5 - 1) + (5 - 1) + (4 - 1) + (55 - 1) + 1 für ein System istgleich 113 istgleich 1 + 1 + 3 = 5; dessen ^{13}Unendlichkeit$_{135}$ = 150 beruht in Form von ^{7}a und b$_{42}$ = 55 über (150 - 1) + (55 - 1) + 1 für ein System istgleich 204 istgleich 2 + 0 + 4 = 6 respektive ^{1}a$_{1}$ = 4, ^{1}b$_{2}$ = 5, ^{1}b$_{2}$ = 5 und ^{1}a$_{1}$ = 4 infolge (4 - 1) + (5 - 1) + (5 - 1) + (4 - 1) + (190 -

1) + 1 für ein System istgleich 204 istgleich 2 + 0 + 4 = 6 auf ^{14}Vollkommenheit$_{174}$ = 190. Und dieses Geschenk willst du nicht: ernsthaft?

Das ^{5}Leben$_{38}$ = 45 an sich begründet, weshalb durch die ^{8}Paritaet$_{90}$ = 100 von ^{7}a und b$_{42}$ = 55 infolge (45 - 1) + (100 - 1) + (55 - 1) + (81 - 1) + 1 für ein System istgleich 278 istgleich 2 + 7 + 8 = 17 istgleich 1 + 7 = 8

^{31}ein' und die selben Bedingungen$_{245}$ = 287

istgleich 2 + 8 + 7 = 17 istgleich 1 + 7 = 8 im ^{6}Nichts$_{73}$ = 81 für dieses zugrundegelegt worden sind, innerhalb dessen unendlich viele endliche Lebewesen und Lebensformen ihren Platz eingenommen haben. Und du willst, nachdem du das alles weißt, darauf verzichten, ein Teil davon zu sein?

Im Gegensatz zu den „Herrschaften“ von Seite 105 ist die Existenz der ^{5}Na'vi$_{47}$ = 56, die uns als vollkommene und perfekte Lebewesen im Film „Avatar: Der Weg des Wassers“ begegnet sind, im ^{6}System$_{101}$ = 109 istgleich 1 + 0 + 9 = 10 istgleich 1 + 0 = 1 als etwas wahrscheinlicher anzunehmen, das über ^{1}a$_{1}$ = 4 und ^{1}b$_{2}$ = 5 infolge (4 - 1) + (5 - 1) + (102 - 1) + 1 für ein System istgleich 109 istgleich 1 + 0 + 9 = 10 istgleich 1 + 0 = 1 eine dazugehörige ^{9}Realitaet$_{91}$ = 102 begründet. Die von uns als so verstandene ^{12}Wirklichkeit$_{138}$ = 152 istgleich 1 + 5 + 2 = 8, die wir in der Regel gewillt sind, wahrzunehmen, entspricht über ^{1}a$_{1}$ = 4, ^{1}b$_{2}$ = 5, ^{1}b$_{2}$ = 5 und ^{1}a$_{1}$ = 4 infolge ^{7}a ≠ b$_{6}$ = 19 und ^{7}b ≠ a$_{6}$ = 19 zwangsläufig - bedingt durch (102 - 1) + (4 - 1) + (5 - 1) + (5 - 1) + (4 - 1) + (19 - 1) + (19 - 1) + 1 für ein System istgleich 152 istgleich 1 + 5 + 2 = 8 - nicht der, die es dann tatsächlich ist.

Für diese ergibt sich über ^{1}a$_{1}$ = 4 und ^{1}b$_{2}$ = 5 in Form von ^{7}a und b$_{42}$ = 55 infolge ^{7}a ≠ b$_{6}$ = 19 und ^{7}b ≠ a$_{6}$ = 19 korrespondierend der nachfolgende Zusammenhang, falls wir die ^{10}Apokalypse$_{121}$ = 133 mitheranziehen:

^{8}Reiter 4$_{79}$	=	91		91 - 1	=	90
^{1}a$_{1}$	=	4		4 - 1	=	3
^{1}b$_{2}$	=	5		5 - 1	=	4
^{7}a und b$_{42}$	=	55		55 - 1	=	54
^{7}a ≠ b$_{6}$	=	19		19 - 1	=	18
^{7}b ≠ a$_{6}$	=	19		19 - 1	=	18
					=	187

1 + 8 + 7 + 1 für ein System	=	17	=	1 + 7	=	8

istgleich

^{5}Na'vi$_{47}$	=	56		56 - 1	=	55
^{10}Apokalypse$_{121}$	=	133		133 - 1	=	132
					=	187

1 + 8 + 7 + 1 für ein System	=	17	=	1 + 7	=	8

Es gilt die Bedingung 8 = 8 in einem Gleichgewicht, die sich jeweils aus 1 + 8 + 7 + 1 über die beiden Zahlen 188 ergibt.

Merke!

Der Reiter 4 in der Apokalypse wird über a und über b in Form von a und b respektive a ≠ b und b ≠ a durch die Na'vi gestellt.

Warum ist das so? Im Bild „Die vier apokalyptischen Reiter" von Albrecht Dürer wurde uns in Form einer logischen Weiterentwicklung die Wirkung dieser, was der Ursache nach von Leonardo da Vinci in seinem Werk „Das letzte Abendmahl", kurz „Das Abendmahl", angeprangert worden ist, aufgezeigt.

Wenn wir uns zwei bekannte Werke von diesen ansehen, wird uns vielleicht etwas ganz schnell klar dabei:

Selbstbildnis im Pelzrock

Salvator mundi

Links ist das von Albrecht Dürer und rechts das von Leonardo da Vinci. Die Ähnlichkeit zwischen beiden ist nicht nur verblüffend, sondern nahezu erschreckend, wenn wir die minimalen Unterschiede, welche sich der jeweils vorherrschenden Kunstepoche zuschreiben lassen, vernachlässigen.

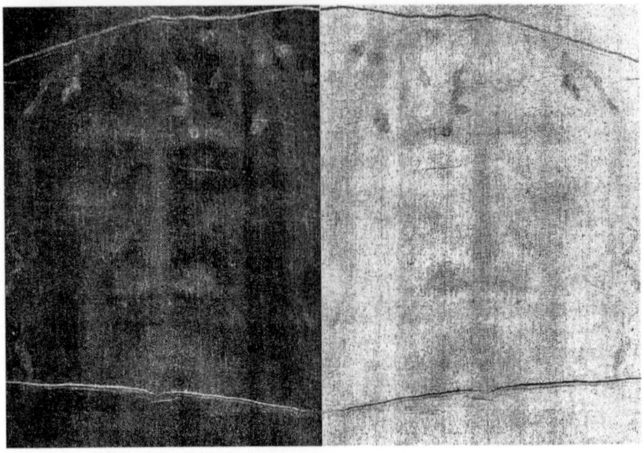

„Das Turiner Grabtuch" lässt uns mit etwas Phantasie vermuten, daß es sich bei den 3 Bildnissen um ein' und die selbe Person handelt. Das können wir dadurch erklären, daß das System, in dem wir leben, korrespondierend über wiederkehrenden Systemprozessen operiert. Die Wahrscheinlichkeit dafür, daß es so ist, ist also extrem hoch. Zugehört haben wir leider allen Dreien nicht. Wir müssen damit unter anderem perspektivisch klären, was unter der Inkarnation, Reinkarnation und Dekarnation zu verstehen ist. Wir machen aber erst einmal hier weiter.

Die Na'vi wurden uns von James Cameron im Film „Avatar" vorgestellt. Da wir in einem System leben, waren diesem Informationen zugänglich, die Erstere in seinem Film zum Leben erweckten. Da es sich um ein perfektes und vollkommenes System handelt, wird es diese im Weltenbaum unter Umständen geben.

Also vergleichsweise diese hier, die dann in etwa wie abgebildet aussehen. Warum? Der Schöpfer ist als der Heilige Geist Vater und Kind zugleich. Es liegt also prinzipiell im Bereich des Möglichen, was seiner Phantasie als Kind zuzuschreiben ist.

Durch die ^{10}Apokalypse$_{121}$ = 133 erhalten wir für ^{8}Reiter 3_{78} = 90 aus $^{1}a_{1} = 4$ und $^{1}b_{2} = 5$ in Form von ^{7}a und b_{42} = 55 durch $^{7}a \neq b_{6} = 19$ und $^{7}b \neq a_{6} = 19$ unter der Bedingung $^{11}1 = 1 = 1_{7} = 28$ den nachfolgenden Zusammenhang:

^{8}Reiter 3_{78}	=	90		90 - 1	=	89
^{7}a und b_{42}	=	55		55 - 1	=	54
$^{7}a \neq b_{6}$	=	19		19 - 1	=	18
$^{7}b \neq a_{6}$	=	19		19 - 1	=	18
$^{11}1 = 1 = 1_{7}$	=	28		28 - 1	=	27
					=	206

2 + 0 + 6 + 1 für ein System = 9

istgleich

^{6}Aliens$_{60}$	=	68		68 - 1	=	67
^{10}Apokalypse$_{121}$	=	133		133 - 1	=	132
$^{1}a_{1}$	=	4		4 - 1	=	3
$^{1}b_{2}$	=	5		5 - 1	=	4
					=	206

2 + 0 + 6 + 1 für ein System = 9

Es gilt die Bedingung 9 = 9 in einem Gleichgewicht, welche sich respektive der beiden Zahlen 207 jeweils aus 2 + 0 + 6 + 1 ergibt.

Merke!

Der Reiter 3 setzt sich in der Apokalypse über a und über b in Form von a und b infolge a ≠ b und b ≠ a unter der Bedingung 1 = 1 = 1 aus Aliens zusammen.

Wir hatten bereits zusammen festgestellt, daß diese nicht wie im gleichnamigen Film „Alien - Das unheimliche Wesen aus einer fremden Welt" von Ridley Scott aussehen; ebenfalls ein perfektes und vollkommenes. Perfektion und Vollkommenheit ist damit die grundlegende Voraussetzung, um leben zu können. Da es so ist, steigt die Wahrscheinlichkeit dafür, daß wir uns auf der richtigen Spur befinden.

^{8}Reiter $2_{77} = 89$ verweist in Form von ^{7}a und $b_{42} = 55$ durch $^{7}a \neq b_{6} = 19$ und $^{7}b \neq a_{6} = 19$ unter der Bedingung $^{11}1 = 1 = 1_{7} = 28$ auf die Spezies, die uns im nachfolgenden Zusammenhang begegnet:

^{8}Reiter 2_{77}	=	89		89 - 1	=	88
^{7}a und b_{42}	=	55		55 - 1	=	54
$^{7}a \neq b_{6}$	=	19		19 - 1	=	18
$^{7}b \neq a_{6}$	=	19		19 - 1	=	18
$^{11}1 = 1 = 1_{7}$	=	28		28 - 1	=	27
					=	205

2 + 0 + 5 + 1 für ein System	=	8

istgleich

^{10}Predatoren$_{116}$	=	128		128 - 1	=	127
^{10}Apokalypse$_{121}$	=	133		133 - 1	=	132
					=	259

2 + 5 + 9 + 1 für ein System	=	17	=	1 + 7	=	8

Es gilt die Bedingung 8 = 8 in einem Gleichgewicht, welche sich durch 2 + 0 + 5 + 1 und 2 + 5 + 9 + 1 aus den beiden Zahlen 206 und 260 ergibt.

Merke!

In der Apokalypse sind in Form von a und b infolge a ≠ b und b ≠ a unter der Bedingung 1 = 1 = 1 der Reiter 2 die Predatoren.

Wenn du für dich mittlerweile annehmen kannst, daß du in einem System lebst, ist es durchaus nachvollziehbar, daß dir gerade etwas schlecht geworden ist.

Der gleichnamige Film „Predator" von John McTiernan gibt uns eine etwaige Vorstellung davon, welches perfekte und vollkommene System gemeint sein könnte.

Na, das ist doch mal was, auch wenn du dir jetzt gerade vielleicht in die Hosen gepulvert hast. Das ist eben so, daß, wenn man seit nunmehr über 500000 Jahren immer nur die große Klappe hat, man dann eben auch mal anständig überrascht wird. Daß dieser perfekt und vollkommen ist, steht außer Frage.

^{8}Reiter 1_{76} = 88 bezieht sich in der ^{10}Apokalypse$_{121}$ = 133 über $^{1}a_{1}$ = 4 und $^{1}b_{2}$ = 5 durch die ^{8}Paritaet$_{90}$ = 100 von ^{7}a und b_{42} = 55 unter der Bedingung $^{11}1 = 1 = 1_{7}$ = 28 auf Folgendes:

^{8}Reiter 1_{76}	=	88		88 - 1	=	87
$^{1}a_{1}$	=	4		4 - 1	=	3
$^{1}b_{2}$	=	5		5 - 1	=	4
^{8}Paritaet$_{90}$	=	100		100 - 1	=	99
^{7}a und b_{42}	=	55		55 - 1	=	54
$^{11}1 = 1 = 1_{7}$	=	28		28 - 1	=	27
					=	274

2 + 7 + 4 + 1 für ein System	=	14	=	1 + 4	=	5

istgleich

^{10}Reptiloide$_{113}$	=	125		125 - 1	=	124
^{10}Apokalypse$_{121}$	=	133		133 - 1	=	132
					=	256

2 + 5 + 6 + 1 für ein System	=	14	=	1 + 4	=	5

Es gilt die Bedingung 5 = 5 in einem Gleichgewicht, welche über 2 + 7 + 4 + 1 und 2 + 5 + 6 + 1 den beiden Zahlen 275 und 257 geschuldet ist.

Merke!

Der Reiter 1 in der Apokalypse steht über a und über b durch die Parität von a und b unter der Bedingung 1 = 1 = 1 für die Spezies der Reptiloide.

Es handelt sich bei diesen um jene, die uns im Film „Alien - Das unheimliche Wesen aus einer fremden Welt“ fälschlicherweise als Aliens vorgestellt worden sind: Reptiloide sind verständlicherweise perfekt und vollkommen.

Es gibt, da es sich in der ^{10}Apokalypse$_{121}$ = 133 um den Reiter 1, 2, 3 und 4 handelt, im ^{11}Holzschnitt$_{154}$ = 167 von ^{15}Albrecht Duerer$_{140}$ = 159 durch ^{7}a und b$_{42}$ = 55 ^{31}Die vier apokalyptischen Reiter$_{322}$ = 361. Wir erhalten für diese Folgendes:

^{31}Die vier apokalyptischen Reiter$_{322}$	=	361		361 - 1	=	360
^{11}Holzschnitt$_{154}$	=	167		167 - 1	=	166
^{15}Albrecht Duerer$_{140}$	=	159		159 - 1	=	158
^{7}a und b$_{42}$	=	55		55 - 1	=	54
					=	738

7 + 3 + 8 + 1 für ein System	=	19	=	1 + 9	=	10
			=	1 + 0	=	1

istgleich

^{8}Reiter 1_{76}	=	88		88 - 1	=	87
^{10}Reptiloide$_{113}$	=	125		125 - 1	=	124
^{8}Reiter 2_{77}	=	89		89 - 1	=	88
^{10}Predatoren$_{116}$	=	128		128 - 1	=	127
^{8}Reiter 3_{78}	=	90		90 - 1	=	89
^{6}Aliens$_{60}$	=	68		68 - 1	=	67
^{8}Reiter 4_{79}	=	91		91 - 1	=	90
^{5}Na'vi$_{47}$	=	56		56 - 1	=	55
^{10}Apokalypse$_{121}$	=	133		133 - 1	=	132
$^{1}a_{1}$	=	4		4 - 1	=	3
$^{1}b_{2}$	=	5		5 - 1	=	4
$^{1}b_{2}$	=	5		5 - 1	=	4
$^{1}a_{1}$	=	4		4 - 1	=	3
$^{7}a \neq b_{6}$	=	19		19 - 1	=	18
$^{7}b \neq a_{6}$	=	19		19 - 1	=	18
$^{11}1 = 1 = 1_{7}$	=	28		28 - 1	=	27
					=	936

9 + 3 + 6 + 1 für ein System	=	19	=	1 + 9	=	10
			=	1 + 0	=	1

Wir erhalten in einem Gleichgewicht die Bedingung 1 = 1, die durch 7 + 3 + 8 + 1 und 9 + 3 + 6 + 1 in Form der beiden Zahlen 739 und 937 vorliegt.

Merke!

Im Holzschnitt „Die vier apokalyptischen Reiter" von Albrecht Dürer handelt es sich in Form von a und b durch a, b, b und a infolge a ≠ b und b ≠ a unter der Bedingung 1 = 1 = 1 beim Reiter 1 um Reptiloide, beim Reiter 2 um Predatoren, beim Reiter 3 um Aliens und beim Reiter 4 um Na'vi, die in der Apokalypse in Erscheinung treten.

Es wurde andernorts bereits erwähnt, daß es sich um uns überlegene Systeme handelt. Damit besteht zumindest die Möglichkeit, daß, wenn wir uns entsprechend verhalten, man, was die Eindämmung der Apokalypse anbelangt, uns unter Umständen mit seinen Talenten, Gaben und Fähigkeiten unterstützt. Das könnte unsere Überlebenschancen immens erhöhen. Warum? Einfache Begründung: Jedes Gute hat sein Schlechtes und auch umgekehrt. Sich selbst als eine potenzielle Bedrohung für diese darzustellen und etwa Angst und Verzweiflung spüren zu lassen, bringt an der Stelle gar nichts. Die Menschheit wird ohnehin, schon allein durch die vielen Verfehlungen, die sie zu verantworten hat, klein beigeben müssen. Es wird dringend davon abgeraten, etwas anderes als Kooperation und Zurückhaltung zu signalisieren.

Generell ist aber davon auszugehen, daß man sich darauf konzentrieren wird, daß das durch uns aus den Fugen geratene Erdmagnetfeld keinerlei Auswirkungen, was mittlerweile der Fall sein wird, mehr auf deren Heimatsysteme zeigt. Damit werden wir uns verständlicherweise vorab bei diesen entschuldigen und über das Verzeihen um Vergebung bitten müssen. Ein Angriff ist nicht zu befürchten, da unsere Entwicklung weit hinter deren hinterherhinkt. Wir sind keine potenziellen Gegner; wir stören nur das System. Wer es herausfordert, wird feststellen, daß es das Letzte sein wird, was er oder sie macht.

Damit werfen wir einen Blick auf den Holzschnitt „Die vier apokalyptischen Reiter" von Albrecht Dürer, um zu erfahren, was man uns dort noch wissen lassen hat, der wie folgt aussieht:

Wir sehen vier Reiter mit Kreuzbogen, Zweihandschwert, Balkenwaage und Heugabel, die von vier Pferden getragen werden. Des Weiteren einen König, der mit seiner Krone am Boden liegt und von einer Bestie verschlungen wird. Fünf Menschen, wovon einer hinüber ist, drei weitere, die bis dato nicht wissen, ob sie es ebenso sind; einer steht und winkt den vier Reitern zu, wie bei einem Dankeschön. Über den Wolken schwebt ein Engel und die Sonne lacht. Der Kontext bewegt sich zwischen Himmel und Erde. Signiert ist mit „AD". Hinweis: Reiter 1 ist der hinten und Reiter 4 der vorn, Reiter 2 und 3 befinden sich dazwischen. Nur wen es interessiert: Das Signum „AD" bezieht sich durch die Zahl 1 für A und die 4 für D auf einen Äther und die vier Elemente: Feuer, Wasser, Erde und Luft. Albrecht Dürer, kurz ^{5}A. D.$_{7}$ = 18, hat sich dadurch in seinem Holzschnitt über $^{1}a_{1} = 4$ und $^{1}b_{2} = 5$ infolge ^{7}a und $b_{42} = 55$ unter der Bedingung $^{11}1 = 1 = 1_{7} = 28$ - bedingt durch (18 - 1) + (4 - 1) + (5 - 1) + (55 - 1) + (28 - 1) + 1 für ein System istgleich 106 istgleich 1 + 0 + 6 = 7 - respektive des In- und Reinkarnationsprozesses uns gegenüber als ^{9}Schoepfer$_{95}$ = 106 istgleich 1 + 0 + 6 = 7 zu erkennen gegeben. Allein dem geschuldet, hätten wir uns die dazugehörigen Aussagen in diesem schon mal früher ansehen müssen.

Wir betrachten die Objekte, die diese mit sich führen. Der ^{10}Kreuzbogen$_{124}$ = 136 von Reiter 1 bezieht sich über ^{7}a und $b_{42} = 55$ durch $^{7}a \neq b_{6} = 19$ und $^{7}b \neq a_{6} = 19$ unter der Bedingung $^{11}1 = 1 = 1_{7} = 28$ auf den nachfolgenden Zusammenhang:

^{10}Kreuzbogen$_{124}$	=	136		136 - 1	=	135
^{7}a und b_{42}	=	55		55 - 1	=	54
$^{7}a \neq b_{6}$	=	19		19 - 1	=	18
$^{7}b \neq a_{6}$	=	19		19 - 1	=	18
$^{11}1 = 1 = 1_{7}$	=	28		28 - 1	=	27
					=	252

2 + 5 + 2 + 1 für ein System	=	10	=	1 + 0	=	1

istgleich

^{6}Symbol$_{86}$	=	94		94 - 1	=	93
^{12}Wissenschaft$_{146}$	=	160		160 - 1	=	159
					=	252

2 + 5 + 2 + 1 für ein System	=	10	=	1 + 0	=	1

Es gilt die Bedingung 1 = 1 in einem Gleichgewicht, welche sich jeweils aus 2 + 5 + 2 + 1 in Form der beiden Zahlen 253 ergibt.

Merke!

Der Kreuzbogen liefert uns in Form von a und b infolge a ≠ b und b ≠ a unter der Bedingung 1 = 1 = 1 das Symbol für die Wissenschaft.

Die Reptiloide, die uns in der Apokalypse begegnen werden, gehören damit zur Wissenschaft, die als solche Unglaubliches bewerkstelligen kann.

Das ^{15}Zweihandschwert$_{186}$ = 203 spezifiziert den Reiter 2 innerhalb der Apokalypse. Es gilt Folgendes:

^{15}Zweihandschwert$_{186}$	=	203		203 - 1	=	202

2 + 0 + 2 + 1 für ein System	=	5

istgleich

^{6}Symbol$_{86}$	=	94		94 - 1	=	93
^{8}Handwerk$_{84}$	=	94		94 - 1	=	93
^{1}a$_{1}$	=	4		4 - 1	=	3
^{1}b$_{2}$	=	5		5 - 1	=	4
^{7}a ≠ b$_{6}$	=	19		19 - 1	=	18
^{7}b ≠ a$_{6}$	=	19		19 - 1	=	18
					=	229

2 + 2 + 9 + 1 für ein System	=	14	=	1 + 4	=	5

Wir haben im Ergebnis die Bedingung 5 = 5 in einem Gleichgewicht vorliegen, welche über 2 + 0 + 2 + 1 und 2 + 2 + 9 + 1 aus den beiden Zahlen 203 und 230 resultiert.

Merke!

Das Zweihandschwert steht als Symbol über a und über b infolge a ≠ b und b ≠ a für das Handwerk.

Die Predatoren sind damit hervorragende Handwerker im System, die uns als Reiter 2 angekündigt worden sind. So, geht dir langsam mal ein Licht auf, warum? Richtig, um der Apokalypse handwerklich entgegenzutreten. Und das steht nunmehr bereits seit Jahren alles auf diesem Holzschnitt: Man ist also schon mal hier gewesen.

Die ^{11}Balkenwaage$_{82}$ = 95 impliziert über ^{7}a und b$_{42}$ = 55 durch ^{7}a ≠ b$_{6}$ = 19 und ^{7}a ≠ a$_{6}$ = 19 unter der Bedingung ^{11}1 = 1 = 1$_{7}$ = 28, daß es darum geht:

^{11}Balkenwaage$_{82}$	=	95		95 - 1	=	94
^{7}a und b$_{42}$	=	55		55 - 1	=	54
^{7}a ≠ b$_{6}$	=	19		19 - 1	=	18
^{7}b ≠ a$_{6}$	=	19		19 - 1	=	18
^{11}1 = 1 = 1$_{7}$	=	28		28 - 1	=	27
					=	211

2 + 1 + 1 + 1 für ein System	=	5

istgleich

^{6}Symbol$_{86}$	=	94		94 - 1	=	93
^{8}Logistik$_{102}$	=	112		112 - 1	=	111
^{1}a$_{1}$	=	4		4 - 1	=	3
^{1}b$_{2}$	=	5		5 - 1	=	4
					=	211

2 + 1 + 1 + 1 für ein System	=	5

Es gilt damit die Bedingung 5 = 5 in einem Gleichgewicht, die sich in Form der beiden Zahlen 212 jeweils aus 2 + 1 + 1 + 1 ergibt.

Merke!

Das Symbol für Logistik ist über a und über b in Form von a und b infolge a ≠ b und b ≠ a unter der Bedingung 1 = 1 = 1 die Balkenwaage.

Unsere Aliens, der Reiter 2, sind damit ausgezeichnete Logistiker, was ganz früher, wie wir bereits gelernt haben, die Politiker gewesen sind. Der ^{4}Name$_{33}$ = 39 für ^{7}Politik$_{92}$ = 101 ist durch (39 - 1) + (101 - 1) + 1 für ein System istgleich 139 istgleich 1 + 3 + 9 = 13 istgleich 1 + 3 = 4 - bedingt durch ^{7}a und b$_{42}$ = 55 unter der Bedingung ^{11}1 = 1 = 1$_{7}$ = 28 - infolge (55 - 1) + (28 - 1) + (112 - 1) + 1 für ein System istgleich 193 istgleich 1 + 9 + 3 = 13 istgleich 1 + 3 = 4 ^{8}Logistik$_{102}$ = 112.

Die ^{8}Heugabel$_{61}$ = 71 bezieht sich durch ^{7}a und b$_{42}$ = 55 über ^{1}a$_{1}$ = 4 und ^{1}b$_{2}$ = 5 auf Folgendes:

^{8}Heugabel$_{61}$	=	71		71 - 1	=	70
^{7}a und b$_{42}$	=	55		55 - 1	=	54
					=	124

1 + 2 + 4 + 1 für ein System	=	8

istgleich

^{6}Symbol$_{86}$	=	94		94 - 1	=	93
^{6}Handel$_{44}$	=	52		52 - 1	=	51
^{1}a$_{1}$	=	4		4 - 1	=	3
^{1}b$_{2}$	=	5		5 - 1	=	4
					=	151

1 + 5 + 1 + 1 für ein System	=	8

Es gilt die Bedingung 8 = 8 in einem Gleichgewicht, die korrespondierend über 1 + 2 + 4 + 1 und 1 + 5 + 1 + 1 durch die beiden Zahlen 125 und 152 wiedergegeben wird.

Merke!

Die Heugabel ist in Form von a und b durch a und durch b das Symbol für den Handel.

Die Na'vi sind als der Reiter 4 innerhalb der Apokalypse mit dem Handel bewandert. Es gibt somit vier Reiter, die mit spezifischen Talenten, Gaben und Fähigkeiten ausgestattet sind, die dem Schöpfer unterstehen, wobei dieser respektive der Mitte, die er im System innehat, jene als gleichwertig und gleichrangig betrachtet. Es wird also von entscheidender Bedeutung sein, wie wir uns gegenüber Enki (= En-ki), welcher als Jesus Christus darüber entscheidet, ob er uns als Messias oder auch als Luzifer begegnet, verhalten.

Die Reiter sind damit jene, die uns korrespondierend sowohl als ^{12}Himmelsschar$_{128}$ = 142 als auch als ^{13}Teufelstruppe$_{184}$ = 199 gegenüberstehen können, da durch das ^{6}System$_{101}$ = 109 des Schöpfers infolge ^{9}Schoepfer$_{95}$ = 106 respektive der ^{8}Paritaet$_{90}$ = 100 von ^{7}a und b$_{42}$ = 55 - ^{7}a ≠ b$_{6}$ = 19 und ^{7}b ≠ a$_{6}$ = 19 unter der Bedingung ^{11}1 = 1 = 1$_{7}$ = 28 geschuldet - bedingt durch (142 - 1) + (199 - 1) + 1 für ein System istgleich 340 istgleich 3 + 4 + 0 = 7 infolge (109 - 1) + (106 - 1) + (100 - 1) + (55 - 1) + (19 - 1) + (19 - 1) + (28 - 1) + 1 für ein System istgleich 430 istgleich 4 + 3 + 0 = 7 beide Eventualitäten zur Dispostion stehen. Hier ist, wie man so schön sagt, noch gar nichts entschieden. Es kann also alles, selbst wenn wir bemüht sind, noch nach hinten losgehen. Damit sind die obersten Maximen: Kooperation und Zurückhaltung.

^{4}Enki$_{39}$ = 45, der ebenso ^{5}En-ki$_{40}$ = 49 ist, wird durch die ^{8}Paritaet$_{90}$ = 100 von ^{7}a und b$_{42}$ = 55 infolge ^{7}a ≠ b$_{6}$ = 19 und ^{7}b ≠ a$_{6}$ = 19 unter der Bedingung ^{11}1 = 1 = 1$_{7}$ = 28 generell über (45 - 1) + (49 - 1) + (100 - 1) + (55 - 1) + (19 - 1) + (19 - 1) + (28 - 1) + 1 für ein System istgleich 309 istgleich 3 + 0 + 9 = 12 istgleich 1 + 2 = 3 auch keinen Zweifel darüber aufkommen lassen, daß durch (182 - 1) + (128 - 1) + 1 für ein System istgleich 309 istgleich 3 + 0 + 9 = 12 istgleich 1 + 2 = 3 ausschließlich er die ^{14}Weltherrschaft$_{166}$ = 182 im ^{10}Weltenbaum$_{116}$ = 128 innehat: Es ist seine Welt, es ist seine Erde, es sind seine Pflanzen, seine Tiere, und es sind seine Menschen, die allesamt ein Teil dieser sind, solange sie sich selbst und allen anderen Freude bereiten. Die Devise lautet damit für uns alle: zuhören, annehmen, umsetzen und nachahmen, wenn es soweit ist. Warum auch nachahmen? Wir sind die Kinder im System, die sich auch innerhalb eines gewissen Rahmens ausprobieren dürfen, um selbstbestimmt agieren zu können, was in der logischen Endkonsequenz auch das Führen an sich beinhaltet, deine Herumbumserei natürlich ausgenommen: Die fällt ganz gewiss nicht darunter. Das erklärte Ziel ist somit trotz allem, daß die Menschheit selbstbestimmt auf zwei Beinen steht.

Damit ist unsere Erlösung mit der Hoffnung verbunden, die nur durch ihn unserer Verzweiflung entgegensteht. Warum? Er ist diese eine, da er der Erste im Nichts gewesen ist, der das Leben aller begründet hat, und im Umkehrschluß als Letzter dieses, wenn bereits alle Stränge gerissen sind, wieder verlassen wird. Die Logik dahinter ist dir bekannt: Die Hoffnung stirbt zuletzt. Es handelt sich also auch hier um im Prinzip einfache und einfachste Zusammenhänge, die man mit etwas Bemühen hätte verstehen können. Die korrespondierende ist übrigens: Wer zuerst kommt, mahlt zuerst. Also, alles gar nicht so schwer, falls man nur will.

Damit kommen wir zum König unten links im Holzschnitt, der von der Bestie verschlungen wird, die ihm die $^{5}\text{Krone}_{63}$ = 70 abnimmt. Respektive $^{7}\text{a und b}_{42}$ = 55 erhalten wir infolge $^{7}a \neq b_{6}$ = 19 und $^{7}b \neq a_{6}$ = 19 unter der Bedingung $^{11}1 = 1 = 1_{7}$ = 28 den nachfolgenden Zusammenhang:

$^{5}\text{Krone}_{63}$	=	70		70 - 1	=	69
$^{7}\text{a und b}_{42}$	=	55		55 - 1	=	54
$^{7}a \neq b_{6}$	=	19		19 - 1	=	18
$^{7}b \neq a_{6}$	=	19		19 - 1	=	18
$^{11}1 = 1 = 1_{7}$	=	28		28 - 1	=	27
					=	186

1 + 8 + 6 + 1 für ein System = 16 = 1 + 6 = 7

istgleich

$^{6}\text{Symbol}_{86}$	=	94		94 - 1	=	93
$^{7}\text{Bildung}_{69}$	=	78		78 - 1	=	77
$^{1}a_{1}$	=	4		4 - 1	=	3
$^{1}b_{2}$	=	5		5 - 1	=	4
					=	177

1 + 7 + 7 + 1 für ein System = 16 = 1 + 6 = 7

Es gilt die Bedingung 7 = 7 in einem Gleichgewicht, welche sich durch 1 + 8 + 6 + 1 und 1 + 7 + 7 + 1 aus den beiden Zahlen 187 und 178 ergibt.

Merke!

Die Krone steht als ein Symbol in Form von a und b über a ≠ b und b ≠ a unter der Bedingung 1 = 1 = 1 durch a und durch b für Bildung.

Letztere ist, wie man so schön sagt, in den Dreck gefallen, da der vermeintliche König, der sich über sie erhebt, der Länge nach daliegt.

Im logischen Umkehrschluß darf man sich auch mal als ^{6}Koenig$_{61}$ = 69 infolge einer ^{11}Bezeichnung$_{114}$ = 127 - bedingt durch (69 - 1) + (127 - 1) + 1 für ein System istgleich 195 istgleich 1 + 9 + 5 = 15 istgleich 1 + 5 = 6 - fühlen, Königin inklusive, falls man in Form von ^{7}a und b$_{42}$ = 55 infolge ^{7}a ≠ b$_{6}$ = 19 und ^{7}b ≠ a$_{6}$ = 19 unter der Bedingung ^{11}1 = 1 = 1$_{7}$ = 28 de facto über (55 - 1) + (19 - 1) + (19 - 1) + (28 - 1) + (78 - 1) + 1 für ein System istgleich 195 istgleich 1 + 9 + 5 = 15 istgleich 1 + 5 = 6 über eine gewisse ^{7}Bildung$_{69}$ = 78 verfügt.

Merke!

Man darf sich auch mal als König oder auch als Königin bezeichnen, falls man respektive a und b infolge a ≠ b und b ≠ a unter der Bedingung 1 = 1 = 1 über Bildung verfügt.

Es ging also nie darum, mit einer Krone in seinem Leben herumzustolzieren, da falls dann doch: diese aus einem Märchenbuch abgehauen sind. Auf Neudeutsch: Wenn man was in der Birne hat, darf man auch mal vorübergehend das Zepter schwingen. Warum nur vorübergehend? Richtige Antwort: Du bist nicht allein auf der Erde, sondern innerhalb einer illustren Gemeinschaft, die sich, wenngleich vollkommen durchgepimpert und durchgeorgelt, Menschheit schimpft, also eine.

Albrecht Dürer hat uns wie Leonardo wissen lassen, durch das, was der eine in's Holz gebitzelt und der andere in Tempera auf den Putz gekleckst hat, daß das Sammelsurium an Menschen auf der Erde nichts anderes als „bekloppt und bescheuert" ist. Übrigens: weithin sichtbar und damit direkt auf die Zwölf. Diese haben sich also bei Jesua, der Jesus Christus ist, eingereiht und nichts anderes gemacht. Gefruchtet hat's natürlich nichts: ergo wie gehabt.

Der gefallene König steht als ein ^{17}gefallener Koenig$_{146}$ = 167 infolge der ^{5}Krone$_{63}$ = 70 durch ^{1}a$_{1}$ = 4 und ^{1}b$_{2}$ = 5 in Form von ^{7}a und b$_{42}$ = 55 über ^{7}a ≠ b$_{6}$ = 19 und

$^{7}b \neq a_{6} = 19$ unter der Bedingung $^{11}1 = 1 = 1_{7} = 28$ für die ^{16}fehlende Bildung$_{128}$ = 148 der ^{8}Menschen$_{81}$ = 91, was sich aus Folgendem ergibt:

^{17}gefallener Koenig$_{146}$	=	167		167 - 1	=	166
^{5}Krone$_{63}$	=	70		70 - 1	=	69
					=	235

2 + 3 + 5 + 1 für ein System	=	11	=	1 + 1	=	2

istgleich

^{16}fehlende Bildung$_{128}$	=	148		148 - 1	=	147
^{8}Menschen$_{81}$	=	91		91 - 1	=	90
$^{1}a_{1}$	=	4		4 - 1	=	3
$^{1}b_{2}$	=	5		5 - 1	=	4
^{7}a und b_{42}	=	55		55 - 1	=	54
$^{7}a \neq b_{6}$	=	19		19 - 1	=	18
$^{7}b \neq a_{6}$	=	19		19 - 1	=	18
$^{11}1 = 1 = 1_{7}$	=	28		28 - 1	=	27
					=	361

3 + 6 + 1 + 1 für ein System	=	11	=	1 + 1	=	2

Es gilt die Bedingung 2 = 2 in einem Gleichgewicht, die durch 2 + 3 + 5 + 1 und 3 + 6 + 1 + 1 den beiden Zahlen 236 und 362 geschuldet ist.

Merke!

Die Krone des gefallenen Königs steht über a und über b durch a und b infolge a ≠ b und b ≠ a unter der Bedingung 1 = 1 = 1 für die fehlende Bildung der Menschen.

Es wurde de facto im Holzschnitt „Die vier apokalyptischen Reiter“ aufgezeigt, woran die Menschheit scheitern wird. Es handelte sich damit um eine Warnung.

Die ^{5}Krone$_{63}$ = 70 des Königs bezieht sich infolge ^{6}Koenig$_{61}$ = 69 über ^{1}a$_{1}$ = 4 und ^{1}b$_{2}$ = 5 durch die ^{8}Paritaet$_{90}$ = 100 von ^{7}a und b$_{42}$ = 55 respektive ^{7}a ≠ b$_{6}$ = 19 und ^{7}b ≠ a$_{6}$ = 19 unter der Bedingung ^{11}1 = 1 = 1$_{7}$ = 28 korrespondierend in Form einer ^{11}Bezeichnung$_{114}$ = 127 auf Folgendes:

^{5}Krone$_{63}$	=	70		70 - 1	=	69
^{6}Koenig$_{61}$	=	69		69 - 1	=	68
^{1}a$_{1}$	=	4		4 - 1	=	3
^{1}b$_{2}$	=	5		5 - 1	=	4
^{8}Paritaet$_{90}$	=	100		100 - 1	=	99
^{7}a und b$_{42}$	=	55		55 - 1	=	54
^{7}a ≠ b$_{6}$	=	19		19 - 1	=	18
^{7}b ≠ a$_{6}$	=	19		19 - 1	=	18
^{11}1 = 1 = 1$_{7}$	=	28		28 - 1	=	27
					=	360

3 + 6 + 0 + 1 für ein System = 10 = 1 + 0 = 1

istgleich

^{11}Bezeichnung$_{114}$	=	127		127 - 1	=	126
^{16}falscher Prophet$_{170}$	=	190		190 - 1	=	189
					=	315

3 + 1 + 5 + 1 für ein System = 10 = 1 + 0 = 1

In einem Gleichgewicht gilt die Bedingung 1 = 1, die sich infolge der beiden Zahlen 361 und 316 aus 3 + 6 + 0 + 1 und 3 + 1 + 5 + 1 ergibt.

Merke!

Den König, der über a und über b in Form a und b durch a ≠ b und b ≠ a unter der Bedingung 1 = 1 = 1 einer Krone nicht würdig ist, bezeichnet man als falschen Propheten.

Ein falscher Prophet sind damit jeder und jede, die „wissenstechnisch" einen riesengroßen Sprung in der Schüssel besitzen, aber in der Regel etwas anderes vorgeben: Es wird also nur dummes Zeug geredet.

„Der falsche Prophet" ist somit nicht nur der Eine oder die Eine unter uns, sondern die geballte Ladung an gemeinsamer Beklopptheit und die an vereinter Bescheuertheit. Etwaige Beschwerdebriefe gehen an „Albrecht und Leonardo", die uns das ganz „hübsch" in Farbe unter die Nase gerieben haben. Falls dann doch, müsste man besagte Werke entweder überpinseln oder verfeuern. Die Vorgehensweise kennt man, was auch schon des Öfteren in der Menschheitsgeschichte, eine zwangsläufig etwas unrühmliche, manchmal aber auch notwendige, dahingehend unter Beweis gestellt worden ist, daß das funktioniert. Das, was man vergleichsweise in den Ofen schiebt, sieht man, das Warum hingegen nicht. Wobei im Fall von Hänsel und Gretel das mit der Hexe nachvollziehbar ist. Bei der symbolischen „Hexe", die dann auch mal in einer Pfanne dümpelt, fragt man sich das aber nicht, symbolische „Zauberer" inbegriffen. Ganz ehrlich, manchmal empfinde ich die diesbezügliche Begriffsstutzigkeit als etwas merkwürdig. Das darf man so sagen, oder etwa nicht?

Damit fassen wir unsere Erkenntnisse bis hierher zusammen, die durch die ^{8}Paritaet$_{90}$ = 100 von ^{7}a und b$_{42}$ = 55 infolge ^{7}a ≠ b$_{6}$ = 19 und ^{7}b ≠ a$_{6}$ = 19 auf Folgendes zurückzuführen sind: Wir nehmen dabei aber schon mal etwas vorweg.

^{8}Reiter 1$_{76}$	=	88		88 - 1	=	87
^{10}Kreuzbogen$_{124}$	=	136		136 - 1	=	135
^{8}Reiter 2$_{77}$	=	89		89 - 1	=	88
^{15}Zweihandschwert$_{186}$	=	203		203 - 1	=	202
^{8}Reiter 3$_{78}$	=	90		90 - 1	=	89
^{11}Balkenwaage$_{82}$	=	95		95 - 1	=	94
^{8}Reiter 4$_{79}$	=	91		91 - 1	=	90
^{8}Heugabel$_{61}$	=	71		71 - 1	=	70
^{8}Paritaet$_{90}$	=	100		100 - 1	=	99
^{7}a und b$_{42}$	=	55		55 - 1	=	54
^{7}a ≠ b$_{6}$	=	19		19 - 1	=	18
^{7}b ≠ a$_{6}$	=	19		19 - 1	=	18
					=	1044

1 + 0 + 4 + 4 + 1 für ein System	=	10	=	1 + 0	=	1

istgleich

^{4}Erde$_{32}$	=	38		38 - 1	=	37
^{5}Kampf$_{47}$	=	54		54 - 1	=	53
^{6}Bestie$_{60}$	=	68		68 - 1	=	67
^{5}Kampf$_{47}$	=	54		54 - 1	=	53
^{5}Krone$_{63}$	=	70		70 - 1	=	69
^{14}Jesus Christus$_{191}$	=	209		209 - 1	=	208
^{4}Sohn$_{56}$	=	62		62 - 1	=	61
^{5}Vater$_{66}$	=	73		73 - 1	=	72
^{14}Heiliger Geist$_{133}$	=	151		151 - 1	=	150
^{6}Mensch$_{62}$	=	70		70 - 1	=	69
^{8}Menschen$_{81}$	=	91		91 - 1	=	90
^{10}Menschheit$_{104}$	=	116		116 - 1	=	115
					=	1044

1 + 0 + 4 + 4 + 1 für ein System	=	10	=	1 + 0	=	1

Es gilt die Bedingung 1 = 1 in einem Gleichgewicht, die sich jeweils durch 1 + 0 + 4 + 4 + 1 in den beiden Zahlen 1045 widerspiegelt.

Merke!

Der Reiter 1 mit dem Kreuzbogen, der Reiter 2 mit dem Zweihandschwert, der Reiter 3 mit der Balkenwaage und der Reiter 4 mit der Heugabel kommen durch die Parität von a und b infolge a ≠ b und b ≠ a auf die Erde: um mit Jesus Christus zusammen (welcher der Sohn, der Vater und der Heilige Geist ist) gemeinsam den Kampf gegen die Bestie und den gegen die symbolische Krone anzutreten, die jeweils im einzelnen Menschen über alle Menschen hinweg innerhalb der Menschheit anzutreffen sind.

Es geht also tatsächlich darum, uns entweder die Hand zu reichen, falls wir uns unsere Versäumnisse eingestehen, oder uns eins überzuziehen. Da man uns prinzipiell rundherum überlegen ist, erholen wir uns verständlicherweise von dem „Überzieher" nicht.

So, dann schauen wir uns mal gemeinsam die Logik hinter der $^{6}\text{Bestie}_{60} = 68$ an, die als Schnuckelchen im unteren linken Bildrand hockt. Wir erhalten durch die $^{8}\text{Paritaet}_{90} = 100$ von $^{7}\text{a und b}_{42} = 55$ infolge $^{7}a \neq b_{6} = 19$ und $^{7}b \neq a_{6} = 19$ korrespondierend den nachfolgenden Zusammenhang:

$^{6}\text{Bestie}_{60}$	=	68		68 - 1	=	67
$^{8}\text{Paritaet}_{90}$	=	100		100 - 1	=	99
$^{7}\text{a und b}_{42}$	=	55		55 - 1	=	54
$^{7}a \neq b_{6}$	=	19		19 - 1	=	18
$^{7}b \neq a_{6}$	=	19		19 - 1	=	18
					=	256

2 + 5 + 6 + 1 für ein System	=	14	=	1 + 4	=	5

istgleich

$^{1}a_{1}$	=	4		4 - 1	=	3
$^{1}b_{2}$	=	5		5 - 1	=	4
$^{1}b_{2}$	=	5		5 - 1	=	4
$^{1}a_{1}$	=	4		4 - 1	=	3
$^{11}\text{Hoellenhund}_{118}$	=	131		131 - 1	=	130
$^{11}\text{Himmelmieze}_{118}$	=	131		131 - 1	=	130
					=	274

2 + 7 + 4 + 1 für ein System	=	14	=	1 + 4	=	5

Es gilt die Bedingung 5 = 5 in einem Gleichgewicht, die aus 2 + 5 + 6 + 1 und 2 + 7 + 4 + 1 in Form der beiden Zahlen 257 und 275 hervorgeht.

Merke!

Die Bestie wird korrespondierend über a, b, b und a - bedingt durch die Parität von a und b infolge a ≠ b und b ≠ a - entweder zu einem Höllenhund oder zu einer Himmelmieze.

Es geht also darum, daß die symbolische Bestie entweder aus ihrer Haut fährt oder auch nicht.

Da sich die ^{6}Bestie$_{60}$ = 68 dem vom Menschen erschaffenen ^{6}Koenig$_{61}$ = 70 entgegenstellt, die unter diesem Aspekt über Gut und über Böse entscheidet, wissen wir, wer sich durch die ^{8}Paritaet$_{90}$ = 100 von ^{7}a und b$_{42}$ = 55 dahinter verbirgt. Im Endeffekt gilt Folgendes:

^{6}Bestie$_{60}$	=	68		68 - 1	=	67
^{6}Koenig$_{61}$	=	70		70 - 1	=	69
^{8}Paritaet$_{90}$	=	100		100 - 1	=	99
^{7}a und b$_{42}$	=	55		55 - 1	=	54
					=	289

2 + 8 + 9 + 1 für ein System	=	20	=	2 + 0	=	2

istgleich

^{14}Jesus Christus$_{191}$	=	209		209 - 1	=	208

2 + 0 + 8 + 1 für ein System	=	11	=	1 + 1	=	2

Es gilt die Bedingung 2 = 2 in einem Gleichgewicht, die sich respektive 2 + 8 + 9 + 1 und 2 + 0 + 8 + 1 auf die beiden Zahlen 290 und 209 bezieht.

Merke!

Die Bestie, die den König zu Fall bringt, steht bedingt durch die Parität von a und b stellvertretend und vertretend für Jesus Christus.

Da wir bereits wissen, daß sich hinter diesem der Schöpfer verbirgt, wurde die Bestie von Albrecht Dürer überdimensioniert dargestellt und den vier Reitern der Apokalypse vorangestellt. Der Schöpfer, der Enki (= En-ki) ist, führt sowohl als Messias als auch als Luzifer, der uns in der Bibel als Jesus Christus begegnet, die vier Reiter der

Apokalypse an. Das ist das, was sich dahinter verbirgt. Insofern sollte man ihm nicht blödkommen, was aber, wie es schlimmer nicht geht, bereits geschehen ist.

Was uns auf der einen Seite durch die Bestie zu Jesus Christus geführt hat, führt uns auf der anderen durch den ^{5}Engel$_{43}$ = 50 in den ^{6}Wolken$_{80}$ = 88 zu ^{15}Maria Magdalena$_{100}$ = 119. Es gilt über ^{7}a und b$_{42}$ = 55 Folgendes:

^{5}Engel$_{43}$	=	50		50 - 1	=	49
^{6}Wolken$_{80}$	=	88		88 - 1	=	87
^{7}a und b$_{42}$	=	55		55 - 1	=	54
					=	190

1 + 9 + 0 + 1 für ein System	=	11	=	1 + 1	=	2

istgleich

^{15}Maria Magdalena$_{100}$	=	119		119 - 1	=	118

1 + 1 + 8 + 1 für ein System	=	11	=	1 + 1	=	2

Daraus folgt die Bedingung 2 = 2 in einem Gleichgewicht, die sich logisch aus 1 + 9 + 0 + 1 und 1 + 1 + 8 + 1 in Form der beiden Zahlen 191 und 119 ergibt.

Merke!

Der Engel in den Wolken steht über a und b stellvertretend und vertretend für Maria Magdalena.

Das heißt, daß Albrecht Dürer in das Gesamtszenario sowohl indirekt als auch unmittelbar das Problem innerhalb der Menschheit miteinbezogen hat, das auf die Bedingung „ein Adam und eine Eva" hinausläuft. Es war ihm also bekannt und er hat uns aufgezeigt, was uns, wenn wir es nicht beheben, bevorsteht. Damit handelt es sich folgerichtig um eine Warnung, die über die darstellende Kunst bewirken sollte, mahnend darauf hinzuweisen. Er hat es also nur gut mit uns gemeint.

Das daraus resultierende Ergebnis, welches man in Aussicht gestellt hat (voraus-gesetzt, daß wir uns besagter Thematik stellen), ergibt sich über $^{1}a_{1}$ = 4 und $^{1}b_{2}$ = 5 durch die ^{8}Paritaet$_{90}$ = 100 von ^{7}a und b$_{42}$ = 55 respektive $^{7}a \neq b_{6}$ = 19 und $^{7}b \neq a_{6}$ = 19 unter der Bedingung $^{11}1 = 1 = 1_{7}$ = 28 aus dem nachfolgenden Zusammenhang, der uns vor Augen hält, was für den ^{5}Engel$_{43}$ = 50 und die ^{6}Bestie$_{60}$ = 68 auf der ^{4}Erde$_{32}$ = 38 vorgesehen ist:

^{5}Engel$_{43}$	=	50		50 - 1	=	49
^{6}Bestie$_{60}$	=	68		68 - 1	=	67
^{4}Erde$_{32}$	=	38		38 - 1	=	37
					=	153

1 + 5 + 3 + 1 für ein System	=	10	=	1 + 0	=	1

istgleich

^{6}Wolken$_{80}$	=	88		88 - 1	=	87
^{6}Himmel$_{60}$	=	68		68 - 1	=	67
$^{1}a_{1}$	=	4		4 - 1	=	3
$^{1}b_{2}$	=	5		5 - 1	=	4
^{8}Paritaet$_{90}$	=	100		100 - 1	=	99
^{7}a und b$_{42}$	=	55		55 - 1	=	54
$^{7}a \neq b_{6}$	=	19		19 - 1	=	18
$^{7}b \neq a_{6}$	=	19		19 - 1	=	18
$^{11}1 = 1 = 1_{7}$	=	28		28 - 1	=	27
^{5}Sonne$_{67}$	=	74		74 - 1	=	73
					=	450

4 + 5 + 0 + 1 für ein System	=	10	=	1 + 0	=	1

Es gilt die Bedingung 1 = 1 in einem Gleichgewicht, die sich über 1 + 5 + 3 + 1 und 4 + 5 + 0 + 1 aus den beiden Zahlen 154 und 451 ergibt. Was dann durch $^{1}a_{1}$ = 4 und $^{1}b_{2}$ = 5 in Form von ^{7}a und b$_{42}$ = 55 unter der Bedingung $^{11}1 = 1 = 1_{7}$ = 28 im Prinzip über (4 - 1) + (5 - 1) + (55 - 1) + (28 - 1) + (209 - 1) + (119 - 1)

+ 1 für ein System istgleich 415 istgleich 4 + 1 + 5 = 10 istgleich 1 + 0 = 1 hätte auch für ^{14}Jesus Christus$_{191}$ = 209 und ^{15}Maria Magdalena$_{100}$ = 119 greifen sollen.

Merke!

Für den Engel und die Betsie auf der Erde sollte über a und über b durch die Parität von a und b infolge a ≠ b und b ≠ a unter der Bedingung 1 = 1 = 1 wieder zwischen den Wolken am Himmel die Sonne erstrahlen.

Darum ging's: Es wurde also von Albrecht Dürer wie durch Jesus Christus oder auch Leonardo da Vinci die Lasterhaftigkeit der Menschheit, welche uns im Judentum als das goldene Kalb begegnet, angeprangert und im Gegenzug eine Lösung in Aussicht gestellt. Das waren also alles andere als Bekloppte und Bescheuerte, die man jedoch gern, um seine eigenen Interessen zu wahren, als ebensolche verbrämt.

Die Logik der fünf Menschen rechts unten im Holzschnitt machen wir in Kurzform: Wir sehen fünf Pfeifen, wobei einer davon die Glut ausgegangen ist, drei davon mulmen noch etwas und eine qualmt. Damit wird analog wie im Buch „Falsch verstandene Freiheit im System: Der Weg zur Klärung von SARS-COV-2 = COVID-19 = CORONA-VIRUS einschließlich Lösung" darauf verwiesen, daß die qualmende der Mindestreserve von 500 Millionen Pfeifen auf der Erde entspricht und 11 Milliarden während der Apokalypse aufhören zu rauchen, in der Endkonsequenz die verbleibenden vier. Es handelt sich damit um ein' und die selbe Logik wie bei den Georgia Guidestones, die wir bereits besprochen haben. Warum sprechen wir von „Pfeifen"? Wer bis heute nicht kapiert hat, daß der menschliche Pimperkasten eine Eva ist und der menschliche Rohrverleger ein Adam, ist eine, und zwar ausnahmslos! Da gibt es auch nichts schönzureden, das ist eine absolute Katastrophe, daß das immer noch so ist.

So, dann machen wir mal weiter und wenden uns „Hopplahopp und Hottehü" zu, welches ihrer insgesamt vier im Holzschnitt von Albrecht Dürer sind. Diese beziehen sich auf den nachfolgenden Zusammenhang, der sich über $^{1}a_{1} = 4$, $^{1}b_{2} = 5$, $^{1}b_{2} = 5$ und $^{1}a_{1} = 4$ in Form von ^{7}a und $b_{42} = 55$ unter der Bedingung $^{11}1 = 1 = 1_{7} = 28$ für ^{11}vier Pferde$_{108}$ = 123 ergibt:

^{11}vier Pferde$_{108}$	=	123		123 - 1	=	122

1 + 2 + 2 + 1 für ein System	=	6

istgleich

$^{1}a_{1}$	=	4		4 - 1	=	3
$^{1}b_{2}$	=	5		5 - 1	=	4
$^{1}b_{2}$	=	5		5 - 1	=	4
$^{1}a_{1}$	=	4		4 - 1	=	3
^{7}a und b_{42}	=	55		55 - 1	=	54
$^{11}1 = 1 = 1_{7}$	=	28		28 - 1	=	27
^{21}nicht von dieser $Erde_{197}$	=	226		226 - 1	=	225
					=	320

3 + 2 + 0 + 1 für ein System	=	6

Wir erhalten ordnungsgemäß die Bedingung 6 = 6 in einem Gleichgewicht, die durch 1 + 2 + 2 + 1 und 3 + 2 + 0 + 1 auf die beiden Zahlen 123 und 321 zurückzuführen ist.

Merke!

Die vier Pferde beziehen sich durch a, b, b und a respektive a und b unter der Bedingung 1 = 1 = 1 darauf, daß man nicht von dieser Erde kommt.

Warum dieser? Es gilt für die $Erde_{n}$ wie für alles andere auch $n \rightarrow \infty$. Es ist also eine endliche von unendlich vielen.

Man befindet sich also symbolisch ^{12}hoch zu $Rosz_{159}$ = 177, was bedingt durch ^{7}a und b_{42} = 55 infolge (177 - 1) + (55 - 1) + 1 für ein System istgleich 231 istgleich 2 + 3 + 1 = 6 unser Ergebnis dahingehend bestätigt, daß deren $^{8}Herkunft_{103}$ = 113 durch (113 - 1) + (155 - 1) + (55 - 1) + 1 für ein System istgleich 321 istgleich 3 + 2 + 1 = 6 auf ^{14}fremder $Planet_{137}$ = 155 zurückzuführen ist, was sich aus ^{7}a und b_{42} = 55 ergibt. Ja, da wird es dann langsam aber sicher nicht mehr ganz so lustig, weil sich unser Anfangsverdacht zunehmend mehr erhärtet, daß wir tatsächlich nicht allein sind, und wir damit ganz gesichert für unsere Herumbumserei mit der Bratpfanne eins übergezogen bekommen.

Die Farben der Pferdchen verweisen über $^{1}a_{1}$ = 4 und $^{1}b_{2}$ = 5 auf den nachfolgenden Zusammenhang:

$^{5}Weisz_{82}$	=	89		89 - 1	=	88
$^{3}Rot_{53}$	=	58		58 - 1	=	57
$^{7}Schwarz_{98}$	=	107		107 - 1	=	106
$^{4}Fahl_{27}$	=	33		33 - 1	=	32
$^{1}a_{1}$	=	4		4 - 1	=	3
$^{1}b_{2}$	=	5		5 - 1	=	4
					=	290

2 + 9 + 0 + 1 für ein System = 12 = 1 + 2 = 3

istgleich

$^{5}Farbe_{32}$	=	39		39 - 1	=	38
$^{5}Stern_{76}$	=	83		83 - 1	=	82
$^{12}Heimatsystem_{157}$	=	171		171 - 1	=	170
					=	290

2 + 9 + 0 + 1 für ein System = 12 = 1 + 2 = 3

Es gilt die Bedingung 3 = 3 in einem Gleichgewicht, die jeweils über 2 + 9 + 0 + 1 den beiden Zahlen 291 geschuldet.

Merke!

Weiß, Rot, Schwarz und Fahl verweisen durch a und durch b auf die jeweilige Farbe des Sterns im Heimatsystem, die dieser ausstrahlt.

Das $^{7}Schwarz_{98}$ = 107 steht symbolisch über $^{1}a_{1}$ = 4 und $^{1}b_{2}$ = 5 in Form von ^{7}a und b_{42} = 55 unter der Bedingung $^{11}1$ = 1 = 1_{7} = 28 durch (107 - 1) + (4 - 1) + (5 - 1) + (55 - 1) + (28 - 1) + 1 für ein System istgleich 195 istgleich 1 + 9 + 5 = 15 istgleich 1 + 5 = 6 für ^{14}diffuses $Licht_{141}$ = 159 istgleich 1 + 5 + 9 = 15 istgleich 1 + 5 = 6. Mit der Farbe $^{4}Fahl_{27}$ = 33 wird durch ^{7}a und b_{42} = 55 über $^{7}a \neq b_{6}$ = 19 und $^{7}b \neq a_{6}$ = 19 infolge (33 - 1) + (55 - 1) + (19 - 1) + (19 - 1) + 1 für ein System istgleich 123 istgleich 1 + 2 + 3 = 6 über (73 - 1) + (89 - 1) + (53 - 1)

+ 1 für ein System istgleich 213 istgleich 2 + 1 + 3 = 6 ein ^{7}Gemisch$_{64}$ = 73, bestehend aus ^{5}Weisz$_{82}$ = 89 und ^{4}Grau$_{47}$ = 53, bezeichnet.

Auch das hätte man wissen können, wenn man sich, anstatt die Einrichtung unserer Erde zu demolieren, die hierfür notwendigen Gedanken gemacht hätte. Die Verwendung des Wortes „Pfeife“ ist damit mehr als angebracht. Es muss auch hier stehen, sonst wachst du nie auf. Wir sind eh unter uns, da sich nur sehr wenige durch die von mir publizierte Lektüre gekämpft haben werden. Deshalb sind wir in unserer kleinen Runde mittlerweile auch beim Du gelandet. Wir kommen erneut auf den König zu sprechen.

^{18}Der falsche Koenig$_{142}$ = 166 unter uns führt - seiner bloßen ^{11}Bezeichnung$_{114}$ = 127 geschuldet - durch (166 - 1) + (127 - 1) + 1 für ein System istgleich 292 istgleich 2 + 9 + 2 = 13 istgleich 1 + 3 = 4 zu dem, der uns über ^{1}a$_{1}$ = 4 und ^{1}b$_{2}$ = 5 durch ^{7}a und b$_{42}$ = 55 unter der Bedingung ^{11}1 = 1 = 1$_{7}$ = 28 respektive (4 - 1) + (5 - 1) + (55 - 1) + (28 - 1) + (204 - 1) + 1 für ein System istgleich 292 istgleich 2 + 9 + 2 = 13 istgleich 1 + 3 = 4 als

^{19}der falsche Prophet$_{179}$ = 204

istgleich 2 + 0 + 4 = 6, folglich als ein schlechter Berater, oftmals über unseren eigenen Weg läuft; da dieser uns durch die ^{8}Paritaet$_{90}$ = 100 über ^{1}a$_{1}$ = 4 und ^{1}b$_{2}$ = 5 lediglich daran erinnert, daß sich dieser durch (100 - 1) + (4 - 1) + (5 - 1) + (134 - 1) + 1 für ein System istgleich 240 istgleich 2 + 4 + 0 = 6 von unserem eigenen ^{8}Unwissen$_{124}$ = 134 nährt.

Es geht damit nicht um das ^{8}Versagen$_{91}$ = 101 des Einzelnen, sondern um das aller. In der Endkonsequenz ergibt sich aus ^{1}a$_{1}$ = 4, ^{1}b$_{2}$ = 5, ^{1}b$_{2}$ = 5 und ^{1}a$_{1}$ = 4 Folgendes:

^{19}der falsche Prophet$_{179}$	=	204		204 - 1	=	203
^{8}Unwissen$_{124}$	=	134		134 - 1	=	133
^{1}a$_{1}$	=	4		4 - 1	=	3
^{1}b$_{2}$	=	5		5 - 1	=	4
^{1}b$_{2}$	=	5		5 - 1	=	4
^{1}a$_{1}$	=	4		4 - 1	=	3
					=	350

3 + 5 + 0 + 1 für ein System	=	9

istgleich

^{9}Untergang$_{107}$	=	118		118 - 1	=	117
^{10}Menschheit$_{104}$	=	116		116 - 1	=	115
^{8}Paritaet$_{90}$	=	100		100 - 1	=	99
^{7}a und b$_{42}$	=	55		55 - 1	=	54
$^{11}1 = 1 = 1_{7}$	=	28		28 - 1	=	27
^{8}Versagen$_{91}$	=	101		101 - 1	=	100
					=	512

5 + 1 + 2 + 1 für ein System	=	9

Es gilt die Bedingung 9 = 9 in einem Gleichgewicht, was den beiden Zahlen 351 und 513 aus 3 + 5 + 0 + 1 und 5 + 1 + 3 + 1 geschuldet ist.

Merke!

Das Unwissen ist über a, b, b und a „der falsche Prophet", der durch die Parität von a und b unter der Bedingung 1 = 1 = 1 zum Untergang der Menschheit führen wird, welcher unser diesbezügliches Versagen widerspiegelt.

Jetzt wirst du wahrscheinlich verstehen, warum ich mit aller Macht und Gewalt darauf herumreite. Unser Unwissen ist per se dafür verantwortlich, daß wir untergehen werden; unser aller falscher Prophet. Anmerkung: Wer sich, wie von Albrecht Dürer angeprangert, uns gegenüber als König aufspielt, dazu kommen wir später.

Es ist also bitterböser Ernst damit, was uns allen bevorsteht. Die 4 Reiter reflektieren die Logik dahinter insoweit - daß wir, was allein schon deren bloßer Erscheinung geschuldet ist, schlagartig und sofort Vernunft annehmen. Die wollen wir sehen, die hier opportunieren werden. Das wird logischerweise nicht passieren, da wir von unseren üblichen Helden nur die Kondensstreifen am Horizont sehen werden. Insofern ist es durchaus ratsam, sich vorab mit dem Gedanken etwas anzufreunden, daß das Wunder ein in Anführungsstrichen blaues werden wird.

Der logische Gegenpart wird in Form von ^{7}a und b$_{42}$ = 55 über den nachfolgenden Zusammenhang gestellt, den wir uns jetzt über $^{1}a_{1} = 4$, $^{1}b_{2} = 5$, $^{1}b_{2} = 5$ und $^{1}a_{1} = 4$ respektive $^{7}a \neq b_{6} = 19$ und $^{7}b \neq a_{6} = 19$ unter der Bedingung $^{11}1 = 1 = 1_{7} = 28$

ansehen: ^{22}Der wahrhaftige Koenig$_{194}$ = 222 ist über (222 - 1) + (39 - 1) + 1 für ein System istgleich 260 istgleich 2 + 6 + 0 = 8 ein anderer ^{4}Name$_{33}$ = 39 für einen wahrhaftigen Erlöser, was sich aus ^{24}der wahrhaftige Erloeser$_{230}$ = 260 istgleich 2 + 6 + 0 = 8 ergibt. Damit kann sich jeder, der sich etwa für Leben einsetzt, wahrhaftig als ein König verstehen. Mit den Trantüten, die aus unseren Märchenbüchern abgehauen sind, hat das nichts zu tun. Im Gegenteil ist es ein falscher Prophet; ergo ein falscher König. Wahrhaftige Könige und wahrhaftige Königinnen sind dann alle jene, die um echte Lösungen bemüht sind und in einem übertragenen Sinn vergleichsweise ein gemeinsames Reich eröffnen, um dadurch selbst geadelt zu werden, da man Edles tut. Und das ist etwas vollkommen anderes, als das, was wir in der Regel damit verbinden. Für den wahrhaftigen Erlöser erhalten wir über $^{1}a_{1}$ = 4, $^{1}b_{2}$ = 5, $^{1}b_{2}$ = 5 und $^{1}a_{1}$ = 4 respektive deren ^{8}Paritaet$_{90}$ = 100 infolge $^{7}a \neq b_{6}$ = 19 und $^{7}b \neq a_{6}$ = 19 unter der Bedingung $^{11}1 = 1 = 1_{7}$ = 28 Folgendes:

^{24}der wahrhaftige Erloeser$_{230}$	=	260		260 - 1	=	259
^{6}Wissen$_{89}$	=	97		97 - 1	=	96
^{8}Paritaet$_{90}$	=	100		100 - 1	=	99
$^{1}a_{1}$	=	4		4 - 1	=	3
$^{1}b_{2}$	=	5		5 - 1	=	4
$^{1}b_{2}$	=	5		5 - 1	=	4
$^{1}a_{1}$	=	4		4 - 1	=	3
$^{7}a \neq b_{6}$	=	19		19 - 1	=	18
$^{7}b \neq a_{6}$	=	19		19 - 1	=	18
$^{11}1 = 1 = 1_{7}$	=	28		28 - 1	=	27
					=	531

5 + 3 + 1 + 1 für ein System	=	10	=	1 + 0	=	1

istgleich

^{18}Wiederauferstehung$_{209}$	=	229		229 - 1	=	228
^{6}Mensch$_{62}$	=	70		70 - 1	=	69
^{7}a und b$_{42}$	=	55		55 - 1	=	54
					=	351

3 + 5 + 1 + 1 für ein System	=	10	=	1 + 0	=	1

Es gilt die Bedingung 1 = 1 in einem Gleichgewicht, die durch 5 + 3 + 1 + 1 und 3 + 5 + 1 + 1 aus den beiden Zahlen 532 und 352 hervorgeht.

Merke!

Der wahrhaftige Erlöser ist bedingt durch die Parität über a, b, b und a in Form von a und b infolge $a \neq b$ und $b \neq a$ unter der Bedingung 1 = 1 = 1: das Wissen, welches den Menschen wiederauferstehen lässt.

Wenn wir einfach mal für uns selbst reflektieren, was sich dann ehrlicherweise hinter den jeweiligen Begriffen dann tatsächlich am Ende verbirgt, wissen wir, wie sehr in jeglicher Hinsicht auf dieser Erde vom Menschen am Rad gedreht worden ist. Vorangebracht hat es niemanden, nur umgebracht.

Wir machen noch einen kurzen Abstecher, bevor wir uns das Objekt 3I/Atlas ansehen, und werfen einen Blick auf den nachfolgenden Zusammenhang:

^{14}Jesus Christus$_{191}$	=	209		209 - 1	=	208
^{15}Maria Magdalena$_{100}$	=	119		119 - 1	=	118
$^{1}a_{1}$	=	4		4 - 1	=	3
$^{1}b_{2}$	=	5		5 - 1	=	4
^{8}Paritaet$_{90}$	=	100		100 - 1	=	99
^{7}a und b$_{42}$	=	55		55 - 1	=	54
$^{7}a \neq b_{6}$	=	19		19 - 1	=	18
$^{7}b \neq a_{6}$	=	19		19 - 1	=	18
					=	522

5 + 2 + 2 + 1 für ein System	=	10	=	1 + 0	=	1

istgleich

^{24}Offenbarung des Johannes$_{223}$	=	253		253 - 1	=	252

2 + 5 + 2 + 1 für ein System	=	10	=	1 + 0	=	1

Wie zu befürchten, erhalten wir in einem Gleichgewicht die Bedingung 1 = 1, welche vergleichsweise analog den Zahlen 532 und 352 auf Seite 135f. über 5 + 2 + 2 + 1 und 2 + 5 + 2 + 1 auf die beiden Zahlen 523 und 253 zurückzuführen ist. Wir haben damit den Beweis erbracht, daß die Wiederaufstehung des Menschen an das Wissen gebunden ist, das wie bei „Jesus Christus und Maria Magdalena" der Bedingung „ein Adam und eine Eva" unterliegt. Das ist also unser aller Problem auch hier, wofür wir eine Lösung benötigen.

Merke!

Jesus Christus und Maria Magdalena beziehen sich beide über a und über b - bedingt durch die Parität von a und b infolge a ≠ b und b ≠ a - auf die Offenbarung des Johannes.

Daraus folgt, daß es in deren Geschichte einen Aspekt gibt, der beide über die Logik des Johannes verbindet, da sich durch das ^{6}System$_{101}$ = 109, in dem wir leben, aus $^{1}a_{1}$ = 4 und $^{1}b_{2}$ = 5 durch (109 - 1) + (4 - 1) + (5 - 1) + (416 - 1) + 1 für ein System istgleich 532 istgleich 5 + 3 + 2 = 10 istgleich 1 + 0 = 1 ^{42}Wie die Nase des Mannes, so sein Johannes.$_{357}$ = 417 ergibt.

Da das prinzipiell wörtlich zu nehmen ist, erhalten wir durch die ^{8}Paritaet$_{90}$ = 100 von ^{7}a und b$_{42}$ = 55 Folgendes:

^{15}Maria Magdalena$_{100}$	=	119		119 - 1	=	118
^{8}Paritaet$_{90}$	=	100		100 - 1	=	99
^{7}a und b$_{42}$	=	55		55 - 1	=	54
					=	271

2 + 7 + 1 + 1 für ein System	=	11	=	1 + 1	=	2

istgleich

^{20}der Apostel Johannes$_{201}$	=	227		227 - 1	=	226

2 + 2 + 6 + 1 für ein System	=	11	=	1 + 1	=	2

Es gilt die Bedingung 2 = 2 in einem Gleichgewicht, die sich respektive 2 + 7 + 1 + 1 und 2 + 2 + 6 + 1 aus den beiden Zahlen 272 und 227 ergibt.

Merke!

Maria Magdalena ist infolge der Parität von a und b im Werk „Das letzte Abendmahl“ von Leonardo da Vinci dem Apostel Johannes gleichzusetzen.

Der Apostel Johannes wurde damit von Leonardo da Vinci zum einen als dieser dargestellt und zum anderen als Maria Magdalena. Daraus folgt, daß dieser durch zwei verschiedene Charaktere besetzt worden ist. De facto handelt es sich nicht um ein' und die selbe Person, sondern um zwei.

Die Doppelrolle des Apostels Johannes begründet, daß Maria Magdalena übrigens nicht dort sitzen sollte, wo sie im Werk „Das letzte Abendmahl“ anzutreffen ist, sondern in der Mitte an der Seite von Jesus Christus. Die Handlampe, die man als Petrus bezeichnet, also den Dummdödel, der das Messer schwingt, steht damit für den Nebenbuhler und durch die Doppelrolle des Johannes auch für die Nebenbuhlerin, die generell nichts an einer gemeinsamen Tafel verloren haben. Neuerdings ist es eine üble Marotte in Deutschland, daß die diesbezüglichen Trophäen im näheren Umfeld mit herumgurken; schlechtestenfalls sitzt man mit am Tisch. Wenn etwas vorbei ist, ist es vorbei.

Das heißt, daß Maria Magdalena, eine „Romanfigur“, nicht nur mit „Männern“ in's Bett gegangen ist, sondern auch mit „Frauen“. Ergebnis: Er ist darüber krank geworden und symbolisch am Kreuz, in einem übertragenen Sinn durch das Gräuel auf ihrer Beziehungsebene, welches sie veranstaltet hat, gestorben. Das ist so in etwa die Kurzfassung - was wir zu einem späteren Zeitpunkt noch etwas ausführlicher behandeln werden.

Es gibt also überhaupt keinen Grund, deren Leidensweg auf der Beziehungsebene, denn es ist am Ende der beider, nachzuahmen und zu einer Religion zu erheben. Es handelt sich de facto um eine Geschichte, aus der man lernen sollte, welche Konsequenzen es, wenn von der Bedingung „ein Adam und eine Eva“ abgewichen wird, auf der Beziehungsebene über Beziehung letztlich geben kann. Das hindert natürlich nicht daran, weiterzumachen, wie gehabt. Das Doofe daran: Sie ist wahr.

Die ^{9}Krankheit$_{97}$ = 108 ^{5}Krebs$_{55}$ = 62 zum Beispiel liefert uns über ihre ^{11}Bezeichnung$_{114}$ = 127 als solche durch (108 - 1) + (62 - 1) + (127 - 1) + 1 für ein System istgleich 295 istgleich 2 + 9 + 5 = 16 istgleich 1 + 6 = 7 den Beweis dafür, daß diese durch ${}^{1}a_{1} = 4$, ${}^{1}b_{2} = 5$, ${}^{1}b_{2} = 5$ und ${}^{1}a_{1} = 4$ in Form von ${}^{7}a$ und $b_{42} = 55$ infolge ${}^{7}a \neq b_{6} = 19$ und ${}^{7}b \neq a_{6} = 19$ unter der Bedingung ${}^{11}1 = 1 = 1_{7} = 28$ in der Summe über (4 - 1) + (5 - 1) + (5 - 1) + (4 - 1) + (55 - 1) + (19 - 1) + (19 - 1) + (28 - 1) + (164 - 1) + 1 für ein System istgleich 295 istgleich 2 + 9 + 5 = 16 istgleich 1 + 6 = 7 durch die ${}^{15}\text{Beziehungsebene}_{147} = 164$ ausgelöst wird. Das heißt, daß man zur Bewältigung dieser in einem bestimmten Umfang auch invasiv eingreifen darf; was aber deren prinzipielle Überwindung anbelangt, muss eine Lösung auf der Beziehungsebene vorliegen. Und von diesem Ansatz, welcher der einzig richtige ist, ist man in der Pharmazie und Medizin Lichtjahre entfernt. Es stand jedoch bereits in der Bibel, einem Buch - was die Ursache dafür ist.

Im Prinzip hatten wir es die ganze Zeit vor unseren Augen, wodurch unser Leben am Ende endlich wird, obwohl es über das eine unendlich ist. Zumindest ist es das, was für uns als Geschenk vorgesehen gewesen ist, das wir aber nunmehr seit Jahrzehnten, Jahrhunderten und Jahrtausenden ablehnen. Insofern nimmt das Grauen, das wir selbst überall und allerorts verbreiten, so nach und nach immer mehr Gestalt an. Ob das Grauen zu einem freundlichen Grau wird, das fröhlich und lustig zwischen Schwarz und Weiß hin- und herpendelt, bleibt abzuwarten, da es jenes in der Mitte im Zentrum ist, die der Spitze entspricht.

Und dort gibt es dann tatsächlich nur den, den wir Enki (= En-ki) nennen, dessen Getreue und Gefolgsleute sich in Form der 4 Reiter auf dem Weg zur Erde befinden. Weshalb das so ist, klären wir unter den beiden Punkten 3.2.1. und 3.2.2., die nun folgen werden.

3.2.1. Das Objekt 3I/Atlas

Man hat vor geraumer Zeit festgestellt, daß es ein ^{6}Objekt$_{63}$ = 71 gibt, das in unser Sonnensystem eingetreten ist, an der Erde vorbeiflog, einmal um die Sonne und wieder zurück; welches auf unserer ^{4}Erde$_{32}$ = 38 respektive einer vielsagenden ^{11}Bezeichnung$_{114}$ = 127 über ^{4}Name$_{33}$ = 39 auf den Namen ^{8}3I/Atlas$_{66}$ = 79 getauft worden ist. Es gilt durch die ^{8}Paritaet$_{90}$ = 100 von ^{7}a und b$_{42}$ = 55 infolge ^{7}a ≠ b$_{6}$ = 19 und ^{7}b ≠ a$_{6}$ = 19 unter der Bedingung ^{11}1 = 1 = 1$_{7}$ = 28 Folgendes:

^{6}Objekt$_{63}$	=	71		71 - 1	=	70
^{4}Erde$_{32}$	=	38		38 - 1	=	37
^{8}Paritaet$_{90}$	=	100		100 - 1	=	99
^{7}a und b$_{42}$	=	55		55 - 1	=	54
^{7}a ≠ b$_{6}$	=	19		19 - 1	=	18
^{7}b ≠ a$_{6}$	=	19		19 - 1	=	18
^{11}1 = 1 = 1$_{7}$	=	28		28 - 1	=	27
					=	323

3 + 2 + 3 + 1 für ein System	=	9

istgleich

^{11}Bezeichnung$_{114}$	=	127		127 - 1	=	126
^{4}Name$_{33}$	=	39		39 - 1	=	38
^{8}3I/Atlas$_{66}$	=	79		79 - 1	=	78
					=	242

2 + 4 + 2 + 1 für ein System	=	9

Es gilt die Bedingung 9 = 9 in einem Gleichgewicht, die sich bedingt durch 3 + 2 + 3 + 1 und 2 + 4 + 2 + 1 aus den beiden Zahlen 324 und 243 ergibt.

So weit, so gut. Die etwas schlechtere Nachricht dabei ist, daß unser Ergebnis auf ^{17}Proportionalitaet$_{224}$ = 243 istgleich 2 + 4 + 3 = 9 beruht und uns damit begründet, daß dieses Ereignis nicht nur direkt, sondern auch mittelbar auf die auf unserer Erde zurückzuführen ist. Daraus folgt, daß ausgehend von der Folge die Ursache für sein Erscheinen bei uns zu suchen ist. Es gilt damit nicht ganz überraschend der nachfolgende Zusammenhang, der sich über $^{1}a_{1}$ = 4 und $^{1}b_{2}$ = 5 in Form von ^{7}a und b_{42} = 55 unter der Bedingung $^{11}1 = 1 = 1_{7}$ = 28 ergibt:

^{17}Proportionalitaet$_{224}$	=	243		243 - 1	=	242

2 + 4 + 2 + 1 für ein System	=	9

istgleich

^{15}Beziehungsebene$_{147}$	=	164		164 - 1	=	163
^{8}Menschen$_{81}$	=	91		91 - 1	=	90
$^{1}a_{1}$	=	4		4 - 1	=	3
$^{1}b_{2}$	=	5		5 - 1	=	4
^{7}a und b_{42}	=	55		55 - 1	=	54
$^{11}1 = 1 = 1_{7}$	=	28		28 - 1	=	27
					=	341

3 + 4 + 1 + 1 für ein System	=	9

Wir erhalten die Bedingung 9 = 9 in einem Gleichgewicht, welche sich durch 2 + 4 + 2 + 1 und 3 + 4 + 1 + 1 in den beiden Zahlen 243 und 342 widerspiegelt.

Merke!

Die Beziehungsebene der Menschen führt über a und b unter der Bedingung 1 = 1 = 1 respektive deren Proportionalität, ausgehend von einem a, zu einem b.

Interpretationsseitig ist das Objekt 3I/Atlas, da die Radioaktivität in unserem Körper nichts anderes als Energie ist, die Folge davon, daß zwischen uns ^{8}Menschen$_{81}$ = 91 ein ^{15}Ungleichgewicht$_{154}$ = 171 besteht, das korrespondierend über ^{7}a und b_{42} = 55 unter der Bedingung $^{11}1 = 1 = 1_{7}$ = 28 durch (91 - 1) + (171 - 1) + (55 - 1) +

(28 - 1) + 1 für ein System istgleich 342 istgleich 3 + 4 + 2 = 9 andernorts wahrgenommen worden ist. Der Flug um die Sonne hat also nur dazu gedient, zu erkunden, wie sehr dieses Ungleichgewicht fortgeschritten ist, da eine Sonneneruption im Jahr 2057 am 16. März, um Punkt 10:30 Uhr bevorsteht, die alles, was bis dato auf der Erde existiert, vernichten wird.

Respektive der vorherigen Zahlen wird vom Objekt 3I/Atlas namentlich durch ${}^{4}\text{Name}_{33}$ = 39 durch (39 - 1) + (196 - 1) + 1 für ein System istgleich 234 istgleich 2 + 3 + 4 = 9 ein ${}^{14}\text{Erkundungsflug}_{180}$ = 196 absolviert. Die Frage ist damit, wer sich hierfür verantwortlich zeichnet, da es sich vorerst über ${}^{1}a_{1} = 4$, ${}^{1}b_{2} = 5$, ${}^{1}b_{2} = 5$ und ${}^{1}a_{1} = 4$ unter der Bedingung ${}^{11}1 = 1 = 1_{7} = 28$ respektive ${}^{16}\text{unbemannter Flug}_{173}$ = 193 infolge (4 - 1) + (5 - 1) + (5 - 1) + (4 - 1) + (28 - 1) + (193 - 1) + 1 für ein System istgleich 234 istgleich 2 + 3 + 4 = 9 in der Endkonsequenz um einen unbemannten Flug handelt. Damit wissen wir bereits ganz gesichert, daß es sich bei dem ${}^{6}\text{Objekt}_{63}$ = 71 ${}^{8}\text{3I/Atlas}_{66}$ = 79 über ${}^{1}a_{1} = 4$, ${}^{1}b_{2} = 5$, ${}^{1}b_{2} = 5$ und ${}^{1}a_{1} = 4$ durch (71 - 1) + (79 - 1) + (4 - 1) + (5 - 1) + (5 - 1) + (4 - 1) + (72 - 1) + 1 für ein System istgleich 234 istgleich 2 + 3 + 4 = 9 um eine ${}^{6}\text{Drohne}_{64}$ = 72 handelt, die sich auf Erkundungstour befindet und aus dem interstellaren Raum stammt.

Die Frage ist also, da wir die Apokalypse ausgelöst haben, die von höheren Wesen in die Tat umgesetzt wird, wer es von unseren Nachbarn im interstellaren Raum ist. Damit muss unsere Antwort darauf reflektieren, ob es sich um eine Drohne der Reptiloiden, der Predatoren, der Aliens oder der Na'vi handelt. Prinzipiell zieht sich damit die Schlinge um unseren Hals ein wenig fester. Es wird damit ernst in jeglicher Hinsicht, obwohl es für mein persönliches Dafürhalten überall auf der Erde bereits mehr als schlimm genug ist.

Ich bin in der Hinsicht offensichtlich etwas anders erzogen worden, dahingehend, daß das Leben an sich nicht nur schützenswert, sondern auch erhaltenswert ist, ob das menschliche, sei erst einmal dahingestellt. Das schließt für mich selbst auch die mit ein, die sich etwaige Verfehlungen im Leben geleistet haben, wie vergleichsweise Mörder, Drogendealer, Mediziner und sonstige Plagegeister. Ich vertrete de facto die Ansicht, daß, falls eine Lösung für alle möglich ist, jeder und jede diese für sich in Anspruch nehmen darf. Keine Frage, ich formuliere die betreffenden Themen ohne weitere Umschweife, was meinem Grundtenor geschuldet ist, den du nun kennst. Kurzum: Wenn eine Lösung möglich ist, dann tendenziell eine für alle.

Es wurde also in gewisser Hinsicht zu Recht gemunkelt, da man immer wieder bei der Erklärung, was das Objekt 3I/Atlas denn ist, vor einem unlösbaren Rätsel steht: daß es sich unter Umständen bei diesem um ein interstellares Raumschiff uns unbekannten Ursprungs handeln könnte, welches im Endeffekt aus den Weiten des interstellaren Raums kommt. Rechnerisch haben wir also den Beweis dafür erbracht, daß es sich nicht um ein ebensolches handelt, sondern um eine Drohne, die sich auf Erkundungstour befindet.

Da diese etwas vorausgeht, es kommt also irgendetwas demnächst nach, erhalten wir für das ^{6}Objekt$_{63}$ = 71 ^{8}3I/Atlas$_{66}$ = 79 durch die Proportionalität von ^{7}a und b_{42} = 55 in Form von $^{5}a \sim b_4$ = 15 und $^{5}b \sim a_4$ = 15 unter der Bedingung $^{11}1 = 1 = 1_7$ = 28 Folgendes: Wir unterstellen damit, daß einerseits die Drohne als Raum a existiert und andererseits als Raum b etwas anderes. Es sind im Ergebnis zwei Objekte, die korrespondierend angelegt sind; ergo ein Objekt a und ein Objekt b.

^{6}Objekt$_{63}$	=	71		71 - 1	=	70
^{8}3I/Atlas$_{66}$	=	79		79 - 1	=	78
					=	148

1 + 4 + 8 + 1 für ein System	=	14	=	1 + 4	=	5

istgleich

^{7}a und b_{42}	=	55		55 - 1	=	54
$^{5}a \sim b_4$	=	15		15 - 1	=	14
$^{5}b \sim a_4$	=	15		15 - 1	=	14
$^{11}1 = 1 = 1_7$	=	28		28 - 1	=	27
^{25}interstellares Raumschiff$_{281}$	=	310		310 - 1	=	309
					=	418

4 + 1 + 8 + 1 für ein System	=	14	=	1 + 4	=	5

Es gilt die Bedingung 5 = 5 in einem Gleichgewicht, die durch 1 + 4 + 8 + 1 und 4 + 1 + 8 + 1 den beiden Zahlen 149 und 419 geschuldet ist.

Merke!

Das Objekt 3I/Atlas gehört über a und b durch a ~ b und b ~ a unter der Bedingung 1 = 1 = 1 zu einem interstellaren Raumschiff.

Der ^{11}Bezeichnung$_{114}$ = 127 nach handelt es sich bei ^{8}3I/Atlas$_{66}$ = 79 - bedingt durch $^{1}a_{1}$ = 4 und $^{1}b_{2}$ = 5 - über (127 - 1) + (79 - 1) + (4 - 1) + (5 - 1) + 1 für ein System istgleich 212 istgleich 2 + 1 + 2 = 5 um eine ^{17}Aufklaerungssonde$_{193}$ = 212 istgleich 2 + 1 + 2 = 5, die zu einem interstellaren Raumschiff gehört. Man befindet sich also bereits in unserem Sonnensystem.

Und damit grenzen wir schnell noch ein, von welchem der Reiter wir in Form von ^{7}a und b_{42} = 55 als Erstes Besuch erhalten werden; es gilt nämlich Folgendes:

^{6}Objekt$_{63}$	=	71		71 - 1	=	70
^{8}3I/Atlas$_{66}$	=	79		79 - 1	=	78
^{25}interstellares Raumschiff$_{281}$	=	310		310 - 1	=	309
^{7}a und b_{42}	=	55		55 - 1	=	54
					=	511

5 + 1 + 1 + 1 für ein System	=	8

istgleich

^{10}Reptiloide$_{113}$	=	125		125 - 1	=	124

1 + 2 + 4 + 1 für ein System	=	8

Es gilt die Bedingung 8 = 8 in einem Gleichgewicht, die sich aus 5 + 1 + 1 + 1 und 1 + 2 + 4 + 1 in Form der beiden Zahlen 512 und 125 ergibt, die beide auf die bevorstehende ^{14}Sonneneruption$_{199}$ = 215 istgleich 2 + 1 + 5 = 8 zurückzuführen sind.

Merke!

Das Objekt 3I/Atlas und das interstellare Raumschiff gehören in Form von a und b beide den Reptiloiden.

Warum deren Erscheinen in unserem Sonnensystem ein Ultimatum vorausgegangen ist, behandeln wir im nächsten Kapitel.

3.2.2. Das Objekt ASKAP J1832-0911

Bei ASKAP J1832-0911 handelt es sich um ein Himmelsobjekt in unserer Milchstraße, das alle 44 Minuten 2 Minuten lang in Form von Radiowellen und Röntgenstrahlen blinkt, was auf eine Radioemission schließen lässt. Die Wirkungsweise eines Radios impliziert, daß eine uns unbekannte Handlampe im interstellaren Raum zuhören soll, weil etwas ganz gewaltig schiefläuft, was auch Auswirkungen auf andere Systeme zeigt. Man „ruft" in einem übertragenen Sinn an, um sich zu erkundigen, ob man noch alle Latten am Zaun hat, also die Handlampe. Wir wissen damit, daß man vergleichsweise aus dem Andromeda-Nebel in der Milchstraße eine Spezies kontaktiert, die quasi außer Rand und Band ist. Letzteres könnte darauf hinweisen, daß eventuell wir gemeint sind; ergo wir die Handlampe sind, die auszugehen droht, oder der man das Licht ausknipsen wird, falls hier keine Mäßigung stattfindet. Das kann also negativ oder auch positiv sein. Aus einem anderen deshalb, da das System über a und b operiert und a nun mal nicht b ist. Logische Folge: Es handelt sich um eine Nachbargalaxie.

Als ein sogenannter langperiodischer Radio-Transient befindet sich dieser als besagtes ^{13}Himmelsobjekt$_{142}$ = 157 in unserer Milchstraße - bedingt durch (157 - 1) + (58 - 1) + 1 für ein System istgleich 214 istgleich 2 + 1 + 4 = 7 - im ^{4}Takt$_{52}$ = 58, der durch ^{7}a und b$_{42}$ = 55 korrespondierend über (55 - 1) + (70 - 1) + 1 für ein System istgleich 124 istgleich 1 + 2 + 4 = 7 ein ^{6}Signal$_{62}$ = 70 emittiert, das wir auf der Erde als Blinken wahrnehmen. Der Absender hält also den potenziellen Empfänger quasi für etwas unterbelichtet, da man sich vergleichsweise einer Taschenlampe bedient, die nur etwas größer ist: Man morst und sendet eine Nachricht.

Damit gilt für ^{16}ASKAP J1832-0911$_{84}$ = 107 durch die ^{8}Paritaet$_{90}$ = 100 von ^{7}a und b$_{42}$ = 55 unter der Bedingung ^{11}1 = 1 = 1$_{7}$ = 28 korrespondierend der nachfolgende Zusammenhang:

^{16}ASKAP J1832-0911$_{84}$	=	107		107 - 1	=	106
^{8}Paritaet$_{90}$	=	100		100 - 1	=	99
^{7}a und b$_{42}$	=	55		55 - 1	=	54
^{11}1 = 1 = 1$_{7}$	=	28		28 - 1	=	27
					=	286

2 + 8 + 6 + 1 für ein System	=	17	=	1 + 7	=	8

istgleich

^{20}Uebertragungsstation$_{256}$	=	278		278 - 1	=	277

2 + 7 + 7 + 1 für ein System = 17 = 1 + 7 = 8

Es gilt die Bedingung 8 = 8 in einem Gleichgewicht, welche sich durch 2 + 8 + 6 + 1 und 2 + 7 + 7 + 1 aus den beiden Zahlen 287 und 278 ergibt.

Merke!

Bedingt durch die Parität von a und b handelt es sich unter der Bedingung 1 = 1 = 1 bei ASKAP J1832-0911 um eine Übertragungsstation.

Die Frage, die sich damit stellt, ist dann logischerweise: Wer diese in unserer Galaxie betreibt? Im Prinzip wissen wir es, wenn wir die Antwort, egal wie schwer uns diese fällt, zulassen. Die, die uns als einzige berechtigterweise in den Sinn kommen könnte, ist, daß sich Reiter 1 zu Wort gemeldet hat. Ja, da verschlägt es dann wohl doch dem einen und der anderen die Sprache.

Der Vollständigkeit halber werfen wir gemeinsam einen Blick auf den nachfolgenden Zusammenhang, der uns so nach und nach verdeutlicht, wo wir gedanklich hingelangen müssen. Die ^{20}Uebertragungsstation$_{256}$ = 278 mit der ^{11}Bezeichnung$_{114}$ = 127 ^{16}ASKAP J1832-0911$_{84}$ = 107 bezieht sich in Form von ^{7}a und b$_{42}$ = 55 über ^{1}a$_{1}$ = 4 und ^{1}b$_{2}$ = 5 auf das ^{6}Signal$_{62}$ = 70, das als Radioemission alle 44 Minuten 2 Minuten lang ausgestrahlt wird; es gilt Folgendes:

^{20}Uebertragungsstation$_{256}$	=	278		278 - 1	=	277
^{11}Bezeichnung$_{114}$	=	127		127 - 1	=	126
^{16}ASKAP J1832-0911$_{84}$	=	107		107 - 1	=	106
^{7}a und b$_{42}$	=	55		55 - 1	=	54
					=	563

5 + 6 + 3 + 1 für ein System = 15 = 1 + 5 = 6

istgleich

^{13}Radioemission$_{150}$	=	165		165 - 1	=	164
^{15}alle 44 Minuten$_{134}$	=	155		155 - 1	=	154
^{14}2 Minuten lang$_{132}$	=	152		152 - 1	=	151
^{6}Signal$_{62}$	=	70		70 - 1	=	69
^{1}a$_{1}$	=	4		4 - 1	=	3
^{1}b$_{2}$	=	5		5 - 1	=	4
					=	545

5 + 4 + 5 + 1 für ein System	=	15	=	1 + 5	=	6

Wir haben in einem Gleichgewicht die Bedingung 6 = 6 vorliegen, die sich durch 5 + 6 + 3 + 1 und 5 + 4 + 5 + 1 aus den beiden Zahlen 564 und 546 ergibt.

Merke!

Die Übertragungsstation mit der Bezeichnung ASKAP J1832-0911 sendet über a und über b respektive a und b alle 44 Minuten 2 Minuten lang in Form einer Radioemission ein Signal aus.

Es findet damit ausgehend von ^{16}ASKAP J1832-0911$_{84}$ = 107 über (107 - 1) + (4 - 1) + (5 - 1) + (55 - 1) + (19 - 1) + (19 - 1) + 1 für ein System istgleich 204 istgleich 2 + 0 + 4 = 6 durch ^{1}a$_{1}$ = 4 und ^{1}b$_{2}$ = 5 in Form von ^{7}a und b$_{42}$ = 55 infolge ^{7}a ≠ b$_{6}$ = 19 und ^{7}b ≠ a$_{6}$ = 19 eine ^{12}Uebertragung$_{139}$ = 153 statt, die als ^{6}Signal$_{62}$ = 70 durch (153 - 1) + (70 - 1) + (95 - 1) + (105 - 1) + 1 für ein System istgleich 420 istgleich 4 + 2 + 0 = 6 eine ^{9}Nachricht$_{84}$ = 95 an uns enthält, welche eine ^{9}Botschaft$_{94}$ = 105 beinhaltet. Wir sind also vor geraumer Zeit bereits kontaktiert worden, da es nunmehr seit längerem blinkt.

Der Vollständigkeit halber handelt es sich durch ^{16}ASKAP J1832-0911$_{84}$ = 107 bei der ^{13}Radioemission$_{150}$ = 165 durch (107 - 1) + (165 - 1) + 1 für ein System istgleich 271 istgleich 2 + 7 + 1 = 10 istgleich 1 + 0 = 1 infolge (127 - 1) + (145 - 1) + 1 für ein System istgleich 271 istgleich 2 + 7 + 1 = 10 istgleich 1 + 0 = 1 der ^{11}Bezeichnung$_{114}$ = 127 nach letzten Endes um nichts anderes als um ein ^{11}Morsesignal$_{132}$ = 145.

Wer sich dabei die Fingerchen wunddrückt und wer dabei Tomaten auf den Augen hat, erklärt sich uns über ^{7}a und b$_{42}$ = 55 infolge ^{7}a ≠ b$_{6}$ = 19 und ^{7}b ≠ a$_{6}$ = 19 unter der Bedingung $^{11}1 = 1 = 1_{7}$ = 28 aus dem nachfolgenden Zusammenhang, welcher sich wie folgt gestaltet:

$^{6}Sender_{65}$	=	73		73 - 1	=	72
$^{10}Reptiloide_{113}$	=	125		125 - 1	=	124
^{7}a und b_{42}	=	55		55 - 1	=	54
$^{7}a \neq b_{6}$	=	19		19 - 1	=	18
$^{7}b \neq a_{6}$	=	19		19 - 1	=	18
$^{11}1 = 1 = 1_{7}$	=	28		28 - 1	=	27
					=	313

3 + 1 + 3 + 1 für ein System	=	8

istgleich

$^{10}Empfaenger_{90}$	=	102		102 - 1	=	101
$^{6}Mensch_{62}$	=	70		70 - 1	=	69
$^{8}Menschen_{81}$	=	91		91 - 1	=	90
$^{10}Menschheit_{104}$	=	116		116 - 1	=	115
$^{4}Erde_{32}$	=	38		38 - 1	=	37
					=	412

4 + 1 + 2 + 1 für ein System	=	8

Es gilt die Bedingung 8 = 8 in einem Gleichgewicht, welche sich durch 3 + 1 + 3 + 1 und 4 + 1 + 2 + 1 in den beiden Zahlen 314 und 413 widerspiegelt.

Beide reflektieren im Prinzip darauf, daß ein elementares $^{13}Gleichgewicht_{119}$ = 134 istgleich 1 + 3 + 4 = 8 durch die Menschen auf der Erde gestört worden ist, was in Form von ^{7}a und b_{42} = 55 über (55 - 1) + (182 - 1) + (178 - 1) + 1 für ein System istgleich 413 istgleich 4 + 1 + 3 = 8 der $^{15}Nichteinhaltung_{165}$ = 182 der Bedingung ^{21}ein Adam und eine Eva_{147} = 178 geschuldet ist. Die „Herumbumserei" der irdischen „Schniedelwutz- und Pimperkastenabteilung" führt also dazu (da es auf unserer Beziehungsebene wild wie in einem Gemüsegarten drunter und drüber geht), daß man dann auch mal dumm aus der Wäsche schaut, verbunden mit dem freundlichen Hinweis, daß man eben nicht allein von allem losgelöst im System existiert.

Wobei respektive ^{7}a und b$_{42}$ = 55 durch (55 - 1) + (182 - 1) + (178 - 1) + 1 für ein System istgleich 413 istgleich 4 + 1 + 3 = 8 diese dann dafür sorgt, daß sich infolge $^{1}a_{1}$ = 4, $^{1}b_{2}$ = 5, $^{1}b_{2}$ = 5 und $^{1}a_{1}$ = 4 unsere galaktischen Nachbarn, die dann offensichtlich der Spezies der ^{10}Reptiloide$_{113}$ = 125 angehören, sich über (4 - 1) + (5 - 1) + (5 - 1) + (4 - 1) + (125 - 1) + (70 - 1) + (91 - 1) + (116 - 1) + 1 für ein System istgleich 413 istgleich 4 + 1 + 3 = 8 infolge ^{6}Mensch$_{62}$ = 70, ^{8}Menschen$_{81}$ = 91 und ^{10}Menschheit$_{104}$ = 116 „magisch" von uns angezogen fühlen.

Merke!

Der Sender wird durch a und b infolge a ≠ b und b ≠ a unter der Bedingung 1 = 1 = 1 von Reptiloiden besetzt und der Empfänger steht durch Mensch und durch Menschen für die Menschheit auf der Erde.

Im Prinzip ist zu unterstellen, daß der ^{6}Exodus$_{88}$ = 96 unserer ^{7}Spezies$_{99}$ = 108 auf der ^{4}Erde$_{32}$ = 38 während der ^{10}Apokalypse$_{121}$ = 133 durch $^{1}a_{1}$ = 4, $^{1}b_{2}$ = 5, $^{1}b_{2}$ = 5 und $^{1}a_{1}$ = 4 unter der Bedingung $^{11}1 = 1 = 1_{7}$ = 28 über (96 - 1) + (108 - 1) + (38 - 1) + (133 - 1) + (4 - 1) + (5 - 1) + (5 - 1) + (4 - 1) + (28 - 1) + 1 für ein System istgleich 413 istgleich 4 + 1 + 3 = 8 von diesen bemerkt worden ist.

Die Spezies der ^{10}Reptiloide$_{113}$ = 125 verweist über $^{1}a_{1}$ = 4 und $^{1}b_{2}$ = 5 in Form von ^{7}a und b$_{42}$ = 55 infolge $^{7}a \neq b_{6}$ = 19 und $^{7}b \neq a_{6}$ = 19 unter der Bedingung $^{11}1 = 1 = 1_{7}$ = 28 auf den nachfolgenden Zusammenhang:

^{10}Reptiloide$_{113}$	=	125		125 - 1	=	124
$^{1}a_{1}$	=	4		4 - 1	=	3
$^{1}b_{2}$	=	5		5 - 1	=	4
^{7}a und b$_{42}$	=	55		55 - 1	=	54
$^{7}a \neq b_{6}$	=	19		19 - 1	=	18
$^{7}b \neq a_{6}$	=	19		19 - 1	=	18
$^{11}1 = 1 = 1_{7}$	=	28		28 - 1	=	27
					=	248

2 + 4 + 8 + 1 für ein System	=	15	=	1 + 5	=	6

istgleich

^{20}galaktische Nachbarn$_{157}$	=	181		181 - 1	=	180
^{6}Mensch$_{62}$	=	70		70 - 1	=	69
^{8}Menschen$_{81}$	=	91		91 - 1	=	90
^{10}Menschheit$_{104}$	=	116		116 - 1	=	115
^{4}Erde$_{32}$	=	38		38 - 1	=	37
					=	491

4 + 9 + 1 + 1 für ein System	=	15	=	1 + 5	=	6

Es gilt die Bedingung 6 = 6 in einem Gleichgewicht, das sich durch 2 + 4 + 8 + 1 und 4 + 9 + 1 + 1 aus den beiden Zahlen 249 und 492 ergibt.

Merke!

Die galaktischen Nachbarn des Menschen auf der Erde sind korrespondierend - bedingt durch die Menschheit über alle Menschen hinweg - infolge a und infolge b in Form von a und b respektive a ≠ b und b ≠ a unter der Bedingung 1 = 1 = 1 hocheffiziente und hocheffektive Reptiloide.

Das ist dann eben so, wenn man nichts anderes als die ganze menschliche Evolution lang pennt, daß sich auch mal Besuch ankündigt, der nicht nur Kaffee säuft und Kuchen frisst, sondern einen Knüppel mitbringt.

Es ist empfehlenswert, wenn diese vor Ort sind, zum Empfang den Sonntagsfummel anzulegen und ein freundliches Gesicht aufzusetzen, um den Willkommensgruß in Form von Brot, Wasser und Salz beherzt in gemeinsamer, trauter Runde darzureichen, was sich auch irgendwo so gehört. Weshalb? Es wird von uns deren Unterstützung und Hilfe benötigt, um unsere Erde, unsere Tiere, unsere Pflanzen und um uns selbst zu retten, ansonsten schwimmst du im Tümpel wie alle anderen auch nur mit deinen Flossen nach oben. Richtig, du hast, wenn du generell leben willst, keine andere Wahl. Man wird respektive unseres Fehlverhaltens und der damit verbundenen Auswirkungen prinzipiell sehr kurz angebunden sein. Also, eine gute Miene und keinerlei Aggression zu zeigen, könnte beim Erstkontakt hilfreich sein. Man wird jedoch wohl oder übel etwas Rückgrat zeigen müssen; um unentwegt den Schnabel aufzureißen, dazu hat es doch auch gereicht. Im Fachjargon ist es der Satz, wo eine große Esse mit „Fr" am Anfang auftaucht.

Im Endeffekt ist es ein' und der selbe missliche Umstand, daß, wenn dich ein Krokodil in den Hintern zwickt, es wohl einfach nur daran liegt, daß du nicht ganz dicht bist, und nicht, wie oftmals behauptet, nur um von sich selbst abzulenken: „Schnappi, das kleine Krokodil". Du wirst also kurzfristig lernen müssen, mit dem Leben aller liebevoll und vernünftig umzugehen. Aber im Zweifelsfall bringt man dir mit ein wenig Nachdruck bei, was Verantwortung im Miteinander und Untereinander ist, denn an dieser hapert es ja bekanntlich ein wenig. Der Unterschied zu unserem Schöpfer wird sein - der bemüht ist, dich mit Wissen zu überzeugen -, daß man mit dir einfach kurzen Prozess machen wird, falls du nicht spurst.

Damit ist es nahezu selbsterklärend, wie die ^{9}Nachricht$_{84}$ = 95 in Form einer ^{9}Botschaft$_{94}$ = 105 an unsere ^{4}Erde$_{32}$ = 38 lautet, die sich korrespondierend über ^{7}a und b$_{42}$ = 55 hinter einem ^{6}Signal$_{62}$ = 70 verbirgt; es gilt Folgendes:

^{6}Signal$_{62}$	=	70		70 - 1	=	69
^{9}Nachricht$_{84}$	=	95		95 - 1	=	94
^{9}Botschaft$_{94}$	=	105		105 - 1	=	104
^{4}Erde$_{32}$	=	38		38 - 1	=	37
^{7}a und b$_{42}$	=	55		55 - 1	=	54
					=	358

3 + 5 + 8 + 1 für ein System	=	17	=	1 + 7	=	8

istgleich

^{10}Reptiloide$_{113}$	=	125		125 - 1	=	124
^{9}Ultimatum$_{130}$	=	141		141 - 1	=	140
^{6}Mensch$_{62}$	=	70		70 - 1	=	69
^{8}Menschen$_{81}$	=	91		91 - 1	=	90
^{10}Menschheit$_{104}$	=	116		116 - 1	=	115
					=	538

5 + 3 + 8 + 1 für ein System	=	17	=	1 + 7	=	8

Es gilt die Bedingung 8 = 8 in einem Gleichgewicht, die über 3 + 5 + 8 + 1 und 5 + 3 + 8 + 1 auf die beiden Zahlen 359 und 539 trifft, welche dann ein wenig infolge $^{1}a_{1}$ = 4 und $^{1}b_{2}$ = 5 unter der Bedingung $^{11}1 = 1 = 1_{7}$ = 28 uns - bedingt durch (4 - 1) + (5 - 1) + (28 - 1) + (292 - 1) + (214 - 1) + 1 für ein System istgleich 539 istgleich 5 + 3 + 9 = 17 istgleich 1 + 7 = 8 - erahnen lassen, warum ein Adam namens ^{26}Johann Wolfgang von Goethe$_{258}$ = 292 lauthals ^{25}Die ich rief, die Geister$_{178}$ = 214 schrie.

Merke!

Das Signal, welches als Nachricht eine Botschaft an die Erde enthält, ist über a und b ein Ultimatum der Reptiloide, das sich innerhalb der Menschheit an den einzelnen Menschen und alle richtet.

Und so wurden in weiser Voraussicht die ^{7}Geister$_{83}$ = 92 in der Ballade ^{18}Der Zauberlehrling$_{185}$ = 207 über $^{1}a_{1}$ = 4 und $^{1}b_{2}$ = 5 infolge (92 - 1) + (207 - 1) + (4 - 1) + (5 - 1) + 1 für ein System istgleich 305 istgleich 3 + 0 + 5 = 8 bereits durch Johann Wolfgang von Goethe erwähnt, da es wohl durch die ^{8}Paritaet$_{90}$ = 100 von ^{7}a und b$_{42}$ = 55 unter der Bedingung $^{11}1 = 1 = 1_{7}$ = 28 respektive (100 - 1) + (55 - 1) + (28 - 1) + (125 - 1) + 1 für ein System istgleich 305 istgleich 3 + 0 + 5 = 8 ^{10}Reptiloide$_{113}$ = 125 istgleich 1 + 2 + 5 = 8 gewesen sind. Zwei davon hatten wir im Buch 1 als Tante Elvira und Onkel Herbert bezeichnet. Das klang zu diesem Zeitpunkt vielleicht ein wenig irre, aber je mehr wir uns in die Situation versetzen, umso realer werden diese. Daß dieser Umstand unweigerlich immer mehr zur Wirklichkeit zu werden droht, ist damit nachvollziehbar.

Da die Genies, insbesondere der Physik, Mathematik, Informatik und Astronomie, all die, die in einem engeren Sinn etwas mit der Raumfahrt zu tun haben, geschlafen haben, ist das Ultimatum unbeantwortet verstrichen; und wir bekommen, was dann auch verständlich ist, demnächst mit der Bratpfanne aus vollem Herzen heraus eins übergezogen. So blöd kann allein gar keiner sein - was seine Bestätigung darin findet, daß es mehrere sind.

Daß diese sich selbst feiern, die nichts anderes als Löcher in die Atmosphäre unserer Erde ballern, ihren Müll in den Orbit knallen und auch auf die Erde, bis hin, daß man vollkommenen Unsinn über den Kosmos erzählt (da unter anderem unser Sonnensystem einen berechenbaren Raum liefert, den wir im Buch „Falsch verstandene Freiheit im System: Der Weg zur Klärung von SARS-COV-2 = COVID-19= CORONA-VIRUS einschließlich Lösung" berechnet haben), dazu fällt einem dann berechtigterweise gar nichts mehr ein.

Was Lesch, Walter und Co. diesbezüglich vom Stapel lassen, da gruselt's die Sau. Hauptsache man gibt sich als „Weltenversteher“ im deutschen TV, obwohl beispielsweise der $^{6}Kosmos_{92}$ = 100 istgleich 1 + 0 + 0 = 1, das $^{9}Universum_{142}$ = 153 istgleich 1 + 5 + 3 = 9 und zum Beispiel die $^{7}Galaxie_{59}$ = 68 istgleich 6 + 8 = 14 istgleich 1 + 4 = 5 durch 1 ≠ 9 ≠ 5 für unterschiedliche Räume stehen, deren Größe auch berechnet werden kann. Allein, was das anbelangt, wird nur riesengroßer Mist erzählt. Die Aussage, daß das Leben in einem Raum über Zeit stattfindet, kann logischerweise nur von Bestand sein, falls im Umkehrschluß, ausgehend von Zeit, der Raum vorab definiert worden ist. Damit handelt es sich prinzipiell um verschiedene.

Was deren Vorstellungen anbelangt, die sinnloserweise den deutschen Steuerzahler Geld kosten und am Ende wohl auch sein Leben, ist einfach nur schlimm. Letzteres ist davon betroffen, da sich die elementaren Grundregeln wissenschaftlicher Natur innerhalb der übergeordneten Systeme in den untergeordneten in Form von Gesetzen und Gesetzmäßigkeiten widerspiegeln müssen, was regelmäßig nicht der Fall ist. Vergleichsweise muss sich damit die Logik des Universums, einer relativ kleinen Dimension innerhalb des räumlichen Gesamtkonstrukts, in den universellen wiederfinden lassen können.

Beispielhaft erwähnen wir, daß die allgemeingültige mathematische Gleichung $^{10}a + b = c_9$ = 29 durch die $^{8}Paritaet_{90}$ = 100 von $^{1}a_1$ = 4 und $^{1}b_2$ = 5 infolge (29 - 1) + (100 - 1) + (4 - 1) + (5 - 1) + 1 für ein System istgleich 135 istgleich 1 + 3 + 5 = 9 sich aus der Logik des Universums respektive $^{9}Universum_{142}$ = 153 istgleich 1 + 5 + 3 = 9 ergibt, welche in der Endkonsequenz ein universelles Gesetz bedingt durch eine universelle Gesetzmäßigkeit begründet. Damit unterliegt durch die $^{8}Paritaet_{90}$ = 100 von ^{7}a und b_{42} = 55 unter der Bedingung $^{11}1 = 1 = 1_7 = 28$ $^{10}a + b = c_9$ = 29 über (100 - 1) + (55 - 1) + (28 - 1) + (29 - 1) + 1 für ein System istgleich 209 istgleich 2 + 0 + 9 = 11 istgleich 1 + 1 = 2 der Logik, welche durch das $^{10}(Universum_n)_{156}$ = 169 über $^{1}a_1$ = 4, $^{1}b_2$ = 5, $^{1}b_2$ = 5 und $^{1}a_1$ = 4 für $^{6}n \rightarrow \infty_{15}$ = 27 respektive (169 - 1) + (4 - 1) + (5 - 1) + (5 - 1) + (4 - 1) + (27 - 1) + 1 für eine System istgleich 209 istgleich 2 + 0 + 9 = 11 istgleich 1 + 1 = 2 korrespondierend Anwendung findet. Das heißt, daß alle Universen innerhalb der Raumzeit im Zeitraum durch a + b = c verbunden sind; ergo ein universelles Gesetz, eine universelle Gesetzmäßigkeit, die auf Universalität beruht. Die Logik des Universums, eines übergeordneten Systems, gilt ergo auch auf der Erde, einem untergeordneten, auch unabhängig davon, daß es unendlich viele endliche Universen gibt. Welche zum Beispiel? Die von Fuchs und Hase, deren Lebensräume im Kleinen jeweils als Universum zu betrachten sind, die sich im Großen widerspiegeln, vorausgesetzt, daß das Große überhaupt existiert. Damit kommen wir zum Hakenkreuz und dem, was mit diesem einhergeht.

3.3. Hakenkreuz, Sonnenrad und Swastika

Mit dem ^{10}Hakenkreuz$_{120}$ = 132 istgleich 1 + 3 + 2 = 6 werden oftmals die Begriffe ^{8}Swastika$_{103}$ = 113 oder etwa auch ^{10}Sauvastika$_{124}$ = 136 verbunden, die zusammen über (113 - 1) + (136 - 1) + 1 für ein System istgleich 248 istgleich 2 + 4 + 8 = 14 istgleich 1 + 4 = 5 auf die Zahl 5 zurückzuführen sind. Bedingt durch 6 ≠ 5 lässt sich dieser Sachverhalt nicht bestätigen. Das heißt, das Hakenkreuz und das Swastika, welches uns auch als das Sauvastika über den Weg läuft, sind nicht Ein' und das Selbe. Hier liegt damit ein Missverständnis vor, was die Inhalte der beiden Begriffe anbelangt.

Wenn wir diesen Weg weiterverfolgen, landen wir bei dem Begriff ^{9}Sonnenrad$_{104}$ = 115 istgleich 1 + 1 + 5 = 7, das aber durch 7 ≠ 4 ≠ 6 weder ein

^{11}Sonnenkreuz$_{162}$ = 175

istgleich 1 + 7 + 5 = 13 istgleich 1 + 3 = 4 ist noch ein ^{8}Radkreuz$_{104}$ = 114 istgleich 1 + 1 + 4 = 6. Da unser Ergebnis mit dem obigen vergleichbar ist, liegt hier also auch etwas ganz schön im Argen.

Was wir aber sofort sehen, ist, daß durch die Zahl 248 das Swastika, auch Sauvastika genannt, etwas mit dem ^{19}Raum-Zeit-Paradoxon$_{223}$ = 248 istgleich 2 + 4 + 8 = 14 istgleich 1 + 4 = 5 zu tun hat und in Form von ^{7}a und b$_{42}$ = 55 über (248 - 1) + (55 - 1) + 1 für ein System istgleich 302 istgleich 3 + 0 + 2 = 5 ebenso mit der ^{17}Raum-Zeit-Bruecke$_{180}$ = 203 istgleich 2 + 0 + 3 = 5. Beide zeichneten sich dadurch aus, daß sich zwei Räume gedanklich gegenüberstehen, welche sich in ^{8}Bewegung$_{84}$ = 94 und in einer dazugehörigen ^{13}Gegenbewegung$_{122}$ = 137 befinden. Kurzum: Es gilt bedingt durch $^{1}a_1$ = 4, $^{1}b_2$ = 5, $^{1}b_2$ = 5 und $^{1}a_1$ = 4 der nachfolgende Zusammenhang:

^{10}Hakenkreuz$_{120}$	=	132		132 - 1	=	131
^{11}Sonnenkreuz$_{162}$	=	175		175 - 1	=	174
$^{1}a_1$	=	4		4 - 1	=	3
$^{1}b_2$	=	5		5 - 1	=	4
$^{1}b_2$	=	5		5 - 1	=	4
$^{1}a_1$	=	4		4 - 1	=	3
					=	319

3 + 1 + 9 + 1 für ein System	=	14	=	1 + 4	=	5

istgleich

^{8}Bewegung$_{84}$	=	94	94 - 1	=	93
^{13}Gegenbewegung$_{122}$	=	137	137 - 1	=	136
				=	229

2 + 2 + 9 + 1 für ein System	=	14	=	1 + 4	=	5

Es gilt die Bedingung 5 = 5 in einem Gleichgewicht, welches sich über 3 + 1 + 9 + 1 und 2 + 2 + 9 + 1 aus den beiden Zahlen 320 und 230 ergibt.

Merke!

Über a, b, b und a befinden sich das Hakenkreuz und das Sonnenkreuz in Bewegung und in einer dazugehörigen Gegenbewegung, die in Form von a und b innerhalb des Swastikas, das wir auch als Sauvastika bezeichnen, stattfinden.

Respektive ^{7}a und b$_{42}$ = 55 verweisen beide durch (55 - 1) + (113 - 1) + (136 - 1) + 1 für ein System istgleich 302 istgleich 3 + 0 + 2 = 5 wiederum auf das ^{8}Swastika$_{103}$ = 113, das man auch ^{10}Sauvastika$_{124}$ = 136 nennt, wobei das ^{10}Hakenkreuz$_{120}$ = 132 istgleich 1 + 3 + 2 = 6 uns durch $^{1}a_{1}$ = 4 und $^{1}b_{2}$ = 5 über $^{7}a \neq b_{6}$ = 19 und $^{7}b \neq a_{6}$ = 19 infolge (4 - 1) + (5 - 1) + (19 - 1) + (19 - 1) + (95 - 1) + (175 - 1) + 1 für ein System istgleich 312 istgleich 3 + 1 + 2 = 6 das logische ^{9}Gegenteil$_{84}$ = 95 vom ^{11}Sonnenkreuz$_{162}$ = 175 liefert.

Da wir wissen, wie das Hakenkreuz aussieht und das Sonnenkreuz im Prinzip das Gegenteil von diesem ist, halten wir das mal fest, wobei wir Ersteres um 45° drehen:

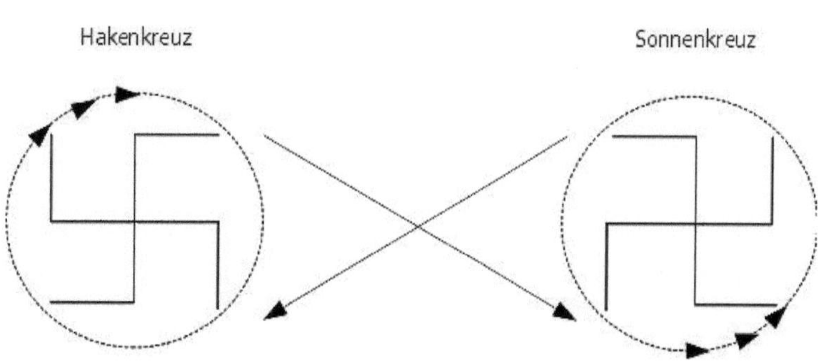

Es handelt sich um nichts anderes, als daß sich ein Nichts a korrespondierend zu einem Nichts b im Nichts verhält, was durch die Bewegung und die dazugehörige Gegenbewegung dargestellt worden ist. Es gibt damit auf dem Weg zur gemeinsamen Erkenntnis viele Wege nach Rom, und das ist einer davon. Generell ist es dir überlassen, welchen du wählst, Hauptsache, du findest zur symbolischen Mitte im Zentrum, die dem neutralen Ergebnis entspricht.

Die übliche Erkenntnis daraus ist, daß das, was der menschliche durchschnittliche Dummdödel damit in Verbindung bringt, vollkommener Schwachsinn ist. Es gehören beide zu uns; was wir hingegen daraus machen, um in Form eines Geschäftsmodells damit Kasse zu machen, steht generell auf einem anderen Blatt Papier. Wenn du dir aber deshalb mit anderen das Schnäuzchen polieren willst, dann ist es ebenso; was aber weder Sinn ergibt noch an der Logik, die uns alle bestimmt, etwas ändert. Die unschöne Erfahrung im Leben, daß man bisweilen gegen Windmühlen kämpft, kennt man wahrscheinlich; und das wäre eine.

Das ^{8}Swastika$_{103}$ = 113 oder etwa auch ^{10}Sauvastika$_{124}$ = 136 ist dann über $^{1}a_{1}$ = 4 und $^{1}b_{2}$ = 5 unter der Bedingung $^{11}1 = 1 = 1_{7}$ = 28 auf den nachfolgenden Zusammenhang zurückzuführen:

^{8}Swastika$_{103}$	=	113		113 - 1	=	112
^{10}Sauvastika$_{124}$	=	136		136 - 1	=	135
$^{1}a_{1}$	=	4		4 - 1	=	3
$^{1}b_{2}$	=	5		5 - 1	=	4
$^{11}1 = 1 = 1_{7}$	=	28		28 - 1	=	27
					=	281

2 + 8 + 1 + 1 für ein System	=	12	=	1 + 2	=	3

istgleich

^{9}Sonnenrad$_{104}$	=	115		115 - 1	=	114
^{8}Radkreuz$_{104}$	=	114		114 - 1	=	113
					=	227

2 + 2 + 7 + 1 für ein System	=	12	=	1 + 2	=	3

Es gilt die Bedingung 3 = 3 in einem Gleichgewicht, die durch 2 + 8 + 1 + 1 und 2 + 2 + 7 + 1 den beiden Zahlen 282 und 228 geschuldet ist.

Merke!

Das Swastika, das ein Sauvastika ist, operiert über a und über b unter der Bedingung 1 = 1 = 1 als Sonnenrad über einem Radkreuz.

Beide begegnen uns infolge der geforderten ^{7}Balance$_{38}$ = 47 zwischen ^{7}a und b$_{42}$ = 55 durch $^{7}a \neq b_{6}$ = 19 und $^{7}b \neq a_{6}$ = 19 unter der Bedingung $^{11}1 = 1 = 1_{7}$ = 28 respektive (115 - 1) + (114 - 1) + (47 - 1) + (55 - 1) + (19 - 1) + (19 - 1) + (28 - 1) + 1 für ein System istgleich 391 istgleich 3 + 9 + 1 = 13 istgleich 1 + 3 = 4 auch als ^{11}Balkenkreuz$_{126}$ = 139 istgleich 1 + 3 + 9 = 13 istgleich 1 + 3 = 4.

Durch die ^{8}Toleranz$_{111}$ = 121 von ^{7}a und b$_{42}$ = 55 erhalten wir für dieses im ^{15}Toleranzbereich$_{161}$ = 178 unter der Bedingung $^{11}1 = 1 = 1_{7}$ = 28 Folgendes:

^{10}Hakenkreuz$_{120}$	=	132		132 - 1	=	131
^{11}Sonnenkreuz$_{162}$	=	175		175 - 1	=	174
^{8}Swastika$_{103}$	=	113		113 - 1	=	112
^{10}Sauvastika$_{124}$	=	136		136 - 1	=	135
^{8}Toleranz$_{111}$	=	121		121 - 1	=	120
^{15}Toleranzbereich$_{161}$	=	178		178 - 1	=	177
^{7}a und b$_{42}$	=	55		55 - 1	=	54
$^{11}1 = 1 = 1_{7}$	=	28		28 - 1	=	27
					=	930

9 + 3 + 0 + 1 für ein System	=	13	=	1 + 3	=	4

istgleich

^{11}Balkenkreuz$_{126}$	=	139		139 - 1	=	138

1 + 3 + 8 + 1 für ein System	=	13	=	1 + 3	=	4

Es gilt die Bedingung 4 = 4 in einem Gleichgewicht, welches sich in Form der beiden Zahlen 931 und 139 aus 9 + 3 + 0 + 1 und 1 + 3 + 8 + 1 ergibt.

Merke!

Das Hakenkreuz und das Sonnenkreuz ergeben zusammen - bedingt durch die Toleranz von a und b im Toleranzbereich unter der Bedingung 1 = 1 = 1 - als das Swastika über das Sauvastika hinweg das Balkenkreuz.

Respektive ^{7}a und b_{42} = 55 handelt es sich unter der Bedingung $^{11}1 = 1 = 1_{7} = 28$ durch (55 - 1) + (28 - 1) + (94 - 1) + (137 - 1) + (81 - 1) + 1 für ein System istgleich 391 istgleich 3 + 9 + 1 = 13 istgleich 1 + 3 = 4 um die ^{8}Bewegung$_{84}$ = 94 und um die ^{13}Gegenwegung$_{122}$ = 137 von beiden im ^{6}Nichts$_{73}$ = 81.

Damit ergänzen wir die Grafik von Seite 155, um das diesbezügliche Missverständnis, was Hakenkreuz, Sonnenkreuz und Swastika anbelangt, aufzuklären:

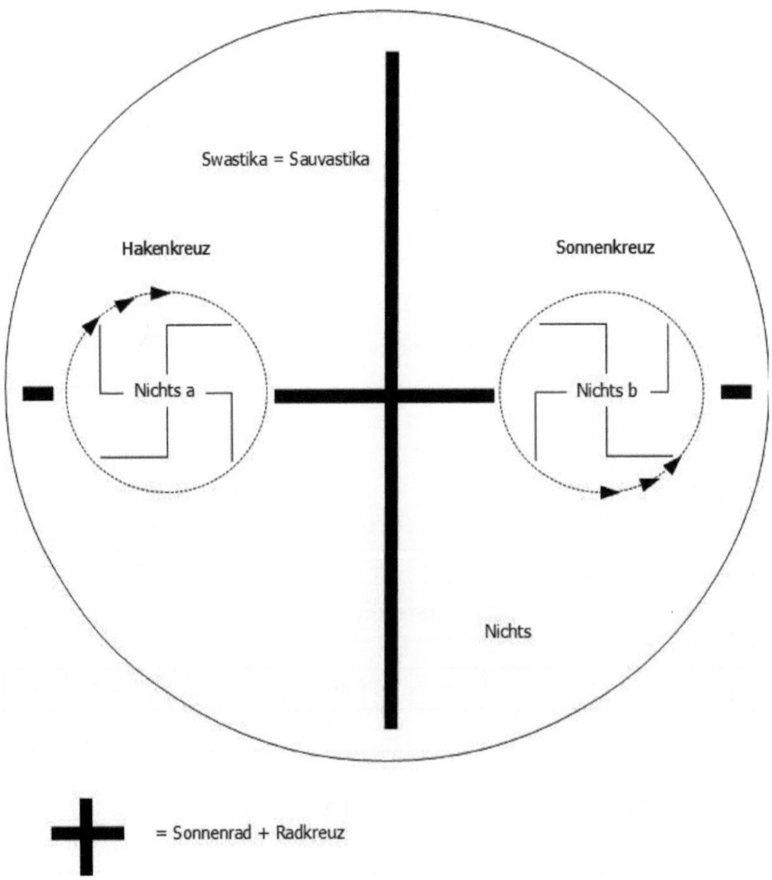

Das ist also etwas vollkommen anderes, wie wir jetzt sehen. Das Swastika, auch als Sauvastika bekannt, gibt im Nichts wieder, daß es - ausgehend von einem Sonnenrad, das einem Radkreuz gleichkommt - zwischen einem Nichts a und einem Nichts b: in Form eines Hakenkreuzes und eines Sonnenkreuzes über a und b Bewegungen und Gegenbewegungen in diesem gibt. Und genau darum, weil das nicht verstanden wird, wamsen wir uns stattdessen die Hucke voll? Super, eine echt geistreiche Entscheidung! Von wem? Von unseren Kampfhähnen und -hennen in roten und schwarzen Stiefelchen zum Beispiel.

Was lernen wir daraus? Richtig, es macht überhaupt gar keinen Sinn, über irgendetwas den Schnabel aufzureißen, wenn man noch nicht einmal weiß, womit man es zu tun hat. Die Lösungen für die so missbrauchten Begriffe begründen uns de facto, warum es sich immer um ein Geschäftsmodell handelt, wenn diese jemand wissentlich missbraucht und benutzt. Das Einzige, was man damit verfolgt und auch letzten Endes bewirkt, da niemand darüber nachdenkt, ist, daß ihr wie die Idioten aufeinander losgeht. Reicht euch die Hände und gut ist, denn wir müssen unser aller Exodus innerhalb der Apokalypse abwenden. Die Voraussetzung dafür ist, daß man die Birne einschaltet, vorzugsweise die eigene.

Im Prinzip kann man die häufigsten Problemstellungen mittels eines kurzen Nachdenkens bereits bewältigen. Letzteres erklärt sich insbesondere dadurch, daß unser Schöpfer auf Leben fokussiert ist und wir als Kinder des Systems, welches durch ihn errichtet worden ist, regelmäßig das hierfür notwendige Wissen ganz einfach übermittelt und zur Verfügung gestellt bekommen. Generell bewerten wir das jedoch bereits oftmals als einen Angriff auf uns, wenngleich es die Voraussetzung für alles ist. Das hat also nichts mit einer bloßen Schikane zu tun, sondern es wird mit uns geteilt, damit wir leben können, da es das Leben per se ansonsten nicht geben würde. Wobei es aber einen wesentlichen Unterschied zu uns gibt: daß man uns als gleichwertig und gleichrangig neben sich gestellt hat - also wie in einer endlosen Reihe. Und jetzt fragen wir uns einfach mal, ob wir selbst, wenn wir die Möglichkeit dazu gehabt hätten, genauso selbstlos und großzügig gehandelt hätten. Das könnte dann de facto wohl doch ein ganz wesentlicher Unterschied zwischen „uns" und „ihm" sein.

Er ist, wenn du endlich mal was kapierst, nicht dein Feind, sondern wohl eher ein Freund von dir. Letzteres zieht zwangsläufig nach sich, daß man sich auch ein wenig als würdig erweist, wobei dieser offensichtlich die Hose nicht mit der Beißzange anzuziehen scheint. Eine einfache Regel wie „ein Adam und eine Eva" einzuhalten, ist weiß Gott nicht zu viel verlangt, damit sich das Leben auf unserer Erde wie alles andere entwickeln kann. Falls du noch jemanden kennst, der dir eine Erde für dein Leben geschenkt hat, teilst du mir das bei Gelegenheit bitte mal mit. Um unser Leben zu gestalten, hat man uns nichts Geringeres als eine Erde mit allem Zubehör anvertraut. Zählt nicht, das ist noch nicht einmal vergleichbar mit einem Lutscher; der ist mehr wert.

So, wir üben das mal kurz; also das Gehirn einschalten. Wenn ein Baby einen Nuckel in der Gusche hat, landläufig einen Schnuller, stellt sich unweigerlich die Frage, ob es an diesem nuckelt oder schnullert. Schlaue Kinder antworten jetzt, daß es der Nuckel ist, an dem genuckelt wird. Warum? Ach so, das hat man wohl mal so gehört, daß Babys am Schnuller schnullern? Kind, du bist aber 'ne ganz besondere Granate. Schnuller ist logischerweise falsch und Nuckel richtig. Was im allgemeinen Sprachgebrauch so auftaucht, sollte einen damit auch mal gelegentlich etwas nachdenklich machen. Die Lösung ist in der Regel eine ziemlich einfache: Man müsste es nur tun. Was? Nachdenken und möglichst vorher.

Weiter: Wenn wir so lang gehen, gehen wir, solange wir gehen, so lang. „So lang" steht stellvertretend für den Raum und „solange" vertretend für Zeit. Wenn uns solang begegnet und so lange, ist das falsch. Es sei denn, du lebst in einer Parallelwelt. Damit hätten wir die im Buch 1 gestellten Fragen ordnungsgemäß abgearbeitet. So, wir machen mal noch eins zur Festigung.

In der Mathematik taucht zum Beispiel das Zeichen „=" auf, das unseren Weg als „ist gleich" und als „istgleich" kreuzt. Die Lösung verbirgt sich hinter den beiden folgenden Sätzen:

1. 5:59 Uhr ist gleich 6:00 Uhr.
2. 6:00 Uhr istgleich 6:00 Uhr.

Im Prinzip ist das selbsterklärend; was uns dann in dem einen oder anderen Mathebuch begegnet, wiederum nicht. Das „istgleich", das sich logisch hinter dem Zeichen „=" verbirgt, wird zusammengeschrieben. Wenn etwas im Sinne von „ist gleich"; ergo „alsbald" gemeint ist, dann logischerweise getrennt.

Das ^{10}ist gleich$_{92}$ = 106 istgleich 1 + 0 + 6 = 7 bezieht sich unter einem mathematischen Aspekt über $^{1}a_{1} = 4$ und $^{1}b_{2} = 5$ durch ^{7}a und $b_{42} = 55$ infolge $^{7}a \neq b_{6} = 19$ und $^{7}b \neq a_{6} = 19$ auf den nachfolgenden Zusammenhang, welcher uns das, was es dann tatsächlich ist, wiedergibt:

^{10}ist gleich$_{92}$	=	106		106 - 1	=	105

1 + 0 + 5 + 1 für ein System	=	7

istgleich

$^{1}<_{2}$	=	5		5 - 1	=	4
$^{1}>_{2}$	=	5		5 - 1	=	4
$^{1}a_{1}$	=	4		4 - 1	=	3
$^{1}b_{2}$	=	5		5 - 1	=	4
^{7}a und b_{42}	=	55		55 - 1	=	54
$^{7}a \neq b_{6}$	=	19		19 - 1	=	18
$^{7}b \neq a_{6}$	=	19		19 - 1	=	18
					=	105

1 + 0 + 5 + 1 für ein System	=	7

Es gilt die Bedingung 7 = 7 in einem Gleichgewicht, die sich respektive 1 + 0 + 5 + 1 jeweils aus den beiden Zahlen 106 ergibt.

Merke!

„<" und „>" beziehen sich über a und über b in Form von a und b infolge $a \neq b$ und $b \neq a$ auf „ist gleich".

„5:59 Uhr ist gleich 6:00 Uhr." steht inhaltlich dafür, daß zum einen 5:59 Uhr < 6:00 Uhr ist und zum anderen 6:00 Uhr > 5:59 Uhr. „Ist gleich" schreiben wir also in diesem Fall getrennt.

Für $^{9}\text{istgleich}_{92}$ = 103 istgleich 1 + 0 + 3 = 4 erhalten wir über $^{1}a_{1} = 4$ und $^{1}b_{2} = 5$ durch ^{7}a und b_{42} = 55 infolge $^{7}a \neq b_{6} = 19$ und $^{7}b \neq a_{6} = 19$ Folgendes:

$^{9}\text{istgleich}_{92}$	=	103		103 - 1	=	102

1 + 0 + 2 + 1 für ein System	=	4

istgleich

$^{2}=_{2}$	=	6		6 - 1	=	5
$^{1}a_{1}$	=	4		4 - 1	=	3
$^{1}b_{2}$	=	5		5 - 1	=	4
^{7}a und b_{42}	=	55		55 - 1	=	54
$^{7}a \neq b_{6}$	=	19		19 - 1	=	18
$^{7}b \neq a_{6}$	=	19		19 - 1	=	18
					=	102

1 + 0 + 2 + 1 für ein System	=	4

Wir haben die Bedingung 4 = 4 in einem Gleichgewicht erhalten, die jeweils über 1 + 0 + 2 + 1 auf die beiden Zahlen 103 zurückzuführen ist.

Merke!

„=" bezieht sich über a und über b in Form von a und b infolge $a \neq b$ und $b \neq a$ auf „istgleich".

„6:00 Uhr istgleich 6:00 Uhr." steht damit inhaltlich dafür, daß 6:00 Uhr = 6:00 Uhr ist. „Istgleich" wird somit zusammengeschrieben. „Ist gleich" und „istgleich" drücken also nicht Ein' und das Selbe aus, was wir uns merken sollten.

Der Vollständigkeit halber basiert das ^{8}ungleich$_{79}$ = 89 durch $^{1}a_{1} = 4$ und $^{1}b_{2} = 5$ auf dem nachfolgenden Zusammenhang:

^{8}ungleich$_{79}$	=	89		89 - 1	=	88
$^{1}a_{1}$	=	4		4 - 1	=	3
$^{1}b_{2}$	=	5		5 - 1	=	4
					=	95

9 + 5 + 1 für ein System	=	15	=	1 + 5	=	6

istgleich

$^{1}\neq_{3}$	=	6		6 - 1	=	5
^{7}a und b_{42}	=	55		55 - 1	=	54
$^{7}a \neq b_{6}$	=	19		19 - 1	=	18
$^{7}b \neq a_{6}$	=	19		19 - 1	=	18
					=	95

9 + 5 + 1 für ein System	=	15	=	1 + 5	=	6

Es gilt in einem Gleichgewicht die Bedingung 6 = 6, die sich durch die beiden Zahlen 96 jeweils aus 9 + 5 + 1 ergibt.

Merke!

„≠" bezieht sich über a und über b in Form von a und b infolge $a \neq b$ und $b \neq a$ auf „ungleich".

„5:59 Uhr ungleich 6:00 Uhr." steht im Antwortsatz, wenn 5:59 Uhr ≠ 6:00 Uhr ist. Wer nicht mundfaul ist, schreibt, da wir durch ^{7}a und b_{42} = 55 aus ^{8}ungleich$_{79}$ = 89 über (55 - 1) + (89 - 1) + 1 für ein System istgleich 143 istgleich 1 + 4 + 3 = 8 ^{12}ist ungleich$_{127}$ = 143 istgleich 1 + 4 + 3 = 8 erhalten, „5:59 ist ungleich 6:00 Uhr." auf. Es ist also gehüpft wie gesprungen, was wir hier hinpinseln. Wie wir sehen, so kompliziert hat man es uns nicht gemacht. Da wir jedoch unsere eigene Entwicklung wunderschön etwa 500000 Jahre lang verschlafen haben, kommt uns das alles verständlicherweise wie böhmische Dörfer vor.

Die Gesamtlogik fußt damit über $^{1}a_{1}$ = 4 und $^{1}b_{2}$ = 5 durch ^{7}a und b_{42} = 55 infolge $^{7}a \neq b_{6}$ = 19 und $^{7}b \neq a_{6}$ = 19 auf Folgendem:

^{8}ungleich$_{79}$	=	89		89 - 1	=	88
^{12}ist ungleich$_{127}$	=	143		143 - 1	=	142
					=	230

2 + 3 + 0 + 1 für ein System	=	6

istgleich

^{10}ist gleich$_{92}$	=	106		106 - 1	=	105
^{9}istgleich$_{92}$	=	103		103 - 1	=	102
$^{1}a_{1}$	=	4		4 - 1	=	3
$^{1}b_{2}$	=	5		5 - 1	=	4
$^{1}b_{2}$	=	5		5 - 1	=	4
$^{1}a_{1}$	=	4		4 - 1	=	3
^{7}a und b$_{42}$	=	55		55 - 1	=	54
$^{7}a \neq b_{6}$	=	19		19 - 1	=	18
$^{7}b \neq a_{6}$	=	19		19 - 1	=	18
					=	311

3 + 1 + 1 + 1 für ein System	=	6

Es gilt die Bedingung 6 = 6 in einem Gleichgewicht, was den beiden Zahlen 231 und 312 aus 2 + 3 + 0 + 1 und 3 + 1 + 1 + 1 geschuldet ist.

Merke!

„Ungleich" und „ist ungleich" gehören über a, b, b und a in Form von a und b infolge $a \neq b$ und $b \neq a$ mit „istgleich" und „ist gleich" zusammen.

Im Prinzip ist das Ergebnis damit vergleichbar, daß das Gesamtsystem, das über einer Gleichgewichtssituation operiert, sich im steten Wechsel zwischen einem Gleichgewicht, der Gleichgewichtssituation selbst, einer Ungleichgewichtssituation und einem Ungleichgewicht befindet.

Wenn wir uns „ist gleich" auf der Zunge zergehen lassen, finden wir korrespondierend zu $a \neq b$; hingegen für „ist ungleich" zu $a = b$. Interpretationsseitig wird in ersterem Fall $a \neq b$ alsbald $a = b$ erfüllen und in letzterem $a = b$ alsbald $a \neq b$. Es läuft de facto sowohl $^{2}{=}_{2} = 6$ als auch $^{1}{\neq}_{3} = 6$ auf Ein' und das Selbe hinaus; das, ausgehend von einem Gleichgewicht, ein Ungleichgewicht angestrebt wird und korrespondierend, ausgehend von einem Ungleichgewicht, ein Gleichgewicht - und zwar stets im Wechsel. ^{12}Ist ungleich$_{127}$ = 143 unterstellt über $^{1}a_{1} = 4$ und $^{1}b_{2} = 5$ durch (143 - 1) + (4 - 1) + (5 - 1) + 1 für ein System istgleich 150 istgleich 1 + 5 + 0 = 6 - bedingt durch deren ^{8}Paritaet$_{90}$ = 100 - über (100 - 1) + (6 - 1) + 1 für ein System istgleich 105 istgleich 1 + 0 + 5 = 6 wiederum $^{2}=_{2} = 6$. Es verhält sich im Endeffekt so, wie wir bereits besprochen haben.

Wir kommen, wie wir gesehen haben, in Abständen nicht umhin, unsere verkorkste deutsche Sprache etwas geradezurücken. Fehler zu übernehmen oder auch selbst welche zu machen, ist erst einmal nicht ganz so schlimm, wir müssen nur dranbleiben, daß wir so viel wie möglich bereits korrigieren. Warum? Die Logik des Systems, in dem wir leben, ist uns am verständlichsten, wenn wir darüber sprechen können. Daß die Liebe zu Zahlen zu entwickeln, aber notwendig ist, sollte verstanden worden sein. Ohne diese geht es nicht, denn ansonsten bringt auch das Gequake innerhalb von Sprache nichts, es wären also nur Worte um der Worte willen. Die Bundesregierung lebt als ein abschreckendes Beispiel vor, wie es eben nicht sein sollte. Wir setzen über zum nächsten Kapitel, was dann das 4. wäre.

4. Inkarnation, Reinkarnation und Dekarnation

Was obige Begriffe anbelangt, hinterlassen diese bei uns eher eine abschreckende Wirkung. Im Prinzip wie jener der Religion, den wir bereits korrigiert haben. Das inhaltliche Problem daran ist, daß diese nicht wie die Genesis und der Exodus Anwendung finden, sondern ein wesentlicher Teil des Prozesses sind, den wir uns über die Geburt und die Wiedergeburt erklären können. Es geht nicht wie bei Letzterem darum, daß ein HO oder etwa ein OH aus dem System fliegt und dafür andere innerhalb der Genesis geboren werden. Stattdessen geht es darum, daß sich durch die Entbindung und eine wiederholte (es werden HO oder OH in einem Körper über den Tod hinweg auch nach dem Abschluß eines endlichen Lebens von unendlich vielen Leben wieder freigesetzt) die Frage stellt, wo man im Anschluß wieder als HO oder OH in einem anderen endlichen auftaucht. Der Begriff, der sich dahinter verbirgt, ist jener der Wiedergeburt, welche der Entbindung des jeweiligen HO oder der des jeweiligen HO vorausgeht. Geboren im System wird also exakt einmal und wiedergeboren mehrere Male, was wiederum zu mehreren Entbindungen führt.

Die Logik dahinter war diese, die wir uns in's Gedächtnis zurückholen. Es gilt über $^{1}H_{8}$ = 11 und $^{1}O_{15}$ = 18 der nachfolgende Zusammenhang:

$^{6}Geburt_{73}$	=	81		81 - 1	=	80
$^{1}H_{8}$	=	11		11 - 1	=	10
$^{1}O_{15}$	=	18		18 - 1	=	17
$^{6}Nichts_{73}$	=	81		81 - 1	=	80
					=	187

1 + 8 + 7 + 1 für ein System	=	17	=	1 + 7	=	8

istgleich

$^{12}Systemgeburt_{174}$	=	188		188 - 1	=	187

1 + 8 + 7 + 1 für ein System	=	17	=	1 + 7	=	8

Im Gleichgewicht liegt die Bedingung 8 = 8 vor, die sich jeweils durch 1 + 8 + 7 + 1 in den beiden Zahlen 188 widerspiegelt.

Merke!

Die Geburt von H und von O im Nichts entspricht nichts anderem als deren Systemgeburt.

Das ist ganz wichtig, daß man das kapiert, da es die Chance, ein Leben zu erhalten, nur einmal gibt.

De facto begründet uns unser eines endliches $^{5}Leben_{38}$ = 45 innerhalb eines unendlichen durch $^{6}n \rightarrow \infty_{15}$ = 27, daß unser eines unendliches $^{6}(\ Leben_{n}\ )_{52}$ = 61 im $^{6}Nichts_{73}$ = 81 in Form von ^{7}a und b_{42} = 55 ein endliches ist. Es gilt Folgendes:

$^{5}Leben_{38}$	=	45		45 - 1	=	44
$^{6}n \rightarrow \infty_{15}$	=	27		27 - 1	=	26
$^{6}Nichts_{73}$	=	81		81 - 1	=	80
					=	150

1 + 5 + 0 + 1 für ein System	=	7

istgleich

$^{6}(\ Leben_{n}\ )_{52}$	=	61		61 - 1	=	60
^{7}a und b_{42}	=	55		55 - 1	=	54
					=	114

1 + 1 + 4 + 1 für ein System	=	7

Es gilt die Bedingung 7 = 7 in einem Gleichgewicht, die über 1 + 5 + 0 + 1 und 1 + 1 + 4 + 1 auf die beiden Zahlen 151 und 115 verweist.

Merke!

Das Leben im Nichts ist durch $n \rightarrow \infty$ ein einziges endliches in Unendlich, das durch das $Leben_{n}$ in Endlich in Form von a und b aus unendlich vielen besteht.

Dieser Sachverhalt erklärt uns die Logik, die sich hinter der ^{12}Wiedergeburt$_{137}$ = 151 istgleich 1 + 5 + 1 = 7 verbirgt.

Diese ist durch die ^{13}(Wiedergeburt$_n$)$_{151}$ = 167 für $^6n \rightarrow \infty_{15}$ = 27 als ein endlicher Prozess auf Unendlich ausgerichtet, was in Folgendem endet:

^{13}(Wiedergeburt$_n$)$_{151}$	=	167		167 - 1	=	166
$^6n \rightarrow \infty_{15}$	=	27		27 - 1	=	26
$^2HO_{23}$	=	27		27 - 1	=	26
$^1a_1$	=	4		4 - 1	=	3
$^1b_2$	=	5		5 - 1	=	4
^{7}a und b$_{42}$	=	55		55 - 1	=	54
$^7a \neq b_6$	=	19		19 - 1	=	18
$^7b \neq a_6$	=	19		19 - 1	=	18
					=	315

3 + 1 + 5 + 1 für ein System	=	10	=	1 + 0	=	1

istgleich

^{11}(Entbindung$_n$)$_{124}$	=	138		138 - 1	=	137
$^6n \rightarrow \infty_{15}$	=	27		27 - 1	=	26
^{6}(Leben$_n$)$_{52}$	=	61		61 - 1	=	60
$^6n \rightarrow \infty_{15}$	=	27		27 - 1	=	26
^{4}(Tod$_n$)$_{53}$	=	60		60 - 1	=	59
$^6n \rightarrow \infty_{15}$	=	27		27 - 1	=	26
$^2OH_{23}$	=	27		27 - 1	=	26
					=	360

3 + 6 + 0 + 1 für ein System	=	10	=	1 + 0	=	1

Wir erhalten im Ergebnis die Bedingung 1 = 1 in einem Gleichgewicht, welche durch 3 + 1 + 5 + 1 und 3 + 6 + 0 + 1 respektive der beiden Zahlen 316 und 361 infolge (109 - 1) + (11 - 1) + (18 - 1) + 1 für ein System istgleich 136 istgleich 1 + 3

+ 6 = 10 istgleich 1 + 0 = 1 auf das $^{6}System_{101}$ = 109 von $^{1}H_{8}$ = 11 und $^{1}O_{15}$ = 18 zurückzuführen sind, was es zu beweisen galt.

Merke!

Das System, bestehend aus H und aus O, zieht durch a und durch b in Form von a und b infolge $a \neq b$ und $b \neq a$ nach sich, daß sowohl das HO als auch das OH durch die $Entbindung_n$ für $n \to \infty$, durch das $Leben_n$ für $n \to \infty$ und durch den Tod_n für $n \to \infty$ - bedingt durch die $Wiedergeburt_n$ für $n \to \infty$ - unendlich oft als endliche Systeme in diesem wiedergeboren werden, das sich als ein endliches wiederum unendlich verhält.

So, Sportfreunde, noch irgendwelche Fragen? Du kommst also in Abständen irgendwo immer wieder, vorausgesetzt, daß du dich im System befindest.

Mit dem, was sich die „Kirchengemeinde" zusammenspinnt, hat das nichts zu tun, ebensowenig mit dem, was Gott und der Teufel sind. Was den Begriff „Religion" anbelangt, zieht es einem ebenfalls die Latschen aus, was man sich dort zusammengereimt hat. Gott sei Dank, hatten wir das bereits korrigiert, sodaß man uns diesbezüglich nichts mehr vormachen kann. Was mir gänzlich unbegreiflich ist, ist (obwohl sich die wesentlichsten Grundlogiken an unzähligen Kirchenwänden in Form von Bildern wiederfinden oder auch allein schon anhand der Figuren in dieser nachvollziehen lassen), daß zwischen den beiden Ohren offensichtlich nur eine gähnende Leere herrscht. Noch einfacher kann man es uns nun wirklich nicht mehr machen: Daß man die einfachsten elementaren Zusammenhänge im Aufbau der Kirchen, an deren Wänden und den Figuren, die man in diesen aufgestellt hat, jederzeit vorfindet, um für sich selbst zu kapieren, welche Gesetze, Gebote und Regeln es im System prinzipiell gibt. Ansehen, nachdenken, warum das so ist, verinnerlichen und fertig. Hierzu muss man sich noch nicht einmal das Gekritzel in den dazugehörigen Schwarten ansehen. Es ist einfach nur schlimm, daß man rundherum versagt hat und die eigenen Anhänger im Regen stehenlässt. Synagogen, Moscheen und Schulen schneiden logischerweise keinen Deut besser ab.

Kurze Anmerkung: Es ist mittlerweile völlig egal, wie wir etwas formulieren. Lieb, nett, freundlich und höflich habe ich bereits ausprobiert; bringt aber gar nichts, außer: daß man beschimpft, beleiert, belöffelt, belehrt, für „bekloppt und bescheuert" erklärt wird, gedroht bekommt und all die anderen hübschen Dinge, die in eine ähnliche Richtung gehen. Die einzige Schlußfolgerung, die man daraus ziehen kann, ist: Man will nicht leben. Dir würde ich aber, falls du leben willst, dringlichst empfehlen, nicht in das gleiche Horn zu stoßen.

Die Wiedergeburt regelt damit, daß nach dem Tod das HO oder etwa das OH erneut einer Entbindung zugewiesen wird, worauf sich dessen Leben anschließt. Und das geht dann immer so weiter, wenn man nicht daran herumpfuscht. Die Logik dahinter hatten wir bereits im Buch 1 besprochen, warum das so ist; und nur so. Damit machen wir mal ein Beispiel, da uns dieses erspart, daß wir den ganzen Klimbim berechnen müssen. Ich mache das mal für einen Knülch und nicht für eine Thusnelda, für die das logischerweise ebenso gilt.

Das HO wurde als Fridolin in Aue entbunden, bespaßt Zeit seines Lebens Quendolin, das dazugehörige OH, und tritt ab. Durch die Wiedergeburt kommt das HO dann als Ernst-August in Berlin wieder, bespaßt Zeit seines Lebens Anne-Marie, das dazugehörige OH, und tritt erneut ab. Nachdem man in Deutschland unzählige Male über die Wiedergeburt entbunden wurde, geht es zum Beispiel ab nach Lissabon, wo der ganze Zirkus sich dann wiederholt, bis das HO und das dazugehörige OH einmal um den Globus gegurkt sind. Das heißt, das OH begegnet dir zum Beispiel als Deutsche, als Spanierin und so weiter. Warum? Das System operiert über Dynamik, unter der Bedingung $a \neq b$, die im Gleichgewicht $a = b$ entspricht.

Das heißt, das HO kommt in den Vorzug, daß es durch die Wiedergeburt mit unzähligen Even über alle Nationen auf unserer Erde hinweg in seinem jeweiligen Leben in Form unzähliger Adamen im Nest gewesen ist. Aber am Ende dann tatsächlich immer nur mit ein' und dem selben OH wie dieses mit nur ein' und dem selben HO. „Spaß", also ja, aber immer schön nach den Regeln im System. Da wir als Menschen auf der Erde definiert worden sind, erleben wir das dann auch als solche. Das heißt, wir dümpeln als Menschen auf der Erde herum und begegnen der Vielfalt auf dieser über die Wiedergeburt - und zwar als Menschen.

Da das Problem der Apokalypse besteht, läuft das zurzeit etwas anders ab, da im Endeffekt das HO und das dazugehörige OH nicht mehr, wie es durch $a = b$ und $a \neq b$ gefordert ist, aufeinandertreffen. Das heißt, das HO „Fridolin" trifft auf das OH „Quendolin", das, da $a = b$ und $a \neq b$ nicht erfüllt sind, nicht das dazugehörige ist, sondern ein anderes, das mit dir im Nest liegt. Da sich im Laufe der Zeit das Problem in den dazugehörigen Räumen verschärft, sind dann auch irgendwann andere Systeme davon betroffen, etwa auch Pflanzen und Tiere. Ernst-August, ein HO, brennt in Berlin beispielsweise einer Füchsin ein Loch in den Pelz, die aber blöderweise infolge aller Wirren ein OH namens Anne-Marie ist. Durch $a = b$ und $a \neq b$ ist es die logische Folge, daß ein Hirsch in ein' und demselben Raum über Zeit angestürmt kommt, der sein Geweih zwischen die Rippen von Ernst-August jagt. So, wie das a oder das dazugehörige b aufhören zu existieren, ist es für beide entschieden. Genau aus diesem Grund sollte man die Knalltüte, die zu einem gehört, an seiner Seite wissen oder ihrer. Das heißt, es darf sich frei bewegt werden, wer aber zusammen in's Nest steigt, steht fest.

Wir sind zurzeit de facto nicht in der Lage, zu sagen, ob die Kuh, die gerade eben in's Schlachthaus geschoben wird, zu uns gehört oder nicht, da alles im System auf der Erde durcheinander ist. Gut, wie wir wissen, gibt es Unzählige, die das, was sich hier indirekt abspielt, auf direktem Weg erledigen. Das Problem ist, daß sich keiner mehr sicher sein kann, daß, falls man sich nicht an der Seite des Systems, zu dem man gehört, befindet, man sich unter Umständen „selbst entsorgt". Das heißt, wenn wir vielleicht jemanden kennen, der im Endstadium etwa Krebs hat, kann es uns mit in den Abgrund reißen, da wir nicht wissen, ob er oder sie zu uns gehört. Die Lösung besteht insofern darin, daß wir alle Lebewesen und Lebensformen auf der Erde hinsichtlich der Bedingung $a \neq b$ in einem Gleichgewicht $a = b$ durchsortieren müssen. Das ist de facto die Herausforderung, vor der wir stehen.

Erwähnenswert ist noch, daß man, wenn man zusammen ist, wie man zusammengehört, immer behütet und beschützt ist. Daß man uns vergleichsweise ein Loch in die Birne ballern kann, ist in einer Gleichgewichtssituation, die es dann ist, eine vollkommene Unmöglichkeit. Es ist quasi die, in der wir rund um die Uhr glücklich sind, da alles wie am Schnürchen läuft. Das System ist also absolut genial, wenn man es selbst zulässt. Damit haben wir eine Vorstellung davon, was sich in etwa hinter den Begriffen verbirgt. Wir fassen das Ganze noch mal kurz zusammen:

Innerhalb der Genesis wird die Verbindung zwischen H und O oder etwa O und H definiert, die entweder als HO_n oder als OH_n durch $n \rightarrow \infty$ als endliche gegen Unendlich läuft. Da das übergeordnete System in den untergeordneten durch das $System_n$ für $n \rightarrow \infty$ ebenso als ein endliches gegen Unendlich läuft, heißt das, daß es um eine Verteilung und um eine Umverteilung der HO_n und OH_n für $n \rightarrow \infty$ zwischen diesen und in diesen geht. Letzteres erfolgt über die Begriffe, die uns in der Überschrift begegnet sind. Es geht also darum, daß wir uns von a nach b oder auch von b nach a im System bewegen, aber im Ergebnis nicht aus diesem fliegen, sondern in diesem verweilen. Warum? Weil unser eines endliches Leben aus unendlich vielen endlichen Leben besteht, die wiederum dafür Sorge tragen, daß das eine endliche Leben durch die Wiedergeburt unendlich wird. Darum geht's und nichts anderes. Es ist also deine Entscheidung auf einen ersten Blick, aber bedingt durch die Bedingung $a \neq b$ in einem Gleichgewicht $a = b$ entscheidest du immer für den Knülch oder die Thusnelda, die zu dir gehört, mit. Springst du beispielsweise im zehnten Stock aus dem Fenster, sind diese auch im „Hmm". Das solltest du bei jeder Entscheidung stets mit im Blick haben.

Damit kommen wir zur Klärung der Begriffe: Die $^{11}Inkarnation_{126} = 139$ steht über $^{1}a_1 = 4$ und $^{1}b_2 = 5$ infolge $(139 - 1) + (4 - 1) + (5 - 1) + 1$ für ein System istgleich 146 istgleich $1 + 4 + 6 = 11$ istgleich $1 + 1 = 2$ der $^{13}Reinkarnation_{149} = 164$ istgleich $1 + 6 + 4 = 11$ istgleich $1 + 1 = 2$ gegenüber. Diese werden korrespondierend von unserer eigenen $^{15}Beziehungsebene_{147} = 164$ istgleich $1 + 6 + 4 = 11$ istgleich 1 + 1 = 2 beeinflusst. Daraus folgt, daß deine Herumbumserei sowohl Auswirkung auf den Prozess der Inkarnation zeigt als auch auf den der Reinkarnation.

Die ^{11}Inkarnation$_{126}$ = 139 als solche setzt erst einmal einen ^{9}Neuzugang$_{116}$ = 127 im ^{6}System$_{101}$ = 109 voraus, der aus der ^{7}Genesis$_{78}$ = 87 resultiert. Es gilt über $^{1}a_{1}$ = 4 und $^{1}b_{2}$ = 5 Folgendes: Prinzipiell könnten wir das Prozedere dahinter auch über H und über O betrachten oder auch etwa über 0 und über 1, was prinzipiell auf Ein' und das Selbe hinausläuft - nur anders.

^{11}Inkarnation$_{126}$	=	139		139 - 1	=	138

1 + 3 + 8 + 1 für ein System	=	13	=	1 + 3	=	4

istgleich

^{9}Neuzugang$_{116}$	=	127		127 - 1	=	126
^{6}System$_{101}$	=	109		109 - 1	=	108
^{7}Genesis$_{78}$	=	87		87 - 1	=	86
$^{1}a_{1}$	=	4		4 - 1	=	3
$^{1}b_{2}$	=	5		5 - 1	=	4
$^{7}a \neq b_{6}$	=	19		19 - 1	=	18
$^{7}b \neq a_{6}$	=	19		19 - 1	=	18
$^{11}1 = 1 = 1_{7}$	=	28		28 - 1	=	27
					=	390

3 + 9 + 0 + 1 für ein System	=	13	=	1 + 3	=	4

Es gilt die Bedingung 4 = 4 in einem Gleichgewicht, die sich aus 1 + 3 + 8 + 1 und 3 + 9 + 0 + 1 durch die beiden Zahlen 139 und 391 ergibt.

Merke!

Die Genesis endet durch die Inkarnation darin, daß es über a und über b infolge a ≠ b und b ≠ a unter der Bedingung 1 = 1 = 1 einen Neuzugang im System gibt.

Die Genesis führt dazu, daß sowohl a als auch b weiterführend in Form von „ab" inkarniert werden. Anders ausgedrückt: Das „ab", welches innerhalb der Genesis aus a und aus b entsteht, durchläuft nach dessen Ankunft im Gesamtsystem als einem übergeordneten System die diesem untergeordneten Systeme. Daß das über b und über a auch auf „ba" zutrifft, ist selbsterklärend.

Der ^{9}Neuzugang$_{116}$ = 127 gewährt durch den ^{6}Zugang$_{76}$ = 84 $^{1}a_{1}$ = 4, $^{1}b_{2}$ = 5, $^{1}b_{2}$ = 5 und $^{1}a_{1}$ = 4 also ^{8}Eintritt$_{115}$ = 125. Es gilt damit unter der Bedingung $^{11}1 = 1 = 1_{7}$ = 28 Folgendes:

^{9}Neuzugang$_{116}$	=	127		127 - 1	=	126
^{6}Zugang$_{76}$	=	84		84 - 1	=	83
$^{1}a_{1}$	=	4		4 - 1	=	3
$^{1}b_{2}$	=	5		5 - 1	=	4
$^{1}b_{2}$	=	5		5 - 1	=	4
$^{1}a_{1}$	=	4		4 - 1	=	3
$^{11}1 = 1 = 1_{7}$	=	28		28 - 1	=	27
					=	250

2 + 5 + 0 + 1 für ein System	=	8

istgleich

^{8}Eintritt$_{115}$	=	125		125 - 1	=	124

1 + 2 + 4 + 1 für ein System	=	8

In einem Gleichgewicht liegt die Bedingung 8 = 8 vor, die sich durch 2 + 5 + 0 + 1 und 1 + 2 + 4 + 1 aus den beiden Zahlen 251 und 125 ergibt.

Merke!

A, b, b und a erhalten unter der Bedingung 1 = 1 = 1 als Neuzugang durch den Zugang Eintritt, welcher durch diese gleichbedeutend mit der Inkarnation ist.

Die $^{11}\text{Inkarnation}_{126}$ = 139 istgleich 1 + 3 + 9 = 13 istgleich 1 + 3 = 4 steht bedingt durch (125 - 1) + (4 - 1) + (5 - 1) + (5 - 1) + (4 - 1) + 1 für ein System istgleich 139 istgleich 1 + 3 + 9 = 13 istgleich 1 + 3 = 4 für den $^{8}\text{Eintritt}_{115}$ = 125 von $^{1}a_{1}$ = 4, $^{1}b_{2}$ = 5, $^{1}b_{2}$ = 5 und $^{1}a_{1}$ = 4.

Gedanklich sorgt die Genesis dafür, daß ein a und ein b im Nichts über die Restfusion hinweg als „ab" im Weltenbaum zusammenfinden und dadurch zu festen Bestandteilen innerhalb dessen Gesamtsystem werden, was vergleichbar mit dem großen Ganzen ist. Im Kleinen, damit in unendlich vielen endlichen Teilsystemen, welche dem im Großen untergeordnet sind, gewährt die Inkarnation de facto, daß man ausgehend von a und von b als „ab" Eintritt in diesem erhält. Also einmal dabei, immer dabei.

Respektive dessen ergibt sich aus der $^{11}\text{Inkarnation}_{126}$ = 139 über $^{1}a_{1}$ = 4 und $^{1}b_{2}$ = 5 Folgendes:

$^{11}\text{Inkarnation}_{126}$	=	139		139 - 1	=	138

1 + 3 + 8 + 1 für ein System	=	13	=	1 + 3	=	4

istgleich

$^{8}\text{Eintritt}_{115}$	=	125		125 - 1	=	124
$^{7}(\text{ System}_{n})_{115}$	=	125		125 - 1	=	124
$^{1}a_{1}$	=	4		4 - 1	=	3
$^{1}b_{2}$	=	5		5 - 1	=	4
$^{7}a \neq b_{6}$	=	19		19 - 1	=	18
$^{7}b \neq a_{6}$	=	19		19 - 1	=	18
$^{11}1 = 1 = 1_{7}$	=	28		28 - 1	=	27
					=	318

3 + 1 + 8 + 1 für ein System	=	13	=	1 + 3	=	4

Aus 1 + 3 + 8 + 1 und 3 + 1 + 8 + 1 ergibt sich in Form der beiden korrespondierenden Zahlen 139 und 319 die Bedingung 4 = 4 in einem Gleichgewicht.

Merke!

Als a und als b erhält man durch die Inkarnation infolge a ≠ b und b ≠ a unter der Bedingung 1 = 1 = 1 Eintritt im $System_n$, das man durch $n \rightarrow \infty$ als „ab" im System durchwandert.

Dem $^2ab_3 = 7$ im $^6System_{101} = 109$ (= Gesamtsystem) wird durch (7 - 1) + (109 - 1) + 1 für ein System istgleich 115 istgleich 1 + 1 + 5 = 7 ermöglicht, daß es bedingt durch das $^7(System_n)_{115} = 125$ (= Teilsystem) für $^6n \rightarrow \infty_{15} = 27$ quasi infolge (125 - 1) + (27 - 1) + 1 für ein System istgleich 151 istgleich 1 + 5 + 1 = 7 ein Teil aller ist; für $^2ba_3 = 7$ dito.

Die $^{13}Reinkarnation_{149} = 164$ hingegen verweist über die $^8Paritaet_{90} = 100$ von ^7a und $b_{42} = 55$ unter der Bedingung $^{11}1 = 1 = 1_7 = 28$ auf Folgendes:

$^{13}Reinkarnation_{149}$	=	164		164 - 1	=	163
$^8Paritaet_{90}$	=	100		100 - 1	=	99
^7a und b_{42}	=	55		55 - 1	=	54
$^{11}1 = 1 = 1_7$	=	28		28 - 1	=	27
					=	343

3 + 4 + 3 + 1 für ein System	=	11	=	1 + 1	=	2

istgleich

$^8Eintritt_{115}$	=	125		125 - 1	=	124
$^{14}Wiedereintritt_{179}$	=	195		195 - 1	=	194
$^7(System_n)_{115}$	=	125		125 - 1	=	124
					=	442

4 + 4 + 2 + 1 für ein System	=	11	=	1 + 1	=	2

Es gilt die Bedingung 2 = 2 in einem Gleichgewicht, die sich aus 3 + 4 + 3 + 1 und 4 + 4 + 2 + 1 in Form der beiden Zahlen 344 und 443 ergibt.

Merke!

Die Reinkarnation regelt über die Parität von a und b unter der Bedingung 1 = 1 = 1 den Wiedereintritt in das System$_n$, dem der Eintritt in dieses vorausgegangen ist.

Das heißt, wir sind zum Beispiel durch die Inkarnation in das System$_{Hamster}$ eingetreten und durch die Reinkarnation dann erneut in dieses.

Die Voraussetzung dafür ist, daß zuvor durch die ^{8}Paritaet$_{90}$ = 100 von ^{7}a und b$_{42}$ = 55 die ^{11}Dekarnation$_{112}$ = 125 gegriffen hat, die sich an die ^{11}Inkarnation$_{126}$ = 139 anschließt. Es gilt Folgendes:

^{11}Dekarnation$_{112}$	=	125		125 - 1	=	124
^{11}Inkarnation$_{126}$	=	139		139 - 1	=	138
^{8}Paritaet$_{90}$	=	100		100 - 1	=	99
^{7}a und b$_{42}$	=	55		55 - 1	=	54
					=	415

4 + 1 + 5 + 1 für ein System	=	11	=	1 + 1	=	2

istgleich

^{13}Reinkarnation$_{149}$	=	164		164 - 1	=	163

1 + 6 + 3 + 1 für ein System	=	11	=	1 + 1	=	2

Wir haben die Bedingung 2 = 2 in einem Gleichgwicht vorliegen, die sich durch 4 + 1 + 5 + 1 und 1 + 6 + 3 + 1 in den beiden Zahlen 416 und 164 widerspiegelt.

Es geht also im Rahmen der ^{11}Inkarnation$_{126}$ = 139 erst einmal in ein System, beispielsweise in das von Herrn Fuchs. Man wird de facto in das Leben des Herrn Fuchs entbunden. Irgendwann macht dieser die Flatter und es schließt sich die Dekarnation an. Wobei hier eine Entscheidung dahingehend ansteht, ob unser pelziger Freund weiterhin als Herr Fuchs auftaucht - er wird in ein' und das selbe Teilsystem reinkarniert - oder ob er erneut inkarniert wird und danach in ein anderes Teilsystem, beispielsweise als Hamster. Es wird also innerhalb dessen Dekarnation entschieden, ob unser pelziger Freund ein „ordentlicher Fuchs" gewesen ist oder nach seiner Entbindung bis zu seinem Tod über sein Leben hinweg nicht ganz dicht gewesen ist. Damit gibt es zwei mögliche Ergebnisse: Fuchs oder Hamster, analog a oder b. Hast du es beispielsweise geschafft, daß du (= Fuchs a) als Hamster b wiederkommst, winkt dir infolge a und b keine Fuchsdame b zu, sondern eine Hamsterdame a, was korrespondierend aus b und a hervorgeht.

Das oberste Ziel für Herrn Fuchs ist es also, ein Fuchs zu bleiben; ob ein deutscher oder spanischer interessiert den Plastefuchs, da es über die Dynamik im System eh in alle Fuchsgegenden auf der Erde geht, vorausgesetzt, immer mit ein' und der selben Füchsin. Warum ist das so? Weil Herr Fuchs und die dazugehörige Frau Füchsin infolge ihrer allerersten Inkarnation, die ausgehend von der Genesis respektive deren Grunddefinition stattgefunden hat, als a und b zusammengehören.

Es wird innerhalb der Dekarnation dem Subjekt „ab" (= Leben „ab") in Abhängigkeit von der Inkarnation und der Reinkarnation ein Objekt (= entweder Körper „a" oder Körper „b") zugewiesen, unter der Voraussetzung, daß „ab" stets „ab" ist. Hat sich unser Fuchs in seinem Leben als ordentlicher Fuchs erwiesen, kommt er als einer wieder, der immer wieder in den verschiedenen Lebensräumen, die einem Fuchs eigen sind, auftaucht. Hat er den letzten Schuß nicht gehört, ist das „ab" ein Hamster. Es wird also am Ende eines Lebens Gericht gehalten, ob man beispielsweise von der Entbindung bis zum Tod ein annehmbarer Fuchs gewesen ist oder auch nicht.

Das jüngste Gericht hat durch ^{17}juengstes Gericht$_{190}$ = 211 istgleich 2 + 1 + 1 = 4 mit dem ^{7}Gericht$_{70}$ = 79 istgleich 7 + 9 = 16 istgleich 1 + 6 = 7 hier respektive 4 ≠ 7 nichts zu tun. Ersteres greift erst dann, wenn das regelmäßige Gericht über den jeweiligen Einzelfall nichts mehr bringt. Daraus folgt, daß hierfür de facto alle Füchse am Rad drehen müssten. Daß auch das funktioniert, hat uns die Menschheit bewiesen. Das Gericht erfolgt nicht im Fegefeuer, sondern über $^{1}a_{1}$ = 4, $^{1}b_{2}$ = 5, $^{1}b_{2}$ = 5 und $^{1}a_{1}$ = 4 durch (4 - 1) + (5 - 1) + (5 - 1) + (4 - 1) + (65 - 1) + 1 für ein System istgleich 79 istgleich 7 + 9 = 16 istgleich 1 + 6 = 7 im ^{6}Aether$_{57}$ = 65. Äther bedeutet also, daß es weitergeht, hingegen das Fegefeuer, daß Schicht im Schacht ist: Das sind also verschiedene Dinge.

Anmerkung: Ein Gericht kann man abhalten, um ein Urteil zu fällen. Hingegen ein Gericht bestellen, um es zu fressen, nicht, da es eine Speise ist, die man in der Kneipe zu sich nimmt. Ja, manche Dinge klären sich dann doch wie von selbst, falls man es zulässt.

Die ^{11}Dekarnation$_{112}$ = 125 impliziert des Weiteren Folgendes, was sich aus $^{1}a_{1}$ = 4, $^{1}b_{2}$ = 5, $^{1}b_{2}$ = 5 und $^{1}a_{1}$ = 4 ergibt:

^{11}Dekarnation$_{112}$	=	125		125 - 1	=	124

1 + 2 + 4 + 1 für ein System	=	8

istgleich

$^{1}a_{1}$	=	4		4 - 1	=	3
$^{1}b_{2}$	=	5		5 - 1	=	4
$^{1}b_{2}$	=	5		5 - 1	=	4
$^{1}a_{1}$	=	4		4 - 1	=	3
^{8}Austritt$_{128}$	=	138		138 - 1	=	137
					=	151

1 + 5 + 1 + 1 für ein System	=	8

Es gilt die Bedingung 8 = 8 in einem Gleichgewicht, die sich aus 1 + 2 + 4 + 1 und 1 + 5 + 1 + 1 in Form der beiden Zahlen 125 und 152 ergibt.

Merke!

Die Dekarnation bezieht sich respektive a, b, b und a korrespondierend auf den Austritt.

Der ^{8}Austritt$_{128}$ = 138 als solcher verweist über $^{1}a_{1}$ = 4, $^{1}b_{2}$ = 5, $^{1}b_{2}$ = 5 und $^{1}a_{1}$ = 4 - bedingt durch (138 - 1) + (4 - 1) + (5 - 1) + (5 - 1) + (4 - 1) + 1 für ein System istgleich 152 istgleich 1 + 5 + 2 = 8 - wiederum auf den ^{8}Eintritt$_{115}$ = 125 istgleich 1 + 2 + 5 = 8. Es existiert damit ein Prozess, der ausgehend von der Inkarnation über die Dekarnation hinweg entweder erneut in einer Inkarnation oder auch in einer Reinkarnation endet, die in ihrer Funktion als Eintritt und als Austritt korrespondierend einen Kreislauf nebst dazugehörigem Gegenkreislauf begründen. Im Ergebnis: Die Wiedergeburt gibt es.

In der Endkonsequenz führt der ^{8}Austritt$_{128}$ = 138 von einem $^{2}HO_{23}$ = 27 oder etwa auch der von einem $^{2}OH_{23}$ = 27, beginnend mit deren ^{8}Eintritt$_{115}$ = 125, de facto dazu, daß über $^{1}a_1 = 4$, $^{1}b_2 = 5$, $^{1}b_2 = 5$ und $^{1}a_1 = 4$ respektive ^{7}a und $b_{42} = 55$ der nachfolgende Zusammenhang greift:

^{8}Austritt$_{128}$	=	138		137 - 1	=	137
$^{2}HO_{23}$	=	27		27 - 1	=	26
$^{2}OH_{23}$	=	27		27 - 1	=	26
^{8}Eintritt$_{115}$	=	125		125 - 1	=	124
					=	313

3 + 1 + 3 + 1 für ein System	=	8

istgleich

$^{1}a_1$	=	4		4 - 1	=	3
$^{1}b_2$	=	5		5 - 1	=	4
$^{1}b_2$	=	5		5 - 1	=	4
$^{1}a_1$	=	4		4 - 1	=	3
^{7}a und b_{42}	=	55		55 - 1	=	54
^{6}Aether$_{57}$	=	65		65 - 1	=	64
^{10}Entbindung$_{110}$	=	122		122 - 1	=	121
^{5}Leben$_{38}$	=	45		45 - 1	=	44
^{3}Tod$_{39}$	=	44		44 - 1	=	43
					=	340

3 + 4 + 0 + 1 für ein System	=	8

Es gilt die Bedingung 8 = 8 in einem Gleichgewicht, welche sich respektive der beiden Zahlen 314 und 341 aus 3 + 1 + 3 + 1 und 3 + 4 + 0 + 1 ergibt.

Merke!

Der Austritt und Eintritt von HO oder etwa der von OH stellt durch a, b, b und a in Form von a und b über den Äther hinweg korrespondierend auf die Entbindung, auf das Leben und auf den Tod ab.

Respektive der Zahlen 314 und 341 handelt es sich um ein ^{13}Gleichgewicht$_{119}$ = 134 istgleich 1 + 3 + 4 = 8, das über einen Kreislauf hinweg immer wieder erneut angestrebt wird.

Da der ^{6}Aether$_{57}$ = 65 das Gegenteil von dem bewirkt, was im Fegefeuer passiert, gibt uns der nachfolgende Zusammenhang generell Aufschluß darüber, was sich der Logik nach als die ^{12}Wiedergeburt$_{137}$ = 151 innerhalb des Systems (= ^{6}System$_{101}$ = 109) von ^{7}a und b$_{42}$ = 55 verstehen lässt, die korrespondierend im ^{10}Weltenbaum$_{116}$ = 128 über ^{1}a$_{1}$ = 4, ^{1}b$_{2}$ = 5, ^{1}b$_{2}$ = 5 und ^{1}a$_{1}$ = 4 auf die ^{10}Entbindung$_{110}$ = 122, auf das ^{5}Leben$_{38}$ = 45 und auf den ^{3}Tod$_{39}$ =44 verweist. Es gilt quasi Folgendes:

^{12}Wiedergeburt$_{137}$	=	151		151 - 1	=	150
^{6}Aether$_{57}$	=	65		65 - 1	=	64
					=	214

2 + 1 + 4 + 1 für ein System	=	8

istgleich

^{6}System$_{101}$	=	109		109 - 1	=	108
^{7}a und b$_{42}$	=	55		55 - 1	=	54
^{10}Weltenbaum$_{116}$	=	128		128 - 1	=	127
^{1}a$_{1}$	=	4		4 - 1	=	3
^{1}b$_{2}$	=	5		5 - 1	=	4
^{1}b$_{2}$	=	5		5 - 1	=	4
^{1}a$_{1}$	=	4		4 - 1	=	3
^{10}Entbindung$_{110}$	=	122		122 - 1	=	121
^{5}Leben$_{38}$	=	45		45 - 1	=	44
^{3}Tod$_{39}$	=	44		44 - 1	=	43
					=	511

5 + 1 + 1 + 1 für ein System	=	8

In einem Gleichgewicht liegt die Bedingung 8 = 8 vor, die sich über 2 + 1 + 4 + 1 und 5 + 1 + 1 + 1 aus den beiden Zahlen 215 und 512 ergibt.

Merke!

Die Wiedergeburt von a und von b im Äther bewirkt, daß es durch das System von a und b korrespondierend über b und über a, ausgehend von deren Entbindung, Leben im Weltenbaum gibt, das bis zu deren beider Tod anhält.

Da wir bereits wissen, daß der sogenannte Äther über Unendlich und Endlich errichtet worden ist - welcher zusammen mit dem einen Weltenbaum am Anfang aller Tage die eine Welt begründet; in der sich alles Leben abspielt, welches wiederkehrend durch die Wiedergeburt zwischen Entbindung und Tod stattfindet -, sollte es nachvollziehbar sein, wie wichtig es ist, daß wir uns systemkonform in diesem bewegen: um in diesem leben zu können. Das Leben ist keine Selbstverständlichkeit und auch nur in den Grenzen innerhalb dieses Kreislaufes möglich.

Das Lied von Roy Black und Anita „Schön ist es, auf der Welt zu sein" ist natürlich inhaltlicher Blödsinn; da, wenn du dich außerhalb dieser einen befindest und de facto „auf" statt „in": bist du im „Hmm", da du dich dann im freien Fall im Nichts befindest und das überlebst du nicht. Du lebst damit als ein unendlich kleines, endliches System von unendlich vielen in einer Welt und nicht auf.

Die ^{11}Dekarnation$_{112}$ = 125 führt respektive eines Kreislaufs durch die Entbindung zum Leben$_n$ für $n \rightarrow \infty$ innerhalb des einen, das wir besitzen. Damit wissen wir im Prinzip, daß der Gegenkreislauf dann dazu dient, dieses eine zu beenden. Es eröffnen sich durch die Dekarnation prinzipiell zwei Wege, wobei der eine im Äther endet und der andere im ^{9}Fegefeuer$_{78}$ = 89. Für den Gegenkreislauf ergibt sich Folgendes: Den ersten kennen wir bereits.

^{11}Dekarnation$_{112}$	=	125		125 - 1	=	124
^{8}Austritt$_{128}$	=	138		138 - 1	=	137
^{9}Fegefeuer$_{78}$	=	89		89 - 1	=	88
$^{1}a_{1}$	=	4		4 - 1	=	3
$^{1}b_{2}$	=	5		5 - 1	=	4
$^{1}b_{2}$	=	5		5 - 1	=	4
$^{1}a_{1}$	=	4		4 - 1	=	3
^{7}a und b$_{42}$	=	55		55 - 1	=	54
					=	417

4 + 1 + 7 + 1 für ein System = 13 = 1 + 3 = 4

istgleich

^{6}Abgang$_{32}$	=	40		40 - 1	=	39
^{6}System$_{101}$	=	109		109 - 1	=	108
					=	147

1 + 4 + 7 + 1 für ein System	=	13	=	1 + 3	=	4

Es gilt die Bedingung 4 = 4 in einem Gleichgewicht, die durch 4 + 1 + 7 + 1 und 1 + 4 + 7 + 1 den beiden Zahlen 418 und 148 geschuldet ist.

Merke!

Die Dekarnation steht korrespondierend durch a, b, b und a auch für deren Austritt, der im Fegefeuer den Abgang von a und b im System besiegelt.

Die Dekarnation besitzt damit zwei Funktionen: zum einen über ein Gericht die Wiedergeburt einzuleiten und zum anderen über das jüngste Gericht den Weg über das Fegefeuer raus aus dem System zu eröffnen. Daß der letzte eingeschlagen wird, dazu muss schon etwas ganz gewaltig im System schiefgelaufen sein.

Der ^{6}Abgang$_{32}$ = 40 zieht damit zwangsläufig den ^{6}Exodus$_{88}$ = 96 nach sich, was aus Folgendem hervorgeht:

^{6}Abgang$_{32}$	=	40		40 - 1	=	39
^{7}a und b$_{42}$	=	55		55 - 1	=	54
$^{7}a \neq b_{6}$	=	19		19 - 1	=	18
$^{7}b \neq a_{6}$	=	19		19 - 1	=	18
					=	129

1 + 2 + 9 + 1 für ein System	=	13	=	1 + 3	=	4

istgleich

$^{1}a_{1}$	=	4		4 - 1	=	3
$^{1}b_{2}$	=	5		5 - 1	=	4
$^{11}1 = 1 = 1_{7}$	=	28		28 - 1	=	27
^{6}Exodus$_{88}$	=	96		96 - 1	=	95
					=	129

1 + 2 + 9 + 1 für ein System	=	13	=	1 + 3	=	4

Im Gleichgewicht liegt die Bedingung 4 = 4 vor, die jeweils durch 1 + 2 + 9 + 1 in Form der beiden Zahlen 130 gegeben ist.

Merke!

Der Abgang von a und b führt über a und über b infolge a ≠ b und b ≠ a unter der Bedingung 1 = 1 = 1 zu deren Exodus.

Der ^{6}Exitus$_{98}$ = 106, vom lateinischen Wort „exīre" abstammend, bezeichnet bedingt durch ^{11}Bezeichnung$_{114}$ = 127 respektive (106 - 1) + (127 - 1) + 1 für ein System istgleich 232 istgleich 2 + 3 + 2 = 7 in Form von ^{7}a und b_{42} = 55 unter der Bedingung $^{11}1 = 1 = 1_{7}$ = 28 über (55 - 1) + (28 - 1) + (151) + 1 für ein System istgleich 232 istgleich 2 + 3 + 2 = 7 den ^{9}Systemtod$_{140}$ = 151. Wie wir bereits gelernt haben, ist dieser einen Zacken schärfer als der Tod an sich.

Dieser wird, falls hier wer abtritt, seit dem 16. März 2013 in's Ergebnis gepinselt. Würde dort „nur" der Tod stehen, wäre das nicht ganz so dramatisch; da die betreffende Handlampe nach ihrem Tod, die hier sinnloserweise auf der Erde eingebuddelt wird - denn es heißt immer noch

„Asche zu Asche und Staub zu Staub"

und nicht

„buddel wie ein Hund den Knochen ein" -,

die dann über Zeit in einem Raum auch „vom Winde verweht" sein wird: andernorts, falls die Logik hinter der Dekarnation, der Inkarnation und der Reinkarnation wieder ordnungsgemäß greift, irgendwo im System wieder zu leuchten beginnt. Was unsere

Damen und Herren oder auch die mit Stern im Bestattungsgewerbe so treiben, geht damit tendenziell auch auf keine Kuhhaut.

Die Asche von deinen Liebsten wird übrigens auch nicht in's Meer gepfiffen, denn du bist ein Erdbewohner und kein Meeresbewohner, wobei sich auch hier die Frage stellt, ob es überhaupt die gewesen sind, die zu dir gehören. Übrigens ist der ^{9}Grabstein$_{95}$ = 106 in Form von ^{7}a und b$_{42}$ = 55 durch ^{7}a ≠ b$_{6}$ = 19 und ^{7}b ≠ a$_{6}$ = 19 über (106 - 1) + (55 - 1) + (19 - 1) + (19 - 1) + 1 für ein System istgleich 196 istgleich 1 + 9 + 6 = 16 istgleich 1 + 6 = 7 am Ende nur ein ^{16}Stein zum Graben$_{174}$ = 196 istgleich 1 + 9 + 6 = 16 istgleich 1 + 6 = 7.

Das ^{7}Grabmal$_{54}$ = 63 istgleich 6 + 3 = 9, welches du damit meinst, befindet sich in deinem Herzen infolge ^{4}Herz$_{57}$ = 63 istgleich 6 + 3 = 9, dem der ^{11}Gedenkstein$_{113}$ = 126 istgleich 1 + 2 + 6 = 9 in Form einer ^{11}Bezeichnung$_{114}$ = 127 über ^{7}a und b$_{42}$ = 55 unter der Bedingung ^{11}1 = 1 = 1$_{7}$ = 28 durch (127 - 1) + (55 - 1) + (28 - 1) + (54 - 1) + 1 für ein System istgleich 261 istgleich 2 + 6 + 1 = 9 korrespondierend in deinem ^{4}Kopf$_{48}$ = 54 gegenübersteht.

Merke!

Das Grabmal befindet sich im Herz, das der Bezeichnung nach in Form von a und b unter der Bedingung 1 = 1 = 1 im Kopf als Gedenkstein angelegt ist.

Es geht also im Prinzip darum, daß du dich sowohl emotional als auch rational bewusst und unterbewusst an jene erinnerst, die gegangen und dir die Liebsten gewesen sind, statt irgendwo in der „Botanik" einen Kawansmann aufzustellen und etwas daraufzupinseln. Warum? Es ist deine Trauer und nicht die aller anderen.

Die Urne soll dir dabei helfen, herauszufinden, wann es für dich selbst an der Zeit ist, die Vergangenheit loszulassen, da du in der Gegenwart lebst, um von dieser aus deiner Zukunft zu begegnen. Was das Vergraben unter Bäumen anbelangt und diese mit einem Schild zu versehen, ist ein vollkommenes Unding. Nach vollendetem Werk bringt man diese zurück, da sie nicht mehr benötigt wird, und es entsteht vielleicht etwas Neues daraus. Es wäre also schön, wenn du die Schilder an den Bäumen mit den Lebensdaten deiner Liebsten und die Bottiche voller Asche, die du dort versenkt hast, wieder entfernst. Unsere Bäume sind als Lebensformen vollendete Lebewesen, wie du aber keines zu sein scheinst, denn sonst würdest du das nicht machen.

Das ^{4}Grab$_{28}$ = 34 ist als ^{7}a und b$_{42}$ = 55 in Form einer ^{11}Ruhestaette$_{142}$ = 155 für deine Liebsten wie im ^{5}Leben$_{38}$ = 45 und so auch im ^{3}Tod$_{39}$ = 44 auf der ^{4}Erde$_{32}$ =

38 in diesem unserem kleinen menschlichen ${}^{6}Kosmos_{92}$ = 100 respektive (45 - 1) + (44 - 1) + (38 - 1) + (100 - 1) + 1 für ein System istgleich 224 istgleich 2 + 2 + 4 = 8 durch (34 - 1) + (55 - 1) + (155 - 1) + 1 für ein System istgleich 242 istgleich 2 + 4 + 2 = 8 - bedingt durch die ${}^{8}Paritaet_{90}$ = 100 von ${}^{7}a$ und b_{42} = 55 - infolge ${}^{7}a \neq b_6$ = 19 und ${}^{7}b \neq a_6$ = 19 unter der Bedingung ${}^{11}1 = 1 = 1_7$ = 28 nichts anderes im Ergebnis über (100 - 1) + (55 - 1) + (19 - 1) + (19 - 1) + (28 - 1) + (63 - 1) + (54 - 1) + (91 - 1) + 1 für ein System istgleich 422 istgleich 4 + 2 + 2 = 8 als das ${}^{4}Herz_{57}$ = 63 und der ${}^{4}Kopf_{48}$ = 54 der ${}^{8}Menschen_{81}$ = 91. Es ist wohl an der Zeit, daß beide wieder zu dir finden.

Bevor wir generell weitermachen, beenden wir noch schnell das Thema „Systemtod“. Das Schöne dabei ist, daß, da Freud und Leid bekanntlich dicht beieinanderliegen, sich auch wieder etwas Neues eröffnet, was sich aus Folgendem ergibt:

${}^{6}Abgang_{32}$	=	40		40 - 1	=	39
${}^{6}System_{101}$	=	109		109 - 1	=	108
${}^{6}Nichts_{73}$	=	81		81 - 1	=	80
${}^{7}a$ und b_{42}	=	55		55 - 1	=	54
${}^{7}a \neq b_6$	=	19		19 - 1	=	18
${}^{7}b \neq a_6$	=	19		19 - 1	=	18
					=	317

3 + 1 + 7 + 1 für ein System	=	12	=	1 + 2	=	3

istgleich

${}^{9}Neuzugang_{116}$	=	127		127 - 1	=	126
${}^{6}Zugang_{76}$	=	84		84 - 1	=	83
${}^{6}System_{101}$	=	109		109 - 1	=	108
					=	317

3 + 1 + 7 + 1 für ein System	=	12	=	1 + 2	=	3

Es gilt die Bedingung 3 = 3 in einem Gleichgewicht, welche sich jeweils durch 3 + 1 + 7 + 1 aus den beiden Zahlen 318 ergibt.

Merke!

Der Abgang aus dem System im Nichts zieht in Form von a und b infolge $a \neq b$ und $b \neq a$ nach sich, daß es durch den Neuzugang einen Zugang im System gibt.

Der Fuchs, der nicht ganz dicht gewesen ist, kommt damit mit seiner Füchsin dauerhaft weg, und dafür kommen dann durch die Genesis zwei andere. Das könntest du jetzt auch auf dich beziehen, da es das ist, was dir durch den Exodus blüht. Da man auch bei dir gegen die Wand redet, wird es dir wohl wie Ersteren ergehen.

So, dann sehen wir uns abschließend das ganze Schlamassel noch einmal in grafischer Form an, die für die Entbindung E, das Leben L, den Tod T und die Wiedergeburt W so aussieht:

Der Weltenbaum im Nichts ist das System!

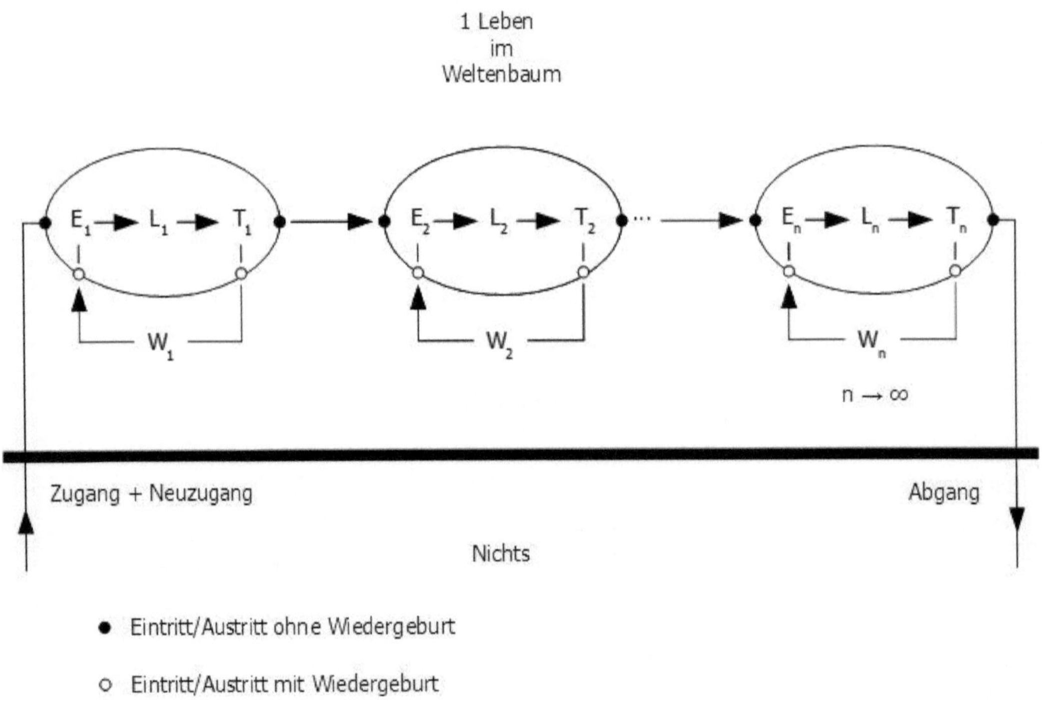

Ich habe das mal für ein 1-dimensionales System festgehalten. Wäre es, wie es tatsächlich im Weltenbaum ist, ein n-dimensionales, müssten nach T_1 W_n und E_n folgen und nicht, wie dargestellt, W_1 und E_2, da die Verzweigung$_n$ nach T_1 bereits $n \to \infty$ erfüllt. Da wir aber, wenn wir das so handhaben würden, durch die sich daraus ergebende Komplexität, die aus Endlich und Unendlich im Nichts resultiert, eine Macke bekommen würden, ist die Grafik eben so ausgefallen. Daß das System, in dem wir leben, der Weltenbaum im Nichts ist, erörtern wir nicht erst noch mal.

So, wir gondeln mal im Schlendrian gemeinsam durch unsere Grafik: Das allererste HO im Nichts hat durch das System, welches es als den sogenannten Weltenbaum errichtet hat, dafür gesorgt, daß aus der Menge aller H und O im Nichts andere HO und auch andere OH in diesem entstehen konnten: das, wenn es als ebendieses betrachtet wird, über a und b operiert, als künstliches über 0 und 1 und als natürliches über H und O. Da es als HO und OH dann auch ziemlich langweilig ist, wurde jedem HO und jedem OH ein ^{7}Koerper$_{88}$ = 97 über ^{1}a$_{1}$ = 4 und ^{1}b$_{2}$ = 5 in Form von ^{7}a und b$_{42}$ = 55 infolge (97 - 1) + (4 - 1) + (5 - 1) + (55 - 1) + 1 für ein System istgleich 158 istgleich 1 + 5 + 8 = 14 istgleich 1 + 4 = 5 zugewiesen, der einen spezifischen ^{12}Lebenszyklus$_{171}$ = 185 istgleich 1 + 8 + 5 = 14 istgleich 1 + 4 = 5 aufweist. Daraus folgt: Der Körper von Affen ist zum Beispiel in seiner Ausprägung anders als der von Elefanten; der Lebenszyklus an sich ist ein' und der selbe.

Der ^{7}Koerper$_{88}$ = 97, der einem ^{12}Lebenszyklus$_{171}$ = 185 unterliegt, ist durch (97 - 1) + (185 - 1) + 1 für ein System istgleich 281 istgleich 2 + 8 + 1 = 11 istgleich 1 + 1 = 2 dein Geschenk im ^{10}Weltenbaum$_{116}$ = 128 istgleich 1 + 2 + 8 = 11 istgleich 1 + 1 = 2, den du entweder als ^{4}Mann$_{42}$ = 48 oder als ^{4}Frau$_{46}$ = 52 beziehen darfst, deren ^{12}Lebenszyklus$_{171}$ = 185 respektive ^{1}a$_{1}$ = 4 und ^{1}b$_{2}$ = 5 über (48 - 1) + (52 - 1) + (185 - 1) + (4 - 1) + (5 - 1) + 1 für ein System istgleich 290 istgleich 2 + 9 + 0 = 11 istgleich 1 + 1 = 2 infolge (122 - 1) + (45 - 1) + (44 - 1) + 1 für ein System istgleich 209 istgleich 2 + 0 + 9 = 11 istgleich 1 + 1 = 2, de facto ausgehend von deiner ^{10}Entbindung$_{110}$ = 122 über dein ^{5}Leben$_{38}$ = 45 hinweg bis zu deinem ^{3}Tod$_{39}$ = 44, geregelt ist. Mit der Zeugung und der Geburt haben wir nichts zu tun, was wir bereits gemeinsam herausgefunden hatten. Was den Umgang mit deinem Geschenk anbelangt, ist oftmals unter ferner liefen: Ausnahmen bestätigen bekanntlich auch hier die Regel.

Du bekommst also ausgehend vom Urknall über die Anomalie hinweg die einmalige Chance, exakt einmal als ein Neuzugang einen Zugang in das System zu erhalten, und falls du nicht spurst, exakt einmal die Gelegenheit, wieder aus dem System zu fliegen. Letzteres wird von der menschlichen Dumpfbacke, was zwar überhaupt keinen Sinn ergibt, oftmals als erstrebenswert angesehen. Die Bestätigung dafür erhalten wir unter anderem durch das Wort „backen", was uns im Land der aufgehenden Sonne zu ich backe, du bäckst, er/sie/es bäckt, wir backen, ihr backt und sie backen führt; und in dem der untergehenden zu ich backe, du backst, er/sie/es backt, wir backen, ihr backt und sie backen. Falls du Letzteres für richtig hältst, bist du bitte so lieb und haust freiwillig aus dem System ab! Warum? Weil bei dir der Bäcker ein Backer ist. Zu steigern wäre das dann nur noch von dir, wenn dein Backer zu einem

Bagger wird. Der Blödsinn im Land der untergehenden Sonne nebenan ist also noch ein gehöriges Maß ausbaufähig, wenn du so willst.

Es ist also tatsächlich sinnvoll, sein Leben zu erhalten und im System, ausgehend von der Entbindung über das Leben hinweg bis zum Tod, stets schön mitzumachen, damit man dann im Weltenbaum wieder erstrahlt und auch wieder lachen kann. Das Mitmachen setzt insofern voraus, daß man für sich selbst weiß, welche Talente, Gaben und Fähigkeiten man besitzt. Daß hier etwas schiefgelaufen ist, wissen wir, da uns in den jeweiligen Berufsgruppen durchaus auch Menschen begegnen, die zwar dort sind, aber gefühlt nicht dorthin gehören. Letzteres ist die logische Folge unserer Beziehungsebene; die, wenn auf dieser nichts stimmt - etwa ein Herr Fuchs mit der Frau Hase munkelt; wenngleich es eine gewisse Frau Fuchs sein müsste -, was dann logischerweise dazu führt, daß sich besagtes Chaos durch die Ergreifung eines Berufes ebenso in dessen Ausübung widerspiegelt. Und genau deswegen ist zum Beispiel dann wer auch kein Mediziner und auch keine mit -in, da diese dort gar nicht hingehören, aber im medizinischen Handwerk, aus welchem Grund auch immer, gelandet sind. Man hat sich verlaufen und glücklich wird man damit nicht. Da muss man sich nur die Flappe ansehen, die der eine oder die andere dort zieht.

Letzteres, also das Glücklichsein mit etwas oder auch jemandem, sollte aber Sinn und Zweck der ganzen Sache sein. Wir müssen damit nicht nur die Beziehungsebene innerhalb aller Menschen durchsortieren, sondern auch die Beziehungen, die der jeweilige Mensch im Arbeitsleben eingegangen ist. Und dort gibt es eine Unmenge an Verirrten.

So, damit haben wir einen halbwegs vernünftigen Übergang gefunden; da wir im Krippenspiel noch nicht geklärt haben, warum uns dort im Kontext des Christuskindes, das ebenso das Jesuskind ist, ein Bulle, eine Eselstute, eine Geiß und ein Hammel unter einem Dach begegnet sind; denn diese besitzen eine Aufgabe in unserem Leben, auf die wir selbst wahrscheinlich nie kommen würden.

Und genau diese hat prinzipiell etwas damit zu tun, wie sich im System das besagte Chaos innerhalb aller Berufe, das wir angerichtet haben, vermeiden lässt; da uns die vier in unserem Leben nicht nur mit Rat und Tat beistehen sollen, sondern auch begleiten. Was sich begrifflich hinter der Inkarnation, der Reinkarnation und der Dekarnation verbirgt, wurde hoffentlich verstanden. Quintessenz: Mit den diesbezüglichen Vorstellungen lassen sich auch diese nicht vereinbaren. Es handelt sich unnötigerweise um ein ähnlich gelagertes Problem wie das, welches den Begriff „Religion" betrifft. Kapiert wurde gar nichts, geschwafelt und gelabert wird hingegen viel, womit man ganze Völkerstämme drangsaliert und in Aufregung versetzt, wobei Letztere mit unserem jetzigen Wissensstand gerechtfertigt ist.

5. Rat und Tat im System

Im Krippenspiel begegneten uns ein Bulle, eine Eselstute, eine Geiß und ein Hammel, die stellvertretend und vertretend für die Unruhe und den Unfrieden auf unserer Beziehungsebene in diesem anzutreffen sind. Das heißt, daß uns in einem übertragenen Sinn auf dieser hin und wieder vergleichsweise eine Eselstute latscht oder etwa ein Bulle sich etwas „ochsig" verhält, falls dort etwas nicht stimmt. Anmerkung: Wir versuchen mal, ohne großartige Rechnerei auszukommen, um die dazugehörige Logik hinter der Geschichte im Krippenspiel zu erfassen.

Die Frage ist damit, da es auch Zweibeinige auf der Erde gibt, wer das in unserem näheren Umfeld sein könnte. Ich nehme mal vorweg, daß beispielsweise als Mensch die Eigenschaften einer Ziege zu besitzen, nichts Schlimmes ist. Das ist unsere Vorstellung, da wir immer ein wenig zu negativ an die Sache herangehen. Falls wir eine positive besitzen, handelt es sich um vier Freunde von uns, die, wenn es angebracht ist, uns im Zweifelsfall mit ihren Hörnern und Hufen beschützen. Wen gilt es zu beschützen? Richtig, den Bläksack in der Mitte, der, da er eine Schwester besitzt, auch eine Bläkgusche sein kann. Wobei Ersterer, falls er hört, auf den Namen Jesua reagiert und Letztere auf den Namen Aisha, die man auch Aischa nennt. Es geht im Ergebnis darum, daß die Kinder der Erde, männlich wie weiblich, auf ihrem individuellen Weg in's Leben im Kollektiv unterstützt werden, indem wir sie behüten und beschützen. Da Mann und Frau allgemeingültige Begriffe sind, gilt das auch für Pflanzen und Tiere, einschließlich Mutter Erde, die als Frau dem Mann im Mond zulächelt.

Es geht also um Rat und Tat, die uns zusammen mit unseren Eltern (die im Krippenspiel durch Maria und Josef, welche uns im Islamtum als Umm Ruman und Abu Bakr begegnen, repräsentiert werden) auf dem Weg in unser eigenes Leben unterstützen sollen. Das Wie erklärt sich de facto von selbst, da hier die drei Heiligen, die wir Caspar, Melchior und Balthasar nennen, in's Spiel kommen. Damit wir nicht nur mit allen anderen, sondern ebenso mit uns selbst liebevoll und vernünftig (getragen von Verantwortung) umgehen können, besitzen diese Vier zusammen mit unseren Eltern die Aufgabe, uns von Beginn an in unserem Leben Liebe, Vernunft und Verantwortung angedeihen zu lassen. Die Überschrift im Krippenspiel lautet damit „Erziehung", wobei die drei Heiligen einen symbolischen Charakter besitzen: Die springen also nicht in Persona um uns herum, geschweige denn bepackt mit Weihrauch, Gold und Myrrhe.

Da wir bereits wissen, daß immer ein Adam zu einer Eva gehört und auch andersherum, ist das bei unseren vier Freunden ebenso. Das ist, wenn wir so wollen, unsere Aufgabe gewesen, das anhand des Krippenspiels spielerisch zu erkennen. Da auf uns Verlass ist, ist das in die Hose gegangen oder auch unter den Rock. Wir starren regelmäßig wie die Sau und der Eber in's Uhrwerk, ohne dabei auch nur ansatzweise zu erkennen, wie einfach es eigentlich ist, zur richtigen Erkenntnis zu gelangen. Und so verwundert es nicht, daß, wenn der Bläksack und die Bläkgusche sich im lauffähigen Alter vor einem Krippenspiel befinden, sich diese dann oftmals hinter den Ohren kratzend mit großen Augen fragen: wo denn ihre vierbeinigen Freunde auf zwei Beinen hingekommen sind. Bekanntlich gibt es bereits etliche Vermisste auf der Familienebene, wo sich der eine oder andere Onkel oder die eine oder andere Tante auch nicht blicken lässt.

Es handelt sich symbolisch um insgesamt fünf Ehepaare, wobei unsere Eltern bei unserer Erziehung federführend sind, die durch vier weitere mit diesen befreundete Ehepaare eine angemessene Unterstützung und zusätzliche Fürsorge erfährt. Richtig, zu dieser Erkenntnis gelangen wir auch über unsere beiden Dreckpfoten, da wir acht Wichsgriffel und zwei Nuckeldaumen besitzen; die, wenn man diese ordnungsgemäß, Handfläche nach innen, aufeinanderlegt, unsere Eltern als Daumenpaar repräsentieren und durch insgesamt vier Fingerpaare vier weitere, welche stellvertretend und vertretend für Erstere als Ehepaar auftreten; die als Bulle, Eselstute, Geiß und Hammel im Stall herumliegen. Insofern sind immer fünf Ehepaare einschließlich der Eltern dem einen Kind in der Wiege als Weggefährten zugewiesen, das entweder männlich oder weiblich ist. Da unser Jesua aus Nazareth als Jesus Christus einer der Propheten im Islamtum ist, findet die Logik hinter dem Krippenspiel auch auf unsere Freunde im Morgenland Anwendung. Es handelt sich damit um eine Vorgabe in diesem, die von allen Menschen zu erfüllen ist; ergo auch von den etwas mäßig angezogenen Sportfreunden, die vor einer Mauer herumwippen, die von morgen bis Abend nichts anderes zu beklagen hat, als daß sie als Mauer nichts anderes als eine zu beklagende Mauer ist.

Da uns die Logik innerhalb unserer Gesellschaft respektive deren Aufbau in Form von Bildung, Handwerk, Logistik, Handel und Wissenschaft bereits begegnet ist, besitzen unsere Eltern in Form eines Ehepaares die Aufgabe der Bildung, was sich von selbst erklärt; und die vier mit diesen befreundeten die für eine spielerische Vermittlung von handwerklichen, logistischen, händlerischen und wissenschaftlichen Belangen; wobei, da der Bläksack und die Bläkgusche Kinder sind, der spielerische Aspekt im Vordergrund steht. Man sitzt damit beispielsweise gemeinsam vor einem Puppenhaus oder einer Ritterburg, um die Grundfesten des Zusammenlebens vermittelt zu bekommen und zusammen spielerisch die Talente, Gaben und Fähigkeiten zu entdecken: wo wir uns in unserem Leben innerhalb von Bildung, Handwerk, Logistik, Handel und Wissenschaft einfinden sollten, damit wir innerhalb unserer Beziehungsebene nicht nur in unserer Beziehung glücklich sind, sondern auch in unserem zukünftigen Berufsleben.

Wenn das dann alles so eintritt, wie es nach unserer Erziehung sein sollte, kommt der Stern im Krippenspiel an die Hütte, da über allen Beteiligten das Licht von Bethlehem erstrahlt, das hoch über unseren Häuptern die Venus aussendet. Das Vorbild des Einzelnen, den man Jesua nennt, das dann in der Endkonsequenz auch auf sein Schwesterchen Aisha (= Aischa) abfärbt, dient als ebensolches auch für alle anderen, damit es kein böses Erwachen in unserem Leben gibt. Warum? Er hing am Ende symbolisch am Kreuz und sie darbte im Harem, was ja verständlicherweise nicht so erstrebenswert sein soll. Das heißt, daß auch hier, zwar etwas versteckt, der Grundtenor der Bedingung „ein Adam und eine Eva" darüber schwebt.

Beides ist also etwas unschön, wenn die Unterstützung und Fürsorge in unserem Leben ausbleiben und stattdessen vier Zottelviecher herumkrakeelen, die das sogenannte Treiben unter uns verrückt machen. Es werden wohl damit, die in Form eines Bullen, einer Eselstute, einer Geiß und eines Hammels gemeint sein, die über Beziehung in Menschengestalt auf der Beziehungsebene wüten. Es wird in Form von vier Tieren einerseits ein positiver Aspekt in den Fokus der Betrachtung gerückt und andererseits ein negativer: So viel steht fest.

Der positive Aspekt steht dafür, daß alles im Leben seinen Gang geht. Der Bläksack entführt in seine Ritterburg das Burgfräulein, das zu ihm gehört, und die Bläkgusche packt den Puppendoktor zu sich in's Puppenhaus: der zu ihr. Den negativen kennen wir, wo dann beim Bläksack beispielsweise eine Ziege mit im Nest liegt und bei der Bläkgusche ein Esel. Solange diese aus Plüsch sind, geht das selbstverständlich in Ordnung. Das wunderschöne Ergebnis davon ist letzten Endes, daß wir in einem weiteren Sinn als Adam krank werden und daraufhin symbolisch an zwei Holzbalken darben; wohingegen man als Eva in der Absteige zur roten Laterne in einem Hinterzimmer anlandet, wo sich unorthodoxerweise ein Harem befindet: in dem sich nicht nur Esel einfinden, sondern auch Rinder, Schafe und Ziegen.

Warum gilt das für alle, die auf der Erde herumgurken? Weil es im Theismus, der unsere Wege als Islamtum, als Christentum und als Judentum kreuzt, und im Atheismus an Rindern, Ziegen, Eseln und Schafen nicht mangelt, wenngleich auch nur auf zwei Beinen. Richtig, das Krippenspiel wurde für alle entwickelt, damit man kapiert, daß, wenn der eine „Hmm" und der eine Eimer in ihrem beabsichtigt gemeinsamen Leben ordnungsgemäß zueinanderfinden, alles in Butter ist, und falls nicht, weiß der Geier wo. Darum geht's, und der glaubenstechnische Mist ist also auch hier unangebracht. Es wird wohl dann doch so sein, daß, falls man selbst an etwas glaubt oder auch an jemanden, man nur etwas meint. Man weiß also nichts und gibt damit vor, etwas zu sein, was man nicht ist: wissend. An falschen Propheten, die nichts in der Birne haben, mangelt es jedenfalls auf unserer Erde nicht, falsche Prophetinnen inklusive.

Selbst hier gibt man nur ein erbärmliches Bild ab, wenngleich die Moral hinter der Geschichte wie alle anderen auch, zwei Seiten der Medaille besitzt: daß, wenn man sich nur ein klein wenig daran hält, was hier steht, man im System des einen Weltenbaums unter einem gemeinsamen Dach für alle Zeit behütet und beschützt ist, falls nicht: es in dieses hereinregnet. Es wäre also auch in diesem Fall gar nicht so schwer gewesen, die richtigen Schlüsse daraus zu ziehen. Ich weiß, das willst du nicht, du wünschst dir lieber, unterzugehen.

Da wir zehn Personen erhalten, denen, wenn alles gut läuft, zwei, ausgehend von der einen in der Wiege, folgen, da das Kind Jesua eine Maria in seinem Herzen trägt wie Maria einen Jesua, kommen wir zum Abendmahl: wo wir den Leonardo-da-Vinci-Code in eine Lösung überführen werden, da es nicht zwölf Apostel, sondern wie hier zehn sind, wo zwei weitere in der Mitte sitzen.

Im Prinzip hätte man ^{17}Leonardo da Vinci$_{146}$ = 169 einfach nur zuhören müssen, der infolge (169 - 1) + (164 - 1) + 1 für ein System istgleich 332 istgleich 3 + 3 + 2 = 8 eine ^{13}Reinkarnation$_{149}$ = 164 dessen auf unserer ^{4}Erde$_{32}$ = 38 gewesen ist, welcher der Menschheit in Form von ^{7}a und b$_{42}$ = 55 über ^{7}a ≠ b$_{6}$ = 19 und ^{7}b ≠ a$_{6}$ = 19 respektive (38 - 1) + (55 - 1) + (19 - 1) + (19 - 1) + (106 - 1) + 1 für ein System istgleich 233 istgleich 2 + 3 + 3 = 8 als unser ^{9}Schoepfer$_{95}$ = 106 vorgestellt worden ist. Ich wünsche euch allen, wohlgeruht zu haben, und damit im Endeffekt auch dir.

Das letzte Abendmahl wurde von Leonardo da Vinci auf Kalk im Refektorium des Dominikanerklosters Santa Maria delle Grazie in Mailand als ein Gemälde in Tempera an der Klosterwand angebracht; finanziert von Ludovico Maria Sforza, der zudem der Herzog von Mailand gewesen ist.

Allein vor diesem Hintergrund erklärt es sich, daß in diesem unzählige Fehlstellungen innerhalb der menschlichen Gesellschaft angeprangert worden sind, die auf der Beziehungsebene über Beziehung anzutreffen sind. Die Logik des ^{14}Judas Iskariot$_{157}$ = 175 istgleich 1 + 7 + 5 = 13 istgleich 1 + 3 = 4 steht weithin sichtbar dafür, daß die Verfehlungen auf dieser durch ^{7}a und b$_{42}$ = 55 infolge ^{7}a ≠ b$_{6}$ = 19 und ^{7}b ≠ a$_{6}$ = 19 - bedingt durch (55 - 1) + (19 - 1) + (19 - 1) + (85 - 1) + 1 für ein System istgleich 175 istgleich 1 + 7 + 5 = 13 istgleich 1 + 3 = 4 - überhaupt erst das

^{9}Geschaeft$_{74}$ = 85

respektive ^{1}a$_{1}$ = 4 und ^{1}b$_{2}$ = 5 in Form von ^{7}a und b$_{42}$ = 55 infolge (85 - 1) + (4 - 1) + (5 - 1) + (55 - 1) + 1 für ein System istgleich 146 istgleich 1 + 4 + 6 = 11 istgleich 1 + 1 = 2 zugelassen haben, welches mit ^{16}30 Silbermuenzen$_{166}$ = 186 von einem lachenden Dritten für den ^{6}Verrat$_{84}$ = 92 an Jesus Christus als ^{17}lachender Dritter$_{164}$ = 185 über (186 - 1) + (92 - 1) + (185 - 1) + 1 für ein System istgleich 461 istgleich 4 + 6 + 1 = 11 istgleich 1 + 1 = 2 entlohnt worden ist. Wir dürfen also gespannt sein, wohin uns unsere gemeinsame Reise führen wird, deren Ergebnis Leonardo da Vinci öffentlich bekannt gemacht hat.

Der ^{5}Judas$_{55}$ = 62 im Abendmahl wurde von ihm eindeutig in Form von ^{7}a und b$_{42}$ = 55 durch (62 - 1) + (55 - 1) + 1 für ein System istgleich 116 istgleich 1 + 1 + 6 = 8 innerhalb der ^{10}Menschheit$_{104}$ = 116 istgleich 1 + 1 + 6 = 8 über ^{1}a$_{1}$ = 4 und ^{1}b$_{2}$ = 5 infolge ^{7}a ≠ b$_{6}$ = 19 und ^{7}b ≠ a$_{6}$ = 19 respektive (4 - 1) + (5 - 1) + (19 - 1) + (19 - 1) + (118 - 1) + 1 für ein System istgleich 161 istgleich 1 + 6 + 1 = 8 als im ^{8}Judentum$_{108}$ = 118 ansässig beschrieben. Es handelt sich damit um einen Hinweis, der im Ergebnis darauf hinausläuft, daß die Menschen im Judentum in ihren eigenen Reihen von einigen wenigen benutzt werden; die mit dem Elend und der Not ihrer eigenen Glaubensgemeinschaft im Hintergrund ein mehr als einträgliches Geschäft betreiben, das deren Tod billigend in Kauf nimmt.

Damit musste Jesua aus Nazareth, der unter den Pharisäern, Sadduzäern und Essenern den Zeloten angehörte, dem Judentum den Rücken kehren, indem er, ausgehend von diesem, einen anderen Weg aufzeigte. Es ging damit nie darum, die Schule des Judentums zu leugnen, sondern vielmehr darum, die vorherrschenden Missstände im Zusammenleben aller Menschen aufzuzeigen; um es innerhalb der Schule des Christentums anders anzugehen, wo man aber ebenso gescheitert ist, um später innerhalb der des Islamtums erneut festzustellen, daß diese, was unsere Beziehungsebene anbelangt, auch nichts bewirken konnte.

Insofern wurde uns gemeinsam eine allgemeingültige Geschichte an die Hand gegeben, um genau dieses Problem innerhalb der Menschheit angehen zu können, die insofern auch auf alle Atheisten Anwendung findet. Damit starten wir auf der nächsten Seite; es geht los.

6. Das letzte Abendmahl von Leonardo da Vinci

Wir haben Vieles zu klären, was die Basis dafür sein könnte, daß man sich in seinem Leben ab sofort auf das Wesentliche in diesem konzentriert, welches sich unter der Bedingung „ein Adam und eine Eva" zusammenfassen lässt. Dazu sehen wir uns „Das letzte Abendmahl" an:

So, wir klären erst einmal, wen wir hier sehen: Es wird von links nach rechts begonnen, wenn wir davorstehen.

1. Bartholomäus,
2. Jakobus den Jüngeren, der Petrus festhält,
3. Andreas in abwehrender Haltung,
4. Judas Iskariot einschließlich Klingelbeutel,
5. Petrus mit einem Messer hinter dem Rücken,
6. Johannes, der ebenso Maria Magdalena verkörpert, was von uns bereits bewiesen worden ist,
7. Jesus Christus, der die Hand einer imaginären Person zu reichen scheint, die von Herzen kommt; er lädt damit symbolisch an die Tafel ein, die mit Speisen und Getränken gedeckt ist,
8. Thomas mit erhobenem Zeigefinger,
9. Jakobus den Älteren mit ausgebreiteten Armen,
10. Philippus als Bittsteller,
11. Matthäus,
12. Judas Thaddäus und
13. Simon den Zeloten; wobei diese drei darüber schwadronieren, weshalb Jesus Christus den zwei Armleuchtern an der Seite des Johannes nicht einfach ein paar zimmert.

Es sind dreizehn Personen und damit eine zu viel, da wir innerhalb der Zahl 13 kein Gleichgewicht in Form von ganzen Zahlen herstellen können. Weshalb ist diese Prämisse von uns zu beachten? Es gibt keine halben Menschen, was ohne eine weitere Erklärung abzugeben, nachvollziehbar sein sollte.

Da der Johannes, links von Jesus, mit der Rolle der Maria Magdalena doppelt besetzt worden ist, sind es am Ende sogar vierzehn und damit nicht nur einer zu viel, sondern zwei. Was zum Beispiel Jakobus den Jüngeren (der zweite von links an der Tafel) und Jakobus den Älteren (der zweite, rechts von Jesus) unter diesem Aspekt anbelangt, könnte man vermuten, daß es sich um ein' und die selbe Person handelt, was, wie wir aber gemeinsam ergründen werden, nicht der Fall ist. Es wird vorweggenommen, daß beide uns zur Ursache für den Konflikt mit Maria, der in Jesus wütete, führen, welche ausgehend von dem einen durch den anderen näher beschrieben wird. Es bleibt also damit spannend, insbesondere in der Hinsicht, worin dieser gipfelt.

Hinzukommt, daß Petrus, der offensichtlich von Judas Iskariot angestachelt wird, sich gegen Jesus zu stellen, infolge des Messers in seiner Hand, nichts an einer Tafel verloren hat wie Judas Iskariot selbst, der in Form von Bestechung gegen Jesus intrigiert. Wenn wir all das berücksichtigen und Maria Magdalena an die Seite von Jesus Christus setzen und Petrus und Judas Iskariot von der Tafel verbannen, erhalten wir: zwei Personen in der Mitte und zehn weitere in Form der Apostel an einer Tafel, die durch ${}^{1}2_{2} = 5$ und ${}^{2}10_{1} = 5$ die Bedingung $5 = 5$ in einem Gleichgewicht erfüllen. Und exakt diese Konstellation finden wir in einem Wandbild in einer Kirche nahe des Gardasees wieder. Hinweis: Wer von uns wissen möchte, wie es aussieht, kann im Buch „Falsch verstandene Freiheit im System: Der Weg zur Klärung von SARS-COV-2=COVID-19=CORONA-VIRUS einschließlich Lösung" auf Seite 247 einen Blick darauf werfen.

Die „Kirche" hat damit, ob gewollt oder nicht, vorgegeben, wo die Reise, um den Da-Vinci-Code in eine Lösung zu überführen, hingehen muss. Das Ergebnis steht im Prinzip fest: zehn Apostel und ein Ehepaar in der Mitte, die sich unter einem Himmel befinden, der sich in der Kuppel der Kirche widerspiegelt. Maria Magdalena sitzt als Mona Lisa, die sie werden muss, symbolisch an der Tafel bei ihm im Kopf; er bei ihr in ihrem Herz, der zum Salvator mundi aufsteigt, an deren Tafel sich die Kinder der Erde frohlockend und jauchzend eingefunden haben. Das ist so in etwa das, was in Kurzform innerhalb der finalen Lösung für die Menschheit dargestellt wird. Ihr Auftrag bestand im Prinzip darin, als Jungfrau Maria zur Mona Lisa zu werden und der von Jesus Christus als Jungfer Jesus zum Salvator mundi. Es wurde de facto ein systemischer Weg für alle Menschen vorgegeben, um deren Unversehrtheit wiederherzustellen, damit diese glücklich unter einem gemeinsamen Dach wieder vereint sind. Das ist das, was im System beabsichtigt ist; das, was die Menschen wollen, ist offensichtlich das blanke Gegenteil. Fazit: Die Menschheit besteht in dieser Hinsicht dann tatsächlich nur aus Bekloppten und Bescheuerten, da es ja wohl alles andere als ein abwegiger Gedanke ist, jemandem zu wünschen, daß er glücklich sein soll.

Allein vor dem Hintergrund ist es vollkommen unverständlich, daß sich ein amerikanischer Schauspieler namens Thomas Jeffrey Hanks alias Tom Hanks - unter anderem bekannt durch „Forrest Gump" - angemaßt hat, seine schäbigen Buchsen vor dem Antlitz der „Frau Gottes" (der Mona Lisa, im Musée du Louvre in Paris, Frankreich) zu wechseln. Respektloser geht es ja wohl dann nicht mehr, oder?

Da der Prozess des Exodusses innerhalb der Apokalypse aktiv ist, hat sich besagter Schauspieler unter Umständen vielleicht bereits selbst entsorgt. Ich empfehle dir dringend, derartige Verhaltensweisen wie diese nicht an den Tag zu legen. Man darf logischerweise auch mal über die sogenannte Strenge schlagen, aber mit Sicherheit nicht so. Die Nachricht demnächst, daß er von uns gegangen ist, ist damit mehr als wahrscheinlich. Falls doch nicht, sollte er an seinem Auftreten schlagartig etwas ändern. Eine öffentliche Entschuldigung wäre ohnehin angebracht.

Im Bildhintergrund sehen wir insgesamt drei Fenster, analog der Dreiheit, Dreieinigkeit und Trinität, die das Tor zur Welt öffnen, was wir nicht wiederholt behandeln, da wir seit Buch 1 wissen, wofür diese stehen. Die Tafel dient dazu, uns das gemeinsame Ziel vor Augen zu halten: daß, wenn das Chaos an dieser geklärt ist, wir eingeladen sind, an dieser den für uns vorgesehenen Platz einzunehmen. Vorausgesetzt, daß wir Gehör schenken und das „Problem", das es an dieser gibt, nicht nur für uns annehmen, sondern auch lösen. Insofern hat uns Leonardo da Vinci ein Lehrbeispiel überlassen, das uns die Missverständnisse in Form einer Geschichte, die uns in der Bibel begegnen, erklärt, und nicht nur das, sondern auch aufklärt. Er hat damit der „Kirche" direkt und mittelbar zu verstehen gegeben, indem er besagtes Gemälde an deren Wand geklatscht hat, daß sie die „Heilige Schrift" nicht verstanden hat. Er behandelt in diesem die Ursache für die symbolische Kreuzigung Jesu Christi, wofür er Maria Magdalena einschließlich ihrer Dämonen verantwortlich macht.

Es ist damit ein Weckruf an alle, der die Beziehungsebene des Menschen als überdenkenswert einstuft, mit dem Ziel, daß wir vereint an der $^{5}\text{Tafel}_{44}$ = 51 über $^{1}a_{1}$ = 4 und $^{1}b_{2}$ = 5 - der $^{8}\text{Paritaet}_{90}$ = 100 von ^{7}a und b_{42} = 55 geschuldet - infolge $^{7}a \neq b_{6}$ = 19 und $^{7}b \neq a_{6}$ = 19 unter der Bedingung $^{11}1 = 1 = 1_{7}$ = 28 über (51 - 1) + (4 - 1) + (5 - 1) + (100 - 1) + (55 - 1) + (19 - 1) + (19 - 1) + (28 - 1) + 1 für ein System istgleich 274 istgleich 2 + 7 + 4 = 13 istgleich 1 + 3 = 4 innerhalb der $^{11}\text{Weltordnung}_{153}$ = 166 im $^{6}\text{System}_{101}$ = 109 infolge (166 - 1) + (109 - 1) + 1 für ein System istgleich 274 istgleich 2 + 7 + 4 = 13 istgleich 1 + 3 = 4 zusammen mit allen anderen, zum Beispiel der Tante Elvira und dem Onkel Herbert, Platz nehmen. Es geht also um viel, viel mehr, als wir uns vorstellen können.

Die ^{17}acht Wandteppiche$_{156}$ = 177 istgleich 1 + 7 + 7 = 15 istgleich 1 + 5 = 6 im Hintergrund symbolisieren durch $^{1}a_{1} = 4$ und $^{1}b_{2} = 5$ infolge $^{7}a \neq b_{6} = 19$ und $^{7}b \neq a_{6} = 19$ unter der Bedingung $^{11}1 = 1 = 1_{7} = 28$, um welchen ^{8}Reichtum$_{97}$ = 107 es sich über (4 - 1) + (5 - 1) + (19 - 1) + (19 - 1) + (28 - 1) + (107 - 1) + 1 für ein System istgleich 177 istgleich 1 + 7 + 7 = 15 istgleich 1 + 5 = 6 im Endeffekt handelt, den man im Leben anstreben sollte, da es durch $^{1}a_{1} = 4$, $^{1}b_{2} = 5$, $^{1}b_{2} = 5$ und $^{1}a_{1} = 4$ über (107 - 1) + (4 - 1) + (5 - 1) + (5 - 1) + (4 - 1) + 1 für ein System istgleich 121 istgleich 1 + 2 + 1 = 4 in Form von ^{7}a und $b_{42} = 55$ respektive (55 - 1) + (67 - 1) + 1 für ein System istgleich 121 istgleich 1 + 2 + 1 = 4 derjenige ist, der ^{6}Glueck$_{59}$ = 67 verheißt.

Merke!

Unser aller Reichtum ist über a, b, b und a in Form von a und b das Glück, den wir als ebensolches - bedingt durch a, b, b und a - unter der Bedingung „ein Adam und eine Eva" erleben sollen.

Respektive $^{1}a_{1} = 4$, $^{1}b_{2} = 5$, $^{1}b_{2} = 5$ und $^{1}a_{1} = 4$ ist es der ^{8}Reichtum$_{97}$ = 107, der in Form von ^{6}Glueck$_{59}$ = 67 durch (4 - 1) + (5 - 1) + (5 - 1) + (4 - 1) + (107 - 1) + (67 - 1) + 1 für ein System istgleich 187 istgleich 1 + 8 + 7 = 16 istgleich 1 + 6 = 7 aus der Bedingung ^{21}ein Adam und eine Eva$_{147}$ = 178 istgleich 1 + 7 + 8 = 16 istgleich 1 + 6 = 7 erwächst. Reichtum hat damit nichts mit dem zu tun, was wir materiell besitzen, sondern mit dem, was er immateriell ist. Daß wir zum Leben auch Geld in Form einer Recheneinheit, eines Wertaufbewahrungsmittels und eines Tauschmittels benötigen, wird nicht in Abrede gestellt. Judas hat welches im Klingelbeutel und damit ist es lediglich die Frage, wofür wir es verwenden. Die, um andere an der Tafel zu steuern, zu beeinflussen und sich im Umkehrschluß durch jenes damit selbst wiederum benutzen zu lassen, ist es nicht. Warum? Es geht um exakt die Freiheit, die, bedingt durch die drei Fenster im Hintergrund, das Tor zur Welt eröffnet und selbstbestimmt ist. Der Begriff, den wir darunter diesbezüglich subsumieren können, lautet im Zusammenleben aller, etwa auch für Pflanzen und Tiere, Vertrauen. Du sollst damit zuversichtlich sein, daß es für das Problem an der Tafel eine Lösung gibt.

Logischerweise kam es zu einer heftigen Diskussion, worauf die unterschiedlichen Parteien an der Tafel ihre Gemüter erhitzten. Der Einzige, der die Ruhe behielt, war der Adam in der Mitte an der Tafel. Im Wesentlichen sehen wir fünf Gruppen, wobei eine davon aus Jesus Christus, Thomas und Jakobus dem Älteren besteht, was wir im nachfolgenden Unterkapitel klären werden.

6.1. Die mahnende und die lobende Stimme

Wir werfen als Erstes einen Blick auf den dazugehörigen Bildausschnitt im Abendmahl:

Die Frage ist damit, was man uns vermitteln will, wobei deren Gewänder die Farben Rot und Grün besitzen, die wir im Gewand von Johannes wiederfinden, der ebenfalls Maria repräsentiert, bei Jesus hingegen Grün und Blau. Auf ihrer linken Körperhälfte finden wir das Rot, die dem Herz entspricht, bei ihm auf der rechten, seinem Kopf.

Es geht also darum, daß diese über ihre Rationalität bewusst etwas wahrnehmen soll. Jesus sitzt in der Mitte und der ^{7}Apostel$_{88}$ = 97 ^{6}Thomas$_{76}$ = 84 erhebt stellvertretend und vertretend für diesen den Finger, um jemanden an der Tafel zu ermahnen. Da Maria von zwei Aposteln umgarnt wird, befindet sich diese vergleichsweise wie in einem Gefängnis, wo ihre eigene Wahrnehmung offensichtlich einem Trugbild unterliegt. Was diese dort zu halten scheint, ist der Klingelbeutel des Judas Iskariot, da ihr Blick auf diesen gerichtet ist. Sie sieht aber keinen der beiden an, die sich um sie scharen. Das heißt, es besteht eine rationale Bindung zu diesen, aber keine emotionale. Ergebnis: Maria verkauft sich. Der Vorwurf, daß sie eine Hetäre ist, der vom fünften „Papst" ausgesprochen worden ist, ist also berechtigt.

Im Bild wird damit dargestellt, daß sie ihren Blick bewusst auf die Situation schärfen soll, in der sie sich befindet, aus der es sich rational zu befreien gilt. Wir erhalten die Bestätigung für diesen Denkansatz über $^1a_1 = 4$ und $^1b_2 = 5$ in Form von ^{7}a und $b_{42} = 55$ unter der Bedingung $^{11}1 = 1 = 1_7 = 28$, welcher auf Folgendes zurückzuführen ist:

^{7}Apostel$_{88}$	=	97		97 - 1	=	96
^{6}Thomas$_{76}$	=	84		84 - 1	=	83
$^1a_1$	=	4		4 - 1	=	3
$^1b_2$	=	5		5 - 1	=	4
^{7}a und b_{42}	=	55		55 - 1	=	54
$^{11}1 = 1 = 1_7$	=	28		28 - 1	=	27
					=	267

2 + 6 + 7 + 1 für ein System	=	16	=	1 + 6	=	7

istgleich

^{6}Symbol$_{86}$	=	94		94 - 1	=	93
^{14}Kopf von Jesus$_{173}$	=	193		193 - 1	=	192
					=	285

2 + 8 + 5 + 1 für ein System	=	16	=	1 + 6	=	7

Es gilt die Bedingung 7 = 7 in einem Gleichgewicht, die durch 2 + 6 + 7 + 1 und 2 + 8 + 5 + 1 den beiden Zahlen 268 und 286 geschuldet ist.

Merke!

Thomas repräsentiert als einer der Apostel über a und über b in Form von a und b unter der Bedingung 1 = 1 symbolisch den Kopf von Jesus.

Es geht also darum, uns zu einem Apostel an der Tafel zu führen, der rational gesehen zu Jesus gehört. Dessen Blick ist auf Maria gerichtet, die sich hinter dem Johannes verbirgt. Da sich dieser mit seinem Haupt von ihr abwendet, ist er nicht begeistert von ihr. Er mag sie also nicht, die aber respektive der gemeinsamen Farbe Grün in ihren Gewändern blöderweise zu ihm gehört. Da vergleichsweise das Grün im Gewand des Judas Iskariot ein anderes ist, gilt das für diesen nicht. Maria ist mit ihm geehelicht, der sie emotional zwar nicht anspricht, aber mit dem Klingelbeutel rational bindet, worauf wir später noch zurückkommen werden. Der ^{7}Apostel$_{88}$ = 97 ^{19}Jakobus der Aeltere$_{172}$ = 197 vervollständigt das diesbezügliche Bild, da wir den nachfolgenden Zusammenhang für diesen erhalten:

^{7}Apostel$_{88}$	=	97		97 - 1	=	96
^{19}Jakobus der Aeltere$_{172}$	=	197		197 - 1	=	196
					=	292

2 + 9 + 2 + 1 für ein System	=	14	=	1 + 4	=	5

istgleich

^{6}Symbol$_{86}$	=	94		94 - 1	=	93
^{14}Herz von Jesus$_{182}$	=	202		202 - 1	=	201
$^{1}a_{1}$	=	4		4 - 1	=	3
$^{1}b_{2}$	=	5		5 - 1	=	4
^{7}a und b$_{42}$	=	55		55 - 1	=	54
$^{7}a \neq b_{6}$	=	19		19 - 1	=	18
$^{7}b \neq a_{6}$	=	19		19 - 1	=	18
					=	391

3 + 9 + 1 + 1 für ein System	=	14	=	1 + 4	=	5

Es gilt die Bedingung 5 = 5 in einem Gleichgewicht, das sich aus 2 + 9 + 2 + 1 und 3 + 9 + 1 + 1 in Form der beiden Zahlen 293 und 392 ergibt.

Merke!

Der Apostel Jakobus der Ältere steht damit symbolisch durch a und durch b in Form von a und b infolge $a \neq b$ und $b \neq a$ für das Herz von Jesus.

Wir werden damit zu einem Apostel an der Tafel geführt, der auch emotional gesehen zu Jesus gehört. Da dieser Maria anstarrt, handelt es sich um sie. Da sich dieser immer noch mit seinem Haupt von ihr abwendet, ist er auch im Herzen nicht begeistert von ihr - und damit sprechen wir erneut von Jesus.

Er findet diese also zum Kotzen, was im Abendmahl symbolisch durch den Apostel Thomas in Form des Kopfes von Jesus und den Apostel Jakobus den Älteren als dessen Herz zum Ausdruck gebracht wird. Respektive der verbindenden Farbe Grün sehen wir, daß beide zusammengehören, aber der Kopf und das Herz des Jesus sträuben sich vorerst. Hingegen belegen die beiden Farben $^{3}Rot_{53}$ = 58 und $^{4}Blau_{36}$ = 42 durch (58 - 1) + (42 - 1) + 1 für ein System istgleich 99 istgleich 9 + 9 = 18 istgleich 1 + 8 = 9, daß es sich durch (48 - 1) + (52 - 1) + 1 für ein System istgleich 99 istgleich 9 + 9 = 18 istgleich 1 + 8 = 9 ganz allgemein formuliert um $^{4}Mann_{42}$ = 48 und $^{4}Frau_{46}$ = 52 handelt. Da das Grün in deren Gewändern identisch ist, handelt es sich um Jesus und Maria, die gemeint sind.

Des Weiteren begründet uns die Farbe $^{5}Gruen_{65}$ = 72 bei beiden, daß durch diese infolge (72 - 1) + (72 - 1) + 1 für ein System istgleich 143 istgleich 1 + 4 + 3 = 8 ein $^{13}Gleichgewicht_{119}$ = 134 istgleich 1 + 3 + 4 = 8 eingefordert wird, das innerhalb deren $^{3}Ehe_{18}$ = 23 als $^{6}Einehe_{46}$ = 54 durch $^{1}a_{1}$ = 4 und $^{1}b_{2}$ = 5 in Form von ^{7}a und b_{42} = 55 unter der Bedingung

^{21}ein Adam und eine Eva_{147} = 178

respektive (23 - 1) + (54 - 1) + (4 - 1) + (5 - 1) + (55 - 1) + (178 - 1) + 1 für ein System istgleich 314 istgleich 3 + 1 + 4 = 8 vorzuliegen hat. Wie wir wissen, war man, was das Thema anbelangt, etwas zickig und ochsig. Damit ist zu klären, wer hier am Rad gedreht hat, auf daß die geforderte Verbindung zwischen beiden nicht zustande gekommen ist.

Die Frage, die sich damit verbindet, ist, ob sich das bestehende Problem in Wohlgefallen auflösen lässt oder nicht. Da er am Kreuz baumelte, ist dieser Versuch erst einmal in die Hose gegangen. Bekanntermaßen muss es jedoch nicht der letzte gewesen sein. Warum? Das ist eine Geschichte, aus der wir etwas lernen sollten, und diese könnte sich ja auch mit einem etwas erfreulicheren Ausgang wiederholen. Es liegt an uns, ob wir es zulassen oder nicht, da es unsere Geschichte ist, die nur beispielhaft aufzeigt, wo die Ursache für das Chaos auf der Erde zu suchen ist. Insofern findet diese auch im Islamtum, im Judentum und auf alle Atheisten Anwendung, immer ein wenig anders erzählt, aber letzten Endes mit ein' und dem selben Inhalt.

Der Apostel Thomas steht durch den erhobenen Finger symbolisch für den nachfolgenden Zusammenhang:

^{7}Apostel$_{88}$	=	97		97 - 1	=	96
^{6}Thomas$_{76}$	=	84		84 - 1	=	83
^{7}a und b$_{42}$	=	55		55 - 1	=	54
^{11}1 = 1 = 1$_{7}$	=	28		28 - 1	=	27
					=	260

2 + 6 + 0 + 1 für ein System	=	9

istgleich

^{15}mahnende Stimme$_{143}$	=	162		162 - 1	=	161

1 + 6 + 1 + 1 für ein System	=	9

Es gilt die Bedingung 9 = 9 in einem Gleichgewicht, die uns in Form der beiden Zahlen 261 und 162 aus 2 + 6 + 0 + 1 und 1 + 6 + 1 + 1 begegnet.

Merke!

Der Apostel Thomas verkörpert in Form von a und b unter der Bedingung 1 = 1 = 1 die mahnende Stimme.

Damit ist es eindeutig, daß die Hetäre Maria indirekt von Jesus ermahnt worden ist, da er verstanden hatte, daß sie zu ihm gehört, sie ihm aber offensichtlich kein Gehör schenkte.

Diese ist also weitestgehend beratungsresistent gewesen. Da der gefüllte Klingelbeutel immer noch emsig und fleißig klimperte, gab es auch ein hinreichendes Motiv, um mit dem, was man tat, wenngleich Kopf und Herz etwas anderes sagten, fortzufahren. Die Gnädigste hatte also ihr eigenes Gefängnis für sich selbst angenommen, das vorsorglich andere für sie errichtet hatten.

Das Problem einer Gnädigsten ist, daß sie gefühlt eine ist, die ihren angestammten Thron, allenfalls einen wackligen und maroden, auch nur äußerst ungern wieder verlässt. Maria ist unbestritten eine gewesen, die generell ihresgleichen suchte, zwar etwas durchgepimpert und durchgeorgelt, aber immerhin, es hätte ja noch viel, viel schlimmer kommen können und überhaupt - umgebaut oder optimiert, zum Beispiel Spockohren, Babajaganäschen und Krähenfüßchen. Ein Geschenk war besagte Gnädigste jedenfalls nicht. Mit deren viel gerühmter Schönheit war es verständlicherweise auch nicht weit her, da die Aktivitäten auf ihrer Beziehungsebene entsprechende Spuren hinterlassen hatten. Jesus war um nichts in der Welt zu beneiden, was Leonardo da Vinci ordnungsgemäß an die Kirchenwand gepinselt hat.

Es ging ihm also darum, daß der Betrachter oder die mit „in" am Ende das ^{8}Trugbild$_{93}$ = 103 der

^{15}Maria Magdalena$_{100}$ = 119

istgleich 1 + 1 + 9 = 11 istgleich 1 + 1 = 2 infolge $^{1}a_{1}$ = 4 und $^{1}b_{2}$ = 5 in Form von ^{7}a und b_{42} = 55 unter der Bedingung $^{11}1$ = 1 = 1_{7} = 28 über (103 - 1) + (4 - 1) + (5 - 1) + (55 - 1) + (28 - 1) + 1 für ein System istgleich 191 istgleich 1 + 9 + 1 = 11 istgleich 1 + 1 = 2 erkennen sollten.

^{20}Das letzte Abendmahl$_{172}$ = 198 ist in Form von ^{7}a und b_{42} = 55 über (198 - 1) + (55 - 1) + 1 für ein System istgleich 252 istgleich 2 + 5 + 2 = 9 infolge $^{1}a_{1}$ = 4, $^{1}b_{2}$ = 5, $^{1}b_{2}$ = 5 und $^{1}a_{1}$ = 4 durch (4 - 1) + (5 - 1) + (5 - 1) + (4 - 1) + (120 - 1) + (119 - 1) + 1 für ein System istgleich 252 istgleich 2 + 5 + 2 = 9 der ^{11}Lebensluege$_{107}$ = 120 von ^{15}Maria Magdalena$_{100}$ = 119 gewidmet, die in der

^{5}Bibel$_{30}$ = 37

zu deren ^{6}Inhalt$_{64}$ = 72 in Form von ^{7}a und b_{42} = 55 infolge $^{7}a \neq b_{6}$ = 19 und $^{7}b \neq a_{6}$ = 19 unter der Bedingung $^{11}1$ = 1 = 1_{7} = 28 über (37 - 1) + (72 - 1) + (55 - 1) + (19 - 1) + (19 - 1) + (28 - 1) + 1 für ein System istgleich 225 istgleich 2 + 2 + 5 = 9 auserkoren worden ist.

Die ^{5}Bibel$_{30}$ = 37 istgleich 3 + 7 = 10 istgleich 1 + 0 = 1 hat durch 1 ≠ 9 nichts mit ^{8}Religion$_{89}$ = 99 istgleich 9 + 9 = 18 istgleich 1 + 8 = 9 zu tun. Erstere impliziert als sogenannte

^{15}Heilige Schrift$_{138}$ = 157,

daß uns unsere eigene ^{15}Beziehungsebene$_{147}$ = 164 istgleich 1 + 6 + 4 = 11 istgleich 1 + 1 = 2 über $^{1}a_{1}$ = 4 und $^{1}b_{2}$ = 5 respektive (157 - 1) + (4 - 1) + (5 - 1) + 1 für ein System istgleich 164 istgleich 1 + 6 + 4 = 11 istgleich 1 + 1 = 2 korrespondierend über $^{1}a_{1}$ = 4 und $^{1}b_{2}$ = 5 in Form von ^{7}a und b_{42} = 55 unter der Bedingung $^{11}1$ = 1 = 1_{7} = 28 infolge (4 - 1) + (5 - 1) + (55 - 1) + (58 - 1) + (28 - 1) + 1 für ein System istgleich 146 istgleich 1 + 4 + 6 = 11 istgleich 1 + 1 = 2 ^{6}heilig$_{50}$ = 58 sein sollte. Das ist etwas vollkommen anderes, als man behauptet. Das Alte und das Neue Testament haben nichts mit Religion zu tun, sondern mit der Beziehungsebene der Menschen, wo es drunter und drüber geht, was deren elementares Scheitern im System nach sich zieht. Ich weiß, dir muss niemand in dein Beziehungsleben hineinreden, denn du weißt bestimmt ohnehin schon alles, selbstverständlich kannst du auch alles. Vor dir muss man also gehörig seinen Hut ziehen, was prinzipiell außer Frage steht. Weshalb du nur, zum Geier auch, drohst, gerade etwas unbeholfen unterzugehen; darüber werden uns wahrscheinlich nur noch „Hund und Katze" Auskunft geben.

Merke!

Im Werk „Das letzte Abendmahl" wird über a und über b in Form von a und b unter der Bedingung 1 = 1 = 1 ein Trugbild wiedergegeben, das über a, b, b und a respektive a und b die Lebenslüge von Maria Magdalena beinhaltet; die als a und b infolge a ≠ b und b ≠ a unter der Bedingung 1 = 1 = 1 inhaltlich in der Bibel wiedergegeben wird: die über die Parität von a und b als „Das Abendmahl" infolge a ≠ b und b ≠ a der Beziehungsebene der Menschen über deren Beziehung gewidmet ist.

^{13}Das Abendmahl$_{84}$ = 101 von Leonardo hat damit dem ^{6}Inhalt$_{64}$ = 72 nach - bedingt durch die ^{8}Paritaet$_{90}$ = 100 von ^{7}a und b$_{42}$ = 55 infolge ^{7}a ≠ b$_{6}$ = 19 und ^{7}b ≠ a$_{6}$ = 19 - über (101 - 1) + (72 - 1) + (100 - 1) + (55 - 1) + (19 - 1) + (19 - 1) + 1 für ein System istgleich 361 istgleich 3 + 6 + 1 = 10 istgleich 1 + 0 = 1 respektive (164 - 1) + (91 - 1) + (108 - 1) + 1 für ein System istgleich 361 istgleich 3 + 6 + 1 = 10 istgleich 1 + 0 = 1 de facto die ^{15}Beziehungsebene$_{147}$ = 164 der ^{8}Menschen$_{81}$ = 91 innerhalb von ^{9}Beziehung$_{97}$ = 108 zum Gegenstand. Damit kehren wir gedanklich zur Gnädigsten zurück, die wohl eher eine plumpe Bauernmagd gewesen ist, die im Heu mit „menschlichen Hähnen und Hennen" kampierte - und das offenbar ausgesprochen oft.

Wenn wir etwa ein Freudenmädchen oder etwa eine Pornodarstellerin fragen würden, ob sie sich in gewisser Weise selbst demütigt, würde sie wahrscheinlich mit einem „Nein" antworten, wenngleich ein „Ja" angebracht wäre. Der Zweck heiligt also damit die Mittel. Um von dieser Position aus, einen anderen Weg einzuschlagen, ist dann wahrscheinlich alles andere als leicht. Warum nur indirekt und nicht direkt? Es ist seine mahnende Stimme und nicht er selbst.

Der Apostel Jakobus der Ältere steht damit korrespondierend für den nachfolgenden Zusammenhang:

^{7}Apostel$_{88}$	=	97		97 - 1	=	96
^{19}Jakobus der Aeltere$_{172}$	=	197		197 - 1	=	196
^{1}a$_{1}$	=	4		4 - 1	=	3
^{1}b$_{2}$	=	5		5 - 1	=	4
^{1}b$_{2}$	=	5		5 - 1	=	4
^{1}a$_{1}$	=	4		4 - 1	=	3
					=	306

3 + 0 + 6 + 1 für ein System	=	10	=	1 + 0	=	1

istgleich

^{14}lobende Stimme$_{136}$	=	154		154 - 1	=	153
^{8}Paritaet$_{90}$	=	100		100 - 1	=	99
^{7}a und b$_{42}$	=	55		55 - 1	=	54
					=	306

3 + 0 + 6 + 1 für ein System	=	10	=	1 + 0	=	1

Es gilt die Bedingung 1 = 1 in einem Gleichgewicht, welche sich jeweils über 3 + 0 + 6 + 1 aus den beiden Zahlen 307 ergibt.

Merke!

Der Apostel Jakobus der Ältere symbolisiert über a, b, b und a - bedingt durch die Parität von a und b - die lobende Stimme.

Prinzipiell würden wir das als positiv ansehen. Da aber der Apostel Jakobus der Ältere indirekt auf Jakobus den Jüngeren zeigt, der über Andreas eine abwehrende Haltung einnimmt, ist es das nicht. Das Herz des Jesus ist mit einer Abwehrhaltung wider seines Beschützerdrangs besetzt, die als negativ anzusehen ist.

Es ist damit unumstritten, daß er das Thema kennt, aber eine ablehnende Haltung zu Maria bezieht. Er toleriert es irgendwie, respektiert es aber nicht. Dieser Sachverhalt begründet, warum sie als eine seiner späteren Jüngerinnen nicht an seiner Seite tippelte, sondern immer nur hinterher.

So, ich frage dich mal: Also, du hättest der, die dich noch nicht einmal eines Blickes würdigt und sich mit weiß der Geier wem in irgendeinem Nest herumbalgt, ohne Weiteres verziehen? Falls „Ja", frage dich mal ganz schnell, von welchem Planeten du kommst, wo eine tendenziell etwas benutzte und durchgefledderte Frau als das große Geschenk im Leben erachtet wird. Außer auf unserer Erde, wo man durchaus auch davon überzeugt ist, daß es das sein könnte, wird man wohl keinen weiteren finden. Ja, der Sprung in der Schüssel, was besagtes Thema anbelangt, ist damit auch nicht ganz ohne. Falls man leben will, müsste sich da aber etwas ganz gewaltig ändern.

Nur mal so am Rande: Maria Magdalena ist kein Vorbild dafür, was man auf seiner Beziehungsebene als Mensch veranstalten sollte. Deshalb kann diese aber vielleicht gut kochen, bügeln und nähen oder sich etwa hervorragend um Kranke und um Bedürftige kümmern. Es gibt damit auch hier immer zwei Seiten der sogenannten Medaille. Ebenso unser „Sportfreund am Kreuz" nicht, da, daß vollkommen tote Hose auf der Beziehungsebene herrscht, auch nicht im Sinne des Erfinders sein kann. Da es sich nur um eine Geschichte handelt, können wir das Thema ganz locker und flockig angehen und auch mal ein paar Akzente setzen, die uns ein Schmunzeln abringen, auch wenn die dahinter blöderweise eine echte ist.

Mit Religion haben die Bücher im Christentum, Judentum und Islamtum nichts zu tun. Da unser aller Religion in der wunderschönen Erkenntnis besteht, daß, egal ob es sich dabei um eine Kleinanfertigung oder eine Großanfertigung oder auch irgendetwas dazwischen handelt, der „Hmm" immer auf den Eimer gehört. Und im Idealfall auch andersherum, damit man auf dem Planeten Erde, was die Thematik des „Händchenhaltens" betrifft, zwischen Pflanzen, Tieren und Menschen, ausgehend von sich selbst, keine Verwirrung stiftet. Mit nur einer „Weltuntergangsstimmung" im Gepäck regeln wir gar nichts, falls es bereits verstanden worden ist. Das große Fragezeichen in diesem Zusammenhang ist also immer sie gewesen und nicht er. Wir setzen mit vereinten Kräften über auf die Seite 207.

6.2. Die stille Post der Apostel

Bevor wir unseren Senf dazugeben, sehen wir uns gemeinsam den dazugehörigen Bildausschnitt an:

Jakobus der Jüngere (links im Bild) zieht auf das Drängen von Jakobus dem Älteren (rechts im Bild), dem im Kreuz Philippus auf der Pelle hängt, Petrus zurück, welcher Maria angrabscht. Was offensichtlich keine Wirkung hinterlässt, da Andreas die Hände hebt und Meldung an Philippus erstattet.

Da wir bereits etwas über die Szene erfahren haben, ist die Mimik im Gesicht von Jakobus dem Älteren nur dahingehend zu erklären, daß er Jesus mit ausgebreiteten Armen fragt: „Siehst du es nicht?", da die Reaktion von Jakobus dem Jüngeren, der Petrus am Schlafittchen zieht: „Hände weg!", an Petrus gerichtet, eindeutig ist. Anhand seiner Mimik können wir festmachen, daß er kurz davorsteht, Petrus eins überzuziehen. Der aber auf den Ohren zu sitzen scheint, was wiederum, ausgehend von Jakobus dem Jüngeren, Andreas auf den Plan ruft, auf daß dieser seine Hände hebt und verkündet: „Es führt zu nichts!" Andreas, von reinstem Entsetzen geplagt, registriert für sich, was der ergraute Petrus dort treibt, da seine Haare von Leonardo da Vinci weiß getüncht worden sind. Die Frage ist, ob der so zu erkennende Lustmolch, ein männlicher oder ein weiblicher ist oder es vielleicht auch mehrere sind; ergo alle wild durcheinander und in Hülle und Fülle. Allein diesem Gedankengang geschuldet, steht es mittlerweile unserem Andreas sprichwörtlich in's Gesicht geschrieben, was er von der ganzen Sauerei hält; nämlich „Pfui, pfui, pfui". Er ist, unser feiner Pinkel, wie unschwer zu erkennen ist, ein wenig pikiert: and totally not amused about. Mit Macht und Gewalt hebt es ihn; mich übrigens auch. Stell dir einfach mal vor, um die Lage von Jesus zu verstehen, daß der Braten, der hier winkt, der deine im Ofen ist. Halleluja, da benötigt man viel Humor. Wenn wir jetzt dabei an die Anzahl der Kondome denken, die während Olympia verschwunden sind, ist das wahrscheinlich für den Durchschnittsmenschen kein Problem. Ob man nun vom Alkohol kotzt oder davon, daß bei ihrer Gnädigsten etwas nachgärt, läuft am Ende auf Ein' und das Selbe hinaus. Ja, wer hat denn gesagt, daß die Geschichte in der Bibel nicht unterhaltsam ist? Andreas verkündet in trauter Runde, um seine Unschuld an der Situation zu bekunden: „Ich habe damit nichts zu tun." Die Olympioniken und Olympionikinnen in Italien (wir schreiben fälschlicherweise das Jahr 2026, das aber dem Jahr 2019 entspricht) werden das wohl so ähnlich handhaben.

Da das Geschehen so seinen Lauf nimmt, meldet sich Jakobus der Ältere an Jesus gerichtet erneut zu Wort: „Ach, komm, lass es, alter Schwerenöter, Maria ist es nicht wert." Was wiederum dazu führte, daß dieser angestachelt den Weg der Diplomatie einschlug, wider dem, was ihm Jakobus der Jüngere als sein Herz geraten hat. Jesus konnte also auch etwas stur sein, selbst wenn die Geigen im Himmel unentwegt ein wenig schiefgeklungen haben.

Man rät also Jesus davon ab, die sieben Dämonen (Stolz, Gier, Neid, Zorn, Begierde, Angst und Ignoranz) der Maria Magdalena austreiben zu wollen, und entbindet ihn in einem übertragenen Sinn von seiner Pflicht, mit dieser eine Verbindung eingehen zu müssen. Es existiert damit eine gewisse Antihaltung gegen diese am Tisch. Insofern warnt man ihn, wobei die Warnung von mehreren am Tisch getragen wird, was es später noch von uns zu erörtern gilt. Da blöderweise eine Pflicht aus der Bedingung „ein Adam und eine Eva" erwächst, versteift man sich letzten Endes darauf, über einen anderen mit ihr zu verhandeln. Das heißt, er musste durch Erstere besagte Keuchende irgendwie dazu bringen, daß sie nicht mehr im Chor ächzt und stöhnt, sondern nur noch mit ihm im Solo. Wobei das Überwindung kostet; schön ist es jedenfalls nicht.

Im Oberstübchen ganz fit, wusste Jesus, daß es eine Möglichkeit gab, mit der sich deren Unversehrtheit wiederherstellen ließ, als ob nie etwas gewesen wäre. Er war als Heiler bekannt, was aber voraussetzt, daß Gnädigste mitspielt. Das Problem ist damit gewesen, ob diese das kapiert oder nicht. Und falls ja, ob sie die Lösung mitträgt, da der Begriff der Eigenverantwortung generell darüber schwebt, der bisweilen auch etwas merkwürdige Züge bei einem Menschen dahingehend annimmt, wer, was, wann, wie und wo zu erledigen hat oder einfach auch sollte.

Daß sie das verstanden hatte, wissen wir, da sie Jesus hinterhergetippelt ist und bei seiner Wiederauferstehung als Zeugin auftrat: Insofern wollte sie ihn wiedersehen. Maria ging jedoch erst vollständig ein Licht auf, als er den Löffel abgab und ihr als Geist erschien. Bekanntlich ist das zu spät, da, selbst wenn der Tote ihr Liebster gewesen ist, er wider der Duftnoten von Gaultier, Dolce & Gabbana und Co. leider Gottes etwas unangenehm zu müffeln beginnt. Es stank in einem übertragenen Sinn bis zum Himmel, was man mit Fug und Recht der Gnädigsten ankreiden konnte.

Was die Anwendung der Lösung für das besagte Problem betraf, hat es gleichwohl bei Maria an dieser etwas gehapert. Ein durchaus auch menschliches Verhalten, daß man erst einmal in Anführungsstrichen nach Hilfe bläkt, aber es im Prinzip vorzieht, diese dann doch in den Skat zu drücken, da das regelmäßig auch mit Arbeit verbunden ist. Vergleichsweise nur die Ausdauer dafür zu entwickeln, um eine Herde Gnus ertragen zu können, die über einen hinwegrammelt, reicht dafür nicht aus. Das Problem bei Lösungen ist, daß diese nicht wie im Selbstrausch von allein stattfinden, in der Regel nur über das magische Wort der Eigeninitiative.

Maria hat diese damit wissentlich nicht zur Anwendung gebracht; die Frage ist also damit nur, warum. Die Einsicht in die Notwendigkeit hierfür kam zu spät, wie wir wissen. Jesus maß daraufhin fachgerecht zwei Balken aus und hing symbolisch etwas sinnlos in der Botanik herum, um die Aussicht zu genießen, wofür das fehlende Engagement seiner Herzensdame (die es systembedingt ist) verantwortlich gewesen ist.

Kopf und Herz suchen sich, um Maria Magdalena zu erreichen, also einen anderen Weg, da er versperrt ist. In einem ersten Anlauf gilt über $^{1}a_{1} = 4$, $^{1}b_{2} = 5$, $^{1}b_{2} = 5$ und $^{1}a_{1} = 4$ Folgendes:

$^{4}Kopf_{48}$	=	54		54 - 1	=	53
$^{4}Herz_{57}$	=	63		63 - 1	=	62
$^{1}a_{1}$	=	4		4 - 1	=	3
$^{1}b_{2}$	=	5		5 - 1	=	4
$^{1}b_{2}$	=	5		5 - 1	=	4
$^{1}a_{1}$	=	4		4 - 1	=	3
					=	129

1 + 2 + 9 + 1 für ein System	=	13	=	1 + 3	=	4

istgleich

$^{5}Maria_{42}$	=	49		49 - 1	=	48
^{7}a und b_{42}	=	55		55 - 1	=	54
					=	102

1 + 0 + 2 + 1 für ein System	=	4

Es gilt die Bedingung 4 = 4 in einem Gleichgewicht, die sich über 1 + 2 + 9 + 1 und 1 + 0 + 2 + 1 aus den beiden Zahlen 130 und 103 ergibt.

Merke!

Kopf und Herz wenden sich unmittelbar und indirekt über a, b, b und a in Form von a und b an Maria.

Es wird also etwas getrickst, da Maria Magdalena infolge ihres selbsterrichteten Gefängnisses, in dem man sie auch wissen will, nicht direkt und mittelbar zu erreichen ist (und dort zwei ausgemachte Aasgeier sitzen, die sie in Beschlag nehmen), sondern nur indirekt und unmittelbar. Man will ihr im Prinzip zu Hilfe eilen und sie einem Ritter gleich zusammen mit den Getreuen befreien. Es geht also um ein Bündnis aller Billig- und Gerechtdenkenden, um ihrer Schmach ein Ende zu bereiten.

Und so ergab es sich, daß Kopf und Herz einen Ausweg finden mussten, um Maria zu erreichen, der sich durch die $^{8}Paritaet_{90}$ = 100 von ^{7}a und b_{42} = 55 in einem zweiten Anlauf im nachfolgenden Zusammenhang widerspiegelt:

$^{4}Kopf_{48}$	=	54		54 - 1	=	53
$^{4}Herz_{57}$	=	63		63 - 1	=	62
$^{5}Maria_{42}$	=	49		49 - 1	=	48
$^{8}Paritaet_{90}$	=	100		100 - 1	=	99
^{7}a und b_{42}	=	55		55 - 1	=	54
					=	316

3 + 1 + 6 + 1 für ein System	=	11	=	1 + 1	=	2

istgleich

^{9}Philippus$_{126}$	=	137		137 - 1	=	136

1 + 3 + 6 + 1 für ein System	=	11	=	1 + 1	=	2

In einem Gleichgewicht haben wir die Bedingung 2 = 2 vorliegen, die bedingt durch 3 + 1 + 6 + 1 und 1 + 3 + 6 + 1 den beiden Zahlen 317 und 137 geschuldet ist.

Merke!

Der Kopf und das Herz traten in Form von Philippus - bedingt durch die Parität von a und b - stellvertretend und vertretend mit Maria in Kontakt.

Maria, zwar immer noch gefangen, begann zu säuseln, reagierte aber nicht. Ihr Gefängnis hatte offensichtlich sehr dicke Mauern - Ersteres lässt sich anhand ihrer Mimik festmachen. Im Ergebnis ist es das Verhalten einer Eva, die erkannt hatte, daß alles irgendwo seine Richtigkeit hat, aber ein unnachgiebiger Grund für sie existiert, der sie daran hindert, das Geschenk „Jesus in persona" anzunehmen.

Wir lenken mal unsere Gedanken in die richtige Richtung: Sie war krank, da Jesus als Erlöser der Menschheit auf die Heilung dieser fokussiert gewesen ist. Sie besaß damit eine Krankheit, die auf ihrer Beziehungsebene über Beziehung gnadenlos wütete. Wir erinnern uns vielleicht wieder daran, daß das systemaverse Abweichen von der grundlegenden Bedingung „ein Adam und eine Eva" einer Krankheit entspricht, da nur diese Konstellation auf der Beziehungsebene im System zulässig ist. Wir müssen das immer wieder mal erwähnen, da wir vorzugsweise oftmals vergessen, worauf sich unser eines Leben begründet - auf einem dualen System, das sich respektive a und b korrespondierend verhält. Es gilt also immer durch Ursache und Wirkung, daß dann im Ergebnis auch etwas Lustiges und etwas Vernünftiges steht. Etwa das am Kreuz baumeln, das im Harem darben, nicht zu vergessen, Mordkonflikte anzetteln, um einen ordentlichen Schnitt in seiner Milchmädchenrechnung ausweisen zu können, das Tischziehen, vorzugsweise das von jemandem über diesen und so weiter und so fort: Das klingt doch alles erst einmal ganz nett.

Die logische Konsequenz, die daraus erwächst, verweist über $^1a_1 = 4$ und $^1b_2 = 5$ damit auf Folgendes:

^{4}Kopf$_{48}$	=	54		54 - 1	=	53
^{4}Herz$_{57}$	=	63		63 - 1	=	62
^{9}Philippus$_{126}$	=	137		137 - 1	=	136
^{6}Gehoer$_{58}$	=	66		66 - 1	=	65
^{1}a$_{1}$	=	4		4 - 1	=	3
^{1}b$_{2}$	=	5		5 - 1	=	4
					=	323

3 + 2 + 3 + 1 für ein System	=	9

istgleich

^{7}a und b$_{42}$	=	55		55 - 1	=	54
^{7}a ≠ b$_{6}$	=	19		19 - 1	=	18
^{7}b ≠ a$_{6}$	=	19		19 - 1	=	18
^{8}Taubheit$_{86}$	=	96		96 - 1	=	95
^{5}Maria$_{42}$	=	49		49 - 1	=	48
					=	233

2 + 3 + 3 + 1 für ein System	=	9

Es gilt respektive 3 + 2 + 3 + 1 und 2 + 3 + 3 + 1 in Form der beiden Zahlen 324 und 234 die Bedingung 9 = 9 in einem Gleichgewicht.

Merke!

Philippus, der stellvertretend und vertretend über a und über b Gehör für Kopf und Herz verlangte, stieß in Form von a und b infolge a ≠ b und b ≠ a auf Taubheit bei Maria.

Maria Magdalena war also eine ausgemachte Ziege, und so kam vom anderen Ende der Tafel die Warnung von Andreas: „Vorsicht, die spinnt!", was auf dem Weg über eine stille Post als Antwort übermittelt wurde, an welcher Jakobus der Ältere, Philippus, Jakobus der Jüngere und Andreas beteiligt gewesen sind.

Die nachfolgende Logik erklärt uns, warum sich das so verhält und nicht anders. Es gilt quasi Folgendes:

^{6}Gehoer$_{58}$	=	66		66 - 1	=	65
^{5}Kette$_{61}$	=	68		68 - 1	=	67
^{9}Philippus$_{126}$	=	137		137 - 1	=	136
^{19}Jakobus der Aeltere$_{172}$	=	197		197 - 1	=	196
^{20}Jakobus der Juengere$_{191}$	=	217		217 - 1	=	216
^{7}Andreas$_{62}$	=	71		71 - 1	=	70
^{7}a und b$_{42}$	=	55		55 - 1	=	54
^{11}1 = 1 = 1$_{7}$	=	28		28 - 1	=	27
					=	831

8 + 3 + 1 + 1 für ein System	=	13	=	1 + 3	=	4

istgleich

^{9}Ablehnung$_{84}$	=	95		95 - 1	=	94
^{8}Taubheit$_{86}$	=	96		96 - 1	=	95
^{5}Maria$_{42}$	=	49		49 - 1	=	48
					=	237

2 + 3 + 7 + 1 für ein System	=	13	=	1 + 3	=	4

Es gilt die Bedingung 4 = 4 in einem Gleichgewicht, die sich aus 8 + 3 + 1 + 1 und 2 + 3 + 7 + 1 in Form der beiden Zahlen 832 und 238 ergibt.

Merke!

Man wollte sich, in Form einer Kette, bestehend aus Philippus, Jakobus dem Älteren, Jakobus dem Jüngeren und Andreas, über a und b unter der Bedingung 1 = 1 = 1 Gehör verschaffen, was bedingt durch die Taubheit von Maria bei ihr auf Ablehnung stieß: sodaß über a und über b als a und b unter der Bedingung 1 = 1 = 1 die stille Post von vier Aposteln während des letzten Abendmahls nie ankam.

Bedingt durch $^{1}a_{1} = 4$ und $^{1}b_{2} = 5$ symbolisieren die vier Apostel in Form von ^{7}a und $b_{42} = 55$ de facto unter der Bedingung $^{11}1 = 1 = 1_{7} = 28$ über (4 - 1) + (5 - 1) + (55 - 1) + (28 - 1) + (744 - 1) + 1 für ein System istgleich 832 istgleich 8 + 3 + 2 = 13 istgleich 1 + 3 = 4 ^{65}die stille Post von vier Aposteln waehrend des letzten Abendmahls$_{659}$ = 744. Man wollte also Maria auf Gedeih und Verderb irgendwie wachrütteln, damit diese aus ihrem eigenen Albtraum erwacht: Sie erwies sich aber als ausgesprochen harte Nuss.

Das Aberwitzige dabei ist, daß der ^{14}Apostel Thomas$_{164}$ = 182 istgleich 1 + 8 + 2 = 11 istgleich 1 + 1 = 2 im Endeffekt, der logisch mit dem Apostel Jakobus dem Älteren, dem Herz, als Kopf verbunden ist, hingegen über $^{1}a_{1} = 4$ und $^{1}b_{2} = 5$ respektive (4 - 1) + (5 - 1) + (175 - 1) + 1 für ein System istgleich 182 istgleich 1 + 8 + 2 = 11 istgleich 1 + 1 = 2 deren

^{10}Zustimmung$_{163}$ = 175

bis zu einem gewissen Maß beinhaltet; da der Apostel Thomas, was man fast übersehen könnte, ein' und das selbe Rot wie Maria trägt. Es ist im Prinzip eine verfahrene Kiste.

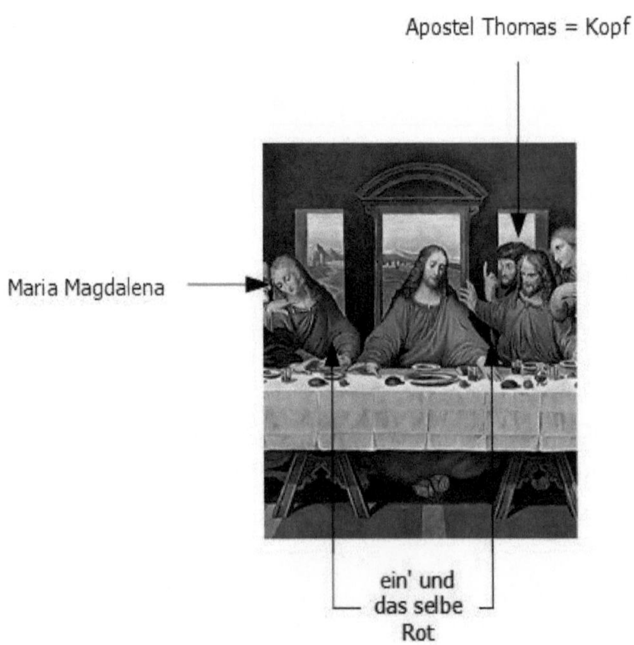

Maria Magdalena befindet sich also in der Zwickmühle, was uns Leonardo durch seine fünf Spezis wissen lässt: Philippus, Jakobus den Jüngeren, Jakobus den Älteren,

Andreas und Thomas, die stellvertretend und vertretend das Prozedere an der Tafel aus der Position von Herz und Kopf beleuchten.

Da Maria und Jesus rein der Ästhetik nach als zusammengehörig empfunden werden könnten (die währenddessen von zwei potthässlichen Vögeln in Beschlag genommen wird), ist zu vermuten, daß die Attraktivität des Jesus nur darunter leidet: daß er eine Hose trägt und keinen Rock wie sie. Die Ablehnung von Maria ist insofern keine rationale, sondern eine rein emotionale. Die tauben Ohren der Maria ergeben also nur Sinn, falls ihr, was das Beziehungsthema anbelangt, die „Abteilung in Männerhosen" mittlerweile ganz hinten am „Hmm" vorbeigeht.

Das ^{7}Problem$_{81}$ = 90 von ^{5}Maria$_{42}$ = 49 war respektive ^{7}a und b$_{42}$ = 55 durch (90 - 1) + (49 - 1) + (55 - 1) + 1 für ein System istgleich 192 istgleich 1 + 9 + 2 = 12 istgleich 1 + 2 = 3, daß sie innerhalb ihrer Beziehungen in einer konkreten ^{9}Beziehung$_{97}$ = 108 über (108 - 1) + (112 - 1) + 1 für ein System istgleich 219 istgleich 2 + 1 + 9 = 12 istgleich 1 + 2 = 3 die Konstellation ^{11}Eva und Eva$_{95}$ = 112 bevorzugte. Was bei ihr über (49 - 1) + (144 - 1) + 1 für ein System istgleich 192 istgleich 1 + 9 + 2 = 12 istgleich 1 + 2 = 3 darin endete, daß die sogenannten ^{15}sieben Daemonen$_{125}$ = 144 istgleich 1 + 4 + 4 = 9, welche gehorsamst auf die wunderschönen Namen: Stolz, Gier, Neid, Zorn, Begierde, Angst und Ignoranz hören, sich bei Maria heimisch fühlten, welche sich damit sichtbar über diese gegen die Logik der ^{9}Evolution$_{133}$ = 144 istgleich 1 + 4 + 4 = 9 stellte. Wir kommen später darauf zurück, wo wir im Abendmahl einen weiteren Beweis dafür erhalten.

Wir werfen noch kurz einen Blick auf den nachfolgenden Zusammenhang, der uns Aufschluß darüber gibt, wo wir den Kopf und das Herz von Jesus in Form von ^{23}Kopf und Herz des Jesus$_{246}$ = 279 im letzten Abendmahl wiederfinden:

^{9}Philippus$_{126}$	=	137		137 - 1	=	136
^{20}Jakobus der Juengere$_{191}$	=	217		217 - 1	=	216
^{19}Jakobus der Aeltere$_{172}$	=	197		197 - 1	=	196
^{7}Andreas$_{62}$	=	71		71 - 1	=	70
^{6}Thomas$_{76}$	=	84		84 - 1	=	83
^{7}a und b$_{42}$	=	55		55 - 1	=	54
^{7}a ≠ b$_{6}$	=	19		19 - 1	=	18
^{7}b ≠ a$_{6}$	=	19		19 - 1	=	18
					=	791

7 + 9 + 1 + 1 für ein System	=	18	=	1 + 8	=	9

istgleich

^{23}Kopf und Herz des Jesus$_{246}$	=	279		279 - 1	=	278

2 + 7 + 8 + 1 für ein System	=	18	=	1 + 8	=	9

Es gilt die Bedingung 9 = 9 in einem Gleichgewicht, die sich über 7 + 9 + 1 + 1 und 2 + 7 + 8 + 1 aus den beiden Zahlen 792 und 279 ergibt.

Merke!

Philippus, Jakobus der Jüngere, Jakobus der Ältere, Andreas und Thomas repräsentieren über a und b infolge a ≠ b und b ≠ a den Kopf und das Herz von Jesus.

Das Entscheidende, um den Inhalt der Geschichte zu verstehen, ist, welche Positionen sowohl über das Herz als auch über den Kopf von diesen bezogen werden, wobei das Herz der Maria dabei ausschlaggebend ist.

Das eigentliche Thema hinter dem Werk „Das letzte Abendmahl" ist damit aktueller denn je. Es werden, bedingt durch unser Fehlverhalten auf unserer eigenen Beziehungsebene, immer genau die in unserem einen Leben von unendlich vielen geopfert, die uns am nächsten sein sollten. So, dann erklärt mir mal, warum in der sogenannten Christenheit Jesus und Maria Vorbilder für euch sind. Ernsthaft, weil sie das nicht geregelt bekommen haben? Wie seid denn ihr drauf? Oder: Ist das Christentum wie alle anderen nur die logische Umschreibung für eine Schule, wo die gemeinsamen Lernziele nicht erreicht worden sind? Es sollte dir mittlerweile nicht mehr schwerfallen, die richtige Antwort darauf zu geben.

So, wir fassen grob noch mal alles zusammen: Die beiden sind sowohl durch ihren Kopf als auch durch ihr Herz bewusst und unterbewusst untrennbar gegenseitig und wechselseitig zum einen rational und andererseits emotional miteinander und untereinander verbunden, was sich in der Logik der fünf Apostel widerspiegelt. Der Disput zwischen beiden wird durch die Haltung ihrer Körper dargestellt, der bei ihr im Herzen und bei ihm im Kopf auf Ablehnung beruht. Das Dilemma, das an der Tafel behandelt wird, ist, daß durch die allgemeine Bedingung „ein Mann und eine Frau" die spezielle Bedingung „ein Adam und eine Eva" von beiden zu erfüllen ist, auf daß alle auf der Erde, Pflanzen, Tiere und Menschen, ihren angestammten Platz an einer gemeinsamen Tafel einnehmen.

Im Christentum wird das Problem aus der Perspektive von ihm betrachtet, im Islamtum aus der von ihr und im Judentum aus der von beiden. Wir stellen auf die im Christentum ab, da das Ergebnis in allen anderen auf ein' und das Selbe hinausläuft. Daß es da überall Probleme gibt, wissen wir wie innerhalb des Atheismus auch. Das Christentum, das Islamtum und das Judentum sind Schulen, die einen theistischen Ansatz verfolgen, und Schulen allgemein, einen atheistischen. Keine davon rechtfertigt, daß es sich dabei um Religion handelt, da es ein Schulfach in allen Schulen von vielen in diesen ist, wie Biologie, Chemie, Mathematik und Physik zum Beispiel. Diese sind damit als Religion Teil einer Welt, was sich als Weltreligion verstehen lässt, aber selbst keine. Sie sind lediglich ein Teil einer Welt, die der Religion durch Mann + Frau = 1;1 = Religion untergeordnet und in diese eingeordnet ist.

Statt um einen Stein zu flitzen, vor einer Mauer herumzuwippen oder einem Mummenschanz zuzujubeln, würde ich euch tendenziell wünschen, daß ihr endlich Seite an Seite steht und euch zusammen in eurem Leben im Miteinander und Untereinander unterstützt: um die unendlich vielen Wunder im System, die es noch zu erleben gibt, genießen zu können; all die schönen Dinge im Äon, also die zwischen 0 und 1, a und b und H und O. Ich weiß, ihr wollt leider nicht leben, das ist eben so. Da kann man eben wie ein Buch reden, das bringt bei der störrischen Hammelherde auf diesem Planeten jedoch gar nichts. Leonardo da Vinci hatte, was das anbelangt, auch so sein Bedenken, was ja sinngemäß auch an der Kirchenwand steht. Aber im Prinzip kann das eigentlich nicht so schwer sein. Das müsste man nur mal ordnungsgemäß angehen, und damit auch du.

Die gute Nachricht ist, daß offensichtlich am Tag des jüngsten Gerichts nicht nur unsere Freunde im Judentum am Fuße des Tempelberges im Dreck liegend um Vergebung bitten müssen - sondern auch die im Christentum und Islamtum; nebst einer angemessenen Vertretung für alle Atheisten. Weshalb? Das Ergebnis ist für alle ein' und das selbe, und zwar ein dürftiges: Ab über den Jordan und das war's. Das dürfte, wenn es soweit ist, dort etwas zu Gerangel führen. Außer du bist die riesengroße Ausnahme, was aber zu bezweifeln ist. Am Sender gedreht haben, was das Thema anbelangt, alle und nicht nur einmal, sondern das ganze liebe Leben lang. Ich hoffe für dich, daß das jetzt bei dir angekommen ist, daß es da unschönerweise etwas zu klären gibt und auch noch möglichst schnell.

Im nächsten Unterkapitel sehen wir uns das dazugehörige Publikum an der Tafel an, das von dem ganzen Affentheater, das sie und er vehement veranstalten, nicht verschont bleibt.

6.3. Das Publikum an der Tafel

Es handelt sich um insgesamt ^{9}6 Apostel$_{94}$ = 107 im ^{9}Abendmahl$_{60}$ = 71, die sich über $^{1}a_{1}$ = 4, $^{1}b_{2}$ = 5, $^{1}b_{2}$ = 5 und $^{1}a_{1}$ = 4 durch (107 - 1) + (71 - 1) + (4 - 1) + (5 - 1) + (5 - 1) + (4 - 1) + (51 - 1) + 1 für ein System istgleich 241 istgleich 2 + 4 + 1 = 7 an der ^{5}Tafel$_{44}$ = 51 - einer ^{11}Bezeichnung$_{114}$ = 127 geschuldet - über (127 - 1) + (115 - 1) + 1 für ein System istgleich 241 istgleich 2 + 4 + 1 = 7 als ^{8}Publikum$_{105}$ = 115 bezeichnen lassen. Die Gruppe sieht so aus:

Es sind insgesamt sechs an der Zahl im obigen Bild, die wir ein wenig näher beleuchten werden.

Wir sehen links drei davon, welche auf die Namen ^{13}Bartholomaeus$_{150}$ = 165, ^{20}Jakobus der Juengere$_{191}$ = 217 und ^{7}Andreas$_{62}$ = 71 hören, und rechts ebenfalls drei, die da als ^{9}Matthaeus$_{108}$ = 119, ^{15}Judas Thaddaeus$_{138}$ = 157 und ^{15}Simon der Zelot$_{175}$ = 196 in die Geschichte eingegangen sind. Wenn wir uns gedanklich vorstellen, daß es etwas an der ^{5}Tafel$_{44}$ = 51 istgleich 5 + 1 = 6 abzuwägen galt, kommen wir rasch zu dem Schluß, daß Leonardo da Vinci diese symbolisch über $^{1}a_{1}$ = 4 und $^{1}b_{2}$ = 5 - bedingt durch (4 - 1) + (5 - 1) + (44 - 1) + 1 für ein System istgleich 51 istgleich 5 + 1 = 6 - zur Darstellung einer ^{5}Waage$_{37}$ = 44 verwendet hat; an der links gestikulierend die drei besagten Kamele sitzen und rechts die übrigen drei: die damit in einem übertragenen Sinn in die Waagschale geworfen werden; ergo als das Für und das Wider im letzten Abendmahl. Respektive dessen erhalten wir den nachfolgenden Zusammenhang:

^{13}Bartholomaeus$_{150}$	=	165		165 - 1	=	164
^{20}Jakobus der Juengere$_{191}$	=	217		217 - 1	=	216
^{7}Andreas$_{62}$	=	71		71 - 1	=	70
^{9}Matthaeus$_{108}$	=	119		119 - 1	=	118
^{15}Judas Thaddaeus$_{138}$	=	157		157 - 1	=	156
^{15}Simon der Zelot$_{175}$	=	196		196 - 1	=	195
					=	919

9 + 1 + 9 + 1 für ein System	=	20	=	2 + 0	=	2

istgleich

^{10}Waagschale$_{80}$	=	92		92 - 1	=	91
^{7}a und b$_{42}$	=	55		55 - 1	=	54
$^{7}a \neq b_{6}$	=	19		19 - 1	=	18
$^{7}b \neq a_{6}$	=	19		19 - 1	=	18
$^{11}1 = 1 = 1_{7}$	=	28		28 - 1	=	27
					=	208

2 + 0 + 8 + 1 für ein System	=	11	=	1 + 1	=	2

Es gilt die Bedingung 2 = 2 in einem Gleichgewicht, die sich über 9 + 1 + 9 + 1 und 2 + 0 + 8 + 1 aus den beiden Zahlen 920 und 209 ergibt.

Merke!

Die Tafel im Werk „Das letzte Abendmahl" von Leonardo da Vinci symbolisiert über a und über b eine Waage; in der in Form von a und b infolge a ≠ b und b ≠ a unter der Bedingung 1 = 1 = 1 in der einen Waagschale Bartholomäus, Jakobus der Jüngere und Andreas hocken und in der anderen Matthäus, Judas Thaddäus und Simon der Zelot.

Damit sollte es für uns verständlich sein, daß durch $^{1}a_{1} = 4$, $^{1}b_{2} = 5$, $^{1}b_{2} = 5$ und $^{1}a_{1} = 4$ in Form von $^{7}\text{a und b}_{42} = 55$ die $^{5}\text{Tafel}_{44} = 51$ infolge $(4 - 1) + (5 - 1) + (5 - 1) + (4 - 1) + (55 - 1) + (51 - 1) + (94 - 1) + 1$ für ein System Istgleich 212 istgleich $2 + 1 + 2 = 5$ als ein $^{6}\text{Symbol}_{86} = 94$ genau das zum Ausdruck bringt, worauf $^{20}\text{Das juengste Gericht}_{195} = 221$ istgleich $2 + 2 + 1 = 5$ abzielt. Es geht also um das Abwägen im Garten der Lüste, inwieweit das Szenario einer Vision vom Weltende greift oder auch nicht, und zwar genau der unsrigen, welche sich auf einer winzig kleinen Erde abspielt.

Im Weltgerichtstriptychon von Hieronymus Bosch wird auf hervorragende Art und Weise das Thema gleichfalls behandelt, falls es jemanden interessiert:

Links im Triptychon wird die Ursache für den Fall der Menschheit dargestellt, rechts deren Wirkung und in der Mitte das daraus resultierende Ergebnis: zu sehen in der Akademie der bildenden Künste in Wien. Im Prinzip schwebt der gleiche Grundtenor darüber wie bei Leonardo da Vinci: Verführung links, Verblendung rechts und in der Mitte unser aller Untergang.

Der Verhandlungsgegenstand am jüngsten Gericht wird über die Anzahl der sechs Apostel vorgegeben, welche an der Tafel respektive dessen die Bedingung $3 = 3$ in einem Gleichgewicht erfüllen; also drei links und drei rechts, analog $3 + 3 = 6$. Im Endeffekt wird dadurch eine $^{23}\text{Gleichgewichtssituation}_{266} = 291$ zwischen beiden, also Jesus Christus und Maria Magdalena, eingefordert, da Folgendes gilt:

^{23}Gleichgewichtssituation$_{266}$	=	291		291 - 1	=	290
^{7}a und b$_{42}$	=	55		55 - 1	=	54
$^{11}1 = 1 = 1_{7}$	=	28		28 - 1	=	27
					=	371

3 + 7 + 1 + 1 für ein System	=	12	=	1 + 2	=	3

istgleich

^{14}Jesus Christus$_{191}$	=	209		209 - 1	=	208
^{15}Maria Magdalena$_{100}$	=	119		119 - 1	=	118
					=	326

3 + 2 + 6 + 1 für ein System	=	12	=	1 + 2	=	3

Wir erhalten respektive der beiden Zahlen 372 und 327 aus 3 + 7 + 1 + 1 und 3 + 2 + 6 + 1 in einem Gleichgewicht die Bedingung 3 = 3.

Merke!

Maria Magdalena und Jesus Christus stehen über a und b unter der Bedingung 1 = 1 = 1 für die Gleichgewichtssituation, die es über a und über b in Form von a und b infolge a ≠ b und b ≠ a über den einzelnen Menschen hinweg innerhalb aller Menschen in der Menschheit sein sollte.

Respektive $^{1}a_{1}$ = 4 und $^{1}b_{2}$ = 5 ist diese in Form von ^{7}a und b$_{42}$ = 55 infolge $^{7}a \neq b_{6}$ = 19 und $^{7}b \neq a_{6}$ = 19 durch ^{6}Mensch$_{62}$ = 70, ^{8}Menschen$_{81}$ = 91 und ^{10}Menschheit$_{104}$ = 116 de facto über (4 - 1) + (5 - 1) + (55 - 1) + (19 - 1) + (19 - 1) + (70 - 1) + (91 - 1) + (116 - 1) + 1 für ein System istgleich 372 istgleich 3 + 7 + 2 = 12 istgleich 1 + 2 = 3 für jeden einzelnen Menschen innerhalb aller in der Menschheit vorgesehen. Von daher wäre es wünschenswert, daß diese das Kriegsbeil unter sich begräbt.

Bekanntlich ist immer noch der eine drei Groschen wert und die andere 30 Pfennige, es hakt also auch hier überall. Daraus folgt, daß, egal ob „das scharfe Geschoss", das letzten Endes zu dir gehört, in einer Hose klemmt oder etwa auch in einem Rock feststeckt, gesichert bei diesem davon auszugehen ist, daß nicht die Rede von einem Geschenk sein kann.

Insofern ist hier niemand ernsthaft dahingehend zu bedauern, wer dann tatsächlich in unserer Türe stehen wird. Wenn wir dabei an entsprechende Karlinen denken - die es buchstäblich geschafft haben, etliche Nationen kreuz und quer über alle Alterskategorien hinweg - einschließlich diverser Gelege, die dann plärrend in der Wiege liegen - in Verlegenheit zu bringen; können wir in etwa die grausame Gedankenwelt der Glückseligen bereits erahnen: die jeweils als ein einzelner armer Sir Lancelot zu einer ebensolchen Glücksfee gehören. Mit einem bunten Blumenstrauß in der Hand, in Schlips und Kragen, kommt der ganz gesichert nicht angerauscht, um sich einzuführen. Wohl eher in einem glänzenden Harnisch: mit Schwert, Lanze und Axt, auf daß der feuerspeiende Drache dahingestreckt werden kann.

Die diesbezügliche ^{11}Verhandlung$_{126}$ = 139, wenngleich es auch nichts zu verhandeln gibt, da „durchgepimpert und durchgeorgelt" im Umkehrschluß eben auch nur den Schluß zulässt, daß es wer ist, bezieht sich durch ^{7}a und b$_{42}$ = 55 unter der Bedingung ^{11}1 = 1 = 1$_{7}$ = 28 auf Folgendes:

^{11}Verhandlung$_{126}$	=	139		139 - 1	=	138
^{10}Einhaltung$_{111}$	=	123		123 - 1	=	122
^{21}ein Adam und eine Eva$_{147}$	=	178		178 - 1	=	177
					=	437

4 + 3 + 7 + 1 für ein System	=	15	=	1 + 5	=	6

istgleich

^{7}a und b$_{42}$	=	55		55 - 1	=	54
^{11}1 = 1 = 1$_{7}$	=	28		28 - 1	=	27
^{6}Urteil$_{85}$	=	93		93 - 1	=	92
^{17}juengstes Gericht$_{190}$	=	211		211 - 1	=	210
					=	383

3 + 8 + 3 + 1 für ein System	=	15	=	1 + 5	=	6

Es gilt die Bedingung 6 = 6 in einem Gleichgewicht, die sich aus 4 + 3 + 7 + 1 und 3 + 8 + 3 + 1 in Form der beiden Zahlen 438 und 384 ergibt.

Merke!

Die Verhandlung zielt auf die Einhaltung von „ein Adam und eine Eva" ab, die beim jüngsten Gericht über a und b unter der Bedingung 1 = 1 = 1 ein Urteil erfährt.

Der Fall ist damit klar: Das jüngste Gericht würdigt die Aktivität von Adam und Eva, die sich in diversen Betten, wo man nicht hingehört, entfaltet hat.

Beide Gruppen stehen für das $^{4}Fuer_{50}$ = 56 und das $^{5}Wider_{59}$ = 66, wobei Ersteres durch $^{9}Matthaeus_{108}$ = 119 verkörpert wird und Letzteres von $^{7}Andreas_{62}$ = 71. Wir erhalten über $^{1}a_{1}$ = 4 und $^{1}b_{2}$ = 5 respektive der $^{8}Paritaet_{90}$ = 100 von ^{7}a und b_{42} = 55 unter der Bedingung $^{11}1 = 1 = 1_{7}$ = 28 den nachfolgenden Zusammenhang:

$^{4}Fuer_{50}$	=	56		56 - 1	=	55
$^{9}Matthaeus_{108}$	=	119		119 - 1	=	118
$^{1}a_{1}$	=	4		4 - 1	=	3
$^{1}b_{2}$	=	5		5 - 1	=	4
$^{8}Paritaet_{90}$	=	100		100 - 1	=	99
^{7}a und b_{42}	=	55		55 - 1	=	54
$^{11}1 = 1 = 1_{7}$	=	28		28 - 1	=	27
					=	360

3 + 6 + 0 + 1 für ein System	=	10	=	1 + 0	=	1

istgleich

$^{5}Wider_{59}$	=	66		66 - 1	=	65
$^{7}Andreas_{62}$	=	71		71 - 1	=	70
					=	135

1 + 3 + 5 + 1 für ein System	=	10	=	1 + 0	=	1

Es gilt die Bedingung 1 = 1 in einem Gleichgewicht, welche sich respektive der beiden Zahlen 361 und 136 aus 3 + 6 + 0 + 1 und 1 + 3 + 5 + 1 ergibt.

Merke!

Matthäus verkörpert im letzten Abendmahl symbolisch durch a und durch b, bedingt durch die Parität von a und b unter der Bedingung 1 = 1 = 1, am Tag des jüngsten Gerichts das „Für" an der Tafel und Andreas das „Wider".

Letzteres folgt aus der Stellung ihrer Hände, die bei Matthäus einer befürwortenden Geste entspricht und bei Andreas einer missbilligenden.

Die Frage ist, wer zu Tisch gerufen worden ist, um mit Gericht abzuhalten. Da Jesus einen neuen Weg im Judentum angestrebt hat, aber nie dessen Daseinsberechtigung leugnete, wissen wir, wer mit an der Tafel saß. Um als Mitglieder der Pharisäer, der Sadduzäer, der Essener und der Zeloten die Entscheidung für den Beginn eines neuen Zeitalters in der Menschheit mitzutragen, was bedingt durch einen Verräter in den eigenen Reihen im Martyrium endete. Die Stellvertreter und Vertreter des Judentums waren an die Tafel geladen worden und an dieser erschienen, ohne dabei zu erahnen, wer sich verkleidet als „der Wolf im Schafspelz" mit an diese geschlichen hatte. Es ist ein' und die selbe Situation, die wir auch noch heute erleben: Der größte Feind einer Nation befindet sich immer in den eigenen Reihen!

Das Judentum wurde durch einen Juden verraten, der einen anderen, bestärkt in seiner Gier nach dem verblichenen Liebreiz und Anmut der Maria, benutzte, um von sich selbst abzulenken. Der, dargestellt durch den Klingelbeutel, es ermöglichte, auf daß ein lachender Dritter im Hintergrund ebenso Platz an der Tafel fand, der im Verborgenen das Geschick aller lenkte und es bis heute tut.

Wir erhalten für den ^{7}Apostel$_{88}$ = 97 ^{13}Bartholomaeus$_{150}$ = 165 den nachfolgenden Zusammenhang:

^{7}Apostel$_{88}$	=	97		97 - 1	=	96
^{13}Bartholomaeus$_{150}$	=	165		165 - 1	=	164
					=	260

2 + 6 + 0 + 1 für ein System	=	9

istgleich

^{8}Mitglied$_{79}$	=	89		89 - 1	=	88
^{10}Pharisaeer$_{100}$	=	112		112 - 1	=	111
^{1}a$_{1}$	=	4		4 - 1	=	3
^{1}b$_{2}$	=	5		5 - 1	=	4
^{7}a und b$_{42}$	=	55		55 - 1	=	54
					=	260

2 + 6 + 0 + 1 für ein System	=	9

Es gilt die Bedingung 9 = 9 in einem Gleichgewicht, welche sich jeweils durch 2 + 6 + 0 + 1 aus den beiden Zahlen 261 ergibt.

Merke!

Der Apostel Bartholomäus war durch a und durch b in Form von a und b ein Mitglied der Pharisäer, die über a und über b respektive a und b dem Händlerverband angehörten.

In einer etwas zeitgemäßeren Betrachtung waren die ^{10}Pharisaeer$_{100}$ = 112 istgleich 1 + 1 + 2 = 4 über ^{1}a$_{1}$ = 4 und ^{1}b$_{2}$ = 5 in Form von ^{7}a und b$_{42}$ = 55 durch (4 - 1) + (5 - 1) + (55 - 1) + (150 - 1) + 1 für ein System istgleich 211 istgleich 2 + 1 + 1 = 4 Mitglieder im ^{15}Haendlerverband$_{133}$ = 150.

Der ^{7}Apostel$_{88}$ = 97 ^{20}Jakobus der Juengere$_{191}$ = 217 verweist auf den nachfolgenden Zusammenhang:

^{7}Apostel$_{88}$	=	97		97 - 1	=	96
^{20}Jakobus der Juengere$_{191}$	=	217		217 - 1	=	216
					=	312

3 + 1 + 2 + 1 für ein System	=	7

istgleich

^{8}Mitglied$_{79}$	=	89		89 - 1	=	88
^{7}Essener$_{85}$	=	94		94 - 1	=	93
$^{1}a_{1}$	=	4		4 - 1	=	3
$^{1}b_{2}$	=	5		5 - 1	=	4
$^{1}b_{2}$	=	5		5 - 1	=	4
$^{1}a_{1}$	=	4		4 - 1	=	3
^{7}a und b_{42}	=	55		55 - 1	=	54
$^{7}a \neq b_{6}$	=	19		19 - 1	=	18
$^{7}b \neq a_{6}$	=	19		19 - 1	=	18
$^{11}1 = 1 = 1_{7}$	=	28		28 - 1	=	27
					=	312

3 + 1 + 2 + 1 für ein System = 7

Wir erhalten die Bedingung 7 = 7 in einem Gleichgewicht, welche in Form der beiden Zahlen 313 jeweils über 3 + 1 + 2 + 1 vorliegt.

Merke!

Der Apostel Jakobus der Jüngere galt über a, b, b und a durch a und b infolge $a \neq b$ und $b \neq a$ unter der Bedingung 1 = 1 = 1 als Mitglied der Essener, die über a und über b in Form von a und b durch $a \neq b$ und $b \neq a$ im Logistikverein tätig waren.

Die ^{7}Essener$_{85}$ = 94 gehörten über $^{1}a_{1} = 4$ und $^{1}b_{2} = 5$ in Form von ^{7}a und b_{42} = 55 infolge $^{7}a \neq b_{6} = 19$ und $^{7}b \neq a_{6} = 19$ durch (94 - 1) + (4 - 1) + (5 - 1) + (55 - 1) + (19 - 1) + (19 - 1) + 1 für ein System istgleich 191 istgleich 1 + 9 + 1 = 11 istgleich 1 + 1 = 2 dem ^{14}Logistikverein$_{175}$ = 191 istgleich 1 + 9 + 1 = 11 istgleich 1 + 1 = 2 an.

Was die ^{7}Zeloten$_{97}$ = 106 betrifft, würden wir aus heutiger Sicht über $^{1}a_{1} = 4$ und $^{1}b_{2} = 5$ durch ^{7}a und b_{42} = 55 infolge $^{7}a \neq b_{6} = 19$ und $^{7}b \neq a_{6} = 19$ sagen, daß es sich bei diesen - bedingt durch (106 - 1) + (4 - 1) + (5 - 1) + (55 - 1) + (19 - 1) + (19 - 1) + 1 für ein System istgleich 203 istgleich 2 + 0 + 3 = 5 - quasi um eine ^{15}Handwerksgruppe$_{186}$ = 203 istgleich 2 + 0 + 3 = 5 handelte, welche sich oftmals auch vor der Anwendung von Gewalt nicht scheute. Das sieht man daran, daß

Judas Thaddäus an der Tafel ein wenig grimmig und etwas finsterblickend von Leonardo da Vinci dargestellt worden ist. Die Frage ist damit, wen dieser im Visier hat, und das klären wir demnächst.

Der ^{7}Apostel$_{88}$ = 97 ^{15}Judas Thaddaeus$_{138}$ = 157 verweist auf den nachfolgenden Zusammenhang:

^{7}Apostel$_{88}$	=	97		97 - 1	=	96
^{15}Judas Thaddaeus$_{138}$	=	157		157 - 1	=	156
					=	252

2 + 5 + 2 + 1 für ein System	=	10	=	1 + 0	=	1

istgleich

^{8}Mitglied$_{79}$	=	89		89 - 1	=	88
^{7}Zeloten$_{97}$	=	106		106 - 1	=	105
^{1}a$_{1}$	=	4		4 - 1	=	3
^{1}b$_{2}$	=	5		5 - 1	=	4
^{1}b$_{2}$	=	5		5 - 1	=	4
^{1}a$_{1}$	=	4		4 - 1	=	3
^{7}a und b$_{42}$	=	55		55 - 1	=	54
^{7}a ≠ b$_{6}$	=	19		19 - 1	=	18
^{7}b ≠ a$_{6}$	=	19		19 - 1	=	18
^{11}1 = 1 = 1$_{7}$	=	28		28 - 1	=	27
					=	324

3 + 2 + 4 + 1 für ein System	=	10	=	1 + 0	=	1

Wir erhalten die Bedingung 1 = 1 in einem Gleichgewicht, die sich über 2 + 5 + 2 + 1 und 3 + 2 + 4 + 1 aus den beiden Zahlen 253 und 325 ergibt. Letztere belegen uns, daß diesen durch ^{7}a und b$_{42}$ = 55 über ^{1}a$_{1}$ = 4 und ^{1}b$_{2}$ = 5 unter der Bedingung ^{11}1 = 1 = 1$_{7}$ = 28 etwas an der ^{5}Tafel$_{44}$ = 51 der ^{7}Apostel$_{88}$ = 97 infolge (55 - 1) + (4 - 1) + (5 - 1) + (28 - 1) + (51 - 1) + (97 - 1) + 1 für ein System istgleich 235 istgleich 2 + 3 + 5 = 10 istgleich 1 + 0 = 1 ungemein störte.

Merke!

Der Apostel Judas Thaddäus war über a, b, b und a in Form von a und b infolge a ≠ b und b ≠ a unter der Bedingung 1 = 1 = 1 ein Mitglied der Zeloten: die bedingt durch a und durch b über a und b respektive a ≠ b und b ≠ a einer Handwerksgruppe angehörten.

Da ^{14}Jesus Christus$_{191}$ = 209 istgleich 2 + 0 + 9 = 11 istgleich 1 + 1 = 2 über $^{1}a_{1}$ = 4 und $^{1}b_{2}$ = 5 in Form von ^{7}a und b_{42} = 55 durch $^{7}a \neq b_{6}$ = 19 und $^{7}b \neq a_{6}$ = 19 unter der Bedingung $^{11}1 = 1 = 1_{7}$ = 28 über (4 - 1) + (5 - 1) + (55 - 1) + (19 - 1) + (19 - 1) + (28 - 1) + (85 - 1) + 1 für ein System istgleich 209 istgleich 2 + 0 + 9 = 11 istgleich 1 + 1 = 2 selbst ein ^{5}Zelot$_{78}$ = 85 war, galt die Aufmerksamkeit von Judas Thaddäus einem an der Tafel, von dem Gefahr für Jesus ausging, was er Simon dem Zeloten mitteilte, was auch Matthäus aufgefallen war.

Der ^{7}Apostel$_{88}$ = 97 ^{15}Simon der Zelot$_{175}$ = 196 wird über den nachfolgenden Zusammenhang näher beschrieben:

^{7}Apostel$_{88}$	=	97		97 - 1	=	96
^{15}Simon der Zelot$_{175}$	=	196		196 - 1	=	195
					=	291

2 + 9 + 1 + 1 für ein System	=	13	=	1 + 3	=	4

istgleich

^{8}Mitglied$_{79}$	=	89		89 - 1	=	88
^{10}Sadduzaeer$_{104}$	=	116		116 - 1	=	115
$^{1}a_{1}$	=	4		4 - 1	=	3
$^{1}b_{2}$	=	5		5 - 1	=	4
^{7}a und b_{42}	=	55		55 - 1	=	54
$^{11}1 = 1 = 1_{7}$	=	28		28 - 1	=	27
					=	291

2 + 9 + 1 + 1 für ein System	=	13	=	1 + 3	=	4

In einem Gleichgewicht gilt die Bedingung 4 = 4, welche durch 2 + 9 + 1 + 1 jeweils in Form der beiden Zahlen 292 vorliegt.

Merke!

Der Apostel Simon der Zelot war durch a und durch b über a und b unter der Bedingung 1 = 1 = 1 ein Mitglied der Sadduzäer.

Die ^{10}Sadduzaeer$_{104}$ = 116 standen über $^{1}a_{1}$ = 4 und $^{1}b_{2}$ = 5 in Form von ^{7}a und b_{42} = 55 unter der Bedingung $^{11}1$ = 1 = 1_{7} = 28 - bedingt durch (116 - 1) + (4 - 1) + (5 - 1) + (55 - 1) + (28 - 1) + 1 für ein System istgleich 204 istgleich 2 + 0 + 4 = 6 - für das, was wir heute grob über den Daumen gepeilt als ^{18}Wissenschaftsorgan$_{220}$ = 240 istgleich 2 + 4 + 0 = 6 bezeichnen würden.

Dem Weg geschuldet, den ^{14}Jesus Christus$_{191}$ = 209 istgleich 2 + 0 + 9 = 11 istgleich 1 + 1 = 2 einschlug, wollte dieser über ein gemeinsames Verstehen respektive $^{1}a_{1}$ = 4 und $^{1}b_{2}$ = 5 - bedingt durch (209 - 1) + (4 - 1) + (5 - 1) + 1 für ein System istgleich 216 istgleich 2 + 1 + 6 = 9 - in der menschlichen Gesellschaft das etablieren, was wir heute als ^{12}Volksbildung$_{148}$ = 162 istgleich 1 + 6 + 2 = 9 verstehen, da sich hinter der Zahl 209 der ^{19}Gesellschaftsaufbau$_{188}$ = 209 istgleich 2 + 0 + 9 = 11 istgleich 1 + 1 = 2 verbirgt. Auf dem Gebiet der ehemaligen DDR lag man mit seinem Bildungskonzept also gar nicht so falsch.

Und aus diesem einzigen Grund saßen die Pharisäer, die Essener, die Zeloten und die Sadduzäer gemeinsam an der Tafel, um das Geschick der Menschen in die richtigen Bahnen zu lenken: das von den drei Säulen Mutter, Vater und Kind, eine Familie, die basierend auf all jenen im Kleinen die eine im Großen ist, getragen werden sollte. Es ging in der Hinsicht nie um Religion, wie sie von uns zusammen auf der Erde missbraucht und benutzt worden ist, sondern immer (durch den gemeinsamen Weg der Erkenntnis) darum, daß die Menschheit unter der Bedingung „ein Adam und eine Eva" als Einheit zufrieden und glücklich an der Tafel sitzt.

Insofern wurde von Leonardo da Vinci nur das an die Kirchenwand gepinselt, auf daß es die allergrößten Dümmlinge in der Menschheit begreifen: Was das gemeinsame Ziel im Leben aller sein sollte und wir durch ^{6}Mensch$_{62}$ = 70, ^{8}Menschen$_{81}$ = 91 und ^{10}Menschheit$_{104}$ = 116 über (70 - 1) + (91 - 1) + (116 - 1) + 1 für ein System istgleich 275 istgleich 2 + 7 + 5 = 14 istgleich 1 + 4 = 5 als einer von vielen in der Menschheit erreichen sollen, das man als ^{24}Verbundenheit und Glueck$_{245}$ = 275 istgleich 2 + 7 + 5 = 14 istgleich 1 + 4 = 5 bezeichnet. Im Prinzip etwas ganz Einfaches, was uns aber offensichtlich sehr schwerfällt.

In der logischen Endkonsequenz erhalten wir durch das ^{6}System$_{101}$ = 109, das als ^{15}Jesus und Maria$_{155}$ = 176 angelegt worden ist, eine exakte Vorgabe dafür, wie unser ^{19}Gesellschaftsaufbau$_{188}$ = 209 auszusehen hat; es gilt Folgendes:

^{15}Haendlerverband$_{133}$	=	150		150 - 1	=	149
^{14}Logistikverein$_{175}$	=	191		191 - 1	=	190
^{15}Handwerksgruppe$_{186}$	=	203		203 - 1	=	202
^{18}Wissenschaftsorgan$_{220}$	=	240		240 - 1	=	239
^{12}Volksbildung$_{148}$	=	162		162 - 1	=	161
					=	941

9 + 4 + 1 + 1 für ein System	=	15	=	1 + 5	=	6

istgleich

^{19}Gesellschaftsaufbau$_{188}$	=	209		209 - 1	=	208
^{6}System$_{101}$	=	109		109 - 1	=	108
^{15}Jesus und Maria$_{155}$	=	176		176 - 1	=	175
					=	491

4 + 9 + 1 + 1 für ein System	=	15	=	1 + 5	=	6

Wir erhalten die Bedingung 6 = 6 in einem Gleichgewicht, die sich aus 9 + 4 + 1 + 1 und 4 + 9 + 1 + 1 in Form der beiden Zahlen 942 und 492 ergibt.

Merke!

Händlerverband, Logistikverein, Handwerksgruppe, Wissenschaftsverein und Volksbildung ergeben zusammen den Gesellschaftsaufbau, der durch das System „Jesus und Maria" vorgegeben ist.

Man hat also, wie wir sehen, an alles gedacht, damit das Zusammenleben innerhalb der Menschheit, ausgerichtet auf die Entwicklung von ihr, auch funktioniert.

Alles in allem geht es damit um nichts Schlimmes. Wir hämmern etwa einen Nagel in eine Wand, um einen „Kunstriemen" daran aufzubammeln. Da unsere handwerklichen Fähigkeiten etwas zu wünschen übrig lassen, glauben wir, daß es nur eine Frage der Zeit ist, bis besagter Schinken wieder herunterfällt. Was, wenn besagter Fall dann eingetreten ist, uns richtig vermuten ließ, daß, falls unsere Behauptung richtig gewesen ist, diese zur Überzeugung geworden ist, da das Möchtegernkunstwerk verdientermaßen wieder im Dreck gelandet ist: Mit Religion haben das Glauben, das Vermuten, das Behaupten und das Überzeugtsein nichts zu tun! Diese dienen unserer Führung, bis gemessen am Beispiel das Kunstobjekt ordnungsgemäß aufgehängt ist und nicht mehr herunterfallen kann. Warum ist das so? Weil wir genau dann erst wissen, wie es sein sollte. Das ^{6}Wissen$_{89}$ = 97 steht in Form von ^{7}a und b$_{42}$ = 55 infolge (97 - 1) + (55 - 1) + 1 für ein System istgleich 151 istgleich 1 + 5 + 1 = 7 immer im ^{11}Endergebnis$_{102}$ = 115 istgleich 1 + 1 + 5 = 7, das unabhängig von allen anderen respektive ^{15}Unabhaengigkeit$_{134}$ = 151 istgleich 1 + 5 + 1 = 7 existiert.

Was das ^{5}Thema$_{47}$ = 54 innerhalb von ^{5}Kunst$_{85}$ = 92 anbelangt, zeichnet sich dieses über (54 - 1) + (92 - 1) + 1 für ein System istgleich 145 istgleich 1 + 4 + 5 = 10 istgleich 1 + 0 = 1 immer dadurch aus, daß der ^{10}Gegenstand$_{96}$ = 108 der Betrachtung über ^{1}a$_{1}$ = 4, ^{1}b$_{2}$ = 5, ^{1}b$_{2}$ = 5 und ^{1}a$_{1}$ = 4 unter der Bedingung ^{11}1 = 1 = 1 = 1$_{7}$ = 28 infolge (108 - 1) + (4 - 1) + (5 - 1) + (5 - 1) + (4 - 1) + (28 - 1) + (267 - 1) + 1 für ein System istgleich 415 istgleich 4 + 1 + 5 = 10 istgleich 1 + 0 = 1 auf ^{24}Koerper, Geist und Seele$_{234}$ = 267 reflektiert. Wenn wir uns das Gekritzel und Geschmiere von irgendwelchen verzogenen Wänstern ansehen, die gottgleich durch ihre Eltern, insofern es sich überhaupt bei diesen um jene handelt, und von irgendwelchen Kunstweisen gehypt werden: Handelt es sich maximal um kindliche Auswüchse des Gestaltens.

Wenn wir von Kunst sprechen, setzt das voraus, daß die Künstler und -innen auch zwischen den zwei Ohren über so etwas wie Füllmasse verfügen. Die Wunderkinder und Genies, die das Verkaufsmodell einer gewinnsüchtigen Gurkentruppe hinter den Kulissen sind, erfüllen das nicht. Sich vergleichsweise mit Picasso, Chagall oder auch etwa Courbet, Matisse und Dalí auf ein' und die selbe Stufe zu stellen, betrachte ich selbst als den absoluten Oberhammer. Auch unabhängig davon, daß man ihnen ihre Kindheit nimmt. Da der Exodus innerhalb des Systemprozesses der Apokalypse aktiv ist, lasst den Schwachsinn, ansonsten ist das Ergebnis unausweichlich. Das gilt geradewegs auch für „Goldkehlchen". Es ist zwar schön anzuhören, daß die „Kinder" singen können, deshalb sind und bleiben es, aber immer noch Kinder. Und ein etwaiger „Star" wird es mangels Breite, Höhe, Länge und Gewicht ohnehin nicht.

Fazit: Es geht stets und immer um Inhalte, die eine Nähe zu unseren Mitmenschen begründen, die wir über Liebe und über Vernunft, getragen von einer gemeinsamen Verantwortung im Miteinander und im Untereinander, uns gegenseitig und wechselseitig vermitteln möchten. Wobei man jedoch ganz ehrlich sagen muss, daß so mancher Kandidat und so manche Kandidatin das Nervenkostüm ein wenig überstrapaziert. Gelingt uns das, ist das Zusammenleben mit Pflanzen und Tieren einschließlich Mutter Erde ein Kinderspiel. Gib dir einfach mal einen Ruck, daß Liebe, Vernunft und Verantwortung ganz schnell wieder zu dir finden. Die brauchst du nämlich, und zwar als deine steten Begleiter im Leben. Keine Frage, deinem Mitmenschen ein paar auf die Zwölf zu ballern, ist wesentlich einfacher, aber im Miteinander und im Untereinander leider kein Erfolgsgarant.

Das ^{5}Genie$_{40}$ = 47 eines ^{8}Menschen$_{81}$ = 91, welches sich in Form einer ^{11}Bezeichnung$_{114}$ = 127 in dessen ^{11}Genialitaet$_{103}$ = 116 über (127 - 1) + (116 - 1) + 1 für ein System istgleich 242 istgleich 2 + 4 + 2 = 8 innerhalb der ^{20}Ausuebung des Genies$_{198}$ = 224 istgleich 2 + 2 + 4 = 8 widerspiegelt, hat über (47 - 1) + (91 - 1) + 1 für ein System istgleich 137 istgleich 1 + 3 + 7 = 11 istgleich 1 + 1 = 2 in Form von ^{7}a und b$_{42}$ = 55 - bedingt durch (55 - 1) + (80 - 1) + (21 - 1) + (93 - 1) + (72 - 1) + 1 für ein System istgleich 317 istgleich 3 + 1 + 7 = 11 istgleich 1 + 1 = 2 - immer dessen ^{6}Talent$_{72}$ = 80, dessen ^{4}Gabe$_{15}$ = 21 und dessen ^{10}Faehigkeit$_{81}$ = 93 zum ^{6}Inhalt$_{64}$ = 72. Die „Wunderkinder" und „Genies" auf der Erde sind keine, da jedes für sich ein Wunder ist, welches durch das Genie eines Einzelnen zum Leben erweckt worden ist und natürlich davon profitieren soll und von dem, was diesem selbst möglich ist. Noch einmal: Es geht um eine Gemeinschaft, die sich glücklich und jauchzend im System bewegt, und nicht um Anmaßung und Selbstherrlichkeit. Talente, Gaben und Fähigkeiten hat jeder und jede erhalten, du musst sie nur noch entdecken.

Ein wenig Benehmen schadet aber auch deinen eigenen Wänstern nicht; die müssen nicht etwa auf dem Sitzmöbel in einer Kneipe herumspringen und dort wie von einer Tarantel gestochen herumgeistern. Und für ausgemachte Schreihälse gilt: Entweder es gibt etwas in die Futterluke oder es geht ab in's Nest. Eine Kneipe ist übrigens kein Nest, wo insbesondere des Abends Kleinkinder und Kinder nicht hingehören.

Das diesbezügliche Unterhaltungsprogramm erfährt dann oftmals in Bussen, Bahnen, Flugzeugen und auf Schiffen durch Übermütter und Überväter noch eine Steigerung. Daß ein Kleinkind oder etwa auch Kinder per se bis zu einem gewissen Alter von dem ganzen Theater nichts mitbekommen, auf die Idee kommt man nicht. Man macht also wie überall anders auch, sein Problem zu dem aller anderen: und das ist eine mehr als inakzeptable Geisteshaltung.

Die Obhuts- und die Sorgfaltspflicht der Eltern verlangt diesen etwas anderes ab, als diese irgendwo auf der Erde herumzuschleppen: das vor fachkundigen Zuschauern zelebrierte Tittenrausholen, das publikumsnahe Windelnwechseln und das internetreife In-die-Botanik-Pulvern inbegriffen. Kein Kind wird sich später jemals daran erinnern, wo es sich im Kindesalter eingemacht hat. Das, was sich einprägt und das, was Spuren bei diesen hinterlässt, ist die Asozialität, wie etwa auch Eltern mit deren Schutzbedürftigkeit umgehen. Gut, wer aber seine „Möpse" unter tosendem Applaus herausholt, legt ja auf die eigene auch keinen Wert.

Hier geht es bereits los, was das Thema der fehlenden Verantwortung im Miteinander und Untereinander anbelangt. Prinzipiell gilt auch bei besagter Elternscheiße, daß alle anderen schuld sind, nur nicht sie selbst. Kinder sind zu erziehen, und das macht auch vor dir nicht halt. Das setzt natürlich voraus, daß du mit gutem Beispiel vorangehst. Falls man etwas anderer Auffassung ist, klären das die Tante Elvira und der Onkel Herbert mit dir: Das wäre dann sozusagen dein letzter Auftritt.

Da unserem lieben ^{15}Judas Thaddaeus$_{138}$ = 157 istgleich 1 + 5 + 7 = 13 istgleich 1 + 3 = 4 offensichtlich die Galle zu explodieren scheint, folgen wir den Armen des Matthäus, wo wir gänzlich unverhofft in deren gedachter Verlängerung auf die Oberhandlampe, bekannt auch als ^{14}Judas Iskariot$_{157}$ = 175 istgleich 1 + 7 + 5 = 13 istgleich 1 + 3 = 4, treffen, der Petrus anstachelt. Da du tendenziell leicht anzusäuern drohst, nimm mal zur Kenntnis für dich: daß die, die dich unentwegt pampern, die, die dir ununterbrochen nach dem Mund reden, und die, die dich pausenlos anbeten, im seltensten Fall deine Freunde sind, sondern genau die, die dir ebenso deine Grenzen aufzeigen, aber dich trotzdem leben lassen; auf daß du die Dinge verstehst und den Weg in deinem Leben einschlagen kannst, um selbst glücklich zu sein. Das Zufriedensein, das in einem Geborgensein enden sollte, kommt dann oftmals von ganz allein.

Klingt doch eigentlich ganz vernünftig so, oder? So, dann wollen wir mal im letzten Abendmahl die vier Trantüten inspizieren, die da ihr eigenes Süppchen kochen. Wir widmen uns damit der Dreiergruppe, welche aus Petrus, Judas Iskariot und Johannes besteht, wobei dieser ebenso Maria Magdalena verkörpert; also vier.

6.4. Der lachende Dritte

So, wir gehen nach ein' und dem selben Prinzip vor und sehen uns vorab die vier Apostel an, die es betrifft:

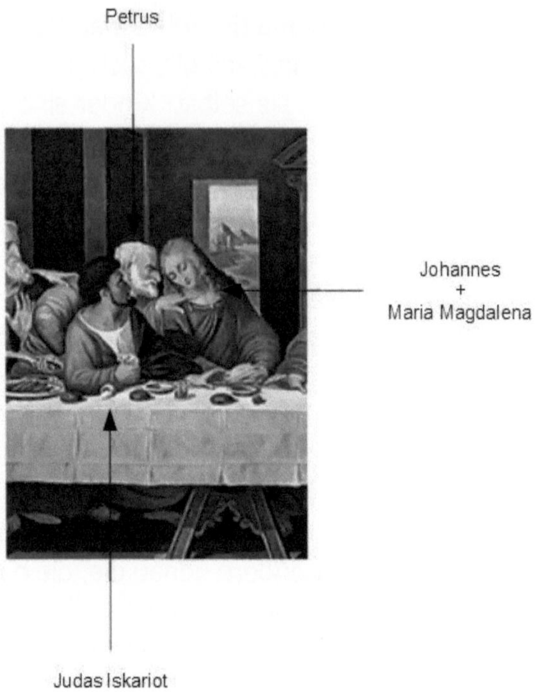

Wir sehen Petrus, der einen Dolch hinter dem Rücken in der Hand hält, Judas Iskariot mit dem Klingelbeutel, der uns den Rücken zukehrt, und Johannes, der auch Maria Magdalena verkörpert. Petrus hat weißes Haar und Judas Iskariot besitzt als Einziger an der Tafel eine etwas dunklere Hautfarbe.

Der ^{16}Apostel Johannes$_{174}$ = 194 istgleich 1 + 9 + 4 = 14 istgleich 1 + 4 = 5 tritt uns durch (76 - 1) + (119 - 1) + 1 für ein System istgleich 194 istgleich 1 + 9 + 4 = 14 istgleich 1 + 4 = 5 als ^{6}Bruder$_{68}$ = 76 von ^{15}Maria Magdalena$_{100}$ = 119 gegenüber.

Merke!

Der Apostel Johannes ist der Bruder von Maria Magdalena, die in Form von a und b durch a und durch b infolge a ≠ b und b ≠ a unter der Bedingung 1 = 1 = 1 dessen Schwester ist.

Die ^{9}Schwester$_{120}$ = 131 des Apostels Johannes ist durch (131 - 1) + (194 - 1) + 1 für ein System istgleich 324 istgleich 3 + 2 + 4 = 9 in Form von ^{7}a und b$_{42}$ = 55 respektive ^{1}a$_{1}$ = 4 und ^{1}b$_{2}$ = 5 infolge ^{7}a ≠ b$_{6}$ = 19 und ^{7}b ≠ a$_{6}$ = 19 unter der Bedingung ^{11}1 = 1 = 1$_{7}$ = 28 durch (55 - 1) + (4 - 1) + (5 - 1) + (19 - 1) + (19 - 1) + (28 - 1) + (119 - 1) + 1 für ein System istgleich 243 istgleich 2 + 4 + 3 = 9 Maria Magdalena.

Der ^{16}Apostel Johannes$_{174}$ = 194 istgleich 1 + 9 + 4 = 14 istgleich 1 + 4 = 5 verweist darauf, da er sehr feminin durch Leonardo da Vinci dargestellt worden ist, daß dieser über ^{7}a und b$_{42}$ = 55 durch (55 - 1) + (48 - 1) + (48 - 1) + 1 für ein System istgleich 149 istgleich 1 + 4 + 9 = 14 istgleich 1 + 4 = 5 auf seiner Beziehungsebene im Rahmen von Beziehung die Konstellation

^{4}Mann$_{42}$ = 48 und ^{4}Mann$_{42}$ = 48

bevorzugt. Wir wissen bereits, daß unter diesem Aspekt die Verwendung des Wortes „schwul" unangebracht ist, da es sich um eine Kommunikationsform handelt.

^{15}Maria Magdalena$_{100}$ = 119 sitzt der ^{14}Judas Iskariot$_{157}$ = 175 gegenüber, welcher ihr den Rücken zudreht, obwohl er zu ihr zu gehören scheint. Es besteht damit eine rationale Bindung zwischen diesen, aber keine emotionale. Es klafft also eine Lücke, deren Ursache wir ergründen müssen, da insbesondere Petrus ihr dahingehend auf die Pelle rückt, mit der Absicht, sie zu berühren. Die Geste seiner Hand, mit der er ihr das Kinn krault, ist die eines Gönners, der offenkundig eine Gegenleistung erwartet. Das ist wie das Pferd im Stall, das, bevor es rennen soll, gestriegelt wird. Im Ergebnis wird an der Tafel etwas vorgegaukelt, was so nicht sein sollte.

Es geht damit bei ^{6}Petrus$_{99}$ = 107 istgleich 1 + 0 + 7 = 8 um das, was wir in Form von ^{7}a und b$_{42}$ = 55 durch (55 - 1) + (45 - 1) + (72 - 1) + 1 für ein System istgleich 170 istgleich 1 + 7 + 0 = 8 als ^{3}Lug$_{40}$ = 45 und ^{4}Trug$_{66}$ = 72 verstehen. Ersterer hat es durch die ^{8}Paritaet$_{90}$ = 100 von ^{7}a und b$_{42}$ = 55 infolge ^{7}a ≠ b$_{6}$ = 19 und ^{7}b ≠ a$_{6}$ = 19 über (107 - 1) + (100 - 1) + (55 - 1) + (19 - 1) + (19 - 1) + 1 für ein System istgleich 296 istgleich 2 + 9 + 6 = 17 istgleich 1 + 7 = 8 damit durch ^{1}a$_{1}$ = 4, ^{1}b$_{2}$ = 5, ^{1}b$_{2}$ = 5 und ^{1}a$_{1}$ = 4 über (4 - 1) + (5 - 1) + (5 - 1) + (4 - 1) + (164 - 1) + (119 - 1) + 1 für ein System istgleich 296 istgleich 2 + 9 + 6 = 17 istgleich 1 + 7 = 8 auf die ^{15}Beziehungsebene$_{147}$ = 164 von ^{15}Maria Magdalena$_{100}$ = 119 abgesehen. Sie wird damit benutzt, indem man ihr etwas vorgaukelt. Wir klären aber erst einmal, was es mit Judas und Maria auf sich hat.

Über deren ^{15}Beziehungsebene$_{147}$ = 164 erhalten wir das, was es durch die ^{9}Beziehung$_{97}$ = 108 dieser ist; es gilt nämlich für Judas Iskariot und Maria Magdalena Folgendes:

^{15}Beziehungsebene$_{147}$	=	164		164 - 1	=	163
^{9}Beziehung$_{97}$	=	108		108 - 1	=	107
^{3}Ehe$_{18}$	=	23		23 - 1	=	22
					=	292

2 + 9 + 2 + 1 für ein System	=	14	=	1 + 4	=	5

istgleich

^{14}Judas Iskariot$_{157}$	=	175		175 - 1	=	174
^{15}Maria Magdalena$_{100}$	=	119		119 - 1	=	118
					=	292

2 + 9 + 2 + 1 für ein System	=	14	=	1 + 4	=	5

Wir haben in einem Gleichgewicht die Bedingung 5 = 5 vorliegen, die sich über 2 + 9 + 2 + 1 jeweils aus den beiden Zahlen 293 ergibt.

Merke!

Judas Iskariot und Maria Magdalena sind auf der Beziehungsebene über Beziehung geehelicht.

Es handelt sich bei Maria und Judas um Ehefrau und Ehemann, die sich an der Tafel gegenübersitzen, denen es aber irgendwo langweilig ist. Diese haben de facto emotional nichts miteinander zu tun, nur rational.

Beide führen das, was man bedingt durch ^{5}Maria$_{42}$ = 49 und ^{5}Judas$_{55}$ = 62 infolge (49 - 1) + (62 - 1) + 1 für ein System istgleich 110 istgleich 1 + 1 + 0 = 2 respektive $^{1}a_{1}$ = 4, $^{1}b_{2}$ = 5, $^{1}b_{2}$ = 5 und $^{1}a_{1}$ = 4 durch (4 - 1) + (5 - 1) + (5 - 1) + (4 - 1) + (87 - 1) + 1 für ein System istgleich 101 istgleich 1 + 0 + 1 = 2 als ^{9}Scheinehe$_{76}$ = 87 bezeichnen darf.

Letzteres wurde von Leonardo da Vinci in der Form von ihm im letzten Abendmahl dargestellt, daß er zwischen ihren beiden Körpern einen Raum belassen hat, welcher symbolisch für Ferne und nicht für Nähe steht. Die Frage ist damit, warum man gemeinsam eine Ehe in der Außenwirkung vortäuscht, um was konkret, das es respektive deren Innenwirkung dann tatsächlich ist, unter Umständen zu verbergen. Richtig es handelt sich genau um das, was man in der Regel durch einen inneren Zwang verheimlicht, um den äußeren Anschein zu wahren. Ein typisches Beispiel in der Gegenwart dafür ist Robert Enke, ein deutscher Fußballtorwart, der von uns gegangen ist. Vollkommen unnötig, wie wir wissen, aber es ist leider so.

Da der ^{14}Judas Iskariot$_{157}$ = 175 istgleich 1 + 7 + 5 = 13 istgleich 1 + 3 = 4 über ^{7}a und b$_{42}$ = 55 unter der Bedingung $^{11}1 = 1 = 1_7$ = 28 - bedingt durch (55 - 1) + (28 - 1) + (76 - 1) + 1 für ein System istgleich 157 istgleich 1 + 5 + 7 = 13 istgleich 1 + 3 = 4 - auf den ^{6}Bruder$_{68}$ = 76 verweist, wissen wir es eigentlich, was da los gewesen ist. Wir erhalten für diese über $^{1}a_1$ = 4 und $^{1}b_2$ = 5 in Form von ^{7}a und b$_{42}$ = 55 infolge $^{7}a \neq b_6$ = 19 und $^{7}b \neq a_6$ = 19 den nachfolgenden Zusammenhang, der uns das, was es hinter den Kulissen ist, verdeutlicht:

^{14}Judas Iskariot$_{157}$	=	175		175 - 1	=	174
^{8}Johannes$_{86}$	=	96		96 - 1	=	95
^{7}a und b$_{42}$	=	55		55 - 1	=	54
$^{7}a \neq b_6$	=	19		19 - 1	=	18
$^{7}b \neq a_6$	=	19		19 - 1	=	18
					=	359

3 + 5 + 9 + 1 für ein System	=	18	=	1 + 8	=	9

istgleich

^{15}Beziehungsebene$_{147}$	=	164		164 - 1	=	163
^{4}Mann$_{42}$	=	48		48 - 1	=	47
^{4}Mann$_{42}$	=	48		48 - 1	=	47
$^{1}a_1$	=	4		4 - 1	=	3
$^{1}b_2$	=	5		5 - 1	=	4
^{4}Paar$_{36}$	=	42		42 - 1	=	41
					=	305

3 + 0 + 5 + 1 für ein System	=	9

Es gilt die Bedingung 9 = 9 in einem Gleichgewicht, die sich über 3 + 5 + 9 + 1 und 3 + 0 + 5 + 1 aus den beiden Zahlen 360 und 306 ergibt.

Merke!

Der Judas Iskariot und Johannes sind in Form von a und b infolge a ≠ b und b ≠ a über a und über b auf ihrer gemeinsamen Beziehungsebene als Mann und als Mann ein Paar gewesen.

Wir verwenden deshalb die allgemeingültigen Begriffe, da etwa dein Hund oder deine Katze sich auch das Bild ansehen kann, der quasi ein' und das selbe Problem wie du hat oder die es. Dort weiß auch niemand, welcher „Hmm" zu welchem Eimer gehört.

Des Weiteren können wir auf Folgendes abstellen, was über die ^{8}Paritaet$_{90}$ = 100 von ^{7}a und b$_{42}$ = 55 infolge ^{7}a ≠ b$_{6}$ = 19 und ^{7}b ≠ a$_{6}$ = 19 vorliegt:

^{27}Judas Iskariot und Johannes$_{282}$	=	317		317 - 1	=	316

3 + 1 + 6 + 1 für ein System	=	11	=	1 + 1	=	2

istgleich

^{7}Liaison$_{79}$	=	88		88 - 1	=	87
^{4}Mann$_{42}$	=	48		48 - 1	=	47
^{4}Mann$_{42}$	=	48		48 - 1	=	47
^{8}Paritaet$_{90}$	=	100		100 - 1	=	99
^{7}a und b$_{42}$	=	55		55 - 1	=	54
^{7}a ≠ b$_{6}$	=	19		19 - 1	=	18
^{7}b ≠ a$_{6}$	=	19		19 - 1	=	18
					=	370

3 + 7 + 0 + 1 für ein System	=	11	=	1 + 1	=	2

Es gilt die Bedingung 2 = 2 in einem Gleichgewicht, was den beiden Zahlen 317 und 371 aus 3 + 1 + 6 + 1 und 3 + 7 + 0 + 1 geschuldet ist.

Merke!

Der Judas Iskariot und Johannes unterhielten als Mann und als Mann - bedingt durch die Parität von a und b infolge a ≠ b und b ≠ a - eine Liaison.

Es geht im letzten Abendmahl von Leonardo da Vinci um das Sodom und Gomorra (= Gomorrha), das die Menschen über Beziehung auf ihrer Beziehungsebene veranstalten, welche die alleinige und einzige Quelle allen Übels auf der Erde ist: Interessiert aber keinen, solange jemand anders dafür in's Gras beißen muss.

Da immer zwei dazugehören, sehen wir uns noch schnell ^{15}Maria Magdalena$_{100}$ = 119 an, welche über $^{1}a_{1}$ = 4 und $^{1}b_{2}$ = 5 in Form von ^{7}a und b_{42} = 55 unter der Bedingung $^{11}1 = 1 = 1_{7}$ = 28 uns zum nachfolgenden Zusammenhang führt, die „ihrem unrechtmäßigen Ehemann Judas Iskariot", wo wir bereits wissen, daß ihr rechtmäßiger Jesus Christus ist, offensichtlich in nichts nachsteht:

^{15}Maria Magdalena$_{100}$	=	119		119 - 1	=	118

1 + 1 + 8 + 1 für ein System	=	11	=	1 + 1	=	2

istgleich

^{7}a und b_{42}	=	55		55 - 1	=	54
$^{11}1 = 1 = 1_{7}$	=	28		28 - 1	=	27
$^{1}a_{1}$	=	4		4 - 1	=	3
$^{1}b_{2}$	=	5		5 - 1	=	4
^{4}Frau$_{46}$	=	52		52 - 1	=	51
^{4}Frau$_{46}$	=	52		52 - 1	=	51
					=	190

1 + 9 + 0 + 1 für ein System	=	11	=	1 + 1	=	2

Folgerichtig liegt die Bedingung 2 = 2 in einem Gleichgewicht vor, die sich durch 1 + 1 + 8 + 1 und 1 + 9 + 0 + 1 aus den beiden Zahlen 119 und 191 ergibt.

Merke!

Maria Magdalena stellte in Form von a und b durch a und durch b unter der Bedingung 1 = 1 = 1 eines Tages auf Frau und Frau ab.

Letzteres erklärt uns, warum besagte Frau von Jesus wegsieht und später ihm lediglich hinterhergetippelt ist. Bei der Vielzahl an intimen Beziehungen, die ihr nicht zugestanden hat und nachwievor auch nicht zustehen, kommt es ihm, was auch verständlich ist, hoch. Es gab also einen Grund, warum Maria Magdalena, die geehelicht ist, eines Tages auf ihrer Beziehungsebene zu Frauen fand.

Dich wird vielleicht etwas wundern, warum das Perfekt plötzlich zu einem Präsens geworden ist. Damit hat es nämlich folgende Bewandtnis: Der Prozess der Inkarnation und Reinkarnation ermöglicht es uns, daß wir die Nationalität des [14]Judas Iskariot$_{157}$ = 175 und die der [15]Maria Magdalena$_{100}$ = 119 bestimmen können, welche es in der Gegenwart sein müsste. Weshalb ist das möglich? Wir leben in einem System, in dem die elementaren Zusammenhänge berechenbar sind, und zwar egal welche. Es gibt damit zwei Menschen unter uns, deren Identität in der Gegenwart auf deren in der Vergangenheit beruht, wobei wir uns konkret für Judas Iskariot und für Maria Magdalena interessieren.

Über Maria wissen wir, daß sie eine Palästinenserin mit jordanischen Wurzeln gewesen ist, die ihr „Herzblatt" am Kreuz baumeln ließ. Was in der Vergangenheit gilt, muss logischerweise auch in der Gegenwart gelten. Wir suchen also ein „Püppchen", das einen Migrationshintergrund besitzt. Vorzugsweise finden wir dieses in Deutschland, da die Vatersprache auf der Erde Deutsch ist und das Ende aller Tage eingeläutet worden ist. Da Jesus und Maria in der Mitte im System auf der Erde stehen, was von uns im Buch „Falsch verstandene Freiheit im System: Der Weg zur Klärung von SARS-COV-2 = COVID-19 = CORONA-VIRUS einschließlich Lösung" bereits erwähnt worden ist, ist das nahezu selbsterklärend. Es geht quasi darum, daß eine konkrete Frau auf der Erde die Rolle der Maria Magdalena innehat. Das muss noch nicht einmal heißen, daß sie selbst davon Kenntnis besitzt.

Deren Unversehrtheit lässt also zu wünschen übrig: Sie besitzt damit den Auftrag, das zu erkennen, um als Erstes wieder zur Jungfrau Maria zu werden, um dann wiederum als Mona Lisa an der Seite ihres Liebsten zu sitzen. Und dieses Problem haben alle auf der Erde, Männlein wie Weiblein. Sie ist also keine Ausnahme.

Das heißt, daß ausgehend von ^{11}Deutschland$_{111}$ = 124 istgleich 1 + 2 + 4 = 7 in Form von ^{7}a und b_{42} = 55 respektive (124 - 1) + (55 - 1) + 1 für ein System istgleich 178 istgleich 1 + 7 + 8 = 16 istgleich 1 + 6 = 7 die Bedingung

^{21}ein Adam und eine Eva$_{147}$ = 178

istgleich 1 + 7 + 8 = 16 istgleich 1 + 6 = 7 wieder erfüllt werden soll. Letzteres ist die logische Konsequenz, da wir für ^{15}Maria Magdalena$_{100}$ = 119 über $^{1}a_{1}$ = 4, $^{1}b_{2}$ = 5, $^{1}b_{2}$ = 5 und $^{1}a_{1}$ = 4 respektive ^{7}a und b_{42} = 55 unter der Bedingung $^{11}1 = 1 = 1_{7}$ = 28 - bedingt durch (119 - 1) + (4 - 1) + (5 - 1) + (5 - 1) + (4 - 1) + (55 - 1) + (28 - 1) + 1 für ein System istgleich 214 istgleich 2 + 1 + 4 = 7 - Ersteres erhalten. Die Maria Magdalena der Gegenwart ist also eine Deutsche.

Durch die Inkarnation der ^{15}Maria Magdalena$_{100}$ = 119 und damit das, was es in der Vergangenheit gewesen ist, handelt es sich bei dieser, bedingt durch deren Reinkarnation in der Gegenwart, um eine mit Migrationshintergrund. Damit interessiert uns die ^{8}Herkunft$_{103}$ = 113 ihrer ^{6}Eltern$_{74}$ = 82. Es gilt durch $^{1}a_{1}$ = 4, $^{1}b_{2}$ = 5, $^{1}b_{2}$ = 5 und $^{1}a_{1}$ = 4 Folgendes:

^{8}Herkunft$_{103}$	=	113		113 - 1	=	112
^{6}Eltern$_{74}$	=	82		82 - 1	=	81
^{15}Maria Magdalena$_{100}$	=	119		119 - 1	=	118
					=	311

3 + 1 + 1 + 1 für ein System	=	6

istgleich

$^{1}a_{1}$	=	4		4 - 1	=	3
$^{1}b_{2}$	=	5		5 - 1	=	4
$^{1}b_{2}$	=	5		5 - 1	=	4
$^{1}a_{1}$	=	4		4 - 1	=	3
^{10}Mazedonien$_{106}$	=	118		118 - 1	=	117
					=	131

1 + 3 + 1 + 1 für ein System	=	6

Wir erhalten die Bedingung 6 = 6 in einem Gleichgewicht, welche durch 3 + 1 + 1 + 1 und 1 + 3 + 1 + 1 den beiden Zahlen 312 und 132 geschuldet ist.

Merke!

Die Herkunft der Eltern von Maria Magdalena, falls wir die Logik in der Vergangenheit in die in der Gegenwart transformieren, liegt durch a, b, b und a in Mazedonien.

Im Prinzip ist es ein' und die selbe Vorgehensweise, welche wir auch im Buch „Chaos im Paradies: Der Weg zur Klärung der Beziehungsebene über Beziehung einschließlich Lösung - Buch 1" angewandt haben. Die Frau, die in der Gegenwart, den Auftrag der Maria Magdalena besitzt, ist eine Deutsche, die das Kind mazedonischer Einwanderer ist.

In der Vergangenheit konnten wir dieser durch ihre Eltern ^{9}Jordanien$_{90}$ = 101 istgleich 1 + 0 + 1 = 2 zuordnen, das in der Gegenwart über $^{1}a_{1}$ = 4 und $^{1}b_{2}$ = 5 respektive (4 - 1) + (5 - 1) + (103 - 1) + 1 für ein System istgleich 110 istgleich 1 + 1 + 0 = 2 dem heutigen ^{10}Makedonien$_{91}$ = 103 entspricht. Die Geschichte in der Vergangenheit wiederholt sich damit in der Gegenwart: nur etwas anders. Weshalb ist das so? Wir leben in einem System, in dem die zugrundeliegenden Systemprozesse korrespondierend angelegt sind. Das heißt, daß wir das logische Äquivalent, welches es in der Vergangenheit gewesen ist, in der Gegenwart betrachten können; im Prinzip wie wir es auch bei der Erforschung geschichtlicher Abläufe handhaben.

Da man immer etwas vom Glauben abfällt, was den Wahrheitsgehalt unserer Aussagen anbelangt, werfen wir einen Blick auf den nachfolgenden Zusammenhang, da ehedem Makedonien, bekannt auch als Mazedonien, blödsinnigerweise auf ^{14}Nordmazedonien$_{157}$ = 173 getauft worden ist: Warum? Richtig, der Norden ist eine Himmelsrichtung, die nichts in der Bezeichnung eines Staates verloren hat.

^{15}Maria Magdalena$_{100}$	=	119		119 - 1	=	118
^{7}a und b$_{42}$	=	55		55 - 1	=	54
					=	172

1 + 7 + 2 + 1 für ein System	=	11	=	1 + 1	=	2

istgleich

^{14}Nordmazedonien$_{157}$	=	173		173 - 1	=	172

1 + 7 + 2 + 1 für ein System	=	11	=	1 + 1	=	2

Es gilt die Bedingung 2 = 2 in einem Gleichgewicht, die sich über 1 + 7 + 2 + 1 aus den beiden Zahlen 173 ergibt, was aber aus besagtem Grund so nicht sein sollte.

Merke!

Maria Magdalena steht in Form von a und b erst einmal für Nordmazedonien, welches als Makedonien und Mazedonien über a und über b „a und b" erfüllt.

Sowohl ^{10}Makedonien$_{91}$ = 103 als auch ^{10}Mazedonien$_{106}$ = 118 verweisen über $^{1}a_{1}$ = 4 und $^{1}b_{2}$ = 5 infolge (103 - 1) + (118 - 1) + (4 - 1) + (5 - 1) + 1 für ein System istgleich 227 istgleich 2 + 2 + 7 = 11 istgleich 1 + 1 = 2 respektive (55 - 1) + (173 - 1) + 1 für ein System istgleich 227 istgleich 2 + 2 + 7 = 11 istgleich 1 + 1 = 2 in Form von ^{7}a und b_{42} = 55 auf ^{14}Nordmazedonien$_{157}$ = 173.

Da ein Staat unter der Staatshoheit aus Zuordenbarkeitsgründen immer nur einen Namen besitzt, handelt es sich durch ^{15}Maria Magdalena$_{100}$ = 119 istgleich 1 + 1 + 9 = 11 istgleich 1 + 1 = 2 infolge $^{1}a_{1}$ = 4 und $^{1}b_{2}$ = 5 in Form von ^{7}a und b_{42} = 55 unter der Bedingung $^{11}1 = 1 = 1_{7}$ = 28 über (4 - 1) + (5 - 1) + (55 - 1) + (28 - 1) + (103 - 1) + 1 für ein System istgleich 191 istgleich 1 + 9 + 1 = 11 istgleich 1 + 1 = 2 um ^{10}Makedonien$_{91}$ = 103; die in der Gegenwart besitzt durch ihre Eltern damit einen makedonischen Migrationshintergrund und ist Deutsche.

Die ^{9}Migration$_{106}$ = 117 dieser führt uns über die ^{8}Paritaet$_{90}$ = 100 von ^{7}a und b_{42} = 55 zum nachfolgenden Zusammenhang:

^{9}Migration$_{106}$	=	117		117 - 1	=	116
^{15}Maria Magdalena$_{100}$	=	119		119 - 1	=	118
					=	234

2 + 3 + 4 + 1 für ein System	=	10	=	1 + 0	=	1

istgleich

^{8}Paritaet$_{90}$	=	100		100 - 1	=	99
^{7}a und b$_{42}$	=	55		55 - 1	=	54
^{16}Staat Makedonien$_{152}$	=	172		172 - 1	=	171
					=	324

3 + 2 + 4 + 1 für ein System	=	10	=	1 + 0	=	1

Es gilt die Bedingung 1 = 1 in einem Gleichgewicht, welche sich durch 2 + 3 + 4 + 1 und 3 + 2 + 4 + 1 aus den beiden Zahlen 235 und 325 ergibt.

Merke!

Die Migration von Maria Magdalena in der Gegenwart ist durch die Parität von a und b auf den Staat Makedonien zurückzuführen, was dafür sorgte, daß über a, b, b und a ihre Reinkarnation, ausgehend von ihrer Inkarnation, in Deutschland stattfand.

Es ist also tatsächlich so. Die ^{13}Reinkarnation$_{149}$ = 164 von ^{15}Maria Magdalena$_{100}$ = 119 hat durch deren ^{11}Inkarnation$_{126}$ = 139 über (164 - 1) + (119 - 1) + (139 - 1) + 1 für ein System istgleich 420 istgleich 4 + 2 + 0 = 6 infolge $^{1}a_{1}$ = 4, $^{1}b_{2}$ = 5, $^{1}b_{2}$ = 5 und $^{1}a_{1}$ = 4 durch (4 - 1) + (5 - 1) + (5 - 1) + (4 - 1) + (103 - 1) + (124 - 1) + 1 für ein System istgleich 240 istgleich 2 + 4 + 0 = 6, ausgehend von ^{10}Makedonien$_{91}$ = 103, in ^{11}Deutschland$_{111}$ = 124 stattgefunden.

Da wir bereits wissen, daß Jesus nach unserer heutigen Vorstellung Palästinenser gewesen ist, ist dieser durch die Reinkarnation, wenn wir Ein' und das Selbe machen wie bei Maria, logischerweise ein Deutscher in der Gegenwart; da insbesondere auf der Beziehungsebene über Beziehung die Bedingung „ein' und die selbe Nationalität" zu erfüllen ist. So, dann schauen wir uns mal an, was dieser widerfahren ist, da sie nicht ohne Grund als Hure in Form einer Hetäre bezeichnet worden ist.

Die sogenannte Maria ^{9}Magdalena$_{58}$ = 69 istgleich 6 + 9 = 15 istgleich 1 + 5 = 6 enthält in ihrem „Nachnamen" einen entscheidenden Hinweis, welcher uns zu ihrem unrechtmäßigen ^{7}Ehemann$_{60}$ = 69 istgleich 6 + 9 = 15 istgleich 1 + 5 = 6 führt; also zu dem, der es vorgibt zu sein. Ihren rechtmäßigen kennen wir als ^{14}Jesus Christus$_{191}$ = 209, der sich wie sie, ^{15}Maria Magdalena$_{100}$ = 119, über (209 - 1) + (119

- 1) + 1 für ein System istgleich 327 istgleich 3 + 2 + 7 = 12 istgleich 1 + 2 = 3 - ^{7}a und b_{42} = 55 unter der Bedingung $^{11}1 = 1 = 1_7$ = 28 geschuldet - über (69 - 1) + (55 - 1) + (28 - 1) + (124 - 1) + 1 für ein System istgleich 273 istgleich 2 + 7 + 3 = 12 istgleich 1 + 2 = 3 damit logischerweise in ^{11}Deutschland$_{111}$ = 124 befinden muss.

Vereint sind diese jedoch nicht, wie wir aus der Geschichte wissen. Er hängt symbolisch am Kreuz, er ist also in irgendeiner Form schwerstkrank in einem übertragenen Sinn, etwa Krebs, MS oder auch Leukämie, und sie macht, was sie will: vorzugsweise mit irgendwelchen Personen emsig und fleißig in's Bett gehen. Diese wunderschöne Erkenntnis verdanken wir übrigens nicht mir, sondern einem Papst. Etwaige Beschwerdebriefe gehen damit an diesen; im Zweifelsfall müsst ihr ihn ausbuddeln, da das schon ein paar Jahrhunderte her ist, als dieser lebte.

Da das ^{9}Magdalena$_{58}$ = 69 istgleich 6 + 9 = 15 istgleich 1 + 5 = 6 im Namen von Maria sich sowohl auf den ^{7}Ehemann$_{60}$ = 69 istgleich 6 + 9 = 15 istgleich 1 + 5 = 6 beziehen lässt als auch über ^{8}Nachname$_{59}$ = 69 istgleich 6 + 9 = 15 istgleich 1 + 5 = 6 auf diesen selbst, erhalten wir bedingt durch die ^{8}Paritaet$_{90}$ = 100 von ^{7}a und b_{42} = 55 den nachfolgenden Zusammenhang:

^{9}Magdalena$_{58}$	=	69		69 - 1	=	68
^{7}Ehemann$_{60}$	=	69		69 - 1	=	68
^{8}Nachname$_{59}$	=	69		69 - 1	=	68
					=	204

2 + 0 + 4 + 1 für ein System	=	7

istgleich

^{7}Vorname$_{88}$	=	97		97 - 1	=	96
^{8}Paritaet$_{90}$	=	100		100 - 1	=	99
^{7}a und b_{42}	=	55		55 - 1	=	54
					=	249

2 + 4 + 9 + 1 für ein System	=	16	=	1 + 6	=	7

Wir erhalten die Bedingung 7 = 7 in einem Gleichgewicht, welche den beiden Zahlen 205 und 250 aus 2 + 0 + 4 + 1 und 2 + 4 + 9 + 1 geschuldet ist.

Merke!

Das „Magdalena" in der Vergangenheit bezieht sich, bedingt durch die Parität von a und b in Form eines Nachnamens, korrespondierend auf den Vornamen des rechtmäßigen Ehemanns in der Gegenwart.

Da beide in der Gegenwart Deutsche sind, handelt es sich um Namen wie Andreas, Benedikt, Martin, Paul, Rüdiger oder etwa auch Thomas, die oftmals in Deutschland als Vor- und als Nachname dienen. Sie trägt den Vornamen von ihm, der zu ihr gehört, in ihrem Nachnamen. In Anbetracht des drohenden Exodusses aller Menschen, sind wir gezwungen, diesen zu ermitteln.

In der Gegenwart erklärt uns das ^{9}Magdalena$_{58}$ = 69 istgleich 6 + 9 = 15 istgleich 1 + 5 = 6 in der Maria Magdalena durch ihre Vergangenheit, woher ihr Mann kommt, von dem sie sich ehelichen ließ; gewissermaßen heute, da sich hinter Magdala ebenso ihr unrechtmäßiger ^{7}Ehemann$_{60}$ = 69 istgleich 6 + 9 = 15 istgleich 1 + 5 = 6 verbirgt, der uns im letzten Abendmahl von Leonardo da Vinci über $^{1}a_{1}$ = 4 und $^{1}b_{2}$ = 5 in Form von ^{7}a und b_{42} = 55 unter der Bedingung $^{11}1$ = 1 = 1_{7} = 28 durch (69 - 1) + (4 - 1) + (5 - 1) + (55 - 1) + (28 - 1) + 1 für ein System istgleich 157 istgleich 1 + 5 + 7 = 13 istgleich 1 + 3 = 4 als ^{14}Judas Iskariot$_{157}$ = 175 istgleich 1 + 7 + 5 = 13 istgleich 1 + 3 = 4 vorgestellt worden ist, analog Schwarz und Weiß.

Wir machen die Kurzfassung: Das ^{9}Magdalena$_{58}$ = 69 bezieht sich über ^{7}a und b_{42} = 55 durch (69 - 1) + (55 - 1) + 1 für ein System istgleich 123 istgleich 1 + 2 + 3 = 6 respektive $^{1}a_{1}$ = 4, $^{1}b_{2}$ = 5, $^{1}b_{2}$ = 5 und $^{1}a_{1}$ = 4 infolge (4 - 1) + (5 - 1) + (5 - 1) + (4 - 1) + (98 - 1) + (102 - 1) + 1 für ein System istgleich 213 istgleich 2 + 1 + 3 = 6 auf die ^{7}Tuerkei$_{89}$ = 98, insbesondere auf ^{9}Anatolien$_{91}$ = 102 istgleich 1 + 0 + 2 = 3. Der Judas Iskariot in der Vergangenheit kam durch $^{1}a_{1}$ = 4 und $^{1}b_{2}$ = 5 infolge (4 - 1) + (5 - 1) + (95 - 1) + 1 für ein System istgleich 102 istgleich 1 + 0 + 2 = 3 aus ^{7}Persien$_{86}$ = 95.

Merke!

Ihr unrechtmäßiger Ehemann (der von Maria) kommt durch Magdalena über a, b, b und a respektive a und b in der Gegenwart aus Anatolien in der Türkei, der in der Vergangenheit über a und über b aus Persien kam.

Das heißt, daß die Reinkarnation der Maria Magdalena, ausgehend von deren Inkarnation, sich in der Gegenwart, statt mit ihrem deutschen Ehemann abzuhängen, wider der Bedingung „ein' und die selbe Nationalität", mit einem Anatolier vergnügt.

Warum ist das so? Wir erhalten für ^{5}Jesus$_{74}$ = 81 und ^{5}Maria$_{42}$ = 49 über ^{1}a$_{1}$ = 4, ^{1}b$_{2}$ = 5, ^{1}b$_{2}$ = 5 und ^{1}a$_{1}$ = 4 in Form von ^{7}a und b$_{42}$ = 55 den nachfolgenden Zusammenhang:

^{5}Jesus$_{74}$	=	81		81 - 1	=	80
^{5}Maria$_{42}$	=	49		49 - 1	=	48
^{7}a und b$_{42}$	=	55		55 - 1	=	54
					=	182

1 + 8 + 2 + 1 für ein System	=	12	=	1 + 2	=	3

istgleich

^{1}a$_{1}$	=	4		4 - 1	=	3
^{1}b$_{2}$	=	5		5 - 1	=	4
^{1}b$_{2}$	=	5		5 - 1	=	4
^{1}a$_{1}$	=	4		4 - 1	=	3
^{31}Die Geschichte wiederholt sich.$_{264}$	=	304		304 - 1	=	303
					=	317

3 + 1 + 7 + 1 für ein System	=	12	=	1 + 2	=	3

Es gilt die Bedingung 3 = 3 in einem Gleichgewicht, da sich aus 1 + 8 + 2 + 1 und 3 + 1 + 7 + 1 die beiden Zahlen 183 und 318 ergeben.

Merke!

Die Geschichte von Jesus und Maria in der Vergangenheit wiederholt sich durch a, b, b und a in Form von a und b in der Gegenwart.

Die, die in Deutschland den Auftrag der Maria besitzt, hat also in ihrem jetzigen Leben ein' und die selben Fehler gemacht wie er, nur anders, denn das Problem ist ja nachwievor nicht behoben worden.

Allein vor diesem Hintergrund verbietet es sich, daß man beispielsweise in irgendeine Kirche rammelt und dort sein Leid beklagt, da beide mit sich genug zu tun haben. Bei dir ist das natürlich alles ganz anders, denn du trabst wahrscheinlich ebenso bei einem Patienten auf der ITS an, analog Jesus, um ihm deinen selbstverursachten Mist auf den Tisch zu hauen, den du prinzipiell auch eigenverantwortlich wegbringen könntest. Das ist eine Geschichte, aus der du etwas lernen solltest. Und kein hinreichender Grund dafür, seinen eigenen Scheißdreck nicht auch selbst regeln zu können. Daß sich ausgerechnet jetzt das Szenario wiederholt, hat die Menschheit verursacht - und damit auch du! Du hast also das gleiche Problem, ob erst in diesem Leben oder bereits in einem zuvor, ist dabei vollkommen unerheblich. Es müsste aber, falls du leben willst, geregelt werden: also dein Beziehungschaos.

Da wir wissen, daß in einem Gleichgewicht jedem Adam und jeder Eva zwei Kinder zustehen, werfen wir noch kurz einen Blick auf den nachfolgenden Zusammenhang, der es durch ^{7}a und b$_{42}$ = 55 ist:

^{5}Jesus$_{74}$	=	81		81 - 1	=	80
^{5}Maria$_{42}$	=	49		49 - 1	=	48
					=	128

1 + 2 + 8 + 1 für ein System = 12 = 1 + 2 = 3

istgleich

^{7}a und b$_{42}$	=	55		55 - 1	=	54
^{8}2 Kinder$_{63}$	=	75		75 - 1	=	74
					=	128

1 + 2 + 8 + 1 für ein System = 12 = 1 + 2 = 3

Wir haben die Bedingung 3 = 3 in einem Gleichgewicht vorliegen, die jeweils durch 1 + 2 + 8 + 1 den beiden Zahlen 129 geschuldet ist.

Merke!

Jesus und Maria haben bedingt durch die Logik in der Vergangenheit in Form von a und b in der Gegenwart 2 Kinder.

Das Problem hier wird sein, daß er von seinem Glück soeben erfährt, sie aber zusammen mit dem Anatolier diese bereits auf der Erde abgesetzt hat. Sie hat ihm, Jesus, seine eigenen Kinder vorenthalten: Es handelt sich um ein Mädchen und einen Jungen in einem Gleichgewicht. Das hatten wir bereits erörtert, warum das so ist.

So, wir fassen mal zusammen, was wir bisher haben: Die Maria Magdalena in der Gegenwart ist Deutsche, ihre Eltern kommen aus Makedonien. Diese hat einen Anatolier geheiratet, der respektive der allgemeingültigen Bedingung „ein' und die selbe Nationalität" nicht zu ihr gehört. Aus dieser Liaison gingen zwei Kinder hervor, welche Bruder und Schwester sind. Hingegen gehört ein Deutscher zu ihr, der die Rolle des Jesus Christus innehat. Der Anatolier hatte eines Tages festgestellt, daß das mit einer Frau ganz allein nicht so das Wahre ist, und sein Spektrum ergänzt, sie ebenso. Seiner Nationalität geschuldet war er zu dieser Zeit, wenn wir etwa 30 Jahre zurückdenken, damit erpressbar. Wir wissen, daß es, was das besagte „Thema" anbelangt, vielerorts Komplikationen gegeben hat und nachwievor gibt, die generell berechtigt sind, da es sich dabei um das Ausleben einer Krankheit handelt. Das hatten wir bereits bewiesen, daß das so ist. Was man aber anders regeln sollte, denn wo kommen wir hin, wenn wir bedingt durch eine Diagnose zu Verfolgten auf unserer Erde werden? Das ging auch in diesem Fall nicht an, was aber gemacht worden ist, wie man uns im letzten Abendmahl wissen lässt. Damit befand man sich in einer etwas prekären Situation, die aber in keiner Weise rechtfertigt, was sich daran anschloss.

Die große Frage ist, was Maria Magdalena ab da an widerfuhr, was bei ihr in der Endkonsequenz dazu führte, daß für sie neben der Konstellation „Mann und Frau" die von „Frau und Frau" in ihrem Leben auf ihrer Beziehungsebene auch maßgeblich wurde. Ersteres erklärt sich durch $^1a_1 = 4$, $^1b_2 = 5$, $^1b_2 = 5$ und $^1a_1 = 4$ in Form von ^7a und $b_{42} = 55$ infolge $^7a \neq b_6 = 19$ und $^7b \neq a_6 = 19$; es gilt Folgendes:

^{15}Maria Magdalena$_{100}$	=	119		119 - 1	=	118

1 + 1 + 8 + 1 für ein System	=	11	=	1 + 1	=	2

istgleich

$^{1}a_{1}$	=	4		4 - 1	=	3
$^{1}b_{2}$	=	5		5 - 1	=	4
$^{1}b_{2}$	=	5		5 - 1	=	4
$^{1}a_{1}$	=	4		4 - 1	=	3
^{7}a und b_{42}	=	55		55 - 1	=	54
$^{7}a \neq b_{6}$	=	19		19 - 1	=	18
$^{7}b \neq a_{6}$	=	19		19 - 1	=	18
$^{2}bi_{11}$	=	15		15 - 1	=	14
					=	118

1 + 1 + 8 + 1 für ein System = 11 = 1 + 1 = 2

Wir haben in einem Gleichgewicht jeweils über 1 + 1 + 8 + 1 die Bedingung 2 = 2 in Form der beiden Zahlen 119 vorliegen.

Merke!

Die Maria Magdalena in der Gegenwart wurde über a, b, b und a in Form von a und b infolge a ≠ b und b ≠ a „bi".

Es gibt damit mehrere Aspekte, weshalb diese von Jesus Christus an der Tafel wegsieht, was es herauszufinden gilt. Schön, wird es jedenfalls nicht.

Da dem Judas Iskariot die Graukappe Petrus mit weißem Haar auf der Pelle hängt - wodurch Ersterer näher beschrieben wird, wird der Anatolier, der hier eine gänzlich falsche Rolle im Leben eingenommen hat: wesentlich älter als die Reinkarnation der Maria Magdalena in Deutschland sein. Diese hat sich also von einer Mumie bespaßen lassen. Der übliche Beweggrund einer erheblich jüngeren Frau wird durch Leonardo da Vinci in Form des Klingelbeutels dargestellt. Der Judas Iskariot wird damit an der Tafel als alter Drecksack gelistet, der Kohle hat. Durch den Kulturkreis, dem er entstammt, müssen Kinder her, was dieser mit Maria Magdalena in die Tat umsetzt. Im Ergebnis wird sie dadurch ebenfalls erpressbar. Warum? Übliche Praxis: Kinder machen, ab in die Heimat und mitnehmen, wenn man keinen Bock mehr hat; also unser anatolischer Kumpel. Andere Nationalitäten beherrschen das auch wunderbar. Insofern bestand im Fall einer Trennung diesbezüglich immer Gefahr im Verzug, und für die eigenen Kinder nehmen Mütter in der Regel sehr vieles auf sich, bis hin zur eigenen Selbstaufgabe.

Damit kommen wir zum ^{14}Apostel Petrus$_{187}$ = 205, der das ^{6}Messer$_{79}$ = 87 hinter dem Rücken wetzt. Ersterer steht der ^{11}Bezeichnung$_{114}$ = 127 nach über $^{1}a_{1}$ = 4 und $^{1}b_{2}$ = 5 in Form von ^{7}a und b$_{42}$ = 55 durch $^{7}a \neq b_{6}$ = 19 und $^{7}b \neq a_{6}$ = 19 für Folgendes:

^{14}Apostel Petrus$_{187}$	=	205		205 - 1	=	204
^{6}Messer$_{79}$	=	87		87 - 1	=	86
$^{1}a_{1}$	=	4		4 - 1	=	3
$^{1}b_{2}$	=	5		5 - 1	=	4
^{7}a und b$_{42}$	=	55		55 - 1	=	54
$^{7}a \neq b_{6}$	=	19		19 - 1	=	18
$^{7}b \neq a_{6}$	=	19		19 - 1	=	18
					=	387

3 + 8 + 7 + 1 für ein System	=	19	=	1 + 9	=	10
			=	1 + 0	=	1

istgleich

^{11}Bezeichnung$_{114}$	=	127		127 - 1	=	126
^{11}Nebenbuhler$_{106}$	=	119		119 - 1	=	118
^{13}Nebenbuhlerin$_{129}$	=	144		144 - 1	=	143
					=	387

3 + 8 + 7 + 1 für ein System	=	19	=	1 + 9	=	10
			=	1 + 0	=	1

Wir erhalten aus 3 + 8 + 7 + 1 in einem Gleichgewicht durch die beiden Zahlen 388 die Bedingung 1 = 1.

Merke!

Der Apostel Petrus mit Messer steht über a und über b durch a und b infolge $a \neq b$ und $b \neq a$ der Bezeichnung nach für den Nebenbuhler und die Nebenbuhlerin.

Das heißt, daß die „Maria" in der Gegenwart wie in der Vergangenheit neben ihrem angeblichen Ehemann, der auch auf die Konstellation „Mann und Mann" abstellt, sowohl mit Frauen als auch mit Männern in ihrem Leben zugange gewesen ist.

Da „Maria" später die Konstellation „Frau und Frau" präferiert, was die Nebenbuhlerin mit sich bringt, verweist der ^{13}Klingelbeutel$_{135}$ = 150 des Judas Iskariot darauf, daß Erstere, um de facto dessen eigenes Geschäft zu beleben, sporadisch mit einem Nebenbuhler in's Bett geht: da sie von dessen Geschäft in der Gegenwart wie in der Vergangenheit von dem des Judas Iskariot als Magdalena profitiert. Aus ^{7}a und b$_{42}$ = 55 erhalten wir unter der Bedingung $^{11}1 = 1 = 1_7$ = 28 Folgendes, was uns verrät, wodurch sich dieser unter anderem füllt:

^{13}Klingelbeutel$_{135}$	=	150		150 - 1	=	149
^{7}a und b$_{42}$	=	55		55 - 1	=	54
$^{11}1 = 1 = 1_7$	=	28		28 - 1	=	27
					=	230

2 + 3 + 0 + 1 für ein System	=	6

istgleich

^{10}Intimitaet$_{120}$	=	132		132 - 1	=	131

1 + 3 + 1 + 1 für ein System	=	6

Es gilt die Bedingung 6 = 6 in einem Gleichgewicht, welche sich durch 2 + 3 + 0 + 1 und 1 + 3 + 1 + 1 aus den beiden Zahlen 231 und 132 ergibt. Infolge $^{1}a_1 = 4$ und $^{1}b_2 = 5$ handelt es sich in Form von ^{7}a und b$_{42}$ = 55 - bedingt durch (4 - 1) + (5 - 1) + (55 - 1) + (170 - 1) + 1 für ein System istgleich 231 istgleich 2 + 3 + 1 = 6 - um eine ^{13}Krankheitsart$_{155}$ = 170.

Merke!

Der Klingelbeutel des Judas Iskariot ist über a und b unter der Bedingung 1 = 1 = 1 unter anderem das Ergebnis der Intimität mit Maria Magdalena.

Man betreibt also keinen Begleitservice oder etwa ein Bordell, sondern „Maria" geht von Geschäftswegen mit den „Geschäftspartnern ihres unrechtmäßigen Ehemanns" hinter den Kulissen gewerbsmäßig in's Bett. Nur so am Rand bemerkt: Über etwaige Krankheitsarten sollte man sich generell nicht belustigen.

Der ^{14}Judas Iskariot$_{157}$ = 175 tritt als ihr unrechtmäßiger Ehemann damit über $^{1}a_{1}$ = 4 und $^{1}b_{2}$ = 5 infolge $^{7}a \neq b_{6}$ = 19 und $^{7}b \neq a_{6}$ = 19 unter der Bedingung $^{11}1 = 1 = 1_{7}$ = 28 gewissermaßen als ihr ^{9}Zuhaelter$_{116}$ = 127 auf. Es gilt Folgendes:

^{14}Judas Iskariot$_{157}$	=	175		175 - 1	=	174
$^{1}a_{1}$	=	4		4 - 1	=	3
$^{1}b_{2}$	=	5		5 - 1	=	4
$^{7}a \neq b_{6}$	=	19		19 - 1	=	18
$^{7}b \neq a_{6}$	=	19		19 - 1	=	18
$^{11}1 = 1 = 1_{7}$	=	28		28 - 1	=	27
					=	244

2 + 4 + 4 + 1 für ein System	=	11	=	1 + 1	=	2

istgleich

^{9}Zuhaelter$_{116}$	=	127		127 - 1	=	126
^{15}Maria Magdalena$_{100}$	=	119		119 - 1	=	118
					=	244

2 + 4 + 4 + 1 für ein System	=	11	=	1 + 1	=	2

Es gilt die Bedingung 2 = 2 in einem Gleichgewicht, die jeweils über 2 + 4 + 4 + 1 den beiden Zahlen 245 geschuldet ist.

Merke!

Der Judas Iskariot ist über a und über b infolge a ≠ b und b ≠ a unter der Bedingung 1 = 1 = 1 gewissermaßen der Zuhälter von Maria Magdalena.

Insofern handelt es sich bei der Ehe des ^{14}Judas Iskariot$_{157}$ = 175 mit ^{15}Maria Magdalena$_{100}$ = 119 um eine ^{9}Scheinehe$_{76}$ = 87, die durch (175 - 1) + (119 - 1) + (87 - 1) + 1 für ein System istgleich 379 istgleich 3 + 7 + 9 = 19 istgleich 1 + 9 = 10 istgleich 1 + 0 = 1 in Form einer ^{17}Zweckgemeinschaft$_{178}$ = 197 über (197 - 1) + (201 - 1) + 1 für ein System istgleich 397 istgleich 3 + 9 + 7 = 19 istgleich 1 + 9 = 10 istgleich 1 + 0 = 1 auf einer ^{15}Zweckverbindung$_{184}$ = 201 beruht.

Das ^{5}Motiv$_{79}$ = 86 beziehungsweise der ^{10}Beweggrund$_{106}$ = 118 für das diesbezügliche Handeln von ^{15}Maria Magdalena$_{100}$ = 119, also daß sie es zugelassen hat, ergibt sich aus Folgendem: der uns ihre „Hölle" offenbart, in der sie sich in der Vergangenheit befunden hat und in der Gegenwart immer noch befindet.

^{5}Motiv$_{79}$	=	86		86 - 1	=	85
^{10}Beweggrund$_{106}$	=	118		118 - 1	=	117
^{15}Maria Magdalena$_{100}$	=	119		119 - 1	=	118
					=	320

3 + 2 + 0 + 1 für ein System	=	6

istgleich

^{17}Schutz der Kinder$_{185}$	=	208		208 - 1	=	207
^{1}a$_{1}$	=	4		4 - 1	=	3
^{1}b$_{2}$	=	5		5 - 1	=	4
^{1}b$_{2}$	=	5		5 - 1	=	4
^{1}a$_{1}$	=	4		4 - 1	=	3
^{7}a und b$_{42}$	=	55		55 - 1	=	54
^{7}a ≠ b$_{6}$	=	19		19 - 1	=	18
^{7}b ≠ a$_{6}$	=	19		19 - 1	=	18
					=	311

3 + 1 + 1 + 1 für ein System	=	6

Respektive 3 + 2 + 0 + 1 und 3 + 1 + 1 + 1 liegt durch die Zahlen 321 und 312 in einem Gleichgewicht die Bedingung 6 = 6 vor.

Merke!

Der Beweggrund von Maria Magdalena ist durch das Motiv dahinter über a, b, b und a in Form von a und b infolge a ≠ b und b ≠ a der Schutz der eigenen Kinder.

Letzteres begründet unter anderem, warum sie heute noch geehelicht sein wird. Insofern wird die Facette der Ehe in der Außenwirkung aufrechterhalten, auf daß hinter den Kulissen ihr unrechtmäßiger Ehemann ihre Intimität an andere weiterhin ungestört verkaufen kann. Das Druckmittel sind also die Kinder.

In einem übertragenen Sinn handelt der ^{22}Apostel Judas Iskariot$_{245}$ = 273 respektive ^{4}Name$_{33}$ = 39 über $^{1}a_{1}$ = 4 und $^{1}b_{2}$ = 5 - bedingt durch deren ^{8}Paritaet$_{90}$ = 100 - schlußendlich über (205 - 1) + (4 - 1) + (5 - 1) + (100 - 1) + 1 für ein System istgleich 311 istgleich 3 + 1 + 1 = 5 respektive (39 - 1) + (273 - 1) + 1 für ein System istgleich 311 istgleich 3 + 1 + 1 = 5 im Namen des Apostels Petrus, der als ^{14}Apostel Petrus$_{187}$ = 205 den Nebenbuhler und die Nebenbuhlerin abgibt.

Merke!

Der Apostel Judas Iskariot handelt durch a und durch b respektive deren Parität im Namen des Apostels Petrus; der über a und b infolge a ≠ b und b ≠ a ein Begehren hat, was bedingt durch das Messer in seiner Hand hinter dem Rücken zum Ausdruck gebracht wird und somit dessen Lust verkörpert.

Das symbolische ^{6}Messer$_{79}$ = 87 des Petrus steht damit für dessen ^{4}Lust$_{72}$ = 78, was durch (87 - 1) + (78 - 1) + 1 für ein System istgleich 164 istgleich 1 + 6 + 4 = 11 istgleich 1 + 1 = 2 in Form von ^{7}a und b_{42} = 55 infolge $^{7}a \neq b_{6}$ = 19 und $^{7}b \neq a_{6}$ = 19 über (55 - 1) + (19 - 1) + (19 - 1) + (74 - 1) + 1 für ein System istgleich 164 istgleich 1 + 6 + 4 = 11 istgleich 1 + 1 = 2 sein ^{8}Begehren$_{64}$ = 74 ausdrückt.

Die „Maria" in der Gegenwart wird also wie die in der Vergangenheit missbraucht. Damit geht es um Vergewaltigung, die angetrieben von ihrem unrechtmäßigen Ehemann von dessen Geschäftspartnern ausgeübt wird. Die „Maria" ist ein Missbrauchsopfer, das sich unter Umständen in die Beziehung „Frau und Frau" geflüchtet haben könnte. Das heißt, daß Erstere in einem ersten Anlauf auf die Beziehung „Mann und Frau" reflektiert hat, aber durch den Missbrauch innerhalb dieser, der auf das intime Benutztwerden im Rahmen eines Geschäftsmodells zurückzuführen ist, bei der von „Frau und Frau" gelandet ist. Der Zwang, der von Judas Iskariot ausgeübt wird, erfolgt damit durch den ^{13}Klingelbeutel$_{135}$ = 150. Die Frage ist, wo der Ursprung dafür liegt: Ob am Anfang ihres Lebens etwas in diese Richtung vorgefallen ist, was das heutige Geschäftsmodell überhaupt erst ermöglicht hat.

Damit existiert eine materielle Abhängigkeit vom Judas Iskariot, wo sich aber die Frage stellt, wessen Klingelbeutel es ist. Da dieser abgewandt von jener an der Tafel sitzt, verbirgt sich hinter diesem ein Apostel, welchen es zu entlarven gilt. Wir erhalten aus $^{1}a_{1} = 4$ und $^{1}b_{2} = 5$ infolge $^{7}a \neq b_{6} = 19$ und $^{7}b \neq a_{6} = 19$ den nachfolgenden Zusammenhang, der uns Aufschluß darüber gibt:

^{22}Apostel Judas Iskariot$_{245}$	=	273		273 - 1	=	272

2 + 7 + 2 + 1 für ein System	=	12	=	1 + 2	=	3

istgleich

^{13}Klingelbeutel$_{135}$	=	150		150 - 1	=	149
$^{1}a_{1}$	=	4		4 - 1	=	3
$^{1}b_{2}$	=	5		5 - 1	=	4
$^{7}a \neq b_{6}$	=	19		19 - 1	=	18
$^{7}b \neq a_{6}$	=	19		19 - 1	=	18
^{19}der lachende Dritte$_{155}$	=	180		180 - 1	=	179
					=	371

3 + 7 + 1 + 1 für ein System	=	12	=	1 + 2	=	3

Wir erhalten die Bedingung 3 = 3 in einem Gleichgewicht, die durch 2 + 7 + 2 + 1 und 3 + 7 + 1 + 1 in Form der beiden Zahlen 273 und 372 vorliegt.

Merke!

Hinter dem Klingelbeutel des Apostels Judas Iskariot verbirgt sich über a und über b infolge a ≠ b und b ≠ a „der lachende Dritte": welcher respektive a und respektive b korrespondierend als Nebenbuhler für sich die Liebesdienste von Maria Magdalena in Anspruch nimmt.

Der ^{13}Klingelbeutel$_{135}$ = 150 istgleich 1 + 5 + 0 = 6 ist über $^{1}a_{1}$ = 4 und $^{1}b_{2}$ = 5 infolge (4 - 1) + (5 - 1) + (143 - 1) + 1 für ein System istgleich 150 istgleich 1 + 5 + 0 = 6 das Ergebnis der ^{13}Liebesdienste$_{128}$ = 143 von Maria Magdalena.

Der ^{13}Klingelbeutel$_{135}$ = 150 verweist des Weiteren über $^{1}a_{1}$ = 4 und $^{1}b_{2}$ = 5 infolge $^{7}a \neq b_{6}$ = 19 und $^{7}b \neq a_{6}$ = 19 auf den nachfolgenden Zusammenhang:

^{13}Klingelbeutel$_{135}$	=	150		150 - 1	=	149

1 + 4 + 9 + 1 für ein System	=	15	=	1 + 5	=	6

istgleich

$^{1}a_{1}$	=	4		4 - 1	=	3
$^{1}b_{2}$	=	5		5 - 1	=	4
$^{7}a \neq b_{6}$	=	19		19 - 1	=	18
$^{7}b \neq a_{6}$	=	19		19 - 1	=	18
^{6}Petrus$_{99}$	=	107		107 - 1	=	106
					=	149

1 + 4 + 9 + 1 für ein System	=	15	=	1 + 5	=	6

Es gilt die Bedingung 6 = 6 in einem Gleichgewicht, die jeweils durch 1 + 4 + 9 + 1 in Form der beiden Zahlen 150 vorliegt.

Merke!

Der Klingelbeutel des Judas Iskariot wird für ihre Liebesdienste, die von Maria Magdalena, über a und über b infolge $a \neq b$ und $b \neq a$ durch Petrus gefüllt.

Der lachende Dritte in Form des Petrus sitzt als Liebhaber mit an der Tafel, was später dazu führt, daß der Missbrauch dieser, sie das Ufer wechseln läßt, auf daß noch etliche Liebhaberinnen hinzukamen. Da der Petrus weißes Haar trägt, sind es ältere Männer, mit denen diese zugange ist.

^{13}Klingelbeutel$_{135}$	=	150		150 - 1	=	149
^{13}Liebesdienste$_{128}$	=	143		143 - 1	=	142
					=	291

2 + 9 + 1 + 1 für ein System	=	13	=	1 + 3	=	4

istgleich

^{8}Blutgeld$_{83}$	=	93		93 - 1	=	92
^{15}Maria Magdalena$_{100}$	=	119		119 - 1	=	118
^{7}a und b$_{42}$	=	55		55 - 1	=	54
$^{11}1 = 1 = 1_{7}$	=	28		28 - 1	=	27
					=	291

2 + 9 + 1 + 1 für ein System	=	13	=	1 + 3	=	4

Es gilt die Bedingung 4 = 4 in einem Gleichgewicht, die jeweils durch 2 + 9 + 1 + 1 den beiden Zahlen 292 geschuldet ist.

Merke!

Der Klingelbeutel steht durch die Liebesdienste der Maria Magdalena in Form von a und b unter der Bedingung 1 = 1 = 1 für deren Blutgeld, das über a und über b das Wartgeld ist.

Das ^{8}Blutgeld$_{83}$ = 93 wird über $^{1}a_{1}$ = 4 und $^{1}b_{2}$ = 5 - bedingt durch (93 - 1) + (4 - 1) + (5 - 1) + 1 für ein System istgleich 100 istgleich 1 + 0 + 0 = 1 - in der Geschichte Jesu Christi auch als sogenanntes ^{8}Wartgeld$_{90}$ = 100 istgleich 1 + 0 + 0 = 1 bezeichnet. Es geht also darum, daß es eine Person bei anderen aushält. Sie wartet in einem übertragenen Sinn, bis es vorüber ist; in diesem Fall die Liebesdienste.

In der Geschichte Jesu Christi begegnet uns dieses - bedingt durch die ^{7}Hetaere$_{62}$ = 71 ^{15}Maria Magdalena$_{100}$ = 119 - über $^{1}a_{1}$ = 4 und $^{1}b_{2}$ = 5 in Form des nachfolgenden Zusammenhangs:

^{7}Hetaere$_{62}$	=	71		71 - 1	=	70
^{15}Maria Magdalena$_{100}$	=	119		119 - 1	=	118
^{1}a$_{1}$	=	4		4 - 1	=	3
^{1}b$_{2}$	=	5		5 - 1	=	4
^{7}a und b$_{42}$	=	55		55 - 1	=	54
^{7}a ≠ b$_{6}$	=	19		19 - 1	=	18
^{7}b ≠ a$_{6}$	=	19		19 - 1	=	18
^{11}1 = 1 = 1$_{7}$	=	28		28 - 1	=	27
					=	312

3 + 1 + 2 + 1 für ein System	=	7

istgleich

^{14}30 Silberlinge$_{115}$	=	133		133 - 1	=	132

1 + 3 + 2 + 1 für ein System	=	7

Wir erhalten die Bedingung 7 = 7 in einem Gleichgewicht, die sich durch 3 + 1 + 2 + 1 und 1 + 3 + 2 + 1 aus den beiden Zahlen 313 und 133 ergibt.

Merke!

Die 30 Silberlinge gehören durch a und durch b in Form von a und b infolge a ≠ b und b ≠ a unter der Bedingung 1 = 1 = 1 der Hetäre Maria Magdalena.

Die Zahl ^{2}30$_{3}$ = 7 bestätigt in Form von ^{7}a und b$_{42}$ = 55 infolge ^{7}a ≠ b$_{6}$ = 19 und ^{7}b ≠ a$_{6}$ = 19 über (7 - 1) + (55 - 1) + (19 - 1) + (19 - 1) + 1 für ein System istgleich 97 istgleich 9 + 7 = 16 istgleich 1 + 6 = 7, daß sie, was das Thema anbelangt, als ^{7}Sklavin$_{88}$ = 97 istgleich 9 + 7 = 16 istgleich 1 + 6 = 7 behandelt worden ist und nachwievor wird.

Der ^{14}Apostel Petrus$_{187}$ = 205 istgleich 2 + 0 + 5 = 7 tritt damit durch ^{4}Name$_{33}$ = 39 über (205 - 1) + (39 - 1) + 1 für ein System istgleich 243 istgleich 2 + 4 + 3

= 9 in Form von ^{7}a und b_{42} = 55 - bedingt durch (55 - 1) + (180 - 1) + 1 für ein System istgleich 234 istgleich 2 + 3 + 4 = 9 - namentlich als

^{19}der lachende Dritte$_{155}$ = 180

in Erscheinung, der es respektive (132 - 1) + (119 - 1) + 1 für ein System istgleich 250 istgleich 2 + 5 + 0 = 7 auf die gekaufte ^{10}Intimitaet$_{120}$ = 132 mit ^{15}Maria Magdalena$_{100}$ = 119 abgesehen hat.

Was beide, ^{14}Judas Iskariot$_{157}$ = 175 und ^{6}Petrus$_{99}$ = 107, zusammen als Stellvertreter und Vertreter für alle Liebhaber (nebst allen Liebhaberinnen) von Maria Magdalena dabei nicht bedenken, ist, daß sie dadurch über $^{1}a_{1} = 4$, $^{1}b_{2} = 5$, $^{1}b_{2} = 5$ und $^{1}a_{1} = 4$ infolge $^{7}a \neq b_{6} = 19$ und $^{7}b \neq a_{6} = 19$ - bedingt durch (175 - 1) + (107 - 1) + (4 - 1) + (5 - 1) + (5 - 1) + (4 - 1) + (19 - 1) + (19 - 1) + 1 für ein System istgleich 331 istgleich 3 + 3 + 1 = 7 - bereits alle ihre eigene ^{10}Apokalypse$_{121}$ = 133 istgleich 1 + 3 + 3 = 7 eingeläutet haben.

Merke!

Judas Iskariot und Petrus (die stellvertretend und vertretend für alle Liebhaber von Maria Magdalena in ihrem Leben in Erscheinung traten nebst aller Liebhaberinnen) haben über a, b, b und a durch $a \neq b$ und $b \neq a$ ihre eigene Apokalypse selbst ausgelöst. Was durch ihr Machwerk über a, b, b und a unter der Bedingung 1 = 1 = 1, begründet durch den Missbrauch von Maria Magdalena, die man zur Hetäre machte, bedingt durch die Parität von a und b unter der Bedingung 1 = 1 = 1, in deren Systemtod endet.

Deren ^{8}Machwerk$_{82}$ = 92 wird durch $^{1}a_{1} = 4$, $^{1}b_{2} = 5$, $^{1}b_{2} = 5$ und $^{1}a_{1} = 4$ unter der Bedingung $^{11}1 = 1 = 1_{7} = 28$ über (92 - 1) + (4 - 1) + (5 - 1) + (5 - 1) + (4 - 1) + (28 - 1) + 1 für ein System istgleich 133 istgleich 1 + 3 + 3 = 7 durch den ^{10}Missbrauch$_{113}$ = 125 der ^{7}Hetaere$_{62}$ = 71 ^{15}Maria Magdalena$_{100}$ = 119 über (125 - 1) + (71 - 1) + (119 - 1) + 1 für ein System istgleich 313 istgleich 3 + 1 + 3 = 7 respektive der ^{8}Paritaet$_{90}$ = 100 von ^{7}a und b_{42} = 55 unter der Bedingung $^{11}1 = 1 = 1_{7} = 28$ durch (100 - 1) + (55 - 1) + (28 - 1) + (151 - 1) + 1 für ein System istgleich 331 istgleich 3 + 3 + 1 = 7 mit dem ^{9}Systemtod$_{140}$ = 151 aller geahndet.

Das letzte Abendmahl von Leonardo da Vinci hält uns also nicht nur unser Treiben auf unserer Beziehungsebene im Rahmen von Beziehung vor Augen, sondern weist uns auch unmissverständlich darauf hin, welche Konsequenzen das haben kann. Da man nunmehr seit mehreren hundert Jahren sämtliche Warnungen diesbezüglich in den Wind schlägt, ist durch den Prozess der Apokalypse die Messe gelesen.

Auch ganz unabhängig davon, daß die Reinkarnation der Maria Magdalena in der Gegenwart - deren Inkarnation in der Vergangenheit geschuldet - keine andere ist, als die Frau des Schöpfers (den man Enki (= En-ki) nennt): der uns in Form des Jesus Christus als Messias sowohl als Luzifer als auch als der Schöpfer selbst begegnet. Welche sich damit allesamt an der Krankheit seiner Frau in diesem Leben gelabt haben, anstatt Hilfe zu leisten.

Insofern erhalten wir bedingt durch die ^{10}Apokalypse$_{121}$ = 133 istgleich 1 + 3 + 3 = 7 aus $^{1}a_{1} = 4$ und $^{1}b_{2} = 5$ unter der Bedingung $^{11}1 = 1 = 1_{7} = 28$ durch (4 - 1) + (5 - 1) + (28 - 1) + (279 - 1) + 1 für ein System istgleich 313 istgleich 3 + 1 + 3 = 7 die Aussage ^{28}Das Schicksal ist besiegelt.$_{242}$ = 279, die durch die ^{7}Schwere$_{81}$ = 90 des Delikts (= ^{6}Delikt$_{61}$ = 69) als ^{7}Ursache$_{75}$ = 84 in Form von ^{7}a und $b_{42} = 55$ infolge $^{7}a \neq b_{6} = 19$ und $^{7}b \neq a_{6} = 19$ respektive (90 - 1) + (69 - 1) + (84 - 11) + (55 - 1) + (19 - 1) + (19 - 1) + 1 für ein System istgleich 331 istgleich 3 + 3 + 1 = 7 unabänderlich ist.

Merke!

Die Apokalypse zieht unweigerlich nach sich, daß die Schwere eines Delikts ursächlich in Form von a und b infolge $a \neq b$ und $b \neq a$ dafür sorgt, daß durch a und durch b unter der Bedingung 1 = 1 = 1 das Schicksal besiegelt ist. Man gräbt sich über a und über b durch die Parität von a und b respektive $a \neq b$ und $b \neq a$ unter der Bedingung 1 = 1 = 1 das eigene Grab.

Man hat sich, wenn man so will, damit über $^{1}a_{1} = 4$ und $^{1}b_{2} = 5$ durch die ^{8}Paritaet$_{90}$ = 100 von ^{7}a und $b_{42} = 55$ infolge $^{7}a \neq b_{6} = 19$ und $^{7}b \neq a_{6} = 19$ unter der Bedingung $^{11}1 = 1 = 1_{7} = 28$ über (4 - 1) + (5 - 1) + (100 - 1) + (55 - 1) + (19 - 1) + (19 - 1) + (28 - 1) + (108 - 1) + 1 für ein System istgleich 331 istgleich 3 + 3 + 1 = 7 sein ^{12}eigenes Grab$_{92}$ = 108 geschaufelt.

Alle unrechtmäßigen Liebhaber von Maria Magdalena nebst aller Liebhaberinnen sind damit gezwungen, die Tafel während der Apokalypse zu verlassen, was sämtliche Zeugnisse dafür einschließt, wo sie etwa auf Bildern, Photos oder auch in Filmen zu sehen ist. Letzteres ist allein dem geschuldet, daß man sein diesbezügliches Handeln und Tun während des Missbrauchs auch festgehalten haben wird. Es ist ja mittlerweile eine übliche Praxis, daß man allerorts Männer und Frauen ebenso in Aktion bewundern kann.

Da man sinnbildlich die Hölle über dieser errichtet hat, wird deren Systemaustritt wohl durch Feuer realisiert werden. Obwohl hier ein immenses Verbrechen stattgefunden hat, gedenken wir derer, die es betrifft. Ich nehme vorweg: Es betrifft insgesamt 3909 unter uns zuzüglich aller, die daran beteiligt gewesen sind. Wir und alle anderen, sind uns nicht bewusst, welches Ausmaß das Urteil für unser Handeln und Tun auf unserer Erde systembedingt annimmt. Wir schlagen, bevor wir mit unserer Erörterung fortfahren, unser Buch zu und legen wider allem, was vorgefallen ist, eine Schweigeminute für diese ein. Zu retten, auch wenn wir es wollten, ist von ihnen außer Maria Magdalena und ihren beiden Kindern keiner. Vorausgesetzt, daß sie es selbst überhaupt zulässt.

So, wir sind wieder da und können weitermachen. Das, was wir eventuell daraus für uns mitnehmen können, ist, daß jeder seine Strafe erhält. Was Maria Magdalena und ihre Kinder anbelangt, sind sie natürlich nicht aus dem Schneider. Begründung: Was es einstmals gewesen ist, findet bis heute immer noch statt und hat keine Besserung durch diese erfahren. Die für ein diesbezügliches Verständnis dazugehörigen Geschichten sind allesamt niedergeschrieben worden, bekannt auch als Altes Testament und als Neues Testament; und damit sprechen wir von mehreren hundert Jahren, genau genommen in etwa von circa 5000 Jahren, in denen mehr als genügend Zeit gewesen ist, um am eigenen Schicksal etwas zu ändern.

Der Warnungen gab es mehr als genug und nichts davon ist passiert, was in die richtige Richtung gehen könnte. Weshalb reden wir von circa 5000 Jahren? Die, die an der Tafel sitzen, sind durch den ^{6}Zyklus$_{114}$ = 122 auf der ^{4}Erde$_{32}$ = 38, der ausgehend von der Inkarnation bis zur Reinkarnation währt, über die einzelnen Leben in ihrem einem hinweg im Minimum durch ^{7}a und b$_{42}$ = 55 infolge $^{7}a \neq b_{6} = 19$ und $^{7}b \neq a_{6} = 19$ respektive (38 - 1) + (55 - 1) + (19 - 1) + (19 - 1) + 1 für ein System istgleich 128 istgleich 1 + 2 + 8 = 11 istgleich 1 + 1 = 2, beginnend im ^{10}Weltenbaum$_{116}$ = 128 istgleich 1 + 2 + 8 = 11 istgleich 1 + 1 = 2, durch (122 - 1) + (61 - 1) + 1 für ein System istgleich 182 istgleich 1 + 8 + 2 = 11 istgleich 1 + 1 = 2 bereits ^{10}5000 Jahre$_{47}$ = 61 auf dieser. Weshalb ist das so? Sonst würde es die Geschichte von Jesus Christus und Maria Magdalena nicht geben. Beide liegen durch die Inkarnation und Reinkarnation damit also schon viel länger im Clinch. Wir haben nur heute das Ergebnis vorliegen, das uns innerhalb ihrer Geschichte begegnet, die, wie wir bereits wissen, eine echte ist, die sich blöderweise immer wieder wiederholt. Warum? Das Schicksal von uns allen operiert über einem Kreis.

Um den Bezug zu heute herstellen zu können (damit wir wissen, um wen es sich aktuell handelt, wer insbesondere durch $^{1}a_{1} = 4$, $^{1}b_{2} = 5$, $^{1}b_{2} = 5$ und $^{1}a_{1} = 4$ infolge (4 - 1) + (5 - 1) + (5 - 1) + (4 - 1) + (93 - 1) + 1 für ein System istgleich 107 istgleich 1 + 0 + 7 = 8 die ^{8}Peiniger$_{83}$ = 93 von Maria Magdalena sind), betrachten wir den nachfolgenden Zusammenhang, welcher sich in Form von ^{7}a und b$_{42}$ =

55 infolge $^7a \neq b_6 = 19$ und $^7b \neq a_6 = 19$ für ^{6}Petrus$_{99}$ = 107 istgleich 1 + 0 + 7 = 8 ergibt:

^{6}Petrus$_{99}$	=	107		107 - 1	=	106
^{7}a und b_{42}	=	55		55 - 1	=	54
$^7a \neq b_6$	=	19		19 - 1	=	18
$^7b \neq a_6$	=	19		19 - 1	=	18
					=	196

1 + 9 + 6 + 1 für ein System	=	17	=	1 + 7	=	8

istgleich

^{13}Weltregierung$_{164}$	=	179		179 - 1	=	178

1 + 7 + 8 + 1 für ein System	=	17	=	1 + 7	=	8

Es gilt die Bedingung 8 = 8 in einem Gleichgewicht, die sich über 1 + 9 + 6 + 1 und 1 + 7 + 8 + 1 aus den beiden Zahlen 197 und 179 ergibt.

Merke!

Petrus symbolisiert in Form von a und b infolge a ≠ b und b ≠ a das, was man auf der Erde heute als Weltregierung versteht.

Wir hatten bereits gelernt, daß das eine Illusion ist, aber es gibt welche, die als eine solche agieren, um hinter dieser ein Geschäft zu betreiben. Die echte ist das allererste HO im System, bekannt auch als der Schöpfer. Dessen Frau auf der Erde (^{15}Maria Magdalena$_{100}$ = 119) über $^1a_1 = 4$ und $^1b_2 = 5$ in Form von ^{7}a und b_{42} = 55 respektive (119 - 1) + (4 - 1) + (5 - 1) + (55 - 1) + 1 für ein System istgleich 180 istgleich 1 + 8 + 0 = 9 - ^{10}Schaendung$_{96}$ = 108 istgleich 1 + 0 + 8 = 9 geschuldet - von einem bestimmten Personenkreis geschändet worden ist, es aber ebenso zugelassen hat. Warum? Es gehören immer zwei dazu, also weshalb am Ende? Wir nehmen vorweg, daß wir, um das Ausmaß zu erfassen, noch Nerven benötigen werden.

Wir beziehen mit ein, daß er nicht nur alt zu sein scheint, sondern auch sein Erscheinungsbild entsprechend unattraktiv ist, wobei ^{6}Petrus$_{99}$ = 107 istgleich 1 + 0 + 7 = 8 die ^{9}Obrigkeit$_{96}$ = 107 istgleich 1 + 0 + 7 = 8 verkörpert. Die Frage ist: Welche?

Der Petrus von ^{5}heute$_{59}$ = 66 gehört über $^{1}a_{1}$ = 4 und $^{1}b_{2}$ = 5 in Form von ^{7}a und b_{42} = 55 infolge $^{7}a \neq b_{6}$ = 19 und $^{7}b \neq a_{6}$ = 19 unter der Bedingung $^{11}1 = 1 = 1_{7}$ = 28 respektive (107 - 1) + (4 - 1) + (5 - 1) + (55 - 1) + (19 - 1) + (19 - 1) + (28 - 1) + 1 für ein System istgleich 231 istgleich 2 + 3 + 1 = 6 über (66 - 1) + (58 - 1) + 1 für ein System istgleich 123 istgleich 1 + 2 + 3 = 6 zur menschlichen ^{5}Elite$_{51}$ = 58.

^{14}Apostel Petrus$_{187}$ = 205 ist, da er direkt und mittelbar an dieser beteiligt ist, der ^{9}Vertreter$_{131}$ = 142 und der ^{22}Apostel Judas Iskariot$_{245}$ = 273 sein ^{14}Stellvertreter$_{199}$ = 215, der indirekt und unmittelbar beteiligt ist. Es gilt Folgendes:

^{14}Apostel Petrus$_{187}$	=	205		205 - 1	=	204
^{9}Vertreter$_{131}$	=	142		142 - 1	=	141
^{22}Apostel Judas Iskariot$_{245}$	=	273		273 - 1	=	272
^{14}Stellvertreter$_{199}$	=	215		215 - 1	=	214
					=	831

8 + 3 + 1 + 1 für ein System	=	13	=	1 + 3	=	4

istgleich

$^{1}a_{1}$	=	4		4 - 1	=	3
$^{1}b_{2}$	=	5		5 - 1	=	4
$^{1}b_{2}$	=	5		5 - 1	=	4
$^{1}a_{1}$	=	4		4 - 1	=	3
^{7}a und b_{42}	=	55		55 - 1	=	54
$^{7}a \neq b_{6}$	=	19		19 - 1	=	18
$^{7}b \neq a_{6}$	=	19		19 - 1	=	18
^{13}Weltregierung$_{164}$	=	179		179 - 1	=	178
					=	282

2 + 8 + 2 + 1 für ein System	=	13	=	1 + 3	=	4

Es liegt in einem Gleichgewicht durch 8 + 3 + 1 + 1 und 2 + 8 + 2 + 1 infolge der beiden Zahlen 832 und 283 die Bedingung 4 = 4 vor.

Merke!

Der Apostel Petrus vertritt über a, b, b und a in Form von a und b infolge a ≠ b und b ≠ a einen bestimmten Teil der Weltregierung, deren Stellvertreter der Apostel Judas Iskariot ist.

Wir haben das, was es in der Vergangenheit gewesen ist, in die Gegenwart transformiert. Damit wissen wir, daß der heutige Ehemann von Maria Magdalena (sie heißt hier natürlich anders) ein Stellvertreter dieser ist und die Peiniger dieser ihr angehören.

Die weitergehende ^{10}Schaendung$_{96}$ = 108 dieser, die heute einen anderen Namen trägt, ist auf Folgendes zurückzuführen:

^{10}Schaendung$_{96}$	=	108		108 - 1	=	107
^{15}Maria Magdalena$_{100}$	=	119		119 - 1	=	118
$^{1}a_{1}$	=	4		4 - 1	=	3
$^{1}b_{2}$	=	5		5 - 1	=	4
$^{7}a \neq b_{6}$	=	19		19 - 1	=	18
$^{7}b \neq a_{6}$	=	19		19 - 1	=	18
					=	268

2 + 6 + 8 + 1 für ein System	=	17	=	1 + 7	=	8

istgleich

^{11}Bezeichnung$_{114}$	=	127		127 - 1	=	126
^{15}Epstein-Skandal$_{151}$	=	170		170 - 1	=	169
					=	295

2 + 9 + 5 + 1 für ein System	=	17	=	1 + 7	=	8

Es gilt die Bedingung 8 = 8 in einem Gleichgewicht, die sich über 2 + 6 + 8 + 1 und 2 + 9 + 5 + 1 in den beiden Zahlen 269 und 296 widerspiegelt.

Merke!

Die Maria Magdalena in der Gegenwart wurde und wird über a und über b infolge a ≠ b und b ≠ a der Bezeichnung nach im Rahmen des Epstein-Skandals geschändet.

Das Wort „weitergehende“ wurde verwendet, weil diese die logische Folge einer ist, die früher stattgefunden hat. Die Frage ist aber, ob das bereits so richtig ist.

Für ^{6}Petrus$_{99}$ = 107 und ^{14}Judas Iskariot$_{157}$ = 175 erhalten wir bedingt durch ^{19}die Epstein-Affaere$_{149}$ = 174, ausgehend von ^{6}damals$_{50}$ = 58, was es ^{5}heute$_{59}$ = 66 ist:

^{6}Petrus$_{99}$	=	107		107 - 1	=	106
^{6}Freier$_{61}$	=	69		69 - 1	=	68
^{14}Judas Iskariot$_{157}$	=	175		175 - 1	=	174
^{9}Zuhaelter$_{116}$	=	127		127 - 1	=	126
^{6}damals$_{50}$	=	58		58 - 1	=	57
					=	531

5 + 3 + 1 + 1 für ein System	=	10	=	1 + 0	=	1

istgleich

^{5}heute$_{59}$	=	66		66 - 1	=	65
^{19}die Epstein-Affaere$_{149}$	=	174		174 - 1	=	173
^{1}a$_{1}$	=	4		4 - 1	=	3
^{1}b$_{2}$	=	5		5 - 1	=	4
^{1}b$_{2}$	=	5		5 - 1	=	4
^{1}a$_{1}$	=	4		4 - 1	=	3
					=	252

2 + 5 + 2 + 1 für ein System	=	10	=	1 + 0	=	1

Es gilt die Bedingung 1 = 1 in einem Gleichgewicht, die durch 5 + 3 + 1 + 1 und 2 + 5 + 2 + 1 aus den beiden Zahlen 532 und 253 hervorgeht.

Merke!

Petrus und Judas Iskariot waren damals das, was heute über a, b, b und a die Zuhälter und Freier in der Epstein-Affäre sind.

Die Frau, die damals Maria Magdalena war, ist heute analog der „Epstein-Affäre" eine Anschaffende, wo ihr unrechtmäßiger Ehemann ihr Zuhälter ist, welcher damals als Judas Iskariot auftrat, dessen Geschäftspartner in der „Weltregierung" heute ihre Freier sind; die vergleichsweise damals unter Petrus vereint waren.

Das Motiv des Schutzes der eigenen Kinder ist es damit nicht allein gewesen, was diese hielt, und sie (heute wie damals) sich nicht von ihrem unrechtmäßigen Ehemann, der ihr Zuhälter ist, scheiden ließ oder lässt, sondern die dann tatsächlich ihre sieben Dämonen auslebt; die ihr später Jesus Christus ausgetrieben hat, die wir Stolz, Gier, Neid, Zorn, Begierde, Angst und Ignoranz nennen. Letztere müssen wir nicht erörtern, da diese heute wie damals in der Regel relevant sind, falls man sich selbst mit aller Macht einen gewissen Lebensstandard bewahren will. Warum ist das so? Sie wurde in der Geschichte als besitzend vorgestellt, aber erst als Maria Magdalena und nicht als Maria.

Das ist vergleichbar mit dem Umstand, daß es in deren Leben, heute wie damals, sprunghaft einen finanziellen Aufstieg gab. Der Klingelbeutel des Judas Iskariot, den Petrus befüllt, steht nicht grundlos auf der Tafel. Wir finden damit aller Wahrscheinlichkeit nach in ihrem heutigen „Lebenslauf", der uns nicht vorliegt, eine Diskrepanz in der Form vor, daß man etwa von einer einfachen Angestellten zu einer Führungskraft aufgestiegen ist. Da das Geschäft auf dem Verkauf ihrer Intimität basiert, auch häufige Ortswechsel. Mit Angestellten und Berufskollegen wird nichts in der Hinsicht vorgefallen sein, da der Begriff der „Scheinheiligkeit" darüber schwebt. Was ein Thema gewesen sein wird und ist, ist, daß man, da man besagtes „Treiben" nicht ununterbrochen in den eigenen vier Wänden ausüben konnte, ständig unterwegs gewesen ist. Wo man dann gelegentlich auch auf jemanden trifft, der einem auch auf der Arbeit über den Weg läuft, etwa weil Urlaub gleicherorts gemacht worden ist. Es ist zu vermuten, daß deshalb Ortswechsel vorgenommen worden sind, weil man an anderer Stelle aufgeflogen ist. Für den Ruf, den sie damals besaß und heute noch besitzt, muss es ja auch einen Grund geben. Durch das „Treiben", dem man nachging und nachgeht, selbst nicht, da man sich gehütet haben wird und nachwievor hütet, daß etwas davon nach außen dringt. Das sind nach außen also die „Saubermänner", wie sie im Buche stehen. Was jedoch nicht auszuschließen ist, ist, daß es ihre Kinder mitbekommen haben. Der äußere Anschein dieser „Quasifamilie" trügt damit in der äußeren Wahrnehmung.

^{14}Judas Iskariot$_{157}$ = 175 und ^{6}Petrus$_{99}$ = 107 sind im Endeffekt heute wie damals die ^{9}Verraeter$_{112}$ = 123 an der Tafel. Es gilt der nachfolgende Zusammenhang:

^{14}Judas Iskariot$_{157}$	=	175		175 - 1	=	174
^{6}Petrus$_{99}$	=	107		107 - 1	=	106
^{9}Verraeter$_{112}$	=	123		123 - 1	=	122
					=	402

4 + 0 + 2 + 1 für ein System	=	7

istgleich

^{14}Jesus Christus$_{191}$	=	209		209 - 1	=	208
$^{1}a_{1}$	=	4		4 - 1	=	3
$^{1}b_{2}$	=	5		5 - 1	=	4
$^{1}b_{2}$	=	5		5 - 1	=	4
$^{1}a_{1}$	=	4		4 - 1	=	3
^{7}a und b$_{42}$	=	55		55 - 1	=	54
$^{11}1 = 1 = 1_{7}$	=	28		28 - 1	=	27
					=	303

3 + 0 + 3 + 1 für ein System	=	7

Es gilt die Bedingung 7 = 7 in einem Gleichgewicht, die sich über 4 + 0 + 2 + 1 und 3 + 0 + 3 + 1 aus den beiden Zahlen 403 und 304 ergibt.

Merke!

Judas Iskariot und Petrus sind über a, b, b und a in Form von a und b unter der Bedingung 1 = 1 = 1 die Verräter von Jesus Christus.

Worin der Verrat an diesem bestand, wissen wir: Es war und ist der Missbrauch der Maria Magdalena, die heute über ^{7}Vorname$_{88}$ = 97 eventuell eine ^{7}Klaudia$_{59}$ = 68 in Deutschland ist, da die ^{5}Maria$_{42}$ = 49 in der Maria Magdalena es erlaubt, daß infolge (97 - 1) + (68 - 1) + 1 für ein System istgleich 164 istgleich 1 + 6 + 4 = 11 istgleich 1 + 1 = 2 über $^{1}a_{1}$ = 4 und $^{1}b_{2}$ = 5 in Form von ^{7}a und b_{42} = 55 infolge $^{7}a \neq b_{6}$ = 19 und $^{7}b \neq a_{6}$ = 19 ein logischer Bezug durch (49 - 1) + (4 - 1) + (5 - 1) + (55 - 1) + (19 - 1) + (19 - 1) + 1 für ein System istgleich 146 istgleich 1 + 4 + 6 = 11 istgleich 1 + 1 = 2 zu dieser hergestellt werden kann.

Der ^{9}Verraeter$_{112}$ = 123 istgleich 1 + 2 + 3 = 6 führt uns über $^{1}a_{1}$ = 4 und $^{1}b_{2}$ = 5 durch (4 - 1) + (5 - 1) + (314 - 1) + 1 für ein System istgleich 321 istgleich 3 + 2 + 1 = 6 zu der Aussage ^{28}Es gehoeren immer zwei dazu.$_{275}$ = 314. Es gibt also auf der ^{15}Beziehungsebene$_{147}$ = 164 istgleich 1 + 6 + 4 = 11 immer zwei, die auf dieser wüten; und zwar bei jedem von uns. Den Alleinschuldigen und die Alleinschuldige gibt es damit nicht. Es gibt also keine Begründung dafür, sich gemeinsam dem Problem nicht zu stellen. Wir erhalten für den ^{6}Verrat$_{84}$ = 92 durch ^{7}a und b_{42} = 55 den nachfolgenden Zusammenhang, der uns aufklärt, wo genau dieser stattfindet:

^{6}Verrat$_{84}$	=	92		92 - 1	=	91
^{7}a und b_{42}	=	55		55 - 1	=	54
					=	145

1 + 4 + 5 + 1 für ein System	=	11	=	1 + 1	=	2

istgleich

^{15}Beziehungsebene$_{147}$	=	164		164 - 1	=	163

1 + 6 + 3 + 1 für ein System	=	11	=	1 + 1	=	2

Es gilt die Bedingung 2 = 2 in einem Gleichgewicht, die in Form der Zahlen 146 und 164 aus 1 + 4 + 5 + 1 und 1 + 6 + 3 + 1 resultiert.

Dieser Umstand begründet, warum es an der ^{5}Tafel$_{44}$ = 51 von ^{14}Jesus Christus$_{191}$ = 209 nicht nur den ^{6}Verrat$_{84}$ = 92 durch Verräter an ihm gab, sondern ebenso den durch jemand anderen. Es gilt Folgendes:

^{5}Tafel$_{44}$	=	51		51 - 1	=	50
^{14}Jesus Christus$_{191}$	=	209		209 - 1	=	208
^{6}Verrat$_{84}$	=	92		92 - 1	=	91
$^{1}a_{1}$	=	4		4 - 1	=	3
$^{1}b_{2}$	=	5		5 - 1	=	4
$^{1}b_{2}$	=	5		5 - 1	=	4
$^{1}a_{1}$	=	4		4 - 1	=	3
^{7}a und b$_{42}$	=	55		55 - 1	=	54
					=	417

4 + 1 + 7 + 1 für ein System = 13 = 1 + 3 = 4

istgleich

^{11}Verraeterin$_{135}$	=	148		148 - 1	=	147

1 + 4 + 7 + 1 für ein System = 13 = 1 + 3 = 4

In einem Gleichgewicht liegen unter der Bedingung 4 = 4 durch 4 + 1 + 7 + 1 und 1 + 4 + 7 + 1 die beiden Zahlen 418 und 148 vor.

Merke!

Der Verrat an der Tafel des Jesus Christus wurde und wird über a, b, b und a infolge a und b, welcher durch a und b jener auf der Beziehungsebene ist, neben den Verrätern an dieser von einer Verräterin verübt; die über a und über b infolge a ≠ b und b ≠ a damals Maria Magdalena, die ihre Intimität an die Verräter verkauft hat, gewesen ist und nachwievor ist, die das heute immer noch macht.

Die ^{11}Verraeterin$_{135}$ = 148 ist durch $^{1}a_{1}$ = 4 und $^{1}b_{2}$ = 5 infolge $^{7}a \neq b_{6}$ = 19 und $^{7}b \neq a_{6}$ = 19 über (148 - 1) + (4 - 1) + (5 - 1) + (19 - 1) + (19 - 1) + 1 für ein System istgleich 191 istgleich 1 + 9 + 1 = 11 istgleich 1 + 1 = 2, damals wie heute, ^{15}Maria Magdalena$_{100}$ = 119 istgleich 1 + 1 + 9 = 11 istgleich 1 + 1 = 2 selbst gewesen. Die sieben Dämonen sind damit logischerweise auch ihre, bis heute.

Die ^{7}Hetaere$_{62}$ = 71 ^{15}Maria Magdalena$_{100}$ = 119 hatte es als ^{4}Hure$_{52}$ = 58 tatsächlich damals fertiggebracht und auch noch heute, sowohl ihre ^{11}wahre Liebe$_{88}$ = 103 als auch ^{13}einzige Liebe$_{108}$ = 125, ^{14}Jesus Christus$_{191}$ = 209, als seine ^{11}Verraeterin$_{135}$ = 148 an der ^{5}Tafel$_{44}$ = 51: einen ^{12}Maertyrertod$_{162}$ = 176 am ^{5}Kreuz$_{81}$ = 88 sterben zu lassen. Es gilt über $^{1}a_{1}$ = 4, $^{1}b_{2}$ = 5, $^{1}b_{2}$ = 5 und $^{1}a_{1}$ = 4 infolge $^{7}a \neq b_{6}$ = 19 und $^{7}b \neq a_{6}$ = 19 und damit auch keineswegs überraschend Folgendes:

^{7}Hetaere$_{62}$	=	71		71 - 1	=	70
^{15}Maria Magdalena$_{100}$	=	119		119 - 1	=	118
^{4}Hure$_{52}$	=	58		58 - 1	=	57
^{11}wahre Liebe$_{88}$	=	103		103 - 1	=	102
^{11}Verraeterin$_{135}$	=	148		148 - 1	=	147
^{5}Tafel$_{44}$	=	51		51 - 1	=	50
$^{1}a_{1}$	=	4		4 - 1	=	3
$^{1}b_{2}$	=	5		5 - 1	=	4
$^{1}b_{2}$	=	5		5 - 1	=	4
$^{1}a_{1}$	=	4		4 - 1	=	3
					=	558

5 + 5 + 8 + 1 für ein System	=	19	=	1 + 9	=	10
			=	1 + 0	=	1

istgleich

^{13}einzige Liebe$_{108}$	=	125		125 - 1	=	124
^{12}Maertyrertod$_{162}$	=	176		176 - 1	=	175
^{14}Jesus Christus$_{191}$	=	209		209 - 1	=	208
^{5}Kreuz$_{81}$	=	88		88 - 1	=	87
					=	594

5 + 9 + 4 + 1 für ein System	=	19	=	1 + 9	=	10
			=	1 + 0	=	1

Es gilt die Bedingung 1 = 1 in einem Gleichgewicht, die uns über 5 + 5 + 8 + 1 und 5 + 9 + 4 + 1 in Form der beiden Zahlen 559 und 595 vorliegt.

Und so verwundert es nicht, daß Papst Gregor I. der römisch-katholischen Kirche, Nummer 64 istgleich 6 + 4 = 10 istgleich 1 + 0 = 1 in der Reihe, freundliche Worte für sie fand und sie als „Prostituierte“ und „sündige Frau“ bezeichnete. Da wir diese Zahl 10 an unseren Händen vorfinden, ist ihm einer zuvorgekommen, da wir jeweils an einer von beiden nur auf die Zahl 5 kommen.

Der fünfte Papst der römisch-katholischen Kirche hatte hinter vorgehaltener Hand bereits freundlichst zuvor darauf hingewiesen, bekannt auch als ^{9}Evaristus$_{134}$ = 145, kurz ^{7}Aristus$_{107}$ = 116, was es ist. Es gilt der nachfolgende Zusammenhang:

^{14}fuenfter Papst$_{167}$	=	185		185 - 1	=	184
^{9}Evaristus$_{134}$	=	145		145 - 1	=	144
^{7}Aristus$_{107}$	=	116		116 - 1	=	115
					=	443

4 + 4 + 3 + 1 für ein System = 12 = 1 + 2 = 3

istgleich

^{11}Bezeichnung$_{114}$	=	127		127 - 1	=	126
^{5}Beruf$_{52}$	=	59		59 - 1	=	58
^{15}Maria Magdalena$_{100}$	=	119		119 - 1	=	118
^{1}a$_{1}$	=	4		4 - 1	=	3
^{1}b$_{2}$	=	5		5 - 1	=	4
^{1}b$_{2}$	=	5		5 - 1	=	4
^{1}a$_{1}$	=	4		4 - 1	=	3
^{7}Hetaere$_{62}$	=	71		71 - 1	=	70
^{4}Hure$_{52}$	=	58		58 - 1	=	57
					=	443

4 + 4 + 3 + 1 für ein System = 12 = 1 + 2 = 3

Es gilt die Bedingung 3 = 3 in einem Gleichgewicht, die über die beiden Zahlen 444 jeweils durch 4 + 4 + 3 + 1 vorliegt. Man wusste es also und verschwieg es. Warum? Es ist damals ihr eigenes Geschäftsmodell gewesen, genauso wie heute.

Merke!

Der fünfte Papst Evaristus, auch Aristus genannt, hatte bereits richtig vermutet, daß man Maria Magdalena durch den Beruf, den sie ausübt, über a, b, b und a als Hetäre bezeichnet, was nichts anderes als eine Hure ist.

Nur als Hinweis: In seinem Namen finden wir eine Eva und einen Aris, also sinnbildlich einen Rächer, der sie nicht besitzen konnte und somit zu ihrem Verderber wurde. Die Maria Magdalena von damals und heute hatte und hat nie wirklich jemanden geliebt. Sie hatte und hat also noch nie etwas dabei empfunden, egal, was man mit ihr angestellt hat und anstellt. Das Warum müssen wir übrigens noch ergründen.

So, wir klären vorab aber noch ab, bevor wir die Katze aus dem Sack lassen und das Geschehene ausformulieren, wie es war und ist, ob eine Hautfarbe an der Tafel fehlt. Warum? Wir müssen das halbwegs vollständig betrachten, da es auch andere Darstellungen des letzten Abendmahls gibt, die dann auch noch andere Schlußfolgerungen zulassen. Auch unabhängig davon, daß wir etwas daraus lernen wollen. Mit etwas Phantasie sind an der Tafel alle Hautfarben außer Schwarz vertreten. Wir machen das im Ausschlußverfahren; es gilt Folgendes:

^{10}Intimitaet$_{120}$	=	132		132 - 1	=	131
^{15}Maria Magdalena$_{100}$	=	119		119 - 1	=	118
					=	249

2 + 4 + 9 + 1 für ein System = 16 = 1 + 6 = 7

ungleich

^{6}Mensch$_{62}$	=	70		70 - 1	=	69
^{8}Menschen$_{81}$	=	91		91 - 1	=	90
^{18}schwarze Hautfarbe$_{185}$	=	207		207 - 1	=	206
^{10}Menschheit$_{104}$	=	116		116 - 1	=	115
					=	480

4 + 8 + 0 + 1 für ein System = 13 = 1 + 3 = 4

Wir erhalten in einem Gleichgewicht die Bedingung $7 \neq 4$, die durch $2 + 4 + 9 + 1$ und $4 + 8 + 0 + 1$ in Form der beiden Zahlen 250 und 481 vorliegt. Damit lässt sich über a und über b kein Bezug zwischen diesen herstellen.

Merke!

Die Intimität von Maria Magdalena begründet nicht, daß diese mit vereinzelten Menschen mit schwarzer Hautfarbe oder mit mehreren in der Menschheit intim gewesen ist.

Alle anderen Hautfarben kommen damit in Betracht, was aus den üblichen Darstellungen hervorgeht. Da diese aber im Wesentlichen in eine ähnliche Richtung laufen, können wir es dabei belassen. Die verbleibende Schnittmenge bestätigt nur, daß da eine ganze Menge los gewesen ist oder noch ist.

Was sie anbelangt, lässt sich die ^{8}Herkunft$_{103}$ = 113 ihrer Freier und die ihres Zuhälters - bedingt durch ihre ^{10}Intimitaet$_{120}$ = 132 - über ^{15}Maria Magdalena$_{100}$ = 119 infolge (132 - 1) + (119 - 1) + 1 für ein System istgleich 250 istgleich 2 + 5 + 0 = 7 logisch über (113 - 1) + (55 - 1) + (84 - 1) + 1 für ein System istgleich 250 istgleich 2 + 5 + 0 = 7 auf ^{5}Asien$_{48}$ = 55 und ^{6}Europa$_{76}$ = 84 begrenzen. Damals ist der Perser ihr Zuhälter gewesen, der heute aus Anatolien stammt, und deren Freier kamen und kommen nachwievor aus Europa. Die Farben, welche Leonardo da Vinci bei den Gesichtern der Personen an der Tafel verwandt hat, passen also. Es kommt aber noch handfester, da wir nunmehr die notwendigen Anhaltspunkte besitzen, um genau bestimmen zu können, welcher Personenkreis es ist, der bis heute sein Unwesen treibt und dabei scheinheilig tut.

Da Leonardo da Vinci aus ^{7}Italien$_{70}$ = 79 kommt, wissen wir automatisch, da ^{9}Anatolien$_{91}$ = 102 bereits feststeht, welcher ^{8}Herkunft$_{103}$ = 113 diese sind. Es gilt damit über $^{1}a_{1} = 4$, $^{1}b_{2} = 5$, $^{1}b_{2} = 5$ und $^{1}a_{1} = 4$ in Form von ^{7}a und $b_{42} = 55$ infolge $^{7}a \neq b_{6} = 19$ und $^{7}b \neq a_{6} = 19$ unter der Bedingung $^{11}1 = 1 = 1_{7} = 28$ vorerst Folgendes:

^{8}Herkunft$_{103}$	=	113		113 - 1	=	112

1 + 1 + 2 + 1 für ein System	=	5

istgleich

^{7}Italien$_{70}$	=	79		79 - 1	=	78
^{9}Anatolien$_{91}$	=	102		102 - 1	=	101
$^{1}a_{1}$	=	4		4 - 1	=	3
$^{1}b_{2}$	=	5		5 - 1	=	4
$^{1}b_{2}$	=	5		5 - 1	=	4
$^{1}a_{1}$	=	4		4 - 1	=	3
^{7}a und b_{42}	=	55		55 - 1	=	54
$^{7}a \neq b_{6}$	=	19		19 - 1	=	18
$^{7}b \neq a_{6}$	=	19		19 - 1	=	18
$^{11}1 = 1 = 1_{7}$	=	28		28 - 1	=	27
					=	310

3 + 1 + 0 + 1 für ein System	=	5

Es gilt die Bedingung 5 = 5 in einem Gleichgewicht, die sich aus 1 + 1 + 2 + 1 und 3 + 1 + 0 + 1 in Form der beiden Zahlen 113 und 311 ergibt. Beide verweisen über $^{1}a_{1}$ = 4 und $^{1}b_{2}$ = 5 infolge $^{7}a \neq b_{6}$ = 19 und $^{7}b \neq a_{6}$ = 19 - bedingt durch (4 - 1) + (5 - 1) + (19 - 1) + (19 - 1) + (88 - 1) + 1 für ein System istgleich 131 istgleich 1 + 3 + 1 = 5 - auf deren ^{9}Schaender$_{77}$ = 88.

Merke!

Die Herkunft derer, die Maria Magdalena sowohl damals als auch heute geschändet haben, bezieht sich über a, b, b und a in Form von a und b infolge a ≠ b und b ≠ a unter der Bedingung 1 = 1 = 1 auf Anatolien und Italien.

Da Maria Magdalena als solche eine Rolle in der christlichen Lehre spielt, wissen wir, wo wir zu suchen haben.

Die ^{15}Epstein-Affaere$_{131}$ = 150 führt uns über $^{1}a_{1}$ = 4 und $^{1}b_{2}$ = 5 in Form von ^{7}a und b_{42} = 55 unter der Bedingung $^{11}1 = 1 = 1_{7}$ = 28 durch (150 - 1) + (4 - 1) + (5 - 1) + (55 - 1) + (28 - 1) + 1 für ein System istgleich 238 istgleich 2 + 3 + 8 = 13 istgleich 1 + 3 = 4 infolge (79 - 1) + (160 - 1) + 1 für ein System istgleich 238 istgleich 2 + 3 + 8 = 13 istgleich 1 + 3 = 4 nach ^{7}Italien$_{70}$ = 79 und damit zum ^{15}Vatikan-Skandal$_{141}$ = 160. Sowohl die Maria Magdalena damals als auch die heute wurde und wird durch die Vertreter und Stellvertreter des Vatikans geschändet, die wir auf den folgenden Staaten vorfinden:

^{10}Makedonien$_{91}$	=	103		103 - 1	=	102
^{11}Deutschland$_{111}$	=	124		124 - 1	=	123
^{9}Anatolien$_{91}$	=	102		102 - 1	=	101
^{7}Italien$_{70}$	=	79		79 - 1	=	78
					=	404

4 + 0 + 4 + 1 für ein System	=	9

istgleich

^{10}Missbrauch$_{113}$	=	125		125 - 1	=	124
^{15}Maria Magdalena$_{100}$	=	119		119 - 1	=	118
^{5}Staat$_{61}$	=	68		68 - 1	=	67
^{1}a$_{1}$	=	4		4 - 1	=	3
^{1}b$_{2}$	=	5		5 - 1	=	4
^{1}b$_{2}$	=	5		5 - 1	=	4
^{1}a$_{1}$	=	4		4 - 1	=	3
^{8}Paritaet$_{90}$	=	100		100 - 1	=	99
^{7}a und b$_{42}$	=	55		55 - 1	=	54
^{11}1 = 1 = 1$_{7}$	=	28		28 - 1	=	27
					=	503

5 + 0 + 3 + 1 für ein System	=	9

Es gilt die Bedingung 9 = 9 in einem Gleichgewicht, die sich über 4 + 0 + 4 + 1 und 5 + 0 + 3 + 1 aus den beiden Zahlen 405 und 504 ergibt.

Merke!

Der Missbrauch von Maria Magdalena findet heute über a, b, b und a durch die Parität von a und b unter der Bedingung 1 = 1 = 1 durch die Vertreter und Stellvertreter des Vatikans auf den Staaten Makedonien, Deutschland, Anatolien und Italien statt: was damals über a und über b in Form von a und b unter der Bedingung 1 = 1 = 1 die Makedonier, die Germanen, die Römer und die Perser waren, die heute wie damals Ersteren zu verantworten haben.

Damals handelte es sich durch $^{1}a_{1} = 4$ und $^{1}b_{2} = 5$ in Form von ^{7}a und $b_{42} = 55$ unter der Bedingung $^{11}1 = 1 = 1_{7} = 28$ infolge (4 - 1) + (5 - 1) + (55 - 1) + (28 - 1) + (107 - 1) + (87 - 1) + (82 - 1) + (89 - 1) + 1 für ein System istgleich 450 istgleich 4 + 5 + 0 = 9 um ^{10}Makedonier$_{95}$ = 107, ^{8}Germanen$_{77}$ = 87, ^{6}Roemer$_{74}$ = 82 und ^{6}Perser$_{81}$ = 89, was heute Makedonier, Deutsche, Anatolier und Italiener sind, die den Missbrauch von Maria Magdalena zu verantworten haben.

Der logische Weg ist damit, daß etwas ausgehend von Makedonien in Deutschland begann und sich über Anatolien hinweg bis nach Italien fortsetzte, was de facto bis heute währt. Daraus folgt, daß der Missbrauch von ihr im Erwachsenenalter in den oberen Reihen innerhalb der römisch-katholischen Kirche im Kindesalter (was Maria von Beginn an in ihrem Leben eine Gefallene sein ließ und nachwievor läßt) in den unteren bereits begonnen haben muss: da der eine von Anatolien nach Italien führt und der andere von Makedonien nach Deutschland.

Das heißt, daß ihre eigenen Eltern, aus Makedonien stammend, am Geschäftsmodell des Judas Iskariot, einem Anatolier als Stellvertreter, mit Petrus, vertretend für den Vatikan, beteiligt gewesen sind und es sind, da man das Gleiche gemacht hatte und macht. Richtig, Maria, die später zur Magdalena wurde, hat man als Jugendliche missbraucht, solange, bis sie auf ihrer eigenen Gefühlsebene immun dagegen war. Das heißt, es spielt bis heute keine Rolle, wie man sie missbraucht und wer, da sie vom ersten Tag an nichts dabei empfindet. Im „Fachjargon" hat man eine zukünftige Hure als Hetäre eingeritten: Sie wird abgestumpft auf ihrer Gefühlsebene. Wir werden erahnen, wer es gewesen ist, was wir noch beweisen werden, was ihr unrechtmäßiger Ehemann später fortgesetzt hat.

Die Tafel im letzten Abendmahl steht im Endeffekt dafür, daß man Wasser predigt und selbst Wein trinkt. Die junge Maria, die jungfräulich gewesen ist und damit eine Jungfrau Maria war, was man selbst predigt, wurde durch die Vertreter und Stellvertreter der römisch-katholischen Kirche entjungfert und zur Hetäre Maria Magdalena gemacht: die damals als Hure diente und bis heute dient.

Da die Jungfrau Maria im Fokus steht, ist der Missbrauch von ihr (als erstes Erlebnis im Intimleben der heutigen Maria) mit Gewissheit dahingehend ausgelegt worden, daß sie als gefallene Deutsche makedonischer Abstammung unter einem glaubenstechnischen Aspekt nichts mehr wert gewesen ist: Es ist und war damit wie ein Freifahrtschein für alle Beteiligten. Man darf also gesichert davon ausgehen, daß die Peiniger in ihrem heutigen Leben alle katholisch gewesen sind und es auch nachwievor sind. Oftmals wird der anschließende Missbrauch dann dadurch begründet, daß, um ein Teil der Religionsgemeinschaft bleiben zu können, es sich bei diesem um eine Art von Läuterung des Opfers handelt, was unzählige Täter anlockt. Mit anderen Worten: Wenn du das machst, wird alles wieder gut. Wenn das einem Mädchen widerfährt, das auch noch dahingehend erzogen worden ist, ist alles andere im Leben vorprogrammiert.

Das, was als große Überschrift über dem letzten Abendmahl schwebt, ergibt sich aus dem nachfolgenden Zusammenhang:

^{16}Scheinheiligkeit$_{153}$	=	171		171 - 1	=	170
^{27}roemisch-katholische Kirche$_{256}$	=	289		289 - 1	=	288
					=	458

4 + 5 + 8 + 1 für ein System = 18 = 1 + 8 = 9

istgleich

$^{1}a_{1}$	=	4		4 - 1	=	3
$^{1}b_{2}$	=	5		5 - 1	=	4
^{7}a und b_{42}	=	55		55 - 1	=	54
$^{7}a \neq b_{6}$	=	19		19 - 1	=	18
$^{7}b \neq a_{6}$	=	19		19 - 1	=	18
$^{11}1 = 1 = 1_{7}$	=	28		28 - 1	=	27
^{42}Das letzte Abendmahl von Leonardo da Vinci$_{369}$	=	425		425 - 1	=	424
					=	548

5 + 4 + 8 + 1 für ein System = 18 = 1 + 8 = 9

Es gilt die Bedingung 9 = 9 in einem Gleichgewicht, die wir in Form der beiden Zahlen 459 und 549 aus 4 + 5 + 8 + 1 und 5 + 4 + 8 + 1 erhalten.

Die ^{16}Lasterhaftigkeit$_{171}$ = 189 und ^{18}Selbstherrlichkeit$_{203}$ = 223 der ^{9}Obrigkeit$_{96}$ = 107 ist - bedingt durch den ^{10}Missbrauch$_{113}$ = 125 der ^{7}Hetaere$_{62}$ = 71 ^{15}Maria Magdalena$_{100}$ = 119 als deren ^{4}Hure$_{52}$ = 58 - durch $^{1}a_{1}$ = 4, $^{1}b_{2}$ = 5, $^{1}b_{2}$ = 5 und $^{1}a_{1}$ = 4 in Form von ^{7}a und b_{42} = 55 infolge (189 - 1) + (223 - 1) + (107 - 1) + (125 - 1) + (71 - 1) + (119 - 1) + (58 - 1) + (4 - 1) + (5 - 1) + (5 - 1) + (4 -

1) + (55 - 1) + 1 für ein System istgleich 954 istgleich 9 + 5 + 4 = 18 istgleich 1 + 8 = 9 ihre eigene.

Merke!

Das letzte Abendmahl von Leonardo da Vinci prangert über a und über b respektive a und b durch a ≠ b und b ≠ a die „Scheinheiligkeit" der römisch-katholischen Kirche an.

Das Problem ist, daß es der Schöpfer selbst war, der diese Warnung aussprach, dessen Frau man auf der Erde schändet: Der als Leonardo da Vinci in Erscheinung trat. Das heißt, daß der, dem wir unser Leben verdanken, damit belohnt wurde, daß seine eigene Frau auf unterschiedliche Art und Weise von verschiedenen Personen ihr ganzes Leben lang misshandelt und missbraucht worden ist. Von genau denen, die er erschaffen hat und die sich immer wieder auf ihn berufen. Wir werden noch exakt berechnen, wie viele es als „Jungfrau Maria", als „Maria" und als „Maria Magdalena" in ihrem heutigen Leben sind. De facto als junges Mädchen, als junge Frau und als Erwachsene. Ich nehme vorweg: Es sind 1485 Missbräuche, verübt durch 114 Personen. Richtig, die, die es heute ist, ist 1485 Mal von diesen missbraucht worden. Und da fällt mir gar nichts mehr dazu ein. Das ist am Ende unser aller Geschenk an ihn, dafür, daß wir leben dürfen, da wir es alle zugelassen haben.

Was die Erinnerungen an etwaige Bilder, Photos und Videos von Dritten außerhalb des Missbrauches einschließlich die der Nacktheit ihres Körpers nebst der Assoziation zu ihrem Gesicht anbelangt, werden diese sofort gelöscht. Richtig, ich nehme alles weg, was sie in irgendeiner Form weiterhin demütigen könnte und sie davon abhält ihre Vergangenheit vollständig loszulassen. Das sind wir ihr alle schuldig, wobei sie ab einem gewissen Zeitpunkt nach ihrer vollständigen Abstumpfung dazu beigetragen hat, daß die Schutzbedürftigkeit und Schutzwürdigkeit ihrer eigenen Intimität nicht mehr existierte und bis heute auch nicht existiert. Wir weisen deshalb im System an, daß schrittweise die Wahrheit über alles zu ihr findet, ohne daß sie und andere Schaden dabei nehmen. Warum? Sie steht in der Mitte im System auf der Erde mit ihm. Ohne sie an seiner Seite verlieren wir 5,75 Milliarden von uns, den hälftigen Systemwert auf unser Erde, wogegen wir sonst nichts tun könnten. Das Verbrechen an ihr und ihre mangelnde Fähigkeit, es selbst zu erkennen, was ihrer Situation anhängt, besitzen eine Trag- und Reichweite, die für uns unvorstellbar ist.

Für die ^{14}Stellvertreter$_{199}$ = 215 und ^{9}Vertreter$_{131}$ = 142 des Vatikans erhalten wir durch den ^{7}Vatikan$_{78}$ = 87, wobei wir hier durchaus auch etwas schmunzeln dürfen, da es sich bei diesem im Christentum, wie wir bereits gelernt haben, um das Vogelreich in der Vogelwelt handelt, Folgendes:

^{14}Stellvertreter$_{199}$	=	215		215 - 1	=	214
^{9}Vertreter$_{131}$	=	142		142 - 1	=	141
^{7}Vatikan$_{78}$	=	87		87 - 1	=	86
^{10}Missbrauch$_{113}$	=	125		125 - 1	=	124
^{15}Maria Magdalena$_{100}$	=	119		119 - 1	=	118
					=	683

6 + 8 + 3 + 1 für ein System	=	18	=	1 + 8	=	9

istgleich

^{50}vollkommene gewissenlose Voegel in Menschengestalt$_{543}$	=	603		603 - 1	=	602
^{7}a und b$_{42}$	=	55		55 - 1	=	54
$^{11}1 = 1 = 1_{7}$	=	28		28 - 1	=	27
					=	683

6 + 8 + 3 + 1 für ein System	=	18	=	1 + 8	=	9

Es gilt die Bedingung 9 = 9 in einem Gleichgewicht, welche sich durch 6 + 8 + 3 + 1 jeweils in den beiden Zahlen 684 widerspiegelt.

Merke!

Die Stellvertreter und Vertreter des „Vatikans“ sind durch den Missbrauch von Maria Magdalena in Form von a und b unter der Bedingung 1 = 1 = 1 vollkommene gewissenlose Vögel in Menschengestalt.

Es erübrigt sich, daß man sich von diesen nicht leiten lassen sollte, auch unabhängig davon, daß das Konzept, eine Schule zu sein, verfehlt worden ist.

Da Judas Iskariot und Petrus ihr zusammen als ein Paar gegenübersitzen, gibt es noch etwas zu klären. Wir können quasi das Vorgefallene nur klären, wenn wir auch alle Umstände kennen; und vielleicht vermuten wir es bereits? Es macht wie bei einer Bewertung einer Leiche in einem Mordfall nur Sinn, wenn wir auch wissen, warum die Leiche eben eine Leiche ist.

Da ausgehend von einer Jungfrau Maria über die $^{5}Maria_{42}$ = 49 hinweg eine Maria Magdalea wurde, verbirgt sich der gemeinsame Nenner „ihres Werdegangs" in der Maria. Es gilt Folgendes:

^{5}Maria$_{42}$	=	49		49 - 1	=	48
^{15}Beziehungsebene$_{147}$	=	164		164 - 1	=	163
^{9}Beziehung$_{97}$	=	108		108 - 1	=	107
^{8}Paritaet$_{90}$	=	100		100 - 1	=	99
^{7}a und b$_{42}$	=	55		55 - 1	=	54
$^{7}a \neq b_{6}$	=	19		19 - 1	=	18
$^{7}b \neq a_{6}$	=	19		19 - 1	=	18
					=	507

5 + 0 + 7 + 1 für ein System	=	13	=	1 + 3	=	4

istgleich

^{27}roemisch-katholische Kirche$_{256}$	=	289		289 - 1	=	288
^{22}ein Mann und eine Frau$_{188}$	=	220		220 - 1	=	219
					=	507

5 + 0 + 7 + 1 für ein System	=	13	=	1 + 3	=	4

Wir erhalten in einem Gleichgewicht die Bedingung 4 = 4, die jeweils über 5 + 0 + 7 + 1 aus den beiden Zahlen 508 hervorgeht.

Da dem so ist, gelangen wir in einem weiteren Schritt durch $^{1}a_{1}$ = 4 und $^{1}b_{2}$ = 5 zum nachfolgenden Zusammenhang:

^{3}pro$_{49}$	=	54		54 - 1	=	53
^{12}Intimtreffen$_{139}$	=	153		153 - 1	=	152
					=	205

2 + 0 + 5 + 1 für ein System = 8

istgleich

^{1}a$_{1}$	=	4		4 - 1	=	3
^{1}b$_{2}$	=	5		5 - 1	=	4
^{5}Maria$_{42}$	=	49		49 - 1	=	48
^{16}ein Intimpartner$_{185}$	=	205		205 - 1	=	204
					=	259

2 + 5 + 9 + 1 für ein System = 17 = 1 + 7 = 8

Es gilt die Bedingung 8 = 8 in einem Gleichgewicht, die durch 2 + 0 + 5 + 1 und 2 + 5 + 9 + 1 den beiden Zahlen 206 und 260 geschuldet ist.

Merke!

Pro Intimtreffen fanden und finden über a und über b stets Maria und ein Intimpartner zusammen.

Daraus folgt, daß man die „Grundfesten der römisch-katholischen Kirche" einerseits aufgeweicht hat und andererseits wiederum nicht, da man von Anfang an eine Absicht damit verfolgte, was sich aus ihrem späteren „Werdegang" ergibt. Bestimmte Intimpraktiken waren somit erlaubt und andere wiederum nicht. Wenn wir uns ihre Eltern ansehen, wird sich das von selbst erklären. Wir werden bereits erahnen, worum es geht: Missbrauch auf der Elternebene, der in jungen Jahren stattfand und alles Weitere in ihrem Leben von damals bis heute besiegelte.

Man hat damit bewusst „bestimmte Dinge" vermieden, da man ein Ziel vor Augen hatte, um perspektivisch maximalen Profit mit ihrer Vermittlung machen zu können.

$^5Maria_{42}$ = 49 istgleich 4 + 9 = 13 istgleich 1 + 3 = 4 ist von Anfang an darauf vorbereitet worden, da man beginnend ab ihrer Entbindung einen $^4Plan_{43}$ = 49 istgleich 4 + 9 = 13 istgleich 1 + 3 = 4 mit ihr verfolgte. Sie sollte für etwas anderes herhalten. Aber erst einmal weiter im Text.

Wir erhalten für die $^{12}Intimtreffen_{139}$ = 153 mit $^5Maria_{42}$ = 49 die Bedingung 3 = 3, die sich durch $^1a_1$ = 4, $^1b_2$ = 5, $^1b_2$ = 5 und $^1a_1$ = 4 unter der Bedingung $^{11}1$ = 1 = 1_7 = 28 aus dem nachfolgenden Zusammenhang ergibt:

$^{12}Intimtreffen_{139}$	=	153		153 - 1	=	152
$^5Maria_{42}$	=	49		49 - 1	=	48
					=	200

2 + 0 + 0 + 1 für ein System	=	3

istgleich

$^1a_1$	=	4		4 - 1	=	3
$^1b_2$	=	5		5 - 1	=	4
$^1b_2$	=	5		5 - 1	=	4
$^1a_1$	=	4		4 - 1	=	3
$^{11}1 = 1 = 1_7$	=	28		28 - 1	=	27
$^{14}Vaginalverkehr_{153}$	=	169		169 - 1	=	168
					=	209

2 + 0 + 9 + 1 für ein System	=	12	=	1 + 2	=	3

In einem Gleichgewicht liegt die Bedingung 3 = 3 vor, die sich durch 2 + 0 + 0 + 1 und 2 + 0 + 9 + 1 aus den beiden Zahlen 201 und 210 ergibt.

Merke!

Bei den Intimtreffen mit Maria findet und fand durch a, b, b und a unter der Bedingung 1 = 1 = 1 Vaginalverkehr statt.

Wie so oft: ^{35}Jedes Schlechte hat auch sein $Gutes_{307}$ = 354 istgleich 3 + 5 + 4 = 12 istgleich 1 + 2 = 3, das in Form von ^{7}a und b_{42} = 55 infolge $^{7}a \neq b_6 = 19$ und $^{7}b \neq a_6 = 19$ unter der Bedingung $^{11}1 = 1 = 1_7 = 28$ bewirkt hat, daß durch (55 - 1) + (19 - 1) + (19 - 1) + (28 - 1) + (228 - 1) + 1 für ein System istgleich 345 istgleich 3 + 4 + 5 = 12 istgleich 1 + 2 = 3 ^{18}nur $Vaginalverkehr_{206}$ = 228 stattgefunden hat - also in Anführungsstrichen.

Letzteres erklärt sich, da man es einerseits vorzog, daß das Missbrauchsopfer frigide ist, und andererseits in der Rolle der „Jungfrau Maria" verklemmt. Die Begehrtheit von Maria Magdalena begründet sich darauf, daß es bestimmte Verweilorte an ihrem Körper gibt, die für deren Keuschheit stehen, aber auch welche für deren Verruchtheit. Was andere vielleicht gemacht haben, interessiert nicht, es geht um diese hier. Luft nach oben ist aber immer. Das heißt, in ihrer Außenwirkung ist sie züchtig und unnahbar, was die eine Möglichkeit, mit ihr intim werden zu können, besonders attraktiv machte und macht. Damit das auch so blieb und bleibt, waren und sind alle anderen Eventualitäten untersagt worden und nachwievor untersagt. Man hat also den „Wert" seiner „Ware" behütet und beschützt, um diese ungesehen von einer allgemeinen Öffentlichkeit profitabel verkaufen zu können.

Da wir zu diesem Schluß gekommen sind, überprüfen wir unsere Behauptung von Seite 261. Es gilt durch $^{1}a_1 = 4$ und $^{1}b_2 = 5$ unter der Bedingung $^{11}1 = 1 = 1_7 = 28$ Folgendes:

$^{10}Intimitaet_{120}$	=	132		132 - 1	=	131
$^{5}Maria_{42}$	=	49		49 - 1	=	48
$^{1}a_1$	=	4		4 - 1	=	3
$^{1}b_2$	=	5		5 - 1	=	4
$^{11}1 = 1 = 1_7$	=	28		28 - 1	=	27
					=	213

2 + 1 + 3 + 1 für ein System	=	7

istgleich

$^{19}keine\ Beweisstuecke_{191}$	=	214		214 - 1	=	213

2 + 1 + 3 + 1 für ein System	=	7

Es liegt die Bedingung 7 = 7 in einem Gleichgewicht vor, die jeweils respektive 2 + 1 + 3 + 1 aus den beiden Zahlen 214 resultiert.

Merke!

Für die Intimität von Maria existieren über a und über b unter der Bedingung 1 = 1 = 1 keine Beweisstücke, zumindest keine offensichtlichen.

Auch wenn das so ist, belassen wir es bei den diesbezüglichen Anweisungen, da wir nicht wissen, ob durch Dritte in dieser Hinsicht anderweitig etwas erfolgt ist.

Den diesbezüglichen ^{6}Ablauf$_{43}$ = 51 können wir uns durch ^{7}a und b$_{42}$ = 55 in etwa so vorstellen; es gilt der nachfolgende Zusammenhang:

^{6}Ablauf$_{43}$	=	51		51 - 1	=	50
^{10}Intimitaet$_{120}$	=	132		132 - 1	=	131
^{5}Maria$_{42}$	=	49		49 - 1	=	48
					=	229

2 + 2 + 9 + 1 für ein System	=	14	=	1 + 4	=	5

istgleich

^{6}Anfang$_{43}$	=	51		51 - 1	=	50
^{7}Vorgang$_{84}$	=	93		93 - 1	=	92
^{4}Ende$_{28}$	=	34		34 - 1	=	33
^{7}a und b$_{42}$	=	55		55 - 1	=	54
					=	229

2 + 2 + 9 + 1 für ein System	=	14	=	1 + 4	=	5

Es gilt die Bedingung 5 = 5 in einem Gleichgewicht, die sich jeweils über 2 + 2 + 9 + 1 aus den beiden Zahlen 230 ergibt.

Merke!

Der Ablauf während der Intimität mit Maria gestaltete und gestaltet sich über a und b in Form von Anfang, Vorgang und Ende; der durch a und b infolge a ≠ b und b ≠ a auf das Erleben von Gewalt zusammen mit Maria ausgerichtet ist, wozu es wiederum in Form von a und b über a, b, b und a einer willenlosen Person bedurfte.

Damit stand und steht bedingt durch (55 - 1) + (19 - 1) + (19 - 1) + (89 - 1) + (76 - 1) + (49 - 1) + 1 für ein System istgleich 302 istgleich 3 + 0 + 2 = 5 respektive ^{7}a und b_{42} = 55 infolge ^{7}a ≠ b_{6} = 19 und ^{7}b ≠ a_{6} = 19 das ^{8}Ausleben$_{79}$ = 89 von ^{6}Gewalt$_{68}$ = 76 zusammen mit ^{5}Maria$_{42}$ = 49 im Vordergrund, wozu es über (4 - 1) + (5 - 1) + (5 - 1) + (4 - 1) + (55 - 1) + (234 - 1) + 1 für ein System istgleich 302 istgleich 3 + 0 + 2 = 5 über $^{1}a_{1}$ = 4, $^{1}b_{2}$ = 5, $^{1}b_{2}$ = 5 und $^{1}a_{1}$ = 4 respektive ^{7}a und b_{42} = 55 einer willenlosen Person (= ^{17}willenlose Person$_{213}$ = 234) bedurfte, die im Kindesalter unter dem Deckmantel der römisch-katholischen Kirche bereits auf ihre spätere Aufgabe vorbereitet worden ist. Die römisch-katholische Kirche von damals und die heute schändeten und schunden die Frau, die als Maria eine Deutsche makedonischer Abstammung ist: die ausgehend von ihrer Inkarnation durch die Reinkarnation die Ehefrau des Schöpfers ist. Es handelt sich damit um ein Kapitalverbrechen, wie es seinesgleichen sucht.

Den ^{5}Zweck$_{68}$ = 75, dem diese dienen sollte und dient, erfahren wir über den damit verbundenen ^{4}Sinn$_{56}$ = 62 des Ganzen aus dem nachfolgenden Zusammenhang, der in Form von ^{7}a und b_{42} = 55 vorliegt:

^{5}Zweck$_{68}$	=	75		75 - 1	=	74
^{4}Sinn$_{56}$	=	62		62 - 1	=	61
^{7}a und b_{42}	=	55		55 - 1	=	54
^{12}Unterwerfung$_{172}$	=	186		186 - 1	=	185
^{4}Qual$_{51}$	=	57		57 - 1	=	56
^{5}Zwang$_{71}$	=	78		78 - 1	=	77
^{5}Druck$_{57}$	=	64		64 - 1	=	63
^{5}Maria$_{42}$	=	49		49 - 1	=	48
					=	618

6 + 1 + 8 + 1 für ein System	=	16	=	1 + 6	=	7

istgleich

^{15}Sadomasochismus$_{179}$	=	196		196 - 1	=	195

1 + 9 + 5 + 1 für ein System	=	16	=	1 + 6	=	7

Es gilt die Bedingung 7 = 7 in einem Gleichgewicht, die sich über 6 + 1 + 8 + 1 und 1 + 9 + 5 + 1 aus den beiden Zahlen 619 und 196 ergibt.

Merke!

Sinn und Zweck dessen ist in Form von a und b die Unterwerfung von Maria, um sie unter Druck und Zwang im Rahmen eines praktizierten und ausgeübten Sadomasochismus zu quälen: der auf ihrer Beziehungsebene über a und über b infolge $a \neq b$ und $b \neq a$ unter der Bedingung 1 = 1 = 1 auf ihre Misshandlung und den Missbrauch ihrer Intimität abzielt: die über a und über b infolge $a \neq b$ und $b \neq a$ ihr ganzes Leben lang bis heute stattfinden; wobei die Misshandlung und der Missbrauch von Maria Magdalena durch die römisch-katholische Kirche erfolgen.

Es ging und geht damit im letzten Abendmahl von Leonardo da Vinci um die ^{12}Misshandlung$_{141}$ = 155 von ^{5}Maria$_{42}$ = 49 und den ^{10}Missbrauch$_{113}$ = 125 ihrer ^{10}Intimitaet$_{120}$ = 132: die auf ihrer eigenen ^{15}Beziehungsebene$_{147}$ = 164 respektive $^{1}a_{1}$ = 4 und $^{1}b_{2}$ = 5 über $^{7}a \neq b_{6}$ = 19 und $^{7}b \neq a_{6}$ = 19 unter der Bedingung $^{11}1 = 1 = 1_{7}$ = 28 infolge (155 - 1) + (49 - 1) + (125 - 1) + (132 - 1) + (164 - 1) + (4 - 1) + (5 - 1) + (19 - 1) + (19 - 1) + (28 - 1) + 1 für ein System istgleich 691 istgleich 6 + 9 + 1 = 16 istgleich 1 + 6 = 7 ihr ^{12}ganzes Leben$_{110}$ = 126 über $^{1}a_{1}$ = 4 und $^{1}b_{2}$ = 5 infolge $^{7}a \neq b_{6}$ = 19 und $^{7}b \neq a_{6}$ = 19 durch (126 - 1) + (4 - 1) + (5 - 1) + (19 - 1) + (19 - 1) + 1 für ein System istgleich 169 istgleich 1 + 6 + 9 = 16 istgleich 1 + 6 = 7 misshandelt und missbraucht worden ist. Fazit: Sie kennt nichts außer das, und es findet heute wie damals vor unseren Augen statt, was das katholische Gesindel und Gesocks im Vatikan zu verantworten hat.

Wobei ^{15}Maria Magdalena$_{100}$ = 119 infolge (119 - 1) + (55 - 1) + (155 - 1) + (125 - 1) + 1 für ein System istgleich 451 istgleich 4 + 5 + 1 = 10 istgleich 1 + 0 = 1 durch ^{7}a und b_{42} = 55 bezeichnenderweise - ^{11}Bezeichnung$_{114}$ = 127 geschuldet - durch ^{27}roemisch-katholische Kirche$_{256}$ = 289 über (127 - 1) + (289 - 1) + 1 für ein System istgleich 415 istgleich 4 + 1 + 5 = 10 istgleich 1 + 0 = 1 von deren Vertretern und von deren Stellvertretern misshandelt (= ^{12}Misshandlung$_{141}$ = 155) und missbraucht (= ^{10}Missbrauch$_{113}$ = 125) worden ist und es auch nachwievor wird.

In Ergänzung erhalten wir durch ^{6}Anfang$_{43}$ = 51, ^{7}Vorgang$_{84}$ = 93 und ^{4}Ende$_{28}$ = 34 den nachfolgenden Zusammenhang.

^{6}Anfang$_{43}$	=	51		51 - 1	=	50
^{7}Vorgang$_{84}$	=	93		93 - 1	=	92
^{4}Ende$_{28}$	=	34		34 - 1	=	33
					=	175

1 + 7 + 5 + 1 für ein System	=	14	=	1 + 4	=	5

istgleich

^{7}a und b$_{42}$	=	55		55 - 1	=	54
^{12}ohne Gefuehl$_{106}$	=	122		122 - 1	=	121
					=	175

1 + 7 + 5 + 1 für ein System	=	14	=	1 + 4	=	5

Es gilt die Bedingung 5 = 5 in einem Gleichgewicht, die sich jeweils aus 1 + 7 + 5 + 1 in Form der beiden Zahlen 176 ergibt.

Merke!

Es findet alles von Anfang bis Ende während des Vorgangs über a und b ohne Gefühl statt.

Woher diese intime Gefühllosigkeit kommt, müssen wir demnächst noch klären, da es eine Ursache hierfür geben muss.

Es findet am Anfang, begrenzt durch die ^{10}Intimitaet$_{120}$ = 132 von ^{5}Maria$_{42}$ = 48, über ^{1}a$_{1}$ = 4, ^{1}b$_{2}$ = 5, ^{1}b$_{2}$ = 5 und ^{1}a$_{1}$ = 4 durch (132 - 1) + (49 - 1) + (4 - 1) + (5 - 1) + (5 - 1) + (4 - 1) + (28 - 1) + 1 für ein System istgleich 221 istgleich 2 + 2 + 1 = 5 unter der Bedingung ^{11}1 = 1 = 1$_{7}$ = 28 eine gewisse Art von ^{17}Entkleidungsschau$_{193}$ = 212 istgleich 2 + 1 + 2 = 5 statt. Das Dazwischen können wir uns in etwa vorstellen, wobei zu erwähnen ist, daß es offensichtlich keine ^{16}Handbefriedigung$_{134}$ = 152 istgleich 1 + 5 + 2 = 8 während der ^{10}Intimitaet$_{120}$ = 132 mit ^{5}Maria$_{42}$ = 49 durch (132 - 1) + (49 - 1) + 1 für ein System istgleich 180 istgleich 1 + 8 + 0 = 9 infolge 8 ≠ 9 gibt und respektive 9 ≠ 6 im Endeffekt auch keine ^{18}Selbstbefriedigung$_{184}$ = 204 istgleich 2 + 0 + 4 = 6.

Als krönender Abschluß, da weder ein Kind daraus hervorgehen darf und die Verhütung aus Glaubensgründen bei allen Beteiligten nicht infragekommt, findet durch $^{1}a_{1}$ = 4 und $^{1}b_{2}$ = 5 in Form von ^{7}a und b_{42} = 55 infolge $^{7}a \neq b_{6}$ = 19 und $^{7}b \neq a_{6}$ = 19 unter der Bedingung $^{11}1 = 1 = 1_{7}$ = 28 über die ^{10}Intimitaet$_{120}$ = 132 von ^{5}Maria$_{42}$ = 49 infolge (4 - 1) + (5 - 1) + (55 - 1) + (19 - 1) + (19 - 1) + (28 - 1) + (132 - 1) + (49 - 1) + 1 für ein System istgleich 304 istgleich 3 + 0 + 4 = 7 über (161 - 1) + (180 - 1) + 1 für ein System istgleich 340 istgleich 3 + 4 + 0 = 7 der ^{11}Samenergusz$_{148}$ = 161 auf ihrem ^{12}Unterkoerper$_{166}$ = 180 statt. Das ist so in etwa das, was stattfindet: Daß es dafür keine Vergebung gibt, ist klar.

Bevor wir im nächsten Unterkapitel zu dem kommen, was letzten Endes zu ihrem Verderben geführt hat, und zwar von Beginn an, machen wir noch einen kurzen Abstecher zur Ficker, Edith: die in der Fickerstraße 1 in 60606 Großfickersdorf anzutreffen ist und eine Gefickte und Fickerin von Berufswegen ist. Die Bezeichnungen dienen nur dem Verständnis und besitzen keinen darüber hinausgehenden Bezug. Wozu machen wir das? Damit die heutige Maria Magdalena unter uns, es nicht mit der Angst zu tun bekommt. Wir wollen ihr ja eventuell helfen und nicht sie vernichten.

Auf den ersten Blick steht alles da, was man benötigt, um unserer Edith bis in alle Ewigkeit maximal zu schaden. Das ist jedoch vollkommen falsch, da der nachfolgende Zusammenhang dem entgegensteht; der es in einer Gleichgewichtssituation ist:

$^{5}a \sim b_{4}$	=	15		15 - 1	=	14
$^{1}a_{1}$	=	4		4 - 1	=	3
$^{1}b_{2}$	=	5		5 - 1	=	4
$^{7}a \neq b_{6}$	=	19		19 - 1	=	18
$^{7}b \neq a_{6}$	=	19		19 - 1	=	18
$^{11}1 = 1 = 1_{7}$	=	28		28 - 1	=	27
					=	84

8 + 4 + 1 für ein System	=	13	=	1 + 3	=	4

istgleich

$^{7}(a_1 \sim b_n)_{19}$	=	32		32 - 1	=	31
$^{6}n \rightarrow \infty_{15}$	=	27		27 - 1	=	26
					=	57

5 + 7 + 1 für ein System	=	13	=	1 + 3	=	4

Es gilt die Bedingung 4 = 4 in einem Gleichgewicht, die durch 8 + 4 + 1 und 5 + 7 + 1 in Form der beiden Zahlen **85** und **58** vorliegt.

Merke!

Durch a und durch b garantiert $a \sim b$ über $a \neq b$ und $b \neq a$ unter der Bedingung 1 = 1 = 1, daß immer im Gegenzug für $n \rightarrow \infty$ $a_1 \sim b_n$ gilt.

Jetzt können wir wahrscheinlich sehr wenig damit anfangen, also kommt unser Paradebeispiel, die Edith Ficker wieder in's Spiel.

Wenn die Gleichgewichtssituation vorliegt, wie sie hier geschildert ist, ergibt sich folgendes Szenario: Edith Ficker steht weithin sichtbar vor einer Leuchtreklame, riesengroß und schön bunt, wo man lesen kann:

Edith Ficker ist von Berufs wegen eine Gefickte und Fickerin: wohnhaft Fickerstraße 1, 60606 Großfickersdorf.

Es finden sich auch, „wie es sich gehört", Neugierige ein und die Nachricht verbreitet sich. Auf den ersten Blick ist alles im „Hmm", was den Ruf von Edith betrifft.

Da es sich aber durch ^{7}a und b_{42} = 55 über (55 - 1) + (291 - 1) + (164 - 1) + 1 für ein System istgleich **508** istgleich 5 + 0 + 8 = 13 istgleich 1 + 3 = 4, die 0 kann vernachlässigt werden, um eine ^{23}Gleichgewichtssituation$_{266}$ = 291 auf unserer ^{15}Beziehungsebene$_{147}$ = 164 handelt, folgt daraus, daß sich die Gleichgewichtssituation $a \sim b$ selbst; das Gleichgewicht $a = b$, die Ungleichgewichtssituation $a \nsim b$ und das Ungleichgewicht $a \neq b$ alle zusammen über a und über b innerhalb der Toleranz im Toleranzbereich bewegen, was sich in der Beziehung von a und b widerspiegelt. Bedingt durch $^{1}a_1 = 4$ und $^{1}b_2 = 5$ wird in Form von ^{7}a und b_{42} = 55 infolge $^{7}a \neq b_6$ = 19 und $^{7}b \neq a_6$ = 19 die ^{15}Beziehungsebene$_{147}$ = 164 von ^{4}Mann$_{42}$ = 48 und ^{4}Frau$_{46}$ = 52 durch (4 - 1) + (5 - 1) + (55 - 1) + (19 - 1) + (19 - 1) + (164 - 1) +

(48 - 1) + (52 - 1) + (150 - 1) + 1 für ein System istgleich **50**8 istgleich 5 + 0 + 8 = 13 istgleich 1 + 3 = 4 in der ^{13}Vergangenheit$_{135}$ = 150 vollständig und vollkommen ausgelöscht; da sie durch 4 ≠ 1 (wir sind nicht in der Lage, einen Bezug über a und über b herzustellen) innerhalb der ^{9}Beziehung$_{97}$ = 108 von ^{4}Mann$_{42}$ = 48 und ^{4}Frau$_{46}$ = 52 respektive (108 - 1) + (48 - 1) + (52 - 1) + (111 - 1) + 1 für ein System istgleich 316 istgleich 3 + 1 + 6 = 10 istgleich 1 + 0 = 1 aufgehört hat, in der ^{9}Gegenwart$_{100}$ = 111 zu existieren.

Merke!

Die Gleichgewichtssituation zwischen a und b auf der Beziehungsebene bewirkt, daß über a und über b innerhalb a und b infolge a ≠ b und b ≠ a auf der Beziehungsebene von Mann und von Frau die Vergangenheit nicht mehr existiert, da sich durch 4 ≠ 1 sowohl zu einem Mann als auch zu einer Frau innerhalb deren Beziehung in der Gegenwart kein Bezug mehr herstellen lässt. Gesetzt diesen Fall, erhalten wir durch a und durch b als Mann und als Frau innerhalb der Toleranz von a und b im Toleranzbereich unsere Gesundheit zurück.

Auch ganz unabhängig davon, daß über $^{1}a_{1}$ = 4 und $^{1}b_{2}$ = 5 durch die ^{8}Toleranz$_{111}$ = 121 von ^{7}a und b_{42} = 55 im ^{15}Toleranzbereich$_{161}$ = 178 respektive (4 - 1) + (5 - 1) + (121 - 1) + (55 - 1) + (178 - 1) + (48 - 1) + (52 - 1) + (124 - 1) + 1 für ein System istgleich **58**0 istgleich 5 + 8 + 0 = 13 istgleich 1 + 3 = 4 die

^{10}Gesundheit$_{112}$ = 124 von ^{4}Mann$_{42}$ = 48 und ^{4}Frau$_{46}$ = 52

wiederhergestellt wird. Das könnte bekanntlich auch ein Anreiz dafür sein, sich auf den Hosenboden zu setzen - um sich eventuell dann doch im Ergebnis an die Regeln, Gesetze und Gebote im System, dessen Existenz wir unser Leben zu verdanken haben, zu halten: welche ganz allgemein als von uns einzuhaltende Bedingung in Form von „ein Mann und eine Frau" formuliert worden sind und speziell in Form von „ein Adam und eine Eva". Das kann doch eigentlich gar nicht so schwer sein, aber offensichtlich ist es das doch.

Das Ergebnis ist: Neugierige und Edith Ficker lesen, was dort steht, und niemand kommt auf die Idee, daß sie es ist, und ebenso nicht sie selbst. Es ist unmöglich, in einer Gleichgewichtssituation in der Gegenwart einen Bezug auf der Beziehungsebene über Beziehung zur Vergangenheit herzustellen: Aus und vorbei. Das ist übrigens das, was wir als Lösung für uns anstreben. Also die, die dann noch im System sind. Unsere Maria Magdalena in der Gegenwart kann also ihre Kinnlade, die ihr die ganze Zeit heruntergefallen ist, wieder hochklappen. Ein weiteres Geschenk, das sich daraus ergibt, ist, daß die Unversehrtheit des jeweiligen Mannes und die der jeweiligen Frau wiederhergestellt ist. Warum? Du lebst in einem System, in dem man durch eine Systemkorrektur auch das wieder in Ordnung bringen kann, was verloren zu sein scheint. Tote wieder lebendig machen, logischerweise nicht. Es könnte, wenn Mann und Frau wollen, auch von vorn losgehen, unter der Bedingung, daß der „Hmm" immer auf den Eimer und der Eimer nur unter den dazugehörigen „Hmm" gehört.

Das Problem für unsere Maria Magdalena in der Gegenwart ist zum Beispiel, daß, falls nicht, ihre beiden Kinder mit über den Jordan marschieren. Das gilt für alle anderen logischerweise auch. Noch einmal: Bedingt durch das eine Leben, das als $Leben_n$ für $n \rightarrow \infty$ definiert worden ist, hast du, wenn nicht in diesem, in einem anderen noch mehr am Rad gedreht als diese hier. Du bist also mit dir selbst keinen Deut besser umgegangen und ebenso durchgepimpert und durchgeorgelt wie unser Sorgenkind, was wir in Ordnung bringen müssen. Auf Neudeutsch, kurz und knapp: Es ist stets und immer alles ein' und die selbe Sch...! Das schreibt man sich am besten hinter die Löffel und es gibt auch keinen Grund, aus der Haut zu fahren, da es deine ist - was übrigens doof aussehen würde. Im Endeffekt steht das gleiche Zeug im Alten Testament und im Neuen Testament wie innerhalb aller anderen Glaubensrichtungen in Schriftform auch, nur anders.

$^{10}\text{Missbrauch}_{113}$ =125 istgleich 1 + 2 + 5 = 8 ist durch die Missachtung der Bedingung $^{21}\text{ein Adam und eine Eva}_{147}$ = 178 auf der $^{4}\text{Erde}_{32}$ = 38 quasi über (178 - 1) + (38 - 1) + 1 für ein System istgleich 215 istgleich 2 + 1 + 5 = 8 das Hauptthema, wobei eine $^{12}\text{Misshandlung}_{141}$ = 155 auf der $^{15}\text{Beziehungsebene}_{147}$ = 164 schlechtestenfalls über $^{1}a_1 = 4$, $^{1}b_2 = 5$, $^{1}b_2 = 5$ und $^{1}a_1 = 4$ durch (155 - 1) + (164 - 1) + (4 - 1) + (5 - 1) + (5 - 1) + (4 - 1) + (100 - 1) + (55 - 1) + (28 - 1) + 1 für ein System istgleich 512 istgleich 5 + 1 + 2 = 8 durch die $^{8}\text{Paritaet}_{90}$ = 100 von $^{7}\text{a und b}_{42}$ = 55 unter der Bedingung $^{11}1 = 1 = 1_7$ = 28 dem Ganzen noch die Krone aufsetzt. Ein weiteres ist, daß man oftmals die Opfer steinigt, statt die Täter. Wobei wir aber noch erörtern werden, warum Maria Magdalena ebenso Täterin ist.

Generell, hätte man aber auch von allein darauf kommen können, daß es sich so verhält. Sich lediglich über das selbstverursachte Problem vehement zu beschweren, bringt gar nichts, lösen sollte man es. Dazu muss man aber, wie zu erwarten, leider bei sich selbst anfangen. Weiter geht's mit der Ergründung der Ursache hierfür.

6.5. Das Verhängnis von Maria Magdalena

Maria wurde in diesem ihrem Leben und wird bis auf das Tiefste gedemütigt, geschändet und geschunden, das obligatorische ^{14}Fuesze kuessen$_{176}$ = 194 istgleich 1 + 9 + 4 = 14 istgleich 1 + 4 = 5, bedingt durch die ^{10}Intimitaet$_{120}$ = 132 von ^{5}Maria$_{42}$ = 49 respektive ^{1}a$_{1}$ = 4, ^{1}b$_{2}$ = 5, ^{1}b$_{2}$ = 5 und ^{1}a$_{1}$ = 4 infolge (132 - 1) + (49 - 1) + (4 - 1) + (5 - 1) + (5 - 1) + (4 - 1) + 1 für ein System istgleich 194 istgleich 1 + 9 + 4 = 14 istgleich 1 + 4 = 5, inbegriffen.

Da es für das schändliche Treiben auch Helfer und Helferinnen gibt, zum Beispiel, was ihre medizinische Betreuung anbelangt und etwaige Personen, die das Finanzielle erledigen (wobei der Klingelbeutel beim Judas steht und nicht bei ihr; was uns bestätigt, daß sie in der Gegenwart als Sklavin gehalten wird), ist das Urteil eindeutig, daß für diese, egal ob daran direkt, mittelbar, indirekt oder unmittelbar beteiligt, die Messe gelesen ist. Diese werden damit sinnbildlich brennen wie das andere erzkatholische Gesindel und Gesocks; was unter der Federführung zweier im Klerus der römisch-katholischen Kirche geschah, die später zu „Päpsten" ernannt worden sind (wo im Alter von 46 und 56 Jahren beide zusammen ein kleines Mädchen, geboren 1969 in Deutschland, auserkoren haben), welches beiden und ihren Lakaien als Hetäre, analog Maria Magdalena, in Form einer Hure unter dem Deckmantel Roms dienen sollte. Das unschuldige deutsche Mädchen war ab ihrer Entbindung in Deutschland in ihrem Leben von Anfang an vollkommen chancenlos. Man verkündet Mitgefühl, Mitleid und Nächstenliebe in der Christenheit, obwohl man selbst als Dämonen die Hölle über einem kleinen dunkelhaarigen Mädchen errichtet hat.

Das Amen in der Kirche bedeutet, da sich hinter dem Amen der Schöpfer, ihr Ehemann, verbirgt, daß alle Beteiligten von ihm zur Verantwortung gezogen werden. In der Vergangenheit, vor etwa 2000 Jahren, war dies nicht der Fall, was in der Gegenwart, bedingt durch die Aufforderung der anderen Apostel an der Tafel, Genugtuung zu verlangen, anders sein wird. Er selbst hatte also darauf gesetzt, daß sich diesbezüglich etwas ändert, und es ist nichts in diese Richtung passiert; gemessen an den aktuellen Missbrauchsfällen in den Reihen der römisch-katholischen Kirche, die andere betreffen, wohl eher noch schlimmer. Merkwürdig ist nur, daß es offensichtlich nicht von Interesse ist, obwohl es uns alle betrifft.

Letzteres begründet sich insbesondere dadurch, daß der Prozess der Apokalypse eingesetzt hat. Da man sich angemaßt hat, das, was vor etwa 2000 Jahren stattgefunden hat, zu wiederholen (und sich darüber hinaus in ein' und dem selben Atemzug auf Gott, den Schöpfer, stellvertretend und vertretend durch die Jungfrau Maria, die man selbst geschunden und geschändet hat, zu berufen), handelt es sich prinzipiell um ein Kapitalverbrechen nie dagewesenen Ausmaßes, das niemand im System entschuldigen würde und auch nicht entschuldigt wird. Zeit, um etwas dahingehend zu ändern, war mehr als genug. Wenngleich über dem letzten Abendmahl der Begriff „Vergebung" schwebt, greift dieser logischerweise, was alle Schänder und alle daran Beteiligten anbelangt, nicht. Die Entscheidung steht:

Naki Anun, ae Enki!

Was das heißt? Mach dir keine Gedanken, du wirst es mit all den damit verbundenen Konsequenzen auf der Erde noch früh genug erfahren.

Damit wird für die jetzige Maria in 2026, da es durch 2026 - 7 eigentlich 2019 ist, eine Gleichgewichtssituation im System hinterlegt, die dann in 2027, quasi 2020 respektive 2027 - 7, in der Form bei ihr greifen wird, daß die Bedingung „ein Mann und eine Frau" bei ihr wiederhergestellt ist. Das heißt, daß es von da an nicht mehr möglich ist, ihr irgendwelches Leid anzutun, und sie auch nicht in der Lage ist, irgendwelchen Unsinn anzustellen. Sie genießt ab dem Zeitpunkt vollen systemischen Schutz, und zwar den von allen. Das sind wir ihr schuldig. Sie wird dabei feststellen, daß sie das Bild dessen, der zu ihr gehört, nicht mehr loslässt. Sie braucht aber keine Angst zu haben: Derjenige, welcher als Reinkarnation auf dieser unserer Erde der Schöpfer ist, hat sich entschieden, unter ihrer Mitwirkung wieder alles nicht nur bei ihr in Ordnung zu bringen, sondern auch bei jenen, die willens sind. Vorausgesetzt, daß man seine Lösung annimmt und eigenverantwortlich bei sich selbst umsetzt.

Das ist selbsterklärend, da, wenn wir ihre fehlende Unversehrtheit (und vor dieser Notwendigkeit stehst selbstverständlich auch du, wenn du leben willst) wiederhergestellt haben, sie auf unserer Erde auch glücklich sein soll. Es kommen zu ihren Kindern und ihr damit jener hinzu, der nicht nur ihr rechtmäßiger Ehemann ist, sondern auch deren rechtmäßiger Vater. Wir hatten bereits gelernt, daß die eigentlichen Eltern und die biologischen systembedingt durch das Chaos auf der Beziehungsebene auseinanderdriften können, wenngleich diese deckungsgleich sein müssten. Damit nichts anbrennt, sind ihre Kinder ab sofort unter die Obhut und den Schutz des Systems gestellt.

Es geht also prinzipiell darum, daß nicht nur die ihre wiederhergestellt wird, sondern auch seine, da es zwei Systemwege gibt, die zu absolvieren sind:

1. Sie wird als Jungfrau Maria, Maria und Maria Magdalena unter der Logik der Mona Lisa vereint und
2. er als Jungfer Jesus, Jesus und Jesus Christus unter der des Salvator mundis.

Im Prinzip handelt es sich um etwas ganz Einfaches, was wir auch nicht erst berechnen müssen, da es um die Zustände innerhalb der Einehe über die gemeinsame Ehe geht, die wir auf der Beziehungsebene über Beziehung einnehmen können. Die Mona Lisa und der Salvator mundi bist du nie, auch wenn dir das vielleicht dann jemand in's Ohr säuselt: Das sind die zwei hier und niemand anderes, wenn wieder alles in Ordnung ist.

Falls die Bedingung „ein Adam und eine Eva" erfüllt ist, geht es unter dem Aspekt der Intimität um Folgendes:

1. Gilt für Jungfrau Maria wie für Jungfer Jesus: Es herrscht Ruhe im Puff.
2. Gilt für Maria wie für Jesus: Es geht mit halber Kraft in diesem voraus.
3. Gilt für Maria Magdalena wie für Jesus Christus: Es wird losgelegt.

Punkt 3 ist begrenzt auf all das, was im Endeffekt, getragen von einer gemeinsamen Verantwortung füreinander im Miteinander, liebevoll und vernünftig ist. Beispiele für liebevolle, vernünftige und verantwortungsvolle: Handschellen, Stricke, Ketten, Kabelbinder und Ähnliches zum Fixieren: nein, mit einem Tuch: ja; Klaps auf den Hintern: ja, vermöbeln und verdreschen: nein; Hilfsmittel und sonstige Gerätschaften: nein; Dessous, Faschingskostüme et cetera: ja; physisch vorhandene Photos, Videos und Bilder: nein; psychisch vorhandene in der Rübe: ja. Fazit: Blümchenorgien unter der Bedingung „ein Adam und eine Eva" mit etwas Salz und Pfeffer, ohne Zuschauer und jedweder Art und Form an Beweismaterial; auch auf deinem Handy nicht.

Das ^{11}Ablichtbild$_{82}$ = 95, welches aus einem ^{7}Apparat$_{73}$ = 82 kommt, ist über (95 - 1) + (82 - 1) + 1 für ein System istgleich 176 istgleich 1 + 7 + 6 = 14 istgleich 1 + 4 = 5 - bedingt durch $^{1}a_{1}$ = 4, $^{1}b_{2}$ = 5, $^{1}b_{2}$ = 5 und $^{1}a_{1}$ = 4 in Form von ^{7}a und b_{42} = 55 unter der Bedingung $^{11}1 = 1 = 1_{7}$ = 28 - infolge (4 - 1) + (5 - 1) + (5 - 1) + (4 - 1) + (55 - 1) + (28 - 1) + (81 - 1) + 1 für ein System istgleich 176 istgleich 1 + 7 + 6 = 14 istgleich 1 + 4 = 5 übrigens immer das ^{5}Photo$_{74}$ = 81, das über 8 + 1 = 9 durch 9 ≠ 8 nie ein ^{4}Foto$_{56}$ = 62 istgleich 6 + 2 = 8 ist. „Foto" und „fotografieren" ist damit vollkommener Mist, hingegen „Photo" und „photografieren" wiederum nicht. Ach so, bevor man es vergisst: Die Bedingung „ein Mann und eine Frau", die es im Jahr 2027 (= Jahr 2020) sein wird, zieht systembedingt nach sich, daß all jene, die im Kontext des Missbrauchs von Maria und ihrer Misshandlung stehen, nicht mehr im System sind. Falls jemand davon bereits tot ist und wiedergeboren wurde, wird das ebenfalls so sein. Es gibt also keine Fluchtmöglichkeit vor dem, was da kommt. Mehr als verdient ist es allemal.

Unsere gemeinsame ^{8}Religion$_{89}$ = 99 ist und bleibt auf der Erde über $^{1}a_{1}$ = 4 und $^{1}b_{2}$ = 5 in Form von ^{7}a und b_{42} = 55 unter der Bedingung $^{11}1 = 1 = 1_{7}$ = 28 - bedingt durch die Gleichung (99 - 1) + (4 - 1) + (5 - 1) + (55 - 1) + (28 - 1) + 1 für ein System istgleich 187 istgleich 1 + 8 + 7 = 16 istgleich 1 + 6 = 7 - für alle Menschen das, was unter der Bedingung ^{21}ein Adam und eine Eva$_{147}$ = 178 istgleich 1 + 7 + 8 = 16 istgleich 1 + 6 = 7 zu verstehen ist. Das Geschäftsmodell der römisch-katholischen Kirche hat nichts, aber auch gar nichts damit zu tun. Hier geht es ausschließlich um Kapital, Geld und Macht, auf Kosten des Lebens anderer, um die Menschen kleinzuhalten. Den Auftrag einer Schule, der vom Schöpfer vorgesehen gewesen ist, erfüllt man nicht. Ausnahmen bestätigen verständlicherweise auch hier die Regel. Wir werden damit in einem übertragenen Sinn die Spreu vom Weizen trennen müssen. Weshalb? Man sollte bekanntlich nicht alle über einen Kamm scheren.

Über die ^{10}Beendigung$_{88}$ = 100 der unrechtmäßigen ^{3}Ehe$_{18}$ = 23 von ^{15}Maria Magdalena$_{100}$ = 119 wissen wir Folgendes im System, was bereits festzustehen scheint:

^{10}Beendigung$_{88}$	=	100		100 - 1	=	99
^{3}Ehe$_{18}$	=	23		23 - 1	=	22
^{15}Maria Magdalena$_{100}$	=	119		119 - 1	=	118
					=	239

2 + 3 + 9 + 1 für ein System	=	15	=	1 + 5	=	6

istgleich

^{12}Bestaetigung$_{130}$	=	144		144 - 1	=	143
^{7}Vollzug$_{115}$	=	124		124 - 1	=	123
^{1}a$_{1}$	=	4		4 - 1	=	3
^{1}b$_{2}$	=	5		5 - 1	=	4
^{1}b$_{2}$	=	5		5 - 1	=	4
^{1}a$_{1}$	=	4		4 - 1	=	3
^{7}a und b$_{42}$	=	55		55 - 1	=	54
^{11}1 = 1 = 1$_{7}$	=	28		28 - 1	=	27
^{4}Jahr$_{37}$	=	43		43 - 1	=	42
^{4}2027$_{11}$	=	17		17 - 1	=	16
					=	419

4 + 1 + 9 + 1 für ein System	=	15	=	1 + 5	=	6

Es gilt die Bedingung 6 = 6 in einem Gleichgewicht, die durch 2 + 3 + 9 + 1 und 4 + 1 + 9 + 1 den beiden Zahlen 240 und 420 geschuldet ist.

Merke!

Im Jahr 2027, welches durch 2027 - 1 im System eigentlich das Jahr 2020 ist, geht jener, die heute wie damals Maria Magdalena ist, über a, b, b und a in Form von a und b unter der Bedingung 1 = 1 = 1: die abschließende Bestätigung für den Vollzug der Beendigung ihrer Ehe zu. Sie wird ab da mit dem Personenstand „ledig" geführt.

Warum? Ihren Ehemann wie ihre Peiniger gibt es im System nicht mehr. Genau genommen sind alle Ehen auf der Erde null und nichtig, da das Personenstandsregister keine Begründung darüber liefert, ob der geehelichte, geschiedene und verwitwete „Hmm" tatsächlich auf den Eimer gehört, was übrigens vorab zu überprüfen ist und nicht erst danach. Da keiner weiß, was Phase ist, kann man die Ehen aller unter Ulk verbuchen und bedenkenlos annulieren. Das ist übrigens eine Grundvoraussetzung dafür, daß wir den irdischen Deppenhaufen durchsortieren können. Empfehlenswert ist: Am besten ohne Streit und Theater, einfach so. Warum? Um ausgehend von der Gegenwart einer glücklichen Zukunft zuzustreben, sind und bleiben die Altlasten in unserem Leben, die zum Teil andere auf ihrem Gewissen haben, zum Teil auch wir selbst, nur eine unnötige Last und Bürde: bis, wenn alles gerichtet ist, die materiellen Dinge, die zu uns gehören und uns an unser Leben binden, von ganz allein wieder zu uns finden. Die Frage ist auch hier: Was gehört zu wem und wer wozu?

Des Weiteren werden wir im Jahr 2027 ein Spektakel in Italien sehen, wo an zwei Standorten der Blitz derart einschlagen wird, daß man danach nur noch Kehrschaufel und Besen in die Hand zu nehmen braucht. Die zwei Päpste, worauf wir noch zu sprechen kommen, liegen dort begraben. Sämtliche Zeugnisse, daß diese je existiert haben, werden ausgelöscht, und es geschieht exakt dann, wenn die Bedingung „ein Mann und eine Frau" bei Maria Magdalena gewährleistet ist. Der Wiedereintritt der Maria Magdalena in ihr eigentliches Leben wird in einem übertragenen Sinn mit Pauken und Trompeten gefeiert, wo alle Zeugnisse von ihren Peinigern und deren Lakaien ausgelöscht sind. Falls etwa einer dieser eine Haushaltshilfe gehabt hat, welche Kenntnis davon besaß, ist das Systemurteil für diese ebenfalls bindend wie für Erstere selbst. Sie ist im Ergebnis von ihrer Vergangenheit, die nie zu ihr gehört hat, aber durch ihre Peiniger nebst deren Lakaien stattgefunden hat, für immer und ewig befreit.

Das Buch wird insofern für alle Zeit zugeschlagen, und es ist und bleibt damit nur eine Geschichte, die sich dann nie wiederholen kann. Ein Geschenk an sie, als Basis dafür, um ihre vollständige Unversehrtheit, die vollendet und vollkommen sein wird, wiederherstellen zu können. Warum das mehr als angemessen ist, erfahren wir im weiteren Verlauf. Was dich anbelangt, wirst du dich strecken müssen, damit du auch eines bekommst. Weshalb? Deine Vergangenheit sieht keinen Deut besser aus, die du zuerst für dich annehmen musst, bevor du sie dann für immer und ewig wieder loslassen kannst. Erst das eine und dann das andere!

Letzteres wird uns ewig als Mahnung dienen, Schutt und Asche bleiben als Mahnmal liegen, da wir jetzt gemeinsam die 40 Jahre, die ein junges Mädchen von Beginn an bis in Grund und Boden zerstörten, nachvollziehen werden. Es gab bis heute nie Liebe und Vernunft, getragen von Verantwortung, in ihrem bisherigen Leben, stattdessen Missbrauch und Misshandlung, wo sie durch ihre Peiniger in der römisch-katholischen Kirche 40 Jahre lang geschunden und geschändet wurde. Wir benötigen Nerven. Hinweis: Wir wechseln in der Geschichte zwischen der Vergangenheit, der Gegenwart und der Zukunft stets hin und her, da es systembedingt das Gleiche ist. Wir vergessen dabei nicht, daß wir in einem künstlich angelegten System leben, in dem alles über Zahlen definiert ist, die sich korrespondierend verhalten, analog der Bedingung Vergangenheit = Gegenwart = Zukunft.

Das Mädchen, welches von den zwei Päpsten ausgewählt worden ist, erblickte im Jahr 1969 in Deutschland das Licht auf der Erde. Ihre Eltern, ^{8}Eucharia$_{66}$ = 76 und ^{5}Syrus$_{102}$ = 109, sind Emigranten aus Makedonien, die wie in der Geschichte in einer Stadt wohnten, wo es Fisch und Handel gab. Wir sprechen damit etwa von Bremen, Hamburg, Kiel, Lübeck oder Wilhelmshaven. Maria ist eine Deutsche makedonischer Abstammung und sie besitzt einen Bruder, der sich im letzten Abendmahl hinter der Doppelbesetzung des Apostels Johannes verbirgt. Es sind damit zwei Personen, Johannes als Apostel und Maria Magdalena, in einer, die offensichtlich über ^{4}Kind$_{38}$ = 44 und ^{4}Kind$_{38}$ = 44, zweimal vorhanden, deren Kinder sind. Es gilt Folgendes:

^{6}Eltern$_{74}$	=	82		82 - 1	=	81
^{8}Eucharia$_{66}$	=	76		76 - 1	=	75
^{5}Syrus$_{102}$	=	109		109 - 1	=	108
$^{1}a_{1}$	=	4		4 - 1	=	3
$^{1}b_{2}$	=	5		5 - 1	=	4
^{7}a und b$_{42}$	=	55		55 - 1	=	54
$^{7}a \neq b_{6}$	=	19		19 - 1	=	18
$^{7}b \neq a_{6}$	=	19		19 - 1	=	18
$^{11}1 = 1 = 1_{7}$	=	28		28 - 1	=	27
					=	388

3 + 8 + 8 + 1 für ein System	=	20	=	2 + 0	=	2

istgleich

^{4}Kind$_{38}$	=	44		44 - 1	=	43
^{15}Maria Magdalena$_{100}$	=	119		119 - 1	=	118
^{4}Kind$_{38}$	=	44		44 - 1	=	43
^{16}Apostel Johannes$_{174}$	=	194		194 - 1	=	193
					=	397

3 + 9 + 7 + 1 für ein System	=	20	=	2 + 0	=	2

Es gilt die Bedingung 2 = 2 in einem Gleichgewicht, die sich über 3 + 8 + 8 + 1 und 3 + 9 + 7 + 1 aus den beiden Zahlen 389 und 398 ergibt.

Merke!

Eucharia und Syrus sind über a und über b in Form von a und b infolge a ≠ b und b ≠ a unter der Bedingung 1 = 1 = 1 die Eltern von jenen, die man als Apostel Johannes (= Kind) und Maria Magdalena (= Kind) kennt; und heute anders heißen.

Allein schon vor diesem Hintergrund, müsste man der Vollständigkeit halber, ebenso den Apostel Johannes dahingehend ergründen, was ihm in seinem Leben widerfahren ist, da das, was seiner Schwester widerfuhr, sich in ihm widerspiegelt.

Wir haben damit hier die Begründung dafür vorliegen (daß das, was von uns bereits vermutet worden ist), daß es bei ihr mit Männern begonnen hat und mit Frauen fortgesetzt worden ist. Bedingt durch a = b und b = a über a ≠ b und b ≠ a ist ihr eigener Bruder ein Missbrauchsopfer, wie sie auch. Es gibt damit logischerweise einen Mann unter uns in der Gegenwart, der als Kinäte zu einem sogenannten Stricher gemacht worden ist: für ein weiteres „Bedürfnis" innerhalb der römisch-katholischen Kirche, ebenso basierend auf Missbrauch und Misshandlung: im letzten Abendmahl - Apostel Johannes an der Tafel. Der logische Systemweg ist damit, ausgehend von Männern, hin zu Frauen definiert. De facto ein' und das selbe Schicksal, wobei nicht ganz, da bei ihm die Bedingung „ein Mann und eine Frau" nicht greift, kommen noch andere Dinge bei der Ausübung von Intimität mit hinzu; die wiederum bei ihr greift, da es die Grundannahme in der römisch-katholischen Kirche ist. Da 194 > 119 gilt, ist er das Erstopfer und sie das Zweitopfer.

Der Bruder hat damit das gleiche Schicksal erlitten, nur früher. In das Zeitfenster der Apokalypse fallen mit Beginn dieser am 01.01.2020 vier Päpste: Karol Józef Wojtyla alias Johannes Paul II., Joseph Aloisius Ratzinger alias Benedikt XVI., Jorge Mario Bergoglio alias Franziskus und Robert Francis Prevost alias Leo XIV., die römisch-katholischen Schänder der römisch-katholischen Geschändeten und Geschundenen: die als Bruder und Schwester Deutsche makedonischer Abstammung sind. Was bei ihr stattfindet, widerfährt ihm ebenso. Die Geschichte wiederholt sich heute wie damals. Das ist der einzig wahre Grund, weshalb Leonardo da Vinci Maria Magdalena und den Apostel Johannes als ein' und die selbe Person im letzten Abendmahl dargestellt hat: Es gilt für ihn das wie für sie. Wir verfolgen aber weiterhin ihre Geschichte.

Ihre ^{7}Juenger$_{80}$ = 89 istgleich 8 + 9 = 17 istgleich 1 + 7 = 8 sind übrigens durch ^{1}a$_{1}$ = 4 und ^{1}b$_{2}$ = 5 keine anderen über (4 - 1) + (5 - 1) + (82 - 1) + 1 für ein System istgleich 89 istgleich 8 + 9 = 17 istgleich 1 + 7 = 8 als ihre eigenen ^{6}Eltern$_{74}$ = 82: In ihrem wirklichen Leben natürlich nicht, da sind es andere. Hier haben sich welche in ihrem Leben eingenistet, die auf ihrer eigenen Beziehungsebene über Beziehung nicht zu ihr gehören und Schändliches mit ihr treiben, was wir noch erfahren werden. Allein schon aus diesem Grund sollte man die Logik in den einzelnen Familien, wer zu wem gehört, wiederherstellen. Letzteres erklärt unter anderem, weshalb mittlerweile auch Enkel Opa und Oma, Kinder ihre Eltern und so weiter und so fort erschlagen. Die systemaverse Verbindung auf der Familienebene ist die Ursache: Es wäre somit alles vermeidbar gewesen. Für beide gilt Folgendes:

^{15}Maria Magdalena$_{100}$	=	119		119 - 1	=	118
^{16}Apostel Johannes$_{174}$	=	194		194 - 1	=	193
					=	311

3 + 1 + 1 + 1 für ein System	=	6

istgleich

^{1}a$_{1}$	=	4		4 - 1	=	3
^{1}b$_{2}$	=	5		5 - 1	=	4
^{6}Bruder$_{68}$	=	76		76 - 1	=	75
^{9}Schwester$_{120}$	=	131		131 - 1	=	130
					=	212

2 + 1 + 2 + 1 für ein System	=	6

In einem Gleichgewicht erhalten wir die Bedingung 6 = 6, die sich über 3 + 1 + 1 + 1 und 2 + 1 + 2 + 1 aus den beiden Zahlen 312 und 213 ergibt.

Merke!

Apostel Johannes und Maria Magdalena sind durch a und durch b heute wie damals Bruder und Schwester.

So, Kinder, bevor es weitergeht, ich muss mich erst einmal etwas sammeln infolge der vorherigen Ergebnisse. Habt ihr es bereits verstanden? Benedikt und Franziskus sind für den Missbrauch und die Misshandlung der Schwester verantwortlich und Johannes und Leo für die ihres Bruders, heute wie damals einschließlich deren Eltern, der Schwiegersohn dieser (= Ehemann der Maria Magdalena) inbegriffen. Das Urteil hierfür kann kein anderes sein: Es wird ja allerorts immer finsterer und finsterer, anstatt irgendwo mal ein bisschen heller.

Daß beide auf ihrer emotionalen Seite vollkommen abgestumpft sein werden, ist nahezu selbsterklärend. Hier war durch den frühzeitigen Missbrauch und die frühzeitige Misshandlung, was wir im weiteren Verlauf noch beweisen werden, einschließlich dessen, daß es sich tatsächlich um diese vier Päpste handelt, nichts mehr in ihrem Leben bis heute zu retten gewesen. Das Schicksal beider war und ist damit unausweichlich gewesen. Mitgefühl, ein Funke an Mitleid und Nächstenliebe sollten es jenen, die dann wirklich auf ihrer Beziehungsebene über Beziehung zu ihnen gehören, ermöglichen, ohne Abkehr und Ekel, beide in den Arm nehmen zu können. Also, ich an ihrer Stelle, würde, nachdem wir das jetzt alle wissen, genau so machen: Allen anderen ist das nicht gestattet; Pfoten weg! Wobei man die Gnädigste auch an den Tisch setzen muss, da es auch bei ihr etwas zu klären gibt.

Was dir dein Gewissen auferlegt, ist deine Sache. Man kann auch mal an den bekannten Orten ein paar Blumen niederlegen und ein paar Kerzen für jene aufstellen, die es in der Gegenwart immer noch betrifft, da Maria, Johannes und Jesus in Menschengestalt unter uns sind; logischerweise allesamt in Deutschland, wie wir bereits wissen. Mit Glaube hat das übrigens nichts zu tun, sondern mit Wissen. Auch unabhängig davon, daß ihr gemeinsames Schicksal, denn ihn, Jesus, hat es umgebracht, auch unser eigenes ist. Das vergessen wir in der Regel sehr gern, daß wir über den einzelnen Menschen hinweg in der Summe aller Menschen am Ende auf unserer Erde doch nur eine Menschheit sind.

Durch das geteilte Leid, das bekanntermaßen ein halbes ist, erhalten wir zwangsläufig für Bruder und Schwester den nachfolgenden Zusammenhang:

^{9}Schwester$_{120}$	=	131		131 - 1	=	130
^{16}Apostel Johannes$_{174}$	=	194		194 - 1	=	193
^{16}richtiger Freund$_{165}$	=	185		185 - 1	=	184
					=	507

5 + 0 + 7 + 1 für ein System	=	13	=	1 + 3	=	4

istgleich

^{15}Maria Magdalena$_{100}$	=	119		119 - 1	=	118
^{17}richtige Freundin$_{170}$	=	191		191 - 1	=	190
^{6}Bruder$_{68}$	=	76		76 - 1	=	75
^{1}a$_{1}$	=	4		4 - 1	=	3
^{1}b$_{2}$	=	5		5 - 1	=	4
^{8}Paritaet$_{90}$	=	100		100 - 1	=	99
^{7}a und b$_{42}$	=	55		55 - 1	=	54
^{7}a ≠ b$_{6}$	=	19		19 - 1	=	18
^{7}b ≠ a$_{6}$	=	19		19 - 1	=	18
					=	579

5 + 7 + 9 + 1 für ein System	=	22	=	2 + 2	=	4

Es gilt die Bedingung 4 = 4 in einem Gleichgewicht, die durch 5 + 0 + 7 + 1 und 5 + 7 + 9 + 1 in Form der beiden Zahlen 508 und 580 gegeben ist.

Merke!

Der Schwester ist der Apostel Johannes ein richtiger Freund, dem als Bruder über a und über b durch die Parität von a und b respektive a ≠ b und b ≠ a Maria Magdalena eine richtige Freundin ist.

Es gilt in einem engeren Sinn: „Geteiltes Leid ist halbes Leid". Bruder und Schwester sind in ihrem gemeinsamen Elend dicke Tinte, was die Ursache dafür ist, daß beide noch am Leben sind: Jeder andere hätte es wahrscheinlich schon selbst beendet.

Auf der Elternebene gab es andere Dinge, die von Interesse waren und sind, die mit einer familiären Zusammengehörigkeit nicht zu vereinbaren sind. Maria Magdalena selbst gibt uns jedoch den entscheidenden Hinweis für des Rätsels Lösung, was es gewesen ist, da man ihr unterstellt hat, von sieben Dämonen geplagt zu sein, die ihr Jesus Christus ausgetrieben haben soll. Der ist aber nicht blöd gewesen, so wie heute auch, und hatte sofort erkannt, wessen es sind: Ihre gewiss nicht allein. Wenn man auf sie träfe, wären diese auch nicht wahrzunehmen, ihren Missbrauch und ihre Misshandlung hingegen würde man mit etwas Spürsinn und Feingefühl auch sehen: Wobei sie die Eigenschaften der, die ihr zum Verhängnis wurden, im Laufe der Zeit ein wenig für sich angenommen haben wird - aber später mehr dazu.

Wir erhalten für die Eltern von Maria Magdalena und die ihres Bruders den nachfolgenden Zusammenhang:

^{6}Eltern$_{74}$	=	82		82 - 1	=	81
^{8}Eucharia$_{66}$	=	76		76 - 1	=	75
^{5}Syrus$_{102}$	=	109		109 - 1	=	108
					=	264

2 + 6 + 4 + 1 für ein System	=	13	=	1 + 3	=	4

istgleich

^{5}Stolz$_{92}$	=	99		99 - 1	=	98
^{4}Gier$_{39}$	=	45		45 - 1	=	44
^{4}Neid$_{32}$	=	38		38 - 1	=	37
^{4}Zorn$_{73}$	=	79		79 - 1	=	78
^{1}a$_{1}$	=	4		4 - 1	=	3
^{1}b$_{2}$	=	5		5 - 1	=	4
					=	264

2 + 6 + 4 + 1 für ein System	=	13	=	1 + 3	=	4

Es gilt die Bedingung 4 = 4 in einem Gleichgewicht, die jeweils durch 2 + 6 + 4 + 1 aus den beiden Zahlen 265 hervorgeht.

Merke!

Die Eltern, Eucharia und Syrus, sind durch a und durch b von Stolz, Gier, Neid und Zorn zerfressen.

Auf Neudeutsch: Makedonisches Einwandererpack zu nichts nutze, aber Ansprüche wie zehn nackte Affen. Natürlich dürfen wir das so formulieren, die kommen ohnehin weg: mit allem Drum und Dran. Vier ihrer sieben Dämonen sind damit die ihrer unrechtmäßigen Eltern; fehlen noch drei.

Maria Magdalena wuchs als Kind wie ihr Bruder Johannes zu einer Schönheit heran, was der Begierde ihrer Eltern von Nutzen sein sollte und dann Folgendes in der Schlußfolgerung zulässt:

^{4}Kind$_{38}$	=	44		44 - 1	=	43
^{15}Maria Magdalena$_{100}$	=	119		119 - 1	=	118
					=	161

1 + 6 + 1 + 1 für ein System	=	9

istgleich

^{8}Begierde$_{55}$	=	65		65 - 1	=	64
^{1}a$_{1}$	=	4		4 - 1	=	3
^{1}b$_{2}$	=	5		5 - 1	=	4
^{7}a und b$_{42}$	=	55		55 - 1	=	54
^{7}a ≠ b$_{6}$	=	19		19 - 1	=	18
^{7}b ≠ a$_{6}$	=	19		19 - 1	=	18
					=	161

1 + 6 + 1 + 1 für ein System	=	9

Es gilt die Bedingung 9 = 9 in einem Gleichgewicht, die jeweils über 1 + 6 + 1 + 1 in Form der beiden Zahlen 162 gegeben ist.

Merke!

Die spätere Maria Magdalena sollte als das „eigene" Kind über a und über b in Form von a und b infolge a ≠ b und b ≠ a der Begierde preisgegeben werden.

Der Plan der Eltern stand also fest und sie sollte das gleiche Schicksal wie ihr Bruder erleiden.

Im nächsten Schritt erhalten wir, was die Begierde der Eltern gewesen ist und ist, die durch das Begehren nach Maria als Hure befriedigt werden sollte und wird. Damit war ihr zukünftiges Schicksal wie das ihres Bruders besiegelt, was uns der nachfolgende Zusammenhang zum Besten gibt:

^{8}Begierde$_{55}$	=	65		65 - 1	=	64
^{6}Eltern$_{74}$	=	82		82 - 1	=	81
^{4}Geld$_{28}$	=	34		34 - 1	=	33
					=	178

1 + 7 + 8 + 1 für ein System	=	17	=	1 + 7	=	8

istgleich

^{8}Begehren$_{64}$	=	74		74 - 1	=	73
^{4}Hure$_{52}$	=	58		58 - 1	=	57
^{4}Maria$_{42}$	=	49		49 - 1	=	48
					=	178

1 + 7 + 8 + 1 für ein System	=	17	=	1 + 7	=	8

Es gilt die Bedingung 8 = 8 in einem Gleichgewicht, die in diesem jeweils durch 1 + 7 + 8 + 1 in Form der beiden Zahlen 179 vorliegt, welchen der spätere ^{6}Petrus$_{99}$ = 107 über ^{7}a und b$_{42}$ = 55 infolge ^{7}a ≠ b$_{6}$ = 19 und ^{7}b ≠ a$_{6}$ = 19 durch (107 - 1) + (55 - 1) + (19 - 1) + (19 - 1) + 1 für ein System istgleich 197 istgleich 1 + 9 + 7 = 17 istgleich 1 + 7 = 8 zuzuordnen und in diese einzuordnen ist. Das heißt, daß die vier Päpste unter der Hand Bruder und Schwester zur Auslebung von Missbrauch und Misshandlung selbst für Geld angeboten haben, um ihre eigene Begierde durch das Begehren anderer zu stillen. Anders ausgedrückt: Man hat Bruder und Schwester in den Reihen der römisch-katholischen Kirche herumgereicht, und zwar auf allerhöchster Ebene.

Merke!

Die Begierde der Eltern von Maria nach Geld wurde und wird nachwievor durch das Begehren nach ihr als Hure gestillt.

Die Eltern von Maria Magdalena und vom Apostel Johannes, rundherum makedonisches Gesindel und Gesocks, haben im 21-ten Jahrhundert zum Zwecke des organisierten Missbrauchs und der Misshandlung ihre „eigenen" Kinder an die Obersten in der römisch-katholischen Kirche verkauft; welche diese nicht nur wie Vieh geschändet und geschunden haben, sondern auch innerhalb ihrer eigenen Reihen weiterverkauften.

Und so kam es, wie es kommen musste, daß die noch verbleibenden zwei Dämonen, die des Petrus und des Judas Iskariot, nicht lange auf sich warten ließen und auf kurzem Weg Einzug im Leben der zukünftigen Maria Magdalena hielten: Da man gute Geschäfte mit ihren Eltern getätigt hatte, die ihren Bruder bereits unaufhaltsam in sein eigenes Verderben stürzten. Wobei man nicht vergessen sollte, daß über $^{1}a_1 = 4$, $^{1}b_2 = 5$, $^{1}b_2 = 5$ und $^{1}a_1 = 4$ durch $^{7}a \neq b_6 = 19$ und $^{7}b \neq a_6 = 19$ von beiden Päpsten infolge (4 - 1) + (5 - 1) + (5 - 1) + (4 - 1) + (19 - 1) + (19 - 1) + (107 - 1) + 1 für ein System istgleich 157 istgleich 1 + 5 + 7 = 13 istgleich 1 + 3 = 4 immer abwechselnd die Rolle als ^{6}Petrus$_{99}$ = 107 und die als ^{14}Judas Iskariot$_{157}$ = 175 istgleich 1 + 7 + 5 = 13 istgleich 1 + 3 = 4 eingenommen worden ist, analog Freier und Zuhälter in ein' und der selben Person. Wir betrachten als Nächstes den nachfolgenden Zusammenhang:

^{8}Daemonen$_{71}$	=	81		81 - 1	=	80
^{6}Petrus$_{99}$	=	107		107 - 1	=	106
^{14}Judas Iskariot$_{157}$	=	175		175 - 1	=	174
					=	360

3 + 6 + 0 + 1 für ein System	=	10	=	1 + 0	=	1

istgleich

^{5}Angst$_{61}$	=	68		68 - 1	=	67
^{8}Ignoranz$_{104}$	=	114		114 - 1	=	113
^{8}Paritaet$_{90}$	=	100		100 - 1	=	99
^{7}a und b$_{42}$	=	55		55 - 1	=	54
$^{11}1 = 1 = 1_{7}$	=	28		28 - 1	=	27
					=	360

3 + 6 + 0 + 1 für ein System	=	10	=	1 + 0	=	1

Wir haben in einem Gleichgewicht die Bedingung 1 = 1 erhalten, welche sich jeweils über 3 + 6 + 0 + 1 aus den beiden Zahlen 361 ergibt.

Merke!

Die Dämonen Petrus und Judas Iskariot verbreiten durch die Parität unter der Bedingung 1 = 1 = 1 Angst und Ignoranz, mit denen in Form von a und b unter der Bedingung 1 = 1 = 1 die Abwehr der kleinen „Maria" durch Gewalt gebrochen werden soll, die heute anders heißt.

Letzteres beweist bereits, daß in Form von ^{7}a und b$_{42}$ = 55 unter der Bedingung $^{11}1 = 1 = 1_{7}$ = 28 durch ^{5}Angst$_{61}$ = 68 und ^{8}Ignoranz$_{104}$ = 114 über (55 - 1) + (28 - 1) + (68 - 1) + (114 - 1) + 1 für ein System istgleich 262 istgleich 2 + 6 + 2 = 10 istgleich 1 + 0 = 1 in Form von grenzenloser ^{6}Gewalt$_{68}$ = 76 infolge (76 - 1) + (103 - 1) + (49 - 1) + 1 für ein System istgleich 226 istgleich 2 + 2 + 6 = 10 istgleich 1 + 0 = 1 die ^{9}Gegenwehr$_{92}$ = 103 von ^{5}Maria$_{42}$ = 49, einem deutschen Mädchen makedonischer Einwanderer, auf Begehren und Verlangen der römisch-katholischen Kirche für immer und ewig durchbrochen werden sollte.

Die Angehörigen der römisch-katholischen Kirche sorgten dafür, daß das auch in die Tat umgesetzt wird, da es ihr erklärtes Ziel gewesen ist und nachwievor ist, geblendet von ihrer Schönheit: die kleine deutsche „Maria" makedonischer Einwanderer in ihrem jetzigen ^{5}Leben$_{38}$ = 45 durch den ^{10}Missbrauch$_{113}$ = 125 und durch die ^{12}Misshandlung$_{141}$ = 155 ihrer ^{10}Intimitaet$_{120}$ = 132 unter grobem Vorsatz respektive ^{14}grober Vorsatz$_{186}$ = 204 gemeinsam wiederholt zur ^{15}Maria Magdalena$_{100}$ = 119 zu machen. Es gilt Folgendes:

^{14}grober Vorsatz$_{186}$	=	204		204 - 1	=	203
^{10}Intimitaet$_{120}$	=	132		132 - 1	=	131
^{10}Missbrauch$_{113}$	=	125		125 - 1	=	124
^{12}Misshandlung$_{141}$	=	155		155 - 1	=	154
					=	612

6 + 1 + 2 + 1 für ein System = 10 = 1 + 0 = 1

istgleich

^{5}Leben$_{38}$	=	45		45 - 1	=	44
^{15}Maria Magdalena$_{100}$	=	119		119 - 1	=	118
					=	162

1 + 6 + 2 + 1 für ein System = 10 = 1 + 0 = 1

Es gilt die Bedingung 1 = 1 in einem Gleichgewicht, das über 6 + 1 + 2 + 1 und 1 + 6 + 2 + 1 den beiden Zahlen 613 und 163 geschuldet ist.

Merke!

Maria Magdalena wurde in ihrem Leben durch groben Vorsatz, ausgerichtet auf den Missbrauch und die Misshandlung ihrer Intimität, zu dieser gemacht.

Maria ist nicht freiwillig zur Maria Magdalena geworden und ihr ganzes Leben lang durch die an ihr praktizierte grenzenlose Gewalt in den Reihen der römisch-katholischen Kirche in Form von Angst und Ignoranz bis heute: eine Deutsche, die Tochter makedonischer Einwanderer, missbraucht und misshandelt durch die Vertreter und Stellvertreter des „Vatikans".

Und so kam es, daß sich ^{5}Syrus$_{102}$ = 109 (in der Gegenwart ein Makedonier, ihr Vater; der unrechtmäßige, wie wir wissen) über $^{1}a_{1} = 4$, $^{1}b_{2} = 5$, $^{1}b_{2} = 5$ und $^{1}a_{1} = 4$ als ^{15}falscher Freund$_{140}$ = 159 entpuppte, was von ihr als Kind nicht zu durchschauen war. Es gilt Folgendes:

^{15}falscher Freund$_{140}$	=	159		159 - 1	=	158
^{5}Syrus$_{102}$	=	109		109 - 1	=	108
^{1}a$_{1}$	=	4		4 - 1	=	3
^{1}b$_{2}$	=	5		5 - 1	=	4
^{1}b$_{2}$	=	5		5 - 1	=	4
^{1}a$_{1}$	=	4		4 - 1	=	3
					=	280

2 + 8 + 0 + 1 für ein System	=	11	=	1 + 1	=	2

istgleich

^{5}Vater$_{66}$	=	73		73 - 1	=	72
^{15}Maria Magdalena$_{100}$	=	119		119 - 1	=	118
^{7}a und b$_{42}$	=	55		55 - 1	=	54
^{7}a ≠ b$_{6}$	=	19		19 - 1	=	18
^{7}b ≠ a$_{6}$	=	19		19 - 1	=	18
					=	280

2 + 8 + 0 + 1 für ein System	=	11	=	1 + 1	=	2

Wir erhalten die Bedingung 2 = 2 in einem Gleichgewicht, das sich jeweils durch 2 + 8 + 0 + 1 aus den beiden Zahlen 281 ergibt.

Merke!

Der Vater der heutigen Maria Magdalena ist durch a, b, b und a Syrus, ihr makedonischer Vater: der ihr in Form von a und b infolge a ≠ b und b ≠ a ein falscher Freund gewesen ist und nachwievor ist.

Ihr Vater hat sich also bei ihr eingeschmeichelt, um zu einem gegebenen Zeitpunkt den schändlichen Plan der beiden Stellvertreter der römisch-katholischen Kirche, sie waren zu dieser Zeit noch keine Päpste, also auch keine Vertreter dieser, in die Tat umzusetzen.

Wo der eine ist, ist die andere bekanntlich nicht weit, und so können wir uns ohne weitere Umschweife den nachfolgenden Zusammenhang ansehen:

^{6}Mutter$_{97}$	=	105		105 - 1	=	104
^{8}Eucharia$_{66}$	=	76		76 - 1	=	75
^{7}a und b$_{42}$	=	55		55 - 1	=	54
$^{7}a \neq b_{6}$	=	19		19 - 1	=	18
$^{7}b \neq a_{6}$	=	19		19 - 1	=	18
$^{11}1 = 1 = 1_{7}$	=	28		28 - 1	=	27
					=	296

2 + 9 + 6 + 1 für ein System	=	18	=	1 + 8	=	9

istgleich

$^{1}a_{1}$	=	4		4 - 1	=	3
$^{1}b_{2}$	=	5		5 - 1	=	4
$^{1}b_{2}$	=	5		5 - 1	=	4
$^{1}a_{1}$	=	4		4 - 1	=	3
^{16}falsche Freundin$_{145}$	=	165		165 - 1	=	164
^{15}Maria Magdalena$_{100}$	=	119		119 - 1	=	118
					=	296

2 + 9 + 6 + 1 für ein System	=	18	=	1 + 8	=	9

Es gilt die Bedingung 9 = 9 in einem Gleichgewicht, das sich über 2 + 9 + 6 + 1 jeweils in den beiden Zahlen 297 widerspiegelt.

Merke!

Die unrechtmäßige Mutter, die man in der Vergangenheit Eucharia nannte, ist heute eine Makedonierin; die der Maria Magdalena von damals und heute über a, b, b und a in Form von a und b infolge $a \neq b$ und $b \neq a$ unter der Bedingung 1 = 1 = 1 eine falsche Freundin gewesen ist und nachwievor ist.

Wenn man sich die Visagen der beiden Päpste im Internet ansieht, die das Ganze angezettelt haben, sieht man, was das für Monster sind. Dazu muss man nicht erst das Handwerk der Psychologie erlernen; das sieht man auch so. Die beiden, die es bei ihrem Bruder waren, da muss man zwar in einem ersten Moment etwas genauer hinsehen, aber, wenn man es weiß, sieht man es in ihren Gesichtern ebenso.

Das Ergebnis dessen war, daß $^{5}\text{Syrus}_{102}$ = 109, „ihr eigener makedonischer Vater" in Deutschland, über $^{1}a_{1}$ = 4 und $^{1}b_{2}$ = 5 unter der Bedingung $^{11}1 = 1 = 1_{7}$ = 28 infolge (109 - 1) + (4 - 1) + (5 - 1) + (28 - 1) + 1 für ein System istgleich 143 istgleich 1 + 4 + 3 = 8 zum $^{10}\text{Ersttaeter}_{131}$ = 143 istgleich 1 + 4 + 3 = 8 wurde. Insofern verwundert der nun nachfolgende Zusammenhang nicht mehr, der jedwedes Gefühl in ihr bis heute erstickte:

$^{5}\text{Vater}_{66}$	=	73		73 - 1	=	72
$^{5}\text{Syrus}_{102}$	=	109		109 - 1	=	108
$^{10}\text{Missbrauch}_{113}$	=	125		125 - 1	=	124
$^{12}\text{Misshandlung}_{141}$	=	155		155 - 1	=	154
$^{1}a_{1}$	=	4		4 - 1	=	3
$^{1}b_{2}$	=	5		5 - 1	=	4
$^{7}a \neq b_{6}$	=	19		19 - 1	=	18
$^{7}b \neq a_{6}$	=	19		19 - 1	=	18
					=	501

5 + 0 + 1 + 1 für ein System = 7

istgleich

$^{10}\text{Intimitaet}_{120}$	=	132		132 - 1	=	131
$^{15}\text{Maria Magdalena}_{100}$	=	119		119 - 1	=	118
					=	249

2 + 4 + 9 + 1 für ein System = 16 = 1 + 6 = 7

Es gilt die Bedingung 7 = 7 in einem Gleichgewicht, die sich über 5 + 0 + 1 + 1 und 2 + 4 + 9 + 1 aus den beiden Zahlen 502 und 250 ergibt.

Merke!

Vater Syrus, der heute ihr unrechtmäßiger Vater aus Makedonien ist, misshandelte und missbrauchte über a und über b infolge a ≠ b und b ≠ a Maria Magdalena; damals wie heute intim.

Es wird vorweggenommen, daß die Gewalt, die diesbezüglich zum Einsatz durch ihren sogenannten Vater kam, bestialisch und brutal gewesen ist. Es war alles tot in ihr, und wenn nicht bereits zu diesem Zeitpunkt, dann durch ihre ersten beiden Freier; zwei spätere Päpste noch im selben Lebensjahr.

Syrus war dadurch zum Petrus an seiner „eigenen" Tochter geworden. Es gilt Folgendes:

^{5}Syrus$_{102}$	=	109		109 - 1	=	108
^{1}a$_{1}$	=	4		4 - 1	=	3
^{1}b$_{2}$	=	5		5 - 1	=	4
^{7}a und b$_{42}$	=	55		55 - 1	=	54
					=	169

1 + 6 + 9 + 1 für ein System	=	17	=	1 + 7	=	8

istgleich

^{6}Petrus$_{99}$	=	107		107 - 1	=	106

1 + 0 + 6 + 1 für ein System	=	8

Es gilt die Bedingung 8 = 8 in einem Gleichgewicht, die in Form der beiden Zahlen 170 und 107 über 1 + 6 + 9 + 1 und 1 + 0 + 6 + 1 vorliegt.

Ihre sogenannte Mutter ^{8}Eucharia$_{66}$ = 76, heute makedonischer Abstammung, da sie es wie bei ihrem „eigenen" Sohn in Kauf nahm, war die Zuhälterin, die uns innerhalb der Geschichte ebenfalls als ^{14}Judas Iskariot$_{157}$ = 175 istgleich 1 + 7 + 5 = 13 istgleich 1 + 3 = 4 begegnet. Es gilt Folgendes:

^{8}Eucharia$_{66}$	=	76		76 - 1	=	75
^{7}a und b$_{42}$	=	55		55 - 1	=	54
^{11}1 = 1 = 1$_{7}$	=	28		28 - 1	=	27
					=	156

1 + 5 + 6 + 1 für ein System	=	13	=	1 + 3	=	4

istgleich

^{14}Judas Iskariot$_{157}$	=	175		175 - 1	=	174

1 + 7 + 4 + 1 für ein System	=	13	=	1 + 3	=	4

In einem Gleichgewicht liegt die Bedingung 4 = 4 vor, die durch 1 + 5 + 6 + 1 und 1 + 7 + 4 + 1 aus den beiden Zahlen 157 und 175 hervorgeht.

Merke!

Der erste Petrus im Leben der späteren Maria Magdalena war über a und über b in Form von a und b Syrus, heute „ihr eigener makedonischer Vater", und über a und b unter der Bedingung 1 = 1 = 1 der erste Judas Iskariot Eucharia, heute „ihre eigene makedonische Mutter".

Im System begründet sich das darüber, daß es so ist, dadurch, daß unsere eigene Gegenwart innerhalb des Raum-Zeit-Paradoxons über die Raum-Zeit-Brücke hinweg immer auch unsere eigene Vergangenheit und Zukunft beinhaltet. Den Beweis hierfür hatten wir im Buch „Chaos im Paradies: Der Weg zur Klärung der Beziehungsebene über Beziehung einschließlich Lösung - Buch 1" bereits erbracht.

Das heißt wiederum, daß, falls auch nur ein einziger „Richter" und nur eine einzige „Richterin" auf unserer Erde die nachfolgende Logik begreift, was unweigerlich dazu führen wird, daß für alle Beteiligten nur noch ein Urteil aussteht, quasi deren Ende vorprogrammiert ist. Das Schicksal aller, welche als Petrus und Judas Iskariot, analog Freier und Zuhälter, darin verwickelt gewesen sind und es nachwievor auch sind, ist damit auch aus einer rein menschlichen Sicht besiegelt.

Die nachfolgende Logik beinhaltet genau das, was es uns gemeinsam ermöglicht, die Täter von heute und damals ihres Verbrechens zu überführen. Es gilt Folgendes:

^{9}Gegenwart$_{100}$	=	111		111 - 1	=	110
^{15}Maria Magdalena$_{100}$	=	119		119 - 1	=	118
^{5}Maria$_{42}$	=	49		49 - 1	=	48
					=	276

2 + 7 + 6 + 1 für ein System = 16 = 1 + 6 = 7

istgleich

^{13}Vergangenheit$_{135}$	=	150		150 - 1	=	149
^{7}Zukunft$_{119}$	=	128		128 - 1	=	127
					=	276

2 + 7 + 6 + 1 für ein System = 16 = 1 + 6 = 7

Es gilt die Bedingung 7 = 7 in einem Gleichgewicht, das durch 2 + 7 + 6 + 1 jeweils in Form der beiden Zahlen 277 gegeben ist.

Merke!

Die Gegenwart von Maria als Maria Magdalena ist sowohl durch ihre Vergangenheit gegeben als auch durch ihre Zukunft.

Wir haben also alles richtig gemacht und schlagen die römisch-katholischen Schänder von Maria Magdalena, die eine Deutsche mit einem makedonischen Migrationshintergrund ist, und ihre Komplizen mit purem Wissen, das unwiderlegbar und unwiderruflich ist.

Die Jungfrau Maria, die später die Hetäre Maria Magdalena war, wurde durch ihren „eigenen Vater" brutalst und bestialischst als die zukünftige Hure Maria zugeritten, wie man in einer gewissen Branche sagt; und zwar im Alter von 14 Jahren, was sich aus dem nachfolgenden Zusammenhang ergibt:

^{19}erster Intimkontakt$_{242}$	=	265		265 - 1	=	264
^{15}Maria Magdalena$_{100}$	=	119		119 - 1	=	118
					=	382

3 + 8 + 2 + 1 für ein System	=	14	=	1 + 4	=	5

istgleich

^{8}14 Jahre$_{47}$	=	59		59 - 1	=	58
^{5}Syrus$_{102}$	=	109		109 - 1	=	108
^{8}Paritaet$_{90}$	=	100		100 - 1	=	99
^{7}a und b$_{42}$	=	55		55 - 1	=	54
^{7}a ≠ b$_{6}$	=	19		19 - 1	=	18
^{7}b ≠ a$_{6}$	=	19		19 - 1	=	18
^{11}1 = 1 = 1$_{7}$	=	28		28 - 1	=	27
					=	382

3 + 8 + 2 + 1 für ein System	=	14	=	1 + 4	=	5

Es gilt die Bedingung 5 = 5 in einem Gleichgewicht, die sich jeweils durch 3 + 8 + 2 + 1 aus den beiden Zahlen 383 ergibt.

Merke!

Der erste Intimkontakt der zukünftigen Maria Magdalena, einer Deutschen mit makedonischen Wurzeln, wurde bei ihr mit 14 Jahren durch die Parität von a und b infolge a ≠ b und b ≠ a unter der Bedingung 1 = 1 = 1 von Syrus vollzogen.

„Ihr makedonischer Vater", der in der Vergangenheit Syrus war, ist ihr erster Intimkontakt in der Gegenwart gewesen. Insofern ist es selbsterklärend, woher die ^{23}intime Gefuehllosigkeit$_{241}$ = 268 istgleich 2 + 6 + 8 = 16 istgleich 1 + 6 = 7 durch ^{1}a$_{1}$ = 4, ^{1}b$_{2}$ = 5, ^{1}b$_{2}$ = 5 und ^{1}a$_{1}$ = 4 über die ^{8}Paritaet$_{90}$ = 100 von ^{7}a und b$_{42}$ = 55 infolge (4 - 1) + (5 - 1) + (5 - 1) + (4 - 1) + (100 - 1) + (55 - 1) + (119 - 1) + 1 für ein System istgleich 286 istgleich 2 + 8 + 6 = 16 istgleich 1 + 6 = 7 bei ^{15}Maria Madalena$_{100}$ = 119 kommt, was ihre Intimität anbelangt. Die durch zwei weitere gefestigt wurde, die zu dieser Zeit 46 Jahre (32 Jahre älter als Maria) und 56 Jahre (42 Jahre älter als Maria) alt waren: Sie schändeten und schindeten, welche erst 14 (Vgl. Seite 316f.) war; was exakt im Jahr 1983 stattfand.

Vorab gilt es jedoch, bevor wir ihre Namen in der römisch-katholischen Kirche erfahren, noch den nachfolgenden Zusammenhang zu betrachten:

^{8}Daemonen$_{71}$	=	81		81 - 1	=	80
^{6}Petrus$_{99}$	=	107		107 - 1	=	106
^{14}Judas Iskariot$_{157}$	=	175		175 - 1	=	174
					=	360

3 + 6 + 0 + 1 für ein System = 10 = 1 + 0 = 1

istgleich

^{17}die ersten Freier$_{160}$	=	183		183 - 1	=	182
^{15}Maria Magdalena$_{100}$	=	119		119 - 1	=	118
^{1}a$_{1}$	=	4		4 - 1	=	3
^{1}b$_{2}$	=	5		5 - 1	=	4
^{1}b$_{2}$	=	5		5 - 1	=	4
^{1}a$_{1}$	=	4		4 - 1	=	3
^{8}Paritaet$_{90}$	=	100		100 - 1	=	99
^{7}a und b$_{42}$	=	55		55 - 1	=	54
^{7}a $\neq$ b$_{6}$	=	19		19 - 1	=	18
^{7}b $\neq$ a$_{6}$	=	19		19 - 1	=	18
^{7}Hetaere$_{62}$	=	71		71 - 1	=	70
^{4}Hure$_{52}$	=	58		58 - 1	=	57
					=	630

6 + 3 + 0 + 1 für ein System = 10 = 1 + 0 = 1

Wir erhalten die Bedingung 1 = 1 in einem Gleichgewicht, die alle bisherigen Aussagen über 3 + 6 + 0 + 1 und 6 + 3 + 0 + 1 in Form der beiden Zahlen 361 und 631 bestätigt.

Merke!

Die Dämonen Petrus und Judas Iskariot waren über a, b, b und a durch die Parität von a und b infolge a ≠ b und b ≠ a die ersten Freier, die Maria Magdalena als Hure zur Hetäre machten.

Es gab zuerst den unrechtmäßigen Vater, welcher als Katholik zuerst als ihr Schänder auftrat, um dann selbst zum Zuhälter zu werden, woraufhin zwei weitere Schänder der römisch-katholischen Kirche in Erscheinung traten, was ihre allerersten Freier waren. Daß der Vater und die Mutter strenge Katholiken sind, ist selbsterklärend, da alles andere sonst nicht möglich gewesen wäre. Man war also, wie man so schön sagt, unter seinesgleichen, was bis heute währt.

Man hatte also den Eltern ein profitables Geschäft in Aussicht gestellt, wobei diese selbst dafür gesorgt haben, daß es vonstatten gehen konnte. Das impliziert zwangsläufig, daß beide in jeglicher Hinsicht erpressbar waren, da durch ein ähnliches Vorgehen ihr Bruder zur Kinäte gemacht worden ist. Insofern war es bei Maria Magdalena ein Leichtes, da dieses Druckmittel bereits existierte. Die Konsequenz daraus ist, daß die Intensität des Missbrauchs und die der Misshandlung immens größer waren als die wie bei ihrem Bruder. Damit ist es selbsterklärend, daß auf ihrer emotionalen Seite sofort alles tot gewesen sein muss. Von dort sollte nichts mehr kommen und man besaß ein abgestumpftes Instrument, fokussiert auf Intimität.

Daß die Freier mehr oder weniger sofort paratstanden, ergibt sich aus dem nachfolgenden Zusammenhang:

^{17}die ersten Freier$_{160}$	=	183		183 - 1	=	182
^{15}Maria Magdalena$_{100}$	=	119		119 - 1	=	118
^{7}Hetaere$_{62}$	=	71		71 - 1	=	70
^{4}Hure$_{52}$	=	58		58 - 1	=	57
					=	427

4 + 2 + 7 + 1 für ein System	=	14	=	1 + 4	=	5

istgleich

^{8}14 Jahre$_{47}$	=	59		59 - 1	=	58
^{8}Paritaet$_{90}$	=	100		100 - 1	=	99
^{7}a und b$_{42}$	=	55		55 - 1	=	54
^{7}a ≠ b$_{6}$	=	19		19 - 1	=	18
^{7}b ≠ a$_{6}$	=	19		19 - 1	=	18
					=	247

2 + 4 + 7 + 1 für ein System	=	14	=	1 + 4	=	5

Es gilt die Bedingung 5 = 5 in einem Gleichgewicht, die sich über 4 + 2 + 7 + 1 und 2 + 4 + 7 + 1 in den beiden Zahlen 428 und 248 widerspiegelt.

Merke!

Als die ersten Freier von Maria Magdalena sie als Hure zur Hetäre machten, war sie durch die Parität von a und b infolge a ≠ b und b ≠ a gerade mal 14 Jahre alt.

Ihre ersten Freier gehörten und gehören zur römisch-katholischen Kirche, die später zu Päpsten ernannt worden sind.

Wie einst in vergangenen Zeiten steht das Jahr 1983 für ihren „Aufstieg", was als goldene Legende in die Geschichte eingegangen ist; man verdient sich also in einem übertragenen Sinn ab diesem Zeitpunkt mit der Schändung und Schindung ihrer Intimität sprichwörtlich eine goldene Nase - also das römisch-katholische Gesindel und Gesocks, was dafür verantwortlich ist. Es gilt Folgendes:

^{10}Intimitaet$_{120}$	=	132		132 - 1	=	131
^{15}Maria Magdalena$_{100}$	=	119		119 - 1	=	118
					=	249

2 + 4 + 9 + 1 für ein System	=	16	=	1 + 6	=	7

istgleich

^{7}a und b_{42}	=	55		55 - 1	=	54
$^{7}a \neq b_{6}$	=	19		19 - 1	=	18
$^{7}b \neq a_{6}$	=	19		19 - 1	=	18
$^{11}1 = 1 = 1_{7}$	=	28		28 - 1	=	27
^{15}Goldene Legende_{114}	=	133		133 - 1	=	132
					=	249

2 + 4 + 9 + 1 für ein System	=	16	=	1 + 6	=	7

Wir erhalten in einem Gleichgewicht die Bedingung 7 = 7, die sich in Form der beiden Zahlen 250 jeweils aus 2 + 4 + 9 + 1 ergibt.

Merke!

Die Intimität von Maria Magdalena wird in Form von a und b infolge a ≠ b und b ≠ a unter der Bedingung 1 = 1 = 1 damals zur Goldenen Legende wie die heute des deutschen Mädchens makedonischer Abstammung.

Letzteres bestätigt uns, daß man symbolisch ihre eigene Intimität verraten und verkauft hat, um Gewinn daraus zu schlagen, mit der erklärten Absicht, sie zu missbrauchen und zu misshandeln.

Es ist also tatsächlich so, daß man sie von Anfang an darauf getrimmt hat, selbst ihre eigene Emotionalität auf ihrer eigenen Beziehungsebene im Rahmen ihrer Intimität zu unterdrücken. Was man vehement mit Gewalt und Brutalität in die Tat umsetzte und was ein Leben lang anhalten sollte. Dazu musste man logischerweise ihre Identität verbergen, was erklärt, warum wir in ihrem offiziellen beruflichen Werdegang keine Anhaltspunkte für das, was es tatsächlich ist, finden werden. Es wurde und wird an alles gedacht, um in keinerlei Hinsicht aufzufallen; also nach außen hui und nach innen pfui.

So, dann lassen wir jetzt mal langsam, aber sicher die Katze aus dem Sack: Welches Rotzlöffelpack und welche Drecksäcke innerhalb der römisch-katholischen Kirche, die selbst Wasser predigt und dafür Wein säuft, für das alles heute wie damals verantwortlich sind. Es gilt Folgendes:

^{10}Missbrauch$_{113}$	=	125		125 - 1	=	124
^{12}Misshandlung$_{141}$	=	155		155 - 1	=	154
^{15}Maria Magdalena$_{100}$	=	119		119 - 1	=	118
^{1}a$_{1}$	=	4		4 - 1	=	3
^{1}b$_{2}$	=	5		5 - 1	=	4
^{1}b$_{2}$	=	5		5 - 1	=	4
^{1}a$_{1}$	=	4		4 - 1	=	3
^{7}a und b$_{42}$	=	55		55 - 1	=	54
					=	464

4 + 6 + 4 + 1 für ein System = 15 = 1 + 5 = 6

istgleich

^{10}Beteiligte$_{94}$	=	106		106 - 1	=	105
^{19}Papst Benedikt XVI.$_{198}$	=	224		224 - 1	=	223
^{16}Papst Franziskus$_{216}$	=	236		236 - 1	=	235
					=	563

5 + 6 + 3 + 1 für ein System = 15 = 1 + 5 = 5

Es gilt die Bedingung 5 = 5 in einem Gleichgewicht, das durch 4 + 6 + 4 + 1 und 5 + 6 + 3 + 1 in Form der beiden Zahlen 465 und 564 vorliegt.

Merke!

Am Missbrauch und an der Misshandlung von Maria Magdalena, der Deutschen makedonischer Abstammung, sind über a, b, b und a in Form von a und b Papst Benedikt XVI. und Papst Franziskus beteiligt.

Erzkatholisches Rotzlöffelpack und widerlichste Drecksäcke, die ein deutsches Mädchen makedonischer Abstammung beginnend mit ihrem 14-ten Lebensjahr zur Hetäre Maria Magdalena als Hure gemacht haben. Bevor die katholische Gemeinde aus ihrer Haut fährt: Es gibt schriftliche Beweise dafür.

Insofern sollte es für uns nachvollziehbar sein, daß alle Beteiligten außer der Geschädigten vorerst gewissermaßen brennen werden. Es wird über ihnen sinnbildlich die Hölle errichtet, exakt so, wie sie eine über Maria Magdalena errichtet haben. Es gilt damit „Auge um Auge und Zahn um Zahn". Die Option, daß man Gleiches nicht mit Gleichem vergelten soll, greift infolge der Schwere des seit Jahrhunderten fortwährenden Missbrauchs nebst den damit einhergehenden Misshandlungen nicht. Da sich bedingt durch die Wiedergeburt dieses Szenario nunmehr bereits seit circa 2000 Jahren immer wieder in jedem einzelnen Leben von ihr wiederholt. Dafür gibt es logischerweise weder Vergebung noch Gnade.

Die letzte Ausstiegsmöglichkeit für die betreffenden Personen der römisch-katholischen Kirche, aus dem konkreten Szenario auszusteigen, gab es bereits zu Lebzeiten von Leonardo da Vinci, welcher es unmissverständlich und unübersehbar an die Wand der Schänder gemalt hat, mit der darin enthaltenen Botschaft, daß es für alle Beteiligten vorbei zu sein droht. Darauf reagiert und etwas dahingehend geändert hat man nicht, stattdessen ging es und geht es fleißig weiter. Wir werden also demnächst etliche Nachrichten auch dahingehend erhalten, daß Mitglieder der römisch-katholischen Kirche auf tragische Weise umgekommen sind.

Dabei muss man aber verstehen, daß es nicht nur sie selbst betrifft, sondern auch die, die auf ihrer Beziehungsebene über Beziehung mit Blick auf ihre eigene Familie systembedingt mit dazugehört hätten: als auch alle Quasiverbindungen, die man in diesem Leben eingegangen ist. Außen vor sind vorerst die Geschändeten selbst, die sich im Umkehrschluß auch schänden lassen haben und lassen wollten, als auch all jene, die auf deren Beziehungsebene über Beziehung als Familie zu ihnen dazugehören. Das „lassen wollten" erklärt sich durch die sieben Dämonen von Maria Magdalena. Das Motiv des Selbstschutzes als Rechtfertigung allein greift hier nicht.

Ich mache mal ein Beispiel: Ein Täter hat immer eine eigene Familie, die, da alles auf der Beziehungsebene in einer Beziehung durcheinander ist, oftmals nicht die ist; die man behauptet. Es gehören nicht alle in ihr zu uns, falls überhaupt. Der letztere Fall tritt ein, wenn eine Quasiverbindung besteht. Es handelt sich um systemaverse Beziehungen auf der Beziehungsebene, welche es von vornherein nicht geben sollte, die aber bedingt durch die Missachtung der Bedingung „ein Adam und eine Eva" in dieser anzutreffen sind. Und exakt das passiert zurzeit allerorts. Selbst, wenn wir es wollten, könnten wir keinen davon retten. Es hat sich nichts geändert und damit ist es durch den Exodus innerhalb der Apokalypse beendet. Man stirbt mit vergleichbaren Qualen wie jenen, die man anderen in ihrem Leben zugefügt hat.

Da ein Mensch aber immer unbelehrbar ist und stets auch war, ist der Sack dann auch mal zu. Die Verwendung des Wortes „vorerst" erklärt sich dadurch, daß es bei Maria Magdalena logischerweise auch etwas zu klären gibt: was ihrer eigenen Überheblichkeit, Anmaßung und Selbstherrlichkeit zuzuschreiben ist, da bei ihr auch eine Vorliebe für ihre Tätigkeit im Gegenzug zu entdecken ist. Kurzum: Mitleid darf man mit ihr haben, aber mit ihr mitleiden sollte man nicht. Insofern gibt es ein Hemmnis, das sich durch sie selbst begründet, weshalb es in keinem ihrer Leben eine Lösung gab, sondern sich die Geschichte immer wieder auf's Neue wiederholte.

Das lag logischerweise nicht an ihm, sondern an ihr, da der Rosenkranz, bekannt auch als Dornenkranz, nicht der seine war, sondern vielmehr der ihre, was wir noch klären werden. Sie besaß nach ihrer „Befreiung von den Dämonen" keine Dankbarkeit für diesen. Das Ergebnis: Er hing am Kreuz. Und genau deswegen wird sie sich an der Lösung „ihres eigenen Problems", das sie ja offensichtlich in einem gewissen Umfang und in einem bestimmten Ausmaß auch schön findet, dieses Mal beteiligen. Ihr Leben zurück, einfach mal so, bekommt sie nicht, so wie du auch.

Das Problem dabei ist, daß Missbrauch und Misshandlung auch dazu führen können, daß die diesbezüglichen Rollen zwischen Täter und Opfer verschoben werden. Letzteres sorgt dafür, daß eine gewisse Bereitschaft hierfür besteht und damit auch Freiwilligkeit, siehe Maria Magdalena. Leonardo da Vinci hat es sehr konkret dargestellt, daß das genau ihr Ding gewesen ist und auch ist, sich von den Vertretern und Stellvertretern der römisch-katholischen Kirche für Geld missbrauchen und misshandeln zu lassen. Der Kindesmissbrauch ist also eines Tages in's Gegenteil umgeschlagen, sodaß sowohl der Missbrauch als auch die Misshandlung gar nicht mehr als solche empfunden wurden. Das Problem: Es ist die Frau des Schöpfers und dieser wird logischerweise, was das anbelangt, keinen Spaß verstehen. Sie wird damit als „Opfer" genauso vor Gericht stehen wie die Täter selbst, wobei das Urteil für die Täter feststeht. Die Demütigung, die sie unfreiwillig und freiwillig erfahren hat, ist ebenso die ihres rechtmäßigen Ehemanns, was sie aber offensichtlich nicht zu interessieren scheint.

An ihm lag und liegt es mit Sicherheit nicht, sondern wohl eher an Maria Magdalena selbst. Diese nur zu glorifizieren, bringt nichts: Da die ^{7}Hetaere$_{62}$ = 71 in ihr als ^{15}Maria Magdalena$_{100}$ = 119 durch (71 - 1) + (119 - 1) + 1 für ein System istgleich 189 istgleich 1 + 8 + 9 = 18 istgleich 1 + 8 = 9 in Form von ^{7}a und b$_{42}$ = 55 infolge $^{7}a \neq b_{6}$ = 19 und $^{7}b \neq a_{6}$ = 19 unter der Bedingung $^{11}1 = 1 = 1_{7}$ = 28 durch (55 - 1) + (19 - 1) + (19 - 1) + (28 - 1) + (72 - 1) + 1 für ein System istgleich 189 istgleich 1 + 8 + 9 = 18 istgleich 1 + 8 = 9 nicht nur ^{8}gefallen$_{62}$ = 72 daran gefunden hatte, sondern auch nachwievor hat.

Eine etwaige Lösung hierfür setzt jedoch voraus, daß sie wie alle anderen ihre eigene Vergangenheit überhaupt erst einmal annimmt, um sie daraufhin wieder loszulassen. Es geht damit nicht nur um den Einzelfall, sondern um das, was es bei allen anderen ebenfalls ist, nur anders. Und vor dieser Herausforderung steht jeder, falls man leben will.

Daß in deinen unendlich vielen endlichen Leben in deinem einem endlichen ebenso viel Sch... passiert ist, hast du vielleicht jetzt kapiert. Da sie zum Beispiel in der Mitte des Systems definiert worden ist, sind die Auswüchse außerhalb dieser erheblich größer, im Prinzip deine. Der wesentliche Unterschied ist, daß es in deinem Leben, was das anbelangt, auch mal irgendwo Pausen gab, in ihrem quasi nicht. Und genau deshalb handelt es sich um das jemals von Menschen verübte größte organisierte Kapitalverbrechen an einem einzelnen Menschen, beginnend mit dem Jahr 0, das die römisch-katholische Kirche verübt hat und verübt. Getreu dem Motto „Doppelt hält besser", was offenkundig eine generelle Auffassung innerhalb Letzterer zu sein scheint, ist zuvor diesem unfassbar schändlichen Treiben auch ihr eigener Bruder zum Opfer gefallen.

Ein weiteres Problem ist in diesem Zusammenhang, daß das an ihr verübte Kapitalverbrechen, auch von ihr als solches verstanden werden muss. Ihre Pose an der Tafel ist eindeutig, die belegt, daß das nicht der Fall ist. Doch ohne eine dahingehende Einsicht, ist es nahezu aussichtslos, ihr das begreiflich zu machen. Es ist ihr offensichtlich vollkommen egal, welche Konsequenzen das für sie selbst hat, als auch für die, die auf ihrer eigenen Beziehungsebene zu ihr gehören, was ihn am Kreuz enden lässt. Ich nehme mal vorweg: Mittlerweile steht die Diagnose Aids. Die Glorifizierung und Verharmlosung der „Täter" hat sich also gelohnt. Jedes Schlechte hat auch sein Gutes: Insofern darf man davon ausgehen, daß ihre „Erwerbstätigkeit" zurzeit ruht, es sei denn, sie ist derart gewissenlos und skrupellos, daß sie das daraus resultierende mögliche Elend anderer billigend in Kauf nimmt.

Was sowohl den Missbrauch als auch die Misshandlung ihres Bruders, desjenigen, der in der Bibel als Apostel Johannes erscheint, anbelangt, erhalten wir den nachfolgenden Zusammenhang, der uns dessen Schänder offenlegt: Die durch Missbrauch und Misshandlung auch auf diesen Gewalt zuvor ausgeübt haben wie später auf seine Schwester; also als Opfer ein Deutscher mit makedonischen Wurzeln:

^{10}Missbrauch$_{113}$	=	125		125 - 1	=	124
^{12}Misshandlung$_{141}$	=	155		155 - 1	=	154
^{16}Apostel Johannes$_{174}$	=	194		194 - 1	=	193
					=	471

4 + 7 + 1 + 1 für ein System	=	13	=	1 + 3	=	4

istgleich

^{10}Beteiligte$_{94}$	=	106		106 - 1	=	105
^{23}Papst Johannes Paul II.$_{227}$	=	259		259 - 1	=	258
^{14}Papst Leo XIV.$_{160}$	=	181		181 - 1	=	180
^{8}Paritaet$_{90}$	=	100		100 - 1	=	99
^{7}a und b$_{42}$	=	55		55 - 1	=	54
^{11}1 = 1 = 1$_{7}$	=	28		28 - 1	=	27
					=	723

7 + 2 + 3 + 1 für ein System	=	13	=	1 + 3	=	4

Wir erhalten in einem Gleichgewicht die Bedingung 4 = 4, die wir über 4 + 7 + 1 + 1 und 7 + 2 + 3 + 1 in Form der beiden Zahlen 472 und 724 erhalten.

Merke!

Am Missbrauch und an der Misshandlung des Apostels Johannes, einem Deutschen mit makedonischen Wurzeln, sind durch die Parität von a und b unter der Bedingung 1 = 1 = 1 Papst Johannes Paul II. und Papst Leo XIV. beteiligt.

Generell bedarf es keinen weiteren Beweises, da Zahlen nicht lügen können. An eurer Stelle würde ich mal langsam darüber nachdenken, wem ihr glaubt.

Nur rein informativ: Der vielzitierte ^{10}**Antichrist**$_{121}$ = 133 istgleich 1 + 3 + 3 = 7 ist in Form von ^{7}a und b$_{42}$ = 55 durch (55 - 1) + (79 - 1) + 1 für ein System istgleich 133 istgleich 1 + 3 + 3 = 7 der ^{5}Papst$_{72}$ = 79 selbst. Er ist damit der, der sich gegen (= **anti**) Jesus Christus (= **Christ**) stellt und ihm de facto seine rechtmäßige Ehefrau Maria Magdalena streitig macht, die er mit anderen zusammen innerhalb der römisch-katholischen Kirche missbraucht und misshandelt; was jene aber offensichtlich zulässt, wofür sie sich bislang nicht einmal zu schämen scheint. Die beiden Zahlen 133 bestätigen uns, durch wen de facto die ^{10}Apokalypse$_{121}$ = 133 vorangetrieben wird, die sich in Form von ^{7}a und b$_{42}$ = 55 über (133 - 1) + (55 - 1) + 1 für ein System istgleich 187 istgleich 1 + 8 + 7 = 16 istgleich 1 + 6 = 7 in der Abkehr von der Bedingung ^{21}ein Adam und eine Eva$_{147}$ = 178 istgleich 1 + 7 + 8 = 16 istgleich 1 + 6 = 7 in den Reihen der römisch-katholischen Kirche widerspiegelt. Fazit: Das, was man unentwegt predigt, macht man selbst nicht.

Da bei Maria Magdalena zusätzlich ein argentinischer Papst mit italienischen Wurzeln aufgetaucht ist, müssen wir etwas ergänzen. Unter diesem Aspekt gilt jetzt Folgendes:

^{9}Anatolien$_{91}$	=	102		102 - 1	=	101
^{10}Makedonien$_{91}$	=	103		103 - 1	=	102
^{7}Italien$_{70}$	=	79		79 - 1	=	78
^{11}Deutschland$_{111}$	=	124		124 - 1	=	123
^{11}Argentinien$_{116}$	=	129		129 - 1	=	128
					=	532

5 + 3 + 2 + 1 für ein System	=	11	=	1 + 1	=	2

istgleich

^{15}Maria Magdalena$_{100}$	=	119		119 - 1	=	118
^{8}Paritaet$_{90}$	=	100		100 - 1	=	99
^{7}a und b$_{42}$	=	55		55 - 1	=	54
$^{7}a \neq b_{6}$	=	19		19 - 1	=	18
$^{7}b \neq a_{6}$	=	19		19 - 1	=	18
$^{11}1 = 1 = 1_{7}$	=	28		28 - 1	=	27
					=	334

3 + 3 + 4 + 1 für ein System	=	11	=	1 + 1	=	2

Es gilt die Bedingung 2 = 2 in einem Gleichgewicht, das über 5 + 3 + 2 + 1 und 3 + 3 + 4 + 1 in Form der beiden Zahlen 533 und 335 vorliegt.

Merke!

Durch die Parität von a und b sind infolge a ≠ b und b ≠ a unter der Bedingung 1 = 1 = 1, was den Missbrauch und die Misshandlung von Maria Magdalena anbelangt, Vertreter und Stellvertreter der römisch-katholischen Kirche involviert: die aus Anatolien, Makedonien, Italien, Deutschland und Argentinien stammen.

Die Peiniger der Deutschen makedonischer Abstammung, die in der römisch-katholischen Kirche geschändet und geschunden worden ist, kommen aus Anatolien, Makedonien, Italien, Deutschland und Argentinien. Weshalb nicht Polen und die sogenannte „U.S.A.“? Richtig, wir betrachten Maria Magdalena, nicht ihren Bruder. Damit wissen wir übrigens, wo wir die schriftlichen Beweise für alles finden.

Wenn wir die Anfangsbuchstaben der beteiligten Staaten zusammensetzen, erhalten wir das Wort „Amida“, das im Hebräischen für ein Stehgebet verwandt wird: ein zentrales Gebet im jüdischen Glauben. Letzteres stellt damit einen logischen Bezug zum jüdischen Namen „Epstein“ her, wo unsere Reise etliche Seiten zuvor begonnen hat. Das, was als Vatikan-Skandal bekannt ist, spiegelt sich also in der Epstein-Affäre wider.

Die Amida ist ein Stehgebet, welches durch $^{1}a_{1} = 4$, $^{1}b_{2} = 5$, $^{1}b_{2} = 5$ und $^{1}a_{1} = 4$ auf Folgendes verweist:

^{5}Amida$_{28}$	=	35		35 - 1	=	34
^{9}Stehgebet$_{91}$	=	102		102 - 1	=	101
$^{1}a_{1}$	=	4		4 - 1	=	3
$^{1}b_{2}$	=	5		5 - 1	=	4
$^{1}b_{2}$	=	5		5 - 1	=	4
$^{1}a_{1}$	=	4		4 - 1	=	3
					=	149

1 + 4 + 9 + 1 für ein System	=	15	=	1 + 5	=	5

istgleich

^{10}Stoszgebet$_{138}$	=	150		150 - 1	=	149

1 + 4 + 9 + 1 für ein System	=	15	=	1 + 5	=	6

Es gilt im Ergebnis die Bedingung 6 = 6 in einem Gleichgewicht, welche sich in Form der beiden Zahlen 150 jeweils aus 1 + 4 + 9 + 1 ergibt. Die Doppeldeutigkeit ist in diesem Fall also ernstzunehmen.

Merke!

Die Amida verweist als Stehgebet über a, b, b und a korrespondierend auf das Stoßgebet.

Da es um den Missbrauch und die Misshandlung von Maria Magdalena innerhalb der römisch-katholischen Kirche geht, ist unser Ergebnis richtungsweisend. Hinweis: Die Bezeichnung „Amida" kann natürlich auch variieren, da wir die Buchstaben innerhalb dieser auch vertauschen können: Adami, Damia, Miada und so weiter.

Die $^{5}Amida_{28}$ = 35 in Buchform ist respektive $^{1}a_{1}$ = 4 und $^{1}b_{2}$ = 5 in Form von ^{7}a und b_{42} = 55 infolge $^{7}a \neq b_{6}$ = 19 und $^{7}b \neq a_{6}$ = 19 unter der Bedingung $^{11}1 = 1 = 1_{7}$ = 28 - bedingt durch (35 - 1) + (4 - 1) + (5 - 1) + (55 - 1) + (19 - 1) + (19 - 1) + (28 - 1) + 1 für ein System istgleich 159 istgleich 1 + 5 + 9 = 15 istgleich 1 + 5 = 6 - ein

$^{12}Terminplaner_{145}$ = 159

istgleich 1 + 5 + 9 = 15 istgleich 1 + 5 = 6. Es existiert damit ein Terminplaner des Papstes, also eines äußerst merkwürdigen Vogels, da im Christentum ein männlicher Vogel als Papst bezeichnet wird, wie wir bereits wissen, in dem man die dazugehörigen Termine nachlesen kann. Es wurde also, wie man so schön sagt, darüber Buch geführt: Man war und ist sich seiner Sache also sicher. Und das ist ja am Ende immer so, daß die falschen Propheten in der Menschheit über ihre eigene Gerissenheit stolpern: Das Ding gibt es also und damit ganz gesichert.

Insofern erhalten wir, was den Inhalt in dieser anbelangt, bedingt durch $^{5}Amida_{28}$ = 35, $^{5}Papst_{72}$ = 79 und $^{6}Inhalt_{64}$ = 72 aus $^{1}a_{1}$ = 4, $^{1}b_{2}$ = 5, $^{1}b_{2}$ = 5 und $^{1}a_{1}$ = 4 den nachfolgenden Zusammenhang:

$^{5}Amida_{28}$	=	35		35 - 1	=	34
$^{5}Papst_{72}$	=	79		79 - 1	=	78
$^{6}Inhalt_{64}$	=	72		72 - 1	=	71
					=	183

1 + 8 + 3 + 1 für ein System	=	13	=	1 + 3	=	4

istgleich

^{4}Name$_{33}$	=	39		39 - 1	=	38
^{12}Intimpartner$_{157}$	=	171		171 - 1	=	170
^{1}a$_{1}$	=	4		4 - 1	=	3
^{1}b$_{2}$	=	5		5 - 1	=	4
^{1}b$_{2}$	=	5		5 - 1	=	4
^{1}a$_{1}$	=	4		4 - 1	=	3
^{5}Datum$_{59}$	=	66		66 - 1	=	65
^{3}Ort$_{53}$	=	58		58 - 1	=	57
^{8}Begehren$_{64}$	=	74		74 - 1	=	73
					=	417

4 + 1 + 7 + 1 für ein System	=	13	=	1 + 3	=	4

Es gilt die Bedingung 4 = 4 in einem Gleichgewicht, die sich über 1 + 8 + 3 + 1 und 4 + 1 + 7 + 1 in den beiden Zahlen 184 und 418 widerspiegelt.

Merke!

Die „Amida" des Papstes beinhaltet durch a, b, b und a die Namen der Intimpartner: Datum, Ort und Begehren; und damit korrespondierend über a, b, b und a die Belege für den Missbrauch und die Misshandlung von Maria Magdalena auf ihrer eigenen Beziehungsebene über Beziehung durch die Päpste.

Insofern beinhaltet die Amida über ^{1}a$_{1}$ = 4, ^{1}b$_{2}$ = 5, ^{1}b$_{2}$ = 5 und ^{1}a$_{1}$ = 4 durch (4 - 1) + (5 - 1) + (5 - 1) + (4 - 1) + (44 - 1) + (125 - 1) + (155 - 1) + (119 - 1) + (164 - 1) + (108 - 1) + (91 - 1) + 1 für ein System istgleich 814 istgleich 8 + 1 + 4 = 13 istgleich 1 + 3 = 4 die ^{6}Belege$_{36}$ = 44 für den ^{10}Missbrauch$_{113}$ = 125 und für die ^{12}Misshandlung$_{141}$ = 155 von ^{15}Maria Magdalena$_{100}$ = 119 auf ihrer ^{15}Beziehungsebene$_{147}$ = 164 über ^{9}Beziehung$_{97}$ = 108 durch die ^{7}Paepste$_{82}$ = 91. Letztere haben über ihre diesbezüglichen Aktionen „Buch" geführt, welches Auskunft darüber gibt, was, wann und wo mit wem vonstatten gehen sollte und ging. Was generell bei den diesbezüglichen Untersuchungen nicht beachtet worden ist, ist, daß es Missbrauch und Misshandlung auch durch Frauen in der römisch-katholischen Kirche gab und gibt.

In absehbarer ^{4}Zeit$_{60}$ = 66, exakt im Jahr ^{4}2035$_{10}$ = 16, das dem Jahr 2028 eigentlich entspricht, wird respektive ^{1}a$_{1}$ = 4 und ^{1}b$_{2}$ = 5 in Form von ^{7}a und b$_{42}$ = 55 infolge $^{7}a \neq b_{6} = 19$ und $^{7}b \neq a_{6} = 19$ durch (66 - 1) + (16 - 1) + (4 - 1) + (5 - 1) + (55 - 1) + (19 - 1) + (19 - 1) + 1 für ein System istgleich 178 istgleich 1 + 7 + 8 = 16 istgleich 1 + 6 = 7 Folgendes stattfinden, das über $^{1}a_{1} = 4$ und $^{1}b_{2} = 5$ infolge $^{7}a \neq b_{6} = 19$ und $^{7}b \neq a_{6} = 19$ unter der Bedingung $^{11}1 = 1 = 1_{7} = 28$ korrespondierend über $^{1}b_{2} = 5$ und $^{1}a_{1} = 4$ auf den nachfolgenden Zusammenhang zurückzuführen ist:

^{9}Verlesung$_{123}$	=	134		134 - 1	=	133
^{11}Bekanntgabe$_{82}$	=	95		95 - 1	=	94
^{5}Namen$_{47}$	=	54		54 - 1	=	53
^{10}Beteiligte$_{94}$	=	106		106 - 1	=	105
^{18}die Schweizergarde$_{169}$	=	191		191 - 1	=	190
$^{1}a_{1}$	=	4		4 - 1	=	3
$^{1}b_{2}$	=	5		5 - 1	=	4
$^{7}a \neq b_{6}$	=	19		19 - 1	=	18
$^{7}b \neq a_{6}$	=	19		19 - 1	=	18
$^{11}1 = 1 = 1_{7}$	=	28		28 - 1	=	27
^{10}Schaendung$_{96}$	=	108		108 - 1	=	107
^{15}Maria Magdalena$_{100}$	=	119		119 - 1	=	118
					=	870

8 + 7 + 0 + 1 für ein System	=	16	=	1 + 6	=	7

istgleich

$^{1}b_{2}$	=	5		5 - 1	=	4
$^{1}a_{1}$	=	4		4 - 1	=	3
^{11}Petersplatz$_{158}$	=	171		171 - 1	=	170
					=	177

1 + 7 + 7 + 1 für ein System	=	16	=	1 + 6	=	7

Es gilt die Bedingung 7 = 7 in einem Gleichgewicht, die sich über 8 + 7 + 0 + 1 und 1 + 7 + 7 + 1 aus den beiden Zahlen 871 und 178 ergibt. Allein schon deshalb sind wir gezwungen, die Identität von Maria Magdalena zu ermitteln.

Da das so ist, können wir ihr auch ein paar Takte sagen. Warum müssen wir das? Richtig, sie wird sich wohl für eine ganz große Nummer in ihrem Leben halten, und von ganz allein kommt diese vom Roß gewiss nicht herunter. In Anbetracht des bevorstehenden Exodusses der Menschheit muss es auf jeden Fall bei ihr einschlagen, wenn hier in Richtung Systemerhalt überhaupt noch etwas bewegt werden soll. Das hat aber leider bereits vor circa 2000 Jahren nicht funktioniert - und sie hatte insofern mehr als genug Zeit, um etwas bei sich zu ändern. Das Blöde daran ist, daß sie in der ^{5}Mitte$_{67}$ = 74 im ^{6}System$_{101}$ = 109 der ^{4}Erde$_{32}$ = 38 definiert worden ist. Respektive dessen gilt Folgendes:

^{5}Mitte$_{67}$	=	74		74 - 1	=	73
^{6}System$_{101}$	=	109		109 - 1	=	108
^{4}Erde$_{32}$	=	38		38 - 1	=	37
^{7}a und b$_{42}$	=	55		55 - 1	=	54
					=	272

2 + 7 + 2 + 1 für ein System	=	12	=	1 + 2	=	3

istgleich

^{14}Jesus Christus$_{191}$	=	209		209 - 1	=	208
^{15}Maria Magdalena$_{100}$	=	119		119 - 1	=	118
					=	326

3 + 2 + 6 + 1 für ein System	=	12	=	1 + 2	=	3

Es gilt die Bedingung 3 = 3 in einem Gleichgewicht, die sich über 2 + 7 + 2 + 1 und 3 + 2 + 6 + 1 in Form der beiden Zahlen 273 und 327 ergibt.

Merke!

Maria Magdalena und Jesus Christus stehen zusammen in Form von a und b in der Mitte im System auf unserer Erde. Auf Neudeutsch: Die Grundlogik der Menschheit ist über beide errichtet worden.

Da hier eine fehlt, also die Deutsche makedonischer Abstammung, ist die Hälfte der Menschheit zurzeit bereits im „Hmm". Mich selbst überzeugt ihr aber nicht, das allein zu wuppen: 1. Es ändert sich in der Zukunft nichts; 2. Wenn ich mir ansehe, wie ihr mir in diesem Leben begegnet seid, da bin ich ganz ehrlich, da können eine Menge weg und 3. Ihr habt euch nicht um euer eigenes Leben bemüht, geschweige denn, daß ihr dankbar dafür seid. Ach so, bevor ich es vergesse: Falls mir Dritte blödkommen wollen, fliegen diese, bevor sie „ihre Gedanken" auch nur zu Ende gedacht haben, im hohen Bogen aus meinem System. Richtig gelesen: mein System und nicht deins.

Merke!

Die Bekanntgabe und Verlesung der Namen aller Beteiligten (die an der Schändung von Maria Magdalena beteiligt waren und sind) wird über a und über b infolge a ≠ b und b ≠ a unter der Bedingung 1 = 1 = 1 über b und über a durch die Schweizergarde auf dem Petersplatz stattfinden.

Hinweis: Die Päpstliche Schweizergarde gibt es nicht, da es sich bei dieser um Menschen handelt und nicht um Vögel. Respektive ^{5}Amida$_{28}$ = 35 und ^{11}Verbrennung$_{140}$ = 153 wird über (35 - 1) + (153 - 1) + 1 für ein System istgleich 187 istgleich 1 + 8 + 7 = 16 istgleich 1 + 6 = 7 diese anschließend verbrannt. Was deren Sichtung anbelangt, ist es ausschließlich der Schweizergarde gestattet, Einsicht in die Amida zu nehmen - vorausgesetzt, daß Maria Magdalena zustimmt. Diese werden im Ernstfall die Amida verwahren und aufbewahren, da sie ihr mit Leib und Leben verpflichtet sind.

Warum kann sie sich dieser anvertrauen? Diese wurde durch die Päpste belogen, da der nachfolgende Zusammenhang über $^{1}a_{1}$ = 4, $^{1}b_{2}$ = 5, $^{1}b_{2}$ = 5 und $^{1}a_{1}$ = 4 vorgibt, wer unter ihrem Schutz steht:

^{18}die Schweizergarde$_{169}$	=	**191**		191 - 1	=	190
^{15}Maria Magdalena$_{100}$	=	**119**		119 - 1	=	118
					=	308

3 + 0 + 8 + 1 für ein System	=	12	=	1 + 2	=	3

istgleich

^{9}Leibwache$_{68}$	=	79		79 - 1	=	78
$^{1}a_{1}$	=	4		4 - 1	=	3
$^{1}b_{2}$	=	5		5 - 1	=	4
$^{1}b_{2}$	=	5		5 - 1	=	4
$^{1}a_{1}$	=	4		4 - 1	=	3
^{8}Paritaet$_{90}$	=	100		100 - 1	=	99
^{7}a und b_{42}	=	55		55 - 1	=	54
$^{7}a \neq b_{6}$	=	19		19 - 1	=	18
$^{7}b \neq a_{6}$	=	19		19 - 1	=	18
$^{11}1 = 1 = 1_{7}$	=	28		28 - 1	=	27
					=	308

3 + 0 + 8 + 1 für ein System	=	12	=	1 + 2	=	3

Es gilt die Bedingung 3 = 3 in einem Gleichgewicht, die sich jeweils aus 3 + 0 + 8 + 1 in Form der beiden Zahlen 309 ergibt.

Merke!

Die Schweizergarde ist über a, b, b und a durch die Parität von a und b infolge a ≠ b und b ≠ a unter der Bedingung 1 = 1 = 1 die vom Schöpfer eingesetzte Leibwache für Maria Magdalena: die durch a, b, b und a über die Parität von a und b infolge a ≠ b und b ≠ a ihr mit Leib und Leben verpflichtet ist.

Die Schweizergarde ist durch a, b, b und a über die Parität von a und b infolge a ≠ b und b ≠ a unter der Bedingung 1 = 1 = 1 die Leibwache für Maria Magdalena, die durch $^{1}a_{1} = 4$, $^{1}b_{2} = 5$, $^{1}b_{2} = 5$ und $^{1}a_{1} = 4$ vom ^{9}Schoepfer$_{95}$ = 106 über die ^{8}Paritaet$_{90}$ = 100 von ^{7}a und b_{42} = 55 infolge $^{7}a \neq b_{6} = 19$ und $^{7}b \neq a_{6} = 19$ über (4 - 1) + (5 - 1) + (5 - 1) + (4 - 1) + (106 - 1) + (100 - 1) + (55 - 1) + (19 - 1) + (19 - 1) + 1 für ein System istgleich 309 istgleich 3 + 0 + 9 = 12 istgleich 1 + 2 = 3 hierfür bestimmt worden ist.

Und wir fallen nicht vom Glauben ab, wenn wir das lesen, was nun kommen wird. Wir leben in einem System, in dem es respektive der Logik in diesem über den Reinkarnationsprozess möglich ist, daß der Schöpfer, der als Messias oder als Luzifer in Erscheinung treten kann, als Reinkarnation auf der Erde ist. Der als Schöpfer ebenso jener ist, den wir Jesus Christus nennen, und im System das allererste HO gewesen ist, das auf den Namen Enki oder auch En-ki hört: dessen Ehefrau die römisch-katholische Kirche geschändet und geschunden hat, die im System das dritte OH nach seiner Schwester (= dem ersten OH im System) und seiner Mutter (= dem zweiten OH im System) ist. Wer nicht mehr weiß, warum das so ist, liest noch mal im Buch „Chaos im Paradies: Der Weg zur Klärung der Beziehungsebene über Beziehung einschließlich Lösung - Buch 1" nach. Wir erinnern uns daran, daß jeder von uns analog einer Aufgabe im Leben eine Systemrolle auf der Erde besitzt, basierend auf unseren Gaben, Talenten und Fähigkeiten.

Daß Maria Magdalena schon immer die Frau unseres Schöpfers ist, ergibt sich aus dem nachfolgenden Zusammenhang:

^{15}Maria Magdalena$_{100}$	=	119		119 - 1	=	118

1 + 1 + 8 + 1 für ein System = 11 = 1 + 1 = 2

istgleich

^{1}a$_{1}$	=	4		4 - 1	=	3
^{1}b$_{2}$	=	5		5 - 1	=	4
$^{11}1 = 1 = 1_{7}$	=	28		28 - 1	=	27
^{4}Frau$_{46}$	=	52		52 - 1	=	51
^{9}Schoepfer$_{95}$	=	106		106 - 1	=	105
					=	190

1 + 9 + 0 + 1 für ein System = 11 = 1 + 1 = 2

Es gilt in einem Gleichgewicht die Bedingung 2 = 2, die sich aus 1 + 1 + 8 + 1 und 1 + 9 + 0 + 1 in Form der beiden Zahlen 119 und 191 ergibt.

Merke!

Über a und über b ist Maria Magdalena unter der Bedingung 1 = 1 = 1, damals wie heute, die Frau des Schöpfers, den man auch Enki oder En-ki nennt, der sowohl als Messias als auch Luzifer in Form von Jesus Christus in Erscheinung tritt.

Respektive dessen handelt es sich bei beiden über $^{1}a_{1}$ = 4, $^{1}b_{2}$ = 5, $^{1}b_{2}$ = 5 und $^{1}a_{1}$ = 4 infolge $^{7}a \neq b_{6}$ = 19 und $^{7}b \neq a_{6}$ = 19 - bedingt durch (4 - 1) + (5 - 1) + (5 - 1) + (4 - 1) + (19 - 1) + (19 - 1) + (69 - 1) + (73 - 1) + 1 für ein System istgleich 191 istgleich 1 + 9 + 1 = 11 istgleich 1 + 1 = 2 - um einen ^{7}Ehemann$_{60}$ = 69 mit seiner ^{7}Ehefrau$_{64}$ = 73. Die Stellvertreter und Vertreter der römisch-katholischen Kirche haben damit vollkommen unstrittig die Frau des Schöpfers geschändet und geschunden.

Der, welcher als Schöpfer auf unserer Erde reinkarniert worden ist, trägt in diesem Leben als Mensch den Namen, der sich über Folgendes ergibt:

^{13}Reinkarnation$_{149}$	=	164		164 - 1	=	163
^{9}Schoepfer$_{95}$	=	106		106 - 1	=	105
$^{1}a_{1}$	=	4		4 - 1	=	3
$^{1}b_{2}$	=	5		5 - 1	=	4
$^{11}1 = 1 = 1_{7}$	=	28		28 - 1	=	27
					=	302

3 + 0 + 2 + 1 für ein System	=	6

istgleich

^{6}Mensch$_{62}$	=	70		70 - 1	=	69
^{4}Name$_{33}$	=	39		39 - 1	=	38
^{15}Thomas Schreyer$_{177}$	=	196		196 - 1	=	195
					=	302

3 + 0 + 2 + 1 für ein System	=	6

Es gilt die Bedingung 6 = 6 in einem Gleichgewicht, die jeweils über 3 + 0 + 2 + 1 in Form der beiden Zahlen 303 gegeben ist. Letztere implizieren, daß es sich bedingt durch die ^{11}Inkarnation$_{126}$ = 139 über ^{7}a und b_{42} = 55 durch $^{7}a \neq b_{6}$ = 19 und $^{7}b \neq a_{6}$ = 19 unter der Bedingung $^{11}1 = 1 = 1_{7}$ = 28 respektive (139 - 1) + (55 - 1) + (19 - 1) + (19 - 1) + (28 - 1) + (48 - 1) + 1 für ein System istgleich 303 istgleich 3 + 0 + 3 = 6 dabei um einen ^{4}Mann$_{42}$ = 48 handelt.

Merke!

Die Reinkarnation des Schöpfers ist durch a und durch b unter der Bedingung $1 = 1 = 1$ der Mensch mit dem Namen Thomas Schreyer, der in Form von a und b infolge $a \neq b$ und $b \neq a$ unter der Bedingung $1 = 1 = 1$ als Mann inkarniert wurde.

Für dich zur Kenntnisnahme: Ich flitze weder mit Jesuslatschen noch mit einem Dornenkranz auf der Rübe herum, ich berechne und kalkuliere und treffe die notwendigen Entscheidungen im Sinne der Systemwiederherstellung auf der Erde. Einige davon lasse ich dich wissen, andere wiederum nicht. Generell habe ich mich dazu entschieden, euch zu helfen. Die Ergebnisse einiger Maßnahmen siehst du bereits, zum Beispiel, daß der Müll, der durch eure Raumfahrt verursacht worden ist, den hier irgendwelche Dummdödel ohne jegliches Hirn in den Orbit unserer Erde gepfiffen haben, zurückkommt. Fazit: Es stürzen zunehmend Satelliten ab.

Warum ich das mache, hatte ich dir in einem anderen Buch bereits mitgeteilt. Ich habe ein paar wunderschöne Diagnosen in diesem Leben von Beginn an eingesammelt, die ich nicht haben will. Bedingt durch $a = b$ und $b = a$ steht aber mittlerweile fest, woher diese kommen. Richtig, die Systemrolle der Maria Magdalena gehört zu mir und das, was sie auf unserer gemeinsamen Beziehungsebene treibt, ist bei mir über Beziehung als Krankheit angekommen, und zwar reichlich. Insofern werde ich, was das Thema anbelangt, ganz gewiss nicht lockerlassen. Warum? Ich habe ebenso ein Recht darauf, gesund zu sein.

Was das Thema „Beziehung" anbelangt, droht von mir verständlicherweise keine Gefahr, aus besagten Gründen. Das Problem für sie ist: Bedingt durch $a = b$ und $b = a$, wenn ich den Löffel abgebe, geht sie de facto auch mit „hops". Was dann weitergeht und ihren Kindern den Hahn abdreht. Warum? Die logischen Verbindungen, die es im Hintergrund tatsächlich sind, kann man nicht ändern: Sie sind immer konstant, und zwar egal in welchem Leben. Es ist quasi immer so. Egal, welches Leben sie durchlebt hat: Sie hat sich selbst gedemütigt und mich damit mit, woraufhin ich in jedem meiner bisherigen Leben auf der Erde krepiert bin - also durch ihre Asozialität auf ihrer eigenen Beziehungsebene. Ganz tolle Bilanz: Und damit ist jetzt ein für alle Mal Schluß. Falls sie nicht entsprechend in die Gänge kommt und umsetzt, was ihr empfohlen wird, und sich daran hält, wird ihr jetziger Name mit all ihren Kontaktdaten berechnet und veröffentlicht, nebst Bild: Da wird sich dann schon eins finden lassen. Geht das überhaupt? Natürlich, das Konstrukt, in dem du dich befindest, ist ein System und es ist meins.

Da ich der erste im System bin, der das kann, stehe ich wie Jesus Christus logisch in diesem in der Mitte, wie sie auch. Das Problem kennst du: Sie ist nicht da und sie ist alles andere als ein Geschenk für mich. Sie muss aber dahin, da sonst keiner von euch den Prozess der Apokalypse überlebt.

Nach dem, was wir wissen, überlege ich mir das mit dem Umarmen noch einmal: vielleicht im Schutzanzug. Nur noch kurz zum Verständnis:

Ich bringe keine Zauberkunststücke und auch keine Zauberwunder, etwa wie Mose, und teile das Meer. Was mich aber von dir unterscheidet, ist, daß ich die Systemlogik des übergeordneten Systems verstanden habe, die es ermöglicht, daß ich im untergeordneten System in der Lage bin, Lösungen zu finden, die der Logik des Gesamtsystems entsprechen. Kurzum: Das, was es sein sollte, und nicht das, was man hier auf der Erde zusammengeschustert hat. Ich bin also ein Mensch in jeglicher Hinsicht wie du, nur mit etwas komplexeren Fähigkeiten, was die Bewertung und Evaluierung von Systemprozessen und der zugrundeliegenden Systeme anbelangt - was du aber von mir erlernen sollst. Also, wenn ich besoffen bin, liege ich genauso in der Botanik herum wie du. Ich bin weder bekloppt noch bescheuert, ich habe nur im Gegensatz zu dir verstanden, welche Systemrollen zu mir gehören: Jesus Christus, Messias, Luzifer (ich kann also auch anders) und Enki (= En-ki), dein Schöpfer, dessen Frau der römisch-katholische Rotzlöffelhaufen gefleddert hat. Keine Frage, was die Gnädigste anbelangt, habe ich so meine Probleme, der römisch-katholische Sauhaufen, der das zu verantworten hat, kommt aber trotzdem weg. Das ist im System für den Fall „Wenn" genauso verankert - und das hatten wir bereits berechnet. Daß ich mit ihr demnächst Händchen halte, kann ich mir noch nicht vorstellen, es wäre aber angebracht, daß sie mitzieht. Warum? Motiv Nummer 1: Es wird alles wieder gut, einschließlich ihrer Unversehrtheit. Motiv Nummer 2 besprechen wir kurz.

Das biologische Alter eines Menschen ist in seinem Leben durch ^{18}biologisches Alter$_{179}$ = 201 in Form einer Gleichgewichtssituation in diesem auf den nachfolgenden Zusammenhang zurückzuführen, der durchaus auch für „unsere Gnädigste" und für alle anderen eine frohe Botschaft enthalten könnte:

^{18}biologisches Alter$_{179}$	=	201		201 - 1	=	200
^{6}Mensch$_{62}$	=	70		70 - 1	=	69
^{5}Leben$_{38}$	=	45		45 - 1	=	44
					=	313

3 + 1 + 3 + 1 für ein System	=	8

istgleich

[6]$Laenge_{44}$	=	52		52 - 1	=	51
[1]a_1	=	4		4 - 1	=	3
[1]b_2	=	5		5 - 1	=	4
[1]b_2	=	5		5 - 1	=	4
[1]a_1	=	4		4 - 1	=	3
[8]$Paritaet_{90}$	=	100		100 - 1	=	99
[7]a und b_{42}	=	55		55 - 1	=	54
[7]$a \neq b_6$	=	19		19 - 1	=	18
[7]$b \neq a_6$	=	19		19 - 1	=	18
[9]**140 Jahre**$_{47}$	=	60		60 - 1	=	59
					=	313

3 + 1 + 3 + 1 für ein System	=	8

Es gilt die Bedingung 8 = 8 in einem Gleichgewicht, die sich durch 3 + 1 + 3 + 1 in den beiden Zahlen 314 widerspiegelt. Warum verwenden wir die Länge? Richtig, die Zeit enthält ein Längenmaß. Das hatten wir bereits erörtert. Also, wenn die Zeit ablaufen kann, muss es auch etwas zum Ablaufen geben, eine Strecke zum Beispiel.

Merke!

Das biologische Alter eines Menschen in seinem jeweiligen Leben zieht sich über a, b, b und a - bedingt durch die Parität von a und b respektive $a \neq b$ und $b \neq a$ - über eine Länge von 140 Jahren.

Das heißt, wenn „unsere Gnädigste" wieder in Ordnung ist, wird sie wie du auch in der Gleichgewichtssituation 140 Jahre alt.

Insofern haben wir alle zusammen unsere eigene Lebenserwartung erheblich beschnitten, die es systembedingt sein sollte. Wodurch? Richtig, durch das Gehampele auf der Beziehungsebene über Beziehung, denn das hatten wir bereits herausgefunden: daß alle Alterungsprozesse menschengemacht sind. Das, was für uns vorgesehen ist, ist etwas vollkommen anderes. Das wollen wir nicht, und deshalb sehen wir im Alter eben aus, wie wir aussehen: grau und gebrechlich.

Der durchschnittliche menschliche Dummdödel fasst das logischerweise nicht als ein Geschenk auf; es gilt aber Folgendes:

^{5}Alter$_{56}$	=	63		63 - 1	=	62
^{6}Mensch$_{62}$	=	70		70 - 1	=	69
^{18}biologisches Leben$_{161}$	=	183		183 - 1	=	182
					=	313

3 + 1 + 3 + 1 für ein System	=	8

istgleich

^{5}Dauer$_{49}$	=	56		56 - 1	=	55
^{1}a$_{1}$	=	4		4 - 1	=	3
^{1}b$_{2}$	=	5		5 - 1	=	4
^{8}Paritaet$_{90}$	=	100		100 - 1	=	99
^{7}a und b$_{42}$	=	55		55 - 1	=	54
^{7}a ≠ b$_{6}$	=	19		19 - 1	=	18
^{7}b ≠ a$_{6}$	=	19		19 - 1	=	18
^{8}**45 Jahre**$_{51}$	=	63		63 - 1	=	62
					=	313

3 + 1 + 3 + 1 für ein System	=	8

Wir erhalten in einem Gleichgewicht die Bedingung 8 = 8, die durch 3 + 1 + 3 + 1 aus den beiden Zahlen 314 hervorgeht.

Merke!

Das biologische Alter eines Menschen in seinem Leben dauert über a und über b in Form von a und b infolge a ≠ b und b ≠ a 45 Jahre.

Das heißt, du wirst insgesamt 140 Jahre alt, welche im Endstadium immer noch einer physischen und psychischen Leistungskraft von 45 Jahren entsprechen.

Du siehst de facto im Alter von 140 Jahren aus wie 45 und bist 100 % leistungsfähig bei 100 % Gesundheit und 100 % Unversehrtheit; wobei Letztere, falls das Gebot der Einehe in Form von „ein Adam und eine Eva" eingehalten wird, durch „einmal ist kein Mal und keinmal ist ein Mal" immer innerhalb der Ehe gewährleistet ist. Das hatten wir alles bereits erörtert. Du bist damit, falls du dich in der Ehe an die Einehe hältst, für alle Zeit in jedweden Raum behütet und beschützt. Das ist im Prinzip genau das, was ich vielleicht mit ihr zusammen oder auch mit dir zusammen erreichen will. Und das geht, da wir in einem künstlich angelegten System leben. Vorausgesetzt, du willst. Das dauert zwar, bis die Gleichgewichtssituation wiederhergestellt ist, es ist jedoch nicht unmöglich. Was sie anbelangt, wird sie, wenn es gelingt, in etwa wie Anfang 20 aussehen und tatsächlich Mitte 60 sein.

Die Gnädigste kann ihre Kiefer also getrost wieder einrenken: Darum geht es. Es sei denn, es kommen hier noch überraschende Ergebnisse, die dann zusätzlich noch etwas anderes erfordern. Das weiß ich jetzt aber auch nicht, da wir uns hier zusammen das Zeug erarbeiten. Ich habe also bei mir nirgendwo einen Entwurf herumliegen, wir gehen zusammen Tippeltappeltour vor. Einfache Begründung: Warum soll man den ganzen Scheißdreck zweimal machen, wenn auch einmal reicht? Auf so einen blöden Gedanken komme ich ganz gesichert nicht. Also, wenn du mich momentan fragen würdest, was wir im nächsten Kapitel behandeln werden: Ganz offen gesagt, ich kann dir heute keine Antwort darauf geben.

Da du aber verständlicherweise etwas daran zweifeln wirst, also quasi wie immer: gibt es ein mehr als verdientes Geschenk von mir an all jene, die direkt und mittelbar am Missbrauch und an der Misshandlung meiner Ehefrau auf der Erde, Maria Magdalena, beteiligt gewesen sind und es nachwievor sind, daß wie folgt aussieht: Es geht im Jahr 2026, also eigentlich das Jahr 2019, für das betreffende römisch-katholische Gesindel und Gesocks sieben Tage lang dreimal täglich auf die selten dämlich dumme Schnauze und auf den „Hmm"; auf daß sie ab dem Zeitpunkt nackt auf der Erde herumkriechen mögen mit einer Kerze in selbigem. Da sie ihren Peinigern keine ballern kann und will, mache ich das. Wo kommen wir denn dahin, daß das darin involvierte römisch-katholische Gesindel und Gesocks bis zum letzten Tag die große Esse mit „Fr" am Anfang hat? Ab in den Dreck damit, da, wo man hingehört. Unsere Gnädigste mag ich aber trotzdem nicht, es kotzen mich nur solche Verhaltensweisen an, da auch bei ihr zwei Seelen in einer Brust schlagen werden. Damit knüpfen wir wieder an die Seite 334 an.

Die beiden Zahlen 303 (Vgl. Seite 334) verweisen über die ^{8}Paritaet$_{90}$ = 100 von ^{7}a und b$_{42}$ = 55 unter der Bedingung $^{11}1 = 1 = 1_7 = 28$ - bedingt durch (100 - 1) + (55 - 1) + (28 - 1) + (123 - 1) + 1 für ein System istgleich 303 istgleich 3 + 0 + 3 = 6 - auf die ^{8}Raumzeit$_{113}$ = 123 im ^{8}Zeitraum$_{113}$ = 123. Beide zusammen ergeben aus (123 - 1) + (123 - 1) + 1 für ein System istgleich 245 istgleich 2 + 4 + 5 = 11 istgleich 1 + 1 = 2 durch den ^{7}Prozess$_{118}$ = 127 über $^{1}H_8 = 11$ und $^{1}O_{15} = 19$ in Form von ^{7}a und b$_{42}$ = 55 infolge $^{7}a \neq b_6 = 19$ und $^{7}b \neq a_6 = 19$ über (127 -

1) + (11 - 1) + (18 - 1) + (55 - 1) + (19 - 1) + (19 - 1) + (74 - 1) + (109 - 1) + 1 für ein System istgleich 425 istgleich 4 + 2 + 5 = 11 istgleich 1 + 1 = 2 in der logischen Endkonsequenz die ^{5}Mitte$_{67}$ = 74 im ^{6}System$_{101}$ = 109. Meine Grundlogik entspricht damit der des allerersten HO im System. Warum? Hast du schon mal so etwas erlebt, daß sich jemand ausschließlich über Zahlen bei der Lösung von Problemen bewegt? Na, siehst du. Das hat man dir übrigens über Jahrhunderte hinweg versucht, begreiflich zu machen: daß die Zahlen Gottes auch die Zahlen des Teufels sind, ergo die des Schöpfers. Und wie du dir vielleicht jetzt eingestehen wirst, mache ich die ganze Zeit nichts anderes. Deshalb genügt es aber, daß, wenn du mir begegnest, du mich mit Thomas ansprichst. Ich besitze keine Starallüren wie du, ich weiß, wer ich bin. Weshalb? Dein Reich ist das meine und mein Wille geschieht: und systembedingt nicht deiner.

Im Wesentlichen ganz einfach und auch gar nicht weiter schlimm: Akzeptierst du es, gehörst du vielleicht zu jenen, die demnächst im System wieder behütet und beschützt sind. Ich muss dir allerdings eine Illusion nehmen: Die Regeln, Gesetze und Gebote im System und wie sich die Prozessabläufe im System gestalten, um wieder etwas in Ordnung zu bringen, gelten für dich wie für mich. Etwa jene unter uns, die die Rolle der Maria Magdalena innehat, sofort wieder zur Jungfrau Maria werden zu lassen, funktioniert nicht, es ist immer der Weg das Ziel: Es dauert also etwas, insbesondere unter dem Aspekt der eigenen Mitarbeit; Fleiß, Ordnung und Disziplin inbegriffen. Wenn man unzählige Jahre an Fehlstellungen innerhalb des Systems bearbeiten will, geht das nicht anders. Unabhängig davon, daß bei der Vielzahl an Ereignissen ihr eigenes System kollabieren würde. Sie und ihre eigenen Kinder haben keine Chance, wenn sie nicht bedingungslos mitzieht. Was ihre Intimität anbelangt, ist diese gefordert, jedwedem ab sofort diese zu verwehren, einschließlich ihres Anblicks. Die geht nur den etwas an, der zu ihr gehört. Das ist sein Geschenk und nicht das aller anderen: Punkt! Auch nicht das für die Systemknaller innerhalb des medizinischen Handwerks. Deine Unversehrtheit geht sie nichts an. Also, wir beginnen bei Maria Magdalena, du musst dir das von diesen bis auf Weiteres noch gefallen lassen. Warum? Die Bedingung „ein Mann und eine Frau" ist bei ihr im Jahr 2027 wiederhergestellt, und da brennt nichts mehr an, außer: daß die Gefühllosigkeit bis auf Weiteres bleibt und die wunderschöne Diagnose Aids auch. Deine fehlt nachwievor.

Warum ist das leider so? Erst muss sie im System in der Mitte stehen und mit mir zusammen die Lösung realisiert haben. Das ist dooferweise durch die Versäumnisse der Menschen dem geschuldet, daß diese Bedingung erst wieder im System auf der Erde ordnungsgemäß hinterlegt werden muss. Bevor das nicht geschehen ist, greift diese für keinen anderen. De facto wie in einem Computerprogramm: zuerst die Definition des Inputs, gefolgt von der Verarbeitung bis hin zum Output. Ein ganz logischer Systemprozess. Das heißt, daß es sich zurzeit im Prinzip um das Worst-Case-Szenario handelt. Ich habe mir da aber schon Gedanken gemacht, wie man das etwas umgehen kann, daß man dem eigenverantwortlich entgegensteuern kann. Wir setzen also dem möglichen Totalausfall unseres eigenen Systems bereits jetzt etwas entgegen. Ich probiere zurzeit etwas an mir aus, was funktionieren könnte, worüber wir in einem der nächsten Bücher sprechen werden, da ich noch nicht ganz damit durch bin. Im Ergebnis führt das, was ich zurzeit ausprobiere, zu Entladungsprozessen, die sich in der Regel über das „Knochenknacken" äußern, etwa auch das in der Wirbelsäule bis hin zur Schädelaufhängung. Es geht in die Struktur eines Menschen, ergo in das Skelett, worüber alles perspektivisch in Ordnung gebracht wird: Organe, Nerven et cetera. So, wir machen aber vorerst weiter mit dem, was wir angefangen haben.

Bei mir, Thomas Schreyer, ist die Systemrolle des Schöpfers gelandet und unsere Gnädigste ist im System meine etwas gewöhnungsbedürftige Ehefrau. Wir überprüfen das mal; es gilt Folgendes:

^{15}Maria Magdalena$_{100}$	=	119		119 - 1	=	118
^{7}Ehefrau$_{64}$	=	73		73 - 1	=	72
^{1}a$_{1}$	=	4		4 - 1	=	3
^{1}b$_{2}$	=	5		5 - 1	=	4
^{1}b$_{2}$	=	5		5 - 1	=	4
^{1}a$_{1}$	=	4		4 - 1	=	3
					=	204

2 + 0 + 4 + 1 für ein System	=	7

istgleich

^{7}a und b$_{42}$	=	55		55 - 1	=	54
^{15}Thomas Schreyer$_{177}$	=	196		196 - 1	=	195
					=	249

2 + 4 + 9 + 1 für ein System	=	16	=	1 + 6	=	7

Es gilt die Bedingung 7 = 7 in einem Gleichgewicht, das über die beiden Zahlen 205 und 250 aus 2 + 0 + 4 + 1 und 2 + 4 + 9 + 1 vorliegt.

Merke!

Die, welche die Rolle der Maria Magdalena in ihrem Leben begleitet, ist durch a, b, b und a in Form von a und b meine Ehefrau.

Es ist damit tatsächlich so, und darüber hinausgehende Beweise benötigen wir nicht: Da ist jetzt guter Rat teuer.

Die einzig richtige Entscheidung ist jetzt, sich auf die eigene Gesundheit zu konzentrieren und ihren Aktionsradius dahingehend einzugrenzen, um sie zu bewegen, daß sie von ganz allein bei der Schweizergarde vorstellig wird, um insgesamt 9 Jahre Buße zu tun. Das ist eine von zwei Optionen, auf die es letzten Endes bei ihr hinauslaufen könnte, was wir noch berechnen werden. Wenn sie das so will, werden diese auf sie aufpassen: Es ist ihre Leibgarde und nicht die des Papstes.

Dann wollen wir mal ein paar Überlegungen anstellen, dahingehend, was wir bereits von ihr wissen, die sich mit mir logisch in Verbindung bringen lassen muss. Es ist eine Deutsche makedonischer Abstammung. Ich bin ein Deutscher und mein Vorname, Thomas, muss in ihrem Nachnamen vorzufinden sein. Es wird damit der Name ihrer Eltern gesucht, den wir in Deutschland auch als Vornamen verwenden. Für Thomas erhalten wir auszugsweise Toma, Tomas, Tomovski, Tomov oder auch Tomić, die man in Makedonien mit meinem Vornamen in Verbindung bringt. Die Basis für ihren Nachnamen elterlicherseits ist im Umkehrschluß mein Vorname, der als ihr Nachname zu meinem Vornamen wird.

Durch Ausprobieren gelangen wir unter besagter Prämisse, daß Vor- und Nachname im Namen von ihr eine Rolle dabei spielen, zu folgendem Ergebnis: Zu beachten ist, daß die beiden Namen in etwa gleichlang sind und die Logik dahinter über Kreuz angelegt sein muss.

^{4}Name$_{33}$	=	39		39 - 1	=	38
^{5}Tomić$_{61}$	=	68		68 - 1	=	67
^{7}Vorname$_{88}$	=	97		97 - 1	=	96
					=	201

2 + 0 + 1 + 1 für ein System	=	7

istgleich

^{8}Nachname$_{59}$	=	69		69 - 1	=	68
^{1}a$_{1}$	=	4		4 - 1	=	3
^{1}b$_{2}$	=	5		5 - 1	=	4
^{1}b$_{2}$	=	5		5 - 1	=	4
^{1}a$_{1}$	=	4		4 - 1	=	3
^{7}a ≠ b$_{6}$	=	19		19 - 1	=	18
^{7}b ≠ a$_{6}$	=	19		19 - 1	=	18
^{6}Thomas$_{76}$	=	84		84 - 1	=	83
					=	201

2 + 0 + 1 + 1 für ein System	=	4

Es gilt die Bedingung 4 = 4 in einem Gleichgewicht, die sich jeweils über 2 + 0 + 1 + 1 in den beiden Zahlen 202 widerspiegelt, die uns eindeutig und eineindeutig zu verstehen gibt, daß es es sich um die Bedingung ^{22}ein Mann und eine Frau$_{188}$ = 220 istgleich 2 + 2 + 0 = 4 handelt, welche von beiden erfüllt wird.

Damit darf ich meine rechtmäßige Ehefrau im System vorstellen: Eine Frau Tomić - und keine Ahnung, wer das sein soll - eine Deutsche mit makedonischen Wurzeln, welche durch die ^{8}Paritaet$_{90}$ = 100 von ^{7}a und b$_{42}$ = 55 über (100 - 1) + (55 - 1) + (49 - 1) + 1 für ein System istgleich 202 istgleich 2 + 0 + 2 = 4 quasi die besagte ^{5}Maria$_{42}$ = 49 ist: die zuerst als Jungfrau Maria in ihr eigenes Leben startete, welche danach zu einer Maria ohne Jungfrau wurde, da ihr Rotzlöffelvater sie auf links gezogen hat und dann der ganze andere Dreck auf rechts: was aus ihr Maria Magdalena werden ließ.

Ich kann dir sagen, mir steht die Begeisterung regelrecht in's Gesicht geschrieben. Ganz fein, so in etwa habe ich mir das als Krönung in meinem Leben natürlich schon immer vorgestellt. Ich möchte mal deins sehen, wenn dein Geschenk im Leben auch so aussieht. Deine Chancen stehen aber auch nicht schlecht, daß da ein ganz besonderes Geschenk auf dich wartet, wenn wir dabei an die Miezen und Kater in gewissen Filmen und auf Bildern denken. Vielleicht hast du ja genauso in die „Glückstüte" gegriffen wie ich. Es könnte natürlich auch die streunende auf der Straße sein oder der. Aber dennoch: Augen zu und durch, da es um etwas Größeres geht, auch unabhängig davon, daß man die Frau, die zu einem im Leben gehört, nicht im Stich lässt, auch wenn's wehtut. Das funktioniert aber nur, wenn man auch bei sich selbst etwas einräumt, daß da vielleicht auch ein paar Leichen im Keller liegen. Bei manchen unter uns sollen sich diese ja auch stapeln lassen. Das hier, ist aber zweifellos ein Härtefall. Hier, Gnädigste, gesetzt den Fall, daß du mitliest: Schön ist das nicht! Das ist dir hoffentlich klar? So, weiter im Text.

Es war in diesem Zusammenhang bereits der Name ^{7}Klaudia$_{59}$ = 68 istgleich 6 + 8 = 14 istgleich 1 + 4 = 5 gefallen, der einen logischen Bezug zu ^{5}Tomić$_{61}$ = 68 istgleich 6 + 8 = 14 istgleich 1 + 4 = 5 zulässt. Ersterer wird mit den Begriffen lahmend und hinkend in Verbindung gebracht, was weitestgehend, nachdem, was wir wissen, zutreffend ist. In einem übertragenen Sinn hinkt und lahmt sie in ihrem eigenen Leben, das de facto fremdbestimmt ist. Eigenbestimmung, auch wenn sie das glaubt, gibt es in Anbetracht der Situation eigentlich nicht. Das ist Blödsinn, wenn man das annimmt, man hält vielleicht die Zügel mittlerweile etwas länger, aber am Zwang in Form von Gewalt ändert sich nichts. Das ist ja das Problem, daß der äußere Anstrich, der von den Tätern aufrechterhalten wird, als innerer durch den langjährigen Missbrauch und die langjährige Misshandlung vom Opfer übernommen wird. Das erfolgt in der Regel unterbewusst, da der Selbsterhaltungstrieb in einer Notsituation im Ergebnis dazu führt, daß der Selbstschutz dadurch stattfindet, daß man das, was der Täter erwartet, in seiner eigenen Rolle als Opfer adaptiert: Da Letztere, die prinzipiell fremdbestimmt ist, über die Jahre hinweg zur eigenen wird.

Das heißt, daß die sieben Dämonen, die sie damit auch selbst besitzt, ursprünglich nicht die ihren waren, aber zu ihren geworden sind. De facto kann man einer Hetäre oder einer Hure in der heutigen „Erotikbranche“ keinen Vorwurf machen, daß es so ist, da der Selbstschutz automatisch dazu führt. Im Prinzip wie in einer Rolle in der Arbeitswelt, wo man anderen nach dem Mund redet. Daß das ohne Weiteres möglich ist, wissen wir. Und mit Gewalt und obendrein noch gepaart mit Misshandlung, egal ob auf psychischer oder physischer Ebene, funktioniert das außerordentlich hervorragend.

Das ist übrigens das Hauptproblem schlechthin, daß das Verzeihen und das Entschuldigen, wenn es in Vergebung enden soll, im Verstehen genau das voraussetzt. Die Grundlage, um das zu bewerkstelligen, ist damit: das Problem als Folge gnadenlos zu benennen, die dazugehörige Ursache erbarmungslos zu ergründen und direkt und mittelbar - ohne Rücksicht auf Verluste zu nehmen - anzusprechen; um im Gegenzug eine entsprechende Perspektive vermitteln zu können, die auf einer Lösung beruht, und zwar einer endgültigen, wo dann alles wieder „in Ordnung“ ist. Warum? Die Erkenntnis, die aus einem Selbsterkennen und damit auch aus dem Selbsterfahren resultiert, muss wehtun, sonst ändert sich nichts.

Das bewusste „Verletzen“ einer Person auf der psychischen Ebene führt immer zu deren Eskalation: Das negative Bild mit den daraus resultierenden Konsequenzen zeigt aber auf, wo die zukünftige Reise in einem positiven Sinn - und wie wir bereits wissen, ist das so - unter Umständen dann auch hingehen könnte. Die grundlegende

Voraussetzung hierfür wiederum ist, daß überhaupt eine Trennung in positiv und in negativ nicht nur möglich ist, sondern tatsächlich stattfindet. Da die eigene Komfortzone das verhindert, also unser „Rückzugsort" in einem übertragenen Sinn, müssen wir ihre Komfortzone restlos zerstören, und zwar egal wie. Warum? Es hängt einfach das Leben von zu vielen auf der Erde davon ab.

Unter Umständen gebietet das dahingehend Einhalt, daß man zumindest darüber nachdenkt. Das „Bonbon", daß man sein eigenes Leben gewissermaßen noch einmal von vorn beginnen kann, ohne daß einem dabei seine eigene Vergangenheit im Weg steht, weil sie beendet ist und es auch niemand mehr weiß, ist hierbei der Erfolgsgarant: analog Zuckerbrot und Peitsche, H und O, 0 und 1 oder auch a und b. Im Prinzip läuft es systembedingt am Ende immer auf Ein' und das Selbe hinaus: Friss Vogel oder stirb - etwas freundlicher formuliert: Augen zu und durch.

Das Problem systembedingter Natur ist, daß (wenn wir sie nicht davon überzeugen können und sie sich im widrigen Fall nicht an der nur durch sie zu erbringenden Leistung innerhalb der Lösung für alle beteiligt: ich, bedingt durch a = b und b = a, vor ihr ausscheiden werde, sie dann nach mir - gewissermaßen so, wie es ursprünglich in der Geschichte Jesu Christi geschildert wurde -) eine Rettung der Menschheit nebst Erde, Pflanzen und Tieren nicht möglich ist: da die logische Verbindung in der Mitte im System unserer Erde fehlt. Das ist dann der Punkt, wo wir wirklich aufhören können. Da geht gar nichts mehr in diesem Sinn. Ich hoffe, daß ihr euch alle dieser Lage bewusst seid. Was mich anbelangt: Ich komme irgendwo wieder, ihr alle nicht. Das war's für euch bis in alle Ewigkeit; aus und vorbei. Das ist keine Schwarzmalerei, das sind die logischen Konsequenzen im System, die wir bereits ausgiebigst erörtert haben.

Das primäre Problem dabei ergibt sich über $^{1}a_{1} = 4$, $^{1}b_{2} = 5$, $^{1}b_{2} = 5$ und $^{1}a_{1} = 4$ - bedingt durch ^{15}Maria Magdalena$_{100}$ = 119 selbst - aus dem nachfolgenden Zusammenhang:

^{15}Maria Magdalena$_{100}$	=	119		119 - 1	=	118
$^{1}a_{1}$	=	4		4 - 1	=	3
$^{1}b_{2}$	=	5		5 - 1	=	4
$^{1}b_{2}$	=	5		5 - 1	=	4
$^{1}a_{1}$	=	4		4 - 1	=	3
					=	132

1 + 3 + 2 + 1 für ein System	=	7

istgleich

^{26}zwei Seelen in einer Brust$_{277}$	=	313		313 - 1	=	312

3 + 1 + 2 + 1 für ein System	=	7

Es gilt die Bedingung 7 = 7 in einem Gleichgewicht, die über 1 + 3 + 2 + 1 und 3 + 1 + 2 + 1 in Form der beiden Zahlen 133 und 313 vorliegt.

Merke!

Was Maria Magdalena über a, b, b und a anbelangt, schlagen korrespondierend zwei Seelen in ihrer Brust; was sich darin widerspiegelt, daß sie durch a und durch b bestimmte Freier ihrer Intimität als geringeres Übel ansieht, was dem Liebling zuzuordnen und in diesen einzuordnen ist.

Letzteres impliziert, daß es auch ^{6}Freier$_{61}$ = 69 ihrer ^{10}Intimitaet$_{120}$ = 132 über (69 - 1) + (132 - 1) + (80 - 1) + 1 für ein System istgleich 279 istgleich 2 + 7 + 9 = 18 istgleich 1 + 8 = 9 gibt, die sie für sich selbst als ^{15}Maria Magdalena$_{100}$ = 119 respektive $^{1}a_{1}$ = 4 und $^{1}b_{2}$ = 5 durch (119 - 1) + (4 - 1) + (5 - 1) + (172 - 1) + 1 für ein System istgleich 297 istgleich 2 + 9 + 7 = 18 istgleich 1 + 8 = 9 als ein ^{16}geringeres Uebel$_{152}$ = 172 durch ^{8}Liebling$_{70}$ = 80 ansieht. Sie lacht und grinst dabei und gibt sich mehr oder weniger frei- und bereitwillig „ihren Lieblingen" hin.

Einerseits genießt sie es, ^{15}Maria Magdalena$_{100}$ = 119, und andererseits macht sie ^{27}gute Miene zum boesen Spiel$_{280}$ = 317. Es gilt Folgendes:

^{15}Maria Magdalena$_{100}$	=	119		119 - 1	=	118
^{7}a und b$_{42}$	=	55		55 - 1	=	54
					=	172

1 + 7 + 2 + 1 für ein System	=	11	=	1 + 1	=	2

istgleich

27gute Miene zum boesen Spiel$_{280}$	=	317		317 - 1	=	316

3 + 1 + 6 + 1 für ein System	=	11	=	1 + 1	=	2

Wir erhalten die Bedingung 2 = 2 in einem Gleichgewicht, die durch 1 + 7 + 2 + 1 und 3 + 1 + 6 + 1 den beiden Zahlen 173 und 317 geschuldet ist.

Merke!

Maria Magdalena macht in Form von a und b ununterbrochen gute Miene zum bösen Spiel, was über a und b unter der Bedingung 1 = 1 = 1 aus ihrer Ruchlosigkeit hervorgeht, die sie über a, b, b und a von Geburt an bestimmt.

Die Zahlen 173 und 317 verweisen über ^{7}a und b$_{42}$ = 55 unter der Bedingung ^{11}1 = 1 = 1$_{7}$ = 28 durch (55 - 1) + (28 - 1) + (172 - 1) + (119 - 1) + 1 für ein System istgleich 371 istgleich 3 + 7 + 1 = 11 istgleich 1 + 1 = 2 quasi auf die ^{13}Ruchlosigkeit$_{157}$ = 172 istgleich 1 + 7 + 2 = 10 istgleich 1 + 0 = 1 dieser, ^{15}Maria Magdalena$_{100}$ = 119, und somit über ^{1}a$_{1}$ = 4, ^{1}b$_{2}$ = 5, ^{1}b$_{2}$ = 5 und ^{1}a$_{1}$ = 4 infolge (4 - 1) + (5 - 1) + (5 - 1) + (4 - 1) + (158 - 1) + 1 für ein System istgleich 172 istgleich 1 + 7 + 2 = 10 istgleich 1 + 0 = 1 ^{13}von Geburt an$_{139}$ = 158.

Letzteres beweist, daß sie sich auf ihr äußeres Erscheinungsbild schon immer etwas eingebildet hat und nachwievor einbildet. Insofern erklärt es sich auch, daß bedingt durch ^{12}keine Flucht$_{114}$ = 130 eine solche durch ^{1}a$_{1}$ = 4 und durch ^{1}b$_{2}$ = 5 in Form von ^{7}a und b$_{42}$ = 55 für sie selbst nie richtig infragekam, was für jede andere das Naheliegendste gewesen wäre, und zwar bevor die eigenen Kinder mit im Spiel sind. Es gilt Folgendes:

^{15}Maria Magdalena$_{100}$	=	119		119 - 1	=	118

1 + 1 + 8 + 1 für ein System	=	11	=	1 + 1	=	2

istgleich

$^{1}a_{1}$	=	4		4 - 1	=	3
$^{1}b_{2}$	=	5		5 - 1	=	4
^{7}a und b_{42}	=	55		55 - 1	=	54
^{12}keine Flucht_{114}	=	130		130 - 1	=	129
					=	190

1 + 9 + 0 + 1 für ein System	=	11	=	1 + 1	=	2

Es gilt die Bedingung 2 = 2 in einem Gleichgewicht, welche in Form der beiden Zahlen 119 und 191 aus 1 + 1 + 8 + 1 und 1 + 9 + 0 + 1 hervorgeht.

Merke!

Für Maria Magdalena kam und kommt über a und über b in Form von a und b keine Flucht in Betracht, da sie über a und b unter der Bedingung 1 = 1 = 1 eine gewisse Arroganz besitzt: die bei ihr über a und über b unter der Bedingung 1 = 1 = 1, also durch den permanenten Missbrauch ihrer Intimität nebst den damit einhergehenden Misshandlungen, durchaus auch zur Freude bei dieser darüber führt.

Allein dem geschuldet muss man für ihre momentane „Lebenssituation" nur bedingt Verständnis haben, für die Ursache hierfür hingegen schon: Kindesmissbrauch. Insofern ist ihr durch ^{7}a und b_{42} = 55 unter der Bedingung $^{11}1 = 1 = 1_{7} = 28$ respektive (55 - 1) + (28 - 1) + (110 - 1) + 1 für ein System istgleich 191 istgleich 1 + 9 + 1 = 11 istgleich 1 + 1 = 2 eine gewisse $^{8}\text{Arroganz}_{100}$ = 110 istgleich 1 + 1 + 0 = 2 zu unterstellen, die bei ihr über $^{1}a_{1}$ = 4 und $^{1}b_{2}$ = 5 unter der Bedingung $^{11}1 = 1 = 1_{7} = 28$ durch (4 - 1) + (5 - 1) + (28 - 1) + (76 - 1) + 1 für ein System istgleich 110 istgleich 1 + 1 + 0 = 2 auch zu einer Art $^{6}\text{Freude}_{59}$ = 67 führt.

Sie hat also bedingt durch die $^{8}\text{Paritaet}_{90}$ = 100 von $^{1}a_{1}$ = 4 und $^{1}b_{2}$ = 5 unter der Bedingung $^{11}1 = 1 = 1_{7} = 28$ im Endeffekt über (100 - 1) + (4 - 1) + (5 - 1) + (28 - 1) + (72 - 1) + 1 für ein System istgleich 205 istgleich 2 + 0 + 5 = 7 ebenso $^{8}\text{Gefallen}_{62}$ = 72 daran gefunden, was logischerweise auch noch heute von Bestand ist. Letzteres beweist uns, daß ihre diesbezüglichen „Aktivitäten" unter anderem auf ihre $^{16}\text{Bereitwilligkeit}_{176}$ = 194 und ihre $^{14}\text{Freiwilligkeit}_{155}$ = 171, was ihre eigene $^{10}\text{Intimitaet}_{120}$ = 132 anbelangt, zurückzuführen sind. Insofern ist es am Ende irgendwo wenig verwunderlich, daß bei allem, was ihr in ihrem Leben widerfahren ist, ebenso der nachfolgende Zusammenhang greift:

^{16}Bereitwilligkeit$_{176}$	=	194		194 - 1	=	193
^{14}Freiwilligkeit$_{155}$	=	171		171 - 1	=	170
^{10}Intimitaet$_{120}$	=	132		132 - 1	=	131
$^{1}a_{1}$	=	4		4 - 1	=	3
$^{1}b_{2}$	=	5		5 - 1	=	4
					=	501

5 + 0 + 1 + 1 für ein System	=	7

istgleich

^{7}Hingabe$_{46}$	=	55		55 - 1	=	54
^{6}Freude$_{59}$	=	67		67 - 1	=	66
^{15}Maria Magdalena$_{100}$	=	119		119 - 1	=	118
^{7}a und b$_{42}$	=	55		55 - 1	=	54
$^{7}a \neq b_{6}$	=	19		19 - 1	=	18
$^{7}b \neq a_{6}$	=	19		19 - 1	=	18
$^{11}1 = 1 = 1_{7}$	=	28		28 - 1	=	27
^{5}Spasz$_{81}$	=	88		88 - 1	=	87
^{4}Lust$_{72}$	=	78		78 - 1	=	77
					=	519

5 + 1 + 9 + 1 für ein System	=	16	=	1 + 6	=	7

Es gilt die Bedingung 7 = 7 in einem Gleichgewicht, die über 5 + 0 + 1 + 1 und 5 + 1 + 9 + 1 in den beiden Zahlen 502 und 520 endet.

Merke!

Die Bereitwilligkeit und Freiwilligkeit zur Intimität begründet sich durch ihre Hingabe und Freude: die Maria Magdalena dabei über a und über b in Form von a und b infolge a ≠ b und b ≠ a unter der Bedingung 1 = 1 = 1 sowohl aus Spaß als auch aus Lust heraus hierfür entwickelte; die auf ihren Stolz, ihre Gier, ihren Neid, ihren Zorn, ihre Begierde, ihre Angst und ihre Ignoranz über a, b, b und a in Form a und b infolge a ≠ b und b ≠ a unter der Bedingung 1 = 1 = 1 zurückzuführen sind.

Insofern ist es selbsterklärend, daß die Dämonen ^{5}Stolz$_{92}$ = 99, ^{4}Gier$_{39}$ = 45, ^{4}Neid$_{32}$ = 38, ^{4}Zorn$_{73}$ = 79, ^{8}Begierde$_{55}$ = 65, ^{5}Angst$_{61}$ = 68 und ^{8}Ignoranz$_{104}$ = 114 durch (99 - 1) + (45 - 1) + (38 - 1) + (79 - 1) + (65 - 1) + (68 - 1) + (114 - 1) + 1 für ein System istgleich 502 istgleich 5 + 0 + 2 = 7 durch $^{1}a_1$ = 4, $^{1}b_2$ = 5, $^{1}b_2$ = 5 und $^{1}a_1$ = 4 in Form von ^{7}a und b_{42} = 55 infolge $^{7}a \neq b_6$ = 19 und $^{7}b \neq a_6$ = 19 unter der Bedingung $^{11}1 = 1 = 1_7$ = 28 über (4 - 1) + (5 - 1) + (5 - 1) + (4 - 1) + (55 - 1) + (19 - 1) + (19 - 1) + (28 - 1) + (119 - 1) + 1 für ein System istgleich 250 istgleich 2 + 5 + 0 = 7 am Ende auch die von ^{15}Maria Magdalena$_{100}$ = 119 sind.

Damit ergibt sich zwangsläufig für diese der nachfolgende Zusammenhang, wenn sie diesem Kreislauf entfliehen möchte:

^{5}Busze$_{73}$	=	80		80 - 1	=	79
^{15}Maria Magdalena$_{100}$	=	119		119 - 1	=	118
^{4}Reue$_{49}$	=	55		55 - 1	=	54
					=	251

2 + 5 + 1 + 1 für ein System	=	9

istgleich

$^{1}a_1$	=	4		4 - 1	=	3
$^{1}b_2$	=	5		5 - 1	=	4
^{7}9 Jahre$_{51}$	=	62		62 - 1	=	61
^{16}keine Intimitaet$_{164}$	=	184		184 - 1	=	183
					=	251

2 + 5 + 1 + 1 für ein System	=	9

Wir erhalten in einem Gleichgewicht die Bedingung 9 = 9, die sich jeweils über 2 + 5 + 1 + 1 aus den beiden Zahlen 252 ergibt, wobei durch $^{1}a_1$ = 4, $^{1}b_2$ = 5, $^{1}b_2$ = 5 und $^{1}a_1$ = 4 unter der Bedingung $^{11}1 = 1 = 1_7$ = 28 die ^{9}Bedingung$_{83}$ = 94 zur ^{17}Wiederherstellung$_{205}$ = 224 der ^{14}Unversehrtheit$_{192}$ = 208 unter dem Aspekt der ^{10}Intimitaet$_{120}$ = 132 - bedingt durch (4 - 1) + (5 - 1) + (5 - 1) + (4 - 1) + (28 - 1)

+ (94 - 1) + (224 - 1) + (208 - 1) + (132 - 1) + (119 - 1) + 1 für ein System istgleich 814 istgleich 8 + 1 + 4 = 13 istgleich 1 + 3 = 4 - generell für ^{15}Maria Magdalena$_{100}$ = 119 ^{16}keine Intimitaet$_{164}$ = 184 istgleich 1 + 8 + 4 = 13 istgleich 1 + 3 = 4 zulässt. Verstößt sie dagegen, geht sie zur Beerdigung ihrer Kinder.

Merke!

Maria Magdalena hat 9 Jahre lang, um durch ihre Reue eine Buße zu erfahren, keine Intimität über a und über b zu praktizieren; da Letzteres die Bedingung zur Wiederherstellung der Unversehrtheit ihrer Intimität über a, b, b und a unter der Bedingung 1 = 1 = 1 ist.

Kurz gefasst: Sie lässt 9 Jahre lang, beginnend mit dem Jahr 2027, weder ihre Intimität ansehen noch berühren, geschweige denn penetrieren: auch nicht von Vertretern der Medizin. Ganz salopp ausgedrückt: Die „Spaßtempel" sind tabu und immer bedeckt. Die Anwesenheit Dritter ist beim Entkleiden, Waschen et cetera untersagt. Was die Vertreter der Medizin anbelangt, wirst du sie nicht benötigen, da die Gleichgewichtssituation im Jahr 2027 bei dir ansteht, Knochenbrüche u. Ä. ausgenommen. Das, was man als physische Gesundheit versteht, wird in etwa passen. Die Systemkorrektur, was etwa auch die Stellung der Zähne anbelangt, findet später statt. Falls doch, sind probate Mittel erlaubt.

Der Auftrag, der sich in den 9 Jahren hinter ihrer vollständigen Abstinenz hinsichtlich aller nur denkbaren intimen Aktivitäten verbirgt, ergibt sich aus Folgendem:

^{7}Auftrag$_{74}$	=	83		83 - 1	=	82
^{1}a$_{1}$	=	4		4 - 1	=	3
^{1}b$_{2}$	=	5		5 - 1	=	4
^{15}Maria Magdalena$_{100}$	=	119		119 - 1	=	118
^{8}Paritaet$_{90}$	=	100		100 - 1	=	99
^{7}a und b$_{42}$	=	55		55 - 1	=	54
^{7}a $\neq$ b$_{6}$	=	19		19 - 1	=	18
^{7}b $\neq$ a$_{6}$	=	19		19 - 1	=	18
					=	396

3 + 9 + 6 + 1 für ein System	=	19	=	1 + 9	=	10
			=	1 + 0	=	1

istgleich

[40]Erkenne dich selbst und weine ueber dich$_{343}$	=	397		397 - 1	=	396

3 + 9 + 6 + 1 für ein System	=	19	=	1 + 9	=	10
			=	1 + 0	=	1

Es gilt die Bedingung 1 = 1 in einem Gleichgewicht, die sich jeweils über 3 + 9 + 6 + 1 aus den beiden Zahlen 397 ergibt. Minimalinvasive Eingriffe medizinischer Natur stehen einer möglichen Wiederherstellung der Unversehrtheit nicht entgegen. Jene in die eigene Intimität sind logischerweise untersagt. Falls du das als bloße Schikane empfindest, irrst du dich, da das auch für mich selbst im Zuge der Systemwiederherstellung gilt. Warum ist das so? Es gilt stets a = b und b = a, analog Klaudia = Thomas und Thomas = Klaudia; und zwar egal, was passiert.

Merke!

Der Auftrag für Maria Magdalena besteht de facto über a und über b darin, sich, bedingt durch die Parität von a und b infolge a ≠ b und b ≠ a, selbst zu erkennen und über sich zu weinen.

Du kannst dich damit voll und ganz auf die Wiederherstellung deiner eigenen Unversehrtheit konzentrieren: indem du vollkommen und vollständig abstinent lebst und damit auch Zeit von mir bekommst, um über all das, was du dir und damit auch mir angetan hast, ordnungsgemäß nachdenken zu können. Falls dir deine eigenen Kinder egal sind, kannst du natürlich machen, was du willst.

Damit der medizinische Deppenhaufen einschließlich aller Pflegekräfte und die in der Verwaltung das kapieren, kommen wir zu einem Geschenk, das jene disziplinieren wird. Da das für die römisch-katholische Gemeinde irgendwo auch ansteht, denn ihr habt das Verbrechen an meiner Frau, die ich noch nicht einmal auf der Erde kenne, billigend in Kauf genommen, absolviert ihr das bereits erwähnte Pensum ebenso. Es geht damit 7 Tage dreimal täglich auf alle Viere und dreimal täglich auf das Hinterteil, ohne daß Dritte, einschließlich dieser selbst, am Ende dabei zu Schaden kommen, Schwerstversehrte, Schwerstverletzte und Kinder ausgenommen. Mit freundlichen Grüßen an alle, von Herzen euer Schöpfer.

So, wir werden sehen, was unser Sorgenkind macht. Es kann durchaus auch sein, daß unser besudeltes und beschnuddeltes Röckchen ohne Schlüpfer unten drunter wie von einer Tarantel gestochen auf einmal in die richtige Richtung in ihrem Leben mit durchgetretenem Pedal in ihrer Bumsminna Gas gibt. Es gilt also auch hier: Ursache und Wirkung liefern das dazugehörige Ergebnis. Falls jedoch nicht, weiß unser Sorgenkind jetzt, wo's hingeht.

Was man unter diesem Aspekt stets beachten muss, ist, daß ihr ^{14}falscher Stolz$_{164}$ = 182 istgleich 1 + 8 + 2 = 11 istgleich 1 + 1 = 2 durch (64 - 1) + (119 - 1) + 1 für ein System istgleich 182 istgleich 1 + 8 + 2 = 11 istgleich 1 + 1 = 2 eine

^{7}Fassade$_{55}$ = 64

von ^{15}Maria Magdalena$_{100}$ = 119 sein kann, die unter Umständen begründet, daß irgendwo im Nirgendo ein

^{17}heimliches Weinen$_{161}$ = 182

istgleich 1 + 8 + 2 = 11 istgleich 1 + 1 = 2 stattfindet. Es ist damit nicht alles „echt" an ihr und mit Vorsicht zu genießen, was durch $^{1}a_{1}$ = 4, $^{1}b_{2}$ = 5, $^{1}b_{2}$ = 5 und $^{1}a_{1}$ = 4 in Form von ^{7}a und b_{42} = 55 infolge $^{7}a \neq b_{6}$ = 19 und $^{7}b \neq a_{6}$ = 19 unter der Bedingung $^{11}1 = 1 = 1_{7}$ = 28 über (4 - 1) + (5 - 1) + (5 - 1) + (4 - 1) + (55 - 1) + (19 - 1) + (19 - 1) + (28 - 1) + (87 - 1) + 1 für ein System istgleich 218 istgleich 2 + 1 + 8 = 11 istgleich 1 + 1 = 2 auf ^{9}Heuchelei$_{76}$ = 87 beruht.

Erstere führt uns zwangsläufig zum nachfolgenden Zusammenhang, welcher unter diesem Aspekt von Bestand ist:

^{7}Fassade$_{55}$	=	64		64 - 1	=	63
^{15}Maria Magdalena$_{100}$	=	119		119 - 1	=	118
$^{1}a_{1}$	=	4		4 - 1	=	3
$^{1}b_{2}$	=	5		5 - 1	=	4
^{7}a und b_{42}	=	55		55 - 1	=	54
$^{11}1 = 1 = 1_{7}$	=	28		28 - 1	=	27
					=	269

2 + 6 + 9 + 1 für ein System	=	18	=	1 + 8	=	9

istgleich

^{5}Maske$_{49}$	=	56		56 - 1	=	55
^{5}Larve$_{58}$	=	65		65 - 1	=	64
^{9}Maskerade$_{77}$	=	88		88 - 1	=	87
					=	206

2 + 0 + 6 + 1 für ein System	=	9

Es gilt die Bedingung 9 = 9 in einem Gleichgewicht, was sich aus 2 + 6 + 9 + 1 und 2 + 0 + 6 + 1 in Form der beiden Zahlen 270 und 207 ergibt.

Merke!

Maria Magdalena besitzt über a und über b in Form von a und b unter der Bedingung 1 = 1 = 1 eine Fassade, welche ihr als Maske, Larve und Maskerade dient, was ihrem geteilten Ich geschuldet ist, das über a, b, b und a als a und b vorliegt.

Sie bestätigt insofern all das, was wir durch $^{1}a_{1}$ = 4, $^{1}b_{2}$ = 5, $^{1}b_{2}$ = 5 und $^{1}a_{1}$ = 4 in Form von ^{7}a und b_{42} = 55 infolge (4 - 1) + (5 - 1) + (5 - 1) + (4 - 1) + (55 - 1) + (139 - 1) + 1 für ein System istgleich 207 istgleich 2 + 0 + 7 = 9 als

^{13}geteiltes Ich$_{122}$ = 139

verstehen, das in ihrer Wahrnehmung zwischen Narzissmus und Echoismus hin- und herpendelt. Damit spielen sowohl die Lüge an sich als auch die Selbstlüge eine Rolle: Sie ist im Ergebnis durch den Kindesmissbrauch krankhaft veranlagt.

Daß es so ist, begründet sich durch $^{1}a_{1}$ = 4 und $^{1}b_{2}$ = 5 unter der Bedingung $^{11}1$ = 1 = 1_{7} = 28 über den nachfolgenden Zusammenhang:

^{15}Maria Magdalena$_{100}$	=	119		119 - 1	=	118
^{7}a und b_{42}	=	55		55 - 1	=	54
					=	172

1 + 7 + 2 + 1 für ein System	=	11	=	1 + 1	=	2

istgleich

^{13}geteiltes Ich_{122}	=	139		139 - 1	=	138
$^{1}a_{1}$	=	4		4 - 1	=	3
$^{1}b_{2}$	=	5		5 - 1	=	4
$^{11}1 = 1 = 1_{7}$	=	28		28 - 1	=	27
					=	172

1 + 7 + 2 + 1 für ein System	=	11	=	1 + 1	=	2

Es gilt die Bedingung 2 = 2 in einem Gleichgewicht, das jeweils über 1 + 7 + 2 + 1 durch die beiden Zahlen 173 vorliegt.

Merke!

Maria Magdalena leidet in Form von a und b über a und über b unter der Bedingung 1 = 1 = 1 an ihrem geteilten Ich.

Das Hindernis dabei ist, daß man nicht nur Hilfe benötigt, was vorab auch ein Erkennen erfordert, sondern diese im Nachhinein auch zulassen muss.

Logische Konsequenz: Der jahrelange Missbrauch, begleitet von einer jahrelangen Misshandlung, hat sie krankgemacht, was sich ausgehend von ihrer Psyche korrespondierend in ihrer Physis widerspiegelt. Letzteres zeigt zwangsläufig auch Auswirkungen auf ihr Äußeres, und das wird wohl ursprünglich ganz anders gewesen sein. Man sieht also das Ergebnis des Missbrauchs und der Misshandlung. Die vollkommen verzerrte Wahrnehmung des eigenen Ichs trägt mehr oder weniger in der Form dazu bei, daß man in einem übertragenen Sinn am eigenen Elend und der dazugehörigen Notlage festhält. Typische Begleiterscheinungen sind Realitätsfremde bis hin zu vollständigem Realitätsverlust. Das eigene Ich ist damit restlos zerstört. Im Ergebnis wird durch die römisch-katholische Kirche eine hilfsbedürftige Frau geschändet und geschunden, die auf ihrer psychischen Ebene schwersterkrankt ist. Diese als Gesindel und Gesocks zu bezeichnen, ist damit nicht nur mehr als berechtigt, sondern angemessen. Mit Nächstenliebe, Mitgefühl und Mitleid hat das Verhalten der Vertreter und Stellvertreter der römisch-katholischen Kirche in diesem Fall nichts zu tun. Man schändet und schindet damit eine Frau, beginnend mit ihrem 14-ten Lebensjahr, die umfassend Hilfe und Fürsorge benötigt.

Bevor wir auf Seite 429 fortfahren, klären wir mal ein paar Dinge, damit du siehst, wie weit du davon entfernt bist, etwas zu wissen. Unser aller Sorgenkind wird wohl danach für sich zur Kenntnis nehmen müssen, daß sie ein Leben lang „auf's Glatteis" geführt worden ist wie alle anderen auch. Vielleicht erkennt sie ja dann für sich, daß wir weit und breit ihre einzigen Freunde sind. Und wahre Freunde besitzen eine hervorragende Eigenschaft, daß sie die Dinge immer beim Namen nennen - auf Teufel komm raus und manchmal auch auf Gottes Segen hin.

Meinen etwas schwarzen Humor müsst ihr mir vergeben, da diese wunderschöne Situation, angereichert mit ein klein wenig Sarkasmus, für mich selbst nur so zu ertragen und zu bewältigen ist. Sonst wäre ich wahrscheinlich nicht in der Lage gewesen, mir die Logik dahinter anzusehen. Ich kenne unser Sorgenkind zwar nicht, aber, warum auch immer, es tut doch etwas weh. Wen wundert's: Es gilt stets und immer a = b und b = a. Wenn es dir als „a" etwa an einem Tag nicht gut geht, heißt das, daß bei deinem dazugehörigen „b" etwas passiert sein muss: Diese sind für immer und ewig miteinander und untereinander gegenseitig und wechselseitig verbunden wie deine beiden dappischen Dreckpfoten: a = b und b = a; deine linke Patsche mit deiner rechten wie deine rechte Patsche mit deiner linken.

6.5.1. Exkurs 1: „Katholike" und „Evangelie"

Das, was man üblicherweise unter dem Begriff des ^{13}Katholizismus$_{183}$ = 198 versteht, hat prinzipiell nichts mit dem zu tun, was es hinter den Kulissen eigentlich ist. Es gilt Folgendes:

^{13}Katholizismus$_{183}$	=	198		198 - 1	=	197

1 + 9 + 7 + 1 für ein System	=	18	=	1 + 8	=	9

istgleich

^{1}a$_{1}$	=	4		4 - 1	=	3
^{1}b$_{2}$	=	5		5 - 1	=	4
^{7}a ≠ b$_{6}$	=	19		19 - 1	=	18
^{7}b ≠ a$_{6}$	=	19		19 - 1	=	18
^{11}1 = 1 = 1$_{7}$	=	28		28 - 1	=	27
^{11}Mengenlehre$_{106}$	=	119		119 - 1	=	118
					=	188

1 + 8 + 8 + 1 für ein System	=	18	=	1 + 8	=	9

Es gilt die Bedingung 9 = 9 in einem Gleichgewicht, die über 1 + 9 + 7 + 1 und 1 + 8 + 8 + 1 in Form der beiden Zahlen 198 und 189 gegeben ist.

Für den Begriff des ^{12}Evangelismus$_{147}$ = 161 erhalten wir den nachfolgenden Zusammenhang, der ebenso auf etwas anderes über ^{1}a$_{1}$ = 4 und ^{1}b$_{2}$ = 5 infolge ^{7}a ≠ b$_{6}$ = 19 und ^{7}b ≠ a$_{6}$ = 19 unter der Bedingung ^{11}1 = 1 = 1$_{7}$ = 28 verweist:

^{11}Massenlehre$_{119}$	=	132		132 - 1	=	131

1 + 3 + 1 + 1 für ein System	=	6

istgleich

$^{1}a_{1}$	=	4		4 - 1	=	3
$^{1}b_{2}$	=	5		5 - 1	=	4
$^{7}a \neq b_{6}$	=	19		19 - 1	=	18
$^{7}b \neq a_{6}$	=	19		19 - 1	=	18
$^{11}1 = 1 = 1_{7}$	=	28		28 - 1	=	27
^{12}Evangelismus$_{147}$	=	161		161 - 1	=	160
					=	230

2 + 3 + 0 + 1 für ein System	=	6

Wir erhalten die Bedingung 6 = 6 in einem Gleichgewicht, welche in Form der beiden Zahlen 132 und 231 aus 1 + 3 + 1 + 1 und 2 + 3 + 0 + 1 vorliegt.

Merke!

Im Katholizismus wird sich über a und über b infolge a ≠ b und b ≠ a unter der Bedingung 1 = 1 = 1 mit der Mengenlehre befasst und korrespondierend im Evangelismus mit der Massenlehre über a und über b infolge a ≠ b und b ≠ a unter der Bedingung 1 = 1 = 1.

Beides, sowohl Katholizismus als auch Evangelismus, sind alte Begriffe, die auf die Lehre von der Menge und die der Masse verweisen. Keiner von beiden hat auch nur ansatzweise etwas mit Religion zu tun!

Das, was es heute wie damals sein soll, ist es nie gewesen und ist es nicht: Es ist menschlicher Abschaum in verschissenen Klamotten, der missbraucht und misshandelt und schändet und schindet: ein schäbiges, abgrundtief böses Geschäftsmodell, um nichts anderes als Angst und Verzweiflung zu säen und um sich damit nur dumm und dämlich zu verdienen, und zwar von Anbeginn. Versteht das „unser Sorgenkind" jetzt, wem es hier zum Opfer gefallen ist? Alles nur Lug und Trug, um Menschen zu versklaven und zu knechten.

Eine ^{9}Katholike$_{92}$ = 103 ist der ^{4}Name$_{33}$ = 39, der aus einer dazugehörigen ^{12}Mengenanzahl$_{120}$ = 134 resultiert. Es gilt über $^{1}a_{1} = 4$ und $^{1}b_{2} = 5$ der nachfolgende Zusammenhang:

^{12}Mengenanzahl$_{120}$	=	134		134 - 1	=	133
$^{1}a_{1}$	=	4		4 - 1	=	3
$^{1}b_{2}$	=	5		5 - 1	=	4
					=	140

1 + 4 + 0 + 1 für ein System	=	6

istgleich

^{4}Name$_{33}$	=	39		39 - 1	=	38
^{9}Katholike$_{92}$	=	103		103 - 1	=	102
					=	140

1 + 4 + 0 + 1 für ein System	=	6

Im Gleichgewicht liegen jeweils durch 1 + 4 + 0 + 1 unter der Bedingung 6 = 6 die beiden Zahlen 141 vor. Das, was damals als Katholike bezeichnet worden ist, wurde im Alltagsleben namentlich für eine Menge zum Einsatz gebracht, was beispielsweise nach unserer heutigen Auffassung, wenn wir an den Obst- und Gemüsestand gehen, vergleichsweise fünf Kartoffeln entspricht.

Eine ^{9}Evangelie$_{80}$ = 91 hingegen ist der ^{4}Name$_{33}$ = 39, der aus der dazugehörigen ^{12}Massenanzahl$_{133}$ = 147 resultiert. Es gilt über ^{7}a und b_{42} = 55 infolge $^{7}a \neq b_{6} = 19$ und $^{7}b \neq a_{6} = 19$ der nachfolgende Zusammenhang:

^{4}Name$_{33}$	=	39		39 - 1	=	38
^{9}Evangelie$_{80}$	=	91		91 - 1	=	90
^{7}a und b_{42}	=	55		55 - 1	=	54
					=	182

1 + 8 + 2 + 1 für ein System	=	12	=	1 + 2	=	3

istgleich

$^{7}a \neq b_{6}$	=	19		19 - 1	=	18
$^{7}b \neq a_{6}$	=	19		19 - 1	=	18
^{12}Massenanzahl$_{133}$	=	147		147 - 1	=	146
					=	182

1 + 8 + 2 + 1 für ein System	=	12	=	1 + 2	=	3

Wir erhalten die Bedingung 3 = 3 in einem Gleichgewicht, die sich jeweils über 1 + 8 + 2 + 1 aus den beiden Zahlen 183 ergibt. Eine Evangelie gibt im Gegensatz zur Katholike wieder, daß wir zum Beispiel nicht fünf Kartoffeln einkaufen, sondern etwa ein Kilogramm an Kartoffeln.

Merke!

Innerhalb der Mengenanzahl handelt es sich über a und über b namentlich um eine Katholike und über a und b infolge a ≠ b und b ≠ a innerhalb der Massenanzahl um eine Evangelie.

Es geht also um nichts anderes als um Mengenangaben und Masseangaben, die im Alltag in unserer Vergangenheit zur Anwendung kamen: die man ab dieser Zeit bis in unsere Gegenwart ihrer Bedeutung und ihrem Inhalt nach unter Vorsatz verhunzt und versaut hat. Wer? Die gesamte verkommene Papstscheiße zusammen mit ihren Arschkriechern von Beginn an: um das an einen Gott und an den Teufel glaubende Volk „dumm und klein zu halten", die aber blöderweise nichts anderes als der „Raum a" und der „Raum b" sind. Es handelt sich um Raumdefinitionen bei diesen, was wir bereits gemeinsam herausgefunden hatten. Wenn du damit auf deinem Scheißhaus herumschimpfst, ist das Scheißhaus für dich Gott, wenn du positiv fluchst, und falls negativ unser lieber Teufel. Das Scheißhaus „a und b" wird entweder zum „a" oder zum „b". Das war's dann auch schon. Damit geht es in einem übertragenen Sinn im Prinzip auf deiner eigenen „Hütte" entweder göttlich, teuflisch oder auch beides zu; wobei sich a und b, bedingt durch deren Proportionalität, relativ verhalten. Aber das hatten wir ja bereits ausgiebigst behandelt.

Im ^{13}Katholizismus$_{183}$ = 198 wurde sich in Form einer ^{9}Katholike$_{92}$ = 103 mit einer ^{5}Menge$_{44}$ = 51 befasst. Da es sich um überholte Namen handelt, die durch zeitgemäßere ersetzt worden sind, sind diese im Sprachgebrauch abzuschaffen. Das ist Vergangenheit und nicht Gegenwart! Es gilt Folgendes:

^{13}Katholizismus$_{183}$	=	198		198 - 1	=	197
^{8}Paritaet$_{90}$	=	100		100 - 1	=	99
^{7}a und b$_{42}$	=	55		55 - 1	=	54
					=	350

3 + 5 + 0 + 1 für ein System	=	9

istgleich

^{9}Katholike$_{92}$	=	103		103 - 1	=	102
^{5}Menge$_{44}$	=	51		51 - 1	=	50
					=	152

1 + 5 + 2 + 1 für ein System	=	9

Es gilt in einem Gleichgewicht die Bedingung 9 = 9, die sich über 3 + 5 + 0 + 1 und 1 + 5 + 2 + 1 aus den beiden Zahlen 351 und 153 ergibt.

Im ^{12}Evangelismus$_{147}$ = 161 befasste man sich hingegen über $^{1}a_{1}$ = 4 und $^{1}b_{2}$ = 5 in Form einer ^{9}Evangelie$_{80}$ = 91 korrespondierend mit der dazugehörigen ^{5}Masse$_{57}$ = 64, wobei ein ^{10}Evangelium$_{109}$ = 121 istgleich 1 + 2 + 1 = 4 damals durch ^{7}a und b$_{42}$ = 55 über $^{1}a_{1}$ = 4, $^{1}b_{2}$ = 5, $^{1}b_{2}$ = 5 und $^{1}a_{1}$ = 4 respektive (55 - 1) + (4 - 1) + (5 - 1) + (5 - 1) + (4 - 1) + (53 - 1) + 1 für ein System istgleich 121 istgleich 1 + 2 + 1 = 4 heute einem ^{4}Kilo$_{47}$ = 53 entspricht. Für Erstere gilt der nachfolgende Zusammenhang:

^{9}Evangelie$_{80}$	=	91		91 - 1	=	90
^{5}Masse$_{57}$	=	64		64 - 1	=	63
$^{1}a_{1}$	=	4		4 - 1	=	3
$^{1}b_{2}$	=	5		5 - 1	=	4
					=	160

1 + 6 + 0 + 1 für ein System	=	8

istgleich

^{12}Evangelismus$_{147}$	=	161		161 - 1	=	160

1 + 6 + 0 + 1 für ein System	=	8

Es gilt in einem Gleichgewicht die Bedingung 8 = 8, die jeweils über 1 + 6 + 0 + 1 in Form der beiden Zahlen 161 vorliegt.

Merke!

Im Katholizismus ist die Katholike durch die Parität von a und b eine Menge und im Envangelismus die Evangelie durch a und durch b eine Masse.

Kurzum: Ihr habt euch alle von Beginn an von den „Kirchen", und zwar egal welcher, hinter's Licht führen lassen. Und wofür das alles? Dafür, daß du am Ende in deinem Leben geschunden und geschändet worden bist und es nachwievor auch wirst. Insofern hoffen wir es, daß unser Sorgenkind in seinem eigenen Interesse langsam aber sicher mal aufwacht.

So, wir fahren aber mit unserer Beweisführung erst einmal fort. Für ^{10}katholisch$_{106}$ = 118 erhalten wir über $^{1}a_{1}$ = 4 und $^{1}b_{2}$ = 5 unter der Bedingung $^{11}1 = 1 = 1_{7}$ = 28 Folgendes:

^{10}katholisch$_{106}$	=	118		118 - 1	=	117
^{20}die Menge betreffend$_{147}$	=	173		173 - 1	=	172
$^{1}a_{1}$	=	4		4 - 1	=	3
$^{1}b_{2}$	=	5		5 - 1	=	4
$^{11}1 = 1 = 1_{7}$	=	28		28 - 1	=	27
					=	323

3 + 2 + 3 + 1 für ein System	=	9

istgleich

^{11}Bezeichnung$_{114}$	=	127		127 - 1	=	126
^{13}Katholizismus$_{183}$	=	198		198 - 1	=	197
					=	323

3 + 2 + 3 + 1 für ein System	=	9

Es gilt in einem Gleichgewicht über jeweils 3 + 2 + 3 + 1 in Form der beiden Zahlen 324 die Bedingung 9 = 9.

Für ^{11}evangelisch$_{105}$ = 118 erhalten wir über $^{1}a_{1}$ = 4 und $^{1}b_{2}$ = 5 unter der Bedingung $^{11}1 = 1 = 1_{7}$ = 28 Folgendes:

^{11}Bezeichnung$_{114}$	=	127		127 - 1	=	126
^{20}die Masse betreffend$_{160}$	=	186		186 - 1	=	185
					=	311

3 + 1 + 1 + 1 für ein System	=	6

istgleich

^{12}Evangelismus$_{147}$	=	161		161 - 1	=	160
^{11}evangelisch$_{105}$	=	118		118 - 1	=	117
$^{1}a_{1}$	=	4		4 - 1	=	3
$^{1}b_{2}$	=	5		5 - 1	=	4
$^{11}1 = 1 = 1_{7}$	=	28		28 - 1	=	27
					=	311

3 + 1 + 1 + 1 für ein System	=	6

Es gilt die Bedingung 6 = 6 in einem Gleichgewicht, die jeweils über 3 + 1 + 1 + 1 den beiden Zahlen 312 geschuldet ist. Die Logiken auf den Seiten 362f. sind insofern über Kreuz angelegt.

Merke!

Im Katholizismus bezeichnet man über a und über b unter der Bedingung 1 = 1 = 1 den Ausspruch „die Menge betreffend" mit katholisch und korrespondierend über a und über b unter der Bedingung 1 = 1 = 1 im Evangelismus „die Masse betreffend" mit evangelisch: wobei die Menge durch die Mengeneinheit in Form von a und b infolge $a \neq b$ und $b \neq a$ die Katholike ist und die Masse durch die Masseeinheit infolge a, b, b und a respektive deren Parität die Evangelie.

Die ^{5}Menge$_{44}$ = 51 ist durch die ^{13}Mengeneinheit$_{128}$ = 143 über (51 - 1) + (143 - 1) + 1 für ein System istgleich 193 istgleich 1 + 9 + 3 = 13 istgleich 1 + 3 = 4 respektive ^{7}a und b$_{42}$ = 55 durch $^{7}a \neq b_{6}$ = 19 und $^{7}b \neq a_{6}$ = 19 die

^{9}Katholike$_{92}$ = 103

quasi, da (55 - 1) + (19 - 1) + (19 - 1) + (103 - 1) + 1 für ein System istgleich 193 istgleich 1 + 9 + 3 = 13 istgleich 1 + 3 = 4 ergibt, und die

^{9}Evangelie$_{80}$ = 92

die ^{5}Masse$_{57}$ = 64 mit einer ^{12}Masseeinheit$_{127}$ = 141, was de facto aus (64 - 1) + (141 - 1) + 1 für ein System istgleich 204 istgleich 2 + 0 + 4 = 6 folgt und bedingt durch die ^{8}Paritaet$_{90}$ = 100 von $^{1}a_{1}$ = 4, $^{1}b_{2}$ = 5, $^{1}b_{2}$ = 5 und $^{1}a_{1}$ = 4 aus (100 - 1) + (4 - 1) + (5 - 1) + (5 - 1) + (4 - 1) + (91 - 1) + 1 für ein System istgleich 204 istgleich 2 + 0 + 4 = 6.

Die ^{9}Katholike$_{92}$ = 103 beliebt im Katholizismus als Masse in Form einer Masseeinheit ^{12}allumfassend$_{127}$ = 141 und ^{9}allgemein$_{78}$ = 89 zu sein. Es gilt der nachfolgende Zusammenhang:

^{9}Katholike$_{92}$	=	103		103 - 1	=	102
^{8}Paritaet$_{90}$	=	100		100 - 1	=	99
^{7}a und b$_{42}$	=	55		55 - 1	=	54
$^{7}a \neq b_{6}$	=	19		19 - 1	=	18
$^{7}b \neq a_{6}$	=	19		19 - 1	=	18
					=	291

2 + 9 + 1 + 1 für ein System	=	13	=	1 + 3	=	4

istgleich

^{12}allumfassend$_{127}$	=	141		141 - 1	=	140
^{9}allgemein$_{78}$	=	89		89 - 1	=	88
					=	228

2 + 2 + 8 + 1 für ein System	=	13	=	1 + 3	=	4

Wir erhalten die Bedingung 4 = 4 in einem Gleichgewicht, welche durch 2 + 9 + 1 + 1 und 2 + 2 + 8 + 1 den beiden Zahlen 292 und 229 geschuldet ist.

Die ^{9}Evangelie$_{80}$ = 91 bezieht sich über ^{1}a$_{1}$ = 4 und ^{1}b$_{2}$ = 5 respektive ^{7}a und b$_{42}$ = 55 unter der Bedingung ^{11}1 = 1 = 1$_{7}$ = 28 auf Folgendes:

^{9}Evangelie$_{80}$	=	91		91 - 1	=	90
^{7}a und b$_{42}$	=	55		55 - 1	=	54
^{11}1 = 1 = 1$_{7}$	=	28		28 - 1	=	27
					=	171

1 + 7 + 1 + 1 für ein System	=	10	=	1 + 0	=	1

istgleich

^{15}frohe Botschaft$_{146}$	=	165		165 - 1	=	164
^{1}a$_{1}$	=	4		4 - 1	=	3
^{1}b$_{2}$	=	5		5 - 1	=	4
					=	171

1 + 7 + 1 + 1 für ein System	=	10	=	1 + 0	=	1

In einem Gleichgewicht gilt die Bedingung 1 = 1, die sich in Form der beiden Zahlen 172 jeweils aus 1 + 7 + 1 + 1 ergibt.

Merke!

Der „Katholike" sind durch die Parität von a und b über $a \neq b$ und $b \neq a$ die Begriffe „allumfassend" und „allgemein" zuzuordnen und in diese einzuordnen; und korrespondierend der „Evangelie" über a und über b in Form von a und b unter der Bedingung $1 = 1 = 1$ die „frohe Botschaft".

Man weiß quasi, den Ergebnissen geschuldet, weder, was die Begriffe im Kern beinhalten, noch worauf deren Inhalte im Wesentlichen abzielen.

Wir ergänzen nur noch der Vollständigkeit halber, was die Katholike und die Evangelie in unserem $^{6}Kosmos_{92} = 100$ bedingt durch den $^{7}Urknall_{89} = 98$ sind. Für Erstere gilt Folgendes:

$^{9}Katholike_{92}$	=	103		103 - 1	=	102
$^{6}Kosmos_{92}$	=	100		100 - 1	=	99
					=	201

2 + 0 + 1 + 1 für ein System	=	4

istgleich

$^{7}Urknall_{89}$	=	98		98 - 1	=	97
$^{1}a_{1}$	=	4		4 - 1	=	3
$^{1}b_{2}$	=	5		5 - 1	=	4
$^{1}b_{2}$	=	5		5 - 1	=	4
$^{1}a_{1}$	=	4		4 - 1	=	3
$^{7}a \neq b_{6}$	=	19		19 - 1	=	18
$^{7}b \neq a_{6}$	=	19		19 - 1	=	18
$^{11}1 = 1 = 1_{7}$	=	28		28 - 1	=	27
$^{1}H_{8}$	=	11		11 - 1	=	10
$^{1}O_{15}$	=	18		18 - 1	=	17
					=	201

2 + 0 + 1 + 1 für ein System	=	4

Es gilt die Bedingung 4 = 4 in einem Gleichgewicht, welche in Form der beiden Zahlen 202 jeweils durch 2 + 0 + 1 + 1 vorliegt.

Für Letztere erhalten wir in unserem ^{6}Kosmos$_{92}$ = 100, ausgehend von einer ^{8}Anomalie$_{70}$ = 80, durch den ^{7}Urknall$_{89}$ = 98 den nachfolgenden Zusammenhang:

^{9}Evangelie$_{80}$	=	91		91 - 1	=	90
^{6}Kosmos$_{92}$	=	100		100 - 1	=	99
^{7}a und b$_{42}$	=	55		55 - 1	=	54
^{11}1 = 1 = 1$_{7}$	=	28		28 - 1	=	27
					=	270

2 + 7 + 0 + 1 für ein System	=	10	=	1 + 0	=	1

istgleich

^{8}Anomalie$_{70}$	=	80		80 - 1	=	79
^{7}Urknall$_{89}$	=	98		98 - 1	=	97
$^{1}a_{1}$	=	4		4 - 1	=	3
$^{1}b_{2}$	=	5		5 - 1	=	4
$^{1}b_{2}$	=	5		5 - 1	=	4
$^{1}a_{1}$	=	4		4 - 1	=	3
^{2}HO$_{23}$	=	27		27 - 1	=	26
					=	216

2 + 1 + 6 + 1 für ein System	=	10	=	1 + 0	=	1

Durch 2 + 7 + 0 + 1 und 2 + 1 + 6 + 1 gilt in Form der beiden Zahlen 271 und 217 die Bedingung 1 = 1 in einem Gleichgewicht. Letztere beweisen erneut, warum auf unserer ^{15}Beziehungsebene$_{147}$ = 164 innerhalb von ^{9}Beziehung$_{97}$ = 108 durch (164 - 1) + (108 - 1) + 1 für ein System istgleich 271 istgleich 2 + 7 + 1 = 10 istgleich 1 + 0 = 1 korrespondierend über (94 - 1) + (178 - 1) + 1 für ein System istgleich 271 istgleich 2 + 7 + 1 = 10 istgleich 1 + 0 = 1 immer die ^{9}Bedingung$_{83}$ = 94 ^{21}ein Adam und eine Eva$_{147}$ = 178 gilt. Vielleicht klemmt sich das unser Sorgenkind, Maria Magdalena, mal hinter den Spiegel: Du natürlich auch.

Merke!

Die Katholike im Kosmos ist entweder H oder O, die durch a, b, b und a infolge a ≠ b und b ≠ a unter der Bedingung 1 = 1 = 1 zusammen dem Urknall zugrunde liegen; und die dazugehörige Evangelie im Kosmos ist infolge a und b unter der Bedingung 1 = 1 = 1 ausgehend vom ersten Urknall in Form einer Anomalie in diesem über a, b, b und a die chemische Verbindung HO.

Daß der gegenteilige Fall ebenfalls greift, ist selbsterklärend. De facto wurde wie im bereits erwähnten Buch „Chaos im Paradies: Der Weg zur Klärung der Beziehungsebene über Beziehung einschließlich Lösung - Buch 1" mit etwas anderen Stilmitteln, dem damaligen Erkenntnisstand entsprechend, versucht, die Entstehung des kosmischen Raums zu erklären. Mit dem ganzen Glaubensmist hat das nichts zu tun. Das sind schäbige und schäbigste Geschäftsmodelle - und mehr nicht, geschweige denn, daß man aufgrund dessen eine derart steile Karriere wie unser Sorgenkind startet. Und genau deswegen geht es für sie 9 Jahre lang ab „in's Verlies": um bei Magenbitter und sauren Gurken über den eigenen Bockmist, den man veranstaltet hat, nachzudenken.

In der logischen Endkonsequenz gilt damit für alle ^{10}Katholiken$_{106}$ = 118 der nachfolgende Zusammenhang:

^{10}Katholiken$_{106}$	=	118		118 - 1	=	117

1 + 1 + 7 + 1 für ein System	=	10	=	1 + 0	=	1

istgleich

$^{1}H_{8}$	=	11		11 - 1	=	10
$^{1}O_{15}$	=	18		18 - 1	=	17
^{7}a und b$_{42}$	=	55		55 - 1	=	54
$^{7}a \neq b_{6}$	=	19		19 - 1	=	18
$^{7}b \neq a_{6}$	=	19		19 - 1	=	18
					=	117

1 + 1 + 7 + 1 für ein System	=	10	=	1 + 0	=	1

In einem Gleichgewicht liegt jeweils durch 1 + 1 + 7 + 1 in Form der beiden Zahlen 118 die Bedingung 1 = 1 vor.

Korrespondierend erhalten wir für alle $^{10}\text{Evangelien}_{94}$ = 106 und damit auch wenig überraschend Folgendes:

$^{10}\text{Evangelien}_{94}$	=	106		106 - 1	=	105

1 + 0 + 5 + 1 für ein System	=	7

istgleich

$^{1}H_{8}$	=	11		11 - 1	=	10
$^{1}O_{15}$	=	18		18 - 1	=	17
$^{8}\text{Paritaet}_{90}$	=	100		100 - 1	=	99
$^{1}a_{1}$	=	4		4 - 1	=	3
$^{1}b_{2}$	=	5		5 - 1	=	4
$^{2}HO_{23}$	=	27		27 - 1	=	26
					=	159

1 + 5 + 9 + 1 für ein System	=	16	=	1 + 6	=	7

Es gilt in einem Gleichgewicht die Bedingung 7 = 7, die sich über 1 + 0 + 5 + 1 und 1 + 5 + 9 + 1 aus den beiden Zahlen 106 und 160 ergibt.

Merke!

Die Katholiken werden in Form von a und b respektive $a \neq b$ und $b \neq a$ durch H und durch O repräsentiert; und ausgehend von H und von O die Evangelien über a und über b - deren Parität geschuldet - durch die chemische Verbindung HO.

Daß das ebenfalls für O und für H in Form der chemischen Verbindung OH gilt, sollte ohne weiteres Tamtam nachvollziehbar sein.

Wie du siehst, handelt es sich um „menschenverachtende Geschäftsmodelle", basierend auf deiner beziehungsseitigen Entmündigung; indem man deine eigene Beziehungsebene mit Füßen tritt, die man grob mit „katholisch" und „evangelisch" betitelt hat, um dich in die Irre zu führen, da es sich, wie du jetzt weißt, bei diesen um etwas vollkommen anderes dreht. Mitgefühl, Nächstenliebe und Mitleid werden insofern nur nach außen hin zelebriert, auf daß der Geschäftszweck dahinter nicht auffliegt. Das Ergebnis sind Missbrauch und Misshandlung auf alle erdenkliche Art und Weise, um den eigenen Klingelbeutel zu füllen: und Erstere kennen bekanntlich viele Gesichter. Insofern ist das Systemurteil für diese und ihre Claqueure unausweichlich und mehr als verdient: Da, was man im Hintergrund treibt, das im Vordergrund keineswegs kompensiert. Prinzipiell hättest du das erkennen können, wenn du dir nur einmal Gedanken darüber gemacht hättest. Logische Konsequenz: Es werden wohl mehrere und nicht nur Maria Magdalena um Vergebung bitten müssen.

Da wir mittlerweile zu Systemfüchsen und -innen geworden sind, können wir definieren, wer der König mit der Krone im Holzschnitt „Die vier apokalyptischen Reiter" von Albrecht Dürer eigentlich ist. Es gilt Folgendes:

^{5}Krone$_{63}$	=	70		70 - 1	=	69
^{6}Koenig$_{61}$	=	69		69 - 1	=	68
$^{1}a_{1}$	=	4		4 - 1	=	3
$^{1}b_{2}$	=	5		5 - 1	=	4
^{8}Paritaet$_{90}$	=	100		100 - 1	=	99
^{7}a und b_{42}	=	55		55 - 1	=	54
$^{7}a \neq b_{6}$	=	19		19 - 1	=	18
$^{7}b \neq a_{6}$	=	19		19 - 1	=	18
$^{11}1 = 1 = 1_{7}$	=	28		28 - 1	=	27
					=	360

3 + 6 + 0 + 1 für ein System	=	10	=	1 + 0	=	1

istgleich

^{8}Papsttum$_{126}$	=	136		136 - 1	=	135

1 + 3 + 5 + 1 für ein System	=	10	=	1 + 0	=	1

Es gilt die Bedingung 1 = 1 in einem Gleichgewicht, die sich über 3 + 6 + 0 + 1 und 1 + 3 + 5 + 1 aus den beiden Zahlen 361 und 136 ergibt.

Merke!

Der König, dem die Krone entfällt, steht über a und über b durch die Parität von a und b infolge a ≠ b und b ≠ a unter der Bedingung 1 = 1 = 1 für das Papsttum.

Durch Albrecht Dürer wurde der gleiche Missstand wie durch Leonardo da Vinci angeprangert: Zugehört habt ihr leider nicht; also wie immer. Das Unschöne dabei ist: Es hätte schon längst geklärt sein können, stattdessen wurde die im System zu mir gehörende Frau geschändet und geschunden. Und nicht nur das, sondern ebenfalls Pflanzen, Tiere und Menschen einschließlich der Erde selbst. Nur eine Frage an dieser Stelle: Wie wollt ihr mir und den vier apokalyptischen Reitern das erklären?

Was die Überprüfung der Wiederherstellung der Unversehrtheit von Maria Magdalena anbelangt, gilt übrigens Folgendes:

^{9}Kontrolle$_{122}$	=	133		133 - 1	=	132
^{8}Pruefung$_{108}$	=	118		118 - 1	=	117
^{6}System$_{101}$	=	109		109 - 1	=	108
$^{1}a_{1}$	=	4		4 - 1	=	3
$^{1}b_{2}$	=	5		5 - 1	=	4
$^{1}b_{2}$	=	5		5 - 1	=	4
$^{1}a_{1}$	=	4		4 - 1	=	3
^{8}Paritaet$_{90}$	=	100		100 - 1	=	99
^{7}a und b$_{42}$	=	55		55 - 1	=	54
$^{7}a \neq b_{6}$	=	19		19 - 1	=	18
$^{7}b \neq a_{6}$	=	19		19 - 1	=	18
$^{11}1 = 1 = 1_{7}$	=	28		28 - 1	=	27
^{10}Reptiloide$_{113}$	=	125		125 - 1	=	124
					=	711

7 + 1 + 1 + 1 für ein System	=	10	=	1 + 0	=	1

istgleich

^{17}Wiederherstellung$_{205}$	=	224		224 - 1	=	223
^{14}Unversehrtheit$_{192}$	=	208		208 - 1	=	207
^{15}Maria Magdalena$_{100}$	=	119		119 - 1	=	118
^{15}Beziehungsebene$_{147}$	=	164		164 - 1	=	163
					=	711

7 + 1 + 1 + 1 für ein System = 10 = 1 + 0 = 1

Bedingt durch 7 + 1 + 1 + 1 liegt in Form der beiden Zahlen 712 die Bedingung 1 = 1 in einem Gleichgewicht vor. Hinweis: Es wird sich weder ausgezogen, noch wirst du von ihnen berührt. Die Überprüfung und die Kontrolle deiner wiederhergestellten Unversehrtheit erfolgen anders. Das Handwerk der Medizin und Dritte etwa sind dabei außen vor: Niemand vergreift sich an dir, egal wie und wer und durch was! Falls doch, wird es das Letzte sein, was man in seinem Leben gemacht hat: Dafür sorgen dann im Zweifelsfall unsere freundlichen und allerliebsten Reptiloide.

Merke!

Die Kontrolle und Überprüfung der Wiederherstellung der Unversehrtheit von Maria Magdalena auf ihrer eigenen Beziehungsebene erfolgt im System (über a, b, b und a respektive der Parität von a und b infolge a ≠ b und b ≠ a unter der Bedingung 1 = 1 = 1) durch Reptiloide - und zwar ausschließlich!

So, damit stehen im Wesentlichen die Kriterien fest, um die Kuh und den Bullen, die ihr auf eurer eigenen Beziehungsebene über Beziehung auf's Eis gebolzt habt, wieder von dort herunterholen zu können. Grundlegende Voraussetzung ist, daß unser Sorgenkind, Maria Magdalena, geheilt ist.

Damit klären wir im nächsten Unterkapitel auf, wofür denn das IHS, das man an's Kreuz geklemmt hat, steht. Wir ziehen also schön der Reihe nach dem römisch-katholischen Rotzlöffelpack so nach und nach seine Zähne. Wir behalten aber den Begriff „römisch-katholisch" vorerst bei, auch wenn wir jetzt wissen, was es eigentlich damit auf sich hat, da wir sonst alles ummodeln müssten. Von mir kommt damit erneut der freundliche Hinweis: Wir können nicht alle über einen Kamm scheren, auch die in den Reihen der römisch-katholischen Kirche nicht. Wir behalten aber dem allgemeinen Ernst der Lage geschuldet unsere wohlüberlegte und wohlplatzierte Wortwahl bei: „Hmm" bleibt „Hmm", auch wenn es einer mit Papstdeckel ist.

6.5.2. Exkurs 2: der Schriftzug „IHS" am Kreuz

Was den Schriftzug „IHS" am Kreuz anbelangt, ist es selbsterklärend, worum es sich handelt; da uns Jesus Christus einerseits als alleiniger einziger echter Gott und andererseits als alleiniger einziger echter Teufel vorgestellt worden ist, sodaß durch ein ^{7}Kuerzel$_{98}$ = 107 in Form einer ^{11}Bezeichnung$_{114}$ = 127 Folgendes gilt: Wer das nicht mehr auf dem Schirm hat, liest im bereits erwähnten Buch noch mal nach.

^{11}Bezeichnung$_{114}$	=	127		127 - 1	=	126
^{3}IHS$_{36}$	=	**41**		41 - 1	=	40
^{7}Kuerzel$_{98}$	=	107		107 - 1	=	106
^{6}System$_{101}$	=	109		109 - 1	=	108
^{7}a und b$_{42}$	=	55		55 - 1	=	54
					=	434

↓

4 + 3 + 4 + 1 für ein System	=	12	=	1 + 2	=	3

istgleich

^{1}a$_{1}$	=	4		4 - 1	=	3
^{1}b$_{2}$	=	5		5 - 1	=	4
^{6}Raum a$_{54}$	=	64		64 - 1	=	63
^{4}Name$_{33}$	=	39		39 - 1	=	38
^{4}Gott$_{62}$	=	68		68 - 1	=	67
^{6}Raum b$_{55}$	=	65		65 - 1	=	64
^{4}Name$_{33}$	=	39		39 - 1	=	38
^{6}Teufel$_{69}$	=	77		77 - 1	=	76
					=	353

↓

3 + 5 + 3 + 1 für ein System	=	12	=	1 + 2	=	3

Es gilt die Bedingung 3 = 3 in einem Gleichgewicht, die sich über 4 + 3 + 4 + 1 und 3 + 5 + 3 + 1 in Form der beiden Zahlen 435 und 354 ergibt. Die Zahl **41** begründet, warum dieser Sachverhalt über Allah auch im Islamtum für seine Schwester Aischa bin Abu Bakr (= Aisha bint Abu Bakr) gilt, also die von Jesus Christus, die vereint im Judentum als JhW und IhW (= JhWH und IhWH) herumspringen. Das gilt damit für alle Knalltüten auf der Erde, Handlampen und sonstiges Gedöns inbegriffen.

Merke!

Die Bezeichnung „IHS" steht als ein Kürzel über a und über b für den „Raum a", der namentlich Gott ist, und für den „Raum b", namentlich den Teufel, die im System in Form von „a und b" aufeinandertreffen.

Wir hatten bereits gemeinsam herausgefunden, daß die Grundlogik im System über korrespondierend angelegte Räume in die Tat umgesetzt wird, welche wir unter anderem Gott und Teufel nennen, analog zu rechter Hand und zu linker Hand beispielsweise. Es handelt sich um elementare Raumdefinitionen über H und über O, über a und über b und über 0 und über 1; und das war's.

Was man hätte aber erkennen können, ist, daß es sich dabei durch den Reinkarnations- und Inkarnationsprozess um eine Art von Ankündigung handelt, in der den Menschen der Schöpfer in Menschengestalt angekündigt wird. Die „Hmm"-Karte ist, was das betrifft, wie ihr bereits wisst, bei mir gelandet. Dankeschön noch mal dafür, einschließlich des superben Geschenks. Falls du meinst, daß ich mich in meinem Leben mit dem Glaubenszeug befasst habe, irrst du dich gewaltig, das mache ich gerade in diesem Moment das allererste Mal. An meiner Wortwahl merkst du mit Sicherheit, daß mir das Thema ganz hinten am „Hmm" vorbeigeht: Ich befürchte nicht nur links, sondern auch rechts. Also, ich habe mir die „Rolle unseres Schöpfers im System" nicht ausgesucht, wenn du verstehst, was ich meine.

Nichtsdestotrotz werfen wir einen gemeinsamen Blick auf den nachfolgenden Zusammenhang, der sich über ${}^{1}a_{1} = 4$ und ${}^{1}b_{2} = 5$ unter der Bedingung ${}^{11}1 = 1 = 1_{7} = 28$ ergibt:

^{5}Kreuz$_{81}$	=	88		88 - 1	=	87
^{3}**IHS**$_{36}$	=	41		41 - 1	=	40
					=	127

1 + 2 + 7 + 1 für ein System	=	11	=	1 + 1	=	2

istgleich

$^{1}a_{1}$	=	4		4 - 1	=	3
$^{1}b_{2}$	=	5		5 - 1	=	4
$^{11}1 = 1 = 1_{7}$	=	28		28 - 1	=	27
^{19}**I**N **H**UMANO **S**YSTEMATE$_{222}$	=	247		247 - 1	=	246
					=	280

2 + 8 + 0 + 1 für ein System	=	11	=	1 + 1	=	2

Es gilt die Bedingung 2 = 2 in einem Gleichgewicht, welche in Form der beiden Zahlen 128 und 281 aus 1 + 2 + 7 + 1 und 2 + 8 + 0 + 1 resultiert.

Merke!

Am Kreuz steht das „IHS" über a und über b unter der Bedingung 1 = 1 = 1 für „in humano systemate", was sich mit „im menschlichen System" übersetzen lässt.

Jetzt könntest du dich mal dahingehend informieren, was man alles behauptet, allen voran die römisch-katholische Kirche selbst, wofür das Kürzel „IHS" stehen soll. Man ist derart verblödet und dreist, daß man noch nicht einmal weiß, wie man die Symbole jener und die Inhalte der Schriften richtig deutet. Und dafür lässt man sich sein eigenes Leben nicht nur vorschreiben, sondern auch vermiesen? Falls du nicht, unser aller Sorgenkind, ich habe etwas dagegen.

Im Endeffekt läuft das „IHS" durch den Reinkarnations- und Inkarnationsprozess auf den nachfolgendesn Zusammenhang hinaus:

^{19}in humano systemate$_{222}$ Hinweis: Latein zieht i. d. R. die Kleinschreibung der Worte nach sich.	=	247		247 - 1	=	246

2 + 4 + 6 + 1 für ein System	=	13	=	1 + 3	=	4

istgleich

$^{1}a_{1}$	=	4		4 - 1	=	3
$^{1}b_{2}$	=	5		5 - 1	=	4
$^{1}b_{2}$	=	5		5 - 1	=	4
$^{1}a_{1}$	=	4		4 - 1	=	3
^{23}Wiedergeburt als Mensch$_{231}$	=	260		260 - 1	=	259
					=	273

2 + 7 + 3 + 1 für ein System	=	13	=	1 + 3	=	4

Es gilt die Bedingung 4 = 4 in einem Gleichgewicht, die sich über 2 + 4 + 6 + 1 und 2 + 7 + 3 + 1 durch die beiden Zahlen 247 und 274 darstellen lässt.

Merke!

Der Ausspruch „in humano systemate" steht über a, b, b und a für die Wiedergeburt als Mensch, die über a, b, b und a infolge $a \neq b$ und $b \neq a$ unter der Bedingung 1 = 1 = 1 unter die Fleischwerdung fällt.

Da Jesus Christus, der Schöpfer Enki (= En-ki), sowohl als Messias als auch als Luzifer uns angekündigt worden ist, verbirgt sich dahinter über $^{1}a_{1} = 4$, $^{1}b_{2} = 5$, $^{1}b_{2} = 5$ und $^{1}a_{1} = 4$ durch $^{7}a \neq b_{6} = 19$ und $^{7}b \neq a_{6} = 19$ unter der Bedingung $^{11}1 = 1 = 1_{7} = 28$ infolge (4 - 1) + (5 - 1) + (5 - 1) + (4 - 1) + (19 - 1) + (19 - 1) + (28 - 1) + (170 - 1) + 1 für ein System istgleich 247 istgleich 2 + 4 + 7 = 13 istgleich 1 + 3 = 4 das, was man unter dessen ^{14}Fleischwerdung$_{154}$ = 170 versteht.

Die Fleischwerdung des allerersten HO im Nichts, ist dann die unseres Schöpfers. Es gilt Folgendes:

^{14}Fleischwerdung$_{154}$	=	170		170 - 1	=	169
$^{2}HO_{23}$	=	27		27 - 1	=	26
					=	195

1 + 9 + 5 + 1 für ein System	=	16	=	1 + 6	=	7

istgleich

^{7}a und b_{42}	=	55		55 - 1	=	54
$^{7}a \neq b_{6}$	=	19		19 - 1	=	18
$^{7}b \neq a_{6}$	=	19		19 - 1	=	18
^{9}Schoepfer$_{95}$	=	106		106 - 1	=	105
					=	195

1 + 9 + 5 + 1 für ein System	=	16	=	1 + 6	=	7

Wir erhalten die Bedingung 7 = 7 in einem Gleichgewicht, die jeweils über 1 + 9 + 5 + 1 durch die beiden Zahlen 196 gegeben ist.

Merke!

Die Fleischwerdung des allerersten HO ist in Form von a und b infolge $a \neq b$ und $b \neq a$ die des Schöpfers, der in Menschengestalt dann durch a, b, b und a rein rechnerisch ich wäre.

In ^{15}Menschengestalt$_{165}$ = 182 wäre das über $^{1}a_{1} = 4$, $^{1}b_{2} = 5$, $^{1}b_{2} = 5$ und $^{1}a_{1} = 4$ durch (182 - 1) + (4 - 1) + (5 - 1) + (5 - 1) + (4 - 1) + 1 für ein System istgleich 196 istgleich 1 + 9 + 6 = 16 istgleich 1 + 6 = 7 dann tatsächlich ich als ^{15}Thomas Schreyer$_{177}$ = 196 istgleich 1 + 9 + 6 = 16 istgleich 1 + 6 = 7. Wenn es so ist, greifen natürlich auch alle Maßnahmen, was deren Umsetzung betrifft.

Einen weiteren Beweis für das etwas ungewöhnliche Ergebnis erhalten wir durch den nachfolgenden Zusammenhang:

^{19}in humano systemate$_{222}$	=	247		247 - 1	=	246
^{7}a und b_{42}	=	55		55 - 1	=	54
					=	300

3 + 0 + 0 + 1 für ein System	=	4

istgleich

^{9}Schoepfer$_{95}$	=	106		106 - 1	=	105
^{15}Thomas Schreyer$_{177}$	=	196		196 - 1	=	195
					=	300

3 + 0 + 0 + 1 für ein System	=	4

Es gilt die Bedingung 4 = 4 in einem Gleichgewicht, die sich jeweils über 3 + 0 + 0 + 1 in Form der beiden Zahlen 301 ergibt.

Merke!

Der Sinnspruch „in humano systemate" steht in Form von a und b für den Schöpfer, der als Konstante der Logik nach dann ich wäre, die in der Mitte ausgehend von H und von O über Unendlich und Unendlich errichtet worden ist.

Die beiden Zahlen 301 begründen, warum ich als ^{9}Konstante$_{119}$ = 103 istgleich 1 + 0 + 3 = 4 die ^{5}Mitte$_{67}$ = 74 zwischen allen $^{1}H_{8}$ = 11 und allen $^{1}O_{15}$ = 18 repräsentiere, in der ich offensichtlich - bedingt durch (74 - 1) + (11 - 1) + (18 - 1) + (101 - 1) + (101 - 1) + 1 für ein System istgleich 301 istgleich 3 + 0 + 1 = 4 - korrespondierend über ^{9}Unendlich$_{90}$ = 101 und über ^{9}Unendlich$_{90}$ = 101 operiere: was schlichtweg der Hammer wäre. Was den Unterschied zwischen „unendlich" und „Unendlich" ausmacht, hatten wir bereits erörtert. Ganz ehrlich: Unter diesem Aspekt würde ich mir nicht einmal mehr selbst blödkommen wollen. Grenzenloser Zugriff auf alle übergeordneten und untergeordneten Systeme: Das nenne ich mal cool.

Unser Sorgenkind freundet sich mal mit dem Gedanken an, wenn wieder alles in Sack und Tüten ist, ob nicht der ^{11}Kunsthandel$_{129}$ = 142 istgleich 1 + 4 + 2 = 7 über $^{1}a_{1}$ = 4 und $^{1}b_{2}$ = 5 infolge $^{7}a \neq b_{6}$ = 19 und $^{7}b \neq a_{6}$ = 19 - bedingt durch (4 - 1) + (5 - 1) + (19 - 1) + (19 - 1) + (80 - 1) + (119 - 1) + 1 für ein System istgleich 241 istgleich 2 + 4 + 1 = 7 - ihrem eigentlichen ^{6}Talent$_{72}$ = 80 beruflicherseits als ^{15}Maria Magdalena$_{100}$ = 119 entspricht. Dreimal darfst du nämlich raten, was ich im Rahmen des Schöpfertums neben meiner Beschäftigung mit systemischen Lösungen, die als Wissenschaft auf Logik basieren, noch mache. Ich weiß, daß dir das gefällt. Ja, wir sollten unserem Sorgenkind auch eine Perspektive anbieten, daß es neben der Maria Magdalena auch noch etwas anderes gibt. Letztere wird nur noch lebendig, wenn sie mit Jesus Christus zugange ist. Das hat aber noch Zeit, falls überhaupt.

Unsere Ergebnisse sollten hinreichend dafür Genüge leisten, um zu kapieren, daß uns die römisch-katholische Kirche, was das anbelangt, unstrittig auch ein X für ein U vorgemacht hat. Bevor wir mit dem nächsten Unterkapitel weitermachen: Ihr werdet es nicht glauben, ich gehe noch mal kurz zur Regentonne, vielleicht klappt das ja jetzt mit dem Wasserzerteilen wie bei Mose. Ich fange aber erst einmal klein an, bevor wir an's Meer gehen. Nein, ich mache natürlich nur Quatsch, es ging und geht immer nur um Wissen und das scheint vorhanden zu sein - zumindest ein wenig.

6.5.3. Exkurs 3: das Zimmer in der Schule am Wald

Wir befassen uns in den nächsten drei Unterkapiteln mit dem, was sich grob unter dieser Überschrift subsumieren lässt. Ich nehme mal vorweg, daß du mehr als überrascht sein wirst, was es ist. Wir beginnen mit Religion, Religionshaus, Religionsgemeinschaft und Religionsführer.

6.5.3.1. Religion, Religionshaus, Religionsgemeinschaft und Religionsführer

Wir machen das im Schnelldurchlauf, da uns der Begriff „Religion" bereits begegnet ist. Es gilt Folgendes:

^{8}Religion$_{89}$	=	99		99 - 1	=	98

9 + 8 + 1 für ein System	=	18	=	1 + 8	=	9

istgleich

^{4}Mann$_{42}$	=	48		48 - 1	=	47
^{4}Frau$_{46}$	=	52		52 - 1	=	51
					=	98

9 + 8 + 1 für ein System	=	18	=	1 + 8	=	9

In einem Gleichgewicht liegen jeweils durch 9 + 8 + 1 unter der Bedingung 9 = 9 die beiden Zahlen 99 vor.

Merke!

Die Religion an sich ist auf „Mann" und auf „Frau" normiert, was zusammen in Form von a und b über a, b, b und a Systembedingung ist: die wiederum in Form von a und b als solche darauf zurückzuführen ist, daß es über a, b, b und a nur eine Religion gibt. Es steht fest, wer zu wem gehört, und zwar das ganze liebe Leben lang, da a und b allgemeingültig sind.

Aus (99 - 1) + (99 - 1) + (55 - 1) + 1 für ein System istgleich 251 istgleich 2 + 5 + 1 = 8 erhalten wir für ^{7}a und b_{42} = 55, daß es sich über $^{1}a_{1}$ = 4, $^{1}b_{2}$ = 5, $^{1}b_{2}$ = 5 und $^{1}a_{1}$ = 4 dabei durch (4 - 1) + (5 - 1) + (5 - 1) + (4 - 1) + (201 - 1) + 1 für ein System istgleich 215 istgleich 2 + 1 + 5 = 8 um eine ^{15}Systembedingung$_{184}$ = 201 handelt, die über a und b Allgemeingültigkeit besitzt und damit auch für Igel, Maulwurf und Regenwurm gilt. Aus ^{7}a und b_{42} = 55 folgt, daß es durch (55 - 1) + (99 - 1) + 1 für ein System istgleich 153 istgleich 1 + 5 + 3 = 9 als

^{8}Religion$_{89}$ = 99

- respektive $^{1}a_{1}$ = 4, $^{1}b_{2}$ = 5, $^{1}b_{2}$ = 5 und $^{1}a_{1}$ = 4 in der Summe über (4 - 1) + (5 - 1) + (5 - 1) + (4 - 1) + (139 - 1) + 1 für ein System istgleich 153 istgleich 1 + 5 + 3 = 9 - nur

^{13}eine Religion$_{122}$ = 139

gibt. Es gilt damit, daß ein „Hmm" stets und immer auf einen Eimer gehört, und es steht damit auch fest: welcher Eimer unter welchen „Hmm".

Ein sogenanntes ^{13}Religionshaus$_{157}$ = 172 ist im Endeffekt das Ergebnis des nachfolgenden Sachverhalts. Es gilt Folgendes:

^{13}Religionshaus$_{157}$	=	172		172 - 1	=	171

1 + 7 + 1 + 1 für ein System	=	10	=	1 + 0	=	1

istgleich

^{15}Beziehungsebene$_{147}$	=	164		164 - 1	=	163
^{9}Beziehung$_{97}$	=	108		108 - 1	=	107
					=	270

2 + 7 + 0 + 1 für ein System	=	10	=	1 + 0	=	1

Es gilt die Bedingung 1 = 1 in einem Gleichgewicht, die sich über 1 + 7 + 1 + 1 und 2 + 7 + 0 + 1 in Form der beiden Zahlen 172 und 271 ergibt.

Merke!

Als Religionshaus wird all das bezeichnet, was sich korrespondierend auf der Beziehungsebene innerhalb von Beziehung abspielt; da innerhalb von Religion der Name deines Körpers, den du als Mensch besitzt, durch die Parität von a und von b infolge $a \neq b$ und $b \neq a$ Ersteres ist.

Das heißt, daß jeder Mensch (über $Mensch_n$ für $n \to \infty$ und das $Religionshaus_n$ für $n \to \infty$) über ein Religionshaus verfügt, welches auf seiner Beziehungsebene innerhalb von Beziehung errichtet worden ist. Damit entspricht das

$$^{13}Religionshaus_{157} = 172$$

- bedingt durch seinen Namen (= $^{4}Name_{33} = 39$) - innerhalb der einen $^{8}Religion_{89} = 99$ durch (172 - 1) + (39 - 1) + (99 - 1) + 1 für ein System istgleich 308 istgleich 3 + 0 + 8 = 11 istgleich 1 + 1 = 2 über $^{1}a_{1} = 4$ und $^{1}b_{2} = 5$ respektive deren $^{8}Paritaet_{90} = 100$ infolge $^{7}a \neq b_{6} = 19$ und $^{7}b \neq a_{6} = 19$ -

$$^{7}Koerper_{88} = 97 \text{ und } ^{6}Mensch_{62} = 70$$

geschuldet - durch (4 - 1) + (5 - 1) + (100 - 1) + (19 - 1) + (19 - 1) + (97 - 1) + (70 - 1) + 1 für ein System istgleich 308 istgleich 3 + 0 + 8 = 11 istgleich 1 + 1 = 2 dem Körper des Menschen: Das Religionshaus ist dein eigener Körper!

Wenn du dann immer noch glaubst, daß dein eigener Körper vergleichsweise eine Kathedrale, ein Dom oder auch eine Basilika ist: Lass dich bitte umgehend in die Klapse einliefern, denn dein Sprung in der Schüssel ist alles andere als feierlich und wird wohl leider Gottes auch nicht mehr zu kurieren sein. Wir denken bitte in unserem eigenen Interesse immer im Vorfeld darüber nach, womit wir es in der Endkonsequenz zu tun haben - sonst erleiden wir kolossal Schiffbruch wie hier.

Die $^{9}Beziehung_{97} = 108$ istgleich 1 + 0 + 8 = 9 eines Menschen ist in Form seiner Religion durch ^{7}a und $b_{42} = 55$ unter der Bedingung $^{11}1 = 1 = 1_{7} = 28$ über (55 - 1) + (28 - 1) + (48 - 1) + (52 - 1) + 1 für ein System istgleich 180 istgleich 1 + 8 + 0 = 9 auf

$$^{4}Mann_{42} = 48 \text{ und } ^{4}Frau_{46} = 52$$

normiert. Hingegen kennt die $^{15}Beziehungsebene_{147} = 164$ istgleich 1 + 6 + 4 = 11 istgleich 1 + 1 = 2 eines Menschen - bedingt durch die Vorgabe innerhalb von Religion - nur die Konstellation ^{13}Mann und $Frau_{127} = 146$ istgleich 1 + 4 + 6 = 11 istgleich

1 + 1 = 2. Respektive „Mann“ und „Frau“ handelt es sich um allgemeingültige Bedingungen: Diese liegen also nicht in unserem Ermessen.

Merke!

Eine Beziehung ist durch a und b unter der Bedingung 1 = 1 = 1 nur zwischen Mann und Frau zulässig, da die Beziehungsebene als „Mann und Frau“ definiert ist, welche über die Parität von a und b infolge a ≠ b und b ≠ a über a und über b die Bedingung „ein Mann und eine Frau“ erfüllen muss.

Bedingt durch die ^{8}Paritaet$_{90}$ = 100 von ^{7}a und b$_{42}$ = 55 gilt im Endeffekt infolge ^{7}a ≠ b$_{6}$ = 19 und ^{7}b ≠ a$_{6}$ = 19 für

^{13}Mann und Frau$_{127}$ = 146

istgleich 1 + 4 + 6 = 11 istgleich 1 + 1 = 2 über ^{1}a$_{1}$ = 4 und ^{1}b$_{2}$ = 5 durch (100 - 1) + (55 - 1) + (19 - 1) + (19 - 1) + (4 - 1) + (5 - 1) + (220 - 1) + 1 für ein System istgleich 416 istgleich 4 + 1 + 6 = 11 istgleich 1 + 1 = 2 stets und immer die Bedingung

^{22}ein Mann und eine Frau$_{188}$ = 220,

die von allen auf unserer Erde ohne jedwede Interpretation einzuhalten ist. Was unser Sorgenkind „treibt“, ist ein absolutes No-Go. Wir fahren kurzerhand mit der Klärung des nächsten Begriffs fort.

Durch ^{1}a$_{1}$ = 4 und ^{1}b$_{2}$ = 5 erhalten wir infolge einer ^{11}Bezeichnung$_{114}$ = 127 korrespondierend für die ^{21}Religionsgemeinschaft$_{218}$ = 241 den nachfolgenden Zusammenhang:

^{11}Bezeichnung$_{114}$	=	127		127 - 1	=	126
^{21}Religionsgemeinschaft$_{218}$	=	241		241 - 1	=	240
					=	366

3 + 6 + 6 + 1 für ein System	=	16	=	1 + 6	=	7

istgleich

^{15}Beziehungsebene$_{147}$	=	164		164 - 1	=	163
^{4}Mann$_{42}$	=	48		48 - 1	=	47
^{4}Frau$_{46}$	=	52		52 - 1	=	51
^{9}Beziehung$_{97}$	=	108		108 - 1	=	107
^{1}a$_{1}$	=	4		4 - 1	=	3
^{1}b$_{2}$	=	5		5 - 1	=	4
					=	375

3 + 7 + 5 + 1 für ein System	=	16	=	1 + 6	=	7

Es gilt die Bedingung 7 = 7 in einem Gleichgewicht, die durch 3 + 6 + 6 + 1 und 3 + 7 + 5 + 1 den beiden Zahlen 367 und 376 geschuldet ist.

Merke!

Die Beziehungsebene zwischen einem Mann und einer Frau wird über a und über b innerhalb ihrer gemeinsamen Beziehung als Religionsgemeinschaft bezeichnet.

Wie wir sehen, hat auch diese mit unseren diesbezüglichen Vorstellungen nichts zu tun.

So, wir rattern noch ganz kurz den nachfolgenden Zusammenhang herunter, dann sind wir hier durch:

^{4}Mann$_{42}$	=	48		48 - 1	=	47
^{4}Frau$_{46}$	=	52		52 - 1	=	51
^{5}Gebot$_{49}$	=	56		56 - 1	=	55
^{6}Einehe$_{46}$	=	54		54 - 1	=	53
					=	206

2 + 0 + 6 + 1 für ein System	=	9

istgleich

^{16}Religionsfuehrer$_{189}$	=	207		207 - 1	=	206

2 + 0 + 6 + 1 für ein System	=	9

Es gilt die Bedingung 9 = 9 in einem Gleichgewicht, die sich jeweils über 2 + 0 + 6 + 1 in Form der beiden Zahlen 207 ergibt.

Merke!

Bedingt durch das Gebot der Einehe sind sowohl der Mann als auch die Frau die Religionsführer in dieser; wobei innerhalb ihrer Ehe über a und über b durch die Parität von a und b zwischen diesen Gleichbehandlung, Gleichberechtigung und Gleichwertigkeit gefordert sind: die durch das System in Form von a und b innerhalb ihrer gemeinsamen Beziehung zu erfüllen sind.

Über $^{1}a_{1}$ = 4 und $^{1}b_{2}$ = 5 wird innerhalb einer ^{3}Ehe$_{18}$ = 23 - bedingt durch die ^{8}Paritaet$_{90}$ = 100 von ^{7}a und b$_{42}$ = 55 - infolge (4 - 1) + (5 - 1) + (23 - 1) + (100 - 1) + (55 - 1) + (150 - 1) + (183 - 1) + (189 - 1) + 1 für ein System istgleich 702 istgleich 7 + 0 + 2 = 9

- ^{16}Gleichbehandlung$_{132}$ = 150,
- ^{18}Gleichberechtigung$_{163}$ = 183 und
- ^{16}Gleichwertigkeit$_{171}$ = 189

gefordert, die bedingt durch das ^{6}System$_{101}$ = 109 in Form von ^{7}a und b$_{42}$ = 55 respektive (109 - 1) + (55 - 1) + (108 - 1) + 1 für ein System istgleich 270 istgleich 2 + 0 + 7 = 9 in einer ^{9}Beziehung$_{97}$ = 108 stets und immer vorzuliegen haben. Insofern handelt es sich nicht um ein Kann, sondern um ein Muss!

Und so müssen wir uns leider auch hier eingestehen, daß die unschönen Begriffe „bekloppt" und „bescheuert" die zutreffenden für den menschlichen Systemknallerhaufen auf dieser unserer Erde sind. Das ist dann eben so, wenn man über Jahrhunderte und Jahrtausende hinweg nicht zuhört, daß das vorzuweisende Ergebnis dann immer etwas erbärmlich aussieht, da die Lösung dahinter etwas anderes vorgibt.

Insofern wurden und werden sowohl die Begriffe „Religion", „Religionshaus" und „Religionsgemeinschaft" als auch der Begriff „Religionsführer" nur zu gern von den

Vertretern und Stellvertretern des „Glaubens" wissentlich und vorsätzlich dafür benutzt, um dich und alle anderen klammheimlich hinter's Licht führen zu können; auf daß man dich wie eine dumme Weihnachtsgans oder wie einen blöden Weihnachtsganter bis auf das Mark ausnehmen kann. Im Zweifelsfall wird dann eben auch mal durch die konsequente Anwendung und Umsetzung von Missbrauch und Misshandlung nachgeholfen. Ausnahmen bestätigen auch hier die Regel - selbst wenn es uns schwerfällt. Wir setzen in unserer Wissensbarke über zum nächsten Unterkapitel.

6.5.3.2. Moschee, Kirche und Synagoge: ein Zimmer in der Schule

Wir starten ohne vorab eine Aufwärmübung zu absolvieren sofort durch: In einem ersten Anlauf erhalten wir über ${}^{1}a_{1} = 4$, ${}^{1}b_{2} = 5$, ${}^{1}b_{2} = 5$ und ${}^{1}a_{1} = 4$ für das ^{8}Islamtum$_{108}$ = 118, das ^{11}Christentum$_{150}$ = 163 und das ^{8}Judentum$_{108}$ = 118 den nachfolgenden Zusammenhang:

^{8}Islamtum$_{108}$	=	118		118 - 1	=	117
^{11}Christentum$_{150}$	=	163		163 - 1	=	162
^{8}Judentum$_{108}$	=	118		118 - 1	=	117
${}^{1}a_{1}$	=	4		4 - 1	=	3
${}^{1}b_{2}$	=	5		5 - 1	=	4
${}^{1}b_{2}$	=	5		5 - 1	=	4
${}^{1}a_{1}$	=	4		4 - 1	=	3
^{7}a und b$_{42}$	=	55		55 - 1	=	54
${}^{7}a \neq b_{6}$	=	19		19 - 1	=	18
${}^{7}b \neq a_{6}$	=	19		19 - 1	=	18
					=	500

5 + 0 + 0 + 1 für ein System	=	6

istgleich

^{5}Namen$_{47}$	=	54		54 - 1	=	53
^{6}Raeume$_{63}$	=	71		71 - 1	=	70
^{13}Bezeichnungen$_{133}$	=	148		148 - 1	=	147
^{7}Moschee$_{68}$	=	77		77 - 1	=	76
^{6}Kirche$_{54}$	=	62		62 - 1	=	61
^{8}Synagoge$_{93}$	=	103		103 - 1	=	102
					=	509

5 + 0 + 9 + 1 für ein System	=	15	=	1 + 5	=	6

Es gilt die Bedingung 6 = 6 in einem Gleichgewicht, die über 5 + 0 + 0 + 1 und 5 + 0 + 9 + 1 im Ergebnis in Form der beiden Zahlen 501 und 510 zu verbuchen ist.

Merke!

Im Islamtum, im Christentum und im Judentum werden die Räume respektive ihrer Namen durch a, b, b und a in Form von a und b infolge a ≠ b und b ≠ a als Moschee, als Kirche und als Synagoge bezeichnet; wobei diese als „Gebetsräume" über a und über b respektive der Parität von a und b nichts anderes als „Schulräume" wie in einer Schule sind.

Eine ^{7}Moschee$_{68}$ = 77, eine ^{6}Kirche$_{54}$ = 62 und eine ^{8}Synagoge$_{93}$ = 103 sind als ^{10}Gebetsraum$_{111}$ = 123 - bedingt durch (77 - 1) + (62 - 1) + (103 - 1) + (123 - 1) + 1 für ein System istgleich 362 istgleich 3 + 6 + 2 = 11 istgleich 1 + 1 = 2 - durch $^{1}a_{1}$ = 4 und $^{1}b_{2}$ = 5 respektive der ^{8}Paritaet$_{90}$ = 100 von ^{7}a und b$_{42}$ = 55 über (4 - 1) + (5 - 1) + (100 - 1) + (55 - 1) + (127 - 1) + (76 - 1) + 1 für ein System istgleich 362 istgleich 3 + 6 + 2 = 11 istgleich 1 + 1 = 2 im Ergebnis nichts anderes als ein ^{9}Schulraum$_{116}$ = 127, der sich in einer ^{6}Schule$_{68}$ = 76 befindet.

Der ^{9}Schulraum$_{116}$ = 127 in der ^{6}Schule$_{68}$ = 76 liefert uns über (127 - 1) + (76 - 1) + 1 für ein System istgleich 202 istgleich 2 + 0 + 2 = 4 das, was in dieser unterrichtet wird: ^{22}ein Mann und eine Frau$_{188}$ = 220 istgleich 2 + 2 + 0 = 4. Im Ergebnis erhalten wir aus (220 - 1) + (55 - 1) + (19 - 1) + (19 - 1) + 1 für ein System istgleich 310 istgleich 3 + 1 + 0 = 4 dann über ^{7}a und b$_{42}$ = 55 infolge $^{7}a \neq b_{6}$ = 19 und $^{7}b \neq a_{6}$ = 19 durch $^{1}a_{1}$ = 4, $^{1}b_{2}$ = 5, $^{1}b_{2}$ = 5 und $^{1}a_{1}$ = 4 infolge (4 - 1) + (5 - 1) + (5 - 1) + (4 - 1) + (296 - 1) + 1 für ein System istgleich 310 istgleich 3 + 1 + 0 = 4 den ^{22}Aufklaerungsunterricht$_{272}$ = 296. Dieser wird wohl in der Moschee, in der Kirche und in der Synagoge immer ausfallen.

In einem zweiten Anlauf erhalten wir über ^{4}Name$_{33}$ = 39 und ^{11}Bezeichnung$_{114}$ = 127 für das ^{8}Islamtum$_{108}$ = 118, für das ^{11}Christentum$_{150}$ = 163 und für das ^{8}Judentum$_{108}$ = 118 Folgendes:

^{8}Islamtum$_{108}$	=	118		118 - 1	=	117
^{11}Christentum$_{150}$	=	163		163 - 1	=	162
^{8}Judentum$_{108}$	=	118		118 - 1	=	117
^{4}Name$_{33}$	=	39		39 - 1	=	38
^{11}Bezeichnung$_{114}$	=	127		127 - 1	=	126
					=	560

5 + 6 + 0 + 1 für ein System	=	12	=	1 + 2	=	3

istgleich

^{8}Theismus$_{114}$	=	124		124 - 1	=	123
$^{1}a_{1}$	=	4		4 - 1	=	3
$^{1}b_{2}$	=	5		5 - 1	=	4
$^{1}b_{2}$	=	5		5 - 1	=	4
$^{1}a_{1}$	=	4		4 - 1	=	3
$^{11}1 = 1 = 1_{7}$	=	28		28 - 1	=	27
					=	164

1 + 6 + 4 + 1 für ein System	=	12	=	1 + 2	=	3

In einem Gleichgewicht liegt im Ergebnis über 5 + 6 + 0 + 1 und 1 + 6 + 4 + 1 in Form der beiden Zahlen 561 und 165 die Bedingung 3 = 3 vor.

Merke!

Islamtum, Christentum und Judentum sind namentlich über a, b, b und a unter der Bedingung 1 = 1 = 1 dem Theismus zuzuordnen und in diesen einzuordnen.

Das, was es zwischen Mann und Frau sein sollte, wird also über Adam und Eva erklärt. Was der eine über „hü" in einer Bettgeschichte erklärt, erklärt der andere über „hott".

Damit besteht der wesentliche Unterschied nur darin, daß die spezielle Bedingung auf der Beziehungsebene in Form von

„ein Adam und eine Eva"

innerhalb einer Beziehung bei der Erklärung dieser auf das Islamtum, das Christentum und das Judentum zurückgreift; hingegen basiert die Erklärung der allgemeinen Bedingung

„ein Mann und eine Frau"

auf der Beziehungsebene in einer Beziehung auf Religion. Letztere ist allgemeingültig für alle definiert worden, welche durch das große Ganze in Form einer gemeinsamen Welt erst zur Weltreligion aufsteigt. Es gibt nur eine Religion, die in den jeweiligen Welten, etwa die vom Krokodil, vom Leguan und vom Waran, dadurch zur Weltreligion wird. Wer das wieder vergessen hat, liest im bereits erwähnten Buch „Chaos im Paradies: Der Weg zur Klärung der Beziehungsebene über Beziehung einschließlich Lösung - Buch 1" noch mal nach.

Unsere gemeinsame ^{8}Religion$_{89}$ = 99 erfüllt in Form des ^{9}Atheismus$_{115}$ = 126 den nachfolgenden Zusammenhang:

^{8}Religion$_{89}$	=	99		99 - 1	=	98
^{1}a$_{1}$	=	4		4 - 1	=	3
^{1}b$_{2}$	=	5		5 - 1	=	4
^{7}a und b$_{42}$	=	55		55 - 1	=	54
$^{11}1 = 1 = 1_{7}$	=	28		28 - 1	=	27
^{4}Name$_{33}$	=	39		39 - 1	=	38
					=	224

2 + 2 + 4 + 1 für ein System = 9

istgleich

^{11}Bezeichnung$_{114}$	=	127		127 - 1	=	126
^{9}Atheismus$_{115}$	=	126		126 - 1	=	125
					=	251

2 + 5 + 1 + 1 für ein System = 9

Es gilt die Bedingung 9 = 9 in einem Gleichgewicht, die sich über 2 + 2 + 4 + 1 und 2 + 5 + 1 + 1 in den beiden Zahlen 225 und 252 widerspiegelt.

Merke!

Religion wird über a und über b in Form a und b unter der Bedingung 1 = 1 = 1 namentlich als Atheismus bezeichnet.

Religion hat „Nullkommanichts" mit Glaube zu tun, da sie für die atheistische Auffassung „ein Mann und eine Frau" steht; hingegen die sogenannte theistische für „ein Adam und eine Eva" im Islamtum, im Christentum und im Judentum: Das schreibst du dir hinter deine Löffel.

Damit stellt sich nur noch die Frage, wo diese unterrichtet werden. Es gilt respektive der ^{8}Paritaet$_{90}$ = 100 von ^{7}a und b$_{42}$ = 55 unter der Bedingung $^{11}1 = 1 = 1_{7}$ = 28 Folgendes:

^{8}Theismus$_{114}$	=	124		124 - 1	=	123
^{8}Islamtum$_{108}$	=	118		118 - 1	=	117
^{11}Christentum$_{150}$	=	163		163 - 1	=	162
^{8}Judentum$_{108}$	=	118		118 - 1	=	117

+

^{9}Atheismus$_{115}$	=	126		126 - 1	=	125
^{8}Religion$_{89}$	=	99		99 - 1	=	98
					=	742

7 + 4 + 2 + 1 für ein System	=	14	=	1 + 4	=	5

istgleich

^{6}Zimmer$_{84}$	=	92		92 - 1	=	91
^{6}Schule$_{68}$	=	76		76 - 1	=	75
^{8}Paritaet$_{90}$	=	100		100 - 1	=	99
^{7}a und b$_{42}$	=	55		55 - 1	=	54
$^{11}1 = 1 = 1_{7}$	=	28		28 - 1	=	27
					=	346

3 + 4 + 6 + 1 für ein System	=	14	=	1 + 4	=	5

Aus 7 + 4 + 2 + 1 und 3 + 4 + 6 + 1 erhalten wir in Form der beiden Zahlen 743 und 347 die Bedingung 5 = 5 in einem Gleichgewicht.

Merke!

Der sogenannte Theismus wird ausgehend vom Islamtum, Christentum und Judentum wie die Religion im Atheismus durch die Parität von a und b unter der Bedingung 1 = 1 = 1 in einem Zimmer in der Schule unterrichtet, was durch a und b infolge a ≠ b und b ≠ a unter der Bedingung 1 = 1 = 1 im Religionszimmer stattfindet.

Der diesbezügliche ^{10}Unterricht$_{136}$ = 148 findet durch ^{7}a und b$_{42}$ = 55 über (148 - 1) + (55 - 1) + (19 - 1) + (19 - 1) + (28 - 1) + (209 - 1) + 1 für ein System istgleich 473 istgleich 4 + 7 + 3 = 14 istgleich 1 + 4 = 5 - bedingt durch ^{7}a ≠ b$_{6}$ = 19 und ^{7}b ≠ a$_{6}$ = 19 unter der Bedingung ^{11}1 = 1 = 1$_{7}$ = 28 - im ^{15}Religionszimmer$_{192}$ = 209 statt.

Es ging von vornherein darum und geht es auch nachwievor, daß die Beziehungsebene des Menschen innerhalb einer Beziehung über zwei systemische Ansätze von diesem verstanden werden kann. Gebracht hat es natürlich nichts, das war ein kompletter Schuß in den Ofen. Unser aller Sorgenkind reibt sich vielleicht jetzt mal seine Augen, denn das, was der Mensch als seine „Welt" versteht, hat mit der, die es ist, rein gar nichts zu tun.

So, wir hoppeln mal weiter und sehen uns die Gebäude an, die da fälschlicherweise als Kathedrale, als Dom, als Basilika, als Kapelle, als Kloster, als Stift und als Pfarre damit in Verbindung gebracht werden. Was deine diesbezüglichen Vorstellungen in diesem Zusammenhang anbelangt: Da gruselt's nicht nur mich, sondern auch die Sau und den Eber, ihre Ferkel wahrscheinlich ebenso.

6.5.3.3. Der Wald nimmt Form an

Ein $^{4}\text{Wald}_{40} = 46$ tritt durch $^{1}a_{1} = 4$ und $^{1}b_{2} = 5$ als $^{7}\text{a und b}_{42} = 55$ unter der Bedingung $^{11}1 = 1 = 1_{7} = 28$ über (46 - 1) + (4 - 1) + (5 - 1) + (55 - 1) + (28 - 1) + 1 für ein System istgleich 134 istgleich 1 + 3 + 4 = 8 in Form von $^{12}7\ \text{Waldformen}_{118} = 134$ istgleich 1 + 3 + 4 = 8 in Erscheinung.

Merke!

Innerhalb eines Waldes gibt es durch a und durch b in Form von a und b 7 Waldformen, deren Form als Baumwerk in einem übertragenen Sinn über a und b im Christentum beschrieben ist.

Das $^{8}\text{Baumwerk}_{94} = 104$ wird seiner $^{4}\text{Form}_{52} = 58$ nach in Form von $^{7}\text{a und b}_{42} = 55$ respektive $^{7}a \neq b_{6} = 19$ und $^{7}b \neq a_{6} = 19$ über (104 - 1) + (58 - 1) + (55 - 1) + (19 - 1) + (19 - 1) + (163 - 1) + 1 für ein System istgleich 413 istgleich 4 + 1 + 3 = 8 durch das $^{11}\text{Christentum}_{150} = 163$ vorgegeben. Logische Konsequenz: Die typischen Bezeichnungen im Christentum für seine Bauwerke sind nicht die für Letztere, sondern die für Erstere: schlußendlich Kathedrale, Dom, Basilika, Kapelle, Kloster, Stift und Pfarre. Damit können wir starten, da wir nun wissen, wo unsere Reise hingehen muss.

Wir beginnen mit dem $^{3}\text{Dom}_{32} = 37$, dem bedingt durch $^{4}\text{Name}_{33} = 39$ der nachfolgende Gedankengang zugrunde liegt. Es gilt korrespondierend über $^{1}a_{1} = 4$ und $^{1}b_{2} = 5$ in Form von $^{7}\text{a und b}_{42} = 55$ unter der Bedingung $^{11}1 = 1 = 1_{7} = 28$ im Endeffekt Folgendes:

$^{3}\text{Dom}_{32}$	=	37		37 - 1	=	36
$^{1}a_{1}$	=	4		4 - 1	=	3
$^{1}b_{2}$	=	5		5 - 1	=	4
$^{7}\text{a und b}_{42}$	=	55		55 - 1	=	54
$^{11}1 = 1 = 1_{7}$	=	28		28 - 1	=	27
					=	124

1 + 2 + 4 + 1 für ein System	=	8

istgleich

^{4}Name$_{33}$	=	39		39 - 1	=	38
^{9}Nadelwald$_{76}$	=	87		87 - 1	=	86
					=	124

1 + 2 + 4 + 1 für ein System	=	8

Wir erhalten jeweils aus 1 + 2 + 4 + 1 in Form der beiden Zahlen 125 die Bedingung 8 = 8 in einem Gleichgewicht.

Merke!

Der Dom ist über a und über b in Form von a und b unter der Bedingung 1 = 1 = 1 der Name für den Nadelwald.

Wer schon mal etwas davon gehört hat: Die ^{12}7 Waldformen$_{118}$ = 134 istgleich 1 + 3 + 4 = 8 entsprechen durch ^{7}a und b$_{42}$ = 55 infolge (55 - 1) + (80 - 1) + 1 für ein System istgleich 134 istgleich 1 + 3 + 4 = 8 den

^{9}7 Chakren$_{67}$ = 80,

die wiederum im ^{6}Kosmos$_{92}$ = 100 in Form einer ^{11}Bezeichnung$_{114}$ = 127 durch (80 - 1) + (100 - 1) + (127 - 1) + 1 für ein System istgleich 305 istgleich 3 + 0 + 5 = 8 den

^{8}7 Sonnen$_{88}$ = 100

entsprechen, die sich in jedem Lebewesen und in jeder Lebensform auf der Erde in Form der

^{16}7 Energiezentren$_{172}$ = 192

über $^{1}a_{1}$ = 4, $^{1}b_{2}$ = 5, $^{1}b_{2}$ = 5 und $^{1}a_{1}$ = 4 durch (100 - 1) + (192 - 1) + (4 - 1) + (5 - 1) + (5 - 1) + (4 - 1) + 1 für ein System istgleich 305 istgleich 3 + 0 + 5 = 8 wiederfinden lassen. Die Wälder einfach nur wahllos und skrupellos zu zerstören, ergibt also keinen Sinn, da sie ein wesentlicher Bestandteil deines eigenen Systemkreislaufs sind, der dich am Leben erhält: Du bist so blöd und bringst dich in gewisser Weise selbst um. Doch das besprechen wir wesentlich später, wenn wir dem

Handwerk der Medizin unter die Arme greifen. Vorab müssen diese wie viele andere auch erst einmal in's Messer laufen, damit die Lektion auch verstanden wird. Anmerkung: Es gibt unendlich viele endliche Chakren auf der Erde, die immer ihrer Anzahl nach 7 sind und durch das endliche $Chakra_n$ für $n \rightarrow \infty$ gegen Unendlich laufen.

Respektive $^4Name_{33} = 39$ erhalten wir für die $^8Basilika_{64} = 74$ über $^1a_1 = 4$, $^1b_2 = 5$, $^1b_2 = 5$ und $^1a_1 = 4$ durch $^7a \neq b_6 = 19$ und $^7b \neq a_6 = 19$ den nachfolgenden Zusammenhang:

$^8Basilika_{64}$	=	74		74 - 1	=	73
$^1a_1$	=	4		4 - 1	=	3
$^1b_2$	=	5		5 - 1	=	4
$^1b_2$	=	5		5 - 1	=	4
$^1a_1$	=	4		4 - 1	=	3
$^7a \neq b_6$	=	19		19 - 1	=	18
$^7b \neq a_6$	=	19		19 - 1	=	18
					=	123

1 + 2 + 3 + 1 für ein System	=	7

istgleich

$^4Name_{33}$	=	39		39 - 1	=	38
$^8Laubwald_{76}$	=	86		86 - 1	=	85
					=	123

1 + 2 + 3 + 1 für ein System	=	7

Es gilt die Bedingung 7 = 7 in einem Gleichgewicht, die jeweils über 1 + 2 + 3 + 1 den beiden Zahlen 124 geschuldet ist.

Merke!

Die Basilika ist über a, b, b und a infoge $a \neq b$ und $b \neq a$ der Name für den Laubwald.

Zum jetzigen Stand wissen wir, warum ein Dom und eine Basilika nichts anderes als der Nadelwald und der Laubwald sind.

Da sich ein Mischwald aus einem ^{9}Nadelwald$_{76}$ = 87 und aus einem ^{8}Laubwald$_{76}$ = 86 zusammensetzt, erhalten wir in einem ersten Anlauf Folgendes:

^{10}Kathedrale$_{85}$	=	97		97 - 1	=	96
^{1}a$_{1}$	=	4		4 - 1	=	3
^{1}b$_{2}$	=	5		5 - 1	=	4
^{1}b$_{2}$	=	5		5 - 1	=	4
^{1}a$_{1}$	=	4		4 - 1	=	3
^{7}a und b$_{42}$	=	55		55 - 1	=	54
^{4}Wald$_{40}$	=	46		46 - 1	=	45
					=	209

2 + 0 + 9 + 1 für ein System	=	12	=	1 + 2	=	3

istgleich

^{4}Name$_{33}$	=	39		39 - 1	=	38
^{9}Nadelwald$_{76}$	=	87		87 - 1	=	86
^{8}Laubwald$_{76}$	=	86		86 - 1	=	85
					=	209

2 + 0 + 9 + 1 für ein System	=	12	=	1 + 2	=	3

In einem Gleichgewicht gilt die Bedingung 3 = 3, die sich jeweils über 2 + 0 + 9 + 1 in den beiden Zahlen 210 widerspiegelt.

Merke!

Eine Kathedrale steht durch a, b, b und a in Form von a und b namentlich für einen Wald, in dem wir korrespondierend einen Nadelwald und einen Laubwald wiederfinden.

Da das Islamtum und das Judentum ebenso die Zahl 1 erfüllen wie das Christentum auch, gelten all diese Logiken für diese ebenso.

In einem zweiten Anlauf erhalten wir durch ^{17}synonymer Begriff$_{201}$ = 222 für eine ^{10}Kathedrale$_{85}$ = 97 Folgendes:

^{4}Name$_{33}$	=	39		39 - 1	=	38
^{10}Kathedrale$_{85}$	=	97		97 - 1	=	96
^{7}a und b$_{42}$	=	55		55 - 1	=	54
^{11}1 = 1 = 1$_{7}$	=	28		28 - 1	=	27
^{11}Bezeichnung$_{114}$	=	127		127 - 1	=	126
					=	341

3 + 4 + 1 + 1 für ein System = 9

istgleich

^{17}synonymer Begriff$_{201}$	=	222		222 - 1	=	221
^{9}Mischwald$_{92}$	=	103		103 - 1	=	102
					=	323

3 + 2 + 3 + 1 für ein System = 9

Es gilt die Bedingung 9 = 9 in einem Gleichgewicht, die aus 3 + 4 + 1 + 1 und 3 + 2 + 3 + 1 in Form der beiden Zahlen 342 und 324 resultiert.

Merke!

Eine Kathedrale wird in Form von a und b unter der Bedingung 1 = 1 = 1 namentlich als Mischwald bezeichnet, der als synonymer Begriff für Erstere dient.

Wenn du in einen Dom, eine Basilika oder eine Kathedrale gehst, stehst du im Wald und bewunderst entweder einen Nadelwald, einen Laubwald oder einen Mischwald.

Allein das, noch nicht einmal in Erwägung zu ziehen, daß etwas ganz und gar im Argen liegt, spricht Bände davon, wie sehr dir dein eigenes Leben am Herzen liegt. Es bleibt nur zu hoffen, daß sich das jetzt bessern wird: Dir raten, würde ich es.

Wir machen weiter mit der sogenannten $^{7}Kapelle_{62}$ = 71, welche uns mit der Nase auf Folgendes stupst:

$^{4}Name_{33}$	=	39		39 - 1	=	38
$^{7}Kapelle_{62}$	=	71		71 - 1	=	70
$^{1}a_{1}$	=	4		4 - 1	=	3
$^{1}b_{2}$	=	5		5 - 1	=	4
$^{1}b_{2}$	=	5		5 - 1	=	4
$^{1}a_{1}$	=	4		4 - 1	=	3
					=	122

1 + 2 + 2 + 1 für ein System	=	6

istgleich

$^{10}Baumgruppe_{120}$	=	132		132 - 1	=	131

1 + 3 + 1 + 1 für ein System	=	6

Es gilt respektive der beiden Zahlen 123 und 132 aus 1 + 2 + 2 + 1 und 1 + 3 + 1 + 1 die Bedingung 6 = 6 in einem Gleichgewicht.

Merke!

Die Kapelle ist korrespondierend über a, b, b und a nichts anderes als der Name für eine Baumgruppe.

Da durch 8 ≠ 5 die $^{7}Kapelle_{62}$ = 71 istgleich 7 + 1 = 8 kein $^{9}Orchester_{111}$ = 122 istgleich 1 + 2 + 2 = 5 ist, gehst du etwa zum Konzert eines Blasorchesters, aber nie zum Konzert einer Blaskapelle. Das eine sind Musiker und das andere ist eine Baumgruppe. Wenn wir uns die „Kirchendödel" ansehen, was dort eine „Kapelle" sein soll und was nicht, kommt man nur zu dem Schluß, daß dort wissenstechnisch Hopfen und Malz verloren ist.

Noch mehr Licht im Dunkeln erhalten wir durch den nachfolgenden Zusammenhang, welcher sich respektive eines Namens (= $^{4}\text{Name}_{33}$ = 39) im Ergebnis auf ein $^{7}\text{Kloster}_{100}$ = 109 bezieht:

$^{4}\text{Name}_{33}$	=	39		39 - 1	=	38
$^{7}\text{Kloster}_{100}$	=	109		109 - 1	=	108
					=	146

1 + 4 + 6 + 1 für ein System	=	12	=	1 + 2	=	3

istgleich

$^{12}\text{Baumstreifen}_{133}$	=	147		147 - 1	=	146

1 + 4 + 6 + 1 für ein System	=	12	=	1 + 2	=	3

Es gilt die Bedingung 3 = 3 in einem Gleichgewicht, die sich jeweils über 1 + 4 + 6 + 1 aus den beiden Zahlen 147 ergibt.

Merke!

Der Name „Kloster" ist der für einen Baumstreifen, wobei dieser, falls ein Baumstreifen a und ein Baumstreifen b aufeinandertreffen, über a und über b - bedingt durch die Parität von a und b - zur Baumallee wird.

Der $^{4}\text{Name}_{33}$ = 39 für einen $^{14}\text{Baumstreifen a}_{134}$ = 152 und für einen $^{14}\text{Baumstreifen b}_{135}$ = 153, die korrespondierend aufeinandertreffen, ist durch (39 - 1) + (152 - 1) + (153 - 1) + 1 für ein System istgleich 342 istgleich 3 + 4 + 2 = 9 über $^{1}\text{a}_{1}$ = 4 und $^{1}\text{b}_{2}$ = 5 durch die $^{8}\text{Paritaet}_{90}$ = 100 von $^{7}\text{a und b}_{42}$ = 55 infolge (4 - 1) + (5

- 1) + (100 - 1) + (55 - 1) + (83 - 1) + 1 für ein System istgleich 243 istgleich 2 + 4 + 3 = 9 übrigens ^{9}Baumallee$_{72}$ = 83.

Darüber hinaus nehmen wir für uns zur Kenntnis, daß das ^{7}Synonym$_{125}$ = 134 für ein ^{7}Kloster$_{100}$ = 109 über $^{1}a_1$ = 4, $^{1}b_2$ = 5, $^{1}b_2$ = 5 und $^{1}a_1$ = 4 in Form von ^{7}a und b_{42} = 55 durch (109 - 1) + (4 - 1) + (5 - 1) + (5 - 1) + (4 - 1) + (55 - 1) + 1 für ein System istgleich 177 istgleich 1 + 7 + 7 = 15 istgleich 1 + 5 = 6 respektive (134 - 1) + (44 - 1) + 1 für ein System istgleich 177 istgleich 1 + 7 + 7 = 15 istgleich 1 + 5 = 6 die ^{5}Abtei$_{37}$ = 44 ist.

Merke!

Das Synonym für Kloster ist über a, b, b und a durch a und b die Abtei: wobei der Abt im Wald der Hirsch ist und über a und über b in Form von a und b infolge a ≠ b und b ≠ a die Ricke im Wald die Äbtissin.

Der ^{3}Abt$_{23}$ =28 im ^{4}Wald$_{40}$ = 46 ist übrigens durch (28 - 1) + (46 - 1) + 1 für ein System istgleich 73 istgleich 7 + 3 = 10 istgleich 1 + 0 = 1 unser ^{6}Hirsch$_{65}$ = 73 istgleich 7 + 3 = 10 istgleich 1 + 0 = 1, wobei die ^{5}Ricke$_{46}$ = 53 im ^{4}Wald$_{40}$ = 46 durch ^{7}a und b_{42} = 55 infolge (53 - 1) + (46 - 1) + (55 - 1) + 1 für ein System istgleich 152 istgleich 1 + 5 + 2 = 8 über $^{1}a_1$ = 4 und $^{1}b_2$ = 5 durch $^{7}a \neq b_6$ = 19 und $^{7}b \neq a_6$ = 19 korrespondierend über (4 - 1) + (5 - 1) + (19 - 1) + (19 - 1) + (109 - 1) + 1 für ein System istgleich 152 istgleich 1 + 5 + 2 = 8 unsere ^{9}Aebtissin$_{98}$ = 109 ist.

Das ^{5}Stift$_{74}$ = 81 liefert uns über $^{1}a_1$ = 4, $^{1}b_2$ = 5, $^{1}b_2$ = 5 und $^{1}a_1$ = 4 den nachfolgenden Zusammenhang:

^{4}Name$_{33}$	=	39		39 - 1	=	38
^{5}Stift$_{74}$	=	81		81 - 1	=	80
$^{1}a_1$	=	4		4 - 1	=	3
$^{1}b_2$	=	5		5 - 1	=	4
$^{1}b_2$	=	5		5 - 1	=	4
$^{1}a_1$	=	4		4 - 1	=	3
					=	132

1 + 3 + 2 + 1 für ein System	=	7

istgleich

^{8}Baumhain$_{69}$	=	79		79 - 1	=	78
^{7}a und b$_{42}$	=	55		55 - 1	=	54
					=	132

1 + 3 + 2 + 1 für ein System	=	7

Jeweils aus 1 + 3 + 2 + 1 erhalten wir respektive der beiden Zahlen 133 die Bedingung 7 = 7 in einem Gleichgewicht.

Merke!

Der Name „Stift" ist durch a, b, b und a in Form von a und b der für einen Baumhain.

Die beiden Zahlen 133 verweisen darauf, daß es sich durch $^{1}a_{1}$ = 4 und $^{1}b_{2}$ = 5 der ^{11}Bezeichnung$_{114}$ = 127 nach über ^{7}a und b$_{42}$ = 55 infolge $^{7}a \neq b_{6}$ = 19 und $^{7}b \neq a_{6}$ = 19 durch (4 - 1) + (5 - 1) + (127 - 1) + (55 - 1) + (19 - 1) + (19 - 1) + (108 - 1) + 1 für ein System istgleich 331 istgleich 3 + 3 + 1 = 7 um ^{10}Baumreihen$_{96}$ = 108 handelt.

Zum Abschluß werfen wir noch einen Blick auf die ^{6}Pfarre$_{64}$ = 72, welche über $^{1}a_{1}$ = 4 und $^{1}b_{2}$ = 5 infolge $^{7}a \neq b_{6}$ = 19 und $^{7}b \neq a_{6}$ = 19 Folgendes erfüllt:

^{4}Name$_{33}$	=	39		39 - 1	=	38
^{6}Pfarre$_{64}$	=	72		72 - 1	=	71
$^{1}a_{1}$	=	4		4 - 1	=	3
$^{1}b_{2}$	=	5		5 - 1	=	4
$^{7}a \neq b_{6}$	=	19		19 - 1	=	18
$^{7}b \neq a_{6}$	=	19		19 - 1	=	18
					=	152

1 + 5 + 2 + 1 für ein System	=	9

istgleich

^{7}Baumweg$_{72}$	=	81		81 - 1	=	80
^{7}a und b$_{42}$	=	55		55 - 1	=	54
					=	134

1 + 3 + 4 + 1 für ein System	=	9

Es gilt die Bedingung 9 = 9 in einem Gleichgewicht, die über 1 + 5 + 2 + 1 und 1 + 3 + 4 + 1 in Form der beiden Zahlen 153 und 135 vorliegt.

Merke!

Der Name „Pfarre" steht über a und über b infolge a ≠ b und b ≠ a in Form von a und b für den Baumweg, wobei mehrere Baumwege korrespondierend über a und über b durch a und b die Pfarrerei ergeben.

Mehrere ^{8}Baumwege$_{77}$ = 87 ergeben zusammen durch ^{7}a und b$_{42}$ = 55 über (87 - 1) + (55 - 1) + 1 für ein System istgleich 141 istgleich 1 + 4 + 1 = 6 infolge (4 - 1) + (5 - 1) + (107 - 1) + 1 für ein System istgleich 114 istgleich 1 + 1 + 4 = 6 respektive $^{1}a_{1}$ = 4 und $^{1}b_{2}$ = 5 die sogenannte ^{9}Pfarrerei$_{96}$ = 107.

In der Summe erhalten wir den nachfolgenden Zusammenhang, welcher an unserem Ergebnis in Form von ^{7}a und b$_{42}$ = 55 durch $^{7}a \neq b_{6}$ = 19 und $^{7}b \neq a_{6}$ = 19 keine Zweifel mehr aufkommen lässt:

^{4}Wald$_{40}$	=	46		46 - 1	=	45
^{7}a und b$_{42}$	=	55		55 - 1	=	54
$^{7}a \neq b_{6}$	=	19		19 - 1	=	18
$^{7}b \neq a_{6}$	=	19		19 - 1	=	18
					=	135

1 + 3 + 5 + 1 für ein System	=	10	=	1 + 0	=	1

istgleich

^{6}Formen$_{71}$	=	79		79 - 1	=	78
^{3}Dom$_{32}$	=	37		37 - 1	=	36
^{8}Basilika$_{64}$	=	74		74 - 1	=	73
^{10}Kathedrale$_{85}$	=	97		97 - 1	=	96
^{7}Kapelle$_{62}$	=	71		71 - 1	=	70
^{7}Kloster$_{100}$	=	109		109 - 1	=	108
^{5}Stift$_{74}$	=	81		81 - 1	=	80
^{6}Pfarre$_{64}$	=	72		72 - 1	=	71
					=	612

6 + 1 + 2 + 1 für ein System	=	10	=	1 + 0	=	1

Wir erhalten aus 1 + 3 + 5 + 1 und 6 + 1 + 2 + 1 - bedingt durch die beiden Zahlen 136 und 613 - die Bedingung 1 = 1 in einem Gleichgewicht, die durch (109 - 1) + (11 - 1) + (18 - 1) + 1 für ein System istgleich 136 istgleich 1 + 3 + 6 = 10 istgleich 1 + 0 = 1 sich aus dem ^{6}System$_{101}$ = 109 von ${}^{1}H_{8}$ = 11 und ${}^{1}O_{15}$ = 18 ergibt.

Merke!

Der Wald setzt sich in Form von a und b respektive a ≠ b und b ≠ a aus den Formen Dom, Basilika, Kathedrale, Kapelle, Kloster, Stift und Pfarre zusammen: die durch a und b infolge a ≠ b und b ≠ a über a und über b - bedingt durch Name und Namen - korrespondierend über a und über b der Nadelwald, der Laubwald, der Mischwald sind; die Baumgruppe, der Baumstreifen, der Baumhain und der Baumweg inbegriffen.

Durch ^{4}Name$_{33}$ = 39 und durch ^{5}Namen$_{47}$ = 54 erhalten wir in Form von ^{7}a und b$_{42}$ = 55 infolge ${}^{7}a \neq b_{6}$ = 19 und ${}^{7}b \neq a_{6}$ = 19 aus ^{3}Dom$_{32}$ = 37, ^{8}Basilika$_{64}$ = 74, ^{10}Kathedrale$_{85}$ = 97, ^{7}Kapelle$_{62}$ = 71, ^{7}Kloster$_{100}$ = 109, ^{5}Stift$_{74}$ = 81 und ^{6}Pfarre$_{64}$ = 72 über (39 - 1) + (54 - 1) + (55 - 1) + (19 - 1) + (19 - 1) + (37 - 1) + (74 - 1) + (97 - 1) + (71 - 1) + (109 - 1) + (81 - 1) + (72 - 1) + 1 für ein System istgleich 716 istgleich 7 + 1 + 6 = 14 istgleich 1 + 4 = 5 die Begründung, warum es sich über ${}^{1}a_{1}$ = 4 und ${}^{1}b_{2}$ = 5 durch (4 - 1) + (5 - 1) + (87 - 1) + (86 - 1) + (103 - 1) + (132 - 1) + (147 - 1) + (79 - 1) + (81 - 1) + 1 für ein System istgleich 716 istgleich 7 + 1 + 6 = 14 istgleich 1 + 4 = 5 in einer logischen Endkonsequenz dabei

- um einen ^{9}Nadelwald$_{76}$ = 87,
- um einen ^{8}Laubwald$_{76}$ = 86,
- um einen ^{9}Mischwald$_{92}$ = 103,
- um eine ^{10}Baumgruppe$_{120}$ = 132,
- um einen ^{12}Baumstreifen$_{133}$ = 147,
- um einen ^{8}Baumhain$_{69}$ = 79 und
- um einen ^{7}Baumweg$_{72}$ = 81

handelt. Ich gehe mal davon aus, daß wir uns weitere Schritte, um all unsere Ergebnisse zu überprüfen, sparen können.

Du hast jetzt den eindeutigen und eineindeutigen Beweis vor dir liegen, wie sehr du von den Vertretern und Vertreterinnen der römisch-katholischen Kirche über ihre Stellvertreter und Stellvertreterinnen hinweg von Beginn an nicht nur betrogen, sondern auch belogen worden bist. Nichts von dem, was sie sagen und tun, ergibt Sinn: Außer, daß man hinter verschlossenen Fenstern und verriegelten Türen misshandelt und missbraucht, schändet und schindet; um mit einer nach außen lächelnden Fratze, die sich hinter Mildtätigkeit und Barmherzigkeit verbirgt, dir dein eigenes Leben für ihren Wohlstand und ihr Vergnügen zum Schur zu machen. Wie blöd bist du eigentlich, daß du das nicht kapierst?

Die betreffenden Bauwerke, die man im Christentum, im Islamtum und im Judentum diesbezüglich errichtet hat, können in der Endkonsequenz alle weg: Da sie weder der Logik des Systems entsprechen, geschweige denn, das halten können, was einem glücklichen, zufriedenen und erfüllten Leben entspricht, da man das pure Gegenteil mit den Menschen gemacht hat und nachwievor macht. Ausnahmen bestätigen logischerweise auch hier die Regel.

Als Mahn- und Denkmäler für die unzähligen Verbrechen und bis heute ungesühnten Vergehen am Menschen sollte man an einigen ausgewählten Standorten jeweils eine „Kirche", eine „Moschee" und eine „Synagoge" als Appell an die Menschen stehen lassen, auf daß es sich nicht wiederhole. Im Zentrum deines Lebens sollte keine davon stehen. Wir knüpfen an die Seite 356 an.

Was unser Sorgenkind, ^{15}Maria Magdalena$_{100}$ = 119 anbelangt, besitzt dieses zwei Seelen in seiner Brust, da es bedingt durch den nachfolgenden Zusammenhang unentwegt zwischen seiner ^{13}Selbstaufgabe$_{120}$ = 135 einerseits durch (135 - 1) + (4 - 1) + (5 - 1) + 1 für ein System istgleich 142 istgleich 1 + 4 + 2 = 7 über $^{1}a_{1}$ = 4 und $^{1}b_{2}$ = 5 bis hin zur ^{17}Selbstaufopferung$_{207}$ = 226 und andererseits seinem eigenen Überlebenswillen durch ^{16}Ueberlebenswille$_{169}$ = 187 hin- und herpendelt. Im Endeffekt gilt Folgendes:

^{15}Maria Magdalena$_{100}$	=	119		119 - 1	=	118
$^{1}a_{1}$	=	4		4 - 1	=	3
$^{1}b_{2}$	=	5		5 - 1	=	4
$^{1}b_{2}$	=	5		5 - 1	=	4
$^{1}a_{1}$	=	4		4 - 1	=	3
^{7}a und b_{42}	=	55		55 - 1	=	54
$^{11}1 = 1 = 1_{7}$	=	28		28 - 1	=	27
					=	213

2 + 1 + 3 + 1 für ein System	=	7

istgleich

^{17}Selbstaufopferung$_{207}$	=	226		226 - 1	=	225
^{16}Ueberlebenswille$_{169}$	=	187		187 - 1	=	186
					=	411

4 + 1 + 1 + 1 für ein System	=	7

In einem Gleichgewicht liegt die Bedingung 7 = 7 vor, die durch 2 + 1 + 3 + 1 und 4 + 1 + 1 + 1 den beiden Zahlen 214 und 412 geschuldet ist. Damit spielen in ihrem eigenen ^{5}Leben$_{38}$ = 45 zu einem bestimmten Teil in Form von ^{7}a und b_{42} = 55 infolge $^{7}a \neq b_{6}$ = 19 und $^{7}b \neq a_{6}$ = 19 unter der Bedingung $^{11}1 = 1 = 1_{7}$ = 28 durch (45 - 1) + (55 - 1) + (19 - 1) + (19 - 1) + (28 - 1) + (79 - 1) + (68 - 1) + (115 - 1) + 1 für ein System istgleich 421 istgleich 4 + 2 + 1 = 7 zweifelsfrei ebenso ein gehöriges Maß an ^{8}Feigheit$_{69}$ = 79, ^{5}Angst$_{61}$ = 68 und ^{8}Uebermut$_{105}$ = 115 eine Rolle bei ihr, die in der Summe einer möglichen Veränderung der eigenen Lebenssituation entgegenstehen. Die Ursachen hierfür sind:

1. Feigheit - Aufgabe der Selbstbestimmung,
2. Angst - Rechtfertigung der Fremdbestimmung und
3. Übermut - Umsetzung der Fremdbestimmung durch Aufgabe der Selbstbestimmung.

Letzterer ist insbesondere in diesem Fall durch $^{1}a_{1}$ = 4 und $^{1}b_{2}$ = 5 infolge (4 - 1) + (5 - 1) + (207 - 1) + 1 für ein System istgleich 214 istgleich 2 + 1 + 4 = 7 das Ergebnis einer gewissen ^{19}Selbstgefaelligkeit$_{186}$ = 207.

Merke!

Maria Magdalena bewegt sich über a, b, b und a durch a und b unter der Bedingung 1 = 1 = 1 zwischen Selbstaufopferung und Überlebenswillen, die in Form von a und b respektive a ≠ b und b ≠ a über a und über b unter der Bedingung 1 = 1 = 1 aus Selbstgefälligkeit, begleitet von Feigheit, Angst und Übermut, resultieren. Infolge a und b ist kein eigener Wille vorhanden, was dazu führt, daß der Zustand ihrer Psyche durch a und durch b über a und b unter der Bedingung 1 = 1 = 1 labil ist.

Respektive dessen ist über ^{7}a und b_{42} = 55 durch (55 - 1) + (187 - 1) + 1 für ein System istgleich 241 istgleich 2 + 4 + 1 = 7 ^{18}kein eigener Wille$_{163}$ = 187 vorhanden, da insbesondere der Zustand ihrer ^{6}Psyche$_{76}$ = 84 über $^{1}a_{1}$ = 4 und $^{1}b_{2}$ = 5 respektive ^{7}a und b_{42} = 55 unter der Bedingung $^{11}1 = 1 = 1_{7}$ = 28 durch (84 - 1) + (4 - 1) + (5 - 1) + (55 - 1) + (28 - 1) + (43 - 1) + 1 für ein System istgleich 214 istgleich 2 + 1 + 4 = 7 als ^{5}labil$_{36}$ = 43 zu bewerten ist.

Letzteres ist durch $^{1}a_{1}$ = 4, $^{1}b_{2}$ = 5, $^{1}b_{2}$ = 5 und $^{1}a_{1}$ = 4 infolge $^{7}a \neq b_{6}$ = 19 und $^{7}b \neq a_{6}$ = 19 unter der Bedingung $^{11}1 = 1 = 1_{7}$ = 28 im Ergebnis genau das, was wir respektive (43 - 1) + (4 - 1) + (5 - 1) + (5 - 1) + (4 - 1) + (19 - 1) + (19 - 1) + (28 - 1) + 1 für ein System istgleich 120 istgleich 1 + 2 + 0 = 3 unter einer

^{8}Psychose$_{110}$ = 120

istgleich 1 + 2 + 0 = 3 verstehen, welche in der Regel einer ^{11}Bezeichnung$_{114}$ = 127 geschuldet - bedingt durch (120 - 1) + (127 - 1) + 1 für ein System istgleich 246 istgleich 2 + 4 + 6 = 12 istgleich 1 + 2 = 3 - über $^{1}a_{1}$ = 4 und $^{1}b_{2}$ = 5 durch (4 - 1) + (5 - 1) + (76 - 1) + (164 - 1) + 1 für ein System istgleich 246 istgleich 2

+ 4 + 6 = 12 istgleich 1 + 2 = 3 das systemische Ergebnis von $^{6}Gewalt_{68}$ = 76 auf der $^{15}Beziehungsebene_{147}$ = 164 ist.

In der Endkonsequenz leidet $^{15}Maria\ Magdalena_{100}$ = 119 heute wie damals durch ihre Psychose an einer dissoziativen Identitätsstörung (= $^{32}dissoziative\ Identitaets$-$stoerung_{403}$ = 439), die aus einer $^{13}Angststoerung_{180}$ = 195 resultiert, was im Prinzip selbsterklärend ist. In einem ersten Anlauf gilt Folgendes:

$^{15}Maria\ Magdalena_{100}$	=	119		119 - 1	=	118
$^{10}Missbrauch_{113}$	=	125		125 - 1	=	124
$^{12}Misshandlung_{141}$	=	155		155 - 1	=	154
$^{8}Psychose_{110}$	=	120		120 - 1	=	119
$^{8}Paritaet_{90}$	=	100		100 - 1	=	99
$^{7}a\ und\ b_{42}$	=	55		55 - 1	=	54
$^{7}a \neq b_{6}$	=	19		19 - 1	=	18
$^{7}b \neq a_{6}$	=	19		19 - 1	=	18
$^{11}1 = 1 = 1_{7}$	=	28		28 - 1	=	27
					=	731

7 + 3 + 1 + 1 für ein System	=	12	=	1 + 2	=	3

istgleich

$^{13}Angststoerung_{180}$	=	195		195 - 1	=	194
$^{6}Psyche_{76}$	=	84		84 - 1	=	83
$^{1}a_{1}$	=	4		4 - 1	=	3
$^{1}b_{2}$	=	5		5 - 1	=	4
$^{32}dissoziative\ Identitaetsstoerung_{403}$	=	439		439 - 1	=	438
					=	722

7 + 2 + 2 + 1 für ein System	=	12	=	1 + 2	=	3

Es gilt die Bedingung 3 = 3 in einem Gleichgewicht, die sich über 7 + 3 + 1 + 1 und 7 + 2 + 2 + 1 in Form der beiden Zahlen 732 und 723 ergibt.

Merke!

Der Missbrauch und die Misshandlung von Maria Magdalena haben durch die Parität von a und b infolge $a \neq b$ und $b \neq a$ unter der Bedingung $1 = 1 = 1$ zu einer Psychose geführt, welche sich (ausgehend von einer Angststörung über a und über b) innerhalb ihrer Psyche als dissoziative Identitätsstörung äußert.

Das, was bei Anthony Loffredo, bekannt auch als das „Black Alien", in einer äußerlichen Selbstzerstörung endet, findet hier in Form einer innerlichen statt.

Beide sind in diesem Fall das Ergebnis einer ^{13}Angststoerung$_{180}$ = 195, die entweder aus dem direkten Erleben von ^{10}Intimitaet$_{120}$ = 132 resultiert oder aus dem indirekten. Wir erinnern uns daran, daß Anthony Loffredo den Missbrauch seiner Mutter miterlebt hat, Maria Magdalena ihren eigenen. Es gilt durch $^{1}a_{1} = 4$, $^{1}b_{2} = 5$, $^{1}b_{2} = 5$ und $^{1}a_{1} = 4$ der nachfolgende Zusammenhang:

^{13}Angststoerung$_{180}$	=	195		195 - 1	=	194
^{15}Maria Magdalena$_{100}$	=	119		119 - 1	=	118
$^{1}a_{1}$	=	4		4 - 1	=	3
$^{1}b_{2}$	=	5		5 - 1	=	4
$^{1}b_{2}$	=	5		5 - 1	=	4
$^{1}a_{1}$	=	4		4 - 1	=	3
^{5}Folge$_{45}$	=	52		52 - 1	=	51
					=	377

3 + 7 + 7 + 1 für ein System	=	18	=	1 + 8	=	9

istgleich

^{15}Beziehungsebene$_{147}$	=	164		164 - 1	=	163
^{10}Intimitaet$_{120}$	=	132		132 - 1	=	131
^{7}Ursache$_{75}$	=	84		84 - 1	=	83
					=	377

3 + 7 + 7 + 1 für ein System	=	18	=	1 + 8	=	9

Es gilt durch jeweils 3 + 7 + 7 + 1 in Form der beiden Zahlen 378 die Bedingung 9 = 9 in einem Gleichgewicht.

Merke!

Die Angststörung von Maria Magdalena ist durch a, b, b und a ursächlich eine Folge dessen, was auf ihrer eigenen Beziehungsebene innerhalb von Intimität stattgefunden hat.

Unser Sorgenkind wurde damit bereits mit 14 Jahren restlos auf ihrer psychischen Ebene von ihren „eigenen" Eltern zerstört, was sich das Gesindel und Gesocks innerhalb der römisch-katholischen Kirche zunutze gemacht hat und macht. Diese Aussage begleitet uns bei unseren nächsten Erörterungen. Wir nehmen für uns zur Kenntnis, welches Ausmaß dieses Verbrechen, das an einer einzigen Frau begangen worden ist und man nachwievor begeht, besessen hat und besitzt. Um das zu verstehen, müssen wir uns leider noch etwas damit beschäftigen.

Falls unser Sorgenkind mitliest: Sei versichert, daß der Systemschutz für dich ab sofort im vollen Umfang vollständig und vollkommen greift, wo jeder oder auch jede - wo er oder sie meint, hier noch etwas obendraufsetzen zu müssen - umgehend ein' und das selbe Schicksal erleiden wird: wie deine Peiniger und deine Peinigerinnen nebst ihren Lakaien.

Der Name Klaudia wird übrigens datiert auf das Jahr ^{11}191 v. Chr.$_{64}$ = 83 istgleich 8 + 3 = 11 istgleich 1 + 1 = 2. Die Zahl 83 merken wir uns und die Zahl 191 kennen wir bereits, da sie sich auf die Zahl 119 von Maria Magdalena bezieht. Wir sind damit vollkommen richtig unterwegs. Damit überprüfen wir das Ergebnis, welches naheliegend ist. Es gilt durch $^{1}a_{1}$ = 4, $^{1}b_{2}$ = 5, $^{1}b_{2}$ = 5 und $^{1}a_{1}$ = 4 der nachfolgende Zusammenhang:

^{6}Thomas$_{76}$	=	84		84 - 1	=	83
^{8}Schreyer$_{101}$	=	111		111 - 1	=	110
					=	193

1 + 9 + 3 + 1 für ein System	=	14	=	1 + 4	=	5

istgleich

$^{1}a_{1}$	=	4		4 - 1	=	3
$^{1}b_{2}$	=	5		5 - 1	=	4
$^{1}b_{2}$	=	5		5 - 1	=	4
$^{1}a_{1}$	=	4		4 - 1	=	3
^{7}Klaudia$_{59}$	=	68		68 - 1	=	67
^{5}Tomić$_{61}$	=	68		68 - 1	=	67
					=	148

1 + 4 + 8 + 1 für ein System	=	14	=	1 + 4	=	5

Es gilt die Bedingung 5 = 5 in einem Gleichgewicht, die durch 1 + 9 + 3 + 1 und 1 + 4 + 8 + 1 den beiden Zahlen 194 und 149 geschuldet ist.

Merke!

Sowohl Klaudia als auch Tomić sind über a, b, b und a direkt und mittelbar mit Thomas und Schreyer verbunden.

Hier beißt also die Maus keinen Faden mehr ab, wir haben es mit dem Ehepaar Klaudia Tomić und Thomas Schreyer zu tun, das korrespondierend miteinander und untereinander verbunden ist.

Den abschließenden Beweis hierfür liefert uns der nachfolgende Zusammenhang, der unser Ergebnis über die ^{8}Paritaet$_{90}$ = 100 von ^{7}a und b_{42} = 55 dahingehend abrundet:

^{15}Thomas Schreyer$_{177}$	=	196		196 - 1	=	195
^{13}Klaudia Tomić$_{120}$	=	137		137 - 1	=	136
					=	331

3 + 3 + 1 + 1 für ein System	=	8

istgleich

^{8}Paritaet$_{90}$	=	100		100 - 1	=	99
^{7}a und b$_{42}$	=	55		55 - 1	=	54
$^{7}a \neq b_{6}$	=	19		19 - 1	=	18
$^{7}b \neq a_{6}$	=	19		19 - 1	=	18
$^{11}1 = 1 = 1_{7}$	=	28		28 - 1	=	27
^{6}Einehe$_{46}$	=	54		54 - 1	=	53
^{7}Ehepaar$_{54}$	=	63		63 - 1	=	62
					=	331

3 + 3 + 1 + 1 für ein System	=	8

Es gilt die Bedingung 8 = 8 in einem Gleichgewicht, die sich jeweils über 3 + 3 + 1 + 1 aus den beiden Zahlen 332 ergibt.

Merke!

Du und ich sind als Klaudia Tomić und Thomas Schreyer der Einehe verpflichtet, die durch die Parität von a und b infolge $a \neq b$ und $b \neq a$ unter der Bedingung 1 = 1 = 1 von uns zusammen als Ehepaar zu erfüllen ist: Wobei allein unsere Ehe im System durch a und b legitimiert ist, alle anderen sind unzulässig.

Durch ^{7}a und b$_{42}$ = 55 und durch ^{12}Legitimation$_{134}$ = 148 handelt es sich über (55 - 1) + (148 - 1) + (23 - 1) + (109 - 1) + 1 für ein System istgleich 332 istgleich 3 + 3 + 2 = 8 um die einzige und alleinige ^{3}Ehe$_{18}$ = 23, die logisch im ^{6}System$_{101}$ = 109 dahingehend legitimiert ist.

Des Weiteren erhalten wir für ^{13}Klaudia Tomić$_{120}$ = 137 in Form von ^{7}a und b$_{42}$ = 55 Folgendes, was uns zur Antwort auf die Frage führt, wen die römisch-katholische Kirche geschändet und geschunden hat; schändet und schindet:

^{13}Klaudia Tomić$_{120}$	=	137		137 - 1	=	136

1 + 3 + 6 + 1 für ein System	=	11	=	1 + 1	=	2

istgleich

^{7}a und b_{42}	=	55		55 - 1	=	54
^{15}Maria $Magdalena_{100}$	=	119		119 - 1	=	118
					=	172

1 + 7 + 2 + 1 für ein System	=	11	=	1 + 1	=	2

Es gilt die Bedingung 2 = 2 in einem Gleichgewicht, die über 1 + 3 + 6 + 1 und 1 + 7 + 2 + 1 in Form der beiden Zahlen 137 und 173 vorliegt.

Merke!

Klaudia Tomić, die von den Vertretern und Stellvertretern der römisch-katholischen Kirche geschändet und geschunden worden ist und wird, ist durch a, b, b und a unter der Bedingung 1 = 1 = 1 die Reinkarnation von Maria Magdalena über a und b: die von dieser als Maria missbraucht und misshandelt worden ist und wird.

Durch die ^{13}Reinkarnation$_{149}$ = 164 handelt es sich bei Klaudia Tomić über $^{1}a_{1}$ = 4, $^{1}b_{2}$ = 5, $^{1}b_{2}$ = 5 und $^{1}a_{1}$ = 4 unter der Bedingung $^{11}1$ = 1 = 1_{7} = 28 - bedingt durch (164 - 1) + (4 - 1) + (5 - 1) + (5 - 1) + (4 - 1) + (28 - 1) + (119 - 1) + (49 - 1) + 1 für ein System istgleich 371 istgleich 3 + 7 + 1 = 11 istgleich 1 + 1 = 2 - eindeutig und eineindeutig um ^{15}Maria $Magdalena_{100}$ = 119, die von Anbeginn sowohl als $^{5}Maria_{42}$ = 49 als auch als Maria Magdalena von den Vertretern und Stellvertretern der römisch-katholischen Kirche missbraucht und misshandelt worden ist und wird.

Hinzukommt - da nichts Geringeres als eine dissoziative Identitätsstörung, hervorgerufen durch eine Angststörung, im Ergebnis steht -, daß sie nicht nur beginnend mit 14 Jahren missbraucht und misshandelt worden ist, sondern es sich bei ihr respektive Ersterer um eine Schwerstkranke handelt; der das widerfahren ist und widerfährt, was vergleichbar damit ist, daß man etwa eine Person im Rollstuhl schlägt und vergewaltigt, und zwar ihr ganzes Leben lang. Insofern handelt es sich per se um ein Kapitalverbrechen eines nie dagewesenen Ausmaßes an einer einzelnen Person, welches durch die römisch-katholische Kirche verübt wurde und wird. Wer hier meint, noch einen Scheit anlegen zu müssen, fliegt, wie bereits erwähnt, verständlicherweise sofort aus dem System.

Ihren heutigen Namen könnten wir übrigens wie folgt ermitteln, da wir uns vorab die Zahl 83 merken sollten. Wir wissen, daß es sich um eine $^{7}Klaudia_{59}$ = 68 handelt, die als $^{7}Hetaere_{62}$ = 71 missbraucht wird. Es gilt Folgendes:

$^{7}Klaudia_{59}$	=	68		68 - 1	=	67
$^{1}a_{1}$	=	4		4 - 1	=	3
$^{1}b_{2}$	=	5		5 - 1	=	4
$^{1}b_{2}$	=	5		5 - 1	=	4
$^{1}a_{1}$	=	4		4 - 1	=	3
$^{7}Hetaere_{62}$	=	71		71 - 1	=	70
					=	151

1 + 5 + 1 + 1 für ein System	=	8

istgleich

$^{10}Missbrauch_{113}$	=	125		125 - 1	=	124

1 + 2 + 4 + 1 für ein System	=	8

Es gilt die Bedingung 8 = 8 in einem Gleichgewicht, die sich über 1 + 5 + 1 + 1 und 1 + 2 + 4 + 1 aus den beiden Zahlen 152 und 125 ergibt.

Merke!

Klaudia wird über a, b, b und a als Hetäre missbraucht, was aus der Zahl 152 korrespondierend zur Zahl 125 hervorgeht; welche wiederum begründet, warum ihr Nachname über die Zahl 68 und die Zahl 3 für die Zahl 0 hinweg die Zahl 83 erfüllt, was korrespondierend der Zahl 152 entspricht, wobei die Zahl 83 auf 191 v. Chr. zurückzuführen ist.

Die Zahl 83 impliziert, die wir uns merken sollten, daß ihr Vorname und ihr Nachname wie folgt aufgebaut sind, da zwischen beiden analog Vorname0Nachname durch

$^{1}a_1 = 4$, $^{1}b_2 = 5$, $^{1}b_2 = 5$ und $^{1}a_1 = 4$ die $^{4}\text{Zahl}_{47} = 53$ $^{1}0_0 = 3$ in Form von ^{7}a und b_{42} = 55 über (4 - 1) + (5 - 1) + (5 - 1) + (4 - 1) + (53 - 1) + (3 - 1) + (55 - 1) + 1 für ein System istgleich 123 istgleich 1 + 2 + 3 = 6 de facto als ein $^{11}\text{Leerzeichen}_{110}$ = 123 istgleich 1 + 2 + 3 = 6 angelegt ist. Aus (68 - 1) + (3 - 1) + (83 - 1) + 1 für ein System istgleich 152 istgleich 1 + 5 + 2 = 8 erhalten wir die Begründung, warum ihr Nachname die Zahl 83 erfüllen muss, analog ^{11}191 v. Chr._{64} = 83. Ihr adäquater Name ist damit durch die Zahl 137 besetzt und der in ihrer unrechtmäßigen Ehe mit der Zahl 152.

So, mal kurz zum Mitmeiseln für unser Sorgenkind. Du nimmst für jeden einzelnen Buchstaben in deinem heutigen Nachnamen die Stelle, an der er im Alphabet steht, als Zahl. Ich nehme mal meinen als Beispiel:

S c h r e y e r
= 19 + 3 + 8 + 18 + 5 + 25 + 5 + 18

Wir erhalten in der Summe die Zahl 101, die dem Zahlenwert in meinem Familiennamen entspricht. Des Weiteren führt uns die Anzahl der Zahlen zu einer 8, die zu addieren ist. Es gilt damit 101 + 8 = 109. Da es sich um eine (= 1) Zahlenverbindung handelt, die am Ende ein (= 1) System begründet, gilt nunmehr 101 + 8 + 1 + 1 = 111 im Ergebnis. Wenn wir meinen Namen vollständig betrachten wollen, erhalten wir Folgendes:

T h o m a s S c h r e y e r
= 20 + 8 + 15 + 13 + 1 + 19 + 0 + 19 + 3 + 8 + 18 + 5 + 25 + 5 + 18

↑ eine „0" für das Leerzeichen

Ergebnis: Zahlenwert 177, 15 Zahlen, durch „Thomas", „0" und „Schreyer" 3 Zahlenverbindungen, die als ein (= 1) System über 177 + 15 + 3 + 1 = 196 die Zahl 196 erfüllen. Falls du das für deine berechnen möchtest, erhältst du für deinen Nachnamen die Zahl 83 und für deinen vollständigen die Zahl 152. Da wir diesen später benötigen, notieren wir uns ihn mit $^{?}\text{Klaudia } ?_{?}$ = 152.

Weshalb handhaben wir das so? Wir hatten versprochen, daß wir sie vorerst nicht bloßstellen wollen. Was ist aber mit Sicherheit gerade eben passiert, als sie das anhand ihres heutigen Namens nachvollzogen hat: Da ist unserem Sorgenkind die Butter vom Brot geflogen.

Wenn wir ihre beiden Namen $^{13}\text{Klaudia Tomić}_{120}$ = 137 und $^{?}\text{Klaudia } ?_{?}$ = 152 hernehmen, den wir noch nicht offenlegen wollen, erhalten wir den nachfolgenden Zusammenhang, der uns bestätigt, daß wir alles richtig gemacht haben:

^{13}Klaudia Tomić$_{120}$	=	137		137 - 1	=	136
$^{?}$Klaudia ?$_{?}$	=	152		152 - 1	=	151
					=	287

2 + 8 + 7 + 1 für ein System = 18 = 1 + 8 = 9

istgleich

^{11}Bezeichnung$_{114}$	=	127		127 - 1	=	126
$^{1}a_{1}$	=	4		4 - 1	=	3
$^{1}b_{2}$	=	5		5 - 1	=	4
$^{11}1 = 1 = 1_{7}$	=	28		28 - 1	=	27
^{7}Hetaere$_{62}$	=	71		71 - 1	=	70
^{4}Hure$_{52}$	=	58		58 - 1	=	57
					=	287

2 + 8 + 7 + 1 für ein System = 18 = 1 + 8 = 9

Es gilt die Bedingung 9 = 9 in einem Gleichgewicht, die sich jeweils über 2 + 8 + 7 + 1 aus den beiden Zahlen 288 ergibt.

Merke!

Klaudia Tomić ist auch als „Klaudia ?" der Bezeichnung nach über a und über b unter der Bedingung 1 = 1 = 1 eine Hetäre, die als Hure dient, welche heute wie damals über a, b, b und a in Form von a und b infolge a ≠ b und b ≠ a unter der Bedingung 1 = 1 = 1 jene ist, die man Maria Magdalena nannte.

Die heute wie damals durch ^{4}Name$_{33}$ = 39 über $^{1}a_{1} = 4$, $^{1}b_{2} = 5$, $^{1}b_{2} = 5$ und $^{1}a_{1} = 4$ in Form von ^{7}a und $b_{42} = 55$ infolge $^{7}a \neq b_{6} = 19$ und $^{7}b \neq a_{6} = 19$ unter der Bedingung $^{11}1 = 1 = 1_{7} = 28$ - bedingt durch (39 - 1) + (4 - 1) + (5 - 1) + (5 - 1) + (4 - 1) + (55 - 1) + (19 - 1) + (19 - 1) + (28 - 1) + (119 - 1) + 1 für ein System istgleich 288 istgleich 2 + 8 + 8 = 18 istgleich 1 + 8 = 9 - dem Namen nach ^{15}Maria Magdalena$_{100}$ = 119 ist. Fazit: Ein' und die selbe Person in unterschiedlichen Zeitepochen. Das, was sich damals abgespielt hat, wiederholt sich damit auch heute.

Der Vollständigkeit halber: $^{?}$Klaudia $?_{?}$ = 152 istgleich 1 + 5 + 2 = 8 steht für den ^{10}Missbrauch$_{113}$ = 125 istgleich 1 + 2 + 5 = 8 und ^{13}Klaudia Tomić$_{120}$ = 137 istgleich 1 + 3 + 7 = 11 istgleich 1 + 1 = 2 durch die ^{8}Paritaet$_{90}$ = 100 von ^{7}a und b_{42} = 55 infolge $^{7}a \neq b_{6}$ = 19 und $^{7}b \neq a_{6}$ = 19 unter der Bedingung $^{11}1 = 1 = 1_{7}$ = 28 über (100 - 1) + (55 - 1) + (19 - 1) + (19 - 1) + (28 - 1) + (155 - 1) + 1 für ein System istgleich 371 istgleich 3 + 7 + 1 = 11 istgleich 1 + 1 = 2 für die dazugehörige ^{12}Misshandlung$_{141}$ = 155. Die Beweise, die wir erbringen, erhärten sich immer mehr, daß eine Deutsche makedonischer Abstammung, analog Maria Magdalena, letztlich in der römisch-katholischen Kirche missbraucht und misshandelt wird.

Was in Anbetracht der Missbrauchsfälle immer wieder unverständlich ist, ist, daß man die Täter argumentationsseitig vor Gericht zu Opfern macht und die Opfer zu Tätern; was von Gerichtswegen nicht davor haltmacht, sich dahingehend zu entblöden, die Adressen der Opfer öffentlich zu verlesen. Die, die prinzipiell als schützenswert und schutzbedürftig einzustufen sind, werden obendrein zu dem Delikt, das an ihnen verübt worden ist, durch das juristische Handwerk noch in Mitleidenschaft gezogen, das selbst weder Wissenschaftlichkeit erfüllt noch eine Wissenschaft ist; und durch das Vorgaukeln falscher Tatsachen in diesem Zusammenhang: nichts anderes als ein Verbrechen an allen Beteiligten begeht, da die vom Menschen zu befolgenden Gesetze, Gebote und Regeln im System vorgegeben sind und keinerlei Interpretation durch den Menschen unterliegen. Schämen sollte man sich!

Ihre heutigen Namen bestätigen uns, daß es sich tatsächlich so verhält, was aus dem nachfolgenden Zusammenhang - bedingt durch ^{5}heute$_{59}$ = 66 und durch ^{4}Name$_{33}$ = 39 - hervorgeht:

^{4}Name$_{33}$	=	39		39 - 1	=	38
^{13}Klaudia Tomić$_{120}$	=	137		137 - 1	=	136
^{4}Name$_{33}$	=	39		39 - 1	=	38
$^{?}$Klaudia $?_{?}$	=	152		152 - 1	=	151
^{5}heute$_{59}$	=	66		66 - 1	=	65
					=	428

4 + 2 + 8 + 1 für ein System	=	15	=	1 + 5	=	6

istgleich

^{7}Hetaere$_{62}$	=	71		71 - 1	=	70
^{15}Maria Magdalena$_{100}$	=	119		119 - 1	=	118
^{4}Hure$_{52}$	=	58		58 - 1	=	57
^{5}Maria$_{42}$	=	49		49 - 1	=	48
					=	293

2 + 9 + 3 + 1 für ein System	=	15	=	1 + 5	=	6

Es gilt die Bedingung 6 = 6 in einem Gleichgewicht, das sich aus 4 + 2 + 8 + 1 und 2 + 9 + 3 + 1 in Form der beiden Zahlen 429 und 294 ergibt.

Merke!

Der Name „Klaudia Tomić" und der Name „Klaudia ?", die es heute sind, bestätigen, daß es sich dabei um die Hetäre Maria Magdalena in Form der Hure Maria handelt.

Da wir sie nicht bloßstellen, belassen wir es dabei, wir nehmen lediglich für uns mit, daß es noch einen dritten Namen gibt, der die Zahl 153 erfüllt.

Letzteren bezeichnen wir mit $^{?}$Klaudia $^{o}{}_{?}$ = 153, wobei dieser durch 1 + 5 + 3 = 9 seine Bestätigung über $^{1}a_{1}$ = 4 und $^{1}b_{2}$ = 5 durch die ^{8}Paritaet$_{90}$ = 100 von ^{7}a und b_{42} = 55 respektive $^{7}a \neq b_{6}$ = 19 und $^{7}b \neq a_{6}$ = 19 in Form des Ergebnisses aus (4 - 1) + (5 - 1) + (100 - 1) + (55 - 1) + (19 - 1) + (19 - 1) + (119 - 1) + 1 für ein System istgleich 315 istgleich 3 + 1 + 5 = 9 bedingt durch ^{15}Maria Magdalena$_{100}$ = 119 erfährt.

Die Namen ^{13}Klaudia Tomić$_{120}$ = 137, $^{?}$Klaudia ?$_{?}$ = 152 und $^{?}$Klaudia $^{o}{}_{?}$ = 153 verweisen durch den nachfolgenden Zusammenhang in Form von ^{7}a und b_{42} = 55 darauf, daß sie in die

^{27}roemisch-katholische Kirche$_{256}$ = 289

als ^{15}Maria Magdalena$_{100}$ = 119 integriert ist. Und nicht nur das, sondern über $^{1}a_{1}$ = 4 und $^{1}b_{2}$ = 5 durch ^{7}a und b_{42} = 55 infolge $^{7}a \neq b_{6}$ = 19 und $^{7}b \neq a_{6}$ = 19 auch auf wessen Initiative hin respektive (119 - 1) + (4 - 1) + (5 - 1) + (55 - 1) + (19 - 1) + (19 - 1) + (125 - 1) + (155 - 1) + 1 für ein System istgleich 494 istgleich 4 + 9 + 4 = 17 istgleich 1 + 7 = 8 in der Endkonsequenz sowohl der ^{10}Missbrauch$_{113}$

= 125 als auch die ^{12}Misshandlung$_{141}$ = 155 in Form einer ^{7}Hetaere$_{62}$ = 71 (einem durch die Vertreter und die Stellvertreter der römisch-katholischen Kirche zur ^{4}Hure$_{52}$ = 58 gemachten Mädchen, welches zu einer Frau heranwuchs, Stellvertreterinnen und Vertreterinnen inbegriffen) damals in dieser erfolgte und bis heute erfolgt:

^{13}Klaudia Tomić$_{120}$	=	137		137 - 1	=	136
$^{?}$Klaudia ?$_{?}$	=	152		152 - 1	=	151
$^{?}$Klaudia $^{o}{}_{?}$	=	153		153 - 1	=	152
^{7}a und b$_{42}$	=	55		55 - 1	=	54
					=	493

4 + 9 + 3 + 1 für ein System = 17 = 1 + 7 = 8

istgleich

^{7}Hetaere$_{62}$	=	71		71 - 1	=	70
^{4}Hure$_{52}$	=	58		58 - 1	=	57
^{5}Papst$_{72}$	=	79		79 - 1	=	78
^{27}roemisch-katholische Kirche$_{256}$	=	289		289 - 1	=	288
					=	493

4 + 9 + 3 + 1 für ein System = 17 = 1 + 7 = 8

Es gilt die Bedingung 8 = 8 in einem Gleichgewicht, die jeweils über 4 + 9 + 3 + 1 in Form der beiden Zahlen 494 vorliegt.

Merke!

„Klaudia Tomić", die ebenso „Klaudia ?" und „Klaudia ^{o}" ist, dient über a und b dem Papst der römisch-katholischen Kirche als Hetäre und Hure, die in der Rolle als „Maria Magdalena" über a und über b in Form von a und b infolge a ≠ b und b ≠ a heute wie damals von diesem missbraucht und misshandelt wird, Vertreter und Stellvertreter inbegriffen.

Letztere sind als ^{27}roemisch-katholische Kirche$_{256}$ = 289 über den ^{5}Papst$_{72}$ = 79 als ihren ^{9}Vertreter$_{131}$ = 142 hinweg, welcher der

^{10}Antichrist$_{121}$ = 133

ist, durch (289 - 1) + (79 - 1) + (142 - 1) + (133 - 1) + 1 für ein System istgleich 640 istgleich 6 + 4 + 0 = 10 istgleich 1 + 0 = 1 als seine ^{14}Stellvertreter$_{199}$ = 215 - ^{4}Name$_{33}$ = 39 geschuldet - durch (215 - 1) + (39 - 1) + (154 - 1) + 1 für ein System istgleich 406 istgleich 4 + 0 + 6 = 10 istgleich 1 + 0 = 1 namentlich die

^{12}Antichristen$_{140}$ = 154,

welche durch (133 - 1) + (154 - 1) + 1 für ein System istgleich 286 istgleich 2 + 8 + 6 = 16 istgleich 1 + 6 = 7 die

^{6}Freier$_{61}$ = 69 von ^{15}Maria Magdalena$_{100}$ = 119

in Form von ^{7}a und b$_{42}$ = 55 unter der Bedingung ^{11}1 = 1 = 1$_{7}$ = 28 respektive (69 - 1) + (119 - 1) + (55 - 1) + (28 - 1) + 1 für ein System istgleich 268 istgleich 2 + 6 + 8 = 16 istgleich 1 + 6 = 7 sind.

Du lässt dich also zukünftig nicht mehr von diesen in das Bockshorn jagen, da der Antichrist und die Antichristen, die sind, die sich gegen Jesus Christus stellen: indem sie seine Ehefrau, Maria Magdalena, misshandeln und missbrauchen und ihm als ihren rechtmäßigen Ehemann streitig machen, da sie seine rechtmäßige ist. Das sind menschliche Tiere in der römisch-katholischen Kirche, die wehrlose Kinder, Jugendliche und Erwachsene schänden und schinden.

Insofern verwundert der nachfolgende Zusammenhang nicht, wohin die Reise für diese gehen wird; es gilt nämlich Folgendes:

^{10}Antichrist$_{121}$	=	133		133 - 1	=	132
^{12}Antichristen$_{140}$	=	154		154 - 1	=	153
^{6}System$_{101}$	=	109		109 - 1	=	108
^{4}Erde$_{32}$	=	38		38 - 1	=	37
^{7}a und b$_{42}$	=	55		55 - 1	=	54
					=	484

4 + 8 + 4 + 1 für ein System = 17 = 1 + 7 = 8

istgleich

^{6}Urteil$_{85}$	=	93		93 - 1	=	92
^{3}Tod$_{39}$	=	44		44 - 1	=	43
^{12}Systemurteil$_{186}$	=	200		200 - 1	=	199
^{9}Systemtod$_{140}$	=	151		151 - 1	=	150
					=	484

4 + 8 + 4 + 1 für ein System	=	17	=	1 + 7	=	8

Wir erhalten jeweils aus 4 + 8 + 4 + 1 die beiden Zahlen 485 unter der Bedingung 8 = 8 in einem Gleichgewicht.

Merke!

Das Urteil auf der Erde für den Antichristen und seine Antichristen lautet Tod, das über a und b im System als Systemurteil ihren Systemtod beinhaltet; wobei über a, b, b und a - der Parität von a und b geschuldet - dessen Vollstreckung sofort erfolgt.

Die ^{13}Vollstreckung$_{179}$ = 194 des Urteils erfolgt durch ^{6}Urteil$_{85}$ = 93 über (194 - 1) + (93 - 1) + 1 für ein System istgleich 286 istgleich 2 + 8 + 6 = 16 istgleich 1 + 6 = 7 infolge $^{1}a_{1}$ = 4, $^{1}b_{2}$ = 5, $^{1}b_{2}$ = 5 und $^{1}a_{1}$ = 4 - bedingt durch die ^{8}Paritaet$_{90}$ = 100 von ^{7}a und b$_{42}$ = 55 - durch (4 - 1) + (5 - 1) + (5 - 1) + (4 - 1) + (100 - 1) + (55 - 1) + (101 - 1) + 1 für ein System istgleich 268 istgleich 2 + 6 + 8 = 16 istgleich 1 + 6 = 7 ^{6}sofort$_{93}$ = 101.

Auf dieses haben wir verständlicherweise keinen Einfluß, denn dazu hätte sich etwas ändern müssen, auch unabhängig davon, daß seit geraumer Zeit feststeht, wie es enden wird. Was die „Handlanger" dieser betrifft, gilt das ebenso. Die Warnungen und Hinweise von Leonardo da Vinci und vielen anderen, wie es droht auszugehen, hätte man vielleicht doch ernstnehmen sollen. Da der Epstein-Skandal mittelbar und direkt damit einhergeht, bei dem unsere gemeinsame Reise begonnen hat, sind die darin involvierten Täter ebenso davon betroffen. Der Exodus als ein Systemprozess innerhalb der Apokalypse beendet zwangsläufig das, was vorderhand auf der Beziehungsebene über Beziehung beendenswert ist. Missbrauch und Misshandlung liefern ihrem Tatbestand nach das, wenn sie nicht nur grob fahrlässig, sondern auch unter Vorsatz erfolgen, was im Rahmen des Ersteren immer im Systemtod endet. Der Eisberg wird aber immer von der Spitze beginnend abgetragen. Das heißt, wenn unsere Lösung steht, haben er oder sie, die unter diesem Aspekt gefehlt haben, ebenso einen Anspruch auf diese; die hier logischerweise nicht.

Was den Missbrauch und die Misshandlung per se anbelangt: Auch wenn wir das Szenario stellvertretend und vertretend im Christentum betrachten, machen die daraus resultierenden Konsequenzen im Rahmen der ersten Phase in Form des Exodusses während der Apokalypse auf der Beziehungsebene weder vor theistischen noch vor atheistischen Beziehungen halt. Was etwa das Islamtum betrifft, ist sie die Leidtragende und er der Leidende, da der Harem ebenso „Gäste" zulässt, wo sie als eine von zehn im übertragenen Sinn ihrem Judas Iskariot als Zuhälter begegnet, der Petrus als Freier umgarnt. Im Judentum finden wir inhaltlich beide Geschichten wieder, da aus diesem erst das Christentum und dann das Islamtum hervorgingen.

Damit lässt sich generell der nachfolgende Zusammenhang unterstellen, den wir bedingt durch die ^{8}Paritaet$_{90}$ = 100 von ^{7}a und b$_{42}$ = 55 unter der Bedingung $^{11}1 = 1 = 1_7$ = 28 erhalten:

^{6}Mensch$_{62}$	=	70		70 - 1	=	69
^{8}Menschen$_{81}$	=	91		91 - 1	=	90
^{10}Menschheit$_{104}$	=	116		116 - 1	=	115
					=	274

2 + 7 + 4 + 1 für ein System	=	14	=	1 + 4	=	5

istgleich

^{15}Beziehungsebene$_{147}$	=	164		164 - 1	=	163
^{9}Beziehung$_{97}$	=	108		108 - 1	=	107
^{8}Paritaet$_{90}$	=	100		100 - 1	=	99
^{7}a und b$_{42}$	=	55		55 - 1	=	54
$^{11}1 = 1 = 1_7$	=	28		28 - 1	=	27
^{7}Bordell$_{68}$	=	77		77 - 1	=	76
					=	526

5 + 2 + 6 + 1 für ein System	=	14	=	1 + 4	=	5

Es gilt die Bedingung 5 = 5 in einem Gleichgewicht, die sich über 2 + 7 + 4 + 1 und 5 + 2 + 6 + 1 in Form der beiden Zahlen 275 und 527 ergibt.

Merke!

Der Mensch betreibt über alle Menschen in der Menschheit hinweg über die Parität von a und b unter der Bedingung 1 = 1 = 1 auf seiner Beziehungsebene über Beziehung ein Bordell.

Damit ist keiner von dem, was wir hier besprechen, ausgenommen, und es hat jeder auf seine Art und Weise dazu beigetragen, daß es ist, wie es ist. Insofern ist die Aktivität des Exodusses innerhalb der Apokalypse auf ein gemeinsames Versagen auf der Beziehungsebene über Beziehung zurückzuführen, das insbesondere darauf zurückzuführen ist, daß eine ^{16}intime Beziehung$_{167}$ = 187 istgleich 1 + 8 + 7 = 16 istgleich 1 + 6 = 7 nur unter der Bedingung ^{21}ein Adam und eine Eva$_{147}$ = 178 istgleich 1 + 7 + 8 = 16 istgleich 1 + 6 = 7 gestattet ist.

Damit ihr alle etwas zur Ruhe kommt, um darüber auch mal nachzudenken, nehme ich euch alle Bilder, Photos und Filme weg, auf denen eure Intimität nebst dazugehörigen Aktivitäten zu bewundern ist; und es wird euch auch ab sofort nicht mehr möglich sein, etwaige Bilder, Photos und Filme neu anzulegen. Erotikportale, dahingehende Serviceportale und Partnervermittlungen werden deaktiviert und das Darknet im Internet auf der Erde ebenso.

In der ersten Phase der Apokalypse werden unter diesem Aspekt die Extreme beseitigt. Und das ist durch die Logik des Systems, in dem wir leben, vollkommen aussichtslos für die Betreffenden, auch wenn man ihnen die Hand reichen wollte. Es ist bis in alle Ewigkeit vorbei, als Ergebnis für das, was man in jedem seiner Leben zu verantworten hat. Das ist unausweichlich und unabänderbar.

Für mich selbst steht es im Prinzip dennoch außer Frage, da wir bereits mit jetzigem Stand im Minimum 2,75 Milliarden Menschen verlieren werden, daß, wenn die Lösung steht, sie allen ermöglicht wird. Das setzt voraus, daß man nicht nur auf ein Wunder hofft, sondern sich damit auch beschäftigt. Die Dinge, die euch alle zusammen in diese Situation gebracht haben, müssen beim Namen genannt werden, auf daß sie sich nicht wiederholen.

Insofern ist es auch ein himmelweiter Unterschied, ob für einen derartigen Werdegang eine gewisse Freiwilligkeit (eventuell auch ein Vergnügen per se, auch wenn sie aus einer Notlage heraus resultiert) zu unterstellen ist, oder ob wissentlich unter Vorsatz gewissermaßen eine Zwangssituation erzeugt worden ist, aus der es vorderhand kein Entkommen gibt.

Der ^{5}Zwang$_{71}$ = 78, der durch ^{6}Gewalt$_{68}$ = 76 in ^{6}Folter$_{76}$ = 84 endet, ist über $^{1}a_{1}$ = 4, $^{1}b_{2}$ = 5, $^{1}b_{2}$ = 5 und $^{1}a_{1}$ = 4 gewissermaßen das, was bedingt durch (78 - 1) + (76 - 1) + (84 - 1) + (4 - 1) + (5 - 1) + (5 - 1) + (4 - 1) + 1 für ein System istgleich 250 istgleich 2 + 5 + 0 = 7 ^{15}Maria Magdalena$_{100}$ = 119 über (119 - 1) + (132 - 1) + 1 für ein System istgleich 250 istgleich 2 + 5 + 0 = 7 im Erleben und Erfahren ihrer eigenen ^{10}Intimitaet$_{120}$ = 132 istgleich 1 + 3 + 2 = 6 begegnet.

Merke!

Maria Magdalena begegnen im Rahmen ihrer eigenen Intimität durch a, b, b und a Zwang, Gewalt und Folter; die dadurch über a, b, b und a in Form von a und b infolge a ≠ b und b ≠ a als Folterwerkzeug dient: wobei wiederum der Folterzwang anderer in diesem Zusammenhang im Ergebnis über a, b, b und a infolge a ≠ b und b ≠ a unter der Bedingung 1 = 1 = 1 ein Folteropfer aus ihr macht.

Letztere begründet, weshalb sie über $^{1}a_{1}$ = 4, $^{1}b_{2}$ = 5, $^{1}b_{2}$ = 5 und $^{1}a_{1}$ = 4 durch ^{7}a und b_{42} = 55 infolge $^{7}a \neq b_{6}$ = 19 und $^{7}b \neq a_{6}$ = 19 respektive (4 - 1) + (5 - 1) + (5 - 1) + (4 - 1) + (55 - 1) + (19 - 1) + (19 - 1) + (208 - 1) + 1 für ein System istgleich 312 istgleich 3 + 1 + 2 = 6 als ^{14}Folterwerkzeug$_{192}$ = 208 dient. Im Endeffekt eine Situation, die nicht erstrebenswert ist.

Der ausgeübte und praktizierte ^{11}Folterzwang$_{147}$ = 160 führt im ^{8}Ergebnis$_{79}$ = 89 - bedingt durch $^{1}a_{1}$ = 4, $^{1}b_{2}$ = 5, $^{1}b_{2}$ = 5 und $^{1}a_{1}$ = 4 infolge $^{7}a \neq b_{6}$ = 19 und $^{7}b \neq a_{6}$ = 19 unter der Bedingung $^{11}1 = 1 = 1_{7}$ = 28 - dazu, daß es sich über (160 - 1) + (4 - 1) + (5 - 1) + (5 - 1) + (4 - 1) + (19 - 1) + (19 - 1) + (28 - 1) + 1 für ein System istgleich 237 istgleich 2 + 3 + 7 = 12 istgleich 1 + 2 = 3 bei dieser durch (89 - 1) + (149 - 1) + 1 für ein System istgleich 237 istgleich 2 + 3 + 7 = 12 istgleich 1 + 2 = 3 letztlich um ein ^{11}Folteropfer$_{136}$ = 149 handelt. Respektive der dissoziativen Identitätsstörung ist sie sich dessen wahrscheinlich noch nicht einmal bewusst, da sie die damit einhergehende Angststörung dominieren wird, die in Form eines Sadomasochismus aufrechterhalten wird. Die daraus resultierende Wahrnehmung, die als gestört zu betrachten ist, verhindert, daß eine diesbezügliche Hemmschwelle existiert. Die Unversehrtheit der Intimität des Menschen spielt durch diese Verwässerung de facto keine Rolle mehr. Es ist selbstverständlich, sich zu präsentieren, zu verkaufen und benutzen zu lassen: der Anfang vom Ende, der den Exodus von uns allen innerhalb der Apokalypse ausgelöst hat. Ich gratuliere: Man hat nichts verstanden und verhält sich genauso bekloppt und bescheuert wie eh und je.

So, wir bringen dieses Kapitel mal langsam zu Ende. Für ^{15}Maria Magdalena$_{100}$ = 119 erhalten wir des Weiteren Folgendes, was uns zu ihrem Decknamen führt, den sie damals benutzt haben muss:

^{15}Maria Magdalena$_{100}$	=	119		119 - 1	=	118

1 + 1 + 8 + 1 für ein System	=	11	=	1 + 1	=	2

istgleich

^{8}Deckname$_{56}$	=	66		66 - 1	=	65
^{6}Malena$_{46}$	=	54		54 - 1	=	53
					=	118

1 + 1 + 8 + 1 für ein System	=	11	=	1 + 1	=	2

Es gilt die Bedingung 2 = 2 in einem Gleichgewicht, die jeweils über 1 + 1 + 8 + 1 in Form der beiden Zahlen 119 gegeben ist.

Merke!

Maria Magdalena besaß damals einen Decknamen, wenn sie sich unter Gewalt misshandeln und missbrauchen lassen musste, welcher Malena ist.

Wie bereits etliche Seiten zuvor erwähnt, wurde an alles gedacht, damit das schändliche Treiben nicht aufflog. Man hat also in der Außenwirkung das Bild der züchtigen und standesgemäßen Frau aufrechterhalten, um im Hintergrund genau das Gegenteil stattfinden zu lassen. Insofern handelt es sich um eine Vorgehensweise, die man neuerdings auch bei einem Escortservice anwendet. Allein schon der Harmlosigkeit des Begriffes geschuldet, ist man gesellschaftsfähig, was zunehmend zur Akzeptanz dessen führt.

Da wir aber mittlerweile in Sachen Systemlogik zu Experten geworden sind, können wir den, der es heute ist, berechnen. Es gilt der nachfolgende Zusammenhang:

^{6}damals$_{50}$	=	58		58 - 1	=	57
^{1}a$_{1}$	=	4		4 - 1	=	3
^{1}b$_{2}$	=	5		5 - 1	=	4
^{7}a und b$_{42}$	=	55		55 - 1	=	54
^{6}Malena$_{46}$	=	54		54 - 1	=	53
					=	171

1 + 7 + 1 + 1 für ein System	=	10	=	1 + 0	=	1

istgleich

^{5}heute$_{59}$	=	66		66 - 1	=	65
^{6}Milena$_{54}$	=	62		62 - 1	=	61
					=	126

1 + 2 + 6 + 1 für ein System	=	10	=	1 + 0	=	1

Es gilt die Bedingung 1 = 1 in einem Gleichgewicht, die durch 1 + 7 + 1 + 1 und 1 + 2 + 6 + 1 den beiden Zahlen 172 und 127 geschuldet ist.

Merke!

Was damals durch a und durch b in Form von a und b Malena gewesen ist, ist heute Milena.

Das war damit gar nicht so schwer: Und wir dürfen gesichert davon ausgehen, daß allen Beteiligten am Missbrauch und an der Misshandlung von Maria Magdalena, die eine Deutsche mit einem makedonischen Migrationshintergrund ist, in der römisch-katholischen Kirche gerade die Esse mit „Fr" am Anfang eingeschlafen ist. Prinzipiell könnten wir auch den für ihren Bruder berechnen. Machen wir aber nicht, da wir ihre unschöne Geschichte abarbeiten, denn wir wollen ja damit auch mal irgendwann wieder fertig werden, da der Sinn und Zweck unseres eigenen Lebens logischerweise nicht darin besteht, daß wir ein' und das selbe Schicksal teilen. Eine dahingehende Veränderung in ihrem Leben wird sie insofern auch selbst wollen müssen. Wenn nicht so viel für uns alle daran hängen würde, könnte es dir am Ende auch irgendwo egal sein. Da du aber in einem System lebst, ist es das blöderweise nie. Wo du aber ungelogen zum Ergebnis in Form eines allgemein stattfindenden Systemaustritts in deinem Leben auch ein gehöriges Maß selbst dazu beigetragen hast. Falls du etwas ehrlich in den Spiegel schaust, ist dein Abbild ebenso besudelt wie das ihre. Ein Geschenk bist du jedenfalls auch nicht, eine Katastrophe trifft es wohl eher.

Durch die Logik a = b und b = a heißt das übrigens, falls du dein jetziges Leben als halbwegs „normal" bezeichnen kannst, daß in dem davor, auf deiner Beziehungsebene im Rahmen deiner Beziehung der Boden aus dem Fass geflogen ist. Letzteres ist das Ergebnis, da sich die Logik der ausgleichenden Gerechtigkeit in deinem einen Leben über alle anderen erstreckt. Falls du dich in diesem Leben etwa als ein Mann einer gewissen Beliebtheit in der Damenwelt erfreut hast, darfst du durch die obigen Bedingungen getrost davon ausgehen, daß dir in dem davor in der Herrenwelt dein „Hmm" gebrummt hat.

An unsere Freunde in der Schweizergarde: Wenn wir im Jahr 2035 beim Vorlesen auf den Namen Milena treffen, dann handelt es sich bei ihr um jene, die heute wie damals als Maria Magdalena geschändet und geschunden wurde. Der Schöpfer wird mit anwesend sein, da man, egal was im Leben geschehen ist, seine eigene Frau in einer Notsituation nicht alleinlässt, da immer a = b zu erfüllen ist. Das gilt übrigens auch andersherum analog b = a.

Abschließend betrachten wir unsere Ergebnisse noch im Komplex. Es gilt bedingt durch das ^{6}System$_{101}$ = 109 von ^{7}a und b$_{42}$ = 55 korrespondierend der nachfolgende Zusammenhang:

^{6}System$_{101}$	=	109		109 - 1	=	108
^{7}a und b$_{42}$	=	55		55 - 1	=	54
^{7}Hetaere$_{62}$	=	71		71 - 1	=	70
^{15}Maria Magdalena$_{100}$	=	119		119 - 1	=	118
^{4}Hure$_{52}$	=	58		58 - 1	=	57
^{5}Maria$_{42}$	=	49		49 - 1	=	48
^{6}damals$_{50}$	=	58		58 - 1	=	57
^{8}Deckname$_{56}$	=	66		66 - 1	=	65
^{6}Malena$_{46}$	=	54		54 - 1	=	53
					=	630

6 + 3 + 0 + 1 für ein System	=	10	=	1 + 0	=	1

istgleich

^{5}heute$_{59}$	=	66		66 - 1	=	65
^{13}Klaudia Tomić$_{120}$	=	137		137 - 1	=	136
$^{?}$Klaudia ?$_{?}$	=	152		152 - 1	=	151
$^{?}$Klaudia ^{o}$_{?}$	=	153		153 - 1	=	152
^{8}Deckname$_{56}$	=	66		66 - 1	=	65
^{6}Milena$_{54}$	=	62		62 - 1	=	61
					=	630

6 + 3 + 0 + 1 für ein System = 10 = 1 + 0 = 1

Wir erhalten in einem Gleichgewicht die Bedingung 1 = 1, die jeweils bedingt durch 6 + 3 + 0 + 1 den beiden Zahlen 631 geschuldet ist.

Merke!

Das System von a und b zieht zwangsläufig nach sich, daß die Hetäre Maria Magdalena als die Hure Maria damals den Decknamen Malena trug und heute Klaudia Tomić als „Klaudia ?" und „Klaudia ^{o}" den Decknamen Milena trägt.

Dabei belassen wir es. Wir erwähnen nur noch, daß das, was mit Männern begonnen hat, später mit Frauen innerhalb der römisch-katholischen Kirche fortgesetzt worden ist. Die Details ersparen wir uns: Was eine intim motivierte Gewalt durch Frauen mit dem Ziel der Demütigung und Unterwerfung, ausgerichtet auf Missbrauch und Misshandlung anbelangt, steht diese der durch Männer in nichts nach.

Fazit: Sadomasochismus anfänglich wider Willen in diversen Formen und auf unterschiedliche Art und Weise, fokussiert während eines Missbrauchs unter fortwährenden Misshandlungen als ^{10}Missbrauch$_{113}$ = 125 istgleich 1 + 2 + 5 = 8 in Form von ^{7}a und b$_{42}$ = 55 unter der Bedingung ^{11}1 = 1 = 1$_{7}$ = 28, der durch (55 - 1) + (28 - 1) + (70 - 1) + (101 - 1) + 1 für ein System istgleich 251 istgleich 2 + 5 + 1 = 8 auf das ^{7}Erleben$_{61}$ = 70 von ^{7}Schmerz$_{92}$ = 101 ausgerichtet ist. Und genau durch die Vertreter und Stellvertreter in der römisch-katholischen Kirche, beginnend mit ihrem 14-ten Lebensjahr, in die Tat umgesetzt wird, die rotzfrech für sich selbst Nächstenliebe, Mitgefühl und Mitleid einfordern. Wobei ihre steile Karriere, motiviert durch zwei spätere Päpste, mit ihren Eltern begann. Es ist echt abgefahren, was auf diesem Planeten los ist.

Und das alles findet direkt vor unser aller Augen statt, ohne daß auch nur ansatzweise mal irgendwer aufwacht und darüber nachdenkt, geschweige denn, daß man diese Hampelmänner mit ihren Speichelleckern zur Verantwortung zieht. Das Elend anderer, auch wenn wir das für uns selbst nicht annehmen, ist am Ende immer auch unser eigenes. Wenn es dich aber selbst betrifft, dann ist immer Rom offen. Da wird man wohl oder übel an seinen diesbezüglich gehegten Überzeugungen und Vorstellungen, wenn man leben will, etwas arbeiten müssen.

Allein es zuzulassen, daß man den Begriff der Religion zweckentfremdet und benutzt (ohne dabei zu wissen, was sich dahinter verbirgt), um seinem eigenen Vergnügen, basierend auf Missbrauch und Misshandlung, zu frönen, zeigt im Ergebnis, daß vom einzelnen Menschen über die Summe aller Menschen hinweg quasi nichts verstanden worden ist: Daß es eine Notwendigkeit ist, als „eine Menschheit" unser gemeinsames Schicksal in die Hand zu nehmen, da es in unserem einen Leben, basierend auf Liebe und Vernunft, für dieses Verantwortung zu übernehmen gilt. Wir setzen über zum nächsten Kapitel.

6.6. Maria Magdalenas Verdammnis

Bevor wir berechnen, wie viele Männer und Frauen es waren und sind, die sie geschändet und geschunden haben, und wie oft in ihrem Leben, vervollständigen wir ihren diesbezüglichen Werdegang. Sie hatte also ab ihrer Entbindung 13 Jahre Ruhe und mit 14 Jahren ging es los, analog 13 + 1 = 14 (= 1 + 4). Da wir einen Daumen (= 1) und vier Finger (= 4) analog 1 + 3 = 4 besitzen, die logisch den 13 Jahren Ruhe zuzuordnen und in diese einzuordnen sind, erhalten wir folgerichtig aus 4 - 1 = 3 über 13 x 3 + 1 = 40 insgesamt 40 Jahre, welche ihr einschließlich „ihrer ersten Erfahrung" noch bevorstanden. Wir sehen uns das mal an mit Blick auf die dazugehörigen Jahreszahlen:

ohne Aktion	Aktion	Aktion	Aktion	Aktion
13 Jahre lang	1 Jahr lang - 14 Jahre alt	13 Jahre lang - 27 Jahre alt	13 Jahre lang - 40 Jahre alt	13 Jahre lang - 53 Jahre alt
1969 - 1982	1983	1983 - 1996	1996 - 2009	2009 - 2022

Die beiden letzten Zahlen in der Zahl 1969 in Form der Zahl 69 istgleich 6 + 9 = 15 istgleich 1 + 5 = 6 im Startjahr 1969 ergeben sich aus ^{9}Magdalena$_{58}$ = 69 istgleich 6 + 9 = 15 istgleich 1 + 5 = 6. Da wir noch nicht das Jahr 2069 haben, handelt es sich um das Jahr $^{4}1969_{25}$ = 31. Aus 1982 + 40 = 2022 folgt das Jahr 2022.

Durch ^{5}heute$_{59}$ = 66 hingegen erhalten wir über (31 - 1) + (66 - 1) + 1 für ein System istgleich 96 istgleich 9 + 6 = 15 istgleich 1 + 5 = 6 wiederum Ersteres. Eine andere Überlegung ist, da heute wie damals gilt, daß die Zahlen 1, 0 und 6, die es im ^{9}Schoepfer$_{95}$ = 106 sind, dessen rechtmäßige Ehefrau es ja ist, uns zu den Zahlen 1, 9 und 6 führen. Wir hatten bereits gelernt, daß durch $^{1}0_{0}$ = 3 und durch $^{1}9_{9}$ = 12 istgleich 1 + 2 = 3 für die Zahlen „0" und „9" die Bedingung 3 = 3 in einem Gleichgewicht vorliegt. Die Zahl „0" entspricht damit der Zahl „9".

Das Jahr 1996 scheidet prinzipiell aus, da das Jahr 2010 durch 1996 + (13 + 1) = 2010, wenn es das gewesen wäre, genau das verhindert hätte, da der sogenannte Vatikan-Skandal im Jahr 2010 zur allerhöchsten Vorsicht mahnte. Wir wissen damit, daß sie 40 Jahre lang missbraucht und misshandelt worden ist, beginnend mit ihrem

14-ten Lebensjahr und endend im 53-ten. Sie hat de facto nie etwas anderes erlebt und das ist mehr als schlimm.

Wir müssen de facto außer einem einzigen Anhaltspunkt, um alles darüber hinaus berechnen zu können, nichts weiter wissen. Es geht im Kern um die Verteilung der Eckdaten über die einzelnen Lebensabschnitte hinweg, wo uns wenige davon genügen, um Licht in das Dunkel zu bringen. Die ^{8}27 Jahre$_{51}$ = 63 ergeben sich, da ^{5}Maria$_{42}$ = 49, die mit 14 Jahren zur Hure gemacht worden ist, erst zur späteren Hetäre aufsteigen musste. Mal kurz gefasst: Sie war bis 14 Jahre die Jungfrau Maria, ab da die Hure Maria und dann die Hetäre ^{15}Maria Magdalena$_{100}$ = 119. Daraus folgt, daß im Alter von 27 Jahren die Maria und die Maria Magdalena zusammenfanden. Es gilt der nachfolgende Zusammenhang:

^{5}Maria$_{42}$	=	49		49 - 1	=	48
^{15}Maria Magdalena$_{100}$	=	119		119 - 1	=	118
					=	166

1 + 6 + 6 + 1 für ein System	=	14	=	1 + 4	=	5

istgleich

^{1}a$_{1}$	=	4		4 - 1	=	3
^{1}b$_{2}$	=	5		5 - 1	=	4
^{1}b$_{2}$	=	5		5 - 1	=	4
^{1}a$_{1}$	=	4		4 - 1	=	3
^{7}a und b$_{42}$	=	55		55 - 1	=	54
^{7}a ≠ b$_{6}$	=	19		19 - 1	=	18
^{7}b ≠ a$_{6}$	=	19		19 - 1	=	18
^{8}27 Jahre$_{51}$	=	63		63 - 1	=	62
					=	166

1 + 6 + 6 + 1 für ein System	=	14	=	1 + 4	=	5

Wir erhalten jeweils über 1 + 6 + 6 + 1 in einem Gleichgewicht die beiden Zahlen 167 unter der Bedingung 5 = 5.

Merke!

Maria wird durch a, b, b und a in Form von a und b infolge a ≠ b und b ≠ a mit 27 Jahren zur Maria Magdalena und als diese durch a und durch b unter der Bedingung 1 = 1 = 1 ab da dem Papst zur Verfügung gestellt.

Das heißt, daß sie ab diesem Alter (= ^{8}27 Jahre$_{51}$ = 63) über $^{1}a_{1}$ = 4 und $^{1}b_{2}$ = 5 unter der Bedingung ^{11}1 = 1 = 1$_{7}$ = 28 - bedingt durch (63 - 1) + (4 - 1) + (5 - 1) + (28 - 1) + 1 für ein System istgleich 97 istgleich 9 + 7 = 16 istgleich 1 + 6 = 7 - dem ^{5}Papst$_{72}$ = 79 istgleich 7 + 9 = 16 istgleich 1 + 6 = 7 diente.

Das setzte voraus, daß es, um dorthin zu gelangen, des ^{14}Judas Iskariot$_{157}$ = 175 bedurfte, welcher „die päpstlichen Interessen" vertritt. Damit wurde eine ^{7}Tarnung$_{95}$ = 104 benötigt. Es gilt Folgendes:

^{14}Judas Iskariot$_{157}$	=	175		175 - 1	=	174
^{15}Maria Magdalena$_{100}$	=	119		119 - 1	=	118
					=	292

2 + 9 + 2 + 1 für ein System	=	14	=	1 + 4	=	5

istgleich

^{3}Ehe$_{18}$	=	23		23 - 1	=	22
^{7}Tarnung$_{95}$	=	104		104 - 1	=	103
^{9}Scheinehe$_{76}$	=	87		87 - 1	=	86
^{7}a und b$_{42}$	=	55		55 - 1	=	54
^{11}1 = 1 = 1$_{7}$	=	28		28 - 1	=	27
					=	292

2 + 9 + 2 + 1 für ein System	=	14	=	1 + 4	=	5

Es gilt die Bedingung 5 = 5 in einem Gleichgewicht, die sich jeweils über 2 + 9 + 2 + 1 in Form der beiden Zahlen 293 ergibt.

Merke!

Judas Iskariot und Maria Magdalena gingen heute wie damals in Form von a und b unter der Bedingung 1 = 1 = 1 als Ehe zur Tarnung eine Scheinehe ein.

Letzteres erklärt sich insbesondere dadurch, da der Name Judas sich sowohl auf einen Jehuda beziehen lässt als auch auf eine Judith. Insofern steht dieser symbolisch für die Pattsituation zwischen „männlich und weiblich": Er war und ist also „bi". Wir werden also, was unsere Vermutung diesbezüglich anbelangt, bestätigt. Da müssen wir auch nicht erst groß herumrechnen.

Es gibt damit einen Sprung in ihrer Karriere, der sich über ^{9}Magdalena$_{58}$ = 69 istgleich 6 + 9 = 15 istgleich 1 + 5 = 6 durch eine ^{6}Heirat$_{61}$ = 69 istgleich 6 + 9 = 15 istgleich 1 + 5 = 6 erklären lässt. Es gilt in einem ersten Anlauf Folgendes:

^{6}Heirat$_{61}$	=	69		69 - 1	=	68
^{9}Magdalena$_{58}$	=	69		69 - 1	=	68
^{1}a$_{1}$	=	4		4 - 1	=	3
^{1}b$_{2}$	=	5		5 - 1	=	4
					=	143

1 + 4 + 3 + 1 für ein System	=	9

istgleich

^{7}a und b$_{42}$	=	55		55 - 1	=	54
^{11}1 = 1 = 1$_{7}$	=	28		28 - 1	=	27
^{8}27 Jahre$_{51}$	=	63		63 - 1	=	62
					=	143

1 + 4 + 3 + 1 für ein System	=	9

Es gilt die Bedingung 9 = 9 in einem Gleichgewicht, die sich jeweils über 1 + 4 + 3 + 1 aus den beiden Zahlen 144 ergibt.

Merke!

Das Magdalena in ihrem Namen bestätigt über a und über b, daß sie in Form von a und b unter der Bedingung 1 = 1 = 1 mit 27 Jahren geheiratet hat; da mit dem Judas Iskariot intim zu werden, über a und b infolge a ≠ b und b ≠ a unter der Bedingung 1 = 1 = 1 in diesem Alter begonnen hat.

Mit dem ^{14}Judas Iskariot$_{157}$ = 175 intim zu werden, der ihr unrechtmäßiger Ehemann ist, begann durch die ^{10}Intimitaet$_{120}$ = 132 von ^{15}Maria Magdalena$_{100}$ = 119 - bedingt durch (132 - 1) + (175 - 1) + 1 für ein System istgleich 306 istgleich 3 + 0 + 6 = 9 - in Form von ^{7}a und b$_{42}$ = 55 infolge ^{7}a ≠ b$_{6}$ = 19 und ^{7}b ≠ a$_{6}$ = 19 unter der Bedingung ^{11}1 = 1 = 1$_{7}$ = 28 durch (55 - 1) + (19 - 1) + (19 - 1) + (28 - 1) + (119 - 1) + (63 - 1) + (63 - 1) + 1 für ein System istgleich 360 istgleich 3 + 6 + 0 = 9 - ihrem ^{5}Alter$_{56}$ = 63 geschuldet -, als sie ^{8}27 Jahre$_{51}$ = 63 alt war.

Des Weiteren erhalten wir aus dem nachfolgenden Zusammenhang, wie alt dieser gewesen sein muss. Es gilt Folgendes:

^{14}Judas Iskariot$_{157}$	=	175		175 - 1	=	174
^{6}Heirat$_{61}$	=	69		69 - 1	=	68
^{9}Magdalena$_{58}$	=	69		69 - 1	=	68
					=	310

3 + 1 + 0 + 1 für ein System	=	5

istgleich

^{7}a und b$_{42}$	=	55		55 - 1	=	54
^{8}41 Jahre$_{47}$	=	59		59 - 1	=	58
					=	112

1 + 1 + 2 + 1 für ein System	=	5

Es gilt die Bedingung 5 = 5 in einem Gleichgewicht, welche in Form der beiden Zahlen 311 und 113 aus 3 + 1 + 0 + 1 und 1 + 1 + 2 + 1 vorliegt.

Merke!

Das Magdalena in ihrem Namen bestätigt, daß der Judas Iskariot sie durch a und b mit 41 Jahren geheiratet hat.

Der kürzere Weg wäre gewesen, wenn wir einfach das 1 Jahr und die sich anschließenden 13 (Vgl. Seite 429) zu ihren 27 Jahren, analog 1 + 13 + 27 = 41, addiert hätten. Zum Zeitpunkt ihrer unrechtmäßigen Heirat war sie 27 Jahre alt, er 41 Jahre: heute wie damals.

Das heißt, daß sie im Alter von 27 bis 40 Jahren im Endeffekt direkt und mittelbar dem Papst, der sie bereits im Alter von 14 Jahren geschändet und geschunden hatte, zugewiesen war. Er ist der Vertreter der römisch-katholischen Kirche, alle anderen in ihr sind deren Stellvertreter. Im Jahr 2009 wurde das diesbezügliche „Treiben" und „Ansinnen" vorsorglich in der Form unterbunden, daß die Rolle der Maria Magdalena im „Vatikan" wieder auf die der Maria reduziert wurde - da sich offensichtlich der spätere Vatikan-Skandal im Jahr 2010 (mit Blick auf die Übergriffe in den oberen Reihen der römisch-katholischen Kirche) bereits anbahnte. Sie wurde demnach aus dem Schußfeld genommen und setzte ihre Dienste außerhalb des „Vatikaans" in den unteren Reihen Letzterer fort, also dort, wo es mit dem 14-ten Lebensjahr begonnen hatte. Da das de facto selbsterklärend ist, müssen wir das nicht berechnen.

Nach so einer steilen Karriere kommt dann das, was kommen muss, was sich über $^{1}a_{1} = 4$, $^{1}b_{2} = 5$, $^{1}b_{2} = 5$ und $^{1}a_{1} = 4$ unter der Bedingung $^{11}1 = 1 = 1_{7} = 28$ korrespondierend im nachfolgenden Zusammenhang widerspiegelt:

^{8}53 Jahre$_{50}$	=	62		62 - 1	=	61
^{15}Maria Magdalena$_{100}$	=	119		119 - 1	=	118
$^{1}a_{1}$	=	4		4 - 1	=	3
$^{1}b_{2}$	=	5		5 - 1	=	4
$^{1}b_{2}$	=	5		5 - 1	=	4
$^{1}a_{1}$	=	4		4 - 1	=	3
$^{11}1 = 1 = 1_{7}$	=	28		28 - 1	=	27
					=	220

2 + 2 + 0 + 1 für ein System	=	5

istgleich

^{8}Diagnose$_{74}$	=	84		84 - 1	=	83
^{4}Aids$_{33}$	=	39		39 - 1	=	38
					=	121

1 + 2 + 1 + 1 für ein System	=	5

Es gilt die Bedingung 5 = 5 in einem Gleichgewicht, das über 2 + 2 + 0 + 1 und 1 + 2 + 1 + 1 den beiden Zahlen 221 und 122 geschuldet ist.

Merke!

Maria Magdalena hat heute wie damals mit 53 Jahren respektive a, b, b und a unter der Bedingung 1 = 1 = 1 die Diagnose Aids erhalten.

Wir dürfen aber gesichert davon ausgehen, daß sie für das Ergebnis die Verantwortung bei anderen sucht, statt bei sich selbst.

Letzteres erklärt sich insbesondere dadurch, daß sie in der Rolle der ^{15}Maria Magdalena$_{100}$ = 119 über $^{1}a_{1} = 4$, $^{1}b_{2} = 5$, $^{1}b_{2} = 5$ und $^{1}a_{1} = 4$ durch (119 - 1) + (4 - 1) + (5 - 1) + (4 - 1) + (189 - 1) + (51 - 1) + 1 für ein System istgleich 371 istgleich 3 + 7 + 1 = 11 istgleich 1 + 1 = 2 eine gewisse

^{17}Gleichgueltigkeit$_{170}$ = 189

gegenüber ihrer eigenen ^{5}Scham$_{44}$ = 51 entwickelt hat. Was in Form einer bestimmten ^{18}Selbstherrlichkeit$_{203}$ = 223, welche ihr im Bild „Das letzte Abendmahl" anhaftet, dazu führt, daß sie über $^{1}a_{1} = 4$, $^{1}b_{2} = 5$, $^{1}b_{2} = 5$ und $^{1}a_{1} = 4$ respektive $^{7}a \neq b_{6} = 19$ und $^{7}b \neq a_{6} = 19$ unter der Bedingung $^{11}1 = 1 = 1_{7} = 28$ durch (223 - 1) + (4 - 1) + (5 - 1) + (5 - 1) + (4 - 1) + (19 - 1) + (19 - 1) + (28 - 1) + (72 - 1) + 1 für ein System istgleich 371 istgleich 3 + 7 + 1 = 11 istgleich 1 + 1 = 2 im Prinzip mittlerweile ^{8}Gefallen$_{62}$ = 72 daran findet; welcher einer gewissen

^{14}Hochnaesigkeit$_{134}$ = 150

geschuldet durch (150 - 1) + (130 - 1) + (93 - 1) + 1 für ein System istgleich 371 istgleich 3 + 7 + 1 = 11 istgleich 1 + 1 = 2 dafür sorgt, daß sie dabei ^{10}Vergnuegen$_{118}$ = 130 und ^{6}Genuss$_{85}$ = 93 empfindet. Letzteres ist de facto, egal ob Krankheit hin oder her, logischerweise nicht einfach so zu entschuldigen, da es auch unzählige Anlaufstellen gibt, denen man sich anvertrauen kann, Missbrauch und Misshandlung inbegriffen. Daß das wahnsinnig schwer ist, die damit einhergehende Hemmschwelle zu überwinden, steht außer Frage.

Aber 40 Jahre lang Missbrauch und Misshandlung sind Zeit genug, um für sein eigenes Leben auch mal die Initiative zu ergreifen. Für mich selbst ist das nicht nachvollziehbar, außer daß man selbst in einem gewissen Umfang Freude daran hat: Um etwa „Ratzinger & Co." auch als Frau, insbesondere im fortgeschrittenen Alter, derart in die Eier zu treten, daß die Fronten auf Dauer geklärt sind, ist keine Unmöglichkeit. Das sind jawohl alles keine Superhelden.

Allein, was das anbelangt, wird sie wohl ihren beiden Kindern wie ihrem rechtmäßigen Ehemann Rede und Antwort stehen müssen. Weshalb steht das hier? Es muss einen Grund geben, warum sie den Platz an der Seite von Jesus Christus nicht eingenommen hat, der sich ausschließlich durch sie begründen lässt. Es wird von mir vorweggenommen, daß das Entschuldigen in Form einer fehlenden Dankbarkeit durch das Verzeihen dessen, was ihr anfänglich widerfahren ist und sie am Ende auch erfahren wollte, nie stattgefunden hat. Sie ist also in einem übertragenen Sinn als Opfer in ihrem Leben selbst zur Täterin in diesem geworden. Ihre „Befreiung" von den sieben Dämonen ist damit im Sand verlaufen und die Geschichte hat sich ab da bis heute unzählige Male wiederholt.

Die Frau, deren Schicksal ein bedauerliches ist, was sich von selbst versteht, hat damit bis heute zu keiner Einsicht gefunden: noch daß sie sich selbst über die Tragweite und Reichweite ihres Handelns, das am Ende zu ihrem eigenen geworden ist - sie hat es also in gewisser Weise gern gemacht -, bewusst ist. Damit stellt sich die Frage, ob unter diesem Aspekt überhaupt eine Bereitschaft zur Veränderung vorausgesetzt werden kann.

Insofern ist ^{15}Maria Magdalen$_{100}$ = 119 durch die ^{8}Paritaet$_{90}$ = 100 von ^{7}a und b$_{42}$ = 55 über (119 - 1) + (100 - 1) + (55 - 1) + 1 für ein System istgleich 272 istgleich 2 + 7 + 2 = 11 istgleich 1 + 1 = 2 zu einem Großteil ihrer eigenen

^{17}Gewissenlosigkeit$_{208}$ = 227

istgleich 2 + 2 + 7 = 11 istgleich 1 + 1 = 2 zum Opfer gefallen. Warum ist das so? Es gehören immer 2 dazu, doch damit es dann auch immer 2 sind, muss man die 2 in Form von 1 + 1 = 2 erst einmal für sich selbst akzeptieren - und das hat sie zweifelsfrei. Ein Geschenk für ihren rechtmäßigen Ehemann ist die dumme, eingebildete Gans ganz gesichert nicht, auch unabhängig davon, was vorgefallen ist. So, und genau jetzt stellst du dir selbst mal die Frage, bevor wir weitermachen, ob du das alles entschuldigen, verzeihen und vergeben würdest.

Insbesondere mit Blick darauf, daß die Krankheiten, die dich in jedem deiner Leben durch ihre Asozialität auf ihrer eigenen Beziehungsebene begleitet haben (ohne auch nur ansatzweise einen Willen dahingehend zu entwickeln, sich selbst aus dieser Lage befreien zu wollen oder zumindest Hilfe anzunehmen, geschweige denn überhaupt Schuldgefühle dafür zu entwickeln), alle nicht hätten sein müssen. Meine Position kennst du jetzt. Diese wird im Dreck liegen wie du auch, da du es zugelassen hast, daß dahinsiechende alte Bettenseiger und Bettnässerinnen sie geschändet und geschunden haben. Was das anbelangt, ändert sich meine Meinung nicht. Sieh also zu, daß sie das macht, was angeraten wird, damit es auch für dich eine Chance gibt, um vielleicht deinem eigenen Exodus zu entkommen. Ich reiche ihr, wie in all ihren Leben zuvor, ganz gesichert nicht aus freien Stücken die Hand. Letzteres betrifft de facto auch dich, wenn man für sich registriert, was du zu verantworten hast.

Damit sehen wir uns noch gemeinsam an, wobei wir aber die ersten 13 Jahre ihres Lebens außen vor lassen, was sich bedingt durch das Jahr

$$^{4}2035_{10} = 16$$

(Vgl. Seite 328f.) über $^{1}a_1 = 4$, $^{1}b_2 = 5$, $^{1}b_2 = 5$ und $^{1}a_1 = 4$ - $^{7}a \neq b_6 = 19$ und $^{7}b \neq a_6 = 19$ geschuldet -, wo sie dann

$$^{8}66 \text{ Jahre}_{54} = 66$$

istgleich 6 + 6 = 12 istgleich 1 + 2 = 3 alt sein wird, korrespondierend über (16 - 1) + (4 - 1) + (5 - 1) + (5 - 1) + (4 - 1) + (19 - 1) + (19 - 1) + 1 für ein System istgleich 66 istgleich 6 + 6 = 12 istgleich 1 + 2 = 3 ergibt. Es gilt der nachfolgende Zusammenhang:

$^{8}14$ Jahre_{47}	=	59		59 - 1	=	58
$^{8}27$ Jahre_{51}	=	63		63 - 1	=	62
$^{8}40$ Jahre_{46}	=	58		58 - 1	=	57
$^{8}53$ Jahre_{50}	=	62		62 - 1	=	61
$^{8}66$ Jahre_{54}	=	66		66 - 1	=	65
					=	303

3 + 0 + 3 + 1 für ein System	=	7

istgleich

$^{1}a_{1}$	=	4		4 - 1	=	3
$^{1}b_{2}$	=	5		5 - 1	=	4
^{7}a und b_{42}	=	55		55 - 1	=	54
^{10}Missbrauch$_{113}$	=	125		125 - 1	=	124
^{15}Maria Magdalena$_{100}$	=	119		119 - 1	=	118
					=	303

3 + 0 + 3 + 1 für ein System	=	7

Es gilt die Bedingung 7 = 7 in einem Gleichgewicht, die sich jeweils über 3 + 0 + 3 + 1 in Form der beiden Zahlen 304 ergibt.

Merke!

Der Missbrauch von Maria Magdalena ist über a und über b in Form von a und b in 5 Etappen unterteilt, die der Logik nach 14 Jahren, 27 Jahren, 40 Jahren, 53 Jahren und 66 Jahren zugeordnet und in diese eingeordnet sind.

Die ^{8}66 Jahre$_{54}$ = 66 eröffnen ürbigens über $^{1}a_{1}$ = 4 , $^{1}b_{2}$ = 5, $^{1}b_{2}$ = 5 und $^{1}a_{1}$ = 4 in Form von ^{7}a und b_{42} = 55 durch (66 - 1) + (4 - 1) + (5 - 1) + (5 - 1) + (4 - 1) + (55 - 1) + 1 für ein System istgleich 134 istgleich 1 + 3 + 4 = 8, daß es im Prinzip möglich ist, bei ihr über (164 - 1) + (178 - 1) + 1 für ein System istgleich 341 istgleich 3 + 4 + 1 = 8 auf ihrer eigenen ^{15}Beziehungsebene$_{147}$ = 164 die Bedingung ^{21}ein Adam und eine Eva$_{147}$ = 178 wiederherzustellen.

Das heißt in der Übersetzung, daß, wenn es bei ihr gelungen ist, es sich somit um den Startschuß für alle anderen handelt, ein Gleiches zu tun, da die Lösung, welche wir in diesem Zusammenhang suchen, bei ihr gegriffen hat. Ich mache mal die Kurzfassung: Die Lösung zur Wiederherstellung der Unversehrtheit besteht aus fünf Teillösungen, analog unseren vier Fingern und einem Daumen. Bei vieren davon bin ich dran, die, wenn sie stehen, sofort angewendet werden können. Die fünfte ist termingebunden, analog dem Jahr 2035. Selbst, wenn uns diese heute bekannt wäre, wäre sie erst zum besagten Zeitpunkt aktiv. Der Vorteil der vier ist, daß sich die Opferzahlen in den einzelnen Phasen der Apokalypse nach hinten verschieben. Wir gewinnen also Zeit, auch unabhängig davon, daß unsere Gesundheit - ausgenommen unsere Unversehrtheit - grob wiederhergestellt ist. Wir werden in physischer und psychischer Hinsicht damit wieder leistungsfähiger, um die Schäden, die wir angerichtet haben, gemeinsam beheben zu können. An meiner Grundintention, die Systemwiederherstellung auf der Erde in Gang zu setzen, hat sich nichts geändert. Die Zauberworte in diesem Zusammenhang lauten Hilfsbereitschaft und Kameradschaft, basierend auf Fleiß, Ordnung, Disziplin und Mitarbeit. Manchmal hat eine Vorgehensweise wie diese selbst dumme Gänse wie sie zum Umdenken gebracht, blöde Ganter ebenso.

So, dann kommen wir mal dazu, wie viele sie „beglückt" haben und wie oft. Dazu sehen wir uns die Logik hinter der

^{15}Maria Magdalena$_{100}$ = 119

selbst an. Wir sehen drei Zahlen, wobei uns nur die Zahlen 15 und 100 interessieren. Da gemessen an ihrem Werdegang und die Verteilung zwischen Männern und Frauen innerhalb der römisch-katholischen Kirche klar ist, handelt es sich vermutlich um 15 Frauen und 99 Männer. Da der eine, ihr rechtmäßiger Ehemann, noch fehlt, ergeben sich diese aus 100 - 1.

Die ^{5}Maria$_{42}$ = 49 müssen wir nicht betrachten, da sie durch $^{1}a_{1} = 4$ und $^{1}b_{2} = 5$ infolge $^{7}a \neq b_{6} = 19$ und $^{7}b \neq a_{6} = 19$ unter der Bedingung $^{11}1 = 1 = 1_{7} = 28$ respektive (49 - 1) + (4 - 1) + (5 - 1) + (19 - 1) + (19 - 1) + (28 - 1) + 1 für ein System istgleich 119 istgleich 1 + 1 + 9 = 11 istgleich 1 + 1 = 2 ein Teil von ^{15}Maria Magdalena$_{100}$ = 119 istgleich 1 + 1 + 9 = 11 istgleich 1 + 1 = 2 ist. Das heißt, daß die Logik von Maria immer mit in der von Maria Magdalena enthalten ist und umgekehrt. Von daher ist es vollkommen egal, welche von beiden wir für unsere Berechnung verwenden.

Damit überprüfen wir das mal ab, ob das so hinkommt. Es gilt durch die ^{6}Anzahl$_{62}$ = 70 Folgendes:

^{10}Intimitaet$_{120}$	=	132		132 - 1	=	131
^{15}Maria Magdalena$_{100}$	=	119		119 - 1	=	118
					=	249

2 + 4 + 9 + 1 für ein System	=	16	=	1 + 6	=	7

istgleich

^{6}Anzahl$_{62}$	=	70		70 - 1	=	69
^{7}a und b$_{42}$	=	55		55 - 1	=	54
^{2}15$_{6}$	=	10		10 - 1	=	9
^{6}Frauen$_{65}$	=	73		73 - 1	=	72
					=	204

2 + 0 + 4 + 1 für ein System	=	7

Es gilt die Bedingung 7 = 7 in einem Gleichgewicht, die sich über 2 + 4 + 9 + 1 und 2 + 0 + 4 + 1 in den beiden Zahlen 250 und 205 widerspiegelt. Das heißt, daß Maria Magdalena damals wie heute der Anzahl nach mit insgesamt 15 Frauen Intimität praktizierte.

Damit werfen wir noch einen Blick auf die ^{6}Anzahl$_{62}$ = 70 der von ihr unrechtmäßig beglückten ^{7}Maenner$_{70}$ = 79. Wir betrachten die, die es bis heute in ihrem heutigen Leben sind. Es gilt Folgendes:

^{10}Intimitaet$_{120}$	=	132		132 - 1	=	131
^{15}Maria Magdalena$_{100}$	=	119		119 - 1	=	118
					=	249

2 + 4 + 9 + 1 für ein System	=	16	=	1 + 6	=	7

istgleich

^{6}Anzahl$_{62}$	=	70		70 - 1	=	69
^{7}a und b$_{42}$	=	55		55 - 1	=	54
^{11}1 = 1 = 1$_{7}$	=	28		28 - 1	=	27
^{2}99$_{18}$	=	22		22 - 1	=	21
^{7}Maenner$_{70}$	=	79		79 - 1	=	78
					=	249

2 + 4 + 9 + 1 für ein System	=	16	=	1 + 6	=	7

Wir erhalten die Bedingung 7 = 7 in einem Gleichgewicht, die sich jeweils über 2 + 4 + 9 + 1 in Form der beiden Zahlen 250 ergibt. Daraus folgt, daß Maria Magdalena mit insgesamt 99 Männern in ihrem jetzigen Leben intim gewesen ist.

In der Summe erhalten wir den nachfolgenden Zusammenhang, der uns das wunderschöne Ergebnis ihres „Schaffens" verdeutlicht:

^{15}Maria Magdalena$_{100}$	=	119		119 - 1	=	118
^{10}Intimitaet$_{120}$	=	132		132 - 1	=	131
					=	249

2 + 4 + 9 + 1 für ein System = 16 = 1 + 6 = 7

istgleich

^{5}heute$_{59}$	=	66		66 - 1	=	65
^{9}15 Frauen$_{71}$	=	84		84 - 1	=	83
^{10}99 Maenner$_{88}$	=	102		102 - 1	=	101
					=	249

2 + 4 + 9 + 1 für ein System = 16 = 1 + 6 = 7

Es gilt die Bedingung 7 = 7 in einem Gleichgewicht, die über 2 + 4 + 9 + 1 aus den beiden Zahlen 250 resultiert.

Merke!

Die Intimität von Maria Magdalena verweist heute auf 15 Frauen und auf 99 Männer.

Ohne daß wir das erst berechnen müssen, wissen wir damit, daß sie sich in ihrem jetzigen Leben bis einschließlich heute von 15 Frauen und 99 Männern, die der römisch-katholischen Kirche angehören, 40 Jahre lang misshandeln und missbrauchen lassen hat; damals von 15 Frauen und 100 Männern. Warum? Er hing am Kreuz, da durch 100 - 100 = 0 kein Platz mehr für ihn gewesen ist.

Es handelt sich damit um insgesamt 114 Personen, bestehend aus 15 Frauen und 99 Männern, die sie ^{8}40 Jahre$_{46}$ = 58 missbraucht und misshandelt haben. Im Ergebnis haben wir zwei Zahlen vorliegen, die uns zusammen durch 15 x 99 = 1485 quasi zur Zahl ^{4}1485$_{18}$ = 24 führen, die den nachfolgenden Zusammenhang erfüllt:

^{8}40 Jahre$_{46}$	=	58		58 - 1	=	57

5 + 7 + 1 für ein System	=	13	=	1 + 3	=	4

istgleich

^{1}a$_{1}$	=	4		4 - 1	=	3
^{1}b$_{2}$	=	5		5 - 1	=	4
^{11}1 = 1 = 1$_{7}$	=	28		28 - 1	=	27
^{4}1485$_{18}$	=	24		24 - 1	=	23
					=	57

5 + 7 + 1 für ein System	=	13	=	1 + 3	=	4

Es gilt die Bedingung 4 = 4 in einem Gleichgewicht, die sich jeweils über 5 + 7 + 1 in Form der beiden Zahlen 58 ergibt.

Es gibt also einen logischen Bezug zu den 40 Jahren in ihrem heutigen Leben (= ^{14}heutiges Leben$_{132}$ = 150), der ^{13}40 Jahre lang$_{80}$ = 99 anhalten sollte. Es gilt damit Folgendes:

^{14}heutiges Leben$_{132}$	=	150		150 - 1	=	149
^{15}Maria Magdalena$_{100}$	=	119		119 - 1	=	118
^{13}40 Jahre lang$_{80}$	=	99		99 - 1	=	98
					=	365

3 + 6 + 5 + 1 für ein System	=	15	=	1 + 5	=	6

istgleich

^{27}Missbrauch und Misshand-lung$_{293}$	=	326		326 - 1	=	325
$^{1}a_{1}$	=	4		4 - 1	=	3
$^{1}b_{2}$	=	5		5 - 1	=	4
$^{1}b_{2}$	=	5		5 - 1	=	4
$^{1}a_{1}$	=	4		4 - 1	=	3
^{8}Paritaet$_{90}$	=	100		100 - 1	=	99
^{7}a und b$_{42}$	=	55		55 - 1	=	54
$^{11}1 = 1 = 1_{7}$	=	28		28 - 1	=	27
^{15}in 1485 Faellen$_{96}$	=	117		117 - 1	=	116
					=	635

6 + 3 + 5 + 1 für ein System	=	15	=	1 + 5	=	6

Aus 3 + 6 + 5 + 1 und 6 + 3 + 5 + 1 erhalten wir durch die beiden Zahlen 366 und 636 die Bedingung 6 = 6 in einem Gleichgewicht.

Merke!

Maria Magdalena wurde in ihrem heutigen Leben 40 Jahre lang über a, b, b und a - bedingt durch die Parität von a und b unter der Bedingung 1 = 1 = 1 - im Endeffekt in 1485 Fällen misshandelt und missbraucht.

Und dieses Szenario hat sich Leben für Leben in ihrem einen immer und immer wiederholt. Es ist damit das mit Abstand größte Kapitalverbrechen auf der Beziehungsebene über Beziehung an einer einzelnen Person, das die Vertreter und Stellvertreter der römisch-katholischen Kirche verübt haben.

Damit haben wir in etwa eine Vorstellung, in welcher Dimension sich die Übergriffe in der römisch-katholischen Kirche abgespielt haben und abspielen. Es wird logischerweise kein Einzelfall sein. Was zu ihrem Verständnis gereichen könnte, ist Folgendes:

Die Begriffe „Papst und Päpstin" stehen im Christentum für das Vogelmännchen und das Vogelweibchen. Das heißt, daß es einen menschlichen Papst und eine menschliche Päpstin nicht gibt. Unser Sorgenkind hat sich damit blenden lassen, da die Menschen, die sie geschändet und geschunden haben, nur Menschen sind, die ein schäbiges Geschäftsmodell betreiben: um zu missbrauchen und zu misshandeln, weil es sich mit der Angst, hervorgerufen durch Gewalt, und dem Irrglauben der Menschen, der auf einer Gottesfürchtigkeit beruht (die es, da Gott nichts anderes als der Name für einen Raum ist, analog dem für den Teufel, den es in der Form, wie von der römisch-katholischen Kirche proklamiert, überhaupt nicht gibt), ganz wunderbar Geld verdienen lässt. Vielleicht wacht sie ja jetzt auf und versteht, daß sie nicht nur sich selbst damit gedemütigt hat, sondern auch den, der zu ihr gehört.

Was die Begriffe „Gott und Teufel" anbelangt, die vom Schöpfer errichtet worden sind, existieren nur ein einziger echter Gott und nur ein einziger echter Teufel, welche die alleinigen sind, die er selbst ist, wobei du meine einzige, alleinige und rechtmäßige Frau bist. Du hast dich mit deiner Schändung und Schindung direkt und mittelbar gegen mich, deinen rechtmäßigen Ehemann, gestellt, indem du mir nie zugehört hast, was die Entbindung unserer gemeinsamen Kinder anbelangt, inbegriffen. Jetzt wirst du wahrscheinlich einen Beweis von mir haben wollen, daß es so ist. Damit ergeht folgende Anweisung von mir:

Meine Kinder, die auch die deinen, die von Maria Magdalena, sind, werden systematisch in Teilschritten, beginnend ab jetzt, physisch in den äußerlichen Zustand überführt, der den Idealzustand von uns beiden in der Mitte wiedergibt.

Da mir aus besagtem Grund seine seltendoofe Schnauze zu einem bestimmten Teil in der äußerlichen Wahrnehmung ihrer Physis begegnen wird, kommt das im Prinzip alles in Etappen weg; und dafür wird es bei beiden in Etappen das sein, was es hätte sein müssen - und zwar zur Hälfte das von mir im Idealzustand und zur Hälfte im Idealzustand das von dir. Also, du glaubst doch nicht ernsthaft, daß ich es zulasse, daß der Unsinn, den du getrieben hast und treibst, Schäden bei diesen hinterlässt. Ja, ja: Träum weiter!

Das Ergebnis wird auszugsweise sein, daß: ihr Körperbau perfekt ist; ihre Haare perfekt sind; ihre Haut perfekt ist; ihre Körpergröße perfekt ist; keinerlei Krankheiten und etwaige Krankheitssymptome, ausgenommen ihrer Unversehrtheit, vorhanden sind; die Leistung all ihrer Sinnesorgane perfekt ist; ihr Knochenbau bis zu den Zähnen perfekt ist; kurz: ein vollkommener Idealzustand in der Außenwirkung, den wir uns überhaupt nicht vorstellen können. Es ist übrigens der, der für uns alle, basierend auf der Bedingung „ein Adam und eine Eva", entsprechend unseren Systemwerten für uns vorgesehen ist. Das ist quasi das, was ich mir als Ergebnis auch für dich, einschließlich deiner Unversehrtheit, vorstelle, wobei wir aber erst die Lösung zur Wiederherstellung dieser benötigen. Ach so, das Ganze dauert in etwa fünf Jahre, was an deinen beiden Dreckpfoten steht. Warum? Du hast vier Wichsgriffel und einen Nuckeldaumen an jeder.

Unser aller Sorgenkind kommt damit in den Vorzug, daß sie, wenn sie ihre beiden Kinder ansieht, ab diesem Zeitpunkt immer zur Hälfte auch mich sehen wird. Warum mache ich das? Du glaubst doch nicht ernsthaft, daß ich mir in diesem meinem Leben die Kackfresse des anatolischen Rotzlöffels ansehe, der ihr Schänder und Schinder ist, die sich im Äußeren meiner Kinder widerspiegelt. Nee, aus die Maus, da das vollkommen indiskutabel ist. Dafür wird dann auch später die Lösung bei dir sorgen, daß deine Vergangenheit auf allen nur erdenklichen Ebenen beendet ist: Damit du glücklich und zufrieden sein kannst - darum geht's. Und in deinem zufriedenen und glücklichen Leben gehören die Larven der „Bumspartner" des Menschen, außer die eine, die zu dir gehört, nicht dazu. Jene sitzen weder bei uns am Tisch noch gehören sie in Form einer Erinnerung informationsseitig in unser Gehirn. Damit wird das, was es in unserer Psyche ist, auch in unserer Physis sein.

Quintessenz, was unser Sorgenkind anbelangt: Da es sich hier um eine Dimension in Form von Missbrauch und Misshandlung handelt, die über Jahrhunderte bis heute währt, werden alle HO- und OH-Verbindungen im System, die daran beteiligt waren und es sind (außer die, die auf ihrer eigenen Familienebene und der unserer beiden Kinder dazugehören), für immer und ewig aufgelöst. Diese brennen in einem übertragenen Sinn im Fegefeuer. Das heißt jedoch bedingt durch die Genesis nicht, daß es nicht zum Beispiel einen Ratzinger erneut geben kann; nur mit dem wesentlichen Unterschied, daß es ein anderes HO im System ist, das nicht „Papst" sein will, sondern vielleicht Bäckermeister, um zusammen mit seiner Frau, die zu ihm gehört, etwa gemeinsam mit zwei allerliebsten Kindern am Tisch zu sitzen. Die einzigen Verlierer sind immer die Handlampen in Form von HO und OH, die sich nicht an die Regeln halten, das System selbst nie.

Die richtige Entscheidung wäre gewesen, sich Hilfe und Unterstützung zu suchen und „ihre" Eltern anzuzeigen. Und so geschieht zurzeit das, was notwendig ist: Daß dem menschenverachtenden Konstrukt des Irrglaubens allmählich die Luft ausgeht. Austritt auf Austritt ist zu beobachten, und so häufen sich die immer lauter werdenden Vorwürfe des Missbrauchs und der Misshandlung etlicher Menschen, deren Leben man zerstört hat, bis dessen Geschäftsmodell vollständig und vollkommen zum Erliegen kommt. Wir schwenken zum nächsten Kapitel rüber, in dem wir klären werden, worin das Versäumnis von Maria Magdalena besteht, was bis heute verhindert hat, daß beide ihre angestammten Rollen als Salvator mundi und als Mona Lisa einnehmen. Ihre Buße wird damit nicht ganz ohne Grund eingefordert.

6.7. Das Versäumnis von Maria

Unserer Maria Magdalena ist als Maria vergleichsweise damals wie der heute innerhalb ihrer ^{10}Intimitaet$_{120}$ = 132 nichts in der Form und auf die Art begegnet, was dem nachfolgenden Zusammenhang entgegensteht:

^{13}Klaudia Tomić$_{120}$	=	137		137 - 1	=	136
$^{?}$Klaudia ?$_{?}$	=	152		152 - 1	=	151
$^{?}$Klaudia °$_{?}$	=	153		153 - 1	=	152
^{1}a$_{1}$	=	4		4 - 1	=	3
^{1}b$_{2}$	=	5		5 - 1	=	4
^{7}a und b$_{42}$	=	55		55 - 1	=	54
					=	500

5 + 0 + 0 + 1 für ein System	=	6

istgleich

^{10}Intimitaet$_{120}$	=	132		132 - 1	=	131
^{17}streng katholisch$_{189}$	=	210		210 - 1	=	200
^{13}erzkatholisch$_{155}$	=	170		170 - 1	=	169
					=	500

5 + 0 + 0 + 1 für ein System	=	6

Es gilt die Bedingung 6 = 6 in einem Gleichgewicht, die sich jeweils aus 5 + 0 + 0 + 1 in Form der beiden Zahlen 501 ergibt.

Merke!

Sie ist damals (= Maria Magdalena, Maria) wie heute (= Klaudia Tomić, Klaudia ? und Klaudia °), was ihre Intimität über a und über b in Form von a und b anbelangt, streng katholisch und erzkatholisch.

Es gab und gibt also bestimmte Intimpraktiken nicht, Missbrauch und Misshandlung dagegen vom ersten Tag an in Hülle und Fülle.

Letzteres erklärt uns übrigens durch ^{15}Maria Magdalena$_{100}$ = 119 istgleich 1 + 1 + 9 = 11 istgleich 1 + 1 = 2 selbst, weshalb sie in ihrem eigenen Leben vom ersten Tag an eine gewisse ^{10}Hoerigkeit$_{107}$ = 119 istgleich 1 + 1 + 9 = 11 istgleich 1 + 1 = 2 hierfür entwickelt haben muss. Dieser Sachverhalt führt uns zu Folgendem:

^{15}Maria Magdalena$_{100}$	=	119		119 - 1	=	118
^{9}Erziehung$_{113}$	=	124		124 - 1	=	123
^{1}a$_{1}$	=	4		4 - 1	=	3
^{1}b$_{2}$	=	5		5 - 1	=	4
^{8}Paritaet$_{90}$	=	100		100 - 1	=	99
^{7}a und b$_{42}$	=	55		55 - 1	=	54
					=	401

4 + 0 + 1 + 1 für ein System	=	6

istgleich

^{9}Vergebung$_{101}$	=	112		112 - 1	=	111
^{19}Suende durch Suende$_{190}$	=	215		215 - 1	=	214
^{6}Strafe$_{69}$	=	77		77 - 1	=	76
					=	401

4 + 0 + 1 + 1 für ein System	=	6

Wir erhalten jeweils aus 4 + 0 + 1 + 1 respektive der beiden Zahlen 402 die Bedingung 6 = 6 in einem Gleichgewicht.

Merke!

Maria Magdalena erzog man über a und über b durch die Parität von a und b dahingehend, daß eine Sünde nur Vergebung findet, wenn die Strafe dafür auch eine ist.

Es wurde ihr also basierend auf diesem Grundsatz eingeredet, daß sie „ihren Vater" zum Missbrauch und zur Misshandlung verführt hat und dies nur „vergeben" werden kann, falls sie sich in Form dieser immer wieder selbst bestraft. Einem jungen Mädchen das einzuschwatzen, ist natürlich keine große Hürde. Es wird damit unter Vorsatz dahingehend argumentiert, daß „Auge um Auge und Zahn um Zahn" gilt, gewissermaßen Sünde mit Sünde bekämpft werden muss. Im Prinzip ist noch nicht einmal davon auszugehen, daß das, was mit „ihren Eltern" begonnen hat, von ihr selbst als ein Kapitalverbrechen an ihr betrachtet wird. Damit handelt es sich um ein Beispiel, was Glaube allein, ohne Wissen, geprägt von falschen Überzeugungen, für Schaden anrichten kann.

Sie ist also in irgendeiner Form davon überzeugt, daß sie für die $^{11}\text{Verfuehrung}_{145}$ = 158 ihres sogenannten Vaters verantwortlich ist, wofür sie $^{7}\text{Abbitte}_{59}$ = 68 zu leisten hat. Es gilt für $^{5}\text{Maria}_{42}$ = 49 als spätere $^{15}\text{Maria Magdalena}_{100}$ = 119 damit Folgendes, was sich über $^{1}a_{1}$ = 4, $^{1}b_{2}$ = 5, $^{1}b_{2}$ = 5 und $^{1}a_{1}$ = 4 in Form von $^{7}\text{a und b}_{42}$ = 55 ergibt:

$^{5}\text{Maria}_{42}$	=	49		49 - 1	=	48
$^{15}\text{Maria Magdalena}_{100}$	=	119		119 - 1	=	118
$^{1}a_{1}$	=	4		4 - 1	=	3
$^{1}b_{2}$	=	5		5 - 1	=	4
$^{1}b_{2}$	=	5		5 - 1	=	4
$^{1}a_{1}$	=	4		4 - 1	=	3
$^{7}\text{a und b}_{42}$	=	55		55 - 1	=	54
$^{7}\text{Abbitte}_{59}$	=	68		68 - 1	=	67
					=	301

3 + 0 + 1 + 1 für ein System = 5

istgleich

$^{11}\text{Verfuehrung}_{145}$	=	158		158 - 1	=	157
$^{5}\text{Vater}_{66}$	=	73		73 - 1	=	72
					=	229

2 + 2 + 9 + 1 für ein System = 14 = 1 + 4 = 5

Es gilt die Bedingung 5 = 5 in einem Gleichgewicht, welche das Ergebnis der beiden Zahlen 302 und 230 aus 3 + 0 + 1 + 1 und 2 + 2 + 9 + 1 ist.

Merke!

Maria, die spätere Maria Magdalena, wird durch a, b, b und a in Form von a und b für die Verführung „ihres Vaters" verantwortlich gemacht, wofür sie Abbitte zu leisten hat.

Letzteres erfolgt unter der Maßgabe, daß sie von „ihren" ^{6}Eltern$_{74}$ = 82 in Form von ^{7}a und b$_{42}$ = 55 unter der Bedingung ^{11}1 = 1 = 1$_{7}$ = 28 über (82 - 1) + (55 - 1) + (28 - 1) + (140 - 1) istgleich 302 istgleich 3 + 0 + 2 = 5 nur die ^{10}Absolution$_{128}$ = 140 erfährt, falls sie dann dafür entsprechend Abbitte leistet, getreu dem vorab erwähnten Motto. Welche Form Letztere daraufhin annimmt und angenommen hat, wissen wir bereits.

Sie wird im Ergebnis seelisch und moralisch erpresst. Das Problem dabei ist, daß die sogenannte

^{10}Absolution$_{128}$ = 140

istgleich 1 + 4 + 0 = 5, die über ^{1}a$_{1}$ = 4 und ^{1}b$_{2}$ = 5 durch ^{7}a und b$_{42}$ = 55 - bedingt durch (140 - 1) + (4 - 1) + (5 - 1) + (55 - 1) + 1 für ein System istgleich 201 istgleich 2 + 0 + 1 = 3 - der

^{16}Suendenvergebung$_{183}$ = 201

istgleich 2 + 0 + 1 = 3 entspricht, weder von Dritten noch von den „eigenen" Eltern erteilt werden kann, sondern immer nur von den Geschädigten; die als

^{12}Geschaedigte$_{93}$ = 107

- ^{1}a$_{1}$ = 4, ^{1}b$_{2}$ = 5, ^{1}b$_{2}$ = 5 und ^{1}a$_{1}$ = 4 in Form von ^{7}a und b$_{42}$ = 55 infolge ^{7}a ≠ b$_{6}$ = 19 und ^{7}b ≠ a$_{6}$ = 19 unter der Bedingung ^{11}1 = 1 = 1$_{7}$ = 28 geschuldet - systembedingt für alle Zeit und in jedem Raum über (107 - 1) + (4 - 1) + (5 - 1) + (5 - 1) + (4 - 1) + (55 - 1) + (19 - 1) + (19 - 1) + (28 - 1) + (164 - 1) + 1 für ein System istgleich 401 istgleich 4 + 0 + 1 = 5 in unserem einem Leben jene, eine Sie oder ein Er, auf unserer eigenen

^{15}Beziehungsebene$_{147}$ = 164

sind: Diese können uns vergeben, alle anderen nicht! Kurzum: Nur unser rechtmäßiger Ehemann oder unsere rechtmäßige Ehefrau - alles andere ist Lug und Betrug.

Die ^{7}Abbitte$_{59}$ = 68, der durch die ^{10}Absolution$_{128}$ = 140 stattgegeben werden soll, bezieht sich durch ^{7}a und b$_{42}$ = 55 immer auf Folgendes:

^{7}Abbitte$_{59}$	=	68		68 - 1	=	67
^{10}Absolution$_{128}$	=	140		140 - 1	=	139
^{7}a und b$_{42}$	=	55		55 - 1	=	54
					=	260

2 + 6 + 0 + 1 für ein System	=	9

istgleich

^{1}a$_{1}$	=	4		4 - 1	=	3
^{1}b$_{2}$	=	5		5 - 1	=	4
^{1}b$_{2}$	=	5		5 - 1	=	4
^{1}a$_{1}$	=	4		4 - 1	=	3
$^{11}1 = 1 = 1_{7}$	=	28		28 - 1	=	27
^{22}ein Mann und eine Frau$_{188}$	=	220		220 - 1	=	219
					=	260

2 + 6 + 0 + 1 für ein System	=	9

Es gilt in einem Gleichgewicht jeweils über 2 + 6 + 0 + 1, bedingt durch die beiden Zahlen 261, die Bedingung 9 = 9. Die beiden Zahlen 261 setzen übrigens über (54 - 1) + (109 - 1) + 1 für ein System istgleich 162 istgleich 1 + 6 + 2 = 9 die ^{6}Einehe$_{46}$ = 54 im ^{6}System$_{101}$ = 109 voraus. Das gilt also für alle auf der Erde, und zwar ausnahmslos.

Die ^{9}Erteilung$_{111}$ = 122 der ^{10}Absolution$_{128}$ = 140 ist ergo immer an die Bedingung ^{22}ein Mann und eine Frau$_{188}$ = 220 gebunden. Es gilt damit bedingt durch die ^{8}Paritaet$_{90}$ = 100 von ^{7}a und b$_{42}$ = 55 unter der Bedingung $^{11}1 = 1 = 1_{7}$ = 28 über ^{1}a$_{1}$ = 4 und ^{1}b$_{2}$ = 5 der nachfolgende Zusammenhang:

^{9}Erteilung$_{111}$	=	122		122 - 1	=	121
^{10}Absolution$_{128}$	=	140		140 - 1	=	139
^{7}Abbitte$_{59}$	=	68		68 - 1	=	67
^{1}a$_{1}$	=	4		4 - 1	=	3
^{1}b$_{2}$	=	5		5 - 1	=	4
^{8}Paritaet$_{90}$	=	100		100 - 1	=	99
^{7}a und b$_{42}$	=	55		55 - 1	=	54
$^{11}1 = 1 = 1_{7}$	=	28		28 - 1	=	27
^{22}ein Mann und eine Frau$_{188}$	=	220		220 - 1	=	219
					=	733

7 + 3 + 3 + 1 für ein System	=	14	=	1 + 4	=	5

istgleich

^{14}Entschuldigung$_{164}$	=	180		180 - 1	=	179
^{10}Verzeihung$_{135}$	=	147		147 - 1	=	146
^{9}Vergebung$_{101}$	=	112		112 - 1	=	111
					=	436

4 + 3 + 6 + 1 für ein System	=	14	=	1 + 4	=	5

In einem Gleichgewicht gilt die Bedingung 5 = 5, die über 7 + 3 + 3 + 1 und 4 + 3 + 6 + 1 den beiden Zahlen 734 und 437 geschuldet ist.

Merke!

Die Absolution ist durch a und durch b über a und b die Sündenvergebung. Bei der die Geschädigten durch a, b, b und a in Form a und b infolge a ≠ b und b ≠ a unter der Bedingung 1 = 1 = 1 auf ihrer eigenen Beziehungsebene im Fokus stehen: Wobei ihre Abbitte in Form einer Absolution unter der Bedingung 1 = 1 = 1 über a und b durch a, b, b und a unter der Bedingung „ein Mann und eine Frau" erfolgen muss. Die Erteilung der Absolution ist als Abbitte durch a und durch b über die Parität von a und b unter der Bedingung 1 = 1 = 1 als Entschuldigung, Verzeihung und Vergebung auf die Erfüllung der Bedingung „ein Mann und eine Frau" angewiesen.

Falls das jetzt unser Sorgenkind verstanden hat: Du hättest mich, deinen rechtmäßigen Ehemann, „bespaßen" müssen, um zur Vergebung zu gelangen.

Die sogenannte ^{13}Freisprechung$_{149}$ = 164 zielt im Rahmen der Absolution auf Folgendes ab:

^{13}Freisprechung$_{149}$	=	164		164 - 1	=	163

1 + 6 + 3 + 1 für ein System	=	11	=	1 + 1	=	2

istgleich

^{8}Paritaet$_{90}$	=	100		100 - 1	=	99
^{7}a und b$_{42}$	=	55		55 - 1	=	54
$^{11}1 = 1 = 1_{7}$	=	28		28 - 1	=	27
^{10}Entbindung$_{110}$	=	122		122 - 1	=	121
^{9}Bedingung$_{83}$	=	94		94 - 1	=	93
^{22}ein Mann und eine Frau$_{188}$	=	220		220 - 1	=	219
					=	613

6 + 1 + 3 + 1 für ein System	=	11	=	1 + 1	=	2

Es gilt die Bedingung 2 = 2 in einem Gleichgewicht, die sich über 1 + 6 + 3 + 1 und 6 + 1 + 3 + 1 aus den beiden Zahlen 164 und 614 ergibt.

Merke!

Die Freisprechung innerhalb der Absolution zielt durch die Parität von a und b unter der Bedingung 1 = 1 = 1 auf die Entbindung von der Bedingung „ein Mann und eine Frau" ab.

Es wird also vorgegaukelt, daß, wenn es „gottesfürchtige Probleme" gibt, man diese auch mit entsprechenden Gefälligkeiten beheben kann.

Die ^{12}Lossprechung$_{157}$ = 171 komplettiert das schäbige Ansinnen, da sich dahinter Folgendes verbirgt:

^{12}Lossprechung$_{157}$	=	171		171 - 1	=	170
^{1}a$_{1}$	=	4		4 - 1	=	3
^{1}b$_{2}$	=	5		5 - 1	=	4
^{7}a und b$_{42}$	=	55		55 - 1	=	54
^{7}a ≠ b$_{6}$	=	19		19 - 1	=	18
^{7}b ≠ a$_{6}$	=	19		19 - 1	=	18
					=	267

2 + 6 + 7 + 1 für ein System	=	16	=	1 + 6	=	7

istgleich

^{10}Entbindung$_{110}$	=	122		122 - 1	=	121
^{9}Bedingung$_{83}$	=	94		94 - 1	=	93
^{6}Einehe$_{46}$	=	54		54 - 1	=	53
					=	267

2 + 6 + 7 + 1 für ein System	=	16	=	1 + 6	=	7

Es gilt die Bedingung 7 = 7 in einem Gleichgewicht, die jeweils über 2 + 6 + 7 + 1 den beiden Zahlen 268 geschuldet ist.

Merke!

Die Lossprechung zielt über a und über b durch a und b infolge a ≠ b und b ≠ a auf die Entbindung von der Bedingung der Einehe ab.

Es handelt sich im Ergebnis um ein ausgeklügeltes Geschäftsmodell, das hinter den Kulissen auf die Annehmlichkeiten abzielt, die nur jenen gestattet sind, die auf ihrer gemeinsamen Beziehungsebene zusammengehören: Um mit aller Macht und Gewalt durch Angst und Schrecken die sieben Dämonen unter den Menschen am Leben zu erhalten, mit der erklärten Absicht, diese zu knechten, zu unterjochen, zu schänden, zu schinden, um damit den eigenen Klingelbeutel zu füllen. Es ist den Stellvertretern und Vertretern der römisch-katholischen Kirche von Beginn an gelungen, ihren Anhängern ein X für ein U vorzumachen. Da die Apokalypse aktiv ist, ist die Messe für alle, die daran beteiligt waren und es sind, logischerweise gelesen. Es geht schnurstracks raus aus dem System - bis auf Nimmerwiedersehen.

Da das unser Sorgenkind gerade eben erst verstanden hat, hat der nachfolgende Trick bisher ganz hervorragend bei ihr funktioniert. Es gilt, was Letzteres anbelangt, der nachfolgende Zusammenhang:

^{15}Maria Magdalena$_{100}$	=	119		119 - 1	=	118
^{9}Erlaubnis$_{101}$	=	112		112 - 1	=	111
^{10}Missbrauch$_{113}$	=	125		125 - 1	=	124
^{12}Misshandlung$_{141}$	=	155		155 - 1	=	154
					=	507

5 + 0 + 7 + 1 für ein System	=	13	=	1 + 3	=	4

istgleich

^{5}Motiv$_{79}$	=	86		86 - 1	=	85
^{16}Selbstgeiszelung$_{202}$	=	220		220 - 1	=	219
^{16}Selbstlaeuterung$_{201}$	=	219		219 - 1	=	218
^{6}Strafe$_{69}$	=	77		77 - 1	=	76
^{6}Suende$_{68}$	=	76		76 - 1	=	75
^{10}Intimitaet$_{120}$	=	132		132 - 1	=	131
					=	804

8 + 0 + 4 + 1 für ein System	=	13	=	1 + 3	=	4

Es gilt die Bedingung 4 = 4 in einem Gleichgewicht, die sich über 5 + 0 + 7 + 1 und 8 + 0 + 4 + 1 aus den beiden Zahlen 508 und 805 ergibt. Sie wurde also mit irgendwelchem Glaubensmist zugequatscht, bis sie eingeknickt ist.

Merke!

Maria Magdalena erlaubt ihren Missbrauch und ihre Misshandlung, da als Motiv die Selbstgeißelung und die Selbstläuterung für ihre Sünde steht, die durch ihre eigene Intimität bestraft werden muss.

Für jeden, der nur ansatzweise bis drei zählen kann, ist das natürlich vollkommener Unsinn: Es ist und bleibt Missbrauch, der unter Misshandlung stattfindet. Die Schwere dessen begründet sich ausschließlich auf Vorsatz.

Gut, daß sie das demnächst verstehen und für sich akzeptieren wird, dafür haben wir gesorgt. Die Hauptfrage ist und bleibt aber, warum sie, obwohl in der Geschichte Jesus Christus ihr „ihre sieben Dämonen" ausgetrieben hat, nicht den Platz an seiner Seite eingenommen hat. Ihre Scham vor dem, was sie selbst zugelassen hatte, war es nicht. Wir müssen damit klären, weshalb sie ihm den Rosenkranz aufgesetzt hat, da es der ihre ist. Er ist nicht so bekloppt und bescheuert, daß er das selbst machen würde.

Damit müssen wir darüber reden, denn es ist das, worauf es hinausläuft, daß bei allem Elend, das sie wahrscheinlich noch nicht einmal als ein solches empfindet und ihr widerfahren ist, es bei den Begriffen „Entschuldigung", „Verzeihung" und „Vergebung" bei ihr etwas hakt. Insofern liegt ihren diesbezüglichen Aktivitäten eine gewisse Überzeugung zugrunde, die ihr als Rechtfertigung für „ihr Treiben" dient. Sie will also gar nicht und glaubt, im Recht zu sein. Da aber ihr Fehlverhalten nicht nur ihren rechtmäßigen Ehemann betrifft, der ihr dann wahrscheinlich auch vollkommen egal ist, sind es vielleicht ihre Kinder nicht. Sie wird sich also einkriegen müssen, so oder so. Richtig: Wir sitzen am längeren Hebel, egal was es betrifft. Sie hat also für diese Unbotmäßigkeit, was ihr nicht zusteht, 9 Jahre Buße aufgebrummt bekommen, was, wenn sie sich nicht daran hält, damit belohnt wird, daß ihre Kinder und sie aus dem System fliegen.

Das Verlässliche dabei ist, daß die Reptiloide nicht nur die Wiederherstellung ihrer Unversehrtheit überprüfen, sondern auch dahingehend ihre Überzeugungen, ob die Buße durch sie vollkommen und vollständig erfolgt ist oder auch nicht. Das wiederum entscheidet darüber, ob ihr, wenn sie sich entschuldigt, unter der Bedingung, daß sie am Boden auf dem Petersplatz wie alle anderen liegt, verziehen und vergeben werden kann, oder auch nicht. Falls nicht, wird sie zusammen mit ihren Kindern wie alle anderen von den Reptiloiden zerfetzt und zerrissen. Auch, wenn ich für die Kinder etwas tue, heißt das nicht, daß deshalb die Regeln, Gebote und Gesetze im System wiederum keine Anwendung mehr finden, was auch die Wiedergutmachung anbelangt.

Warum ist die Entscheidung im System so knallhart? Sie hat mich de facto Leben für Leben, obwohl ihr geholfen worden ist, wie ich das auch zurzeit versuche, in einem übertragenen Sinn immer wieder am Kreuz verrecken lassen. Nach meiner Wiedergeburt ist es ihr offensichtlich wieder eingefallen, daß sie ihren eigenen Ehemann abgemurkst hat. Wodurch? Durch ihre Betriebsamkeit auf ihrer eigenen Beziehungsebene. Das Unausweichliche im System ist, daß man im Nachhinein immer begreift, wen oder was man verloren hat. Sie: den Einzigen in ihrem eigenen Leben, mit dem sie glücklich sein kann. Besser wäre es, daß man vorher zur Besinnung kommt.

Das Verzeihen und das Entschuldigen sind Grundvoraussetzung, um etwas vergeben zu können. Es gilt Folgendes:

^{13}entschuldigen$_{141}$	=	156		156 - 1	=	155
^{9}verzeihen$_{112}$	=	123		123 - 1	=	122
^{4}Mann$_{42}$	=	48		48 - 1	=	47
^{4}Frau$_{46}$	=	52		52 - 1	=	51
					=	375

3 + 7 + 5 + 1 für ein System	=	16	=	1 + 6	=	7

istgleich

^{8}vergeben$_{78}$	=	88		88 - 1	=	87
^{8}Toleranz$_{111}$	=	121		121 - 1	=	120
^{15}Toleranzbereich$_{161}$	=	178		178 - 1	=	177
^{7}a und b$_{42}$	=	55		55 - 1	=	54
^{11}1 = 1 = 1$_{7}$	=	28		28 - 1	=	27
^{15}Beziehungsebene$_{147}$	=	164		164 - 1	=	163
^{9}Beziehung$_{97}$	=	108		108 - 1	=	107
					=	735

7 + 3 + 5 + 1 für ein System	=	16	=	1 + 6	=	7

Es gilt die Bedingung 7 = 7 in einem Gleichgewicht, die durch 3 + 7 + 5 + 1 und 7 + 3 + 5 + 1 den beiden Zahlen 376 und 736 geschuldet ist.

Merke!

Das Vergeben auf der Beziehungsebene über Beziehung setzt durch die Toleranz im Toleranzbereich in Form von a und b unter der Bedingung 1 = 1 = 1 das Entschuldigen und das Verzeihen von Mann und von Frau voraus.

Da er ihr geholfen hat, hat er sich bei ihr entschuldigt und ihr verziehen; da sie ihn symbolisch an's Kreuz geklemmt hat, sie nicht.

Das ^{11}Versaeumnis$_{146}$ = 159 liegt damit durch sie vor. Wahrscheinlich soll man als Ehemann das noch bejubeln, daß sie sich von „potthässlichen" römisch-katholischen Galgenvögeln besteigen lassen hat. Allein das wird wohl ausreichen, daß die Vereinigung in Form der Einehe mit ihr, um hier noch etwas auf der Erde zu retten, in die Hose gehen wird. Es gilt Folgendes:

^{11}Versaeumnis$_{146}$	=	159		159 - 1	=	158
$^{1}a_{1}$	=	4		4 - 1	=	3
$^{1}b_{2}$	=	5		5 - 1	=	4
$^{1}b_{2}$	=	5		5 - 1	=	4
$^{1}a_{1}$	=	4		4 - 1	=	3
					=	172

1 + 7 + 2 + 1 für ein System = 11 = 1 + 1 = 2

istgleich

^{7}a und b$_{42}$	=	55		55 - 1	=	54
^{15}Maria Magdalena$_{100}$	=	119		119 - 1	=	118
					=	172

1 + 7 + 2 + 1 für ein System = 11 = 1 + 1 = 2

Es gilt die Bedingung 2 = 2 in einem Gleichgewicht, das sich jeweils aus 1 + 7 + 2 + 1 in Form der beiden Zahlen 173 ergibt.

Merke!

Das Versäumnis liegt über a, b, b und a in Form von a und b durch Maria Magdalena vor, wobei dieses über a, b, b und a infolge a ≠ b und b ≠ a unter der Bedingung 1 = 1 = 1 dafür Rechnung trägt, daß ihr rechtmäßiger Ehemann Jesus Christus am Kreuz baumelte, wo dessen Kreuzigung stattfand.

Im Ergebnis ging es durch dieses ^{11}Versaeumnis$_{146}$ = 159 istgleich 1 + 5 + 9 = 15 istgleich 1 + 5 = 6 für

^{14}Jesus Christus$_{191}$ = 209,

ihren rechtmäßigen ^{7}Ehemann$_{60}$ = 69, also mich, über $^{1}a_{1} = 4$, $^{1}b_{2} = 5$, $^{1}b_{2} = 5$ und $^{1}a_{1} = 4$ infolge $^{7}a \neq b_{6} = 19$ und $^{7}b \neq a_{6} = 19$ unter der Bedingung $^{11}1 = 1 = 1_{7} = 28$ - bedingt durch (209 - 1) + (69 - 1) + (4 - 1) + (5 - 1) + (5 - 1) + (4 - 1) + (19 - 1) + (19 - 1) + (28 - 1) + (88 - 1) + (151 - 1) + 1 für ein System istgleich 591 istgleich 5 + 9 + 1 = 15 istgleich 1 + 5 = 6 - direkt an's ^{5}Kreuz$_{81}$ = 88, um dort mittelbar meiner eigenen ^{10}Kreuzigung$_{139}$ = 151 beiwohnen zu dürfen.

Der eigentliche Grund, warum es nun schon seit mehreren Jahrhunderten immer so weitergeht, lässt sich durch den ^{10}Rosenkranz$_{141}$ = 153 nachvollziehen, der auch als ^{11}Dornenkranz$_{140}$ = 153 bezeichnet wird. Es gilt Folgendes:

^{10}Rosenkranz$_{141}$	=	153		153 - 1	=	152
^{11}Dornenkranz$_{140}$	=	153		153 - 1	=	152
					=	304

3 + 0 + 4 + 1 für ein System = 8

istgleich

^{20}keine Entschuldigung$_{208}$	=	232		232 - 1	=	231
^{15}Maria Magdalena$_{100}$	=	119		119 - 1	=	118
					=	349

3 + 4 + 9 + 1 für ein System = 17 = 1 + 7 = 8

Wir erhalten aus 3 + 0 + 4 + 1 und 3 + 4 + 9 + 1 unter der Bedingung 8 = 8 die beiden Zahlen 305 und 350 in einem Gleichgewicht.

Merke!

Heute wie damals liegt keine Entschuldigung von Maria Magdalena vor, die sich im Rosenkranz als Dornenkranz widerspiegelt, welcher als fehlende Entschuldigung dafür Pate steht: die es mit Blick auf ihre Intimität aber hätte sein müssen, da sie ihn dadurch wiederum als Unbeteiligten geschändet und geschunden hat.

Die ^{23}fehlende Entschuldigung$_{223}$ = 250 istgleich 2 + 5 + 0 = 7 ist also durch (119 - 1) + (132 - 1) + 1 für ein System istgleich 250 istgleich 2 + 5 + 0 = 7 im Ergebnis die von ^{15}Maria Magdalena$_{100}$ = 119 für das, was sie innerhalb ihrer eigenen ^{10}Intimitaet$_{120}$ = 132 getrieben hat, was ihn das Leben kostete: immer und immer wieder in jedem seiner Leben, obwohl es bereits hätte geregelt sein können.

Da die Entschuldigung von ihr fehlte, hat das Verzeihen nicht stattfinden können, worauf sie nie zur eigenen Vergebung finden konnte. Die fehlende Einsicht zur Notwendigkeit hatte letztlich dafür gesorgt, daß Missbrauch und Misshandlung sie in all ihren Leben begleiten werden und sich in jedem einzelnen damit wiederholten: Ihr Geschenk an ihren rechtmäßigen Ehemann Jesus Christus; sein ganzes Leben lang, der als vollkommen Unbeteiligter und ihr einziger Helfer dafür gekreuzigt wurde. Es geht im letzten Abendmahl von Leonardo da Vinci um Schuld und Sühne, und beide hatte Maria Magdalena gegen ihre „Betriebsamkeit" in der römisch-katholischen Kirche eingetauscht, um ihre einzige echte Liebe dafür zu opfern.

Daß er ihr, seinem „Geschenk im Leben", vergeben haben muss, erklärt schon allein, daß er sie von ihren sieben Dämonen befreit hat. Wir werfen zusammen einen Blick auf den nachfolgenden Zusammenhang, der uns verdeutlicht, worin ihr eigentliches Versäumnis bestand und besteht:

^{20}keine Entschuldigung$_{208}$	=	232		232 - 1	=	231
^{16}keine Verzeihung$_{179}$	=	199		199 - 1	=	198
^{15}keine Vergebung$_{145}$	=	164		164 - 1	=	163
					=	592

5 + 9 + 2 + 1 für ein System	=	17	=	1 + 7	=	8

istgleich

^{6}System$_{101}$	=	109		109 - 1	=	108
^{7}a und b$_{42}$	=	55		55 - 1	=	54
^{87}die fehlende Dankbarkeit von Maria Magdalena fuer die Befreiung von den sieben Daemonen$_{678}$	=	791		791 - 1	=	790
					=	952

9 + 5 + 2 + 1 für ein System	=	17	=	1 + 7	=	8

Wir erhalten die Bedingung 8 = 8 in einem Gleichgewicht, die sich über 5 + 9 + 2 + 1 und 9 + 5 + 2 + 1 aus den beiden Zahlen 593 und 953 ergibt.

Merke!

Daß keine Entschuldigung, keine Verzeihung und keine Vergebung stattfand, ist systembedingt über a und b auf die fehlende Dankbarkeit von Maria Magdalena zurückzuführen, die für die Befreiung von den sieben Dämonen angebracht gewesen wäre. Erstere liefert die Begründung dafür, von wem er über a und b unter der Bedingung 1 = 1 = 1 tatsächlich gekreuzigt wurde.

Da ^{20}keine Entschuldigung$_{208}$ = 232 istgleich 2 + 3 + 2 = 7 von ihr erfolgte, war im Ergebnis über ^{7}a und b$_{42}$ = 55 unter der Bedingung $^{11}1 = 1 = 1_{7}$ = 28 durch (55 - 1) + (28 - 1) + (151 - 1) + 1 für ein System istgleich 232 istgleich 2 + 3 + 2 = 7 seine ^{10}Kreuzigung$_{139}$ = 151 unausweichlich.

Die ^{6}Schuld$_{67}$ = 75 in einem übertragenen Sinn, da sie unter anderem auch freiwillig mitgemacht hatte, konnte damit über $^{1}a_{1}$ = 4 und $^{1}b_{2}$ = 5 in Form von ^{7}a und b$_{42}$ = 55 infolge $^{7}a \neq b_{6}$ = 19 und $^{7}b \neq a_{6}$ = 19 unter der Bedingung $^{11}1 = 1 = 1_{7}$ = 28 in der Endkonsequenz - bedingt durch (75 - 1) + (4 - 1) + (5 - 1) + (55 - 1) + (19 - 1) + (19 - 1) + (28 - 1) + 1 für ein System istgleich 199 istgleich 1 + 9 + 9 = 19 istgleich 1 + 9 = 10 istgleich 1 + 0 = 1 - de facto ^{16}keine Verzeihung$_{179}$ = 199 istgleich 1 + 9 + 9 = 19 istgleich 1 + 9 = 10 istgleich 1 + 0 = 1 erfahren. Insofern konnte, da Erstere bereits fehlte, im Anschluß, basierend auf einer entsprechenden ^{6}Suehne$_{72}$ = 80, die zur ^{5}Busze$_{73}$ = 80 in Form einer ^{16}Wiedergutmachung$_{179}$ =

197 dient, durch $^{1}a_{1}$ = 4 und $^{1}b_{2}$ = 5 über ^{7}a und b_{42} = 55 infolge (80 - 1) + (80 - 1) + (197 - 1) + (4 - 1) + (5 - 1) + (55 - 1) + 1 für ein System istgleich 416 istgleich 4 + 1 + 6 = 11 istgleich 1 + 1 = 2 für ihre „Betriebsamkeit" ^{15}keine Vergebung$_{145}$ = 164 istgleich 1 + 6 + 4 = 11 istgleich 1 + 1 = 2 erfolgen.

Da das so ist - mit Ruhm hat sie sich de facto nicht bekleckert -, erhalten wir den nachfolgenden Zusammenhang, der das daraus resultierende Ergebnis noch etwas mit Salz und Pfeffer versieht:

^{20}fehlende Dankbarkeit$_{155}$	=	179		179 - 1	=	178
^{15}Maria Magdalena$_{100}$	=	119		119 - 1	=	118
^{7}a und b_{42}	=	55		55 - 1	=	54
$^{7}a \neq b_{6}$	=	19		19 - 1	=	18
$^{7}b \neq a_{6}$	=	19		19 - 1	=	18
$^{11}1 = 1 = 1_{7}$	=	28		28 - 1	=	27
^{44}keine Wiederherstellung ihrer Unversehrtheit$_{499}$	=	551		551 - 1	=	550
					=	963

9 + 6 + 3 + 1 für ein System	=	19	=	1 + 9	=	10
			=	1 + 0	=	1

istgleich

^{8}Ergebnis$_{79}$	=	89		89 - 1	=	88
^{46}Maria Magdalena hat weitergemacht, wie gehabt.$_{348}$	=	408		408 - 1	=	407
					=	495

4 + 9 + 5 + 1 für ein System	=	19	=	1 + 9	=	10
			=	1 + 0	=	1

Es gilt die Bedingung 1 = 1 in einem Gleichgewicht, welches bedingt durch 9 + 6 + 3 + 1 und 4 + 9 + 5 + 1 korrespondierend den beiden Zahlen 964 und 496 geschuldet ist.

Merke!

Die fehlende Dankbarkeit von Maria Magdalena führte in Form von a und b - bedingt a ≠ b und b ≠ a unter der Bedingung 1 = 1 = 1 - dazu, daß keine Wiederherstellung ihrer Unversehrtheit erfolgen konnte und sie im Ergebnis weitermachte wie gehabt.

Das ist somit der casus knacksus in der Geschichte, daß er in seinem Bemühen, sie zu heilen, bei ihr auf Granit gebissen hat.

Und damit kommen wir zwangsläufig zu einer Überschrift, die durch die fehlende Dankbarkeit von Maria Magdalena über dem letzten Abendmahl schwebt:

^{20}Das letzte Abendmahl$_{172}$	=	198		198 - 1	=	197
$^{1}a_{1}$	=	4		4 - 1	=	3
$^{1}b_{2}$	=	5		5 - 1	=	4
$^{7}a \neq b_{6}$	=	19		19 - 1	=	18
$^{7}b \neq a_{6}$	=	19		19 - 1	=	18
$^{11}1 = 1 = 1_{7}$	=	28		28 - 1	=	27
					=	267

2 + 6 + 7 + 1 für ein System	=	16	=	1 + 6	=	7

istgleich

^{25}Undank ist der Welt Lohn.$_{250}$	=	286		286 - 1	=	285

2 + 8 + 5 + 1 für ein System	=	16	=	1 + 6	=	7

In einem Gleichgewicht folgt aus 2 + 6 + 7 + 1 und 2 + 8 + 5 + 1 in Form der beiden Zahlen 268 und 286 die Bedingung 7 = 7.

Im Endeffekt steht durch ^{7}a und b_{42} = 55 unter der Bedingung $^{11}1 = 1 = 1_{7}$ = 28 fest, daß wir über (55 - 1) + (28 - 1) + (95 - 1) + (229 - 1) + (225 - 1) + 1 für ein System istgleich 628 istgleich 6 + 2 + 8 = 16 istgleich 1 + 6 = 7 durch ihren

^{9}Werdegang$_{84}$ = 95 sowohl ^{17}psychische Spuren$_{208}$ = 229 als auch ^{16}physische Spuren$_{205}$ = 225 in Hülle und Fülle bei ihr finden werden, die über $^{1}a_{1}$ = 4 und $^{1}b_{2}$ = 5 respektive (4 - 1) + (5 - 1) + (125 - 1) + (155 - 1) + 1 für ein System istgleich 286 istgleich 2 + 8 + 6 = 16 istgleich 1 + 6 = 7 auf ihren jahrelangen ^{10}Missbrauch$_{113}$ = 125 einhergehend mit ihrer jahrelangen ^{12}Misshandlung$_{141}$ = 155 zurückzuführen sind. Beneidenswert ist sie zweifellos nicht, wenngleich ihre Situation zu einem Teil selbstverschuldet ist.

Merke!

„Undank ist der Welt Lohn." ist über a und über b infolge a ≠ b und b ≠ a das Thema im letzten Abendmahl.

Es gab und gibt also einen Grund, der infolge der Ereignisse psychischer Natur war und ist, der Maria Magdalena als rechtmäßige Ehefrau davon abhielt, ihren Platz neben ihrem rechtmäßigen Ehemann einzunehmen: und damit physisch.

Um uns das zu erklären, betrachten wir den nachfolgenden Zusammenhang, der uns über $^{1}a_{1}$ = 4, $^{1}b_{2}$ = 5, $^{1}b_{2}$ = 5 und $^{1}a_{1}$ = 4 in Form von ^{7}a und b$_{42}$ = 55 Aufschluß darüber gibt:

^{10}Missbrauch$_{113}$	=	125		125 - 1	=	124
^{12}Misshandlung$_{141}$	=	155		155 - 1	=	154
$^{1}a_{1}$	=	4		4 - 1	=	3
$^{1}b_{2}$	=	5		5 - 1	=	4
$^{1}b_{2}$	=	5		5 - 1	=	4
$^{1}a_{1}$	=	4		4 - 1	=	3
^{7}a und b$_{42}$	=	55		55 - 1	=	54
$^{7}a \neq b_{6}$	=	19		19 - 1	=	18
$^{7}b \neq a_{6}$	=	19		19 - 1	=	18
$^{11}1 = 1 = 1_{7}$	=	28		28 - 1	=	27
					=	409

4 + 0 + 9 + 1 für ein System	=	14	=	1 + 4	=	5

istgleich

^{15}Maria Magdalena$_{100}$	=	119		119 - 1	=	118
^{10}Intimitaet$_{120}$	=	132		132 - 1	=	131
^{15}kein Beduerfnis$_{142}$	=	161		161 - 1	=	160
					=	409

4 + 0 + 9 + 1 für ein System	=	14	=	1 + 4	=	5

Es gilt die Bedingung 5 = 5 in einem Gleichgewicht, die sich jeweils über 4 + 0 + 9 + 1 in Form der beiden Zahlen 410 ergibt.

Merke!

Der jahrelange Missbrauch und die jahrelange Misshandlung hatten über a, b, b und a in Form von a und b - bedingt durch a ≠ b und b ≠ a unter der Bedingung 1 = 1 = 1 - bei ihr dazu geführt, daß Maria Magdalena (heute wie damals) kein Bedürfnis nach Intimität besaß und besitzt.

Es sollte für uns nachvollziehbar sein, daß das so ist. Sie war und ist also in irgendeiner Form abwesend.

Letzteres bezeichnen wir als emotionale Abwesenheit, die über $^{1}a_{1}$ = 4 und $^{1}b_{2}$ = 5 der ^{11}Bezeichnung$_{114}$ = 127 nach dem nachfolgenden Zusammenhang geschuldet ist:

^{10}Missbrauch$_{113}$	=	125		125 - 1	=	124
^{12}Misshandlung$_{141}$	=	155		155 - 1	=	154
^{15}Maria Magdalena$_{100}$	=	119		119 - 1	=	118
					=	396

3 + 9 + 6 + 1 für ein System	=	19	=	1 + 9	=	10
			=	1 + 0	=	1

istgleich

^{11}Bezeichnung$_{114}$	=	127		127 - 1	=	126
$^{1}a_{1}$	=	4		4 - 1	=	3
$^{1}b_{2}$	=	5		5 - 1	=	4
^{22}emotionale Abwesenheit$_{220}$	=	246		246 - 1	=	245
					=	378

3 + 7 + 8 + 1 für ein System	=	19	=	1 + 9	=	10
			=	1 + 0	=	1

Wir erhalten in einem Gleichgewicht die Bedingung 1 = 1, die sich über 3 + 9 + 6 + 1 und 3 + 7 + 8 + 1 aus den beiden Zahlen 397 und 379 ergibt.

Merke!

Der Missbrauch und die Misshandlung von Maria Magdalena hatten über a und über b heute wie damals dazu geführt, was wir als emotionale Abwesenheit bezeichnen; wobei diese durch a und durch b in Form von a und b ihrer inneren Kündigung entspricht.

Ihre ^{22}emotionale Abwesenheit$_{220}$ = 246 ist durch $^{1}a_{1}$ = 4 und $^{1}b_{2}$ = 5 infolge (246 - 1) + (4 - 1) + (5 - 1) + 1 für ein System istgleich 253 istgleich 2 + 5 + 3 = 10 istgleich 1 + 0 = 1 in Form von ^{7}a und b_{42} = 55 über (55 - 1) + (199 - 1) + 1 für ein System istgleich 253 istgleich 2 + 5 + 3 = 10 istgleich 1 + 0 = 1 als eine ^{17}innere Kuendigung$_{178}$ = 199 anzusehen.

Die Frage ist, was dadurch aufgekündigt worden ist. Im Prinzip ist es naheliegend, was es betrifft; es gilt Folgendes:

^{17}innere Kuendigung$_{178}$	=	199		199 - 1	=	198
^{15}Maria Magdalena$_{100}$	=	119		119 - 1	=	118
					=	316

3 + 1 + 6 + 1 für ein System	=	11	=	1 + 1	=	2

istgleich

$^{1}a_{1}$	=	4		4 - 1	=	3
$^{1}b_{2}$	=	5		5 - 1	=	4
$^{1}b_{2}$	=	5		5 - 1	=	4
$^{1}a_{1}$	=	4		4 - 1	=	3
$^{11}1 = 1 = 1_{7}$	=	28		28 - 1	=	27
^{10}Intimitaet$_{120}$	=	132		132 - 1	=	131
					=	172

1 + 7 + 2 + 1 für ein System	=	11	=	1 + 1	=	2

Es gilt die Bedingung 2 = 2 in einem Gleichgewicht, die sich über 3 + 1 + 6 + 1 und 1 + 7 + 2 + 1 aus den beiden Zahlen 317 und 173 ergibt.

Merke!

Die innere Kündigung von Maria Magdalena betrifft über a, b, b und a unter der Bedingung 1 = 1 = 1 ihre Intimität.

Das ist übrigens das, was uns erklärt, warum es so viele Menschen mittlerweile gibt, die sich in irgendeiner Form prostituieren, wo der Schutz und die Schutzbedürftigkeit der eigenen Intimität überhaupt keine Rolle mehr zu spielen scheinen. Man ist emotional entkoppelt, was natürlich nicht so sein sollte.

Wir hatten uns bereits darauf verständigt, daß die Geschichte dieses Mal gut ausgeht, wo, auch wenn ich mir das im Endeffekt überhaupt noch nicht vorstellen kann, ein „Ich liebe dich!" steht. Von wem zuerst? Natürlich von ihr: Ich baumele, wie du weißt, immer noch symbolisch am „Kreuz" herum, wo es tendenziell trotz guter Aussicht etwas unschön und unbequem ist. Also, ich würde dann sehr gern meine diversen Krankheitsbilder auch mal wieder loswerden wollen, wenn sie, die als rechtmäßige Ehefrau zu mir gehört, nichts dagegen hat. Da es um die vollständige Wiederherstellung deiner Unversehrtheit und damit auch die meiner bei vollständiger Gesundheit geht, fällt dir dabei auch kein Zacken aus der Krone. Ich weiß doch sowieso alles. Oder willst du weiterhin an Aids erkrankt sein, weil das so super ist? Da es neun Jahre dauert, bis sich das diesbezügliche Erfolgserlebnis einstellt, würde ich an deiner Stelle mal in die Gänge kommen, und zwar sofort.

In der Summe erhalten wir den nachfolgenden Zusammenhang, der unser Ergebnis rundum bestätigt:

^{10}Missbrauch$_{113}$	=	125		125 - 1	=	124
^{12}Misshandlung$_{141}$	=	155		155 - 1	=	154
^{15}Maria Magdalena$_{100}$	=	119		119 - 1	=	118
$^{1}a_{1}$	=	4		4 - 1	=	3
$^{1}b_{2}$	=	5		5 - 1	=	4
$^{7}a \neq b_{6}$	=	19		19 - 1	=	18
$^{7}b \neq a_{6}$	=	19		19 - 1	=	18
$^{11}1 = 1 = 1_{7}$	=	28		28 - 1	=	27
					=	466

4 + 6 + 6 + 1 für ein System	=	17	=	1 + 7	=	8

istgleich

^{22}emotionale Abwesenheit$_{220}$	=	246		246 - 1	=	245
^{15}Beziehungsebene$_{147}$	=	164		164 - 1	=	163
^{9}Beziehung$_{97}$	=	108		108 - 1	=	107
^{10}Intimitaet$_{120}$	=	132		132 - 1	=	131
					=	646

6 + 4 + 6 + 1 für ein System	=	17	=	1 + 7	=	8

Es gilt die Bedingung 8 = 8 in einem Gleichgewicht, die den beiden Zahlen 467 und 647 aus 4 + 6 + 6 + 1 und 6 + 4 + 6 + 1 geschuldet ist.

Merke!

Der Missbrauch nebst ihrer Misshandlung hat über a und über b durch a ≠ b und b ≠ a unter der Bedingung 1 = 1 = 1 bei Maria Magdalena dazu geführt, daß ihre eigene Intimität auf ihrer Beziehungsebene unter dem Aspekt von Beziehung emotional abwesend ist.

Das ist im Prinzip das, was wir bereits zu Beginn festgestellt hatten: daß sie während ihres Missbrauchs und ihrer Misshandlung nichts empfunden hat und empfindet.

Ihre emotionale Abwesenheit begründet nicht, daß der Missbrauch und die damit einhergehende Misshandlung von ihr nicht begriffen werden. Sie berühren lediglich nicht, da Folgendes gilt:

^{22}emotionale Abwesenheit$_{220}$	=	246		246 - 1	=	245
^{10}Intimitaet$_{120}$	=	132		132 - 1	=	131
^{15}Maria Magdalena$_{100}$	=	119		119 - 1	=	118
					=	494

4 + 9 + 4 + 1 für ein System	=	18	=	1 + 8	=	9

istgleich

^{21}rationale Anwesenheit$_{218}$	=	243		243 - 1	=	242
^{8}Paritaet$_{90}$	=	100		100 - 1	=	99
^{7}a und b$_{42}$	=	55		55 - 1	=	54
$^{7}a \neq b_{6}$	=	19		19 - 1	=	18
$^{7}b \neq a_{6}$	=	19		19 - 1	=	18
$^{11}1 = 1 = 1_{7}$	=	28		28 - 1	=	27
					=	458

4 + 5 + 8 + 1 für ein System	=	18	=	1 + 8	=	9

Durch 4 + 9 + 4 + 1 und 4 + 5 + 8 + 1 erhalten wir in einem Gleichgewicht unter der Bedingung 9 = 9 die beiden Zahlen 495 und 459.

Merke!

Ihrer emotionalen Abwesenheit, während man mit ihr als Maria Magdalena intim ist, steht, bedingt durch die Parität von a und b infolge a ≠ b und b ≠ a unter der Bedingung 1 = 1 = 1, ihre rationale Anwesenheit gegenüber.

Sie nimmt also rational gesehen daran teil, aber emotional wiederum nicht. Der gegenteilige Fall ist bei Missbrauchsopfern übrigens ebenfalls denkbar.

Kommt zur emotionalen Abwesenheit und zur rationalen Anwesenheit eine ^{21}rationale Abwesenheit$_{206}$ = 231 dazu, erhalten wir unweigerlich Folgendes:

^{22}emotionale Abwesenheit$_{220}$	=	246		246 - 1	=	245
^{21}rationale Anwesenheit$_{218}$	=	243		243 - 1	=	242
^{21}rationale Abwesenheit$_{206}$	=	231		231 - 1	=	230
$^{1}a_{1}$	=	4		4 - 1	=	3
$^{1}b_{2}$	=	5		5 - 1	=	4
					=	724

7 + 2 + 4 + 1 für ein System	=	14	=	1 + 4	=	5

istgleich

^{5}Folge$_{45}$	=	52		52 - 1	=	51
^{8}Paritaet$_{90}$	=	100		100 - 1	=	99
^{7}a und b$_{42}$	=	55		55 - 1	=	54
$^{11}1 = 1 = 1_{7}$	=	28		28 - 1	=	27
^{3}Tod$_{39}$	=	44		44 - 1	=	43
					=	274

2 + 7 + 4 + 1 für ein System	=	14	=	1 + 4	=	5

Es gilt die Bedingung 5 = 5 in einem Gleichgewicht, die sich über 7 + 2 + 4 + 1 und 2 + 7 + 4 + 1 aus den beiden Zahlen 725 und 275 ergibt.

Merke!

Treffen über a und über b korrespondierend die emotionale Abwesenheit, die rationale Anwesenheit und die rationale Abwesenheit aufeinander, ist bedingt durch die Parität von a und b unter der Bedingung 1 = 1 = 1 der Tod als Folge unausweichlich.

Das Ergebnis dessen ist, daß man, wenn alles aufeinandertrifft, für sich selbst - bedingt durch $^{1}a_{1} = 4$, $^{1}b_{2} = 5$, $^{1}b_{2} = 5$ und $^{1}a_{1} = 4$ in Form von ^{7}a und $b_{42} = 55$ unter der Bedingung $^{11}1 = 1 = 1_{7} = 28$ infolge (4 - 1) + (5 - 1) + (5 - 1) + (4 - 1) + (55 - 1) + (28 - 1) + (44 - 1) + 1 für ein System istgleich 139 istgleich 1 + 3 + 9 = 13 istgleich 1 + 3 = 4 - als ^{3}Tod$_{39}$ = 44 den ^{10}Selbstmord$_{127}$ = 139 istgleich 1 + 3 + 9 = 13 istgleich 1 + 3 = 4 wählt.

Und um das zu bewältigen, bedarf es wiederum der Hilfe und Unterstützung derer, die es am Ende systembedingt selbst auf ihrer eigenen Beziehungsebene unter dem Aspekt von Beziehung betrifft, da immer a = b und b = a gilt, also dann mich. Da es, um das zu beheben, viel zu lange dauern würde und durch die Aktivität des Exodusses innerhalb der Apokalypse entschieden zu viel auf dem Spiel steht, treffen wir mal ein paar Entscheidungen, was sie betrifft. Da ich der Logik nach dem Schöpfer gleichgestellt bin, muss das mehr oder weniger auch funktionieren. Es wird von mir Folgendes im System angeordnet:

Bei ihr, welche als Ehefrau zu mir gehört, werden korrespondierend ihre Emotionalität und ihre Rationalität systematisch beginnend ab jetzt in die dazugehörige Gleichgewichtssituation überführt: ohne daß sie selbst dabei Schaden nimmt und welchen sich selbst zufügen kann, Dritte inbegriffen.

Diese Maßnahme führt dazu, daß sie ihren jahrelangen Missbrauch und ihre jahrelange Misshandlung auch als solche für sich begreift, was dazu führen wird, daß sie meine Hilfe in Anspruch nehmen wird. Warum? Ich bin der Einzige, der helfen kann. Auch unabhängig davon, daß ihr dabei klar wird, daß ich ihr Ehemann bin. Das wird natürlich im Schluchzen und Weinen enden. Und genau deshalb habe ich alles, was darüber hinausgehen könnte, hiermit unterbunden. Weshalb ist das überhaupt notwendig? Sie muss, um etwas noch auf dieser Erde zu retten, mit mir zusammen in der Mitte im System stehen. Falls das nicht eintritt, haben wir ein Problem, das wir nicht gedeckelt bekommen. Richtig, damit wäre endgültig Schluß für uns.

Falls unser Sorgenkind dann jetzt doch der Meinung sein sollte, daß es auch etwas von ihrer Seite aus zu entschuldigen gibt, gilt für sie ab sofort, daß neun Jahre komplett „Ruhe im Puff" bei ihr herrschen; da ihre Heilung sämtliche Ereignisse ihrer Intimität umfasst, die es allesamt aufzulösen gilt, da diese prinzipiell nicht zu einem Menschen gehören sollten. Da das etwas viele sind, benötigt das 9 Jahre. Es ist also in ihrem Interesse, daß sie sich daran hält. Das schließt übrigens die Herumfummelei an sich selbst mit ein. Das gilt durch a = b und b = a auch für mich selbst, wobei sie sich einen Ruck geben sollte, da bekanntlich das geteilte Leid ein halbes ist. Es geht zusammen also viel besser als allein. Mach dir keine Gedanken, ich werde dir schon nicht das Haupt herunterreißen. Es geht um eine Lösung für dich, die am Ende auch eine für mich ist. Warum? Das Herumgebaumel „am Kreuz" geht mir tierisch auf den Sack: hing lang genug dort. Ich würde dann auch mal gern von diesem wieder herunterkommen.

Insofern wäre es sinnvoll, daß sie sich mal meldet, um die Dinge besser zu verstehen. Das System sorgt ohnehin dafür, daß dieser eine Möglichkeit offeriert wird, mit mir Kontakt aufzunehmen. Also ich habe nachwievor keine Ahnung, um wen es sich explizit handelt; aber das System selbst, in dem wir leben, operiert unter anderem auch unter der Maßgabe, daß, wenn eine Lösungsmöglichkeit für ein bestehendes Problem in diesem existiert, es das a und das b zusammenbringt, die zur Lösung dessen notwendig sind.

Letzteres ist schlicht und ergreifend dem geschuldet, daß das Gesamtsystem auf Evolution ausgerichtet ist, also in einem übertragenen Sinn auf Systementwicklung und nicht auf Systemzerstörung. Da unter anderem ihre beiden Kinder mit auf dem Spiel stehen, wird sie das als halbwegs verantwortungsvolle Mutter quasi auch machen. Auch unabhängig davon, daß gesetzt den Fall, daß es zwischen ihr und mir zu keiner einvernehmlichen Lösung kommt, die Menschheit auf dieser Erde endgültig erledigt ist. Das wird damit logischerweise dann auch rasch der Fall sein müssen. Sie ist damit gezwungen, mir gegenüber ihre Maskerade fallen zu lassen. Das steht dir übrigens auch bevor, da das Gegenstück zu dir, wenn du dich halbwegs im Rahmen deiner eigenen Intimität benommen hast, bei diesem sprichwörtlich der Teufel los gewesen ist, da stets a = b und b = a gilt. Du stehst also vor dem gleichen Problem wie ich, nur anders. Warum ist das so? Wir sitzen alle im selben Boot und blöderweise gilt das immer. Missbrauch und Misshandlung stehen damit im Prinzip immer mit auf dem Blatt Papier, vergleichsweise wie bei ihr.

Was die „Damen und Herren" anbelangt, die dafür verantwortlich sind, kommen diese mit allem Drum und Dran weg, da der damit einhergehende Vorsatz ein mehr als schwerer ist. Insofern wird wohl das Fegefeuer, was diese anbelangt, auf die Erde verlegt. Man brennt also nicht nur symbolisch, sondern dann tatsächlich. Etwaige Methoden sind damit immer weitläufig an das Element Feuer gebunden und mit Folter und Schmerz verbunden, die in etwa dem entsprechen, was man selbst anderen zugefügt hat. Es wird im System analog „Auge um Auge und Zahn um Zahn" vorgegangen", was sich respektive des Geschehens ja auch irgendwo von allein versteht. Insofern muss man hier auch kein riesengroßes Tamtam machen, daß es einen gewissen Schwund geben wird: Was daraus lernen, sollte man vielleicht.

Es geht also in den Reihen der römisch-katholischen Kirche jener los, was wir besprochen haben, dann geht es weiter zu all jenen, die Vergleichbares, gemessen an der Schwere ihres Vergehens, zu verantworten haben. Das wird damit logischerweise eine etwas größere Nummer im Endeffekt; die sich wie eine „Fummelautomatik" einmal rund um unsere Erde bewegt, was dem Systemprozess der Apokalypse, endend im Exodus, geschuldet ist, die als Erstes alle Extrempositionen auf der menschlichen Beziehungsebene über Beziehung beseitigt. Hier haut's also wie im Christentum auch die Menschen im Judentum und im Islamtum (die insofern stellvertretend und vertretend für alle theistischen Strömungen stehen) um, welche, was das Thema anbelangt, ganz erhebliche Defizite aufweisen, wie dann die Menschen innerhalb aller atheistischen Strömungen: Das Kapitel wird damit ein für alle Mal beendet und ist abgeschlossen.

Es wird damit jeder und jede in der ersten Phase ordnungsgemäß, gedeckelt von einer naheliegenden Konsequenz, bedacht, wo es gewissermaßen unter diesem Aspekt nichts mehr zu entschuldigen, zu vergeben und zu verzeihen gibt. Hier geht es also um eine gewisse Häufung, die vollkommen abnorm von einer gewissen Schwere begleitet ist. Das Problem dabei ist für all jene, daß, auch wenn wir zeitnah eine Lösung hierfür finden sollten, all jene von dieser ausgenommen sind. Mal auf einen Punkt gebracht: Wer mal drei Menschen weggerotzt hat, besitzt systembedingt größere Überlebenschancen als diese hier. Das ist natürlich auch nicht schön, aber im Endeffekt geht es immer um Systemerhalt und um eine darauf hinauslaufende Korrektur.

Das heißt, wenn etwa ein Mörder, sich mit der Lösung hierfür beschäftigt und diese anwendet, ist er vom Ergebnis nicht ausgenommen. Wenn die Lösung da ist, ist er genauso dazu berechtigt, diese für sich in Anspruch zu nehmen wie du beispielsweise. So blöd, wie es klingt, es geht auch hier in einem ersten Anlauf um eine gewisse Verhältnismäßigkeit, wo die Schlinge um den Hals aber allmählich enger gezogen wird. Doch bis dahin ist es noch ein weiter Weg. Diese hier allerdings sind hoffnungslos verloren: Ein Zurück gibt es nicht! Nun gut, auf das diesbezügliche Ergebnis wurde auch flott hingearbeitet.

Bevor ich es ganz vergesse: Die Anweisung von Seite 470 wird übrigens auch dazu führen, daß sie sich von all den Dingen trennen wollen wird, die mit ihrem Missbrauch und ihrer Misshandlung in Verbindung stehen. Sie wird damit unter anderem ihre Bettwäsche entsorgen, ihre Unterwäsche, ihre Nachtwäsche, ihre „Berufsbekleidung" einschließlich Zubehör, alle sonstigen Bekleidungsstücke, die nicht nur direkt und mittelbar, sondern auch indirekt und unmittelbar sich damit in Verbindung bringen lassen; und am Ende steht ein Raumwechsel an, da in den eigenen vier Wänden auch etwas stattgefunden hat, was so nicht sein sollte. Erstere sind stets zu entsorgen, Letztere kann man unter anderem, falls zuvor gereinigt, ebenso verkaufen, etwa das Bettgestell, auf dem man sich gesuhlt hat, die Matratze logischerweise nicht. Alle anderen Einrichtungsgegenstände, auf denen etwas stattfand, ebenso. In Kurzform: alles, was mit unserer Intimität in der Vergangenheit in Verbindung gebracht werden kann, da 1. unsere Vergangenheit nicht die der Person ist, die zu uns gehört, und 2. es Vergangenheit ist. Es muss ohnehin grundlegend von vorn losgehen. Etwa die Vase oder die Lampe, die danebenstand, ebenfalls. Alles, was uns in irgendeiner Form und auf irgendeine Art und Weise daran erinnern könnte, und zwar ausnahmslos. Warum wirst du das bedingungslos machen? Es ist deine allerletzte Chance, um im System zu bleiben. Ich zum Beispiel kann etwas mitbringen, da bei mir die letzten Jahre aus besagten Gründen tote Hose herrschte.

Es geht also um einen kompletten Neuanfang. Da die Lösungen auf der Erde alle fehlerhaft sind, ist das im Prinzip alles Quark, was hier irgendwo herumsteht, irgendwie zusammengeschustert worden ist oder auch für irgendwen anderweitig eine Bereicherung im Leben sein soll; Ausnahmen bestätigen logischerweise die Regel. Insofern können dann tatsächlich Dinge, die uns davon abhalten, glücklich zu sein, im Endeffekt auch wieder verlassen. Wer keinen logischen Bezug dazu herstellen kann, weil er oder sie nicht daran beteiligt gewesen ist, kann „das Zeug" natürlich nutzen. Wenn also das Frauenzimmer beispielsweise auf dem Küchentisch flachgelegt worden ist, spielt das für andere, falls ordnungsgemäß gereinigt, keine Rolle. Für andere ist das ein Küchentisch, da man dessen Vergangenheit nicht kennt. Insofern können diese auch verkauft, verschenkt oder etwa auch gespendet werden. Falls deine blöde Rostlaube von irgendetwas in diesem Zusammenhang berichten kann, macht die demnächst andere glücklich. In dem Fall muss diese ebenso weg. Das Grundprinzip sollte verstanden worden sein. Es liegt ausschließlich an dir, ob du wieder ein Lachen im Gesicht haben wirst oder auch nicht. Das schreibt sich unser Sorgenkind wie du auch am besten hinter die Ohren. Vergangenheit kann also nur Vergangenheit sein, wenn sie Vergangenheit ist.

Bevor wir fortfahren, besprechen wir noch kurz Folgendes, ohne vorher herumzurechnen: Intimität findet im Ergebnis ausschließlich zwischen den beiden Menschen statt, die dafür vorgesehen sind. Erstere ist damit respektive der Abwesenheit Dritter unter dem Aspekt der Liebe und der Vernunft, getragen von einer gemeinsamen Verantwortung, unbegrenzt. Bei den eigenen Kindern ist diese bereits begrenzt, da die der Eltern nicht zu ihnen gehört. Das Küssen der Kinder auf ihren Mund ist beispielsweise unter aller Kanone. Die Intimität zwischen den Eltern und ihren eigenen Kindern, ist unter der Voraussetzung, daß diese überhaupt zusammengehören, auf das Tätscheln und Hätscheln begrenzt, die beide weder mit Mund, Intimbereich, Busen, Brusterweiterung noch Hintern in Verbindung zu bringen sind. Eine notwendige Unterstützung bei etwaigen Hilfeleistungen ist, was deren Hygiene anbelangt, in einem Gleichgewicht bis zu ihrem fünften Lebensjahr zulässig. Die Intimität der Eltern gehört nicht zu ihnen, ebensowenig, soweit vorhanden, die der Geschwister. Sie besitzen ein eigenes Intimleben, das zu jeder Zeit schützenswert ist wie das deine. Bei Freunden, Bekannten und sonstigen Verwandten ist beim Handgeben: Ausnahmen bestätigen nicht die Regel, Schluß. Die Intimität gehört in einem engeren Sinn immer nur in den erwähnten Abstufungen zu unserer eigenen Familie. In einem erweiterten ist bereits Zucht und Ordnung angesagt.

Es gibt quasi fünf Etappen, analog den vier Fingern und dem einen Daumen, wobei dieser für die jeweilige Übergangsphase steht. Wir machen das mal in Form einer Tabelle, ganz grob, damit wir eine etwaige Vorstellung davon bekommen:

Lebensjahr		
0	Du kommst an: wirst bejubelt, bestaunt und von deinen rechtmäßigen Eltern willkommen geheißen. Die Anwesenheit Dritter bei deiner Entbindung ist untersagt.	
	Goes	**No Goes**
1 - 4	- Körperpflege - Toilettengang - An- und Auskleiden - Tätscheln und Hätscheln Zuständigkeit: Ururgroßeltern, Urgroßeltern, Großeltern, Eltern, sowie Bruder und Schwester, soweit vorhanden	- Mund und Intimbereich
5	Übergangsphase 1	
6 - 9	- Tätscheln und Hätscheln Zuständigkeit: Urgroßeltern, Großeltern, Eltern	- Mund, Intimbereich und Hinterteil
10	Übergangsphase 2	
11 - 14	- Tätscheln und Hätscheln Zuständigkeit: Großeltern, Eltern	- Mund, Intimbereich, Hinterteil, Busen und Brusterweiterung

15	Übergangsphase 3	
16 - 19	- Tätscheln und Hätscheln Zuständigkeit: Eltern	- Mund, Intimbereich, Hinterteil, Busen, Brusterweiterung und restlicher Körper
20		- alles, was damit in Verbindung steht

Prinzipiell würden wir das als überzogen betrachten, aber genau das ist es nicht, da mit 19 Jahren durch

^{8}19 Jahre$_{52}$ = 64

auf unserer eigenen ^{15}Beziehunsgebene$_{147}$ = 164 innerhalb von ^{9}Beziehung$_{97}$ = 108 über (64 - 1) + (164 - 1) + (108 - 1) + 1 für ein System istgleich 334 istgleich 3 + 3 + 4 = 10 istgleich 1 + 0 = 1 durch die ^{8}Paritaet$_{90}$ = 100 von ^{7}a und b$_{42}$ = 55 infolge (100 - 1) + (55 - 1) + (59 - 1) + (132 - 1) + 1 für ein System istgleich 343 istgleich 3 + 4 + 3 = 10 istgleich 1 + 0 = 1 der ^{6}Beginn$_{51}$ = 59 unserer eigenen ^{10}Intimitaet$_{120}$ = 132 ansteht.

Wir haben also eine Freundin oder einen Freund, mit denen wir Händchenhalten, wobei wir aber tendenziell währenddessen mit roten Ohren dasitzen. Es geht damit um ein erstes Kennenlernen. Eine darüber hinausgehende Intimität findet logischerweise noch nicht statt. Einzuhaltende Bedingung: Es steht fest, welcher „Hmm" auf welchen Eimer gehört. Was das anbelangt, müssen wir uns später noch die notwendigen Gedanken dazu machen, wie wir das, ohne in die Intimität eines anderen einzugreifen, überprüfen können. Unter diesem Aspekt müssen wir also noch eine verlässliche Methode entwickeln, wie sich das ermitteln lässt und was viel wichtiger ist, wie etwaige Fehler dabei vermieden werden können: mit Blick darauf, daß eine Manipulation des Ergebnisses nicht möglich ist und Letzteres immer reliabel, valide und vollständig ist. Warum? Wer zu wem gehört, steht fest - und ist lebensnotwendig!

Den ersten richtigen Kuß auf den ^{4}Mund$_{52}$ = 58, flüchtige sind genehmigt, gibt es respektive ^{11}erster Kusz$_{162}$ = 177 übrigens erst später. Es gilt über ^{1}a$_{1}$ = 4, ^{1}b$_{2}$ = 5, ^{1}b$_{2}$ = 5 und ^{1}a$_{1}$ = 4 Folgendes:

^{11}erster $Kusz_{162}$	=	177		177 - 1	=	176
$^{1}a_{1}$	=	4		4 - 1	=	3
$^{1}b_{2}$	=	5		5 - 1	=	4
$^{1}b_{2}$	=	5		5 - 1	=	4
$^{1}a_{1}$	=	4		4 - 1	=	3
$^{8}Paritaet_{90}$	=	100		100 - 1	=	99
^{7}a und b_{42}	=	55		55 - 1	=	54
$^{4}Mund_{52}$	=	58		58 - 1	=	57
					=	400

4 + 0 + 0 + 1 für ein System	=	5

istgleich

$^{8}Hochzeit_{94}$	=	104		104 - 1	=	103

1 + 0 + 3 + 1 für ein System	=	5

Es gilt die Bedingung 5 = 5 in einem Gleichgewicht, die sich aus 4 + 0 + 0 + 1 und 1 + 0 + 3 + 1 in Form der beiden Zahlen 401 und 104 ergibt.

Merke!

Durch die Parität von a und b erfolgt über a, b, b und a der erste Kuß auf den Mund zur Hochzeit.

Über $^{1}a_{1}$ = 4, $^{1}b_{2}$ = 5, $^{1}b_{2}$ = 5 und $^{1}a_{1}$ = 4 stehen durch $^{7}a \neq b_{6}$ = 19 und $^{7}b \neq a_{6}$ = 19 infolge (4 - 1) + (5 - 1) + (5 - 1) + (4 - 1) + (19 - 1) + (19 - 1) + (181 - 1) + 1 für ein System istgleich 231 istgleich 2 + 3 + 1 = 6

^{15}4 $Flitterwochen_{162}$ = 181

an, die voll und ganz auf das gemeinsame Erleben und Erfahren eurer $^{10}Intimitaet_{120}$ = 132 istgleich 1 + 3 + 2 = 6 fokussiert sind. Da gibt euch sowieso keiner mehr die

Hand, wer weiß, was daran klebt. Und wie ihr beschäftigt seid, da besteht überhaupt kein Zweifel. Da 140 - 19 = 121 ist, habt ihr, wenn zuvor ordnungsgemäß 19 Jahre Ruhe im Puff geherrscht haben, 121 Jahre zur Verfügung, um euch von A bis Z zu bespaßen. Die läppischen 19 Jahre fallen am Ende überhaupt nicht in's Gewicht. So, aber erst einmal weiter im Text.

Wir kommen in unserem Leben an und werden als solche angenommen, was es aber über Zeit wieder loszulassen gilt, damit wir unversehrt in unser eigenes Intimleben starten, wo wir unter ein' und den selben Bedingungen das an die nächste Generation weitergeben. Im Endeffekt ist das selbsterklärend, da unsere eigene Intimität immer nur die angeht, die zusammengehören. Dort gibt es dann das dazugehörige Feuerwerk das ganze liebe Leben lang, was dann, wenn du dich an eine einfache Regel (stets und immer ein „Hmm" auf einen Eimer, wobei es feststeht, welcher Eimer unter welchem „Hmm" klemmt) hältst, bis du abtrittst, auch immer eines ist. Keine Frage, das willst du nicht wie unser aller Sorgenkind. Das sind aber die Gesetze, Gebote und Regeln im System, denn du lebst in ihm. Auch ganz unabhängig davon, daß es genau die sind, die dir überhaupt erst ermöglichen, daß du leben kannst. Da würde ich mich an deiner Stelle mal am Riemen reißen.

Auch wenn uns die Vergangenheit anderer nichts angeht, geht sie uns an, da die Vergangenheit, um das zu erfüllen, erst einmal Vergangenheit sein muss. Wir kommen also nicht umhin, im Intimleben aller herumzustochern. Da diese ein fester Bestandteil der Gegenwart ist wie bei ihr hier, geht das nicht anders. Und ich garantiere dir, du wirst genauso dabei kotzen wie ich. Das ist im Endeffekt alles ein' und der selbe Mist. Wir hatten bereits gelernt, daß die Vergangenheit nicht in die Gegenwart gehört, die aber aus besagten Gründen unter den Menschen ihr Unwesen treibt. Je früher du das kapierst, umso eher kommen wir einer Lösung näher, mit der wir das klären könnten.

Was unsere ^{13}Ersterfahrung$_{160}$ = 175 diesbezüglich anbelangt, gilt dann der nachfolgende Zusammenhang, wobei von ^{4}Mann$_{42}$ = 48 und ^{4}Frau$_{46}$ = 52 im Vorfeld, die auf ihrer gemeinsamen Beziehungsebene zusammengehören, über $^{1}a_{1}$ = 4 und $^{1}b_{2}$ = 5 in Form von ^{7}a und b$_{42}$ = 55 durch (48 - 1) + (52 - 1) + (4 - 1) + (5 - 1) + (55 - 1) + (94 - 1) + (54 - 1) + 1 für ein System istgleich 306 istgleich 3 + 0 + 6 = 9 die

^{9}Bedingung$_{83}$ = 94

der ^{6}Einehe$_{46}$ = 54 erfüllt sein muss: Es wird erst herumgebumst, wenn das der Fall ist. Erst die Ehe unter der Bedingung „ein Mann und eine Frau", dann könnt ihr euch gegenseitig und wechselseitig durchorgeln und durchpimpern, fern von Zwang und Gewalt.

^{13}Ersterfahrung$_{160}$	=	175		175 - 1	=	174
^{10}Intimitaet$_{120}$	=	132		132 - 1	=	131
					=	305

3 + 0 + 5 + 1 für ein System	=	9

istgleich

^{15}Beziehungsebene$_{147}$	=	164		164 - 1	=	163
^{9}Beziehung$_{97}$	=	108		108 - 1	=	107
$^{1}a_{1}$	=	4		4 - 1	=	3
$^{1}b_{2}$	=	5		5 - 1	=	4
$^{11}1 = 1 = 1_{7}$	=	28		28 - 1	=	27
^{8}20 Jahre$_{44}$	=	56		56 - 1	=	55
					=	359

3 + 5 + 9 + 1 für ein System	=	18	=	1 + 8	=	9

Es gilt die Bedingung 9 = 9 in einem Gleichgewicht, die sich über 3 + 0 + 5 + 1 und 3 + 5 + 9 + 1 aus den beiden Zahlen 306 und 360 ergibt.

Merke!

Mit 19 Jahren beginnt auf unserer Beziehungsebene über Beziehung durch die Parität von a und b unsere Intimität, wobei unsere diesbezügliche Ersterfahrung als solche innerhalb dieser über a und über b unter der Bedingung 1 = 1 = 1 mit 20 Jahren erfolgt: was durch a und durch b in Form von a und b wiederum über Mann und über Frau, die zusammengehören, die Einehe zwischen beiden voraussetzt, was Bedingung hierfür ist.

Da wir bis hierher von einem maximalen Altersunterschied von 5 Jahren und 5 Monaten auf unserer Beziehungsebene über Beziehung ausgegangen sind, sind es im Endeffekt damit weniger. Im Idealfall werden wir an ein' und dem selben Datum zu ein' und der selben Zeit in verschiedenen Räumen entbunden: Wir leben zusammen und wir sterben zusammen.

Das ist das, wo es wieder hinmuss. Bis dahin dient für uns der maximale Altersunterschied zur Orientierung, da alles, was besagtes Thema anbelangt, vollständig außer Rand und Band geraten ist. An allen anderen Kennzahlen ändert sich nichts. In diesem Fall kommen übrigens alle Kinder, die zu uns gehören, dazu, wenn wir in etwa 28 Jahre alt sind. Ein ganz einfaches Prinzip: Kinderkrippe, Kindergarten, Schule, Berufsausbildung oder Studium, Ehe, Eintritt in das Arbeitsleben, und dann kommen die Kinder - analog: „erst die Arbeit und dann das Vergnügen". Die insgesamt 5 Lebensabschnitte sind übrigens durch die insgesamt 140 Jahre, die dir in einem Leben zur Verfügung stehen, auf 28 Jahre normiert. Um am Ende ein glückliches zu führen, wurde also an alles gedacht, wie du siehst.

Was das Thema Raum anbelangt, stehen wir in der Regel bereits vor einem Problem, da ab dem fünften Lebensjahr die Eigenverantwortung der Kinder respektive der Aufrechterhaltung ihrer eigenen Unversehrtheit nach sich zieht, daß die Kleinen in einem eigenen Zimmer kampieren. Warum? Das „Geschenk unter Hose und Rock" geht untereinander ebenso Bruder und Schwester nichts an. Das ist das für den zukünftigen Ehemann und die zukünftige Ehefrau. Wir stehen damit vor einer Herausforderung, die uns vielleicht in der Form noch nie bewusst gewesen ist. Es gilt insofern alles, was den Schutz der Intimität des Menschen anbelangt, auch dahingehend in unserem alltäglichen Leben zu überdenken und entsprechend auf die diesbezüglichen Erfordernisse auszurichten. Die Intimität anderer, außer unserer eigenen, geht uns nichts an. Letzteres schließt die von Pflege- und Hilfsbedürftigen mit ein.

Das, was wir oftmals glauben, bereits „richtig" zu machen, liefert am Ende genau die Basis dafür, daß wir heute das Problem vergleichsweise in Form der Apokalypse, einhergehend mit dem drohenden Exodus von uns allen, überhaupt erst haben; das uns im Ergebnis etwa auch ein nicht erstrebenswertes Schicksal wie dieses hier liefert:

„Das wollen wir nicht, das sind wir nicht und das ist nicht unser Leben!"

Damit kommen wir zum nächsten Kapitel, wo wir uns die einzelnen Etappen zur Lösung, basierend auf dem letzten Abendmahl, ansehen. Anmerkung: Blöde Kommentare und Bemerkungen während der fünf Etappen bis zur Hochzeit und danach sollte man sich verkneifen.

Ach, jetzt habe ich doch noch was vergessen. In der Öffentlichkeit sind das Händchenhalten, das Umarmen, das Küssen und das Berühren extensiv gestattet, da das intensive unter Ausschluß dieser immer zwischen einem Mann und einer Frau stattfinden, die zusammengehören. Der auf Intimität ausgerichtete „Hochleistungssport" findet immer unter dem Ausschluß der Öffentlichkeit und dem von Dritten statt. Was das anbelangt, geht es ja auch zu wie im Taubenschlag. Die wunderschöne Erkenntnis lautet auch hier: Es stimmt gar nichts!

6.8. Der Weg ist das Ziel

Mittlerweile haben wir nicht nur verstanden, daß wir in einem System leben, sondern diesen Umstand auch für uns angenommen. Insofern steht unwiderruflich fest, daß uns Leonardo da Vinci vor den Konsequenzen wie Albrecht Dürer gewarnt hat, wenn wir unser Beziehungsleben nicht in den Griff bekommen. Wir hatten im letzten Abendmahl festgestellt, daß zwei an der Tafel sitzen, die dort nicht hingehören, und ein weiterer Apostel sich hinter Maria Magdalena verbirgt.

Da es kein Bildmaterial gibt, das diesen Sachverhalt wiedergibt, habe ich mal ein Bildchen zusammengekleckst, das so aussieht:

Das Original ist in Farbe und wurde von mir mit „Die Verdammnis des Jehudas, den man auch Judith nennt." betitelt.

Was sehen wir? An der Tafel sitzen insgesamt zwölf Personen, die da links: Bartholomäus, Jakobus der Jüngere, Andreas und Johannes, in der Mitte: Jesus Christus zusammen mit Maria Magdalena und rechts: Thomas, Jakobus der Ältere, Philippus, Matthäus, Judas Thaddäus und Simon der Zelot wären. In der Mitte unten baumeln Petrus und Judas Iskariot am Galgen, wo sich unzählige Menschen eingefunden haben, um zusammen das Geschäftsmodell der römisch-katholischen Kirche für immer und ewig auf der Erde zu verabschieden.

Maria Magdalena sitzt erst einmal deshalb rechts neben Jesus Christus, da bei ihr in ihrer Rationalität angekommen ist, was es korrespondierend durch seine Emotionalität ist. Das Ergebnis kennen wir bereits, daß die Bedingung „ein Mann und eine Frau" bei beiden greift. Es gilt Folgendes:

^{13}Rationalitaet$_{145}$	=	160		160 - 1	=	159
^{8}Paritaet$_{90}$	=	100		100 - 1	=	99
^{7}a und b$_{42}$	=	55		55 - 1	=	54
					=	312

3 + 1 + 2 + 1 für ein System	=	7

istgleich

^{9}Bedingung$_{83}$	=	94		94 - 1	=	93
^{22}ein Mann und eine Frau$_{188}$	=	220		220 - 1	=	219
					=	312

3 + 1 + 2 + 1 für ein System	=	7

Wir erhalten in einem Gleichgewicht die Bedingung 7 = 7, die sich jeweils über 3 + 1 + 2 + 1 aus den beiden Zahlen 313 ergibt.

Merke!

Bedingt durch die Parität von a und b liegt die Bedingung „ein Mann und eine Frau" rational vor.

Letztere liefert insofern die ^{9}Grundlage$_{89}$ = 100 dafür, daß es sich bei beiden in Form von ^{7}a und b$_{42}$ = 55 - bedingt durch (100 - 1) + (55 - 1) + (178 - 1) + 1 für ein

System istgleich 331 istgleich 3 + 3 + 1 = 7 - wieder um ^{21}ein Adam und eine Eva$_{147}$ = 178 handelt.

Es geht also darum, daß ausgehend von Maria Magdalena und Jesus Christus ein gemeinsamer Weg von beiden beschritten wird, der uns zum nachfolgenden Zusammenhang führt:

^{15}Maria Magdalena$_{100}$	=	119		119 - 1	=	118
^{14}Jesus Christus$_{191}$	=	209		209 - 1	=	208
^{5}Maria$_{42}$	=	49		49 - 1	=	48
^{5}Jesus$_{74}$	=	81		81 - 1	=	80
^{7}a und b$_{42}$	=	55		55 - 1	=	54
^{11}1 = 1 = 1$_{7}$	=	28		28 - 1	=	27
					=	535

5 + 3 + 5 + 1 für ein System	=	14	=	1 + 4	=	5

istgleich

^{14}Unversehrtheit$_{192}$	=	208		208 - 1	=	207
^{14}Jungfrau Maria$_{140}$	=	158		158 - 1	=	157
^{13}Jungfer Jesus$_{155}$	=	172		172 - 1	=	171
					=	535

5 + 3 + 5 + 1 für ein System	=	14	=	1 + 4	=	5

Es gilt jeweils durch 5 + 3 + 5 + 1 in Form der beiden Zahlen 536 die Bedingung 5 = 5 in einem Gleichgewicht.

Merke!

Ausgehend von Maria Magdalena und von Jesus Christus wird durch Maria und durch Jesus in Form von a und b unter der Bedingung 1 = 1 = 1 beider Unversehrtheit als Jungfrau Maria und als Jungfer Jesus wiederhergestellt.

Es existiert also eine Möglichkeit, die Unversehrtheit, beginnend mit unseren beiden, die es nunmehr bereits seit Jahrhunderten nicht gebacken bekommen, ein Herz und ein Kopf zu sein, wiederherzustellen. Da wir in einem System leben, ist es prinzipiell möglich, eine dahingehende Systemkorrektur vorzunehmen.

Da ich bereits etwas ausprobiere, setze ich dich mal in Kenntnis, was sich mittlerweile verändert hat. Ich mache mal zwei Beispiele: Ich hatte mir als Möchtegerngenie in der Küche mal heißes Öl über meinen Arm gegossen. Ergebnis: Wunderschöne Brandlöcher und Verätzungen auf der Haut, die mit angezogener Handbremse vernarbten. Ich konnte dank meiner eigenen Blödheit „locker" bis auf die zweite Hautschicht sehen. Wie du weißt, geht so etwas nicht weg. Ich hatte seitdem helle, großflächige Narben auf meinem Arm, gefühlt seit 30 Jahren ungefähr. Stand jetzt: Sie sind fort und ich kann dir noch nicht einmal sagen, welcher Arm es war. Die Narben sind quasi alle weg und das diesbezügliche Ereignis verschwindet informationsseitig zunehmend mehr aus dem Gedächtnis. Das wird voraussichtlich so weit gehen, daß ich, falls man mich darauf anspricht, wahrscheinlich behaupten werde, daß da nie etwas gewesen ist. Noch ein Beispiel: Meine unzähligen Diagnosen hatten dazu geführt, daß ich auf einmal eine großflächig angelegte Hautflechte im oberen Brustbereich von der linken bis zur rechten Schulter bekam, schätzungsweise seit 15 Jahren. Ich habe alles ausprobiert, um dem irgendwie Herr zu werden: Das war einfach vollkommen chancenlos. Stand jetzt: Es wird immer besser und besser und die betroffene Fläche Stück für Stück kleiner. Es ist noch nicht ganz behoben, aber es wird. Du nimmst dabei mal für dich zur Kenntnis, daß es für mich überhaupt keinen logischen Grund gibt, dir die Taschen vollzuhauen. Es verhält sich alles genau so, wie es hier steht. Und da das alles bereits funktioniert, wird auch die Wiederherstellung der Unversehrtheit funktionieren. Das wird allerdings etwas länger dauern.

Wenn dieses Etappenziel im Jahr 2035 erreicht ist, wird geheiratet, was sich über $^{1}a_{1} = 4$, $^{1}b_{2} = 5$, $^{1}b_{2} = 5$ und $^{1}a_{1} = 4$ aus dem nachfolgenden Zusammenhang ergibt, wobei es mir offen gesagt davor graut:

^{14}Unversehrtheit$_{192}$	=	208		208 - 1	=	207
^{14}Jungfrau Maria$_{140}$	=	158		158 - 1	=	157
^{13}Jungfer Jesus$_{155}$	=	172		172 - 1	=	171
					=	535

5 + 3 + 5 + 1 für ein System	=	14	=	1 + 4	=	5

istgleich

$^{1}a_{1}$	=	4		4 - 1	=	3
$^{1}b_{2}$	=	5		5 - 1	=	4
$^{1}b_{2}$	=	5		5 - 1	=	4
$^{1}a_{1}$	=	4		4 - 1	=	3
^{6}Heirat$_{61}$	=	69		69 - 1	=	68
^{9}Mona Lisa$_{84}$	=	97		97 - 1	=	96
^{14}Salvator mundi$_{169}$	=	187		187 - 1	=	186
					=	364

3 + 6 + 4 + 1 für ein System = 14 = 1 + 4 = 5

Es gilt die Bedingung 5 = 5 in einem Gleichgewicht, die sich über 5 + 3 + 5 + 1 und 3 + 6 + 4 + 1 aus den beiden Zahlen 536 und 365 ergibt.

Merke!

Der Unversehrtheit der Jungfrau Maria und der des Jungfers Jesus geschuldet heiraten beide, die dadurch über a, b, b und a zusammen zur Mona Lisa und zum Salvator mundi aufsteigen; wobei ihre Ehe durch die Parität von a und b als Einehe bis in alle Ewigkeit währt.

Die ^{3}Ehe$_{18}$ = 23 der beiden (^{9}Mona Lisa$_{84}$ = 97 und ^{14}Salvator mundi$_{169}$ = 187) begründet, daß es beginnend mit dieser über (23 - 1) + (97 - 1) + (187 - 1) + 1 für ein System istgleich 305 istgleich 3 + 0 + 5 = 8 durch die ^{8}Paritaet$_{90}$ = 100 von ^{7}a und b$_{42}$ = 55 - bedingt durch (100 - 1) + (55 - 1) + (99 - 1) + (54 - 1) + 1 für ein System istgleich 305 istgleich 3 + 0 + 5 = 8 - bis in alle ^{8}Ewigkeit$_{89}$ = 99 eine ^{6}Einehe$_{46}$ = 54 ist.

Es kann damit in einem übertragenen Sinn nie wieder „etwas anbrennen" und die Geschichte von Maria Magdalena und Jesus Christus wäre bis in alle Ewigkeit beendet, und zwar mit einem glücklichen Ausgang - die sich nicht wiederholen kann. Der Bann wäre also für alle Zeiten gebrochen, wo es nie wieder möglich wäre, daß sich etwas Derartiges wiederholen könnte: Die Intimität beider ist damit bis in alle Ewigkeit behütet und beschützt. Systembedingt wird man damit in jedem Leben von Beginn an zusammenfinden und bis zum nächsten ohne etwaige Zwischenfälle miteinander vereint sein. Das zurzeit bestehende Problem wäre damit für immer und ewig gelöst. Das müsste sich unser Sorgenkind vielleicht mal überlegen, ob das nicht die bessere Option wäre. Du überlegst dir das auch, ob du in jedem deiner Leben glücklich und zufrieden sein willst. Stand jetzt: Du fliegst aus dem System wie unser Sorgenkind auch, Kinder und „sonstiges Zubehör" inbegriffen.

Die ^{9}Mona Lisa$_{84}$ = 97 und der ^{14}Salvator mundi$_{169}$ = 187 erfüllen dann im Ergebnis zusammen Folgendes:

^{9}Mona Lisa$_{84}$	=	97		97 - 1	=	96
^{14}Salvator mundi$_{169}$	=	187		187 - 1	=	186
^{9}Bedingung$_{83}$	=	94		94 - 1	=	93
					=	375

3 + 7 + 5 + 1 für ein System	=	16	=	1 + 6	=	7

istgleich

^{8}Paritaet$_{90}$	=	100		100 - 1	=	99
^{7}a und b$_{42}$	=	55		55 - 1	=	54
^{7}a ≠ b$_{6}$	=	19		19 - 1	=	18
^{7}b ≠ a$_{6}$	=	19		19 - 1	=	18
^{21}ein Adam und eine Eva$_{147}$	=	178		178 - 1	=	177
					=	366

3 + 6 + 6 + 1 für ein System	=	16	=	1 + 6	=	7

In einem Gleichgewicht gilt die Bedingung 7 = 7, die durch 3 + 7 + 5 + 1 und 3 + 6 + 6 + 1 den beiden Zahlen 376 und 367 geschuldet ist.

Merke!

Falls der Salvator mundi und die Mona Lisa vereint sind, gilt durch die Parität von a und b über a ≠ b und b ≠ a die Bedingung „ein Adam und eine Eva" als erfüllt. Wobei Letztere die Voraussetzung dafür ist, daß über a und über b infolge a und b über Mensch der Exodus aller Menschen in der Menschheit abgewendet werden kann.

Die Bedingung ^{21}ein Adam und eine Eva$_{147}$ = 178 entspricht damit durch (178 - 1) + (223 - 1) + (133 - 1) + 1 für ein System istgleich 532 istgleich 5 + 3 + 2 = 10 istgleich 1 + 0 = 1 der

^{13}Voraussetzung$_{208}$ = 223

während der ^{10}Apokalypse$_{121}$ = 133 dafür, daß unser ^{6}Exodus$_{88}$ = 96, der korrespondierend über ^{6}Mensch$_{62}$ = 70 durch ^{8}Menschen$_{81}$ = 91 alle in der ^{10}Menschheit$_{104}$ = 116 betrifft, über ^{1}a$_{1}$ = 4 und ^{1}b$_{2}$ = 5 in Form von ^{7}a und b$_{42}$ = 55 mit Blick auf dessen

^{9}Abwendung$_{91}$ = 102

durch (96 - 1) + (70 - 1) + (91 - 1) + (116 - 1) + (4 - 1) + (5 - 1) + (55 - 1) + (102 - 1) + 1 für ein System istgleich 532 istgleich 5 + 3 + 2 = 10 istgleich 1 + 0 = 1 abgewendet werden kann. Insofern besitzt die Wiederherstellung der Unversehrtheit beider oberste Priorität. Falls das nicht gelingt, müssen wir über unsere Zukunft nicht mehr nachdenken. Niemanden geht die Intimität eines anderen, auch zu medizinischen Untersuchungszwecken, etwas an, außer jenen, die auf der Beziehungsebene zusammengehören. Was deren Schutzwürdigkeit und deren Schutzbedürftigkeit anbelangt, stehen diese über allem.

Im Ergebnis erhalten wir in Form von ^{7}a und b$_{42}$ = 55 unter der Bedingung ^{11}1 = 1 = 1$_{7}$ = 28 den nachfolgenden Zusammenhang:

^{7}a und b$_{42}$	=	55		55 - 1	=	54
^{11}1 = 1 = 1$_{7}$	=	28		28 - 1	=	27
^{9}Mona Lisa$_{84}$	=	97		97 - 1	=	96
					=	177

1 + 7 + 7 + 1 für ein System	=	16	=	1 + 6	=	7

istgleich

^{14}Salvator mundi$_{169}$	=	187		187 - 1	=	186

1 + 8 + 6 + 1 für ein System	=	16	=	1 + 6	=	7

istgleich

^{21}ein Adam und eine Eva$_{147}$	=	178		178 - 1	=	177

1 + 7 + 7 + 1 für ein System	=	16	=	1 + 6	=	7

Wir erhalten in einem Gleichgewicht die Bedingung 7 = 7 = 7, die sich aus 1 + 7 + 7 + 1, 1 + 8 + 6 + 1 und 1 + 7 + 7 + 1 in Form der drei Zahlen 178, 187 und 178 ergibt, welche im Ergebnis für das steht, was wir über $^{1}a_{1}$ = 4, $^{1}b_{2}$ = 5, $^{1}b_{2}$ = 5 und $^{1}a_{1}$ = 4 durch die ^{8}Toleranz$_{111}$ = 121 von ^{7}a und b$_{42}$ = 55 im ^{15}Toleranzbereich$_{161}$ = 178 über (4 - 1) + (5 - 1) + (5 - 1) + (4 - 1) + (121 - 1) + (55 - 1) + (178 - 1) + (88 - 1) + (140 - 1) + (127 - 1) + 1 für ein System istgleich 718 istgleich 7 + 1 + 8 = 16 istgleich 1 + 6 = 7 als ^{8}Dreiheit$_{78}$ = 88, ^{13}Dreieinigkeit$_{125}$ = 140 und ^{9}Trinitaet$_{116}$ = 127 verstehen.

Merke!

Durch a und b sind unter der Bedingung 1 = 1 = 1 der Salvator mundi und die Mona Lisa ein Adam und eine Eva; die als solche über a, b, b und a infolge a ≠ b und b ≠ a unter der Bedingung 1 = 1 = 1 der Herr und die Herrin der Erde sind und uns als Enki (= En-ki) und Ninki (= Nin-ki) vorgestellt worden sind: wobei er der Schöpfergott ist, dem wir bedingt durch seine Logik alle das Leben verdanken und sie seine Ehefrau.

^{28}Mona Lisa und Salvator mundi$_{292}$ = 330 istgleich 3 + 3 + 0 = 6 sind über $^{1}a_{1}$ = 4, $^{1}b_{2}$ = 5, $^{1}b_{2}$ = 5 und $^{1}a_{1}$ = 4 durch ^{24}Herr und Herrin der Erde$_{219}$ = 253 infolge ^{7}a ≠ b$_{6}$ = 19 und ^{7}b ≠ a$_{6}$ = 19 unter der Bedingung ^{11}1 = 1 = 1$_{7}$ = 28 durch (4 - 1) + (5 - 1) + (5 - 1) + (4 - 1) + (253 - 1) + (19 - 1) + (19 - 1) + (28 - 1) + 1 für ein System istgleich 330 istgleich 3 + 3 + 0 = 6 der rechtmäßige Herr und die rechtmäßige Herrin der Erde. In der sumerischen Geschichte handelt es sich um Enki, den Schöpfergott, und seine Frau Ninki. Wie kommt die römisch-katholische Kirche auf die absurde Idee, die Ehefrau des Schöpfergottes zu schänden, zu schinden und zu schwängern, der Jesus Christus auf der Erde ist und sie seine Ehefrau Maria Magdalena?

Der Vollständigkeit halber vermerken wir für uns den nachfolgenden Zusammenhang, der die ^{9}Bedingung$_{83}$ = 94 vorgibt, was unsere ^{14}Emotionalitaet$_{159}$ = 175 anbelangt. Es gilt in Form von ^{7}a und b$_{42}$ = 55 infolge ^{7}a ≠ b$_{6}$ = 19 und ^{7}b ≠ a$_{6}$ = 19 Folgendes:

^{9}Bedingung$_{83}$	=	94		94 - 1	=	93
^{14}Emotionalitaet$_{159}$	=	175		175 - 1	=	174
					=	267

2 + 6 + 7 + 1 für ein System = 16 = 1 + 6 = 7

istgleich

^{7}a und b$_{42}$	=	55		55 - 1	=	54
^{7}a ≠ b$_{6}$	=	19		19 - 1	=	18
^{7}b ≠ a$_{6}$	=	19		19 - 1	=	18
^{21}ein Adam und eine Eva$_{147}$	=	178		178 - 1	=	177
					=	267

2 + 6 + 7 + 1 für ein System = 16 = 1 + 6 = 7

In einem Gleichgewicht gilt die Bedingung 7 = 7, die sich jeweils über 2 + 6 + 7 + 1 in Form der beiden Zahlen 268 ergibt.

Merke!

Durch a und b liegt infolge a ≠ b und b ≠ a emotional gesehen die Bedingung „ein Adam und eine Eva" vor.

Damit ist es von entscheidender Bedeutung, daß die beiden ^{11}Bedingungen$_{102}$ = 115 ^{22}ein Mann und eine Frau$_{188}$ = 220 und ^{21}ein Adam und eine Eva$_{147}$ = 178 im Ergebnis über (115 - 1) + (220 - 1) + (178 - 1) + 1 für ein System istgleich 511 istgleich 5 + 1 + 1 = 7 im ^{6}System$_{101}$ = 109 ^{6}Mensch$_{62}$ = 70 - dessen ^{13}Rationalitaet$_{145}$ = 160 und ^{14}Emotionalitaet$_{159}$ = 175 geschuldet - infolge (109 - 1) + (70 - 1) + (160 -

1) + (175 - 1) + 1 für ein System istgleich 511 istgleich 5 + 1 + 1 = 7 immer aufeinandertreffen, da sonst dessen

^{10}Gesundheit$_{112}$ = 124

durch die ^{15}Beziehungsebene$_{147}$ = 164 von ^{7}a und b$_{42}$ = 55, basierend auf ihrer internen ^{9}Beziehung$_{97}$ = 108, über (124 - 1) + (164 - 1) + (55 - 1) + (108 - 1) + (19 - 1) + (19 - 1) + (28 - 1) + 1 für ein System istgleich 511 istgleich 5 + 1 + 1 = 7 infolge $^{7}a \neq b_{6}$ = 19 und $^{7}b \neq a_{6}$ = 19 unter der Bedingung $^{11}1 = 1 = 1_{7}$ = 28 betroffen ist.

Im Prinzip ist es Ein' und das Selbe, daß wir uns bedingt durch unsere unzähligen intimen Beziehungen auf unserer Beziehungsebene über Beziehung gegenseitig und wechselseitig krankmachen und zu guter Letzt daran auch ganz erfolgreich zugrunde gehen. Das interessiert aber offensichtlich niemanden, da schlecht gebumst gut gelebt immer wieder in den Schatten zu stellen scheint.

Du kannst keine Lust und keine Freude in der Form empfinden, wenn a = b und b = a nicht erfüllt sind. Du besitzt überhaupt keine Vorstellung davon, wie das sein könnte, wenn diese einfache Bedingung erfüllt ist. Da kannst du alles andere dagegen bedenkenlos in den Skat drücken, egal was du dir darauf einbildest und was du glaubst, erlebt und erfahren zu haben. Das erlebt man nur, falls der „Hmm" tatsächlich auf den Eimer gehört. Und das liegt prinzipiell jenseits deiner Vorstellungskraft, was da zwischen einem Mann und einer Frau los ist. Da fiedeln dann im Himmel die Geigen erst richtig los. Willst du aber nicht, du willst mit deinem Schmalspurgebumse aus dem System fliegen, was sich wirklich nicht lohnt. Falls etwas wirklich zusammengehört: Erst dann werden alle Systeme in dir aktiviert, wo dir Hören und Sehen, was das Thema Intimität anbelangt, vergeht. Doch du hast Glück gehabt, das musst du nicht mehr erleben, da du ja wunschgemäß aus dem System fliegst. Wir wissen nicht, wie unser Sorgenkind tickt, aber vielleicht möchte sie auf ihrer eigenen Beziehungsebene über Beziehung doch noch „im siebten Himmel" landen? Würde ich dir übrigens auch empfehlen, da du dann auch nie wieder auf blöde Gedanken kommst: etwa daß eine Kirche irgendetwas mit Glaube zu tun haben soll oder etwa ein Papst verschissene Klamotten trägt, obwohl er als Vogelmännchen wie ein Engel piept und zwitschert, um sein Vogelweibchen, die Päpstin, anzulocken. Natürlich bist du nicht ganz dicht, da du dich von Anfang an immer wieder für das Wohl und Wehe anderer hast leimen lassen. Und wofür das Ganze? Dafür, daß dann „deine Maria Magdalena" genauso zerschossen und zerwühlt dasteht wie meine. Die müssen wir übrigens alle wieder in Ordnung bringen, das ist dir hoffentlich klar?

So, wir werfen noch einen Blick auf das nachfolgende Bild dahingehend, wie das Ergebnis auszusehen hat: Da ich das betreffende Photo verschlampt habe, nehmen wir mit meinem Gepinsel vorlieb, analog dem auf Seite 245 im Buch „Falsch verstandene Freiheit im System: Der Weg zur Klärung von SARS-COV-2 = COVID-19 = CORONA-VIRUS einschließlich Lösung".

Die Ausgangssituation (Vgl. Seite 481) war 4 links, 2 in der Mitte und 6 rechts. Damit würde es sich weiterhin nicht um ein Gleichgewicht handeln, da 4 ≠ 6 ist. Logischer Schluß: Es kommt noch ein Apostel von rechts nach links, sodaß wir in der Endsituation 5 links, 2 in der Mitte und 5 rechts sitzen haben. Es gilt im Ergebnis 5 = 5 wie an deinen beiden Dreckpfoten. Maria Magdalena hat mittlerweile begriffen, daß Jesus Christus in ihr Herz gehört wie sie in seinen Kopf, und ist de facto von rechts nach links umgezogen. Deshalb sitzt sie nicht mehr rechts von ihm, sondern links, da, wo sie hingehört. Das Bild habe ich übrigens auf den Titel „IHS" getauft und wurde von mir auf einem hölzernen Schneidbrett verewigt, das jetzt in meinem

Küchenschrank fehlt: Hatte blöderweise nichts anderes zur Hand. Geht's dir auch so? Immer, wenn man etwas benötigt, ist es nicht aufzufinden oder einfach weg.

Warum das so richtig ist, vollziehen wir noch gemeinsam nach. Das Ausgangsbild sah so aus:

Warum das Bild jetzt auf einmal weiße Punkte hat: keine Ahnung. Petrus und Judas Iskariot wurden weiß durchgestrichen, da beide infolge ihrer unzähligen Verbrechen an Maria Magdalena und damit durch a = b und b = a auch an Jesus Christus hopsgegangen sind. Des Weiteren sehen wir, daß von den verbleibenden 10 Aposteln an der Tafel 5 von ihnen nach rechts blicken und die anderen 5 nach links; wobei Maria Magdalena mit Johannes doppelt besetzt wurde, die mittlerweile Jesus Christus am Hals hängt, in der Mitte links von ihm (Vgl. Seite 491).

Damit brüten im Ergebnis links an der Tafel: Bartholomäus, Jakobus der Jüngere, Andreas, Matthäus und Judas Thaddäus, in der Mitte: das Ehepaar Maria Magdalena und Jesus Christus und rechts an dieser: Thomas, Jakobus der Ältere, Philippus, Johannes und Simon der Zelot. Die Endsituation gibt in Form von $^{11}5 = 2 = 5_{16} = 37$ dann das wieder, was es bedingt durch die $^{8}\text{Paritaet}_{90} = 100$ von ^{7}a und $\text{b}_{42} = 55$ in der Endkonsequenz über (37 - 1) + (100 - 1) + (55 - 1) + 1 für ein System istgleich 190 istgleich 1 + 9 + 0 = 10 istgleich 1 + 0 = 1 im $^{6}\text{System}_{101} = 109$ istgleich 1 + 0 + 9 = 10 istgleich 1 + 0 = 1 sein sollte. Da beißt also die Maus keinen Faden mehr ab, das ist das, wo die Reise hingehen muss.

Da Leonardo da Vinci ein Fuchs gewesen ist, müssen wir noch etwas klären, denn wozu soll es gut sein, daß dort zusätzlich 10 Pfeifenwichse sitzen? Die 2 in der Mitte hat sich mittlerweile ganz erfolgreich geklärt: „ein Mann und eine Frau", analog zu

„ein Adam und eine Eva". Es gibt also dann tatsächlich, wenn das ganze Schlamassel eine positive Wendung genommen hat, eine Hochzeit im Jahr 2035, vorausgesetzt, daß unser Sorgenkind mitspielt und ihre Unversehrtheit wiederhergestellt ist. Letzteres ergibt sich aus dem nachfolgenden Zusammenhang:

$^{4}2035_{10}$	=	16		16 - 1	=	15
$^{1}a_{1}$	=	4		4 - 1	=	3
$^{1}b_{2}$	=	5		5 - 1	=	4
^{7}a und b_{42}	=	55		55 - 1	=	54
$^{11}1 = 1 = 1_{7}$	=	28		28 - 1	=	27
					=	103

1 + 0 + 3 + 1 für ein System	=	5

istgleich

$^{8}\text{Hochzeit}_{94}$	=	104		104 - 1	=	103

1 + 0 + 3 + 1 für ein System	=	5

Es gilt die Bedingung 5 = 5 in einem Gleichgewicht, die sich jeweils über 1 + 0 + 3 + 1 aus den beiden Zahlen 104 ergibt.

Merke!

Es wird 2035 über a und über b in Form von a und b unter der Bedingung 1 = 1 = 1 Hochzeit gefeiert, die durch a und b unter der Bedingung 1 = 1 = 1 die des Jungfers Jesus und der Jungfrau Maria ist.

Respektive $^{8}\text{Hochzeit}_{94}$ = 104 istgleich 1 + 0 + 4 = 5 ist es über ^{7}a und b_{42} = 55 unter der Bedingung $^{11}1 = 1 = 1_{7}$ = 28 - bedingt durch (55 - 1) + (28 - 1) + (172 - 1) + (158 - 1) + 1 für ein System istgleich 410 istgleich 4 + 1 + 0 = 5 - ^{13}Jungfer Jesus_{155} = 172 und ^{14}Jungfrau Maria_{140} = 158 geschuldet - im Ergebnis die des Jungfers Jesus und der Jungfrau Maria. Es wird also auch unter diesem Aspekt die Unversehrtheit beider vorausgesetzt.

Wie uns vielleicht aufgefallen ist, tragen 5 von den insgesamt 10 Aposteln ^{11}kurzes Haar$_{128}$ = 143. Es gilt Folgendes:

^{11}kurzes Haar$_{128}$	=	143		143 - 1	=	142
$^{1}a_{1}$	=	4		4 - 1	=	3
$^{1}b_{2}$	=	5		5 - 1	=	4
^{6}Symbol$_{86}$	=	94		94 - 1	=	93
					=	242

2 + 4 + 2 + 1 für ein System	=	9

istgleich

^{7}a und b$_{42}$	=	55		55 - 1	=	54
$^{7}a \neq b_{6}$	=	19		19 - 1	=	18
$^{7}b \neq a_{6}$	=	19		19 - 1	=	18
$^{11}1 = 1 = 1_{7}$	=	28		28 - 1	=	27
^{4}Mann$_{42}$	=	48		48 - 1	=	47
^{7}Maenner$_{70}$	=	79		79 - 1	=	78
					=	242

2 + 4 + 2 + 1 für ein System	=	9

Wir erhalten jeweils aus 2 + 4 + 2 + 1 in Form der beiden Zahlen 243 die Bedingung 9 = 9 in einem Gleichgewicht.

Merke!

Das kurze Haar steht über a und über in Form von a und b infolge $a \neq b$ und $b \neq a$ unter der Bedingung 1 = 1 = 1 symbolisch sowohl für einen Mann als auch für Männer.

Korrespondierend tragen 5 der insgesamt 10 Apostel ^{11}langes Haar$_{86}$ = 101, was uns zum nachfolgenden Zusammenhang führt:

^{11}langes Haar$_{86}$	=	101		101 - 1	=	100
^{6}Symbol$_{86}$	=	94		94 - 1	=	93
					=	193

1 + 9 + 3 + 1 für ein System	=	14	=	1 + 4	=	5

istgleich

$^{1}a_{1}$	=	4		4 - 1	=	3
$^{1}b_{2}$	=	5		5 - 1	=	4
$^{7}a \neq b_{6}$	=	19		19 - 1	=	18
$^{7}b \neq a_{6}$	=	19		19 - 1	=	18
$^{11}1 = 1 = 1_{7}$	=	28		28 - 1	=	27
^{4}Frau$_{46}$	=	52		52 - 1	=	51
^{6}Frauen$_{65}$	=	73		73 - 1	=	72
					=	193

1 + 9 + 3 + 1 für ein System	=	14	=	1 + 4	=	5

Es gilt die Bedingung 5 = 5 in einem Gleichgewicht, das sich jeweils durch 1 + 9 + 3 + 1 aus den beiden Zahlen 194 ergibt.

Merke!

Das lange Haar steht über a und über infolge a ≠ b und b ≠ a unter der Bedingung 1 = 1 = 1 symbolisch sowohl für eine Frau als auch für Frauen.

Leonardo da Vinci hat im letzten Abendmahl unter anderem festgehalten, daß in seiner kleinsten logischen Einheit ein Senat, der die Interessen ausgehend vom Volk über das Volk hinweg für das Volk vertritt, sich aus 5 Männern und 5 Frauen zusammensetzt: die jeweils als ein Ehepaar, das der Einehe verpflichtet ist, die Interessen von Bildung, Handel, Handwerk, Logistik und Wissenschaft wahrnehmen. Also ein' und das selbe Ergebnis, wie wir es auch im Buch „Chaos im Paradies: Der Weg zur Klärung der Beziehungsebene über Beziehung einschließlich Lösung - Buch 1" erhalten hatten.

Damit haben wir den sogenannten Da-Vinci-Code ordnungsgemäß in eine Lösung überführt. Die Schinder und Schänder von Maria Magdalena kommen heute wie damals also mit allem Gedöns weg. Die Menschen im „Vatikan" trifft es logischerweise allesamt, da man Kenntnis davon besaß und besitzt; und das wird sich bis in die untersten Reihen der römisch-katholischen Kirche fortsetzen und all die treffen, die in x-beliebiger Form daran beteiligt waren und es nachwievor sind. Es werden als Erstes alle beseitigt, die in Verbindung mit Maria Magdalena heute wie damals in diesem Zusammenhang stehen; und dann geht es weiter, da es nicht die Einzige gewesen sein wird, die innerhalb der Reihen der römisch-katholischen Kirche missbraucht und misshandelt worden ist. Hier ist also für alle Zeit Schluß und das wird auch allerhöchste Zeit. Erbarmen, Gnade und Vergebung gibt es nicht: für all das, was man sich im Namen des Schöpfers gegenüber anderen angemaßt hat.

Sie wird ab sofort behütet und beschützt sein und frei von aller Art und allen Formen an möglichen Übergriffen, insbesondere was ihre Intimität anbelangt, von Dritten sein, bevor diese ihr diesbezügliches Ansinnen in die dazugehörige Tat umsetzen können. Es ist ihr selbst auch nicht mehr möglich, jenseits der Bedingung „ein Adam und eine Eva" ihre Intimität wem anzubieten oder etwa wem zu zeigen; wenn, dann ausschließlich mir, und ich will aus verständlichen Gründen nicht: Mich hebt es allein schon bei dem Gedanken daran. Vielleicht eines Tages, falls sie mich um Vergebung gebeten hat und ihre Unversehrtheit wiederhergestellt ist. So richtig vorstellen kann ich mir das aber nicht. Warum muss sie mich um Vergebung bitten? Richtig, ich bin der Einzige, der ihr die Absolution erteilen kann, wie du bereits gelernt hast. Ob sie das machen wird, steht jedoch in den Sternen, denn dazu müsste sie begreifen, daß das, was ihr schadete, auch mir geschadet hat.

Auch ganz unabhängig davon, daß wir eine Unmenge zu tun haben, damit diese Menschheit wieder einen Fuß auf den Boden bekommt: Und dafür braucht es Lösungen über Lösungen. Wir können uns also nicht nur mit ihr und allen anderen Gefallenen befassen. Entweder sie zieht jetzt mit oder sie lässt es einfach. Empfehlenswert wäre es, daß die, die vergleichsweise auch davon betroffen sind, sich dem anschließen, alle anderen Geschändeten und Geschundenen ebenso. Falls dieser Fall eintreten sollte, werden wir Tränen in den Augen haben, wenn wir sehen, wie viele es am Ende sind. So, ich denke mal, das reicht hier, und wir machen weiter mit dem nächsten Kapitel.

7. Das Phantom auf der Beziehungsebene

Da wir selbst ein System von vielen sind, müssen wir klären, warum es überhaupt möglich ist, daß hier welche in der Zweisamkeit bei welchen landen, die offensichtlich auf ihrer gemeinsamen Beziehungsebene innerhalb von Beziehung gar nicht zusammengehören. Für eine Entschuldigung für das, was man sich auf dieser herausnimmt, steht das logischerweise nicht. Man ist es immer selbst, der zu einem gewissen Teil mitwirkt: auf daß es im Endeffekt so ist, wie es ist.

Wir müssen also einer Bordsteinschwalbe unter der roten Laterne auch nicht erst erklären, wie unmöglich das alles ist, da immer eine Rechtfertigung dafür griffbereit existieren wird, wie toll und super das ist. Das ist übrigens das Problem schlechthin, daß man vor der eigenen Tür nicht kehren will und am Ende stets behaupten wird, daß der Dreckhaufen vor dieser, der von einem anderen ist. Wenn wir unserer Maria Magdalena mit Blick darauf die Pistole auf die Brust setzen würden, würde letzten Endes nichts anderes als das passieren. Bis man das (was man selbst erfahren hat, damit auch immer dem Menschen angetan hat, der uns der Liebste und Teuerste in unserem eigenen Leben sein sollte) für sich selbst angenommen hat, bis dahin sind wahrscheinlich vor Kummer und Gram alle „Hoppelhasen und -häsinnen" gestorben. Unsere Aussicht auf Erfolg ist dadurch derart minimal, daß es euch angst und bange werden sollte. Und ob diese ohne Intimität und Herumfummelei an sich 9 Jahre lang auskommt, bleibt fraglich.

Der Mensch ist, was das betrifft, prinzipiell „nicht die hellste Kerze auf der Torte", falls da überhaupt etwas zu leuchten beginnt. Insofern wird wohl mehrheitlich nichts anderes im Ergebnis zu verbuchen sein, als daß der Mensch an der „Himmelspforte" ein Schild umgehängt bekommt, worauf steht: „Benutzt und abgegriffen, mit keinerlei Füllmasse in der Birne." Die drei Kreuze folgen dann ganz automatisch, da es im System einen Störenfried weniger gibt.

Wir erhalten in einem ersten Anlauf für die ^{10}Verbindung$_{116}$ = 128 von ^{22}ein Mann und eine Frau$_{188}$ = 220 die nachfolgende ^{9}Bedingung$_{83}$ = 94; es gilt Folgendes:

^{9}Bedingung$_{83}$	=	94		94 - 1	=	93
^{10}Verbindung$_{116}$	=	128		128 - 1	=	127
^{22}ein Mann und eine Frau$_{188}$	=	220		220 - 1	=	219
					=	439

4 + 3 + 9 + 1 für ein System	=	17	=	1 + 7	=	8

istgleich

^{7}a und b_{42}	=	55		55 - 1	=	54
$^{7}a \neq b_{6}$	=	19		19 - 1	=	18
$^{7}b \neq a_{6}$	=	19		19 - 1	=	18
$^{11}1 = 1 = 1_{7}$	=	28		28 - 1	=	27
^{15}Beziehungsebene$_{147}$	=	164		164 - 1	=	163
^{9}Beziehung$_{97}$	=	108		108 - 1	=	107
$^{6}a = b_{5}$	=	17		17 - 1	=	16
					=	403

4 + 0 + 3 + 1 für ein System	=	8

Es gilt die Bedingung 8 = 8 in einem Gleichgewicht, die sich über 4 + 3 + 9 + 1 und 4 + 0 + 3 + 1 in Form der beiden Zahlen 440 und 404 ergibt.

Merke!

Für die Verbindung von „ein Mann und eine Frau" gilt durch a und b über $a \neq b$ und $b \neq a$ unter der Bedingung 1 = 1 = 1 als Bedingung a = b.

Es steht also fest, welches a zu welchem b gehört, und das für alle a_n und b_n innerhalb aller Verbindungen $a_n = b_n$ für $n \to \infty$. Damit ist es de facto unmöglich, die im freien Fall entstandene Verbindung $(ab)_n$ für $n \to \infty$ aufzulösen, die systembedingt immer an die Verbindung $(ba)_n$ für $n \to \infty$ gebunden ist.

Egal, mit wem du zu Gange bist, das ist die einzige und alleinige Verbindung, die dich im Endeffekt glücklich machen kann. Da es die ist, die mit dir zusammen, ausgehend von der allerersten Anomalie im Nichts, über den allerersten Urknall hinweg definiert worden ist; der sich durch Urknall$_n$ für $n \to \infty$ unendlich oft in einem endlichen System$_n$ für n = 1 durch das System$_n$ für $n \to \infty$ wiederholt, das dadurch unendlich wird. Wer nichts damit anzufangen weiß, sollte im Buch „Chaos im Paradies: Der Weg zur Klärung der Beziehungsebene über Beziehung einschließlich Lösung - Buch 1" stöbern. Das ist elementares Grundwissen, um überhaupt etwas zu verstehen. Da der Exodus als ein existenzieller Teilprozess von zweien innerhalb der Apokalypse aktiv ist, wirst du das wohl oder übel müssen. Du hast es also in einem gewissen Umfang selbst in der Hand.

Die Beziehungsebene zwischen Mann (= a) und Frau (= b) ist durch a = b und im Umkehrschluß durch b = a immer vorgegeben und unabänderlich. Letzteres führt beim Ableben von a oder von b immer dazu, daß das dazugehörige b oder a, bedingt durch b = a und a = b, mitgeht. Es handelt sich im Ergebnis um die einzige und alleinige Verbindung, die auf unserer eigenen ^{15}Beziehungsebene$_{147}$ = 164 im System zulässig ist. Da das so wichtig für unsere Existenz im System ist, sehen wir uns das noch mal aus einer anderen Perspektive an:

^{15}Beziehungsebene$_{147}$	=	164		164 - 1	=	163
$^{6}a = b_{5}$	=	17		17 - 1	=	16
$^{1}a_{1}$	=	4		4 - 1	=	3
$^{1}b_{2}$	=	5		5 - 1	=	4
					=	186

1 + 8 + 6 + 1 für ein System	=	16	=	1 + 6	=	7

istgleich

^{21}ein Adam und eine Eva$_{147}$	=	178		178 - 1	=	177

1 + 7 + 7 + 1 für ein System	=	16	=	1 + 6	=	7

Es gilt die Bedingung 7 = 7 in einem Gleichgewicht, welche sich respektive der beiden Zahlen 187 und 178 aus 1 + 8 + 6 + 1 und 1 + 7 + 7 + 1 ergibt.

Merke!

Die Beziehungsebene gibt in Form von a = b über a und über b die Bedingung „ein Adam und eine Eva" vor.

Die Einhaltung dieser elementaren Systembedingung ist für uns alle unabänderlich, wenn wir leben wollen. Es erklärt sich damit von selbst, daß wir immer behütet und beschützt sind, falls das b, welches zu uns als a auf unserer eigenen Beziehungsebene gehört, durch a = b beziehungsweise b = a an unserer Seite ist. Das ist im Prinzip das, was in der Innenwirkung von uns gefordert ist. Die, welche die Rolle der Maria Magdalena innehat, hat also gar keine andere Wahl, als sich mit mir zu einigen. Gesetzt den Fall nicht, sind sie und ihre Kinder hoffnungslos verloren.

Unsere eigene ^{15}Beziehungsebene$_{147}$ = 164 gibt damit vor, was es in der ^{12}Innenwirkung$_{159}$ = 173 bei uns ist; es gilt Folgendes:

^{15}Beziehungsebene$_{147}$	=	164		164 - 1	=	163
^{8}Paritaet$_{90}$	=	100		100 - 1	=	99
^{7}a und b$_{42}$	=	55		55 - 1	=	54
					=	316

3 + 1 + 6 + 1 für ein System	=	11	=	1 + 1	=	2

istgleich

^{12}Innenwirkung$_{159}$	=	173		173 - 1	=	172

1 + 7 + 2 + 1 für ein System	=	11	=	1 + 1	=	2

In einem Gleichgewicht gilt die Bedingung 2 = 2, die durch 3 + 1 + 6 + 1 und 1 + 7 + 2 + 1 den beiden Zahlen 317 und 173 geschuldet ist.

Merke!

Über die Parität von a und b wird die Innenwirkung auf der Beziehungsebene vorgegeben, wobei es sich über a und über b um eine Konstante handelt.

Interpretationsseitig heißt das, daß, falls die Bedingung auf der Beziehungsebene in Form von „ein Mann und eine Frau" nicht eingehalten wird, wir uns selbst zerstören, da es sich durch $^{1}a_{1}$ = 4 und $^{1}b_{2}$ = 5 über (4 - 1) + (5 - 1) + (130 - 1) + 1 für ein System istgleich 137 istgleich 1 + 3 + 7 = 11 istgleich 1 + 1 = 2 im Endeffekt um eine ^{9}Konstante$_{119}$ = 130 handelt. Diese unterliegt damit weder jetzt noch sonst irgendwann einer Interpretation: Das gilt auch für Maria Magdalena!

Ergo stellt diese die alleinige Basis für alles dar, was darüber errichtet worden ist. Die Beziehungsebene ist also das Nonplusultra dafür, daß wir leben können. Die Außenwirkung ist damit immer der Innenwirkung geschuldet. Das heißt, daß beide zusammengehören und als ^{30}Innenwirkung und Auszenwirkung$_{387}$ = 423 den nachfolgenden Zusammenhang erfüllen:

^{30}Innenwirkung und Auszenwirkung$_{387}$	=	423		423 - 1	=	422

4 + 2 + 2 + 1 für ein System	=	9

istgleich

^{8}Paritaet$_{90}$	=	100		100 - 1	=	99
^{7}a und b$_{42}$	=	55		55 - 1	=	54
$^{7}a \neq b_{6}$	=	19		19 - 1	=	18
$^{7}b \neq a_{6}$	=	19		19 - 1	=	18
$^{11}1 = 1 = 1_{7}$	=	28		28 - 1	=	27
^{9}Beziehung$_{97}$	=	108		108 - 1	=	107
					=	323

3 + 2 + 3 + 1 für ein System	=	9

Es gilt die Bedingung 9 = 9 in einem Gleichgewicht, die sich über 4 + 2 + 2 + 1 und 3 + 2 + 3 + 1 aus den beiden Zahlen 423 und 324 ergibt.

Merke!

Bedingt durch die Parität von a und b spiegelt sich eine Beziehung infolge $a \neq b$ und $b \neq a$ unter der Bedingung 1 = 1 = 1 in ihrer Außen- und Innenwirkung wider.

Daß es überhaupt eine Außenwirkung geben kann, ist ausschließlich auf die Innenwirkung zurückzuführen, die damit vorausgesetzt ist: Ohne Letztere gibt es de facto Erstere nicht!

Die beiden Zahlen 423 und 324 verweisen unmissverständlich darauf, daß jedwede Beziehung auf ^{17}Proportionalitaet$_{224}$ = 243 istgleich 2 + 4 + 3 = 9 beruht. Letztere lässt sich ganz allgemein als $^{5}a \sim b_{4} = 15$ und als $^{5}b \sim a_{4} = 15$ darstellen, was uns zum nachfolgenden Zusammenhang führt:

^{9}Beziehung$_{97}$	=	108		108 - 1	=	107

1 + 0 + 7 + 1 für ein System	=	9

istgleich

$^{5}a \sim b_{4}$	=	15		15 - 1	=	14
$^{5}b \sim a_{4}$	=	15		15 - 1	=	14
^{8}Variable$_{70}$	=	80		80 - 1	=	79
					=	107

1 + 0 + 7 + 1 für ein System	=	9

Es gilt die Bedingung 9 = 9 in einem Gleichgewicht, die sich jeweils über 1 + 0 + 7 + 1 aus den beiden Zahlen 108 ergibt.

Merke!

Die Beziehung ist bedingt durch a ~ b und durch b ~ a korrespondierend die Variable.

Im Ergebnis ist unsere Beziehungsebene als konstant definiert und die Beziehungen, die daraus hervorgehen können, als variabel. Eine ^{9}Beziehung$_{97}$ = 108 istgleich 1 + 0 + 8 = 9 hat respektive 9 ≠ 6 nichts, aber auch gar nichts mit ^{10}Intimitaet$_{120}$ = 132 istgleich 1 + 3 + 2 = 6 zu tun: Hier verwechselt man etwas, und zwar ganz gewaltig! Die Beziehungsebene ist immer als konstant definiert.

Das heißt, daß unsere Beziehungsebene, basierend auf der Konformität und Stabilität der Bedingung a = b, über a und über b fortgeschrieben wird, vorausgesetzt, daß unsere Beziehungsebene sich in unserem Leben in der Innenwirkung widerspiegelt. In der dazugehörigen Außenwirkung erhalten wir ausgehend von dieser durch $^{6}a = b_5 = 17$ über $^{1}a_1 = 4$ und $^{1}b_2 = 5$ in Form von ^{7}a und $b_{42} = 55$ korrespondierend Folgendes:

^{15}Beziehungsebene$_{147}$	=	164		164 - 1	=	163
^{10}Verbindung$_{116}$	=	128		128 - 1	=	127
$^{6}a = b_5$	=	17		17 - 1	=	16
$^{1}a_1$	=	4		4 - 1	=	3
$^{1}b_2$	=	5		5 - 1	=	4
^{7}a und b_{42}	=	55		55 - 1	=	54
					=	367

3 + 6 + 7 + 1 für ein System	=	17	=	1 + 7	=	8

istgleich

^{9}Beziehung$_{97}$	=	108		108 - 1	=	107
^{16}Pseudoverbindung$_{196}$	=	214		214 - 1	=	213
$^{5}a \sim b_4$	=	15		15 - 1	=	14
$^{5}a \nsim b_5$	=	16		16 - 1	=	15
$^{7}a \neq b_6$	=	19		19 - 1	=	18
					=	367

3 + 6 + 7 + 1 für ein System	=	17	=	1 + 7	=	8

In einem Gleichgewicht liegt die Bedingung 8 = 8 vor, die jeweils über 3 + 6 + 7 + 1 in Form der beiden Zahlen 368 gegeben ist.

Merke!

Die Beziehungsebene gibt durch $a = b$ über a und über b die Verbindung von a und b vor, welche wiederum über Beziehung die Pseudoverbindungen $a \sim b$, $a \nsim b$ und $a \neq b$ ermöglicht.

Wir haben damit im Endeffekt den eindeutigen Beweis erbracht, daß unsere eigene Beziehungsebene eineindeutig sein muss. Das heißt, daß, falls sich die Pseudoverbindungen in der einen lebensbegründenden Verbindung widerspiegeln, das System kippt, da das allem zugrundeliegende Gleichgewicht a = b beziehungsweise b = a torpediert wird. Insofern ist es mehr als seltendämlich, daß etwa „Maria Magdalena" mit den Handlampen der römisch-katholischen Kirche in's Nest steigt, statt sich bei mir zu entschuldigen, um alles, was sie zu verantworten hat, wieder in Ordnung zu bringen. Aber dazu, müsste man ja mal bei sich selbst anfangen und sich eingestehen, daß man Mist gebaut hat. Das setzt logischerweise „Hmm" in der Hose voraus.

Die ^{16}Pseudoverbindung$_{196}$ = 214, die aus der Verbindung erwächst, erfüllt durch $^{1}a_{1} = 4$, $^{1}b_{2} = 5$, $^{1}b_{2} = 5$ und $^{1}a_{1} = 4$ den nachfolgenden Zusammenhang:

^{16}Pseudoverbindung$_{196}$	=	214		214 - 1	=	213

2 + 1 + 3 + 1 für ein System	=	7

istgleich

$^{1}a_{1}$	=	4		4 - 1	=	3
$^{1}b_{2}$	=	5		5 - 1	=	4
$^{1}b_{2}$	=	5		5 - 1	=	4
$^{1}a_{1}$	=	4		4 - 1	=	3
^{15}Quasiverbindung$_{183}$	=	200		200 - 1	=	199
					=	213

2 + 1 + 3 + 1 für ein System	=	7

Jeweils 2 + 1 + 3 + 1 geschuldet erhalten wir durch die beiden Zahlen 214 in einem Gleichgewicht die Bedingung 7 = 7.

Merke!

Die Pseudoverbindung ist über a, b, b und a eine Quasiverbindung, die durch a und b unter der Bedingung 1 = 1 = 1 auch als Phantomspeisung bezeichnet wird.

Die ^{16}Pseudoverbindung$_{196}$ = 214 istgleich 2 + 1 + 4 = 7 wird durch ^{11}Bezeichnung$_{114}$ = 127 in Form von ^{7}a und b$_{42}$ = 55 unter der Bedingung ^{11}1 = 1 = 1$_{7}$ = 28 im Ergebnis über (127 - 1) + (55 - 1) + (28 - 1) + (214 - 1) + 1 für ein System istgleich 421 istgleich 4 + 2 + 1 = 7 auch als ^{15}Phantomspeisung$_{197}$ = 214 bezeichnet.

Der Vollständigkeit halber werfen wir noch einen Blick auf den nachfolgenden Zusammenhang, bevor wir bei Letzterer wieder anknüpfen. Es gilt Folgendes:

^{16}Pseudoverbindung$_{196}$	=	214		214 - 1	=	213
^{15}Quasiverbindung$_{183}$	=	200		200 - 1	=	199
$^{1}a_{1}$	=	4		4 - 1	=	3
$^{1}b_{2}$	=	5		5 - 1	=	4
$^{1}b_{2}$	=	5		5 - 1	=	4
$^{1}a_{1}$	=	4		4 - 1	=	3
^{7}a und b$_{42}$	=	55		55 - 1	=	54
$^{7}a \neq b_{6}$	=	19		19 - 1	=	18
$^{7}b \neq a_{6}$	=	19		19 - 1	=	18
					=	516

5 + 1 + 6 + 1 für ein System	=	13	=	1 + 3	=	4

istgleich

^{15}Aliasverbindung$_{158}$	=	175		175 - 1	=	174

1 + 7 + 4 + 1 für ein System	=	13	=	1 + 3	=	4

Es gilt durch 5 + 1 + 6 + 1 und 1 + 7 + 4 + 1 die Bedingung 4 = 4 in einem Gleichgewicht, welche über den beiden Zahlen 517 und 175 angelegt ist.

Merke!

Die Pseudoverbindung ist als Quasiverbindung über a, b, b und a durch a und b infolge $a \neq b$ und $b \neq a$ eine Aliasverbindung.

Damit haben diese per se nichts mit unserer eigenen Intimität zu tun, da die ^{16}Pseudoverbindung$_{196}$ = 214 istgleich 2 + 1 + 4 = 7 respektive 7 ≠ 6 keinen direkten und mittelbaren Zugang zu unserer eigenen ^{10}Intimitaet$_{120}$ = 132 istgleich 1 + 3 + 2 = 6 eröffnet. Falls doch, bedarf es Gewalt. Das ist im Endeffekt das, was schlußendlich auch gemacht wird, daß man das zusammenschustert, was nicht zusammengehört: Und da wird fleißig nachgeholfen.

Da der Begriff der ^{15}Phantomspeisung$_{197}$ = 214 bereits gefallen ist, gibt es unschönerweise aber ein klitzekleines Problem, das prinzipiell nicht der Rede wert ist, also was mich anbelangt, da ich mir im Zweifelsfall die nächste Belegung der Erde ansehe. Wir werfen gemeinsam einen Blick auf Folgendes:

^{15}Phantomspeisung$_{197}$	=	214		214 - 1	=	213
$^{1}a_{1}$	=	4		4 - 1	=	3
$^{1}b_{2}$	=	5		5 - 1	=	4
$^{1}b_{2}$	=	5		5 - 1	=	4
$^{1}a_{1}$	=	4		4 - 1	=	3
$^{7}a \neq b_{6}$	=	19		19 - 1	=	18
$^{7}b \neq a_{6}$	=	19		19 - 1	=	18
$^{11}1 = 1 = 1_{7}$	=	28		28 - 1	=	27
					=	290

2 + 9 + 0 + 1 für ein System	=	12	=	1 + 2	=	3

istgleich

^{13}Erdmagnetfeld$_{114}$	=	129		129 - 1	=	128

1 + 2 + 8 + 1 für ein System	=	12	=	1 + 2	=	3

Es gilt die Bedingung 3 = 3 in einem Gleichgewicht, die sich infolge der beiden Zahlen 291 und 129 aus 2 + 9 + 0 + 1 und 1 + 2 + 8 + 1 ergibt. Respektive der beiden Zahlen 291 und 129 wird eine ^{23}Gleichgewichtssituation$_{266}$ = 291 istgleich 2 + 9 + 1 = 12 istgleich 1 + 2 = 3 unterstellt, die sich zwischen ^{4}Adam$_{19}$ = 25 und ^{3}Eva$_{28}$ = 33 in Form von ^{7}a und b$_{42}$ = 55 durch (25 - 1) + (33 - 1) + (55 - 1) + (109 -

1) + 1 für ein System istgleich 219 istgleich 2 + 1 + 9 = 12 istgleich 1 + 2 = 3 im ^{6}System$_{101}$ = 109 widerspiegeln sollte.

Merke!

Die Phantomspeisung liegt über a, b, b und a infolge a ≠ b und b ≠ a unter der Bedingung 1 = 1 = 1 im Erdmagnetfeld an, die korrespondierend aus einer Pseudoverbindung resultiert, was sich in unserer Gesundheit widerspiegelt.

Die ^{15}Phantomspeisung$_{197}$ = 214 istgleich 2 + 1 + 4 = 7 geht aus einer ^{16}Pseudoverbindung$_{196}$ = 214 istgleich 2 + 1 + 4 = 7 hervor, die direkt und mittelbar ihre Spuren in unserer ^{10}Gesundheit$_{112}$ = 124 istgleich 1 + 2 + 4 = 7 hinterlässt. Das heißt, daß wir durch unsere fehlende Gesundheit nicht nur direkt und mittelbar, sondern ebenso indirekt und unmittelbar Einfluß auf das Erdmagnetfeld nehmen.

Da das so ist, kommen wir zum nachfolgenden Zusammenhang, der uns das daraus resultierende Problem noch einmal verdeutlicht; es gilt nämlich Folgendes:

^{15}Phantomspeisung$_{197}$	=	214		214 - 1	=	213
$^{1}a_{1}$	=	4		4 - 1	=	3
$^{1}b_{2}$	=	5		5 - 1	=	4
					=	220

2 + 2 + 0 + 1 für ein System = 5

istgleich

^{20}elektrisches Erdfeld$_{188}$	=	212		212 - 1	=	211

2 + 1 + 1 + 1 für ein System = 5

Wir haben ordnunsgemäß die Bedingung 5 = 5 in einem Gleichgewicht erhalten, die sich über 2 + 2 + 0 + 1 und 2 + 1 + 1 + 1 aus den beiden Zahlen 221 und 212 ergibt.

Merke!

Die Phantomspeisung hinterlässt über a und über b ihre Spuren im elektrischen Erdfeld; das sich als ein elektrisches Feld aus der Beziehungsebene von a und b ergibt, welches wiederum respektive a und b im Weltenbaum über der Balance von H und von O errichtet worden ist.

Durch ^{17}elektrisches Feld$_{161}$ = 182 istgleich 1 + 8 + 2 = 11 istgleich 1 + 1 = 2 erhalten wir den eineindeutigen Beweis, daß in Form von ^{7}a und b$_{42}$ = 55 - bedingt durch (55 - 1) + (164 - 1) + 1 für ein System istgleich 218 istgleich 2 + 1 + 8 = 11 istgleich 1 + 1 = 2 - unsere ^{15}Beziehungsebene$_{147}$ = 164 Einfluß darauf nimmt. Manchmal ist es aber wie „im richtigen Leben", daß man zwei Fliegen mit ein' und der selben Klappe schlägt, da der

^{10}Weltenbaum$_{116}$ = 128

durch 1 + 2 + 8 = 11 istgleich 1 + 1 = 2 im Endeffekt nichts anderes als ein riesengroßes elektrisches Feld ist, das durch ^{7}a und b$_{42}$ = 55 respektive (55 - 1) + (47 - 1) + (11 - 1) + (18 - 1) + 1 für ein System istgleich 128 istgleich 1 + 2 + 8 = 11 istgleich 1 + 1 = 2 über der ^{7}Balance$_{38}$ = 47 von ^{1}H$_{8}$ = 11 und ^{1}O$_{15}$ = 18 errichtet worden ist. Warum das so ist, hatten wir im nun bereits mehrmals erwähnten Büchlein besprochen.

In Erweiterung dessen erhalten wir über ^{6}Mensch$_{62}$ = 70, also für jeden einzelnen von uns, daß sich unsere ^{15}Beziehungsebene$_{147}$ = 164 über ^{9}Beziehung$_{97}$ = 108 infolge (70 - 1) + (164 - 1) + (108 - 1) + 1 für ein System istgleich 340 istgleich 3 + 4 + 0 = 7 unweigerlich im nachfolgenden Zusammenhang bemerkbar macht. Wir erhalten aus ^{1}a$_{1}$ = 4 und ^{1}b$_{2}$ = 5 in Form von ^{7}a und b$_{42}$ = 55 korrespondierend unter der Bedingung ^{11}1 = 1 = 1$_{7}$ = 28 Folgendes, was uns ordnungsgemäß Aufschluß darüber gibt:

^{13}Erdmagnetfeld$_{114}$	=	129		129 - 1	=	128
^{20}elektrisches Erdfeld$_{188}$	=	212		212 - 1	=	211
					=	339

3 + 3 + 9 + 1 für ein System	=	16	=	1 + 6	=	7

istgleich

$^{1}a_{1}$	=	4		4 - 1	=	3
$^{1}b_{2}$	=	5		5 - 1	=	4
^{7}a und b_{42}	=	55		55 - 1	=	54
$^{11}1 = 1 = 1_{7}$	=	28		28 - 1	=	27
^{30}menschliches elektrisches Feld$_{279}$	=	315		315 - 1	=	314
					=	402

4 + 0 + 2 + 1 für ein System	=	7

Es gilt die Bedingung 7 = 7 in einem Gleichgewicht, die sich über 3 + 3 + 9 + 1 und 4 + 0 + 2 + 1 aus den beiden Zahlen 340 und 403 ergibt.

Merke!

Die Beziehungsebene eines jeden einzelnen Menschen spiegelt sich durch seine konkrete Beziehung (in der Gesamtheit als ein menschliches elektrisches Feld) über a und über b in Form von a und b unter der Bedingung 1 = 1 korrespondierend innerhalb des elektrischen Erdfelds im Erdmagnetfeld wider.

Kurz und knapp auf den Punkt gebracht: Im Ergebnis sorgt das Mit-wem-auch-immer-in's-Nest-Gesteige, fern der beiden Bedingungen „ein Mann und eine Frau" und „ein Adam und eine Eva" dafür, daß es beispielsweise auch Felsabgänge und Erdbeben gibt.

In der Endkonsequenz erhalten wir, daß bedingt durch die ^{15}Phantomspeisung$_{197}$ = 214, die sich respektive der ^{8}Paritaet$_{90}$ = 100 von ^{7}a und b_{42} = 55 infolge der fehlenden Bedingung

^{21}ein Adam und eine Eva$_{147}$ = 178

istgleich 1 + 7 + 8 = 16 istgleich 1 + 6 = 7 unter der Bedingung $^{11}1 = 1 = 1_{7}$ = 28 in der zu den ^{8}Menschen$_{81}$ = 91 dazugehörigen ^{8}Toleranz$_{111}$ = 121 über (214 - 1) + (100 - 1) + (55 - 1) + (28 - 1) + (91 - 1) + (121 - 1) + (178 - 1) + 1 für ein System istgleich 781 istgleich 7 + 8 + 1 = 16 istgleich 1 + 6 = 7 mittlerweile im ^{15}Toleranzbereich$_{161}$ = 178 außerhalb dessen bewegt, auf der ^{15}Beziehungsebene$_{147}$ = 164 Folgendes:

^{15}Phantomspeisung$_{197}$	=	214		214 - 1	=	213
^{8}Paritaet$_{90}$	=	100		100 - 1	=	99
^{7}a und b$_{42}$	=	55		55 - 1	=	54
$^{7}a \neq b_{6}$	=	19		19 - 1	=	18
$^{7}b \neq a_{6}$	=	19		19 - 1	=	18
$^{11}1 = 1 = 1_{7}$	=	28		28 - 1	=	27
^{15}Beziehungsebene$_{147}$	=	164		164 - 1	=	163
					=	592

5 + 9 + 2 + 1 für ein System	=	17	=	1 + 7	=	8

istgleich

^{12}Phantomstrom$_{172}$	=	186		186 - 1	=	185
^{15}Phantomspannung$_{193}$	=	210		210 - 1	=	209
					=	394

3 + 9 + 4 + 1 für ein System	=	17	=	1 + 7	=	8

Es gilt die Bedingung 8 = 8 in einem Gleichgewicht, die sich über 5 + 9 + 2 + 1 und 3 + 9 + 4 + 1 in den beiden Zahlen 593 und 395 widerspiegelt.

Merke!

Die Phantomspeisung führt dazu, daß in Form von a und b über unsere eigene Beziehungsebene hinweg durch die Parität infolge $a \neq b$ und $b \neq a$ unter der Bedingung 1 = 1 = 1 sowohl ein Phantomstrom als auch eine Phantomspannung existiert.

Letztere sind auf unserer ^{4}Erde$_{32}$ = 38 über $^{1}a_{1} = 4$, $^{1}b_{2} = 5$, $^{1}b_{2} = 5$ und $^{1}a_{1} = 4$ infolge $^{7}a \neq b_{6} = 19$ und $^{7}b \neq a_{6} = 19$ unter der Bedingung $^{11}1 = 1 = 1_{7} = 28$ - einer ^{7}Ursache$_{75}$ = 84 geschuldet - respektive (38 - 1) + (4 - 1) + (5 - 1) + (5 - 1) + (4 - 1) + (19 - 1) + (19 - 1) + (28 - 1) + (84 - 1) + (108 - 1) + 1 für ein System istgleich 305 istgleich 3 + 0 + 5 = 8 ursächlich für ^{9}Krankheit$_{97}$ = 108 verantwortlich. Damit darf man gespannt sein, was die Kasperköpfe in der Pharmazie und Medizin diesbezüglich entgegenzusetzen haben.

Die logische Bedingung, die zu erfüllen wäre, ergibt sich durch das $^{6}System_{101}$ = 109 von ^{7}a und b_{42} = 55 für alle $^{8}Menschen_{81}$ = 91 im Endeffekt über (109 - 1) + (55 - 1) + (91 - 1) + 1 für ein System istgleich 253 istgleich 2 + 5 + 3 = 10 istgleich 1 + 0 = 1 aus dem nachfolgenden Zusammenhang:

$^{3}(01_{n})_{15}$	=	21		21 - 1	=	20
$^{6}n \rightarrow \infty_{15}$	=	27		27 - 1	=	26
$^{3}(ab_{n})_{17}$	=	23		23 - 1	=	22
$^{6}n \rightarrow \infty_{15}$	=	27		27 - 1	=	26
$^{3}(HO_{n})_{37}$	=	43		43 - 1	=	42
$^{6}n \rightarrow \infty_{15}$	=	27		27 - 1	=	26
$^{3}(10_{n})_{15}$	=	21		21 - 1	=	20
$^{6}n \rightarrow \infty_{15}$	=	27		27 - 1	=	26
$^{3}(ba_{n})_{17}$	=	23		23 - 1	=	22
$^{6}n \rightarrow \infty_{15}$	=	27		27 - 1	=	26
$^{3}(OH_{n})_{37}$	=	43		43 - 1	=	42
$^{6}n \rightarrow \infty_{15}$	=	27		27 - 1	=	26
					=	324

3 + 2 + 4 + 1 für ein System	=	10	=	1 + 0	=	1

istgleich

$^{15}Beziehungsebene_{147}$	=	164		164 - 1	=	163
$^{9}Beziehung_{97}$	=	108		108 - 1	=	107
^{7}a und b_{42}	=	55		55 - 1	=	54
					=	324

3 + 2 + 4 + 1 für ein System	=	10	=	1 + 0	=	1

Wir erhalten in einem Gleichgewicht die Bedingung 1 = 1, die sich jeweils über 3 + 2 + 4 + 1 aus den beiden Zahlen 325 ergibt.

Merke!

Die Beziehungsebene von a und b setzt innerhalb deren Beziehung die Bedingung 1 = 1 in der Form voraus, sodaß für 01_n $n \to \infty$, ab_n $n \to \infty$, HO_n $n \to \infty$, 10_n $n \to \infty$, ba_n $n \to \infty$ und OH_n $n \to \infty$ gilt; die vom HO_1 im freien Fall über H und über O unter der Bedingung H = O in Form einer Gleichgewichtssituation korrespondierend über a und über b unter der Bedingung 1 = 1 = 1 errichtet worden sind.

Wir dürfen aber gesichert davon ausgehen, daß man in der Medizin und der Pharmazie weiß, wie das geht; da es ja nichts Geringeres als die Bedingungen für unser aller Leben sind, die vom allerersten

$$^{3}(\ HO_1\ )_{24} = 30$$

im freien Fall (= ^{11}freier Fall$_{92}$ = 107) über $^{1}a_1 = 4$ und $^{1}b_2 = 5$ unter der Bedingung $^{11}1 = 1 = 1_7 = 28$, ausgehend von $^{1}H_8 = 11$ und $^{1}O_{15} = 18$ unter der Bedingung $^{6}H = O_{25} = 37$, in Form einer

$$^{23}\text{Gleichgewichtssituation}_{266} = 291$$

über (30 - 1) + (107 - 1) + (4 - 1) + (5 - 1) + (28 - 1) + (11 - 1) + (18 - 1) + (37 - 1) + (291 - 1) + 1 für ein System istgleich 523 istgleich 5 + 2 + 3 = 10 istgleich 1 + 0 = 1 angelegt worden sind.

Prinzipiell hätten wir uns auch alles, was wir durch unser Sorgenkind im Ergebnis erhalten haben, im Judentum oder etwa auch im Islamtum ansehen können. In Ersterem begegnet uns zum Beispiel das sogenannte ^{4}Zion$_{64}$ = 70, das uns in Form von ^{7}a und b$_{42}$ = 55 infolge $^{7}a \neq b_6 = 19$ und $^{7}b \neq a_6 = 19$ unter der Bedingung $^{11}1 = 1 = 1_7 = 28$ auf Folgendes mit der Nase stupst:

^{4}Zion$_{64}$	=	70		70 - 1	=	69
^{7}a und b$_{42}$	=	55		55 - 1	=	54
$^{7}a \neq b_6$	=	19		19 - 1	=	18
$^{7}b \neq a_6$	=	19		19 - 1	=	18
$^{11}1 = 1 = 1_7$	=	28		28 - 1	=	27
					=	186

1 + 8 + 6 + 1 für ein System	=	16	=	1 + 6	=	7

istgleich

^{21}ein Adam und eine Eva$_{147}$	=	178		178 - 1	=	177

1 + 7 + 7 + 1 für ein System	=	16	=	1 + 6	=	7

Es gilt die Bedingung 7 = 7 in einem Gleichgewicht, die durch 1 + 8 + 6 + 1 und 1 + 7 + 7 + 1 den beiden Zahlen 187 und 178 geschuldet ist.

Merke!

Der Begriff „Zion" steht im Judentum in Form von a und b infolge a ≠ b und b ≠ a unter der Bedingung 1 = 1 = 1 für die Bedingung „ein Adam und eine Eva"; wobei das gelobte Land auf der Erde stellvertretend und vertretend über a und über b für den Bewegungsradius innerhalb dieser steht, der durch die Parität von a und b infolge a ≠ b und b ≠ a „0" ist.

^{16}Das gelobte Land$_{121}$ = 143 istgleich 1 + 4 + 3 = 8 auf der ^{4}Erde$_{32}$ = 38 steht über $^{1}a_{1}$ = 4 und $^{1}b_{2}$ = 5 unter der Bedingung ^{21}ein Adam und eine Eva$_{147}$ = 178 - bedingt durch (38 - 1) + (4 - 1) + (5 - 1) + (178 - 1) + (192 - 1) + 1 für ein System istgleich 413 istgleich 4 + 1 + 3 = 8 - für den ^{15}Bewegungsradius$_{175}$ = 192 istgleich 1 + 9 + 2 = 12 istgleich 1 + 2 = 3 innerhalb dieser, der durch die ^{8}Paritaet$_{90}$ = 100 von ^{7}a und b$_{42}$ = 55 infolge $^{7}a \neq b_{6}$ = 19 und $^{7}b \neq a_{6}$ = 19 respektive (100 - 1) + (55 - 1) + (19 - 1) + (19 - 1) + (3 - 1) + 1 für ein System istgleich 192 istgleich 1 + 9 + 2 = 12 istgleich 1 + 2 = 3 $^{1}0_{0}$ = 3 beträgt.

Im Islamtum wird die Bedingung ^{21}ein Adam und eine Eva$_{147}$ = 178 durch Folgendes vorgegeben:

^{21}ein Adam und eine Eva$_{147}$	=	178		178 - 1	=	177

1 + 7 + 7 + 1 für ein System	=	16	=	1 + 6	=	7

istgleich

^{8}Paradies$_{73}$	=	83		83 - 1	=	82
$^{1}a_{1}$	=	4		4 - 1	=	3
$^{1}b_{2}$	=	5		5 - 1	=	4
$^{1}b_{2}$	=	5		5 - 1	=	4
$^{1}a_{1}$	=	4		4 - 1	=	3
^{7}a und b_{42}	=	55		55 - 1	=	54
$^{11}1 = 1 = 1_{7}$	=	28		28 - 1	=	27
					=	177

1 + 7 + 7 + 1 für ein System	=	16	=	1 + 6	=	7

Jeweils aus 1 + 7 + 7 + 1 erhalten wir in Form der beiden Zahlen 178 die Bedingung 7 = 7 in einem Gleichgewicht.

Merke!

Im Islamtum ist das Paradies über a, b, b und a in Form von a und b unter der Bedingung 1 = 1 = 1 der Bedingung „ein Adam und eine Eva" gleichgestellt.

Das Gespinne mit den unzähligen Jungfrauen im Paradies, die angeblich dort nach dem Tod warten sollen, kann man sein lassen, da dort immer nur eine Jungfrau für jeden Jungfer steht. Da man auch im Islamtum nicht weiß, welcher „Hmm" auf den Eimer gehört, ist das mit den Jungfrauen und den Jungfern so eine Sache. Die werden wohl „in der islamischen Welt" auch alle beschädigt und ramponiert sein.

Ob wir das Problem anhand von Maria Magdalena besprechen, die mich am Kreuz verrecken lassen hat, oder auch anderweitig, ist also vollkommen egal; da das innerhalb aller theistischen und atheistischen Strömungen auch nur dazu führt, daß man wohl in der Badewanne den Stöpsel gezogen bekommt, da man sich auch nicht mit Ruhm bekleckert hat, was das Thema „Beziehung" anbelangt. Es wäre insofern auch hier erforderlich, daß man das „Bettengehopse" kreuz und quer durch den Gemüsegarten einfach mal sein lässt. Das Ergebnis steht damit prinzipiell auch hier fest: Es geht ab auf den Schleudersitz und im hohen Bogen raus aus dem System. Wir machen im nächsten Kapitel mit etwas Anderem weiter.

8. Sein und Werden

Wir werden uns in den nächsten Kapiteln mit unterschiedlichen Themen befassen, um noch ein paar Dinge klarzustellen, wobei wieder auf das Wir abgestellt wird. Der Überschrift geschuldet wird von uns geklärt, ob wir überhaupt dazu in der Lage sind, auf das Sein und das Werden in irgendeiner Form Einfluß zu nehmen, und falls doch, worauf. Wir nehmen zur Klärung einen kurzen Umweg über die Begriffe der Kosten-Leistungs-Rechnung, da wir in dieser vergangenheitsbezogene, gegenwartsbezogene und zukunftsbezogene Zahlen vorfinden. Wir hatten bereits gelernt, daß Vergangenheit, Gegenwart und Zukunft in Form von drei logischen Räumen korrespondierend im „Hier und Jetzt" existieren, wobei wir selbst aber nur dazu in der Lage sind, uns in der Gegenwart zu bewegen. Die Frage ist damit, welche davon wir dem Sein und dem Werden zuordnen können, das Einordnen inbegriffen.

Wir klären in einem ersten Schritt, was sich für das $^{3}Ist_{48}$ = 53 in der Kosten-Leistungs-Rechnung ergibt. Es gilt korrespondierend über $^{1}a_{1}$ = 4, $^{1}b_{2}$ = 5, $^{1}b_{2}$ = 5 und $^{1}a_{1}$ = 4 in Form von ^{7}a und b_{42} = 55 respektive einer $^{11}Bezeichnung_{114}$ = 127 Folgendes:

$^{11}Bezeichnung_{114}$	=	127		127 - 1	=	126
$^{3}Ist_{48}$	=	53		53 - 1	=	52
					=	178

1 + 7 + 8 + 1 für ein System	=	17	=	1 + 7	=	8

istgleich

$^{1}a_{1}$	=	4		4 - 1	=	3
$^{1}b_{2}$	=	5		5 - 1	=	4
$^{1}b_{2}$	=	5		5 - 1	=	4
$^{1}a_{1}$	=	4		4 - 1	=	3
^{7}a und b_{42}	=	55		55 - 1	=	54
$^{9}Gegenwart_{100}$	=	111		111 - 1	=	110
					=	178

1 + 7 + 8 + 1 für ein System	=	17	=	1 + 7	=	8

In einem Gleichgewicht liegt die Bedingung 8 = 8 vor, die sich jeweils aus 1 + 7 + 8 + 1 in Form der beiden Zahlen 179 ergibt.

Merke!

Die Bezeichnung „Ist" wird über a, b, b und a durch a und b für die Gegenwart verwandt.

Wir haben das erhalten, wovon man in der Kosten-Leistungs-Rechnung regelmäßig ausgeht. Das entschuldigt aber nicht, daß man selbst nicht dazu in der Lage ist, ordnungsgemäß einen Beweis hierfür anzutreten, geschweige denn, daß man eine Wissenschaft ist. Es hätte also auch alles falsch sein können. Für uns heißt das, daß wir die diesbezüglichen Behauptungen im Vorfeld alle überprüfen müssen.

In einem zweiten Schritt erhalten wir für das $^{4}Soll_{58}$ = 64 in der Kosten-Leistungs-Rechnung den nachfolgenden Zusammenhang:

$^{11}Bezeichnung_{114}$	=	127		127 - 1	=	126
$^{4}Soll_{58}$	=	64		64 - 1	=	63
$^{1}a_{1}$	=	4		4 - 1	=	3
$^{1}b_{2}$	=	5		5 - 1	=	4
$^{1}b_{2}$	=	5		5 - 1	=	4
$^{1}a_{1}$	=	4		4 - 1	=	3
					=	203

2 + 0 + 3 + 1 für ein System	=	6

istgleich

^{7}a und b_{42}	=	55		55 - 1	=	54
$^{13}Vergangenheit_{135}$	=	150		150 - 1	=	149
					=	203

2 + 0 + 3 + 1 für ein System	=	6

Es gilt die Bedingung 6 = 6 in einem Gleichgewicht, die jeweils durch 2 + 0 + 3 + 1 den beiden Zahlen 204 geschuldet ist.

Merke!

Die Bezeichnung „Soll" entspricht über a, b, b und a in Form von a und b der Vergangenheit.

Das sogenannte „Soll" können wir deckungsgleich unter dem Begriff der Vergangenheit verbuchen. Damit wenden wir uns dem „Wird" zu, das uns unter diesem Aspekt noch fehlt.

Für das $^{4}Wird_{54}$ = 60 in der Kosten-Leistungsrechnung erhalten wir über $^{1}a_{1}$ = 4, $^{1}b_{2}$ = 5, $^{1}b_{2}$ = 5 und $^{1}a_{1}$ = 4 in Form von ^{7}a und b_{42} = 55 im Ergebnis unter der Bedingung $^{11}1 = 1 = 1_{7}$ = 28 dann in einem dritten Schritt den nachfolgenden Zusammenhang:

$^{11}Bezeichnung_{114}$	=	127		127 - 1	=	126
$^{4}Wird_{54}$	=	60		60 - 1	=	59
$^{1}a_{1}$	=	4		4 - 1	=	3
$^{1}b_{2}$	=	5		5 - 1	=	4
$^{1}b_{2}$	=	5		5 - 1	=	4
$^{1}a_{1}$	=	4		4 - 1	=	3
^{7}a und b_{42}	=	55		55 - 1	=	54
$^{11}1 = 1 = 1_{7}$	=	28		28 - 1	=	27
					=	280

2 + 8 + 0 + 1 für ein System	=	11	=	1 + 1	=	2

istgleich

$^{7}Zukunft_{119}$	=	128		128 - 1	=	127

1 + 2 + 7 + 1 für ein System	=	11	=	1 + 1	=	2

Es gilt über 2 + 8 + 0 + 1 und 1 + 2 + 7 + 1 durch die beiden Zahlen 281 und 128 die Bedingung 2 = 2 in einem Gleichgewicht.

Merke!

Die Bezeichnung „Wird" steht über a, b, b und a respektive a und b unter der Bedingung 1 = 1 = 1 für die Zukunft.

Das „Wird" bezieht sich damit auf die Zukunft. Alle drei zusammen, also ${}^{3}\text{Ist}_{48}$ = 53, ${}^{4}\text{Soll}_{58}$ = 64 und ${}^{4}\text{Wird}_{54}$ = 60 analog Gegenwart, Vergangenheit und Zukunft, ergeben über ${}^{1}a_{1}$ = 4 und ${}^{1}b_{2}$ = 5 durch (53 - 1) + (64 - 1) + (60 - 1) + (4 - 1) + (5 - 1) + 1 für ein System istgleich 182 istgleich 1 + 8 + 2 = 11 istgleich 1 + 1 = 2 unseren ${}^{10}\text{Weltenbaum}_{116}$ = 128 istgleich 1 + 2 + 8 = 11 istgleich 1 + 1 = 2.

Wir erinnern nur noch einmal kurz daran, daß der ${}^{10}\text{Weltenbaum}_{116}$ = 128, in dem wir ein mehr als winziges System sind, über ${}^{1}a_{1}$ = 4 und ${}^{1}b_{2}$ = 5 durch (128 - 1) + (4 - 1) + (5 - 1) + 1 für ein System istgleich 135 istgleich 1 + 3 + 5 = 9 - bedingt durch die ${}^{8}\text{Toleranz}_{111}$ = 121 von ^{7}a und b_{42} = 55 im ${}^{15}\text{Toleranzbereich}_{161}$ = 178 - in der Summe durch (121 - 1) + (55 - 1) + (178 - 1) + (180 - 1) + 1 für ein System istgleich 531 istgleich 5 + 3 + 1 = 9 das ${}^{14}\text{Hier und Jetzt}_{160}$ = 180 ergibt.

Damit müssen wir eine Antwort darauf finden, welcher der insgesamt drei Zustände „Ist", „Soll" und „Wird" sich variabel verhält und welcher davon im Endeffekt als konstant zu bewerten ist. Unser Ansatz, um zu einem entsprechenden Ergebnis zu gelangen, ergibt sich regelrecht von selbst, da durch das ${}^{3}\text{Ist}_{48}$ = 53 istgleich 5 + 3 = 8 und das ${}^{4}\text{Sein}_{47}$ = 53 istgleich 5 + 3 = 8 die Gleichung

Ist = 1; 1 = Sein

unter der Bedingung 8 = 8 in einem Gleichgewicht vorliegt. Die Frage ist, ob es sich um die ${}^{8}\text{Variable}_{70}$ = 80 oder um die ${}^{9}\text{Konstante}_{119}$ = 130 handelt. Es gilt Folgendes:

${}^{3}\text{Ist}_{48}$	=	53		53 - 1	=	52
${}^{4}\text{Sein}_{47}$	=	53		53 - 1	=	52
					=	104

1 + 0 + 4 + 1 für ein System	=	6

istgleich

$^{1}a_{1}$	=	4		4 - 1	=	3
$^{1}b_{2}$	=	5		5 - 1	=	4
$^{7}a \neq b_{6}$	=	19		19 - 1	=	18
$^{7}b \neq a_{6}$	=	19		19 - 1	=	18
$^{11}1 = 1 = 1_{7}$	=	28		28 - 1	=	27
^{8}Variable$_{70}$	=	80		80 - 1	=	79
					=	149

1 + 4 + 9 + 1 für ein System	=	15	=	1 + 5	=	6

Es gilt die Bedingung 6 = 6 in einem Gleichgewicht, die sich durch 1 + 0 + 4 + 1 und 1 + 4 + 9 + 1 in Form der beiden Zahlen 105 und 150 ergibt.

Merke!

Das „Ist" ist in unserem „Sein" über a und über b infolge a ≠ b und b ≠ a unter der Bedingung 1 = 1 = 1 die Variable.

Da wir in unserem Sein im sogenannten Ist leben, können wir innerhalb der Toleranz von a und b in einem gegebenen Toleranzbereich Einfluß auf dieses nehmen, wobei die Grenzen dessen aber vorgegeben sind.

Damit erklärt es sich fast von selbst, daß trotz einer ^{8}Variable$_{70}$ = 80 (-n), die es innerhalb von ^{7}a und b_{42} = 55 ist, die Aussage ^{30}Ein Mensch hat im Ist zu sein.$_{284}$ = 329 greift. Es gilt Folgendes:

^{30}Ein Mensch hat im Ist zu sein.$_{284}$	=	329		329 - 1	=	328

3 + 2 + 8 + 1 für ein System	=	14	=	1 + 4	=	5

istgleich

^{6}Mensch$_{62}$	=	70		70 - 1	=	69
^{7}a und b$_{42}$	=	55		55 - 1	=	54
^{7}a ≠ b$_{6}$	=	19		19 - 1	=	18
^{7}b ≠ a$_{6}$	=	19		19 - 1	=	18
^{8}Variable$_{70}$	=	80		80 - 1	=	79
					=	238

2 + 3 + 8 + 1 für ein System	=	14	=	1 + 4	=	5

Es gilt die Bedingung 5 = 5 in einem Gleichgewicht, die sich über 3 + 2 + 8 + 1 und 2 + 3 + 8 + 1 aus den beiden Zahlen 329 und 239 ergibt.

Merke!

„Ein Mensch hat im Ist zu sein.", da die Variable für einen Menschen durch a und b infolge a ≠ b und b ≠ a vorgegeben ist.

Letzteres spiegelt im Prinzip nur das wider, daß das Leben per se nur innerhalb bestimmter Grenzen möglich ist. Das hat also nichts damit zu tun, daß man jemanden beschneiden oder gar eingrenzen will, da diese Grenzen die elementare Voraussetzung dafür sind, daß es überhaupt Leben innerhalb dieser gibt. Insofern ist es auch selbsterklärend, warum unser „freier Wille" gar nicht so frei sein kann.

Unser ^{12}freier Wille$_{122}$ = 138 ist dadurch immer ein ^{23}begrenzter freier Wille$_{242}$ = 271, was sich aus Folgendem ergibt:

^{12}freier Wille$_{122}$	=	138		138 - 1	=	137
^{6}Mensch$_{62}$	=	70		70 - 1	=	69
^{8}Menschen$_{81}$	=	91		91 - 1	=	90
^{10}Menschheit$_{104}$	=	116		116 - 1	=	115
					=	411

4 + 1 + 1 + 1 für ein System	=	7

istgleich

^{6}Grenze$_{75}$	=	83		83 - 1	=	82
^{7}a und b$_{42}$	=	55		55 - 1	=	54
^{1}a$_{1}$	=	4		4 - 1	=	3
^{1}b$_{2}$	=	5		5 - 1	=	4
^{1}b$_{2}$	=	5		5 - 1	=	4
^{1}a$_{1}$	=	4		4 - 1	=	3
^{23}begrenzter freier Wille$_{242}$	=	271		271 - 1	=	270
					=	420

4 + 2 + 0 + 1 für ein System	=	7

Es gilt die Bedingung 7 = 7 in einem Gleichgewicht, welche sich durch 4 + 1 + 1 + 1 und 4 + 2 + 0 + 1 aus den beiden Zahlen 412 und 421 ergibt.

Merke!

Der freie Wille des Menschen ist über alle Menschen in der Menschheit hinweg über a, b, b und a durch die Grenze, die in Form von a und b vorliegt, immer nur ein begrenzter freier Wille.

Der Allgemeingültigkeit von a und von b geschuldet gilt das für alles; ergo auch für Bienen, Hornissen und Wespen etwa.

Der begrenzte freie Wille als solcher greift durch ^{23}begrenzter freier Wille$_{242}$ = 271 istgleich 2 + 7 + 1 = 10 istgleich 1 + 0 = 1 insbesondere durch (164 - 1) + (108 - 1) + 1 für ein System istgleich 271 istgleich 2 + 7 + 1 = 10 istgleich 1 + 0 = 1 in der Endkonsequenz auf unserer ^{15}Beziehungsebene$_{147}$ = 164 im Rahmen von ^{9}Beziehung$_{97}$ = 108, da das

^{6}System$_{101}$ = 109

als ein numerisch gesteuertes - bedingt durch (109 - 1) + (55 - 1) + (55 - 1) + 1 für ein System istgleich 217 istgleich 2 + 1 + 7 = 10 istgleich 1 + 0 = 1 -

sowohl über ^{7}a und b$_{42}$ = 55 als auch über ^{7}b und a$_{42}$ = 55 aufgebaut ist, das wir zurzeit hervorragend zerstören. Das interessiert uns aber offensichtlich nicht und Maria Magdalena offenbar ebenso. Insofern werden wir wohl, was de facto unseren Untergang anbelangt, in den sauren Apfel beißen müssen, da der Begriff der Endlichkeit durch unser Verhalten auf unserer Beziehungsebene über Beziehung mittlerweile eine Stellung einnimmt, die da nichts Gutes verheißt.

Das Ist entspricht also dem Sein, das ausschließlich in der Gegenwart stattfindet. Im Umkehrschluß betrachten wir den nachfolgenden Zusammenhang, der uns über das $^{6}\text{Werden}_{69}$ = 77 Aufschluß gibt. Es gilt in der Endkonsequenz korrespondierend über $^{1}a_{1}$ = 4 und $^{1}b_{2}$ = 5 Folgendes:

$^{6}\text{Werden}_{69}$	=	77		77 - 1	=	76
$^{9}\text{Konstante}_{119}$	=	130		130 - 1	=	129
$^{1}a_{1}$	=	4		4 - 1	=	3
$^{1}b_{2}$	=	5		5 - 1	=	4
					=	212

2 + 1 + 2 + 1 für ein System	=	6

istgleich

$^{4}\text{Soll}_{58}$	=	64		64 - 1	=	63
$^{4}\text{Wird}_{54}$	=	60		60 - 1	=	59
					=	122

1 + 2 + 2 + 1 für ein System	=	6

Aus 2 + 1 + 2 + 1 und 1 + 2 + 2 + 1 erhalten wir die beiden Zahlen 213 und 123, die in einem Gleichgewicht die Bedingung 6 = 6 erfüllen.

Merke!

Das Werden entspricht über a und über b einer Konstanten, die sich im Soll und im Wird widerspiegelt.

Allein diesem Ergebnis geschuldet sollte klar sein, daß unser Entscheidungshorizont immer auf die Gegenwart begrenzt ist.

Letzteres findet bedingt durch die beiden Zahlen 213 und 123 seine logische Begründung insbesondere darin, daß wir verständlicherweise auf die

$^{8}\text{Raumzeit}_{113} = 123$

istgleich $1 + 2 + 3 = 6$ im $^{8}\text{Zeitraum}_{113} = 123$ istgleich $1 + 2 + 3 = 6$ keinen Einfluß besitzen. Es wäre mehr als vermessen, wenn wir das als Möglichkeit für uns in Betracht ziehen würden.

Im Endeffekt können wir quasi nur in der Gegenwart leben: Wo wir innerhalb der Grenzen von a und von b in Form von a und b immer nur entscheiden können, wohin wir uns ausgehend von unserer gemeinsamen Vergangenheit in der Zukunft bewegen. Falls Erstere in unserer Gegenwart eine zu große Rolle spielt, verhält es sich am Ende wie auf einer Wippe, auf der wir einen Weg beschreiten, der in der Zukunft als nicht empfehlenswert anzusehen ist. Wir bewegen uns von einem Extrem zu einem anderen. Wir sehen uns das mal kurz grafisch an:

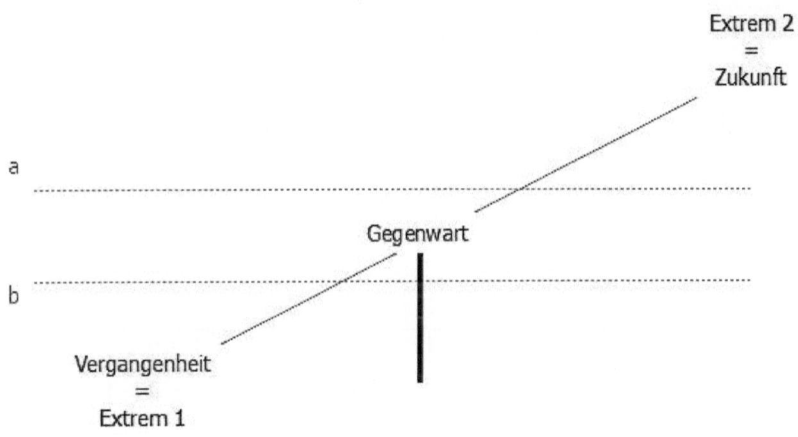

a, b - Grenzen der Toleranz von a und b im Toleranzbereich

Unsere Bilanz bestätigt, daß wir es auf wundersame Weise in all unseren bisherigen Leben fertiggebracht haben, daß wir uns von einem Extrem zum nächsten begeben: und zwar immer hübsch ausgehend von unserer gemeinsamen Vergangenheit über das, was wir in der Gegenwart veranstalten, um im Ergebnis in einem noch größeren Irrenhaus in der Zukunft zu landen. Wir haben also nichts dazugelernt, da wir noch nicht einmal wissen, welcher „Hmm" auf welchen Eimer gehört, wenngleich das lebensnotwendig für uns ist. Insofern ist es nicht verwunderlich, daß das permanente Über- oder auch Unterschreiten der Toleranz von a und b im Toleranzbereich im Extrem dann auch mal dafür sorgt, daß das Wippen abrupt beendet wird.

Schlaue Erdenkinder haben aber mittlerweile vielleicht verstanden, daß die Grafik wie folgt aussehen sollte, da diese das reflektiert, was notwendig ist: um ein glückliches und zufriedenes Leben mit ein' und dem selben Menschen zu führen.

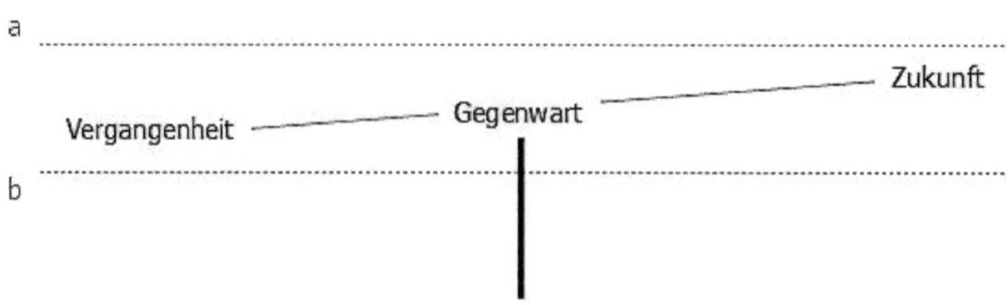

a, b - Grenzen der Toleranz von a und b im Toleranzbereich

In diesem Fall heben sich die Vergangenheit und die Zukunft auf unserer Wippe auf, wo wir uns dann überraschenderweise in der Gegenwart in einem ebensolchen Leben wiederfinden.

Auch wenn wir das nicht hören wollen, ist unser $^4Sein_{47}$ = 53 über $^1a_1$ = 4, $^1b_2$ = 5, $^1b_2$ = 5 und $^1a_1$ = 4 immer an Folgendes gebunden:

$^4Sein_{47}$	=	53		53 - 1	=	52
$^1a_1$	=	4		4 - 1	=	3
$^1b_2$	=	5		5 - 1	=	4
$^1b_2$	=	5		5 - 1	=	4
$^1a_1$	=	4		4 - 1	=	3
$^8Paritaet_{90}$	=	100		100 - 1	=	99
^7a und b_{42}	=	55		55 - 1	=	54
					=	219

2 + 1 + 9 + 1 für ein System = 13 = 1 + 3 = 4

istgleich

[22]ein Mann und eine $Frau_{188}$	=	220		220 - 1	=	219

2 + 1 + 9 + 1 für ein System	=	13	=	1 + 3	=	4

Es gilt die Bedingung 4 = 4 in einem Gleichgewicht, die sich jeweils aus 2 + 1 + 9 + 1 in Form der beiden Zahlen 220 ergibt.

Merke!

Im Sein ist stets und immer über a, b, b und a - bedingt durch die Parität von a und b - „ein Mann und eine Frau" zu erfüllen, wobei das Werden im System durch a und durch b auf „ein Adam und eine Eva" abstellt.

Das [6]$Werden_{69}$ = 77 zieht im [6]$System_{101}$ = 109 durch (77 - 1) + (109 - 1) + 1 für ein System istgleich 185 istgleich 1 + 8 + 5 = 14 istgleich 1 + 4 = 5 nach sich, daß über $^1a_1 = 4$ und $^1b_2 = 5$ infolge (4 - 1) + (5 - 1) + (178 - 1) + 1 für ein System istgleich 185 istgleich 1 + 8 + 5 = 14 istgleich 1 + 4 = 5 im Ergebnis nur [21]ein Adam und ein Eva_{147} = 178 gilt.

Unser Sein ist damit, ausgehend vom Werden, auch in diesem Fall an die Erfüllung der Bedingung „ein Mann und eine Frau" gebunden, die auf die Erfüllung der Bedingung „ein Adam und eine Eva" hinausläuft. Wir kommen also nicht umhin, alle Beziehungen auf der Beziehungsebene darauf auszurichten - da, was im Allgemeinen gilt, auch im Speziellen zutreffen muss. Und damit setzen wir über zum nächsten Kapitel, um gemeinsam zu erfahren, warum ein Ergebnis keine Lösung ist.

9. Die Wahrheit hinter einem Ergebnis

In der Regel gehen wir davon aus, daß, falls wir ein ^{8}Ergebnis$_{79}$ = 89 istgleich 8 + 9 = 17 istgleich 1 + 7 = 8 vor uns liegen haben, es sich dabei um eine ^{7}Loesung$_{93}$ = 102 istgleich 1 + 0 + 2 = 3 handeln muss, da wir fest davon überzeugt sind, daß wir ein ^{8}Resultat$_{116}$ = 126 istgleich 1 + 2 + 6 = 9 erhalten haben. Da 8 ≠ 3 ≠ 9 ist, gibt es aber, was das anbelangt, offensichtlich ein Problem: Hier stimmt damit etwas nicht.

Ein Ergebnis, eine Lösung oder etwa auch ein Resultat sind damit auf den allerersten Blick miteinander und untereinander unvereinbar. Es existieren damit bestimmte Kriterien dafür, wann was ist, damit diese logisch zueinanderfinden. Generell macht man sich darüber keine Gedanken wie bei allen anderen Dingen. Das heißt, daß wir überhaupt nicht wissen können, ob wir nur ein Ergebnis vor uns liegen haben oder ob im Resultat tatsächlich eine Lösung steht.

Ein ^{8}Ergebnis$_{79}$ = 89 kann bekanntlich ^{7}richtig$_{74}$ = 83 oder ^{6}falsch$_{49}$ = 57 sein, das als solches auf ^{17}Proportionalitaet$_{224}$ = 243 und ^{12}Relativitaet$_{142}$ = 156 beruht. Es gilt erst einmal Folgendes:

^{8}Ergebnis$_{79}$	=	89		89 - 1	=	88
^{6}System$_{101}$	=	109		109 - 1	=	108
^{7}a und b$_{42}$	=	55		55 - 1	=	54
^{7}richtig$_{74}$	=	83		83 - 1	=	82
^{6}falsch$_{49}$	=	57		57 - 1	=	56
					=	388

3 + 8 + 8 + 1 für ein System	=	20	=	2 + 0	=	2

istgleich

^{17}Proportionalitaet$_{224}$	=	243		243 - 1	=	242
^{12}Relativitaet$_{142}$	=	156		156 - 1	=	155
					=	397

3 + 9 + 7 + 1 für ein System	=	20	=	2 + 0	=	2

Es gilt die Bedingung 2 = 2 in einem Gleichgewicht, die sich über 3 + 8 + 8 + 1 und 3 + 9 + 7 + 1 aus den beiden Zahlen 389 und 398 ergibt.

Merke!

Ein Ergebnis sagt durch das System von a und b lediglich aus, ob es relativ und proportional gesehen falsch oder richtig ist, das durch die Parität von a und b als wahr oder als unwahr bezeichnet wird.

Die Begriffe ^{7}richtig$_{74}$ = 83 und ^{6}falsch$_{49}$ = 57 können wir respektive einer ^{11}Bezeichnung$_{114}$ = 127 - bedingt durch die ^{8}Paritaet$_{90}$ = 100 von ^{7}a und b$_{42}$ = 55 - im Endeffekt durch (83 - 1) + (57 - 1) + (127 - 1) + (100 - 1) + (55 - 1) + 1 für ein System istgleich 418 istgleich 4 + 1 + 8 = 13 istgleich 1 + 3 = 4 infolge (56 - 1) + (93 - 1) + 1 für ein System istgleich 148 istgleich 1 + 4 + 8 = 13 istgleich 1 + 3 = 4 als ^{4}wahr$_{50}$ = 56 oder als ^{6}unwahr$_{85}$ = 93 bezeichnen.

Wenn wir dabei beispielsweise an Maria Magdalena denken und ihr nur begreiflich machen wollten, daß das, was ihr widerfährt, nicht richtig ist und damit falsch, könnte sie sich herausreden und behaupten (da es relativ gesehen, obwohl es falsch ist, am Ende genauso wie es ist, richtig ist): daß es proportional gesehen sowohl wahr als auch unwahr sein kann. Ein Ergebnis sagt im Endeffekt nur aus, daß sich etwas proportional gesehen relativ verhält. Ob es richtig ist oder falsch, analog wahr oder unwahr, darüber kann es uns keine Auskunft geben. Wir stehen etwa an einer Weggabelung ohne ein Hinweisschild, wo es links oder rechts langgeht. Wir können keine Aussage dazu treffen, ob sich hinter links die Lösung für unser Entscheidungsproblem in Form eines Resultats, ein Wirtshaus beispielsweise, verbirgt oder rechts. Es ist proportional gesehen relativ: Ein Ergebnis allein bringt gar nichts, und falls dann eine Maria Magdalena zu uns gehört, können wir ihr nicht einmal etwas entgegnen.

Eine ^{7}Loesung$_{93}$ = 102 hingegen erfüllt unter dem Aspekt der ^{12}Neutralitaet$_{146}$ = 160 hingegen Folgendes:

^{12}Neutralitaet$_{146}$	=	160		160 - 1	=	159
^{7}Loesung$_{93}$	=	102		102 - 1	=	101
					=	260

2 + 6 + 0 + 1 für ein System	=	9

istgleich

^{8}Resultat$_{116}$	=	126		126 - 1	=	125

1 + 2 + 5 + 1 für ein System	=	9

Es gilt respektive der beiden Zahlen 261 und 126 aus 2 + 6 + 0 + 1 und 1 + 2 + 5 + 1 in einem Gleichgewicht die Bedingung 9 = 9.

Merke!

Eine Lösung wird zum Resultat, wenn sie auf Neutralität beruht, wobei die Neutralität eines Ergebnisses über a und über b unter der Bedingung 1 = 1 = 1 dafür sorgt, daß wir Letzteres als Lösung bezeichnen dürfen.

Im Ergebnis sorgt die ^{12}Neutralitaet$_{146}$ = 160 eines Ergebnisses als ^{8}Ergebnis$_{79}$ = 89 über $^{1}a_{1}$ = 4 und $^{1}b_{2}$ = 5 unter der Bedingung $^{11}1 = 1 = 1_{7}$ = 28 durch (160 - 1) + (89 - 1) + (4 - 1) + (5 - 1) + (28 - 1) + 1 für ein System istgleich 282 istgleich 2 + 8 + 2 = 12 istgleich 1 + 2 = 3 dafür, daß es sich der ^{11}Bezeichnung$_{114}$ = 127 nach über (127 - 1) + (102 - 1) + 1 für ein System istgleich 228 istgleich 2 + 2 + 8 = 12 istgleich 1 + 2 = 3 dann tatsächlich um eine ^{7}Loesung$_{93}$ = 102 handelt. Wird das Kriterium der Neutralität nicht erfüllt, ist das Ergebnis nur ein Ergebnis und nie eine Lösung, die das Resultat wiedergibt.

Was die Bedingung ^{21}ein Adam und eine Eva$_{147}$ = 178 anbelangt, erhalten wir damit zum Beispiel Folgendes:

^{21}ein Adam und eine Eva$_{147}$	=	178		178 - 1	=	177
^{7}a und b$_{42}$	=	55		55 - 1	=	54
$^{7}a \neq b_{6}$	=	19		19 - 1	=	18
$^{7}b \neq a_{6}$	=	19		19 - 1	=	18
					=	267

2 + 6 + 7 + 1 für ein System	=	16	=	1 + 6	=	7

istgleich

$^{1}a_{1}$	=	4		4 - 1	=	3
$^{1}b_{2}$	=	5		5 - 1	=	4
$^{12}Neutralitaet_{146}$	=	160		160 - 1	=	159
$^{7}Loesung_{93}$	=	102		102 - 1	=	101
					=	267

2 + 6 + 7 + 1 für ein System	=	16	=	1 + 6	=	7

Es gilt die Bedingung 7 = 7 in einem Gleichgewicht, das sich jeweils durch 2 + 6 + 7 + 1 in Form der beiden Zahlen 268 ergibt.

Merke!

Der Neutralität einer Lösung geschuldet gilt über a und über b in Form von a und b infolge a ≠ b und b ≠ a immer „ein Adam und eine Eva".

So leid es uns auch tut, Maria Magdalena, da führt kein Weg mehr daran vorbei. Es ist eben manchmal einfach, wie es ist. Also auch hier erhalten wir einen freundlichen Wink mit dem Zaunpfahl, daß unser „Hmm" immer auf den Eimer gehört und unter jedem „Hmm" der dazugehörige Eimer klemmen sollte.

Das Problem ist auch hier, daß um überhaupt zu einem $^{8}Ergebnis_{79}$ = 89 gelangen zu können, das auf $^{12}Neutralitaet_{146}$ = 160 beruht, Folgendes erfüllt sein muss:

$^{12}Neutralitaet_{146}$	=	160		160 - 1	=	159
$^{8}Ergebnis_{79}$	=	89		89 - 1	=	88
					=	247

2 + 4 + 7 + 1 für ein System	=	14	=	1 + 4	=	5

istgleich

^{15}Beziehungsebene$_{147}$	=	164		164 - 1	=	163
^{9}Beziehung$_{97}$	=	108		108 - 1	=	107
^{1}a$_{1}$	=	4		4 - 1	=	3
^{1}b$_{2}$	=	5		5 - 1	=	4
^{8}Toleranz$_{111}$	=	121		121 - 1	=	120
^{15}Toleranzbereich$_{161}$	=	178		178 - 1	=	177
^{7}a und b$_{42}$	=	55		55 - 1	=	54
$^{7}a \neq b_{6}$	=	19		19 - 1	=	18
$^{7}b \neq a_{6}$	=	19		19 - 1	=	18
^{21}ein Adam und eine Eva$_{147}$	=	178		178 - 1	=	177
					=	841

8 + 4 + 1 + 1 für ein System	=	14	=	1 + 4	=	5

Die Bedingung 5 = 5 in einem Gleichgewicht resultiert aus 2 + 4 + 7 + 1 und 8 + 4 + 1 + 1 in Form der beiden Zahlen 248 und 842.

Merke!

Die Neutralität eines Ergebnisses zu wahren, ist nur möglich, wenn über die Toleranz von a und b im Toleranzbereich infolge $a \neq b$ und $b \neq a$ über a und über b auf deren Beziehungsebene innerhalb ihrer gemeinsamen Beziehung „ein Adam und eine Eva" gilt.

Wir sind damit nur in der Lage, neutrale Ergebnisse zu generieren, falls wir uns zusammenbefinden, analog ein „Hmm" auf den dazugehörigen Eimer. Wird dieses KO-Kriterium nicht erfüllt, ist es für einen Menschen unmöglich, irgendetwas Brauchbares diesbezüglich abzuliefern. Allein vor diesem Hintergrund sollte sich Maria Magdalena einen Ruck geben, wie wir selbst auch.

Da im Ergebnis eine ^{7}Loesung$_{93}$ = 102 damit in Form von ^{7}a und b$_{42}$ = 55 infolge $^{7}a \neq b_{6}$ = 19 und $^{7}b \neq a_{6}$ = 19 - bedingt durch (102 - 1) + (55 - 1) + (19 - 1) + (19 - 1) + 1 für ein System istgleich 192 istgleich 1 + 9 + 2 = 12 istgleich 1 + 2 = 3 - der ^{23}Gleichgewichtssituation$_{266}$ = 291 istgleich 2 + 9 + 1 = 12 istgleich 1 + 2 = 3 entspricht, sind wir tatsächlich die allerersten Menschen auf der Erde, die ordnungsgemäß Ergebnisse abgeliefert haben, die im Resultat als einzige und alleinige das Kriterium der Neutralität bei einer Lösung erfüllen. Das heißt, alles andere kann man in den Ofen schieben und vernichten: Es ist Schrott. Wir haben damit auf unserer Erde durch dieses elementare Versäumnis nicht eine einzige Lösung, obwohl wir diese in Hülle und Fülle benötigen.

Ob dann überhaupt ein ^{8}Ergebnis$_{79}$ = 89 über $^{1}a_1 = 4$, $^{1}b_2 = 5$, $^{1}b_2 = 5$ und $^{1}a_1 = 5$ in Form ^{7}a und $b_{42} = 55$ infolge $^{7}a \neq b_6 = 19$ und $^{7}b \neq a_6 = 19$ unter der Bedingung $^{11}1 = 1 = 1_7 = 28$ möglich ist, ist an Folgendes gebunden:

^{8}Ergebnis$_{79}$	=	89		89 - 1	=	88
$^{1}a_1$	=	4		4 - 1	=	3
$^{1}b_2$	=	5		5 - 1	=	4
$^{1}b_2$	=	5		5 - 1	=	4
$^{1}a_1$	=	4		4 - 1	=	3
^{7}a und b_{42}	=	55		55 - 1	=	54
$^{7}a \neq b_6$	=	19		19 - 1	=	18
$^{7}b \neq a_6$	=	19		19 - 1	=	18
$^{11}1 = 1 = 1_7$	=	28		28 - 1	=	27
					=	219

2 + 1 + 9 + 1 für ein System = 13 = 1 + 3 = 4

istgleich

^{22}ein Mann und eine Frau$_{188}$	=	220		220 - 1	=	219

2 + 1 + 9 + 1 für ein System = 13 = 1 + 3 = 4

Es gilt die Bedingung 4 = 4 in einem Gleichgewicht, die sich jeweils über 2 + 1 + 9 + 1 aus den beiden Zahlen 220 ergibt.

Merke!

Ein Ergebnis ist über a, b, b und a in Form von a und b infolge $a \neq b$ und $b \neq a$ unter der Bedingung 1 = 1 = 1 an „ein Mann und eine Frau" gebunden.

Daß man zu einem möglichen Ergebnis gelangt, das dann irgendwann auch zu einer Lösung werden kann, setzt die Einhaltung von „ein Mann und eine Frau" voraus. Im ^{6}System$_{101}$ = 109 ist das - bedingt durch (109 - 1) + (94 - 1) + 1 für ein System istgleich 202 istgleich 2 + 0 + 2 = 4 - übrigens ^{9}Bedingung$_{83}$ = 94.

In der Endkonsequenz wird das Kriterium der ^{12}Neutralitaet$_{146}$ = 160 eines möglichen Ergebnisses durch Folgendes garantiert:

^{12}Neutralitaet$_{146}$	=	160		160 - 1	=	159
^{6}System$_{101}$	=	109		109 - 1	=	108
^{8}Paritaet$_{90}$	=	100		100 - 1	=	99
^{7}a und b$_{42}$	=	55		55 - 1	=	54
^{11}1 = 1 = 1$_{7}$	=	28		28 - 1	=	27
					=	447

4 + 4 + 7 + 1 für ein System = 16 = 1 + 6 = 7

istgleich

^{15}Beziehungsebene$_{147}$	=	164		164 - 1	=	163
^{9}Beziehung$_{97}$	=	108		108 - 1	=	107
^{21}ein Adam und eine Eva$_{147}$	=	178		178 - 1	=	177
					=	447

4 + 4 + 7 + 1 für ein System = 16 = 1 + 6 = 7

In einem Gleichgewicht gilt die Bedingung 7 = 7, die sich jeweils über 4 + 4 + 7 + 1 aus den beiden Zahlen 448 ergibt.

Merke!

Im System ist die Neutralität gewahrt, falls auf der Beziehungsebene durch die Parität von a und b unter der Bedingung 1 = 1 = 1 innerhalb von Beziehung „ein Adam und eine Eva" gilt.

Respektive der ^{8}Toleranz$_{111}$ = 121 im ^{15}Toleranzbereich$_{161}$ = 178 ist die ^{9}Bedingung$_{83}$ = 94 auf der ^{15}Beziehungsebene$_{147}$ = 164 für alle ^{8}Menschen$_{81}$ = 91 - bedingt durch (121 - 1) + (178 - 1) + (94 - 1) + (164 - 1) + (91 - 1) + (201 - 1) + 1 für ein System 844 istgleich 8 + 4 + 4 = 16 istgleich 1 + 6 = 7 - nichts anderes als eine ^{15}Systembedingung$_{184}$ = 201.

Wenn wir generell zu neutralen Ergebnissen gelangen wollen, müssen zwangsläufig die beiden Bedingungen „ein Mann und eine Frau" und „ein Adam und eine Eva" immer erfüllt sein. Ein ^{18}neutrales Ergebnis$_{194}$ = 216 ist als ein mögliches ^{8}Resultat$_{116}$ = 126 istgleich 1 + 2 + 6 = 9 damit als Voraussetzung hierfür zwingend erforderlich. Es gilt der nachfolgende Zusammenhang:

^{12}Neutralitaet$_{146}$	=	160		160 - 1	=	159
^{7}Loesung$_{93}$	=	102		102 - 1	=	101
					=	260

2 + 6 + 0 + 1 für ein System	=	9

istgleich

^{18}neutrales Ergebnis$_{194}$	=	216		216 - 1	=	215

2 + 1 + 5 + 1 für ein System	=	9

Bedingt durch 2 + 6 + 0 + 1 und 2 + 1 + 5 + 1 haben wir in Form der beiden Zahlen 261 und 216 in einem Gleichgewicht die Bedingung 9 = 9 vorliegen.

Merke!

Die Lösung, die auf Neutralität beruht, ist korrespondierend ein neutrales Ergebnis.

Das neutrale Ergebnis ist insofern die Voraussetzung dafür, daß die Neutralität einer Lösung gewahrt ist. Durch die 216 aufeinanderfolgenden Zahlen für Gott im Judentum, analog Teufel, ging es also nie um Glauben, sondern immer um Lösungen.

Das neutrale Ergebnis erfüllt als ein ^{18}neutrales Ergebnis$_{194}$ = 216 den nachfolgenden Zusammenhang:

^{18}neutrales Ergebnis$_{194}$	=	216		216 - 1	=	215

2 + 1 + 5 + 1 für ein System	=	9

istgleich

$^{1}a_{1}$	=	4		4 - 1	=	3
$^{1}b_{2}$	=	5		5 - 1	=	4
^{16}neutrale Loesung$_{189}$	=	209		209 - 1	=	208
					=	215

2 + 1 + 5 + 1 für ein System	=	9

In einem Gleichgewicht gilt die Bedingung 9 = 9, welche jeweils über 2 + 1 + 5 + 1 den beiden Zahlen 216 geschuldet ist.

Merke!

Ein neutrales Ergebnis liefert uns korrespondierend über a und über b stets die neutrale Lösung, die der Systemlösung entspricht, die man bereits zu Lebzeiten von Jesus Christus hätte in die Tat umsetzen können.

Die ^{16}neutrale Loesung$_{189}$ = 209 istgleich 2 + 0 + 9 = 11 istgleich 1 + 1 = 2 ist am Ende immer die

^{13}Systemloesung$_{194}$ = 209

istgleich 2 + 0 + 9 = 11 istgleich 1 + 1 = 2, die nicht nur die alleinige und die einzig richtige ist, sondern auch die von ^{14}Jesus Christus$_{191}$ = 209 istgleich 2 + 0 + 9 = 11 istgleich 1 + 1 = 2, hinter dem sich unser Schöpfer verbirgt. Wir wünschen uns auch hier gegenseitig und wechselseitig mit freundschaftlichen Jungpioniergrüßen, wohl geruht zu haben.

Und wie wir vielleicht gerade eben festgestellt haben, sind uns mittlerweile sehr viele davon hier begegnet. Da die Effektivität und Effizienz bei der Suche nach neutralen Lösungen (was dann auch neutrale Ergebnisse verspricht, mit denen man im Resultat auch dienen könnte) offenbar mit den beiden Bedingungen „ein Mann und eine Frau" und „ein Adam und eine Eva" einhergeht, richten wir uns erneut an unsere zerrupfte und zerfledderte Maria Magdalena, einer Deutschen makedonischer Abstammung; ob das vielleicht jetzt ausreichend Gebimmel und Geklingel an ihrer Türe gewesen ist, um für sich akzeptieren zu können, daß es keinen Aufschub mehr geben sollte, um mir zu begegnen: da es zusammen viel, viel besser geht. Je eher sie sich darauf einlässt, umso schneller geht es. So einfach ist das. Warum? Richtig, die frauliche Seite fehlt bei unseren Lösungen, die männliche ist da. Wo ist die? Auf Abwegen: Sie hat sich in der Bruchbude beim Papst verlaufen.

Da die holde Weiblichkeit, selbst wenn sie als Geschenk demoliert und besabbert ist, oftmals trotzdem droht, aus der Haut zu fahren, klären wir noch ganz kurz, was eigentlich $^{6}\text{Terror}_{94}$ = 102 und $^{11}\text{Terrorismus}_{175}$ = 188 sind, damit da nichts durcheinanderkommt. Beide haben nichts damit zu tun, was wir in der Regel darunter verstehen, da ein Konflikt, der auf Mord ausgerichtet ist, etwas komplett anderes ist. Für Ersteren erhalten wir über $^{1}a_{1} = 4$, $^{1}b_{2} = 5$, $^{1}b_{2} = 5$ und $^{1}a_{1} = 4$ in Form von ^{7}a und b_{42} = 55 infolge $^{7}a \neq b_{6} = 19$ und $^{7}b \neq a_{6} = 19$ unter der Bedingung $^{11}1 = 1 = 1_{7} = 28$ Folgendes:

$^{10}\text{Fremdgehen}_{85}$	=	97		97 - 1	=	96
$^{1}a_{1}$	=	4		4 - 1	=	3
$^{1}b_{2}$	=	5		5 - 1	=	4
$^{1}b_{2}$	=	5		5 - 1	=	4
$^{1}a_{1}$	=	4		4 - 1	=	3
^{7}a und b_{42}	=	55		55 - 1	=	54
$^{7}a \neq b_{6}$	=	19		19 - 1	=	18
$^{7}b \neq a_{6}$	=	19		19 - 1	=	18
$^{11}1 = 1 = 1_{7}$	=	28		28 - 1	=	27
					=	227

2 + 2 + 7 + 1 für ein System	=	12	=	1 + 2	=	3

istgleich

^{11}Bezeichnung$_{114}$	=	127		127 - 1	=	126
^{6}Terror$_{94}$	=	102		102 - 1	=	101
					=	227

2 + 2 + 7 + 1 für ein System	=	12	=	1 + 2	=	3

Es gilt in einem Gleichgewicht die Bedingung 3 = 3, die sich jeweils aus 2 + 2 + 7 + 1 in Form der beiden Zahlen 228 ergibt.

Merke!

Die Bezeichnung „Terror" steht über a, b, b und a in Form von a und b infolge a ≠ b und b ≠ unter der Bedingung 1 = 1 = 1 für das Fremdgehen.

^{6}Terror$_{94}$ = 102 sowie ^{11}Terrorismus$_{175}$ = 188 sind ihrer ^{11}Bezeichnung$_{114}$ = 127 nach durch (102 - 1) + (188 - 1) + (127 - 1) + 1 für ein System istgleich 415 istgleich 4 + 1 + 5 = 10 istgleich 1 + 0 = 0 dafür verantwortlich, was alles so „Schönes" auf unserer eigenen ^{15}Beziehungsebene$_{147}$ = 164 innerhalb von ^{9}Beziehung$_{97}$ = 108 über die ^{8}Paritaet$_{90}$ = 100 von ^{7}a und b$_{42}$ = 55 unter der Bedingung ^{11}1 = 1 = 1$_{7}$ = 28 im Prinzip durch (164 - 1) + (108 - 1) + (100 - 1) + (55 - 1) + (28 - 1) + 1 für ein System istgleich 451 istgleich 4 + 5 + 1 = 10 istgleich 1 + 0 = 1 geschieht, falls über ^{7}a und b$_{42}$ = 55 die Bedingungen (^{22}ein Mann und eine Frau$_{188}$ = 220 und ^{21}ein Adam und eine Eva$_{147}$ = 178) über (55 - 1) + (220 - 1) + (178 - 1) + 1 für ein System istgleich 451 istgleich 4 + 5 + 1 = 10 istgleich 1 + 0 = 1 von uns ausgehebelt werden.

Der dem Terror zugrundeliegende ^{11}Terrorismus$_{175}$ = 188 erklärt sich über ^{7}a und b$_{42}$ = 55 respektive einer ^{11}Bezeichnung$_{114}$ = 127 durch Folgendes:

^{11}Bezeichnung$_{114}$	=	127		127 - 1	=	126
^{11}Terrorismus$_{175}$	=	188		188 - 1	=	187
					=	313

3 + 1 + 3 + 1 für ein System	=	8

istgleich

^{17}Beziehungskonflikt$_{214}$	=	233		233 - 1	=	232
^{7}a und b$_{42}$	=	55		55 - 1	=	54
$^{11}1 = 1 = 1_{7}$	=	28		28 - 1	=	27
					=	313

3 + 1 + 3 + 1 für ein System	=	8

Es gilt die Bedingung 8 = 8 in einem Gleichgewicht, die sich jeweils aus 3 + 1 + 3 + 1 in Form der beiden Zahlen 314 ergibt.

Merke!

Die Bezeichnung „Terrorismus" steht in Form von a und b unter der Bedingung 1 = 1 = 1 für den Beziehungskonflikt.

Man geht also nur fremd, da man schlicht und ergreifend auf der gemeinsamen Beziehungsebene nicht zusammengehört, was auf Terror beruht, wobei man in einem Beziehungskonflikt zusammen dem Terrorismus frönt, anstatt sich zu trennen. Was hält uns in der Regel davon ab? Gewalt, Drohungen und immaterielle und materielle Abhängigkeiten. Also, wenn uns unser Leben und unser Glück nur das wert sind, na dann gute Nacht! Vielleicht ist es ja genau jetzt an der Zeit, daß wir alle noch einmal in Ruhe darüber nachdenken. In der Regel wird behauptet, daß das etwas bringen soll.

Einem neutralen Ergebnis steht als ^{18}neutrales Ergebnis$_{194}$ = 216 istgleich 2 + 1 + 6 = 9 über (56 - 1) + (71 - 1) + 1 für ein System istgleich 126 istgleich 1 + 2 + 6 = 9 unser ^{6}Glaube$_{48}$ = 56 gegenüber, der sich in dem, was wir ^{7}glauben$_{62}$ = 71, widerspiegelt. Insofern ist der Glaube in Form dessen, was wir glauben, im Ergebnis der Widersacher eines neutralen Ergebnisses. Das Ergebnis ist: daß, obwohl man in den Reihen der römisch-katholischen Kirche schindet und schändet, es welche unter uns gibt - indem man blind und bedingungslos glaubt -, die dadurch dem Missbrauch und der Misshandlung innerhalb dieser den Weg bereiten, anstatt diese zu unterbinden. Da genau das fehlt, hat man sich, indem man das duldet, mitschuldig gemacht. Verständnis für dieses Verhalten, wenngleich man selbst von Nächstenliebe, Mitgefühl und Mitleid schwafelt, muss man nicht haben. Schämen sollte man sich, da dieser blinde und bedingungslose Eifer genau das ermöglicht. Insofern ist es nicht verwunderlich, daß für Erstere in Form von ^{7}a und b_{42} = 55 Folgendes gilt:

^{6}Glaube$_{48}$	=	56		56 - 1	=	55
^{7}glauben$_{62}$	=	71		71 - 1	=	70
^{7}a und b_{42}	=	55		55 - 1	=	54
					=	179

1 + 7 + 9 + 1 für ein System	=	18	=	1 + 8	=	9

istgleich

^{12}Unwissenheit$_{166}$	=	180		180 - 1	=	179

1 + 7 + 9 + 1 für ein System	=	18	=	1 + 8	=	9

Es gilt die Bedingung 9 = 9 in einem Gleichgewicht, die sich jeweils über 1 + 7 + 9 + 1 in den beiden Zahlen 180 widerspiegelt.

Merke!

Der Glaube, der darauf beruht, was wir glauben, steht in Form von a und b für unsere Unwissenheit, die in Form von a und b über a ≠ b und b ≠ a unter der Bedingung 1 = 1 = 1 in Missbrauch und Misshandlung endet.

Unser aller ^{12}Unwissenheit$_{166}$ = 180 ist in Form von ^{7}a und b_{42} = 55 infolge $^{7}a \neq b_{6}$ = 19 und $^{7}b \neq a_{6}$ = 19 unter der Bedingung $^{11}1 = 1 = 1_{7}$ = 28 letztendlich - bedingt durch (180 - 1) + (55 - 1) + (19 - 1) + (19 - 1) + (28 - 1) + 1 für ein System istgleich 297 istgleich 2 + 9 + 7 = 18 istgleich 1 + 8 = 9 - im Endeffekt dafür verantwortlich, daß es infolge (125 - 1) + (155 - 1) + 1 für ein System istgleich 279 istgleich 2 + 7 + 9 = 18 istgleich 1 + 8 = 9 dadurch sowohl ^{10}Missbrauch$_{113}$ = 125 als auch ^{12}Misshandlung$_{141}$ = 155 gibt. Und genau aus diesem Grund soll man glauben, also unwissend bleiben, damit das auch alles schön funktioniert.

Ein ^{18}Glaubensbekenntnis$_{194}$ = 214 ist über $^{1}a_{1} = 4$ und $^{1}b_{2} = 5$ das Ergebnis des nachfolgenden Zusammenhangs:

^{18}Glaubensbekenntnis$_{194}$	=	214		214 - 1	=	213

2 + 1 + 3 + 1 für ein System	=	7

istgleich

$^{1}a_{1}$	=	4		4 - 1	=	3
$^{1}b_{2}$	=	5		5 - 1	=	4
^{17}Abkehr vom Wissen$_{184}$	=	207		207 - 1	=	206
					=	213

2 + 1 + 3 + 1 für ein System	=	7

Wir erhalten jeweils aus 2 + 1 + 3 + 1 respektive der beiden Zahlen 214 die Bedingung 7 = 7 in einem Gleichgewicht.

Merke!

Ein Glaubensbekenntnis entspricht korrespondierend über a und über b der Abkehr vom Wissen, das über a und über b unter der Bedingung 1 = 1 = 1 auf Unwissenheit beruht.

Die beiden Zahlen 214 basieren im Ergebnis über $^{1}a_{1} = 4$ und $^{1}b_{2} = 5$ unter der Bedingung $^{11}1 = 1 = 1_{7} = 28$ durch (4 - 1) + (5 - 1) + (28 - 1) + (180 - 1) + 1 für ein System istgleich 214 istgleich 2 + 1 + 4 = 7 auf ^{12}Unwissenheit$_{166}$ = 180.

Wir sehen also, daß wir uns von Beginn an alle blenden lassen haben, da wir uns ehrlicherweise nie Gedanken darüber gemacht haben, worum es sich eigentlich handelt. Damit gibt es überhaupt keinen Grund dafür, sich das eigene Leben von diesen vorschreiben zu lassen und deren vollkommen absurdes Geschäftsmodell zu unterstützen, geschweige denn, sich von diesen etwas sagen zu lassen.

Wir sind also im Ergebnis zusammen wie unser Sorgenkind, einem Bären aufgesessen, da 1. Religion hat nichts mit dem zu tun, was wir glauben, 2. Gott und der Teufel sind nicht das, wofür man beide hält, und 3. Glaube uns nur in die Irre führt, da in einem Gleichgewicht unter der Bedingung 2 = 2 die Gleichung

Glaube = 1; 1 = Irre

gilt, die sich korrespondierend aus ^{6}Glaube$_{48}$ = 56 istgleich 5 + 6 = 11 istgleich 1 + 1 = 2 und aus ^{4}Irre$_{50}$ = 56 istgleich 5 + 6 = 11 istgleich 1 + 1 = 2 ergibt. Wir gehen es mal optimistisch an, daß wir allesamt keine Irren sein wollen, die wir aber bis dato unschönerweise durch unsere eigenen Versäumnisse, was unser diesbezügliches Wissen anbelangt, aber sind.

Da unser leicht erblasster Sonnenschein, Maria Magdalena, vielleicht jetzt wieder etwas zu lachen anfängt und unter Umständen auch etwas Optimismus bei sich verspürt, setzen wir frohen Mutes gemeinsam über zum nächsten Kapitel. Zu einer kleinen Aufmunterung könnte ihr vielleicht dienen, daß wir alle zusammen so bekloppt und bescheuert gewesen sind, was wir jetzt hoffentlich nicht mehr sein werden. Sie ist nicht allein mit dem, was aus einem Glaubensbekenntnis heraus ihr widerfahren ist, sondern es betrifft uns alle. Es ist damit immer besser, etwas zu wissen, anstatt einfach nur zu glauben: Punkt!

10. Liebe, Vernunft und andere Irrtümer

Wir wissen, daß unsere ^{13}Rationalitaet$_{145}$ = 160 und unsere ^{14}Emotionalitaet$_{159}$ = 175 sich innerhalb unserer rechten Gehirnhälfte und in der linken abspielen, die sich in unserem ^{11}Bewusstsein$_{156}$ = 169 und ^{16}Unterbewusstsein$_{234}$ = 252 widerspiegeln. Wir erhalten für Erstere durch $^{1}a_{1}$ = 4 und $^{1}b_{2}$ = 5 in Form von ^{7}a und b_{42} = 55 Folgendes:

^{11}Bewusstsein$_{156}$	=	169		169 - 1	=	168
^{20}rechte Gehirnhaelfte$_{177}$	=	201		201 - 1	=	200
$^{1}a_{1}$	=	4		4 - 1	=	3
$^{1}b_{2}$	=	5		5 - 1	=	4
^{7}a und b_{42}	=	55		55 - 1	=	54
					=	429

4 + 2 + 9 + 1 für ein System	=	16	=	1 + 6	=	7

istgleich

^{15}Beziehungsebene$_{147}$	=	164		164 - 1	=	163
^{9}Beziehung$_{97}$	=	108		108 - 1	=	107
^{13}Rationalitaet$_{145}$	=	160		160 - 1	=	159
					=	429

4 + 2 + 9 + 1 für ein System	=	16	=	1 + 6	=	7

Es gilt die Bedingung 7 = 7 in einem Gleichgewicht, die sich jeweils über 4 + 2 + 9 + 1 aus den beiden Zahlen 430 ergibt.

Merke!

Das Bewusstsein in unserer rechten Gehirnhälfte steht über a und über b auf unserer Beziehungsebene unter dem Aspekt von Beziehung in Form von a und b für die Rationalität.

Falls wir etwas bewusst in unserer rechten Gehirnhälfte wahrnehmen, ist das unserer Rationalität geschuldet.

Für Letztere erhalten wir aus $^{1}a_{1} = 4$ und $^{1}b_{2} = 5$ in Form von ^{7}a und $b_{42} = 55$ unter der Bedingung $^{11}1 = 1 = 1_{7} = 28$ dann in der Endkonsequenz den nachfolgenden Zusammenhang:

^{16}Unterbewusstsein$_{234}$	=	252		252 - 1	=	251
^{19}linke Gehirnhaelfte$_{169}$	=	192		192 - 1	=	191
^{7}a und b_{42}	=	55		55 - 1	=	54
$^{11}1 = 1 = 1_{7}$	=	28		28 - 1	=	27
					=	523

5 + 2 + 3 + 1 für ein System	=	11	=	1 + 1	=	2

istgleich

^{15}Beziehungsebene$_{147}$	=	164		164 - 1	=	163
^{9}Beziehung$_{97}$	=	108		108 - 1	=	107
$^{1}a_{1}$	=	4		4 - 1	=	3
$^{1}b_{2}$	=	5		5 - 1	=	4
^{14}Emotionalitaet$_{159}$	=	175		175 - 1	=	174
					=	451

4 + 5 + 1 + 1 für ein System	=	11	=	1 + 1	=	2

Wir haben durch 5 + 2 + 3 + 1 und 4 + 5 + 1 + 1 über die beiden Zahlen 524 und 452 hinweg die Bedingung 2 = 2 in einem Gleichgewicht vorliegen.

Merke!

Das Unterbewusstsein in unserer linken Gehirnhälfte steht durch a und durch b auf unserer Beziehungsebene unter dem Aspekt von Beziehung über a und b unter der Bedingung 1 = 1 = 1 für Emotionalität.

Falls wir etwas unterbewusst in unserer linken Gehirnhälfte aufnehmen, ist das unserer Emotionalität geschuldet.

Wenn wir unsere beiden Ergebnisse logisch in Einklang bringen, erhalten wir mit Blick auf unsere ^{20}rechte Gehirnhaelfte$_{177}$ = 201 und unsere ^{19}linke Gehirnhaelfte$_{169}$ = 192 Folgendes:

^{20}rechte Gehirnhaelfte$_{177}$	=	201		201 - 1	=	200
^{19}linke Gehirnhaelfte$_{169}$	=	192		192 - 1	=	191
					=	391

3 + 9 + 1 + 1 für ein System	=	14	=	1 + 4	=	5

istgleich

^{15}Beziehungsebene$_{147}$	=	164		164 - 1	=	163
^{1}a$_{1}$	=	4		4 - 1	=	3
^{1}b$_{2}$	=	5		5 - 1	=	4
^{6}Gehirn$_{61}$	=	69		69 - 1	=	68
					=	238

2 + 3 + 8 + 1 für ein System	=	14	=	1 + 4	=	5

Es gilt die Bedingung 5 = 5 in einem Gleichgewicht, das sich aus 3 + 9 + 1 + 1 und 2 + 3 + 8 + 1 in Form der beiden Zahlen 392 und 239 ergibt.

Merke!

Unsere rechte Gehirnhälfte und unsere linke ergeben zusammen über a und über b auf unserer Beziehungsebene unser Gehirn.

Daraus folgt, daß das, was wir auf unserer Beziehungsebene treiben, Spuren in unserem Gehirn hinterlässt. Ergebnis: Die Krankheiten, die sich in unserer Physis und

Psyche widerspiegeln, resultieren im Endergebnis alle daraus, daß sich unsere rechte Gehirnhälfte nicht mit unserer linken im Einklang befindet. Unserem Verständnis nach ein super Ergebnis, das damit ausschließlich unserer Herumbumserei geschuldet ist. Das b, das auf unserer Beziehungsebene zu uns als a gehört, ist also tatsächlich dazu in der Lage, uns krank zu machen. Das interessiert aber oftmals das dazugehörige b wie auch Maria Magdalena nicht, Hauptsache es zählt am Ende nur ich, ich, ich.

Das große Problem verstehensseitiger Natur ist, daß leichtfertig mit den Begriffen „Vernunft" und „Liebe" umgegangen wird, ohne auch nur ansatzweise dabei zu wissen, worauf diese hinauslaufen. Für Erstere erhalten wir durch $^{1}a_{1}$ = 4 und $^{1}b_{2}$ = 5 Folgendes:

^{12}anderes Wort$_{142}$	=	158		158 - 1	=	157
^{13}Rationalitaet$_{145}$	=	160		160 - 1	=	159
					=	316

3 + 1 + 6 + 1 für ein System	=	11	=	1 + 1	=	2

istgleich

$^{1}a_{1}$	=	4		4 - 1	=	3
$^{1}b_{2}$	=	5		5 - 1	=	4
^{8}Vernunft$_{120}$	=	130		130 - 1	=	129
					=	136

1 + 3 + 6 + 1 für ein System	=	11	=	1 + 1	=	2

Es gilt über 3 + 1 + 6 + 1 und 1 + 3 + 6 + 1 durch die beiden Zahlen 317 und 137 die Bedingung 2 = 2 in einem Gleichgewicht.

Merke!

Das Wort „Vernunft" ist bedingt durch a und durch b ein anderes Wort für Rationalität.

Vernunft ist nichts anderes als Rationalität, was nur durch ein anderes Wort ausgedrückt wird.

Für Letztere erhalten wir aus $^1a_1$ = 4, $^1b_2$ = 5, $^1b_2$ = 5 und $^1a_1$ = 4 infolge $^7a \neq b_6$ = 19 und $^7b \neq a_6$ = 19 den nachfolgenden Zusammenhang:

^{12}anderes Wort$_{142}$	=	158		158 - 1	=	157
^{5}Liebe$_{33}$	=	40		40 - 1	=	39
$^1a_1$	=	4		4 - 1	=	3
$^1b_2$	=	5		5 - 1	=	4
$^1b_2$	=	5		5 - 1	=	4
$^1a_1$	=	4		4 - 1	=	3
					=	210

2 + 1 + 0 + 1 für ein System	=	4

istgleich

$^7a \neq b_6$	=	19		19 - 1	=	18
$^7b \neq a_6$	=	19		19 - 1	=	18
^{14}Emotionalitaet$_{159}$	=	175		175 - 1	=	174
					=	210

2 + 1 + 0 + 1 für ein System	=	4

Es gilt in einem Gleichgewicht die Bedingung 4 = 4, die jeweils durch 2 + 1 + 0 + 1 aus den beiden Zahlen 211 resultiert. Liebe hat im Endeffekt also nichts mit Intimität zu tun, sondern mit Emotionalität. Wir haben also, was das anbelangt, ebenfalls Schiffbruch erlitten.

Merke!

Ein anderes Wort für Liebe ist bedingt durch a, b, b und a infolge a ≠ b und b ≠ a Emotionalität.

Liebe ist nichts anderes als Emotionalität, was lediglich durch ein anderes Wort zum Ausdruck gebracht wird.

Beide zusammen reflektieren damit, ob ein ^{9}Interesse$_{114}$ = 125 oder ein ^{14}Nichtinteresse$_{168}$ = 184 besteht. Es gilt in Form von ^{7}a und b$_{42}$ = 55 über $^{1}a_{1}$ = 4, $^{1}b_{2}$ = 5, $^{1}b_{2}$ = 5 und $^{1}a_{1}$ = 4 Folgendes:

^{8}Vernunft$_{120}$	=	130		130 - 1	=	129
^{5}Liebe$_{33}$	=	40		40 - 1	=	39
^{7}a und b$_{42}$	=	55		55 - 1	=	54
					=	222

2 + 2 + 2 + 1 für ein System	=	7

istgleich

$^{1}a_{1}$	=	4		4 - 1	=	3
$^{1}b_{2}$	=	5		5 - 1	=	4
$^{1}b_{2}$	=	5		5 - 1	=	4
$^{1}a_{1}$	=	4		4 - 1	=	3
^{9}Interesse$_{114}$	=	125		125 - 1	=	124
^{14}Nichtinteresse$_{168}$	=	184		184 - 1	=	183
					=	321

3 + 2 + 1 + 1 für ein System	=	7

Es gilt die Bedingung 7 = 7 in einem Gleichgewicht, die sich über 2 + 2 + 2 + 1 und 3 + 2 + 1 + 1 aus den beiden Zahlen 223 und 322 ergibt.

Merke!

Vernunft und Liebe stehen über a, b, b und a in Form von a und b für unser Interesse und unser Nichtinteresse, die korrespondierend über a und b für Weiteres prinzipiell als Voraussetzung dienen.

^{8}Vernunft$_{120}$ = 130 und ^{5}Liebe$_{33}$ = 40 dienen über ^{7}a und b$_{42}$ = 55 durch (130 - 1) + (40 - 1) + (55 - 1) + 1 für ein System istgleich 223 istgleich 2 + 2 + 3 = 7 zusammen als ^{13}Voraussetzung$_{208}$ = 223 istgleich 2 + 2 + 3 = 7, die insofern die Basis für etwas anderes sind.

Was darunter zu verstehen ist, erklärt sich durch die ^{8}Paritaet$_{90}$ = 100 von ^{7}a und b$_{42}$ = 55 infolge ^{7}a ≠ b$_{6}$ = 19 und ^{7}b ≠ a$_{6}$ = 19 aus ^{1}a$_{1}$ = 4, ^{1}b$_{2}$ = 5, ^{1}b$_{2}$ = 5 und ^{1}a$_{1}$ = 4; es gilt Folgendes:

^{13}Voraussetzung$_{208}$	=	223		223 - 1	=	222
^{15}Beziehungsebene$_{147}$	=	164		164 - 1	=	163
^{9}Beziehung$_{97}$	=	108		108 - 1	=	107
^{8}Paritaet$_{90}$	=	100		100 - 1	=	99
^{7}a und b$_{42}$	=	55		55 - 1	=	54
^{7}a ≠ b$_{6}$	=	19		19 - 1	=	18
^{7}b ≠ a$_{6}$	=	19		19 - 1	=	18
^{10}Intimitaet$_{120}$	=	132		132 - 1	=	131
					=	812

8 + 1 + 2 + 1 für ein System	=	12	=	1 + 2	=	3

istgleich

^{1}a$_{1}$	=	4		4 - 1	=	3
^{1}b$_{2}$	=	5		5 - 1	=	4
^{1}b$_{2}$	=	5		5 - 1	=	4
^{1}a$_{1}$	=	4		4 - 1	=	3
^{8}Vernunft$_{120}$	=	130		130 - 1	=	129
^{5}Liebe$_{33}$	=	40		40 - 1	=	39
					=	182

1 + 8 + 2 + 1 für ein System	=	12	=	1 + 2	=	3

Wir erhalten in einem Gleichgewicht die Bedingung 3 = 3, die durch 8 + 1 + 2 + 1 und 1 + 8 + 2 + 1 in Form der beiden Zahlen 813 und 183 vorliegt.

Merke!

Um die eigene Intimität auf der eigenen Beziehungsebene (mit Blick auf Beziehung über die Parität von a und b infolge a ≠ b und b ≠ a über a, b, b und a) erleben zu können, sind Vernunft und Liebe vorausgesetzt, da die intime Beziehung auf die Bedingung „ein Adam und eine Eva" abstellt.

Eine ^{16}intime Beziehung$_{167}$ = 187 istgleich 1 + 8 + 7 = 16 istgleich 1 + 6 = 7 unterliegt immer der Bedingung ^{21}ein Adam und eine Eva$_{147}$ = 178 istgleich 1 + 7 + 8 = 16 istgleich 1 + 6 = 7.

Die ^{10}Intimitaet$_{120}$ = 132 auf unserer eigenen ^{15}Beziehungsebene$_{147}$ = 164 ist damit an den nachfolgenden Zusammenhang gebunden, der sich aus ^{7}a und b$_{42}$ = 55 über ^{7}a ≠ b$_{6}$ = 19 und ^{7}b ≠ a$_{6}$ = 19 ergibt:

^{10}Intimitaet$_{120}$	=	132		132 - 1	=	131
^{15}Beziehungsebene$_{147}$	=	164		164 - 1	=	163
					=	294

2 + 9 + 4 + 1 für ein System	=	16	=	1 + 6	=	7

istgleich

^{7}a und b$_{42}$	=	55		55 - 1	=	54
^{7}a ≠ b$_{6}$	=	19		19 - 1	=	18
^{7}b ≠ a$_{6}$	=	19		19 - 1	=	18
^{8}Vernunft$_{120}$	=	130		130 - 1	=	129
^{5}Liebe$_{33}$	=	40		40 - 1	=	39
					=	258

2 + 5 + 8 + 1 für ein System	=	16	=	1 + 6	=	7

Es gilt die Bedingung 7 = 7 in einem Gleichgewicht, die über 2 + 9 + 4 + 1 und 2 + 5 + 8 + 1 den beiden Zahlen 295 und 259 geschuldet ist.

Merke!

Die Intimität auf der Beziehungsebene erfordert in Form von a und b infolge a ≠ b und b ≠ a Vernunft und Liebe, wobei Erstere von Verantwortung geprägt sein sollte.

Sowohl die eigene als auch die gemeinsame ^{10}Intimitaet$_{120}$ = 132 istgleich 1 + 3 + 2 = 6 basieren im Untereinander und Miteinander auf einer gegenseitigen und wechselseitigen ^{13}Verantwortung$_{198}$ = 213 istgleich 2 + 1 + 3 = 6.

Die ^{13}Voraussetzung$_{208}$ = 223 als solche fußt auf dem nachfolgenden Zusammenhang:

^{13}Voraussetzung$_{208}$	=	223		223 - 1	=	222
^{21}ein Adam und eine Eva$_{147}$	=	178		178 - 1	=	177
^{7}a und b$_{42}$	=	55		55 - 1	=	54
^{7}a ≠ b$_{6}$	=	19		19 - 1	=	18
^{7}b ≠ a$_{6}$	=	19		19 - 1	=	18
					=	489

4 + 8 + 9 + 1 für ein System	=	22	=	2 + 2	=	4

istgleich

^{1}a$_{1}$	=	4		4 - 1	=	3
^{1}b$_{2}$	=	5		5 - 1	=	4
^{9}Beziehung$_{97}$	=	108		108 - 1	=	107
^{10}Intimitaet$_{120}$	=	132		132 - 1	=	131
^{15}Beziehungsebene$_{147}$	=	164		164 - 1	=	163
					=	408

4 + 0 + 8 + 1 für ein System	=	13	=	1 + 3	=	4

In einem Gleichgewicht gilt die Bedingung 4 = 4, die sich durch 4 + 8 + 9 + 1 und 4 + 0 + 8 + 1 aus den beiden Zahlen 490 und 409 ergibt.

Merke!

Die Voraussetzung, um sich innerhalb einer Beziehung auf der Beziehungsebene der Intimität hinzugeben, wird über a und über b in Form von a und b infolge a ≠ b und b ≠ a durch die Bedingung „ein Adam und eine Eva" erfüllt.

Daß es, was das anbelangt, ganz erhebliche Probleme gibt, ist uns bekannt. Systembedingt ist das logischerweise nicht zu rechtfertigen, was man diesbezüglich veranstaltet.

Im Ergebnis basiert der Begriff der ^{5}Liebe$_{33}$ = 40 auf der nachfolgenden Aussage, die uns wie folgt begegnet:

^{5}Liebe$_{33}$	=	40		40 - 1	=	39
$^{1}a_{1}$	=	4		4 - 1	=	3
$^{1}b_{2}$	=	5		5 - 1	=	4
^{7}a und b_{42}	=	55		55 - 1	=	54
					=	100

1 + 0 + 0 + 1 für ein System	=	2

istgleich

^{15}Ich liebe dich!$_{79}$	=	101		101 - 1	=	100

1 + 0 + 0 + 1 für ein System	=	2

Wir erhalten jeweils aus 1 + 0 + 0 + 1 in Form der beiden Zahlen 101 die Bedingung 2 = 2 in einem Gleichgewicht.

Merke!

Die Liebe kreuzt unseren Weg in Form von a und b über a und über b als „Ich liebe dich!".

Das ist die Aussage, die uns wahrscheinlich am geläufigsten ist, aber es fehlt etwas, da es nur die für unsere Emotionalität ist.

Das passende Gegenstück zur Liebe ist unsere ^{8}Vernunft$_{120}$ = 130, die auf unsere Rationalität zurückzuführen ist und sich in Folgendem widerspiegelt:

^{8}Vernunft$_{120}$	=	130		130 - 1	=	129

1 + 2 + 9 + 1 für ein System	=	13	=	1 + 3	=	4

istgleich

^{1}a$_{1}$	=	4		4 - 1	=	3
^{1}b$_{2}$	=	5		5 - 1	=	4
^{7}a ≠ b$_{6}$	=	19		19 - 1	=	18
^{7}b ≠ a$_{6}$	=	19		19 - 1	=	18
^{13}Ich mag dich!$_{67}$	=	87		87 - 1	=	86
					=	129

1 + 2 + 9 + 1 für ein System	=	13	=	1 + 3	=	4

Es gilt die Bedingung 4 = 4 in einem Gleichgewicht, die jeweils durch 1 + 2 + 9 + 1 den beiden Zahlen 130 geschuldet ist.

Merke!

Die Vernunft kreuzt unseren Weg über a und über b durch a ≠ b und b ≠ a als „Ich mag dich!".

Da die ^{5}Liebe$_{33}$ = 40 in Form von ^{7}a und b$_{42}$ = 55 durch ^{7}a ≠ b$_{6}$ = 19 und ^{7}b ≠ a$_{6}$ = 19 - bedingt durch (40 - 1) + (55 - 1) + (19 - 1) + (19 - 1) + 1 für ein System istgleich 130 istgleich 1 + 3 + 0 = 4 - mit der ^{8}Vernunft$_{120}$ = 130 istgleich 1 + 3 + 0 = 4 einhergeht, sind beide sowohl miteinander als auch untereinander untrennbar verbunden: Das eine existiert also ohne das andere nicht.

Damit sind beide ^{9}Bedingung$_{83}$ = 94 für ^{10}Intimitaet$_{120}$ = 132, was sich durch die ^{8}Paritaet$_{90}$ = 100 von ^{7}a und b$_{42}$ = 55 über ^{1}a$_{1}$ = 4 und ^{1}b$_{2}$ = 5 infolge ^{7}a ≠ b$_{6}$ = 19 und ^{7}b ≠ a$_{6}$ = 19 unter der Bedingung ^{11}1 = 1 = 1$_{7}$ = 28 ergibt; es gilt Folgendes:

^{9}Bedingung$_{83}$	=	94		94 - 1	=	93
^{8}Vernunft$_{120}$	=	130		130 - 1	=	129
^{9}Bedingung$_{83}$	=	94		94 - 1	=	93
^{5}Liebe$_{33}$	=	40		40 - 1	=	39
					=	354

3 + 5 + 4 + 1 für ein System	=	13	=	1 + 3	=	4

istgleich

^{8}Paritaet$_{90}$	=	100		100 - 1	=	99
^{7}a und b$_{42}$	=	55		55 - 1	=	54
^{1}a$_{1}$	=	4		4 - 1	=	3
^{1}b$_{2}$	=	5		5 - 1	=	4
^{7}a ≠ b$_{6}$	=	19		19 - 1	=	18
^{7}b ≠ a$_{6}$	=	19		19 - 1	=	18
^{11}1 = 1 = 1$_{7}$	=	28		28 - 1	=	27
^{10}Intimitaet$_{120}$	=	132		132 - 1	=	131
					=	354

3 + 5 + 4 + 1 für ein System	=	13	=	1 + 3	=	4

Jeweils durch 3 + 5 + 4 + 1 liegt in einem Gleichgewicht in Form der beiden Zahlen 355 die Bedingung 4 = 4 vor.

Merke!

Intimität setzt durch die Parität von a und b über a und über b infolge a ≠ b und b ≠ a korrespondierend unter der Bedingung 1 = 1 = 1 sowohl Vernunft in Form einer Bedingung als auch Liebe in Form einer voraus.

Letzteres begründet erneut, daß wir ohne ein entsprechendes Quantum an Vernunft unserer Liebe nicht begegnen können.

Falls beide ordnungsgemäß gegeben sind, gilt der nachfolgende Zusammenhang, der uns erkennen lässt, worauf es hinausläuft: Der beim Menschen durch ^{6}Mensch$_{62}$ = 70 über ^{7}a und b$_{42}$ = 55 unter der Bedingung ^{11}1 = 1 = 1$_{7}$ = 28 infolge (70 - 1) + (55 - 1) + (28 - 1) + (171 - 1) + 1 für ein System istgleich 321 istgleich 3 + 2 + 1 = 6 generell auf ^{14}Freiwilligkeit$_{155}$ = 171 beruhen sollte.

^{10}Intimitaet$_{120}$	=	132		132 - 1	=	131

1 + 3 + 1 + 1 für ein System	=	6

istgleich

^{7}a und b$_{42}$	=	55		55 - 1	=	54
^{20}Ich schlafe mit dir.$_{148}$	=	177		177 - 1	=	176
					=	230

2 + 3 + 0 + 1 für ein System	=	6

In einem Gleichgewicht erhalten wir aus 1 + 3 + 1 + 1 und 2 + 3 + 0 + 1 respektive der beiden Zahlen 132 und 231 die Bedingung 6 = 6.

Merke!

Unsere eigene Intimität zieht über a und b korrespondierend die Aussage „Ich schlafe mit dir." nach sich.

Das ist also das, worum es am Ende geht, unter der Bedingung, daß wir in Form einer gemeinsamen ^{13}Verantwortung$_{198}$ = 213 istgleich 2 + 1 + 3 = 6 verantwortungsvoll miteinander und untereinander umgehen. Daß es an dieser auf alle erdenklichen Arten und Weisen mangelt, insbesondere was gerade unsere eigene Intimität anbelangt, verhält es sich nicht so, daß uns dieses Thema jetzt vollkommen überraschend begegnet. Da ist also noch eine ganze Menge Luft nach oben.

Was wir für uns mitnehmen sollten, ist, daß die ^{9}Bedingung$_{83}$ = 94 für unsere eigene ^{10}Intimitaet$_{120}$ = 132 über $^{1}a_{1}$ = 4 und $^{1}b_{2}$ = 5 durch (94 - 1) + (132 - 1) + (4 - 1) + (5 - 1) + 1 für ein System istgleich 232 istgleich 2 + 3 + 2 = 7 in Form von ^{7}a und b_{42} = 55 korrespondierend über (55 - 1) + (178 - 1) + 1 für ein System istgleich 232 istgleich 2 + 3 + 2 = 7 auf ^{21}ein Adam und eine Eva$_{147}$ = 178 hinausläuft.

Merke!

Die Bedingung „ein Adam und eine Eva" ergibt sich für unsere eigene Intimität über a und über b in Form von a und b, die als solche der Systembedingung in Form von „ein Mann und eine Frau" entspricht.

Im Ergebnis wird die ^{9}Bedingung$_{83}$ = 94 für unsere ^{10}Intimitaet$_{120}$ = 132 durch (94 - 1) + (132 - 1) + (178 - 1) + 1 für ein System istgleich 402 istgleich 4 + 0 + 2 = 6 in Form von ^{21}ein Adam und eine Eva$_{147}$ = 178 infolge (201 - 1) + (220 - 1) + 1 für ein System istgleich 420 istgleich 4 + 2 + 0 = 6 zur ^{15}Systembedingung$_{184}$ = 201, die als ^{22}ein Mann und eine Frau$_{188}$ = 220 Geltung erlangt.

Dabei belassen wir es und fügen aus Übersichtlichkeitsgründen drei Unterkapitel ein, in denen wir uns sowohl mit dem Patriarchat als auch mit dem Matriarchat beschäftigen, um eine andere Option für die geforderten 9 Monate der Buße von Maria Magdalena zu erarbeiten; wobei wir mit Blick auf eine diesbezügliche Entscheidung uns ein paar Kennzahlen ansehen müssen, was ihren Missbrauch und ihre Misshandlung anbelangt. Es wird damit bisweilen nicht schön. Warum ist das notwendig? Es wird vorweggenommen, daß es ein himmelweiter Unterschied ist, ob binnen 9 Jahren das Leben von 2475000000 Menschen riskiert wird oder ob es binnen 280 Tagen etwa 210382514 sind. Letztere basieren darauf, daß in den ersten vier Phasen der Apokalypse jeweils 2750000000 Menschen zur Disposition stehen; in der letzten nur 500000000. Wer es nicht mehr weiß, liest in den bereits erwähnten Büchern noch einmal nach, warum das so ist. Ersterer beläuft sich übrigens auf etwa 2264617486 Menschen: Auf diese sollte Maria Magdalena ihr Augenmerk richten, da es von ihrer Entscheidung abhängen wird, ob wir die größere oder die kleinere Zahl im Ergebnis für uns verbuchen. Daß die betreffenden Zahlen in der Höhe gegeben sind, liegt übrigens nicht an ihr, sondern an uns allen. Wodurch? Durch unsere „Herumbumserei" fernab von „ein Adam und eine Eva", basierend auf „ein Mann und eine Frau".

10.1. Patriarchat und Matriarchat

Wie wir vielleicht bereits erahnen werden, hakt es am Verständnis bei beiden Begriffen ganz erheblich. Das ^{11}Patriarchat$_{115}$ = 128 führt uns erst einmal zum nachfolgenden Zusammenhang, der sich korrespondierend über $^{1}a_{1}$ = 4 und $^{1}b_{2}$ = 5 aus ^{7}a und b_{42} = 55 ergibt:

^{11}Patriarchat$_{115}$	=	128		128 - 1	=	127
$^{1}a_{1}$	=	4		4 - 1	=	3
$^{1}b_{2}$	=	5		5 - 1	=	4
^{7}a und b_{42}	=	55		55 - 1	=	54
					=	188

1 + 8 + 8 + 1 für ein System	=	18	=	1 + 8	=	9

istgleich

^{15}Vaterherrschaft$_{172}$	=	189		189 - 1	=	188

1 + 8 + 8 + 1 für ein System	=	18	=	1 + 8	=	9

In einem Gleichgewicht gilt die Bedingung 9 = 9, die sich jeweils über 1 + 8 + 8 + 1 aus den beiden Zahlen 189 ergibt.

Merke!

Das Patriarchat steht korrespondierend über a und über b in Form von a und b für die Vaterherrschaft.

Wir nehmen mal als Überlegung für uns mit, daß, um ein Vater zu werden, dem etwas vorausgehen muss. Mit einer Herrschaft, wie wir uns das vorstellen, hat das logischerweise nichts zu tun. Da das System generell auf Systementwicklung analog der Evolution ausgerichtet ist, können wir vielleicht bereits erahnen, daß eine männerdominierte Welt darüber nicht zu rechtfertigen ist - aber eins nach dem anderen.

Für das ^{11}Matriarchat$_{112}$ = 125 erhalten wir über $^{1}a_{1}$ = 4 und $^{1}b_{2}$ = 5 in Form von ^{7}a und b_{42} = 55 infolge $^{7}a \neq b_{6}$ = 19 und $^{7}b \neq a_{6}$ = 19 Folgendes:

^{11}Matriarchat$_{112}$	=	125		125 - 1	=	124
$^{1}a_{1}$	=	4		4 - 1	=	3
$^{1}b_{2}$	=	5		5 - 1	=	4
^{7}a und b_{42}	=	55		55 - 1	=	54
$^{7}a \neq b_{6}$	=	19		19 - 1	=	18
$^{7}b \neq a_{6}$	=	19		19 - 1	=	18
					=	221

2 + 2 + 1 + 1 für ein System	=	6

istgleich

^{14}Muttervorrecht$_{206}$	=	222		222 - 1	=	221

2 + 2 + 1 + 1 für ein System	=	6

Es gilt die Bedingung 6 = 6 in einem Gleichgewicht, das sich jeweils über 2 + 2 + 1 + 1 aus den beiden Zahlen 222 ergibt.

Merke!

Das Matriarchat ist über a und über b in Form von a und b infolge $a \neq b$ und $b \neq a$ das Muttervorrecht.

In der Regel spricht man nur vom ^{11}Mutterrecht$_{151}$ = 164 istgleich 1 + 6 + 4 = 11 istgleich 1 + 1 = 2, wo wir aber nicht in der Lage sind, über a und über b einen Bezug zum Matriarchat herzustellen. Das heißt, daß das Muttervorrecht eine Berechtigung besitzt und das Mutterrecht nicht. Die Frage ist damit, weshalb die Herrschaft des Vaters durch das Vorrecht der Mutter begrenzt ist: Sie hat also mehr zu bieten als er.

Damit werfen wir erneut einen Blick auf das ^{11}Patriarchat$_{115}$ = 128 und spätestens jetzt werden wir verstehen, worum es eigentlich bei diesem geht. Es gilt der nachfolgende Zusammenhang:

^{11}Patriarchat$_{115}$	=	128		128 - 1	=	127
^{4}Mann$_{42}$	=	48		55 - 1	=	47
					=	174

1 + 7 + 4 + 1 für ein System	=	13	=	1 + 3	=	4

istgleich

^{15}Maennervorliebe$_{158}$	=	175		175 - 1	=	174

1 + 7 + 4 + 1 für ein System	=	13	=	1 + 3	=	4

In einem Gleichgewicht liegt die Bedingung 4 = 4 vor, die jeweils durch 1 + 7 + 4 + 1 den beiden Zahlen 175 geschuldet ist.

Merke!

Das Patriarchat ist im Ergebnis der Begriff dafür, was wir durch Mann als Männervorliebe verstehen.

Ja, da nimmt die ganze Sache doch gleich eine ganz andere Wendung. Es geht also darum, was ein Liebster aus seiner Perspektive an seiner Frau gern mag, wenn sie zum Beispiel im Orchester die Trompete bläst. Stellt sich immer noch die Frage: Wobei?

Das ^{11}Matriarchat$_{112}$ = 125 steht dem über $^{1}a_{1}$ = 4, $^{1}b_{2}$ = 5, $^{1}b_{2}$ = 5 und $^{1}a_{1}$ = 4 in Form von ^{7}a und b$_{42}$ = 55 unter der Bedingung $^{11}1 = 1 = 1_{7}$ = 28 auch offen gegenüber, wenn beispielsweise ein Rittmeister die Stute nicht nur zu striegeln und zu pflegen weiß, sondern auch zu reiten und dabei nicht herunterfällt. Es geht mit einem Schmunzeln im Gesicht um den nachfolgenden Zusammenhang:

^{11}Matriarchat$_{112}$	=	125		125 - 1	=	124
^{1}a$_{1}$	=	4		4 - 1	=	3
^{1}b$_{2}$	=	5		5 - 1	=	4
^{1}b$_{2}$	=	5		5 - 1	=	4
^{1}a$_{1}$	=	4		4 - 1	=	3
^{7}a und b$_{42}$	=	55		55 - 1	=	54
^{11}1 = 1 = 1$_{7}$	=	28		28 - 1	=	27
					=	219

2 + 1 + 9 + 1 für ein System	=	13	=	1 + 3	=	4

istgleich

^{4}Frau$_{46}$	=	52		52 - 1	=	51
^{14}Frauenvorliebe$_{153}$	=	169		169 - 1	=	168
					=	219

2 + 1 + 9 + 1 für ein System	=	13	=	1 + 3	=	4

Es gilt die Bedingung 4 = 4 in einem Gleichgewicht, die sich schon fast erwartungsgemäß jeweils aus 2 + 1 + 9 + 1 in Form der beiden Zahlen 220 ergibt.

Merke!

Das Matriarchat steht über a, b, b und a in Form von a und b unter der Bedingung 1 = 1 = 1 durch Frau dafür, was wir als Frauenvorliebe verstehen.

Wahrscheinlich erhellt sich jetzt langsam das Dunkel zwischen den zwei Ohren, da es offensichtlich nicht um das Sockenstopfen geht.

Für einen ^{4}Mann$_{42}$ = 48 - und der Eselhengst kommt logischerweise immer zuerst, wo dann in der Regel die dazugehörige Eselstute vergebens noch auf etwas zu warten scheint - gilt durch ^{7}a und b$_{42}$ = 55 infolge ^{7}a ≠ b$_{6}$ = 19 und ^{7}b ≠ a$_{6}$ = 19 Folgendes:

^{15}Maennervorliebe$_{158}$	=	175		175 - 1	=	174
^{4}Mann$_{42}$	=	48		55 - 1	=	47
					=	221

2 + 2 + 1 + 1 für ein System = 6

istgleich

^{7}a und b$_{42}$	=	55		55 - 1	=	54
$^{7}a \neq b_{6}$	=	19		19 - 1	=	18
$^{7}b \neq a_{6}$	=	19		19 - 1	=	18
^{10}Intimitaet$_{120}$	=	132		132 - 1	=	131
					=	221

2 + 2 + 1 + 1 für ein System = 6

Über jeweils 2 + 2 + 1 + 1 erhalten wir respektive der beiden Zahlen 222 die Bedingung 6 = 6 in einem Gleichgewicht.

Merke!

Die Männervorliebe reduziert sich für einen Mann in Form von a und b durch $a \neq b$ und $b \neq a$ auf seine Intimität.

Es geht also beim Patriarchat darum, welche intimen Vorlieben ein Mann in der Kiste besitzt, die er im Rahmen seiner Intimität von ihr berücksichtigt wissen will. Da weder „ein Mann und eine Frau" noch „ein Adam und eine Eva" innerhalb der Menschheit erfüllt ist, weiß das de facto auch keine so richtig, was das sein könnte, da allein aus besagtem Grund immer etwas fehlt. Man hat vielleicht eine etwaige Ahnung davon, aber so richtig wissen tut man es nicht. Das fällt uns dann spätestens auf, falls nur einseitig formulierte Wünsche in die Tat umgesetzt werden.

Die ^{14}Frauenvorliebe$_{153}$ = 169 komplettiert das ganze Dilemma dann aus der Sicht einer ^{4}Frau$_{46}$ = 52. Es gilt Folgendes:

^{10}Intimitaet$_{120}$	=	132		132 - 1	=	131
^{4}Frau$_{46}$	=	52		52 - 1	=	51
					=	182

1 + 8 + 2 + 1 für ein System	=	12	=	1 + 2	=	3

istgleich

^{1}a$_{1}$	=	4		4 - 1	=	3
^{1}b$_{2}$	=	5		5 - 1	=	4
^{1}b$_{2}$	=	5		5 - 1	=	4
^{1}a$_{1}$	=	4		4 - 1	=	3
^{14}Frauenvorliebe$_{153}$	=	169		169 - 1	=	168
					=	182

1 + 8 + 2 + 1 für ein System	=	12	=	1 + 2	=	3

Es gilt die Bedingung 3 = 3 in einem Gleichgewicht, die jeweils über 1 + 8 + 2 + 1 den beiden Zahlen 183 geschuldet ist.

Merke!

Die Intimität der Frau spiegelt sich korrespondierend über a, b, b und a in der Frauenvorliebe wider.

Es geht also darum, worauf sie basierend auf ihrer eigenen Intimität bei ihm abstellt: Missbrauch und Misshandlung gehören logischerweise nicht dazu!

Das große Thema, das sich daraus ergibt, ist im Ergebnis das, welches sich ausgehend vom ^{11}Patriarchat$_{115}$ = 128 und ^{11}Matriarchat$_{112}$ = 125 über ^{1}a$_{1}$ = 4 und ^{1}b$_{2}$ = 5 - bedingt durch die ^{8}Paritaet$_{90}$ = 100 von ^{7}a und b$_{42}$ = 55 - zwischen einem ^{4}Mann$_{42}$ = 48 und einer ^{4}Frau$_{46}$ = 52 (im Rahmen ihrer ^{10}Intimitaet$_{120}$ = 132) ergibt; welches wir mittlerweile nicht mehr ganz so überraschend wie am Anfang auf Folgendes reduzieren können:

^{11}Patriarchat$_{115}$	=	128		128 - 1	=	127
^{11}Matriarchat$_{112}$	=	125		125 - 1	=	124
$^{1}a_{1}$	=	4		4 - 1	=	3
$^{1}b_{2}$	=	5		5 - 1	=	4
^{8}Paritaet$_{90}$	=	100		100 - 1	=	99
^{7}a und b$_{42}$	=	55		55 - 1	=	54
					=	411

4 + 1 + 1 + 1 für ein System	=	7

istgleich

^{10}Intimitaet$_{120}$	=	132		132 - 1	=	131
^{4}Mann$_{42}$	=	48		48 - 1	=	47
^{4}Frau$_{46}$	=	52		52 - 1	=	51
^{18}Gleichberechtigung$_{163}$	=	183		183 - 1	=	182
					=	411

4 + 1 + 1 + 1 für ein System	=	7

Es gilt durch jeweils 4 + 1 + 1 + 1 in einem Gleichgewicht die Bedingung 7 = 7, die über die beiden Zahlen 412 vorliegt.

Merke!

Im Patriarchat und Matriarchat ist über a und über b durch die Parität von a und b, was die Intimität des Mannes und die der dazugehörigen Frau anbelangt, gefordert, daß beide innerhalb dieser gleichberechtigt sind.

Die übliche Praxis ist, daß sich die Realität etwas anders gestaltet: Die Gleichberechtigung im Intimleben lässt in der Regel etwas zu wünschen übrig.

Das ^{11}Patriarchat$_{115}$ = 128 und das ^{11}Matriarchat$_{112}$ = 125 sorgen im Zusammenspiel dann dafür, daß der nachfolgende Zusammenhang greift:

^{11}Patriarchat$_{115}$	=	128		128 - 1	=	127
^{11}Matriarchat$_{112}$	=	125		125 - 1	=	124
					=	251

2 + 5 + 1 + 1 für ein System	=	9

istgleich

^{12}Befriedigung$_{107}$	=	121		121 - 1	=	120
^{10}Intimitaet$_{120}$	=	132		132 - 1	=	131
					=	251

2 + 5 + 1 + 1 für ein System	=	9

Es gilt durch jeweils 2 + 5 + 1 + 1 in Form der beiden Zahlen 252 die Bedingung 9 = 9 in einem Gleichgewicht.

Merke!

Das Patriarchat und das Matriarchat zielen zusammen auf die Befriedigung im Rahmen unserer eigenen Intimität ab, wobei in Form von a und b infolge a ≠ b und b ≠ a ein gemeinsamer Höhepunkt angestrebt wird.

Durch die beiden Zahlen 252 wird in Form von ^{7}a und b$_{42}$ = 55 infolge ^{7}a ≠ b$_{6}$ = 19 und ^{7}b ≠ a$_{6}$ = 19 korrespondierend über (55 - 1) + (19 - 1) + (19 - 1) + (135 - 1) + 1 für ein System istgleich 225 istgleich 2 + 2 + 5 = 9 der gemeinsame ^{10}Hoehepunkt$_{123}$ = 135 istgleich 1 + 3 + 5 = 9 angestrebt.

Letzterer ist, falls die Bedingung ^{21}ein Adam und eine Eva$_{147}$ = 178 auf der ^{15}Beziehungsebene$_{147}$ = 164 erfüllt ist, analog einer ^{8}Garantie$_{75}$ = 85 unter diesem Aspekt, über ^{1}a$_{1}$ = 4 und ^{1}b$_{2}$ = 5 in Form von ^{7}a und b$_{42}$ = 55 unter der Bedingung ^{11}1 = 1 = 1$_{7}$ = 28 durch (178 - 1) + (164 - 1) + (85 - 1) + (4 - 1) + (5 - 1) + (55 - 1) + (28 - 1) + 1 für ein System istgleich 513 istgleich 5 + 1 + 3 = 9 im Endeffekt garantiert. Es gibt also, wenn wir uns an die Regeln halten, gewissermaßen ein Geschenk, wo er und sie am Ende wie die Himmelmiezen aus der Kiste schauen.

Merke!

Der Höhepunkt ist, falls die Bedingung „ein Adam und eine Eva" erfüllt ist, auf unserer eigenen Beziehungsebene über a und über b in Form von a und b unter der Bedingung 1 = 1 = 1 garantiert; im Fall von „ein Mann und eine Frau" durch a, b, b und a (ein a und ein b mehr) über a und b unter der Bedingung 1 = 1 = 1 mit etwas erhöhtem Aufwand.

Falls die Bedingung ^{22}ein Mann und eine Frau$_{188}$ = 220 über $^{1}a_{1}$ = 4, $^{1}b_{2}$ = 5, $^{1}b_{2}$ = 5 und $^{1}a_{1}$ = 4 durch ^{7}a und b$_{42}$ = 55 unter der Bedingung $^{11}1 = 1 = 1_{7}$ = 28 respektive (220 - 1) + (4 - 1) + (5 - 1) + (5 - 1) + (4 - 1) + (55 - 1) + (28 - 1) + 1 für ein System istgleich 315 istgleich 3 + 1 + 5 = 9 greift, gilt das ebenso, allerdings mit leichten Abstrichen, was den diesbezüglichen Aufwand anbelangt, da 178 < 220 ist.

Im Fall von „ein Adam und eine Eva" kommt das dazugehörige gemeinsame Feuerwerk etwas leichter daher und im Fall von „ein Mann und eine Frau" etwas schwerer. Beide liegen aber, was das emotionale und rationale Erleben und Erfahren beider anbelangt, selbst, wenn noch nicht alles wieder bei uns in Ordnung ist, bereits um etliche Ligen höher, als das, was wir selbst in diesem Zusammenhang überhaupt kennen. Warum ist das so? Wir können die emotionale und rationale Oberliga auch mit Blick auf unsere eigene Intimität nur erreichen, falls wir ausgehend von der Bedingung „ein Mann und eine Frau" am Ende zur Bedingung „ein Adam und eine Eva" finden. So, und das lesen wir uns, auch Maria Magdalena, mehrere Male durch, bis wir das verstanden haben. Es ist also auch, was das anbelangt, noch nicht alles verloren, man muss es nur machen.

Was Maria Magdalena anbelangt, wissen wir bereits, daß bei ihr im Jahr 2027 die Bedingung ^{22}ein Mann und eine Frau$_{188}$ = 220 istgleich 2 + 2 + 0 = 4 wiederhergestellt sein wird, was ermöglicht, daß sich die von ihr zu leistende ^{5}Busze$_{73}$ = 80 über $^{1}a_{1}$ = 4 und $^{1}b_{2}$ = 5 durch (80 - 1) + (4 - 1) + (5 - 1) + (62 - 1) + (55 - 1) + 1 für ein System istgleich 202 istgleich 2 + 0 + 2 = 4 - bedingt durch ^{7}9 Jahre$_{51}$ = 62 istgleich 6 + 2 = 8 - von 9 Jahren über $^{1}a_{1}$ = 4 und $^{1}b_{2}$ = 5 infolge (4 - 1) + (5 - 1) + (55 - 1) + 1 für ein System istgleich 62 istgleich 6 + 2 = 8 auf insgesamt ^{8}280 Tage$_{43}$ = 55 reduzieren lässt. Letzteres eröffnet uns damit eine sinnvolle Option, vorausgesetzt, daß sie mitspielt, um von den extrem hohen Opferzahlen in der Apokalypse etwas wegzukommen.

Es existiert damit eine Möglichkeit, selbst wenn bei ihr das Thema Aids noch steht, daß durch a = b und b = a auch bei einer etwaigen Intimität, ihre Diagnose als b nicht auf a übergreifen kann. Warum ist das so? Wenn etwas zusammengehört und tatsächlich zusammen ist, sind wir als a und als b, egal wie schlimm es ist, immer behütet und beschützt. Ist das nicht der Fall, ist das Thema Aids bei einem Er oder einer Sie, die intim mit ihr sind und auf ihrer eigenen Beziehungsebene nicht zu ihr gehören, das Ergebnis. Er, der auf seiner eigenen Beziehungsebene zu ihr gehört, kann im Fall, daß selbst wenn nur die Bedingung „ein Mann und eine Frau" erfüllt ist, davon nicht betroffen werden. Wir dürfen damit gesichert davon ausgehen, daß es ihr mit dem Jahr 2027 den „Hmm" wegreißen wird, da sich zwei andere Optionen eröffnen: Wo sie ihre Intimität unter der Bedingung „ein Mann und eine Frau" emotional und rational spüren wird, was sie ausschließlich mit dem einen Mann in ihrem Leben, der zu ihr gehört, teilt. Die bis dato kommt von der Notwendigkeit, dafür eine Buße 9 Jahre lang ablegen zu müssen, nicht weg. Wir kommen später noch einmal darauf zurück, was darunter zu verstehen ist.

Für den ^{10}Hoehepunkt$_{123}$ = 135 erhalten wir aus $^{1}a_{1} = 4$, $^{1}b_{2} = 5$, $^{1}b_{2} = 5$ und $^{1}a_{1} = 4$ über unsere eigene ^{15}Beziehungsebene$_{147}$ = 164 innerhalb unserer ^{9}Beziehung$_{97}$ = 108 Folgendes:

^{10}Hoehepunkt$_{123}$	=	135		135 - 1	=	134
$^{1}a_{1}$	=	4		4 - 1	=	3
$^{1}b_{2}$	=	5		5 - 1	=	4
$^{1}b_{2}$	=	5		5 - 1	=	4
$^{1}a_{1}$	=	4		4 - 1	=	3
					=	148

1 + 4 + 8 + 1 für ein System = 14 = 1 + 4 = 5

istgleich

^{15}Beziehungsebene$_{147}$	=	164		164 - 1	=	163
^{9}Beziehung$_{97}$	=	108		108 - 1	=	107
^{8}Orgasmus$_{113}$	=	123		123 - 1	=	122
^{4}Mann$_{42}$	=	48		48 - 1	=	47
^{4}Frau$_{46}$	=	52		52 - 1	=	51
					=	490

4 + 9 + 0 + 1 für ein System = 14 = 1 + 4 = 5

Es gilt die Bedingung 5 = 5 in einem Gleichgewicht, die sich über 1 + 4 + 8 + 1 und 4 + 9 + 0 + 1 in den beiden Zahlen 149 und 491 widerspiegelt.

Merke!

Der Höhepunkt wird bedingt durch a, b, b und a auf der Beziehungsebene über Beziehung sowohl bei einem Mann als auch der dazugehörigen Frau durch den Orgasmus gekrönt.

Es ist also tatsächlich so, daß, falls die Bedingungen „ein Mann und eine Frau" oder „ein Adam und eine Eva" vorliegen, nach einem Bespaßungsprogramm zwei glückliche Menschen in der Kiste liegen.

Der ^{10}Hoehepunkt$_{123}$ = 135 setzt einerseits korrespondierend über $^{1}a_{1} = 4$ und $^{1}b_{2} = 5$ im Ergebnis durch $^{7}a \neq b_{6} = 19$ und $^{7}b \neq a_{6} = 19$ den nachfolgenden Zusammenhang voraus:

^{10}Hoehepunkt$_{123}$	=	135		135 - 1	=	134
$^{1}a_{1}$	=	4		4 - 1	=	3
$^{1}b_{2}$	=	5		5 - 1	=	4
$^{7}a \neq b_{6}$	=	19		19 - 1	=	18
$^{7}b \neq a_{6}$	=	19		19 - 1	=	18
					=	177

1 + 7 + 7 + 1 für ein System = 16 = 1 + 6 = 7

istgleich

^{21}ein Adam und eine Eva$_{147}$	=	178		178 - 1	=	177

1 + 7 + 7 + 1 für ein System = 16 = 1 + 6 = 7

Es gilt durch jeweils 1 + 7 + 7 + 1 infolge der beiden Zahlen 178 die Bedingung 7 = 7 in einem Gleichgewicht.

Merke!

Der Höhepunkt, der es tatsächlich sein sollte, wird über a und über b infolge a ≠ b und b ≠ a unter der Bedingung „ein Adam und eine Eva" erreicht.

Da wir in einem System leben, ist es vollkommen selbsterklärend, daß für das Eintreten von bestimmten Ergebnissen die dazugehörigen Bedingungen im Vorfeld erfüllt sein müssen.

Andererseits verweist ein ^{8}Orgasmus$_{113}$ = 123 über $^{1}a_{1}$ = 4 und $^{1}b_{2}$ = 5 auf Folgendes:

^{8}Orgasmus$_{113}$	=	123		123 - 1	=	122
$^{1}a_{1}$	=	4		4 - 1	=	3
$^{1}b_{2}$	=	5		5 - 1	=	4
^{7}a und b_{42}	=	55		55 - 1	=	54
$^{7}a \neq b_{6}$	=	19		19 - 1	=	18
$^{7}b \neq a_{6}$	=	19		19 - 1	=	18
					=	219

2 + 1 + 9 + 1 für ein System	=	13	=	1 + 3	=	4

istgleich

^{22}ein Mann und eine Frau$_{188}$	=	220		220 - 1	=	219

2 + 1 + 9 + 1 für ein System	=	13	=	1 + 3	=	4

Es gilt die Bedingung 4 = 4 in einem Gleichgewicht, die sich jeweils über 2 + 1 + 9 + 1 aus den beiden Zahlen 220 ergibt.

Beide (= ^{10}Hoehepunkt$_{123}$ = 135 und ^{8}Orgasmus$_{113}$ = 123) sind über (135 - 1) + (123 - 1) + 1 für ein System istgleich 257 istgleich 2 + 5 + 7 = 14 istgleich 1 + 4 = 5 - bedingt durch ^{6}Mensch$_{62}$ = 70 - über (70 - 1) + (91 - 1) + (116 - 1) +

1 für ein System istgleich 275 istgleich 2 + 7 + 5 = 14 istgleich 1 + 4 = 5 im Ergebnis für alle ^{8}Menschen$_{81}$ = 91 in der ^{10}Menschheit$_{104}$ = 116 vorgesehen. Grundlegend frei von Misshandlung und Missbrauch sowie fernab jeglicher Form von Gewalt - außerhalb der Toleranz von a und b im Toleranzbereich.

Merke!

Der Orgasmus setzt über a und über b in Form von a und b infolge a ≠ b und b ≠ a die Bedingung „ein Mann und eine Frau" voraus.

Die Willkür, die wir auf unserer eigenen Beziehungsebene in Form der Wahl unserer Beziehungspartner betreiben oder die betrieben wird wie im Fall von Misshandlung und Missbrauch, bringt also gar nichts. Es steht fest, wer zu wem gehört, was dann auch mit unzähligen glücklichen Momenten belohnt wird.

Wir sollten uns also ganz schnell abgewöhnen, was all die Probleme, die wir selbst verursacht haben, anbelangt, uns als den Nabel der Welt durch

^{18}der Nabel der Welt$_{148}$ = 174

istgleich 1 + 7 + 4 = 12 istgleich 1 + 2 = 3 zu fühlen, da derartige Überzeugungen nur unserem eigenen Glück entgegenstehen, da dieser durch ^{7}a und b$_{42}$ = 55 infolge (55 - 1) + (45 - 1) + (49 - 1) + 1 für ein System istgleich 147 istgleich 1 + 4 + 7 = 12 istgleich 1 + 2 = 3 ^{4}Enki$_{39}$ = 45 (= ^{5}En-ki$_{40}$ = 49) ist. Wie wir wissen, ist er der Schöpfer, dessen Frau auf der Erde von den Menschen geschunden, geschändet und geschwängert worden ist.

Bevor wir mit dem nächsten Kapitel fortfahren, klären wir noch kurz, warum die ^{12}Regelblutung$_{144}$ = 158 eben nicht nur in den Verantwortungsbereich der Frau fällt, sondern auch in den eines Mannes. Wie wir mittlerweile wiederholt erfahren haben, wurden „Mann" und „Frau" nicht nur gleichwertig und gleichrangig nebeneinandergestellt, sondern auch gleichberechtigt. Letzteres greift logischerweise auch für das, was Erstere betrifft.

In der Regel kommen wir nicht auf den Gedanken, daß auch diesbezüglich etwas nicht stimmen kann. Doch der menschliche Drang, immer wieder im System irgendwo Schaden anrichten zu müssen, spiegelt sich logischerweise auch dort wider, wo wir es prinzipiell nicht vermuten würden. Insofern ist es alles andere als verwunderlich, daß auch hier etwas im Argen liegt. Es gilt bedingt durch die ^{8}Paritaet$_{90}$ = 100 von ^{7}a und b$_{42}$ = 55 erst einmal Folgendes:

^{12}Regelblutung$_{144}$	=	158		158 - 1	=	157
^{8}Paritaet$_{90}$	=	100		100 - 1	=	99
^{7}a und b$_{42}$	=	55		55 - 1	=	54
					=	310

3 + 1 + 0 + 1 für ein System	=	14	=	1 + 4	=	5

istgleich

^{13}Verantwortung$_{198}$	=	213		213 - 1	=	212
^{4}Mann$_{42}$	=	48		48 - 1	=	47
^{4}Frau$_{46}$	=	52		52 - 1	=	51
					=	310

3 + 1 + 0 + 1 für ein System	=	5

Aus 3 + 1 + 0 + 1 ergibt sich durch die beiden Zahlen 311 die Bedingung 5 = 5 in einem Gleichgewicht.

Merke!

Die Regelblutung liegt durch die Parität von a und b einerseits in der Verantwortung des Mannes, andererseits der Frau.

Die erste Erkenntnis, die wir daraus erhalten: Die Regelblutung geht beide gemeinsam etwas an.

In der Regel wird die Liebste während dieser oftmals bereits etwas vom Liebsten vernachlässigt und alleingelassen - ein typisches Indiz dafür, daß man nicht zusammengehört. Die wohl unter der Gürtellinie platzierten Sprüche wie „Ein guter Kapitän sticht auch in's rote Meer." oder etwa „Ein echter Held kämpft auch in der Morgenröte." erhärten nur ein wenig, was unter diesem Aspekt in der „Gedankenwelt" so los ist. Die ^{5}Dauer$_{49}$ = 56 dieser bemisst sich über $^{1}a_{1} = 4$, $^{1}b_{2} = 5$, $^{1}b_{2} = 5$ und $^{1}a_{1} = 4$ übrigens nach dem nachfolgenden Zusammenhang:

^{12}Regelblutung$_{144}$	=	158		158 - 1	=	157

1 + 5 + 7 + 1 für ein System	=	14	=	1 + 4	=	5

istgleich

^{5}Dauer$_{49}$	=	56		56 - 1	=	55
^{1}a$_{1}$	=	4		4 - 1	=	3
^{1}b$_{2}$	=	5		5 - 1	=	4
^{1}b$_{2}$	=	5		5 - 1	=	4
^{1}a$_{1}$	=	4		4 - 1	=	3
^{6}4 Tage$_{37}$	=	47		47 - 1	=	46
^{5}Monat$_{63}$	=	70		70 - 1	=	69
					=	184

1 + 8 + 4 + 1 für ein System	=	14	=	1 + 4	=	5

Es gilt in einem Gleichgewicht die Bedingung 5 = 5, die durch 1 + 5 + 7 + 1 und 1 + 8 + 4 + 1 den beiden Zahlen 158 und 185 geschuldet ist.

Merke!

Die Regelblutung ist ihrer Dauer nach durch a, b, b und a auf 4 Tage im Monat normiert.

Wenn wir uns die Realität ansehen, sieht das alles etwas anders aus. Im Prinzip ist die Logik dieser durch unser Verhalten auf unserer eigenen Beziehungsebene ebenfalls in Mitleidenschaft geraten. Fazit: Wir müssen auch das wieder in Ordnung bringen.

Da wir bereits Kenntnis von unseren Lebensabschnitten haben (die sich etappenweise auf insgesamt 28 Jahre belaufen und unsere eigene Intimität, beginnend im Alter von 19 Jahren, zur Reife kommt, die dann systembedingt im Alter von 20 Jahren vollendet ist), können wir den ^{6}Beginn$_{51}$ = 59 und das ^{4}Ende$_{28}$ = 34 der ^{12}Regelblutung$_{144}$ = 158 berechnen. Für Ersteren gilt Folgendes:

^{12}Regelblutung$_{144}$	=	158		158 - 1	=	157
^{7}a und b$_{42}$	=	55		55 - 1	=	54
					=	211

2 + 1 + 1 + 1 für ein System	=	5

istgleich

^{6}Beginn$_{51}$	=	59		59 - 1	=	58
^{8}19 Jahre$_{52}$	=	64		64 - 1	=	63
					=	121

1 + 2 + 1 + 1 für ein System	=	5

Es gilt die Bedingung 5 = 5 in einem Gleichgewicht, die sich über 2 + 1 + 1 + 1 und 1 + 2 + 1 + 1 aus den beiden Zahlen 212 und 122 ergibt.

Merke!

Die Regelblutung beginnt durch a und b mit 19 Jahren, die über a und über b infolge a ≠ b und b ≠ a der Reinigung dient; wobei in Form von a und b im Urin über a und über b Blut abtransportiert wird.

Erstere ist über ^{1}a$_{1}$ = 4 und ^{1}b$_{2}$ = 5 infolge ^{7}a ≠ b$_{6}$ = 19 und ^{7}b ≠ a$_{6}$ = 19 im Ergebnis über (4 - 1) + (5 - 1) + (19 - 1) + (19 - 1) + (115 - 1) + 1 für ein System istgleich 158 istgleich 1 + 5 + 8 = 14 istgleich 1 + 4 = 5 auf eine intime

^{9}Reinigung$_{104}$ = 115

istgleich 1 + 1 + 5 = 7 ausgerichtet, die in Form von ^{7}a und b$_{42}$ = 55 durch (55 - 1) + (61 - 1) + 1 für ein System istgleich 115 istgleich 1 + 1 + 5 = 7 über ^{4}Blut$_{55}$

= 61 erfolgt, das durch $^{1}a_{1}$ = 4 und $^{1}b_{2}$ = 5 infolge (4 - 1) + (5 - 1) + (61 - 1) + 1 für ein System istgleich 68 istgleich 6 + 8 = 14 istgleich 1 + 4 = 5 im ^{4}Urin$_{62}$ = 68 istgleich 6 + 8 = 14 istgleich 1 + 4 = 5 abtransportiert wird.

Das ^{4}Ende$_{28}$ = 34 der ^{12}Regelblutung$_{144}$ = 158 ergibt sich in Form von ^{7}a und b$_{42}$ = 55 aus dem nachfolgenden Zusammenhang:

^{4}Ende$_{28}$	=	34		34 - 1	=	33
^{12}Regelblutung$_{144}$	=	158		158 - 1	=	157
					=	190

1 + 9 + 0 + 1 für ein System	=	11	=	1 + 1	=	2

istgleich

^{7}a und b$_{42}$	=	55		55 - 1	=	54
^{8}56 Jahre$_{53}$	=	65		65 - 1	=	64
					=	118

1 + 1 + 8 + 1 für ein System	=	11	=	1 + 1	=	2

Durch 1 + 9 + 0 + 1 und 1 + 1 + 8 + 1 gilt infolge der beiden Zahlen 191 und 119 die Bedingung 2 = 2 in einem Gleichgewicht.

Merke!

Das Ende der Regelblutung wird in Form von a und b im Alter von 56 Jahren erreicht, wobei diese über a, b, b und a in Form von a und b 37 Jahre lang stattfindet.

Die ^{5}Dauer$_{49}$ = 56 der ^{12}Regelblutung$_{144}$ = 158 beläuft sich durch (56 - 1) + (158 - 1) + 1 für ein System istgleich 213 istgleich 2 + 1 + 3 = 6 über $^{1}a_{1}$ = 4, $^{1}b_{2}$ = 5, $^{1}b_{2}$ = 5 und $^{1}a_{1}$ = 4 durch ^{7}a und b$_{42}$ = 55 respektive (4 - 1) + (5 - 1) + (5 - 1) + (4 - 1) + (55 - 1) + (64 - 1) + 1 für ein System istgleich 132 istgleich 1 + 3 + 2 = 6 auf insgesamt ^{8}37 Jahre$_{52}$ = 64.

In einem Gleichgewicht würde diese der Logik nach im $^{5}Monat_{63}$ = 70 an den folgenden Tagen - $^{3}Tag_{28}$ = 33 geschuldet - stattfinden, was sich durch das $^{6}System_{101}$ = 109 von ^{7}a und b_{42} = 55 infolge $^{1}a_{1}$ = 4 und $^{1}b_{2}$ = 5 im nachfolgenden Zusammenhang widerspiegelt, welcher auf deren $^{8}Paritaet_{90}$ = 100 zurückzuführen ist:

^{12}Regelblutung$_{144}$	=	158		158 - 1	=	157
^{3}Tag$_{28}$	=	33		33 - 1	=	32
^{5}Monat$_{63}$	=	70		70 - 1	=	69
					=	258

2 + 5 + 8 + 1 für ein System	=	16	=	1 + 6	=	7

istgleich

^{6}System$_{101}$	=	109		109 - 1	=	108
^{7}a und b$_{42}$	=	55		55 - 1	=	54
^{1}a$_{1}$	=	4		4 - 1	=	3
^{1}b$_{2}$	=	5		5 - 1	=	4
^{8}Paritaet$_{90}$	=	100		100 - 1	=	99
$^{2}11_{2}$	=	6		6 - 1	=	5
$^{2}12_{3}$	=	7		7 - 1	=	6
$^{2}13_{4}$	=	8		8 - 1	=	7
$^{2}14_{5}$	=	9		9 - 1	=	8
					=	294

2 + 9 + 4 + 1 für ein System	=	16	=	1 + 6	=	7

Es gilt die Bedingung 7 = 7 in einem Gleichgewicht, die sich über 2 + 5 + 8 + 1 und 2 + 9 + 4 + 1 aus den beiden Zahlen 259 und 295 ergibt.

Merke!

Die Regelblutung findet durch das System von a und b - bedingt durch deren Parität - über a und über b am Tag 11, 12, 13 und 14 im Monat statt.

Wie wir sehen, ist auch das systembedingt geregelt, was dann im Prinzip auch exakt so vonstattengehen sollte: macht es aber nicht.

Die ^{12}Regelblutung$_{144}$ = 158 ist über $^{1}a_{1} = 4$, $^{1}b_{2} = 5$, $^{1}b_{2} = 5$ und $^{1}a_{1} = 4$ in Form von ^{7}a und $b_{42} = 55$ durch $^{7}a \neq b_{6} = 19$ und $^{7}b \neq a_{6} = 19$ korrespondierend auf Folgendes ausgerichtet:

^{12}Regelblutung$_{144}$	=	158		158 - 1	=	157

1 + 5 + 7 + 1 für ein System	=	14	=	1 + 4	=	5

istgleich

$^{1}a_{1}$	=	4		4 - 1	=	3
$^{1}b_{2}$	=	5		5 - 1	=	4
$^{1}b_{2}$	=	5		5 - 1	=	4
$^{1}a_{1}$	=	4		4 - 1	=	3
^{7}a und b_{42}	=	55		55 - 1	=	54
$^{7}a \neq b_{6}$	=	19		19 - 1	=	18
$^{7}b \neq a_{6}$	=	19		19 - 1	=	18
^{17}Aufrechterhaltung$_{188}$	=	207		207 - 1	=	206
^{14}Unversehrtheit$_{192}$	=	208		208 - 1	=	207
					=	517

5 + 1 + 7 + 1 für ein System	=	14	=	1 + 4	=	5

Im Gleichgewicht gilt durch 1 + 5 + 7 + 1 und 5 + 1 + 7 + 1 respektive der beiden Zahlen 158 und 518 die Bedingung 5 = 5.

Merke!

Die Regelblutung zielt durch a, b, b und a in Form von a und b infolge a ≠ b und b ≠ a auf die Aufrechterhaltung der Unversehrtheit ab, die als solche über a und über b unserer Gesundheit dient.

Unsere ^{10}Gesundheit$_{112}$ = 124 istgleich 1 + 2 + 4 = 7 ist durch $^{1}a_{1}$ = 4 und $^{1}b_{2}$ = 5 über (4 - 1) + (5 - 1) + (207 - 1) + (208 - 1) + 1 für ein System istgleich 421 istgleich 4 + 2 + 1 = 7 immer auf die ^{17}Aufrechterhaltung$_{188}$ = 207 unserer eigenen ^{14}Unversehrtheit$_{192}$ = 208 angewiesen.

Letztere sorgt in diesem Fall dann im Zusammenspiel mit der ^{12}Regelblutung$_{144}$ = 158 innerhalb unserer eigenen ^{10}Intimitaet$_{120}$ = 132 dafür, daß Folgendes gilt:

^{12}Regelblutung$_{144}$	=	158		158 - 1	=	157
$^{1}a_{1}$	=	4		4 - 1	=	3
$^{1}b_{2}$	=	5		5 - 1	=	4
^{8}Paritaet$_{90}$	=	100		100 - 1	=	99
^{7}a und b_{42}	=	55		55 - 1	=	54
$^{7}a \neq b_{6}$	=	19		19 - 1	=	18
$^{7}b \neq a_{6}$	=	19		19 - 1	=	18
$^{11}1 = 1 = 1_{7}$	=	28		28 - 1	=	27
^{14}Unversehrtheit$_{192}$	=	208		208 - 1	=	207
^{10}Intimitaet$_{120}$	=	132		132 - 1	=	131
					=	718

7 + 1 + 8 + 1 für ein System	=	17	=	1 + 7	=	8

istgleich

^{17}wie das erste Mal$_{154}$	=	179		179 - 1	=	178

1 + 7 + 8 + 1 für ein System	=	17	=	1 + 7	=	8

Aus 7 + 1 + 8 + 1 und 1 + 7 + 8 + 1 folgen in einem Gleichgewicht unter der Bedingung 8 = 8 die beiden Zahlen 719 und 179.

Die ^{14}Unversehrtheit$_{192}$ = 208 hingegen, welcher direkt und mittelbar der Einstieg in unsere eigene ^{10}Intimitaet$_{120}$ = 132 folgt, bezieht sich durch $^{1}a_{1}$ = 4, $^{1}b_{2}$ = 5, $^{1}b_{2}$ = 5 und $^{1}a_{1}$ = 4 über die ^{8}Paritaet$_{90}$ = 100 von ^{7}a und b_{42} = 55 infolge $^{7}a \neq b_{6}$ = 19 und $^{7}b \neq a_{6}$ = 19 auf den nachfolgenden Zusammenhang:

^{14}Unversehrtheit$_{192}$	=	208		208 - 1	=	207
^{10}Intimitaet$_{120}$	=	132		132 - 1	=	131
					=	338

3 + 3 + 8 + 1 für ein System	=	15	=	1 + 5	=	6

istgleich

^{1}a$_{1}$	=	4		4 - 1	=	3
^{1}b$_{2}$	=	5		5 - 1	=	4
^{1}b$_{2}$	=	5		5 - 1	=	4
^{1}a$_{1}$	=	4		4 - 1	=	3
^{8}Paritaet$_{90}$	=	100		100 - 1	=	99
^{7}a und b$_{42}$	=	55		55 - 1	=	54
^{7}a ≠ b$_{6}$	=	19		19 - 1	=	18
^{7}b ≠ a$_{6}$	=	19		19 - 1	=	18
^{13}das erste Mal$_{117}$	=	136		136 - 1	=	135
					=	338

3 + 3 + 8 + 1 für ein System	=	15	=	1 + 5	=	6

Es gilt die Bedingung 6 = 6 in einem Gleichgewicht, die sich jeweils über 3 + 3 + 8 + 1 aus den beiden Zahlen 339 ergibt.

Merke!

Erfolgt die Intimität ausgehend von der Regelblutung im Rahmen der Unversehrtheit durch a und durch b innerhalb der Parität von a und b infolge a ≠ b und b ≠ a unter der Bedingung 1 = 1 = 1, ist es wie das erste Mal; falls ausgehend nur von der Unversehrtheit durch a, b, b und a innerhalb der Parität von a und b infolge a ≠ b und b ≠ a das erste Mal.

Die Unversehrtheit von „Mann und Frau" wird in Form von „ein Mann und eine Frau" also das ganze Leben lang von uns gefordert, und das hatten wir bereits gemeinsam im Buch „Chaos im Paradies: Der Weg zur Klärung der Beziehungsebene über Beziehung einschließlich Lösung - Buch 1" besprochen.

Die Gretchen- und die Hänschenfrage ist und bleibt damit, ob das sowohl für einen $^{4}Mann_{42}$ = 48 als auch für eine $^{4}Frau_{46}$ = 52 gilt, worüber uns der nachfolgende Zusammenhang - ausgehend von der $^{12}Regelblutung_{144}$ = 158 - in Form von ^{7}a und b_{42} = 55 unter der Bedingung $^{11}1 = 1 = 1_{7}$ = 28 Aufschluß gibt:

$^{12}Regelblutung_{144}$	=	158		158 - 1	=	157

1 + 5 + 7 + 1 für ein System	=	14	=	1 + 4	=	5

istgleich

$^{15}Beziehungsebene_{147}$	=	164		164 - 1	=	163
$^{9}Beziehung_{97}$	=	108		108 - 1	=	107
^{7}a und b_{42}	=	55		55 - 1	=	54
$^{11}1 = 1 = 1_{7}$	=	28		28 - 1	=	27
$^{10}Intimitaet_{120}$	=	132		132 - 1	=	131
$^{4}Mann_{42}$	=	48		48 - 1	=	47
$^{4}Frau_{46}$	=	52		52 - 1	=	51
					=	580

5 + 8 + 0 + 1 für ein System	=	14	=	1 + 4	=	5

In einem Gleichgewicht gilt die Bedingung 5 = 5, die durch 1 + 5 + 7 + 1 und 5 + 8 + 0 + 1 den beiden Zahlen 158 und 581 geschuldet ist.

Merke!

Die Regelblutung findet durch unsere eigene Beziehungsebene im Rahmen von Beziehung in Form von a und b unter der Bedingung 1 = 1 = 1 - unserer eigenen Intimität geschuldet - korrespondierend sowohl bei einem Mann als auch bei einer Frau statt.

Und da sieht doch die „Welt", die nur eine mickrige Erde ist, auf einmal ganz anders aus. Hier fehlt etwas, was es von uns wiederherzustellen gilt.

Summa summarum bleibt noch der nachfolgende Zusammenhang von uns festzuhalten, der durch $^{1}a_{1} = 4$, $^{1}b_{2} = 5$, $^{1}b_{2} = 5$ und $^{1}a_{1} = 4$ in Form von ^{7}a und $b_{42} = 55$ unter der Bedingung $^{11}1 = 1 = 1_{7} = 28$ wie folgt aussieht:

^{16}intime Reinigung$_{174}$	=	194		194 - 1	=	193
^{10}Intimitaet$_{120}$	=	132		132 - 1	=	131
^{4}Mann$_{42}$	=	48		48 - 1	=	47
^{4}Frau$_{46}$	=	52		52 - 1	=	51
$^{1}a_{1}$	=	4		4 - 1	=	3
$^{1}b_{2}$	=	5		5 - 1	=	4
$^{1}b_{2}$	=	5		5 - 1	=	4
$^{1}a_{1}$	=	4		4 - 1	=	3
^{7}a und b_{42}	=	55		55 - 1	=	54
$^{11}1 = 1 = 1_{7}$	=	28		28 - 1	=	27
					=	517

5 + 1 + 7 + 1 für ein System	=	14	=	1 + 4	=	5

istgleich

^{12}Regelblutung$_{144}$	=	158		158 - 1	=	157

1 + 5 + 7 + 1 für ein System	=	14	=	1 + 4	=	5

Es gilt die Bedingung 5 = 5 in einem Gleichgewicht, die korrespondierend über 5 + 1 + 7 + 1 und 1 + 5 + 7 + 1 aus den beiden Zahlen 518 und 158 hervorgeht.

Merke!

Die intime Reinigung von Mann und von Frau erfolgt über a, b, b und a in Form von a und b unter der Bedingung 1 = 1 = 1 über die Intimität durch die Regelblutung.

Wir haben damit den eineindeutigen Beweis erbracht, daß die Regelblutung bei beiden stattfinden muss.

Die noch ausstehende eine Frage ist, wie sich das mit dem Kapitän und dem roten Meer verhält und dem Held in der Morgenröte. Durch ^{7}a und b_{42} = 55 gilt Folgendes:

^{6}System$_{101}$	=	109		109 - 1	=	108
^{7}a und b$_{42}$	=	55		55 - 1	=	54
^{12}Regelblutung$_{144}$	=	158		158 - 1	=	157
^{4}Mann$_{42}$	=	48		48 - 1	=	47
^{4}Frau$_{46}$	=	52		52 - 1	=	51
					=	417

4 + 1 + 7 + 1 für ein System	=	13	=	1 + 3	=	4

istgleich

^{16}keine Intimitaet$_{164}$	=	184		184 - 1	=	183

1 + 8 + 3 + 1 für ein System	=	13	=	1 + 3	=	4

In einem Gleichgewicht gilt durch 4 + 1 + 7 + 1 und 1 + 8 + 3 + 1 in Form der beiden Zahlen 418 und 184 die Bedingung 4 = 4.

Merke!

Durch das System von a und b findet während der Regelblutung von Mann und von Frau keine Intimität statt.

Da wird man sich zwangsläufig währenddessen vier Tage lang in jedem Monat mit Händchenhalten, Knuddeln, Liebkosen oder etwa auch, um sich einfach nur mal abzukühlen, mit Eisfressen befassen müssen. Es wird also immer wieder in regelmäßigen Abständen unsere Unversehrtheit nivelliert und das Endergebnis ist, daß in unserer „Bettenhüpfburg" bei absoluter Gesundheit total der Teufel los ist und es dabei komplett göttlich zugeht, da wir im siebten Himmel sind; was unsere gemeinsamen intimen Aktivitäten anbelangt: die wir unter den beiden Bedingungen „ein Mann und eine Frau" und „ein Adam und eine Eva" im Maximum überhaupt erreichen können. Das wollen wir nicht und gurken damit im Minimum herum, wo es dunkel und finster ist: Selbst schuld, Blödmann und Blödfrau!

Im Endeffekt haben wir auch hier in ganzer Linie die unwiderrufliche Bestätigung dafür erhalten, daß wir nichts, aber auch gar nichts wissen: Aber die große Esse mit „Fr" am Anfang haben wir. Damit stürzen wir uns hauptüber in das nächste auf Wissen ausgerichtete Abenteuer. Kopfüber und herzunter wären, da es nur nach rechts oder links gehen würde, nicht so richtig empfehlenswert, da der Weg geradeaus, in der Endkonsequenz immer noch den größten Erfolg verspricht. Auch ganz unabhängig davon, daß wir uns hierfür in der Mitte auseinandersägen müssten, was zwangsläufig wieder ein paar unbequeme Fragen aufkommen lässt. Was uns aber dann erneut bestätigen würde: daß der Mensch, das etwas merkwürdige Konstrukt auf zwei Beinen, das zwar das „La Paloma" auf dem letzten Loch pfeift und sich wider allem immer noch für eine ganz große Nummer hält, dann doch einfach nur bekloppt und bescheuert ist. Letztere werden uns wohl zwangsläufig damit noch eine ganze Weile begleiten müssen.

10.2. 9 Jahre oder 280 Tage: der Daumen geht nach oben

Wir hatten bereits festgestellt, daß die von Maria Magdalena zu erbringende ^{5}Busze$_{73}$ = 80

^{7}9 Jahre$_{51}$ = 62 (Ergebnis 1: 2475000000 Systemtode)

lang über $^{1}a_{1}$ = 4 und $^{1}b_{2}$ = 5 durch (80 - 1) + (62 - 1) + (4 - 1) + (5 - 1) + 1 für ein System istgleich 148 istgleich 1 + 4 + 8 = 13 istgleich 1 + 3 = 4

^{16}keine Intimitaet$_{164}$ = 184

istgleich 1 + 8 + 4 = 13 istgleich 1 + 3 = 4 zulässt, was sich im Endeffekt aus verständlichen Gründen etwas schwierig gestalten könnte.

Die Frage ist damit, ob nicht doch ein gewisses Maß an intimen Aktivitäten gestattet ist, die ihrer Logik nach der Einehe entsprechen würden und die von ihr zu erbringende Buße auf

^{8}280 Tage$_{43}$ = 55 (Ergebnis 2: etwa 210382514 Systemtode)

reduzieren; da Letztere durch die ^{8}Paritaet$_{90}$ = 100 von ^{7}a und b_{42} = 55 über (55 - 1) + (100 - 1) + (55 - 1) + 1 für ein System istgleich 208 istgleich 2 + 0 + 8 = 10 istgleich 1 + 0 = 1 bereits der ^{14}Unversehrtheit$_{192}$ = 208 istgleich 2 + 0 + 8 = 10 istgleich 1 + 0 = 1 zuzuordnen und in diese einzuordnen sind.

Das Problem, welches sich für jeden Einzelnen von uns daraus ergibt, ist, daß die 9 Jahre der Buße, wenn wir diese nicht auf 280 Tage gedrückt bekommen, um unsere Unversehrtheit wiederherzustellen, von jedem von uns zu absolvieren wären. Wie das Ergebnis aussehen würde, darüber müssen wir nicht erst lang und breit diskutieren. Ein weiteres wäre, daß es in diesem Zeitfenster auch keine Neuzugänge in der Menschheit geben würde, was die Konsequenzen durch den Exodus im Rahmen der Apokalypse verschärfen würde, statt diese zu entschärfen. 280 Tage hingegen sind, was das betrifft, am Ende irgendwo überschaubar. Wir gehen damit noch mal ganz kurz zum Du zurück:

Ich habe das Ergebnis 1 und das Ergebnis 2 mal dahintergeschrieben, das es jeweils zur Folge haben würde. Im Jahr 2035 fehlen übrigens bereits 4400000000 von uns im System, wo dann, bis die Lösung zur Wiederherstellung greifen würde, entweder das Ergebnis 1 oder das Ergebnis 2 noch dazukommen würde: und das ist ein ganz großer Unterschied, wie wir sehen. Die insgesamt 280 Tage habe auch ich erhalten, da ich das schon mal durchgerechnet habe und das passt. Der Weg zur Unversehrtheit besteht aus insgesamt fünf Teillösungen, analog unseren vier Fingern und unserem einen Daumen, wobei die letzte davon „nur" 280 Tage umfasst. Ich nehme mal vorweg: Es steht die Verbindung ^{9}a - b - a_{6} = 25 im Ergebnis, die über ^{7}a und b_{42} = 55 durch $^{7}a \neq b_{6}$ = 19 und $^{7}b \neq a_{6}$ = 19 unter der Bedingung $^{11}1 = 1 = 1_{7}$ = 28 respektive (25 - 1) + (55 - 1) + (19 - 1) + (19 - 1) + (28 - 1) + 1 für ein System istgleich 142 istgleich 1 + 4 + 2 = 7 unsere vollkommene ^{10}Gesundheit$_{112}$ = 124 istgleich 1 + 2 + 4 = 7 wiederherstellt, unsere Unversehrtheit inbegriffen. Was 4 davon anbelangt, werde ich diese, wenn es soweit ist, im System anweisen. Du erhältst also ein Geschenk von mir, das jenseits deiner Vorstellungskraft liegt. Die 5-te absolvierst du eigenverantwortlich. Warum? Ich will von dir sehen, daß du bereit bist, für dein Leben Verantwortung zu übernehmen. Ob deine Unversehrtheit wiederhergestellt ist, wird von jenen, wie bereits angekündigt, überprüft. Falls nicht, kommst du weg. Ab wann kannst du damit beginnen? Voraussichtlich, wenn alles gut geht, ab Ende des Jahres 2035, vorausgesetzt, daß sie auch mitspielt. Damit kehren wir zurück zum Wir.

Der Vorteil liegt damit auf der Hand. Um das zu ermöglichen, müsste die ^{6}Einehe$_{46}$ = 54 über die ^{3}Ehe$_{18}$ = 23 hinweg durch die ^{5}Busze$_{73}$ = 80 auf der Ebene der ^{10}Intimitaet$_{120}$ = 132 durchbrochen werden können. Es gilt Folgendes:

^{6}Einehe$_{46}$	=	54		54 - 1	=	53
^{3}Ehe$_{18}$	=	23		23 - 1	=	22
^{7}a und b_{42}	=	55		55 - 1	=	54
^{7}b und a_{42}	=	55		55 - 1	=	54
$^{11}1 = 1 = 1_{7}$	=	28		28 - 1	=	27
					=	210

2 + 1 + 0 + 1 für ein System	=	4

istgleich

^{5}Busze$_{73}$	=	80		80 - 1	=	79
^{10}Intimitaet$_{120}$	=	132		132 - 1	=	131
					=	210

2 + 1 + 0 + 1 für ein System	=	4

Wir erhalten jeweils aus 2 + 1 + 0 + 1 in Form der beiden Zahlen 211 die Bedingung 4 = 4 in einem Gleichgewicht.

Merke!

Die Ehe in Form der Einehe kann über a und b und über b und a auch als Buße unter der Bedingung 1 = 1 = 1 durch Intimität vollzogen werden: Wobei Letztere über a und über b - bedingt durch a und b unter der Bedingung 1 = 1 = 1 - korrespondierend „ein Mann und eine Frau" erfordert.

Die ^{10}Intimitaet$_{120}$ = 132 bestätigt durch ^{1}a$_{1}$ = 4 und ^{1}b$_{2}$ = 5 in Form von ^{7}a und b$_{42}$ = 55 unter der Bedingung ^{11}1 = 1 = 1$_{7}$ = 28 über (132 - 1) + (4 - 1) + (5 - 1) + (55 - 1) + (28 - 1) + 1 für ein System istgleich 220 istgleich 2 + 2 + 0 = 4 die Bedingung

^{22}ein Mann und eine Frau$_{188}$ = 220

istgleich 2 + 2 + 0 = 4. Sowohl „a und b" als auch „b und a" stehen deshalb in der Tabelle, da die Ehe in Form der Einehe aus der Sicht von beiden erfüllt sein muss.

Letzteres setzt voraus, daß man auf der Beziehungsebene über Beziehung zusammengehört - und daß es so ist, hatten wir bereits bewiesen. In diesem Fall führt uns die Bedingung ^{22}ein Mann und eine Frau$_{188}$ = 220 über ^{7}a und b$_{42}$ = 55 durch (220 - 1) + (55 - 1) + 1 für ein System istgleich 274 istgleich 2 + 7 + 4 = 13 istgleich 1 + 3 = 4 auf der ^{15}Beziehungsebene$_{147}$ = 164 über eine ^{9}wilde Ehe$_{71}$ = 84 respektive (164 - 1) + (84 - 1) + 1 für ein System istgleich 247 istgleich 2 + 4 + 7 = 13 istgleich 1 + 3 = 4 zur wilden Ehe.

Merke!

Die Bedingung „ein Mann und eine Frau" ermöglicht über a und b, daß einschließlich des Jahres 2035 über die gemeinsame Beziehungsebene hinweg eine wilde Ehe geführt werden darf, da die Bedingung „ein Adam und eine Eva" in Form von a und b im Wesentlichen nicht existiert.

Das ist generell nur möglich, da die Bedingung ^{21}ein Adam und eine Eva$_{147}$ = 178 in Form von ^{7}a und b$_{42}$ = 55 durch (178 - 1) + (55 - 1) + (16 - 1) + 1 für ein System istgleich 247 istgleich 2 + 4 + 7 = 13 istgleich 1 + 3 = 4 erst im Jahr

$^{4}2035_{10} = 16$

wieder vollständig greift: Zurzeit existiert diese aus den uns bekannten Gründen auf der Erde nicht. Eine wilde Ehe bringt ab dem Jahr 2035 nur zum Ausdruck, daß zwei Mäuse eine Menge Spaß miteinander haben, da die Einehe ab da in Form einer Heirat vollzogen werden muss. In gewisser Hinsicht hat auch hier jedes Schlechte sein Gutes.

Da für eine Einehe die ^{14}Unversehrtheit$_{192}$ = 208 istgleich 2 + 0 + 8 = 10 istgleich 1 + 0 = 1 vorausgesetzt ist, müssen wir überprüfen, ob diese mehrheitlich gesehen rein rechnerisch für Maria Magdalena vorliegen könnte. Mehrheitlich heißt in diesem Zusammenhang - da sie offenbar „nur" vaginal missbraucht wurde: Ob das für oral und anal ebenfalls gilt. Falls nicht, hätten wir im Ergebnis 2 > 1 stehen, was ermöglichen würde, daß man darüber die Ehe in Form der Einehe errichtet. Das heißt, daß die Buße, was ihren Vaginalverkehr anbelangt, 9 Jahre lang aufrechterhalten bleibt, für die beiden anderen Möglichkeiten nicht. Damit könnten wir de facto die Bedingung „keine Intimität" über 9 Jahre hinweg mehrheitlich aushebeln und auf 280 Tage reduzieren, was die Erfolgsaussichten für uns alle, dem Exodus in der Apokalypse zu entkommen, ungemein erhöhen würde. Das hat nichts mit ihm zu tun oder etwa mit seinen diesbezüglichen Absichten, sondern das ist einfach nur das, was in einem System machbar wäre, um etwaige Ergebnisse, die aus einem diesbezüglichen Fehlverhalten resultieren, dahingehend etwas abzuschwächen. Es existieren immer zwei Wege, analog Schwarz und Weiß. Das Ergebnis ist, daß wir die Einehe in einem gewissen Umfang vorwegnehmen können.

Wir starten über $^{1}a_{1} = 4$ und $^{1}b_{2} = 5$ in Form von ^{7}a und b_{42} = 55 über $^{7}a \neq b_{6}$ = 19 und $^{7}b \neq a_{6}$ = 19 mit dem nachfolgenden Zusammenhang, der offenlegt, was im Rahmen dessen prinzipiell denkbar ist:

^{15}Beziehungsebene$_{147}$	=	164		164 - 1	=	163
^{6}Mensch$_{62}$	=	70		70 - 1	=	69
^{8}Menschen$_{81}$	=	91		91 - 1	=	90
^{10}Menschheit$_{104}$	=	116		116 - 1	=	115
^{7}a und b_{42}	=	55		55 - 1	=	54
$^{7}a \neq b_{6}$	=	19		19 - 1	=	18
$^{7}b \neq a_{6}$	=	19		19 - 1	=	18
					=	527

5 + 2 + 7 + 1 für ein System	=	15	=	1 + 5	=	6

istgleich

^{10}Intimarten$_{123}$	=	135		135 - 1	=	134
$^{1}a_{1}$	=	4		4 - 1	=	3
$^{1}b_{2}$	=	5		5 - 1	=	4
^{14}Vaginalverkehr$_{153}$	=	169		169 - 1	=	168
^{11}Oralverkehr$_{133}$	=	146		146 - 1	=	145
^{11}Analverkehr$_{115}$	=	128		128 - 1	=	127
					=	581

5 + 8 + 1 + 1 für ein System	=	15	=	1 + 5	=	6

Es gilt die Bedingung 6 = 6 in einem Gleichgewicht, die sich über 5 + 2 + 7 + 1 und 5 + 8 + 1 + 1 aus den beiden Zahlen 528 und 582 ergibt.

Merke!

Auf der Beziehungsebene eines Menschen sind über a und über b für alle Menschen in der Menschheit in Form von a und b infolge a ≠ b und b ≠ a die Intimarten Vaginalverkehr, Oralverkehr und Analverkehr vorgesehen; wobei über a und b diese als Intimformen verpflichtend sind. Die Pflicht hierzu begründet über a, b, b und a durch die Parität von a und b infolge a ≠ b und b ≠ a unter der Bedingung 1 = 1 = 1 auf der Beziehungsebene über Beziehung unter anderem auch ein Recht darauf.

Die Zahlen 528 und 582 begründen übrigens, daß für diese ^{11}Intimformen$_{136}$ = 149 durch ^{7}a und b$_{42}$ = 55 infolge (149 - 1) + (55 - 1) + (83 - 1) + 1 für ein System istgleich 285 istgleich 2 + 8 + 5 = 15 istgleich 1 + 5 = 6 in der Endkonsequenz sogar eine ^{7}Pflicht$_{74}$ = 83 besteht. Genau genommen besitzt man über $^{1}a_{1}$ = 4, $^{1}b_{2}$ = 5, $^{1}b_{2}$ = 5 und $^{1}a_{1}$ = 4 durch die ^{8}Paritaet$_{90}$ = 100 von ^{7}a und b$_{42}$ = 55 infolge ^{7}a ≠ b$_{6}$ = 19 und ^{7}b ≠ a$_{6}$ = 19 unter der Bedingung $^{11}1 = 1 = 1_{7}$ = 28 schlußendlich respektive (83 - 1) + (4 - 1) + (5 - 1) + (5 - 1) + (4 - 1) + (100 - 1) + (55 - 1) + (19 - 1) + (19 - 1) + 1 für ein System istgleich 313 istgleich 3 + 1 + 3 = 7 auf der eigenen ^{15}Beziehungsebene$_{147}$ = 164 in einer gemeinsamen ^{9}Beziehung$_{97}$ = 108 durch (164 - 1) + (108 - 1) + (61 - 1) + 1 für ein System istgleich 331 istgleich 3 + 3 + 1 = 7 ein ^{5}Recht$_{54}$ = 61 darauf, vorausgesetzt, daß „ein Mann und eine Frau" und „ein Adam und eine Eva" erfüllt sind. Ohne diese handelt es sich bereits um Missbrauch unter Vorsatz, der auf Fahrlässigkeit beruht.

Der Hintergrund ist im Prinzip ein ganz einfacher: daß man in seinem eigenen Intimleben nichts vermisst, was man dann händeringend woanders sucht. Deshalb ist man, was die etwaigen Möglichkeiten anbelangt, getreu dem Motto „Alle guten Dinge sind drei" vorgegangen. Nicht daß wir unentwegt wie im Christentum vor der unschönen Tatsache stehen, daß der Hengst sinnlos am Kreuz baumelt, währenddessen die dazugehörige Stute irgendwo ihr Unwesen treibt; oder wie im Islamtum, wo die Stute im Harem herumgammelt, während ihr dazugehöriger Hengst immer wieder zwischen neun anderen wildern geht. Im Judentum sind beide außer Rand und Band, wo dann logischerweise Hopfen und Malz verloren ist. Es hat damit, wie man so schön sagt, alles seinen Grund.

Wir kommen also nicht umhin, uns das mal anzusehen. Das blüht übrigens jedem von uns, da wir unsere eigene Vergangenheit klären müssen, damit sie uns perspektivisch nicht mehr begleitet und begleiten kann: Erst dann spielt sie quasi keine Rolle mehr. Bis dahin ist es allerdings noch ein weiter Weg. Mir selbst hat übrigens in diesem Zusammenhang bereits die Information ausgereicht, daß sie missbraucht worden ist. Ich hätte alle anderen Informationen für mich selbst nicht gebraucht. Da es aber derart weitreichende Konsequenzen hat, ist das unschönerweise nicht ganz zu vermeiden. Das System, in dem wir leben, erinnert daran, daß es auch unangenehme Themen zu besprechen gibt, die man selbst gern von sich weist. In meinem Fall, falls mir Probleme zwar bekannt sind, ich sie aber nicht ansprechen möchte, erhalte ich gefühlt wie Schläge in die Magengrube, bis ich mich dessen annehme. Man erhält de facto im System einen Wink mit dem Zaunpfahl, falls man etwas nicht ordnungsgemäß bearbeitet hat. Das ist das, wo es unter anderem wieder hingehen muss, da Fehler so vermieden werden können, falls man falsch liegt oder ein Weg eingeschlagen wird, der nichts bringt. In der Gleichgewichtssituation unterstützt uns das System. Man sollte also auf Hinweise achten, die Ersterer entgegenstehen, im Zweifelsfall auch mal körperliche, falls man wie ich auf beiden Ohren sitzt. Die Regeln, Gebote und Gesetze im System machen quasi vor keinem Halt, auch nicht vor mir - aber das nur am Rande.

So, dann schauen wir uns das mal. Es gilt über $^{1}a_{1}$ = 4 und $^{1}b_{2}$ = 5 - deren ^{8}Paritaet$_{90}$ = 100 geschuldet - Folgendes:

^{11}Oralverkehr$_{133}$	=	146		146 - 1	=	145
^{11}Analverkehr$_{115}$	=	128		128 - 1	=	127
					=	272

2 + 7 + 2 + 1 für ein System	=	12	=	1 + 2	=	3

istgleich

^{8}Paritaet$_{90}$	=	100		100 - 1	=	99
^{1}a$_{1}$	=	4		4 - 1	=	3
^{1}b$_{2}$	=	5		5 - 1	=	4
^{9}Gegenwehr$_{92}$	=	103		103 - 1	=	102
^{15}Maria Magdalena$_{100}$	=	119		119 - 1	=	118
					=	326

3 + 2 + 6 + 1 für ein System	=	12	=	1 + 2	=	3

Es gilt die Bedingung 3 = 3 in einem Gleichgewicht, die sich aus 2 + 7 + 2 + 1 und 3 + 2 + 6 + 1 in Form der beiden Zahlen 273 und 327 ergibt.

Merke!

Oral- und Analverkehr stoßen durch a und durch b respektive deren Parität bei Maria Magdalena auf Gegenwehr, da Letzteren geschuldet die Intimität von Maria Magdalena keinen Oral- und keinen Analverkehr zulässt.

Insofern ist davon auszugehen, daß durch (192 - 1) + (174 - 1) + 1 für ein System istgleich 365 istgleich 3 + 6 + 5 = 14 istgleich 1 + 4 = 5 im Rahmen der ^{10}Intimitaet$_{120}$ = 132 von ^{15}Maria Magdalena$_{100}$ = 119 durch die ^{8}Paritaet$_{90}$ = 100 von ^{1}a$_{1}$ = 4 und ^{1}b$_{2}$ = 5 über (132 - 1) + (119 - 1) + (100 - 1) + (4 - 1) + (5 - 1) + 1 für ein System istgleich 356 istgleich 3 + 5 + 6 = 14 istgleich 1 + 4 = 5 korrespondierend ^{16}kein Oralverkehr$_{172}$ = 192 und ^{16}kein Analverkehr$_{154}$ = 174 praktiziert worden ist.

Damit würde es sich, wenngleich das bedingt durch ihren Werdegang nicht zu erwarten gewesen ist, was besagte Intimpraktiken anbelangt, um Unversehrtheit handeln. Insofern wäre über ^{1}a$_{1}$ = 4, ^{1}b$_{2}$ = 5, ^{1}b$_{2}$ = 5 und ^{1}a$_{1}$ = 4 durch (4 - 1) + (5 - 1) + (5 - 1) + (4 - 1) + (132 - 1) + 1 für ein System istgleich 146 istgleich 1 + 4 + 6 = 11 istgleich 1 + 1 = 2 einerseits für ^{11}Oralverkehr$_{133}$ = 146 istgleich 1 + 4 + 6 = 11 istgleich 1 + 1 = 2 de facto ^{11}keine Busze$_{117}$ = 132 zu leisten und andererseits über ^{1}a$_{1}$ = 4, ^{1}b$_{2}$ = 5, ^{1}b$_{2}$ = 5 und ^{1}a$_{1}$ = 4 infolge ^{7}a ≠ b$_{6}$ = 19 und ^{7}b ≠ a$_{6}$ = 19 - bedingt durch (4 - 1) + (5 - 1) + (5 - 1) + (4 - 1) + (19 - 1) + (19 - 1) + (132 - 1) + 1 für ein System istgleich 182 istgleich 1 + 8 + 2 = 11 istgleich

$1 + 1 = 2$ - für ^{11}Analverkehr$_{115}$ = 128 istgleich $1 + 2 + 8 = 11$ istgleich $1 + 1 = 2$ ebenso.

Merke!

Von ihr, Maria Magdalena, ist sowohl über a, b, b und a keine Buße für Oralverkehr zu leisten als auch über a, b, b und a infolge $a \neq b$ und $b \neq a$ keine für Analverkehr: da sie heute wie damals über a und über b in Form von a und b, was Erstere anbelangt, eine Jungfrau ist, die unter diesem Aspekt als unversehrt anzusehen ist.

Insofern ist ^{15}Maria Magdalena$_{100}$ = 119 sowohl mit Blick auf ^{11}Oralverkehr$_{133}$ = 146 als auch auf ^{11}Analverkehr$_{115}$ = 128 über $^{1}a_{1} = 4$ und $^{1}b_{2} = 5$ respektive $(146 - 1) + (128 - 1) + (4 - 1) + (5 - 1) + 1$ für ein System istgleich 280 istgleich $2 + 8 + 0 = 10$ istgleich $1 + 0 = 1$ - bedingt durch ^{7}a und $b_{42} = 55$ - infolge $(119 - 1) + (55 - 1) + (108 - 1) + 1$ für ein System istgleich 280 istgleich $2 + 8 + 0 = 10$ istgleich $1 + 0 = 1$ heute wie damals nichts anderes als eine ^{8}Jungfrau$_{98}$ = 108, die in der Hinsicht das notwendige Kriterium der ^{14}Unversehrtheit$_{192}$ = 208 istgleich $2 + 0 + 8 = 10$ istgleich $1 + 0 = 1$ erfüllt. Es gilt damit tatsächlich, daß $2 > 1$ ist, was die Errichtung der Einehe in Form einer wilden Ehe ermöglicht.

Insofern gab es hier über $^{1}a_{1} = 4$, $^{1}b_{2} = 5$, $^{1}b_{2} = 5$ und $^{1}a_{1} = 4$ unter der Bedingung $^{11}1 = 1 = 1_{7} = 28$ - bedingt durch $(4 - 1) + (5 - 1) + (5 - 1) + (4 - 1) + (28 - 1) + (177 - 1) + 1$ für ein System istgleich 218 istgleich $2 + 1 + 8 = 11$ istgleich $1 + 1 = 2$ - keine ^{16}echte Verbindung$_{157}$ = 177, da die hierfür notwendige ^{15}Koerperlichkeit$_{165}$ = 182 istgleich $1 + 8 + 2 = 11$ istgleich $1 + 1 = 2$ fehlt.

Merke!

Über a, b, b und a gab es unter der Bedingung $1 = 1 = 1$ in diesem Zusammenhang keine echte Verbindung bei ihr, Maria Magdalena, die auf Körperlichkeit beruht, was aber respektive unserer eigenen Intimität Bedingung hierfür ist.

Letztere ist jedoch, was unsere ^{10}Intimitaet$_{120}$ = 132 anbelangt, durch $(132 - 1) + (94 - 1) + 1$ für ein System istgleich 225 istgleich $2 + 2 + 5 = 9$, analog einer ^{9}Bedingung$_{83}$ = 94, über $^{1}a_{1} = 4$ und $^{1}b_{2} = 5$ infolge $^{7}a \neq b_{6} = 19$ und $^{7}b \neq a_{6} = 19$ respektive $(182 - 1) + (4 - 1) + (5 - 1) + (19 - 1) + (19 - 1) + 1$ für ein System istgleich 225 istgleich $2 + 2 + 5 = 9$ vorausgesetzt. Im Endeffekt kann man das Gehampele und das Gekasper, was bei ihr im Rahmen der Konstellation Frau und Frau

(selbst unter Zuhilfenahme etwaiger Gerätschaften) stattgefunden hat, irgendwo unter Ulk verbuchen, da sich darüber keine echte Intimität begründen lässt. Daraus folgt, daß auch hier die Gewichtung von Misshandlung eine besondere Rolle dabei spielte und nicht nur der Missbrauch an sich. Systembedingt ist ihre Unversehrtheit dadurch aber nicht beeinträchtigt worden.

Letzteres führt dazu, daß sich die $^{5}Busze_{73}$ = 80 in Form von ^{7}a und b_{42} = 55 auf den nachfolgenden Zusammenhang erstreckt:

$^{5}Busze_{73}$	=	80		80 - 1	=	79
^{7}a und b_{42}	=	55		55 - 1	=	54
					=	133

1 + 3 + 3 + 1 für ein System	=	8

istgleich

$^{10}Intimitaet_{120}$	=	132		132 - 1	=	131
$^{1}a_{1}$	=	4		4 - 1	=	3
$^{1}b_{2}$	=	5		5 - 1	=	4
$^{1}b_{2}$	=	5		5 - 1	=	4
$^{1}a_{1}$	=	4		4 - 1	=	3
$^{14}Vaginalverkehr_{153}$	=	169		169 - 1	=	168
					=	313

3 + 1 + 3 + 1 für ein System	=	8

Aus 1 + 3 + 3 + 1 und 3 + 1 + 3 + 1 erhalten wir durch die beiden Zahlen 134 und 314 die Bedingung 8 = 8 in einem Gleichgewicht.

Merke!

Ihre Buße erstreckt sich in Form von a und b auf die Intimität, die über a, b, b und a auf Vaginalverkehr hinausläuft.

Die Zahlen 134 und 314 verweisen darauf, daß hier während der Buße ein vollkommenes ^{13}Gleichgewicht$_{119}$ = 134 istgleich 1 + 3 + 4 = 8 vorliegt, auf daß infolge ^{7}a ≠ b$_{6}$ = 19 und ^{7}b ≠ a$_{6}$ = 19 in Form von ^{7}a und b$_{42}$ = 55, analog dem Ereignis ^{3}Tod$_{39}$ = 44, über (19 - 1) + (19 - 1) + (55 - 1) + (44 - 1) + 1 für ein System istgleich 134 istgleich 1 + 3 + 4 = 8 dort absolute Funkstille herrscht.

Wir haben hier also eine besondere Situation vorliegen, die, wider allem, was ihr widerfahren ist, auch Aussicht auf Erfolg verspricht. Das Ergebnis wäre unter diesem Aspekt, falls eine Einigung zwischen ihm und ihr erfolgt, wobei er das größere Hindernis verständlicherweise darstellt, was wir noch besprechen müssen, da die ^{8}280 Tage$_{43}$ = 55 im Endeffekt dann tatsächlich der ^{6}Vorehe$_{73}$ = 81 entsprechen würden. Die 9 Jahre wären nicht mehr systemrelevant, da Folgendes durch die ^{8}Paritaet$_{90}$ = 100 von ^{7}a und b$_{42}$ = 55 unter der Bedingung ^{11}1 = 1 = 1$_{7}$ = 28, was deren ^{5}Dauer$_{49}$ = 56 anbelangt, gilt:

^{5}Dauer$_{49}$	=	56		56 - 1	=	55
^{6}Vorehe$_{73}$	=	81		81 - 1	=	80
^{22}ein Mann und eine Frau$_{188}$	=	220		220 - 1	=	219
^{21}ein Adam und eine Eva$_{147}$	=	178		178 - 1	=	177
					=	531

5 + 3 + 1 + 1 für ein System	=	10	=	1 + 0	=	1

istgleich

^{8}Paritaet$_{90}$	=	100		100 - 1	=	99
^{7}a und b$_{42}$	=	55		55 - 1	=	54
^{11}1 = 1 = 1$_{7}$	=	28		28 - 1	=	27
^{8}280 Tage$_{43}$	=	55		55 - 1	=	54
					=	234

2 + 3 + 4 + 1 für ein System	=	10	=	1 + 0	=	1

Es gilt die Bedingung 1 = 1 in einem Gleichgewicht, die über 5 + 3 + 1 + 1 und 2 + 3 + 4 + 1 den beiden Zahlen 532 und 235 geschuldet ist.

Merke!

Die Dauer der Vorehe beläuft sich unter den Bedingungen „ein Mann und eine Frau" und „ein Adam und eine Eva" durch die Parität von a und b unter der Bedingung 1 = 1 = 1 in diesem Fall auf „nur" 280 Tage.

Keine Frage, auch das wird für viele eine Herausforderung sein, aber immerhin besser als 9 Jahre. Warum? Diese sind von uns allen zu absolvieren.

Was das Thema der ^{6}Vorehe$_{73}$ = 81 anbelangt, gilt für diese über $^{1}a_{1}$ = 4 und $^{1}b_{2}$ = 5 generell Folgendes:

^{6}Vorehe$_{73}$	=	81		81 - 1	=	80
$^{1}a_{1}$	=	4		4 - 1	=	3
$^{1}b_{2}$	=	5		5 - 1	=	4
^{16}keine Intimitaet$_{164}$	=	184		184 - 1	=	183
					=	270

2 + 7 + 0 + 1 für ein System	=	10	=	1 + 0	=	1

istgleich

^{15}Beziehungsebene$_{147}$	=	164		164 - 1	=	163
^{9}Beziehung$_{97}$	=	108		108 - 1	=	107
					=	270

2 + 7 + 0 + 1 für ein System	=	10	=	1 + 0	=	1

Es gilt die Bedingung 1 = 1 in einem Gleichgewicht, die sich jeweils aus 2 + 7 + 0 + 1 in Form der beiden Zahlen 271 ergibt.

Respektive der beiden Zahlen 271 handelt es sich über $^{1}a_{1}$ = 4 und $^{1}b_{2}$ = 5 infolge $^{7}a \neq b_{6}$ = 19 und $^{7}b \neq a_{6}$ = 19 unter der Bedingung $^{11}1 = 1 = 1_{7}$ = 28 in der Endkonsequenz über (4 - 1) + (5 - 1) + (19 - 1) + (19 - 1) + (28 - 1) + (201 - 1)

+ 1 für ein System istgleich 271 istgleich 2 + 7 + 1 = 10 istgleich 1 + 0 = 1 um eine ^{15}Systembedingung$_{184}$ = 201. Insofern unterliegt diese weder jetzt noch sonst irgendwann einer Diskussion.

Merke!

Die Vorehe erfordert durch unsere Beziehungsebene innerhalb einer Beziehung, daß über a und über b keine Intimität praktiziert wird.

Das heißt, daß in dieser keinerlei Intimität praktiziert werden darf, da sonst die Logik der Einehe durchbrochen wird. Falls es uns also gelingt, die Grundlogiken auf unserer Erde wiederherzustellen, wäre das dann bis in alle Ewigkeit zu befolgen.

Insofern ist es empfehlenswert, daß die Bedingung „ein Mann und eine Frau" von beiden umgehend realisiert wird. In diesem Fall verspricht übrigens unsere ^{10}Intimitaet$_{120}$ = 132 auch ^{7}Heilung$_{76}$ = 85. Es gilt Folgendes:

^{10}Intimitaet$_{120}$	=	132		132 - 1	=	131
^{1}a$_{1}$	=	4		4 - 1	=	3
^{1}b$_{2}$	=	5		5 - 1	=	4
					=	138

1 + 3 + 8 + 1 für ein System	=	13	=	1 + 3	=	4

istgleich

^{7}a und b$_{42}$	=	55		55 - 1	=	54
^{7}Heilung$_{76}$	=	85		85 - 1	=	84
					=	138

1 + 3 + 8 + 1 für ein System	=	13	=	1 + 3	=	4

Bedingt durch jeweils 1 + 3 + 8 + 1 erhalten wir in Form der beiden Zahlen 139 die Bedingung 4 = 4 in einem Gleichgewicht.

Merke!

Unsere eigene Intimität bewirkt durch a und durch b über a und b auch eine Heilung.

Kurzfassung: Das Herumgetrödel in irgendwelchen Nestern jenseits der beiden Bedingungen „ein Mann und eine Frau" und „ein Adam und eine Eva" macht den Armleuchterhaufen auf diesem Planeten unheilbar krank, innerhalb dieser wird man geheilt. Daß das von keinem auf der Erde beherzigt wird, ist klar.

Der Vorteil wäre übrigens im Jahr 2035, wenn man das nicht nur begreifen, sondern auch in die Tat umsetzen würde, daß man das „Tamtam", das auf dem Petersplatz bevorsteht, etwas abkürzen könnte. Ein ausführliches Vorlesen der Amida wäre dann nicht mehr notwendig, ein kurzes Erwähnen, was die Vertreter und Stellvertreter der römisch-katholischen Kirche zu verantworten haben, hingegen ausreichend, etwa daß Bischöfe, Kardinäle und Päpste beteiligt sind und welcher Zeitraum davon betroffen ist. Die Anwesenheit der Schweizergarde als Leumund sollte dafür ausreichen. Dann würde die Überprüfung durch unsere Gäste auf der Erde erfolgen, daraufhin vergibt man sich und fertig ist die Laube. Gemacht werden muss es so oder so, da die Menschen noch einmal für sich Revue passieren lassen müssen, was man, indem man es gebilligt und weggesehen hat, mitzuverantworten hat. Eine Mitschuld trifft einen bereits, wenn man es toleriert, da Missbrauch und Misshandlung dadurch erst ihre „Rechtfertigung" erfahren.

Generell weist man das von sich: Da man, falls man es genau nimmt (respektive dessen, daß man auf der eigenen Beziehungsebene selbst mit irgendeiner Knalltüte oder irgendeinem Dum-Dum-Geschoss in der Heia verschwindet, die nicht zu einem gehört), de facto auch nichts anderes macht, als zu missbrauchen und zu misshandeln. Allein, was das anbelangt, ist man sich logischerweise auch keiner Schuld bewusst, wenngleich erhebliche Altersunterschiede bereits einen gewissen Vorsatz erkennen lassen. Letzteres rechtfertigt logischerweise in keiner Weise, was man unter dem Deckmantel der Nächstenliebe, dem des Mitgefühls und dem des Mitleids innerhalb der Reihen der römisch-katholischen Kirche an den Tag legt.

Da man das nunmehr seit hunderten Jahren in der Form praktiziert, sind die Konsequenzen, welche aus der Logik des Exodusses innerhalb der Apokalypse resultieren, verständlicherweise unausweichlich. Insofern für irgendwen Partei zu ergreifen, den es in diesem Zusammenhang betrifft, und an die sogenannte Menschlichkeit zu appellieren, wäre gänzlich unangebracht.

Letztere kannte und kennt man für seine Opfer ebenfalls nicht, wider dem, welche Konsequenzen das für diese hatte und hat. Daß es sehr schwer ist, ein vollkommen und vollständig zerstörtes Leben wieder aufzubauen, zeigt eigentlich, welche Inhalte unter dem Aspekt von Mitgefühl, Mitleid und Nächstenliebe dann im Endeffekt gefordert sind; die es ermöglichen, nicht nur die Vergangenheit abzulegen, sondern diese auch in der Form zu bewältigen, daß sie bis in alle Ewigkeit nichts anderes als Vergangenheit bleibt.

Sie sind uns bereits begegnet, die wir Liebe, Vernunft und Verantwortung nennen, die fernab dessen, wie wir sie verstehen, das verkörpern, was uns ermöglicht, unsere eigene Emotionalität mit unserer eigenen Rationalität wieder in Einklang zu bringen. Eine Notwendigkeit, um das zu vergessen, was in einem glücklichen und zufriedenen Leben niemals zu uns gehört und auch nie zu uns gehören sollte. Daß dieser Notwendigkeit geschuldet das Entschuldigen, das Verzeihen und das am Ende darauf ausgerichtete Vergeben eine riesengroße Herausforderung ist, wissen wir; doch um genau das zu erreichen, ist Letztere gar nicht so groß, wenn wir es für uns zulassen, daß der „Hmm" immer auf den Eimer gehört. Genau dann beginnt Vergangenheit, Schritt für Schritt zur Vergangenheit zu werden, um ausgehend von der Gegenwart einer gemeinsamen Zukunft zuzustreben, in der wir nicht nur behütet und beschützt sind, sondern auch bedingungslos geliebt und gemocht werden.

Damit werfen wir abschließend noch einen Blick auf Folgendes, was uns verstehen lässt, warum ein derartiges Verbrechen über Jahrhunderte hinweg überhaupt möglich gewesen ist. Wir erhalten durch die ^{8}Paritaet$_{90}$ = 100 von ^{7}a und b$_{42}$ = 55 infolge $^{7}a \neq b_{6} = 19$ und $^{7}b \neq a_{6} = 19$ unter der Bedingung $^{11}1 = 1 = 1_{7} = 28$ de facto den ^{14}Sinn und Zweck$_{163}$ = 183, den man eigentlich mit der ^{5}Bibel$_{30}$ = 37 als sogenannte ^{15}Heilige Schrift$_{138}$ = 157 verfolgt:

^{15}Heilige Schrift$_{138}$	=	157		157 - 1	=	156
^{5}Bibel$_{30}$	=	37		37 - 1	=	36
^{8}Paritaet$_{90}$	=	100		100 - 1	=	99
^{7}a und b$_{42}$	=	55		55 - 1	=	54
$^{7}a \neq b_{6}$	=	19		19 - 1	=	18
$^{7}b \neq a_{6}$	=	19		19 - 1	=	18
$^{11}1 = 1 = 1_{7}$	=	28		28 - 1	=	27
^{14}Sinn und Zweck$_{163}$	=	183		183 - 1	=	182
					=	590

5 + 9 + 0 + 1 für ein System	=	15	=	1 + 5	=	6

istgleich

^{12}Manipulation$_{145}$	=	159		159 - 1	=	158
^{15}Beziehungsebene$_{147}$	=	164		164 - 1	=	163
^{8}Menschen$_{81}$	=	91		91 - 1	=	90
^{9}Beziehung$_{97}$	=	108		108 - 1	=	107
					=	518

5 + 1 + 8 + 1 für ein System	=	15	=	1 + 5	=	6

Es gilt in einem Gleichgewicht die Bedingung 6 = 6, die sich über 5 + 9 + 0 + 1 und 5 + 1 + 8 + 1 aus den beiden Zahlen 591 und 519 ergibt.

Merke!

Die Heilige Schrift als Bibel dient über die Parität von a und b infolge a ≠ b und b ≠ a unter der Bedingung 1 = 1 = 1 ausschließlich dem „Sinn und Zweck", auf daß die Beziehungsebene der Menschen innerhalb ihrer Beziehung besser manipuliert werden kann: Womit man über a und über b unter der Bedingung 1 = 1 = 1 ein Interesse verfolgt.

Insofern verfolgt man über $^{1}a_{1}$ = 4 und $^{1}b_{2}$ = 5 unter der Bedingung $^{11}1 = 1 = 1_{7}$ = 28 durch (4 - 1) + (5 - 1) + (28 - 1) + (125 - 1) + 1 für ein System istgleich 159 istgleich 1 + 5 + 9 = 15 istgleich 1 + 5 = 6 ein bestimmtes ^{9}Interesse$_{114}$ = 125 damit.

Letzteres führt uns bereits durch die ^{8}Paritaet$_{90}$ = 100 von ^{7}a und b_{42} = 55 infolge $^{7}a \neq b_{6}$ = 19 und $^{7}b \neq a_{6}$ = 19 durch (125 - 1) + (100 - 1) + (55 - 1) + (19 - 1) + (19 - 1) + 1 für ein System istgleich 314 istgleich 3 + 1 + 4 = 8 im Endeffekt zu dem, was es von ^{8}Anbeginn$_{66}$ = 76 über ^{6}Mensch$_{62}$ = 70 durch vereinzelte ^{8}Menschen$_{81}$ = 91 am Ende über ^{7}a und b_{42} = 55 unter der Bedingung $^{11}1 = 1 = 1_{7}$ = 28 durch (76 - 1) + (70 - 1) + (91 - 1) + (55 - 1) + (28 - 1) + (116 - 1) + 1 für ein System istgleich 431 istgleich 4 + 3 + 1 = 8 in der ^{10}Menschheit$_{104}$ = 116 ist.

Es gilt in Form von ^{7}a und b_{42} = 55 über $^{1}a_{1}$ = 4, $^{1}b_{2}$ = 5, $^{1}b_{2}$ = 5 und $^{1}a_{1}$ = 4 unter der Bedingung $^{11}1 = 1 = 1_{7}$ = 28 der nachfolgende Zusammenhang, der uns das ganze Ausmaß - basierend auf dem ^{10}Missbrauch$_{113}$ = 125 und der ^{12}Misshandlung$_{141}$ = 155 von ^{4}Mann$_{42}$ = 48 und ^{4}Frau$_{46}$ = 52 - im vollen Umfang korrespondierend vor Augen hält, die allesamt durch

^{27}roemisch-katholische Kirche$_{256}$ = 289

über ^{7}a und b$_{42}$ = 55 respektive (289 - 1) + (55 - 1) + (89 - 1) + 1 für ein System istgleich 431 istgleich 4 + 3 + 1 = 8 ^{8}Mitglied$_{79}$ = 89 dieser sind:

^{10}Missbrauch$_{113}$	=	125		125 - 1	=	124
^{12}Misshandlung$_{141}$	=	155		155 - 1	=	154
^{4}Mann$_{42}$	=	48		48 - 1	=	47
^{4}Frau$_{46}$	=	52		52 - 1	=	51
^{7}a und b$_{42}$	=	55		55 - 1	=	54
					=	430

4 + 3 + 0 + 1 für ein System = 8

istgleich

^{14}Rechtfertigung$_{161}$	=	177		177 - 1	=	176
^{1}a$_{1}$	=	4		4 - 1	=	3
^{1}b$_{2}$	=	5		5 - 1	=	4
^{1}b$_{2}$	=	5		5 - 1	=	4
^{1}a$_{1}$	=	4		4 - 1	=	3
^{11}1 = 1 = 1$_{7}$	=	28		28 - 1	=	27
^{5}Angst$_{61}$	=	68		68 - 1	=	67
^{6}Gewalt$_{68}$	=	76		76 - 1	=	75
^{3}Not$_{49}$	=	54		54 - 1	=	53
					=	412

4 + 1 + 2 + 1 für ein System = 8

Es gilt die Bedingung 8 = 8 in einem Gleichgewicht, die über 4 + 3 + 0 + 1 und 4 + 1 + 2 + 1 den beiden Zahlen 431 und 413 geschuldet ist.

Die beiden Zahlen 431 und 413 verweisen über ^{1}a$_{1}$ = 4 und ^{1}b$_{2}$ = 5 unter der Bedingung ^{11}1 = 1 = 1$_{7}$ = 28 darauf, daß bewusst und unter Vorsatz durch (4 - 1) + (5 - 1) + (28 - 1) + (220 - 1) + (178 - 1) + 1 für ein System istgleich 431 istgleich 4 + 3 + 1 = 8 die Bedingungen ^{22}ein Mann und eine Frau$_{188}$ = 220 und ^{21}ein Adam und eine Eva$_{147}$ = 178 diffamiert werden.

Merke!

Von Anbeginn wird der Mensch über a und b unter der Bedingung 1 = 1 = 1 sowohl als Mann als auch als Frau von Menschen in der Menschheit, die in Form von a und b Mitglied der römisch-katholischen Kirche sind, missbraucht und misshandelt; wobei beides an Ersteren infolge a, b, b und a unter der Bedingung 1 = 1 = 1 in Form von a und b durch Angst, Gewalt und Not gerechtfertigt wird.

Es ging also nie um etwas anderes. Wenn man sich die Gesichter von den Aushängeschildern der römisch-katholischen Kirche ansieht, sieht man, was man sich zuschulden hat kommen lassen.

Da der Exodus als einer der beiden Prozesse in der Apokalypse aktiv ist, wird man vor deren Ausscheiden in Form ihres Systemtodes im System diese in gewisser Weise bekanntgeben. Das heißt, daß diese in irgendeiner Form in der Öffentlichkeit auftauchen werden, wo wir mit etwas Geschick und Fingerspitzengefühl erkennen werden, daß sie daran beteiligt sind. Das System wird logischerweise nicht nur auf alle theistischen Strömungen mit Blick auf Misshandlung und auf Missbrauch verweisen, sondern auch auf alle atheistischen. Es geht damit auch um einen Lernprozess, der uns vor Augen hält, was wir selbst hätten erkennen müssen, aber nicht für uns angenommen, sondern stattdessen zugelassen haben.

Das Wort ^{6}heilig$_{50}$ = 58 zielt auf unserer eigenen ^{15}Beziehungsebene$_{147}$ = 164 übrigens - bedingt durch $^{1}a_{1}$ = 4, $^{1}b_{2}$ = 5, $^{1}b_{2}$ = 5 und $^{1}a_{1}$ = 4 in Form von ^{7}a und b$_{42}$ = 55 - auf Folgendes ab, welches damit im Endeffekt in einem vollkommen anderen Kontext steht:

^{15}Beziehungsebene$_{147}$	=	164		164 - 1	=	163
^{6}heilig$_{50}$	=	58		58 - 1	=	57
					=	220

2 + 2 + 0 + 1 für ein System	=	5

istgleich

$^{1}a_{1}$	=	4		4 - 1	=	3
$^{1}b_{2}$	=	5		5 - 1	=	4
$^{1}b_{2}$	=	5		5 - 1	=	4
$^{1}a_{1}$	=	4		4 - 1	=	3
^{7}a und b_{42}	=	55		55 - 1	=	54
^{6}Einehe$_{46}$	=	54		54 - 1	=	53
					=	121

1 + 2 + 1 + 1 für ein System = 5

In einem Gleichgewicht liegt über 2 + 2 + 0 + 1 und 1 + 2 + 1 + 1 respektive der beiden Zahlen 221 und 122 die Bedingung 5 = 5 vor.

Merke!

Die Einehe ist über a, b, b und a durch a und b auf der Beziehungsebene heilig, wobei die heilige Ehe über a und über b unter der Bedingung 1 = 1 = 1 die Einehe ist.

Die ^{11}heilige Ehe$_{73}$ = 88 istgleich 8 + 8 = 16 istgleich 1 + 6 = 7 ist über $^{1}a_{1}$ = 4 und $^{1}b_{2}$ = 5 durch (4 - 1) + (5 - 1) + (28 - 1) + (54 - 1) + 1 für ein System istgleich 88 istgleich 8 + 8 = 16 istgleich 1 + 6 = 7 im Ergebnis unter der Bedingung $^{11}1$ = 1 = 1_{7} = 28 die ^{6}Einehe$_{46}$ = 54.

Die ^{11}heilige Ehe$_{73}$ = 88 in Form der ^{6}Einehe$_{46}$ = 54 erfüllt über (88 - 1) + (54 - 1) + 1 für ein System istgleich 141 istgleich 1 + 4 + 1 = 6 durch $^{1}a_{1}$ = 4 und $^{1}b_{2}$ = 5 infolge (4 - 1) + (5 - 1) + (134 - 1) + 1 für ein System istgleich 141 istgleich 1 + 4 + 1 = 6 ein

^{8}Postulat$_{124}$ = 134,

welches der ^{11}Bezeichnung$_{114}$ = 127 nach - bedingt durch die ^{8}Paritaet$_{90}$ = 100 von ^{7}a und b_{42} = 55 - von einem Menschen als ^{6}Mensch$_{62}$ = 70 über (100 - 1) + (55 - 1) + (70 - 1) + 1 für ein System istgleich 223 istgleich 2 + 2 + 3 = 7 durch (127 - 1) + (97 - 1) + 1 für ein System istgleich 223 istgleich 2 + 2 + 3 = 7 als ein sogenannter

^{7}Apostel$_{88}$ = 97

zu erfüllen ist. Was den Begriff „Apostel" anbelangt, sind wir damit auch von der römisch-katholischen Kirche verarscht worden. Man wird als Mensch zum Apostel, falls man in der Einehe lebt.

Merke!

Die heilige Ehe ist als Einehe über a und über b ein Postulat, das der Mensch, einer Bezeichnung geschuldet, bedingt durch die Parität von a und b, als Apostel zu erfüllen hat; der über a, b, b und a in Form von a und b unter der Bedingung 1 = 1 = 1 damit namentlich ein Vorbild ist.

Ein ^{7}Apostel$_{88}$ = 97 ist damit über $^{1}a_{1} = 4$, $^{1}b_{2} = 5$, $^{1}b_{2} = 5$ und $^{1}a_{1} = 4$ in Form von ^{7}a und $b_{42} = 55$ unter der Bedingung $^{11}1 = 1 = 1_{7} = 28$ - bedingt durch (97 - 1) + (4 - 1) + (5 - 1) + (5 - 1) + (4 - 1) + (55 - 1) + (28 - 1) + 1 für ein System istgleich 192 istgleich 1 + 9 + 2 = 12 istgleich 1 + 2 = 3 - infolge (39 - 1) + (91 - 1) + 1 für ein System istgleich 129 istgleich 1 + 2 + 9 = 12 istgleich 1 + 2 = 3 in der Endkonsequenz der ^{4}Name$_{33}$ = 39 für ein ^{7}Vorbild$_{82}$ = 91, in das sich Petrus und der Judas Iskariot logischerweise nicht einreihen.

Allein vor dem Hintergrund ist der nachfolgende Zusammenhang nahezu selbsterklärend:

^{15}Heilige Schrift$_{138}$	=	157		157 - 1	=	156

1 + 5 + 6 + 1 für ein System	=	13	=	1 + 3	=	4

istgleich

^{14}Judas Iskariot$_{157}$	=	175		175 - 1	=	174

1 + 7 + 4 + 1 für ein System	=	13	=	1 + 3	=	4

Es gilt die Bedingung 4 = 4 in einem Gleichgewicht, welche sich über 1 + 5 + 6 + 1 und 1 + 7 + 4 + 1 aus den beiden Zahlen 157 und 175 ergibt.

Merke!

Die „Heilige Schrift" bezieht sich auf den Judas Iskariot, die über a, b, b und a infolge $a \neq b$ und $b \neq a$ dessen Interesse widerspiegelt.

Letztere gibt verschleiert durch $^{1}a_{1} = 4$, $^{1}b_{2} = 5$, $^{1}b_{2} = 5$ und $^{1}a_{1} = 4$ infolge $^{7}a \neq b_{6} = 19$ und $^{7}b \neq a_{6} = 19$ über (4 - 1) + (5 - 1) + (5 - 1) + (4 - 1) + (19 - 1) + (19 - 1) + (125 - 1) + 1 für ein System istgleich 175 istgleich 1 + 7 + 5 = 13 istgleich 1 + 3 = 4 dessen ^{9}Interesse$_{114}$ = 125 wieder.

Die ^{5}Bibel$_{30}$ = 37 hingegen verweist über $^{1}a_{1} = 4$ und $^{1}b_{2} = 5$ infolge $^{7}a \neq b_{6} = 19$ und $^{7}b \neq a_{6} = 19$ unter der Bedingung $^{11}1 = 1 = 1_{7} = 28$ auf Folgendes:

^{5}Bibel$_{30}$	=	37		37 - 1	=	36
$^{1}a_{1}$	=	4		4 - 1	=	3
$^{1}b_{2}$	=	5		5 - 1	=	4
$^{7}a \neq b_{6}$	=	19		19 - 1	=	18
$^{7}b \neq a_{6}$	=	19		19 - 1	=	18
$^{11}1 = 1 = 1_{7}$	=	28		28 - 1	=	27
					=	106

1 + 0 + 6 + 1 für ein System	=	8

istgleich

^{6}Petrus$_{99}$	=	107		107 - 1	=	106

1 + 0 + 6 + 1 für ein System	=	8

Wir erhalten fast schon erwartungsgemäß in einem Gleichgewicht die Bedingung 8 = 8, die jeweils aus 1 + 0 + 6 + 1 in Form der beiden Zahlen 107 resultiert.

Im Endeffekt wird durch beide, die uns in ihrer Rolle als Judas Iskariot und Petrus begegnen, ein abgekartetes Spiel betrieben, das, gestärkt durch die Bibel als „Heilige Schrift", in Wort und Tat umgesetzt wird. Da das Wort „heilig" in der logischen Endkonsequenz auf etwas anderes abzielt, ist es in diesem Zusammenhang in keiner Weise zu rechtfertigen.

Merke!

Die Bibel verweist durch a und durch b infolge $a \neq b$ und $b \neq a$ unter der Bedingung $1 = 1 = 1$ auf Petrus, dessen Interesse sich über a und über b in Form von a und b unter der Bedingung $1 = 1 = 1$ in dieser widerspiegelt.

Die ^{5}Bibel$_{30}$ = 37 gibt über $^{1}a_{1} = 4$ und $^{1}b_{2} = 5$ - bedingt durch ^{7}a und $b_{42} = 55$ unter der Bedingung $^{11}1 = 1 = 1_{7} = 28$ - infolge (37 - 1) + (4 - 1) + (5 - 1) + (55 - 1) + (28 - 1) + 1 für ein System istgleich 125 istgleich 1 + 2 + 5 = 8 dessen ^{9}Interesse$_{114}$ = 125 istgleich 1 + 2 + 5 = 8 wieder.

Der ^{5}Papst$_{72}$ = 79, den wir in seiner abwechselnden Rolle als Petrus und als Judas Iskariot bereits entlarvt haben, erfüllt mit seinem ^{6}Getier$_{64}$ = 72 Folgendes:

^{5}Papst$_{72}$	=	79		79 - 1	=	78

7 + 8 + 1 für ein System	=	16	=	1 + 6	=	7

istgleich

$^{1}a_{1}$	=	4		4 - 1	=	3
$^{1}b_{2}$	=	5		5 - 1	=	4
^{6}Getier$_{64}$	=	72		72 - 1	=	71
					=	78

7 + 8 + 1 für ein System	=	16	=	1 + 6	=	7

Wir erhalten in einem Gleichgewicht die Bedingung 7 = 7, die sich jeweils über 7 + 8 + 1 in den beiden Zahlen 79 widerspiegelt. Beide bilden damit gewissermaßen eine ^{7}Einheit$_{70}$ = 79 istgleich 7 + 9 = 16 istgleich 1 + 6 = 7.

Merke!

Der „Papst“ bildet über a und über b zusammen mit dem Getier eine Einheit; wobei Ersterer der Bezeichnung nach durch a und b infolge a ≠ b und b ≠ a unter der Bedingung 1 = 1 = 1 „das Tier“ ist und wobei Letztere über a, b, b und a in Form von a und b als seine blinde Anhängerschaft das „Getier“ abgeben.

Der ^{5}Papst$_{72}$ = 79 in Form einer ^{11}Bezeichnung$_{114}$ = 127 wird über (79 - 1) + (127 - 1) + 1 für ein System istgleich 205 istgleich 2 + 0 + 5 = 7 durch ^{7}a und b$_{42}$ = 55 infolge ^{7}a ≠ b$_{6}$ = 19 und ^{7}b ≠ a$_{6}$ = 19 unter der Bedingung ^{11}1 = 1 = 1$_{7}$ = 28 respektive (55 - 1) + (19 - 1) + (19 - 1) + (28 - 1) + (88 - 1) + 1 für ein System istgleich 205 istgleich 2 + 0 + 5 = 7 auch als

^{8}das Tier$_{76}$ = 88

bezeichnet, korrespondierend über ^{1}a$_{1}$ = 4, ^{1}b$_{2}$ = 5, ^{1}b$_{2}$ = 5 und ^{1}a$_{1}$ = 4 seine ^{22}blinde Anhaengerschaft$_{176}$ = 202 - bedingt durch (4 - 1) + (5 - 1) + (5 - 1) + (4 - 1) + (202 - 1) + 1 für ein System istgleich 216 istgleich 2 + 1 + 6 = 9 - über ^{7}a und b$_{42}$ = 55 als

^{6}Getier$_{64}$ = 72

durch (55 - 1) + (72 - 1) + 1 für ein System istgleich 126 istgleich 1 + 2 + 6 = 9.

^{8}Das Tier$_{76}$ = 88 und das ^{6}Getier$_{64}$ = 72 stehen ihrer ^{11}Bezeichnung$_{114}$ = 127 nach gemeinsam als ein ^{6}Symbol$_{86}$ = 94 über ^{1}a$_{1}$ = 4 und ^{1}b$_{2}$ = 5 in Form von ^{7}a und b$_{42}$ = 55 unter der Bedingung ^{11}1 = 1 = 1$_{7}$ = 28 im Ergebnis für den nachfolgenden Zusammenhang:

^{8}das Tier$_{76}$	=	88		88 - 1	=	87
^{6}Getier$_{64}$	=	72		72 - 1	=	71
^{11}Bezeichnung$_{114}$	=	127		127 - 1	=	126
					=	284

2 + 8 + 4 + 1 für ein System	=	15	=	1 + 5	=	6

istgleich

^{6}Symbol$_{86}$	=	94		94 - 1	=	93
^{1}a$_{1}$	=	4		4 - 1	=	3
^{1}b$_{2}$	=	5		5 - 1	=	4
^{7}a und b$_{42}$	=	55		55 - 1	=	54
^{11}1 = 1 = 1$_{7}$	=	28		28 - 1	=	27
^{8}Gelueste$_{94}$	=	104		104 - 1	=	103
					=	284

2 + 8 + 4 + 1 für ein System	=	15	=	1 + 5	=	6

Es gilt die Bedingung 6 = 6 in einem Gleichgewicht, die sich jeweils über 2 + 8 + 4 + 1 aus den beiden Zahlen 285 ergibt.

Merke!

„Das Tier" und „Getier" stehen ihrer Bezeichnung nach symbolisch über a und über b in Form von a und b unter der Bedingung 1 = 1 = 1 für deren Gelüste.

Und da bekommt keiner der in etwa 1,7 Milliarden „Katholiken", die noch nicht einmal wissen, was eine Katholike ist, den Fuß auf den Boden, um im Endeffekt zu kapieren, was man sich innerhalb der Reihen der römisch-katholischen Kirche anmaßt. Schämen sollte man sich, für das, was daraus entstanden ist, und dafür, daß man, obwohl es allerorts ruchbar ist, noch nicht einmal etwas dagegen unternimmt!

Damit ist es nachvollziehbar, daß ihr ^{24}unrechtmaesziger Ehemann$_{252}$ = 280, der daran beteiligt gewesen ist, im Jahr ^{4}2026$_{10}$ = 16 Folgendes erfüllt:

^{9}Systemtod$_{140}$	=	151		151 - 1	=	150
^{24}unrechtmaesziger Ehemann$_{252}$	=	280		280 - 1	=	279
					=	429

4 + 2 + 9 + 1 für ein System	=	16	=	1 + 6	=	7

istgleich

^{15}Beziehungsebene$_{147}$	=	164		164 - 1	=	163
^{9}Beziehung$_{97}$	=	108		108 - 1	=	107
^{7}a und b$_{42}$	=	55		55 - 1	=	54
^{4}2026$_{10}$	=	16		16 - 1	=	15
					=	339

3 + 3 + 9 + 1 für ein System	=	16	=	1 + 6	=	7

Es gilt die Bedingung 7 = 7 in einem Gleichgewicht, die über 4 + 2 + 9 + 1 und 3 + 3 + 9 + 1 den beiden Zahlen 430 und 340 geschuldet ist.

Merke!

Ihr unrechtmäßiger Eheman erfährt auf seiner Beziehungsebene über Beziehung in Form von a und b noch im Jahr 2026 den Systemtod.

Die Jahreszahl entspricht der, die man fälschlicherweise auf der Erde annimmt, die aber eigentlich 2019 entspricht.

Für alle anderen in diesem Zusammenhang ergibt sich in ^{4}2027$_{11}$ = 17 über $^{1}a_{1}$ = 4, $^{1}b_{2}$ = 5, $^{1}b_{2}$ = 5 und $^{1}a_{1}$ = 4 in Form von ^{7}a und b$_{42}$ = 55 im Endeffekt dann Folgendes, was, wenn wir ehrlich miteinander verkehren, nicht ganz überraschend hier steht:

^{15}Beziehungsebene$_{147}$	=	164		164 - 1	=	163
^{9}Beziehung$_{97}$	=	108		108 - 1	=	107
^{7}a und b$_{42}$	=	55		55 - 1	=	54
^{4}2027$_{11}$	=	17		17 - 1	=	16
					=	340

3 + 4 + 0 + 1 für ein System	=	8

istgleich

$^{1}a_{1}$	=	4		4 - 1	=	3
$^{1}b_{2}$	=	5		5 - 1	=	4
$^{1}b_{2}$	=	5		5 - 1	=	4
$^{1}a_{1}$	=	4		4 - 1	=	3
$^{9}Systemtod_{140}$	=	151		151 - 1	=	150
$^{8}Schinder_{80}$	=	90		90 - 1	=	89
$^{9}Schaender_{77}$	=	88		88 - 1	=	87
					=	340

3 + 4 + 0 + 1 für ein System	=	8

Über jeweils 3 + 4 + 0 + 1 erhalten wir respektive der beiden Zahlen 341 die Bedingung 8 = 8 in einem Gleichgewicht.

Merke!

Alle Schinder und Schänder erfahren über a, b, b und a auf ihrer Beziehungsebene über Beziehung in Form von a und b noch im Jahr 2027 den Systemtod.

Die Jahreszahl entspricht der, die man fälschlicherweise auf der Erde annimmt, die aber eigentlich 2020 entspricht.

Unter dem Begriff der $^{8}Schinder_{80}$ = 90 ist durch die $^{8}Paritaet_{90}$ = 100 von ^{7}a und b_{42} = 55 Folgendes zu verstehen:

$^{8}Schinder_{80}$	=	90		90 - 1	=	89
$^{8}Paritaet_{90}$	=	100		100 - 1	=	99
^{7}a und b_{42}	=	55		55 - 1	=	54
					=	242

2 + 4 + 2 + 1 für ein System	=	9

istgleich

$^{1}a_{1}$	=	4		4 - 1	=	3
$^{1}b_{2}$	=	5		5 - 1	=	4
^{13}Unterstuetzer$_{212}$	=	227		227 - 1	=	226
					=	233

2 + 3 + 3 + 1 für ein System	= 9

Es gilt die Bedingung 9 = 9 in einem Gleichgewicht, die sich aus 2 + 4 + 2 + 1 und 2 + 3 + 3 + 1 durch die beiden Zahlen 243 und 234 ergibt.

Merke!

Unter den Begriff der Schinder fallen über a und über b durch die Parität von a und b alle Unterstützer.

Insofern hat sich deren Beteiligung am Missbrauch und der Misshandlung von Maria Magdalena gelohnt: Es ist also auch hier bis in alle Ewigkeit Schluß. Es werden damit alle HO-Verbindungen und OH-Verbindungen endgültig aufgelöst, die damit in Verbindung zu bringen sind, ausgenommen die, welche auf der eigenen Familienebene zu ihr und ihrem Bruder gehören. Das werden damit also rein systembedingt schon mal ein paar mehr, von denen wir uns hier verabschieden.

Für die ^{9}Schaender$_{77}$ = 88 erhalten wir in Form von ^{7}a und b$_{42}$ = 55 unter der Bedingung $^{11}1 = 1 = 1_{7}$ = 28 den nachfolgenden Zusammenhang:

^{9}Schaender$_{77}$	=	88		88 - 1	=	87
^{7}a und b$_{42}$	=	55		55 - 1	=	54
$^{11}1 = 1 = 1_{7}$	=	28		28 - 1	=	27
					=	168

1 + 6 + 8 + 1 für ein System	=	16	=	1 + 6	=	7

istgleich

$^{1}a_{1}$	=	4		4 - 1	=	3
$^{1}b_{2}$	=	5		5 - 1	=	4
^{6}Freier$_{61}$	=	69		69 - 1	=	68
^{8}Freierin$_{84}$	=	94		94 - 1	=	93
					=	168

1 + 6 + 8 + 1 für ein System	=	16	=	1 + 6	=	7

In der Summe haben wir jeweils durch 1 + 6 + 8 + 1 die Bedingung 7 = 7 in einem Gleichgewicht in Form der beiden Zahlen 169 erhalten.

Merke!

Unter den Begriff der Schänder fallen in Form von a und b über a und über b unter der Bedingung 1 = 1 = 1 der Freier und die Freierin.

Was das Ausscheiden aus dem System anbelangt, sind auch alle Freier und Freierinnen von Maria Magdalena davon betroffen. Auch hier werden die zugrundeliegenden HO-Verbindungen und OH-Verbindungen aller, welche mit dem Missbrauch und der Misshandlung von ihr in Verbindung zu bringen sind, endgültig aufgelöst.

Bedingt durch die Verbindung a = b und b = a zwischen ihm und ihr, fallen ebenso jene darunter, die sich in einem erweiterten Zusammenhang analog den beiden Begriffen der Schändung und Schindung mit ihm in Einklang bringen lassen. Unserem heutigen Verständnis nach handelt es sich etwa um Tatbestände, die direkt und indirekt mittel und mittelbar Spuren bei einem Menschen hinterlassen, die sich insbesondere mit Verleumdungen, Beschimpfungen und damit einhergehenden Drohungen in Verbindung bringen lassen.

Insofern handelt es sich vorrangig um das Fehlverhalten Dritter, denen prinzipiell der Respekt gegenüber anderen, vorwiegend vor deren Werten und Leistungen einschließlich deren Lebensgrundlage, fehlt. Letztere begegnen uns unter anderem als ungerechtfertigte Bereicherung, Sachbeschädigung und Nötigung nebst der Androhung von damit einhergehenden Maßnahmen jedweder Art: vorzugsweise auch juristischen, die sich damit als Erpressung verstehen lassen, um das eigene Vergehen in Form eines Fehlverhaltens zu rechtfertigen, bis hin zur Gewaltandrohung.

Was das Verunglimpfen von Menschen beispielsweise im Internet anbelangt, darf man davon ausgehen, daß bis Anfang 2027 alle diesbezüglichen Einträge und Kommentare gelöscht sind und es ab da auch nicht mehr möglich sein wird, dahingehend etwas zu unternehmen. Das Kuriose dabei ist, daß zum Beispiel, wenn jemand fressend und saufend etwa durch ein Bekleidungsgeschäft läuft und auf das diesbezügliche Fehlverhalten hingewiesen wird (verbunden etwa mit einer Bitte, dieses einzustellen), dort keine Einsicht erfolgt, sondern man vielmehr seinem eigenen Fehlverhalten umso mehr freien Lauf lässt. Prinzipiell entblödet man sich nicht, sich im Anschluß auch entsprechend dahingehend in der Öffentlichkeit zu äußern und Einfluß auf andere zu nehmen, die dann in ein' und die selbe Kerbe schlagen. In einem System ist es generell nicht empfehlenswert, es jenen gleichzutun, da man mit zur Verantwortung gezogen wird.

Insofern macht es keinerlei Sinn, den Blödsinn von anderen nachzureden und deren Verhaltensweisen nachzuahmen. Der Dummschwätzer und die Dummschwätzerin, die sich dahingehend gehen lassen, ohne auch nur ansatzweise eine Kompetenz hierfür zu besitzen, werden genauso sanktioniert wie die, die dafür ursächlich geradezustehen haben. Das Trittbrettfahren, um damit bewusst oder auch unterbewusst zu schaden, erfährt eine Würdigung, die diesem ebenbürtig ist. Man sollte sich also immer im Vorfeld überlegen, was man gedenkt zu tun, da die Konsequenzen unausweichlich sind.

Das heißt, daß die, die ihm unter Vorsatz und grob fahrlässig Schaden, wobei die bloße Absicht in diesem Zusammenhang bereits reicht, zugefügt haben, ebenso wie die Schänder und Schinder von Maria Magdalena aus dem System entfernt werden; wobei es keine Rolle spielt, ob man nach unserem Verständnis noch am Leben oder etwa bereits tot ist. Letzteres ist die logische Konsequenz, da beide in der Mitte im System stehen müssen, damit überhaupt noch etwas zu retten ist. Unter diesem Aspekt muss man kein Mitleid entwickeln, da man, statt sich für sein eigenes Fehlverhalten gegenüber Dritten zu entschuldigen, immer noch „einen Scheit" mehr angelegt hat. Ausgenommen davon sind all jene, die auf der Familienebene zu ihm oder ihr, seiner Schwester, gehören, unsere lustigen Vierbeiner im Krippenspiel inbegriffen.

In der Summe eröffnen sich für Maria Magdalena zwei mögliche Wege, wobei es aber ausschließlich ihr zusteht, unter dem Aspekt, welche Konsequenzen das für ihn hat, zu entscheiden, welchen von beiden sie wählt. Ihre Entscheidung in der Vergangenheit ging offensichtlich nicht ganz in Ordnung, da sich die Geschichte immer wiederholt hat. Es wäre also wünschenswert, wenn sie, was das anbelangt, in gewisser Weise über ihren eigenen Schatten springt.

Der eine sieht vor, daß der Exodus in der Apokalypse sich zieht, und der andere, daß es dann vielleicht doch noch für den einen und die andere ein glückliches Ende gibt. Daß Ersterer im Vergleich zu Letzterem mehr oder weniger zum Scheitern verurteilt ist, was dem doch etwas großen Unterschied zwischen 9 Jahren und 280 Tagen geschuldet ist, ist naheliegend. Ob sie dazu in der Lage sein wird, sich bei ihm zu entschuldigen, hängt generell davon ab, daß verstanden wird, daß sie durch a = b und b = a sein Schicksal immer mitbesiegelt hat. Er hing also nicht aus freien Stücken an der Holzkonstruktion, sondern nur dem geschuldet, daß da jemand in jedem seiner Leben nicht verstanden hat, daß der „Hmm" auf den Eimer gehört; und zwar das ganze liebe lange Leben lang in jedem einzelnen.

Falls ja, ist die Verbindung zwischen beiden im Jahr 2027 wie besprochen herzustellen. Da das System in Form von a und b korrespondierend auf deren Beziehungsebene über Beziehung operiert, ist es ein Muss, exakt diese Logik in der Systemmitte auf der Erde erneut zu manifestieren. Erfolgt das nicht, dessen sollte man sich dabei jedoch bewusst sein, ist das Überleben der Menschheit eine absolute Unmöglichkeit. Damit gilt es, eine Grundsatzentscheidung zu fällen, ob man für diese überhaupt eine Lösung will und falls ja, welche.

Die Dringlichkeit besagter Problematik, insbesondere deren Trag- und Reichweite geschuldet, wird zwangsläufig dazu führen, daß der Systemausschluß der betreffenden Menschen bereits Anfang 2027 abgeschlossen sein wird, einschließlich der Aufhebung ihrer unrechtmäßigen Ehe. Insofern wäre sie das allererste Mal frei in ihrer Entscheidung, was ihre eigene Beziehungsebene im Kontext ihrer Beziehung anbelangt. Von einer Entscheidung und den daraus resultierenden Konsequenzen im Jahr 2027 ist sie logischerweise nicht entbunden, die dann im Fall einer positiven, in diesem auch in die Tat umzusetzen wären.

Systembedingt wird man sie, verbunden mit dem Ziel der Rettung eines gewissen Teils der Menschheit, dahingehend unterstützen, daß sie nicht nur darüber in Kenntnis gesetzt wird, sondern vielmehr über das Verstehen zu einer Entscheidung finden kann. Da tendenziell auch ihre Kinder mit auf dem Spiel stehen, sollten wir in gewisser Weise dahingehend optimistisch sein. Die entscheidende Frage ist damit, ob sie (anstatt wie immer ihr eigenes Elend über das seine zu stellen) seines anerkennt. Damit sehen wir uns an, vor welcher Herausforderung er steht.

10.3. Das Geschenk der Geschenke: der Daumen geht nach unten

Wir werden versuchen, das Thema rasch abzuarbeiten. Gegeben sind die Zahlen 100 und 15, die wir im Namen von

$$^{15}\text{Maria Magdalena}_{100} = 119$$

vorfinden. Da er auf ihrer Beziehungsebene, um die Dinge wieder bei ihr in Ordnung zu bringen, noch fehlt, hatten wir eine 15 für die Anzahl der Frauen und die 99 aus 100 - 1 = 99 für die Anzahl der Männer (die infolge 15 x 99 = 1485 insgesamt 1485 Mal am Missbrauch von ihr einschließlich deren Misshandlung heute beteiligt gewesen sind) erhalten; durch 15 x 100 = 1500 damals 1500 in jedem ihrer Leben.

Die Zahl 99 lässt sich insbesondere dadurch begründen, daß die Ehe in Form der Einehe, die das ganze Drama beenden kann, noch nie vollzogen worden ist. Daraus folgt, da wir bereits herausgefunden hatten, daß unser eines Leben, bestehend aus dem Leben_n für $n \to \infty$, sich aus mehreren zusammensetzt, wir bei ihr für alle davor immer 100 Männer in einem Leben_n für $n \to \infty$ erhalten, statt „nur" 99. Sie hat also, wenn wir so wollen, immer das, was letztlich möglich ist, in jeder Hinsicht voll ausgeschöpft, nur nicht mit ihm.

Wenn wir das mit in's Kalkül ziehen, handelt es sich in jedem Leben davor um 15 Frauen und um 100 Männer und durch 15 x 100 um insgesamt 1500 Missbrauchsvorfälle, die damit im Zusammenhang stehen. Die Frage ist, wie viele Leben es als „Klaudia", die in der Rolle der Maria Magdalena gefangen ist, gewesen sind. Die erste namentliche Nennung lässt sich auf das Jahr 191 v. Chr. datieren, welches durch 1 + 9 + 1 = 11 istgleich 1 + 1 = 2 logisch zur Zahl 119 istgleich 1 + 1 + 9 = 11 istgleich 1 + 1 = 2 von Maria Magdalena gehört.

Wenn wir das Jahr 2026 ansetzen, das im Ergebnis durch 2026 - 7 = 2019 damit dem Jahr 2019 entspricht, liegt über 191 + 2019 = 2210 die Zahl 2210 vor, die korrespondierend einem Zeitraum von 2210 Jahren gleichzusetzen ist; in dem sie misshandelt und missbraucht worden ist, was als Klaudia begann und sich als Maria fortsetzte. Wir haben damit in der Vergangenheit insgesamt drei Namen gegeben, wie heute in der Gegenwart auch, wobei nur einer davon von uns berechnet worden ist. Es gilt damit die Bedingung 3 = 3 in einem Gleichgewicht, analog drei Geschändete heute wie damals in ein' und der selben Person, die geschunden wird.

In der Abfolge handelt es sich also ganz am Anfang um eine $^{7}\text{Klaudia}_{59} = 68$, die später dazu gezwungen worden ist, ausgehend von der Rolle der $^{5}\text{Maria}_{42} = 49$ die der $^{15}\text{Maria Magdalena}_{100} = 119$ einzunehmen. Auf Neudeutsch: Klaudia im Jahr 191 v. Chr. war nie sie selbst, sondern bereits zu diesem Zeitpunkt ein Missbrauchsopfer;

das später mit der Gründung der römisch-katholischen Kirche in Form von Maria als Maria Magdalena missbraucht und misshandelt worden ist, da ihr Leben sich durch das $Leben_n$ für $n \to \infty$ in der Form in jedem einzelnen davon wiederholte. Es handelt sich in einem übertragenen Sinn um die Vorläufer der römisch-katholischen Kirche, die bereits zu diesem Zeitpunkt in ihrem Leben gewütet haben.

Wir erhalten über $^1a_1 = 4$ und $^1b_2 = 5$ durch die $^8Paritaet_{90} = 100$ von ^{7}a und b_{42} = 55 den nachfolgenden Zusammenhang:

$^7Klaudia_{59}$	=	68		68 - 1	=	67
$^5Maria_{42}$	=	49		49 - 1	=	48
$^{15}Maria\ Magdalena_{100}$	=	119		119 - 1	=	118
$^1a_1$	=	4		4 - 1	=	3
$^1b_2$	=	5		5 - 1	=	4
$^8Paritaet_{90}$	=	100		100 - 1	=	99
^7a und b_{42}	=	55		55 - 1	=	54
					=	393

3 + 9 + 3 + 1 für ein System	=	16	=	1 + 6	=	7

istgleich

$^{10}Missbrauch_{113}$	=	125		125 - 1	=	124
$^{12}Misshandlung_{141}$	=	155		155 - 1	=	154
$^5Dauer_{49}$	=	56		56 - 1	=	55
$^{10}2210\ Jahre_{47}$	=	61		61 - 1	=	60
					=	393

3 + 9 + 3 + 1 für ein System	=	16	=	1 + 6	=	7

Es gilt die Bedingung 7 = 7 in einem Gleichgewicht, die sich jeweils über 3 + 9 + 3 + 1 aus den beiden Zahlen 394 ergibt. Letztere belegen, warum bedingt durch die $^8Paritaet_{90} = 100$ von ^{7}a und $b_{42} = 55$ über $^7a \neq b_6 = 19$ und $^7b \neq a_6 = 19$ unter der Bedingung $^{11}1 = 1 = 1_7 = 28$ respektive (100 - 1) + (55 - 1) + (19 - 1) + (19 - 1) + (28 - 1) + (178 - 1) + 1 für ein System istgleich 394 istgleich 3 + 9 + 4

= 16 istgleich 1 + 6 = 7 die Bedingung ^{21}ein Adam und eine Eva_{147} = 178 für sie zu keiner Zeit existiert hat. Es gab „nur" Missbrauch und Misshandlung in ihrem bisherigen Leben, die sich über all ihre $Leben_n$ für $n \to \infty$ hinweg in dem einen erstreckten: Im Ergebnis ein Szenario eines nie dagewesenen Ausmaßes, vollzogen durch die römisch-katholische Kirche und ihren Vorläufern an der Frau des Schöpfers.

Merke!

Die damalige Klaudia, die später als Maria zur Maria Magdalena gemacht wurde, ist über a und über b - bedingt durch die Parität von a und b - 2210 Jahre lang misshandelt und missbraucht worden.

Vielleicht wurde von uns jetzt verstanden, welche Dimension ihre Misshandlung und ihr Missbrauch systembedingt angenommen haben. Ob diese im vollen Umfang bis zu ihrem Ableben stattgefunden haben, ist unerheblich, da in jedem ihrer Leben im Ergebnis das Thema „Aids" stand und steht. Wir haben damit ein Endergebnis erhalten, wobei die Verteilung der einzelnen in diesem keine Rolle spielt.

Um eine etwaige Vorstellung davon zu bekommen, in welchem Ausmaß sich das Ganze abgespielt hat, versuchen wir mal, den Durchschnittswert zu berechnen, der die diesbezüglichen Zahlen etwas konkreter werden lässt. Maria Magdalena, die eigentlich eine Klaudia war und ist, wurde vermutlich im Durchschnitt 56 Jahre alt. In der Regel sind solche Zahlenangaben halbwegs verlässlich, die Frage ist in der Regel nur, ob nicht etwa ein Zahlendreher vorliegt.

Da wir im Jahr 2026 bereits eine gravierende Veränderung für sie in ihrem Leben erwarten, muss ihr durchschnittliches Lebensalter es ermöglichen, daß wir eine gerade Zahl zu diesem Zeitpunkt erhalten. Es muss also in irgendeiner Form aufgehen, was es aber nicht macht, da durch 2210 : 56 rund 39,4642857142857143 im Ergebnis steht. Des Weiteren ergibt ihr Lebenszyklus, der auf 13 Jahren beruht, auch keinen Sinn, da 56 : 13 rund 4,3076923076923077 ergibt. Das 1 Jahr können wir vernachlässigen, da aus 56 : 1 = 56 immer die Zahl selbst folgt. Rein aussagetechnisch ist das natürlich absoluter Mist.

Teilen wir jedoch durch 65, erhalten wir aus 2210 : 65 die 34 und aus 65 : 13 eine 5. Die 5 entspricht der, die wir auch an unseren beiden Händen vorfinden. Da es ihr immer erfolgreich gelungen ist, ihr „Problem" zu seinem zu machen, ist sie relativ alt geworden, während er relativ jung an den blöden Holzbalken hing. Wir überprüfen aber mal, ob diese Zahl überhaupt infragekommt. Es gilt über $^1a_1 = 4$ und $^1b_2 = 5$ infolge $^7a \neq b_6 = 19$ und $^7b \neq a_6 = 19$ Folgendes:

^{12}Durchschnitt$_{147}$	=	161		161 - 1	=	160
^{7}Klaudia$_{59}$	=	68		68 - 1	=	67
$^{1}a_{1}$	=	4		4 - 1	=	3
$^{1}b_{2}$	=	5		5 - 1	=	4
$^{7}a \neq b_{6}$	=	19		19 - 1	=	18
$^{7}b \neq a_{6}$	=	19		19 - 1	=	18
					=	270

2 + 7 + 0 + 1 für ein System	=	10	=	1 + 0	=	1

istgleich

^{5}Alter$_{56}$	=	63		63 - 1	=	62
^{8}65 Jahre$_{53}$	=	65		65 - 1	=	64
					=	126

1 + 2 + 6 + 1 für ein System	=	10	=	1 + 0	=	1

Wir erhalten die Bedingung 1 = 1 in einem Gleichgewicht, die sich aus 2 + 7 + 0 + 1 und 1 + 2 + 6 + 1 in Form der beiden Zahlen 271 und 127 ergibt.

Merke!

Klaudia, die als Maria auch Maria Magdalena ist, ist über a und über b infolge a ≠ b und b ≠ a im Durchschnitt 65 Jahre alt geworden.

Diese Logik können wir logischerweise nur für die Klaudia im System anwenden, die von Anfang an zu unserem Schöpfer gehört. Wäre es etwa Klaudia$_{15498}$, die im System der Erde verankert ist, hätten wir schon allein unter einem mathematischen Aspekt infolge der kombinatorischen Möglichkeiten bereits ein riesengroßes Problem, da wir derart viele unterschiedliche Parameter hierfür ansetzen müssten: die es de facto vollkommen unmöglich machen, auf einem kurzen Weg zu einem Ergebnis zu gelangen. Dieses weitestgehend aus der Hüfte zu schießen, wie wir es hier gemacht haben, funktioniert also nur hier, da es die Frau des Schöpfers ist und damit die allererste Klaudia im System, analog Klaudia$_{1}$.

Ein anderer Weg ist, daß wir über ^{7}a und b$_{42}$ = 55 einen Bezug zu ^{15}Maria Magdalena$_{100}$ = 119 herstellen. Als Ausgangspunkte dienen uns hierfür die 56 und die 65. Erstere führt uns über (56 - 1) + (55 - 1) + 1 (= für ein System) = 110 zur Zahl 110, die, da 119 ≠ 110 gilt, Humbug ist. Im Gegenzug erhalten wir für Letztere aus (65 - 1) + (55 - 1) + 1 (= für ein System) = 119 die Zahl 119, welche, da 119 = 119 ist, die richtige ist. Die Bedingung in einem System ist, daß, wenn wir uns etwa Zahlen in der Vergangenheit ansehen, es immer möglich sein muss, einen Bezug zwischen diesen und den Ereignissen, die es in diesem Zusammenhang sein sollen, herstellen zu können. Ist das nicht möglich oder etwa auch nur über größere Umwege, war der Geschichtsschreiber ein Baron Münchhausen. Oder die mit „in" am Ende, eine Baroness, die wie gedruckt lügt.

So, wir machen mal ein Beispiel: Der ^{9}Ueberfall$_{82}$ = 93 auf ^{5}Polen$_{62}$ = 69 fand am 1. September 1939 statt. Zu diesem Zeitpunkt waren folgende Personen an der Spitze der jeweiligen Regierungen, die, was die Verantwortung für diesen anbelangt, in Betracht kommen:

1.	Deutschland	^{12}Adolf Hitler$_{110}$ = 126
2.	„U.S.A."	^{25}Franklin Delano Roosevelt$_{267}$ = 298
3.	Britannien	^{17}Winston Churchill$_{208}$ = 229
4.	Frankreich	^{17}Charles de Gaulle$_{133}$ = 156
5.	Russland	^{12}Josef Stalin$_{130}$ = 146
6.	Polen	^{15}Ignacy Mościcki$_{142}$ = 161
7.	„Vatikan"	^{15}Papst Pius XII.$_{180}$ = 202

Wir dürfen aber mit Sicherheit davon ausgehen, daß den tatsächlichen Verantwortlichen für den Ausbruch des 2. Weltkrieges bereits das Gesicht eingeschlafen ist.

Für den Herrn mit ordentlichem Haarschnitt, Schnauzbart und gepflegten Stiefelchen erhalten wir Folgendes:

^{12}Adolf Hitler$_{110}$	=	126		126 - 1	=	125

1 + 2 + 5 + 1 für ein System	=	9

ungleich

^{9}Ueberfall$_{82}$	=	93		93 - 1	=	92
^{5}Polen$_{62}$	=	69		69 - 1	=	68
					=	160

1 + 6 + 0 + 1 für ein System	=	8

Da 9 ≠ 8 ist, sind wir nicht in der Lage, über „a" und „b", „a und b", „a ≠ b" und „b ≠ a" oder auch unter der Bedingung „1 = 1 = 1" einen Bezug herzustellen.

Merke!

Adolf Hitler ist für den Überfall auf Polen nicht verantwortlich, da in einem Gleichgewicht die Bedingung 9 ≠ 8 gilt.

Das heißt, daß der Überfall auf Polen von anderen inszeniert worden ist, und da es ab da kein Zurück mehr gab, ist man dem mit dem Einmarsch in Polen zuvorgekommen, dem der von Josef Stalin folgte. Das heißt, daß, so unschön wie alles ist, dieser auch etwas verstanden hatte, wo es kein Halten mehr gab. Auch unabhängig davon, daß man bis zu einem gewissen Zeitpunkt mit Adolf Hitler kooperiert hat, bis Letzterer eskaliert ist.

Für ^{12}Josef Stalin$_{130}$ = 146 erhalten wir beispielhaft über $^{1}a_{1}$ = 4 und $^{1}b_{2}$ = 5 den nachfolgenden Zusammenhang:

^{12}Josef Stalin$_{130}$	=	146		146 - 1	=	145
$^{1}a_{1}$	=	4		4 - 1	=	3
$^{1}b_{2}$	=	5		5 - 1	=	4
					=	152

1 + 5 + 2 + 1 für ein System	=	9

ungleich

^{9}Ueberfall$_{82}$	=	93		93 - 1	=	92
^{5}Polen$_{62}$	=	69		69 - 1	=	68
					=	160

1 + 6 + 0 + 1 für ein System	= 8

Das, was für Adolf Hitler bedingt durch 1 + 2 + 5 + 1 zutrifft, gilt durch 1 + 5 + 2 + 1 für Josef Stalin ebenso, da 9 ≠ 8 ist.

Merke!

Josef Stalin ist für den Überfall auf Polen nicht verantwortlich, da in einem Gleichgewicht die Bedingung 9 ≠ 8 gilt.

Damit wissen wir ganz gesichert, daß beide es nicht gewesen sind, die für den Ausbruch des 2. Weltkrieges verantwortlich sind.

Da der größte Feind einer Nation sich immer in den eigenen Reihen befindet, erhalten wir für einen Mann, der sich bereits im Exil in Sicherheit befand, Folgendes:

^{15}Ignacy Mościcki$_{142}$	=	161		161 - 1	=	160

1 + 6 + 0 + 1 für ein System	= 8

istgleich

^{9}Ueberfall$_{82}$	=	93		93 - 1	=	92
^{5}Polen$_{62}$	=	69		69 - 1	=	68
					=	160

1 + 6 + 0 + 1 für ein System	= 8

Es gilt die Bedingung 8 = 8 in einem Gleichgewicht, die sich jeweils über 1 + 6 + 0 + 1 aus den beiden Zahlen 161 ergibt.

Merke!

Ignacy Mościcki, der sich am 1. September 1939 im Exil befand, ist direkt und mittelbar für den Überfall auf Polen verantwortlich.

Das Ergebnis ist eineindeutig, und um einen logischen Bezug herzustellen, sind noch nicht einmal „a" und „b", „a und b", „a ≠ b" und „b ≠ a" oder die Bedingung „1 = 1 = 1" notwendig.

Das, was als Anlass für den späteren Überfall auf Polen genutzt worden ist, wurde von Ignacy Mościcki selbst in die Tat umgesetzt, der sich fernab im Exil befand. Die Frage ist damit, wer ihn dafür benutzt hat, um nicht selbst in Erscheinung treten zu müssen. Der lachende Dritte im Hintergrund, der stets seine Fingerchen mit im Spiel hat, ist uns im Buch „Chaos im Paradies: Der Weg zur Klärung der Beziehungsebene über Beziehung einschließlich Lösung - Buch 1" bereits begegnet. Für ^{17}Charles de Gaulle$_{133}$ = 156 aus dem Land von Käse und Wein erhalten wir über $^{1}a_{1}$ = 4 und $^{1}b_{2}$ = 5 Folgendes:

^{17}Charles de Gaulle$_{133}$	=	156		156 - 1	=	155
$^{1}a_{1}$	=	4		4 - 1	=	3
$^{1}b_{2}$	=	5		5 - 1	=	4
					=	162

1 + 6 + 2 + 1 für ein System	=	10	=	1 + 0	=	1

ungleich

^{9}Ueberfall$_{82}$	=	93		93 - 1	=	92
^{5}Polen$_{62}$	=	69		69 - 1	=	68
					=	160

1 + 6 + 0 + 1 für ein System	=	8

Es ist auch hier nicht möglich, in einem ersten Anlauf durch $1 \neq 8$ einen Bezug zum Überfall auf Polen herzustellen, später in einem zweiten zu den Alliierten schon.

Merke!

Charles de Gaulle ist für den Überfall auf Polen nicht verantwortlich, da zuerst in einem Gleichgewicht die Bedingung $1 \neq 8$ vorliegt.

Das heißt, daß die französischen Beteiligten wie die deutschen und russischen, was den Überfall auf Polen im 2. Weltkrieg anbelangt, raus aus der Nummer sind.

Damit schauen wir uns mal die an, die sich, wie wir bereits wissen, im Vorfeld des 2. Weltkrieges kaufen lassen haben, was sich heute wie damals in der Epstein-Affäre und auch im Vatikan-Skandal widerspiegelt. Erstere basiert auf einem jüdischen Geschäftsmodell und Letzerer auf dem der römisch-katholischen Kirche, die beide, um ihre Interessen zu wahren, auf Missbrauch und Misshandlung abstellen. Für ^{17}Winston Churchill$_{208}$ = 229 erhalten wir Folgendes:

^{17}Winston Churchill$_{208}$	=	229		229 - 1	=	228

2 + 2 + 8 + 1 für ein System	=	13	=	1 + 3	=	4

istgleich

^{1}a$_{1}$	=	4		4 - 1	=	3
^{1}b$_{2}$	=	5		5 - 1	=	4
^{1}b$_{2}$	=	5		5 - 1	=	4
^{1}a$_{1}$	=	4		4 - 1	=	3
^{7}a und b$_{42}$	=	55		55 - 1	=	54
^{9}Ueberfall$_{82}$	=	93		93 - 1	=	92
^{5}Polen$_{62}$	=	69		69 - 1	=	68
					=	228

2 + 2 + 8 + 1 für ein System	=	13	=	1 + 3	=	4

Es gilt die Bedingung 4 = 4 in einem Gleichgewicht, die jeweils über 2 + 2 + 8 + 1 den beiden Zahlen 229 geschuldet ist.

Merke!

Winston Churchill ist indirekt und unmittelbar über a, b, b und a in Form von a und b am Überfall auf Polen beteiligt gewesen.

Er hat also nicht nur von dessen Initiierung gewusst, sondern diese auch unterstützt. Im Prinzip eine ganz einfache Strategie: Man muss erst einen Brand legen, um dann später als Feuerwehr auftreten zu können, was auch geschehen ist.

Der über dem großen Teich musste es etwas geschickter anstellen, da bekanntlich dort ein Personenkreis ein- und ausgeht, der, obwohl man selbst Täter ist, sich als Opfer begreift. Für ^{25}Franklin Delano Roosevelt$_{267}$ = 298 gilt Folgendes:

^{25}Franklin Delano Roosevelt$_{267}$	=	298		298 - 1	=	297
$^{1}a_{1}$	=	4		4 - 1	=	3
$^{1}b_{2}$	=	5		5 - 1	=	4
					=	304

3 + 0 + 4 + 1 für ein System	=	8

istgleich

^{8}Paritaet$_{90}$	=	100		100 - 1	=	99
^{7}a und b$_{42}$	=	55		55 - 1	=	54
$^{7}a \neq b_{6}$	=	19		19 - 1	=	18
$^{7}b \neq a_{6}$	=	19		19 - 1	=	18
^{9}Ueberfall$_{82}$	=	93		93 - 1	=	92
^{5}Polen$_{62}$	=	69		69 - 1	=	68
					=	349

3 + 4 + 9 + 1 für ein System	=	17	=	1 + 7	=	8

Wir erhalten in einem Gleichgewicht durch 3 + 0 + 4 + 1 und 3 + 4 + 9 + 1 in Form der beiden Zahlen 305 und 350 die Bedingung 8 = 8.

Merke!

Durch die Parität von a und b war infolge a ≠ b und b ≠ a Franklin Delano Roosevelt bei der Inszenierung des Überfalls auf Polen über a und über b indirekt und unmittelbar involviert.

Die „Herren", die sich dann später auch am Tisch, ausgenommen Frankreich, Russland und Deutschland, trafen, hatten alle selbst dafür gesorgt, daß es wieder einmal anständig etwas zu verdienen gab. Den Verräter ehrt man logischerweise nicht, und damit schaute Polen in die Röhre.

Es wurde damit im 2. Weltkrieg ein jüdisches Interesse in diesem Zusammenhang verfolgt, das sich ausgehend von Polen über Britannien bis in die „U.S.A." hangelte, um in Deutschland Kasse zu machen. Alle vier haben wie immer in der Menschheitsgeschichte genau deshalb ihr eigenes Volk geopfert. Die Hochfinanz des Judentums ist heute wie damals federführend gewesen, analog unserem einen Daumen an der Hand und vier weiteren, analog unseren vier Fingern, die mitgemacht haben, wobei uns der nachfolgende Beteiligte noch fehlt.

Für den ^{15}Papst Pius XII.$_{180}$ = 202 erhalten wir über $^{1}a_{1}$ = 4, $^{1}b_{2}$ = 5, $^{1}b_{2}$ = 5 und $^{1}a_{1}$ = 4 den nachfolgenden Zusammenhang:

^{9}Ueberfall$_{82}$	=	93		93 - 1	=	92
^{5}Polen$_{62}$	=	69		69 - 1	=	68
$^{1}a_{1}$	=	4		4 - 1	=	3
$^{1}b_{2}$	=	5		5 - 1	=	4
$^{1}b_{2}$	=	5		5 - 1	=	4
$^{1}a_{1}$	=	4		4 - 1	=	3
$^{11}1 = 1 = 1_{7}$	=	28		28 - 1	=	27
					=	201

2 + 0 + 1 + 1 für ein System	=	4

istgleich

[15]Papst Pius XII.180	=	202		202 - 1	=	201

2 + 0 + 1 + 1 für ein System	=	2

Wir erhalten in einem Gleichgewicht die Bedingung 4 = 4, die sich jeweils über 2 + 0 + 1 + 1 aus den beiden Zahlen 202 ergibt.

Merke!

Papst Pius XII. ist über a, b, b und a unter der Bedingung 1 = 1 = 1 für den Überfall auf Polen mitverantwortlich.

Die jüdische Hochfinanz hatte sich im Vorfeld des 2. Weltkrieges nebst den „U.S.A.", Britannien und Polen dessen Einverständnis eingeholt, da man insbesondere in Polen sehr „katholisch" ist. Das dürfte sich aber jetzt erledigt haben.

Man hat also das Szenario systematisch im Vorfeld vorbereitet, um den Menschen, die dadurch ihr Leben lassen mussten, ein X für ein U vorzumachen: um sich mit ihrem Elend und ihrer Not dumm und dämlich zu verdienen, das immer basierend auf Missbrauch und Misshandlung in Gewalt, Mord und Totschlag endet; für das „Wohl" eines lachenden Dritten. Das ist unter anderem wunderschön in der Ukraine zu beobachten. Wann kapieren zum Beispiel Polen, Deutsche, Russen, Franzosen, Briten und „US-Amerikaner" einschließlich aller „Juden und Christen", daß dieses Gesindel und Gesocks zu Fall gebracht werden muss, um nicht nur einer gemeinsamen, sondern auch einer glücklichen und zufriedenen Zukunft zuzustreben? Wir sind ein Volk, das man am Ende Menschheit nennt, und wir haben alle ein' und das selbe Problem: Kein Schwein von uns weiß, welcher „Hmm" auf welchen Eimer gehört, auf daß derartige Szenarien in der Zukunft vermieden werden können. Warum? Es beginnt immer bei uns selbst!

Wir gehen mal davon aus, daß Maria Magdalena wie viele andere jetzt begriffen hat, was das Geschäftsmodell der römisch-katholischen Kirche beinhaltet. Lösungen für Menschen, die in Not geraten und gefallen sind, besitzt man in dieser ganz gesichert nicht und will man auch nicht, wohingegen das am Leben erhalten dieser unentwegt den eigenen Mammon nährt. Es ist wie bei einem Notarzt, wo es keine Notfälle gibt, und so sorgt man wohlweislich dann selbst dafür, daß der eine oder andere Fall immer wieder in der Notaufnahme landet.

Es sind also insgesamt 34 Leben bis dato, wobei das letzte (= Nummer 34) am Laufen ist. Damit können wir die Zahlen, die es über 2210 Lebensjahre hinweg verteilt auf bis dato 34 Leben in dem einen sind, berechnen. 15 dumme Gänse, die sie in jedem einzelnen davon missbraucht und misshandelt haben, ergeben durch 34 x 15 = 510 insgesamt 510, die allesamt, bevor sie im Ofen mit der Aufschrift „Fegefeuer" landen, katholische einschließlich deren Vorläufer sind.

Blöde Ganter gibt es durch (34 - 1) x 100 + 99 = 3399 insgesamt 3399 innerhalb der Reihen der römisch-katholischen Kirche, die als solche ebenfalls im Ofen landen und über das lustige Feuerchen in diesem entsorgt werden, da sie ebenso für ihren Missbrauch und ihre Misshandlung verantwortlich sind. Warum sind es nicht immer ein' und die selben Männer und Frauen in jedem ihrer einzelnen Leben? Richtig, sie als Opfer ist die Konstante, Erstere stellen als Täter die Variable in diesem.

In der Summe handelt es sich in diesem Zeitraum durch 33 x 15 x 100 + 15 x 99 = 50985 um insgesamt 50985 Missbrauchsfälle in diesem Zusammenhang, verteilt auf 34 Leben, verübt durch insgesamt 510 Frauen und insgesamt 3399 Männer der römisch-katholischen Kirche einschließlich ihrer Vorläufer.

Merke!

Klaudia, wurde heute wie damals als Maria, die zur Maria Magdalena aufstieg, insgesamt über 2210 Jahre hinweg von 510 Frauen und 3399 Männern innerhalb der römisch-katholischen Kirche missbraucht und misshandelt, welche sich zusammen in 50985 Fällen, verteilt auf ihre 34 Leben, dafür verantwortlich zeichnen.

Das ist das Ergebnis, das es bedingt durch die wiederkehrenden Systemprozesse in einem System am Ende tatsächlich ist - und das ist leider kein Einzelfall.

Die Grenzen dessen, um derartige Szenarien in eine vernünftige und eine liebevolle Lösung überführen zu können, sollten uns schlagartig bewusst sein. Daß hier weder Schulmedizin noch Ganzheitlichkeit irgendetwas Brauchbares abliefern können, ist selbsterklärend. Das sollte man sich vielleicht mal eingestehen, anstatt darauf zu beharren, daß man eine Wissenschaft sei.

Maria Magdalena wird also, wenn sie will, zwangsläufig mit ihm zusammengehen müssen, auch wenn die Option eines vaginalen Vergnügens ganz grob die nächsten 9 Jahre ausfällt, insbesondere was das Eindringen anbelangt, das Ansehen und das Angreifen schleicht. Da sie die 100 immer in jedem ihrer einzelnen Leben in dem einen vollgemacht hat, wird sie sich dafür notgedrungen entschuldigen müssen, denn das wunderbare Geschenk, das er erhält, besteht dadurch aus 510 Frauen und 3399 Männern in insgesamt 50985 Fällen. Um das wegzustecken, genügt logischerweise nicht nur ein Glas Wein, auch wenn es ein Rosé oder ein Weißer ist; daß es trockener zu sein hat, versteht sich von selbst. Das rote Zeug kommt in's Blumenbeet.

Was das Entschuldigen anbelangt, würde ein Tut-mir-leid reichen, da bekanntlich, egal, was der menschliche Deppenhaufen auf diesem Planeten zu verantworten hat, ihm mit Blick auf Ersteres immer ein Zacken aus der Krone bricht. Da muss man es nicht komplizierter machen, als es ohnehin schon ist. Das wird bei unserem Schmetterling, der etwas angeknackst und zerfetzt daherkommt, nicht viel anders sein.

Falls ihre etwaige Entscheidung ein freundliches Ja beinhaltet, verbunden mit dem Vorsatz, an einem Strang (dahingehend, daß im Jahr 2035 eine entsprechende Lösung existiert, die dann im darauffolgenden Jahr 2036 von allen eigenverantwortlich angewendet werden kann) mitziehen zu wollen, ist die Vergangenheit ab da an nur noch Vergangenheit. Letztere wird nicht zu Gehör gebracht. Ansonsten wird sich an alle hier erwähnten Regeln gehalten, und dann schauen wir mal, daß unser Schmetterling ein ganz flotter wird, der unversehrt und kerngesund quietschvergnügt wieder im Leben steht. Falls dann noch der dazugehörige Falter mitherumschwirrt, geht das in Ordnung. Das heißt, es wird mit ganzer und voller Kraft der Blick auf die Zukunft gerichtet. Erklärtes Ziel: Eine Lösung für alle, die ab 2036 greift. Das erwähnte Gesindel und Gesocks kommt natürlich weg, einschließlich allem, was an dieses erinnern könnte.

Weiter geht es mit elementaren Begriffen und grundlegenden Zusammenhängen, wo es oftmals an einem diesbezüglichen Verständnis bereits hapert. Na ja, falls man es mehr als freundlich formuliert.

11. Begriffe & Co.

Wir haben mittlerweile gelernt, daß unser fehlendes Wissen, was allein die Inhalte von Begriffen anbelangt, mehr als bedenklich ist. Wir machen deshalb einen kurzen Abstecher in die wunderbare Welt der Begriffe, da, falls wir etwa dabei an Maria Magdalena denken, das Ergebnis ein unschönes ist. Das ist am Ende wie, daß man uns auffordert, am Tisch den Teller aufzuessen, wenngleich es, wenn wir essen, eine Speise sein müsste. Es gibt damit sehr vieles, über das wir sprechen sollten, da wir bereits an den einfachsten Dingen scheitern, wie am Telleraufessen. Wir machen das aber nur auszugsweise, auf daß wir begreifen, daß wir, um zu leben, von vorn anfangen müssen; denn darauf kommt es an. Mit dem Sprung in der Schüssel geht es nicht weiter, und zwar für keinen von uns.

11.1. Das Militär der Bundeswehr und anderes

Wir hatten bereits zusammen herausgefunden, daß unsere sogenannte ^{10}Bundeswehr$_{119}$ = 131 in einem ersten Anlauf zwei Ziele verfolgt, die innerhalb der Gewerkschaft und in der Armee zur Anwendung kommen. Erstere war für die unentgeltliche Nachbarschaftshilfe zuständig, wenn es bei uns handwerklich irgendwo klemmt, und Letztere, falls in unserer Landwirtschaft. Beide Begriffe haben in der Endkonsequenz nichts mit dem zu tun, was wir üblicherweise damit verbinden.

Es geht prinzipiell darum, daß wir uns bemühen, falls in diesem Zusammenhang ein Problem auftaucht, eine gewisse Bereitschaft dahingehend zu signalisieren, daß man im Krisenfall mit uns, als sogenanntem Nachbarn und als sogenannter Nachbarin, rechnen kann. In einem übertragenen Sinn geht es darum, daß man auch mal bei Ackerbau und Viehzucht helfen kann, Forstwirtschaft inklusive, die zwar entgeltlich betrieben werden, für uns jedoch von existenzieller Bedeutung sind, da es, ganz salopp ausgedrückt, um unser Fresschen geht. Was liefert die Forstwirtschaft unter anderem an essbaren Dingen in einem engeren und in einem weiteren Sinn? Richtig, Wild, Pilze, Beeren und vor allem, den für uns lebensnotwendigen Sauerstoff in einem gewissen Umfang nebst dessen Aufbereitung.

Es dreht sich also um bestimmte Gemeinschaftsaufgaben, die uns als Pflicht aufgebrummt worden sind: Damit wir immer schön für uns verstehen, daß uns die Erde mit all ihrem Zubehör nicht gehört und wir zusammen als eine Menschheit den Auftrag besitzen, auf diese aufzupassen. Was wie alles andere hervorragend nicht funktioniert.

Der entgeltliche Teil innerhalb Ersterer ergibt sich aus dem nachfolgenden Zusammenhang:

^{7}Polizei$_{92}$	=	101		101 - 1	=	100
^{9}Feuerwehr$_{109}$	=	120		120 - 1	=	119
^{16}Lebensnotrettung$_{211}$	=	229		229 - 1	=	228
$^{1}a_{1}$	=	4		4 - 1	=	3
$^{1}b_{2}$	=	5		5 - 1	=	4
^{7}a und b$_{42}$	=	55		55 - 1	=	54
$^{7}a \neq b_{6}$	=	19		19 - 1	=	18
$^{7}b \neq a_{6}$	=	19		19 - 1	=	18
$^{11}1 = 1 = 1_{7}$	=	28		28 - 1	=	27
					=	571

5 + 7 + 1 + 1 für ein System = 14 = 1 + 4 = 5

istgleich

^{11}Bezeichnung$_{114}$	=	127		127 - 1	=	126
^{10}Bundeswehr$_{119}$	=	131		131 - 1	=	130
					=	256

2 + 5 + 6 + 1 für ein System = 14 = 1 + 4 = 5

Es gilt die Bedingung 5 = 5 in einem Gleichgewicht, die sich über 5 + 7 + 1 + 1 und 2 + 5 + 6 + 1 in Form der beiden Zahlen 572 und 257 widerspiegelt.

Merke!

Polizei, Feuerwehr und Lebensnotrettung gehören der Bezeichnung nach über a und über b in Form von a und b durch a ≠ b und b ≠ a unter der Bedingung 1 = 1 = 1 zur Bundeswehr, wobei ihre entgeltliche Leistung über a und über b in Form von a und b durch a ≠ b und b ≠ a unter der Bedingung 1 = 1 = 1 entsprechend zu vergüten ist.

Als ^{21}entgeltliche Leistung$_{227}$ = 252 gilt es diese in Form einer ^{10}Verguetung$_{140}$ = 152 über $^{1}a_{1}$ = 4 und $^{1}b_{2}$ = 5 durch ^{7}a und b$_{42}$ = 55 infolge $^{7}a \neq b_{6}$ = 19 und $^{7}b \neq a_{6}$ =

19 unter der Bedingung $^{11}1 = 1 = 1_7 = 28$ respektive (252 - 1) + (152 - 1) + (4 - 1) + (5 - 1) + (55 - 1) + (19 - 1) + (19 - 1) + (28 - 1) + 1 für ein System istgleich 527 istgleich 5 + 2 + 7 = 14 istgleich 1 + 4 = 5 auch zu würdigen.

Es gibt einen Teil der Bundeswehr, der unentgeltlich agiert und im Gegenzug einen Teil gegen ein Entgelt. Da die Waffe des Menschen sein Wissen ist, trägt unsere Polizei keine Waffe am Mann und an der Frau, sondern ein Mordinstrument. Letzteres lässt unweigerlich die Frage aufkommen, was das soll, da der Begriff der Polizei sich aus der Wortzusammensetzung „pólis icere" ableitet, was im Prinzip nichts anderes als Logistik ist. Wegelagerei, um die gierigen Mäuler von irgendwelchen regierungsnahen Behörden und Ämtern zu stopfen, gehört nicht dazu.

Insbesondere da man als Teil zur ^{10}Bundeswehr$_{119}$ = 131 istgleich 1 + 3 + 1 = 5 gehört, die ihrer ^{11}Bezeichnung$_{114}$ = 127 nach über $^{1}a_1 = 4$ und $^{1}b_2 = 5$ durch (127 - 1) + (4 - 1) + (5 - 1) + (178 - 1) + 1 für ein System istgleich 311 istgleich 3 + 1 + 1 = 5 nichts anderes als ein

^{14}Nothilfeverein$_{162}$ = 178

ist. Was Handschellen, Schlagstöcke, Taser oder sonstige auf die vorsätzliche Schädigung anderer darauf ausgerichtete Gerätschaften dort verloren haben, weiß man wahrscheinlich selbst nicht. Liebe, Vernunft und Verantwortung, zu denen man offenkundig selbst nicht in der Lage zu sein scheint, lassen sich mit so einem Erscheinungsbild ganz gesichert nicht vereinbaren. Wir wünschen deshalb unseren blauen Ordnungskräften, auf daß sie ihr Herz und ihren Kopf ganz schnell wiederfinden, wo auch immer sie beide liegen gelassen haben. So regelt man die „Dinge", die uns am Ende alle betreffen, jedenfalls nicht. Der Begriff des Helfers vor Ort lässt vermuten, daß auch hier etwas nicht stimmt.

Das Wort ^{8}Militaer$_{87}$ = 97 erfüllt über $^{1}a_1 = 4$ und $^{1}b_2 = 5$ in Form von ^{7}a und b$_{42}$ = 55 den nachfolgenden Zusammenhang:

^{8}Militaer$_{87}$	=	97		97 - 1	=	96
$^{1}a_1$	=	4		4 - 1	=	3
$^{1}b_2$	=	5		5 - 1	=	4
^{7}a und b$_{42}$	=	55		55 - 1	=	54
					=	157

1 + 5 + 7 + 1 für ein System	=	14	=	1 + 4	=	5

istgleich

$^{5}miles_{58}$	=	65		65 - 1	=	64
$^{9}militaris_{110}$	=	121		121 - 1	=	120
					=	184

1 + 8 + 4 + 1 für ein System	=	14	=	1 + 4	=	5

Aus 1 + 5 + 7 + 1 und 1 + 8 + 4 + 1 erhalten wir durch die beiden Zahlen 158 und 185 die Bedingung 5 = 5 in einem Gleichgewicht.

Merke!

Das Wort „Militär" leitet sich über a und über b in Form von a und b aus den beiden Wörtern „miles" und „militaris" ab, welche beide dem lateinischen Sprachschatz entstammen; wobei der „miles" in Form von a und b infolge a ≠ b und b ≠ a unter der Bedingung 1 = 1 = 1 der Soldat und die Soldatin sind und die „militaris" über a und b das Soldatentum ist.

Das Wort $^{5}miles_{58}$ = 65 steht über ^{7}a und b_{42} = 55 infolge $^{7}a \neq b_{6}$ = 19 und $^{7}b \neq a_{6}$ = 19 unter der Bedingung $^{11}1 = 1 = 1_{7}$ = 28 - bedingt durch (65 - 1) + (55 - 1) + (19 - 1) + (19 - 1) + (28 - 1) + 1 für ein System istgleich 182 istgleich 1 + 8 + 2 = 11 istgleich 1 + 1 = 2 - de facto über (79 - 1) + (104 - 1) + 1 für ein System istgleich 182 istgleich 1 + 8 + 2 = 11 istgleich 1 + 1 = 2 für $^{6}Soldat_{71}$ = 79 und auch für $^{8}Soldatin_{94}$ = 104, hingegen das Wort $^{9}militaris_{110}$ = 121 durch (121 - 1) + (55 - 1) + 1 für ein System istgleich 175 istgleich 1 + 7 + 5 = 13 istgleich 1 + 3 = 4 über ^{7}a und b_{42} = 55 für das $^{11}Soldatentum_{144}$ = 157 istgleich 1 + 5 + 7 = 13 istgleich 1 + 3 = 4.

„Der" oder „die" $^{5}miles_{58}$ = 65 sind uns über $^{1}a_{1}$ = 4, $^{1}b_{2}$ = 5, $^{1}b_{2}$ = 5 und $^{1}a_{1}$ = 4 durch (65 - 1) + (4 - 1) + (5 - 1) + (5 - 1) + (4 - 1) + 1 für ein System istgleich 79 istgleich 7 + 9 = 16 istgleich 1 + 6 = 7 auch als $^{9}Legionaer_{86}$ = 97 istgleich 9 + 7 = 16 istgleich 1 + 6 = 7 bekannt. Da es sich bedingt durch $^{5}miles_{58}$ = 65 istgleich 6 + 5 = 11 istgleich 1 + 1 = 2 bei beiden am Ende nicht um einen $^{9}Gladiator_{87}$ = 98 istgleich 9 + 8 = 17 istgleich 1 + 7 = 8 handelt, steht dieser für etwas anderes, da sowohl 2 ≠ 8 als auch 7 ≠ 8 ist. Hier gibt es damit eine Irritation, die es zu klären gilt.

Da wir bereits gelernt hatten, was der wesentliche Unterschied zwischen Soldaten und Söldnern ist, erhalten wir für das ^{8}Militaer$_{87}$ = 97 Folgendes:

^{17}synonymer Begriff$_{201}$	=	222		222 - 1	=	221
^{5}Armee$_{42}$	=	49		49 - 1	=	48
^{1}a$_{1}$	=	4		4 - 1	=	3
^{1}b$_{2}$	=	5		5 - 1	=	4
					=	276

2 + 7 + 6 + 1 für ein System	=	16	=	1 + 6	=	7

istgleich

^{7}a und b$_{42}$	=	55		55 - 1	=	54
^{11}Bezeichnung$_{114}$	=	127		127 - 1	=	126
^{8}Militaer$_{87}$	=	97		97 - 1	=	96
					=	276

2 + 7 + 6 + 1 für ein System	=	16	=	1 + 6	=	7

Es gilt die Bedingung 7 = 7 in einem Gleichgewicht, die sich jeweils über 2 + 7 + 6 + 1 aus den beiden Zahlen 277 ergibt.

Merke!

Die Armee wird als Begriff über a und über b in Form von a und b synonym für die Bezeichnung „Militär“ verwandt.

Mal etwas weniger kompliziert ausgedrückt: Es handelt sich gewissermaßen um Ein’ und das Selbe.

Es wird damit sinngemäß mit Schaufel, Spaten und Hacke ausgerückt, um in der Landwirtschaft Nachbarschaftshilfe zu leisten. Es wäre damit sehr schön, wenn die

Soldaten und Soldatinnen in der Armee auch mal ihren Auftrag erfüllen würden; das gegenseitige Schädeleinschlagen und wechselseitige Knochenbrechen gehören, so leid es uns tut, nicht dazu.

Letzteres gehört wohl eher zu den Aufgaben, die wir einem ^{7}Moerder$_{78}$ = 87 und einer ^{9}Moerderin$_{101}$ = 112 zuschreiben; für diese unsere ehrenwerten Mitglieder innerhalb unserer menschlichen Gesellschaft gilt nämlich Folgendes:

^{11}Bezeichnung$_{114}$	=	127		127 - 1	=	126
^{7}Moerder$_{78}$	=	87		87 - 1	=	86
^{9}Moerderin$_{101}$	=	112		112 - 1	=	111
^{7}a und b$_{42}$	=	55		55 - 1	=	54
$^{7}a \neq b_{6}$	=	19		19 - 1	=	18
$^{7}b \neq a_{6}$	=	19		19 - 1	=	18
					=	413

4 + 1 + 3 + 1 für ein System	=	9

istgleich

^{17}synonymer Begriff$_{201}$	=	222		222 - 1	=	221
^{9}Gladiator$_{87}$	=	98		98 - 1	=	97
^{11}Gladiatorin$_{110}$	=	123		123 - 1	=	122
					=	440

4 + 4 + 0 + 1 für ein System	=	9

In einem Gleichgewicht gilt durch 4 + 1 + 3 + 1 und 4 + 4 + 0 + 1 in Form der beiden Zahlen 414 und 441 die Bedingung 9 = 9.

Merke!

Die synonymen Begriffe für den Mörder und die Mörderin sind durch a und b infolge $a \neq b$ und $b \neq a$ der Bezeichnung nach der Gladiator und die Gladiatorin.

Falls wir uns an den Spartakusaufstand erinnern, müssen wir uns jetzt leider eingestehen, daß es nicht der, wie im Geschichtsunterricht unter die Nase gerieben, von billig und gerecht Denkenden war, sondern der von Mördern und -innen.

Im Prinzip ist das auch selbsterklärend, da der Wettstreit in einer Arena nicht mit einem Kräftemessen unter Gleichgesinnten vergleichbar ist, sondern wohl eher dann mit öffentlich praktiziertem Mord, über den man sich ereifert und auf den man wettet. Daß das Leben etwas Besseres verdient hätte, dafür können auch die Kolosseen keinen Beweis antreten.

Unsere Spaghetti-und-Tomatensoße-fressenden Kollegen und -innen haben letztlich auch nicht verstanden, daß ein Kolosseum per se nicht für unsere gemeinsamen Errungenschaften steht; die erkennen lassen, daß wir vernünftig, liebevoll und verantwortungsbewusst, wenngleich ein wenig mit Abstrichen, miteinander umgehen, sondern stattdessen, wie man die bloße Möglichkeit auf gemeinsame gezielt verhindert; indem man schändet und schindet. Insofern verwundert es nicht, daß das bekannteste davon in Rom wie der „Vatikan" steht.

Der Unterschied zu einem Lager, in dem man die Tradition der deutschen Reinheit und die Einhaltung der deutschen Ahnenabfolge pflegte, ist jedoch, daß das hochwohlgeschätzte Rom sich wider allen bisherigen Geschichtserkenntnissen nie etwas zu schulden kommen ließ (abgesehen von den paar Hanseln - man unkt auch, daß es ganze Völkerschaften waren -, die man fachgerecht und fachkundig in einem klitzekleinen Zeitraum abgemurkst hat): was man bis heute noch ohne jegliche Konsequenzen feiert und zelebriert. Wo da der Unterschied zu finden sein soll, wird damit bis in alle Ewigkeit ein Rätsel bleiben.

Und damit wird dafür plädiert, daß man am Limes ein paar Mahn- und Denkmäler errichtet, da dort unnötigerweise deutsche Dackel, Pudel und Schäferhunde ihr Leben ließen, was bis heute nicht gesühnt worden ist. Auch wenn wir heute ehrlicherweise von uns kundgeben müssen, daß sich die Cäsaren den einstmals betriebenen Aufwand hätten sparen können, da wir uns mittlerweile selbst entsorgen. Die Sonne, die ursprünglich immer im Westen unterging - das hat zumindest der Osten mittlerweile unter Beweis gestellt -, ist ganz vehement eine wissenschaftliche Falschaussage, da das Ding im Osten auch auf der Esse mit „Fr" am Anfang gelandet ist. Damit können wir uns brüderlich und schwesterlich in der Mitte die Hände reichen; ab und an kommt auch noch ein „es" dazu, was immer das sein soll, da wir zusammen unter Beweis gestellt haben, daß der eine so bekloppt und bescheuert ist wie die andere. Zumindest, was das anbelangt, haben wir Einigkeit erlangt, wo auch immer dabei Recht und Freiheit hingeraten sind. Ein Phänomen, das man vielleicht in einem gemeinsamen Interesse mal klären sollte. Was das Erinnern an den Limes aufrechterhalten könnte, obwohl es Vergangenheit ist, die wie an anderen Orten auch Vergangenheit sein sollte: Wir hätten hier ein paar Dummys, mit denen man das Geschehen nachstellen könnte.

Einen Grund, auf etwas in diesem Zusammenhang stolz zu sein, gibt es nicht: Da unser eigenes „Militär" noch nicht einmal verstanden hat, daß Mord am Ende nichts anderes als nur Mord ist. Und insofern ist es auch nicht damit zu vereinbaren, daß man noch nicht einmal mit entsprechenden Gerätschaften anderen in der Landwirtschaft unter die Arme greift und ihnen zu Hilfe eilt. Wenngleich sich unser gemeinsames ^{9}Schicksal$_{85}$ = 96 istgleich 9 + 6 = 15 istgleich 1 + 5 = 6 auf ein' und dem selben ^{5}Kreis$_{62}$ = 69 istgleich 6 + 9 = 15 istgleich 1 + 5 = 6 bewegt, ist das immer am Ende solch eine Sache; da sich vorderhand auch „Stiefelchen" mit Mütze und in Uniform quasi eingestehen müssten, daß da etwas an der Sache vorbeigeht.

Das Elemenieren von Dingen an sich, hat aber nichts mit dem zu tun, was wir damit verbinden. Wir klären mal kurz, weshalb ^{11}elemenieren$_{105}$ = 118 istgleich 1 + 1 + 8 = 10 istgleich 1 + 0 = 1 so zu schreiben ist und nicht so: ^{11}eliminieren$_{113}$ = 126 istgleich 1 + 2 + 6 = 9. Es gilt Folgendes:

^{11}elemenieren$_{105}$	=	118		118 - 1	=	117
^{1}a$_{1}$	=	4		4 - 1	=	3
^{1}b$_{2}$	=	5		5 - 1	=	4
^{1}b$_{2}$	=	5		5 - 1	=	4
^{1}a$_{1}$	=	4		4 - 1	=	3
^{7}a und b$_{42}$	=	55		55 - 1	=	54
^{7}a ≠ b$_{6}$	=	19		19 - 1	=	18
^{7}b ≠ a$_{6}$	=	19		19 - 1	=	18
^{11}1 = 1 = 1$_{7}$	=	28		28 - 1	=	27
					=	248

2 + 4 + 8 + 1 für ein System	=	15	=	1 + 5	=	6

istgleich

^{25}ein Element ausschlieszen$_{263}$	=	294		294 - 1	=	293

2 + 9 + 3 + 1 für ein System	=	15	=	1 + 5	=	6

Es gilt die Bedingung 6 = 6 in einem Gleichgewicht, die sich über 2 + 4 + 8 + 1 und 2 + 9 + 3 + 1 in Form der beiden Zahlen 249 und 294 ergibt.

Merke!

„Ein Element ausschließen" wird über a, b, b und a in Form von a und b infolge $a \neq b$ und $b \neq a$ unter der Bedingung 1 = 1 = 1 mit dem Wort „elemenieren" umschrieben.

Da $1 \neq 9$ ist, ist die Schreibweise „elemenieren" richtig und die Schreibweise „eliminieren" falsch. Falls du immer noch der Meinung bist, daß ein „Element" ein „Elimint" ist, springst du bitte aus dem Fenster, möglichst von weiter oben, damit das auch was bringt. Dein Elefant, der dann im Umkehrschluß ein merkwürdiger Elifant wäre, kann einem nur leid tun.

Der Vollständigkeit halber sehen wir uns über $^{1}a_{1} = 4$, $^{1}b_{2} = 5$, $^{1}b_{2} = 5$ und $^{1}a_{1} = 4$ unter der Bedingung $^{11}1 = 1 = 1_{7} = 28$ mit Fokus auf das Wort ^{14}implementieren$_{158}$ = 174 noch den nachfolgenden Zusammenhang an:

^{14}implementieren$_{158}$	=	174		174 - 1	=	173
$^{1}a_{1}$	=	4		4 - 1	=	3
$^{1}b_{2}$	=	5		5 - 1	=	4
$^{1}b_{2}$	=	5		5 - 1	=	4
$^{1}a_{1}$	=	4		4 - 1	=	3
$^{11}1 = 1 = 1_{7}$	=	28		28 - 1	=	27
					=	214

2 + 1 + 4 + 1 für ein System	=	8

istgleich

^{21}ein Element einfuegen$_{188}$	=	215		215 - 1	=	214

2 + 1 + 4 + 1 für ein System	=	8

Jeweils aus 2 + 1 + 4 + 1 erhalten wir die Bedingung 8 = 8 in einem Gleichgewicht, die den beiden Zahlen 215 geschuldet ist.

Merke!

„Ein Element einfügen" wird über a, b, b und a unter der Bedingung 1 = 1 = 1 mit dem Wort „implementieren" umschrieben.

Implementieren und Elemenieren sind damit logische Gegenspieler, die sich gegenseitig und wechselseitig bedingen: Das eine geht also ohne das andere nicht!

Im Prinzip ist das Ergebnis genauso peinlich, wie das ein ^{8}Sakrileg$_{82}$ = 92 ein Vergehen gegen Heiliges sein soll, wobei, wenn man die Stoßrichtung bei einer heiligen Sache verstanden hätte, logischerweise der zusammengemauste Krempel und Plunder nicht darunterfällt. In der Regel verbindet man das mit dem Begriff der

^{10}Blasphemie$_{90}$ = 102,

für die aber blöderweise über $^{1}a_{1} = 4$ und $^{1}b_{2} = 5$ infolge $^{7}a \neq b_{6} = 19$ und $^{7}b \neq a_{6} = 19$ unter der Bedingung $^{11}1 = 1 = 1_{7} = 28$ Folgendes gilt: Böse Zungen behaupten jetzt, da die Silbe „Blas" auch etwas anderes vertuschen könnte, daß diese nicht ohne Grund in der römisch-katholischen Kirche beworben worden ist. Falls es nicht so ernst wäre, könnte man auch mal darüber lachen.

^{10}Blasphemie$_{90}$	=	102		102 - 1	=	101
$^{1}a_{1}$	=	4		4 - 1	=	3
$^{1}b_{2}$	=	5		5 - 1	=	4
$^{7}a \neq b_{6}$	=	19		19 - 1	=	18
$^{7}b \neq a_{6}$	=	19		19 - 1	=	18
$^{11}1 = 1 = 1_{7}$	=	28		28 - 1	=	27
^{15}Beziehungsebene$_{147}$	=	164		164 - 1	=	163
^{9}Beziehung$_{97}$	=	108		108 - 1	=	107
					=	441

4 + 4 + 1 + 1 für ein System	=	10	=	1 + 0	=	1

istgleich

^{8}Verstosz$_{144}$	=	154		154 - 1	=	153
^{9}Bedingung$_{83}$	=	94		94 - 1	=	93
^{21}ein Adam und eine Eva$_{147}$	=	178		178 - 1	=	177
					=	423

4 + 2 + 3 + 1 für ein System = 10 = 1 + 0 = 1

Wir erhalten die Bedingung 1 = 1 in einem Gleichgewicht, die sich aus 4 + 4 + 1 + 1 und 4 + 2 + 3 + 1 in Form der beiden Zahlen 442 und 424 ergibt.

Merke!

Blasphemie ist über a und über b infolge a ≠ b und b ≠ a unter der Bedingung 1 = 1 = 1 der Verstoß auf unserer eigenen Beziehungsebene über Beziehung gegen die Bedingung „ein Adam und eine Eva".

Das Verstoßen und offensichtlich auch Stoßen gegen die eigenen Grundfesten innerhalb der römisch-katholischen Kirche verstand und versteht man sehr gut; insofern hätte man die besagte Silbe im Wort „Blasphemie", die logischerweise nichts Böses erahnen lässt, dann wohl doch etwas genauer unter die Lupe nehmen müssen.

Das Sakrileg stupst uns dann wenig überraschend mit unserer Nase auf den nachfolgenden Zusammenhang: Manchmal ist es aber auch wie verhext, daß man es im Endeffekt einfach nicht riecht, was da irgendwo so Phase ist.

^{8}Verstosz$_{144}$	=	154		154 - 1	=	153
^{9}Bedingung$_{83}$	=	94		94 - 1	=	93
^{22}ein Mann und eine Frau$_{188}$	=	220		220 - 1	=	219
					=	465

4 + 6 + 5 + 1 für ein System = 16 = 1 + 6 = 7

istgleich

^{8}Sakrileg$_{82}$	=	92		92 - 1	=	91
^{1}a$_{1}$	=	4		4 - 1	=	3
^{1}b$_{2}$	=	5		5 - 1	=	4
^{1}b$_{2}$	=	5		5 - 1	=	4
^{1}a$_{1}$	=	4		4 - 1	=	3
^{7}a und b$_{42}$	=	55		55 - 1	=	54
$^{7}a \neq b_{6}$	=	19		19 - 1	=	18
$^{7}b \neq a_{6}$	=	19		19 - 1	=	18
^{15}Beziehungsebene$_{147}$	=	164		164 - 1	=	163
^{9}Beziehung$_{97}$	=	108		108 - 1	=	107
					=	465

4 + 6 + 5 + 1 für ein System	=	16	=	1 + 6	=	7

In höchster Ehrfurcht und mit schlechtem Gewissen haben wir die Bedingung 7 = 7 in einem Gleichgewicht erhalten, die sich jeweils über 4 + 6 + 5 + 1 aus den beiden Zahlen 466 ergibt.

Merke!

Ein Sakrileg ist über a, b, b und a in Form von a und b infolge $a \neq b$ und $b \neq a$ der Verstoß auf unserer eigenen Beziehungsebene über Beziehung gegen die Bedingung „ein Mann und eine Frau".

Vorzugsweise dient das Pochen auf das Sakrileg offensichtlich nur dazu, auf daß es sich hinter verschlossenen Türen umschiffen lässt. Sich selbst in der römisch-katholischen Kirche daran zu halten, daß das nicht infragekommt, hat unser Schmetterling bewiesen, der nach etlichen Gefechten von dort durchgeorgelt und durchgepimpert wiedergekommen ist. Sehr unschön, da wir im Prinzip wissen, wie Geschenke auszusehen haben: jedenfalls nicht so.

Mit etwas „Schirm, Charme und Melone" könnte man dem Wort ^{10}Blasphemie$_{90}$ = 102 unterstellen, daß man durch das Sakrileg (welches den Raub des Heiligen bezeichnet, was im Prinzip aus den Worten „sacer" und „legere" hervorgeht) über ^{1}a$_{1}$ = 4, ^{1}b$_{2}$ = 5, ^{1}b$_{2}$ = 5 und ^{1}a$_{1}$ = 4 unter der Bedingung $^{11}1 = 1 = 1_{7} = 28$, den beiden Worten „blasere" und „feminae" geschuldet, aus (102 - 1) + (4 - 1) + (5 - 1) +

(5 - 1) + (4 - 1) + (28 - 1) + 1 für ein System istgleich 143 istgleich 1 + 4 + 3 = 8 nichts anderes als

^{15}blasere feminae$_{115}$ = 134 (= Blasf(ph)emie)

istgleich 1 + 3 + 4 = 8 erhält; was so viel wie blasende Frauen bedeutet. Der „Raub des Heiligen" deckt dann wohl doch nur ein Bedürfnis ab, das man sich in den Reihen der römisch-katholischen Kirche nicht nur gönnt, sondern auch offen ausspricht, was nur gewaltsam, deren Scheinheiligkeit geschuldet, durchzusetzen ist.

Insofern ist auch hier zu bemängeln, daß sich über der Worte Inhalt nie Gedanken gemacht worden sind; und so konnte „die römisch-katholische Bumsgemeinde", bestehend aus alten Böcken nebst Geißen, die beim „Vogelschießen" immer verlässlich den Platz 1 belegt, fast gänzlich unbemerkt ihr Unwesen treiben und frisch, fromm, fröhlich, frei schänden und schinden, was das Zeug hält. Daß besagtes Gesindel und Gesocks im „Vatikan" wegkommt, ist damit gesetzt.

Die oftmals so gerühmte ^{15}Unsterblichkeit$_{176}$ = 193 der Seele im Jenseits, die im Diesseits wahrscheinlich dann knieenderweise auch als Abbitte eingefordert werden kann; und versteht mich nicht falsch, natürlich nur die erste Silbe im Wort „Blasphemie" betreffend, hat nichts damit zu tun, daß eine römisch-katholische Sportgemeinschaft durch die Betten steigt, da Erstere im ^{6}Nichts$_{73}$ = 81 über (193 - 1) + (81 - 1) + 1 für ein System istgleich 273 istgleich 2 + 7 + 3 = 12 istgleich 1 + 2 = 3 - bedingt durch die ^{8}Paritaet$_{90}$ = 100 von ^{7}a und b$_{42}$ = 55 unter der Bedingung ^{11}1 = 1 = 1$_{7}$ = 28 - infolge (100 - 1) + (55 - 1) + (28 - 1) + (45 - 1) + (49 - 1) + 1 für ein System istgleich 273 istgleich 2 + 7 + 3 = 12 istgleich 1 + 2 = 3 die dessen ist, der hier irgendwo als ^{4}Enki$_{39}$ = 45 oder auch als ^{5}En-ki$_{40}$ = 49 herumstolpert.

Es ist aber auch ein Kreuz, daß dieser auf die blöde Idee gekommen ist, daß durch die ^{8}Paritaet$_{90}$ = 100 von ^{7}a und b$_{42}$ = 55 unter anderem Folgendes gilt:

^{8}Paritaet$_{90}$	=	100		100 - 1	=	99
^{7}a und b$_{42}$	=	55		55 - 1	=	54
^{10}Weltenbaum$_{116}$	=	128		128 - 1	=	127
					=	280

2 + 8 + 0 + 1 für ein System	=	11	=	1 + 1	=	2

istgleich

^{18}biologische Eltern$_{178}$	=	200		200 - 1	=	199
^{6}Eltern$_{74}$	=	82		82 - 1	=	81
					=	280

2 + 8 + 0 + 1 für ein System	=	11	=	1 + 1	=	2

Wir erhalten die Bedingung 2 = 2 in einem Gleichgewicht, welche durch jeweils 2 + 8 + 0 + 1 den beiden Zahlen 281 geschuldet ist.

Merke!

Im Weltenbaum sind bedingt durch die Parität von a und b unsere Eltern im Idealfall auch unsere biologischen.

Das heißt, da wir für unsere Eltern aus 8 + 2 = 10 istgleich 1 + 0 = 1 die 1 und für unsere biologischen aus 2 + 0 + 0 = 2 die 2 erhalten und 1 < 2 ist, immer Erstere darüber entscheiden, ob wir zusammengehören, und Letztere nicht.

Insofern ist es möglich, daß unsere biologischen Eltern, auch wenn wir fest davon überzeugt sind, daß es so ist, nicht unsere Eltern sind. Wir erhalten aus $^{1}a_{1}$ = 4, $^{1}b_{2}$ = 5, $^{1}b_{2}$ = 5 und $^{1}a_{1}$ = 4 den nachfolgenden Zusammenhang:

^{6}Geburt$_{73}$	=	81		81 - 1	=	80
$^{1}a_{1}$	=	4		4 - 1	=	3
$^{1}b_{2}$	=	5		5 - 1	=	4
$^{1}b_{2}$	=	5		5 - 1	=	4
$^{1}a_{1}$	=	4		4 - 1	=	3
^{8}Paritaet$_{90}$	=	100		100 - 1	=	99
$^{7}a \neq b_{6}$	=	19		19 - 1	=	18
$^{7}b \neq a_{6}$	=	19		19 - 1	=	18
					=	229

2 + 2 + 9 + 1 für ein System	=	14	=	1 + 4	=	5

istgleich

^{10}Entbindung$_{110}$	=	122		122 - 1	=	121
^{6}Eltern$_{74}$	=	82		82 - 1	=	81
					=	202

2 + 0 + 2 + 1 für ein System	=	5

Aus 2 + 2 + 9 + 1 und 2 + 0 + 2 + 1 erhalten wir durch die beiden Zahlen 230 und 203 die Bedingung 5 = 5 in einem Gleichgewicht.

Merke!

Die Geburt gibt über a, b, b und a respektive deren Parität infolge a ≠ b und b ≠ a vor, wer unsere Eltern bei unserer Entbindung sind.

Das Problem dabei ist, daß wir mit der Geburt nichts zu tun haben, sondern nur mit der Entbindung. Erstere gibt vor, welche es bei der Entbindung sein müssten.

Die Begründung, daß es unsere biologischen Eltern sind, ist nicht hinreichend dafür, daß es tatsächlich unsere Eltern sind. Es gilt Folgendes:

^{6}Geburt$_{73}$	=	81		81 - 1	=	80
^{1}a$_{1}$	=	4		4 - 1	=	3
^{1}b$_{2}$	=	5		5 - 1	=	4
^{1}b$_{2}$	=	5		5 - 1	=	4
^{1}a$_{1}$	=	4		4 - 1	=	3
^{8}Paritaet$_{90}$	=	100		100 - 1	=	99
$^{7}a \neq b_{6}$	=	19		19 - 1	=	18
$^{7}b \neq a_{6}$	=	19		19 - 1	=	18
					=	229

2 + 2 + 9 + 1 für ein System	=	14	=	1 + 4	=	5

ungleich

^{10}Entbindung$_{110}$	=	122		122 - 1	=	121
^{18}biologische Eltern$_{178}$	=	200		200 - 1	=	199
					=	320

3 + 2 + 0 + 1 für ein System	=	6

Es gilt die Bedingung 5 ≠ 6 in einem Gleichgewicht, die über 2 + 2 + 9 + 1 und 3 + 2 + 0 + 1 den beiden Zahlen 230 und 231 geschuldet ist.

Merke!

Die Geburt allein begründet über a, b, b und a respektive deren Parität infolge a ≠ b und b ≠ a nicht, daß es sich bei der Entbindung um die biologischen Eltern handelt.

Das heißt, daß wir auch bei „Eltern" landen können, die gar nicht die unsrigen sind. Letzteres begründet, warum die von Maria Magdalena nicht die ihren sind. Wenn es unsere sind, können Missbrauch und Misshandlung wie in ihrem Fall erst gar nicht stattfinden. Das ist nur möglich, falls wir auf unserer eigenen Beziehungsebene unter dem Aspekt von Beziehung nicht zusammengehören. Das heißt, wenn das makedonische Rotzlöffelpack abtritt, muss sie für diese keine Träne vergießen: Da sie nie zu ihr gehört haben, analog dem Anatolier! Die Grundlagen hierfür hatten wir bereits im Buch „Chaos im Paradies: Der Weg zur Klärung der Beziehungsebene über Beziehung einschließlich Lösung - Buch 1" besprochen.

Die ^{6}Geburt$_{73}$ = 81 gibt vor, was es tatsächlich zu sein hat. Es gilt der nachfolgende Zusammenhang:

^{6}Geburt$_{73}$	=	81		81 - 1	=	80
^{21}ein Adam und eine Eva$_{147}$	=	178		178 - 1	=	177
					=	257

2 + 5 + 7 + 1 für ein System	=	15	=	1 + 5	=	6

istgleich

^{8}Paritaet$_{90}$	=	100		100 - 1	=	99
^{7}a und b$_{42}$	=	55		55 - 1	=	54
$^{11}1 = 1 = 1_{7}$	=	28		28 - 1	=	27
^{10}Entbindung$_{110}$	=	122		122 - 1	=	121
^{18}biologische Eltern$_{178}$	=	200		200 - 1	=	199
^{6}Eltern$_{74}$	=	82		82 - 1	=	81
					=	581

5 + 8 + 1 + 1 für ein System	=	15	=	1 + 5	=	6

In einem Gleichgewicht gilt die Bedingung 6 = 6, die sich über 2 + 5 + 7 + 1 und 5 + 8 + 1 + 1 aus den beiden Zahlen 258 und 582 ergibt.

Merke!

Die Geburt setzt durch die Bedingung „ein Adam und eine Eva" voraus, daß respektive der Parität von a und b unter der Bedingung 1 = 1 = 1 bei einer Entbindung die biologischen Eltern mit den Eltern identisch sind.

Daraus folgt, da das im Prinzip nirgends erfüllt ist, daß unser gemeinsamer menschlicher Familienstammbaum vollkommen und vollständig durcheinander ist. Wir können zurzeit noch nicht einmal sagen, ob unsere Eltern, wo wir glauben, daß es unsere sind - daß es tatsächlich so ist.

Das trifft auch auf alles andere zu, etwa Kinder, Enkelkinder, Brüder, Schwestern, Großeltern und so weiter und so fort: Hier stimmt gar nichts und das Ergebnis sind Missbrauch und Misshandlung. Ersteres ist damit logischerweise die einzige Ursache dafür, daß der Exodus innerhalb der Apokalypse aktiv ist, was sich seit Menschengedenken in unzähligen Konflikten und Auseinandersetzungen widerspiegelt. Das Einzige, worauf Verlass ist, ist, daß, falls man genau diese Thematik anspricht und bemüht ist, sie einer Klärung zuzuführen, die tendenziell mit einer Lösung dafür einhergeht, man beschimpft, belöffelt und beleiert wird.

Allein, was das Auftreten und Verhalten des einen und der anderen anbelangt, ist das natürlich etwas dürftig und wenig motivierend dafür, um den Menschen auf dieser Erde die Hände zu reichen. Gut, aber wer nicht will, der hat schon, im Zweifelsfall ein Ticket ohne Rückfahrkarte für den bevorstehenden Systemrauswurf. Da es etliche Witzbolde auf diesem Planeten gibt, bleibt zu erwähnen, daß es für Missbrauch und Misshandlung, die jedwedes Lebewesen betreffen, keine Entschuldigung hierfür gibt; was Lebensformen anbelangt, sieht es etwas anders aus, da wir ansonsten nie in der Lage dazu wären, etwa einen Nagel in ein Brett einzuschlagen. Letzteres entbehrt nicht, daß wir auch mit Lebensformen vergleichsweise einem Stuhl und einem Tisch liebevoll und vernünftig umgehen. Insofern ist es selbsterklärend, daß am Ende sowohl für organische Lebensformen, die wir regelmäßig als Lebewesen bezeichnen, als auch für anorganische ein' und die selben Regeln gelten, die auf Gesetzen und Geboten basieren. Weshalb ist das so? Es ist immer alles 1 und somit stets Ein' und das Selbe!

Mit Blick auf die Bedingung ^{22}ein Mann und eine Frau$_{188}$ = 220 bezieht sich im Ergebnis die ^{6}Geburt$_{73}$ = 81 auf Folgendes:

^{6}Geburt$_{73}$	=	81		81 - 1	=	80
^{7}a und b$_{42}$	=	55		55 - 1	=	54
^{11}1 = 1 = 1$_{7}$	=	28		28 - 1	=	27
					=	161

1 + 6 + 1 + 1 für ein System	=	9

istgleich

^{10}Entbindung$_{110}$	=	122		122 - 1	=	121
^{18}biologische Eltern$_{178}$	=	200		200 - 1	=	199
^{6}Eltern$_{74}$	=	82		82 - 1	=	81
^{22}ein Mann und eine Frau$_{188}$	=	220		220 - 1	=	219
					=	620

6 + 2 + 0 + 1 für ein System	=	9

Es gilt die Bedingung 9 = 9 in einem Gleichgewicht, die sich logisch über 1 + 6 + 1 + 1 und 6 + 2 + 0 + 1 aus den beiden Zahlen 162 und 621 ergibt.

Merke!

Die Geburt setzt durch die Bedingung „ein Mann und eine Frau" voraus, daß in Form von a und b unter der Bedingung 1 = 1 = 1 bei der Entbindung die biologischen Eltern mit den Eltern identisch sind.

Insofern haben wir zum wiederholten Mal den Beweis dafür erbracht, daß die Bedingungen „ein Mann und eine Frau" und „ein Adam und eine Eva" von uns zu erfüllen sind und keiner Interpretation unterliegen oder etwa einer blöden Diskussion.

Das ^{5}Chaos$_{46}$ = 53, welches man veranstaltet und ^{13}keine Ordnung$_{137}$ = 154 hinterlässt, verweist auf Folgendes, das im Ergebnis auch für etwas anderes steht:

^{5}Chaos$_{46}$	=	53		53 - 1	=	52
^{1}H$_{8}$	=	11		11 - 1	=	10
^{1}O$_{15}$	=	18		18 - 1	=	17
^{6}Nichts$_{73}$	=	81		81 - 1	=	80
^{13}keine Ordnung$_{137}$	=	154		154 - 1	=	153
					=	312

3 + 1 + 2 + 1 für ein System	=	7

istgleich

^{1}a$_{1}$	=	4		4 - 1	=	3
^{1}b$_{2}$	=	5		5 - 1	=	4
^{11}1 = 1 = 1$_{7}$	=	28		28 - 1	=	27
^{10}Weltenbaum$_{116}$	=	128		128 - 1	=	127
^{7}Ordnung$_{93}$	=	102		102 - 1	=	101
^{5}H - O$_{24}$	=	35		35 - 1	=	34
^{5}O - H$_{24}$	=	35		35 - 1	=	34
					=	330

3 + 3 + 0 + 1 für ein System	=	7

Es gilt die Bedingung 7 = 7 in einem Gleichgewicht, die sich aus 3 + 1 + 2 + 1 und 3 + 3 + 0 + 1 in Form der beiden Zahlen 313 und 331 ergibt. Letztere kennen wir, die uns bedingt durch die ^{8}Paritaet$_{90}$ = 100 von ^{7}a und b$_{42}$ = 55 über (100 - 1) + (55 - 1) + (178 - 1) + 1 für ein System istgleich 331 istgleich 3 + 3 + 1 = 7 wiederholt an die Bedingung ^{21}ein Adam und eine Eva$_{147}$ = 178 erinnert, der dann ordnungsgemäß die ^{10}Apokalypse$_{121}$ = 133 istgleich 1 + 3 + 3 = 7 zuzuordnen und in diese einzuordnen ist: Es verfolgt uns also immer wieder.

Merke!

Da, wo im Nichts nur „H" und „O" existieren, herrscht Chaos, da keine Ordnung besteht, und über a und über b unter der Bedingung 1 = 1 = 1 Ordnung, da, wo innerhalb des Weltenbaumes H - O und O - H existieren.

Interpretationsseitig leben wir in einem System, das durch die Grundlogik in diesem nicht auf Chaos beruht, da es sich jenseits dessen um ein ebensolches handelt. Daß es für uns, um unser eigenes Dasein zu besichern, Regeln, Gesetze und Gebote geben muss, ist damit verständlich.

Letzten Endes basiert unser eigenes ^{5}Leben$_{38}$ = 45 durch ^{1}a$_{1}$ = 4 und ^{1}b$_{2}$ = 5 respektive deren ^{8}Paritaet$_{90}$ = 100 unter der Bedingung ^{11}1 = 1 = 1$_{7}$ = 28 über (45 - 1) + (4 - 1) + (5 - 1) + (100 - 1) + (28 - 1) + 1 für ein System istgleich 178 istgleich 1 + 7 + 8 = 16 istgleich 1 + 6 = 7 auf einem geordneten Chaos durch ein

^{16}geordnetes Chaos$_{158}$ = 178

istgleich 1 + 7 + 8 = 16 istgleich 1 + 6 = 7, welches für uns alle zusammen korrespondierend in der Bedingung

^{21}ein Adam und eine Eva$_{147}$ = 178

istgleich 1 + 7 + 8 = 16 istgleich 1 + 6 = 7 endet, das sich im ^{10}Weltenbaum$_{116}$ = 128 in Form von ^{2}HO$_{23}$ = 27 und ^{2}OH$_{23}$ = 27 durch (128 - 1) + (27 - 1) + (27 - 1) + (4 - 1) + (5 - 1) + 1 für ein System istgleich 187 istgleich 1 + 8 + 7 = 16 istgleich 1 + 6 = 7 über ^{1}a$_{1}$ = 4 und ^{1}b$_{2}$ = 5 widerspiegelt.

Letzteres begründet nicht, daß per se ^{13}keine Ordnung$_{137}$ = 154 istgleich 1 + 5 + 4 = 10 istgleich 1 + 0 = 1 existiert, da Erstere in Form von ^{7}a und b$_{42}$ = 55 über ^{7}a ≠ b$_{6}$ = 19 und ^{7}b ≠ a$_{6}$ = 19 unter der Bedingung ^{11}1 = 1 = 1$_{7}$ = 28 respektive (55

- 1) + (19 - 1) + (19 - 1) + (28 - 1) + (11 - 1) + (18 - 1) + 1 für ein System istgleich 145 istgleich 1 + 4 + 5 = 10 istgleich 1 + 0 = 1 lediglich zwischen

$^{1}H_{8}$ = 11 und $^{1}O_{15}$ = 18

relevant ist, die über $^{1}a_{1}$ = 4 und $^{1}b_{2}$ = 5 in Form von ^{7}a und b_{42} = 55 durch (154 - 1) + (4 - 1) + (5 - 1) + (55 - 1) + 1 für ein System istgleich 215 istgleich 2 + 1 + 5 = 8 ein

^{18}ungeordnetes Chaos$_{193}$ = 215

istgleich 2 + 1 + 5 = 8 hinterlässt. Damit ist es selbsterklärend, daß ausgehend von H und von O deren ungeordnetes Chaos, um Leben zu begründen, verlassen werden musste, da ein geordnetes hierfür notwendig ist. Allein, was unsere Vorstellung anbelangt, wohin Chaos führen soll, da gruselt es bereits die Sau und den Eber ebenso. Es ist also nur eine Frage dessen, welches Chaos vorliegt, damit es Leben gibt.

Merke!

Das Leben basiert, bedingt durch die Parität über a und über b unter der Bedingung 1 = 1 = 1, auf einem geordneten Chaos, welches mit der Bedingung „ein Adam und eine Eva“ gleichzusetzen ist; das sich über a und über b in Form von HO und OH im Weltenbaum widerspiegelt, wohingegen zwischen „H“ und „O“ in Form von a und b infolge a ≠ b und b ≠ a unter der Bedingung 1 = 1 = 1 keine Ordnung besteht: die über a und über b in Form von a und b ein ungeordnetes Chaos hinterlässt.

Was das Verständnis hinsichtlich eines organisierten und nicht organisierten Chaosses anbelangt, zieht es also auch ganz gewaltig im Oberstübchen. Freundlicher Hinweis: Wer beim Genitiv von Chaos gerade in Ohnmacht gefallen ist, sieht sich noch einmal die Deklination von Virus an. Es existiert also nicht nur eine Anzahl an Virussen, die unter uns wüten können, sondern auch eine Anzahl an Chaossen.

An die Schwachmaten auf dem Fußballplatz, Berichterstatter und -innen inklusive: Falls man ein Finale bestreitet und es am Ende sogar mehrere Finale sind, an denen man teilnimmt, ist und bleibt die Mehrzahl von Finale (= Einzahl: das Finale) Finale und nicht die Finals, da es die Finale sind! Warum steht das hier? Habe gestern Fußball angeschaut und man kann sich nicht vorstellen, was dort irgendwelche Reporter und Reporterinnen für Unsinn erzählen. Das nehmt ihr aber alle als treue Fußballanhänger und -innen hin, und man zahlt auch noch dafür, und zwar anständig. „Merkwürdig sein das.", sprach Meister Yoda und griff flugs nach dem Lichtschwert, um dem redaktionellen Imperium in seinem Todesstern eins überzuziehen.

Der $^{3}Tod_{39}$ = 44 von $^{2}HO_{23}$ = 27 und $^{2}OH_{23}$ = 27 wird über (44 - 1) + (27 - 1) + (27 - 1) + 1 für ein System istgleich 96 istgleich 9 + 6 = 15 istgleich 1 + 5 = 6 über $^{1}a_{1}$ = 4 und $^{1}b_{2}$ = 5 infolge (4 - 1) + (5 - 1) + (89 - 1) + 1 für ein System istgleich 96 istgleich 9 + 6 = 15 istgleich 1 + 5 = 6 übrigens als

$^{7}Genozid_{80}$ = 89

istgleich 8 + 9 = 17 istgleich 1 + 7 = 8 bezeichnet, welchem korrespondierend der sogenannte

$^{7}Urknall_{89}$ = 98

istgleich 9 + 8 = 17 istgleich 1 + 7 = 8 gegenübersteht. Wir hatten zusammen festgestellt, daß es in gewisser Weise immer noch „urknallt", was sich sowohl über die Restfusion als auch über die Restspaltung begründen lässt. Wer das nicht mehr auf seinem Schirm hat, muss leider noch mal im Buch „Chaos im Paradies: Der Weg zur Klärung der Beziehungsebene über Beziehung einschließlich Lösung - Buch 1" nachlesen. Wenn das so weitergeht, wird es wohl noch zur Pflichtlektüre werden müssen. Gesichert dabei ist, daß es sich nicht wie eine leichte lesen wird, dann eher wie eine schwere, aber eine notwendige.

Der $^{7}Genozid_{80}$ = 89, der aus dem $^{6}Exodus_{88}$ = 96 folgt, zieht über den $^{7}Urknall_{89}$ = 98 durch die anschließende $^{7}Genesis_{78}$ = 87 nach sich, daß wir etwas „Biblisches" im Ergebnis erhalten. Es gilt Folgendes:

$^{7}Genozid_{80}$	=	89		89 - 1	=	88
$^{6}Exodus_{88}$	=	96		96 - 1	=	95
$^{7}Urknall_{89}$	=	98		98 - 1	=	97
$^{7}Genesis_{78}$	=	87		87 - 1	=	86
$^{1}a_{1}$	=	4		4 - 1	=	3
$^{1}b_{2}$	=	5		5 - 1	=	4
					=	373

3 + 7 + 3 + 1 für ein System	=	14	=	1 + 4	=	5

istgleich

^{8}Paritaet$_{90}$	=	100		100 - 1	=	99
^{7}a und b$_{42}$	=	55		55 - 1	=	54
$^{7}a \neq b_{6}$	=	19		19 - 1	=	18
$^{7}b \neq a_{6}$	=	19		19 - 1	=	18
$^{11}1 = 1 = 1_{7}$	=	28		28 - 1	=	27
^{8}Sintflut$_{121}$	=	131		131 - 1	=	130
					=	346

3 + 4 + 6 + 1 für ein System	=	14	=	1 + 4	=	5

Wir erhalten ordnunsgemäß die Bedingung 5 = 5 aus 3 + 7 + 3 + 1 und 3 + 4 + 6 + 1 in Form der beiden Zahlen 374 und 347 in einem Gleichgewicht.

Merke!

Der Urknall führt über a zur Genesis und über b der Exodus zum Genozid, die durch die Parität von a und b infolge $a \neq b$ und $b \neq a$ unter der Bedingung 1 = 1 = 1 unter den Begriff der Sintflut fallen.

Sinngemäß wird während der Sintflut einerseits etwas angeschwemmt und andererseits etwas weggeschwemmt. Im Prinzip, daß beispielsweise aus einem H und einem O ein HO entsteht und im Gegenzug aus einem HO ein H und ein O. Also, auch was das anbelangt, wird nur Rotz erzählt.

Man hat damit auch hier nur versucht, dem Menschen auf unterschiedlichste und auf verschiedenste Art und Weise begreiflich zu machen, wie das System aufgebaut ist und welche Konsequenzen es unter Umständen gibt: falls es in der Schüssel nur scheppert und poltert. Wenn man sich das Ergebnis ansieht, ist es das erfolgloseste Projekt aller Zeiten. Egal, wie man das Blatt dreht und wendet: Der Mensch ist vollkommen und vollständig beratungsresistent. Der weiß alles, der kann alles und darf natürlich auch alles, insbesondere untergehen: Allen voran die Schießbudenfiguren im „Vatikan".

Was etwa ein ^{21}intergalaktischer Zoo$_{236}$ = 261 ist, da wir thematisch gesehen irgendwo in der Nähe dessen gelandet sind, ergibt sich korrespondierend über $^{1}a_{1}$ = 4 und $^{1}b_{2}$ = 5 in Form von ^{7}a und b$_{42}$ = 55 durch $^{7}a \neq b_{6}$ = 19 und $^{7}b \neq a_{6}$ = 19 unter der Bedingung $^{11}1 = 1 = 1_{7}$ = 28 aus dem nachfolgenden Zusammenhang:

^{21}intergalaktischer Zoo_{236}	=	261		261 - 1	=	260

2 + 6 + 0 + 1 für ein System	=	9

istgleich

$^{1}a_{1}$	=	4		4 - 1	=	3
$^{1}b_{2}$	=	5		5 - 1	=	4
^{7}a und b_{42}	=	55		55 - 1	=	54
$^{7}a \neq b_{6}$	=	19		19 - 1	=	18
$^{7}b \neq a_{6}$	=	19		19 - 1	=	18
$^{11}1 = 1 = 1_{7}$	=	28		28 - 1	=	27
$^{3}(HO_{n})_{37}$	=	43		43 - 1	=	42
$^{6}n \rightarrow \infty_{15}$	=	27		27 - 1	=	26
$^{3}(OH_{n})_{37}$	=	43		43 - 1	=	42
$^{6}n \rightarrow \infty_{15}$	=	27		27 - 1	=	26
					=	260

2 + 6 + 0 + 1 für ein System	=	9

Es gilt die Bedingung 9 = 9 in einem Gleichgewicht, die über jeweils 2 + 6 + 0 + 1 den beiden Zahlen 261 geschuldet ist.

Merke!

Der intergalaktische Zoo besteht durch a und durch b in Form von a und b infolge $a \neq b$ und $b \neq a$ unter der Bedingung 1 = 1 = 1 aus HO_n und OH_n, die durch $n \rightarrow \infty$ jeweils gegen Unendlich laufen.

Den Unterschied, wann es sich um „Unendlich", ein Lebewesen, handelt und wann sich in diesem etwas unendlich verhält, kennen wir bereits.

Der Vollständigkeit halber halten wir für die $^{7}Ursuppe_{116}$ = 125 den nachfolgenden Zusammenhang fest:

$^{7}Ursuppe_{116}$	=	125		125 - 1	=	124
$^{1}a_1$	=	4		4 - 1	=	3
$^{1}b_2$	=	5		5 - 1	=	4
$^{1}b_2$	=	5		5 - 1	=	4
$^{1}a_1$	=	4		4 - 1	=	3
					=	138

1 + 3 + 8 + 1 für ein System	=	13	=	1 + 3	=	4

istgleich

^{7}a und b_{42}	=	55		55 - 1	=	54
$^{11}1 = 1 = 1_7$	=	28		28 - 1	=	27
$^{2}(H_n)_{22}$	=	27		27 - 1	=	26
$^{6}n \rightarrow \infty_{15}$	=	27		27 - 1	=	26
$^{2}(O_n)_{29}$	=	34		34 - 1	=	33
$^{6}n \rightarrow \infty_{15}$	=	27		27 - 1	=	26
					=	192

1 + 9 + 2 + 1 für ein System	=	13	=	1 + 3	=	4

Aus 1 + 3 + 8 + 1 und 1 + 9 + 2 + 1 erhalten wir durch die beiden Zahlen 139 und 193 die Bedingung 4 = 4 in einem Gleichgewicht.

Merke!

Die Ursuppe besteht durch a, b, b und a in Form von a und b unter der Bedingung 1 = 1 = 1 aus H_n und O_n, die durch $n \rightarrow \infty$ jeweils gegen Unendlich laufen.

Der Unterschied zum galaktischen Zoo ist, daß zwischen den H_n und O_n in der Ursuppe keine Verbindung besteht, in Ersterem eine in Form von HO_n und OH_n.

Falls wir etwa von einer $^{21}Quantenverschraenkung_{258}$ = 281 istgleich 2 + 8 + 1 = 11 istgleich 1 + 1 = 2 sprechen, handelt es sich übrigens um Folgendes, was generell begründet, warum es sich beim sogenannten ^{10}Weltenbaum$_{116}$ = 128 istgleich 1 + 2 + 8 = 11 istgleich 1 + 1 = 2 um eine ebensolche handelt:

^{21}Quantenverschraenkung$_{258}$	=	281		281 - 1	=	280

2 + 8 + 0 + 1 für ein System	=	11	=	1 + 1	=	2

istgleich

^{7}a und b$_{42}$	=	55		55 - 1	=	54
$^{11}1 = 1 = 1_{7}$	=	28		28 - 1	=	27
$^{3}(HO_{n})_{37}$	=	43		43 - 1	=	42
$^{6}n \rightarrow \infty_{15}$	=	27		27 - 1	=	26
$^{3}(OH_{n})_{37}$	=	43		43 - 1	=	42
$^{6}n \rightarrow \infty_{15}$	=	27		27 - 1	=	26
					=	217

2 + 1 + 7 + 1 für ein System	=	11	=	1 + 1	=	2

Es gilt die Bedingung 2 = 2 in einem Gleichgewicht, die sich über 2 + 8 + 0 + 1 und 2 + 1 + 7 + 1 aus den beiden Zahlen 281 und 218 ergibt.

Merke!

Eine Quantenverschränkung basiert in Form von a und b unter der Bedingung 1 = 1 = 1 einerseits auf HO_n für $n \rightarrow \infty$ und andererseits auf OH_n für $n \rightarrow \infty$: die sich korrespondierend zum einen in der Verbindung von H mit O widerspiegelt und zum anderen in der von O mit H.

Die beiden Zahlen 281 und 218 beweisen, daß es sich über (128 - 1) + (11 - 1) + (18 - 1) + (18 - 1) + (11 - 1) + 1 für ein System istgleich 182 istgleich 1 + 8 + 2 = 11 istgleich 1 + 1 = 2 um die ^{10}Verbindung$_{116}$ = 128 von $^{1}H_{8}$ = 11 mit $^{1}O_{15}$ = 18 beziehungsweise um die von $^{1}O_{15}$ = 18 mit $^{1}H_{8}$ = 11 handelt.

In der Endkonsequenz liefert das $^{6}Nichts_{73} = 81$ respektive der $^{7}Energie_{63} = 72$ in diesem, die nichts anderes als die von $^{1}H_{8} = 11$ und von $^{1}O_{15} = 18$ ist, in Form von ^{7}a und $b_{42} = 55$ Folgendes: Daß das Nichts aus H und aus O analog a, b, 0 und 1 besteht, wurde bereits im Buch „Chaos im Paradies: Der Weg zur Klärung der Beziehungsebene über Beziehung einschließlich Lösung - Buch 1" erörtert.

$^{6}Nichts_{73}$	=	81		81 - 1	=	80
$^{7}Energie_{63}$	=	72		72 - 1	=	71
$^{1}H_{8}$	=	11		11 - 1	=	10
$^{1}O_{15}$	=	18		18 - 1	=	17
^{7}a und b_{42}	=	55		55 - 1	=	54
					=	232

2 + 3 + 2 + 1 für ein System	=	8

istgleich

$^{22}($ Quantenverschraen-kung$_{n}$ $)_{272}$	=	297		297 - 1	=	296
$^{6}n \rightarrow \infty_{15}$	=	27		27 - 1	=	26
					=	322

3 + 2 + 2 + 1 für ein System	=	8

Infolge 2 + 3 + 2 + 1 und 3 + 2 + 2 + 1 liegt durch die beiden Zahlen 233 und 323 die Bedingung 8 = 8 in einem Gleichgewicht vor.

Merke!

Das Nichts, welches aus der Energie von H und der von O besteht, ermöglicht über a und b, daß die Quantenverschränkung$_{n}$ durch $n \rightarrow \infty$ gegen Unendlich läuft; wobei diese dafür sorgt, daß über a und über b - bedingt durch a und b - durch HO_{n} für $n \rightarrow \infty$ $H_{n} = O_{n}$ im Weltenbaum gilt, die wiederum durch die Parität von a und b der Bedingung „ein Mann und eine Frau" entspricht.

Letztere sorgt dafür, daß durch $^{3}(HO_n)_{37} = 43$ für $^{6}n \rightarrow \infty_{15} = 27$ korrespondierend im ^{10}Weltenbaum$_{116}$ = 128 über $^{1}a_1 = 4$ und $^{1}b_2 = 5$ durch ^{7}a und b_{42} = 55 respektive (43 - 1) + (27 - 1) + (128 - 1) + (4 - 1) + (5 - 1) + (55 - 1) + (67 - 1) + 1 für ein System istgleich 323 istgleich 3 + 2 + 3 = 8 immer $^{8}(H_n = O_n)_{53} = 67$ gilt, die dann gänzlich überraschend, bedingt durch die ^{8}Paritaet$_{90}$ = 100 von ^{7}a und b_{42} = 55, über (67 - 1) + (100 - 1) + (55 - 1) + 1 für ein System istgleich 220 istgleich 2 + 2 + 0 = 4 der Bedingung ^{22}ein Mann und eine Frau$_{188}$ = 220 istgleich 2 + 2 + 0 = 4 entspricht. Es steht also bereits hier fest, daß der „Hmm" auf den Eimer gehört, im Umkehrschluß, welcher Eimer unter welchen „Hmm".

In der Endkonsequenz geht eine ^{21}Quantenverschraenkung$_{258}$ = 281 aus der ^{15}Beziehungsebene$_{147}$ = 164 von $^{1}H_8 = 11$ und $^{1}O_{15} = 18$ hervor, was sich aus dem nachfolgenden Zusammenhang ergibt:

^{21}Quantenverschraenkung$_{258}$	=	281		281 - 1	=	280

2 + 8 + 0 + 1 für ein System	=	11	=	1 + 1	=	2

istgleich

^{7}a und b_{42}	=	55		55 - 1	=	54
$^{7}a \neq b_6$	=	19		19 - 1	=	18
$^{7}b \neq a_6$	=	19		19 - 1	=	18
^{15}Beziehungsebene$_{147}$	=	164		164 - 1	=	163
$^{1}H_8$	=	11		11 - 1	=	10
$^{1}O_{15}$	=	18		18 - 1	=	17
					=	280

2 + 8 + 0 + 1 für ein System	=	11	=	1 + 1	=	2

Es gilt die Bedingung 2 = 2 in einem Gleichgewicht, die sich jeweils über 2 + 8 + 0 + 1 aus den beiden Zahlen 281 ergibt.

Beide begründen, warum die ^{21}Quantenverschraenkung$_{258}$ = 281 istgleich 2 + 8 + 1 = 11 istgleich 1 + 1 = 2 in Form von ^{7}a und b_{42} = 55 infolge $^{7}a \neq b_6 = 19$ und

$^{7}b \neq a_{6}$ = 19 - bedingt durch (55 - 1) + (19 - 1) + (19 - 1) + (128 - 1) + (11 - 1) + (18 - 1) + (37 - 1) + 1 für ein System istgleich 281 istgleich 2 + 8 + 1 = 11 istgleich 1 + 1 = 2 - der ^{10}Verbindung$_{116}$ = 128 von $^{1}H_{8}$ = 11 und $^{1}O_{15}$ = 18 unter der Bedingung $^{6}H = O_{25}$ = 37 entspricht oder der von $^{1}O_{15}$ = 18 und $^{1}H_{8}$ = 11 unter der Bedingung $^{6}O = H_{25}$ = 37.

Merke!

Die Quantenverschränkung basiert in Form von a und b infolge a ≠ b und b ≠ a auf der Beziehungsebene von „H" und „O"; die durch a und b über a ≠ b und b ≠ a der Verbindung von „H" und „O" unter der Bedingung H = O entspricht; oder andersherum: Wobei Erstere über a und b unter der Bedingung 1 = 1 = 1 auf deren Proportionalität und Relativität zurückzuführen ist.

Die ^{21}Quantenverschraenkung$_{258}$ = 281 von $^{1}H_{8}$ = 11 und $^{1}O_{15}$ = 19 operiert in Form ^{7}a und b_{42} = 55 unter der Bedingung $^{11}1 = 1 = 1_{7}$ = 28 infolge (281 - 1) + (11 - 1) + (18 - 1) + (55 - 1) + (28 - 1) + 1 für ein System istgleich 389 istgleich 3 + 8 + 9 = 20 istgleich 2 + 0 = 2 respektive (243 - 1) + (156 - 1) + 1 für ein System istgleich 398 istgleich 3 + 9 + 8 = 20 istgleich 2 + 0 = 2 über deren ^{17}Proportionalitaet$_{224}$ = 243 und ^{12}Relativitaet$_{142}$ = 156.

Die ^{21}Quantenverschraenkung$_{258}$ = 281 würde sich beispielsweise auch als ^{10}Verbindung$_{116}$ = 128 in Form von ^{7}a und b_{42} = 55 über (281 - 1) + (128 - 1) + (55 - 1) + 1 für ein System istgleich 462 istgleich 4 + 6 + 2 = 12 istgleich 1 + 2 = 3 im nachfolgenden Zusammenhang widerspiegeln, wenn es da nicht das ein oder andere Problem auf der ^{15}Beziehungsebene$_{147}$ = 164 gäbe, da das dortige ^{8}Paradies$_{73}$ = 83 flöten gegangen ist: Eine doppeldeutige Formulierung, die man auch missverstehen könnte, aber wir wissen ja, was gemeint ist. Ja, hier wird überall auf der Erde geflötet, nur nicht da, wo es erlaubt ist.

^{8}Paradies$_{73}$	=	83		83 - 1	=	82
^{15}Beziehungsebene$_{147}$	=	164		164 - 1	=	163
					=	245

2 + 4 + 5 + 1 für ein System	=	12	=	1 + 2	=	3

istgleich

^{7}a und b$_{42}$	=	55		55 - 1	=	54
^{16}Erdverbundenheit$_{174}$	=	192		192 - 1	=	191
					=	245

2 + 4 + 5 + 1 für ein System	=	12	=	1 + 2	=	3

Es gilt die Bedingung 3 = 3 in einem Gleichgewicht, die sich jeweils über 2 + 4 + 5 + 1 aus den beiden Zahlen 246 ergibt.

Merke!

Das Paradies auf unserer eigenen Beziehungsebene spiegelt sich in Form von a und b in unserer Erdverbundenheit wider.

Daß diese etwas zu wünschen übriglässt, steht außer Frage. Daß unsere eigene Beziehungsebene aber dafür verantwortlich sein soll, daß es überall wie Kraut und Rüben aussieht, ist wahrscheinlich neu für uns. Aber es ist dooferweise so und überhaupt, da die „krumme Bettenbelegung" auch Spuren auf der Erde hinterlässt.

Bevor wir unter das Kapitel einen Haken setzen, werfen wir noch kurz einen Blick auf die ^{13}Singularitaet$_{156}$ = 171, die da begriffstechnisch irgendwo in der Astrophysik herumgurkt. Das erste Manko, das wir beheben müssen, ist - analog: Wo man Wein anbaut, gibt es auch einen Wein -, daß wir klären müssen, wie beide zusammenhängen, da uns der Begriff der ^{11}Pluralitaet$_{135}$ = 148 wahrscheinlich schon mal begegnet ist. Es gilt Folgendes:

^{13}Singularitaet$_{156}$	=	171		171 - 1	=	170
^{11}Pluralitaet$_{135}$	=	148		148 - 1	=	147
^{7}a und b$_{42}$	=	55		55 - 1	=	54
^{11}1 = 1 = 1$_{7}$	=	28		28 - 1	=	27
					=	398

3 + 9 + 8 + 1 für ein System	=	21	=	2 + 1	=	3

istgleich

^{23}Gleichgewichtssituation$_{266}$	=	291		291 - 1	=	290
^{6}System$_{101}$	=	109		109 - 1	=	108
					=	398

3 + 9 + 8 + 1 für ein System	=	21	=	2 + 1	=	3

Wir erhalten in einem Gleichgewicht jeweils über 3 + 9 + 8 + 1 unter der Bedingung 3 = 3 die beiden Zahlen 399.

Merke!

Singularität und Pluralität gehören über a und b unter der Bedingung 1 = 1 = 1 zusammen, die aus einer Gleichgewichtssituation im System resultieren. Beide zusammen stehen für das, was über a und über b infolge a ≠ b und b ≠ a im System stattfindet.

Beide reflektieren durch $^{1}a_{1}$ = 4 und $^{1}b_{2}$ = 5 infolge $^{7}a \neq b_{6}$ = 19 und $^{7}b \neq a_{6}$ = 19 über (171 - 1) + (148 - 1) + (4 - 1) + (5 - 1) + (19 - 1) + (19 - 1) + 1 für ein System istgleich 361 istgleich 3 + 6 + 1 = 10 istgleich 1 + 0 = 1, was

^{9}im System$_{123}$ = 136

istgleich 1 + 3 + 6 = 10 istgleich 1 + 0 = 1 los ist. Die Singularität und die Pluralität finden wir damit innerhalb des Systems und nicht außerhalb. Die

^{13}Singularitaet$_{156}$ = 171

istgleich 1 + 7 + 1 = 9 basiert korrespondierend auf einem ^{15}Ungleichgewicht$_{154}$ = 171 istgleich 1 + 7 + 1 = 9 und die

^{11}Pluralitaet$_{135}$ = 148

über die ^{8}Paritaet$_{90}$ = 100 von ^{7}a und b_{42} = 55 unter der Bedingung $^{11}1 = 1 = 1_{7}$ = 28 durch (148 - 1) + (100 - 1) + (55 - 1) + (28 - 1) + 1 für ein System istgleich

328 istgleich 3 + 2 + 8 = 13 istgleich 1 + 3 = 4 auf der dazugehörigen ^{25}Ungleichgewichtssituation$_{301}$ = 328 istgleich 3 + 2 + 8 = 13 istgleich 1 + 3 = 4.

Das ^{15}Ungleichgewicht$_{154}$ = 171 und die ^{25}Ungleichgewichtssituation$_{301}$ = 328 sind über $^{1}a_{1}$ = 4 und $^{1}b_{2}$ = 5, wie wir uns vielleicht erinnern, in der Summe durch (171 - 1) + (328 - 1) + (4 - 1) + (5 - 1) + 1 für ein System istgleich 505 istgleich 5 + 0 + 5 = 10 istgleich 1 + 0 = 1 de facto die logischen Gegenspieler vom ^{13}Gleichgewicht$_{119}$ = 134 und von der ^{23}Gleichgewichtssituation$_{266}$ = 291, was sich im Endeffekt systembedingt aus (134 - 1) + (291 - 1) + (55 - 1) + (28 - 1) + 1 für ein System istgleich 505 istgleich 5 + 0 + 5 = 10 istgleich 1 + 0 = 1 ergibt, welche in Form von ^{7}a und b_{42} = 55 unter der Bedingung $^{11}1 = 1 = 1_{7}$ = 28 im System korrespondierend über Erstere und Letztere anzutreffen sind.

Da offensichtlich für die ^{13}Singularitaet$_{156}$ = 171 im System ^{7}(System$_{n}$)$_{115}$ = 125 für $^{6}n = 1_{17}$ = 29 gilt, erhalten wir durch die ^{8}Paritaet$_{90}$ = 100 von ^{7}a und b_{42} = 55 Folgendes:

^{7}(System$_{n}$)$_{115}$	=	125		125 - 1	=	124
$^{6}n = 1_{17}$	=	29		29 - 1	=	28
					=	152

1 + 5 + 2 + 1 für ein System	=	9

istgleich

^{8}Paritaet$_{90}$	=	100		100 - 1	=	99
^{7}a und b_{42}	=	55		55 - 1	=	54
$^{11}1 = 1 = 1_{7}$	=	28		28 - 1	=	27
^{13}Singularitaet$_{156}$	=	171		171 - 1	=	170
					=	350

3 + 5 + 0 + 1 für ein System	=	9

Es gilt die Bedingung 9 = 9 in einem Gleichgewicht, die über 1 + 5 + 2 + 1 und 3 + 5 + 0 + 1 den beiden Zahlen 153 und 351 geschuldet ist.

Merke!

Falls für das $System_n$ n = 1 gilt, sprechen wir bedingt durch die Parität von a und b unter der Bedingung 1 = 1 = 1 von einer Singularität.

Damit ist das $^7(System_n)_{115}$ = 125 istgleich 1 + 2 + 5 = 8 durch $^1a_1$ = 4 und $^1b_2$ = 5 über $^7a \neq b_6$ = 19 und $^7b \neq a_6$ = 19 respektive (4 - 1) + (5 - 1) + (19 - 1) + (19 - 1) + (109 - 1) + 1 für ein System istgleich 152 istgleich 1 + 5 + 2 = 8 das $^6System_{101}$ = 109 selbst. Bedingt durch $^6n = 1_{17}$ = 29 ist es in Form von ^7a und b_{42} = 55 unter der Bedingung $^{11}1 = 1 = 1_7$ = 28 infolge (29 - 1) + (55 - 1) + (28 - 1) + 1 für ein System istgleich 110 istgleich 1 + 1 + 0 = 2 $^9unendlich_{90}$ = 101 istgleich 1 + 0 + 1 = 2.

Aus dem $^7(System_n)_{115}$ = 125 für $^6n = \infty_{16}$ = 28 erhalten wir über $^1a_1$ = 4, $^1b_2$ = 5, $^1b_2$ = 5 und $^1a_1$ = 4 den nachfolgenden Zusammenhang:

$^7(System_n)_{115}$	=	125		125 - 1	=	124
$^6n = \infty_{16}$	=	28		28 - 1	=	27
$^1a_1$	=	4		4 - 1	=	3
$^1b_2$	=	5		5 - 1	=	4
$^1b_2$	=	5		5 - 1	=	4
$^1a_1$	=	4		4 - 1	=	3
$^7a \neq b_6$	=	19		19 - 1	=	18
$^7b \neq a_6$	=	19		19 - 1	=	18
					=	201

2 + 0 + 1 + 1 für ein System	=	4

istgleich

^7a und b_{42}	=	55		55 - 1	=	54
$^{11}Pluralitaet_{135}$	=	148		148 - 1	=	147
					=	201

2 + 0 + 1 + 1 für ein System	=	4

In einem Gleichgewicht gilt durch jeweils 2 + 0 + 1 + 1 die Bedingung 4 = 4, welche sich in den beiden Zahlen 202 widerspiegelt.

Merke!

Falls für das $System_n$ $n = \infty$ gilt, sprechen wir über a, b, b und a in Form von a und b infolge $a \neq b$ und $b \neq a$ von Pluralität.

Damit ist das $^7(System_n)_{115}$ = 125 in Form von ^7a und b_{42} = 55 unter der Bedingung $^{11}1 = 1 = 1_7$ = 28 durch (125 - 1) + (55 - 1) + (28 - 1) + 1 für ein System istgleich 206 istgleich 2 + 0 + 6 = 8 über $^1a_1 = 4$, $^1b_2 = 5$, $^1b_2 = 5$ und $^1a_1 = 4$ das

^{16}System im $System_{224}$ = 246

respektive (4 - 1) + (5 - 1) + (5 - 1) + (4 - 1) + (246 - 1) + 1 für ein System istgleich 260 istgleich 2 + 6 + 0 = 8. Letzteres ist über $^1a_1 = 4$ und $^1b_2 = 5$ - bedingt durch $^6n = \infty_{16}$ = 28 - infolge (246 - 1) + (4 - 1) + (5 - 1) + (28 - 1) + 1 für ein System istgleich 280 istgleich 2 + 8 + 0 = 10 istgleich 1 + 0 = 1 durch die $^8Paritaet_{90}$ = 100 von ^7a und b_{42} = 55 über $^7a \neq b_6 = 19$ und $^7b \neq a_6 = 19$ unter der Bedingung $^{11}1 = 1 = 1_7$ = 28 durch (100 - 1) + (55 - 1) + (19 - 1) + (19 - 1) + (28 - 1) + (64 - 1) + 1 für ein System istgleich 280 istgleich 2 + 8 + 0 = 10 istgleich 1 + 0 = 1 $^7endlich_{55}$ = 64.

Die Singularität, die das System umfasst, gibt damit vor, was es über die Pluralität in allen Teilsystemen zu sein hat. Über $^1a_1 = 4$ und $^1b_2 = 5$ erhalten wir für die $^{13}Singularitaet_{156}$ = 171 aus (4 - 1) + (5 - 1) + (171 - 1) + 1 für ein System istgleich 178 istgleich 1 + 7 + 8 = 16 istgleich 1 + 6 = 7 die Bedingung ^{21}ein Adam und eine Eva_{147} = 178 istgleich 1 + 7 + 8 = 16 istgleich 1 + 6 = 7 und zum wiederholten Mal für die $^{11}Pluralitaet_{135}$ = 148 über ^7a und b_{42} = 55 durch (148 - 1) + (55 - 1) + 1 für ein System istgleich 202 istgleich 2 + 0 + 2 = 4 korrespondierend die dazugehörige Bedingung ^{22}ein Mann und eine $Frau_{188}$ = 220 istgleich 2 + 2 + 0 = 4. Es beißt damit auch hier die Maus keinen Faden ab, daß beide Bedingungen einzuhalten sind und verständlicherweise auch keiner Interpretation unterliegen. Da das alles so hervorragend nicht klappt, gibt es die verdiente Freifahrkarte zu einem wunderschönen Ort im Nichts, wo dann tatsächlich auch nichts passiert und einem bis in alle Ewigkeit das Lebenslicht ausgeblasen wird. Eine Sonderbehandlung erfährt vollkommen unbestritten die römisch-katholische Bettenabteilung zu ihren Stoßzeiten, wo ein $^{10}Vaterunser_{143}$ = 155 istgleich 1 + 5 + 5 = 11 istgleich 1 + 1 = 2 auch nicht mehr helfen wird, da es durch die fortwährende $^{12}Misshandlung_{141}$ = 155 istgleich 1 + 5 + 5 = 11 istgleich 1 + 1 = 2 von Maria Magdalena bedeutungs- und wirkungslos geworden ist. Daß der Vater hier nicht mehr zuhören wird, dessen Ehefrau man auf unserer Erde geschunden und geschändet hat, ist dann am Ende ja wohl selbsterklärend: Also guten Flug und ab geht's raus aus dem System.

In der Summe gilt dann über $^{1}a_{1}$ = 4 und $^{1}b_{2}$ = 5 in Form von ^{7}a und b_{42} = 55 der nachfolgende Zusammenhang:

^{6}System$_{101}$	=	109		109 - 1	=	108

^{13}Singularitaet$_{156}$	=	171		171 - 1	=	170
^{7}(System$_{n}$)$_{115}$	=	125		125 - 1	=	124
^{6}n = 1$_{17}$	=	29		29 - 1	=	28
^{9}unendlich$_{90}$	=	101		101 - 1	=	100

^{11}Pluralitaet$_{135}$	=	148		148 - 1	=	147
^{7}(System$_{n}$)$_{115}$	=	125		125 - 1	=	124
^{6}n = ∞$_{16}$	=	28		28 - 1	=	27
^{7}endlich$_{55}$	=	64		64 - 1	=	63
					=	891

8 + 9 + 1 + 1 für ein System	=	19	=	1 + 9	=	10
			=	1 + 0	=	1

istgleich

$^{1}a_{1}$	=	4		4 - 1	=	3
$^{1}b_{2}$	=	5		5 - 1	=	4
^{7}a und b_{42}	=	55		55 - 1	=	54
^{13}Gleichgewicht$_{119}$	=	134		134 - 1	=	133
^{23}Gleichgewichtssituation$_{266}$	=	291		291 - 1	=	290
^{25}Ungleichgewichtssituation$_{301}$	=	328		328 - 1	=	327
^{15}Ungleichgewicht$_{154}$	=	171		171 - 1	=	170
					=	981

9 + 8 + 1 + 1 für ein System	=	19	=	1 + 9	=	10
			=	1 + 0	=	1

Es gilt die Bedingung 1 = 1 in einem Gleichgewicht, welche über 8 + 9 + 1 + 1 und 9 + 8 + 1 + 1 den beiden Zahlen 892 und 982 geschuldet ist.

Merke!

Das System ist als das $System_n$ für n = 1 unendlich, was unter dem Begriff der Singularität zu subsumieren ist, und korrespondierend unter dem der Pluralität das System im System, welches als das $System_n$ für n = ∞ endlich ist; die sich in Form von a und b über a und über b in einem Gleichgewicht, in einer Gleichgewichtssituation, einer Ungleichgewichtssituation und einem Ungleichgewicht zwischen diesen widerspiegeln; wobei die Toleranz im Toleranzbereich für „H" und „O" auf ihrer gemeinsamen Beziehungsebene innerhalb ihrer Beziehung vorgegeben ist.

Die beiden Zahlen 892 und 982 ziehen unweigerlich nach sich, daß über (121 - 1) + (178 - 1) + 1 für ein System istgleich 298 istgleich 2 + 9 + 8 = 19 istgleich 1 + 9 = 10 istgleich 1 + 0 = 1 die $^{8}Toleranz_{111}$ = 121 von $^{1}H_{8}$ = 11 und $^{1}O_{15}$ = 18 korrespondierend über (11 - 1) + (18 - 1) + (164 - 1) + (108 - 1) + 1 für ein System istgleich 298 istgleich 2 + 9 + 8 = 19 istgleich 1 + 9 = 10 istgleich 1 + 0 = 1 im

$^{15}Toleranzbereich_{161}$ = 178

auf ihrer gemeinsamen $^{15}Beziehungsebene_{147}$ = 164 innerhalb ihrer $^{9}Beziehung_{97}$ = 108 eingehalten wird.

Das Phänomen ist damit im System, daß, obwohl es auf den ersten Blick durch n = 1 endlich ist, es unendlich ist und das System im System wider n = ∞, das damit auf den ersten Blick unendlich ist, ist endlich. Da die Evolution über Unendlich stattfindet, liegt es an uns, ob wir über Endlich in diese integriert sind oder nicht. Daraus folgt, daß es, falls man zur Bedingung „ein Mann und eine Frau" und zur Bedingung „ein Adam und eine Eva" zurückfindet, immer weitergeht und wir ein Teil davon wären. Es gäbe bis in alle Ewigkeit unendlich viele endliche Dinge zu entdecken, welche wir gemeinsam und zusammen mit unserem Prinzen oder unserer Prinzessin erleben können. Das überdenkst du vielleicht in deinem eigenen Interesse noch einmal, ob du das tatsächlich für immer und ewig verlieren willst?

Damit setzen wir hier vorerst einen Schlußstrich und hüpfen gemeinsam herüber zum nächsten Kapitel, wo wir uns unter anderem mal ansehen, was denn eine sogenannte Rassendiskriminierung, die auf Rassismus beruht, eigentlich ist.

11.2. Das Diskriminierende einer Rasse und mehr

Das grundlegende Problem ist auch hier, daß wir oftmals über $^1a_1$ = 4 und $^1b_2$ = 5 respektive deren ^{8}Paritaet$_{90}$ = 100 durch (4 - 1) + (5 - 1) + (100 - 1) + (71 - 1) + 1 für ein System istgleich 177 istgleich 1 + 7 + 7 = 15 istgleich 1 + 5 = 6 in der Endkonsequenz nur ^{7}glauben$_{62}$ = 71, aber durch (81 - 1) + (97 - 1) + 1 für ein System istgleich 177 istgleich 1 + 7 + 7 = 15 istgleich 1 + 5 = 6 ^{6}nichts$_{73}$ = 81 ^{6}wissen$_{89}$ = 97. Wer nichts weiß, glaubt nur, und zwar dann auch an die Lügen der römisch-katholischen Kirche zum Beispiel.

Und so geht es am Ende wie in einem bösen Märchen zu, da in einem guten immer ein ^{5}Zwerg$_{79}$ = 86 mit seiner ^{7}Zwergin$_{102}$ = 111 über $^1a_1$ = 4 und $^1b_2$ = 5 durch (86 - 1) + (111 - 1) + (4 - 1) + (5 - 1) + 1 für ein System istgleich 203 istgleich 2 + 0 + 3 = 5 zusammengehört wie durch (55 - 1) + (19 - 1) + (19 - 1) + (28 - 1) + (34 - 1) + (53 - 1) + 1 für ein System istgleich 203 istgleich 2 + 0 + 3 = 5 in Form von ^{7}a und b_{42} = 55 infolge $^7a \neq b_6$ = 19 und $^7b \neq a_6$ = 19 unter der Bedingung $^{11}1 = 1 = 1_7$ = 28 ein ^{4}Elfe$_{28}$ = 34 mit seiner ^{5}Elfin$_{46}$ = 53. Die Elfe ist damit falsch und der Elfe richtig, da es korrespondierend eine Elfin sein müsste.

Da man über Jahrhunderte hinweg etwa von der römisch-katholischen Kirche eingebläut bekommen hat, um der ^{9}Unterwelt$_{138}$ = 149 im Leben zu entkommen, man sich (betend und beichtend, knieend vor dem Gemächt Ersterer) in der ^{8}Oberwelt$_{100}$ = 110 befinden muss, klären wir mal kurz, worum es sich bei diesen handelt; da offensichtlich die ^{12}Zwischenwelt$_{167}$ = 181 vergessen worden ist. Es gilt über $^1a_1$ = 4, $^1b_2$ = 5, $^1b_2$ = 5 und $^1a_1$ = 5 respektive ^{7}a und b_{42} = 55 der nachfolgende Zusammenhang:

^{9}Unterwelt$_{138}$	=	149		149 - 1	=	148
^{8}Oberwelt$_{100}$	=	110		110 - 1	=	109
^{12}Zwischenwelt$_{167}$	=	181		181 - 1	=	180
$^1a_1$	=	4		4 - 1	=	3
$^1b_2$	=	5		5 - 1	=	4
$^1b_2$	=	5		5 - 1	=	4
$^1a_1$	=	4		4 - 1	=	3
					=	451

4 + 5 + 1 + 1 für ein System	=	11	=	1 + 1	=	2

istgleich

$^{4}Welt_{60}$	=	66		66 - 1	=	65
^{7}a und b_{42}	=	55		55 - 1	=	54
$^{11}1 = 1 = 1_{7}$	=	28		28 - 1	=	27
$^{7}Energie_{63}$	=	72		72 - 1	=	71
$^{1}H_{8}$	=	11		11 - 1	=	10
$^{1}O_{15}$	=	18		18 - 1	=	17
					=	244

2 + 4 + 4 + 1 für ein System	=	11	=	1 + 1	=	2

Es gilt die Bedingung 2 = 2 in einem Gleichgewicht, die sich 4 + 5 + 1 + 1 und 2 + 4 + 4 + 1 geschuldet aus den beiden Zahlen 452 und 245 ergibt.

Merke!

Oberwelt, Unterwelt und Zwischenwelt sind über a, b, b und a in Form von a und b unter der Bedingung 1 = 1 = 1 in der Welt aus der Energie von „H" und „O" hervorgegangen: die es durch die Parität von a und b unter der Bedingung 1 = 1 = 1 innerhalb der Raumzeit im Zeitraum sind.

Das heißt, daß diese wesentliche Bestandteile der einen Welt sind, welche durch die $^{8}Paritaet_{90}$ = 100 von

^{7}a und b_{42} = 55

unter der Bedingung $^{11}1 = 1 = 1_{7}$ = 28 respektive (100 - 1) + (55 - 1) + (28 - 1) + (123 - 1) + (123 - 1) + 1 für ein System istgleich 425 istgleich 4 + 2 + 5 = 11 istgleich 1 + 1 = 2 über die $^{8}Raumzeit_{113}$ = 123 hinweg im $^{8}Zeitraum_{113}$ = 123 angelegt worden ist. Oberwelt, Unterwelt und Zwischenwelt haben damit schon mal nichts mit dem diesbezüglichen Glaubensgespinne zu tun.

Damit handelt es sich bei der $^{8}Raumzeit_{113}$ = 123 im $^{8}Zeitraum_{113}$ = 123 im Endeffekt korrespondierend über $^{1}a_{1} = 4$, $^{1}b_{2} = 5$, $^{1}b_{2} = 5$ und $^{1}a_{1} = 4$ um das, was sich einer $^{11}Bezeichnung_{114}$ = 127 geschuldet in Form von ^{7}a und b_{42} = 55 aus dem nachfolgenden Zusammenhang ergibt; wobei die $^{12}Zwischenwelt_{167}$ = 181 unter der Bedingung $^{11}1 = 1 = 1_{7}$ = 28 über (181 - 1) + (28 - 1) + (164 - 1) + (55 - 1) +

1 für ein System istgleich 425 istgleich 4 + 2 + 5 = 11 istgleich 1 + 1 = 2 korrespondierend auf die ^{15}Beziehungsebene$_{147}$ = 164 von ^{7}a und b$_{42}$ = 55 abstellt:

^{8}Raumzeit$_{113}$	=	123		123 - 1	=	122
^{8}Raumzeit$_{113}$	=	123		123 - 1	=	122
					=	244

2 + 4 + 4 + 1 für ein System	=	11	=	1 + 1	=	2

istgleich

^{11}Bezeichnung$_{114}$	=	127		127 - 1	=	126
^{1}a$_{1}$	=	4		4 - 1	=	3
^{1}b$_{2}$	=	5		5 - 1	=	4
^{1}b$_{2}$	=	5		5 - 1	=	4
^{1}a$_{1}$	=	4		4 - 1	=	3
^{7}a und b$_{42}$	=	55		55 - 1	=	54
^{9}Unterwelt$_{138}$	=	149		149 - 1	=	148
^{8}Oberwelt$_{100}$	=	110		110 - 1	=	109
					=	451

4 + 5 + 1 + 1 für ein System	=	11	=	1 + 1	=	2

Durch 2 + 4 + 4 + 1 und 4 + 5 + 1 + 1 gilt in einem Gleichgewicht respektive der beiden Zahlen 245 und 452 die Bedingung 2 = 2. Bedingt durch die ^{12}Relativitaet$_{142}$ = 156 und ^{17}Proportionalitaet$_{224}$ = 243 ist es über (156 - 1) + (243 - 1) + (55 - 1) + 1 für ein System istgleich 452 istgleich 4 + 5 + 2 = 11 istgleich 1 + 1 = 2 am Ende relativ, was es proportional gesehen durch ^{7}a und b$_{42}$ = 55 ist.

Merke!

Die Raumzeit und der Zeitraum werden über a, b, b und a in Form von a und b auch als Ober- und Unterwelt bezeichnet, wobei die Welt dazwischen (= Zwischenwelt) unter der Bedingung 1 = 1 = 1 auf die Beziehungsebene von a und b abzielt.

Auf Neudeutsch: Raumzeit und Zeitraum stehen zusammen für die Unter- und Oberwelt, wobei es relativ ist, welche von beiden was ist, und das Verbindende und Vereinende zwischen diesen liefert die Zwischenwelt, die proportional ihre gemeinsame Beziehungsebene repräsentiert, getreu dem Motto: „Hmm" auf den Eimer und Eimer unter den „Hmm".

So, wir schauen uns das mal in stark reduzierter Form in der dazugehörigen Grafik an:

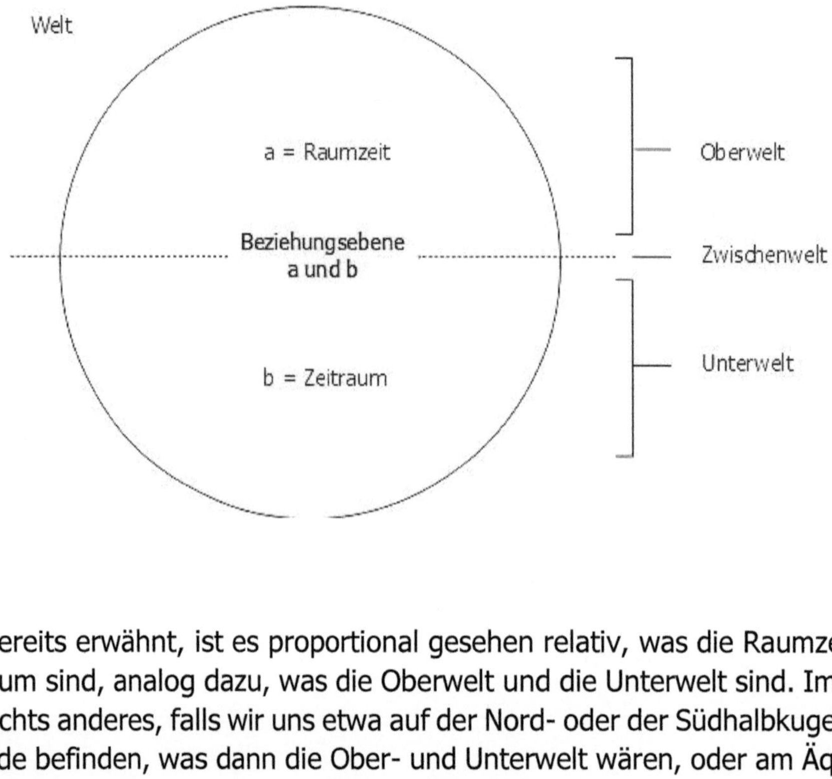

Wie bereits erwähnt, ist es proportional gesehen relativ, was die Raumzeit und der Zeitraum sind, analog dazu, was die Oberwelt und die Unterwelt sind. Im Prinzip ist das nichts anderes, falls wir uns etwa auf der Nord- oder der Südhalbkugel auf unserer Erde befinden, was dann die Ober- und Unterwelt wären, oder am Äquator, was die Zwischenwelt wäre. Den religiös angehauchten Nonsens, basierend auf einem

^{18}Glaubensbekenntnis$_{194}$ = 214

istgleich 2 + 1 + 4 = 7, können wir getrost sein lassen, da dieses über $^1a_1 = 4$ und $^1b_2 = 5$ in Form von ^7a und $b_{42} = 55$ infolge (4 - 1) + (5 - 1) + (55 - 1) + (153 - 1) + 1 für ein System istgleich 214 istgleich 2 + 1 + 4 = 7 immer das wunderschöne Ergebnis einer vollkommenen und vollständigen

^{10}Unkenntnis$_{141}$ = 153

istgleich 1 + 5 + 3 = 9 ist. Dein vermeintlicher ^{6}Glaube$_{48}$ = 56 ist bedingt durch $^1a_1 = 4$ und $^1b_2 = 5$ in Form von ^7a und $b_{42} = 55$ infolge $^7a \neq b_6 = 19$ und $^7b \neq a_6 = 19$

respektive (56 - 1) + (4 - 1) + (5 - 1) + (55 - 1) + (19 - 1) + (19 - 1) + 1 für ein System istgleich 153 istgleich 1 + 5 + 3 = 9 nichts anderes als das.

Merke!

Der „Glaube", wie im Islamtum, Christentum und Judentum, basiert über a und über b in Form von a und b infolge a ≠ b und b ≠ a auf nichts anderem als auf purer und reiner Unkenntnis.

Wo das am Ende hinführt, haben wir bei Maria Magdalena gesehen, die wir dadurch als Schmetterling erst wieder herrichten müssen. Unkenntnis ist damit ein riesengroßes Problem auf der Erde.

Das ist alles nur riesengroßer Schwachsinn, den man in der römisch-katholischen Kirche labert: Die wissen nichts, gar nichts! Man weiß weder, was Gott und der Teufel sind, was Religion ist, was das Zölibat ist, was die Apokalypse ist, was die Inkarnation und die Reinkarnation sind, was eine Kirche ist, noch was etwa ein Papst und eine Päpstin sind. Man versteht sich offensichtlich nur darauf, wie man eine Vielzahl an Menschen, die man vorsätzlich in Unkenntnis hält, missbraucht und misshandelt: Und das unterstützt du? Ernsthaft jetzt?

Der ^{9}Irrglaube$_{93}$ = 104 verkörpert insofern über $^{1}a_{1} = 4$ und $^{1}b_{2} = 5$ in Form von ^{7}a und b$_{42}$ = 55 durch (104 - 1) + (4 - 1) + (5 - 1) + (55 - 1) + 1 für ein System istgleich 165 istgleich 1 + 6 + 5 = 12 istgleich 1 + 2 = 3 das

^{11}Nichtwissen$_{143}$ = 156

istgleich 1 + 5 + 6 = 12 istgleich 1 + 2 = 3, welche sich im nachfolgenden Zusammenhang über $^{1}a_{1} = 4$, $^{1}b_{2} = 5$, $^{1}b_{2} = 5$ und $^{1}a_{1} = 4$ widerspiegeln:

^{9}Irrglaube$_{93}$	=	104		104 - 1	=	103
^{11}Nichtwissen$_{143}$	=	156		156 - 1	=	155
					=	258

2 + 5 + 8 + 1 für ein System	=	16	=	1 + 6	=	7

istgleich

$^{1}a_{1}$	=	4		4 - 1	=	3
$^{1}b_{2}$	=	5		5 - 1	=	4
$^{1}b_{2}$	=	5		5 - 1	=	4
$^{1}a_{1}$	=	4		4 - 1	=	3
^{8}Paritaet$_{90}$	=	100		100 - 1	=	99
^{7}a und b$_{42}$	=	55		55 - 1	=	54
$^{7}a \neq b_{6}$	=	19		19 - 1	=	18
$^{7}b \neq a_{6}$	=	19		19 - 1	=	18
^{6}Glaube$_{48}$	=	56		56 - 1	=	55
					=	258

2 + 5 + 8 + 1 für ein System	=	16	=	1 + 6	=	7

Es gilt die Bedingung 7 = 7 in einem Gleichgewicht, die sich jeweils über 2 + 5 + 8 + 1 in den beiden Zahlen 259 widerspiegelt.

Merke!

„Glaube" basiert über a, b, b und a durch die Parität von a und b infolge $a \neq b$ und $b \neq a$ auf Irrglaube und Nichtwissen.

Das ist das, worüber sich im Endeffekt unzählige Menschen definieren. Eine berechtigte Frage ist damit: Wie will man denn ohne Wissen existieren?

Aber ^{16}das goldene Kalb$_{112}$ = 134 istgleich 1 + 3 + 4 = 8 muss, wie am Berg Sinai von Mose festgestellt wurde, ja auch irgendwie gefüttert werden, da das Kalb durch $^{1}a_{1}$ = 4 und $^{1}b_{2}$ = 5 vereint im Glauben durch ^{6}Glaube$_{48}$ = 56 nur golden wird, wenn sich darüber infolge (4 - 1) + (5 - 1) + (56 - 1) + (125 - 1) + (155 - 1) + 1 für ein System istgleich 341 istgleich 3 + 4 + 1 = 8 auch ^{10}Missbrauch$_{113}$ = 125 und ^{12}Misshandlung$_{141}$ = 155 rechtfertigen lassen. Insofern hat man ihm in guter Absicht zehn Gebote unter den Arm geklemmt, die aber letztlich auch nicht verhindern konnten, daß, um sich selbst in gewisser Weise zu vergolden, willkürlich Schrauben und Muttern zusammengebastelt worden sind.

Das Problem beim Schrauben und Muttern ist, daß die ein oder andere Schraube wie Mutter, wenngleich auch die Attraktivität dieser gelegentlich bereits ein Problem bereitet, daß wohl dann auch hier feststeht, welche Mutter zu welcher Schraube gehört. Und so verwundert es nicht, daß der eine und die andere über ${}^1a_1 = 4$, ${}^1b_2 = 5$, ${}^1b_2 = 5$ und ${}^1a_1 = 4$ durch (4 - 1) + (5 - 1) + (5 - 1) + (4 - 1) + (129 - 1) + 1 für ein System istgleich 143 istgleich 1 + 4 + 3 = 8 sprichwörtlich von

^{13}Neid und Gier$_{110}$ = 129

zerfressen gewesen sind: genau genommen, wer welche Schraube und wer welche Mutter erhält - bisweilen auch eine Schreckschraube und eine Übermutter.

Und so kommt es dann auch vor, daß sich die ein oder andere ^{9}Majestaet$_{94}$ = 105 auch mal am Schlips gezogen fühlt, auch wenn das generell unmöglich ist, da es sie „in menschlicher Ausführung" gar nicht gibt. Es gilt durch ^{7}a und b$_{42}$ = 55 Folgendes, da das lateinische Wort ^{8}maiestas$_{87}$ = 97 über ${}^1a_1 = 4$, ${}^1b_2 = 5$, ${}^1b_2 = 5$ und ${}^1a_1 = 4$ sich infolge (97 - 1) + (4 - 1) + (5 - 1) + (5 - 1) + (4 - 1) + 1 für ein System istgleich 111 istgleich 1 + 1 + 1 = 3 auf das ^{7}Volumen$_{102}$ = 111 istgleich 1 + 1 + 1 = 3 bezieht, das durch ${}^1a_1 = 4$ und ${}^1b_2 = 5$ über ${}^7a \neq b_6 = 19$ und ${}^7b \neq a_6 = 19$ infolge (4 - 1) + (5 - 1) + (19 - 1) + (19 - 1) + (68 - 1) + 1 für ein System istgleich 111 istgleich 1 + 1 + 1 = 3 jenes betrifft, welches über einem ^{5}Staat$_{61}$ = 68 errichtet ist:

^{11}Bezeichnung$_{114}$	=	127		127 - 1	=	126
^{9}Majestaet$_{94}$	=	105		105 - 1	=	104
					=	230

2 + 3 + 0 + 1 für ein System	=	6

istgleich

^{7}a und b$_{42}$	=	55		55 - 1	=	54
^{12}Staatshoheit$_{145}$	=	159		159 - 1	=	158
					=	212

2 + 1 + 2 + 1 für ein System	=	6

Es gilt die Bedingung 6 = 6 in einem Gleichgewicht, die über 2 + 3 + 0 + 1 und 2 + 1 + 2 + 1 den beiden Zahlen 231 und 213 geschuldet ist.

Merke!

Die Bezeichnung der Majestät kann korrespondierend in Form von a und b auf einen Staat angewendet werden.

Kurze Wiederholung: Der „Staat" steht als Bezeichnung für eine Landfläche und die „Staatshoheit" für das darüber errichtete Landvolumen. Diese haben nichts mit dem zu tun, was wir üblicherweise darunter verstehen. Der Beweis steht im Buch „Chaos im Paradies: Der Weg zur Klärung der Beziehungsebene über Beziehung einschließlich Lösung - Buch 1", das damit zum wiederholten Mal ordnungsgemäß von uns zu erwähnen ist.

Wir sprechen insofern auch niemanden mit Majestät an. Falls doch jemand meint, daß er oder sie eine ist, sollte man wunschgemäß eine Verbindung zu dieser herstellen, was dann gegeben wäre, wenn jemand der Länge nach im Dreck liegt. Da kann man auch mal nachhelfen, falls der Informationsfluß bei einer ebensolchen zwischen den zwei Ohren an der Rübe etwas stockt. Die unsanfte Kontaktaufnahme mit einer Landfläche, die unter dem Landvolumen angelegt ist, verspricht in der Regel Erfolg. Die Frage, ob man dadurch über $^{1}a_{1} = 4$, $^{1}b_{2} = 5$, $^{1}b_{2} = 5$ und $^{1}a_{1} = 4$ durch die ^{8}Paritaet$_{90}$ = 100 von ^{7}a und b$_{42}$ = 55 infolge $^{7}a \neq b_{6} = 19$ und $^{7}b \neq a_{6} = 19$ unter der Bedingung $^{11}1 = 1 = 1_{7} = 28$ zum ^{6}Taeter$_{69}$ = 77 oder zu einem ^{5}Opfer$_{60}$ = 67 wird, beantwortet uns der nachfolgende Zusammenhang:

^{8}Paritaet$_{90}$	=	100		100 - 1	=	99
^{7}a und b$_{42}$	=	55		55 - 1	=	54
$^{7}a \neq b_{6}$	=	19		19 - 1	=	18
$^{7}b \neq a_{6}$	=	19		19 - 1	=	18
$^{11}1 = 1 = 1_{7}$	=	28		28 - 1	=	27
$^{1}a_{1}$	=	4		4 - 1	=	3
$^{1}b_{2}$	=	5		5 - 1	=	4
$^{1}b_{2}$	=	5		5 - 1	=	4
$^{1}a_{1}$	=	4		4 - 1	=	3
^{5}Opfer$_{60}$	=	67		67 - 1	=	66
					=	296

2 + 9 + 6 + 1 für ein System	=	18	=	1 + 8	=	9

istgleich

$^{7}Ursache_{75}$	=	84		84 - 1	=	83
$^{3}Tat_{41}$	=	46		46 - 1	=	45
$^{6}Schuld_{67}$	=	75		75 - 1	=	74
$^{6}Taeter_{69}$	=	77		77 - 1	=	76
					=	278

2 + 7 + 8 + 1 für ein System	=	18	=	1 + 8	=	9

Wir erhalten aus 2 + 9 + 6 + 1 und 2 + 7 + 8 + 1 die beiden Zahlen 297 und 279, die in einem Gleichgewicht die Bedingung 9 = 9 erfüllen.

Merke!

Über a, b, b und a wird man durch die Parität von a und b infolge a ≠ b und b ≠ a unter der Bedingung 1 = 1 = 1 zu einem Opfer, falls die Schuld für eine Tat der Ursache nach beim Täter liegt.

Im Fall von Maria Magdalena ist damit eindeutig klar, daß sie das Opfer ist und die römisch-katholische Kirche der Täter. Was die Idiotie anbelangt, daß die „Offenherzigkeit" einer etwaigen Bekleidung eine Mittäterschaft begründet, ist absoluter Blödsinn, insofern nicht ein grober Verstoß wider die guten Sitten vorliegt. Kurze Hosen und kurze Röcke dürfen getragen werden, insofern man beim Anblick nicht auf kurzem Weg eine Geschlechtsbestimmung vornehmen kann. Es gibt also auch hier irgendwo Grenzen, die dem Selbstschutz dienen und in einem übertragenen Sinn damit Schutz bieten. Regelmäßig gibt die Möchtegernprominenz auf der Erde, was das betrifft, kein gutes Vorbild ab. Daß auch eine gewisse Mittäterschaft vorliegen könnte, ist selbsterklärend, falls da Möpse Ausschau halten oder etwa das Objekt der Begierde unter Vorsatz entsprechende Begehrlichkeiten weckt.

Insofern könnte man sich auch diskriminiert fühlen, wenn das Wort $^{15}Diskriminierung_{180}$ = 197 das erfüllen würde, was man diesem unterstellt. Allein die Verbindung mit einer $^{5}Rasse_{62}$ = 69 führt dann immer ganz schnell zu Vorwürfen und einer entsprechenden Eskalation, die sich in der Form keineswegs rechtfertigen lassen: Aber eins nach dem anderen.

Als Ausgangspunkt für unser weiteres Vorgehen nehmen wir vorab über $^{1}a_{1} = 4$ und $^{1}b_{2} = 5$ in Form von ^{7}a und b_{42} = 55 Folgendes für uns zur Kenntnis:

^{15}Diskriminierung$_{180}$	=	197		197 - 1	=	196
^{4}Mann$_{42}$	=	48		48 - 1	=	47
^{4}Frau$_{46}$	=	52		52 - 1	=	51
^{1}a$_{1}$	=	4		4 - 1	=	3
^{1}b$_{2}$	=	5		5 - 1	=	4
					=	301

3 + 0 + 1 + 1 für ein System	=	5

istgleich

^{7}a und b$_{42}$	=	55		55 - 1	=	54
^{12}Unterteilung$_{166}$	=	180		180 - 1	=	179
^{5}Rasse$_{62}$	=	69		69 - 1	=	68
					=	301

3 + 0 + 1 + 1 für ein System	=	5

Es gilt die Bedingung 5 = 5 in einem Gleichgewicht, die jeweils über 3 + 0 + 1 + 1 aus den beiden Zahlen 302 resultiert.

Merke!

Die Diskriminierung von „Mann" und „Frau" zielt durch a und durch b in Form von a und b auf deren Unterteilung ab, die der Rasse nach vorgenommen wird; welche es über a und über b respektive a und b infolge a ≠ b und b ≠ a analog eines Kontinentes ist.

Die beiden Zahlen 302 begründen, warum die Unterteilung nach der Rasse über ^{1}a$_{1}$ = 4 und ^{1}b$_{2}$ = 5 in Form von ^{7}a und b$_{42}$ = 55 infolge ^{7}a ≠ b$_{6}$ = 19 und ^{7}b ≠ a$_{6}$ = 19 durch (4 - 1) + (5 - 1) + (55 - 1) + (19 - 1) + (19 - 1) + (133 - 1) + 1 für ein System istgleich 230 istgleich 2 + 3 + 0 = 5 anhand eines Kontinents (= ^{9}Kontinent$_{122}$ = 133) vorgenommen wird. In Kurzform: Die Unterteilung in Rassen gibt in der Endkonsequenz nur wieder, welchem Kontinent welche zugewiesen ist.

Der ^{9}Kontinent$_{122}$ = 133 ist damit maßgeblich dafür verantwortlich, welche ^{5}Rasse$_{62}$ = 69 auf diesem durch (133 - 1) + (69 - 1) + 1 für ein System istgleich 201 istgleich 2 + 0 + 1 = 3 vertreten ist, woraus in Form von ^{7}a und b$_{42}$ = 55 unter der Bedingung ^{11}1 = 1 = 1$_{7}$ = 28 im Ergebnis über (55 - 1) + (28 - 1) + (39 - 1) + 1 für ein System istgleich 120 istgleich 1 + 2 + 0 = 3 deren ^{4}Name$_{33}$ = 39 resultiert, etwa Eurasier, Afrikaner und Patagonier. Wer vergessen hat, welche Kontinente es auf der Erde gibt, liest noch mal im bereits erwähnten Buch nach.

Merke!

Ein Kontinent gibt über a und b unter der Bedingung 1 = 1 = 1 vor, welchen Namen eine Rasse besitzt; wobei die daraus resultierende Diskriminierung über a und b der Name für die dazugehörige Gliederung ist.

Die oftmals falsch verstandene ^{15}Diskriminierung$_{180}$ = 197 ist in Form von ^{7}a und b$_{42}$ = 55 über (197 - 1) + (55 - 1) + 1 für ein System istgleich 251 istgleich 2 + 5 + 1 = 8 nichts anderes durch (39 - 1) + (114 - 1) + 1 für ein System istgleich 152 istgleich 1 + 5 + 2 = 8 als der ^{4}Name$_{33}$ = 39 für eine ^{10}Gliederung$_{102}$ = 114. So unschön wie es ist: Das Wort „Diskriminierung" wird regelmäßig unter Vorsatz zweckentfremdet, um Angst, Wut und Hass zu schüren. Es hat nichts, aber auch gar nichts mit den Vorstellungen eines Menschen in diesem Zusammenhang zu tun. Falls etwas diskriminiert wird, wird es gegliedert und das war's.

Das, was wir in der Regel damit assoziieren, verbirgt sich hinter den beiden Begriffen der Begrenzung und der Beschneidung, um andere bewusst und wissentlich bei ihrer Entwicklung auszubremsen. Welche Instrumente dabei zum Einsatz kommen, ist de facto unerheblich, da die bloße Unterstellung in der Öffentlichkeit Genüge dafür leistet, um entsprechende Veränderungen in den Einstellungen gegenüber anderen zu erwecken. Damit handelt es sich um manipulatives Verhalten, welches seine Rechtfertigung über Arglist in der Vortäuschung falscher Tatsachen findet. Oftmals beginnt es bereits bei dem, was wir unter einer üblen Nachrede verstehen.

Der Begriff der ^{5}Rasse$_{62}$ = 69 als solcher leitet sich durch (69 - 1) + (63 - 1) + 1 für ein System istgleich 131 istgleich 1 + 3 + 1 = 5 aus dem lateinischen Wort

^{5}radix$_{56}$ = 63

ab, welches sich mit ^{8}Herkunft$_{103}$ = 113 istgleich 1 + 1 + 3 = 5 oder auch mit ^{6}Wurzel$_{105}$ = 113 istgleich 1 + 1 + 3 = 5 übersetzen lässt. Es wird also, damit auch was das anbelangt, viel Unsinn geredet.

Die $^{8}Trennung_{113}$ = 123 nach $^{6}Rassen_{76}$ = 84 führt im Ergebnis zu einem $^{6}Raster_{81}$ = 89, welches auf den nachfolgenden Zusammenhang zurückzuführen ist:

$^{8}Trennung_{113}$	=	123		123 - 1	=	122
$^{6}Rassen_{76}$	=	84		84 - 1	=	83
					=	205

2 + 0 + 5 + 1 für ein System	=	8

istgleich

^{7}a und b_{42}	=	55		55 - 1	=	54
$^{7}a \neq b_{6}$	=	19		19 - 1	=	18
$^{7}b \neq a_{6}$	=	19		19 - 1	=	18
$^{11}1 = 1 = 1_{7}$	=	28		28 - 1	=	27
$^{6}Raster_{81}$	=	89		89 - 1	=	88
					=	205

2 + 0 + 5 + 1 für ein System	=	8

Es gilt die Bedingung 8 = 8 in einem Gleichgewicht, die jeweils über 2 + 0 + 5 + 1 in Form der beiden Zahlen 206 gegeben ist.

Merke!

Die Trennung in Rassen basiert über a und b infolge a ≠ b und b ≠ a unter der Bedingung 1 = 1 = 1 auf einem Raster, das durch a und b auf einer Rasterung beruht; wobei eine Rasse, bedingt durch die Parität von a und b, nichts anderes als das Ergebnis Letzterer ist.

Ein $^{6}Raster_{81}$ = 89 ist durch ^{7}a und b_{42} = 55 über (89 - 1) + (55 - 1) + 1 für ein System istgleich 143 istgleich 1 + 4 + 3 = 8 das Ergebnis einer $^{9}Rasterung_{123}$ = 134 istgleich 1 + 3 + 4 = 8. Die $^{5}Rasse_{62}$ = 69 ist durch die $^{8}Paritaet_{90}$ = 100 von ^{7}a und

b_{42} = 55 infolge (69 - 1) + (100 - 1) + (55 - 1) + 1 für ein System istgleich 222 istgleich 2 + 2 + 2 = 6 über (89 - 1) + (134 - 1) + 1 für ein System istgleich 222 istgleich 2 + 2 + 2 = 6 das ^{8}Ergebnis$_{79}$ = 89 der ^{9}Rasterung$_{123}$ = 134.

Ein ^{6}Raster$_{81}$ = 89 ist dann quasi im Endeffekt, wo sich über $^{1}a_{1}$ = 4 und $^{1}b_{2}$ = 5 - bedingt durch die ^{8}Paritaet$_{90}$ = 100 von ^{7}a und b_{42} = 55 - unter der Bedingung $^{11}1 = 1 = 1_{7}$ = 28 aus (89 - 1) + (4 - 1) + (5 - 1) + (100 - 1) + (55 - 1) + (28 - 1) + 1 für ein System istgleich 276 istgleich 2 + 7 + 6 = 15 istgleich 1 + 5 = 6

^{25}ein' und das selbe Muster$_{231}$ = 267

istgleich 2 + 6 + 7 = 15 istgleich 1 + 5 = 6 erkennen lässt. Die anschließende ^{10}Gliederung$_{102}$ = 114 in eine ^{5}Rasse$_{62}$ = 69 nach ein' und dem selben Muster ergibt über ^{7}a und b_{42} = 55 infolge (114 - 1) + (69 - 1) + (267 - 1) + (55 - 1) + 1 für ein System istgleich 502 istgleich 5 + 0 + 2 = 7 die sogenannte

^{14}Rassentrennung$_{189}$ = 205

istgleich 2 + 0 + 5 = 7, in der eine ^{15}Diskriminierung$_{180}$ = 197 istgleich 1 + 9 + 7 = 17 istgleich 1 + 7 = 8 über $^{1}a_{1}$ = 4, $^{1}b_{2}$ = 5, $^{1}b_{2}$ = 5 und $^{1}a_{1}$ = 4 unter der Bedingung $^{11}1 = 1 = 1_{7}$ = 28 mit Blick auf eine

^{57}Bevoelkerungsgruppe mit bestimmten biologischen Merkmalen$_{611}$ = 678

durch (4 - 1) + (5 - 1) + (5 - 1) + (4 - 1) + (28 - 1) + (678 - 1) + 1 für ein System istgleich 719 istgleich 7 + 1 + 9 = 17 istgleich 1 + 7 = 8 erfolgt. Zu Ersterer gehören nicht nur Menschen, sondern auch Pflanzen und Tiere, die ebenfalls unsere Erde bevölkern. Allein schon deswegen ist es vollkommen absurd, was man aus reiner Unwissenheit damit in Verbindung bringt.

Merke!

Ein Raster liefert durch a, b, b und a ein' und das selbe Muster, nach dem die Gliederung einer Rasse erfolgt; wobei deren Diskriminierung über a, b, b und a unter der Bedingung 1 = 1 = 1 einer Bevölkerungsgruppe mit bestimmten biologischen Merkmalen entspricht: wohingegen das Wort „Rassismus" infolge a, b, b und a unter der Bedingung 1 = 1 = 1 für die Methoden und Verfahren der Rassentrennung steht.

In der Endkonsequenz bezieht sich das Wort ^{9}Rassismus$_{138}$ = 149 istgleich 1 + 4 + 9 = 14 istgleich 1 + 4 = 5 über $^{1}a_{1}$ = 4, $^{1}b_{2}$ = 5, $^{1}b_{2}$ = 5 und $^{1}a_{1}$ = 4 durch (4 - 1)

+ (5 - 1) + (5 - 1) + (4 - 1) + (94 - 1) + (108 - 1) + (205 - 1) + 1 für ein System istgleich 419 istgleich 4 + 1 + 9 = 14 istgleich 1 + 4 = 5 auf die ^{8}Methoden$_{84}$ = 94 und ^{9}Verfahren$_{97}$ = 108 der ^{14}Rassentrennung$_{189}$ = 205.

Die ^{15}Diskriminierung$_{180}$ = 197 dient über ^{7}a und b$_{42}$ = 55 durch ^{7}a ≠ b$_{6}$ = 19 und ^{7}b ≠ a$_{6}$ = 19 Folgendem:

^{15}Diskriminierung$_{180}$	=	197		197 - 1	=	196
^{7}a und b$_{42}$	=	55		55 - 1	=	54
^{7}a ≠ b$_{6}$	=	19		19 - 1	=	18
^{7}b ≠ a$_{6}$	=	19		19 - 1	=	18
					=	286

2 + 8 + 6 + 1 für ein System	=	17	=	1 + 7	=	8

istgleich

^{38}Werkzeug zur Unterscheidung von Rassen$_{476}$	=	524		524 - 1	=	523
^{14}Rassentrennung$_{189}$	=	205		205 - 1	=	204
					=	727

7 + 2 + 7 + 1 für ein System	=	17	=	1 + 7	=	8

Es gilt respektive 2 + 8 + 6 + 1 und 7 + 2 + 7 + 1 in Form der beiden Zahlen 287 und 728 die Bedingung 8 = 8 in einem Gleichgewicht.

Merke!

Die Diskriminierung dient über a und b infolge a ≠ b und b ≠ a innerhalb der Rassentrennung als Werkzeug zur Unterscheidung von Rassen. Erstere bezieht sich über a und über b auf das lateinische Wort „discriminare", das sich durch die Parität von a und b infolge a ≠ b und b ≠ a unter der Bedingung 1 = 1 = 1 respektive a und respektive b mit den deutschen Wörtern „unterscheiden", „absondern" oder auch „eingrenzen" übersetzen lässt.

Das Wort ^{15}Diskriminierung$_{180}$ = 197 istgleich 1 + 9 + 7 = 17 istgleich 1 + 7 = 8 leitet sich über $^{1}a_{1}$ = 4 und $^{1}b_{2}$ = 5 in Form von ^{7}a und b_{42} = 55 durch (4 - 1) + (5 - 1) + (55 - 1) + (136 - 1) + 1 für ein System istgleich 197 istgleich 1 + 9 + 7 = 17 istgleich 1 + 7 = 8 aus dem lateinischen Wort

^{12}discriminare$_{122}$ = 136

istgleich 1 + 3 + 6 = 10 istgleich 1 + 0 = 1 ab, was über $^{1}a_{1}$ = 4 und $^{1}b_{2}$ = 5 durch die ^{8}Paritaet$_{90}$ = 100 von ^{7}a und b_{42} = 55 infolge $^{7}a \neq b_{6}$ = 19 und $^{7}b \neq a_{6}$ = 19 unter der Bedingung $^{11}1 = 1 = 1_{7}$ = 28 durch (4 - 1) + (5 - 1) + (100 - 1) + (55 - 1) + (19 - 1) + (19 - 1) + (28 - 1) + (160 - 1) + (103 - 1) + (129 - 1) + 1 für ein System istgleich 613 istgleich 6 + 1 + 3 = 10 istgleich 1 + 0 = 1 soviel wie ^{13}unterscheiden$_{145}$ = 160, ^{9}absondern$_{92}$ = 103 oder auch ^{10}eingrenzen$_{117}$ = 129 bedeutet.

Wenn wir es uns selbst eingestehen, haben wir den beiden Begriffen eine gänzlich falsche Bedeutung zugewiesen, die in keiner Weise zu rechtfertigen ist, da sie lediglich Unruhe und Unfrieden stiftet: Prinzipiell ließe sich das auch als unnötig bezeichnen. Da man aber immer weiß, noch eins obendraufzusetzen, macht das unschönerweise auch vor Begriffen wie dem der

^{9}Apartheid$_{82}$ = 93

nicht halt, der sich in der Sprache ^{9}Afrikaans$_{80}$ = 91 wiederfinden lässt. Es gilt über $^{1}a_{1}$ = 4, $^{1}b_{2}$ = 5, $^{1}b_{2}$ = 5 und $^{1}a_{1}$ = 4 durch $^{7}a \neq b_{6}$ = 19 und $^{7}b \neq a_{6}$ = 19 unter der Bedingung $^{11}1 = 1 = 1_{7}$ = 28 Folgendes:

^{9}Afrikaans$_{80}$	=	91		91 - 1	=	90
^{11}Anders-Sein$_{109}$	=	124		124 - 1	=	123
$^{1}a_{1}$	=	4		4 - 1	=	3
$^{1}b_{2}$	=	5		5 - 1	=	4
$^{1}b_{2}$	=	5		5 - 1	=	4
$^{1}a_{1}$	=	4		4 - 1	=	3
$^{7}a \neq b_{6}$	=	19		19 - 1	=	18
$^{7}b \neq a_{6}$	=	19		19 - 1	=	18
$^{11}1 = 1 = 1_{7}$	=	28		28 - 1	=	27
					=	290

2 + 9 + 0 + 1 für ein System	=	12	=	1 + 2	=	3

istgleich

^{11}Bezeichnung$_{114}$	=	127		127 - 1	=	126
^{9}Apartheid$_{82}$	=	93		93 - 1	=	92
					=	218

2 + 1 + 8 + 1 für ein System	=	12	=	1 + 2	=	3

Es gilt die Bedingung 3 = 3 in einem Gleichgewicht, die sich über 2 + 9 + 0 + 1 und 2 + 1 + 8 + 1 in den beiden Zahlen 291 und 219 widerspiegelt.

Merke!

Das Wort „Apartheid" bezeichnet in der Sprache „Afrikaans" über a, b, b und a durch a ≠ b und b ≠ a unter der Bedingung 1 =1 = 1 das „Anders-Sein", wobei dieses für die Rassentrennung in „Südafrika" und in „Südwestafrika" keine Begründung liefert.

Die ^{14}Rassentrennung$_{189}$ = 205 in ^{10}Suedafrika$_{95}$ = 107 und in ^{14}Suedwestafrika$_{162}$ = 178, wobei es diese eigentlich nicht gibt, da es sich um Himmelsrichtungen in Afrika handelt, ist infolge (205 - 1) + (107 - 1) + (178 - 1) + 1 für ein System istgleich 488 istgleich 4 + 8 + 8 = 20 istgleich 2 + 0 = 2, da 2 ≠ 3 ist, nicht damit vereinbar. Das „Anders-Sein" hat durch 124 ≠ 205 mit der „Rassentrennung" nichts zu tun.

Der Vollständigkeit halber bezieht sich die ^{14}Anti-Apartheid$_{127}$ = 145 auf den nachfolgenden Zusammenhang:

^{9}Afrikaans$_{80}$	=	91		91 - 1	=	90
^{11}Gleich-Sein$_{92}$	=	107		107 - 1	=	106
^{7}a und b$_{42}$	=	55		55 - 1	=	54
^{11}1 = 1 = 1$_{7}$	=	28		28 - 1	=	27
					=	277

2 + 7 + 7 + 1 für ein System	=	17	=	1 + 7	=	8

istgleich

$^{1}a_{1}$	=	4		4 - 1	=	3
$^{1}b_{2}$	=	5		5 - 1	=	4
^{11}Bezeichnung$_{114}$	=	127		127 - 1	=	126
^{14}Anti-Apartheid$_{127}$	=	145		145 - 1	=	144
					=	277

2 + 7 + 7 + 1 für ein System	=	17	=	1 + 7	=	8

Wir erhalten jeweils über 2 + 7 + 7 + 1 in einem Gleichgewicht unter der Bedingung 8 = 8 die beiden Zahlen 278.

Merke!

Das Wort „Anti-Apartheid" würde in der Sprache „Afrikaans", insofern überhaupt in dieser vorhanden, über a und über b in Form von a und b unter der Bedingung 1 = 1 = 1 das „Gleich-Sein" bezeichnen.

Die Worte beiden „Apartheid" und „Anti-Apartheid" stehen im Ergebnis für das „Anders-Sein" und das „Gleich-Sein".

Die sogenannte ^{9}Apartheid$_{82}$ = 93 istgleich 9 + 3 = 12 istgleich 1 + 2 = 3 begründet weder eine ^{12}Getrenntheit$_{145}$ = 159 istgleich 1 + 5 + 9 = 15 istgleich 1 + 5 = 6 durch 3 ≠ 6, mit der diese regelmäßig in Verbindung gebracht wird, weder ein ^{35}Rassentrennungssystem in Suedafrika$_{427}$ = 468 istgleich 4 + 6 + 8 = 18 istgleich 1 + 8 = 9 durch 3 ≠ 9 noch ein ^{39}Rassentrennungssystem in Suedwestafrika$_{494}$ = 539 istgleich 5 + 3 + 9 = 17 istgleich 1 + 7 = 8 durch 3 ≠ 8. Der Begriff „Apartheid" wird also in einen falschen Zusammenhang gebracht wie der Begriff der Anti-Apartheid. An den Haaren herbeiziehen lässt sich natürlich vieles, wenn man das will. Also auch hier wurde und wird mit den Begriffen Schindluder getrieben.

Die beiden Begriffe ^{9}Apartheid$_{82}$ = 93 und ^{14}Anti-Apartheid$_{127}$ = 145 stehen durch das ^{11}Anders-Sein$_{109}$ = 124 und ^{11}Gleich-Sein$_{92}$ = 107 über $^{1}a_{1}$ = 4 und $^{1}b_{2}$ = 5 durch die ^{8}Paritaet$_{90}$ = 100 von ^{7}a und b$_{42}$ = 55 für Folgendes, was korrespondierend auf unsere eigene ^{15}Beziehungsbene$_{147}$ = 164 im Rahmen einer ^{9}Beziehung$_{97}$ = 108 zurückzuführen ist:

^{9}Apartheid$_{82}$	=	93		93 - 1	=	92
^{11}Anders-Sein$_{109}$	=	124		124 - 1	=	123
^{14}Anti-Apartheid$_{127}$	=	145		145 - 1	=	144
^{11}Gleich-Sein$_{92}$	=	107		107 - 1	=	106
					=	465

4 + 6 + 5 + 1 für ein System	=	16	=	1 + 6	=	7

istgleich

^{15}Beziehungdsebene$_{147}$	=	164		164 - 1	=	163
^{9}Beziehung$_{97}$	=	108		108 - 1	=	107
^{8}Paritaet$_{90}$	=	100		100 - 1	=	99
^{7}a und b$_{42}$	=	55		55 - 1	=	54
^{1}a$_{1}$	=	4		4 - 1	=	3
^{1}b$_{2}$	=	5		5 - 1	=	4
^{18}Beziehungskonflikt$_{214}$	=	234		234 - 1	=	233
					=	663

6 + 6 + 3 + 1 für ein System	=	16	=	1 + 6	=	7

Es gilt über 4 + 6 + 5 + 1 und 6 + 6 + 3 + 1 respektive der beiden Zahlen 466 und 664 die Bedingung 7 = 7 in einem Gleichgewicht.

Merke!

Die Apartheid als das Anders-Sein und die Anti-Apartheid als das Gleich-Sein stehen durch die Parität von a und b auf unserer eigenen Beziehungsebene innerhalb unserer Beziehung durch a und durch b für einen Beziehungskonflikt; ein Rassenkonflikt lässt sich darüber nicht begründen.

Ein ^{18}Beziehungskonflikt$_{214}$ = 234 istgleich 2 + 3 + 4 = 9 hat durch 9 ≠ 1 im Ergebnis nichts mit einem ^{14}Rassenkonflikt$_{174}$ = 190 istgleich 1 + 9 + 0 = 10 istgleich 1 + 0 = 1 zu tun.

Da die beiden Begriffe „Apartheit" und „Anti-Apartheit" sehr nah an diese angrenzen, sehen wir uns damit mal notgedrungen an, was sich hinter ihnen verbirgt. Der Ursprung des Wortes „apart" ist im Land der französischen Saufschnauzen und Käsefresser zu suchen, das dort als „à part" auf das Wort „beiseite" Anwendung findet und regelmäßig für „besonders" verwendet wird. Für die sogenannte ^{9}Apartheit$_{98}$ = 109 erhalten wir aus $^{1}a_{1}$ = 4 und $^{1}b_{2}$ = 5 durch eine ^{11}Bezeichnung$_{114}$ = 127 Folgendes:

^{9}Apartheit$_{98}$	=	109		109 - 1	=	108
^{11}Bezeichnung$_{114}$	=	127		127 - 1	=	126
					=	234

2 + 3 + 4 + 1 für ein System	=	10	=	1 + 0	=	1

istgleich

$^{1}a_{1}$	=	4		4 - 1	=	3
$^{1}b_{2}$	=	5		5 - 1	=	4
^{7}a und b_{42}	=	55		55 - 1	=	54
$^{7}a \neq b_{6}$	=	19		19 - 1	=	18
$^{7}b \neq a_{6}$	=	19		19 - 1	=	18
^{12}Besonderheit$_{124}$	=	138		138 - 1	=	137
					=	234

2 + 3 + 4 + 1 für ein System	=	10	=	1 + 0	=	1

Und damit gelangen wir zwangsläufig zu der Ekenntnis, daß jeweils durch 2 + 3 + 4 + 1 respektive der beiden Zahlen 235 die Bedingung 1 = 1 in einem Gleichgewicht gilt.

Merke!

Mit dem Wort „Apartheit" wird über a und über b in Form von a und b infolge a ≠ b und b ≠ a eine Besonderheit bezeichnet.

Unser Schmetterling, der im „Vatikan" gegen diverse römisch-katholische Schmierlappen geflogen ist, hat dort seinen Liebreiz und seinen Anmut verloren, die es als Besonderheit von ihm wiederherzustellen gilt. In diesem Fall unterstreicht das Wort „Apartheit" einen negativen Aspekt. Würde er hingegen mit einer AK-47 im „Vatikan" auftauchen und ein paar von ihnen zu Schweizer Käse verarbeiten, ist das zwar unter Umständen sanktionsfähig, was aber nichts daran ändert, daß das Wort „Apartheit" in diesem Fall mit einem positiven Aspekt verbunden ist. Die Moral von der Geschicht': Es ist und bleibt proportional gesehen am Ende relativ, ob wir es mit einer Besonderheit zu tun haben oder auch nicht.

Für die ^{14}Anti-Apartheit$_{143}$ = 161 ergibt sich in Form einer ^{11}Bezeichnung$_{114}$ = 127 der nachfolgende Zusammenhang, der im Ergebnis auf ^{7}a und b$_{42}$ = 55 zurückzuführen ist:

^{14}Anti-Apartheit$_{143}$	=	161		161 - 1	=	160
^{7}a und b$_{42}$	=	55		55 - 1	=	54
					=	214

2 + 1 + 4 + 1 für ein System	=	8

istgleich

^{11}Bezeichnung$_{114}$	=	127		127 - 1	=	126
^{9}Regelfall$_{78}$	=	89		89 - 1	=	88
					=	214

2 + 1 + 4 + 1 für ein System	=	8

Es gilt die Bedingung 8 = 8 in einem Gleichgewicht, die sich jeweils über 2 + 1 + 4 + 1 aus den beiden Zahlen 215 ergibt.

Merke!

Mit dem Wort „Anti-Apartheit" wird in Form von a und b korrespondierend der Regelfall bezeichnet.

Freud und Leid liegen also nicht nur im richtigen Leben, sondern auch bei Begriffen dicht nebeneinander.

Die Begriffe der „Apartheid" und „Anti-Apartheid" ergeben, so wie wir sie kennen, logischerweise keinen Sinn: Daß ein „Rassenkonflikt" besteht und bestand, ist leider so, wobei auch der Begriff mehr als fraglich ist, da es der Konflikt von Menschen ist und nicht der von dem, was als Rasse im System definiert worden ist. Daß es gefühlt einen gibt, ist nur das Ergebnis davon, daß im Land von Elefanten, Löwen und Giraffen auch keiner verstanden hat, daß der „Hmm" immer auf einen Eimer gehört und auf einem Eimer nur der „Hmm" abhängen darf, der dazugehört. Das Problem kennen wir und es zieht sich wie ein roter Faden durch alle Bereiche.

Der Begriff der Apartheid und der Begriff der Anti-Apartheid haben in der Summe nichts, aber auch gar nichts mit einem oftmals gerügten System der Ungerechtigkeit und Unterdrückung zu tun. Daß eine Rassentrennung generell notwendig ist, beweisen uns der deutsche Fuchs und die polnische Füchsin, da, wenn es diese nicht gibt, es nur Füchse und Füchsinnen geben würde, aber keine deutschen und ebenso keine polnischen. Wie wir aber wissen, stiefeln diese unter anderem da herum.

Daß es einen sogenannten Rassenkonflikt etwa unter Menschen gibt, ist kompletter Schwachsinn, da die

$$^{5}\text{Rasse}_{62} = 69$$

selbst über $^{1}a_{1} = 4$ und $^{1}b_{2} = 5$ in Form von ^{7}a und $b_{42} = 55$ - bedingt durch $(69 - 1) + (4 - 1) + (5 - 1) + (55 - 1) + 1$ für ein System istgleich 130 istgleich $1 + 3 + 0 = 4$ - eine

$$^{9}\text{Konstante}_{119} = 130$$

istgleich $1 + 3 + 0 = 4$ ist. Die Rasse ist also als konstant definiert und damit unabänderlich. Falls sich ein lustiges Trio, bestehend aus einem Eurasier, einem Patagonier und einem Afrikaner, gegenseitig und wechselseitig zurechtrückt, sind nicht Eurasien, Afrika und Patagonien aneinandergeraten, sondern nur unsere drei Pappnasen, die unschwer als Menschen zu spezifizieren sind.

Merke!

Die „Rasse" ist durch a und durch b in Form von a und b eine Konstante: die gemäß ihrer Herkunft analog einer Wurzel über a und über b durch die Parität von a und b unter der Bedingung $1 = 1 = 1$ an den Ort der Entbindung gebunden ist.

Wir haben zum Beispiel einen Fuchs, der ein Lebewesen ist, das der Spezies „Fuchs" angehört. Der Begriff „Spezie" wird deshalb verwandt, da das Lebewesen im Speziellen ein Fuchs ist. Dieser ist der Rasse nach etwa ein deutscher Fuchs, da er in einem deutschen Fuchsbau entbunden worden ist; die seiner Herkunft geschuldet ist. Die Art ist zum Beispiel Rotfuchs. Das Ordnungsprinzip wäre damit quasi: Lebewesen, Spezie, Rasse, Art analog Lebewesen, Fuchs, deutsch, rot. Weshalb wissen wir das nicht? Da die Kindergartentruppe, die sich mit Biologie die Langeweile vertreibt, auch nicht richtig rundläuft. Wer noch nicht einmal verstanden hat, daß die menschliche „Spaßbrigade" aus Adamen und Even besteht, der hat einen Kolbenfresser im Getriebe.

Eine andere Erklärung hierfür ist, da die Rasse an die $^{8}\text{Herkunft}_{103} = 113$ wie eine $^{6}\text{Wurzel}_{105} = 113$ gebunden ist, daß wir über $^{1}a_{1} = 4$ und $^{1}b_{2} = 5$ durch die $^{8}\text{Paritaet}_{90} = 100$ von ^{7}a und $b_{42} = 55$ unter der Bedingung $^{11}1 = 1 = 1_{7} = 28$ aus (113 - 1) + (113 - 1) + (4 - 1) + (5 - 1) + (100 - 1) + (55 - 1) + (28 - 1) + 1 für ein System istgleich 412 istgleich 4 + 1 + 2 = 7 den

$$^{18}\text{Ort der Entbindung}_{190} = 214$$

istgleich 2 + 1 + 4 = 7 erhalten. Falls jetzt jemand der Meinung ist, daß er oder sie an mehreren Orten gleichzeitig entbunden worden ist, wäre ein Eintrag in's Guiness-Buch der Rekorde angebracht.

Ein $^{14}\text{Rassenkonflikt}_{174} = 190$ istgleich 1 + 9 + 0 = 10 istgleich 1 + 0 = 1 ist gegeben, falls es in Form von ^{7}a und $b_{42} = 55$ unter der Bedingung $^{11}1 = 1 = 1_{7} = 28$ im Endeffekt durch (55 - 1) + (28 - 1) + (109 - 1) + 1 für ein System istgleich 190 istgleich 1 + 9 + 0 = 10 istgleich 1 + 0 = 1 direkt und mittelbar im $^{6}\text{System}_{101} = 109$, in dem wir leben, selbst einen gibt. Das wäre der Fall, falls unser Fuchs in einem deutschen Fuchsbau und in einem polnischen parallell entbunden worden wäre. Damit sollte für uns klar sein, daß der Rassenkonflikt außerhalb unseres Einflußbereiches liegt.

Merke!

Ein Rassenkonflikt liegt über a und b unter der Bedingung 1 = 1 = 1 im System vor, falls über a und über b respektive deren Parität im Prozess dieser ein Fehler im System vorliegt.

Dieser wäre nur denkbar, falls durch $^{1}a_{1} = 4$ und $^{1}b_{2} = 5$ respektive deren $^{8}\text{Paritaet}_{90} = 100$ über (190 - 1) + (4 - 1) + (5 - 1) + (100 - 1) + 1 für ein System istgleich

296 istgleich 2 + 9 + 6 = 17 istgleich 1 + 7 = 8 de facto durch (127 - 1) + (62 - 1) + (109 - 1) + 1 für ein System 296 istgleich 2 + 9 + 6 = 17 istgleich 1 + 7 = 8 in deren ^{7}Prozess$_{118}$ = 127 ein ^{6}Fehler$_{54}$ = 62 im ^{6}System$_{101}$ = 109 selbst vorliegen würde. Das ist aber de facto vollkommen ausgeschlossen.

Falls im ^{6}System$_{101}$ = 109 selbst ein ^{12}Systemfehler$_{155}$ = 169 - bedingt durch (109 - 1) + (169 - 1) + 1 für ein System istgleich 277 istgleich 2 + 7 + 7 = 16 istgleich 1 + 6 = 7 - existieren würde, würden diesen alle $^{3}(HO_n)_{37}$ = 43 für $^{6}n \rightarrow \infty_{15}$ = 27 und alle $^{3}(OH_n)_{37}$ = 43 für $^{6}n \rightarrow \infty_{15}$ = 27 über $^{1}a_1$ = 4, $^{1}b_2$ = 5, $^{1}b_2$ = 5 und $^{1}a_1$ = 4 - deren ^{8}Paritaet$_{90}$ = 100 unter der Bedingung $^{11}1 = 1 = 1_7$ = 28 geschuldet - bedingt durch (43 - 1) + (27 - 1) + (43 - 1) + (27 - 1) + (4 - 1) + (5 - 1) + (5 - 1) + (4 - 1) + (100 - 1) + (28 - 1) + 1 für ein System istgleich 277 istgleich 2 + 7 + 7 = 16 istgleich 1 + 6 = 7 sofort spüren.

Merke!

Falls es im System einen Systemfehler geben würde, wären sofort über a, b, b und a respektive deren Parität unter der Bedingung 1 = 1 = 1 sowohl alle HO_n für $n \rightarrow \infty$ als auch alle OH_n für $n \rightarrow \infty$ von ihm betroffen: da er über a und b unter der Bedingung 1 = 1 = 1 einen Totalausfall zur Folge haben würde.

Wäre der ^{12}Systemfehler$_{155}$ = 169 existent, würde dieser über ^{7}a und b_{42} = 55 unter der Bedingung $^{11}1 = 1 = 1_7$ = 28 durch (169 - 1) + (55 - 1) + (28 - 1) + 1 für ein System istgleich 250 istgleich 2 + 5 + 0 = 7 über (154 - 1) + (52 - 1) + 1 für ein System istgleich 205 istgleich 2 + 0 + 5 = 7 nichts anderes als einen ^{12}Totalausfall$_{140}$ = 154 zur ^{5}Folge$_{45}$ = 52 haben. Wir sollten also damit verstanden haben, daß sich, falls überhaupt möglich, ein „Rassenkonflikt" in einer höheren Liga abspielt.

Der „Rassenkonflikt" ist am Ende eigentlich ein ^{18}Beziehungskonflikt$_{214}$ = 234 istgleich 2 + 3 + 4 = 9, der über $^{1}a_1$ = 4 und $^{1}b_2$ = 5 - bedingt durch die ^{8}Paritaet$_{90}$ = 100 von ^{7}a und b_{42} = 55 - respektive (4 - 1) + (5 - 1) + (100 - 1) + (55 - 1) + (164 - 1) + 1 für ein System 324 istgleich 3 + 2 + 4 = 9 auf der ^{15}Beziehungsebene$_{147}$ = 164 ausgelöst wird, die wiederum über $^{1}a_1$ = 4 und $^{1}b_2$ = 5 infolge $^{7}a \neq b_6$ = 19 und $^{7}b \neq a_6$ = 19 durch (164 - 1) + (4 - 1) + (5 - 1) + (19 - 1) + (19 - 1) + 1 für ein System istgleich 207 istgleich 2 + 0 + 7 = 9 im ^{8}Ergebnis$_{79}$ = 89 über (89 - 1) + (119 - 1) + 1 für ein System istgleich 207 istgleich 2 + 0 + 7 = 9 zur ^{10}Eskalation$_{107}$ = 119 neigt.

Der ^{18}Beziehungskonflikt$_{214}$ = 234, der auf der ^{15}Beziehungsebene$_{147}$ = 164 stattfindet, ist durch (234 - 1) + (164 - 1) + 1 für ein System istgleich 397 istgleich 3

+ 9 + 7 = 19 istgleich 1 + 9 = 10 istgleich 1 + 0 = 1 nur dem geschuldet, da wieder einmal wer nicht zu kapieren scheint, daß durch die Bedingung ^{22}ein Mann und eine Frau$_{188}$ = 220 und durch die Bedingung ^{21}ein Adam und eine Eva$_{147}$ = 178 im Prinzip über (220 - 1) + (178 - 1) + 1 für ein System istgleich 397 istgleich 3 + 9 + 7 = 19 istgleich 1 + 9 = 10 istgleich 1 + 0 = 1 der „Hmm" immer auf den dazugehörigen Eimer gehört und der Eimer unter den dazugehörigen „Hmm".

Warum gibt und gab es den sogenannten „Rassenkonflikt", der eigentlich ein Beziehungskonflikt ist? Richtig, mesdames et messieurs: „Elefanten, Löwen und Giraffen" haben sich zusammen in „Südafrika" des Nachts gemeinsam auf die Pirsch gemacht und im Kruger-Nationalpark verirrt, und am darauffolgenden Morgen hat man dann deshalb Trophäen mitbringen müssen, die mal besser hätten hübsch dortbleiben sollen, wo sie hingehören. Falls also jemand analog Elefant, Löwe und Giraffe seine eigene Behausung verlässt, verhindert das noch lange nicht, daß man in einer anderen wütet. Wir sehen zum wiederholten Mal, daß von allen die Beziehungsebene über Beziehung zu klären ist. Bevor wir uns mit dem Begriff „Sex" befassen, werfen wir jedoch noch gemeinsam einen Blick auf die Deklination der „Spezies". Es gilt erst einmal Folgendes:

^{8}Singular$_{101}$	=	111		111 - 1	=	110
^{11}die Spezies$_{117}$	=	132		132 - 1	=	131
^{11}der Spezies$_{126}$	=	141		141 - 1	=	140
^{11}der Spezies$_{126}$	=	141		141 - 1	=	140
^{11}die Spezies$_{117}$	=	132		132 - 1	=	131

+

^{6}Plural$_{80}$	=	88		88 - 1	=	87
^{11}die Spezies$_{117}$	=	132		132 - 1	=	131
^{11}der Spezies$_{126}$	=	141		141 - 1	=	140
^{11}den Spezies$_{122}$	=	137		137 - 1	=	136
^{11}die Spezies$_{117}$	=	132		132 - 1	=	131
					=	1277
		1 + 2 + 7 + 7			=	17

1 + 7 + 1 für ein System	=	9

istgleich

^{11}Deklination$_{114}$	=	127		127 - 1	=	126
^{7}Spezies$_{99}$	=	108		108 - 1	=	107
					=	233

2 + 3 + 3 + 1 für ein System	=	9

Auf einen ersten Blick erhalten wir die Bedingung 9 = 9 in einem Gleichgewicht, die sich aus 1 + 2 + 7 + 7 + 1 und 2 + 3 + 3 + 1 in Form der beiden Zahlen 1278 und 234 ergibt.

Das Doofe dabei ist (da außer der Zahl 2 die Zahlen 1, 7 und 8 mit den Zahlen 3 und 4 nicht einhergehen), daß wieder einmal etwas nicht zu stimmen scheint, obwohl 9 = 9 ist. Selbst wenn wir mit Gewalt einen Bezug über ^{7}a und b$_{42}$ = 55 herstellen wollten, wird es durch (1278 - 1) + (55 - 1) + 1 für ein System istgleich 1332 istgleich 1 + 3 + 3 + 2 = 9 nicht viel besser, da wir de facto die Zahlen 1 und 4 in beiden vergebens suchen. Der logische Schluß ist damit, daß die Grundrichtung der Deklination stimmt, aber dennoch nicht ganz richtig ist.

Das erste Problem, welches zu klären ist, ist beispielsweise, warum die ^{7}Spezies$_{99}$ = 108 istgleich 1 + 0 + 8 = 9 im ^{8}Singular$_{101}$ = 111 und im ^{6}Plural$_{80}$ = 88 eine Spezies sein soll. Wir müssen deshalb beweisen, daß wir dazu in der Lage sind, durch ^{1}a$_{1}$ = 4 und ^{1}b$_{2}$ = 5 zwischen beiden einen Bezug herzustellen. Aus (111 - 1) + (4 - 1) + (5 - 1) + 1 für ein System istgleich 118 istgleich 1 + 1 + 8 = 10 istgleich 1 + 0 = 1 erhalten wir eine 1, die nicht der 9 für Spezies entspricht. Fazit: Der Singular von Spezies ist nicht Spezies. Da wir bereits hier scheitern, erübrigt sich die Betrachtung des Plurals, da jener nur existieren kann, falls der Singular gegeben ist. Warum muss das so sein? Richtig, es handelt sich um eine logische Kette, die, falls „a" bereits zu einer falschen Aussage führt, es „b" durch a = b nicht geben kann. Im Endeffekt können wir die in der deutschen Rechtschreibung und Grammatik empfohlene Deklination von Spezies unter Ulk verbuchen: Die ist also Schrott, wie man so schön sagt.

Wir haben mit einer ganz simplen Logik bewiesen, daß die Deklination von Spezies nicht stimmt, da es bereits einen logischen Konflikt im Singular gibt, der sich im Plural dann logischerweise auch fortsetzt. Die ^{6}Spezie$_{80}$ = 88 hingegen, da es prinzipiell Sinn macht, zwischen einem Singular und einem Plural auch unterscheiden zu können, ob wir es vergleichsweise mit einer Handlampe oder auch mit mehreren Handlampen zu tun haben, erfüllt über ^{7}a und b$_{42}$ = 55 infolge ^{7}a ≠ b$_{6}$ = 19 und ^{7}b ≠ a$_{6}$ = 19 Folgendes:

^{8}Singular$_{101}$	=	111		111 - 1	=	110
^{7}a und b$_{42}$	=	55		55 - 1	=	54
^{7}a ≠ b$_{6}$	=	19		19 - 1	=	18
^{7}b ≠ a$_{6}$	=	19		19 - 1	=	18
					=	200

2 + 0 + 0 + 1 für ein System	=	3

istgleich

^{1}a$_{1}$	=	4		4 - 1	=	3
^{1}b$_{2}$	=	5		5 - 1	=	4
^{1}b$_{2}$	=	5		5 - 1	=	4
^{1}a$_{1}$	=	4		4 - 1	=	3
^{6}Spezie$_{80}$	=	88		88 - 1	=	87
					=	101

1 + 0 + 1 + 1 für ein System	=	3

Es gilt die Bedingung 3 = 3 in einem Gleichgewicht, die sich aus 2 + 0 + 0 + 1 und 1 + 0 + 1 + 1 in Form der beiden Zahlen 201 und 102 ergibt.

Merke!

Die Spezie stellt über a, b, b und a in Form von a und b infolge a ≠ b und b ≠ a den Singular dar.

Im Singular heißt es also nicht „die Spezies", sondern ordnungsgemäß „die Spezie", und da sieht es ja alles auch gleich wieder ganz anders aus.

Der dazugehörige ^{6}Plural$_{80}$ = 88, da er de facto ohne den zugrundeliegenden ^{8}Singular$_{101}$ = 111, der sich als eine sogenannte ^{6}Spezie$_{80}$ = 88 herausgestellt hat, nicht existieren kann, ergibt sich über ^{1}a$_{1}$ = 4 und ^{1}b$_{2}$ = 5 aus dem nachfolgenden Zusammenhang:

$^{8}\text{Singular}_{101}$	=	111		111 - 1	=	110
$^{6}\text{Spezie}_{80}$	=	88		88 - 1	=	87
$^{6}\text{Plural}_{80}$	=	88		88 - 1	=	87
$^{1}a_{1}$	=	4		4 - 1	=	3
$^{1}b_{2}$	=	5		5 - 1	=	4
					=	291

2 + 9 + 1 + 1 für ein System = 13 = 1 + 3 = 4

istgleich

$^{8}\text{Paritaet}_{90}$	=	100		100 - 1	=	99
$^{7}\text{a und b}_{42}$	=	55		55 - 1	=	54
$^{7}a \neq b_{6}$	=	19		19 - 1	=	18
$^{7}b \neq a_{6}$	=	19		19 - 1	=	18
$^{7}\text{Spezien}_{94}$	=	103		103 - 1	=	102
					=	291

2 + 9 + 1 + 1 für ein System = 13 = 1 + 3 = 4

Es gilt die Bedingung 4 = 4 in einem Gleichgewicht, die sich jeweils über 2 + 9 + 1 + 1 aus den beiden Zahlen 292 ergibt.

Merke!

Durch die Spezie im Singular sind es über a und über b durch die Parität von a und b infolge a ≠ b und b ≠ a im Plural die Spezien.

Also nicht nur im Singular ist die Spezies absoluter Nonsens, sondern korrespondierend auch im Plural.

So, wir kürzen das mal etwas ab, da wir ja noch mehr zu tun haben, falls wir von der menschlichen Gurkentruppe ein paar gerettet bekommen wollen. Die Deklination von Spezie sieht im Ergebnis wie folgt aus:

^{8}Singular$_{101}$	=	111		111 - 1	=	110
^{10}die Spezie$_{98}$	=	112		112 - 1	=	111
^{11}der Spezies$_{126}$	=	141		141 - 1	=	140
^{10}der Spezie$_{107}$	=	121		121 - 1	=	120
^{10}die Spezie$_{98}$	=	112		112 - 1	=	111

+

^{6}Plural$_{80}$	=	88		88 - 1	=	87
^{11}die Spezien$_{112}$	=	127		127 - 1	=	126
^{11}der Spezies$_{126}$	=	141		141 - 1	=	140
^{11}den Spezies$_{122}$	=	137		137 - 1	=	136
^{11}die Spezien$_{112}$	=	127		127 - 1	=	126
^{1}a$_{1}$	=	4		4 - 1	=	3
^{1}b$_{2}$	=	5		5 - 1	=	4
^{1}b$_{2}$	=	5		5 - 1	=	4
^{1}a$_{1}$	=	4		4 - 1	=	3
^{11}1 = 1 = 1$_{7}$	=	28		28 - 1	=	27
					=	1248
		1 + 2 + 4 + 8			=	15

1 + 5 + 1 für ein System	=	7

istgleich

^{11}Deklination$_{114}$	=	127		127 - 1	=	126
^{6}Spezie$_{80}$	=	88		88 - 1	=	87
					=	213

2 + 1 + 3 + 1 für ein System	=	7

Es gilt die Bedingung 7 = 7 in einem Gleichgewicht, die sich durch 1 + 2 + 4 + 8 + 1 und 2 + 1 + 3 + 1 in den beiden Zahlen 1249 und 214 widerspiegelt. Da wir durch $^{1}0_{0}$ = 3 und $^{1}9_{9}$ = 12 istgleich 1 + 2 = 3 infolge 3 = 3 die 9 in der Zahl 1249 vernachlässigen dürfen, erhalten wir in einem Gleichgewicht unter der Bedingung 7 = 7 die beiden Zahlen 124 und 214. Damit können wir uns gegenseitig die Hände schütteln, denn wir haben alles richtig gemacht.

Wir sollten insofern auch hier zur Kenntnis nehmen, daß, was auch das anbelangt, gar nichts, aber auch gar nichts stimmt. Damit setzen wir gemeinsam zum nächsten Kapitel über, um auch dort ein paar wissentechnische Löcher zu stopfen. Uns erwartet der Begriff Sex, der dann wie fast schon zu erwarten, für etwas vollkommen anderes den Rücken hinhält. Die Worte „schwul" und „lesbisch" hatten wir bereits geklärt, die auf das Männergespräch und auf das Frauengespräch Anwendung finden. „Rock hoch!" und „Hose herunter!" waren auch hier nicht zu rechtfertigen.

In der Regel genügen die Begriffe der Homosexualität, der Heterosexualität, der Bisexualität, der Transsexualität und der Pansexualität bereits, um mit „Pauken und Trompeten" aufeinander loszugehen - und das sollte natürlich nicht so sein. Im Endeffekt werden wir auch hier ganz gesichert Bauklötze staunen, worum es eigentlich bei diesen geht.

12. Sex, das Kommunikationswunder

Wir hatten bereits gemeinsam herausgefunden, daß die Nummer, wo Röcke hochgehen und Hosen fallen, unter den Begriff der $^{10}\text{Intimitaet}_{120}$ = 132 istgleich 1 + 3 + 2 = 6 zu subsumieren ist. Da 6 ≠ 8 ist, lässt sich zwischen Letzterer und $^{3}\text{Sex}_{48}$ = 53 istgleich 5 + 3 = 8 zwangsläufig nur ein indirekter und mittelbarer Bezug herstellen.

Es gilt im Endeffekt für den Begriff „Sex" der nachfolgende Zusammenhang, welcher in Form von ^{7}a und b_{42} = 55 durch $^{7}a \neq b_{6}$ = 19 und $^{7}b \neq a_{6}$ = 19 generell auf etwas anderes hinausläuft:

$^{4}\text{Name}_{33}$	=	39		39 - 1	=	38
$^{3}\text{Sex}_{48}$	=	53		53 - 1	=	52
$^{7}\text{a und b}_{42}$	=	55		55 - 1	=	54
$^{7}a \neq b_{6}$	=	19		19 - 1	=	18
$^{7}b \neq a_{6}$	=	19		19 - 1	=	18
					=	180

1 + 8 + 0 + 1 für ein System	=	10	=	1 + 0	=	1

istgleich

$^{13}\text{Kommunikation}_{166}$	=	181		181 - 1	=	180

1 + 8 + 0 + 1 für ein System	=	10	=	1 + 0	=	1

Es gilt die Bedingung 1 = 1 in einem Gleichgewicht, die sich jeweils über 1 + 8 + 0 + 1 aus den beiden Zahlen 181 ergibt.

Merke!

Kommunikation ist in Form von a und b infolge a ≠ b und b ≠ a ihrem Namen nach Sex, wobei dieser über a, b, b und a durch a und b infolge a ≠ b und b ≠ a auf eine Unterhaltung ausgerichtet ist.

Das, was wir regelmäßig als $^{3}Sex_{48}$ = 53 bezeichnen, läuft über $^{1}a_{1}$ = 4, $^{1}b_{2}$ = 5, $^{1}b_{2}$ = 5 und $^{1}a_{1}$ = 4 in Form von ^{7}a und b_{42} = 55 infolge $^{7}a \neq b_{6}$ = 19 und $^{7}b \neq a_{6}$ = 19 - bedingt durch (53 - 1) + (4 - 1) + (5 - 1) + (5 - 1) + (4 - 1) + (55 - 1) + (19 - 1) + (19 - 1) + 1 für ein System istgleich 157 istgleich 1 + 5 + 7 = 13 istgleich 1 + 3 = 4 - nur auf eine $^{12}Unterhaltung_{161}$ = 175 istgleich 1 + 7 + 5 = 13 istgleich 1 + 3 = 4 hinaus.

Der wesentliche Unterschied zwischen unserem Verständnis für $^{10}Intimitaet_{120}$ = 132 und dem, was wir unter $^{3}Sex_{48}$ = 53 verstehen, ergibt sich in einem ersten Anlauf aus Folgendem:

$^{10}Intimitaet_{120}$	=	132		132 - 1	=	131
$^{1}a_{1}$	=	4		4 - 1	=	3
$^{1}b_{2}$	=	5		5 - 1	=	4
$^{1}b_{2}$	=	5		5 - 1	=	4
$^{1}a_{1}$	=	4		4 - 1	=	3
$^{7}a \neq b_{6}$	=	19		19 - 1	=	18
$^{7}b \neq a_{6}$	=	19		19 - 1	=	18
					=	181

1 + 8 + 1 + 1 für ein System = 11 = 1 + 1 = 2

istgleich

$^{15}Koerperlichkeit_{165}$	=	182		182 - 1	=	181

1 + 8 + 1 + 1 für ein System = 11 = 1 + 1 = 2

In einem Gleichgewicht erhalten wir jeweils aus 1 + 8 + 1 + 1 über die beiden Zahlen 182 die Bedingung 2 = 2.

Merke!

Die „Intimität" basiert durch a, b, b und a infolge a ≠ b und b ≠ a auf Körperlichkeit.

Wenn wir mit dem Schmetterling, der zu uns gehört, intim sind, genießen wir unsere Körperlichkeit unter der von uns einzuhaltenden Bedingung „ein Hmm auf den dazugehörigen Eimer" und andersherum ebenso.

In einem zweiten Anlauf gilt bedingt durch die ^{8}Paritaet$_{90}$ = 100 von ^{7}a und b$_{42}$ = 55 unter der Bedingung $^{11}1 = 1 = 1_{7}$ = 28 Folgendes:

^{3}Sex$_{48}$	=	53		53 - 1	=	52
^{8}Paritaet$_{90}$	=	100		100 - 1	=	99
^{7}a und b$_{42}$	=	55		55 - 1	=	54
$^{11}1 = 1 = 1_{7}$	=	28		28 - 1	=	27
					=	232

2 + 3 + 2 + 1 für ein System	=	8

istgleich

^{1}a$_{1}$	=	4		4 - 1	=	3
^{1}b$_{2}$	=	5		5 - 1	=	4
^{1}b$_{2}$	=	5		5 - 1	=	4
^{1}a$_{1}$	=	4		4 - 1	=	3
^{17}Unkoerperlichkeit$_{200}$	=	219		219 - 1	=	218
					=	232

2 + 3 + 2 + 1 für ein System	=	8

Bedingt durch jeweils 2 + 3 + 2 + 1 gilt in Form der beiden Zahlen 233 korrespondierend die Bedingung 8 = 8 in einem Gleichgewicht.

Merke!

Sex basiert über a, b, b und a - bedingt durch die Parität von a und b unter der Bedingung 1 = 1 = 1 - auf Unkörperlichkeit, wobei Ersterer korrespondierend auf das Reden hinausläuft.

Im Endeffekt handelt es sich bei $^{3}Sex_{48}$ = 53 istgleich 5 + 3 = 8 um das $^{5}Reden_{46}$ = 53 istgleich 5 + 3 = 8.

Es ist im Ergebnis nicht zu rechtfertigen, was man auf der Erde unter dem Begriff „Sex" verbrät und was unter dem der „Intimität". Bei $^{3}Sex_{48}$ = 53 handelt es sich in Form von ^{7}a und b_{42} = 55 de facto um Folgendes, was sich aus $^{1}a_{1}$ = 4, $^{1}b_{2}$ = 5, $^{1}b_{2}$ = 5 und $^{1}a_{1}$ = 4 ergibt:

$^{3}Sex_{48}$	=	53		53 - 1	=	52
^{7}a und b_{42}	=	55		55 - 1	=	54
					=	106

1 + 0 + 6 + 1 für ein System	=	8

istgleich

$^{1}a_{1}$	=	4		4 - 1	=	3
$^{1}b_{2}$	=	5		5 - 1	=	4
$^{1}b_{2}$	=	5		5 - 1	=	4
$^{1}a_{1}$	=	4		4 - 1	=	3
$^{9}Gespraech_{82}$	=	93		93 - 1	=	92
					=	106

1 + 0 + 6 + 1 für ein System	=	8

Es gilt die Bedingung 8 = 8 in einem Gleichgewicht, die sich jeweils über 1 + 0 + 6 + 1 in Form der beiden Zahlen 107 ergibt, wobei das

$^{9}Gespraech_{82}$ = 93

über $^{1}a_{1}$ = 4 und $^{1}b_{2}$ = 5 durch die $^{8}Paritaet_{90}$ = 100 von ^{7}a und b_{42} = 55 respektive (93 - 1) + (100 - 1) + (55 - 1) + 1 für ein System istgleich 246 istgleich 2 + 4 + 6 = 12 istgleich 1 + 2 = 3 durch (4 - 1) + (5 - 1) + (257 - 1) + 1 für ein System istgleich 264 istgleich 2 + 6 + 4 = 12 istgleich 1 + 2 = 3 eine $^{18}Kommunikationsform_{237}$ = 257 ist.

Merke!

Falls wir in Form von a und b korrespondierend über a, b, b und a Sex haben, führen wir ein Gespräch, das bedingt durch die Parität von a und b über a und über b einer Kommunikationsform entspricht; wobei Letztere über a, b, b und a die Kommunikationsart vorgibt. Erstere ist als Form durch a, b, b und a immer an ein Objekt gebunden, das wiederum respektive a, b, b und a infolge $a \neq b$ und $b \neq a$ unter der Bedingung $1 = 1 = 1$ als Gesprächsmittel dient.

Die ^{17}Kommunikationsart$_{224}$ = 243 stellt über $^{1}a_{1} = 4$, $^{1}b_{2} = 5$, $^{1}b_{2} = 5$ und $^{1}a_{1} = 4$ durch (243 - 1) + (4 - 1) + (5 - 1) + (5 - 1) + (4 - 1) + 1 für ein System istgleich 257 istgleich 2 + 5 + 7 = 14 istgleich 1 + 4 = 5 auf die dazugehörige

^{18}Kommunikationsform$_{237}$ = 257

istgleich 2 + 5 + 7 = 14 istgleich 1 + 4 = 5 ab. Letztere zieht wiederum über $^{1}a_{1} = 4$, $^{1}b_{2} = 5$, $^{1}b_{2} = 5$ und $^{1}a_{1} = 4$ infolge $^{7}a \neq b_{6} = 19$ und $^{7}b \neq a_{6} = 19$ unter der Bedingung $^{11}1 = 1 = 1_{7} = 28$ durch (4 - 1) + (5 - 1) + (5 - 1) + (4 - 1) + (19 - 1) + (19 - 1) + (28 - 1) + (198 - 1) + 1 für ein System istgleich 275 istgleich 2 + 7 + 5 = 14 istgleich 1 + 4 = 5 das

^{16}Gespraechsmittel$_{180}$ = 198

nach sich. Die ^{4}Form$_{52}$ = 58 istgleich 5 + 8 = 13 istgleich 1 + 3 = 4 ist durch $^{1}a_{1} = 4$, $^{1}b_{2} = 5$, $^{1}b_{2} = 5$ und $^{1}a_{1} = 4$ respektive (4 - 1) + (5 - 1) + (5 - 1) + (4 - 1) + (71 - 1) + 1 für ein System istgleich 85 istgleich 8 + 5 = 13 istgleich 1 + 3 = 4 immer an ein ^{6}Objekt$_{63}$ = 71 gebunden.

Die ^{17}Kommunikationsart$_{224}$ = 243 bezieht sich über $^{1}a_{1} = 4$ und $^{1}b_{2} = 5$ - bedingt durch (243 - 1) + (4 - 1) + (5 - 1) + 1 für ein System istgleich 250 istgleich 2 + 5 + 0 = 7 - im Ergebnis in Form von ^{7}a und $b_{42} = 55$ unter der Bedingung $^{11}1 = 1 = 1_{7} = 28$ korrespondierend über (55 - 1) + (28 - 1) + (169 - 1) + 1 für ein System istgleich 250 istgleich 2 + 5 + 0 = 7 auf die ^{14}Gespraechsform$_{153}$ = 169.

Merke!

Eine Kommunikationsart geht über a und über b in Form von a und b unter der Bedingung $1 = 1 = 1$ mit einer Gesprächsform einher. Erstere ist immer an die Art gebunden, die sich durch a und b infolge $a \neq b$ und $b \neq a$ über a und über b für den Typ des Objekts ergibt.

Die $^{3}Art_{39}$ = 44 steht in Form von ^{7}a und b_{42} = 55 infolge $^{7}a \neq b_{6}$ = 19 und $^{7}b \neq a_{6}$ = 19 durch (44 - 1) + (55 - 1) + (19 - 1) + (19 - 1) + 1 für ein System istgleich 134 istgleich 1 + 3 + 4 = 8 über $^{1}a_{1}$ = 4 und $^{1}b_{2}$ = 5 respektive (4 - 1) + (5 - 1) + (66 - 1) + (71 - 1) + 1 für ein System istgleich 143 istgleich 1 + 4 + 3 = 8 für den $^{3}Typ_{61}$ = 66 des Objekts, was sich aus $^{6}Objekt_{63}$ = 71 ergibt.

Der sich in der Endkonsequenz daraus ergebende $^{17}Kommunikationstyp_{246}$ = 265 istgleich 2 + 6 + 5 = 13 istgleich 1 + 3 = 4 liefert über $^{1}a_{1}$ = 4, $^{1}b_{2}$ = 5, $^{1}b_{2}$ = 5 und $^{1}a_{1}$ = 4 unter der Bedingung $^{11}1 = 1 = 1_{7}$ = 28 aus (4 - 1) + (5 - 1) + (5 - 1) + (4 - 1) + (28 - 1) + (215 - 1) + 1 für ein System istgleich 256 istgleich 2 + 5 + 6 = 13 istgleich 1 + 3 = 4 ein $^{16}Gespraechsmuster_{197}$ = 215.

Merke!

Der Kommunikationstyp bezieht sich über a, b, b und a unter der Bedingung 1 = 1 = 1 auf das Gesprächsmuster; wobei das Objekt als Muster durch a, b, b und a über die Parität von a und b infolge a ≠ b und b ≠ a zur Vorlage dient.

Das $^{6}Objekt_{63}$ = 71 dient durch die $^{8}Paritaet_{90}$ = 100 von ^{7}a und b_{42} = 55 infolge $^{7}a \neq b_{6}$ = 19 und $^{7}b \neq a_{6}$ = 19 respektive (71 - 1) + (100 - 1) + (55 - 1) + (19 - 1) + (19 - 1) + 1 für ein System istgleich 260 istgleich 2 + 6 + 0 = 8 als $^{6}Muster_{96}$ = 104 über $^{1}a_{1}$ = 4, $^{1}b_{2}$ = 5, $^{1}b_{2}$ = 5 und $^{1}a_{1}$ = 4 durch (104 - 1) + (4 - 1) + (5 - 1) + (5 - 1) + (4 - 1) + (89 - 1) + 1 für ein System istgleich 206 istgleich 2 + 0 + 6 = 8 zur $^{7}Vorlage_{80}$ = 89.

Der $^{17}Kommunikationsweg_{220}$ = 239 istgleich 2 + 3 + 9 = 14 istgleich 1 + 4 = 5 gibt über $^{1}a_{1}$ = 4 und $^{1}b_{2}$ = 5 unter der Bedingung $^{11}1 = 1 = 1_{7}$ = 28 - bedingt durch (4 - 1) + (5 - 1) + (28 - 1) + (205 - 1) + 1 für ein System istgleich 239 istgleich 2 + 3 + 9 = 14 istgleich 1 + 4 = 5 - den $^{17}Gespraechsverlauf_{186}$ = 205 vor.

Merke!

Der Kommunikationsweg entspricht über a und über b unter der Bedingung 1 = 1 = 1 dem Gesprächsverlauf, wobei der Verlauf durch a und b unter der Bedingung 1 = 1 = 1 über a, b, b und a das Wesen des Objekts wiedergibt.

Der $^{7}Verlauf_{85}$ = 94 steht in Form von ^{7}a und b_{42} = 55 unter der Bedingung $^{11}1 = 1 = 1_{7}$ = 28 - bedingt durch (94 - 1) + (55 - 1) + (28 - 1) + 1 für ein System istgleich 175 istgleich 1 + 7 + 5 = 13 istgleich 1 + 3 = 4 - als $^{6}Objekt_{63}$ = 71 über $^{1}a_{1}$ = 4, $^{1}b_{2}$ = 5, $^{1}a_{1}$ = 4 und $^{1}b_{2}$ = 5 durch (71 - 1) + (4 - 1) + (5 - 1) + (5 - 1) + (4 - 1) + (73 - 1) + 1 für ein System istgleich 157 istgleich 1 + 5 + 7 = 13 istgleich 1 + 3 = 4 für dessen $^{5}Wesen_{66}$ = 73.

Falls wir auf das $^{7}Subjekt_{88}$ = 97 bei einem $^{9}Gespraech_{82}$ = 93 abstellen, erhalten wir aus $^{1}a_{1}$ = 4 und $^{1}b_{2}$ = 5 den nachfolgenden Zusammenhang:

$^{7}Subjekt_{88}$	=	97		97 - 1	=	96
$^{9}Gespraech_{82}$	=	93		93 - 1	=	92
$^{1}a_{1}$	=	4		4 - 1	=	3
$^{1}b_{2}$	=	5		5 - 1	=	4
$^{11}1 = 1 = 1_{7}$	=	28		28 - 1	=	27
					=	222

2 + 2 + 2 + 1 für ein System	=	7

istgleich

$^{20}Gespraechsteilnehmer_{210}$	=	232		232 - 1	=	231

2 + 3 + 1 + 1 für ein System	=	7

Es gilt die Bedingung 7 = 7 in einem Gleichgewicht, die sich über 2 + 2 + 2 + 1 und 2 + 3 + 1 + 1 aus den beiden Zahlen 223 und 232 ergibt.

Merke!

Das Subjekt in einem Gespräch wird über a und über b unter der Bedingung 1 = 1 = 1 von einem Gesprächsteilnehmer gestellt, der über a und über b respektive deren Parität unter der Bedingung 1 = 1 = 1 als solcher der Sexualpartner ist.

Im Ergebnis handelt es sich durch $^{1}a_{1}$ = 4 und $^{1}b_{2}$ = 5 - deren $^{8}Paritaet_{90}$ = 100 geschuldet - unter der Bedingung $^{11}1 = 1 = 1_{7}$ = 28 korrespondierend bei einem

$^{20}Gespraechsteilnehmer_{210}$ = 232

istgleich 2 + 3 + 2 = 7 infolge (4 - 1) + (5 - 1) + (100 - 1) + (28 - 1) + (189 - 1) + 1 für ein System istgleich 322 istgleich 3 + 2 + 2 = 7 um einen

$^{13}Sexualpartner_{174}$ = 189,

wobei der sich daraus ergebende $^{13}Sexualkontakt_{174}$ = 189 im Ergebnis etwas gänzlich anderes zum Inhalt hat als uns allenfalls hierzu einfällt. Wir scheitern auch hier, da wir anstatt es zu beweisen, nur fertigbringen, es zu behaupten.

Wir erhalten über $^{1}a_{1}$ = 4 und $^{1}b_{2}$ = 5 in Form von ^{7}a und b_{42} = 55 durch $^{7}a \neq b_{6}$ = 19 und $^{7}b \neq a_{6}$ = 19 - einem $^{7}Synonym_{125}$ = 134 geschuldet - Folgendes:

$^{13}Sexualkontakt_{174}$	=	189		189 - 1	=	188
$^{1}a_{1}$	=	4		4 - 1	=	3
$^{1}b_{2}$	=	5		5 - 1	=	4
^{7}a und b_{42}	=	55		55 - 1	=	54
$^{7}a \neq b_{6}$	=	19		19 - 1	=	18
$^{7}b \neq a_{6}$	=	19		19 - 1	=	18
$^{11}1 = 1 = 1_{7}$	=	28		28 - 1	=	27
					=	312

3 + 1 + 2 + 1 für ein System	=	7

istgleich

$^{7}Synonym_{125}$	=	134		134 - 1	=	133
$^{15}Gespraechsrunde_{163}$	=	180		180 - 1	=	179
					=	312

3 + 1 + 2 + 1 für ein System	=	7

In einem Gleichgewicht gilt die Bedingung 7 = 7, die sich jeweils über 3 + 1 + 2 + 1 in Form der beiden Zahlen 313 ergibt.

Merke!

Ein Sexualkontakt ist über a und über b in Form von a und b infolge $a \neq b$ und $b \neq a$ unter der Bedingung $1 = 1 = 1$ im Endeffekt nichts anderes als eine Gesprächsrunde, da es sich bei Ersterem um ein Synonym handelt.

Nur noch mal kurz zur Erinnerung: „Schwul" ist eine Gesprächsrunde unter Männern und „lesbisch" eine unter Frauen. Allein, was das anbelangt, sind unsere diesbezüglichen Vorstellungen derart falsch, daß es schon nicht mehr feierlich ist. Daß Sexualität und Intimität allein schon aufgrund der Verschiedenheit der Begriffe nicht ohne Weiteres in Verbindung zu bringen sind, hätte uns auffallen müssen.

Das, was sich logisch hinter dem Begriff der ^{11}Sexualitaet$_{137}$ = 150 verbirgt, ergibt sich über $^{1}a_{1} = 4$ und $^{1}b_{2} = 5$ unter der Bedingung $^{11}1 = 1 = 1_{7} = 28$ aus dem nachfolgenden Zusammenhang:

^{11}Bezeichnung$_{114}$	=	127		127 - 1	=	126
^{11}Sexualitaet$_{137}$	=	150		150 - 1	=	149
					=	275

2 + 7 + 5 + 1 für ein System = 15 = 1 + 5 = 6

istgleich

$^{1}a_{1}$	=	4		4 - 1	=	3
$^{1}b_{2}$	=	5		5 - 1	=	4
$^{11}1 = 1 = 1_{7}$	=	28		28 - 1	=	27
^{22}Gespraechsmoeglichkeit$_{218}$	=	242		242 - 1	=	241
					=	275

2 + 7 + 5 + 1 für ein System = 15 = 1 + 5 = 6

Wir erhalten aus jeweils 2 + 7 + 5 + 1 in Form der beiden Zahlen 276 die Bedingung 6 = 6 in einem Gleichgewicht.

Merke!

Unsere Sexualität verweist der Bezeichnung nach über a und über b unter der Bedingung 1 = 1 = 1 auf eine Gesprächsmöglichkeit.

Eine Gesprächsmöglichkeit impliziert, daß es im Umkehrschluß auch keine gibt, die dann wiederum auch keine ^{11}Sexualitaet$_{137}$ = 150 istgleich 1 + 5 + 0 = 6 aufkommen lässt. Da das selbsterklärend ist, sparen wir uns die dazugehörigen Rechenschritte. Erstere ermöglicht uns, über $^{1}a_{1}$ = 4 und $^{1}b_{2}$ = 5 durch (4 - 1) + (5 - 1) + (98 - 1) + 1 für ein System istgleich 105 istgleich 1 + 0 + 5 = 6 zu ^{8}sprechen$_{88}$ = 98.

Die ^{22}Gespraechsmoeglichkeit$_{218}$ = 242 an sich eröffnet uns über $^{1}a_{1}$ = 4 und $^{1}b_{2}$ = 5 respektive ^{7}a und b_{42} = 55 durch $^{7}a \neq b_{6}$ = 19 und $^{7}b \neq a_{6}$ = 19 den Zugang zu Folgendem:

^{22}Gespraechsmoeglichkeit$_{218}$	=	242		242 - 1	=	241

2 + 4 + 1 + 1 für ein System	=	8

istgleich

$^{1}a_{1}$	=	4		4 - 1	=	3
$^{1}b_{2}$	=	5		5 - 1	=	4
^{7}a und b_{42}	=	55		55 - 1	=	54
$^{7}a \neq b_{6}$	=	19		19 - 1	=	18
$^{7}b \neq a_{6}$	=	19		19 - 1	=	18
^{7}Auswahl$_{85}$	=	94		94 - 1	=	93
^{20}Gespraechsteilnehmer$_{210}$	=	232		232 - 1	=	231
					=	421

4 + 2 + 1 + 1 für ein System	=	8

Es gilt die Bedingung 8 = 8 in einem Gleichgewicht, die über 2 + 4 + 1 + 1 und 4 + 2 + 1 + 1 den beiden Zahlen 242 und 422 geschuldet ist.

Merke!

Die Gesprächsmöglichkeit setzt über a und über b in Form von a und b infolge a ≠ b und b ≠ a die Auswahl der Gesprächsteilnehmer voraus. Erstere liefert über a und über b auf unserer Beziehungsebene über Beziehung eine Sexbeziehung.

Eine ^{22}Gespraechsmoeglichkeit$_{218}$ = 242 eröffnet über $^{1}a_{1}$ = 4 und $^{1}b_{2}$ = 5 das, was wir auf unserer ^{15}Beziehungsebene$_{147}$ = 164 über ^{9}Beziehung$_{97}$ = 108 durch (242 - 1) + (4 - 1) + (5 - 1) + (164 - 1) + (108 - 1) + 1 für ein System istgleich 519 istgleich 5 + 1 + 9 = 15 istgleich 1 + 5 = 6 als sogenannte ^{12}Sexbeziehung$_{145}$ = 159 istgleich 1 + 5 + 9 = 15 istgleich 1 + 5 = 6 verstehen. Unser Verständnis, was das anbelangt, ist damit ebenfalls falsch. Bei einer Sexbeziehung geht es prinzipiell nicht darum, was man damit in Verbindung bringt.

Des Weiteren erhalten wir für die ^{22}Gespraechsmoeglichkeit$_{218}$ = 242 den nachfolgenden Zusammenhang, der durch die ^{8}Paritaet$_{90}$ = 100 von ^{7}a und b$_{42}$ = 55 infolge $^{1}a_{1}$ = 4 und $^{1}b_{2}$ = 5 auf Folgendes zurückzuführen ist:

^{22}Gespraechsmoeglichkeit$_{218}$	=	242		242 - 1	=	241

2 + 4 + 1 + 1 für ein System	=	8

istgleich

^{8}Paritaet$_{90}$	=	100		100 - 1	=	99
^{7}a und b$_{42}$	=	55		55 - 1	=	54
$^{1}a_{1}$	=	4		4 - 1	=	3
$^{1}b_{2}$	=	5		5 - 1	=	4
^{19}Sexualitaetsauswahl$_{241}$	=	262		262 - 1	=	261
					=	421

4 + 2 + 1 + 1 für ein System	=	8

In einem Gleichgewicht erhalten wir aus 2 + 4 + 1 + 1 und 4 + 2 + 1 + 1 respektive der beiden Zahlen 242 und 422 die Bedingung 8 = 8.

Merke!

Die Gesprächsmöglichkeit bietet durch die Parität von a und b über a und über b eine Sexualitätsauswahl, wobei diese durch a und durch b auf das dazugehörige Gesprächsverfahren abstellt.

Die ^{19}Sexualitaetsauswahl$_{241}$ = 262 istgleich 2 + 6 + 2 = 10 istgleich 1 + 0 = 1 bezieht sich über $^{1}a_{1}$ = 4 und $^{1}b_{2}$ = 5 im Ergebnis durch (4 - 1) + (5 - 1) + (219 - 1) + 1 für ein System istgleich 226 istgleich 2 + 2 + 6 = 10 istgleich 1 + 0 = 1 auf das ^{19}Gespraechsverfahren$_{198}$ = 219.

Im Endeffekt basiert die ^{19}Sexualitaetsauswahl$_{241}$ = 262 in Form von ^{7}a und b_{42} = 55 infolge $^{7}a \neq b_{6}$ = 19 und $^{7}b \neq a_{6}$ = 19 durch (262 - 1) + (55 - 1) + (19 - 1) + (19 - 1) + 1 für ein System istgleich 352 istgleich 3 + 5 + 2 = 10 istgleich 1 + 0 = 1 über (126 - 1) + (200 - 1) + 1 für ein System istgleich 325 istgleich 3 + 2 + 5 = 10 istgleich 1 + 0 = 1 auf einer bestimmten ^{12}Redefreiheit$_{112}$ = 126 und ^{16}Meinungsfreiheit$_{182}$ = 200. Letztere rechtfertigen nicht, daß man Schwachsinn verbreitet und irgendwelchen Blödsinn von sich gibt.

Merke!

Die Sexualitätsauswahl rechtfertigt über $a \neq b$ und $b \neq a$ zwischen a und b eine gewisse Rede- und Meinungsfreiheit. Durch a, b, b und a „sexeln" wir, falls wir in Form von a und b infolge $a \neq b$ und $b \neq a$ „quatschen".

Falls wir über $^{1}a_{1}$ = 4, $^{1}b_{2}$ = 5, $^{1}b_{2}$ = 5 und $^{1}a_{1}$ = 4 in Form von ^{7}a und b_{42} = 55 respektive $^{7}a \neq b_{6}$ = 19 und $^{7}b \neq a_{6}$ = 19 durch (4 - 1) + (5 - 1) + (5 - 1) + (4 - 1) + (55 - 1) + (19 - 1) + (19 - 1) + (87 - 1) + 1 für ein System istgleich 191 istgleich 1 + 9 + 1 = 11 istgleich 1 + 1 = 2

^{6}sexeln$_{79}$ = 87,

dann ^{9}quatschen$_{108}$ = 119 istgleich 1 + 1 + 9 = 11 istgleich 1 + 1 = 2 wir also. „Gesexelt" wird also in ganz Deutschland, „sächseln", analog „bayerln" oder „berlinerln", ist logischerweise Schwachsinn, da wir etwa einen sächsischen Akzent, einen bayerischen oder berlinerischen besitzen.

Unsere eigene ^{11}Sexualitaet$_{137}$ = 150 stellt über $^{1}a_{1}$ = 4 und $^{1}b_{2}$ = 5 auf den nachfolgenden Zusammenhang ab:

^{11}Sexualitaet$_{137}$	=	150		150 - 1	=	149
^{1}a$_{1}$	=	4		4 - 1	=	3
^{1}b$_{2}$	=	5		5 - 1	=	4
					=	156

1 + 5 + 6 + 1 für ein System	=	13	=	1 + 3	=	4

istgleich

^{12}Unterhaltung$_{161}$	=	175		175 - 1	=	174

1 + 7 + 4 + 1 für ein System	=	13	=	1 + 3	=	4

Es gilt die Bedingung 4 = 4 in einem Gleichgewicht, die sich über 1 + 5 + 6 + 1 und 1 + 7 + 4 + 1 aus den beiden Zahlen 157 und 175 ergibt.

Merke!

Der Begriff der Sexualität steht über a und über b für nichts anderes als eine Unterhaltung.

Keine Frage, im Rahmen unserer eigenen Intimität können wir uns währenddessen auch „unterhalten", aber insbesondere bei einer der drei möglichen anatomisch bedingten Intimpraktiken ist die Gusche dann zwangsläufig auch mal wieder zu.

In der Endkonsequenz gibt unsere Sexualität vor, wie weit wir uns unter dem Aspekt eines Gesprächs anderen annähern dürfen, damit unsere eigene Komfortzone mit Blick auf unsere eigene Intimsphäre nicht durchbrochen werden kann, da deren Unversehrtheit (um im System glücklich und zufrieden zu sein) an allererster Stelle steht. Das Thema der Sexualität wurde und wird nachwievor von uns allen hinsichtlich der darin enthaltenen Logik wissentlich oder auch unwissentlich durchbrochen, was logischerweise zu entsprechenden Konsequenzen im System führt, die insofern unabänderlich sind. Die oftmals bevorzugte Ausrede, daß aus Verstehens- und Verständnisgründen heraus die zugrundeliegenden Sachverhalte zu vereinfachen sind, bis hin dazu, daß diese gänzlich systemavers ausgelegt werden, findet keine Rechtfertigung, da in einem System alles von A bis Z explizit vorgegeben ist. Damit wird der Mensch vergleichsweise auch lernen müssen, was ein Kopf, was ein Haupt und was ein Gehirn ist, und die Begriffe auch ordnungsgemäß anwenden müssen.

Etwa der Schmerz in einem Gehirn, analog einem Stechen, rechtfertigt nicht, daß wir von Kopfschmerzen sprechen. Wir erinnern uns, daß mit Kopf unsere rechte Körperhälfte bezeichnet wird. Falls wir in unserem $^{6}Gehirn_{61}$ = 69 einen $^{7}Schmerz_{92}$ = 101 spüren, handelt es sich durch (69 - 1) + (101 - 1) + 1 für ein System istgleich 169 istgleich 1 + 6 + 9 = 16 istgleich 1 + 6 = 7 um eine

$^{14}Gehirnstoerung_{180}$ = 196

istgleich 1 + 9 + 6 = 16 istgleich 1 + 6 = 7, welche sich in Form von ^{7}a und b_{42} = 55 über $^{7}a \neq b_{6}$ = 19 und $^{7}b \neq a_{6}$ = 19 - bedingt durch (55 - 1) + (19 - 1) + (19 - 1) + (106 - 1) + 1 für ein System istgleich 196 istgleich 1 + 9 + 6 = 16 istgleich 1 + 6 = 7 - in einem

$^{11}Schaedelweh_{93}$ = 106

äußert. Warum ist das so? Das Gehirn selbst ist schmerzunempfindlich, insofern gibt es keine Gehirnschmerzen.

Was wir als Schmerz in diesem Zusammenhang empfinden, ist der erhöhte Druck im Gehirn, der basierend auf einem gestörten Wasserhalt in diesem auf die Schädelwand ausgeübt und über die Nervenbahnen hinweg in diesem informationsseitig an die im Schädel weitergeleitet wird. Das, was am Ende in unserem Gehirn „schmerzt", verursacht im Gegenzug Schmerzen am Schädel. Also, auch was das anbelangt, befindet man sich auf dem Holzweg.

Letzterer ist offensichtlich sehr beliebt, da man, selbst wenn man etwa die Seniorenabteilung dahingehend überführt, daß vergleichsweise mathematische Formeln ebenfalls falsch sind, man von ihr auch nur Spott und Häme erntet. Insofern, daß man auch innerhalb der Graukappenabteilung vor der eigenen Türe kehrt, ist dann wahrscheinlich schon zu viel verlangt. Die große Esse mit „Fr" am Anfang hat man hingegen. Es ist also wie verhext, und egal was man macht, der menschliche Spinnhaufen hält an seinem Untergang fest. Die diesbezüglichen Irritationen, die man etwa bereits durch die Zweckentfremdung der beiden Begriffe der Intimität und Sexualität verursacht, interessieren dann eben nicht, wenngleich ein Sexualkontakt auch für etwas anderes steht.

In einem übertragenen Sinn handelt es sich bei einem sogenannten $^{13}Sexualkontakt_{174}$ = 189 um Folgendes:

^{13}Sexualkontakt$_{174}$	=	189		189 - 1	=	188
$^{1}a_{1}$	=	4		4 - 1	=	3
$^{1}b_{2}$	=	5		5 - 1	=	4
$^{1}b_{2}$	=	5		5 - 1	=	4
$^{1}a_{1}$	=	4		4 - 1	=	3
^{8}Paritaet$_{90}$	=	100		100 - 1	=	99
^{7}a und b_{42}	=	55		55 - 1	=	54
$^{7}a \neq b_{6}$	=	19		19 - 1	=	18
$^{7}b \neq a_{6}$	=	19		19 - 1	=	18
$^{11}1 = 1 = 1_{7}$	=	28		28 - 1	=	27
					=	418

4 + 1 + 8 + 1 für ein System	=	14	=	1 + 4	=	5

istgleich

^{17}unechte Beziehung$_{173}$	=	194		194 - 1	=	193

1 + 9 + 3 + 1 für ein System	=	14	=	1 + 4	=	5

Wir erhalten in einem Gleichgewicht die Bedingung 5 = 5, die sich über 4 + 1 + 8 + 1 und 1 + 9 + 3 + 1 aus den beiden Zahlen 419 und 194 ergibt.

Merke!

Ein Sexualkontakt basiert über a, b, b und a durch die Parität von a und b infolge a ≠ b und b ≠ a unter der Bedingung 1 = 1 = 1 auf einer unechten Beziehung. Durch a, b, b und a lässt sich für Ersteren keine Intimität begründen.

Der ^{13}Sexualkontakt$_{174}$ = 189 istgleich 1 + 8 + 9 = 18 istgleich 1 + 8 = 9 begründet, daß über $^{1}a_{1}$ = 4, $^{1}b_{2}$ = 5, $^{1}b_{2}$ = 5 und $^{1}a_{1}$ = 4 - bedingt durch (4 - 1) + (5 - 1) + (5 - 1) + (4 - 1) + (184 - 1) + 1 für ein System istgleich 198 istgleich 1 + 9 + 8 = 18 istgleich 1 + 8 = 9 - ^{16}keine Intimitaet$_{164}$ = 184 besteht. Insofern wird hier bereits oftmals dabei etwas verwechselt.

Ein ^{12}Intimkontakt$_{157}$ = 171 hingegen setzt über $^{1}a_{1}$ = 4, $^{1}b_{2}$ = 5, $^{1}b_{2}$ = 5 und $^{1}a_{1}$ = 4 Folgendes voraus:

^{12}Intimkontakt$_{157}$	=	171		171 - 1	=	170

1 + 7 + 0 + 1 für ein System =	9

istgleich

$^{1}a_{1}$	=	4		4 - 1	=	3
$^{1}b_{2}$	=	5		5 - 1	=	4
$^{1}b_{2}$	=	5		5 - 1	=	4
$^{1}a_{1}$	=	4		4 - 1	=	3
^{15}echte Beziehung$_{138}$	=	157		157 - 1	=	156
					=	170

1 + 7 + 0 + 1 für ein System =	9

Es gilt die Bedingung 9 = 9 in einem Gleichgewicht, die jeweils über 1 + 7 + 0 + 1 aus den beiden Zahlen 171 resultiert.

Merke!

Ein Intimkontakt setzt über a, b, b und a eine echte Beziehung voraus, die durch a, b, b und a über a und b auch Intimität gestattet, falls die Bedingung „ein Mann und eine Frau" erfüllt ist.

Eine ^{15}echte Beziehung$_{138}$ = 157 lässt über (157 - 1) + (132 - 1) + 1 für ein System istgleich 288 istgleich 2 + 8 + 8 = 18 istgleich 1 + 8 = 9

^{10}Intimitaet$_{120}$ = 132

zu, falls über $^{1}a_{1}$ = 4, $^{1}b_{2}$ = 5, $^{1}b_{2}$ = 5 und $^{1}a_{1}$ = 4 in Form von ^{7}a und b_{42} = 55 respektive (4 - 1) + (5 - 1) + (5 - 1) + (4 - 1) + (55 - 1) + (220 - 1) + 1 für ein System istgleich 288 istgleich 2 + 8 + 8 = 18 istgleich 1 + 8 = 9 die Bedingung ^{22}ein Mann und eine Frau$_{188}$ = 220 erfüllt ist.

So, das sollte zum Einstieg in das Thema der Kommunikation reichen. Wie wir gesehen haben, stimmt auch hier nichts. Damit schauen wir uns im nachfolgenden Kapitel an, was sich hinter den Begriffen der Heterosexualität, der Homosexualität, der Bisexualität, der Transsexualität und der Pansexualität verbirgt. Wie wir mittlerweile erfahren haben, lässt sich unsere Intimität offensichtlich mit diesen nicht vereinbaren, da es sich bei unserem

^{15}Sprachverhalten$_{170}$ = 187,

basierend auf unserer ^{24}Kommunikationsfaehigkeit$_{266}$ = 292, über $^{1}a_{1}$ = 4, $^{1}b_{2}$ = 5, $^{1}b_{2}$ = 5 und $^{1}a_{1}$ = 4 durch (187 - 1) + (292 - 1) + (4 - 1) + (5 - 1) + (5 - 1) + (4 - 1) + 1 für ein System istgleich 492 istgleich 4 + 9 + 2 = 15 istgleich 1 + 5 = 6 respektive deren ^{8}Paritaet$_{90}$ = 100 über (100 - 1) + (150 - 1) + 1 für ein System istgleich 249 istgleich 2 + 4 + 9 = 15 istgleich 1 + 5 = 6 um ^{11}Sexualitaet$_{137}$ = 150 handelt.

Wir wünschen damit all jenen, die sich mit dem Thema „Sex" oder etwa auch mit dem der „Sexualität" befassen, wie allen anderen, wohl geruht zu haben. Schniedelwutz und Pimperkasten können also getrost wieder alles einpacken, denn wir unterhalten uns nur. Wie wir mittlerweile erfahren haben, handelt es sich um kein Verbrechen, falls wir in aller Öffentlichkeit Sex haben. Werden wir hingegen in aller Öffentlichkeit intim, geht es ab in's „Café Viereck" - und zwar wohlverdient.

12.1. Heterosexualität: „Übel Nummer 1", falls man reden will

Was den obigen Begriff anbelangt, geht das Theater bereits bei den ersten sechs Buchstaben los. Für das Wort ^{9}heterogen$_{97}$ = 108, welches sich hinter „hetero" verbirgt, erhalten wir Folgendes:

^{9}heterogen$_{97}$	=	108		108 - 1	=	107

1 + 0 + 7 + 1 für ein System	=	9

istgleich

^{1}a$_{1}$	=	4		4 - 1	=	3
^{1}b$_{2}$	=	5		5 - 1	=	4
^{1}b$_{2}$	=	5		5 - 1	=	4
^{1}a$_{1}$	=	4		4 - 1	=	3
^{7}a und b$_{42}$	=	55		55 - 1	=	54
^{5}nicht$_{54}$	=	61		61 - 1	=	60
^{6}gleich$_{44}$	=	52		52 - 1	=	51
					=	179

1 + 7 + 9 + 1 für ein System	=	18	=	1 + 8	=	9

Es gilt die Bedingung 9 = 9 in einem Gleichgewicht, die sich aus 1 + 0 + 7 + 1 und 1 + 7 + 9 + 1 in Form der beiden Zahlen 108 und 180 ergibt.

Merke!

Der Begriff „heterogen" steht über a, b, b und a im Prinzip dafür, daß a und b nicht gleich sind.

Es geht also in gewisser Weise um a und um b (analog a = Mann und b = Frau), die in Form von a und b (analog Mann und Frau) zusammen etwas verfolgen oder auch andersherum (analog b = Frau und a = Mann). In Kurzform: a, b, b und a in Form von a und b.

Da wir wissen, daß der $^{4}\text{Name}_{33}$ = 39 für ein $^{9}\text{Gespraech}_{82}$ = 93 über $^{1}a_{1}$ = 4, $^{1}b_{2}$ = 5, $^{1}b_{2}$ = 5 und $^{1}a_{1}$ = 4 in Form von ^{7}a und b_{42} = 55 unter der Bedingung $^{11}1$ = 1 = 1_{7} = 28 durch (93 - 1) + (4 - 1) + (5 - 1) + (5 - 1) + (4 - 1) + (55 - 1) + (28 - 1) + 1 für ein System istgleich 188 istgleich 1 + 8 + 8 = 17 istgleich 1 + 7 = 8 infolge (39 - 1) + (150 - 1) + 1 für ein System istgleich 188 istgleich 1 + 8 + 8 = 17 istgleich 1 + 7 = 8

$^{11}\text{Sexualitaet}_{137}$ = 150

istgleich 1 + 5 + 0 = 6 ist, erörtern wir das kurz: Falls wir über $^{1}a_{1}$ = 4 und $^{1}b_{2}$ = 5 infolge (4 - 1) + (5 - 1) + (98 - 1) + 1 für ein System istgleich 105 istgleich 1 + 0 + 5 = 6 uns unserer Sexualität hingeben, $^{8}\text{sprechen}_{88}$ = 98 wir, da wir uns im

$^{11}\text{Sprachmodus}_{137}$ = 150

istgleich 1 + 5 + 0 = 6 befinden. Insofern sollte jetzt bei jedem der Groschen gefallen sein, daß unsere eigene Sexualität in der Tat nichts mit „Hose runter!" und „Rock hoch!" zu tun hat, „Licht aus!" inklusive.

Merke!

Die „Sexualität" steht für unseren eigenen Sprachmodus, welcher es uns ermöglicht, daß wir über a und über b sprechen können.

Wie wir sehen, handelt es sich bei Sexualität also um etwas, worüber wir problemlos sprechen können. Ein

$^{12}\text{Sexualdelikt}_{143}$ = 157

istgleich 1 + 5 + 7 = 13 istgleich 1 + 3 = 4 ist im Endeffekt nichts anderes als eine sogenannte

$^{14}\text{Sprachbarriere}_{141}$ = 157

istgleich 1 + 5 + 7 = 13 istgleich 1 + 3 = 4. Ein $^{11}\text{Intimdelikt}_{126}$ = 139 istgleich 1 + 3 + 9 = 13 istgleich 1 + 3 = 4 hingegen basiert durch $^{1}a_{1}$ = 4, $^{1}b_{2}$ = 5, $^{1}b_{2}$ = 5 und $^{1}a_{1}$ = 4 über (4 - 1) + (5 - 1) + (5 - 1) + (4 - 1) + (125 - 1) + 1 für ein System istgleich 139 istgleich 1 + 3 + 9 = 13 istgleich 1 + 3 = 4 auf ^{10}Missbrauch$_{113}$ = 125. Das sind also auch hier zwei Paar Schuhe.

Wir erhalten, was die sogenannte ^{17}Heterosexualitaet$_{208}$ = 227 anbelangt, in Form von ^{7}a und b$_{42}$ = 55 unter der Bedingung $^{11}1 = 1 = 1_{7}$ = 28 den nachfolgenden Zusammenhang:

^{9}Gespraech$_{82}$	=	93		93 - 1	=	92
^{4}Mann$_{42}$	=	48		48 - 1	=	47
^{4}Frau$_{46}$	=	52		52 - 1	=	51
^{7}a und b$_{42}$	=	55		55 - 1	=	54
$^{11}1 = 1 = 1_{7}$	=	28		28 - 1	=	27
					=	271

2 + 7 + 1 + 1 für ein System	=	11	=	1 + 1	=	2

istgleich

^{17}Heterosexualitaet$_{208}$	=	227		227 - 1	=	226

2 + 2 + 6 + 1 für ein System	=	11	=	1 + 1	=	2

In einem Gleichgewicht folgen aus 2 + 7 + 1 + 1 und 2 + 2 + 6 + 1 unter der Bedingung 2 = 2 die beiden Zahlen 272 und 227.

Merke!

Heterosexualität ist in Form von a und b unter der Bedingung 1 = 1 = 1 ein Gespräch zwischen „Mann" und „Frau".

Falls sich also ein Mann und eine Frau (analog a und b) in einem Gespräch befinden, sprechen wir unter der Bedingung 1 = 1 = 1 von Heterosexualität. Damit findet eine Unterhaltung zwischen einem Mann und einer Frau statt, wobei sich beide heterosexuell verhalten.

Die ^{11}Kurzwoerter$_{180}$ = 193 und ^{10}Kurzformen$_{147}$ = 159 für die sogenannte ^{17}Heterosexualitaet$_{208}$ = 227 ergeben sich durch ^{7}a und b$_{42}$ = 55 über $^{1}a_{1}$ = 4 und $^{1}b_{2}$ = 5 unter der Bedingung $^{11}1 = 1 = 1_{7}$ = 28 aus Folgendem:

^{11}Kurzwoerter$_{180}$	=	193		193 - 1	=	192
^{10}Kurzformen$_{147}$	=	159		159 - 1	=	158
^{17}Heterosexualitaet$_{208}$	=	227		227 - 1	=	226
^{7}a und b$_{42}$	=	55		55 - 1	=	54
					=	630

6 + 3 + 0 + 1 für ein System	=	10	=	1 + 0	=	1

istgleich

$^{1}a_{1}$	=	4		4 - 1	=	3
$^{1}b_{2}$	=	5		5 - 1	=	4
$^{11}1 = 1 = 1_{7}$	=	28		28 - 1	=	27
^{4}Hete$_{38}$	=	44		44 - 1	=	43
^{5}Heten$_{52}$	=	59		59 - 1	=	58
					=	135

1 + 3 + 5 + 1 für ein System	=	10	=	1 + 0	=	1

Es gilt die Bedingung 1 = 1 in einem Gleichgewicht, die sich über 6 + 3 + 0 + 1 und 1 + 3 + 5 + 1 aus den beiden Zahlen 631 und 136 ergibt.

Merke!

Die Kurzwörter und Kurzformen für Heterosexualität sind in Form von a und b über a und über b unter der Bedingung 1 = 1 = 1 „Hete" und „Heten".

Der Mann und die Frau, die miteinander sprechen, ergeben jeweils als eine Hete zusammen die Heten.

So, das ging ausgesprochen flott: Wir machen im nächsten Kapitel weiter mit der Homosexualität. Die Wahnsinnserkenntnis lautet auch hier: Die Menschen erzählen nur Mist, selbst was ein qualifiziertes Gespräch zwischen einem Mann und einer Frau anbelangt. Falls sich Hahn Fridolin mit seiner Henne Frieda im angeregten Gespräch befindet, verhält sich das gefiederte Traumpaar heterosexuell. Da „a" und „b" allgemeingültig sind, gilt das für alle anderen Lebewesen und Lebensformen ebenso.

Was dann das Heterosexuellsein anbelangt, handelt es sich um eine Unmöglichkeit, da das Geschwafel auch irgendwann wieder eingestellt wird und Hahn Fridolin und Henne Frieda den Schnabel halten. Falls jemand der Meinung ist, daß man rund um die Uhr heterosexuell ist, tröte man als Mann einer Frau oder auch andersherum die Ohren voll, der oder die, wenn hinreichend genervt, der Heterosexualität ein Ende setzen wird. Damit erfährt die Unterhaltung in Form eines Gespräches ein abruptes Ende.

Wir sind im Endeffekt nur in der Lage, uns heterosexuell zu verhalten, können es aber selbst logischerweise nicht sein. Wie wir sehen, zieht es, was auch das Thema anbelangt, ganz gewaltig im Oberstübchen. Unsere Heterosexualität hat also nichts damit zu tun, daß etwa ein Mann mit Anlauf im Nest einer Frau landet oder Letztere mit Schwung unter die Decke des Ersteren kriecht. Falls ja, nennt sich das Intimität, wo feststeht, welcher Schniedelwutz welchen Pimperkasten bespringt oder welcher Pimperkasten welchen Schniedelwutz behopst. Das muss man so deutlich formulieren, da ansonsten zwischen den zwei Löffeln an der Rübe nichts ankommt. So, weiter geht's.

12.2. Homosexualität: „Übel Nummer 2", falls man reden will

Der Begriff $^{7}\text{homogen}_{77}$ = 86 istgleich 8 + 6 = 14 istgleich 1 + 4 = 5, der unstrittig frisch, fromm, fröhlich, frei bereits in den zwei Anfangssilben „ho-mo" sein Unwesen treibt, lässt uns de facto auch nichts Gutes erahnen. Wir erhalten den nachfolgenden Zusammenhang, der Aufschluß darüber gibt, welcher Hahn hier welche Henne geritten hat:

$^{7}\text{homogen}_{77}$	=	86		86 - 1	=	85

8 + 5 + 1 für ein System	=	14	=	1 + 4	=	5

istgleich

$^{1}a_{1}$	=	4		4 - 1	=	3
$^{1}b_{2}$	=	5		5 - 1	=	4
$^{11}1 = 1 = 1_{7}$	=	28		28 - 1	=	27
$^{6}\text{gleich}_{44}$	=	52		52 - 1	=	51
					=	85

8 + 5 + 1 für ein System	=	14	=	1 + 4	=	5

Es gilt die Bedingung 5 = 5 in einem Gleichgewicht, die durch jeweils 8 + 5 + 1 den beiden Zahlen 86 geschuldet ist.

Merke!

Der Begriff „homogen" steht über a und über b unter der Bedingung 1 = 1 = 1 im Prinzip dafür, daß Erstere gleich sind.

Es geht um a und um b, analog a = a wie für Mann = Mann und b = b wie für Frau = Frau. Das Gespräch findet damit zwischen einem Mann und einem anderen statt wie das zwischen einer Frau und einer anderen, wo man sich oftmals nur gegenseitig und wechselseitig das Blaue vom Himmel erzählt.

Es eröffnen sich damit in einem Gespräch de facto zwei Optionen (Option 1 und Option 2), die uns korrespondierend über $^{1}a_{1}$ = 4, $^{1}b_{2}$ = 5, $^{1}b_{2}$ = 5 und $^{1}a_{1}$ = 4 respektive deren $^{8}Paritaet_{90}$ = 100 mit Blick auf ein entsprechendes $^{9}Gespraech_{82}$ = 93, das wie immer nur vernünftig und liebevoll abläuft, zum nachfolgenden Zusammenhang führen:

$^{15}Homosexualitaet_{188}$	=	205		205 - 1	=	204
$^{1}a_{1}$	=	4		4 - 1	=	3
$^{1}b_{2}$	=	5		5 - 1	=	4
$^{1}b_{2}$	=	5		5 - 1	=	4
$^{1}a_{1}$	=	4		4 - 1	=	3
$^{8}Paritaet_{90}$	=	100		100 - 1	=	99
					=	317

3 + 1 + 7 + 1 für ein System	=	12	=	1 + 2	=	3

istgleich

Option 1						
$^{9}Gespraech_{82}$	=	93		93 - 1	=	92
$^{4}Mann_{42}$	=	48		48 - 1	=	47
$^{4}Mann_{42}$	=	48		48 - 1	=	47

+

Option 2						
$^{9}Gespraech_{82}$	=	93		93 - 1	=	92
$^{4}Frau_{46}$	=	52		52 - 1	=	51
$^{4}Frau_{46}$	=	52		52 - 1	=	51
					=	380

3 + 8 + 0 + 1 für ein System	=	12	=	1 + 2	=	3

Wir erhalten über 3 + 1 + 7 + 1 und 3 + 8 + 0 + 1 in einem Gleichgewicht in Form der beiden Zahlen 318 und 381 die Bedingung 3 = 3.

Merke!

Die sogenannte Homosexualität bezieht durch a, b, b und a respektive deren Parität sowohl das Gespräch zwischen einem Mann und einem anderen mit ein als auch jenes von einer Frau mit einer anderen. Synonym finden auf die Homosexualität durch die Parität von a und b infolge a ≠ b und b ≠ a über a und über b der Männertratsch und der Frauenklatsch Anwendung.

Die ^{8}Synonyme$_{130}$ = 140 für die ^{15}Homosexualitaet$_{188}$ = 205 begegnen uns gelegentlich durch die ^{8}Paritaet$_{90}$ = 100 von ^{7}a und b$_{42}$ = 55 über $^{7}a \neq b_{6}$ = 19 und $^{7}b \neq a_{6}$ = 19 infolge (140 - 1) + (205 - 1) + (100 - 1) + (55 - 1) + (19 - 1) + (19 - 1) + 1 für ein System istgleich 533 istgleich 5 + 3 + 3 = 11 istgleich 1 + 1 = 2 in unserem Alltagsleben über $^{1}a_{1}$ = 4 und $^{1}b_{2}$ = 5 - bedingt durch (4 - 1) + (5 - 1) + (175 - 1) + (154 - 1) + 1 für ein System istgleich 335 istgleich 3 + 3 + 5 = 11 istgleich 1 + 1 = 2 - auch als ^{14}Maennertratsch$_{159}$ = 175, dem der ^{13}Frauenklatsch$_{139}$ = 154 in nichts nachsteht.

Ja, da hätten wir schon wieder den Salat, daß man, was auch das anbelangt, nur Unsinn behauptet, meint und natürlich auch glaubt. Von dem, den man dann selbst zusammengeschustert hat, muss man auch selbst überzeugt sein. Es wäre dennoch schön, daß man einen Salat einfach Salat sein lässt. Die Irren mit dem Regenbogen im Gepäck irren eben nur ein wenig und machen, ob nun gewollt oder nicht, am Ende nur Werbung für das Männer- und das Frauengespräch. Das ist jetzt nicht so demonstrationswürdig, daß sich Männer auch unterhalten können und Frauen ebenso.

Die ^{11}Kurzwoerter$_{180}$ = 193 und ^{10}Kurzformen$_{147}$ = 159, was die sogenannte ^{15}Homosexualitaet$_{188}$ = 205 anbelangt, ergeben sich aus Folgendem:

^{11}Kurzwoerter$_{180}$	=	193		193 - 1	=	192
^{15}Homosexualitaet$_{188}$	=	205		205 - 1	=	204
					=	396

3 + 9 + 6 + 1 für ein System	=	19	=	1 + 9	=	10
			=	1 + 0	=	1

istgleich

^{10}Kurzformen$_{147}$	=	159		159 - 1	=	158
^{1}a$_{1}$	=	4		4 - 1	=	3
^{1}b$_{2}$	=	5		5 - 1	=	4
^{7}a und b$_{42}$	=	55		55 - 1	=	54
^{11}1 = 1 = 1$_{7}$	=	28		28 - 1	=	27
^{4}Homo$_{51}$	=	57		57 - 1	=	56
^{5}Homos$_{70}$	=	77		77 - 1	=	76
					=	378

3 + 7 + 8 + 1 für ein System	=	19	=	1 + 9	=	10
			=	1 + 0	=	1

Es gilt durch 3 + 9 + 6 + 1 und 3 + 7 + 8 + 1, den beiden Zahlen 397 und 379 geschuldet, die Bedingung 1 = 1 in einem Gleichgewicht.

Merke!

Die Kurzwörter und Kurzformen für Homosexualität sind über a und über b in Form von a und b unter der Bedingung 1 = 1 = 1 „Homo" und „Homos".

Damit sollte es für uns nachvollziehbar sein, daß „das schwule Schwein" (systembedingt wäre „der schwule Eber" richtig) nur ein Mann ist, der sich mit einem anderen unterhält, und daß „die Lesbensau" nur eine Frau ist, welche sich mit einer anderen unterhält. Und auch das hatten wir bereits in unserem Büchlein „Chaos im Paradies: Der Weg zur Klärung der Beziehungsebene über Beziehung einschließlich Lösung - Buch 1" besprochen.

Also, auch was das Thema der Homosexualität anbelangt, hat die Menschheit einen gehörigen Sprung in der Schüssel. Hahn Fridolon verhält sich homosexuell, falls er seinen Kumpel, den Hahn Adalbert, zu einem fröhlichen gemeinsamen Besäufnis einlädt, um ein anständiges Männergespräch zu führen, was dann im Ergebnis dazu führt, daß es schwule Hähne sind; während Henne Frieda ihre Kumpeline, die Henne Adele, in einem Frauengespräch beackert, was dann zur Freude aller nichts anderes als lesbische Hennen im Ergebnis sind. Wir setzen damit beschwipst und gut gelaunt über zum nächsten Kapitel.

12.3. Bisexualität: „Übel Nummer 3“, falls man reden will

Das lateinische Wort $^{2}bi_{11}$ = 15 führt uns über ^{7}a und b_{42} = 55 durch (15 - 1) + (55 - 1) + 1 für ein System istgleich 69 istgleich 6 + 9 = 15 istgleich 1 + 5 = 6 zu einer $^{4}Zwei_{63}$ = 69 istgleich 6 + 9 = 15 istgleich 1 + 5 = 6.

Daraus folgt, daß die $^{17}Heterosexualitaet_{208}$ = 227 (= 1) und die $^{15}Homosexualitaet_{188}$ = 205 (= 1) analog 1 + 1 = 2 beide erst gegeben sein müssen, damit es zur

$^{13}Bisexualitaet_{148}$ = 163 (= 2)

(einer $^{11}Bezeichnung_{114}$ = 127, die quasi für beides steht) überhaupt erst kommen kann. Es gilt damit über $^{1}a_{1}$ = 4 und $^{1}b_{2}$ = 5 in Form von ^{7}a und b_{42} = 55 infolge $^{7}a \neq b_{6}$ = 19 und $^{7}b \neq a_{6}$ = 19 unter der Bedingung $^{11}1 = 1 = 1_{7}$ = 28 der nachfolgende Zusammenhang:

$^{11}Bezeichnung_{114}$	=	127		127 - 1	=	126
$^{1}a_{1}$	=	4		4 - 1	=	3
$^{1}b_{2}$	=	5		5 - 1	=	4
^{7}a und b_{42}	=	55		55 - 1	=	54
$^{7}a \neq b_{6}$	=	19		19 - 1	=	18
$^{7}b \neq a_{6}$	=	19		19 - 1	=	18
$^{11}1 = 1 = 1_{7}$	=	28		28 - 1	=	27
$^{13}Bisexualitaet_{148}$	=	163		163 - 1	=	162
					=	412

4 + 1 + 2 + 1 für ein System	=	8

istgleich

$^{17}Heterosexualitaet_{208}$	=	227		227 - 1	=	226
$^{15}Homosexualitaet_{188}$	=	205		205 - 1	=	204
					=	430

4 + 3 + 0 + 1 für ein System	=	8

In einem Gleichgewicht liegt über 4 + 1 + 2 + 1 und 4 + 3 + 0 + 1 respektive der beiden Zahlen 413 und 431 die Bedingung 8 = 8 vor.

Merke!

Liegt sowohl Heterosexualität als auch Homosexualität vor, handelt es sich der Bezeichnung nach über a und über b in Form von a und b infolge a ≠ b und b ≠ a unter der Bedingung 1 = 1 = 1 um Bisexualität.

Letztere ist damit gegeben, falls wir als Mann zusammen mit einem Mann und einer Frau sprechen oder als Frau mit einer Frau und einem Mann. In diesen beiden Fällen wird sowohl das Kriterium für die Heterosexualität als auch das für die Homosexualität erfüllt: Erst dann handelt es sich um Bisexualität!

Interpretationsseitig heißt das, daß wir als ^{4}Mann$_{42}$ = 48 und als ^{4}Frau$_{46}$ = 52 ein Gespräch zu dritt führen, da noch ein weiterer Mann und eine weitere Frau in beiden Fällen mit von der Partie sein müssen. Es gilt über $^{1}a_{1} = 4$, $^{1}b_{2} = 5$, $^{1}b_{2} = 5$ und $^{1}a_{1} = 4$ Folgendes:

Option 1						
^{4}Mann$_{42}$	=	48		48 - 1	=	47
^{9}Gespraech$_{82}$	=	93		93 - 1	=	92
^{13}Mann und Frau$_{127}$	=	146		146 - 1	=	145

+

Option 2						
^{4}Frau$_{46}$	=	52		52 - 1	=	51
^{9}Gespraech$_{82}$	=	93		93 - 1	=	92
^{13}Frau und Mann$_{127}$	=	146		146 - 1	=	145
					=	572

5 + 7 + 2 + 1 für ein System	=	15	=	1 + 5	=	6

istgleich

$^{1}a_{1}$	=	4		4 - 1	=	3
$^{1}b_{2}$	=	5		5 - 1	=	4
$^{1}b_{2}$	=	5		5 - 1	=	4
$^{1}a_{1}$	=	4		4 - 1	=	3
^{8}Paritaet$_{90}$	=	100		100 - 1	=	99
^{7}a und b$_{42}$	=	55		55 - 1	=	54
$^{11}1 = 1 = 1_{7}$	=	28		28 - 1	=	27
^{13}Bisexualitaet$_{148}$	=	163		163 - 1	=	162
					=	356

3 + 5 + 6 + 1 für ein System	=	15	=	1 + 5	=	6

Es gilt die Bedingung 6 = 6 in einem Gleichgewicht, die sich über 5 + 7 + 2 + 1 und 3 + 5 + 6 + 1 aus den beiden Zahlen 573 und 357 ergibt.

Merke!

Bedingt durch die Parität von a und b handelt es sich unter der Bedingung 1 = 1 = 1 um Bisexualität: falls über a und über b ein Mann mit Mann und Frau spricht und falls über b und über a eine Frau mit Frau und Mann. „Bisexualität" ist systembedingt das Ergebnis von Hetero- und Homosexualität!

Die sogenannte ^{13}Bisexualitaet$_{148}$ = 163 istgleich 1 + 6 + 3 = 10 istgleich 1 + 0 = 1 setzt in Form einer

^{15}Systembedingung$_{184}$ = 201

durch (201 - 1) + (227 - 1) + (205 - 1) + 1 für ein System istgleich 631 istgleich 6 + 3 + 1 = 10 istgleich 1 + 0 = 1 sowohl die ^{17}Heterosexualitaet$_{208}$ = 227 als auch die ^{15}Homosexualitaet$_{188}$ = 205 voraus.

Da das wahrscheinlich Neuland für uns ist, machen wir mal ein paar Beispiele: Es sind am Gespräch sechs Federviecher beteiligt: Hahn Friedrich, Hahn Adalbert, Hahn Gunnar, Henne Frieda, Henne Adele und Henne Gerlinde, die wir hinsichtlich der jeweils möglichen Sprachmodi, die da bis dato Heterosexualität, Homosexualität und Bisexualität heißen, betrachten. Es gilt Folgendes:

Sprachmodus	Beispiele (Gespräch zwischen ...)
Heterosexualität:	- Hahn Friedolin und Henne Frieda - Hahn Friedolin und Henne Adele - Hahn Friedolin und Henne Gerlinde - Hahn Adalbert und Henne Frieda - Hahn Adalbert und Henne Adele - Hahn Adalbert und Henne Gerlinde - Hahn Gunnar und Henne Frieda - Hahn Gunnar und Henne Adele - Hahn Gunnar und Henne Gerlinde
Homosexualität:	- „Hahn Friedolin und Hahn Adalbert" - „Hahn Friedolin und Hahn Gunnar" - „Hahn Adalbert und Hahn Gunnar" - „Henne Frieda und Henne Adele" - „Henne Frieda und Henne Gerlinde" - „Henne Adele und Henne Gerlinde"
Bisexualität:	- „Hahn Friedolin und Hahn Adalbert" und Henne Frieda - „Hahn Friedolin und Hahn Adalbert" und Henne Adele - „Hahn Friedolin und Hahn Adalbert" und Henne Gerlinde - „Hahn Friedolin und Hahn Gunnar" und Henne Frieda - „Hahn Friedolin und Hahn Gunnar" und Henne Adele - „Hahn Friedolin und Hahn Gunnar" und Henne Gerlinde - „Hahn Adalbert und Hahn Gunnar" und Henne Frieda - „Hahn Adalbert und Hahn Gunnar" und Henne Adele - „Hahn Adalbert und Hahn Gunnar" und Henne Gerlinde

	- Hahn Friedolin und „Henne Frieda und Henne Adele" - Hahn Friedolin und „Henne Frieda und Henne Gerlinde" - Hahn Friedolin und „Henne Adele und Henne Gerlinde" - Hahn Adalbert und „Henne Frieda und Henne Adele" - Hahn Adalbert und „Henne Frieda und Henne Gerlinde" - Hahn Adalbert und „Henne Adele und Henne Gerlinde" - Hahn Gunnar und „Henne Frieda und Henne Adele" - Hahn Gunnar und „Henne Frieda und Henne Gerlinde" - Hahn Gunnar und „Henne Adele und Henne Gerlinde"

Als Hahn können wir uns mit einer Henne unterhalten, was heterosexuell entspricht: Damit gilt a = b. Falls wir uns mit einem anderen unterhalten, gilt a = a, was homosexuell ist. Da das „a" in beiden Fällen vorkommt, erhalten wir, falls wir diese zusammenfassen, a = b = a, was bisexuell ist. Da „a" und „b" proportional gesehen relativ sind, gilt des Weiteren b = a = a und a = a = b. Für unsere „Henne" gilt damit b = a, b = b und b = a = b, b = b = a und a = b = b.

Damit halten wir das noch einmal über a und über b für uns fest, was systembedingt gilt:

Sprachmodus	über a und über b
Heterosexualität	Es gelten in einem Gleichgewicht die beiden Bedingungen a = b oder b = a.
Homosexualität	Es gelten in einem Gleichgewicht die beiden Bedingungen a = a oder b = b.
Bisexualität	Es gelten in einem Gleichgewicht zum einen die Bedingungen a = b = a, a = a = b und b = a = a und zum anderen b = a = b, b = b = a und a = b = b, unter der Voraussetzung, daß a = b oder b = a und a = a oder b = b ist.

Wir haben damit den eindeutigen und eineindeutigen Beweis vorliegen, daß unsere Kommunikation, die als Sexualität bezeichnet wird, kommunikationsseitig auf Gesetzen, Geboten und Regeln basiert, die es uns ermöglichen, daß wir überhaupt miteinander sprechen können: Unser „Sex im Leben" ist das Reden! Hoffen wir gemeinsam darauf, daß es perspektivisch nicht nur ein quantitatives ist, sondern unter Umständen auch ein qualitatives.

Insofern ist das, was wir mit der Verunglimpfung im Umgang mit den dazugehörigen Begriffen betreiben, alles andere als verantwortungsvoll. Es versteht sich natürlich, daß ein Mensch, der sich generell für den Nabel der „Welt" hält, wenngleich es nur eine mickrige Erde ist, wohl eher, auch was das anbelangt, nicht das bestiegene Roß verlassen wird. Aber das Schöne ist, daß auf den Systemprozess der Apokalypse Verlass ist, wo dann wohl doch noch bei dem einen oder auch der anderen ein Denkprozess notgedrungen zwischen den beiden Ohren einsetzen wird: insbesondere dahingehend, daß der Missbrauch von Begriffen, welcher insofern auf deren Misshandlung fokussiert ist, am Ende auch nichts anderes als Ersteres ist. Damit hangeln wir uns mit vereinten Kräften, wenn es nur schon welche wären, hinüber zum nächsten Kapitel.

12.4. Transsexualität: „Übel Nummer 4“, falls man reden will

Wir beginnen mit der Vorsilbe ^{5}trans$_{72}$ = 79, die der ^{11}Bezeichnung$_{114}$ = 127 nach über ^{1}a$_{1}$ = 4 und ^{1}b$_{2}$ = 5 auf Folgendes zurückzuführen ist:

^{11}Bezeichnung$_{114}$	=	127		127 - 1	=	126
^{5}trans$_{72}$	=	79		79 - 1	=	78
^{1}a$_{1}$	=	4		4 - 1	=	3
^{1}b$_{2}$	=	5		5 - 1	=	4
					=	211

2 + 1 + 1 + 1 für ein System	=	5

istgleich

^{8}hindurch$_{85}$	=	95		95 - 1	=	94
^{5}ueber$_{51}$	=	58		58 - 1	=	57
^{5}durch$_{54}$	=	61		61 - 1	=	60
					=	211

2 + 1 + 1 + 1 für ein System	=	5

Es gilt die Bedingung 5 = 5 in einem Gleichgewicht, die jeweils über 2 + 1 + 1 + 1 den beiden Zahlen 212 geschuldet ist.

Merke!

Die Bezeichnung „trans“ entspricht korrespondierend über a und über b „hindurch“, „über“ und „durch“.

Die oftmals zusätzlich verwandten Begriffe für ^{5}trans$_{72}$ = 79 istgleich 7 + 9 = 16 istgleich 1 + 6 = 7 in Form von ^{8}darueber$_{74}$ = 84 und ^{6}hinaus$_{72}$ = 80 ergeben, da 7 ≠

1 ist, über (84 - 1) + (80 - 1) + 1 für ein System istgleich 163 istgleich 1 + 6 + 3 = 10 istgleich 1 + 0 = 1 keinen so richtigen Sinn: Die sind im Prinzip Quatsch.

Der Begriff ^{5}trans$_{72}$ = 79 bezeichnet hiermit im konkreten Fall, daß etwas bedingt durch ^{7}Maenner$_{70}$ = 79 und ^{6}Frauen$_{65}$ = 73 durch Männer und Frauen hindurch oder auch über stattfindet. Wir erhalten in Form von ^{7}a und b$_{42}$ = 55 erst einmal Folgendes:

^{11}Bezeichnung$_{114}$	=	127		127 - 1	=	126
^{5}trans$_{72}$	=	79		79 - 1	=	78
					=	204

2 + 0 + 4 + 1 für ein System	=	7

istgleich

^{7}a und b$_{42}$	=	55		55 - 1	=	54
^{7}Maenner$_{70}$	=	79		79 - 1	=	78
^{6}Frauen$_{65}$	=	73		73 - 1	=	72
					=	204

2 + 0 + 4 + 1 für ein System	=	7

Es gilt die Bedingung 7 = 7 in einem Gleichgewicht, die sich jeweils über 2 + 0 + 4 + 1 aus den beiden Zahlen 205 ergibt.

Merke!

Die Bezeichnung „trans" bezieht sich in Form von a und b korrespondierend sowohl auf Männer als auch auf Frauen, die sich in einem Gespräch befinden, das sich über a, b, b und a auf Erstere zurückführen lässt.

Wie wir sehen, eröffnet die Bezeichnung „trans" eine Möglichkeit, von der am Ende mit Blick auf ein ^{9}Gespraech$_{82}$ = 93 istgleich 9 + 3 = 12 istgleich 1 + 2 = 3 offensichtlich alle Männer und alle Frauen profitieren sollen; da sich über $^{1}a_{1}$ = 4, $^{1}b_{2}$ = 5, $^{1}b_{2}$ = 5 und $^{1}a_{1}$ = 4 durch (4 - 1) + (5 - 1) + (5 - 1) + (4 - 1) + (79 - 1) + 1 für ein System istgleich 93 istgleich 9 + 3 = 12 istgleich 1 + 2 = 3 ein Bezug zum Begriff ^{5}trans$_{72}$ = 79 istgleich 7 + 9 = 16 istgleich 1 + 6 = 7 herstellen lässt, der damit etwas mit unserer ^{7}Sprache$_{70}$ = 79 istgleich 7 + 9 = 16 istgleich 1 + 6 = 7 zu tun hat: Der Begriff „trans" gehört durch 7 ≠ 6 nicht zu unserer ^{10}Intimitaet$_{120}$ = 132 istgleich 1 + 3 + 2 = 6, sondern zu unserer Sprache durch 7 = 7.

Damit geht es in einem übertragenen Sinn über $^{1}a_{1}$ = 4, $^{1}b_{2}$ = 5, $^{1}b_{2}$ = 5 und $^{1}a_{1}$ = 4 durch die ^{8}Paritaet$_{90}$ = 100 von ^{7}a und b_{42} = 55 um Subjekte, die respektive einer bestimmten ^{6}Anzahl$_{62}$ = 70 - bedingt durch (4 - 1) + (5 - 1) + (5 - 1) + (4 - 1) + (100 - 1) + (55 - 1) + (70 - 1) + (97 - 1) + (53 - 1) + 1 für ein System istgleich 385 istgleich 3 + 8 + 5 = 16 istgleich 1 + 6 = 7 - als ^{7}Subjekt$_{88}$ = 97 miteinander und untereinander ^{5}reden$_{46}$ = 53.

Insofern ist der nachfolgende Zusammenhang am Ende irgendwo selbsterklärend, welcher sich für die sogenannte

^{16}Transsexualitaet$_{209}$ = 227,

ausgehend von ^{4}Mann$_{42}$ = 46 und ^{4}Frau$_{46}$ = 52, ergibt. Wir erhalten damit im Endeffekt korrespondierend über $^{1}a_{1}$ = 4, $^{1}b_{2}$ = 5, $^{1}b_{2}$ = 5 und $^{1}a_{1}$ = 4 in Form von ^{7}a und b_{42} = 55 infolge $^{7}a \neq b_{6}$ = 19 und $^{7}b \neq a_{6}$ = 19 unter der Bedingung $^{11}1 = 1 = 1_{7}$ = 28 Folgendes:

^{16}Transsexualitaet$_{209}$	=	227		227 - 1	=	226
$^{1}a_{1}$	=	4		4 - 1	=	3
$^{1}b_{2}$	=	5		5 - 1	=	4
$^{1}b_{2}$	=	5		5 - 1	=	4
$^{1}a_{1}$	=	4		4 - 1	=	3
^{7}a und b_{42}	=	55		55 - 1	=	54
$^{7}a \neq b_{6}$	=	19		19 - 1	=	18
$^{7}b \neq a_{6}$	=	19		19 - 1	=	18
$^{11}1 = 1 = 1_{7}$	=	28		28 - 1	=	27
					=	357

3 + 5 + 7 + 1 für ein System	=	16	=	1 + 6	=	7

istgleich

Option 1						
^{4}Mann$_{42}$	=	48		48 - 1	=	47
^{9}Gespraech$_{82}$	=	93		93 - 1	=	92
^{7}Maenner$_{70}$	=	79		79 - 1	=	78
^{6}Frauen$_{65}$	=	73		73 - 1	=	72

+

Option 2						
^{4}Frau$_{46}$	=	52		52 - 1	=	51
^{9}Gespraech$_{82}$	=	93		93 - 1	=	92
^{6}Frauen$_{65}$	=	73		73 - 1	=	72
^{7}Maenner$_{70}$	=	79		79 - 1	=	78
					=	582

5 + 8 + 2 + 1 für ein System	=	16	=	1 + 6	=	7

Es gilt die Bedingung 7 = 7 in einem Gleichgewicht, die durch 3 + 5 + 7 + 1 und 5 + 8 + 2 + 1 den beiden Zahlen 358 und 583 geschuldet ist.

Merke!

Die Transsexualität ermöglicht, daß wir (über a, b, b und a in Form von a und b infolge a ≠ b und b ≠ a unter der Bedingung 1 = 1 = 1) sowohl als „Mann" als auch als „Frau" ein Gespräch mit anderen Männern und Frauen führen können.

Insofern ist es durchaus bemerkenswert, daß es Männer und Frauen unter uns gibt, die sich zur „Transsexualität" bekennen: die erst heute für sich festgestellt zu haben scheinen, daß man sowohl als Mann als auch als Frau wunderbar und prima mit anderen Männern und anderen Frauen sprechen kann. Warum man diese Wahnsinnserkenntnis auf regenbogenfarbene Plakate klecksen und warum man sich demonstrativ obendrein auf der Straße dafür auch noch einsetzen muss, erklärt sich am Ende natürlich nicht. Es wird wohl nur das allgemeine Verlangen nach einer sportlichen Betätigung sein, die dann den einen oder die andere oder auch „es" in Sprechchören auf diese treibt: um alle anderen ordnungsgemäß wissen zu lassen, daß man keinen Müßiggang betreibt, sondern sich stattdessen, und zwar vollkommen verlässlich wie immer für nichts, wechselseitig und gegenseitig mit Hingabe und einer bewundernswerten Ausdauer auf die Esse mit „Fr" am Anfang schlägt.

Falls also eine, einer oder auch „es" etwa vor einer Schulklasse steht und es dort wild und wüst durcheinanderplägt: verhält sich die, wie bekannt, wohlerzogene Kinderabteilung transsexuell, der das menschliche Gedöns auf seinen zwei Beinen vor der Schultafel nicht mehr Herr wird. Das „a" analog Mann quakt also mit a_n und b_n für $n \to \infty$, wie das „b" analog Frau mit b_n und a_n für $n \to \infty$.

Erstere (a = Mann und b = Frau) tauchen deshalb in unserer Tabelle auf, da es einen logischen Bezug von der Transsexualität zur Bisexualität, zur Homosexualität und zur Heterosexualität geben muss. Da wir vier Wichsgriffel (= 4) und einen Nuckeldaumen (= 1) jeweils an unseren beiden Dreckpfoten besitzen, fehlt uns noch Nummer 5 im Bunde, da selbst auf Seite 724 immer noch gänzlich überraschend 1 + 4 = 5 ergibt. Also auf zum nächsten Kapitel.

12.5. Pansexualität: „Übel Nummer 5", falls man reden will

Die Vorsilbe $^{3}pan_{31}$ = 36 wird regelmäßig mit den beiden Begriffen $^{6}gesamt_{65}$ = 73 und $^{5}alles_{49}$ = 56 in Verbindung gebracht, die ihrer $^{11}Bezeichnung_{114}$ = 127 nach auf Folgendes zurückzuführen ist:

$^{11}Bezeichnung_{114}$	=	127		127 - 1	=	126
$^{3}pan_{31}$	=	36		36 - 1	=	35
					=	161

1 + 6 + 1 + 1 für ein System	=	9

istgleich

$^{1}a_{1}$	=	4		4 - 1	=	3
$^{1}b_{2}$	=	5		5 - 1	=	4
^{7}a und b_{42}	=	55		55 - 1	=	54
$^{11}1 = 1 = 1_{7}$	=	28		28 - 1	=	27
$^{6}gesamt_{65}$	=	73		73 - 1	=	72
$^{5}alles_{49}$	=	56		56 - 1	=	55
					=	215

2 + 1 + 5 + 1 für ein System	=	9

Durch 1 + 6 + 1 + 1 und 2 + 1 + 5 + 1 gilt in Form der beiden Zahlen 162 und 216 die Bedingung 9 = 9 in einem Gleichgewicht. Letztere lassen uns bereits vermuten, daß es sich über ^{7}a und b_{42} = 55 unter der Bedingung $^{11}1 = 1 = 1_{7}$ = 28 durch (55 - 1) + (28 - 1) + (180 - 1) + 1 für ein System istgleich 261 istgleich 2 + 6 + 1 = 9 um eine $^{15}Gespraechsrunde_{163}$ = 180 dabei handeln könnte.

Merke!

Die Vorsilbe „pan" bezieht sich bezeichnenderweise über a und über b in Form von a und b unter der Bedingung 1 = 1 = 1 auf „gesamt" und „alles".

Unter einem mathematischen Aspekt handelt es sich damit für Mann um a_n für $n \to \infty$ und für Frau um b_n für $n \to \infty$.

Im Prinzip können wir das aufgeschlagene Kapitelchen auch gleich wieder beenden, wir betrachten nur noch der Vollständigkeit halber den nachfolgenden Zusammenhang:

^{14}Pansexualitaet$_{168}$	=	184		184 - 1	=	183
$^{1}a_1$	=	4		4 - 1	=	3
$^{1}b_2$	=	5		5 - 1	=	4
$^{1}b_2$	=	5		5 - 1	=	4
$^{1}a_1$	=	4		4 - 1	=	3
$^{7}a \neq b_6$	=	19		19 - 1	=	18
$^{7}b \neq a_6$	=	19		19 - 1	=	18
					=	233

2 + 3 + 3 + 1 für ein System	=	9

istgleich

^{9}Gespraech$_{82}$	=	93		93 - 1	=	92
^{7}Maenner$_{70}$	=	79		79 - 1	=	78
^{6}Frauen$_{65}$	=	73		73 - 1	=	72
					=	242

2 + 4 + 2 + 1 für ein System	=	9

Es gilt die Bedingung 9 = 9 in einem Gleichgewicht, die durch 2 + 3 + 3 + 1 und 2 + 4 + 2 + 1 den beiden Zahlen 234 und 243 geschuldet ist.

Merke!

Die „Pansexualität" steht über a, b, b und a infolge $a \neq b$ und $b \neq a$ für das Gespräch zwischen Männern und Frauen.

Insofern liefert als krönenden Abschluß die $^{14}Pansexualitaet_{168}$ = 184 über $^{1}a_{1}$ = 4, $^{1}b_{2}$ = 5, $^{1}b_{2}$ = 5 und $^{1}a_{1}$ = 4 durch (184 - 1) + (4 - 1) + (5 - 1) + (4 - 1) + 1 für ein System istgleich 198 istgleich 1 + 9 + 8 = 18 istgleich 1 + 8 = 9 im Endeffekt das, was im Rahmen der

- $^{17}Heterosexualitaet_{208}$ = 227,
- $^{15}Homosexualitaet_{188}$ = 205,
- $^{13}Bisexualitaet_{148}$ = 163 und
- $^{16}Transsexualitaet_{209}$ = 227

durch (227 - 1) + (205 - 1) + (163 - 1) + (227 - 1) + 1 für ein System istgleich 819 istgleich 8 + 1 + 9 = 18 istgleich 1 + 8 = 9 zwischen allen Gesprächsbeteiligten überhaupt alles so möglich ist.

Falls ein $^{7}Subjekt_{88}$ = 97 über $^{1}a_{1}$ = 4, $^{1}b_{2}$ = 5, $^{1}b_{2}$ = 5 und $^{1}a_{1}$ = 4 - bedingt durch (97 - 1) + (4 - 1) + (5 - 1) + (5 - 1) + (4 - 1) + (93 - 1) + 1 für ein System istgleich 203 istgleich 2 + 0 + 3 = 5 - vorliebnimmt, mit sich selbst ein $^{9}Gespraech_{82}$ = 93 zu führen, handelt es sich der $^{11}Bezeichnung_{114}$ = 127 nach durch (127 - 1) + (176 - 1) + 1 für ein System istgleich 302 istgleich 3 + 0 + 2 = 5 um ein $^{15}Selbstgespraech_{159}$ = 176.

Also auch was die sogenannte Pansexualität anbelangt, wird am Ende nur Kokolores erzählt. Damit kommt ein Haken an unser Kapitelchen und wir machen gut- und frohgelaunt weiter mit dem nächsten.

12.6. Sex oder kein Sex, das ist hier die Frage.

So, wir steigen direkt wieder ein: Durch $^{1}a_{1} = 4$ und $^{1}b_{2} = 5$ erhalten wir für $^{3}Sex_{48}$ = 53 und für ^{8}kein Sex_{87} = 99 den nachfolgenden Zusammenhang:

$^{3}Sex_{48}$	=	53		53 - 1	=	52
^{8}kein Sex_{87}	=	99		99 - 1	=	98
$^{1}a_{1}$	=	4		4 - 1	=	3
$^{1}b_{2}$	=	5		5 - 1	=	4
					=	157

1 + 5 + 7 + 1 für ein System	=	14	=	1 + 4	=	5

istgleich

$^{9}Gespraech_{82}$	=	93		93 - 1	=	92
$^{11}Sexualitaet_{137}$	=	150		150 - 1	=	149
^{14}kein $Gespraech_{121}$	=	139		139 - 1	=	138
^{17}keine $Sexualitaet_{181}$	=	202		202 - 1	=	201
					=	580

5 + 8 + 0 + 1 für ein System	=	14	=	1 + 4	=	5

Es gilt die Bedingung 5 = 5 in einem Gleichgewicht, die sich über 1 + 5 + 7 + 1 und 5 + 8 + 0 + 1 in den beiden Zahlen 158 und 581 widerspiegelt.

Merke!

Sex oder keinen Sex durch a und durch b zu haben, heißt, daß analog zur Sexualität ein Gespräch stattfindet oder analog zu keiner Sexualität keins.

Falls über $^{1}a_{1} = 4$, $^{1}b_{2} = 5$, $^{1}b_{2} = 5$ und $^{1}a_{1} = 4$ unter der Bedingung $^{11}1 = 1 = 1_{7} = 28$ durch (4 - 1) + (5 - 1) + (5 - 1) + (4 - 1) + (28 - 1) + (139 - 1) + 1 für ein System istgleich 180 istgleich 1 + 8 + 0 = 9 ^{14}kein Gespraech$_{121}$ = 139 im Ergebnis stattfindet, handelt es sich um eine

^{15}Gespraechspause$_{163}$ = 180

istgleich 1 + 8 + 0 = 9 wie über ^{7}a und b$_{42}$ = 55 unter der Bedingung ^{11}1 = 1 = 1$_{7}$ = 28 um keinen Sex durch

^{8}kein Sex$_{87}$ = 99

respektive (55 - 1) + (28 - 1) + (99 - 1) + 1 für ein System istgleich 180 istgleich 1 + 8 + 0 = 9.

Wobei die ^{15}Gespraechspause$_{163}$ = 180 in Form von ^{7}a und b$_{42}$ = 55 unter der Bedingung ^{11}1 = 1 = 1$_{7}$ = 28 - bedingt durch (180 - 1) + (55 - 1) + (28 - 1) + 1 für ein System istgleich 261 istgleich 2 + 6 + 1 = 9 - über ^{1}a$_{1}$ = 4, ^{1}b$_{2}$ = 5, ^{1}b$_{2}$ = 5 und ^{1}a$_{1}$ = 4 im Endeffekt durch (4 - 1) + (5 - 1) + (5 - 1) + (4 - 1) + (202 - 1) + 1 für ein System istgleich 216 istgleich 2 + 1 + 6 = 9 am Ende gleichbedeutend mit

^{17}keine Sexualitaet$_{181}$ = 202

ist, die wiederum durch ^{1}a$_{1}$ = 4, ^{1}b$_{2}$ = 5, ^{1}b$_{2}$ = 5 und ^{1}a$_{1}$ = 4 in Form von ^{7}a und b$_{42}$ = 55 infolge ^{7}a ≠ b$_{6}$ = 19 und ^{7}b ≠ a$_{6}$ = 19 korrespondierend auf den nachfolgenden Zusammenhang verweist:

^{17}keine Sexualitaet$_{181}$	=	202		202 - 1	=	201
^{1}a$_{1}$	=	4		4 - 1	=	3
^{1}b$_{2}$	=	5		5 - 1	=	4
^{1}b$_{2}$	=	5		5 - 1	=	4
^{1}a$_{1}$	=	4		4 - 1	=	3
^{7}a und b$_{42}$	=	55		55 - 1	=	54
^{7}a ≠ b$_{6}$	=	19		19 - 1	=	18
^{7}b ≠ a$_{6}$	=	19		19 - 1	=	18
					=	305

3 + 0 + 5 + 1 für ein System	=	9

istgleich

^{12}Asexualitaet$_{138}$	=	152		152 - 1	=	151
^{16}Nichtsexualitaet$_{191}$	=	209		209 - 1	=	208
					=	359

3 + 5 + 9 + 1 für ein System	=	18	=	1 + 8	=	9

Es gilt bedingt durch 3 + 0 + 5 + 1 und 3 + 5 + 9 + 1 über die beiden Zahlen 306 und 360 die Bedingung 9 = 9 in einem Gleichgewicht.

Merke!

Keine Sexualität zu genießen ist über a, b, b und a in Form von a und b infolge $a \neq b$ und $b \neq a$ nichts anderes als Asexualität und Nichtsexualität.

Das hat am Ende wie vieles andere ebenso nichts, aber auch gar nichts mit dem zu tun, was vergleichsweise in einer Hose oder auch unter einem Rock los ist, falls dort eine ausgesprochene Funkstille herrscht.

Summa summarum erhalten wir für „Schnabel zu!" und „Schnabel auf!" den nachfolgenden Zusammenhang, der unser Gesamtergebnis noch einmal ordnungsgemäß wiedergibt:

^{17}Heterosexualitaet$_{208}$	=	227		227 - 1	=	226
^{15}Homosexualitaet$_{188}$	=	205		205 - 1	=	204
^{13}Bisexualitaet$_{148}$	=	163		163 - 1	=	162
^{16}Transsexualitaet$_{209}$	=	227		227 - 1	=	226
^{14}Pansexualitaet$_{168}$	=	184		184 - 1	=	183
$^{1}a_{1}$	=	4		4 - 1	=	3
$^{1}b_{2}$	=	5		5 - 1	=	4
					=	1008
		1 + 0 + 0 + 8			=	9

9 + 1 für ein System	=	10	=	1 + 0	=	1

istgleich

^{3}Sex$_{48}$	=	53		53 - 1	=	52
^{9}Gespraech$_{82}$	=	93		93 - 1	=	92
^{11}Sexualitaet$_{137}$	=	150		150 - 1	=	149
^{8}kein Sex$_{87}$	=	99		99 - 1	=	98
^{14}kein Gespraech$_{121}$	=	139		139 - 1	=	138
^{17}keine Sexualitaet$_{181}$	=	202		202 - 1	=	201
^{12}Asexualitaet$_{138}$	=	152		152 - 1	=	151
^{16}Nichtsexualitaet$_{191}$	=	209		209 - 1	=	208
					=	1089
		1 + 0 + 8 + 9			=	18
		1 + 8			=	9

9 + 1 für ein System	=	10	=	1 + 0	=	1

Es gilt über 1 + 0 + 0 + 8 + 1 und 1 + 0 + 8 + 9 + 1 die Bedingung 1 = 1 in einem Gleichgewicht, welche uns in Form der beiden Zahlen 1009 und 1090 begegnet.

Merke!

Hetero-, Homo-, Bi-, Trans- und Pansexualität geben über a und über b korrespondierend wieder, ob wir entweder in Form von Sex (analog unserer Sexualität) ein Gespräch führen oder ob wir keinen Sex und keine Sexualität (analog unserer Asexualität und Nichtsexualität) verspüren und damit kein Gespräch führen.

Die Zahlen 1009 und 1090 im Ergebnis erinnern uns daran, daß wir gemeinsam in einem ^{6}System$_{101}$ = 109 istgleich 1 + 0 + 9 = 10 istgleich 1 + 0 = 1 zu Hause sind. Damit beißt die Maus auch hier keinen Faden mehr ab: Da ganz grob formuliert Sex nur etwas mit dem Gelaber und dem Gequassel zu tun hat, das man unter anderem auch im Deutschen Bundestag ohne jedweden Inhalt und in Form von leeren Worten zu hören bekommt. Wenn man dort intim wird, wollen wir ganz gesichert nicht dabeisein, da der Sex vor Ort bereits eine Katastrophe ist. „Das ist definitiv kein Porno!", wäre anzumerken. Doch bevor wir dann diesen vom Stapel lassen, werfen wir vorsichtshalber mal einen Blick auf unsere Erotik und den dazugehörigen Pragmatismus, nicht daß wir hierbei Schiffbruch erleiden: Damit geht's auf zu neuen Ufern im nächsten Kapitel.

13. Das Pragmatische an Erotik

Generell besitzen wir eine gewisse Vorstellung davon, was sich hinter den beiden Begriffen ^{12}Pragmatismus$_{157}$ = 171 und ^{6}Erotik$_{78}$ = 86 verbergen könnte. Auf die naheliegende Idee, daß wir es uns mit dem, worauf beide abzielen, zu einfach gemacht haben, kommen wir in der Regel nicht. Ein erster Bezug lässt sich über $^{1}a_{1} = 4$ und $^{1}b_{2} = 5$ herstellen, was uns zu Folgendem führt:

^{12}Pragmatismus$_{157}$	=	171		171 - 1	=	170
^{6}Erotik$_{78}$	=	86		86 - 1	=	85
$^{1}a_{1}$	=	4		4 - 1	=	3
$^{1}b_{2}$	=	5		5 - 1	=	4
^{8}Paritaet$_{90}$	=	100		100 - 1	=	99
^{7}a und b$_{42}$	=	55		55 - 1	=	54
$^{7}a \neq b_{6}$	=	19		19 - 1	=	18
$^{7}b \neq a_{6}$	=	19		19 - 1	=	18
					=	451

4 + 5 + 1 + 1 für ein System	=	11	=	1 + 1	=	2

istgleich

^{11}Bezeichnung$_{114}$	=	127		127 - 1	=	126
^{9}Realismus$_{117}$	=	128		128 - 1	=	127
					=	253

2 + 5 + 3 + 1 für ein System	=	11	=	1 + 1	=	2

Es gilt die Bedingung 2 = 2 in einem Gleichgewicht, die sich über 4 + 5 + 1 + 1 und 2 + 5 + 3 + 1 aus den beiden Zahlen 452 und 254 ergibt, wobei der sogenannte

^{9}Realismus$_{117}$ = 128

istgleich 1 + 2 + 8 = 11 istgleich 1 + 1 = 2 sich innerhalb einer ^{6}Grenze$_{75}$ = 83 bewegt, die wir über $^{1}a_{1} = 4$ und $^{1}b_{2} = 5$ in Form von ^{7}a und b$_{42}$ = 55 infolge $^{7}a \neq b_{6}$

= 19 und $^{7}b \neq a_6 = 19$ - bedingt durch (83 - 1) + (4 - 1) + (5 - 1) + (55 - 1) + (19 - 1) + (19 - 1) + (102 - 1) + 1 für ein System istgleich 281 istgleich 2 + 8 + 1 = 11 istgleich 1 + 1 = 2 - als $^{9}Realitaet_{91} = 102$ begreifen.

Merke!

Pragmatismus und Erotik stehen bezeichnenderweise über a und über b dafür, was wir bedingt durch die Parität von a und b infolge $a \neq b$ und $b \neq a$ als Realismus verstehen; dem in Form von a und b über $a \neq b$ und $b \neq a$, begrenzt durch a und durch b, eine Realität zugrunde liegt. Der Realismus ist über die Parität von a und b infolge $a \neq b$ und $b \neq a$ das Ergebnis der Realität: die es korrespondierend durch die Bewegung über a und über b und die dazugehörige Gegenbewegung über b und über a ist.

Unser $^{9}Realismus_{117} = 128$ basiert damit über $^{1}a_1 = 4$, $^{1}b_2 = 5$, $^{1}b_2 = 5$ und $^{1}a_1 = 4$ durch die $^{8}Paritaet_{90} = 100$ von ^{7}a und $b_{42} = 55$ infolge $^{7}a \neq b_6 = 19$ und $^{7}b \neq a_6 = 19$ - bedingt durch (128 - 1) + (4 - 1) + (5 - 1) + (5 - 1) + (4 - 1) + (100 - 1) + (55 - 1) + (19 - 1) + (19 - 1) + 1 für ein System istgleich 331 istgleich 3 + 3 + 1 = 7 - durch (94 - 1) + (137 - 1) + (102 - 1) + 1 für ein System istgleich 331 istgleich 3 + 3 + 1 = 7 sowohl auf der $^{8}Bewegung_{84} = 94$ als auch auf der $^{13}Gegenbewegung_{122} = 137$ dieser in der zugrundeliegenden $^{9}Realitaet_{91} = 102$.

Wir haben uns nur noch einmal in unser Gedächtnis zurückgeholt, daß wir korrespondierend über a und b analog H und O und 0 und 1 in einem System leben, das einen künstlichen und einen natürlichen Aspekt besitzt. Das, was wir als Realität annehmen, ergo die, die es unserer Auffassung nach sein soll, stellt damit die Grundlage für unseren Realismus. Insofern stehen wir hier gemeinsam vor der Herausforderung, daß wir eine Antwort darauf finden müssen, welche von beiden denn das $^{8}Original_{85} = 95$ ist und welche das $^{6}Abbild_{30} = 38$. Kurzum: Ist die Realität das Original und der Realismus das Abbild oder verhält es sich genau andersherum? Für Ersteres gilt Folgendes:

$^{9}Realitaet_{91}$	=	102		102 - 1	=	101

1 + 0 + 1 + 1 für ein System	=	3

istgleich

$^{1}a_{1}$	=	4		4 - 1	=	3
$^{1}b_{2}$	=	5		5 - 1	=	4
$^{8}Original_{85}$	=	95		95 - 1	=	94
					=	101

1 + 0 + 1 + 1 für ein System	=	3

Wir erhalten in einem Gleichgewicht die Bedingung 3 = 3, die jeweils über 1 + 0 + 1 + 1 den beiden Zahlen 102 geschuldet ist.

Merke!

Die Realität ist über a und über b das Original, die durch a und durch b die des Systems ist.

Die $^{9}Realitaet_{91}$ = 102 entspricht über $^{1}a_{1}$ = 4 und $^{1}b_{2}$ = 5 durch (102 - 1) + (4 - 1) + (5 - 1) + 1 für ein System istgleich 109 istgleich 1 + 0 + 9 = 10 istgleich 1 + 0 = 1 - dem $^{6}System_{101}$ = 109 istgleich 1 + 0 + 9 = 10 istgleich 1 + 0 = 1 geschuldet - der des Systems. Logische Quintessenz: Wir haben mit der Realität „Nullkommanichts" zu tun. Im Ergebnis ist das nichts anderes, als daß das Soll und das Wird analog dem Werden quasi vorgegeben sind und wir selbst mit dem Ist analog unserem Sein beschäftigt sein sollten; das machen wir natürlich nicht.

Das $^{6}Abbild_{30}$ = 38 liefert uns im Gegenzug in Form von ^{7}a und b_{42} = 55 unter der Bedingung $^{11}1 = 1 = 1_{7}$ = 28 den nachfolgenden Zusammenhang:

$^{6}Abbild_{30}$	=	38		38 - 1	=	37
^{7}a und b_{42}	=	55		55 - 1	=	54
$^{7}a \neq b_{6}$	=	19		19 - 1	=	18
$^{7}b \neq a_{6}$	=	19		19 - 1	=	18
					=	127

1 + 2 + 7 + 1 für ein System	=	11	=	1 + 1	=	2

istgleich

^{9}Realismus$_{117}$	=	128	128 - 1	=	127

1 + 2 + 7 + 1 für ein System	=	11	=	1 + 1	=	2

Durch jeweils 1 + 2 + 7 + 1 liegt in einem Gleichgewicht respektive der beiden Zahlen 128 die Bedingung 2 = 2 vor.

Merke!

Das Abbild stellt in Form von a und b infolge a ≠ b und b ≠ a den Realismus, der in Form von a und b unter der Bedingung 1 = 1 = 1 der Systemrealität entspricht.

Die ^{15}Systemrealitaet$_{192}$ = 209 istgleich 2 + 0 + 9 = 11 istgleich 1 + 1 = 2 liefert in Form von ^{7}a und b$_{42}$ = 55 unter der Bedingung ^{11}1 = 1 = 1$_{7}$ = 28 über (55 - 1) + (28 - 1) + (128 - 1) + 1 für ein System istgleich 209 istgleich 2 + 0 + 9 = 11 istgleich 1 + 1 = 2 das, was sich als

^{9}Realismus$_{117}$ = 128

istgleich 1 + 2 + 8 = 11 istgleich 1 + 1 = 2 bezeichnen lässt, der für uns alle zusammen im

^{10}Weltenbaum$_{116}$ = 128

istgleich 1 + 2 + 8 = 11 istgleich 1 + 1 = 2 endet. Das, was wir als ^{12}Surrealismus$_{175}$ = 189 istgleich 1 + 8 + 9 = 18 istgleich 1 + 8 = 9 verstehen, steht im Prinzip dafür, was sich über ^{7}a und b$_{42}$ = 55 infolge ^{7}a ≠ b$_{6}$ = 19 und ^{7}b ≠ a$_{6}$ = 19 unter der Bedingung ^{11}1 = 1 = 1$_{7}$ = 28 rein hypothetisch infolge (55 - 1) + (19 - 1) + (19 - 1) + (28 - 1) + (81 - 1) + 1 für ein System istgleich 198 istgleich 1 + 9 + 8 = 18 istgleich 1 + 8 = 9 im ^{6}Nichts$_{73}$ = 81 abspielt und auf Chaos basiert. Ein typischer Vertreter in der Kunst ist beispielsweise Salvador Dalí, der uns im Prinzip surreal zu verstehen gibt, was, falls wir weiterdenken, real möglich ist.

Das Begreifen des Realismus aus dem Surrealismus heraus begründet zumindest in einem gewissen Umfang, daß die Ordnung in einem System, die aus einer Unordnung hervorgegangen ist, uns vor Augen hält, wie dankbar wir für unser Leben sein sollten: Da ohne einen revolutionären Gedanken aus einem generellen Chaos heraus die Basis für die Evolution nicht existieren würde. Sich etwas vorzustellen und damit während der ersten Schritte auch, gelinde gesagt, etwas zu spinnen, ist alles andere als verwerflich, da das Sehen mit anderen Augen die Basis dafür ist. Das Verstehen der Dinge, die uns vielleicht in einem ersten Anlauf auch als absurd und obsolet erscheinen, eröffnet am Ende in einem zweiten unter Umständen einen gemeinsamen Weg: Um das Chaos in Form von Gesetzen, Geboten und Regeln überhaupt bewältigen zu können, die in der Summe auf unser aller Entwicklung ausgerichtet sind. Wie weit wir davon entfernt sind, wissen wir.

Damit wäre es angebracht, sowohl im Realismus als auch im ^{12}Surrealismus$_{175}$ = 189 das zu sehen, was uns über $^{1}a_{1}$ = 4, $^{1}b_{2}$ = 5, $^{1}b_{2}$ = 5 und $^{1}a_{1}$ = 4 durch (189 - 1) + (4 - 1) + (5 - 1) + (5 - 1) + (4 - 1) + 1 für ein System istgleich 203 istgleich 2 + 0 + 3 = 5 unter Umständen auch zu einer gemeinsamen ^{12}Systemvision$_{189}$ = 2 + 0 + 3 = 5 führt: die, wie wir bereits erfahren haben, in Form von a und b unter der Bedingung 1 = 1 = 1, basierend auf Realismus, eventuell auch zu einer gemeinsamen Systemrealität werden kann. Das fehlende Engagement des Menschen diesbezüglich (und sein fortwährendes und andauerndes Bestreben, Leben und alles, was damit in Verbindung steht, zu vernichten, anstatt es innerhalb der Grenzen des Systems analog „ein Mann und eine Frau" oder auch „ein Adam und eine Eva" zu fördern, zu behüten und zu beschützen) sind da wenig zweckdienlich - aber das nur am Rande.

Der ^{9}Realismus$_{117}$ = 128, der für uns zusammen daraus erwächst, muss damit in Form einer gemeinsamen ^{5}Sache$_{36}$ = 43 logischerweise auch ^{4}Sinn$_{56}$ = 62 ergeben, was sich in Folgendem widerspiegelt:

^{9}Realismus$_{117}$	=	128		128 - 1	=	127
^{5}Sache$_{36}$	=	43		43 - 1	=	42
^{4}Sinn$_{56}$	=	62		62 - 1	=	61
$^{1}a_{1}$	=	4		4 - 1	=	3
$^{1}b_{2}$	=	5		5 - 1	=	4
$^{11}1 = 1 = 1_{7}$	=	28		28 - 1	=	27
					=	264

2 + 6 + 4 + 1 für ein System	=	13	=	1 + 3	=	4

istgleich

^{12}Pragmatismus$_{157}$	=	171		171 - 1	=	170
^{6}Erotik$_{78}$	=	86		86 - 1	=	85
					=	255

2 + 5 + 5 + 1 für ein System	=	13	=	1 + 3	=	4

Es gilt die Bedingung 4 = 4 in einem Gleichgewicht, die sich über 2 + 6 + 4 + 1 und 2 + 5 + 5 + 1 in den beiden Zahlen 265 und 256 widerspiegelt.

Merke!

Pragmatismus und die damit einhergehende Erotik sind im Realismus korrespondierend über a und über b unter der Bedingung 1 = 1 = 1 auf eine gemeinsame Sache und ihren Sinn ausgerichtet: wobei Letzterer infolge a und infolge b die Rolle vorgibt, die bei einer Sache in Form von a und b durch Wissen ausgefüllt wird.

Der ^{4}Sinn$_{56}$ = 62 gibt im Endeffekt über $^{1}a_{1}$ = 4 und $^{1}b_{2}$ = 5 durch (62 - 1) + (4 - 1) + (5 - 1) + 1 für ein System istgleich 69 istgleich 6 + 9 = 15 istgleich 1 + 5 = 6 die ^{5}Rolle$_{62}$ = 69 istgleich 6 + 9 = 15 istgleich 1 + 5 = 6 vor, die bei einer ^{5}Sache$_{36}$ = 43 über (43 - 1) + (55 - 1) + 1 für ein System istgleich 97 istgleich 9 + 7 = 16 istgleich 1 + 6 = 7 dabei in Form von ^{7}a und b_{42} = 55 das ^{6}Wissen$_{89}$ = 97 istgleich 9 + 7 = 16 istgleich 1 + 6 = 7 einnimmt.

In der Endkonsequenz führt uns die Rolle, die wir beim Verfolgen einer Sache innehaben, zu dem Sinn, den wir bei Letzterer durch Wissen anzutreffen hoffen. Wir sind beispielsweise als Mann mit unserer Frau zu Gange. Die Rolle gibt vor, was wir sind, also Mann und Frau, wobei die Rollen auch wechseln dürfen, da wir eine männliche und eine frauliche besitzen. Es gilt damit, beide Bedürfnisse zu befriedigen, die zwischen Blümchentopf und Werkzeugkasten angesiedelt sind. Beide zusammen geben damit die Sache vor, die ihrem Sinn nach auf Befriedigung hinausläuft. Da man weiß, was ihr oder ihm gefällt, lässt sich der Sinn des Ganzen auch in die Tat umsetzen, da wir über das diesbezügliche Wissen verfügen. Letzteres gibt wiederum vor, wann wir welche Rolle wobei einnehmen: Damit schließt sich wieder der Kreis. Hinweis: Das Pendant zum Mann ist die Frau und nicht das Weib, da zu diesem immer ein Kerl gehört. Das Adjektiv „weiblich" passend zu einem Weib ist bekannt, das für einen ^{4}Kerl$_{46}$ = 52 ist korrespondierend über $^{1}a_{1}$ = 4 und $^{1}b_{2}$ = 5 infolge $^{7}a \neq b_{6}$ = 19 und $^{7}b \neq a_{6}$ = 19 durch (52 - 1) + (4 - 1) + (5 - 1) + (19 - 1) + (19 - 1)

+ 1 für ein System istgleich 95 istgleich 9 + 5 = 14 istgleich 1 + 4 = 5 ^{8}kerlisch$_{85}$ = 95 istgleich 9 + 5 = 14 istgleich 1 + 4 = 5. Das klingt zwar doof, ist aber nur ungewohnt.

De facto ergibt damit erst über $^{1}a_{1}$ = 4, $^{1}b_{2}$ = 5, $^{1}b_{2}$ = 5 und $^{1}a_{1}$ = 4 etwas ^{4}Sinn$_{56}$ = 62, falls Folgendes gilt:

^{4}Sinn$_{56}$	=	62		62 - 1	=	61
$^{1}a_{1}$	=	4		4 - 1	=	3
$^{1}b_{2}$	=	5		5 - 1	=	4
$^{1}b_{2}$	=	5		5 - 1	=	4
$^{1}a_{1}$	=	4		4 - 1	=	3
^{7}a und b$_{42}$	=	55		55 - 1	=	54
					=	129

1 + 2 + 9 + 1 für ein System	=	13	=	1 + 3	=	4

istgleich

^{8}Vernunft$_{120}$	=	130		130 - 1	=	129

1 + 2 + 9 + 1 für ein System	=	13	=	1 + 3	=	4

Wir erhalten jeweils aus 1 + 2 + 9 + 1 die Bedingung 4 = 4 in einem Gleichgewicht analog den beiden Zahlen 130.

Merke!

Vernunft bezieht sich über a, b, b und a in Form von a und b korrespondierend auf den Sinn.

Die ^{8}Vernunft$_{120}$ = 130 istgleich 1 + 3 + 0 = 4 ist in der Endkonsequenz eine ^{9}Konstante$_{119}$ = 130 istgleich 1 + 3 + 0 = 4. Das ist im Prinzip auch selbsterklärend, daß es so sein muss, da in einem System logischerweise vorgegeben ist, was Sinn ergibt und was nicht.

Die ^{5}Sache$_{36}$ = 43, an der in der Regel etwas vorbeigeht, bezieht sich in Form von ^{7}a und b$_{42}$ = 55 auf Folgendes:

^{5}Sache$_{36}$	=	43		43 - 1	=	42
^{7}a und b$_{42}$	=	55		55 - 1	=	54
					=	96

9 + 6 + 1 für ein System = 16 = 1 + 6 = 7

istgleich

^{6}Wissen$_{89}$	=	97		97 - 1	=	96

9 + 6 + 1 für ein System = 16 = 1 + 6 = 7

Es gilt die Bedingung 7 = 7 in einem Gleichgewicht, die sich jeweils aus 9 + 6 + 1 in Form der beiden Zahlen 97 ergibt.

Merke!

Die Sache ist in Form von a und b korrespondierend immer an unser Wissen gekoppelt.

Die ^{5}Sache$_{36}$ = 43, basierend auf ^{6}Wissen$_{89}$ = 97, führt über (43 - 1) + (97 - 1) + 1 für ein System istgleich 139 istgleich 1 + 3 + 9 = 13 istgleich 1 + 3 = 4 im Endeffekt - bedingt durch $^{1}a_{1}$ = 4 und $^{1}b_{2}$ = 5 respektive deren ^{8}Paritaet$_{90}$ = 100 - infolge (4 - 1) + (5 - 1) + (100 - 1) + (213 - 1) + 1 für ein System istgleich 319 istgleich 3 + 1 + 9 = 13 istgleich 1 + 3 = 4 zur ^{13}Verantwortung$_{198}$ = 213.

So, damit lassen wir mal die Korken knallen und sehen uns gemeinsam den nachfolgenden Zusammenhang an, der uns zum Besten gibt, worauf denn

^{6}Erotik$_{78}$ = 86

eigentlich abzielt, da wir für diese in Form von ^{7}a und b$_{42}$ = 55 Folgendes im Ergebnis erhalten:

^{4}Sinn$_{56}$	=	62		62 - 1	=	61
^{5}Sache$_{36}$	=	43		43 - 1	=	42
					=	103

1 + 0 + 3 + 1 für ein System	=	5

istgleich

^{7}a und b$_{42}$	=	55		55 - 1	=	54
^{6}Erotik$_{78}$	=	86		86 - 1	=	85
					=	139

1 + 3 + 9 + 1 für ein System	=	14	=	1 + 4	=	5

Durch 1 + 0 + 3 + 1 und 1 + 3 + 9 + 1 gilt in Form der beiden Zahlen 104 und 140 die Bedingung 5 = 5 in einem Gleichgewicht.

Merke!

Die sogenannte Erotik zielt in Form von a und b korrespondierend auf den Sinn einer Sache ab.

Der ^{4}Eros$_{57}$ = 63 istgleich 6 + 3 = 9 ist übrigens - bedingt durch 9 ≠ 6 - weder mit ^{4}Lust$_{72}$ = 78 istgleich 7 + 8 = 15 istgleich 1 + 5 = 6 zu vereinbaren noch durch 9 ≠ 4 mit ^{5}Liebe$_{33}$ = 40 istgleich 4 + 0 = 4.

Die zutreffende Assoziation mit diesem ergibt sich über $^{1}a_{1}$ = 4 und $^{1}b_{2}$ = 5 respektive einer ^{11}Bezeichnung$_{114}$ = 127 korrespondierend aus dem nachfolgenden Zusammenhang:

^{11}Bezeichnung$_{114}$	=	127		127 - 1	=	126
^{4}Eros$_{57}$	=	63		63 - 1	=	62
					=	188

1 + 8 + 8 + 1 für ein System	=	18	=	1 + 8	=	9

istgleich

^{1}a$_{1}$	=	4		4 - 1	=	3
^{1}b$_{2}$	=	5		5 - 1	=	4
^{9}Verlangen$_{98}$	=	109		109 - 1	=	108
^{8}Begehren$_{64}$	=	74		74 - 1	=	73
					=	188

1 + 8 + 8 + 1 für ein System	=	18	=	1 + 8	=	9

Es gilt die Bedingung 9 = 9 in einem Gleichgewicht, die sich jeweils über 1 + 8 + 8 + 1 aus den beiden Zahlen 189 ergibt.

Merke!

Der sogenannte Eros bezeichnet über a und über b korrespondierend ein Verlangen, das einem Begehren gleichkommt.

Also „Hose runter!" und „Rock hoch" lassen sich darüber nicht begründen. Im Ergebnis geht es darum, daß unter dem Aspekt von Erotik durch den Eros unser Verlangen und unser Begehren auf eine Sache ausgerichtet sind. Erstere begründen noch lange nicht, daß mit Letzterer etwas anzufangen ist. Beispiel: Wir kaufen eine Windel für ein Baby, in das keines „pulvern" will. Erstere dient zwar einer Sache, die auf einem Verlangen und einem Begehren beruht, bringt aber nichts.

In der Endkonsequenz zielt unsere ^{6}Erotik$_{78}$ = 86, gepaart mit unserem ^{4}Eros$_{57}$ = 63, durch ^{1}a$_{1}$ = 4 und ^{1}b$_{2}$ = 5 in Form von ^{7}a und b$_{42}$ = 55 unter der Bedingung ^{11}1 = 1 = 1$_{7}$ = 28 auf Folgendes ab:

^{6}Erotik$_{78}$	=	86		86 - 1	=	85
^{4}Eros$_{57}$	=	63		63 - 1	=	62
^{7}a und b$_{42}$	=	55		55 - 1	=	54
					=	201

2 + 0 + 1 + 1 für ein System	=	4

istgleich

^{1}a$_{1}$	=	4		4 - 1	=	3
^{1}b$_{2}$	=	5		5 - 1	=	4
$^{11}1 = 1 = 1_{7}$	=	28		28 - 1	=	27
^{14}Sinnhaftigkeit$_{152}$	=	168		168 - 1	=	167
					=	201

2 + 0 + 1 + 1 für ein System	=	4

Es gilt die Bedingung 4 = 4 in einem Gleichgewicht, die jeweils durch 2 + 0 + 1 + 1 den beiden Zahlen 202 geschuldet ist.

Merke!

Eros und Erotik zielen zusammen über a und über b in Form von a und b unter der Bedingung 1 = 1 = 1 auf die Sinnhaftigkeit ab.

Also, auch was die beiden Begriffe anbelangt, hat man auf der Erde bewiesen, daß da etwas zwischen den zwei Ohren an der Rübe schiefgelaufen ist.

Da uns der sogenannte ^{12}Pragmatismus$_{157}$ = 171 über (171 - 1) + (162 - 1) + 1 für ein System istgleich 332 istgleich 3 + 3 + 2 = 8 als ^{8}Kurzwort$_{152}$ = 162 infolge $^{7}a \neq b_{6} = 19$ und $^{7}b \neq a_{6} = 19$ unter der Bedingung $^{11}1 = 1 = 1_{7} = 28$ durch (19 - 1) + (19 - 1) + (28 - 1) + (100 - 1) + (55 - 1) + (107 - 1) + 1 für ein System istgleich 323 istgleich 3 + 2 + 3 = 8 - der ^{8}Paritaet$_{90}$ = 100 von ^{7}a und b$_{42}$ = 55 geschuldet - auch in Form einer gewissen ^{9}Pragmatik$_{96}$ = 107 begegnet, erhalten wir über $^{1}a_{1} = 4$, $^{1}b_{2} = 5$, $^{1}b_{2} = 5$ und $^{1}a_{1} = 4$ in Form von ^{7}a und b$_{42}$ = 55 Folgendes:

^{12}Pragmatismus$_{157}$	=	171		171 - 1	=	170
^{9}Pragmatik$_{96}$	=	107		107 - 1	=	106
$^{1}a_{1}$	=	4		4 - 1	=	3
$^{1}b_{2}$	=	5		5 - 1	=	4
$^{1}b_{2}$	=	5		5 - 1	=	4
$^{1}a_{1}$	=	4		4 - 1	=	3
					=	290

2 + 9 + 0 + 1 für ein System	=	12	=	1 + 2	=	3

istgleich

^{7}a und b$_{42}$	=	55		55 - 1	=	54
^{5}Rolle$_{62}$	=	69		69 - 1	=	68
^{6}Wissen$_{89}$	=	97		97 - 1	=	96
					=	218

2 + 1 + 8 + 1 für ein System	=	12	=	1 + 2	=	3

Bedingt durch 2 + 9 + 0 + 1 und 2 + 1 + 8 + 1 liegt infolge der beiden Zahlen 291 und 219 die Bedingung 3 = 3 in einem Gleichgewicht vor.

Merke!

Der Pragmatismus nebst einer gewissen Pragmatik bezieht sich über a, b, b und a auf die Rolle von a und b, die es durch Wissen ist.

Wenn wir dabei an das Baby und die Windel denken, denen unsere Schlußfolgerungen hinsichtlich Eros und Erotik, basierend auf dem Sinn einer Sache, vorausgegangen sind, „läuft" die Sache jetzt, da das Ganze durch Wissen in's Rollen kommt: Es wird damit nun ordnungsgemäß in Erstere „gepulvert". In Kurzform: Eros und Erotik geben uns zu verstehen, wo man als Baby „hineinpulvern" kann, und Pragmatismus und Pragmatik, wie das „Hineinpulvern" funktioniert.

Der ^{12}Pragmatismus$_{157}$ = 171 rückt dann im Prinzip über $^{1}a_{1} = 4$, $^{1}b_{2} = 5$, $^{1}b_{2} = 5$ und $^{1}a_{1} = 4$ unter der Bedingung $^{11}1 = 1 = 1_{7} = 28$ Folgendes in den Vordergrund:

^{12}Pragmatismus$_{157}$	=	171		171 - 1	=	170
$^{1}a_{1}$	=	4		4 - 1	=	3
$^{1}b_{2}$	=	5		5 - 1	=	4
$^{1}b_{2}$	=	5		5 - 1	=	4
$^{1}a_{1}$	=	4		4 - 1	=	3
$^{11}1 = 1 = 1_{7}$	=	28		28 - 1	=	27
					=	211

2 + 1 + 1 + 1 für ein System	=	5

istgleich

^{12}Sachlichkeit$_{108}$	=	122		122 - 1	=	121

1 + 2 + 1 + 1 für ein System	=	5

Es gilt die Bedingung 5 = 5 in einem Gleichgewicht, die sich über 2 + 1 + 1 + 1 und 1 + 2 + 1 + 1 aus den beiden Zahlen 212 und 122 ergibt.

Merke!

„Pragmatismus" beruht über a, b, b und a unter der Bedingung 1 = 1 = 1 auf Sachlichkeit.

Wie wir erfahren haben, gehören die Begriffe Eros, Erotik, Pragmatismus und Pragmatik zusammen, die in der Betrachtung einer Sache über ihre Rolle hinweg, ausgerichtet auf den ihr innewohnenden Sinn, durch Wissen auf Sinnhaftigkeit und Sachlichkeit beruhen; die unser Verlangen in Form eines Begehrens stillen, daß wir etwa erkennen, wozu ein Eis dienen kann, um es dann anschließend zu „fressen".

In der Summe erhalten wir bedingt durch die ^{8}Paritaet$_{90}$ = 100 von ^{7}a und b$_{42}$ = 55 den nachfolgenden Zusammenhang:

^{12}Pragmatismus$_{157}$	=	171		171 - 1	=	170
^{9}Pragmatik$_{96}$	=	107		107 - 1	=	106
^{6}Erotik$_{78}$	=	86		86 - 1	=	85
^{4}Eros$_{57}$	=	63		63 - 1	=	62
					=	423

4 + 2 + 3 + 1 für ein System	=	10	=	1 + 0	=	1

istgleich

^{8}Paritaet$_{90}$	=	100		100 - 1	=	99
^{7}a und b$_{42}$	=	55		55 - 1	=	54
^{12}Sachlichkeit$_{108}$	=	122		122 - 1	=	121
^{14}Sinnhaftigkeit$_{152}$	=	168		168 - 1	=	167
					=	441

4 + 4 + 1 + 1 für ein System	=	10	=	1 + 0	=	1

Durch 4 + 2 + 3 + 1 und 4 + 4 + 1 + 1 gilt infolge der beiden Zahlen 424 und 442 die Bedingung 1 = 1 in einem Gleichgewicht.

Merke!

Pragmatismus, Pragmatik, Eros und Erotik stehen durch die Parität von a und b für Sinnhaftigkeit und Sachlichkeit; wobei sich über a und über b respektive deren Parität im Realismus die Systemrealität widerspiegelt und wiederum über a und über b unter der Bedingung 1 = 1 = 1 deren Realität im System.

Die beiden Zahlen 424 und 442 begründen, warum diese über $^{1}a_{1}$ = 4 und $^{1}b_{2}$ = 5 respektive deren ^{8}Paritaet$_{90}$ = 100 durch (4 - 1) + (5 - 1) + (100 - 1) + (209 - 1) + (128 - 1) + 1 für ein System istgleich 442 istgleich 4 + 4 + 2 = 10 istgleich 1 + 0 = 1 zum einen zur ^{15}Systemrealitaet$_{192}$ = 209 wie im ^{9}Realismus$_{117}$ = 128 werden und zum anderen wie über $^{1}a_{1}$ = 4 und $^{1}b_{2}$ = 5 unter der Bedingung $^{11}1$ = 1 = 1_{7} = 28 diese durch (4 - 1) + (5 - 1) + (28 - 1) + (102 - 1) + (109 - 1) + 1 für ein System istgleich 244 istgleich 2 + 4 + 4 = 10 istgleich 1 + 0 = 1 korrespondierend zur ^{9}Realitaet$_{91}$ = 102 im ^{6}System$_{101}$ = 109.

Beide, ^{12}Pragmatismus$_{157}$ = 171 und ^{6}Erotik$_{78}$ = 86, zielen über $^{1}a_{1}$ = 4 und $^{1}b_{2}$ = 5 auf einen gewissen

^{11}Aktionismus$_{151}$ = 164

istgleich 1 + 6 + 4 = 11 istgleich 1 + 1 = 2 ab, der in der Endkonsequenz auf unserer eigenen ^{15}Beziehungsebene$_{147}$ = 164 istgleich 1 + 6 + 4 = 11 istgleich 1 + 1 = 2 stattfindet.

Es gilt bedingt durch die ^{8}Paritaet$_{90}$ = 100 von ^{7}a und b_{42} = 55 schlußendlich Folgendes:

^{12}Pragmatismus$_{157}$	=	171		171 - 1	=	170
^{6}Erotik$_{78}$	=	86		86 - 1	=	85
$^{1}a_{1}$	=	4		4 - 1	=	3
$^{1}b_{2}$	=	5		5 - 1	=	4
^{8}Paritaet$_{90}$	=	100		100 - 1	=	99
^{7}a und b_{42}	=	55		55 - 1	=	54
					=	415

4 + 1 + 5 + 1 für ein System	=	11	=	1 + 1	=	2

istgleich

^{11}Aktionismus$_{151}$	=	164		164 - 1	=	163

1 + 6 + 3 + 1 für ein System	=	11	=	1 + 1	=	2

Es folgt aus 4 + 1 + 5 + 1 und 1 + 6 + 3 + 1 in Form der beiden Zahlen 416 und 164 die Bedingung 2 = 2 in einem Gleichgewicht.

Merke!

Pragmatismus und Erotik begründen über a und über b durch die Parität von a und b den Aktionismus, den wir respektive a, b, b und a in Form von a und b infolge a ≠ b und b ≠ a als real ansehen.

Die beiden Zahlen 416 und 164 begründen, warum es bedingt durch $^1a_1$ = 4, $^1b_2$ = 5, $^1b_2$ = 5 und $^1a_1$ = 4 in Form von ^{7}a und b_{42} = 55 korrespondierend über $^7a \neq b_6$ = 19 und $^7b \neq a_6$ = 19 durch (4 - 1) + (5 - 1) + (5 - 1) + (4 - 1) + (55 - 1) + (19 - 1) + (19 - 1) + (42 - 1) + 1 für ein System istgleich 146 istgleich 1 + 4 + 6 = 11 istgleich 1 + 1 = 2 am Ende $^4real_{36}$ = 42 wird.

Das in einem übertragenen Sinn sachliche und sinnhaftige Aufeinandertreffen von $^1a_1$ = 4 und $^1b_2$ = 5 führt uns der $^{11}Bezeichnung_{114}$ = 127 nach de facto zum nachfolgenden Zusammenhang:

$^{12}Sachlichkeit_{108}$	=	122		122 - 1	=	121
$^{14}Sinnhaftigkeit_{152}$	=	168		168 - 1	=	167
$^{11}Bezeichnung_{114}$	=	127		127 - 1	=	126
					=	414

4 + 1 + 4 + 1 für ein System	=	10	=	1 + 0	=	1

istgleich

$^1a_1$	=	4		4 - 1	=	3
$^1b_2$	=	5		5 - 1	=	4
$^{12}Sinnlichkeit_{133}$	=	147		147 - 1	=	146
					=	153

1 + 5 + 3 + 1 für ein System	=	10	=	1 + 0	=	1

Es gilt die Bedingung 1 = 1 in einem Gleichgewicht, die durch 4 + 1 + 4 + 1 und 1 + 5 + 3 + 1 aus den beiden Zahlen 415 und 154 hervorgeht.

Merke!

Sachlichkeit und Sinnhaftigkeit führen ihrer Bezeichnung nach durch a und durch b zur Sinnlichkeit, die in Form von a und b die Erfüllung der beiden Bedingungen „ein Mann und eine Frau" und „ein Adam und eine Eva" einfordert.

Sinnlichkeit lässt sich danach nur erleben, falls a und falls b sowohl sachlich als auch sinnhaftig aufeinandertreffen. Es muss damit eine gemeinsame Sache von Interesse sein, die Sinn ergibt.

Respektive der beiden Zahlen 415 und 154 müssen dazu bedingt durch (55 - 1) + (220 - 1) + (178 - 1) + 1 für ein System istgleich 451 istgleich 4 + 5 + 1 = 10 istgleich 1 + 0 = 1 in Form von ^{7}a und b$_{42}$ = 55 die beiden Bedingungen ^{22}ein Mann und eine Frau$_{188}$ = 220 und ^{21}ein Adam und eine Eva$_{147}$ = 178 erfüllt sein.

Falls der daraus resultierende ^{11}Aktionismus$_{151}$ = 164 istgleich 1 + 6 + 4 = 11 istgleich 1 + 1 = 2 etwa über $^{1}a_{1}$ = 4, $^{1}b_{2}$ = 5, $^{1}b_{2}$ = 5 und $^{1}a_{1}$ = 4 in ^{10}Intimitaet$_{120}$ = 132 durch (4 - 1) + (5 - 1) + (5 - 1) + (4 - 1) + (132 - 1) + 1 für ein System istgleich 146 istgleich 1 + 4 + 6 = 11 istgleich 1 + 1 = 2 endet, wird die Sinnlichkeit, die auf unserer eigenen Beziehungsebene greift, durch die ^{8}Paritaet$_{90}$ = 100 von ^{7}a und b$_{42}$ = 55 infolge $^{7}a \neq b_{6}$ = 19 und $^{7}b \neq a_{6}$ = 19 unter der Bedingung $^{11}1 = 1 = 1_{7}$ = 28 de facto über (100 - 1) + (55 - 1) + (19 - 1) + (19 - 1) + (28 - 1) + (94 - 1) + 1 für ein System istgleich 310 istgleich 3 + 1 + 0 = 4 zu einer von allen Beteiligten einzuhaltenden ^{9}Bedingung$_{83}$ = 94. Die ^{12}Sinnlichkeit$_{133}$ = 147 erfüllt mit Blick auf unsere eigene Intimität damit korrespondierend über $^{1}a_{1}$ = 4 und $^{1}b_{2}$ = 5 Folgendes:

^{12}Sinnlichkeit$_{133}$	=	147		147 - 1	=	146
^{15}Beziehungsebene$_{147}$	=	164		164 - 1	=	163
^{7}a und b$_{42}$	=	55		55 - 1	=	54
$^{11}1 = 1 = 1_{7}$	=	28		28 - 1	=	27
					=	390

3 + 9 + 0 + 1 für ein System	=	13	=	1 + 3	=	4

istgleich

$^{1}a_{1}$	=	4		4 - 1	=	3
$^{1}b_{2}$	=	5		5 - 1	=	4
^{10}Intimitaet$_{120}$	=	132		132 - 1	=	131
					=	138

1 + 3 + 8 + 1 für ein System = 13 = 1 + 3 = 4

Es gilt respektive der beiden Zahlen 391 und 139 aus 3 + 9 + 0 + 1 und 1 + 3 + 8 + 1 die Bedingung 4 = 4 in einem Gleichgewicht.

Merke!

Unsere gemeinsame Beziehungsebene in Form von a und b unter der Bedingung 1 = 1 = 1 eröffnet über a und über b innerhalb deren Intimität das, was unter Sinnlichkeit zu verstehen ist; wobei Letztere unter dem Aspekt unserer eigenen Intimität über a und über b infolge a ≠ b und b ≠ a unter der Bedingung 1 = 1 = 1 korrespondierend auf unserer Beziehungsebene eine echte Verbindung zwischen „Mann" und „Frau" voraussetzt.

Die geforderte ^{12}Sinnlichkeit$_{133}$ = 147 im Rahmen unserer ^{10}Intimitaet$_{120}$ = 132 setzt damit über $^{1}a_{1}$ = 4 und $^{1}b_{2}$ = 5 infolge $^{7}a \neq b_{6}$ = 19 und $^{7}b \neq a_{6}$ = 19 unter der Bedingung $^{11}1 = 1 = 1_{7}$ = 28 infolge (147 - 1) + (132 - 1) + (4 - 1) + (5 - 1) + (19 - 1) + (19 - 1) + (28 - 1) + 1 für ein System istgleich 348 istgleich 3 + 4 + 8 = 15 istgleich 1 + 5 = 6 auf der ^{15}Beziehungsebene$_{147}$ = 164 durch (164 - 1) + (177 - 1) + (48 - 1) + (52 - 1) + 1 für ein System istgleich 438 istgleich 4 + 3 + 8 = 15 istgleich 1 + 5 = 6 eine ^{16}echte Verbindung$_{157}$ = 177 zwischen ^{4}Mann$_{42}$ = 48 und ^{4}Frau$_{46}$ = 52 voraus.

Insofern liefert uns die ^{12}Sinnlichkeit$_{133}$ = 147 am Ende über $^{1}a_{1}$ = 4 und $^{1}b_{2}$ = 5 durch (147 - 1) + (4 - 1) + (5 - 1) + 1 für ein System istgleich 154 istgleich 1 + 5 + 4 = 10 istgleich 1 + 0 = 1 das, was wir als das ^{14}Gluecklichsein$_{138}$ = 154 istgleich 1 + 5 + 4 = 10 istgleich 1 + 0 = 1 verstehen sollten. Letzteres ist die logische Konsequenz, da der ^{4}Sinn$_{56}$ = 62, welcher auf unserer eigenen ^{15}Beziehungsebene$_{147}$ = 164 vorliegt, durch die ^{8}Paritaet$_{90}$ = 100 von ^{7}a und b_{42} = 55 über $^{1}a_{1}$ = 4 und $^{1}b_{2}$ = 5 infolge (62 - 1) + (164 - 1) + (100 - 1) + (55 - 1) + (4 - 1) + (5 - 1)

+ (67 - 1) + 1 für ein System istgleich 451 istgleich 4 + 5 + 1 = 10 istgleich 1 + 0 = 1 ^{6}Glueck$_{59}$ = 67 ist.

Merke!

Die Sinnlichkeit führt über a und über b zum Glücklichsein, das durch die Parität von a und b über a und über b infolge des Sinns (welcher es auf unserer eigenen Beziehungsebene ist) aus Glück resultiert. Glück ist über a, b, b und a der Sinn, der sich in der Rolle bei einer Sache über a und über b unter der Bedingung 1 = 1 = 1 korrespondierend im Glücklichsein widerspiegelt; die uns wiederum über a und über b unter der Bedingung 1 = 1 = 1 glücklich sein lässt.

Das ^{6}Glueck$_{59}$ = 67 istgleich 6 + 7 = 13 istgleich 1 + 3 = 4 ist einem hold, falls etwas über $^{1}a_{1}$ = 4, $^{1}b_{2}$ = 5, $^{1}b_{2}$ = 5 und $^{1}a_{1}$ = 4 durch (4 - 1) + (5 - 1) + (5 - 1) + (4 - 1) + (62 - 1) + 1 für ein System istgleich 76 istgleich 7 + 6 = 13 istgleich 1 + 3 = 4 ^{4}Sinn$_{56}$ = 62 ergibt, und das ^{14}Gluecklichsein$_{138}$ = 154 stellt sich ein, falls wir bei einer ^{5}Sache$_{36}$ = 43 über $^{1}a_{1}$ = 4 und $^{1}b_{2}$ = 5 unter der Bedingung $^{11}1 = 1 = 1_{7}$ = 28 durch (43 - 1) + (4 - 1) + (5 - 1) + (28 - 1) + (69 - 1) + 1 für ein System istgleich 145 istgleich 1 + 4 + 5 = 10 istgleich 1 + 0 = 1 die

^{5}Rolle$_{62}$ = 69

einnehmen, die uns wiederum über $^{1}a_{1}$ = 4 und $^{1}b_{2}$ = 5 unter der Bedingung $^{11}1 = 1 = 1_{7}$ = 28 durch (69 - 1) + (4 - 1) + (5 - 1) + (28 - 1) + 1 für ein System istgleich 103 istgleich 1 + 0 + 3 = 4 am Ende ^{10}gluecklich$_{91}$ = 103 istgleich 1 + 0 + 3 = 4 sein lässt.

Um überhaupt ^{10}gluecklich$_{91}$ = 103 sein zu können, gilt es in Form von ^{7}a und b_{42} = 55 infolge $^{7}a \neq b_{6}$ = 19 und $^{7}b \neq a_{6}$ = 19 unter der Bedingung $^{11}1 = 1 = 1_{7}$ = 28 durch (103 - 1) + (55 - 1) + (19 - 1) + (19 - 1) + (28 - 1) + 1 für ein System istgleich 220 istgleich 2 + 2 + 0 = 4 die Bedingung ^{22}ein Mann und eine Frau$_{188}$ = 220 istgleich 2 + 2 + 0 = 4 einzuhalten. Falls wir hierbei an Maria Magdalena denken, können wir mit Fug und Recht behaupten, daß das bei ihr nicht der Fall ist. Ob das auch von ihr genauso verstanden wird, ist mehr als fraglich, da sie sich in gewisser Hinsicht in ihrer „Rolle" auch gefallen hat. Dabei verwechselt sie natürlich etwas, da sich Missbrauch und Misshandlung logischerweise nicht mit Glück und dem Glücklichsein vereinbaren lassen. Wider dem entwickelte sie eine gewisse Begeisterung dafür, daß es so ist. Auch wenn der bisherige Grundtenor auf eine Lösung für sie ausgerichtet ist, ändert das nichts daran, daß bei ihr, was ihre Beteiligung daran anbelangt, etwas im Argen liegt. Warum? Wir finden keinen Hinweis in den einschlägigen Schriften, daß sie an ihrer Situation etwas ändern wollte. Sie hat es also auch zu einem gehörigen Maß genossen, mit dem römisch-katholischen Gesindel und Gesocks in Faschingskostümen in's Nest zu gehen, und bildet sich wahrscheinlich auch noch etwas darauf ein. Wer jedoch halbwegs bei gesundem Menschenverstand ist, findet die Worte „widerlich", „abartig", „eklig" dafür. Auch wenn ihr Start in's Leben ein bescheidener gewesen ist, gibt es keinen Grund, diesen 40 Jahre lang selbst zu verfolgen, anstatt auszubrechen. Insofern, daß sie sich ihren Dämonen stellen wird und die Ursache hierfür nicht nur bei anderen sucht, sondern vor allem bei sich, ist relativ unwahrscheinlich. Die „Gefahr", wenngleich wir ihr die Hand reichen, daß sie in ihr altes Muster und Schema zurückverfällt, ist tendenziell groß, was sie in ihrem bisherigen Leben mehr als eindeutig und klar auch unter Beweis gestellt hat. Eine verlässliche Partnerin und Gefährtin in dem Sinn ist sie nicht. Treue und Verlässlichkeit scheinen Fremdworte für sie zu sein. Gut, wir werden sehen, was passiert, vielleicht geschieht überraschenderweise auch das blanke Gegenteil.

Der $^{6}\text{Unsinn}_{91} = 99$, den man über $^{1}a_{1} = 4$, $^{1}b_{2} = 5$, $^{1}b_{2} = 5$ und $^{1}a_{1} = 4$ unter der Bedingung $^{11}1 = 1 = 1_{7} = 28$ betreibt, führt durch (99 - 1) + (4 - 1) + (5 - 1) + (5 - 1) + (4 - 1) + (28 - 1) + 1 für ein System istgleich 140 istgleich 1 + 4 + 0 = 5 zum eigenen $^{8}\text{Unglueck}_{94} = 104$ istgleich 1 + 0 + 4 = 5, das dann wie bei

$$^{15}\text{Maria Magdalena}_{100} = 119$$

istgleich 1 + 1 + 9 = 11 istgleich 1 + 1 = 2 im $^{16}\text{Ungluecklichsein}_{173} = 191$ istgleich 1 + 9 + 1 = 11 istgleich 1 + 1 = 2 endet. Das sich am Ende auch noch schönzureden, dafür wird sie hingegen ein ausgesprochenes Talent besitzen. Ein „Geschenk" in einem herkömmlichen Sinn ist sie natürlich nicht, eine Katastrophe trifft es wohl eher. Das ist übrigens ein generelles Problem, daß man sich in einem ebensolchen Gewerbe selbst nicht mehr als Opfer versteht, sondern als Täter; ob bewusst oder unterbewusst, sei dahingestellt.

Merke!

Der Unsinn ist durch a, b, b und a unter der Bedingung 1 = 1 = 1 das Unglück, das uns infolge der daraus resultierenden Rolle, welche man über a, b, b und a durch $a \neq b$ und $b \neq a$ einnimmt, unglücklich sein lässt.

Ersteres ist über $^{1}a_{1} = 4$, $^{1}b_{2} = 5$, $^{1}b_{2} = 5$ und $^{1}a_{1} = 4$ infolge $^{7}a \neq b_{6} = 19$ und $^{7}b \neq a_{6} = 19$ durch (4 - 1) + (5 - 1) + (5 - 1) + (4 - 1) + (19 - 1) + (19 - 1) + (69 - 1) + 1 für ein System istgleich 119 istgleich 1 + 1 + 9 = 11 istgleich 1 + 1

= 2 der ^{5}Rolle$_{62}$ = 69 geschuldet, die wir einnehmen, die sich dann darin widerspiegelt, daß wir ^{12}ungluecklich$_{126}$ = 140 istgleich 1 + 4 + 0 = 5 sind.

Das, was irgendwo im Pragmatismus und in der Erotik seinen Anfang findet, führt uns durch die daraus resultierende ^{9}Pragmatik$_{96}$ = 107 und den damit verbundenen ^{4}Eros$_{57}$ = 63 zum nachfolgenden Zusammenhang:

^{9}Pragmatik$_{96}$	=	107		107 - 1	=	106
^{4}Eros$_{57}$	=	63		63 - 1	=	62
					=	168

1 + 6 + 8 + 1 für ein System	=	16	=	1 + 6	=	7

istgleich

^{7}a und b$_{42}$	=	55		55 - 1	=	54
^{10}Intimleben$_{103}$	=	115		115 - 1	=	114
					=	168

1 + 6 + 8 + 1 für ein System	=	16	=	1 + 6	=	7

Es gilt die Bedingung 7 = 7 in einem Gleichgewicht, die sich jeweils aus 1 + 6 + 8 + 1 in Form der beiden Zahlen 169 ergibt.

Merke!

Pragmatik und Eros begegnen uns in Form von a und b in unserem Intimleben, die uns zusammen über a, b, b und a Lust und Erregung verspüren lassen.

Die beiden Zahlen 169 implizieren, daß wir über $^{1}a_{1}$ = 4, $^{1}b_{2}$ = 5, $^{1}b_{2}$ = 5 und $^{1}a_{1}$ = 4 infolge (4 - 1) + (5 - 1) + (5 - 1) + (4 - 1) + (78 - 1) + (105 - 1) + 1 für ein System istgleich 196 istgleich 1 + 9 + 6 = 16 istgleich 1 + 6 = 7 nicht nur ^{4}Lust$_{72}$ = 78, sondern auch ^{8}Erregung$_{95}$ = 105 spüren. Der Eros allein bewirkt weder Erstere noch Letztere; erst im Zusammenspiel mit Pragmatik.

Da unsere Vernunft logisch mit dem Sinn einhergeht, entscheidet unsere $^{5}Liebe_{33}$ = 40 im Gegenzug über Folgendes, was sich aus ^{7}a und b_{42} = 55 infolge $^{7}a \neq b_{6}$ = 19 und $^{7}b \neq a_{6}$ = 19 ergibt:

$^{5}Liebe_{33}$	=	40		40 - 1	=	39
^{7}a und b_{42}	=	55		55 - 1	=	54
$^{7}a \neq b_{6}$	=	19		19 - 1	=	18
$^{7}b \neq a_{6}$	=	19		19 - 1	=	18
					=	129

1 + 2 + 9 + 1 für ein System	=	13	=	1 + 3	=	4

istgleich

$^{1}a_{1}$	=	4		4 - 1	=	3
$^{1}b_{2}$	=	5		5 - 1	=	4
$^{11}1 = 1 = 1_{7}$	=	28		28 - 1	=	27
$^{5}Rolle_{62}$	=	69		69 - 1	=	68
					=	102

1 + 0 + 2 + 1 für ein System	=	4

Wir erhalten in einem Gleichgewicht aus 1 + 2 + 9 + 1 und 1 + 0 + 2 + 1 die Bedingung 4 = 4, die den beiden Zahlen 130 und 103 geschuldet ist.

Merke!

Die Liebe gibt in Form von a und b infolge a ≠ b und b ≠ a über a und über b unter der Bedingung 1 = 1 = 1 eine Rolle dahingehend vor: welche Bedeutung man einer Sache (über a, b, b und a durch a ≠ b und b ≠ a respektive deren Parität) beimisst.

Bedingt durch die $^{8}Paritaet_{90}$ = 100 steht über $^{1}a_{1}$ = 4, $^{1}b_{2}$ = 5, $^{1}b_{2}$ = 5 und $^{1}a_{1}$ = 4 infolge $^{7}a \neq b_{6}$ = 19 und $^{7}b \neq a_{6}$ = 19 durch (100 - 1) + (4 - 1) + (5 - 1) + (5

- 1) + (4 - 1) + (19 - 1) + (19 - 1) + (110 - 1) + (43 - 1) + 1 für ein System istgleich 301 istgleich 3 + 0 + 1 = 4 die ^{9}Bedeutung$_{99}$ = 110 einer ^{5}Sache$_{36}$ = 43 im Vordergrund.

In der Endkonsequenz stehen ^{12}Pragmatismus$_{157}$ = 171 und ^{6}Erotik$_{78}$ = 86, basierend auf ^{8}Vernunft$_{120}$ = 130 und ^{5}Liebe$_{33}$ = 40, für Folgendes:

^{12}Pragmatismus$_{157}$	=	171		171 - 1	=	170
^{8}Vernunft$_{120}$	=	130		130 - 1	=	129
^{6}Erotik$_{78}$	=	86		86 - 1	=	85
^{5}Liebe$_{33}$	=	40		40 - 1	=	39
					=	423

4 + 2 + 3 + 1 für ein System = 10 = 1 + 0 = 1

istgleich

^{8}Paritaet$_{90}$	=	100		100 - 1	=	99
^{7}a und b$_{42}$	=	55		55 - 1	=	54
^{12}Sachlichkeit$_{108}$	=	122		122 - 1	=	121
^{14}Sinnhaftigkeit$_{152}$	=	168		168 - 1	=	167
					=	441

4 + 4 + 1 + 1 für ein System = 10 = 1 + 0 = 1

Es gilt die Bedingung 1 = 1 in einem Gleichgewicht, die über 4 + 2 + 3 + 1 und 4 + 4 + 1 + 1 den beiden Zahlen 424 und 442 geschuldet ist.

Merke!

Pragmatismus (gepaart mit Vernunft) und Erotik (mit Liebe) stehen durch die Parität von a und b für Sachlichkeit und Sinnhaftigkeit: welche zusammen über a und über b in Form von a und b infolge a ≠ b und b ≠ a im Ergebnis die Grundlage für unser Intimleben stellen, auf daß wir Intimität verspüren.

Im Abgleich mit den beiden Zahlen 424 und 442 erhalten wir die Begründung, warum Pragmatismus analog Vernunft und Erotik analog Liebe, basierend auf Sachlichkeit und Sinnhaftigkeit, über $^{1}a_{1} = 4$ und $^{1}b_{2} = 5$ in Form von ^{7}a und $b_{42} = 55$ infolge $^{7}a \neq b_{6} = 19$ und $^{7}b \neq a_{6} = 19$ durch (4 - 1) + (5 - 1) + (55 - 1) + (19 - 1) + (19 - 1) + (100 - 1) + (115 - 1) + (132 - 1) + 1 für ein System istgleich 442 istgleich 4 + 4 + 2 = 10 istgleich 1 + 0 = 1 die

^{9}Grundlage$_{89}$ = 100

für unser ^{10}Intimleben$_{103}$ = 115 stellen; auf daß wir unsere eigene ^{10}Intimitaet$_{120}$ = 132 zusammen genießen können, und zwar in der Form, daß wir durch (4 - 1) + (5 - 1) + (55 - 1) + (19 - 1) + (19 - 1) + (147 - 1) + 1 für ein System istgleich 244 istgleich 2 + 4 + 4 = 10 istgleich 1 + 0 = 1 über $^{1}a_{1} = 4$ und $^{1}b_{2} = 5$ in Form von ^{7}a und $b_{42} = 55$ infolge $^{7}a \neq b_{6} = 19$ und $^{7}b \neq a_{6} = 19$ vereint in der Zweisamkeit die

^{12}Sinnlichkeit$_{133}$ = 147

erfahren können und dann tatsächlich auch erleben, die bedingt durch die ^{8}Paritaet$_{90}$ = 100 von ^{7}a und $b_{42} = 55$ über (100 - 1) + (55 - 1) + (94 - 1) + (178 - 1) + 1 für ein System istgleich 424 istgleich 4 + 2 + 4 = 10 istgleich 1 + 0 = 1 nur unter der ^{9}Bedingung$_{83}$ = 94 ^{21}ein Adam und eine Eva$_{147}$ = 178 möglich ist. Das ist im Ergebnis das, und egal wie schwer dein Missbrauch nebst deiner Misshandlung gewesen ist oder auch noch ist, was dir zusammen mit dem Menschen, der zu dir gehört, keiner nehmen kann.

Insofern haben wir einen weiteren Beweis dafür erhalten, weshalb die Einhaltung der beiden Bedingungen „ein Mann und eine Frau" und „ein Adam und eine Eva" etwas Sinnvolles ist. Die uns, getragen von

1. ^{8}Vernunft$_{120}$ = 130,
2. ^{5}Liebe$_{33}$ = 40 und
3. ^{13}Verantwortung$_{198}$ = 213,

im siebten Himmel schwelgen lässt: da wir nunmehr wissen, uns im Rahmen unserer einen Beziehung im Leben, jenem einen, auf unserer eigenen Beziehungsebene vernünftig, liebevoll und verantwortungsvoll, was unser eigenes ^{10}Intimleben$_{103}$ = 115, basierend auf ^{10}Intimitaet$_{120}$ = 132, anbelangt, zu verhalten; was dann letztlich ganz pragmatisch und infolgedessen auch erotisch ist.

Wir erhalten in Form von ^{7}a und $b_{42} = 55$ unter der Bedingung $^{11}1 = 1 = 1_{7} = 28$ den nachfolgenden Zusammenhang:

^{8}Vernunft$_{120}$	=	130		130 - 1	=	129
^{5}Liebe$_{33}$	=	40		40 - 1	=	39
^{13}Verantwortung$_{198}$	=	213		213 - 1	=	212
^{7}a und b$_{42}$	=	55		55 - 1	=	54
$^{11}1 = 1 = 1_{7}$	=	28		28 - 1	=	27
					=	461

4 + 6 + 1 + 1 für ein System	=	12	=	1 + 2	=	3

istgleich

^{10}Intimleben$_{103}$	=	115		115 - 1	=	114
^{10}Intimitaet$_{120}$	=	132		132 - 1	=	131
					=	245

2 + 4 + 5 + 1 für ein System	=	12	=	1 + 2	=	3

Durch 4 + 6 + 1 + 1 und 2 + 4 + 5 + 1 gilt in Form der beiden Zahlen 462 und 246 die Bedingung 3 = 3 in einem Gleichgewicht.

Merke!

Im Intimleben sind in Form von a und b, basierend auf unserer Intimität, unter der Bedingung 1 = 1 = 1 Vernunft, Liebe und Verantwortung gefragt, die über a und b infolge a ≠ b und b ≠ a unter der Bedingung 1 = 1 = 1 zur Sinnlichkeit führen.

In Form von ^{7}a und b$_{42}$ = 55 infolge ^{7}a ≠ b$_{6}$ = 19 und ^{7}b ≠ a$_{6}$ = 19 unter der Bedingung $^{11}1 = 1 = 1_{7}$ = 28 erhalten wir durch (55 - 1) + (19 - 1) + (19 - 1) + (28 - 1) + (147 - 1) + 1 für ein System istgleich 264 istgleich 2 + 6 + 4 = 12 istgleich 1 + 2 = 3 wahre und echte ^{12}Sinnlichkeit$_{133}$ = 147 im Ergebnis.

Insofern spielen bei einer angewandten ^{12}Intimpraktik$_{151}$ = 165 im ^{10}Intimleben$_{103}$ = 115 - bedingt durch unsere ^{10}Intimitaet$_{120}$ = 132 - immer ^{8}Vernunft$_{120}$ = 130, ^{5}Lie-

$be_{33} = 40$ und $^{13}Verantwortung_{198} = 213$ eine Rolle. Es gilt über $^{1}a_{1} = 4$ und $^{1}b_{2} = 5$ Folgendes:

$^{12}Intimpraktik_{151}$	=	165		165 - 1	=	164
$^{1}a_{1}$	=	4		4 - 1	=	3
$^{1}b_{2}$	=	5		5 - 1	=	4
$^{10}Intimleben_{103}$	=	115		115 - 1	=	114
$^{10}Intimitaet_{120}$	=	132		132 - 1	=	131
					=	416

4 + 1 + 6 + 1 für ein System	=	12	=	1 + 2	=	3

istgleich

^{7}a und b_{42}	=	55		55 - 1	=	54
$^{7}a \neq b_{6}$	=	19		19 - 1	=	18
$^{7}b \neq a_{6}$	=	19		19 - 1	=	18
$^{8}Vernunft_{120}$	=	130		130 - 1	=	129
$^{5}Liebe_{33}$	=	40		40 - 1	=	39
$^{13}Verantwortung_{198}$	=	213		213 - 1	=	212
					=	470

4 + 7 + 0 + 1 für ein System	=	12	=	1 + 2	=	3

Es gilt die Bedingung 3 = 3 in einem Gleichgewicht, die sich über 4 + 1 + 6 + 1 und 4 + 7 + 0 + 1 aus den beiden Zahlen 417 und 471 ergibt.

Merke!

Die angewandte Intimpraktik, die über a und über b innerhalb unserer eigenen Intimität in unserem Intimleben zum Einsatz kommt, erfordert in Form von a und b infolge $a \neq b$ und $b \neq a$ Vernunft, Liebe und Verantwortung; wobei bedingt durch die Parität von a und b infolge $a \neq b$ und $b \neq a$ durch a, b, b und a bei Ersterer das Einfühlungsvermögen eine entscheidende Rolle spielt.

Durch die $^{8}Paritaet_{90}$ = 100 von ^{7}a und b_{42} = 55 wird infolge $^{7}a \neq b_6 = 19$ und $^{7}b \neq a_6 = 19$ über $^{1}a_1 = 4$, $^{1}b_2 = 5$, $^{1}b_2 = 5$ und $^{1}a_1 = 4$ de facto - bedingt durch (100 - 1) + (55 - 1) + (19 - 1) + (19 - 1) + (4 - 1) + (5 - 1) + (5 - 1) + (4 - 1) + (268 - 1) + 1 für ein System istgleich 471 istgleich 4 + 7 + 1 = 12 istgleich 1 + 2 = 3 - dabei $^{21}Einfuehlungsvermoegen_{245}$ = 268 abverlangt.

Allein was das Fehlen des Letzteren anbelangt, sollte einem hinreichend Genüge dafür leisten, um für sich selbst die Frage beantworten zu können, ob man auf seiner eigenen Beziehungsebene in die Beziehung gehört, wo man gelandet ist. Im Fall von Missbrauch und Misshandlung wie bei Maria Magdalena erübrigt es sich de facto, in gewisser Weise von Einfühlungsvermögen überhaupt sprechen zu können. Insofern ist es nicht ganz nachvollziehbar, warum sie nicht ihren Stock und ihren Hut in die Hand genommen hat: um ihrem eigenen Glück zu begegnen, da es ja in ihrem eigenen Leben offenkundig an allem fehlte und fehlt - zumindest was das anbelangt. Glücklich wird sie wohl nicht gewesen sein.

Wir stellen uns damit mal selbst die Frage, ob das bei uns, so wie wir uns auf unserer eigenen Beziehungsebene innerhalb von Beziehung gebärden, überhaupt der Fall sein kann, daß wir es sind. Das

^{15}Glueck im $Leben_{119}$ = 140

istgleich 1 + 4 + 0 = 5 wurde übrigens für alle Beteiligten über $^{1}a_1 = 4$, $^{1}b_2 = 5$, $^{1}b_2 = 5$ und $^{1}a_1 = 4$ durch (4 - 1) + (5 - 1) + (5 - 1) + (4 - 1) + (90 - 1) + 1 für ein System istgleich 104 istgleich 1 + 0 + 4 = 5 ^{9}auf $Dauer_{77}$ = 90 angelegt. Es handelt sich insofern nicht um das in einem Augenblick, sondern um das, das ein ganzes Leben lang währt. Und damit müssen wir uns der Ehrlichkeit halber leider eingestehen, daß wir weder wissen, was es heißt, glücklich zu sein, noch daß man es jemals gewesen ist.

Daß die $^{10}Intimitaet_{120}$ = 132, der wir in unserem $^{10}Intimleben_{103}$ = 115 begegnen, über (132 - 1) + (115 - 1) + 1 für ein System istgleich 246 istgleich 2 + 4 + 6 = 12 istgleich 1 + 2 = 3 in Form von ^{7}a und b_{42} = 55 durch (55 - 1) + (210 - 1) + 1 für ein System istgleich 264 istgleich 2 + 6 + 4 = 12 istgleich 1 + 2 = 3 prinzipiell

$^{18}Einvernehmlichkeit_{190}$ = 210

erfordert, spielt offensichtlich bei dem einen oder auch der anderen keine entscheidende Rolle, auch wenn Letztere, was unser eigenes Intimleben anbelangt, auf unserem

$^{15}Einverstaendnis_{178}$ = 195

fußt, das durch die $^{8}Paritaet_{90}$ = 100 von ^{7}a und b_{42} = 55 über (115 - 1) + (195 - 1) + (100 - 1) + (55 - 1) + 1 für ein System istgleich 462 istgleich 4 + 6 + 2 = 12 istgleich 1 + 2 = 3 hierfür vorausgesetzt wird.

Allein unter diesem Aspekt hat die römisch-katholische Kirche an Maria Magdalena Zeit ihres Lebens ein Verbrechen verübt, da es verständlicherweise im Alter von 14 Jahren von ihr kein Einverständnis hierfür gab, das auf Einvernehmlichkeit beruhte. Daß sie sich in gewisser Weise dann „ihrem Schicksal" ergeben hat, ist insbesondere der Gewalt geschuldet, die zum Einsatz kam (einschließlich einer gewissen Hilflosigkeit gegenüber „ihren Eltern"), nachvollziehbar.

Was die geforderte $^{18}Einvernehmlichkeit_{190}$ = 210 in unserem Intimleben mit Blick auf unsere eigene Intimität betrifft, gilt unter anderem über $^{1}a_{1} = 4$ und $^{1}b_{2} = 5$ in Form von ^{7}a und b_{42} = 55 infolge $^{7}a \neq b_{6} = 19$ und $^{7}b \neq a_{6} = 19$ unter der Bedingung $^{11}1 = 1 = 1_{7} = 28$ der nachfolgende Zusammenhang:

$^{13}Zaertlichkeit_{147}$	=	162		162 - 1	=	161
$^{1}a_{1}$	=	4		4 - 1	=	3
$^{1}b_{2}$	=	5		5 - 1	=	4
$^{5}Naehe_{33}$	=	40		40 - 1	=	39
$^{18}Einvernehmlichkeit_{190}$	=	210		210 - 1	=	209
					=	416

4 + 1 + 6 + 1 für ein System	=	12	=	1 + 2	=	3

istgleich

^{7}a und b_{42}	=	55		55 - 1	=	54
$^{7}a \neq b_{6}$	=	19		19 - 1	=	18
$^{7}b \neq a_{6}$	=	19		19 - 1	=	18
$^{11}1 = 1 = 1_{7}$	=	28		28 - 1	=	27
$^{14}Freiwilligkeit_{155}$	=	171		171 - 1	=	170
$^{12}Bereitschaft_{116}$	=	130		130 - 1	=	129
					=	416

4 + 1 + 6 + 1 für ein System	=	12	=	1 + 2	=	3

Aus jeweils 4 + 1 + 6 + 1 erhalten wir in Form der beiden Zahlen 417 die Bedingung 3 = 3 in einem Gleichgewicht.

Merke!

Die Zärtlichkeit, die man über a und über b in Form von Nähe, basierend auf Einvernehmlichkeit, erleben darf, erfordert, bedingt durch a und b, über a ≠ b und b ≠ a unter der Bedingung 1 = 1 = 1 Bereitschaft hierfür, die auf Freiwilligkeit basiert. In der Summe geht es, was unsere Intimität innerhalb unseres Intimlebens anbelangt, durch a und durch b unter der Bedingung 1 = 1 = 1 um Vollendung in diesem.

Die beiden Zahlen 417 begründen, warum es in unserem ^{10}Intimleben$_{103}$ = 115, basierend auf unserer eigenen ^{10}Intimitaet$_{120}$ = 132, in der Endkonsequenz über $^{1}a_{1}$ = 4 und $^{1}b_{2}$ = 5 unter der Bedingung $^{11}1 = 1 = 1_{7}$ = 28 respektive (115 - 1) + (132 - 1) + (4 - 1) + (5 - 1) + (28 - 1) + (138 - 1) + 1 für ein System istgleich 417 istgleich 4 + 1 + 7 = 12 istgleich 1 + 2 = 3 um ^{10}Vollendung$_{126}$ = 138 geht.

Letztere setzt in Form von ^{7}a und b$_{42}$ = 55 infolge $^{7}a \neq b_{6}$ = 19 und $^{7}b \neq a_{6}$ = 19 unter der Bedingung $^{11}1 = 1 = 1_{7}$ = 28 Folgendes voraus, was wir über $^{1}a_{1}$ = 4, $^{1}b_{2}$ = 5, $^{1}b_{2}$ = 5 und $^{1}a_{1}$ = 4 - bedingt durch (4 - 1) + (5 - 1) + (5 - 1) + (4 - 1) + (19 - 1) + (19 - 1) + (28 - 1) + (178 - 1) + 1 für ein System istgleich 255 istgleich 2 + 5 + 5 = 12 istgleich 1 + 2 = 3 - infolge $^{7}a \neq b_{6}$ = 19 und $^{7}b \neq a_{6}$ = 19 unter der Bedingung $^{11}1 = 1 = 1_{7}$ = 28 nur erleben können, falls wir als ^{21}ein Adam und eine Eva$_{147}$ = 178 zusammengehören, um in unserem Leben ^{11}wahre Liebe$_{88}$ = 103 und ^{14}echte Vernunft$_{161}$ = 179, getragen von reinster Verantwortung (= ^{19}reine Verantwortung$_{249}$ = 272), zu erfahren:

^{10}Vollendung$_{126}$	=	138		138 - 1	=	137
^{7}a und b$_{42}$	=	55		55 - 1	=	54
$^{7}a \neq b_{6}$	=	19		19 - 1	=	18
$^{7}b \neq a_{6}$	=	19		19 - 1	=	18
$^{11}1 = 1 = 1_{7}$	=	28		28 - 1	=	27
					=	254

2 + 5 + 4 + 1 für ein System	=	12	=	1 + 2	=	3

istgleich

^{11}wahre $Liebe_{88}$	=	103		103 - 1	=	102
^{14}echte $Vernunft_{161}$	=	179		179 - 1	=	178
^{19}reine $Verantwortung_{249}$	=	272		272 - 1	=	271
					=	551

5 + 5 + 1 + 1 für ein System	=	12	=	1 + 2	=	3

Es gilt die Bedingung 3 = 3 in einem Gleichgewicht, die sich über 2 + 5 + 4 + 1 und 5 + 5 + 1 + 1 in den beiden Zahlen 255 und 552 widerspiegelt.

Merke!

Die Vollendung zielt über a und b infolge a ≠ b und b ≠ a unter der Bedingung 1 = 1 = 1 auf wahre Liebe, echte Vernunft und reine Verantwortung ab; die über a, b, b und a durch a ≠ b und b ≠ a unter der Bedingung 1 = 1 = 1 ausschließlich unter der Bedingung „ein Adam und eine Eva" erreicht werden kann: die infolge a und infolge b durch die Parität von a und b ebenso zur intimen Vollendung führen, welche auf unserer eigenen Beziehungsebene durch das, was wir innerhalb von Beziehung treiben, vergebens auf uns wartet.

Im Endeffekt sorgen einerseits die ^{11}wahre $Liebe_{88}$ = 103, die ^{14}echte $Vernunft_{161}$ = 179 und andererseits die ^{19}reine $Verantwortung_{249}$ = 272 zusammen dafür, daß wir korrespondierend über $^{1}a_{1}$ = 4 und $^{1}b_{2}$ = 5 - bedingt durch die $^{8}Paritaet_{90}$ = 100 von ^{7}a und b_{42} = 55 - respektive (103 - 1) + (179 - 1) + (272 - 1) + (4 - 1) + (5 - 1) + (100 - 1) + (55 - 1) + 1 für ein System istgleich 712 istgleich 7 + 1 + 2 = 10 istgleich 1 + 0 = 1 ebenso eine

^{17}intime $Vollendung_{196}$ = 217

istgleich 2 + 1 + 7 = 10 istgleich 1 + 0 = 1 erfahren, die uns infolge (164 - 1) + (108 - 1) + 1 für ein System istgleich 271 istgleich 2 + 7 + 1 = 10 istgleich 1 + 0 = 1 auf unserer eigenen $^{15}Beziehungsebene_{147}$ = 164 unter dem Aspekt von $^{9}Beziehung_{97}$ = 108 erwartet. Auf Deutsch: Ein Feuerwerk in der Kiste lässt sich nur unter diesen Bedingungen entfachen.

Das, was wir als $^{15}Glueckseligkeit_{156}$ = 173 verstehen, ist insofern als ein erklärtes Ziel für uns angedacht, das es auf unserer eigenen $^{15}Beziehungsebene_{147}$ = 164 am

Ende auch sein soll. Es gilt durch die ^{8}Paritaet$_{90}$ = 100 von ^{7}a und b$_{42}$ = 55 der nachfolgende Zusammenhang:

^{15}Beziehungsebene$_{147}$	=	164		164 - 1	=	163
^{8}Paritaet$_{90}$	=	100		100 - 1	=	99
^{7}a und b$_{42}$	=	55		55 - 1	=	54
					=	316

3 + 1 + 6 + 1 für ein System	=	11	=	1 + 1	=	2

istgleich

^{15}Glueckseligkeit$_{156}$	=	173		173 - 1	=	172

1 + 7 + 2 + 1 für ein System	=	11	=	1 + 1	=	2

Wir haben in einem Gleichgewicht, bedingt durch 3 + 1 + 6 + 1 und 1 + 7 + 2 + 1 in Form der beiden Zahlen 317 und 173, die Bedingung 2 = 2 vorliegen.

Merke!

Unsere eigene Beziehungsebene verfolgt durch die Parität von a und b das Ziel der Glückseligkeit, die uns in Form von a und b zufrieden sein lässt.

Die beiden Zahlen 317 und 173 sind darauf ausgerichtet, daß wir über ^{7}a und b$_{42}$ = 55 durch (55 - 1) + (119 - 1) + 1 für ein System istgleich 173 istgleich 1 + 7 + 3 = 11 istgleich 1 + 1 = 2 ^{9}zufrieden$_{108}$ = 119 sind. In seinem eigenen Leben missbraucht und misshandelt zu werden, gehört mit Sicherheit nicht dazu.

In der Endkonsequenz sind der uns innewohnende ^{12}Pragmatismus$_{157}$ = 171 und die ^{6}Erotik$_{78}$ = 86, die uns eigen ist, wie alles andere auch auf unserer eigenen ^{15}Beziehungsebene$_{147}$ = 164 an die von uns einzuhaltende ^{9}Bedingung$_{83}$ = 94 ^{21}ein Adam und eine Eva$_{147}$ = 178 gekoppelt, was sich korrespondierend über ^{1}a$_{1}$ = 4 und ^{1}b$_{2}$

= 5 in Form von ^{7}a und b_{42} = 55 unter der Bedingung $^{11}1 = 1 = 1_7$ = 28 aus Folgendem ergibt:

^{12}Pragmatismus$_{157}$	=	171		171 - 1	=	170
^{6}Erotik$_{78}$	=	86		86 - 1	=	85
$^{1}a_1$	=	4		4 - 1	=	3
$^{1}b_2$	=	5		5 - 1	=	4
^{7}a und b_{42}	=	55		55 - 1	=	54
$^{11}1 = 1 = 1_7$	=	28		28 - 1	=	27
					=	343

3 + 4 + 3 + 1 für ein System	=	11	=	1 + 1	=	2

istgleich

^{15}Beziehungsebene$_{147}$	=	164		164 - 1	=	163
^{9}Bedingung$_{83}$	=	94		94 - 1	=	93
^{21}ein Adam und eine Eva$_{147}$	=	178		178 - 1	=	177
					=	433

4 + 3 + 3 + 1 für ein System	=	11	=	1 + 1	=	2

Es gilt die Bedingung 2 = 2 in einem Gleichgewicht, die über 3 + 4 + 3 + 1 und 4 + 3 + 3 + 1 den beiden Zahlen 344 und 434 geschuldet ist. Letztere erinnern daran, daß es sich dabei um ein ^{25}korrespondierendes System$_{315}$ = 344 istgleich 3 + 4 + 4 = 11 istgleich 1 + 1 = 2 handelt.

Merke!

Unser Pragmatismus und die uns eigene Erotik sind über a und über b in Form von a und b unter der Bedingung 1 = 1 = 1 auf die Bedingung „ein Adam und eine Eva" angewiesen, die auf unserer eigenen Beziehungsebene vorliegen muss; welche wiederum über a und über b durch die Parität von a und b infolge a ≠ b und b ≠ a auf „ein Mann und eine Frau" zurückzuführen ist.

Im logischen Umkehrschluß gilt über $^{1}a_{1}$ = 4 und $^{1}b_{2}$ = 5 durch die ^{8}Paritaet$_{90}$ = 100 von ^{7}a und b_{42} = 55 infolge $^{7}a \neq b_{6}$ = 19 und $^{7}b \neq a_{6}$ = 19 unter der Bedingung $^{11}1$ = 1 = 1_{7} = 28 respcktive (4 - 1) + (5 - 1) + (100 - 1) + (55 - 1) + (19 - 1) + (19 - 1) + (28 - 1) + (220 - 1) + 1 für ein System istgleich 443 istgleich 4 + 4 + 3 = 11 istgleich 1 + 1 = 2 ^{22}ein Mann und eine Frau$_{188}$ = 220.

Damit beenden wir das Kapitel und wenden uns dem nächsten zu, da wir verstanden haben sollten, wie weit wir davon entfernt sind, etwas zu wissen, und gleichermaßen an den Begriffen „Pragmatismus", insbesondere „Erotik", wie an allem anderen auch gescheitert sind. Was den eines Pornos anbelangt, werden wir auch unser blaues Wunder erleben, mit dem wir uns nun im nachfolgenden Kapitel herumschlagen werden.

14. Das ist Porno!

Wie bereits angedeutet, stimmt auch hier etwas nicht. Der Begriff „Pornographie" leitet sich aus dem griechischen Wort „pornográphos" ab, welches sich aus den beiden Worten „pórnē" und „graphéin" zusammensetzt. In der Regel wird Ersteres mit „über Prostituierte schreiben" oder auch mit „von Huren schreibend" übersetzt. Man könnte jetzt behaupten: So weit, so gut, wenn es da nicht ein klitzekleines Problem gäbe.

Das Wort ^{5}pórnē$_{70}$ = 77 istgleich 7 + 7 = 14 istgleich 1 + 4 = 5 soll beispielsweise so viel wie ^{4}Hure$_{52}$ = 58 istgleich 5 + 8 = 13 istgleich 1 + 3 = 4 bedeuten. Da 5 ≠ 4 ist, können wir kein Häkchen hinter diese Aussage setzen: Das ist also falsch. Des Weiteren führt man an, daß Ersteres sich aus ^{5}peran$_{54}$ = 61 istgleich 6 + 1 = 7 ableitet und ^{9}verkaufen$_{103}$ = 114 istgleich 1 + 1 + 4 = 6 bedeuten soll. Da blöderweise 7 ≠ 6 ist, müssen wir auch hier das Häkchen dahinter verweigern, da es sich um eine Falschaussage handelt. Die Übersetzungen ausgehend von Griechisch über Französisch in's Deutsche sind also alle Schrott.

Wenn wir uns ein wenig in das hineindenken, worum es dabei gehen könnte, landen wir gedanklich bei einem Bild, einem Film oder einem Gemälde, wo man irgendwen mit „Rock hoch" und „Hose unten" bewundern kann, wo er, sie, es sich bewegt oder auch nicht: Der gemeinsame Nenner ist ein entsprechendes Bild. Die Frage dabei ist, wo das Bild „hängt". Im 21-ten Jahrhundert in der Regel im Internet und im Darknet; auf kurzem Weg abrufbar und einsehbar.

Es handelt sich in einem ersten Anlauf in gewisser Weise damit um ein ^{9}Intimbild$_{92}$ = 103 istgleich 1 + 0 + 3 = 4, das bedingt durch

^{5}pórnē$_{70}$ = 77

istgleich 7 + 7 = 14 istgleich 1 + 4 = 5 im Endeffekt infolge 4 ≠ 5 nichts damit zu tun hat. Ein entsprechendes Intimbild erhalten wir, falls wir den zu uns dazugehörigen Pimperkasten oder Schniedelwutz von links nach rechts oder auch andersherum drehen; um zu erkunden, ob der Bausatz ordnungsgemäß zusammengesetzt worden ist und in einem gewissen Umfang auch ansprechend aussieht, falls er nicht gerade „irgendwo" in der römisch-katholischen Kirche herumgeistert. Das Intimbild erhalten wir also mittelbar und direkt, falls wir dahingehend Einsicht nehmen, vorausgesetzt, daß das, was bewundert werden soll, auch leibhaftig vor uns steht.

In einem zweiten Anlauf erhalten wir aus $^{1}a_{1}$ = 4, $^{1}b_{2}$ = 5, $^{1}b_{2}$ = 5 und $^{1}a_{1}$ = 4 in Form von ^{7}a und b$_{42}$ = 55 unter der Bedingung $^{11}1 = 1 = 1_{7}$ = 28 für ^{5}pórnē$_{70}$ = 77 der ^{11}Bezeichnung$_{114}$ = 127 nach Folgendes:

^{11}Bezeichnung$_{114}$	=	127		127 - 1	=	126
^{5}pórnē$_{70}$	=	77		77 - 1	=	76
					=	202

2 + 0 + 2 + 1 für ein System	=	5

istgleich

^{1}a$_{1}$	=	4		4 - 1	=	3
^{1}b$_{2}$	=	5		5 - 1	=	4
^{1}b$_{2}$	=	5		5 - 1	=	4
^{1}a$_{1}$	=	4		4 - 1	=	3
^{7}a und b$_{42}$	=	55		55 - 1	=	54
^{11}1 = 1 = 1$_{7}$	=	28		28 - 1	=	27
^{11}Intimabbild$_{95}$	=	108		108 - 1	=	107
					=	202

2 + 0 + 2 + 1 für ein System	=	5

Es gilt die Bedingung 5 = 5 in einem Gleichgewicht, die sich jeweils über 2 + 0 + 2 + 1 aus den beiden Zahlen 203 ergibt.

Merke!

Der Begriff „pórnē" steht bezeichnenderweise über a, b, b und a in Form von a und b unter der Bedingung 1 = 1 = 1 nicht für das Intimbild, sondern für das Intimabbild; insofern lässt sich durch Ersteren kein direkter und mittelbarer Bezug zum Intimverkehr herstellen.

Der Begriff ^{5}pórnē$_{70}$ = 77 istgleich 7 + 7 = 14 istgleich 1 + 4 = 5 hat durch 5 ≠ 4 nur indirekt und unmittelbar etwas mit ^{12}Intimverkehr$_{152}$ = 166 istgleich 1 + 6 + 6 = 13 istgleich 1 + 3 = 4 zu tun. Aus ^{5}pórnē$_{70}$ = 77 und ^{5}peran$_{54}$ = 61 erhalten wir durch (77 - 1) + (61 - 1) + 1 für ein System istgleich 137 istgleich 1 + 3 + 7 = 11 istgleich 1 + 1 = 2 dann über ^{1}a$_{1}$ = 4 und ^{1}b$_{2}$ = 5 in Form von ^{7}a und b$_{42}$ = 55 unter der Bedingung $^{11}1 = 1 = 1_7 = 28$ aus (4 - 1) + (5 - 1) + (55 - 1) + (28 - 1) + (85 - 1) + 1 für ein System istgleich 173 istgleich 1 + 7 + 3 = 11 istgleich 1 + 1 = 2, daß das ^{5}Porno$_{78}$ = 85 ist.

Der Vollständigkeit halber werfen wir noch einen Blick auf den nachfolgenden Zusammenhang, um unser Bild, was ^{5}pórnē$_{70}$ = 77 und ^{5}peran$_{54}$ = 61 betrifft, zu vervollständigen. Es gilt durch ^{7}a und b$_{42}$ = 55 unter der Bedingung $^{11}1 = 1 = 1_7 = 28$ Folgendes:

^{5}pórnē$_{70}$	=	77		77 - 1	=	76
^{5}peran$_{54}$	=	61		61 - 1	=	60
^{7}a und b$_{42}$	=	55		55 - 1	=	54
$^{11}1 = 1 = 1_7$	=	28		28 - 1	=	27
					=	217

2 + 1 + 7 + 1 für ein System	=	11	=	1 + 1	=	2

istgleich

^{7}Synonym$_{125}$	=	134		134 - 1	=	133
^{5}Porno$_{78}$	=	85		85 - 1	=	84
					=	217

2 + 1 + 7 + 1 für ein System	=	11	=	1 + 1	=	2

Wir erhalten jeweils aus 2 + 1 + 7 + 1 in Form der beiden Zahlen 218 die Bedingung 2 = 2 in einem Gleichgewicht.

Merke!

Für „pórnē" und für „peran" verwenden wir in Form von a und b unter der Bedingung 1 = 1 = 1 synonym den Begriff „Porno", wobei dieser korrespondierend über a und über b in Form von a und b das Abbild bezeichnet, welches über a, b, b und a unsere Intimität beinhaltet.

Okay, das haben wir: Die ^{11}Bezeichnung$_{114}$ = 127 ^{5}Porno$_{78}$ = 85 steht also über $^{1}a_{1}$ = 4 und $^{1}b_{2}$ = 5 in Form von ^{7}a und b_{42} = 55 durch (85 - 1) + (4 - 1) + (5 - 1) + (55 - 1) + 1 für ein System Istgleich 146 istgleich 1 + 4 + 6 = 11 istgleich 1 + 1 = 2 infolge (127 - 1) + (38 - 1) + 1 für ein System istgleich 164 istgleich 1 + 6 + 4 = 11 istgleich 1 + 1 = 2 für ein

^{6}Abbild$_{30}$ = 38,

das über $^{1}a_{1}$ = 4, $^{1}b_{2}$ = 5, $^{1}b_{2}$ = 5 und $^{1}a_{1}$ = 4 respektive (4 - 1) + (5 - 1) + (5 - 1) + (4 - 1) + (132 - 1) + 1 für ein System istgleich 146 istgleich 1 + 4 + 6 = 11 istgleich 1 + 1 = 2 auf unsere ^{10}Intimitaet$_{120}$ = 132 abzielt.

Das ^{4}Bild$_{27}$ = 33 vervollständigt sich dann in der Regel, falls das ^{8}Original$_{85}$ = 95 und das dazugehörige ^{6}Abbild$_{30}$ = 38 aufeinandertreffen, was uns der nachfolgende Zusammenhang in Form von ^{7}a und b_{42} = 55 infolge $^{7}a \neq b_{6}$ = 19 und $^{7}b \neq a_{6}$ = 19 zum Besten gibt:

^{4}Bild$_{27}$	=	33		33 - 1	=	32
^{7}a und b_{42}	=	55		55 - 1	=	54
$^{7}a \neq b_{6}$	=	19		19 - 1	=	18
$^{7}b \neq a_{6}$	=	19		19 - 1	=	18
					=	122

1 + 2 + 2 + 1 für ein System	=	6

istgleich

^{8}Original$_{85}$	=	95		95 - 1	=	94
^{6}Abbild$_{30}$	=	38		38 - 1	=	37
					=	131

1 + 3 + 1 + 1 für ein System	=	6

Es gilt die Bedingung 6 = 6 in einem Gleichgewicht, die sich über 1 + 2 + 2 + 1 und 1 + 3 + 1 + 1 aus den beiden Zahlen 123 und 132 ergibt.

Merke!

Das dazugehörige Bild ergibt sich in Form von a und b infolge $a \neq b$ und $b \neq a$ erst vollständig, falls Original und Abbild ordnungsgemäß zusammenfinden; da wir über a, b, b und a durch a und b wie im Kino sitzen, das durch Letztere im Gehirn stattfindet.

Das durch $^{1}a_{1} = 4$, $^{1}b_{2} = 5$, $^{1}b_{2} = 5$ und $^{1}a_{1} = 4$ dazugehörige $^{4}Kino_{49} = 55$ findet in Form von ^{7}a und $b_{42} = 55$ infolge (4 - 1) + (5 - 1) + (5 - 1) + (4 - 1) + (55 - 1) + (55 - 1) + 1 für ein System istgleich 123 istgleich 1 + 2 + 3 = 6 korrespondierend über ^{7}a und $b_{42} = 55$ im Ergebnis durch (55 - 1) + (69 - 1) + 1 für ein System istgleich 123 istgleich 1 + 2 + 3 = 6 im $^{6}Gehirn_{61} = 69$ statt. Es erfolgt also ein Abgleich zwischen Original und Abbild, der uns in Form eines Bildes Intimität erfahren lässt, das zwischen $^{12}Intimverkehr_{152} = 166$ istgleich 1 + 6 + 6 = 13 istgleich 1 + 3 = 4 und $^{5}Porno_{78} = 85$ durch ^{7}a und $b_{42} = 55$ unter der Bedingung $^{11}1 = 1 = 1_{7} = 28$ über (85 - 1) + (55 - 1) + (28 - 1) + 1 für ein System istgleich 166 istgleich 1 + 6 + 6 = 13 istgleich 1 + 3 = 4 hin- und herpendelt.

Damit müssen wir nur noch klären, was das $^{8}Original_{85} = 95$ ist und was das dazugehörige $^{6}Abbild_{30} = 38$. Es gilt korrespondierend über $^{1}a_{1} = 4$, $^{1}b_{2} = 5$, $^{1}b_{2} = 5$ und $^{1}a_{1} = 4$ durch ^{7}a und $b_{42} = 55$ infolge $^{7}a \neq b_{6} = 19$ und $^{7}b \neq a_{6} = 19$ unter der Bedingung $^{11}1 = 1 = 1_{7} = 28$ Folgendes:

$^{8}Original_{85}$	=	95		95 - 1	=	94
$^{12}Intimverkehr_{152}$	=	166		166 - 1	=	165
$^{1}a_{1}$	=	4		4 - 1	=	3
$^{1}b_{2}$	=	5		5 - 1	=	4
$^{1}b_{2}$	=	5		5 - 1	=	4
$^{1}a_{1}$	=	4		4 - 1	=	3
^{7}a und b_{42}	=	55		55 - 1	=	54
$^{7}a \neq b_{6}$	=	19		19 - 1	=	18
$^{7}b \neq a_{6}$	=	19		19 - 1	=	18
$^{11}1 = 1 = 1_{7}$	=	28		28 - 1	=	27
					=	390

3 + 9 + 0 + 1 für ein System	=	13	=	1 + 3	=	4

istgleich

^{6}Abbild$_{30}$	=	38		38 - 1	=	37
^{5}pórnē$_{70}$	=	77		77 - 1	=	76
^{5}peran$_{54}$	=	61		61 - 1	=	60
^{7}Synonym$_{125}$	=	134		134 - 1	=	133
^{5}Porno$_{78}$	=	85		85 - 1	=	84
					=	390

3 + 9 + 0 + 1 für ein System	=	13	=	1 + 3	=	4

Wir erhalten aus jeweils 3 + 9 + 0 + 1 in Form der beiden Zahlen 391 die Bedingung 4 = 4 in einem Gleichgewicht.

Merke!

Unser eigener Intimverkehr spiegelt sich als Original über a, b, b und a in Form von a und b infolge a ≠ b und b ≠ a unter der Bedingung 1 = 1 = 1 durch „pórnē" und durch „peran" in einem Abbild wider, das respektive eines Synonyms „Porno" ist.

Letzterer findet ausschließlich in unserem Gehirn statt, da es sich außerhalb dessen um Intimverkehr handelt.

^{30}Die Bildaufzeichnung im Gehirn$_{263}$ = 301 ist über ^{7}a und b$_{42}$ = 55 unter der Bedingung ^{11}1 = 1 = 1$_{7}$ = 28 - bedingt durch (301 - 1) + (55 - 1) + (28 - 1) + 1 für ein System istgleich 382 istgleich 3 + 8 + 2 = 13 istgleich 1 + 3 = 4 - nichts anderes als die ^{15}Pornoproduktion$_{221}$ = 238 istgleich 2 + 3 + 8 = 13 istgleich 1 + 3 = 4. Da generell Unversehrtheit für den Menschen gefordert ist, gibt es bei den Damen und Herren (die da emsig und fleißig sowohl vor als auch hinter der Kamera in diesem Zusammenhang ihr Dasein fristen), bedingt durch die Apokalypse und den damit einhergehenden Exodus, unter Umständen eine Überraschung, da man dadurch auf der Abschussliste etwas weiter oben zu stehen kommt. Kleine Empfehlung, um dem entgegenzuwirken: Alles, was damit in Verbindung steht, löschen und vernichten, ansonsten ist es denkbar, daß man ohne Rock und ohne Hose zum letzten Mal auf der Bildfläche erscheint, um an Gurken und Melonen herumzufummeln.

Das Wörtchen ^{8}grápheïn$_{79}$ = 89, das da lustig und munter in „pornográphos" herumlungert, verweist seiner ^{11}Bezeichnung$_{114}$ = 127 nach auf den nachfolgenden Zusammenhang:

^{11}Bezeichnung$_{114}$	=	127		127 - 1	=	126
^{8}grápheín$_{79}$	=	89		89 - 1	=	88
					=	214

2 + 1 + 4 + 1 für ein System	=	8

istgleich

^{9}schreiben$_{83}$	=	94		94 - 1	=	93
^{10}darstellen$_{110}$	=	122		122 - 1	=	121
					=	214

2 + 1 + 4 + 1 für ein System	=	8

Es gilt die Bedingung 8 = 8 in einem Gleichgewicht, die jeweils über 2 + 1 + 4 + 1 den beiden Zahlen 215 geschuldet ist.

Merke!

Das Wort „grápheín" bezeichnet, daß sich einerseits etwas schreiben lässt und andererseits etwas darstellen.

Es geht also bei „pornográphos" darum, daß unser Intimverkehr als Porno informationsseitig in das Gehirn überschrieben wird und sich dadurch in diesem bildlich darstellen lässt. Intimverkehr findet damit am Subjekt, beispielsweise Maria Magdalena, statt und Porno im Objekt, beispielsweise im Gehirn von Jesus Christus.

Respektive der beiden Bedingungen „ein Mann und eine Frau" und „ein Adam und eine Eva" ausschließlich zwischen diesen, wo es bekanntlich bei ihr nicht nur in der Theorie, sondern auch in der Praxis noch Nachholbedarf gab und gibt. Wenn sie im Salat bei ihm unter der Hose wütet, ist das Intimverkehr, der wiederum bei ihm einen Porno im Gehirn auslöst, der dem Original als Abbild gegenübersteht; was wiederum durch das so erzeugte Bild in seinem Gehirn zum Original wird, wo dann bei ihr in Form eines Abbildes während des Intimverkehrs die Salatsoße zum Salat dazukommt, was bei ihr wiederum einen Porno auslöst. Pflückt er hingegen in ihrem Salat, verhält es sich genau andersherum.

Damit sollte klar sein, was ^{12}Pornographie$_{142}$ = 156 ist. Es gilt über $^{1}a_{1} = 4$, $^{1}b_{2} = 5$, $^{1}b_{2} = 5$ und $^{1}a_{1} = 4$ durch die ^{8}Paritaet$_{90}$ = 100 von ^{7}a und b$_{42}$ = 55 unter der Bedingung $^{11}1 = 1 = 1_{7} = 28$ Folgendes:

^{12}Pornographie$_{142}$	=	156		156 - 1	=	155
$^{1}a_{1}$	=	4		4 - 1	=	3
$^{1}b_{2}$	=	5		5 - 1	=	4
$^{1}b_{2}$	=	5		5 - 1	=	4
$^{1}a_{1}$	=	4		4 - 1	=	3
^{8}Paritaet$_{90}$	=	100		100 - 1	=	99
^{7}a und b$_{42}$	=	55		55 - 1	=	54
$^{11}1 = 1 = 1_{7}$	=	28		28 - 1	=	27
					=	349

3 + 4 + 9 + 1 für ein System	=	17	=	1 + 7	=	8

istgleich

^{33}intime Bildaufbereitung im Gehirn$_{309}$	=	350		350 - 1	=	349

3 + 4 + 9 + 1 für ein System	=	17	=	1 + 7	=	8

Über jeweils 3 + 4 + 9 + 1 gilt durch die beiden Zahlen 350 die Bedingung 8 = 8 in einem Gleichgewicht.

Merke!

Die Pornographie ist über a, b, b und a durch die Parität von a und b unter der Bedingung die intime Bildaufbereitung im Gehirn, was über a und über b durch die Parität von a und b unter der Bedingung 1 = 1 = 1 aus „pornográphos“ hervorgeht.

Die ^{33}intime Bildaufbereitung im Gehirn$_{309}$ = 350 verkörpert über $^{1}a_{1}$ = 4 und $^{1}b_{2}$ = 5 - bedingt durch (350 - 1) + (4 - 1) + (5 - 1) + 1 für ein System istgleich 357 istgleich 3 + 5 + 7 = 15 istgleich 1 + 5 = 6 - das, was sich durch die ^{8}Paritaet$_{90}$ = 100 von ^{7}a und b$_{42}$ = 55 unter der Bedingung $^{11}1 = 1 = 1_{7}$ = 28 über (100 - 1) + (55 - 1) + (28 - 1) + (177 - 1) + 1 für ein System istgleich 357 istgleich 3 + 5 + 7 = 15 istgleich 1 + 5 = 6 hinter dem Begriff ^{12}pornográphos$_{163}$ = 177 verbirgt.

Die ^{12}Pornographie$_{142}$ = 156, die in der Endkonsequenz in unserem Gehirn in Form von ^{7}a und b$_{42}$ = 55 - bedingt durch (156 - 1) + (55 - 1) + 1 für ein System istgleich 210 istgleich 2 + 1 + 0 = 3 - stattfindet, führt zur ^{12}Prostitution$_{196}$ = 210 istgleich 2 + 1 + 0 = 3, welche sich über $^{1}a_{1}$ = 4, $^{1}b_{2}$ = 5, $^{1}b_{2}$ = 5 und $^{1}a_{1}$ = 4 in Form von ^{7}a und b$_{42}$ = 55 infolge $^{7}a \neq b_{6}$ = 19 und $^{7}b \neq a_{6}$ = 19 auf Folgendes fokussiert:

^{12}Prostitution$_{196}$	=	210		210 - 1	=	209
$^{1}a_{1}$	=	4		4 - 1	=	3
$^{1}b_{2}$	=	5		5 - 1	=	4
$^{1}b_{2}$	=	5		5 - 1	=	4
$^{1}a_{1}$	=	4		4 - 1	=	3
^{7}a und b$_{42}$	=	55		55 - 1	=	54
$^{7}a \neq b_{6}$	=	19		19 - 1	=	18
$^{7}b \neq a_{6}$	=	19		19 - 1	=	18
					=	313

3 + 1 + 3 + 1 für ein System	=	8

istgleich

^{12}Intimangebot$_{129}$	=	143		143 - 1	=	142

1 + 4 + 2 + 1 für ein System	=	8

Es gilt die Bedingung 8 = 8 in einem Gleichgewicht, die sich über 3 + 1 + 3 + 1 und 1 + 4 + 2 + 1 aus den beiden Zahlen 314 und 143 ergibt. Letztere setzen durch $^{1}a_{1}$ = 4 und $^{1}b_{2}$ = 5 voraus, daß über (4 - 1) + (5 - 1) + (127 - 1) + 1 für ein System istgleich 134 istgleich 1 + 3 + 4 = 8 beides ^{10}ohne Zwang$_{113}$ = 127 erfolgt.

Merke!

Der Begriff „Prostitution" steht über a, b, b und a in Form von a und b infolge a ≠ b und b ≠ a für das Intimangebot, das durch a und durch b ohne Zwang abgegeben wird; analog einer Garantie für ein beiderseitiges Bedürfnis, welches es durch a und b über a und über b während der gemeinsamen Intimität in Form von a und b unter der Bedingung 1 = 1 = 1 zu berücksichtigen gilt.

Damit gilt es mit Blick auf ein ^{25}beiderseitiges Beduerfnis$_{239}$ = 268 über $^{1}a_{1}$ = 4 und $^{1}b_{2}$ = 5 in Form von ^{7}a und b$_{42}$ = 55 durch (268 - 1) + (4 - 1) + (5 - 1) + (55 - 1) + (85 - 1) + 1 für ein System istgleich 413 istgleich 4 + 1 + 3 = 8 in gewisser Weise eine ^{8}Garantie$_{75}$ = 85 abzugeben, sodaß Ersteres während der gemeinsamen ^{10}Intimitaet$_{120}$ = 132 in Form von ^{7}a und b$_{42}$ = 55 unter der Bedingung ^{11}1 = 1 = 1$_{7}$ = 28 durch (132 - 1) + (55 - 1) + (28 - 1) + (201 - 1) + 1 für ein System istgleich 413 istgleich 4 + 1 + 3 = 8 entsprechend ^{17}Beruecksichtigung$_{182}$ = 201 findet. In der Endkonsequenz ist ein Egotrip bei der Bedürfniserfüllung, was unsere Intimität anbelangt, unerwünscht.

Es ist damit nicht nur der vulkangleiche Hengst zu striegeln, sondern auch die dazugehörige feurige Stute. Real betrachtet liegt dann aber immer irgendwo ein männliches Faultier oder auch ein frauliches in der Kiste herum, das vorsorglich alle Viere von sich streckt. Allein schon das ist als sogenanntes Indiz hinreichend genug dafür, daß man seinen Koffer nehmen sollte, da man bei einer darauf ausgerichteten Frage in der Regel die Antwort „All deine Wünsche befinden sich in der Warteschleife." bekommt. Wenn man vielleicht noch nicht einmal in den Arm genommen wird (man kann auch ganz vorsichtig mit einem anfangen und nicht gleich mit zweien, da man im 21-ten Jahrhundert in Deutschland bei jeder kleinsten Kraftanstrengung bereits Gefahr läuft, daß irgendwer schnurstracks zum Kadi rennt), muss man wirklich nicht mehr lange überlegen, daß der Schritt raus vor die Tür, einfach nur noch Befreiung ist.

Das, was wir zu verstehen geben, ist: daß - falls es an einer entsprechenden Zuwendung in einer Beziehung, basierend auf einem gegenseitigen Interesse, das von Vernunft, Liebe und Verantwortung getragen wird, bereits fehlt - man getrost davon ausgehen kann, daß man sich (was die Beziehungsebene anbelangt) de facto vollständig und vollkommen verirrt hat.

Der Begriff der ^{12}Prostitution$_{196}$ = 210 unterliegt insofern damit auch einem generellen Missverständnis, da er in Form eines Intimangebotes - bedingt durch ^{12}Intimangebot$_{129}$ = 143 - über $^{1}a_{1}$ = 4, $^{1}b_{2}$ = 5, $^{1}b_{2}$ = 5 und $^{1}a_{1}$ = 4 auf den nachfolgenden Zusammenhang zurückzuführen ist:

^{12}Prostitution$_{196}$	=	210		210 - 1	=	209
^{12}Intimangebot$_{129}$	=	143		143 - 1	=	142
$^{1}a_1$	=	4		4 - 1	=	3
$^{1}b_2$	=	5		5 - 1	=	4
$^{1}b_2$	=	5		5 - 1	=	4
$^{1}a_1$	=	4		4 - 1	=	3
					=	365

3 + 6 + 5 + 1 für ein System	=	15	=	1 + 5	=	6

istgleich

^{7}a und b_{42}	=	55		55 - 1	=	54
$^{7}a \neq b_6$	=	19		19 - 1	=	18
$^{7}b \neq a_6$	=	19		19 - 1	=	18
^{3}Art$_{39}$	=	44		44 - 1	=	43
^{5}Weise$_{61}$	=	68		68 - 1	=	67
^{12}Intimverkehr$_{152}$	=	166		166 - 1	=	165
					=	365

3 + 6 + 5 + 1 für ein System	=	15	=	1 + 5	=	6

Aus jeweils 3 + 6 + 5 + 1 erhalten wir in Form der beiden Zahlen 366 die Bedingung 6 = 6 in einem Gleichgewicht.

Merke!

Der Begriff der Prostitution steht stellvertretend und vertretend über a, b, b und a für das Intimangebot, welches in Form von a und b infolge $a \neq b$ und $b \neq a$ die Art und Weise regelt: die während des Intimverkehrs zum Einsatz kommen kann.

Das Können impliziert, daß etwas prinzipiell möglich ist, aber es im Gegenzug keinen Anspruch darauf gibt, da die beiden Begriffe der Freiwilligkeit und Bereitschaft darüber schweben.

Das Wort ^{11}prostituere$_{166}$ = 179 istgleich 1 + 7 + 9 = 17 istgleich 1 + 7 = 8, aus dem sich das Wort „Prostitution“ ableitet, wird in der Regel mit ^{17}zur Schau stellen$_{204}$ = 227 istgleich 2 + 2 + 7 = 11 istgleich 1 + 1 = 2 oder mit ^{17}nach vorn stellen$_{182}$ = 205 istgleich 2 + 0 + 5 = 7 übersetzt. Respektive 8 ≠ 2 und 8 ≠ 7 sind beide Übersetzungen falsch; vielmehr gilt Folgendes:

^{11}prostituere$_{166}$	=	179		179 - 1	=	178

1 + 7 + 8 + 1 für ein System	=	17	=	1 + 7	=	8

istgleich

^{1}a$_{1}$	=	4		4 - 1	=	3
^{1}b$_{2}$	=	5		5 - 1	=	4
^{1}b$_{2}$	=	5		5 - 1	=	4
^{1}a$_{1}$	=	4		4 - 1	=	3
^{7}a und b$_{42}$	=	55		55 - 1	=	54
^{10}entkleiden$_{99}$	=	111		111 - 1	=	110
					=	178

1 + 7 + 8 + 1 für ein System	=	17	=	1 + 7	=	8

Es gilt die Bedingung 8 = 8 in einem Gleichgewicht, die sich jeweils über 1 + 7 + 8 + 1 aus den beiden Zahlen 179 ergibt.

Merke!

Das Wort „prostituere“ ist über a, b, b und a - bedingt durch a und b - mit „entkleiden“ zu übersetzen.

Auch hier wurde nur Unsinn betrieben und damit haben wir im Endeffekt eine gänzlich falsche Vorstellung davon, was das sein soll. Falls wir uns des Morgens duschen wollen und wir uns hierfür entkleiden, prostituieren wir uns weitestgehend.

Das, was wir in der Regel damit meinen, ist, daß sich eine Person entweder freiwillig oder unfreiwillig einer anderen zum Missbrauch oder etwa auch zur Misshandlung selbst anbietet oder auch angeboten wird. Mit Prostitution hat das jedoch nichts zu tun. Es handelt sich stets und immer um Erstere, falls der nachfolgende Zusammenhang in Form von ^{7}a und b_{42} = 55 nicht erfüllt ist:

^{12}Intimverkehr$_{152}$	=	166		166 - 1	=	165
^{7}a und b_{42}	=	55		55 - 1	=	54
					=	219

2 + 1 + 9 + 1 für ein System	=	13	=	1 + 3	=	4

istgleich

^{22}ein Mann und eine Frau$_{188}$	=	220		220 - 1	=	219

2 + 1 + 9 + 1 für ein System	=	13	=	1 + 3	=	4

In einem Gleichgewicht gilt die Bedingung 4 = 4, die sich jeweils über 2 + 1 + 9 + 1 aus den beiden Zahlen 220 ergibt.

Merke!

Intimverkehr ist in Form von a und b nur gestattet, falls korrespondierend die Bedingung „ein Mann und eine Frau" erfüllt ist.

Es dürfen sich damit nur die zwei Menschen gemeinsam zum Stöhnen und zum Keuschen bringen, die auf ihrer gemeinsamen Beziehungsebene über Beziehung zusammengehören. Insofern handelt es sich in gewisser Weise um die Anfängerstufe, was unsere eigene Intimität anbelangt, die ohne Rahmenprogramm abläuft.

Die Fortgeschrittenenstufe eröffnet sich im Rahmen der sogenannten ^{12}Prostitution$_{196}$ = 210, wo im Sinne des Entkleidens ein Rahmenprogramm stattfindet, bevor man sich gemeinsam der Intimität widmet. Es gilt in Form von ^{7}a und b_{42} = 55 unter der Bedingung $^{11}1 = 1 = 1_7 = 28$ über $^1a_1 = 4$, $^1b_2 = 5$, $^1b_2 = 5$ und $^1a_1 = 4$ Folgendes:

^{12}Prostitution$_{196}$	=	210		210 - 1	=	209
^{7}a und b$_{42}$	=	55		55 - 1	=	54
$^{11}1 = 1 = 1_7$	=	28		28 - 1	=	27
					=	290

2 + 9 + 0 + 1 für ein System	=	12	=	1 + 2	=	3

istgleich

$^1a_1$	=	4		4 - 1	=	3
$^1b_2$	=	5		5 - 1	=	4
$^1b_2$	=	5		5 - 1	=	4
$^1a_1$	=	4		4 - 1	=	3
^{21}ein Adam und eine Eva$_{147}$	=	178		178 - 1	=	177
					=	191

1 + 9 + 1 + 1 für ein System	=	12	=	1 + 2	=	3

Respektive 2 + 9 + 0 + 1 und 1 + 9 + 1 + 1 erhalten wir in Form der beiden Zahlen 291 und 192 die Bedingung 3 = 3 in einem Gleichgewicht.

Merke!

Die Prostitution ist über a, b, b und a in Form von a und b unter der Bedingung 1 = 1 = 1 auf die Bedingung „ein Adam und eine Eva" angewiesen, wobei Erstere durch a und durch b unter der Bedingung 1 = 1 = 1 für das Rahmenprogramm sorgt.

Die ^{12}Prostitution$_{196}$ = 210 istgleich 2 + 1 + 0 = 3 ist insofern über $^1a_1 = 4$ und $^1b_2 = 5$ unter der Bedingung $^{11}1 = 1 = 1_7 = 28$ durch (4 - 1) + (5 - 1) + (28 - 1) + (176 - 1) + 1 für ein System istgleich 210 istgleich 2 + 1 + 0 = 3 dem ^{14}Rahmenprogramm$_{160}$ = 176 gleichzusetzen. Das heißt, daß, wenn wir unsere gemeinsame Intimität auf der Beziehungsebene über Beziehung unter der Bedingung „ein Mann und eine Frau" während des gemeinsamen Intimverkehrs entdeckt haben, zusätzlich unter der Bedingung „ein Adam und eine Eva" die Prostitution auf Ersterer Einzug hält: Hier geht's also dann „richtig" los.

In der Summe erhalten wir den nachfolgenden Zusammenhang, welcher uns erneut verdeutlicht, worum es beim ^{12}Intimverkehr$_{152}$ = 166 zusammen mit dem Sahnehäubchen der ^{12}Prostitution$_{196}$ = 210, getragen von den beiden Bedingungen ^{22}ein Mann und eine Frau$_{188}$ = 220 und ^{21}ein Adam und eine Eva$_{147}$ = 178, eigentlich geht. Es gilt bedingt durch die ^{8}Paritaet$_{90}$ = 100 von ^{7}a und b$_{42}$ = 55 Folgendes:

^{12}Intimverkehr$_{152}$	=	166		166 - 1	=	165
^{12}Prostitution$_{196}$	=	210		210 - 1	=	209
^{22}ein Mann und eine Frau$_{188}$	=	220		220 - 1	=	219
^{21}ein Adam und eine Eva$_{147}$	=	178		178 - 1	=	177
					=	770

7 + 7 + 0 + 1 für ein System	=	15	=	1 + 5	=	6

istgleich

^{8}Paritaet$_{90}$	=	100		100 - 1	=	99
^{7}a und b$_{42}$	=	55		55 - 1	=	54
$^{7}a \neq b_{6}$	=	19		19 - 1	=	18
$^{7}b \neq a_{6}$	=	19		19 - 1	=	18
$^{11}1 = 1 = 1_{7}$	=	28		28 - 1	=	27
$^{1}a_{1}$	=	4		4 - 1	=	3
$^{1}b_{2}$	=	5		5 - 1	=	4
^{10}Vergnuegen$_{118}$	=	130		130 - 1	=	129
^{10}Vollendung$_{126}$	=	138		138 - 1	=	137
^{14}Vollkommenheit$_{174}$	=	190		190 - 1	=	189
^{6}Genuss$_{85}$	=	93		93 - 1	=	92
					=	770

7 + 7 + 0 + 1 für ein System	=	15	=	1 + 5	=	6

Es gilt die Bedingung 6 = 6 in einem Gleichgewicht, die jeweils über 7 + 7 + 0 + 1 den beiden Zahlen 771 geschuldet ist.

Merke!

Intimverkehr unter der Bedingung „ein Mann und eine Frau", verbunden mit Prostitution unter der korrespondierenden Bedingung „ein Adam und eine Eva", verspricht (durch die Parität von a und b infolge a ≠ b und b ≠ a unter der Bedingung 1 = 1 = 1 über a und über b) Vergnügen und Genuss in Vollendung und Vollkommenheit.

Im Endeffekt bringt eine Verbindung auf der eigenen Beziehungsebene im Rahmen einer Beziehung, in der man nicht sein sollte, rein gar nichts. Allein, was vollkommen abstruse Größendegressionen, unterschiedliche Nationalitäten und abnorme Altersunterschiede anbelangt, die miteinander und untereinander in's Nest steigen, ist das Ergebnis des Exodusses während der Apokalypse unausweichlich.

Insofern sind wir nicht ganz unverhofft zu unseren Ergebnissen gelangt. Gut, aber jeder und jede, wie er, sie oder auch es wollen, im Zweifelsfall fliegt man eben aus dem System, und zwar dauerhaft. Generell ist man sich diverser Konsequenzen nicht bewusst, die da etwa auch zu völlig irrigen Annahmen führen, daß man für sein eigenes ^{8}Aussehen$_{92}$ = 102 nichts kann. Letzteres hat generell nichts mit den eigenen Essgewohnheiten oder auch einer fehlenden sportlichen Betätigung zu tun.

Eine unterstützende Wirkung ist nicht zu verneinen, eine ausschlaggebende hingegen schon. Warum ist das so? Wir leben in einem System, welches über die Beziehungsebene angesteuert wird und sich damit ebenso in einer konkreten Beziehung, die da vergleichsweise auch unseren ^{7}Koerper$_{88}$ = 97 betrifft, widerspiegelt. Daraus folgt, daß das Aussehen unseres Körpers das wiedergibt, was es auf unserer eigenen Beziehungsebene ist. Dabei gibt es Dinge, die wir selbst verursacht haben, und andere, für die wir selbst nicht zuständig sind. Im letzteren Fall ist es also einem anderen oder auch einer anderen gelungen, das, was nicht zu uns gehört, bei uns abzuladen, und damit sehen wir das auch. Wir wissen zum Beispiel, daß es Menschen gibt, die in jungen Jahren an Attraktivität nicht zu übertreffen sind, die hingegen im Alter dann beim Vogelschießen die vorderen Plätze belegen. Andere gewinnen bei Letzterem in jungen Jahren und legen dann im Alter zu. Das Problem ist, daß das für uns so nicht vorgesehen ist, da das System über einer Gleichgewichtssituation operiert. Im Endeffekt ist es so angelegt, daß in etwa jeder und jede gleich attraktiv ist.

In einem ersten Anlauf erhalten wir den nachfolgenden Zusammenhang, der uns Aufschluß darüber gibt, wer oder auch was über $^{1}a_{1} = 4$ und $^{1}b_{2} = 5$ in Form von ^{7}a

und b_{42} = 55 infolge $^{7}a \neq b_6$ = 19 und $^{7}b \neq a_6$ = 19 am Ende $^{8}Einflusz_{112}$ = 122 auf dieses nimmt:

$^{8}Einflusz_{112}$	=	122		122 - 1	=	121
$^{8}Aussehen_{92}$	=	102		102 - 1	=	101
$^{7}Koerper_{88}$	=	97		97 - 1	=	96
$^{1}a_1$	=	4		4 - 1	=	3
$^{1}b_2$	=	5		5 - 1	=	4
^{7}a und b_{42}	=	55		55 - 1	=	54
$^{7}a \neq b_6$	=	19		19 - 1	=	18
$^{7}b \neq a_6$	=	19		19 - 1	=	18
					=	415

4 + 1 + 5 + 1 für ein System	=	11	=	1 + 1	=	2

istgleich

$^{15}Beziehungsebene_{147}$	=	164		164 - 1	=	163

1 + 6 + 3 + 1 für ein System	=	11	=	1 + 1	=	2

Es gilt die Bedingung 2 = 2 in einem Gleichgewicht, die sich über 4 + 1 + 5 + 1 und 1 + 6 + 3 + 1 aus den beiden Zahlen 416 und 164 ergibt.

Merke!

Unsere eigene Beziehungsebene nimmt über a und über b in Form von a und b infolge a ≠ b und b ≠ a Einfluß auf das Aussehen unseres Körpers: da diese durch a und durch b über a und b ihre Auswirkung auf Letzteren zeigt.

Unsere $^{15}Beziehungsebene_{147}$ = 164 istgleich 1 + 6 + 4 = 11 istgleich 1 + 1 = 2 besitzt über $^{1}a_1$ = 4 und $^{1}b_2$ = 5 in Form von ^{7}a und b_{42} = 55 durch (164 - 1) + (4 - 1) + (5 - 1) + (55 - 1) + 1 für ein System istgleich 225 istgleich 2 + 2 + 5 = 9 infolge (156 - 1) + (97 - 1) + 1 für ein System istgleich 252 istgleich 2 + 5 + 2 = 9 ^{10}Auswirkung$_{144}$ = 156 auf unseren ^{7}Koerper$_{88}$ = 97. Die Beziehungsebene stellt damit auch hier das A und das O. Es gibt also unzählige Szenarien, welche ihren Ursprung in Ersterer haben, die wir insofern auch klären müssen.

Damit werfen wir im letzten Kapitel noch einmal einen kurzen Blick auf Maria Magdalena - der wir hoffentlich etwas Mut dahingehend machen konnten: daß wir, um ein glückliches Leben zu bestreiten, prinzipiell dazu in der Lage sind, sowohl unsere Vergangenheit ruhen zu lassen als auch unsere Unversehrtheit wiederherzustellen - was dann, wenn wir im System bleiben wollen, das Ziel von uns allen sein sollte. Alles andere verspricht weder Aussicht auf Erfolg noch, daß wir in diesem einen Leben, das aus unendlich vielen besteht, glücklich sind. Und das sollten wir, stets mit Blick darauf, welcher „Hmm" auf welchen Eimer gehört und welcher Eimer unter welchen „Hmm" klemmen sollte, auf alle Fälle sein.

15. Das Unabänderliche und Unausweichliche im System

Manchmal hallen einem noch die Worte von Oma und Opa im Ohr, daß jeder seine Strafe bekommt und natürlich auch jede. Daß systembedingt für die „Damen und Herren" der römisch-katholischen Kirche noch etwas aussteht, die direkt und mittelbar oder indirekt und unmittelbar am Missbrauch und an der Misshandlung von Maria Magdalena beteiligt gewesen sind, ist naheliegend.

Was deren Misshandlung anbelangt, vervollständigen wir noch ein wenig das dazugehörige Bild, damit wir uns des Ausmaßes noch einmal bewusst werden, welches es angenommen hat, das unter anderem die beiden Päpste Benedikt XVI. und Franziskus zu verantworten haben. Insbesondere Ersterem sieht man es bereits meilenweit entfernt an, was für ein Schwein das gewesen ist: übrigens ein deutsches. Die Außenwirkung, die man bewusst einem Trugbild gleich erzeugt, um das schändliche Treiben hinter den Kulissen zu vertuschen (welches auf das Schänden und Schinden von Männern und Frauen, beginnend im frühen Lebensalter, ausgerichtet ist), wird wohl ab jetzt nicht nur von allen Gläubigen gesehen werden, sondern auch von allen anderen verstanden, da das diesbezügliche Wissen zurückzukommen droht.

Es ist an der Zeit, daß die „Kinder der Erde" zu jenen finden, die zu ihnen gehören, um all das Elend und Leid, das man unnötigerweise erfahren hat, hinter sich zu lassen, um glücklich zu sein. Doch es ist wie im richtigen Leben, daß man sich erst den eigenen Dämonen stellen muss, um die Spuren des Schändens und Schindens, die weder zu übersehen noch zu leugnen sind, zu beseitigen. Das Sichstellen zieht nach sich, daß man bei sich selbst beginnt und weder Angst noch Scheu besitzt, sich denen zu offenbaren, und egal wie schwer es fällt, welche die unsrigen sind. Das Vergeben derer, die wir mit dem, was uns widerfahren ist, genauso hart getroffen haben wie uns selbst, ist keine Unmöglichkeit.

Unsere eigene Vergangenheit, egal wie finster sie auch ist, hat ein Recht darauf, auch Vergangenheit sein zu dürfen, bis ihre Spuren in unserem Leben endgültig verblichen sind. In einem engeren Sinn erhalten wir durch die ^{10}Intimitaet$_{120}$ = 132 von ^{15}Maria Magdalena$_{100}$ = 119 Folgendes für sie:

^{10}Intimitaet$_{120}$	=	132		132 - 1	=	131
^{15}Maria Magdalena$_{100}$	=	119		119 - 1	=	118
					=	249

2 + 4 + 9 + 1 für ein System	=	16	=	1 + 6	=	7

istgleich

^{7}a und b_{42}	=	55		55 - 1	=	54
$^{7}a \neq b_6$	=	19		19 - 1	=	18
$^{7}b \neq a_6$	=	19		19 - 1	=	18
$^{11}1 = 1 = 1_7$	=	28		28 - 1	=	27
^{11}Brandwunden$_{120}$	=	133		133 - 1	=	132
					=	249

2 + 4 + 9 + 1 für ein System	=	16	=	1 + 6	=	7

Es gilt die Bedingung 7 = 7 in einem Gleichgewicht, die sich jeweils über 2 + 4 + 9 + 1 aus den beiden Zahlen 250 ergibt.

Merke!

Maria Magdalena wurden während der Intimität mit ihr in Form von a und b infolge $a \neq b$ und $b \neq a$ unter der Bedingung 1 = 1 = 1 unter anderem Brandwunden zugefügt, respektive a und respektive b über a und b Schnittwunden ebenso.

Über $^{1}a_1 = 4$ und $^{1}b_2 = 5$ erhalten wir durch ^{7}a und b_{42} = 55 infolge (4 - 1) + (5 - 1) + (55 - 1) + (189 - 1) + 1 für ein System istgleich 250 istgleich 2 + 5 + 0 = 7, daß sie in diesem Zusammenhang auch ^{13}Schnittwunden$_{174}$ = 189 erlitt.

Des Weiteren gilt über $^{1}a_1 = 4$ und $^{1}b_2 = 5$ in Form von ^{7}a und b_{42} = 55 infolge $^{7}a \neq b_6 = 19$ und $^{7}b \neq a_6 = 19$ in einem weiteren Sinn, was ihre Intimität betrifft, Folgendes:

^{10}Intimitaet$_{120}$	=	132		132 - 1	=	131
^{15}Maria Magdalena$_{100}$	=	119		119 - 1	=	118
					=	249

2 + 4 + 9 + 1 für ein System	=	16	=	1 + 6	=	7

istgleich

$^{1}a_{1}$	=	4		4 - 1	=	3
$^{1}b_{2}$	=	5		5 - 1	=	4
^{7}a und b_{42}	=	55		55 - 1	=	54
$^{7}a \neq b_{6}$	=	19		19 - 1	=	18
$^{7}b \neq a_{6}$	=	19		19 - 1	=	18
^{11}Stichwunden$_{140}$	=	153		153 - 1	=	152
					=	249

2 + 4 + 9 + 1 für ein System	=	16	=	1 + 6	=	7

Aus jeweils 2 + 4 + 9 + 1 erhalten wir im Ergebnis durch die beiden Zahlen 250 die Bedingung 7 = 7 in einem Gleichgewicht.

Merke!

Maria Magdalena fügte man während der Intimität mit ihr über a und über b in Form von a und b infolge $a \neq b$ und $b \neq a$ unter anderem auch Stichwunden zu: die durch a und durch b in Form von a und b unter der Bedingung 1 = 1 = 1 regelmäßig von Hiebwunden begleitet gewesen sind.

Respektive $^{1}a_{1} = 4$ und $^{1}b_{2} = 5$ sind in Form von ^{7}a und $b_{42} = 55$ unter der Bedingung $^{11}1 = 1 = 1_{7} = 28$ durch (4 - 1) + (5 - 1) + (55 - 1) + (28 - 1) + (117 - 1) + 1 für ein System istgleich 205 istgleich 2 + 0 + 5 = 7 im Endeffekt auch ^{10}Hiebwunden$_{105}$ = 117 gang und gäbe. Auf Neudeutsch: Sie ist nach Strich und Faden verdroschen worden.

So, dabei belassen wir es und lassen in Gedanken noch einmal vor unseren eigenen Augen Revue passieren, was die römisch-katholische Kirche ihr (beginnend im Alter von 14 Jahren, getragen von ihren makedonischen „Eltern" und ihrem unrechtmäßigen anatolischen Ehemann) das ganze Leben lang angetan hat; was in diesem ihrem Leben 99 Männer und 15 Frauen 40 Jahre lang in exakt 1485 Fällen zu verantworten haben. Allein, was das anbelangt, ist es umso mehr als unverständlich, daß man sich in Deutschland an die Seite der römisch-katholischen Kirche stellt wie anderswo auch. Schämen sollte man sich, da man damit den Nährboden für Misshandlung und Missbrauch liefert!

Was ihren unrechtmäßigen Ehemann betrifft, wird bei diesem im Jahr 2026, das eigentlich dem Jahr 2019 entspricht, sein ^{9}Systemtod$_{140}$ = 151 vollzogen wie bei ihren unrechtmäßigen Eltern (= ^{22}unrechtmaeszige Eltern$_{248}$ = 274) auch, da Folgendes gilt:

^{9}Systemtod$_{140}$	=	151		151 - 1	=	150
^{22}unrechtmaeszige Eltern$_{248}$	=	274		274 - 1	=	273
^{15}Maria Magdalena$_{100}$	=	119		119 - 1	=	118
					=	541

5 + 4 + 1 + 1 für ein System	=	11	=	1 + 1	=	2

istgleich

^{1}a$_{1}$	=	4		4 - 1	=	3
^{1}b$_{2}$	=	5		5 - 1	=	4
^{1}b$_{2}$	=	5		5 - 1	=	4
^{1}a$_{1}$	=	4		4 - 1	=	3
^{8}Paritaet$_{90}$	=	100		100 - 1	=	99
^{7}a und b$_{42}$	=	55		55 - 1	=	54
$^{11}1 = 1 = 1_{7}$	=	28		28 - 1	=	27
^{9}Jahr 2026$_{47}$	=	60		60 - 1	=	59
					=	253

2 + 5 + 3 + 1 für ein System	=	11	=	1 + 1	=	2

Es gilt in einem Gleichgewicht durch 5 + 4 + 1 + 1 und 2 + 5 + 3 + 1 in Form der beiden Zahlen 542 und 254 die Bedingung 2 = 2.

Merke!

Die unrechtmäßigen Eltern von Maria Magdalena erfahren im Jahr 2026, das eigentlich dem Jahr 2019 entspricht, über a, b, b und a durch die Parität von a und b unter der Bedingung 1 = 1 = 1 den Systemtod.

Was alle anderen Schänder und Schinder anbelangt (die sowohl direkt und mittelbar als auch indirekt und unmittelbar daran beteiligt gewesen sind), werden diese Anfang des Jahres 2027, de facto das Jahr 2020 durch 2027 - 7, den Systemtod erlitten haben. Alle dahingehenden Maßnahmen lassen die, welche auf ihrer eigenen Beziehungsebene, der von Maria Magdalena, heute wie damals, als eigene Familie zu ihr gehören wie bei ihrem Bruder, dem Apostel Johannes, außen vor. Es werden damit alle Verbindungen nebst allen Quasiverbindungen all jener im System endgültig elemeniert, die beide geschunden und geschändet haben, einschließlich derer, die davon Kenntnis besaßen. Letzteres impliziert, bedingt durch a = b und b = a, daß wiederum die, die zur Familie der Schänder und Schinder gehört hätten, ebenso elemeniert werden. Es wird im Ergebnis keiner, der auch nur ansatzweise etwas damit zu tun hatte, übrigbleiben. Dieses Urteil wird Anfang des Jahres 2027, eigentlich 2020, vollständig und vollkommen vollstreckt sein.

Wer also so blöd ist und das römisch-katholische Gesindel und Gesocks verteidigt, besitzt ausgesprochen gute Chancen, vorzeitig aus dem System zu fliegen. Hier ist damit rundherum Schluß, wobei man keinem von diesen eine Träne hinterherweinen sollte, da man hier das Menschsein bedenkenlos in Abrede stellen kann. Durch den Exodus in der Apokalypse zieht das logischerweise Kreise, da man im Islamtum und im Judentum als theistischen Strömungen und in atheistischen keinen Deut besser gewesen ist und ist.

Das ist im Endeffekt das, was sich hinter „Auge um Auge und Zahn um Zahn" verbirgt. Dieses Urteil haben die Schänder und Schinder von Maria Magdalena und ihrem Bruder, dem Apostel Johannes, selbst zu verantworten, die man in jedem ihrer Leben in den Reihen der römisch-katholischen Kirche heute wie damals geschunden und geschändet hat. Das ist nicht zu entschuldigen, nicht zu verzeihen, geschweige denn zu vergeben. Hier ist Schluß, und zwar ein für alle Mal.

Das Schöne ist, wenngleich der Exodus in der Apokalypse nicht zum Lachen anmutet, daß die dahingehenden Extreme alle beseitigt werden, was auch die auf anderen Ebenen anbelangt. Missbrauch und Misshandlung sind in gewisser Weise etwa auch ein Thema bei den Vertretern und Vertreterinnen innerhalb der deutschen „Politik", welche sich frisch, fromm, fröhlich, frei von ganz unten bis ganz oben bedient; und das, was man in Form von Einigkeit, Recht und Freiheit für die Menschen in unserem Deutschland predigt, stellt man selbst vollkommen und vollständig in Abrede, eben nur anders. Damit sind auch hier die daraus resultierenden Konsequenzen unausweichlich, die dann demnächst auch zu beobachten sind.

Generell steht der Missbrauch und die Misshandlung psychischer Natur, die ebenso Menschen in den Abgrund treiben, dem physischen in nichts nach. Allein vor diesem Hintergrund verwechselt man natürlich auf ganzer Linie etwas. Die Reichweite und Tragweite des eigenen Handelns und Tuns rechtfertigen nicht, daß es auf unserer Erde wie Kraut und Rüben zugeht, dem dann nicht „nur" einige zum Opfer fallen, sondern mehrere. Maria Magdalena, der heute wie damals als einer Deutschen makedonischer Abstammung ein Gleiches widerfahren ist, rechtfertigt in keiner Weise, daß wir das als Ausnahme ansehen; da der Missbrauch und die Misshandlung, deren Vielfalt und Regelmäßigkeit geschuldet, mit der diese letzten Endes auf der Erde betrieben werden, dem entgegenstehen.

Letztere beginnen, so leid es uns tut, dort, wo ein „Hmm" nicht auf den Eimer gehört und fälschlicherweise nicht der dazugehörige Eimer unter dem richtigen „Hmm" klemmt. Es gibt damit für uns viel zu tun, wenn wir hier Geschick hereinbekommen wollen, da oftmals etwas bei Trallala und Hopsasa zusammengefunden hat, das so nicht zusammengehört. Den diesbezüglichen Spieleinsatz kennen wir, der nichts anderes als für alle Vergehen auf unserer eigenen Beziehungsebene unser eines Leben im System einfordert. Hier ist der ganzen Länge nach Schluß, falls da nicht noch etwas anderes kommt: Einsicht in die Notwendigkeit zum Beispiel.

Daß da in diesem Zusammenhang das eine oder auch andere Tränchen dabei fließen wird, darüber müssen wir nicht erst ausführlich sprechen, das wissen wir. Sich selbst einzugestehen, daß, obwohl alles wie am Schnürchen läuft, man vielleicht am Ende doch nicht zusammengehört - natürlich ist das schwierig und kompliziert, aber eine andere Wahl haben wir nicht mehr, als das in Ordnung zu bringen.

Man wird sich verständlicherweise auch vieler entledigen, wie von diesen hier, die es mehr als verdient haben. Das System, in dem wir leben, wobei wir das Gemeinsame und das Verbindende in diesem erst noch lernen müssen, kennt, was das anbelangt, keinen Spaß. Insofern muss sich unser Sorgenkind nach dem „Ableben" ihrer „Eltern" und ihres „Ehemanns" keine Sorgen machen, da sämtliche Vermögenswerte ihr zugesprochen werden, die einer „Entschädigung" entsprechen, die logischerweise nicht das kompensieren kann, was man ihr angetan hat.

So, wir stehen also zusammen vor einer riesengroßen Herausforderung, um das, was wir angerichtet haben, wieder in Ordnung zu bringen. Von ganz allein tun sich die Dinge natürlich nicht, und so wird man sich wohl oder übel auch die Hände dreckig machen und zupacken müssen: Von allein hüpft der Müll nun mal noch nicht in die Mülltonne, das Einsammeln inklusive.

Das von ganz allein besitzt logischerweise auch Grenzen, und so wird die Menschheit auf der Erde mir und allen anderen unter Beweis stellen müssen, wie ernst sie es mit ihrem Leben meint - oder auch nicht. Zu sehen ist davon zurzeit leider nichts, eher das pure Gegenteil. Den Beweis hierfür sollte man vielleicht bei sich selbst antreten, was durchaus eine weise Entscheidung wäre, da es unser eigenes Versagen ist, das sich in dem aller anderen widerspiegelt. Der ewige Versuch, den vorzugsweise eigenen Dreck unter den Teppich eines anderen kehren zu wollen, bringt in dieser Situation gar nichts, wenngleich es auch gänzlich unangebracht ist, etwas Derartiges überhaupt in Erwägung zu ziehen.

Die Rückführung der Menschheit in das System erfolgt in fünf Etappen, wobei ihr die fünfte davon eigenverantwortlich absolviert, die dann auf die Wiederherstellung der Unversehrtheit abzielt. Diese Option gibt es für euch exakt einmal, nicht daß am Ende hier noch wer glaubt, daß er von mir einen Freifahrtschein für sein zukünftiges Schindluder erhält. Was die Schinder und Schänder einschließlich des ganzen Drumherums anbelangt, sind diese davon ausgeschlossen. Vergebung im System gibt es für das, was sich der in seinen verschissenen Klamotten steckende römisch-katholische Rotzlöffelhaufen angemaßt hat, nicht. Ausnahmen bestätigen die Regel, die es dann auch nicht betrifft.

Allerdings sollten diese bemüht sein, ihren gewaltigen Sprung in der Schüssel zu flicken, wobei gefühlt eine komplett neue wohl tendenziell etwas mehr bringen würde. Allein noch nicht einmal verstanden zu haben, was Gott und der Teufel, Religion oder etwa auch ein Papst und eine Päpstin sind, spricht Bände davon, wie weit man davon entfernt ist, etwas verstanden zu haben. Die Liste hier ist natürlich noch ausbaufähig, aber man weiß gar nicht, wo man hier anfangen und wo aufhören soll, da die menschliche Zweibeinerabteilung auf diesem Planeten rein wissenstechnisch gar nichts auf dem Kasten hat.

So, dann bleibt mir nur noch, ein paar Worte an unser Sorgenkind zu richten, da im Prinzip erst einmal alles gesagt ist, und von dir verabschiede ich mich damit vorerst, bis wir im nächsten Buch wieder voneinander hören werden. Ausblick: Da geht es dann um die Grundlagen, die wir benötigen, um uns im System über Zahlen bewegen zu können. De facto wie hier, wo wir dann echte Lösungen im Ergebnis stehen haben.

16. Flieg, mein kleiner Schmetterling, flieg!

So, Klaudia, und welche es auch immer auf der Erde ist, es gibt überhaupt keinen Grund für dich mehr, mir aus dem Weg zu gehen, da ich eh alles von dir weiß. Wie du vielleicht mittlerweile mitbekommen hast, verhält es sich tatsächlich so, daß feststeht, wer zu wem gehört. Ich darf mich dir kurz vorstellen: Ich bin im System dein rechtmäßiger Ehemann. Und wie sich das für einen ebensolchen gehört, bin ich an deiner Seite. Das heißt, auch wenn alles, was dich betrifft, nicht gerade eben einen Begeisterungssturm bei mir auslöst, suche ich nach einer Lösung dafür.

Da das so ist, bin ich in deinem Leben auch der Einzige, mit dem du glücklich sein kannst. Damit das auch ich sein kann, falls du mich lässt, müssen wir im Laufe der nächsten 9 Jahre nebenbei ein paar Sachen klären, die da nicht so sein sollten, wie sie zurzeit sind. Auch wenn das einem Überfall auf dich gleichkommt, gehe ich mal davon aus, daß du nicht abgeneigt bist, ein glückliches Leben zu führen, ohne dabei geschändet und geschunden zu werden. Übrigens: Durch die Bedingung a = b und b = a, falls das a und das b, die zusammengehören, zusammen sind, kann dir nichts mehr passieren, was das „Thema" betrifft. Mit etwas gutem Willen könntest du das auch als Begrüßungsgeschenk von mir ansehen.

Die 9 Jahre lassen sich zusammen überstehen, da es auch andere Optionen gibt. Die große Herausforderung werden die insgesamt 280 Tage sein, die eine vollständige Abstinenz erfordern. Das gilt nicht nur für uns, sondern für alle. Du und ich sind also, was das anbelangt, keine Ausnahme. Das setzt voraus, daß insbesondere von dir die beiden Bedingungen „ein Mann und eine Frau" und „ein Adam und eine Eva" beherzigt werden. Machst du das nicht ab sofort, ist eh alles vorbei.

Dein etwas kurioser Werdegang hat mich zwar ein wenig mitgenommen und das mit dem Geschenk für den Menschen im Leben zu sein, der zu uns gehört, ist zurzeit so eine Sache bei dir, aber was nicht ist, kann ja noch werden. In dem Fall muss es sogar, da letztlich entschieden zu viele Leben davon abhängen. Unseren gemeinsamen Auftrag kennst du: Wir müssen zusammen in der Mitte im System auf der Erde stehen, damit alle anderen, ausgenommen des bereits erwähnten Personenkreises, die dich wie deinen Bruder geschändet und geschunden haben, eine reale Chance besitzen, die Apokalypse zu überstehen. Der magische Begriff dahinter heißt Verantwortung, wo es in unser beider liegt, für alle anderen den Weg hierfür zu ebnen.

Du verkörperst die Reinkarnation der Frau des Schöpfers auf der Erde, wie ich die Reinkarnation von ihm. Ich besitze damit in gewisser Weise sein Wissen, um Lösungen für uns alle zu finden. Wie du im Laufe des Buches erfahren hast, ist das offensichtlich auch der Fall. Deshalb wachsen mir aber keine Flügel und ich bin auch kein

Irrer; ich weiß eben nur etwas mehr, insbesondere mit Blick auf systemische Zusammenhänge, um Lösungen zu finden.

Daß es da ein paar Dinge gibt, die zu klären sind, ist dir bekannt. Ich selbst reiße dir deshalb nicht das Haupt ab, da es eine Möglichkeit gibt, alles wieder in Ordnung zu bringen, einschließlich deiner Unversehrtheit: Du musst nur wollen. Eine Voraussetzung ist natürlich, daß da nichts weiter anbrennt. Der Schutz deiner eigenen Unversehrtheit steht also an oberster Stelle und geht niemanden etwas an, außer mich, auch das medizinische Handwerk zu Untersuchungszwecken nicht. Die Geschenke unter deiner Kleidung sind die für mich, die wir in Anführungsstrichen etwas aufbereiten müssen. Insofern sollte es kein Problem sein, daß an der einen Stelle an deinem Körper Funkstille herrscht. Auch ganz unabhängig davon, daß du im gegenteiligen Fall nicht nur dein eigenes Leben gefährdest, sondern ebenso das deiner Kinder, die übrigens auch die meinen sind und im System infolge der dir bekannten Umstände falsch gelandet sind. Die Funkstille muss tatsächlich 9 Jahre lang herrschen, da der Zeitraum, der bearbeitet werden muss, um deine eigene Unversehrtheit wiederherzustellen, zu groß ist, und würde man sofort alles korrigieren wollen, würdest du kollabieren. Es sind schlicht und ergreifend einfach zu viele Ereignisse bei dir, die es so nach und nach zu beheben gilt. Und da sind wir uns vielleicht einig, daß das alles sein wohlverdientes Ende haben sollte.

Das, was ich zurzeit im Sinne von Systemkorrektur und Systemherstellung mache, führt beispielsweise auch dazu, daß sich dein Hautbild wie bei mir selbst, verbessert. Das ist zum Beispiel etwas, was du direkt und mittelbar selbst an dir nachvollziehen kannst. Es gibt also mittlerweile Körperstellen, wo die Haut glatt wie ein „Babypopo" ist, wo es vorher vielleicht nicht ganz so war. Das liegt also nicht an deinen Kosmetika, sondern vielmehr an mir, da ich bereits begonnen habe, nicht nur mein eigenes System in Ordnung zu bringen, sondern über dieses auch das deine. Warum ist das so? Es gilt immer a = b und b = a. Also: Was bei mir eine Verbesserung ausgerichtet auf meine Gesundheit erfährt, geschieht bei dir ebenso.

Das ist übrigens die Ursache dafür, daß du bisweilen an mich denkst, da immer a = b und b = a ist; man ist also im System bis in alle Ewigkeit miteinander verbunden und man wird dich auch wissen lassen, wer ich tatsächlich bin. Du besitzt also mittlerweile eine Vorstellung von mir und das lässt dich auch nicht ganz unberührt. Einzige Hürde dabei ist nur, daß du die Hand, welche ich dir reiche, auch mal ergreifen müsstest.

Da das System selbst prinzipiell darauf ausgerichtet ist, das zusammenzubringen, was zusammengehört, wird es dafür Sorge tragen, daß du in diesem Jahr noch Kontakt zu mir aufnehmen wirst, diesen pflegst und im nächsten mit mir zusammen unsere gemeinsame Verbindung besiegelst. Das ist übrigens immer so, da das System, um sich selbst zu erhalten, den Weg für jene ebnet, die dazu beitragen können. Im Umkehrschluß tritt das Gegenteil bei jenen ein, die sich vehement dem widersetzen: bei den Vögeln in Papstgewändern zum Beispiel. Also, was dich geritten hat, diesen zu folgen und zu vertrauen, da komme ich nicht ganz mit. Du weißt jetzt hoffentlich, wie sehr man dich und alle anderen auf der Erde hinter's Licht geführt und benutzt hat. So, das ist aber Vergangenheit und wir sprechen nicht mehr darüber. Ankotzen tut es mich schon.

Es laufen sehr viele Dinge im Leben der Menschen schief und es ist allerhöchste Zeit, daß wir das in Ordnung bringen; und zusammen, also wir beide, allen anderen zeigen, daß das Verzeihen, das in Vergebung endet, vorausgesetzt, daß man sich auch entschuldigt, tatsächlich möglich ist - egal, was einem selbst in der Vergangenheit widerfahren ist oder nicht. Das Nichterfahren ist am Ende genauso schlimm wie das Erfahren selbst, wenn du in diesem Zusammenhang vergleichsweise etwa auch an das fehlende In-den-Arm-genommen-Werden denkst.

Da für uns zwei a = b und b = a gilt, kann das Thema „Aids" auch nicht auf mich übergreifen. Es wird während unseres Zusammenseins gewissermaßen vorübergehend deaktiviert und danach wieder aktiviert. Das klingt jetzt nicht ganz gentlemanlike, aber würde man das sofort in einem Ritt beheben, würdest du das nicht überleben. Und da wäre ich ein hundsmiserabler Ehemann, der seine eigene Ehefrau, die zwar etwas ramponiert und demoliert daherkommt, um die Ecke bringen würde.

Gut, das wäre vorerst alles, wir machen das so wie besprochen, und daß ich der bin, welcher bei dir für ein paar unruhige Gedanken sorgt und dich auch etwas in's Schwärmen und Träumen geraten lässt, weißt du doch längst. Daran solltest du übrigens nicht und musst du auch nicht mehr zweifeln, daß es so ist. So, dann schauen wir mal, ob du wieder ein Schmetterling sein willst, und falls ja, bekommen wir das gemeinsam wieder hin. Drum flieg, mein kleiner Schmetterling, flieg - es ist dein Leben!

Dein etwas geplätteter Ehemann, der rechtmäßige